Handbuch Rohrleitungsbau

Günter Wossog (Hrsg.)

Handbuch Rohrleitungsbau

Band II: Berechnung

3. Auflage

Vulkan Verlag

Bibliografische Information der Deutschen Nationalbibliothek

Die Deutsche Nationalbliothek verzeichnet diese Publikation in der Deutschen Nationalbibliografie; detaillierte bibliografische Daten sind im Internet über www.dnb.de abrufbar.

ISBN 978-3-8027-2768-9

Huyssenallee 52-56, 45128 Essen
Telefon: +49 201 82002-0
www.vulkan-verlag.de

Projektmanagement: Nico Hülsdau, n.huelsdau@vulkan-verlag.de
Lektorat: Kathrin Lange
Herstellung: Nilofar Mokhtarzada
Umschlagsgestaltung: Nilofar Mokhtarzada
Titelbild: Wolfgang Jargstorff – Fotolia.com
Druck: Druckerei Chmielorz GmbH, Wiesbaden

Vorwort

Da auch die 2. Auflage des Bandes II über die Berechnung von Rohrleitungen in Fachkreisen eine recht gute Resonanz gefunden hat und somit nahezu vergriffen ist, war eine Neuauflage erforderlich.

Augenfällig sind bei der 3. Auflage zunächst die neue Gestaltung des Einbandes sowie die vom Verlag verwendeten Schmuckfarben, die dem Buch ein modernes Aussehen verleihen, aber auch die Übersichtlichkeit in der Gliederung und in den Tabellen erhöhen. Des Weiteren wurden die Bezeichnungen der Tabellen, Bilder, Gleichungen und Literaturquellen an den Band I angeglichen, wodurch die Zuordnung zu den Hauptabschnitten verbessert wird.

Inhaltlich wurde die 3. Auflage um jeweils ein Kapitel über einfache statische Berechnungen sowie über die Dämpfung von Schwingungen erweitert. Alle anderen Kapitel wurden stark überarbeitet und dem Stand der Technik angepasst. Die erheblichen Veränderungen im nationalen und internationalen Vorschriftenwerk wurden berücksichtigt. Das entbindet den Anwender nicht von der Aufgabe, sich dennoch über den aktuellen Stand zu versichern, da die Überführung nationaler Regelungen in europäische Normen ein permanenter Prozess ist.

Mein Dank gilt den
- Autoren, die tatkräftig zum Gelingen beitrugen.
- dem FDBR e. V. Düsseldorf, vertreten durch den Vorsitzenden, Herrn Dipl.-Ing. Gerhard Schmidt, und dem Geschäftsführer, Herrn Dr.-Ing. Reinhard Maaß, für die unentgeltliche Bereitstellung von Normen, Regeln, Veröffentlichungen und Tagungsunterlagen.
- Herrn Nico Hülsdau vom Vulkan-Verlag, der das Werk organisatorisch betreute, jederzeit Verständnis für die Anliegen der Autoren und des Herausgebers hatte, und der zusätzlich das Kapitel 13 lektorierte.
- den Damen und Herren der Herstellung, die das anspruchsvolle Manuskript in ein gefälliges Buch umsetzten.
- denjenigen Unternehmen, die durch kostenlose Bereitstellung von Werkbildern sowie durch Zuarbeiten bei der Aktualisierung des Kapitels über Berechnungs-Software mitgewirkt haben.

Anregungen, Hinweise und Ergänzungen, die der Vervollständigung des Werkes dienen, werden von den Autoren gern entgegen genommen.

Meine E-Mail-Adresse guenter.wossog@t-online.de steht Ihnen für diesbezügliche Mitteilungen, aber auch für Fragen jederzeit zur Verfügung.

Oktober 2013

Günter Wossog (Hrsg.)

Autorenverzeichnis

Dr.-Ing. Frank Barutzki
GERB Schwingungsisolierungen GmbH & Co. KG
Roedernallee 174-176
D-13407 Berlin
Kapitel 17

Dipl.-Ing. Peter W. Berger
(ehemals: Witzenmann GmbH, Pforzheim)
berger-Consult
Hohe Steige 9
D-75181 Pforzheim
Kapitel 9

M. Sc. Eugen Gabriel
GEF Ingenieur AG
Ferdinand-Porsche-Straße 4a
D-69181 Leimen
Kapitel 11 und 12

Dipl.-Ing. Dr. techn. Gerhard Kiesselbach
Beratender Ingenieur
Dr. Kiesselbach Consulting GmbH
Wienerbergstraße 7/OG
A-1100 Wien
Kapitel 13

Dr.-Ing. Heider Lange
PLANIA – Planungsbüro für instationäre Analysen in der Strömungstechnik
Hofenburger Straße 42
D-52080 Aachen
Kapitel 10

Dr.-Ing. Heinz-Wilhelm Lange
LISEGA SE
Hochkamp 5
D-27404 Zeven
Kapitel 8

Dr. Andreas Rick
SIGMA Ingenieurgesellschaft mbH
Bertha-von-Suttner-Allee 19
D-59423 Unna
Kapitel 6

Dipl.-Ing. Manfred Rieke
(ehemals: Hitachi Power Europe GmbH, Duisburg)
Zedernweg 29
D-46487 Duisburg
Kapitel 3 und 4

Dr.-Ing. Andreas Schleyer
GEF Ingenieur AG
Ferdinand-Porsche-Straße 4a
D-69181 Leimen
Kapitel 11 und 12

Dipl.-Ing. Peter Sommerfeldt
(ehemals: STEINMÜLLER – Instandsetzung Kraftwerke Gesellschaft für Energie- und Umwelttechnik mbH im KW Boxberg)
Fritz-Heckert-Straße 3
D-02827 Görlitz
Kapitel 1

Obering. Dipl.-Ing. Günter Wossog
Technischer Berater
Bergstraße 11
D-01809 Heidenau
Kapitel 0, 2, 5, 7, 14 bis 16, 18 bis 20

Inhaltsverzeichnis

0. Vorbemerkungen

1. Strömungstechnische Berechnungen

11. Erdverlegte Kunststoffmantelrohr-Systeme

12. Berechnung warmgehender erdverlegter Stahlmantelrohrsysteme

13. Berechnung kaltgehender erdverlegter Rohrleitungen

14. Lärmschutz bei Rohrleitungen

15. Auslegung von Abblasesystemen

16. Auslegung von Ausblasesystemen

17. Dämpfung von Rohrleitungsschwingungen

19. Verzeichnis der Normen und Regeln

0. Vorbemerkungen

0.1 Formelzeichen, Einheiten

0.1.1 Formelzeichen

a) Grundlagen

Für metallische Rohrleitungen sind insbesondere die Formelzeichen und Indizes gemäß DIN EN-Reihe 13480 und DIN EN-Reihe 764 maßgebend. Trotz dieser weitgehenden Normung werden bisweilen für gleiche Sachverhalte unterschiedliche Formelzeichen und/oder Indizes verwendet, selbst innerhalb einer Norm.

Im Rahmen dieses Handbuches werden weitgehend einheitliche Bezeichnungen verwendet (**Tabelle 0.1-1**). Zusätzliche spezielle Formelzeichen oder Abweichungen sind in den jeweiligen Kapiteln erläutert. Falls notwendig, sind unterschiedliche Bezeichnungen für gleiche Sachverhalte nebeneinander gestellt.

Die Gleichungen haben in der Regel SI-kohärente Einheiten zur Grundlage. Sind ausnahmsweise andere Einheiten einzusetzen, sind an den betreffenden Stellen diesbezügliche Erläuterungen zu finden.

b) Bezeichnung der Rohrabmessungen für rohrstatische Berechnungen

Die technischen Lieferbedingungen für Rohre aus Stahl lassen unterschiedliche Bestellmaße zu, z. B. nach DIN EN 10216-2 oder 10216-3. In **Tabelle 0.1-2** wurden diese so umgerechnet, dass identische Ausgangsbedingungen für rohrstatische Berechnungen bestehen.

Als Toleranzbreite bezeichnet man die Summe der positiven und negativen Grenzabmaße:

$$\Delta D = |\Delta D^+| + |\Delta D^-| \qquad (0.1\text{-}1a)$$

$$\Delta T = |\Delta T^+| + |\Delta T^-| \qquad (0.1\text{-}1b)$$

$|\Delta T^-|$ ist identisch mit c_1 nach DIN EN 13480-3, $|\Delta T^+|$ mit c_3 nach KTA 3201.2 oder 3211.2.

In Tabelle 0.1-2 wurde berücksichtigt, dass bei genormten Wanddicken die positiven und negativen Grenzabmaße die halbe Toleranzbreite einnehmen:

- Außen- oder Innendurchmesser: meist ± 1 %, Toleranzbreite ΔD = 2 %.

- Nennwanddicke: ± 10 bis 20 %, Toleranzbreite ΔT = 20 bis 40 %.

Tabelle 0.1-1: Formelzeichen für allgemeine Anwendungen und statische Berechnungen
ANMERKUNG: Die als gebräuchlich bezeichneten Einheiten sind Beispiele. Sie können je nach Erfordernis hiervon abweichen.

Formel-zeichen	Einheit [1) SI-kohärent	Einheit [1) gebräuch-lich	Bezeichnung	
A	m²	mm²	Fläche, allgemein	
A_K	m²	mm²	wirksame Kreisfläche Kompensator, Muffe oder Kupplung	
A_R	m²	mm²	Ringquerschnitt Rohr	
b	m	mm	Auslenkung (Ausknickung)	
b_S	m	mm	Durchhang, Durchbiegung	
Δb	m	mm	Vorlauf (Exzentrizität)	
d_i	m	mm	Durchmesser	Rohr, innen: $d_i = D_o - 2\, e_{ord}$ oder $d_i = D_S - 2\, e_S$
d_m	m	mm	Durchmesser	Rohr, mittlerer: $d_m = D_o - e_{ord}$ oder $d_m = D_S - e_S$
D_o	m	mm	Durchmesser	Rohr, außen oder Dämmung, innen
D_D	m	mm	Durchmesser	Dämmung, außen
D_K	m	mm	Durchmesser	wirksam für Kompensator, Muffe, Kupplung
D_S	m	mm	Durchmesser	äquivalenter für statische Berechnungen
e	m	mm	Wanddicke Rohr	Berechnung, ohne Zuschläge und Aufrundung
e_a	m	mm	Wanddicke Rohr	Nennwanddicke, abzüglich Zuschläge
e_{ord}	m	mm	Wanddicke Rohr	Bestellwanddicke (Nennwanddicke)
e_S	m	mm	Wanddicke Rohr	äquivalente für statische Berechnungen
E	Pa	GPa	Elastizitätsmodul	Auslegungstemperatur
E_{RT}	Pa	GPa	Elastizitätsmodul	Raumtemperatur
f	Pa	MPa	zulässige Spannung	bei Auslegungstemperatur, Streckgrenzbereich
f_a	Pa	MPa	zulässige Spannung	als Spannungsschwingbreite
f_{RT}	Pa	MPa	zulässige Spannung	bei Raumtemperatur
f_B	Pa	MPa	zulässige Spannung	als Biegespannungsanteil für die Stützweite
F	N	kN	Kraft, Last, Belastung	allgemein
F_A	N	kN	Kraft, Last, Belastung	Belastung durch Armatur oder Ausrüstungsteil
F_p	N	kN	Kraft, Last, Belastung	Innendruckkraft
F_R	N	kN	Kraft, Last, Belastung	Rohrhalterung, Reibung
F_W	N	kN	Kraft, Last, Belastung	Längskraft bei behinderter Wärmeausdehnung
F_Z	N	kN	Kraft, Last, Belastung	resultierende Belastung, Vergleichsbelastung
F_{ZA}	N	kN	Kraft, Last, Belastung	zulässige Anschlussbelastung
F_{ZR}	N	kN	Kraft, Last, Belastung	ertragbare Vergleichsbelastung
g	m/s²	m/s²	Erdbeschleunigung (g = 9,81)	
h	-	-	Formfaktor gemäß DIN EN 13480-3, auch Enthalpie	
H	m	mm	Dehnungsschenkel (Ausladung, Versatz), Höhe	

1) 1 Pa ≙ 1 N/m²; 1 MPa ≙ 1 N/mm²; 1 GPa ≙ 10³ N/mm²; 1 bar ≙ 0,1 MPa

Tabelle 0.1-1: Fortsetzung 1

Formelzeichen	Einheit [1]		Bezeichnung	
	SI-kohärent	gebräuchlich		
$i \geq 1$	-	-	Spannungserhöhungsfaktor gemäß DIN EN 13480-3	
J	m^4	mm^4	Trägheitsmoment bezogen auf	Rohrquerschnitt
J_L	m^3	mm^3		Rohrlängsschnitt, pro Längeneinheit
$k_B \geq 1$	-	-	Flexibilitätsfaktor gemäß DIN EN 13480-3	
K	Pa	MPa	Festigkeitskennwert (Abschnitt 3.3)	
K_D	-	-	Konstante, Faktor, Zuschlag	Dehnungsschenkelfaktor
K_E	-	-		Konstante für Elastizitätskriterium
K_H	-	-		Halterungszuschlag
K_L	-	-		Längenausdehnungsfaktor
K_{Ws}	-	-		Werkstofffaktor
L	m	m	Länge	Rohrleitung, allgemein
L_B	m	m		Kraglänge
L_A, L_D	m	m		Stützweite
L_{FP}	m	m		kürzester Abstand zwischen 2 Festpunkten
L_S	m	m		dito als durchgemessene Trasse
ΔL	m	mm	Längendifferenz infolge von	Gesamtverschiebung
ΔL_A	m	mm		Anschlussverschiebung
ΔL_{VM}	m	mm		Vorspannung, bezogen auf Montagetemperatur
ΔL_V	m	mm		dito, bezogen auf Umgebungstemperatur
ΔL_W	m	mm		linearer Wärmeausdehnung
$\Delta L_W / L$	-	mm/m	relative Wärmausdehnung	
m_A	kg	kg	Masse einer Armatur oder eines anderen Einzelbauteils	
M_b	N·m	kN·m	Moment infolge von	Biegemoment
M_A	N·m	kN·m		ständig wirkenden Lasten
M_B	N·m	kN·m		gelegentlichen oder außergewöhnlichen Lasten
M_C	N·m	kN·m		Wärmeausdehnung und Wechselbeanspruchung
M_D	N·m	kN·m		einmaliger Lagerverschiebung
M_R	N·m	kN·m		Festpunktbelastung
M_T	N·m	kN·m		Torsion
n	-	-	Lastwechselzahl, allgemein	
n_{eq}	-	-	Anzahl äquivalenter Volllastwechsel	
n_j	-	-	Anzahl der Teillastwechsel innerhalb eines Lastkollektivs	
n_R	-	mm/m; %	Gefälle	
N	N	kN	Normalkraft	
p	Pa	bar	Überdruck, allgemein	

[1] 1 Pa ≙ $1\ N/m^2$; 1 MPa ≙ $1\ N/mm^2$; 1 GPa ≙ $10^3\ N/mm^2$; 1 bar ≙ 0,1 MPa

Tabelle 0.1-1: Fortsetzung 2

Formelzeichen	Einheit[1] SI-kohärent	Einheit[1] gebräuchlich	Bezeichnung	
p_c	Pa	bar	Berechnungsdruck	
p_d	Pa	bar	Auslegungsdruck	
p_H	Pa	m WS	statische Druckhöhe	
p_{rat}	Pa	bar	Ratingdruck (Abschnitt 0.2.6)	
p_t	Pa	bar	Prüfdruck	
P	Pa	bar	Absolutdruck, allgemein	
q_A	kg/m	kg/m	längenbezogene Masse für	Armatur oder anderes Einzelbauteil
q_D	kg/m	kg/m		Dämmung
q_F	kg/m	kg/m		Fluid
q_R	kg/m	kg/m		Rohr
q_S	kg/m	kg/m		Schnee
q_{RL}	kg/m	kg/m		Rohrleitung gesamt
Q	N	kN	Querkraft	
Q_{RL}	N/m	kN/m	Streckenlast für	Eigenmasse der Rohrleitung
Q_S	N/m	kN/m		Schnee
Q_W	N/m	kN/m		Wind
R	m	mm	Bogen- oder Krümmerradius	
$R_{m/T/t}$	Pa	MPa	Zeitstandfestigkeit bei Auslegungstemperatur	
$R_{p0,2t}$	Pa	MPa	0,2 %-Dehngrenze bei Auslegungstemperatur	
S	-	-	Sicherheitsbeiwert im zeitunabhängigen Bereich	
S_{CR}	-	-	Sicherheitsbeiwert zum Mittelwert der Zeitstandfestigkeit	
S_M	-	-	Sicherheit gegen Montageungenauigkeiten	
S_p	N/m²	kN/m²	Flächenlast	Wind
S_k	N/m²	kN/m²		Schnee
t^*	-	°C	Celsius-Temperatur für	fiktive Temperatur nach Abschnitt 7.1.3
t_c	-	°C		Berechnung (Berechnungstemperatur)
t_d	-	°C		Auslegung (Auslegungstemperatur)
t_j	-	°C		Teilllastkollektiv n_j
t_M	-	°C		Montagezustand
t_{rat}	-	°C		Ratingtemperatur (Abschnitt 0.2.6)
t_{RT}	-	°C		Raumtemperatur (Abschnitt 0.1.3)
t_{UT}	-	°C		Umgebungstemperatur (Abschnitt 0.1.3)
Δt_W	K	K	Temperaturdifferenz	bei Wärmeausdehnung
Δt_{zul}	K	K		zulässige bei behinderter Wärmeausdehnung
T	K	K	Absoluttemperatur, Indizes wie bei der Celsius-Temperatur	
T	s	h	Zeit, allgemein; auch Lebensdauer	

[1] 1 Pa ≙ 1 N/m²; 1 MPa ≙ 1 N/mm²; 1 bar ≙ 10^5 Pa ≙ 0,1 MPa; 1 m WS ≙ 0,981 · 10^4 Pa

Tabelle 0.1-1: Fortsetzung 3

Formelzeichen	Einheit [1] SI-kohärent	Einheit [1] gebräuchlich	Bezeichnung	
U	-	-	Lastspielminderungsfaktor	
V	-	-	Vorspannfaktor	
V_p	-	%	Vakuum	
w	m/s	m/s	Geschwindigkeit allgemein	
w_L	m/s	m/s	Windgeschwindigkeit	
$z \leq 1$	-	-	Schweißnahtfaktor	
$z_Q \leq 1$	-	-	Schweißnahtwertigkeit	
z_{SMF}	-	-	Schweißnahtminderungsfaktor	
Z	m^3	mm^3	Widerstandsmoment Rohr	
β_t	1/K	1/K	Wärmeausdehnungskoeffizient	linearer bei Temperatur t
β_{diff}	1/K	1/K		differentieller linearer
$\Delta\beta_{diff}$	1/K	1/K		Korrektur für die Umgebungstemperatur
λ	-	-	Schlankheitsgrad	
μ	-	-	Reibungsbeiwert (Reibungskoeffizient)	
ρ_F	kg/m^3	kg/m^3	Dichte	Fluid
ρ_R	kg/m^3	kg/m^3		Rohrwerkstoff
σ	Pa	MPa	Spannung	allgemein
σ_1 bis σ_6	Pa	MPa		vorhandene, bei der Elastizitätsanalyse
σ_{ax}	Pa	MPa		längs, durch Deckelkraft
σ_v	Pa	MPa		Vergleichsspannung
σ_W	Pa	MPa		durch behinderte Wärmeausdehnung
x, y, z	-	-	Koordinatenrichtungen	

[1] 1 Pa ≙ 1 N/m^2; 1 MPa ≙ 1 N/mm^2.

Im Ausnahmefall können Abweichungen auftreten, z. B. bei auftragsgebundener Fertigung. Sie sind analog zu KTA 3201.2 oder 3211.2 (siehe Abschnitt 4.2.3) so zu berücksichtigen, dass e_S und D_S mittig zur Toleranzbreite ΔD bzw. ΔT liegen.

Bei Mindestmaßen sind die negativen Grenzabmaße 0, die positiven nehmen die volle Toleranzbreite ein, d. h. es verschiebt sich lediglich die Nulllage. Es ist zu beachten, dass die prozentuale Toleranzbreite ΔT durch die veränderte Bezugsbasis von derjenigen bei Nennwanddicken abweicht.

Tabelle 0.1-2: Umrechnung optionaler Bestellmaße auf äquivalente Maße für statische Berechnungen

Bestellmaße gemäß technischer Lieferbedingung nach DIN EN-Reihe 10216		äquivalente Maße für statische Berechnungen [1)]	
Durchmesser	Wanddicke	Außendurchmesser D_S [2)]	Wanddicke e_S [3)]
Außendurchmesser D	Wanddicke T [4)]	D	T
	Mindestwanddicke T_{min}	D	$T_{min} + 0{,}5\ \Delta T$
Mindest-Außendurchmesser D_{min}	Wanddicke T [4)]	$D_{min} + 0{,}5\ \Delta D$	T
	Mindestwanddicke T_{min}	$D_{min} + 0{,}5\ \Delta D$	$T_{min} + 0{,}5\ \Delta T$
Innendurchmesser d	Wanddicke T [4)]	$d + 2\ T$	T
	Mindestwanddicke T_{min}	$d + 2\ T_{min} + \Delta T$	$T_{min} + 0{,}5\ \Delta T$
Mindest-Innendurchmesser d_{min}	Wanddicke T [4)]	$d_{min} + 0{,}5\ \Delta D + 2\ T$	T
	Mindestwanddicke T_{min}	$d_{min} + 0{,}5\ \Delta D + 2\ T_{min} + \Delta T$	$T_{min} + 0{,}5\ \Delta T$

[1)] ΔD und ΔT nach Gl. (0.1-1).
[2)] Formelzeichen gemäß DIN EN 13480-3: D_o, d_o oder d_a
[3)] Formelzeichen gemäß DIN EN 13480-3: e_{ord}, e_n oder s
[4)] Gemäß DIN EN 10266 als Nennwanddicke bezeichnet.

Dient Rohr nur als Vormaterial zum Herstellen von Stutzen, Reduzierungen bzw. zum Aus- und/oder Abdrehen von Rohr, gelten für die Festlegung von D_S und e_S die Nennmaße des Fertigteils in Verbindung mit den Bearbeitungstoleranzen des Herstellers. Gleiches gilt sinngemäß für Bauteile, die aus Vollmaterial gefertigt werden.

0.1.2 Bezugsbasis und Einheiten für Drücke

a) Bezugsbasis für Drücke

Drücke sind gemäß Druckgeräterichtlinie (DGRL) [0.1-1] auf den Atmosphärendruck zu beziehen, d. h. sie sind als Überdrücke zu verstehen. Demzufolge haben Drücke im Vakuumbereich (Unterdrücke) ein negatives Vorzeichen.

Umrechnung von prozentualen Vakuumangaben V_p auf Überdruck:

$$p_{[\text{Überdruck}]} = \frac{V_p}{100} - 1{,}013\ \text{bar} \qquad (0.1\text{-}2)$$

20 % Vakuum entspricht somit -0,813 bar.

Näherungsweise Umrechnung von Überdrücken auf Absolutdrücke, erforderlich für spezielle Berechnungen:

- $p_{[\text{Überdruck}]} \geq 0{,}5$ bar $\quad P_{[\text{Absolutdruck}]} \approx p_{[\text{Überdruck}]} + 1$ bar (0.1-3a)
- $p_{[\text{Überdruck}]} < 0{,}5$ bar $\quad P_{[\text{Absolutdruck}]} \approx p_{[\text{Überdruck}]} + 1{,}013$ bar (0.1-3b)

b) Einheiten für Drücke und Differenzdrücke

- SI-Einheiten

  Bei den Parametern von Druckgeräten sind die Drücke vorzugsweise in bar angegeben. Berechnungen sind jedoch meist in SI-Einheiten erforderlich. Umrechnung:

  $1\ \text{MPa} \triangleq 10^3\ \text{kPa} \triangleq 10^6\ \text{Pa} \triangleq 10^6\ \text{N/m}^2 \triangleq 1\text{N/mm}^2 \triangleq 10\ \text{bar}$ (0.1-4)

  Druckdifferenzen tragen die gleiche Einheit.

- SI-fremde Einheiten

  $10\ \text{m WS} \triangleq 10\,000\ \text{mm WS} \triangleq 0{,}981 \cdot 10^5\ \text{Pa} \cong 10^5\ \text{Pa} \triangleq 1\ \text{bar}$ (0.1-5)

  $1\ \text{at} \triangleq 1\ \text{kp/cm}^2 \triangleq 0{,}981 \cdot 10^5\ \text{Pa} \cong 10^5\ \text{Pa} \triangleq 1\ \text{bar}$ (0.1-6)

  WS: Wassersäule

- Einheiten für den atmosphärischen Druck

  In Tabellenwerken sind teilweise noch folgende SI-fremde Einheiten zu finden:

  $1\ \text{atm} \triangleq 760\ \text{mm Hg} \triangleq 760\ \text{Torr} \triangleq 1{,}013\ \text{bar} \triangleq 1013\ \text{hPa}$ (0.1-7)

  $750\ \text{mm Hg} \triangleq 750\ \text{Torr} \triangleq 1\ \text{bar} \triangleq 1000\ \text{hPa}$ (0.1-8)

  Die Einheit „mm Hg“ wird manchmal auch als „mm QS“ (Quecksilbersäule) bezeichnet.

- Angelsächsische Einheiten

  $1\ \text{lb./sq. ft.} \triangleq 1/144\ \text{lb./sq. in.} \triangleq 0{,}479 \cdot 10^{-3}\ \text{bar}$ (0.1-9)

  $1\ \text{lb./sq. in.} \triangleq 1\ \text{psi} \triangleq 0{,}06895\ \text{bar}$ (0.1-10)

Überdrücke werden zusätzlich durch den Buchstaben „g" (engl.: gauge; amerik.: gage) gekennzeichnet, z. B. psig oder lb./sq.in.g.

0.1.3 Bezugsbasis und Einheiten für Temperaturen

a) Einheiten für Temperaturen

Temperaturen werden in den meisten Staaten in °C angegeben. Sie erleichtern die Umrechnung auf die Absoluttemperatur mit der SI-Einheit K:

$$T_{[K]} = t_{[°C]} + 273\ K \qquad (0.1\text{-}11)$$

Für Temperaturen in der Nähe des absoluten Nullpunkts (T < 20 K) ist als Konstante der Wert 273,15 K einzusetzen.

Temperaturdifferenzen tragen die Einheit K. Die Bezeichnung „grd" ist nicht mehr anzuwenden.

Für die angelsächsische Temperatureinheit °F gilt als Umrechnung (**Bild 0.1-1**):

$$t_{[°F]} = 1{,}8 \cdot t_{[°C]} + 32\ °F \qquad (0.1\text{-}12)$$

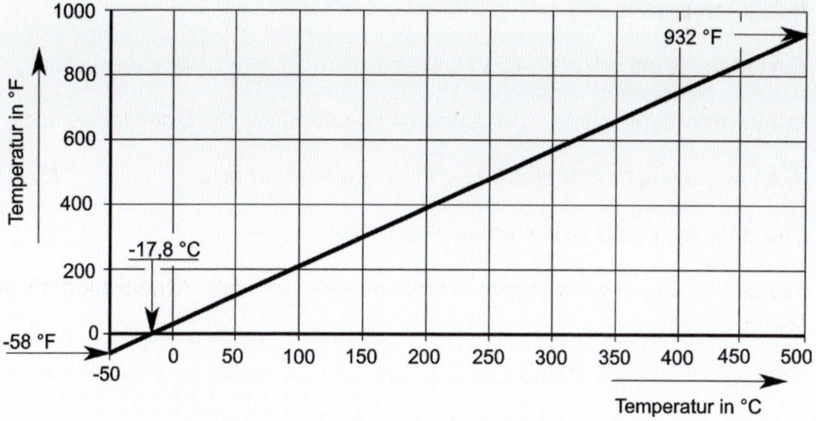

Bild 0.1-1: Umschlüsselung von °C in °F

b) Referenztemperaturen

- Raumtemperatur t_{RT}, Standardtemperatur t_{ST}

  Für Stoffwerte, Werkstoffkennwerte und andere physikalische Größen gilt als Bezugsgröße häufig die Raumtemperatur t_{RT} mit 20 °C.

  Im Gegensatz dazu bezieht sich die in der Physik übliche Standardtemperatur t_{ST} auf einen Wert von 25 °C. Der Unterschied ist für den Rohrleitungsbau vernachlässigbar.

  Werkstoffkennwerte für Raumtemperatur gelten meist für einen Temperaturbereich von -10 °C bis +50 °C, manchmal auch höher. Unterschreitungen werden als „tiefe Temperaturen", Überschreitungen als „erhöhte Temperaturen" bezeichnet.

- Umgebungstemperatur t_{UT}

  Sie ist für den Dehnungsausgleich, die Dämmung, die Montage (z. B. bei der Vorspannung) und die Druckprüfung von Bedeutung, insbesondere bei geringen Differenzen zur Fluidtemperatur.

  Während für die Montage und die Druckprüfung die zum jeweiligen Zeitpunkt herrschende Umgebungstemperatur maßgebend ist, geht man bei der Auslegung des Dehnungsausgleichs und der Dämmung in Freianlagen von üblicherweise herrschenden tiefsten und/oder höchsten Umgebungstemperaturen aus. Für Höhen bis 1000 m über NN rechnet man für mitteleuropäische Verhältnisse (Band I Abschnitt 2.1.11) mit einer tiefsten Umgebungstemperatur von t_{UT} = -20 °C und einer höchsten von t_{UT} = +60 °C bei direkter Sonneneinstrahlung bzw. von t_{UT} = +40 °C bei abgeschatteter Lage.

  Für Innenanlagen entspricht $t_{UT} = t_{RT}$ = +20 °C.

- Normzustand (auch als Normalzustand bezeichnet)

  Gemäß DIN 1343 bezieht sich dieser auf eine Temperatur von t_N = 0 °C bzw. T_N = 273,15 K bei einem Absolutdruck von P_N = 101 325 Pa ≙ 1,013 25 bar. Der Normzustand ist für die Berechnung des Druckverlustes bzw. der Auslegung der Nennweite von Gasleitungen von Bedeutung.

0.2 Druck- und Temperaturangaben für Druckgeräte

0.2.1 Begriffe, Definitionen

Die nachfolgenden Definitionen und Formelzeichen stammen aus DIN EN 764-1, mit Ausnahme der Ratingparameter. Unter Parameter sind die jeweils zugeordneten Druck- und Temperaturwerte zu verstehen. Es ist zu unterscheiden in:

Komplette Rohrleitung

Hierunter ist die funktionstüchtige Rohrleitung als Druckgerät im Sinne der DGRL zu verstehen, die Armaturen und andere druckhaltende Ausrüstungsteile einschließt. Zugehörige Parameter:

- zulässige Parameter
- Auslegungsparameter (früher als Konstruktionsparameter bezeichnet)
- Arbeitsparameter (häufig auch noch als Betriebsparameter bezeichnet)
- Prüfparameter

Armaturen und andere druckhaltende Ausrüstungsteile

Sie stellen zwar eigenständige Druckgeräte im Sinne der DGRL dar, sind aber nur im Zusammenwirken mit anderen Druckgeräten funktionsfähig. Zugehörige Parameter, bezogen auf das Ausrüstungsteil, nicht auf die Rohrleitung:

- zulässige Parameter
- Auslegungsparameter
- Prüfparameter

Bauteil

Alle Einzelteile einer Rohrleitung, die im Regelfall keine eigenständigen Druckgeräte sind. Zugehörige Parameter:

- Berechnungsparameter (oft mit Auslegungsparameter verwechselt)
- Ratingparameter
- Prüfparameter (nur im Ausnahmefall und unabhängig von der Rohrleitung)

Der Zusammenhang zwischen den unterschiedlichen Druck- und Temperaturangaben ist im **Bild 0.2-1** erläutert.

0.2.2 Zulässige Parameter

a) Zulässiger Druck (allowable pressur) p_s oder $p_{s,max}$

Er ist der höchstzulässige Druck in der Rohrleitung oder im Ausrüstungsteil. Zur Begrenzung sind geeignete Sicherheitseinrichtungen erforderlich, z. B. Sicherheitsventile oder Berstscheiben, so dass $p_{s,max}$ dem Ansprechdruck dieser Sicherheitseinrichtungen entspricht. Der Druckanstieg nach Ansprechen der Sicherheitseinrichtungen wird als kurzzeitige Drucküberschreitung bei der Festlegung von $p_{s,max}$ nicht berücksichtigt. Ausrüstungsteile haben in der Regel keine eingene Sicherheitseinrichtungen, sondern werden über die Rohrleitung im Druck begrenzt.

Die Definition entspricht im ASME-Code dem „maximum sustained operating pressure" (MSOP).

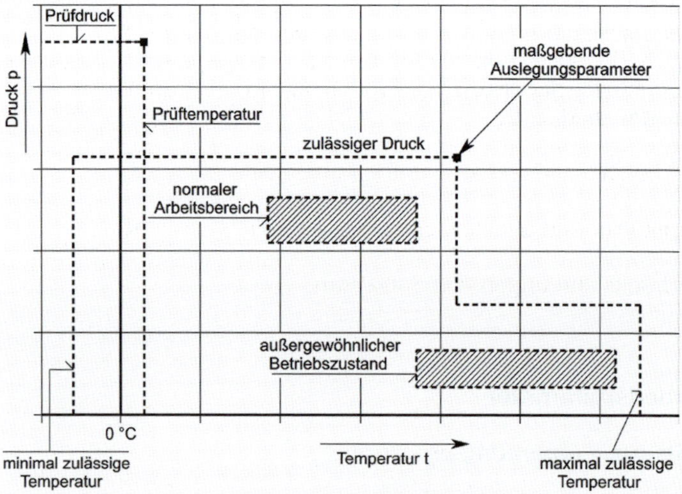

Bild 0.2-1: Druck- und Temperaturangaben für Druckgeräte. Die Arbeitsbereiche werden jeweils von minimalen und maximalen Arbeitsdrücken und -temperaturen begrenzt. ANMERKUNG: Je nach konkreten Druck- und Temperaturverhältnissen kann in Ausnahmefällen auch der außergewöhnliche Betriebszustand für die Auslegung maßgebend sein.

Veraltete Bezeichnungen: zulässiger Betriebsüberdruck (allowable working pressure), Betriebsdruck, Genehmigungsdruck, Konzessionsdruck.

b) Zulässige Temperatur (allowable temperature) t_s bzw. $t_{s,max}$ und $t_{s,min}$

Sie ist die aus Sicherheitsgründen festgelegte Grenze für die höchste und/oder niedrigste zulässige Temperatur der Rohrleitung oder des Ausrüstungsteils. Zu ihrer Begrenzung sind geeignete Sicherheits- oder Überwachungseinrichtungen erforderlich, z. B. geregelte Dampfkühler. Bezüglich Absicherung von Ausrüstungsteilen gilt sinngemäß das Gleiche wie für den zulässigen Druck. Die höchste und/oder niedrigste zulässige Temperatur braucht nicht unbedingt mit dem höchstzulässigen Druck entsprechend Buchstabe a zusammenfallen.

Beispiel: Die höchstzulässige Temperatur $t_{s,max}$ tritt bei der kalten Zwischenüberhitzungsleitung meist im Leerlauf der Turbine auf, d. h. bei niedrigem Druck, während der höchstzulässige Druck sich eher bei Volllast einstellt (**Bild 0.2-1**).

Veraltete Bezeichnung: zulässige Betriebstemperatur.

c) Zulässige Parameter bei Armaturen

Für standardisierte oder konfektionierte Armaturen und andere druckhaltende Ausrüstungsteile sind deren zulässige Parameter in der Regel mit den Ratingparametern identisch. Ausnahmen bilden auftragsgebundene Armaturen und Ausrüstungsteile, die speziell auf die zulässigen Parameter der Rohrleitung zugeschnitten sind, z. B.:

- Sicherheitsventile und andere Sicherheitseinrichtungen

- Dampfkühler und ähnliche spezifische Kühleinrichtungen

- Überdrucksicherungen von Schiebern

0.2.3 Arbeitsparameter

a) Arbeitsdruck (operating pressure) p_o

Er ist der für den Ablauf einer oder mehrerer Arbeitsoperationen verfahrensbedingte Druck des Durchflussstoffs in der Rohrleitung. Er kann zwischen einem Höchst- und Niedrigstwert schwanken.

Arbeitsoperationen können neben dem Normalbetrieb auch außergewöhnliche Betriebszustände sein, z. B. der An- oder Abfahrbetrieb, Kontrollfahrten (Prüfung von Sicherheitseinrichtungen), planmäßige Reinigungsabläufe.

b) Arbeitstemperatur (operating temperature) t_o

Sie ist die dem jeweiligen Arbeitsdruck zugeordnete Temperatur des Durchflussstoffs in der Rohrleitung. Sie kann je nach Betriebszustand zwischen einem Höchst- und Niedrigstwert schwanken, z. B. zwischen Volllast und Teillast. Die Höchst- bzw. Niedrigstwerte brauchen nicht unbedingt mit denen des Druckes zusammenfallen.

Bei beheizten oder gekühlten Rohrleitungen ist die die erhöhte bzw. erniedrigte Temperatur durch die Aufheizung bzw. Abkühlung zu berücksichtigen.

c) Beispiele für außergewöhnliche Betriebszustände

- Kalte Zwischenüberhitzungsleitungen in Kraftwerken

  Betrieb bei geöffneter HD-Umleitstation mit gedrosselter Frischdampftemperatur während des An- und Abfahrvorganges.

  Leerlaufbetrieb (Lastabwurf) der Turbine unter hohen Temperaturen bei niedrigem Druck.

- Entnahmedampf- und Anzapfleitungen

  Leerlaufbetrieb (Lastabwurf) der Turbine unter hohen Temperaturen bei niedrigem Druck.

- Rohrleitungen mit Begleitheizung, z. B. Ölleitungen

  Weiterbetrieb der Begleitheizung bei entleerter Rohrleitung, falls keine automatisch wirkenden Sicherheitseinrichtungen vorhanden sind, so dass die Rohrleitung sich stärker als im gefüllten Zustand ausdehnt.

  Weiterbetrieb der Begleitheizung bei fehlender Abnahme, z. B. bei plötzlichem Ausfall des Kessels, so dass sich das Produkt bis zur maximalen Arbeitstemperatur der Begleitheizung aufheizen kann.

- Rohrleitungen mit turnusmäßiger Reinigung

  Reinigung mit aggressiven, lösenden oder heißen (Dampf oder Heißwasser) Reinigungsfluiden mit abweichenden Arbeitsparametern gegenüber dem Normalbetrieb.

- ND-Systeme von Kraftwerksrohrleitungen

  Planmäßige Evakuierung von ND-Anzapfungen oder -Entnahmen, Kondensatleitungen, Austrittsleitungen von MD-Umleitstationen und weiteren Dampfleitungen im ND-Bereich während des Anfahrens.

- Absperrbare Saugleitungen von Verdichtern

  Vakuum tritt bei abgesperrter Einlassarmatur auf.

- Flüssigkeitsleitungen

  Anfahren gegen geschlossene Absperrarmatur (Nullförderung).

- Dünnwandige Flüssigkeitsleitungen (relative Wanddicke $\leq$ 0,01)

  Implosionsgefahr beim Entleeren infolge von zeitweiligem Vakuum, falls keine automatisch wirkenden Sicherheitseinrichtungen vorhanden sind, z. B. automatische Ent- und Belüftungsventile.

- Rohrleitungen unter witterungsbedingten tiefen Temperaturen

  Die in Deutschland herrschenden Witterungsbedingungen erfordern keine besonderen Maßnahmen. Bei Lieferungen in den skandinavischen, osteuropäischen oder fernöstlichen Raum (Zentralasien) sind die witterungsbedingten tiefen Temperaturen bei kaltgehenden ungedämmten Gasleitungen und bei Rohrhalterungen in der Werkstoffwahl, Berechnung und Konstruktion zu berücksichtigen.

0.2.4 Auslegungsparameter

a) Auslegungsdruck (design pressure) p_d

Er ist der für die komplette Rohrleitung oder das Ausrüstungsteil maßgebende Innendruck ohne Berücksichtigung von statischen Druckhöhen. Er entspricht im Regelfall dem zulässigen Druck p_s gemäß Abschnitt 0.2.2 und ist in Verbindung mit der Auslegungstemperatur bestimmend für die Auswahl oder Berechnung der Bauteile.

Bisherige Bezeichnung: Konstruktionsdruck.

Statische Druckhöhen sind bei großen Höhenunterschieden gesondert zu berücksichtigen, z. B. bei Triebwasserleitungen von Wasserkraftwerken.

b) Auslegungstemperatur (design temperature) t_d

Sie ist die für die komplette Rohrleitung oder das Ausrüstungsteil maßgebende Temperatur, die in Verbindung mit dem Auslegungsdruck Grundlage zur Auswahl oder Berechnung der Bauteile ist. Sie ist im Regelfall mit der höchsten und/oder niedrigsten zulässigen Temperatur der Rohrleitung t_s gemäß Abschnitt 0.2.2 identisch. Bei bestimmten Bauteilen von ungedämmten Rohrleitungen sind Temperaturabschläge gemäß DIN EN 13480-3 zulässig.

Bisherige Bezeichnung: Konstruktionstemperatur.

c) Beispiele für Auslegungsparameter

- Rohrleitungen mit Sicherheitseinrichtungen

  Auslegungsdruck: Ansprechdruck der Sicherheitseinrichtung, in der Regel der zulässige Druck p_s.

- Flüssigkeits- und Gasleitungen ohne Sicherheitseinrichtungen

  Auslegungsdruck: maximaler Förderdruck der Pumpe oder des Verdichters beim Fahren gegen geschlossene Absperrarmatur (Nullförderdruck).

- Beidseitig absperrbare Rohrleitungsabschnitte ohne Sicherheitseinrichtung

  Auslegungsdruck: ungünstigstes Betriebsregime, z. B.

  bei undichten Armaturen, die immer einzukalkulieren sind, der maximal zulässige Druck der anschließenden Rohrleitung.

  bei dichten Armaturen in Flüssigkeitsleitungen der erhöhte Druck durch das Aufheizen von eingeschlossenem Fluid.

- Abblaseleitungen (siehe Kapitel 15).

  Auslegungsdruck: Eigengegendruck nach Sicherheitsventil unter Berücksichtigung des Druckverlustes der Abblaseleitung.

  Auslegungstemperatur: Temperatur vor Sicherheitsventil beim maximal zulässigen Druck (Ansprechdruck), entspannt bei konstanter Enthalpie (h = const.) bis zum Eigengegendruck.

- Ausblaseleitungen (siehe Kapitel 16)

  Auslegungsdruck: Eigengegendruck am Anfang der Ausblaseleitung bei maximaler Öffnung der Drosselarmatur.

  Auslegungstemperatur: Temperatur vor Drosselarmatur beim maximal zulässigen Ausblasedruck, entspannt bei konstanter Enthalpie (h = const.) bis zum Eigengegendruck.

- Zu- und Abführungsleitungen von Umleitstationen

  Es gelten die Auslegungsparameter der jeweiligen Hauptleitung, an die sie vor- bzw. gegendruckseitig angeschlossen sind.

- Ableitungen (Entwässerungen, Entleerungen, Belüftungen und dergl.)

  Bis einschließlich letzter Armatur in Flussrichtung: Auslegungsparameter der Hauptleitung.

  Hinter der letzten Armatur in Flussrichtung: Auslegungsparameter des Gegendrucknetzes.

d) Beispiele für sonstige Auslegungsparameter

- Auslegungstemperatur zur Dimensionierung von Dämmungen

  Wärmedämmungen: normale Arbeitstemperatur t_o.

  Kältedämmungen: niedrigste Arbeitstemperatur $t_{o,min}$.

- Druckverlustberechnung

  Es sind die Arbeitsparameter p_o, t_o des normalen Arbeitsbereichs maßgebend.

- Wärmetechnische Berechnungen

  Im Regelfall gelten die Arbeitsparameter p_o, t_o des normalen Arbeitsbereichs, z. B. zur Ermittlung von Kondensatmengen (Einstellung spezieller Kondensatableiter) oder zur Dimensionierung von Warmhalteleitungen (Drosseldurchmesser von Warmhaltedrosseln).

0.2.5 Berechnungsparameter

a) Berechnungsdruck (calculation pressure) p_c oder kurz p

Er ist der zur Festigkeitsberechnung eines Rohrleitungsbauteils maßgebende Druck. Er kann sich vom Auslegungsdruck durch Zu- und Abschläge unterscheiden.

b) Berechnungstemperatur (calculation temperature) t_c oder kurz t

Sie ist die zur Festigkeitsberechnung eines Rohrleitungsbauteils maßgebende Temperatur. Sie kann sich von der Auslegungstemperatur durch Zu- und Abschläge unterscheiden.

Die Berechnungstemperatur t_c für gedämmte Rohrleitungen ist gemäß DIN EN 13480-3 mit der Auslegungstemperatur t_d (Abschnitt 0.2.4) identisch. Bei ungedämmten Rohrleitungen mit Fluidtemperaturen ≥ 40 °C sind folgende Abschläge zulässig, wobei 40 °C nicht unterschritten werden dürfen:

- 5 % allgemein.
- 10 % für Flansche, außer Losflansche, Anschweißflansche und -bunde.
- 15 % für Losflansche, Anschweißflansche und -bunde.
- 20 % für Verschraubungen.

c) Berechnungsparameter für Festigkeitsberechnungen

Die Festigkeitsnachweise sind mit den für das Rohrleitungsbauteil maßgebendem Wertepaar aus Berechnungsdruck und -temperatur (set) zu führen. Bei unterschiedlichen Arbeitsbereichen (siehe Abschnitt 0.2.3) gilt das für jeden von ihnen. Eine Kombination der Berechnungsparameter aus unterschiedlichen Arbeitsbereichen, z. B. hoher Druck im Normalbetrieb mit hoher Temperatur im Leerlaufzustand ist nicht sinnvoll.

Beispiele für Berechnungsparameter:

- Triebwasserleitung von Laufwasserkraftwerken

  Die Ermittlung der Wanddicken erfolgt abschnittsweise gestaffelt je nach statischer Druckhöhe.

- Verbindungsmittel von Flanschverbindungen

  Es gelten Temperaturabschläge gemäß AD 2000 B 7.

- Festigkeitsberechnung von Acetylenleitungen

  Festlegungen zur zerfallsicheren Dimensionierung enthalten die Bemessungsvorschriften nach TRAC 204.

- Rohrhalterungen

  Für Rohrhalterungen gelten die Berechnungstemperaturen nach DIN EN 13480-3.

Für die Systemanalyse der Rohrleitung sind in der Regel die Auslegungsparameter maßgebend. Genaue Festlegungen sind den jeweiligen Berechnungsvorschriften zu entnehmen.

0.2.6 Ratingparameter

a) Ratingdruck (rating pressure) p_{rat}

Er ist derjenige Innendruck eines Bauteils bei einer bestimmten Ratingtemperatur, der auf Grund des Werkstoffs, der Berechnungsgrundlagen und weiterer Konstruktionsbedingungen maximal zulässig ist.

b) Ratingtemperatur (rating temperature) t_{rat}

Sie ist diejenige Temperatur, für die ein Bauteil auf Grund des Werkstoffs, der Berechnungsgrundlagen und weiterer Kriterien eingesetzt werden darf. Der Einsatzbereich wird durch einen Höchst- und Tiefstwert begrenzt.

c) Ratingparameter

Die Wertepaare aus Ratingdruck und Ratingtemperatur kennzeichnen den Einsatzbereich genormter oder konfektionierter Bauteile. Für Armaturen und andere druckhaltender Ausrüstungsteile sind sie mit den zulässigen Parametern identisch. In den Normen werden sie häufig als Druck-/Temperatur-Zuordnungen oder Ratings bezeichnet.

Beispiele von Ratingparametern:

- Flansche: DIN EN-Reihe 1092
- Einschweißformstücke: DIN EN-Reihe 10253
- Tempergussfittings: DIN EN 10242
- Armaturen, druckhaltende Ausrüstungsteile: Herstellerangaben (**Bild 0.2-2**)

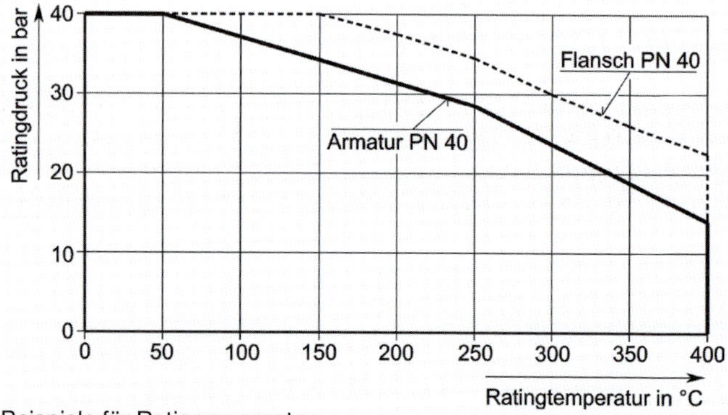

Bild 0.2-2: Beispiele für Ratingparameter
Durchgezogene Linie: Armatur PN 40 nach Herstellerangaben
Gestrichelte Linie: Flansch PN 40 nach DIN EN 1092-1, Werkstoffgruppe 8E2

0.2.7 Prüfparameter

a) Prüfdruck (test pressure) p_t

Der für die Druckfestigkeitsprüfung eines Druckgeräts maßgebende Druck ist in der Druckgeräterichtlinie bzw. DIN EN 13480-5, in anderen zutreffenden technischen Regeln oder in Spezifikationen des Auftraggebers festgelegt. Während des Prüfzustandes sind verminderte Sicherheitsbeiwerte für die Bauteile zulässig.

- Prüfdruck der Rohrleitung

  Er ist in der Regel höher als der zulässige Druck der Rohrleitung (Bild 0.2-1), darf aber keinesfalls die vom Hersteller vorgegebenen maximalen Prüfdrücke von speziellen Bauteilen (z. B. Kompensatoren), Armaturen und anderen druckhaltenden Ausrüstungsteilen überschreiten.

- Prüfdrücke von Armaturen und anderen druckhaltenden Ausrüstungsteilen

  Sie liegen oberhalb der Kurve der Ratingparameter, d. h. über dem höchsten Ratingdruck, müssen aber nicht mit dem Prüfdruck der kompletten Rohrleitung identisch sein.

- Prüfdrücke von Formstücken und anderen Bauteilen

  Sie werden nach Kriterien festgelegt, die nicht zwangsläufig mit denen der DGRL übereinstimmen. Sie sind in den zugehörigen technischen Lieferbedingungen angegeben.

b) Prüftemperatur (test temperature) t_t

Im Regelfall bezieht sie sich auf Umgebungstemperatur, worunter meist ein Temperaturbereich von 0 bis 50 °C zu verstehen ist. Prüftemperaturen unter 0 °C sind bei entsprechenden Frostschutzmaßnahmen möglich. Bei kälteempfindlichen Stählen kann die Festlegung einer Mindest-Prüftemperatur erforderlich sein.

0.2.8 Belastungen durch Druck und Temperatur

a) Berechnungs- und Auslegungsparameter

Für die Festigkeitsberechnung sind die Berechnungsparameter des jeweiligen Bauteils entsprechend Abschnitt 0.2.5, für die Rohrleitungs-Systemanalyse die Auslegungsparameter entsprechend Abschnitt 0.2.4 maßgebend.

Statische Druckhöhen p_H sind zusätzlich zu berücksichtigen. Für die Festigkeitsberechnung sind sie gemäß AD 2000 B 0 nur von Belang, wenn sie das Bauteil um mehr als 5 % beanspruchen:

$$p_{cH} = 0{,}95\ p_c + p_H \geq p_c \qquad (0.2\text{-}1)$$

p_c - Berechnungsdruck ohne Berücksichtigung statischer Druckhöhen

p_{cH} - Berechnungsdruck einschließlich statischer Druckhöhen

Negative Innendrücke (Vakuum) wirken als positive Außendrücke, d. h. ein Innendruck von -0,813 bar entspricht einem Außendruck von +0,813 bar.

Bei gleichzeitiger Einwirkung von Innen- und Außendruck (z. B. seeverlegte Rohrleitungen) ist die Berechnung getrennt für den Innen- und Außendruck zu führen. Die größere der beiden Wanddicken ist maßgebend.

b) Innendruckkraft von Kompensatoren

Die Axialkraft aus nicht entlasteten oder teilentlasteten Kompensatoren ist nach Kapitel 10 zu berechnen. Maßgebend ist der Prüfdruck p_t nach Abschnitt 0.2.7. Falls während der Druckprüfung entlastende Maßnahmen vorgesehen sind, z. B. zeitweilige axiale Verspannung, darf mit dem Auslegungsdruck p_d nach Abschnitt 0.2.4 gerechnet werden.

Die Axialkraft muss von Festpunkten oder Teilfestpunkten aufgenommen werden.

c) Innendruckkraft von offenen Rohrleitungssystemen

Die Axialkraft F_p von Systemen mit nicht zugfesten (kraftschlüssigen) Muffen oder Kupplungen errechnet sich aus:

$$F_p = p_t \, A_K \qquad (0.2\text{-}2)$$

p_t ist der Prüfdruck nach Abschnitt 0.2.7.

A_K ist der für die Innendruckkraft maßgebende größte innere Querschnitt an der Muffe oder Kupplung mit dem Durchmesser D_K, der in der Regel größer als der Rohrinnendurchmesser d_i ist. Axiale Anschlagbegrenzungen sind keine Dichtungen und werden bei der Festlegung von D_K nicht berücksichtigt (**Bild 0.2-3**). Dichtschweißungen gelten nicht als zugfest.

Die Axialkraft muss von Festpunkten oder Teilfestpunkten (Widerlager) aufgenommen werden.

d) Wärmeausdehnung infolge von Temperatureinwirkung

Zum Einfluss von behinderter Wärmeausdehnung auf die Belastung des Rohrleitungssystems unter Berücksichtigung der Vorspannung siehe Abschnitt 7.4 und 9.6.

Dabei ist zu berücksichtigen, dass während der erstmaligen oder der wiederkehrenden Reinigung mit heißen Reinigungsfluiden erhöhte behinderte Wärmeausdehnungen auftreten können.

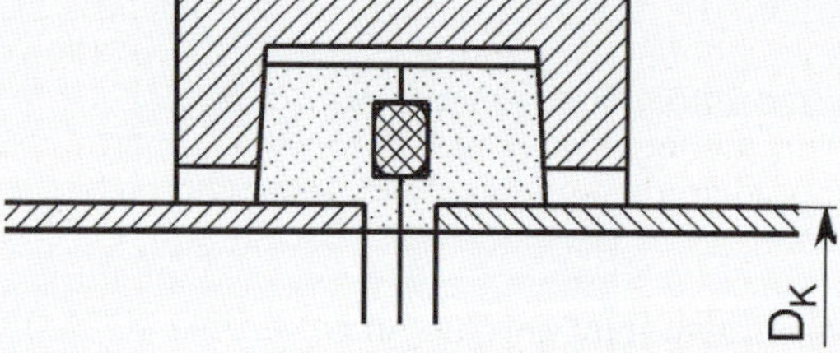

Bild 0.2-3: Kraftschlüssige (nicht zugfeste) Kupplung mit axialen Anschlagbegrenzungen an den Rohrenden

0.3 Ausgewählte äußere Belastungen

0.3.1 Ständig wirkende Belastungen durch Gewichte

a) Längenbezogenes Rohrgewicht

Maßgebend sind die entsprechenden Abmessungsnormen. Für Rohre aus un- oder niedriglegierten Stählen sind die Rohrgewichte q_R (in kg/m) aus DIN EN 10220 zu entnehmen, für nichtrostende Stähle aus DIN EN ISO 1127.

Für Stahl mit einer Dichte von $\rho_R = 7850$ kg/m³ entsprechen sie mit ausreichender Genauigkeit:

$$q_R = 0{,}0247\ e_{ord}\ (D_o - e_{ord}) \text{ in kg/m} \qquad (0.3\text{-}1)$$

Der Außendurchmesser D_o und die Bestellwanddicke e_{ord} sind hierbei in mm einzusetzen. Für die Umrechnung auf andere Bestellgrößen siehe Tabelle 0.1-2.

Der Dichteunterschied zu hochlegierten Stählen ist meist vernachlässigbar, kann aber auch durch folgende Faktoren berücksichtigt werden:

austenitische nichtrostende Stähle	1,015
ferritische und martensitische nichtrostende Stähle	0,985

Für NE-Metalle und Kunststoffe kann eine Umrechnung mit den Dichten nach [0.3-1] Abschnitt 1.11 erfolgen.

b) Einzelgewichte von Armaturen und Ausrüstungsteilen

Für die Einzelgewichte m_A von Armaturen und anderen Ausrüstungsteilen (z. B. Siebe, Filter, Mischer) sind die Herstellerunterlagen maßgebend.

Für Überschlagsrechnungen können die Gewichte verschiedener Armaturen aus **Bild 0.3-1** und **Bild 0.3-2** entnommen werden. Sie stammen aus verschiedenen Herstellerunterlagen und schwanken je nach Konstruktion, Werkstoff und Hersteller. Gewichte von Stell- und Regelantrieben sind gesondert zu berücksichtigen.

Die in den Bildern dargestellten Kurven haben bei ≤ DN 350 eine Streubreite von ±50 %, im oberen Nennweitenbereich liegt sie noch bei ±20 bis 30 %. Weitere Hinweise:

- Einschweißarmaturen sind leichter als Flanscharmaturen, eingezogene Schieber leichter als solche mit voll Durchgang.

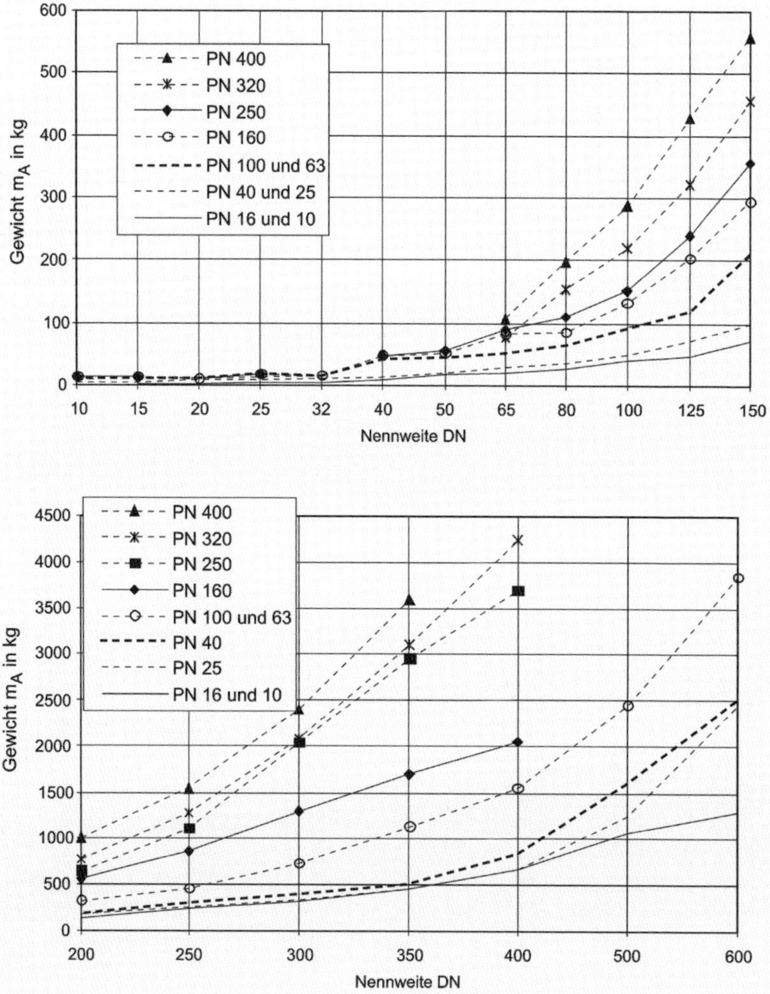

Bild 0.3-1: Überschlägige Gewichte m_A von Schiebern, Absperr- und Regelventilen aus Stahl

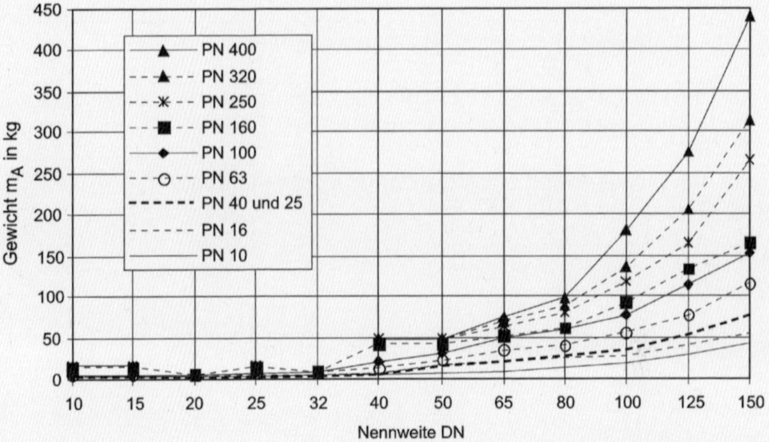

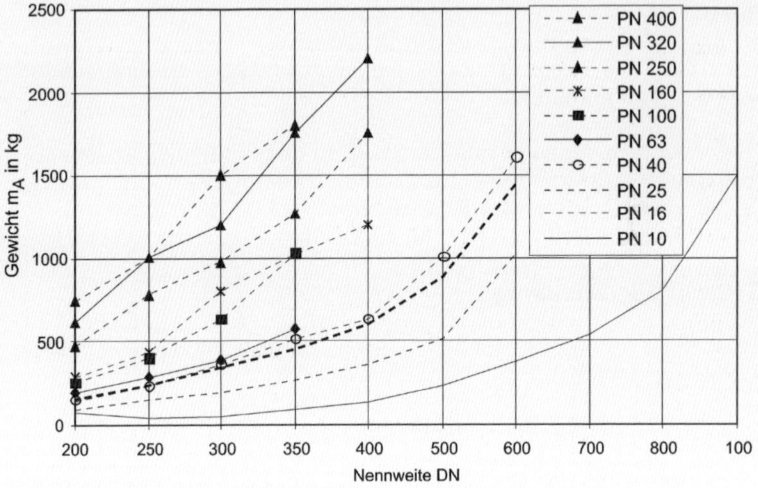

Bild 0.3-2: Überschlägige Gewichte m_A von Kugelhähnen, Sieben, Rückschlagventilen und -klappen aus Stahl

- Eckventile, Durchgangsventile, feder- und gewichtsbelastete Sicherheitsventile haben etwa das gleiche Gewicht wie Durchgangsventile.

- Regelventile sind schwerer als Absperrventile.

- Absperrklappen sowie Zwischenflanscharmaturen (einschließlich der Gegenflansche) liegen mit ihren Gewichten an den unteren Streubandgrenzen.

Bezug des Einzelgewichts auf die Länge L_A der Ausrüstung:

$$q_A = m_A / L_A \tag{0.3-2}$$

c) Gewicht des Fluids

Das auf die Rohrlänge bezogene Fluidgewicht q_F beträgt:

$$q_F = \rho_F \frac{\pi \, d_i^2}{4} \tag{0.3-3}$$

Als Dichte wird für Kaltwasser mit ausreichender Genauigkeit $\rho_F = 1000 \text{ kg/m}^3$ eingesetzt.

Richtwerte für die Dichte von Flüssigkeiten ρ_F sind aus Abschnitt1.3 und [0.3-2] Tabelle 6.1-3 zu entnehmen.

Bei Gasen und Dämpfen ist das Fluidgewicht gegenüber den anderen Belastungen im Betriebszustand vernachlässigbar. Bei der hydraulischen Druckprüfung ist jedoch das Gewicht des Prüfmediums zu berücksichtigen. Gleiches gilt sinngemäß für die Reinigung mit flüssigen Medien.

d) Gewicht der Dämmung

Richtwerte für das auf die Rohrlänge bezogene Gewicht der Dämmung q_D siehe [0.3-2] Abschnitt 8.6.6.

e) Gesamtgewicht einschließlich Rohrhalterungen (Rohrtragelemente)

Das Gewicht der Rohrhalterungen kann man einzeln, oder als Zuschlag K_H zum Gesamtgewicht der Rohrleitung berücksichtigen:

$$q_{RL} = K_H \left(q_R + q_F + q_D + q_S \right) \tag{0.3-4}$$

Richtwerte für K_H:

- Trassenleitungen, z. B. auf Rohrbrücken, Stützen $K_H = 1{,}05$

- Rohrleitungen in komplexen Freianlagen $K_H = 1{,}10$
- Rohrleitungen in Gebäuden $K_H = 1{,}15$

f) Umrechnung in Lasten

- Streckenlast der Rohrleitung in N/m:

$$Q_{RL} = g\, q_{RL} = g\, K_H\, (q_R + q_F + q_D + q_S) \qquad (0.3\text{-}5)$$

- Einzellasten von Armaturen und Ausrüstungsteilen in N:

$$F_A = g\, m_A \qquad (0.3\text{-}6)$$

0.3.2 Witterungsbedingte Lasten

a) Schnee- und Eisgewicht

Die Berechnung für nicht überdachte Rohrleitungen kann nach DIN EN 1991-1-3/NA erfolgen. Maßgebend für die Belastung ist das resultierende Schnee- und Eisgewicht, das sich aus dem Maximalwert von Schnee-, Glatteis- oder Raueisgewicht ergibt. Die Auswertung der nicht mehr gültigen DIN 1055-5 zeigt, dass für die Verhältnisse der BRD das Eisgewicht ohne Bedeutung ist, d. h. es ist nur die maximale flächenbezogene Schneelast S_k in N/m^2 nach DIN EN 1991-1-3/NA (dort mit s_k bezeichnet) maßgebend. Sie beträgt für:

- Flachland bis 800 m Höhe

$$S_k = \max\left\{650;\ 190 + 910\left(\frac{H_{NN} + 140}{760}\right)^2\right\} \qquad (0.3\text{-}7a)$$

- Mittelgebirge bis 1200 m Höhe

$$S_k = \max\left\{850;\ 250 + 1910\left(\frac{H_{NN} + 140}{760}\right)^2\right\} \qquad (0.3\text{-}7b)$$

- Alpine Regionen bis 1500 m Höhe

$$S_k = \max\left\{1100;\ 310 + 2910\left(\frac{H_{NN} + 140}{760}\right)^2\right\} \qquad (0.3\text{-}7c)$$

H_{NN} ist die Geländehöhe über NN.

Das auf die Rohrlänge bezogene Schneegewicht in kg/m beträgt:

gedämmte Rohrleitung $Q_S = 0{,}8\ S_k\ D_D$ (0.3-9a)

ungedämmte Rohrleitung $Q_S = 0{,}8\ S_k\ D_o$ (0.3-9b)

Der Formbeiwert für Rohrleitungen (halbrunde Form) wurde in Gl. (0.3-9) mit $\mu_S = 0{,}8$, der Umgebungskoeffizient und der Temperaturkoeffizient jeweils mit 1 berücksichtigt.

b) Windlasten

Die Rohrleitungen sind so zu haltern, dass sie als steife, nicht schwingungsanfällige Gebilde wirken. Der Winddruck kann in diesem Fall als statische Flächenlast angesetzt werden, die unabhängig von der tatsächlichen Windrichtung und der Lage der Rohrleitung quer zur Rohrleitungsprojektionsfläche wirkt.

Betroffen sind alle nicht überdachten Rohrleitungen auf Stützen, Schwellen, Sockeln und auf der oberen Etage von Rohrbrücken. Bei komplexen überdachten Freianlagen wirkt die Windlast hingegen nur auf die außenliegenden Rohrleitungen ein.

Bis zu Höhen von ≤ 25 m über Geländeniveau, bezogen auf Oberkante Rohrleitung, sind gemäß DIN EN 1991-1-4/NA vereinfachte Berechnungen möglich. Hierfür sind maximale Böenwinddrücke S_p in Abhängigkeit von der Windzone anzuwenden. Die Windlast Q_W in N/m beträgt dann:

gedämmte Rohrleitung $Q_W = 1{,}2\ S_p\ D_D$ (0.3-9a)

ungedämmte Rohrleitung $Q_W = 1{,}2\ S_p\ D_o$ (0.3-9b)

Durch den Beiwert 1,2 wurden zusätzliche Windangriffsflächen durch Rohrhalterungen, Armaturen und andere Ausrüstungsteile berücksichtigt. S_p kann aus **Tabelle 0.3-1** in Abhängigkeit von der Windzone entnommen werden. Windzonen siehe z. B. [0.3-3] und je nach Bundesland **Tabelle 0.3-2**. S_p ist etwa doppelt so hoch, wie sich aus den zugehörigen Windgeschwindigkeiten w_{Lo} bei einer Dichte von $\rho_L = 1{,}25$ kg/m³ errechnen lässt.

Zur höhenabhängigen Berechnung der Windlast für Höhen > 25 m siehe DIN EN 1991-1-4 in Verbindung mit DIN EN 1991-1-4/NA. Gleiches gilt für die Ermittlung der Windlasten für freistehende Stahlschornsteine, die in der Regel als schwingungsanfällige Gebilde gelten, und für die detaillierte Berechnungen erforderlich sind.

0.3.3 Reibungskräfte an Rohrhalterungen

a) Reibungskraft an beweglichen Rohrhalterungen

Die Reibungskraft an beweglichen Rohrhalterungen ist vom Reibungskoeffizienten μ abhängig, dieser wiederum von der Werkstoffpaarung der Auflagerung zur Gegenauflage. Falls keine Herstellerangaben vorliegen, können Richtwerte für μ aus **Tabelle 0.3-3** entnommen werden.

Bei Zwangsführungen sind unterschiedliche Reibungskoeffizienten μ möglich, z. B. PTFE-Auflager unter dem Gleitschuh zur Aufnahme der Vertikallasten, Stahl auf Stahl an der seitlichen Zwangsführung zur Aufnahme der Horizontallasten.

b) Reibungskraft an steifen Rohrhalterungen

Für vergleichende Zwecke können fiktive Reibungskoeffizienten gebildet werden, die von der Konstruktion und dem Werkstoff abhängen.

Tabelle 0.3-1: Winddrücke und maximale Windgeschwindigkeiten in der BRD gemäß DIN EN 1991-1-4/NA

Wind-zone	Gebiet	Winddruck S_p[1)] in N/m² bei Höhe			Windgeschwindigkeit w_{Lo} in m/s [2)]
		≤ 10m	über 10 bis 18 m	über 18 bis 25 m	
1	Binnenland	500	650	750	22,5
2	Binnenland	650	800	900	25
	Küste und Inseln der Ostsee	850	1000	1100	
3	Binnenland	800	950	1100	27,5
	Küste und Inseln der Ostsee	1050	1200	1300	
4	Binnenland	950	1150	1300	30
	Nord- und Ostseeküste; Ostsee-Inseln	1250	1400	1550	
	Nordsee-Inseln	1400	-	-	

1) In DIN EN 1991-1-4/NA als q_p bezeichnet.
2) Die Mittelwerte beziehen sich auf 10 Minuten Dauer und 10 m Höhe über Geländeniveau.

Tabelle 0.3-2: Windzonen der BRD

<table>
<tr><th>Bundesland</th><th>Gebiet</th><th>Windzone</th></tr>
<tr><td rowspan="2">Baden-Württemberg</td><td>- Kreis Biberach, Ravensburg, Sigmaringen
- Bodenseekreis: Anrainergemeinden bis 3 km ins Landesinnere
- Alb-Donau-Kreis: Gemeinde Balzheim, Dietenheim, Hüttisheim, Illerkirchberg, Illerrieden, Schnürpflingen, Staig</td><td>2</td></tr>
<tr><td>alle anderen</td><td>1</td></tr>
<tr><td rowspan="2">Bayern</td><td>- Kreis Neu-Ulm, Augsburg, Aichach-Friedberg, Unterallgäu, Lindau (Bodensee), Dachau, München, Fürstenfeldbruck, Landsberg am Lech, Ebersberg, Starnberg
- Stadt Memmingen, Kaufbeuren, Augsburg, München
- Kreis Oberallgäu: Gemeinde Altusried, Dietmannsried, Haldenwang
- Kreis Ostallgäu: außer Gemeinde Pfronten, Hopferau, Nesselwang, Füssen, Schwangau, Rieden, Roßhaupten, Seeg, Görisried, Wald, Lengenwang, Stötten
- Kreis Weilheim-Schongau: außer Verwaltungsgemeinschaft Steingaden, Gemeinde Bernbeuren
- Kreis Bad Tölz-Wolfratshausen: Gemeinde Wolfratshausen, Icking, Münsing, Egling, Geretsried, Eurasburg, Königsdorf, Bad Tölz, Reichersbeuren, Dietramszell, Bad Heilbrunn, Sachsenkamm
- Kreis Miesbach: Gemeinde Holzkirchen, Otterfing, Warngau, Valley, Weyarn, Irschenberg, Miesbach, Gmund, Waakirchen, Hausham
- Kreis Traunstein: außer Gemeinde Grassau, Schlechling, Staudach-Egerndach, Marquartstein, Unterwössen, Reit im Winkel, Ruhpolding, Bergen, Siegsdorf, Inzell, Surberg, Petting, Wonneberg, Waging, Kirchanschöring, Fridolfing, Taching, Palling, Tittmoning, Engelsberg, Tachterting
- Kreis Rosenheim: außer Gemeinde Kiefersfelden, Oberaudorf, Flintsbach, Brannenburg, Nußdorf, Sammersberg, Aschau</td><td>2</td></tr>
<tr><td>alle anderen</td><td>1</td></tr>
<tr><td>Berlin</td><td>alle</td><td>2</td></tr>
<tr><td>Brandenburg</td><td>alle</td><td>2</td></tr>
<tr><td rowspan="2">Bremen</td><td>Stadt Bremen</td><td>3</td></tr>
<tr><td>Stadt Bremerhaven</td><td>4</td></tr>
<tr><td>Hamburg</td><td>alle</td><td>2</td></tr>
<tr><td>Hessen</td><td>alle</td><td>2</td></tr>
</table>

Tabelle 0.3-2: Fortsetzung 1

Bundesland	Gebiet	Windzone
Mecklenburg-Vorpommern	- Kreis Demmin, Güstrow, Ludwigslust, Mecklenburg-Strelitz, Müritz, Parchim, Uecker-Randow - Kreis Nordwestmecklenburg: Gemeinde Gadebusch, Lützow-Lübstorf - Stadt Greifswald, Neubrandenburg, Schwerin	2
	- Hiddensee - Kreis Rügen: außer Gemeinde Gustrow, Poseritz, Garz, Putbus, Binz, Sassnitz	4
	alle anderen	3
Nieder-sachsen	- Kreis Holzminden, Northeim, Göttingen - Kreis Osnabrück: Gemeinde Wallenhorst, Belm, Bissendorf, Melle, Dissen, Bad Iburg, Hilter, Georgsmarienhütte, Hagen a. TW., Hasbergen, Stadt Osnabrück - Kreis Schaumburg: Gemeinde Rinteln - Kreis Hameln-Pyrmont: Gemeinde Bad Münder - Kreis Hildesheim: Gemeinden Duingen, Alfeld, Freden	1
	- Kreis Leer, Ammerland, Oldenburg, Osterholz - Stadt Oldenburg, Delmenhorst - Kreis Wesermarsch: alle, außer denen in Windzone 4 - Kreis Rotenburg (Wümme): Gemeinde Bremervörde, Gnarrenburg, Alfstedt, Ebersdorf, Oerel, Hipstedt, Basdahl, Rhade, Breddorf, Hepstedt, Tarmstedt, Wilstedt, Vorwerk, Zeven, Heeslingen, Anderlingen, Selsingen, Seedorf, Ostereistedt, Kirchlimke, Westerlimke	3
	- Kreis Aurich, Wittmund, Friesland, Cuxhaven - Stadt Emden, Wilhelmshaven - Kreis Wesermarsch: Gemeinde Butjadingen, Stadland, Nordenham, Jade, Ovelgönne-Brake	4
	alle anderen	2

Tabelle 0.3-2: Fortsetzung 2

Bundesland	Gebiet	Windzone
Nordrhein-Westfalen	- Regierungsbezirk Arnsberg: außer Gemeinde Hamm - Regierungsbezirk Köln: alle rechtsrheinischen Gemeinden - Kreis Mettmann, Herford, Lippe, Paderborn, Höxter - Stadt Bielefeld, Oberhausen, Bottrop, Gelsenkirchen, Duisburg, Essen, Mülheim, Düsseldorf, Solingen, Wuppertal, Remscheid, Köln - Kreis Recklinghausen: Gemeinde Gladbeck - Kreis Gütersloh: außer Gemeinde Versmold, Harsewinkel, Gütersloh, Verl, Rheda-Wiedenbrück, Rietberg, Langenberg	1
	alle anderen	2
Rheinland-Pfalz	- Kreis Ahrweiler, Daun, Bitburg-Prüm - Kreis Cochem-Zell, Bernkastel-Wittlich, Trier-Saarburg, Mayen-Koblenz, Stadt Trier, Stadt Koblenz: außer Gebieten rechts der Mosel bzw. rechts des Rheins	2
	alle anderen	1
Saarland	alle	1
Sachsen	alle	2
Sachsen-Anhalt	alle	2
Schleswig-Holstein	- Kreis Schleswig-Flensburg, Rendsburg-Eckernförde, Pinneberg, Steinburg - Kreis Ostholstein: Gemeinde Gremersdorf, Neukirchen, Heringsdorf, Göhl, Grube, Dahme, Kellenhusen, Riepsdorf - Stadt Großenbrode, Heiligenhafen	3
	- Kreis Nordfriesland, Dithmarschen - Kreis Ostholstein: Insel Fehmarn	4
	alle anderen	2

Tabelle 0.3-2: Fortsetzung 3

Bundesland	Gebiet	Windzone
Thüringen	- Kreis Schmalkalden-Meiningen, Hildburghausen, Sonneberg, Stadt Suhl - Kreis Wartburg: außer Behringen, Berka v. d. Hainich, Creuzburg, Falken, Großenlipnitz, Ifta, Mihla, Nazza, Reichenbach, Ruhla, Schnellmannshausen, Treffurt, Tüngeda, Wutha-Farnroda	1
	alle anderen	2

- Pendelstützen (**Bild 0.3-3**) und starre Hängungen

$$\mu_{fiktiv} = \frac{3\,\Delta L_W\, E_{UT}\, J_P}{F_z\, H_P^3} \qquad (0.3\text{-}10)$$

- Gummimetall-Lager (Band I Bild 8.5-2)

$$\mu_{fiktiv} = \frac{\Delta L_W\, c_G}{F_z} \qquad (0.3\text{-}11)$$

Es bedeuten:

ΔL_W - Verschiebung der Rohrleitung an der Lagerstelle

E_{UT} - Elastizitätsmodul des Stützen- bzw. Hängerwerkstoffs bei Umgebungstemperatur

J_P - Trägheitsmoment der Pendelstütze bzw. Hängung in Bewegungsrichtung

F_z - Vertikalbelastung der Lagerstelle (anteiliges Gewicht der Rohrleitung einschließlich Fluid und Dämmung)

H_P - Höhe der Pendelstütze bzw. der starren Hängung (Biegelänge)

c_G - Federrate bei Schubbeanspruchung (Herstellerangabe, z. B. in N/mm)

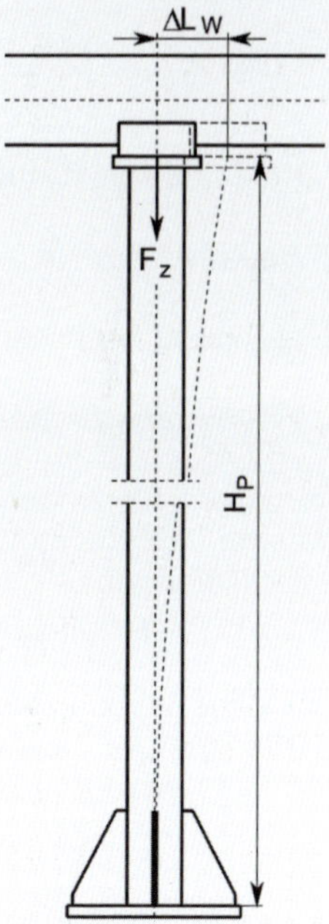

Bild 0.3-3: Pendelstütze

Tabelle 0.3-3: Richtwerte für Reibungskoeffizienten an Rohrhalterungen

Reibpaarung			Reibungskoeffizient μ
Auflagerart	**Gegenauflage**		
Gleitschuh, unlegierter Stahl	unlegierter Stahl	im Freien	0,5
		in Innenanlagen	0,3
	Gleitplatte mit eingelagertem Festschmierstoff (Band I Bild 8.2-8)		0,1
Gleitschuh, Sohle aus nichtrostendem Stahl	PTFE		0,05 bis 0,1
Rollenlager (Band I Bild 8.5-1)	Längsbewegung des Rohres: Rolle dreht sich auf der Rollenachse		0,05[1)]
	Querbewegung des Rohres: Rolle verschiebt sich auf der Rollenachse		0,06
Hängung	Ketten, Seile oder Gestänge mit mindestens 2 Gelenken		≈ 0

1) Herstellerangabe [0.3-4]

0.3.4 Sonstige Belastungen

a) Reaktionskräfte an Sicherheitsventilen, Aus- und Abblaseleitungen

Berechnung nach Kapitel 15 und 16.

b) Fremdverschiebungen

Fremdverschiebungen an den Anschlusspunkten von Aggregaten, Behältern und anderen Druckgeräten infolge von Wärmeausdehnungen sind entsprechend den Herstellerangaben zu übernehmen. Näherungsweise Berechnungen sind möglich, wenn die Auflagerungsbedingungen (Lage des Festpunktes) bekannt sind.

Einmalige Verschiebungen von Lagerstellen infolge von planmäßigen Fundamentsetzungen sowie von Bewegungen beim Befüllen von Tanks oder großen Rohrleitungen sind durch entsprechende Kompensationsmöglichkeiten zu berücksichtigen.

1. Strömungstechnische Berechnungen

1.1 Grundlagen der strömungstechnischen Berechnungen

1.1.1 Innerer Rohrdurchmesser

Um den gewünschten Massen- oder Volumenstrom durch eine Rohrleitung zu sichern, muss der innere Rohrdurchmesser d_i (Formelzeichen siehe **Tabelle 1.1-1**) ermittelt werden. Dieser ist in erster Linie abhängig von dem zur Verfügung stehenden Druckgefälle (Druckverlust), der Summe der widerstandsbildenden Faktoren, den stoffspezifischen Eigenschaften des zu transportierenden Fluids, sowie der Einhaltung vorgegebener Strömungsgeschwindigkeiten. Ebenso sind wirtschaftliche Aspekte, welche sich aus den jeweiligen anlagenspezifischen Randbedingungen ableiten, bei der Wahl des Rohrdurchmessers zu berücksichtigen, um die Betriebskosten so gering wie möglich zu halten.

Während die Investitionskosten im Wesentlichen durch die Länge, den Durchmesser und die Wanddicke bestimmt werden und mit dem Quadrat des Durchmessers ansteigen, wachsen die Betriebskosten mit den hydraulischen Verlusten und verringern sich mit der 5. Potenz des Durchmessers.

Ausschlaggebendes Kriterium für eine wirtschaftliche Lösung sind die anfallenden Jahreskosten (Betriebskosten zur Überwindung des Druckverlustes, Abschreibung der Investitionskosten unter Berücksichtigung von Wärmedämmung und Anstrich, Instandhaltungskosten), welche beim wirtschaftlichen Durchmesser ein Minimum haben.

Ein wirtschaftlicher Rohrdurchmesser lässt sich immer dann errechnen, wenn die Strömungsgeschwindigkeit nicht durch die Fluideigenschaften nach oben oder unten begrenzt ist, also keinen unmittelbaren Einfluss auf das Betriebsverhalten der Rohrleitungsanlage hat.

In der Mehrzahl der Fälle sind jedoch verfahrenstechnische Gesichtspunkte für die Einhaltung bestimmter Strömungsgeschwindigkeiten ausschlaggebend, die die Wahl des Innendurchmessers beeinflussen. Das betrifft z. B. Rohrleitungen, die durch Abrasion, Kavitation, Sedimentierung, Schwingungen gefährdet sind, oder einen vorgegebenen Lärmpegel nicht überschreiten dürfen.

Die in **Tabelle 1.1-2** für unterschiedliche Durchflussstoffe angegebenen Strömungsgeschwindigkeiten sind als Richtwerte anzusehen. Sie entbinden jedoch nicht davon, insbesondere bei sehr kostenaufwändigen Anlagen, detaillierte Berechnungen zur Ermittlung des wirtschaftlichen Durchmessers anzustellen.

Tabelle 1.1-1: Formelzeichen für strömungstechnische Berechnungen (Feststofftransport siehe Abschnitt 1.6)
ANMERKUNG: Die als gebräuchlich bezeichneten Einheiten sind Beispiele. Sie können je nach Erfordernis hiervon abweichen.

Formelzeichen	Einheit		Bezeichnung
	SI-kohärent	gebräuchlich	
a	m/s	m/s	Schallgeschwindigkeit
A	m^2	mm^2	Querschnittsfläche allgemein
A_o	m^2	mm^2	Sitzquerschnittsfläche von Sicherheitsventilen
b	-	-	Exponent zur Umrechnung von Gasen
B_B, B_T	-	-	Kenngrößen zur Berechnung von Warmhalteleitungen
B_Z	-	-	Substitutionsglied (Hilfsgröße)
c_P	J/(kg·K)	J/(kg·K)	Spezifische Wärmekapazität bei konstantem Druck
C	-	-	Sutherland-Konstante von Gasen (Tabelle 1.5-1)
C_{12}	$W/(m^2 \cdot K^4)$	$W/(m^2 \cdot K^4)$	Strahlungskoeffizient
d_i	m	mm	Innendurchmesser Rohr
d_{io}	m	mm	Rohrinnendurchmesser an einem Ausfluss
d_v	-	-	Dichteverhältnis von Gasen, bezogen auf Luft
D_o	m	mm	Außendurchmesser Rohr; Innendurchmesser Dämmung
D_D	m	mm	Außendurchmesser Dämmung
e_{ord}	m	mm	Bestellwanddicke Rohr (Nennwanddicke)
g	m/s^2	m/s^2	Erdbeschleunigung (g = 9,81)
g_j	-	-	Massenanteil eines Gemisches
h	J/kg	J/kg	Enthalpie
H	m	m	geodätische Höhe
H_{NN}	m	m	Höhe über Meeresspiegel
ΔH	m	m	geodätischer Höhenunterschied
j	-	-	bezogene Reibungsverlusthöhe (Reibungsgefälle)
k	m	mm	absolute Rohrrauheit
k_i	m	mm	betriebliche Rohrrauheit
k_R	W/(m·K)	W/(m·K)	Wärmedurchgangskoeffizient
k_v	m^3/s	m^3/h	Durchflusskoeffizient
$k_{v,j}$	m^3/s	m^3/h	Durchflusskoeffizient von Teilabschnitten
K_K	-	-	Korrekturfaktor für Kompressibilität
K_T	-	-	Korrekturfaktor für Rohrtoleranz

Tabelle 1.1-1: Fortsetzung 1

Formelzeichen	Einheit [1) SI-kohärent	Einheit [1) gebräuchlich	Bezeichnung
K_Φ	-	-	Wärmeverlustfaktor
L_S	m	m	durchgemessene Rohrlänge (Bogen als Ecke)
$L_ä$	m	m	dem Widerstand oder Wärmeverlust äquivalente Rohrlänge
m	-	-	Öffnungsverhältnis einer Drosselstelle
m_F	kg/s	kg/h	Massenstrom
M	kg/mol	kg/kmol	Molmasse
Ma	-	-	Mach-Zahl
n_j	-	-	Volumenanteil eines Gemisches
p_o	Pa	bar	Arbeitsdruck (Überdruck)
P_o	Pa	bar	Arbeitsdruck (Absolutdruck)
P_{ae}	Pa	bar	Eigengegendruck nach Sicherheitsventil
P_{ie}	Pa	bar	Fremdgegendruck von Sicherheitsventilen
P_1	Pa	bar	Ansprechdruck eines Sicherheitsventils
P_E	Pa	bar	Druck an der Mündung einer Dampfabblaseleitung
ΔP	Pa	bar	Druckverlust durch Reibung und Einzelwiderstände
R	m	mm	Bogen- oder Krümmerradius
R_S	J/(kg·K)	J/(kg·K)	spezifische Gaskonstante
Re	-	-	Reynolds-Zahl
t_o	-	°C	Arbeitstemperatur (Celsius-Temperatur)
$t_{F,S}$	-	°C	Sättigungstemperatur
Δt_O	K	K	Übertemperatur (siehe Abschnitt 2.1.3)
Δt_F	K	K	Temperaturdifferenz Fluid zwischen Stelle A und E
Δt_R	K	K	Temperaturdifferenz Rohrwand zwischen Stelle A und E
$\Delta t_{R,zul}$	K	K	zulässige Temperaturdifferenz Rohrwand
Δt_X	K	K	Übertemperatur Rohrwand ($\Delta t_X \geq 30$ K, s. Abschnitt 1.7)
T_o	K	K	Arbeitstemperatur (Absoluttemperatur)
T_C	K	K	kritische Temperatur eines Gases
u	-	-	Exponent zur Umrechnung von Gasen

[1) 1 Pa $\triangleq$ 1 N/m²; 1 bar $\triangleq$ 10^5 Pa $\triangleq$ 0,1 MPa

Tabelle 1.1-1: Fortsetzung 2

Formel-zeichen	Einheit [1]		Bezeichnung
	SI-kohärent	gebräuch-lich	
U	m	mm	benetzter Umfang eines beliebigen Querschnitts
v_o	m^3/kg	m^3/kg	spezifisches Volumen für Arbeitsparameter
V_F	m^3/s	m^3/h	Volumenstrom
w	m/s	m/s	Geschwindigkeit, allgemein
w_o	m/s	m/s	Ausflussgeschwindigkeit
α	$W/(m^2 \cdot K)$	$W/(m^2 \cdot K)$	Wärmeübergangszahl, Indizes siehe Tabelle 2.1-1
α_D	-	-	Durchflusszahl
α_W	-	-	Ausflussziffer, z. B. eines Sicherheitsventils
Φ	W/m	W/m	Wärmestrom, Wärmeverlust (DIN EN ISO 12241)
η	Pa·s	Pa·s	dynamische Viskosität
κ	-	-	Adiabatenexponent
λ_D	W/(m·K)	W/(m·K)	Wärmeleitfähigkeit von Dampf
λ_B	W/(m·K)	W/(m·K)	Betriebswärmeleitfähigkeit von Dämmstoffen
λ_R	-	-	Rohrreibungszahl
ν	m^2/s	m^2/s	kinematische Viskosität
ρ	kg/m^3	kg/dm^3	Dichte
ψ	-	-	Ausflussfunktion
ψ_{max}	-	-	Maximalwert der Ausflussfunktion
ζ	-	-	Widerstandsbeiwert
$\Sigma \zeta$	-	-	Summe der Widerstandsbeiwerte für d_i = konst.

[1] 1 Pa $\hat{=}$ 1 N/m²

Tabelle 1.1-2: Richtwerte für Durchflussgeschwindigkeiten in Anlehnung an [0.3-2] Tabelle 6.2-1

Leitungssystem / Fluid			Durchflussgeschwindigkeit w in m/s
Gase und Dämpfe allgemein	geräuscharm, ohne besondere Maßnahmen		≤ 0,1 Ma
	geräuscharm, strömungsgünstige Gestaltung		0,1 bis 0,2 Ma
	Höchstgrenze		0,3 Ma
Wasserdampf	Nassdampf		10 bis 20
	Sattdampf		20 bis 40
	Heißdampf		40 bis 70
Brenngas	Niederdruckleitungen ≤ 0,1 bar		3 bis 8
	Mitteldruckleitungen > 0,1 bar bis < 1 bar		5 bis 10
	Hochdruckleitungen ≥ 1 bar		10 bis 25
	staubbelastete Leitungen [1)]		4 bis 8
Luft	Druckluft		10 bis 20
	Be- und Entlüftungen		0,8 bis 1
Flüssigkeiten allgemein	Druckleitungen		2 bis 5
	Saugleitungen		0,5 bis 1
Wasser in Industrieanlagen	Kühlwasser		1,5 bis 2,5
	Brauchwasser		bis 5
	Kondensat		2 bis 3
	Sattwasser	vor Drosselstelle	1 bis 2
		nach Drosselstelle	wie Nassdampf
Trinkwasserversorgung	Fern- und Zubringerleitungen		≤ 2
	Verteilungsnetze		1 bis 2
	Installationen bei Fließdauer > 15 min		≤ 2,5
	Installationen bei Fließdauer ≤ 15 min		≤ 5
Heizöl	Heizöl EL		1 bis 2
	Heizöl S		0,5 bis 1,2
Feststoffe[2)]	Ascheschlamm		1,7 bis 2,5
	Kohlebrei		1,0 bis 1,5

[1)] Nach DVGW-Arbeitsblatt GW 303-1

[2)] Mindestgeschwindigkeiten nach Abschnitt 1.6

1.1.2 Grundgleichungen für den Druckverlust

a) Allgemeine strömungstechnische Größen

Die in den Berechnungsgleichungen enthaltenen physikalischen und strömungstechnischen Kennwerte beziehen sich auf die Arbeitsparameter im jeweils betrachteten Rohrleitungsquerschnitt. Falls nichts anderes angegeben, können sie aus [0.3-2] Abschnitt 6.1 entnommen werden.

- Volumenstrom

$$V_F = \frac{m_F}{\rho} = \frac{d_i^2 \pi}{4} w \qquad (1.1\text{-}1)$$

$\rho = 1 / v$ - Dichte

v - spezifisches Volumen, z. B. aus Wasserdampftafeln

w - Durchflussgeschwindigkeit, z. B. aus Tabelle 1.1-2

- Massenstrom

$$m_F = \frac{d_i^2 \pi}{4} \rho\, w = \rho\, V_F \qquad (1.1\text{-}2)$$

- Innendurchmesser

$$d_i = 2 \sqrt{\frac{V_F}{\pi\, w}} = 2 \sqrt{\frac{m_F}{\pi\, \rho\, w}} \qquad (1.1\text{-}3)$$

- Durchflussgeschwindigkeit

$$w = \frac{V_F}{d_i^2 \pi / 4} = \frac{m_F}{(d_i^2 \pi / 4)\, \rho} \qquad (1.1\text{-}4)$$

b) Druckverlust

Maßgebend für die in den Berechnungsgleichungen angegebenen physikalischen und strömungstechnischen Kennwerte sind die Arbeitsparameter p_o / t_o bzw. P_o / T_o am Anfang (Index A) einer Rohrleitung oder eines Teilabschnittes. Bei kompressiblen Fluiden kann auch zusätzlich ein Bezug auf die Parameter am Ende (Index E) einer Rohrleitung erforderlich sein.

Die Gleichungen für den Druckverlust ΔP setzen einen konstanten Innendurchmesser bzw. gleichwertigen Durchmesser entsprechend Gl. (1.1-8b) voraus.

- Inkompressible Fluide (Flüssigkeiten)

$$\Delta P = \frac{\rho_A\, w_A^2}{2} \left(\frac{\lambda_R\, L_S}{d_i} + \sum \zeta \right) K_T \qquad (1.1\text{-}5a)$$

$$\Delta P = \frac{8\, m_F^2}{\pi^2\, d_i^4\, \rho_A} \left(\frac{\lambda_R\, L_S}{d_i} + \sum \zeta \right) K_T \qquad (1.1\text{-}5b)$$

$$\Delta P = \frac{8\, m_F^2\, \lambda_R}{\pi^2\, d_i^5\, \rho_A} \left(L_S + L_ä \right) K_T \qquad (1.1\text{-}5c)$$

- Kompressible Fluide (Gase und Dämpfe)

$$\Delta P = P_A \left[1 - \sqrt{1 - \frac{\rho_A\, w_A^2}{P_A} \left(\frac{\lambda_R\, L_S}{d_i} + \sum \zeta \right) \frac{T_m}{T_A}} \right] K_T \qquad (1.1\text{-}6a)$$

$$\Delta P = P_A \left[1 - \sqrt{1 - \frac{16\, m_F^2}{\pi^2\, d_i^4\, P_A\, \rho_A} \left(\frac{\lambda_R\, L_S}{d_i} + \sum \zeta \right) \frac{T_m}{T_A}} \right] K_T \qquad (1.1\text{-}6b)$$

$$\Delta P = P_A \left[1 - \sqrt{1 - \frac{16\, m_F^2\, \lambda_R}{\pi^2\, d_i^5\, P_A\, \rho_A} \left(L_S + L_ä \right) \frac{T_m}{T_A}} \right] K_T \qquad (1.1\text{-}6c)$$

Die mittlere Absoluttemperatur beträgt:

$$T_m = 0{,}5\,(T_A + T_E) \qquad (1.1\text{-}7)$$

Bei langen Rohrleitungen muss neben dem Kompressibilitätseinfluss in Gl. (1.1-6a) bis (1.1-6c) die Volumenverringerung bzw. Dichteerhöhung durch den adiabaten Temperaturabfall berücksichtigt werden. Dies erfolgt über den Quotienten T_m / T_A in den genannten Gleichungen. Zusätzlich kann bei hohen Temperaturen der Wärmeverlust über die Rohrwand und Dämmung durch einen Wärmeverlustfaktor K_Φ nach Abschnitt 1.4 berücksichtigt werden.

Die Rohrlänge L_S ist zur Berücksichtigung der Wandreibungsverluste über alle Widerstände durchzumessen, d. h. die Einzelwiderstände nach Abschnitt 1.1.3 berücksichtigen nur den zusätzlichen Verlust gegenüber dem geraden Rohr. Die äquivalente Rohrlänge $L_ä$ wird aus praktischen Gründen bei manchen Rechenprogrammen benutzt. Sie errechnet sich aus der Summe der Einzelwiderstände gemäß Abschnitt 1.1.3 zu:

$$L_ä = \frac{d_i \sum \zeta}{\lambda_R} \qquad (1.1\text{-}8a)$$

Obwohl die Gl. (1.1-5a) bis (1.1-5c) nur für inkompressible Medien (Flüssigkeiten) gelten, lassen sie sich auch auf andere einphasige Fluide, also auf Gase und Dämpfe, bis zu einem Druckabfall von etwa 10 % des Anfangsdruckes P_A anwenden, weil die mittlere Volumenvergrößerung infolge Kompressibilitätseinfluss nur etwa 5 % beträgt.

Bei einem Druckabfall > 10 % muss nicht unbedingt nach Gl. (1.1-6a) bis (1.1-6c) gerechnet werden. Statt dessen kann die Ermittlung des Druckverlustes auch nach Gl. (1.1-5a) bis (1.1-5c) in mehreren Teilabschnitten vorgenommen werden. Diese sind so einzuteilen, dass die Veränderung des spezifischen Volumens im betrachteten Abschnitt vernachlässigbar ist. Die Dichte ρ_A in Gl. (1.1-5a) bis (1.1-5c) ist dabei auf die mittlere Temperatur T_m nach Gl. (1.1-7) des jeweiligen Abschnittes zu beziehen. Die Anwendung der Gl. (1.1-5a) bis (1.1-5c) ist auch dann gegeben, wenn diese mit einem Korrekturfaktor für Kompressibilität nach [0.3-2] Abschnitt 6.3.2 multipliziert werden.

c) Unrunde Querschnitte

Gl. (1.1-1) bis (1.1-6) sind auch für unrunde Querschnitte und Gl. (1.1-1) bis (1.1-5) für teilweise gefüllte Rohre (Freispiegelleitungen) anwendbar, wenn statt des Innendurchmessers d_i der gleichwertige Durchmesser $d_{i,gl}$ eingesetzt wird:

$$d_{i,gl} = 4\,A / U \qquad (1.1\text{-}8b)$$

A - durchströmter Querschnitt

U - benetzter Umfang

Für technische Berechnungen ist es dabei bedeutungslos, dass λ_R im Laminarbereich eigentlich von der Querschnittsform abhängt.

d) Geodätische Höhenunterschiede

Die Gl. (1.1-5a) bis (1.1-5c) berücksichtigen nur den reinen Druckverlust. Der Druck P_E am Ende der Rohrleitung ergibt sich aus der Bernoullischen Gleichung unter Berücksichtigung von geodätischen Höhenunterschieden zu:

$$P_E = P_A - \Delta P + 0{,}5\left(\rho_A\, w_A^2 - \rho_E\, w_E^2\right) + g\, \rho_E\, \Delta H \qquad (1.1\text{-}9a)$$

ΔH bedeutet den geodätischen Höhenunterschied zwischen Anfang und Ende der Leitung, d. h.

$$\Delta P_G = g\, \rho_E\, \Delta H = g\, \rho_E\, (H_A - H_E) \qquad (1.1\text{-}9b)$$

Ist $(H_A - H_E) > 0$ hat die Rohrleitung Gefälle und es entsteht ein Druckgewinn, bei $(H_A - H_E) < 0$ steigt die Rohrleitung an und bedingt eine zusätzliche Druckminderung.

Für Gase und Dämpfe ist ΔP_G meistens vernachlässigbar. Ausnahmen siehe z. B. Abschnitt 1.5.2.

e) Korrekturfaktor für Rohrtoleranz

Rohre werden in der Regel nach dem Außendurchmesser D_o und der Nennwanddicke e_{ord} bestellt. Der hiernach ermittelte nominelle Innendurchmesser kann allerdings wegen der zulässigen positiven Grenzabweichungen kleiner sein, so dass ein Korrekturfaktor K_T erforderlich ist. Bei einer positiven Wanddickenabweichung Δe (entspricht $|\Delta T^+|$ nach Abschnitt 0.1.1) beträgt dieser näherungsweise:

$$K_T = \left[1 - \frac{\Delta e}{e_{ord}}\left(\frac{D_o}{d_i} - 1\right)\right]^{-5} \qquad (1.1\text{-}10)$$

Werte für den Korrekturfaktor K_T sind in **Tabelle 1.1-3** angegeben. Sie enthalten aber nicht die Druckverlusterhöhungen, die während des Betriebes durch Ablagerungen und Inkrustierungen entstehen. Diese sind bei der Wahl der Rohrrauheit nach **Tabelle 1.1-4** zu berücksichtigen.

Bei Rohren, die nach dem Mindest-Innendurchmesser d_i bestellt werden, ist $K_T = 1$.

Tabelle 1.1-3: Korrekturfaktor K_T für Rohrtoleranz

Durchmesser-verhältnis D_o / d_i	Faktor K_T in Abhängigkeit von der Wanddickentoleranz der Rohre[1]						
	+ 8 %	+ 9 %	+ 10 %	+ 12,5 %	+ 15 %	+ 17,5 %	+ 20 %
1	1	1	1	1	1	1	1
1,1	1,04	1,05	1,05	1,07	1,08	1,09	1,11
1,2	1,08	1,10	1,11	1,14	1,16	1,20	1,23
1,3	1,13	1,15	1,16	1,21	1,26	1,31	1,36
1,4	1,18	1,20	1,23	1,29	1,36	1,44	1,52
1,5	1,23	1,26	1,29	1,38	1,48	1,58	1,69

[1] Die einzuplanende Plustoleranz ist den Maßnormen der Rohre zu entnehmen, z. B. DIN EN 10216-1 bis DIN EN 10216-5 (nahtlose Rohre) und DIN EN 10217-1 bis DIN EN 10217-7 (geschweißte Rohre).

f) Anwendung von Durchflusskoeffizienten

Soll der Druckverlust in einer gegebenen Rohrleitung von gleichbleibendem Innendurchmesser, aber für unterschiedliche Massenströme, ggf. auch für unterschiedliche Durchflussstoffe und Stoffzustände ermittelt werden, kann dies in vereinfachter Form mit Hilfe des Durchflusskoeffizienten k_v erfolgen. Der k_v-Wert dient im allgemeinen als spezifische Größe bei der Bestimmung des Durchsatzvolumens und des Druckverlustes von Armaturen. Er kann aber ebenso zur Charakterisierung des Durchströmverhaltens einer Rohrleitung herangezogen werden.

Der Koeffizient k_v gibt gemäß Definition das Durchflussvolumen in m^3/h Wasser mit $\rho_A = 1000\ kg/m^3$ an, welches sich bei einem Differenzdruck von 1 bar durch eine Armatur oder eine Rohrleitung durchsetzen lässt. Mit Hilfe von Gl. (1.1-5) und (1.1-6) kann für einen beliebigen Massenstrom der Druckverlust bestimmt und mit diesem der spezifische k_v-Wert der betrachteten Rohrleitung berechnet werden.

Flüssigkeiten:
$$k_v = \frac{V_F}{100}\sqrt{\frac{\rho_A}{\Delta P}} = \frac{m_F}{100\sqrt{\rho_A\,\Delta P}} \tag{1.1-11a}$$

Gase:
$$k_v = \frac{V_{F,N}}{5140}\sqrt{\frac{\rho_N\,T_A}{\Delta P\,P_E}} \tag{1.1-11b}$$

Heißdampf:
$$k_v = \frac{m_F}{100}\sqrt{\frac{v_E}{\Delta P}} \tag{1.1-11c}$$

Sattdampf:
$$k_v = \frac{m_F}{224}\sqrt{\frac{1}{\Delta P\,P_E}} \tag{1.1-11d}$$

Tabelle 1.1-4: Absolute Rohrrauheit (Zusammenfassung aus verschiedenen Quellen)

Werkstoff bzw. Auskleidung oder Beschichtung	Zustand		Rauheit k in 10^{-3} m
NE-Metall, Glas, Kunststoff (Thermoplast)	neu, technisch glatt		0,001 bis 0,002
	gebraucht		0,03
Kunststoff (Duroplast)	neu oder gebraucht		bis 0,03
Gummi	neu, technisch glatt (hydraulisch glatt)		bis 0,0016
Stahl, nichtrostend	gebeizt		≈ 0,003
	poliert		≈ 0,001
Stahl, verzinkt	neu		≈ 0,05
Stahl, rostend	neu (nahtlos)		0,02 bis 0,06
	neu (geschweißt)		0,04 bis 0,1
	gebraucht: Dampf, Heißwasser		0,2 bis 0,4
	gebraucht: Kondensat		1
	gebraucht: Öl		wie neu
	gebraucht: Kaltwasser		0,4 bis 1,2 [1)]
	gebraucht: Aschebrei		niedriger als neu
	gebraucht: Erdgas	Mittelwert	0,2 bis 0,5
		nach 20-jährigem Betrieb	1,1
	gebraucht: Druckluft		0,8
Gusseisen	neu		0,1 bis 0,15
	gebraucht, angerostet	geringe Ablagerungen	1 bis 1,5
		langjähriger Betrieb	3 bis 4,5
Bitumen	neu		≈ 0,05
	Bitumierung abgenutzt		0,1
Beton, Zementmörtelauskleidung (ZMA)	neu		0,2 bis 0,8
	mehrjähriger Betrieb		0,2 bis 0,3
Faserzement	neu (Mittelwert)		0,015 bis 0,03
	gebraucht		niedriger als neu

[1)] Je nach Wasserqualität können die Werte merkbar höher sein. Bei starken Verkrustungen ist zusätzlich die Einengung des Innendurchmessers zu berücksichtigen.

V_F - Volumenstrom einer Flüssigkeit in m³/h

$V_{F,N}$ - Volumenstrom eines Gases, bezogen auf Normzustand, in m³/h

m_F - Massenstrom in kg/h

P_E - absoluter Druck am Ende der Leitung in MPa

ΔP - Druckverlust in MPa

v_E - spezifisches Volumen des Dampfes am Ende der Rohrleitung in m³/kg

Durch Umstellen von Gl. (1.1-11) nach ΔP oder m_F kann mit Hilfe des spezifischen k_v-Wertes der jeweilige Massenstrom oder der Druckverlust ohne nochmalige Bestimmung des Rohrreibungsbeiwertes ermittelt werden.

Gl. (1.1-11a) ist für alle Druckverhältnisse anwendbar, außer für Drücke unterhalb des Verdampfungsdruckes. Gl. (1.1-11b) bis (1.1-11d) beschränkt sich hingegen bei Armaturen auf Druckgefälle von $\Delta P < 0{,}5\ p_A$ bzw. $P_E > 0{,}5\ p_A$. Diese Einschränkung ist auch bei der Anwendung auf Rohrleitungen zu berücksichtigen, da bei zu großem Druckgefälle, insbesondere in kurzen Rohrleitungsabschnitten, die kritische Geschwindigkeit erreicht werden kann.

Setzt sich die zu betrachtende Rohrleitung aus mehreren in Reihe geschalteten Abschnitten unterschiedlicher Durchmesser zusammen, so kann der k_v-Wert sowohl aus dem Gesamtdruckverlust, als auch aus den Druckverlusten jedes Teilabschnittes gesondert ermittelt werden. Bei Zusammenfassung der k_v-Werte aus den Einzelabschnitten (Index 1 bis k), ergibt sich der Gesamtwert aus der Beziehung:

$$k_v = \sqrt{\frac{1}{\frac{1}{k_{v1}^2} + \frac{1}{k_{v2}^2} + \frac{1}{k_{v3}^2} + \ldots \frac{1}{k_{v,k}^2}}} = \sqrt{\frac{1}{\sum_{j=1}^{k} \frac{1}{k_{v,j}^2}}} \qquad (1.1\text{-}12)$$

Bei Parallelschaltung gilt:

$$k_v = k_{v1} + k_{v2} + k_{v3} + \ldots\ k_{vk} = \sum_{j=1}^{k} k_{v,j} \qquad (1.1\text{-}13)$$

1.1.3 Verlustbeiwerte

a) Rohrreibungszahl

Die Rohrreibungszahl λ_R ist abhängig von der Reynolds-Zahl Re und/oder der relativen Rauheit der Rohre:

- Reynolds-Zahl

$$Re = \frac{w\, d_i}{\nu} = \frac{w\, d_i\, \rho}{\eta} = \frac{4\, m_F}{\pi\, d_i\, \rho\, \nu} = \frac{4\, m_F}{\pi\, d_i\, \eta} \qquad (1.1\text{-}14)$$

ν - kinematische Viskosität, z. B. nach Abschnitt 1.2

$\eta = \nu\, \rho$ - dynamische Viskosität, z. B. nach Abschnitt 1.3

Die Re-Zahl bezieht sich in der Regel auf den Anfang der Rohrleitung.

- Rauheit der Rohre

Richtwerte für die absolute Rauheit k neuer und gebrauchter Rohre enthält Tabelle 1.1-4. In der Regel orientiert man sich bei der Planung auf den gebrauchten Zustand.

Als relative Rauheit bezeichnet man den Bezug auf den Innendurchmesser, also k / d_i.

Für überschlägliche Zwecke ist die Rohrreibungszahl λ_R aus **Bild 1.1-1** zu entnehmen. Bei genauen Berechnungen ist eine Ermittlung nach folgenden Gleichungen empfehlenswert:

- Laminarer Bereich ($Re \leq 2320$)

$$\lambda_R = \frac{64}{Re} \qquad (1.1\text{-}15a)$$

- Turbulenter Bereich, hydraulisch glatt ($k / d_i = 0$)

$$\frac{1}{\sqrt{\lambda_R}} = 2 \lg \left(\frac{Re \sqrt{\lambda_R}}{2{,}51} \right) = 2 \lg \left(Re \sqrt{\lambda_R} \right) - 0{,}8 \qquad (1.1\text{-}15b)$$

- Turbulenter Bereich, nahezu rau (Übergangsbereich)

$$\frac{1}{\sqrt{\lambda_R}} = -2 \lg \left(\frac{2{,}51}{Re \sqrt{\lambda_R}} + 0{,}269 \frac{k}{d_i} \right) \qquad (1.1\text{-}15c)$$

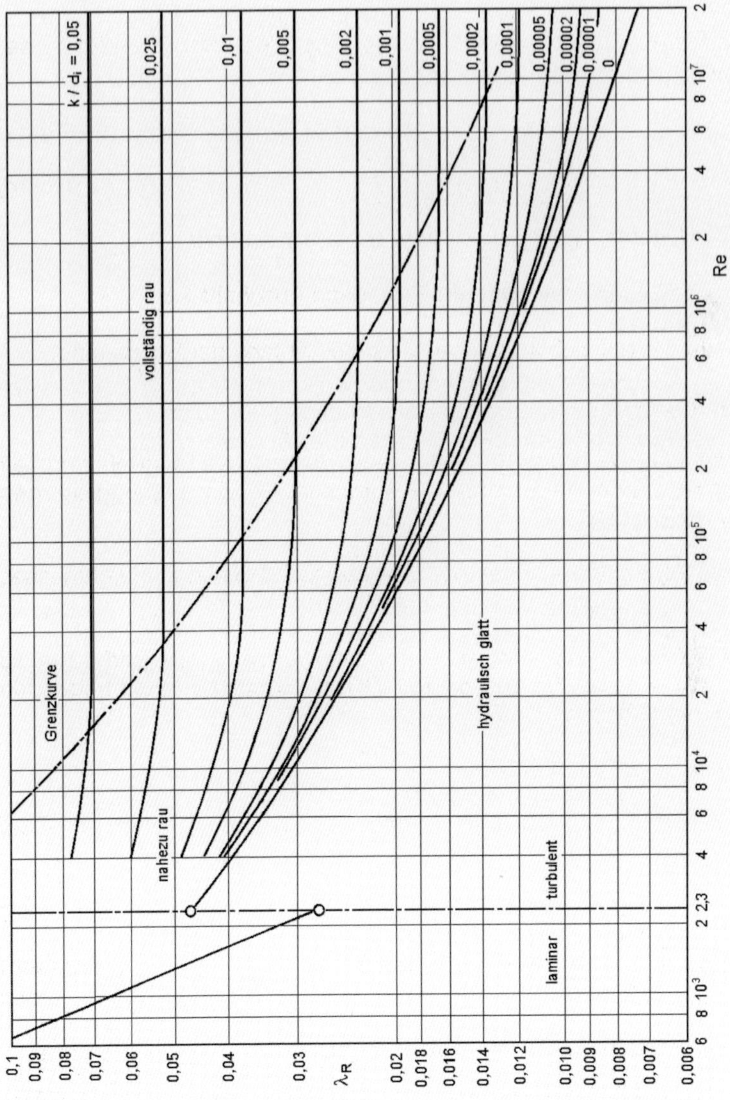

Bild 1.1-1: Rohrreibungszahl λ_R

- Turbulenter Bereich, vollständig rau

$$\frac{1}{\sqrt{\lambda_R}} = 2 \lg \left(\frac{1}{k / d_i} \right) + 1{,}14 \qquad (1.1\text{-}15d)$$

In diesem Bereich besteht keine Abhängigkeit von der Reynolds-Zahl.

Die Grenzkurve zwischem nahezu rauem und vollständig rauem Bereich ist definiert zu:

$$Re = \frac{400}{k / d_i} \left(\lg \frac{1}{k / d_i} + 0{,}57 \right) \qquad (1.1\text{-}16)$$

b) Einzelwiderstände ζ

Wie bereits im Abschnitt 1.1.2 erwähnt, ist die Rohrlänge L_S zur Berücksichtigung der Wandreibungsverluste über alle Widerstände durchzumessen. Die **Tabellen 1.1-5a bis 1.1-5e** enthalten demzufolge nur den zusätzlichen Verlust durch Umlenkungen und Querschnittsänderungen. Zusätzliche Erläuterungen:

- T-Stücke (**Bild 1.1-2**)

  Im Schnittpunkt S von Durchgang und Abgang ändern sich die Massenströme, so dass die Druckverluste für jeden der drei Teilströme gesondert zu berechnen sind. Die in Tabelle 1.1-5a angegebenen Einzelwiderstände ζ beziehen sich je nach Durchflussrichtung ab bzw. bis zu dieser Grenze.

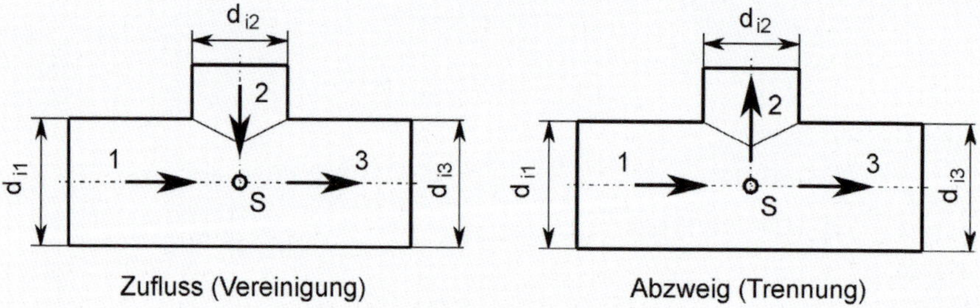

Bild 1.1-2: T-Stücke (S – Schnittpunkt der drei Teilströme)

Tabelle 1.1-5a: Richtwerte für Einzelwiderstände ζ von Rohrleitungsteilen (Zusammenfassung aus verschiedenen Quellen). Bei Berechnung ist die Länge der Einbauten in die Rohrlänge einzuschließen.

ζ für einfache und mehrfache Umlenkungen

Werkstoff	Glattrohrbogen 90° bei R / D_o							Segmentkrümmer		
	1	1,5	2	3	4	5	10	1	1,5	3
Stahl	0,35	0,30	0,25	0,20	0,17	0,16	0,11	0,46	0,35	0,25
Messing, Plaste	0,28	0,22	0,18	0,15	0,13	0,12	0,11	0,34	0,26	-
Guss	0,54	0,45	0,40	0,31	0,25	0,20	0,20	-	-	-

Umlenkungen ≠ 90° in % von 90°-Umlenkungen	15°	30°	45°	60°	180°	Faltenrohrbogen:
	25	45	65	80	120	ζ = 2 Glattrohrbogen

Doppelbogen oder -krümmer je 90°	Z-förmig:	1,8 x 90°	Ausgleicher	U-Ausgleicher:	3,2 x 90°
	Abwinkelung:	1,6 x 90°		Lyra-Ausgleicher:	4 x 90°

Metallschläuche:	Dehnungsstopfbuchse, nicht entlastet:	ζ = 0,20
wie Rohr mit λ_R = 0,05 bis 0,1	Gleitrohrausgleicher, entlastet:	ζ = 0,60

Linsen- oder Wellrohr-Dehnungsausgleicher (WDA): ζ = 0,2 x Wellen- bzw. Linsenzahl

Axial-WDA, entlastet	DN	150	200	250	300	350	400	500	600
	ζ	0,82	0,51	0,30	0,24	0,46	0,29	0,24	0,28

T-Stück					
	Durchgang	scharfkantig	ζ = 0,4	gerundet	ζ = 0,2
	Abgang		ζ = 1,2		ζ = 0,7

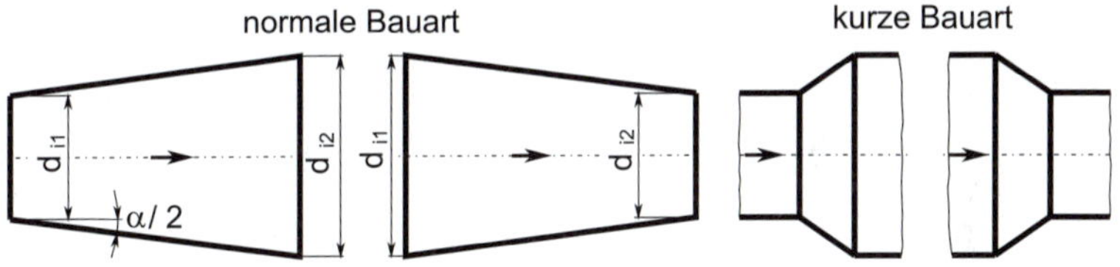

Erweiterungen ζ_2 bei α / 2					Einziehungen ζ_2 bei α / 2			
d_{i2} / d_{i1}	kurz [1]	4°	8°	12°	d_{i1} / d_{i2}	kurz [1]	4°	20°
1,2	0,19	0,03	0,08	0,15	1,2	0,05	0,03	0,01
1,4	0,92	0,10	0,30	0,55	1,4	0,22	0,03	0,01
1,6	2,44	0,35	0,72	1,40	1,6	0,29	0,03	0,01
1,8	5,02	0,74	1,50	2,85	1,8	0,34	0,03	0,01
2,0	9,00	1,30	2,63	5,00	2,0	0,37	0,03	0,01

[1] Hierunter sind Winkel α / 2 ≥ 30° zu verstehen.

Rohrverbindungen	Rundnaht	Flanschverbindung	Muffenverbindung
	ζ = 0,03	ζ = 0,05	ζ = 0,06
Wasserabscheider	mit Prallwand: ζ = 7 bis 12	ohne Prallwand: ζ = 4 bis 6	
Blende	m = 0,5: ζ = 4	m = 0,4: ζ = 9	m = 0,3: ζ = 19
Düse	m = 0,5: ζ = 0,3	m = 0,4: ζ = 0,5	m = 0,3: ζ = 1
Volumenmesser	ζ = 10		

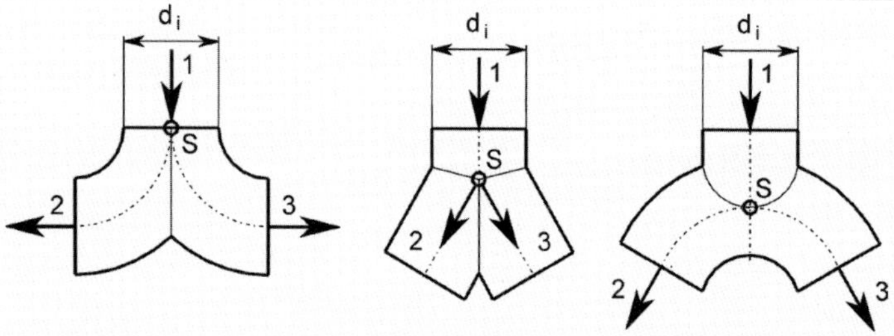

Bild 1.1-3: Verzweigungen verschiedener Bauarten und Winkel mit allseitig gleichem Innendurchmesser d_i (S – Schnittpunkt der drei Teilströme)

Tabelle 1.1-5b: Richtwerte für Einzelwiderstände ζ von Absperrventilen

Durchgangsform	geschmiedet	DN 25 bis 50	ζ = 6 bis 6,8
	gegossen	DN 15 bis 250	ζ = 3 bis 6
Schrägsitzventil		DN 15 bis 250	ζ = 1,5 bis 2,6
Freiflussventil		DN 15 bis 250	ζ = 0,6 bis 1,6
Membranventil		DN 15 bis 200	ζ = 0,8 bis 2,2

Eckventil										
DN	15 bis 32	40	50	65	80	100	125	150	200	250
ζ = 2 bis	3,1	3,4	3,8	4,1	4,4	4,7	5	5,3	5,7	6

Magnetventil										
DN		15	20	25	32	40	50	65	80	100
metalldichtend	ζ von	1,6	2,1	3,6	2	4,5	4,6	5	6,8	7,7
	ζ bis	3,2	3,1	4,3	5,1	5,9	6,8	7,3	7,9	10
membrandichtend	ζ von	5,2	2,2	3,6	1,8	3,8	4,8	-		
	ζ bis				5,1	8,3	10,2			

Tabelle 1.1-5c: Richtwerte für Einzelwiderstände ζ von Schiebern

Flachschieber 1)										
DN	15	20	25	32	40	50	65	80	100 bis 300	
ζ = 0,1 bis	0,65	0,6	0,55	0,5	0,5	0,45	0,4	0,35	0,3	

DN	15 bis 32	40	50	65	80	100	125	150	200	250	300
Rundschieber 1) ζ von	-		0,25	0,24	0,23	0,22	0,21	0,19	0,18	0,17	0,16
Rundschieber 1) ζ bis			0,32	0,31	0,3	0,28	0,26	0,25	0,23	0,22	0,2
Membranschieber ζ ≈	1,4	1,3	1,4	1,4	1,3	1,3	1,3	1,2	1,1	1,2	1,1
Ringkolbenschieber	ζ = 1,4 bis 0,8										

1) Bei eingezogener Bauart sind die ζ-Werte mit $(DN_{Durchgang} / DN_{Einziehung})^n$ zu multiplizieren, wobei n = 5 bis 6 beträgt.

Tabelle 1.1-5d: Richtwerte für Einzelwiderstände ζ von Absperrklappen und Hähnen

Bauart		Klappen PN 2,5 bis 40: ζ bei Nennweite DN													
		40	50	65	80	100	150	200	250	300	400	500	600	800	1000
Klappe	von	0,8	0,4	0,4	0,4	0,3	0,2	0,15	0,1	0,1	0,13	0,1	0,08	0,08	0,05
	bis	2,5	2	2,4	2	1,5	1,5	1,2	1	0,92	0,83	0,76	0,71	0,67	0,63
Bauart		**Hähne: ζ bei Nennweite DN**													
		15	20	25	32	40	50	65	80	100	125	150	200	250	300
Kugelhahn, voller Durchgang [1]		0,1	0,1	0,09	0,09	0,08	0,08	0,07	0,07	0,06	0,05	0,05	0,04	0,03	0,03
Zylinderhahn, Durchgang	nicht reduziert	0,5	0,47	0,46	0,45	0,42	0,44	0,43	0,41	0,4	0,39	0,37	0,34	0,31	0,28
	1 DN reduziert	-		1,01	1,06	0,91	0,83	1,32	0,56	0,75	0,71	0,75	0,8	0,56	0,69 [2]

[1] Maximalwert: ζ = 0,15. Bei eingezogenen Kugelhähnen beträgt ζ = 0,4 bis 1,1.
[2] eingezogen auf 225 mm

Tabelle 1.1-5e: Richtwerte für Einzelwiderstände ζ von Rückflussverhinderern

Bauart		Rückschlagventile: ζ bei Nennweite DN													
		15	20	25	32	40	50	65	80	100	125	150	200	250	300
Geradsitz-Rückschlagventil		3 bis 6													
Axial-Rückschlagventil	von	3,2						3,7	5	7,3	4,3 [1]				
	bis	3,4	3,4	3,5	3,6	3,8	4,2	5	6,4	8,2	4,6 [1]				

[1] mit Erweiterung

Tabelle 1.1-5e: Richtwerte für Einzelwiderstände ζ von Rückflussverhinderern (Fortsetzung)

Bauart		Rückschlagventile: ζ bei Nennweite DN													
		15	20	25	32	40	50	65	80	100	125	150	200	250	300
Schrägsitz-Rückschlagventil [2]		2,5	2,4	2,2	2,1	2	1,9	1,7	1,6	1,5					
Fußventil mit Saugkorb		2,5 bis 2,2													
Membran-Rückflussverhinderer, z. B. Hydro-Stop	w_A = 2 m/s	-		5			6	-		6	-	8	7,5	-	
	w_A = 3 m/s			1,8			4			4		4,5	4		
	w_A = 4 m/s			0,9			3			3		3	2,5		

Bauart		Rückschlagklappen: ζ bei Nennweite DN											
		15	20	25	32	40	50	65	80	100	125	150	200
Rückschlagklappe, einfach	von	0,5				0,4							
	bis	2,4	2,3	2,3	2,2	2,1	2	1,9	1,8	1,8	1,7	1,6	1,5
Doppelrückschlagklappe	von/bis	-					3,3	3,3	3,2	2,8	2,5	2,4	1,2

Bauart		Rückschlagklappen: ζ bei Nennweite DN											
		250	300	350	400	450	500	600	700	800	900	1000	1200
Rückschlagklappe, einfach	von	0,4		-	0,3	-	0,3		-	0,3	-	0,3	-
	bis	1,5	1,4		1,3		1,2	1,2		1,1		1	
Doppelrückschlagklappe	von	-	0,85	0,6	0,6	0,9	0,5	0,45			0,4		0,35
	bis		1,1	0,9	0,85		0,85						

[2] Maximalwert: ζ = 3.

- Y-Stücke (**Bild 1.1-3**, siehe S. 52), Kugelformstücke

  Für Y-Stücke gilt das Gleiche wie für T-Stücke, d. h. die 3 Teilströme sind mit den jeweiligen Massenströmen ab bzw. bis zum Schnittpunkt S zu berechnen. Als Einzelwiderstände ζ sind je nach Konstruktion die Werte von Bogen oder Krümmern anzusetzen. Der Einzelwiderstand des Teilstromes 1 bis bzw. ab Verzweigung (Punkt S) ist vernachlässigbar.

  Für Kugelformstücke ist sinngemäß zu verfahren.

- Erweiterungen, Einziehungen

  Die in Tabelle 1.1-5a angegebenen Einzelwiderstände ζ_2 beziehen sich auf den Innendurchmesser d_{i2} und beginnen je nach Durchflussrichtung ab Anfang Erweiterung bzw. ab Anfang Einziehung.

  In bestimmten Fällen ist Umrechnung auf den Innendurchmesser d_{i1} erforderlich, z. B. beim Austritt ins Freie oder in einen Behälter:

$$\zeta_1 = \frac{\zeta_2}{(d_{i2} / d_{i1})^4} \qquad (1.1\text{-}17)$$

  In diesem Fall endet der Innendurchmesser d_{i1} am Ende der Erweiterung bzw. am Ende der Einziehung.

- Armaturen, Blenden und ähnliche Bauteile

  Anstelle des Widerstandsbeiwertes ζ ist häufig der Durchflusskoeffizient k_v angegeben. Die Umrechnung kann wie folgt vorgenommen werden:

$$\zeta = \left(\frac{5{,}051\ A_{DN}}{100\ k_v}\right)^2 \qquad (1.1\text{-}18a)$$

$$k_v = \frac{5{,}051\ A_{DN}}{100\ \sqrt{\zeta}} \qquad (1.1\text{-}18b)$$

Unter A_{DN} ist hierbei der Durchflussquerschnitt in mm^2 zu verstehen, bezogen auf die Nennweite DN in mm.

Für genaue oder spezielle Berechnungen empfiehlt es sich, die vom Hersteller angegebenen ζ- bzw. k_v-Werte zu verwenden, da die Tabellenwerte aufgrund der vielfältigen Bauarten und -formen nur Mittelwerte innerhalb eines breiten Spektrums darstellen können.

Für die Bestimmung der ζ- und k_v-Werte von Drosseleinbauten in Abhängigkeit von der Durchflusszahl α_D gelten nach [1.1-1]:

$$\zeta = \frac{1}{\alpha_D^2\, m^2} \quad \text{bzw.} \quad \alpha_D = \frac{1}{m\sqrt{\zeta}} \tag{1.1-19a}$$

$$k_v = \frac{5{,}051}{100} A_D\, \alpha_D \quad \text{bzw.} \quad \alpha_D = \frac{100\, k_v}{5{,}051\, A_D} \tag{1.1-19b}$$

Beim Öffnungsverhältnis $m = A_D / A_R < 1$ ist unter A_R der Rohrquerschnitt vor der Drosselstelle, unter A_D der Querschnitt in der Drosselstelle zu verstehen. A_D ist in Gl. (1.1-19b) in mm^2 einzusetzen.

1.1.4 Berechnung von Rohrleitungs-Netzen

Bei einfachen verzweigten Netzen wird zunächst die Nennweite mit den Durchflussgeschwindigkeiten nach Tabelle 1.1-2 ermittelt. Mit diesen Werten werden die Druckverluste abschnittsweise nach Gl. (1.1-5) bzw. (1.1-6) berechnet und die Ergebnisse mit den verfügbaren Druckgefällen verglichen. Durch Veränderung der Nennweite in den einzelnen Streckenabschnitten ist die Rechnung solange zu wiederholen, bis die verfügbaren Druckgefälle optimal ausgenutzt, aber nicht überschritten sind.

Soll die Verteilung in vorhandenen verzweigten oder vermaschten Netzen manuell überprüft werden, erweist sich eine Berechnung mit Hilfe des k_v-Wertes als vorteilhaft. Zunächst ermittelt man für einen beliebigen Massenstrom m_F die Druckverluste in den einzelnen Abschnitten nach Gl. (1.1-5) bzw. (1.1-6) und hiernach die entsprechenden k_v-Werte nach Gl. (1.1-11). Der anteilige Massenstrom in den einzelnen Strängen lässt sich ohne iterative Rechenschritte mit diesen k_v-Werten präzise bestimmen (siehe Berechnungsbeispiel 1.2-2).

Auf die Berechnung vermaschter Netze wird hier nicht eingegangen, da die Drücke und Massenströme an den Knotenpunkten nur durch zeitaufwändige, schrittweise Näherungen zu ermitteln sind. Derartige Berechnungen werden zweckmäßigerweise über bestehende Programme auf Computern ausgeführt (siehe Abschnitt 18.1). Gleiches gilt für umfangreiche verzweigte Netze.

1.2 Wasserleitungen

1.2.1 Kaltwasserleitungen

a) Druckverlust

Kaltwasserleitungen werden wie alle anderen Flüssigkeitsleitungen nach Gl. (1.1-5a) bis (1.1-5c) berechnet. Da die Stoffwerte von Wasser fast ausschließlich temperaturabhängig sind (der Einfluss des Druckes ist vernachlässigbar) und der Temperaturbereich für Kaltwasserleitungen sich in engen Grenzen bewegt, kann von einer gewissen Konstanz der ansonsten veränderlichen Stoffwerte ausgegangen werden.

Darauf aufbauend wurden eine Reihe von Diagrammen anlog **Bild 1.2-1** entwickelt, mit denen sich der Druckverlust und die Durchflussgeschwindigkeit näherungsweise ermitteln lassen. Die Diagramme gelten nur für bestimmte Voraussetzungen, z. B. für konstante Rohrrauheit, und sind somit nur bestimmten Anwendungsfällen vorbehalten. Sobald sich diese Voraussetzungen ändern, sind wesentliche Abweichungen möglich. Beispielsweise verändert sich der Druckverlust bei einem Anstieg der Rohrrauheit von 0,1 mm auf 0,4 mm je nach Nennweite um 35 bis 50 %. Der Einfluss der Temperatur und damit der Dichte lässt sich hingegen mit den Werten nach **Tabelle 1.2-1** durch einen Proportionalitätsfaktor erfassen. Er beträgt z. B. 0,96 für Wasser von 20 °C.

Für die hydraulische Berechnung von Rohrleitungen und Rohrnetzen der Wasserversorgung gilt DVGW GW 303-1. Die Berechnung erfolgt nach den genannten Druckverlustgleichungen, wobei Einzelwiderstände nur in Ausnah-mefällen berücksichtigt werden, z. B. bei Konzentration von Armaturen in kurzen Rohrsträngen oder bei Druckverhältnissen im Grenzbereich. Gl. (1.1-5a) vereinfacht sich dann zu:

$$\Delta P = \frac{\rho_A \, w_A^2}{2} \frac{\lambda_R \, L_S}{d_i} \qquad (1.2\text{-}1)$$

Die Druckverlusthöhe errechnet sich zu

$$\Delta H = \frac{\Delta P}{\rho_A \, g} = \frac{w_A^2}{2\,g} \frac{\lambda_R \, L_S}{d_i} \qquad (1.2\text{-}2)$$

und die bezogene Reibungsverlusthöhe (Gefälle) zu

$$j = \frac{\Delta H}{L_S} = \frac{w_A^2}{2\,g} \frac{\lambda_R}{d_i} \qquad (1.2\text{-}3)$$

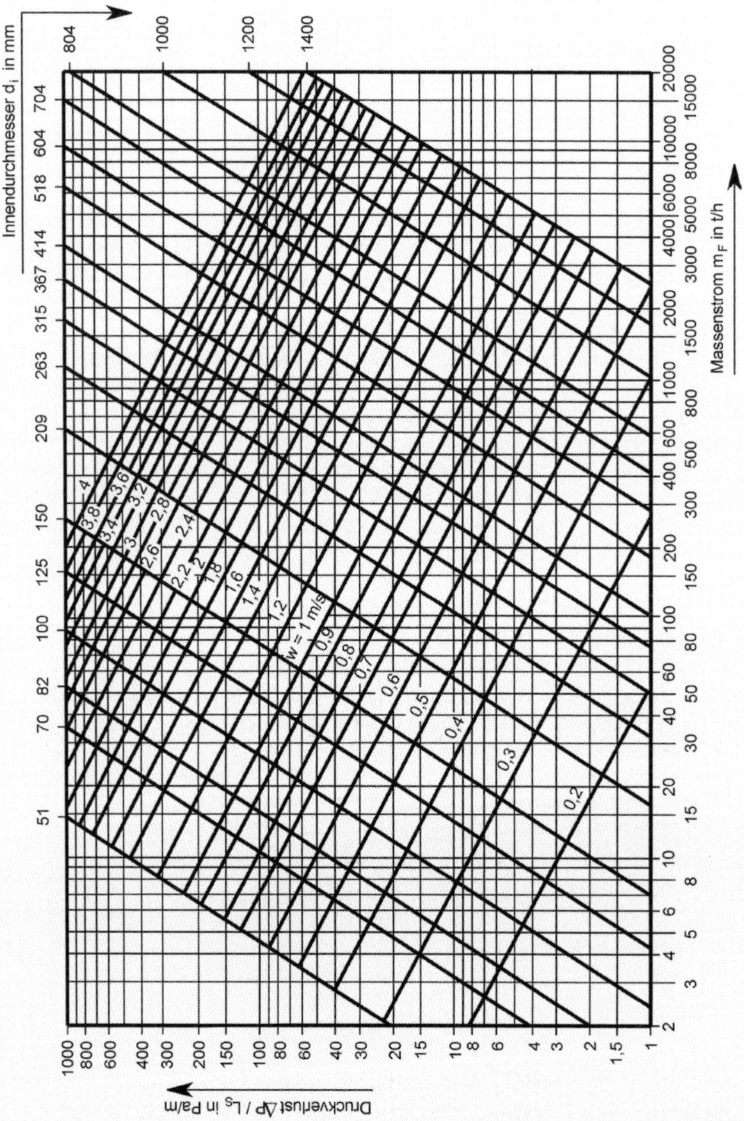

Bild 1.2-1: Druckverlust und Strömungsgeschwindigkeit von Wasserleitungen (absolute Rohrrauheit k = 0,15 mm, Temperatur 100 °C entsprechend ρ = 960 kg/m³)

Tabelle 1.2-1: Dichte ρ und kinematische Viskosität ν von Wasser

Temperatur t in °C	Dichte ρ in kg/m³ bei Absolutdruck in bar von				kinematische Viskosität ν in 10^{-6} m²/s
	1	5	20	50	
0	999,8	1000	1000,8	1002,3	1,781
10	999,8	1000	1000,7	1002,1	1,297
20	998,3	998,5	999,2	1000,5	1,002
30	995,7	995,9	996,6	997,9	0,800
40	992,3	992,5	993,1	994,4	0,658
50	988,0	988,2	988,9	990,2	0,554
60	983,2	983,4	984,1	985,3	0,476
80	971,6	971,8	972,6	973,9	0,368
100	–	958,3	959	960,4	0,297
150	–	916,8	917,7	919,4	0,200
200	–	–	865,1	867,3	0,155
250	Sättigungsdruck 40 bar: 799,2 kg/m³				0,137
300	Sättigungsdruck 86 bar: 712,5 kg/m³				0,130

Tabelle 1.2-2: Betriebliche Rohrrauheiten in Leitungen der Wasserversorgung nach DVGW-Arbeitsblatt GW 303-1

Leitungsart / Zustand / Einschränkungen	betriebliche Rohrrauheit k_i in mm
Fernleitungen und Zuführungsleitungen mit gestreckter Leitungsführung aus Stahl- oder Gussrohren mit ZM- oder Bitumenauskleidung, Kunststoffrohren, sowie aus Spannbeton- oder Faserzementrohren	0,1
Hauptleitungen mit weitgehend gestreckter Leitungsführung aus gleichen Rohren, auch aus Stahl- und Gussrohren ohne Auskleidung, sofern Wassergüte und Betriebsweise nicht zu Ablagerungen führen	0,4
Neue Netze: durch den Übergang von k_i = 0,4 mm auf k_i = 1,0 mm wird der Einfluss starker Vermaschung näherungsweise berücksichtigt.	1,0

Anstelle der absoluten Wandrauheit wird zur Bestimmung von λ_R eine betriebliche Rohrrauheit k_i gemäß **Tabelle 1.2-2** angewendet. Diese kennzeichnet nicht die messbare Höhe der Rauheitserhebungen, sondern ist als Maß für das hydraulische Verhalten der gesamten Rohrleitung bzw. des jeweiligen Rohrnetzes oder Rohrabschnittes zu verstehen.

Die in Tabelle 1.2-2 angeführten k_i-Werte gelten für neue Rohrleitungen. Für die Nachrechnung bestehender Rohrleitungen muss k_i entweder durch Messungen bestimmt werden, oder die Nachrechnung ist unter Berücksichtigung der Einzelwiderstände mit der absoluten Rohrrauheit vorzunehmen. Bei notwendigen Abschätzungen ist davon auszugehen, dass durch Belagbildung und Korrosion die k_i-Werte erheblich ansteigen können.

Trinkwasserleitungen in Gebäuden und auf Grundstücken werden auf der Grundlage von DIN EN 806-3 bemessen. Die Berechnung des Druckverlustes erfolgt nach Gl. (1.1-5a) bis (1.1-5c) unter Verwendung der absoluten Rohrrauheit.

b) Offene Gefälleleitungen

Für offene Gefälleleitungen (z. B. Trichterleitungen, Ausfluss aus einem drucklosen Behälter) vereinfacht sich Gl. (1.1-9) wegen $P_A = P_E$, $\rho_A = \rho_E$ und $w_A \approx 0$ zu:

$$g\,\rho_A\,\Delta H = \Delta P + \frac{\rho_A\,w_E^2}{2} \qquad (1.2\text{-}4)$$

Der hierin enthaltene Druckverlust beträgt entsprechend Gl. (1.1-5c):

$$\Delta P = \frac{8\,m_F^2\,\lambda_R\,(L_S + L_{ä})}{\pi^2\,d_i^5\,\rho_A}$$

Den Massenstrom ($d_{i,E}$ - Innendurchmesser am Ende der Rohrleitung) kann man nach Gl. (1.1-2) errechnen:

$$m_F = \frac{d_{i,E}^2\,\pi}{4}\,\rho_A\,w_E$$

Durch Einsetzen in Gl. (1.2-4) ergibt sich folgende Ausflussgeschwindigkeit am Ende der Rohrleitung:

$$w_E = \sqrt{\frac{2\,g\,\Delta H}{1 + \lambda_R\,(L_S + L_{ä})\,(d_{i,E}^4 / d_i^5)}} \le w_{krit} \qquad (1.2\text{-}5a)$$

Besteht die Rohrleitung aus mehreren Teilabschnitten (j = 1 bis k) mit unterschiedlichen Durchmessern d_i, ändert sich Gl. (1.2-5a) in:

$$w_E = \sqrt{\frac{2\,g\,\Delta H}{1 + \sum_{j=1}^{k} \lambda_{R,j}\,(L_S + L_{ä})_j\,(d_{i,E}^4 / d_{i,j}^5)}} \le w_{krit} \qquad (1.2\text{-}5b)$$

Bei reibungsfreier Strömung ($\lambda_R = 0$) entsteht die bekannte Formel

$$w_E = \sqrt{2\ g\ \Delta H} \leq w_{krit} \qquad (1.2\text{-}6)$$

Damit die Strömung nicht abreißt, darf die kritische Geschwindigkeit w_{krit} nicht überschritten werden. Diese errechnet sich aus Gl. (1.2-6) für den atmosphärischen Druck von $P \approx 1$ bar $\triangleq \Delta H = 10$ m WS zu:

$$w_{krit} = \sqrt{2 \cdot 9{,}81 \cdot 10} = 14 \text{ m/s} \qquad (1.2\text{-}7)$$

Ist $w_E > w_{krit}$, muss der Innendurchmesser der Rohrleitung verringert und/oder eine zusätzliche Drosselstelle eingebaut werden. Durch beide Maßnahmen wird der Nenner in Gl. (1.2-5) erhöht, so dass sich die Ausflussgeschwindigkeit w_E vermindert. Bei Nichtbeachtung kommt es zur Strahlablösung und einem Druckabfall bis unter die Sättigungsgrenze. Das kann zur Dampfblasenbildung führen, die Kavitationen bedingen.

c) Druckbehaftete Gefälleleitungen

Soll am Ende einer Gefälleleitung noch ein Druck P_E vorhanden sein, z. B. in Druckwasserleitungen von Wasserkraftanlagen oder in Kaltwassernetzen, verändert sich Gl. (1.2-5a) in:

$$w_E = \sqrt{\frac{2\left[g\ \Delta H + (P_A - P_E) / \rho_{\acute{A}}\right]}{1 + \lambda_R\,(L_S + L_{ä})\,(d_{i,E}^4 / d_i^5)}} \qquad (1.2\text{-}8a)$$

und Gl. (1.2-5b) in:

$$w_E = \sqrt{\frac{2\left[g\ \Delta H + (P_A - P_E) / \rho_{\acute{A}}\right]}{1 + \sum_{j=1}^{k} \lambda_{R,j}\,(L_S + L_{ä})_j\,(d_{i,E}^4 / d_{i,j}^5)}} \qquad (1.2\text{-}8b)$$

Die Überprüfung auf Kavitation muss analog Buchstabe b erfolgen, wobei jedoch die kritische Geschwindigkeit nicht für den atmospärischen Druck, sondern für P_E zu ermitteln ist.

Herrscht am Zufluss atmosphärischer Druck, z. B. am Oberbecken eines Pumpspeicherkraftwerkes oder am Speicher in einem Wasserturm, ist in Gl. (1.2-8) $p_A = 0$ bzw. $P_A = 1$ bar $= 100\,000$ Pa einzusetzen.

d) Berechnungsbeispiel 1.2-1

Eine neue Industrieanlage soll über eine bereits vorhandene Rohrleitung mit Wasser versorgt werden, die an einen $\Delta H = 45$ m hohen drucklosen Speicherbehälter angeschlossen ist. Aus verfahrenstechnischen Gründen soll eine wahlweise Einspeisung in zwei verschiedene Netze erfolgen, die mit unterschiedlichen Netzwasserdrücken betrieben werden.

Die vorhandene Stahlleitung (Hauptleitung) besteht aus zwei Teilabschnitten: 500 m in DN 150, 1500 m in DN 200. Sie verläuft horizontal mit weitestgehend gestreckter Leitungsführung. Für die Netzwasserdrücke (Überdrücke) und Einspeisevolumina der einzelnen Netze gilt:

Netz 1 - $p_1 \geq 200$ kPa (2 bar) und $V_{F1} = 80$ m³/h

Netz 2 - $p_2 \geq 350$ kPa (3,5 bar) und $V_{F2} = 60$ m³/h

Die Wassertemperatur beträgt 15 °C, Wanddickentoleranzen werden nicht berücksichtigt. Es soll ermittelt werden, ob mit der vorhandenen Rohrleitung die Versorgung der einzelnen Netze entsprechend den vorgegebenen Einsatzkriterien gesichert werden kann.

Allgemeine Kennwerte

- Dichte und kinematische Viskosität für 15 °C aus Tabelle 1.2-1 (interpoliert)

  $\rho = \rho_A = 999$ kg/m³

  $\nu = \nu_A = 1{,}15 \cdot 10^{-6}$ m²/s

- Betriebliche Rohrrauheit nach Tabelle 1.2-2

  Hauptleitungen mit weitestgehend gestreckter Leitungsführung aus Stahl ohne Auskleidung: $k_i = 0{,}4$ mm.

  Einzelwiderstände werden somit nicht berücksichtigt, d. h. es wird $L_ä = 0$ gesetzt.

<u>Berechnung des Druckverlustes mit der Einspeisemenge für das Netz 1</u>

- Massenstrom m_{F1} nach Gl. (1.1-2) für das Einspeisevolumen V_{F1} = 80 m³/h:

$$m_{F1} = \rho \, V_{F1} = 999 \cdot \frac{80}{3600} = 22{,}2 \text{ kg/s}$$

- Geschwindigkeit im Leitungsabschnitt DN 150 nach Gl. (1.1-4):

$$w_A = w_{150} = \frac{m_{F1}}{(d_i^2 \, \pi / 4) \, \rho} = \frac{22{,}2}{(0{,}15^2 \, \pi / 4) \cdot 999} = 1{,}26 \text{ m/s}$$

- Reynolds-Zahl für DN 150 nach Gl. (1.1-14):

$$Re_{150} = \frac{w_A \, d_i}{\nu} = \frac{1{,}26 \cdot 0{,}15}{1{,}15 \cdot 10^{-6}} = 1{,}64 \cdot 10^5$$

- Rohrreibungszahl für k_i / d_i = 0,4 / 150 = 0,00267 (DN 150) aus Bild 1.1-1: λ_R = 0,026

- Druckverlust für DN 150 nach Gl. (1.2-1):

$$\Delta P_{150} = \frac{\rho_A \, w_A^2}{2} \frac{\lambda_R \, L_S}{d_i} = \frac{999 \cdot 1{,}26^2}{2} \cdot \frac{0{,}026 \cdot 500}{0{,}15} = 68727 \text{ Pa} = 68{,}7 \text{ kPa} = 0{,}69 \text{ bar}$$

- Geschwindigkeit im Leitungsabschnitt DN 200 nach Gl. (1.1-4):

$$w_A = w_{200} = \frac{m_{F1}}{(d_i^2 \, \pi / 4) \, \rho} = \frac{22{,}2}{(0{,}2^2 \, \pi / 4) \cdot 999} = 0{,}71 \text{ m/s}$$

- Reynolds-Zahl für DN 200 nach Gl. (1.1-14):

$$Re_{200} = \frac{w_A \, d_i}{\nu} = \frac{0{,}71 \cdot 0{,}2}{1{,}15 \cdot 10^{-6}} = 1{,}23 \cdot 10^5$$

- Rohrreibungszahl für k_i / d_i = 0,4 / 200 = 0,002 (DN 200) aus Bild 1.1-1: λ_R = 0,025

- Druckverlust für DN 200 nach Gl. (1.2-1):

$$\Delta P_{200} = \frac{\rho \, w_A^2}{2} \frac{\lambda_R \, L_S}{d_i} = \frac{999 \cdot 0{,}71^2}{2} \cdot \frac{0{,}025 \cdot 1500}{0{,}2} = 47\,212 \text{ Pa} = 47{,}2 \text{ kPa} = 0{,}47 \text{ bar}$$

Damit ergibt sich für das Einspeisevolumen des Netzes 1 ein Gesamtdruckverlust von

$$\Delta P_1 = 68\,727 + 47\,212 = 115\,939 \text{ Pa} = 115{,}94 \text{ kPa} = 1{,}16 \text{ bar}$$

Bei dem zur Verfügung stehenden Druckgefälle von

$$\Delta H\, g\, \rho = 45 \cdot 9{,}81 \cdot 999 = 441 \text{ kPa}$$

beträgt der Druck an der Einspeisestelle

$$p_1 = \Delta H\, g\, \rho - \Delta P_1 = 441 - 116 = 325 \text{ kPa} = 3{,}25 \text{ bar}$$

Er liegt deutlich über dem geforderten Netzdruck von $p_1 \geq 200$ kPa (2 bar).

Rohrleitungsspezifischer Durchflusskoeffizient

Die Durchflusskoeffizienten werden auf der Basis des Einspeisevolumens V_{F1} = 80 m³/h bzw. des Massenstromes m_{F1} = 22,2 kg/s ermittelt.

- Durchflusskoeffizient für Rohrabschnitt DN 150 nach Gl. (1.1-11a):

$$k_{v150} = \frac{m_{F1}}{100\sqrt{\rho\, \Delta P_{150}}} = \frac{22{,}2 \cdot 3600}{100\sqrt{999 \cdot 0{,}069}} = 96{,}3 \text{ m}^3/\text{h}$$

- Durchflusskoeffizient für Rohrabschnitt DN 200 nach Gl. (1.1-11a):

$$k_{v200} = \frac{m_{F1}}{100\sqrt{\rho\, \Delta P_{200}}} = \frac{22{,}2 \cdot 3600}{100\sqrt{999 \cdot 0{,}047}} = 116{,}6 \text{ m}^3/\text{h}$$

- Durchflusskoeffizient gesamt nach Gl. (1.1-12):

$$k_v = \sqrt{\frac{1}{\frac{1}{k_{v150}^2} + \frac{1}{k_{v200}^2}}} = \sqrt{\frac{1}{\frac{1}{96{,}3^2} + \frac{1}{116{,}6^2}}} = 74{,}3 \text{ m}^3/\text{h}$$

Druckverlust für Einspeisemenge Netz 2

- Massenstrom nach Gl. (1.1-2) für das Einspeisevolumen V_{F2} = 60 m³/h:

$$m_{F2} = \rho\, V_{F2} = 999 \cdot \frac{60}{3600} = 16{,}65 \text{ kg/s}$$

- Druckverlust durch Umstellung von Gl. (1.1-11a) nach ΔP:

$$\Delta P_2 = \frac{\left(\frac{m_{F2}}{100\ k_v}\right)^2}{\rho} = \frac{\left(\frac{16{,}65 \cdot 3600}{100 \cdot 74{,}3}\right)^2}{999} = 0{,}0651\ \text{MPa} = 65{,}1\ \text{kPa} = 0{,}65\ \text{bar}$$

Damit ergibt sich an der Einspeisestelle noch ein verfügbarer Druck von

$$p_2 = \Delta H\ g\ \rho - \Delta P_2 = 441 - 65{,}1 = 375{,}9\ \text{kPa} \approx 3{,}76\ \text{bar}$$

Er liegt geringfügig, aber ausreichend über dem geforderten Netzwasserdruck von $p_2 \geq 350$ kPa (3,5 bar). Die Größe der Haupt- bzw. Zubringerleitung wird somit durch das Netz 2 bestimmt. Da die Zubringerleitung, bezogen auf die Verhältnisse im Netz 1, überdimensioniert ist, soll die mögliche Einspeisemenge hierfür ermittelt werden.

Maximal mögliche Einspeisemenge für das Netz 1

- Ausflussgeschwindigkeit an der Übergabestelle

  Da in diesem Berechnungsbeispiel mit Überdrücken gerechnet wird und weiterhin $p_A = 0$ und $L_ä = 0$ ist, vereinfacht sich Gl. (1.2-8a) zu:

$$w_E = \sqrt{\frac{2\left[g\,\Delta H - p_E / \rho\right]}{1 + \sum_{j=1}^{k} \lambda_{R,j}\, L_{S,j}\, (d_{i,E}^4 / d_{i,j}^5)}} = \sqrt{\frac{2\left[9{,}81 \cdot 45 - 200\,000 / 999\right]}{1 + \left(\frac{0{,}026 \cdot 500 \cdot 0{,}2^4}{0{,}15^5} + \frac{0{,}025 \cdot 1500 \cdot 0{,}2^4}{0{,}2^5}\right)}} = 1{,}02\ \text{m/s}$$

- Möglicher Massenstrom nach Gl. (1.1-2):

$$m_F = \frac{d_i^2\,\pi}{4}\,\rho\,w_E = \frac{0{,}2^2\,\pi}{4} \cdot 999 \cdot 1{,}02 = 31{,}99\ \text{kg/s} \triangleq 115{,}2\ \text{t/h}$$

Gleiche Ergebnisse liefert auch die Berechnung über den k_v-Wert. Für das Netz 1 steht folgendes Druckgefälle zur Verfügung:

$$\Delta P_{A\text{-}E} = \Delta H\ g\ \rho - p_1 = 441 - 200 = 241\ \text{kPa} = 2{,}41\ \text{bar}$$

Durch Umstellen von Gl. (1.1-11a) kann der mögliche Massenstrom bestimmt werden:

$$m_F = 100\ k_v \sqrt{\rho\,\Delta P_{A\text{-}E}} = 100 \cdot 74{,}3 \sqrt{999 \cdot 0{,}241} = 115\,286\ \text{kg/h} = 115{,}3\ \text{t/h}$$

Die Ergebnisse liegen innerhalb der üblichen Auf- und Abrundungen.

e) Berechnungsbeispiel 1.2-2

Durch ein vorhandenes Rohrnetz (**Bild 1.2-2**) soll Wasser von 15 °C fließen (ρ = 999 kg/m³ analog Berechnungsbeispiel 1.2-1). Am Einspeisepunkt A steht ein Netzwasserüberdruck von p_A = 5 bar zur Verfügung. An den Auslaufpunkten herrscht Atmosphärendruck (p_E = 0 bar). Da die Leitung horizontal verläuft, sind keine geodätischen Höhenunterschiede zu überwinden.

Bekannt sind die k_v-Werte der einzelnen Rohrabschnitte:

$$k_{v,AB} = 100 \text{ m}^3/\text{h};\ k_{v,BC} = 50 \text{ m}^3/\text{h};\ k_{v,BD} = 60 \text{ m}^3/\text{h};\ k_{v,DG} = 30 \text{ m}^3/\text{h};\ k_{v,DH} = 20 \text{ m}^3/\text{h}$$

Es soll das maximal mögliche Gesamtvolumen $V_{F,ges}$ und dessen Verteilung auf die einzelnen Leitungsstränge ermittelt werden.

Maximal mögliches Gesamtvolumen

- Durchflusskoeffizient für die paralellen Massenströme DG und DH nach Gl. (1.1-13):

$$k_{v,DGH} = k_{v,DG} + k_{v,DH} = 30 + 20 = 50 \text{ m}^3/\text{h}$$

- Durchflusskoeffizient für die aufeinander folgenden Massenströme BD und (DG+DH) nach Gleichung (1.1-12):

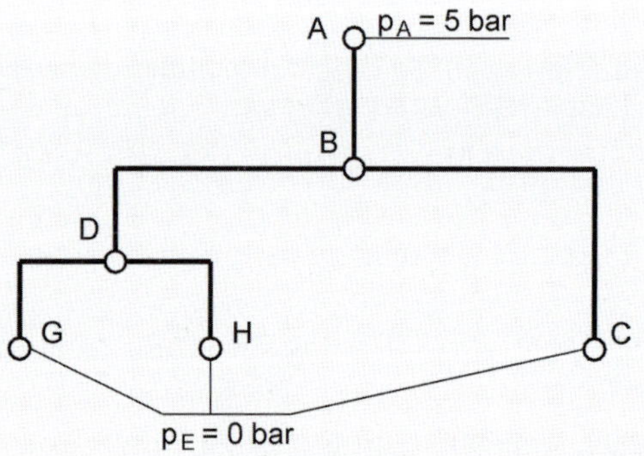

Bild 1.2-2: Schema des Rohrnetzes aus Berechnungsbeispiel 1.2-2

$$k_{v,BGH} = \sqrt{\frac{1}{\frac{1}{k^2_{v,DGH}} + \frac{1}{k^2_{v,BD}}}} = \sqrt{\frac{1}{\frac{1}{50^2} + \frac{1}{60^2}}} = 38{,}41 \text{ m}^3\text{/h}$$

- Durchflusskoeffizient für die paralellen Massenströme BD(G+H) und BC nach Gleichung (1.1-13):

$$k_{v,BGHC} = k_{v,BGH} + k_{v,BC} = 38{,}41 + 50 = 88{,}41 \text{ m}^3\text{/h}$$

- Durchflusskoeffizient für das gesamte Rohrnetz, d. h. die aufeinander folgenden Massenströme AB und BGHC, nach Gleichung (1.1-12):

$$k_v = k_{v,AGHC} = \sqrt{\frac{1}{\frac{1}{k^2_{v,BGHC}} + \frac{1}{k^2_{v,AB}}}} = \sqrt{\frac{1}{\frac{1}{88{,}41^2} + \frac{1}{100^2}}} = 66{,}24 \text{ m}^3\text{/h}$$

- Maximal verfügbares Druckgefälle

$$\Delta P_{ges} = p_A - p_E = 5 - 0 = 5 \text{ bar} \triangleq 0{,}5 \text{ MPa}$$

- Maximal mögliches Durchflussvolumen nach Gl. (1.1-11a), umgestellt nach V_F:

$$V_{F,ges} = \frac{100\, k_v}{\sqrt{\rho / \Delta P_{ges}}} = \frac{100 \cdot 66{,}24}{\sqrt{999 / 0{,}5}} = 148{,}19 \text{ m}^3\text{/h}$$

<u>Verteilung auf die Stränge</u>

- Druckverlust im Abschnitt AB für V_F = 148,19 m³/h nach Gl. (1.1-11a) durch Umstellung nach ΔP:

$$\Delta P_{AB} = \rho \left(\frac{V_F}{100\, k_{v,AB}} \right)^2 = 999 \left(\frac{148{,}19}{100 \cdot 100} \right)^2 = 0{,}219 \text{ MPa} \triangleq 2{,}19 \text{ bar}$$

Damit ergibt sich ein verfügbares Druckgefälle in den Abschnitten BD(G+H) und BC von:

$$\Delta P_{BGHC} = \Delta P_{ges} - \Delta P_{AB} = 5 - 2{,}19 = 2{,}81 \text{ bar} \triangleq 0{,}281 \text{ MPa}$$

- Durchflussvolumen im Abschnitt BC für ΔP_{BGHC} = 0,281 MPa nach Gl. (1.1-11a):

$$V_{F,BC} = \frac{100\, k_{v,BC}}{\sqrt{\rho / \Delta P_{BGHC}}} = \frac{100 \cdot 50}{\sqrt{999 / 0{,}281}} = 83{,}86 \text{ m}^3\text{/h}$$

- Durchflussvolumen im Abschnitt B(G+H) für ΔP_{BGHC} = 0,281 MPa nach Gl. (1.1-11a):

$$V_{F,BGH} = \frac{100\ k_{v,BGH}}{\sqrt{\rho / \Delta P_{BGHC}}} = \frac{100 \cdot 38,41}{\sqrt{999 / 0,281}} = 64,4\ m^3/h$$

Das gleiche Volumen ergibt sich, abgesehen von Auf- und Abrundungen, aus

$$V_{F,BGH} = V_{F,ges} - V_{F,BC} = 148,19 - 83,86 \approx 64,4\ m^3/h$$

- Druckverlust im Abschnitt BD für $V_{F,BGH}$ = 64,4 m³/h nach Gl. (1.1-11a):

$$\Delta P_{BD} = \rho \left(\frac{V_{F,BGH}}{100\ k_{v,BD}} \right)^2 = 999 \left(\frac{64,4}{100 \cdot 60} \right)^2 = 0,115\ MPa \triangleq 1,15\ bar$$

Das verfügbare Druckgefälle in den Abschnitten DG und DH beträgt somit:

$$\Delta P_{DGH} = \Delta P_{ges} - \Delta P_{AB} - \Delta P_{BD} = 5 - 2,19 - 1,15 = 1,66\ bar \triangleq 0,166\ MPa$$

- Durchflussvolumen im Abschnitt DG für ΔP_{DGH} = 0,166 MPa nach Gl. (1.1-11a):

$$V_{F,DG} = \frac{100\ k_{v,DG}}{\sqrt{\rho / \Delta P_{DGH}}} = \frac{100 \cdot 30}{\sqrt{999 / 0,166}} = 38,67\ m^3/h$$

- Durchflussvolumen im Abschnitt DH für ΔP_{DGH} = 0,166 MPa nach Gl. (1.1-11a):

$$V_{F,DH} = \frac{100\ k_{vDH}}{\sqrt{\rho / \Delta P_{DGH}}} = \frac{100 \cdot 20}{\sqrt{999 / 0,166}} = 25,78\ m^3/h$$

- Die Aufteilung auf die Entnahmestellen G, H und C ergibt:

$$V_{F,ges} = V_{F,DG} + V_{F,DH} + V_{F,BC} = 38,67 + 25,78 + 83,86 = 148,31\ m^3/h$$

Die Differenz zum oben errechneten Gesamtvolumen von 148,19 m³/h ist durch Auf- und Abrundungen während des Rechenganges bedingt.

1.2.2 Feuerlöschwasserleitungen

Dient eine Trinkwasserleitung gleichzeitig zu Feuerlöschzwecken, so ist die Leistungsfähigkeit der Leitung oder des Netzes zu überprüfen.

Maßgebend für die Bemessung des Leitungsnetzes sind entsprechend DVGW W 400-1 und W 405 der vereinbarte Anteil des Löschwasserbedarfs sowie der Trinkwasserverbrauch während der Spitzenstunde eines mittleren Verbrauchstages. Dabei sollte eine Löschwasserentnahmestelle gemäß DVGW W 400-1 die Entnahme von wenigstens 24 m^3/h über die Dauer von 2 Stunden ermöglichen.

Werden keine erhöhten Netzwasserdrücke für außergewöhnliche Abnahmen gefordert, so ist durch die Berechnung nachzuweisen, dass der Netzwasserdruck bei der Entnahme von Löschwasser an keiner Stelle den Wert von 1,5 bar unterschreitet.

Nicht immer ist es möglich, den vollen Löschwasserbedarf aus Trinkwasserversorgungsanlagen abzudecken. Das gilt vor allem dann, wenn der Löschwasserbedarf den Trinkwasserverbrauch erheblich übersteigt und die Bemessung der Trinkwasserversorgungsanlage für den vollen Löschwasserbedarf zu einer deutlichen Überdimensionierung führt, in deren Folge mit hohen Verweilzeiten des Trinkwassers und dessen Verkeimen gerechnet werden muss. In diesen Fällen muss auf andere Möglichkeiten der Löschwasserbereitstellung zurückgegriffen werden.

1.2.3 Warm- und Heißwasserleitungen

a) Auslegungsgrundsätze

Bei Warm- und Heißwasserleitungen ist der Einfluss der Temperatur auf das Volumen zu berücksichtigen, da die Volumenvergrößerung für die Wahl des Rohrdurchmessers von Bedeutung sein kann. Insbesondere bei langen Fernwärmeleitungen kann ein zu knapp bemessener Rohrdurchmesser zu einer Einschränkung der Durchlassfähigkeit führen. Eine Volumenverringerung infolge Abkühlung ist nur in Sonderfällen (Laborversuche usw.) von Bedeutung, da Warm- und Heißwasserleitungen im allgemeinen eine Wärmedämmung besitzen. Ungedämmte Warmwasserleitungen dienen meist der Wärmeabgabe in Räumen und haben nur geringe Länge. Die vorgegebene Abkühlspanne liegt in der Größenordnung von 20 K.

Die Berechnung von Warm- und Heißwasserleitungen ist im Prinzip die gleiche wie für Kaltwasserleitungen. Im Gegensatz zur Berechnung von Rohrnetzen der Wasserversorgung, wo Einzelwiderstände durch einen Zuschlag zur Rohrrauheit berücksichtigt sind, werden die Einzelwiderstände bei Fernwärmenetzen durch einen Zuschlag zur Rohrlänge eingerechnet. Für Fernwärmeleitungen verwendet man folgende Gleichung zur Berechnung des Druckverlustes:

$$\Delta P = \frac{\rho_A\, w_A^2}{2}\,\frac{\lambda_R\,(L_S + L_ä)}{d_i} = (1{,}35 \text{ bis } 1{,}4)\frac{\rho_A\, w_A^2}{2}\,\frac{\lambda_R\, L_S}{d_i} \qquad (1.2\text{-}9)$$

Der Zuschlag von 35 bis 40 % zur Rohrlänge ist ein Mittelwert aus [1.2-1].

Der erforderliche Rohrdurchmesser in Fernwärmeleitungen wird in den meisten Fällen unter Berücksichtigung der Pumpenarbeit festgelegt, da die Kosten für den Energiebedarf der Umwälzpumpen den größten Teil der Gesamtkosten verursachen. Nach [1.2-2] ist von spezifischen Druckverlustwerten zwischen 1 und 2 mbar/m auszugehen. Weiterhin ist zu beachten, dass Strömungsgeschwindigkeiten über 1 m/s in Verteilerleitungen wegen der Geräuschbelästigung der Abnehmer zu vermeiden sind. Weitere Hinweise zur hydraulischen Auslegung und Dimensionierung von Fernwärmeleitungen sind in [1.2-2] enthalten.

b) Berechnungsbeispiel 1.2-3

Eine vorhandene Heiztrasse AB, welche einen Textilbetrieb mit Heizwasser von 150 °C versorgt, soll im Zuge planmäßiger Bauerweiterungen verlängert werden und einen weiteren Verbraucher mit einem Umformer erhalten. Die Heiztrasse besitzt vom Heizwerk bis zum Abzweig des Textilbetriebes eine gestreckte Länge von L_{AB} = 2100 m. Die gestreckte Länge des neu zu verlegenden Abschnittes BC bis zum Verbraucher ist mit L_{BC} = 1600 m veranschlagt.

Am Vor- und Rücklaufsammler im Heizwerk herrscht ein konstanter Druck von p_A = 20 bar bzw. p_E = 18 bar. Die Heizwassermenge für den Textilbetrieb beträgt m_{F1} = 40 t/h (11,11 kg/s), für den neuen Verbraucher m_{F2} = 180 t/h (50 kg/s). Für den Heizwasserdurchsatz im Textilbetrieb wird ein Druckgefälle von ΔP_T = 75 kPa (0,75 bar) benötigt. Der primärseitige Druckverlust des neuen Umformers beträgt ΔP_U = 10 kPa (0,1 bar) bei dem veranschlagten Massenstrom von m_{F2} = 180 t/h.

Die vorhandene Trasse besteht aus geschweißtem Stahlrohr nach DIN EN 10217-1 in der Abmessung 323,9 x 7,1 (d_{iAB} = 309,7 mm ≈ 310 mm) und einer Rohrtoleranz von ±10 %. Der neue Abschnitt soll ebenfalls mit geschweißtem Stahlrohr verlegt werden.

Es sind zu ermitteln:

- der Leitungsdurchmesser des neuen Rohrabschnittes.
- der Gesamtdruckverlust der Trasse.
- das am Abzweig zum Textilbetrieb nach dem Umschluss zur Verfügung stehende Druckgefälle.

Einzelwiderstände werden im Rechengang angegeben.

Druckverlust der Trasse AB

- Dichte und kinematische Viskosität für 20 bar und 150 °C nach Tabelle 1.2-1:

  $\rho = 917{,}7\ kg/m^3;\ \nu = 0{,}2 \cdot 10^{-6}\ m^2/s$

- Massenstrom:

  $m_F = m_{F1} + m_{F2} = 11{,}11 + 50 = 61{,}11\ kg/s$

- Geschwindigkeit nach Gl. (1.1-4) für $m_F = 61{,}11$ kg/s:

$$w_{AB} = \frac{m_F}{\left(d_{i,AB}^2\,\pi / 4\right)\rho} = \frac{61{,}11}{\left(0{,}31^2\,\pi / 4\right)\cdot 917{,}7} = 0{,}88\ m/s$$

- Reynolds-Zahl nach Gl. (1.1-14):

$$Re_{AB} = \frac{w_{AB}\,d_{i,AB}}{\nu} = \frac{0{,}88 \cdot 0{,}31}{0{,}2 \cdot 10^{-6}} = 1{,}36 \cdot 10^6$$

- Rohrrauheit nach Tabelle 1.1-4 (Mittelwert für Heißwasser, gebraucht): k = 0,3 mm

- Rohrreibungszahl für $k / d_i = 0{,}3 / 310 = 0{,}00097$ aus Bild 1.1-1: $\lambda_R = 0{,}0195$

- Einzelwiderstände nach Tabelle 1.1-5a und 1.1-5d:

64 Krümmer 90° ($R / D_o = 1{,}5$) mit $\zeta = 0{,}3$:	$64 \cdot 0{,}3 =$	19,2
2 Absperrklappen mit $\zeta = 0{,}42$:	$2 \cdot 0{,}42 =$	0,84
460 Rundschweißnähte mit $\zeta = 0{,}03$:	$460 \cdot 0{,}03 =$	13,8
		$\Sigma\zeta_{AB} = 33{,}84$

- Druckverlust gemäß Gl. (1.1-5a) mit $K_T = 1{,}05$ nach Tabelle 1.1-3:

$$\Delta P_{AB} = \frac{\rho\, w_{AB}^2}{2}\left(\frac{\lambda_{R,AB}\, L_{S,AB}}{d_{i,AB}} + \sum\zeta_{AB}\right) K_T$$

$$= \frac{917{,}7 \cdot 0{,}88^2}{2} \left(\frac{0{,}0195 \cdot 2100}{0{,}31} + 33{,}84 \right) 1{,}05$$

$$= 61\,911 \text{ Pa} \approx 62 \text{ kPa} = 0{,}62 \text{ bar}$$

Für den Rücklauf ist mit dem gleichen Druckverlust zu rechnen, d. h. $\Delta P_{AB} = \Delta P_{BA}$

Überschlägige Ermittlung des Druckverlustes der Trasse BC

Da von einem annähernd gleichen Druckverlust im Vor- und Rücklauf ausgegangen werden kann, ergibt sich für den neuen Trassenabschnitt BC + CB ein verfügbares Druckgefälle von

$$2\,\Delta P_{BC} = (p_A - p_E) - 2\,\Delta P_{AB} - \Delta P_U = 200 - 2 \cdot 62 - 10 = 66 \text{ kPa} = 66\,000 \text{ Pa} = 0{,}66 \text{ bar}$$

Bei einer Trassenlänge von $L_{S,BC}$ = 1600 m (Vor- bzw. Rücklauf) entspricht dem ein möglicher spezifischer Druckverlust von:

$$\Delta P_{BC} / L_{S,BC} = 33\,000 / 1600 = 20{,}6 \text{ Pa/m}$$

Aus Bild 1.2-1 ergibt sich für m_{F2} = 180 t/h und $\Delta P_{BC} / L_{S,BC} \leq 20{,}6$ Pa/m eine Nennweite zwischen DN 250 und DN 300. Bei DN 250 wird der zulässige Druckverlust von 20,6 Pa/m überschritten. Gewählt wird daher DN 300 mit der Abmessung 323,9 x 7,1 (d_{iBC} = 309,7 mm ≈ 310 mm), analog wie für Trasse AB. Hierfür kann w_{BC} = 0,7 m/s und $\Delta P_{BC} / L_{S,BC}$ = 13 Pa/m aus dem Diagramm abgelesen werden, so dass sich ohne Berücksichtigung von Einzelwiderständen folgender vorläufiger Druckverlust ergibt:

$$2\,\Delta P_{BC} = 13 \cdot 3200 = 41\,600 \text{ Pa} \approx 42 \text{ kPa} = 0{,}42 \text{ bar}$$

Genaue Nachrechnung des Druckverlustes der Trasse BC

- Geschwindigkeit nach Gl. (1.1-4) für m_F = 50 kg/s:

$$w_{BC} = \frac{m_F}{\left(d_{i,BC}^2\,\pi / 4\right)\rho} = \frac{50}{\left(0{,}31^2\,\pi / 4\right) \cdot 917{,}7} = 0{,}72 \text{ m/s}$$

- Reynolds-Zahl nach Gl. (1.1-14):

$$Re_{BC} = \frac{w_{BC}\,d_{i,BC}}{\nu} = \frac{0{,}72 \cdot 0{,}31}{0{,}2 \cdot 10^{-6}} = 1{,}12 \cdot 10^6$$

- Die Rohrrauheit ist die gleiche wie bei Trasse AB: k = 0,3 mm
- Rohrreibungszahl analog Trasse AB, da $d_{i,BC} = d_{i,AB} = 0{,}31$ m: $\lambda_R = 0{,}0195$
- Einzelwiderstände nach Tabelle 1.1-5a und 1.1-5d:

96 Krümmer 90° ($R / D_o = 1{,}5$) mit $\zeta = 0{,}3$:	$96 \cdot 0{,}3 =$	28,8
2 Absperrklappen mit $\zeta = 0{,}42$:	$2 \cdot 0{,}42 =$	0,84
1 Messblende (Öffnungsverhältnis m = 0,5) mit $\zeta = 4$		4
728 Rundschweißnähte mit $\zeta = 0{,}03$:	$728 \cdot 0{,}03 =$	21,84
		$\Sigma\zeta_{BC} = 55{,}48$

- Druckverlust gemäß Gl. (1.1-5a) mit $K_T = 1{,}05$ nach Tabelle 1.1-3:

$$2\,\Delta P_{BC} = \frac{\rho\, w_{BC}^2}{2}\left(\frac{\lambda_{R,BC}\, L_{S,BC}}{d_{i,BC}} + \sum \zeta_{BC}\right) K_T$$

$$= \frac{917{,}7 \cdot 0{,}72^2}{2}\left(\frac{0{,}0195 \cdot 3200}{0{,}31} + 55{,}48\right) 1{,}05$$

$$= 64\,131 \text{ Pa} \approx 64 \text{ kPa} = 0{,}64 \text{ bar}$$

Dieser Wert liegt, bedingt durch die höhere Rohrrauheit gegenüber dem Diagramm (0,4 mm statt 0,15 mm) und die Berücksichtigung der Einzelwiderstände, über dem nach Bild 1.2-1 ermittelten Druckverlust, aber noch knapp unter dem verfügbaren Druckgefälle von 0,66 bar.

<u>Gesamtdruckverlust für Trasse AB und BC</u>

$$\Delta P_{ges} = 2\,\Delta P_{AB} + 2\,\Delta P_{BC} + \Delta P_U = 2 \cdot 62 + 64 + 10 = 198 \text{ kPa} = 1{,}98 \text{ bar}$$

Es ist demzufolge noch eine Druckreserve von

$$(p_A - p_E) - \Delta P_{ges} = 200 - 198 = 2 \text{ kPa}$$

vorhanden.

Verfügbares Druckgefälle am Abzweig für den Textilbetrieb

Es ergibt sich aus dem Druckverlust der neuen Trasse BC zuzüglich dem Druckverlust des Umformers zu:

$$2\ \Delta P_{BC} + \Delta P_U = 64 + 10 = 74\ \text{kPa} < \Delta P_T = 75\ \text{kPa}$$

Der Druckverlust über die Trasse BC und zurück ist offensichtlich etwas geringer als möglich. Die Differenz von 1 kPa lässt sich durch zusätzliches Drosseln des nicht beanspruchten Druckanteiles nach dem Umformer gewinnen, so dass für den Textilbetrieb trotzdem ein Druckgefälle von 75 kPa am Abzweig vorhanden ist.

Wäre der Druckverlust über die Trasse BC zuzüglich dem Druckverlust des Umformers > 75 kPa gewesen, hätte der Druckverlust der Trasse BC vermindert werden müssen, z. B. durch Erhöhung des Innendurchmessers.

1.2.4 Leitung für Sattwasser (Siedewasser)

Besondere Aufmerksamkeit verdienen Heißwasserleitungen, die unter Sättigungsdruck oder geringfügig über diesem betrieben werden. Bei einer Druckabsenkung, z. B. hinter einem Kondensatableiter oder einem Regelventil, wird der Sättigungsdruck unterschritten und durch die sich einstellende Teilverdampfung ein 2-Phasen-Gemisch gebildet. Diese Vorgänge treten vornehmlich an Heizdampfkondensatleitungen von Wärmetauschern, Kesselabflussleitungen, Schnellablässen, Dauerentwässerungen und dergl. auf. Sie haben einen erheblichen Einfluss auf das Durchströmverhalten und den Verschleiß, z. B. durch das Auftreten von Tropfenschlagerosion.

Zu technologisch bedingten Nachverdampfungen kommt es auch in Heißwasserleitungen mit Kondensatunterkühlung (z. B. in Heizdampfkondensatleitungen nach Kondensatkühlern), wenn der Druckabbau über dem Stellorgan genügend groß ist. Wird hingegen Sattwasser über ein Pumpenaggregat gefördert, wird durch den Druckanstieg die Nachverdampfung unterdrückt und das Wasser gewissermaßen unterkühlt.

Bei der Entspannung vom Sättigungsdruck P_A auf den Druck nach der Entspannung P_E entstehen folgende Massen- und Volumenströme für Heißwasser (Index W) und Sattdampf (Index D):

$$m_{F,W} = \frac{h''_E - h'_A}{h''_E - h'_E}\ m_F \quad \text{bzw.}\ V_{F,W} = m_{F,W}\ v'_E \qquad (1.2\text{-}10)$$

$$m_{F,D} = \frac{h'_A - h'_E}{h''_E - h'_E}\, m_F \quad \text{bzw.} \quad V_{F,D} = m_{F,D}\, v''_E \tag{1.2-11}$$

$$m_F = m_{F,W} + m_{F,D} \quad \text{bzw.} \quad V_F = V_{F,W} + V_{F,D} \tag{1.2-12}$$

Die Indizes A und E bedeuten die Zustände beim Druck P_A bzw. P_E. Die Enthalpien für Sattwasser sind mit h', für Sattdampf hingegen mit h" (2 Hochstriche) gekennzeichnet.

Wird anstelle von Sattwasser unterkühltes Kondensat entspannt, so ist statt h'_A die Enthalpie der jeweiligen Kondensattemperatur einzusetzen.

Wie man sich leicht durch Rechnung überzeugen kann, beträgt z. B. bei der Entspannung vom Sättigungsdruck $P_A = 20$ bar auf $P_E = 10$ bar der Masseanteil des Dampfes 7 %. Der Volumenanteil, der für die Durchflussgeschwindigkeit und den Druckverlust maßgebend ist, macht hingegen 93 % aus. Daraus folgt, dass die Bemessung wie für eine Sattdampfleitung vorzunehmen ist. Aus **Bild 1.2-3** kann für Planungszwecke überschlägig die Nennweite unter Beachtung nachstehender Besonderheiten ermittelt werden:

- Bei Vorliegen von unterkühltem Kondensat ist anstelle der Sättigungstemperatur t_A die jeweilige Kondensattemperatur als Bezugspunkt zu verwenden.

- Bei Entspannung von Kondensat mit $t_A < 100$ °C und einem Gegendruck von ≥ 1 bar (Leitung auf der Sekundärseite enthält nur noch Wasser), gelten die oberen Enden der Kurvenscharen für P_E und DN.

  Die Ermittlung der Nennweite erfolgt in diesem Fall nur noch über die rechte Bildhälfte, indem eine Senkrechte vom jeweiligen Massestrom bis zum oberen Bildrand gezogen wird. Die erforderliche Nennweite ergibt sich am oberen Bildrand.

Bei der Wahl der Strömungsgeschwindigkeit ist die strömungstechnische Gestaltung der Rohrleitung zu berücksichtigen. So können z. B.

- Bogen mit kleinem Biegeradius,

- mehrere kurz hintereinander geschaltete Bogen,

- rechtwinklige Abzweige oder

- Bogen nach Drosselorganen

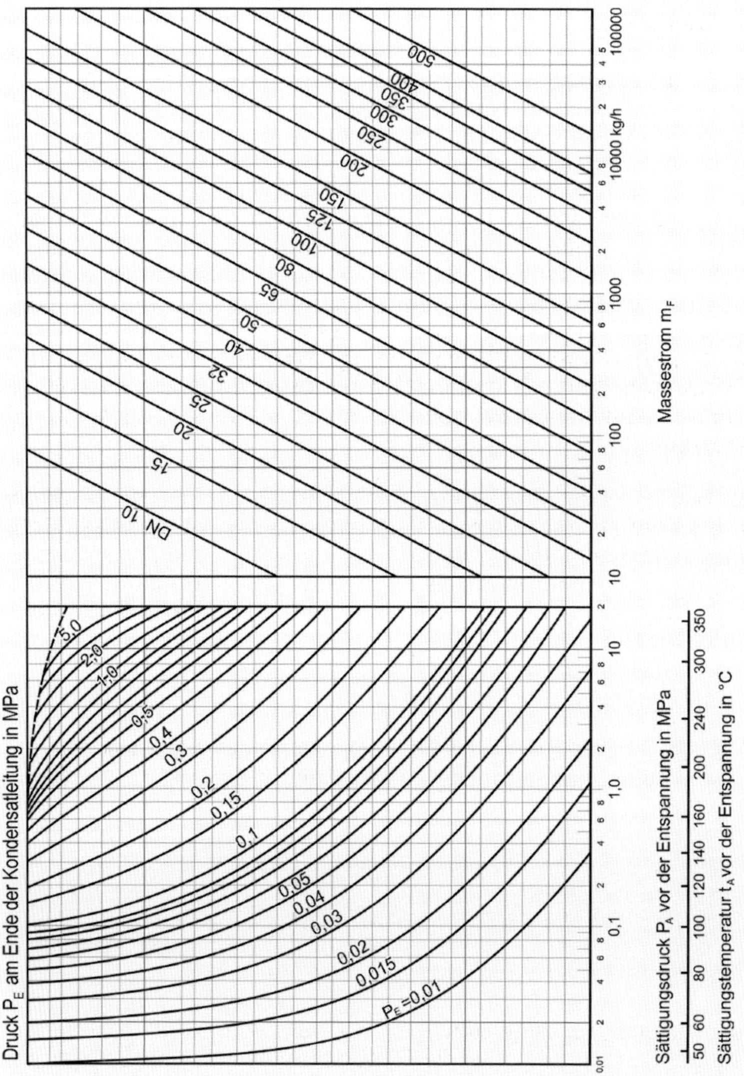

Bild 1.2-3: Nennweite von Kondensatleitungen unter Berücksichtigung der Entspannung hinter Regelventilen oder Kondensatableitern und Druckverlusten von 200 bis 300 Pa/m (Kaltwasser 100 Pa/m) nach [1.2-3]

Verschleiß durch Tropfenschlagerosion bereits bei Geschwindigkeiten unter 10 m/s bedingen.

Um den Einfluss der Sattwasserentspannung so gering wie möglich zu halten, empfiehlt es sich, das Drosselorgan unmittelbar vor dem Entspannungsgefäß oder in dessen Nähe anzuordnen, um damit den Verdampfungsprozess auf das Leitungsende zu verlegen.

Eine exakte Berechnung der Zweiphasenströmung ist wegen der unterschiedlichen Strömungsformen (Blasenströmung, Pfropfenströmung, Ringströmung) recht aufwändig [1.2-4]. Sie ist auch in den meisten Fällen nicht erforderlich, da der Druckverlust gegenüber dem Drosselverlust oft unbedeutend ist. In den meisten Fällen stellt sich durch das Erreichen der kritischen Massenstromdichte eine kritische Entspannung über dem Drosselorgan ein, so dass die Durchsatzmenge unabhängig vom Hinterdruck ist. Damit verfügt man zumeist über genügend hohe Reserven für den Druckabbau auf der Sekundärseite.

Werden nur geringe Differenzdrücke über dem Drosselorgan abgebaut, und ist die Leitung nach diesem sehr lang, kann eine genauere Betrachtung erforderlich sein, da ein zu großer Druckverlust die Durchflussmenge begrenzen kann. Näherungsweise kann der Druckverlust mit dem Massenstrom berechnet werden, wenn ein mittleres spezifisches Volumen eingesetzt wird:

$$v_m = V_F / m_F \tag{1.2-13}$$

Für die Re-Zahl nach Gl. (1.1-14) ist die Viskosität des Sattwassers maßgebend. Für genaue Berechnungen muss auf die Spezialliteratur verwiesen werden [1.2-4], [1.2-5].

1.3 Ölleitungen und andere Flüssigkeitsleitungen

a) Auslegung

Die Viskosität von Flüssigkeiten, insbesondere von Öl, ist in hohem Maße temperaturabhängig. Je höher die Temperatur, desto dünnflüssiger werden die Flüssigkeiten. Manche Öle lassen sich nur beheizt durch die Rohre transportieren. Bei langen Leitungen muss gegebenenfalls der Temperaturverlust berücksichtigt werden, der ein Ansteigen der Viskosität zur Folge hat [1.3-1]. Bei Flüssigkeitsgemischen (z. B. Emulsionen, verdünnte Laugen und Säuren) hängt die Viskosität zusätzlich vom Verdünnungsgrad bzw. der Konzentration ab.

In **Tabelle 1.3-1** sind die Viskositäten einiger Flüssigkeiten zusammengestellt, die man vorläufigen Berechnungen zugrunde legen kann. Für genaue Ermittlungen müssen stets die für den Bedarfsfall gültigen Werte berücksichtigt werden. Der Berechnungsgang ist prinzipiell der gleiche wie bei Wasserleitungen, wobei von Strömungsgeschwindigkeiten zwischen 0,5 und 2 m/s auszugehen ist.

Für die Viskosität gelten folgende Umrechnungen, die bei Benutzung älterer Tabellen erforderlich sind:

- Engler-Grade (E, °E oder E°)

  Umrechnung entsprechend [0.3-2], Abschnitt 6.1.3 aus verschiedenen Quellen:

  $$\nu = E \cdot 7{,}5^{(1 - 1/E^3)} \text{ in } 10^{-6}\ \text{m}^2/\text{s oder mm}^2/\text{s} \triangleq \text{cSt} \qquad (1.3\text{-}1a)$$

  $$\nu = 7{,}32\ E - \frac{6{,}31}{E} \text{ in } 10^{-6}\ \text{m}^2/\text{s oder mm}^2/\text{s} \triangleq \text{cSt} \qquad (1.3\text{-}1b)$$

  Näherungsweise gilt ab 10 E: 1 E $\approx$ 7,5 cSt

  Die Umrechnung erfolgt meist über Diagramme oder Zahlentafeln, z. B. nach [1.3-3]:

1,5 E = 6,2 cSt	3,5 E = 25 cSt	8 E = 60 cSt
12 E = 91 cSt	18 E = 136 cSt	35 E = 265 cSt

- Stokes (St) und Zentistokes (cST)

  1 St = 10^{-4} m²/s = 1 cm²/s   1 cSt = 10^{-6} m²/s = 1 mm²/s

- Poise (P) und Zentipoise (cP)

  1 P = 10^{-1} Pa·s   1 cP = 10^{-3} Pa·s

- kp·s/m²

  1 kp·s/m² = 9,81 Pa·s

Tabelle 1.3-1: Dichte und dynamische Viskosität verschiedener Flüssigkeiten (Heizöl: kinematische Viskosität)

Fluid	Dichte ρ in kg/m³ bei 18 °C	dynamische Viskosität η in 10^{-6} Pa·s bei Temperatur von						
		10 °C	15 °C	20 °C	30 °C	40 °C	50 °C	60 °C
Ammoniak (flüssig)	634 [2]	–	–	–	–	–	–	–
Ammoniaklösung (10 %) [1]	960 [3]	–	–	–	–	–	–	–
Ammoniaklösung (20 %) [1]	920 [3]	–	–	–	–	–	–	–
Azeton	791	353	–	324	294	265	245	–
Benzol	884	765	706	647	559	490	441	392
Benzin	700 bis 740	–	559	–	–	–	–	–
Erdöl (BRD)	889	–	59 800	43 100	–	–	–	589
Erdöl (Iran)	890	563 000	178 000	70 600	22 500	13 100	10 400	9025
Ethylalkohol	789	1462	1305	1187	1000	824	706	–
Glyzerin	1255	-	–	14 900	6240	–	–	–
Dieselkraftstoff	857	–	–	3541	–	–	–	–
Heizöl EL	840 [3]	$\nu_{20°} = 6 \cdot 10^{-6}$ m²/s; $\log\log(10^6\,\nu_t) \approx 11{,}3 - 4{,}626 \log(273 + t)$						
Heizöl S	940 [3]	$\nu_{100°} = 40 \cdot 10^{-6}$ m²/s; $\log\log(10^6\,\nu_t) \approx 9{,}22 - 3{,}505 \log(273 + t)$						
Milch	1030	–	2943	–	–	–	–	–
Phenol	1070	–	–	11 600	7004	4768	3434	2560
Pyridin	983	1118	–	952	834	726	–	579
Schwefelkohlenstoff	1263	392	–	363	343	324	–	–
Tetrachlorkohlenstoff	1599	1128	–	971	844	746	647	589
Tetralin	975	–	2296	2020	–	–	1305	–
Toluol	870	667	628	589	520	471	422	383
Xylol (Mittelwert)	871	795	–	687	608	540	491	441

[1] Gewichtsprozente [2] Dichte bei 0 °C [3] Dichte bei 15 °C

b) Berechnungsbeispiel 1.3-1

Durch eine 10 km lange Rohrleitung aus nahtlosem Stahlrohr DN 200 mit der Abmessung 219,1 x 6,3 (d_i = 206,5 mm ≈ 0,207 m) werden V_F = 150 m³/h Erdöl gefördert. Die Leitung hat ΔH = 50 m Gefälle. Das Erdöl hat in Abhängigkeit von der Temperatur die in **Tabelle 1.3-2** angegebene Dichte ρ und dynamische Viskosität η. Die ebenfalls in der Tabelle enthaltene kinematische Viskosität wurde aus $\nu = \eta / \rho$ errechnet.

Der Druckverlust für die 5 genannten Temperaturen ist zu ermitteln. Einzelwiderstände sind zu vernachlässigen.

Rechnungsgang, wobei die von der Temperatur abhängigen Ergebnisse in Tabelle 1.3-2 eingetragen sind:

- Durchflussgeschwindigkeit nach Gl. (1.1-4):

$$w = w_A = \frac{V_F}{d_i^2\,\pi / 4} = \frac{150}{0{,}207^2 \cdot 3600 \cdot \pi / 4} = 1{,}24 \text{ m/s}$$

- Reynolds-Zahl nach Gl. (1.1-14):

$$Re = \frac{w\,d_i}{\nu} = \frac{1{,}24 \cdot 0{,}207}{\nu} = \frac{0{,}25668}{\nu}$$

- Rauheit entsprechend Tabelle 1.1-4: k = 0,06 mm (Obergrenze nahtloses Rohr, neu)

  Für Erdöl brauchen keine Korrosionen durch den Gebrauch eingeplant werden, so dass eine Einstufung wie für neue Rohre erfolgen kann. Die obere Rauheitsgrenze wurde gewählt, weil bis zur Inbetriebnahme der Rohrleitung mit Flugrost durch die Luftfeuchtigkeit zu rechen ist.

Tabelle 1.3-2: Ergebnisse zum Berechnungsbeispiel 1.3-1

Fluidtemperatur t	°C	10	20	30	40	50
Dichte ρ	kg/m³	950	945	940	935	930
dynamische Viskosität η	10^{-3} Pa·s	855	387	196	122	66
kinematische Viskosität ν	10^{-6} m²/s	900	409	209	131	71
Reynolds-Zahl Re	-	285	628	1228	1959	3615
Rohrreibungszahl λ_R	-	0,225	0,102	0,0521	0,0327	0,041
Druckverlust ΔP	bar	83,36	37,59	19,1	11,92	14,87
Druckdifferenz $P_A - P_E$	bar	78,7	32,95	14,49	7,33	10,31

- Relative Rauheit: $k / d_i = 0,06 / 207 = 0,00029$

- Rohrreibungszahl λ_R nach Bild 1.1-1:

  Die Strömung liegt bis 40 °C im laminaren Bereich, in dem die Rohrrauheit keinen Einfluss hat. Die Rohrreibungszahl λ_R kann hierfür auch aus Gl. (1.1-15a) errechnet werden, zumal diese für die Temperaturen 10 °C und 20 °C außerhalb der Begrenzungen von Bild 1.1-1 liegen.

  Bei 50 °C liegt die Strömung hingegen im turbulenten Bereich. Die niedrige relative Rauheit entspricht bei der ebenfalls recht niedrigen Re-Zahl nahezu der Kurve für hydraulisch glatte Rohre. Die Ermittlung von λ_R erfolgte im vorliegenden Fall iterativ nach Gl. (1.1-15b).

- Korrekturfaktor für Rohrtoleranz nach Tabelle 1.1-3: $K_T = 1,05$

  Der Wert entspricht einem Durchmesserverhältnis von 219,1 / 207 = 1,06 (aufgerundet auf 1,1) und 10 % Wanddickentoleranz.

- Druckverlust nach Gl. (1.1-5a) mit $\Sigma\zeta = 0$:

$$\Delta P = \frac{\rho\, w_A^2}{2} \frac{\lambda_R\, L_S}{d_i} K_T = \frac{\rho \cdot 1{,}24^2}{2} \cdot \frac{\lambda_R \cdot 10\,000}{0{,}207} \cdot 1{,}05 = 38\,997\, \rho\, \lambda_R$$

  Unter Berücksichtigung des Höhengefälles beträgt entsprechend Gl. (1.1-9) die für die Förderung des Erdöls maßgebende Druckdifferenz zwischen Anfang und Ende der Rohrleitung:

$$P_A - P_E = \Delta P - g\, \rho_E\, \Delta H = \Delta P - 9{,}81 \cdot 50\, \rho = \Delta P - 490{,}5\, \rho$$

  Dabei wurde $w_A \approx w_E$ und $\rho_E \approx \rho_A \approx \rho$ gesetzt.

Aus den Berechnungsergebnissen der Tabelle 1.3-2 ist ersichtlich, dass der geringste Druckverlust bei einer Fördertemperatur von 40 °C eintritt. Bei weiterer Erwärmung sinkt die Viskosität und die Re-Zahl wächst. Dies bedeutet aber eine merkbare Erhöhung der Rohrreibungszahl und des Druckverlustes, weil oberhalb der kritischen Re-Zahl 2300 der Umschlag in Turbulenz erfolgt (Bild 1.1-1). Erst eine Steigerung auf Re-Zahlen über 10 000 ergäbe annähernd so günstige Werte wie für 40 °C.

1.4 Dampfleitungen

a) Berechnungsgrundlagen

Die Stoffwerte für Wasserdampf sind aus dem h-s-Diagramm oder aus Wasserdampftafeln zu entnehmen, bzw. nach [1.4-1] zu berechnen. Auszüge enthält **Tabelle 1.4-1** für die spezifische Wärmekapazität c_p und **Tabelle 1.4-2** für die dynamische Viskosität η.

Der Druckverlust wird zusätzlich durch die Kompressibilität und den Temperaturabfall infolge Abkühlung beeinflusst. Während sich beim Transport von Flüssigkeiten das spezifische Volumen kaum ändert, erfolgt bei kompressiblen Medien, so auch bei Wasserdampf, mit zunehmender Leitungslänge eine fortlaufende Volumenvergrößerung sowie ein Anstieg der Geschwindigkeit und des spezifischen Druckverlustes. Kühlt sich der Dampf während des Transports durch die Leitung ab, verringert sich sein Volumen. Der aus beiden Faktoren resultierende Einfluss auf den Druckverlust ist jedoch nur bei großen Leitungslängen von Bedeutung. Durchflussgeschwindigkeiten in der Größenordnung von Tabelle 1.1-2 und übliche Wärmedämmungen sind dabei vorausgesetzt.

Der Druckverlust kann nach Gl. (1.1-5a) bis (1.1-5c) unter Beachtung der dort genannten Anwendungsgrenzen berechnet werden. Zusätzlich ist mit einem Wärmeverlustfaktor K_Φ zu multiplizieren, der die Abkühlung des Dampfes infolge von Wärmeverlusten berücksichtigt:

$$K_\Phi = 1 - \frac{0{,}5\ \Phi_R\ L_S}{c_p\ m_F\ T_A} \qquad (1.4\text{-}1)$$

Der Wärmeverlust Φ_R, bezogen auf die Rohrlänge, kann z. B. nach Abschnitt 2.2 ermittelt werden.

Die Gl. (1.1-6a) bis (1.1-6c) beziehen zusätzlich die Kompressibilität ein. Der Quotient T_m / T_A enthält den Einfluss des Temperaturgefälles infolge adiabater Abkühlung. Er ist zusätzlich mit dem Faktor K_Φ zu multiplizieren, um den Wärmeverlust über die Dämmung zu berücksichtigen. Bei Dampf kann in vielen Fällen die adiabate Abkühlung vernachlässigt werden (siehe Berechnungsbeispiel 1.4-2), so dass der Wärmeverlustfaktor

$$(T_m / T_A)\ K_\Phi \approx K_\Phi \qquad (1.4\text{-}2)$$

gesetzt werden kann.

Tabelle 1.4-1: Spezifische Wärmekapazität c_p von Wasserdampf

Temperatur in °C	c_p in J/(kg·K) bei Absolutdruck in bar					
	1	10	20	30	40	50
100	2038	–	–	–	–	–
120	2007	–	–	–	–	–
140	1984	–	–	–	–	–
160	1977	–	–	–	–	–
180	1974	2613	–	–	–	–
200	1975	2433	–	–	–	–
220	1979	2316	2939	–	–	–
240	1985	2242	2674	3336	–	–
260	1993	2194	2505	2944	3582	–
280	2001	2163	2395	2704	3116	3683
300	2010	2141	2321	2548	2834	3199
320	2021	2126	2268	2440	2649	2903
340	2032	2122	2239	2375	2536	2723
360	2044	2127	2231	2346	2478	2625
380	2056	2127	2212	2307	2412	2528
400	2068	2126	2197	2273	2358	2451

Tabelle 1.4-2: Dynamische Viskosität η von Wasserdampf (dunkelgraue Felder: Wasser)

Temperatur in °C	Dynamische Viskosität η in 10^{-6} Pa·s bei Absolutdruck in bar							
	1	20	40	80	100	150	200	250
200	15,9	*134,1*	*138,3*	*140,3*	*140,3*	*142,2*	*143,2*	*145,2*
250	17,8	18,1	18,3	*110,9*	*111,8*	*112,8*	*113,8*	*114,8*
300	19,7	19,9	20,2	20,9	*92,2*	*93,2*	*94,2*	*95,2*
350	21,6	21,8	22,1	22,7	23,1	24,6	*74,6*	*76,5*
400	23,5	23,7	24,0	24,6	24,9	25,9	27,4	30,3
450	25,6	25,8	26,1	26,6	26,9	27,8	28,8	30,2
500	27,9	28,1	28,4	28,8	29,1	29,9	30,8	32,0
550	30,3	30,6	30,8	31,4	31,7	32,4	33,2	34,1
600	32,9	33,1	33,4	33,9	34,2	34,9	35,8	36,7

b) Berechnungsbeispiel 1.4-1

Ein Dampfkessel (Punkt A) versorgt über eine Dampfleitung 323,9 x 36 (DN 250 mit einem Innendurchmesser d_i = 251,9 ≈ 252 mm) die Sammelschiene eines Industriebetriebes mit Heißdampf von p_A = 114 bar und t_A = 545 °C.

Der Massenstrom auf der Strecke $L_{S,AB}$ = 65 m beträgt $m_{F,AB}$ = 250 t/h (69,44 kg/s), auf der Strecke $L_{S,BE}$ = 85 m sind es noch $m_{F,BE}$ = 220 t/h (61,11 kg/s), d. h. am Punkt B werden 30 t/h Dampf für andere Verwendungszwecke abgezweigt. Die Sammelschiene (Punkt E) ist mit einem Sicherheitsventil ausgerüstet, das bei p_1 = 108 bar anspricht. Es sind zu ermitteln:

- der Druckverlust vom Dampfkessel zur Sammelschiene ΔP_{AE}.
- der Temperaturabfall des Dampfes infolge adiabater Abkühlung t_A - t_E.
- die Abblaseleistung $m_{F,SV}$ des Sicherheitsventils, wenn sowohl am Punkt B (Abzweig) als auch am Punkt E (Sammelschiene) keine Dampfentnahme erfolgt.

Die vorhandenen Einzelwiderstände sind im Rechnungsgang angegeben.

<u>Druckverlust und adiabate Abkühlung auf der Strecke AB</u>

- Spezifisches Volumen, entnommen aus Wasserdampftafeln für P_A = 115 bar und t_A = 545 °C: v_A = 0,03039 m³/kg
- Dichte: $\rho_A = 1 / v_A = 1 / 0{,}03039 = 32{,}91$ kg/m³
- Dynamische Viskosität, aus Tabelle 1.4-2 interpoliert:

  $\eta_A = 31{,}65 \cdot 10^{-6}$ Pa·s

- Geschwindigkeit nach Gl. (1.1-4):

$$w_A = \frac{m_{F,AB}}{(d_i^2\,\pi / 4)\,\rho_A} = \frac{69{,}44}{(0{,}252^2\,\pi / 4)\cdot 32{,}91} = 42{,}3 \text{ m/s}$$

- Reynolds-Zahl nach Gl. (1.1-14):

$$Re_A = \frac{w_A\, d_i\, \rho_A}{\eta_A} = \frac{42{,}3 \cdot 0{,}252 \cdot 32{,}91}{31{,}65 \cdot 10^{-6}} = 11{,}08 \cdot 10^6$$

- Rohrrauheit nach Tabelle 1.1-4 für gebrauchte Heißdampfleitungen: k = 0,2 mm

- Rohrreibungszahl für $k / d_i = 0{,}2 / 252 = 0{,}00079$ aus Bild 1.1-1: $\lambda_R = 0{,}0185$
- Einzelwiderstände nach Tabelle 1.1-5a und 1.1-5c:

11 Bogen 90° ($R / D_o = 4$) mit $\zeta = 0{,}17$:	$11 \cdot 0{,}17 =$	1,87
1 Schieber ohne Einziehung mit $\zeta = 0{,}2$:	$1 \cdot 0{,}2 =$	0,2
1 Messblende (Öffnungsverhältnis m = 0,5) mit $\zeta = 4$	$1 \cdot 4 =$	4
25 Rundschweißnähte mit $\zeta = 0{,}03$:	$25 \cdot 0{,}03 =$	0,75
		$\Sigma\zeta_{AB} = 6{,}82$

- Korrekturfaktor für Rohrtoleranz nach Tabelle 1.1-3: $K_T = 1{,}21$

  Der Wert entspricht einem Durchmesserverhältnis von 323,9 / 252 = 1,29 (aufgerundet auf 1,3) und 12,5 % Wanddickentoleranz.

- Druckverlust gemäß Gl. (1.1-5a):

$$\Delta P_{AB} = \frac{\rho_A\, w_A^2}{2}\left(\frac{\lambda_{R,AB}\, L_{S,AB}}{d_i} + \sum\zeta_{AB}\right) K_T = \frac{32{,}91 \cdot 42{,}3^2}{2}\left(\frac{0{,}0185 \cdot 65}{0{,}252} + 6{,}82\right) 1{,}21$$
$$= 412\,967 \text{ Pa} \approx 4{,}1 \text{ bar}$$

  Der relative Druckverlust beträgt somit:

  $\Delta P_{AB} / P_A = 4{,}1 / 115 = 0{,}036$

  Er liegt also unter 10 % von P_A, so dass die Anwendung von Gl. (1.1-5a) zulässig ist.

- Temperatur am Punkt B infolge adiabater Abkühlung:

  Entsprechend h-s-Diagramm beträgt $t_B = 542$ °C.

  Am Punkt B herrschen somit die Parameter $P_B = 115 - 4{,}1 = 110{,}9$ bar und $t_B = 542$ °C. Hierfür lässt sich aus den Wasserdampftafeln ein spezifisches Volumen von $v_B = 0{,}03146\ m^3/kg$ ablesen, d. h. $\rho_B = 31{,}79\ kg/m^3$.

Die Viskosität η_B braucht nicht bestimmt zu werden, da die Rohrreibungszahl λ_R wegen der großen Reynolds-Zahl nur von k / d_i abhängt.

Druckverlust und adiabate Abkühlung auf der Strecke BE

- Geschwindigkeit nach Gl. (1.1-4):

$$w_B = \frac{m_{F,BE}}{(d_i^2 \pi / 4) \rho_B} = \frac{61{,}11}{(0{,}252^2 \pi / 4) \cdot 31{,}79} = 38{,}6 \text{ m/s}$$

- Rohrreibungszahl

  Sie ist nur vom Verhältnis k / d_i abhängig, nicht von der Re-Zahl. Da das Verhältnis k / d_i das gleiche wie für die Strecke AB ist, bleibt die Rohrreibungszahl mit $\lambda_R = 0{,}0185$ ebenfalls gleich.

- Einzelwiderstände nach Tabelle 1.1-5a und 1.1-5c:

15 Bogen 90° ($R / D_o = 4$) mit $\zeta = 0{,}17$:	$15 \cdot 0{,}17 =$	2,55
1 Schieber ohne Einziehung mit $\zeta = 0{,}2$:	$1 \cdot 0{,}2 =$	0,2
1 Messblende (Öffnungsverhältnis $m = 0{,}5$) mit $\zeta = 4$	$1 \cdot 4 =$	4
1 T-Stück, scharfkantig im Durchgang mit $\zeta = 0{,}4$	$1 \cdot 0{,}4 =$	0,4
32 Rundschweißnähte mit $\zeta = 0{,}03$:	$32 \cdot 0{,}03 =$	0,96
		$\Sigma \zeta_{BE} = 8{,}11$

- Korrekturfaktor für Rohrtoleranz analog Strecke AB: $K_T = 1{,}21$

- Druckverlust gemäß Gl. (1.1-5a):

$$\Delta P_{BE} = \frac{\rho_B w_B^2}{2} \left(\frac{\lambda_{R,BE} L_{S,BE}}{d_i} + \sum \zeta_{BE} \right) K_T$$

$$= \frac{31{,}79 \cdot 38{,}6^2}{2} \left(\frac{0{,}0185 \cdot 85}{0{,}252} + 8{,}11 \right) 1{,}21$$

$$= 411\,220 \text{ Pa} \approx 4{,}1 \text{ bar}$$

Der relative Druckverlust $\Delta P_{BE} / P_B = 4{,}1 / 110{,}9 = 0{,}037$ liegt ebenso wie auf der Strecke AB unter 10 % des Anfangsdruckes P_B, so dass die Anwendung von Gl. (1.1-5a) zulässig ist.

- Temperatur am Punkt E infolge adiabater Abkühlung:

  Entsprechend h-s-Diagramm beträgt $t_E = 540$ °C.

- Gesamtdruckverlust:

  $\Delta P_{AE} = \Delta P_{AB} + \Delta P_{BE} = 4{,}1 + 4{,}1 = 8{,}2$ bar

- Druck am Ende der Leitung:

  $P_E = P_A - \Delta P_{AE} = 115 - 8{,}2 = 106{,}8$ bar

- Spezifisches Volumen am Punkt E

  Für $P_E = 106{,}8$ bar und $t_E = 540$ °C beträgt $v_E = 0{,}03266$ m³/kg

<u>Erforderliche Abblaseleistung des Sicherheitsventils</u>

Maßgebend für die Abblaseleistung ist das Druckgefälle zwischen Kesselaustritt und Ansprechdruck des Sicherheitsventils:

$\Delta P_{SV} = P_A - P_1 = 115 - 109 = 6$ bar

Zur Vereinfachung der Rechnung wird der spezifische k_v-Wert für die Dampfleitung ermittelt. Da der Druckverlust in den einzelnen Abschnitten mit unterschiedlichen Durchsatzmengen berechnet wurde, muss der spezifische k_v-Wert für jeden Abschnitt gesondert berechnet werden.

- Durchflusskoeffizient für Strecke AB nach Gl. (1.1-11c):

$$k_{v,AB} = \frac{m_{F,AB}}{100}\sqrt{\frac{v_B}{\Delta P_{AB}}} = \frac{250 \cdot 10^3}{100}\sqrt{\frac{0{,}03146}{0{,}41}} = 692{,}5 \text{ m}^3/\text{h}$$

- Durchflusskoeffizient für Strecke BE nach Gl. (1.1-11c):

$$k_{v,BE} = \frac{m_{F,BE}}{100}\sqrt{\frac{v_E}{\Delta P_{BE}}} = \frac{220 \cdot 10^3}{100}\sqrt{\frac{0{,}03266}{0{,}41}} = 620{,}9 \text{ m}^3/\text{h}$$

- Durchflusskoeffizient für Abschnitt AE nach Gl. (1.12):

$$k_{v,AE} = \sqrt{\frac{1}{\frac{1}{k^2_{v,AB}} + \frac{1}{k^2_{v,BE}}}} = \sqrt{\frac{1}{\frac{1}{692{,}5^2} + \frac{1}{620{,}9^2}}} = 462{,}3\ m^3/h$$

- Mögliche Abblasemenge bei ΔP_{SV} = 6 bar (0,6 MPa), indem Gl. (1.1-11c) nach $m_{F,SV}$ umgestellt wird:

$$m_{F,SV} = \frac{100\ k_{v,AE}}{\sqrt{\frac{v_{SV}}{\Delta P_{SV}}}} = \frac{100 \cdot 462{,}3}{\sqrt{\frac{0{,}032}{0{,}6}}} = 200{,}2 \cdot 10^3\ kg/h \approx 200\ t/h$$

Das Volumen v_{SV} des abzublasenden Dampfes ermittelt man aus den Wasser-Dampf-Tafeln für P_1 = 109 bar und t_E = 541 °C (Temperatur vor Sicherheitsventil unter Berücksichtigung der adiabaten Abkühlung beim Abblasen) mit v_{SV} = 0,032 m³/kg.

c) Berechnungsbeispiel 1.4-2

Es ist die Nennweite einer Dampfleitung zu bestimmen, wobei der Druckverlust unter Berücksichtigung des Temperaturabfalls ΔP_{zul} = 5 bar nicht überschreiten soll. Die Dampfparameter betragen p_A = 14 bar und t_A = 340 °C (T_A = 613 K) bei einem Massenstrom von m_F = 25 kg/s (90 t/h). Die Leitung hat eine Länge von 6250 m, enthält zwei Absperrarmaturen sowie 140 Umlenkungen zu 90°. Auf je 10 m ist mit einer Rundschweißnaht zu rechnen. Der Wärmeverlust der Dämmung soll Φ_R = 350 W/m betragen.

- Spezifisches Volumen, entnommen aus den Wasserdampftafeln für P_A = 15 bar und t_A = 340 °C:

  $v = 0{,}1832\ m^3/kg$ bzw. $\rho = 5{,}458\ kg/m^3$

- Überschlägige Ermittlung des Innendurchmessers nach Gl. (1.1-3) für w = 30 m/s (gewählt aus Tabelle 1.1-2):

$$d_i = 2\sqrt{\frac{m_F}{\pi\, \rho\, w}} = 2\sqrt{\frac{25}{\pi \cdot 5{,}458 \cdot 30}} = 0{,}44\ m$$

- Nachrechnung der Durchflussgeschwindigkeit für d_i = 0,5 m (508 x 4, entsprechend DN 500) nach Gl. (1.1-4):

$$w = \frac{m_F}{(d_i^2 \, \pi / 4)\, \rho} = \frac{25}{(0{,}5^2 \cdot \pi / 4)\; 5{,}458} = 23{,}3 \text{ m/s}$$

- Dynamische Viskosität aus Tabelle 1.4-2 interpoliert: $\eta = 21{,}4 \cdot 10^{-6}$ Pa·s

- Reynolds-Zahl nach Gl. (1.1-14):

$$Re = \frac{w\, d_i\, \rho}{\eta} = \frac{23{,}3 \cdot 0{,}5 \cdot 5{,}458}{21{,}4 \cdot 10^{-6}} = 2{,}97 \cdot 10^6$$

- Rohrrauheit nach Tabelle 1.1-4 für gebrauchte Heißdampfleitungen (Mittelwert): $k = 0{,}3$ mm

- Rohrreibungszahl für $k / d_i = 0{,}3 / 500 = 0{,}0006$ aus Bild 1.1-1: $\lambda_R = 0{,}0174$

- Einzelwiderstände nach Tabelle 1.1-5a und 1.1-5c:

140 Segmentkrümmer 90° ($R / D_o = 1{,}5$) mit $\zeta = 0{,}35$:	$140 \cdot 0{,}35 =$	49
2 Keilschieber ohne Einziehung mit $\zeta = 0{,}2$:	$2 \cdot 0{,}2 =$	0,4
625 Rundschweißnähte mit $\zeta = 0{,}03$:	$625 \cdot 0{,}03 =$	18,8
		$\Sigma\zeta = 68{,}2$

- Korrekturfaktor für Rohrtoleranz nach Tabelle 1.1-3: $K_T = 1{,}01$

  Der Wert wurde interpoliert für das Durchmesserverhältnis von 508 / 500 = 1,02 und 10 % Wanddickentoleranz.

- Wärmeverlustfaktor K_Φ entsprechend Gl. (1.4-1) mit $c_p = 2180{,}5$ J/(kg·K) aus Tabelle 1.4-1 interpoliert:

$$K_\Phi = 1 - \frac{0{,}5\, \Phi_R\, L_S}{c_p\, m_F\, T_A} = 1 - \frac{0{,}5 \cdot 350 \cdot 6250}{2180{,}5 \cdot 25 \cdot (340 + 273)} = 0{,}967$$

- Druckverlust gemäß Gl. (1.1-6a), wobei $(T_m / T_A)\, K_\Phi \approx K_\Phi$ gemäß Gl. (1.4-2) gesetzt wurde:

$$\Delta P = P_A \left[1 - \sqrt{1 - \frac{\rho_A\, w_A^2}{P_A} \left(\frac{\lambda_R\, L_S}{d_i} + \sum\zeta \right) K_\Phi} \right] K_T$$

$$\Delta P = 1{,}5 \cdot 10^6 \left[1 - \sqrt{1 - \frac{5{,}458 \cdot 23{,}3^2}{1{,}5 \cdot 10^6}\left(\frac{0{,}0174 \cdot 6250}{0{,}5} + 68{,}2\right) 0{,}967}\right] 1{,}01$$

$$= 493\,914 \text{ Pa} = 4{,}94 \text{ bar} < \Delta P_{zul} = 5 \text{ bar}$$

Obwohl der errechnete Druckverlust den zulässigen Wert von 5 bar geringfügig unterschreitet, wird geprüft, welchen Einfluss die bisher außer acht gelassene adiabate Abkühlung auf den Druckverlust hat.

- Temperaturabfall infolge adibater Abkühlung entsprechend h-s-Diagramm:

  $t_E = 333$ °C ($T_E = 606$ K).

- Mittlere Temperatur entsprechend Gl. (1.1-7):

  $T_m = 0{,}5\,(T_A + T_E) = 0{,}5\,(613 + 606) = 609{,}5$ K

- Korrigierter Wärmeeinflussfaktor gemäß Gl. (1.4-2):

  $(T_m / T_A)\, K_\Phi = (609{,}5 / 613) \cdot 0{,}967 = 0{,}961$

  Der Wert ist geringfügig kleiner als K_Φ, bedingt also auch einen geringfügig niedrigeren Druckverlust, wie man sich leicht durch nochmaliges Berechnen nach Gl. (1.1-6a) überzeugen kann.

1.5 Luft- und Gasleitungen

1.5.1 Stoffwerte

a) Normzustand und Berechnungszustand

Die für die Rechnung benötigten Stoffwerte (**Tabelle 1.5-1**) liegen meistens nur für den Normzustand (1,013 bar = 760 Torr / 0 °C) vor. Die Umrechnung vom Normzustand (Index N) auf den Berechnungszustand (ohne Index) erfolgt nach den Gesetzmäßigkeiten für vollkommene Gase:

$$\frac{P\,V}{T} = \frac{P_1\,V_1}{T_1} = R_S = \text{const.} \tag{1.5-1}$$

Die Abweichung von den wirklichen Gasen ist bei Druckverlustberechnungen vernachlässigbar.

Tabelle 1.5-1: Stoffwerte von Gasen (Zusammenfassung aus verschiedenen Quellen)

Bezeichnung des Gases	Formel	Gaskonstante R_S in J/(kg·K)	Molmasse M in kmol/kg	Dichte ρ_N in kg/m³	Dichteverhältnis d_v	Sutherland-Konstante C	dynamische Viskosität η_N in 10^{-6} Pa·s	$\sqrt{MT_C}$ in (kg·K/kmol)^{0,5}	Exponent u	Spezifische Wärmekapazität $c_{p,N}$ in J/(kg·K)	Spezifische Wärmekapazität Exponent b
Luft (trocken)	-	287	28,98	1,293	1	111	17,14	62	0,7	1005	0,065
Sauerstoff	O_2	259,6	32	1,429	1,105	125	19,26	70,3	0,71	915	0,12
Stickstoff	N_2	296,7	28	1,25	0,967	104	16,51	59,5	0,69	1041	0,05
Kohlenmonoxid	CO	296,7	28	1,251	0,968	100	16,45	59,5	0,71	1041	0,065
Kohlendioxid	CO_2	187,6	44	1,977	1,529	254	13,6	115,7	0,85	817	0,34
Wasserstoff	H_2	4127	2	0,0899	0,0695	71	8,55	8,18	0,64	14 238	0,03
Methan	CH_4	517	16	0,718	0,555	164	10,13	55,3	0,79	2161	0,52
Ethylen	C_2H_4	294,2	28,1	1,261	0,975	225	9,36	89	0,91	1456	0,7
Propylen	C_3H_6	193,9	42,1	1,913	1,48	487	7,95	123,9	0,9	1420	0,73
Propan	C_3H_8	184,5	44,1	2,011	1,555	278	7,58	209,5	0,9	1543	0,8
Benzoldampf	C_6H_6	99,2 [1)]	78,1	3,63	2,807	448	6,88	209,5	0,99	939	0,94
Ammoniak	NH_3	480,6	17	0,772	0,597	503	9,39	83,1	0,97	2051	0,32
Acetylen	C_2H_2	316,6	26	1,172	0,906	215	9,47	89,6	0,86	1620	0,41
Schwefelwasserstoff	H_2S	241,6	34,1	1,536	1,188	331	11,81	112,8	0,93	997	0,185
Kokerei-, Koksofengas	-	742,1	-	0,5	0,387	≈ 120	12,5	-	0,75	nach Gl. (1.5-9)	
Generatorgas	-	322,7	-	1,15	0,889	≈ 120	16,2	-	0,78		
Hochofen-, Gichtgas	-	292,2	-	1,27	0,982	≈ 120	16,5	-	0,78		
Wassergas	-	537,8	-	0,69	0,534	≈ 120	15	-	0,78		
Erdgas (90 % Methan)	-	475,7	-	0,78 [2)]	0,603	165	10,4 [3)]	-	0,85		

1) im Normzustand kondensiert.
2) nach DVGW GW 303-1: $\rho_N = 0,84$ kg/m³.
3) nach DVGW GW 303-1: $\nu = 14,2 \cdot 10^{-6}$ m²/s bei 10 °C und 1013 mbar, umgerechnet auf Normzustand: $\nu_N = 13,3 \cdot 10^{-6}$ m²/s

- Spezifisches Volumen in m^3/kg

$$v = \frac{0{,}1013 \cdot 10^6}{273} \cdot \frac{T}{P} v_N = 371 \frac{T}{P} v_N = 371 \frac{T}{P\,\rho_N} = R_S \frac{T}{P} \tag{1.5-2}$$

R_S – spezifische Gaskonstante in J/(kg·K) nach Tabelle 1.5-1

- Dichte in kg/m^3

$$\rho = \frac{1}{v} = \frac{P}{371\,T} \rho_N = \frac{P}{R_S\,T} = \frac{d_v\,P}{287\,T} \tag{1.5-3}$$

d_v - Dichteverhältnis, bezogen auf Luft nach Tabelle 1.5-1 ($\rho_N = 1{,}293\, d_v$)

- Dynamische und kinematische Viskosität

$$\eta = \frac{1 + (C / 273)}{1 + (C / T)} \sqrt{\frac{T}{273}}\, \eta_N \tag{1.5-4a}$$

$$\eta = \left(\frac{T}{273}\right)^u \eta_N \tag{1.5-4b}$$

$$\nu = \frac{\eta}{\eta_N} \cdot \frac{\rho_N}{\rho} \nu_N = \left(\frac{T}{273}\right)^u \cdot \frac{\rho_N}{\rho} \nu_N \tag{1.5-4c}$$

Der Exponent u ist aus Tabelle 1.5-1 zu entnehmen.

Gl. (1.5-4b) und (1.5-4c) sind gültig für den Bereich $-20\ °C \le t_F \le 500\ °C$. Gl. (1.5-4b) weicht nur unwesentlich von Gl. (1.5-4a) ab.

b) Gasgemische

Besteht ein Gasgemisch aus den Massenanteilen g_1, g_2, g_3,... bzw. aus den Volumenanteilen n_1, n_2, n_3,..., so gelten die Beziehungen:

$$g_1 + g_2 + g_3 + \ldots = \sum_{j=1}^{k} g_j = 1 \tag{1.5-5a}$$

$$n_1 + n_2 + n_3 + \ldots = \sum_{j=1}^{k} n_j = 1 \tag{1.5-5b}$$

Damit ergeben sich die folgenden physikalischen Kenngrößen, wobei die Werte für das Gasgemisch mit dem Index G bezeichnet sind:

- Dichte

$$\rho_G = \sum_{j=1}^{k} (n_j\, \rho_j) = \frac{1}{\sum_{j=1}^{k} (g_j\, \rho_j)} \tag{1.5-6}$$

- Gaskonstante

$$R_{S,G} = \sum_{j=1}^{k} (g_j\, R_{S,j}) = \frac{1}{\sum_{j=1}^{k} (n_j\, R_{S,j})} \tag{1.5-7}$$

- Dynamische Viskosität

$$\eta_G = \frac{\sum_{j=1}^{k} \left(n_j\, \eta_j \sqrt{M_j\, T_{C,j}}\right)}{\sum_{j=1}^{k} \left(n_j \sqrt{M_j\, T_{C,j}}\right)} \tag{1.5-8}$$

M_j - molare Masse, z. B. nach [1.5-1] F48 oder Tabelle 1.5-1

$T_{C,j}$ - kritische Gastemperatur, z. B. nach [1.5-1] C19, B65, F23

Zur Rechenerleichterung enthält Tabelle 1.5-1 den Ausdruck $\sqrt{M\, T_C}$.

- Spezifische Wärmekapazität

$$c_{pG,N} = \sum_{j=1}^{k} (g_j\, c_{p,N,j}) \tag{1.5-9}$$

- Umrechnung von Volumen- in Gewichtanteile

$$g_j = n_j\, (\rho_j / \rho_G) \tag{1.5-10}$$

1.5.2 Berechnung des Druckverlustes

a) Grundlagen

Der Druckverlust wird mit den Grundgleichungen nach Abschnitt 1.1.2 berechnet, wobei geodätische Höhenunterschiede bei den meisten praktischen Rechnungen vernachlässigbar sind. Ausnahmen bilden solche Gasleitungen, bei denen der Druckverlust in der gleichen Größenordnung wie das Druckgefälle infolge geodätischen Höhenunterschiedes liegt, was bis etwa $\Delta P_{zul} \approx 1000$ Pa zutrifft.

Bei heißen Gasen kann der Temperaturabfall infolge Wärmeverlust und adiabater Entspannung ähnlich wie bei den Dampfleitungen durch den Korrekturfaktor nach Gl. (1.4-1) und (1.4-2) berücksichtigt werden.

Die spezifische Wärmekapazität $c_{p,N}$ ist in Tabelle 1.5-1 enthalten. Für Gasgemische gilt Gl. (1.5-9). Die Umrechnung von $c_{p,N}$ in den jeweiligen Temperaturzustand kann mit Hilfe des Exponenten b (Tabelle 1.5-1) nach folgender Gleichung erfolgen:

$$c_p \approx c_{p,N} \, (T / 273)^b \qquad (1.5\text{-}11)$$

Der zulässige Druckabfall ist meistens durch den Gasdruck im Netz und den Mindestdruck an der Verbraucherstelle vorgeschrieben. Für technische Gase wie Sauerstoff, Acetylen, Kohlendioxid und Wasserstoff wird in [1.5-2] der zulässige Druckverlust für die Verteilungsleitungen mit 10 % des Betriebsdruckes P_A angegeben, für Druckluft mit 200 Pa/m, jedoch maximal 10 kPa zwischen Druckkessel und Entnahmestelle [1.5-3].

b) Berechnungsbeispiel 1.5-1

Ein Dampferzeuger wird mit V_F = 20 000 m³/h ≙ 5,56 m³/s Gichtgas von t_A = 20 °C beheizt, das im Normzustand folgende Zusammensetzung in Volumen-% hat:

4 % H_2; 28 % CO; 8 % CO_2; 60 % N_2.

Der Druck hinter der Gasreinigung beträgt p_A = 3200 Pa. Die Rohrleitung hat DN 1200 ($d_i \approx 1{,}2$ m) und ist einschließlich der äquivalenten Länge für Einzelwiderstände ($L_S + L_ä$) = 450 m lang. Der Druckverlust ist zu ermitteln, mögliche Wanddickentoleranzen werden vernachlässigt.

- Dichte des Gemisches im Normzustand nach Gl. (1.5-6):

$$\rho_{G,N} = \sum_{j=1}^{k}(n_j\,\rho_{N,j}) = \sum_{j=1}^{4}(0{,}04 \cdot 0{,}0899 + 0{,}28 \cdot 1{,}251 + 0{,}08 \cdot 1{,}977 + 0{,}6 \cdot 1{,}25)$$
$$= 1{,}262\ \text{kg/m}^3$$

Die einzelnen Normdichten ρ_{Nj} wurden aus Tabelle 1.5-1 entnommen.

- Umrechnung der Gemischdichte auf 20 °C nach Gl. (1.5-3):

$$\rho_G = \frac{P_A}{371\ T_A}\,\rho_N = \frac{3200 + 0{,}1013 \cdot 10^6}{371\ (273 + 20)}\ 1{,}262 = 1{,}213\ \text{kg/m}^3$$

- Dynamische Viskosität der Gemischbestandteile nach Gl. (1.5-4b) für 20 °C, dargestellt an H_2 mit $\eta_N = 8{,}55 \cdot 10^{-6}$ Pa·s und u = 0,64 aus Tabelle 1.5-1:

$$\eta_{20,H_2} = \left(\frac{T_A}{273}\right)^u \cdot \eta_N = \left(\frac{273 + 20}{273}\right)^{0{,}64} \cdot 8{,}55 \cdot 10^{-6} = 8{,}95 \cdot 10^{-6}\ \text{Pa} \cdot \text{s}$$

Die dynamische Viskosität der anderen Einzelbestandteile werden analog wie für Wasserstoff nach Gl. (1.5-4b) und den Werten der Tabelle 1.5-1 ermittelt:

$\eta_{20,CO} = 17{,}3 \cdot 10^{-6}$ Pa · s; $\eta_{20,CO_2} = 14{,}44 \cdot 10^{-6}$ Pa · s; $\eta_{20,N_2} = 17{,}34 \cdot 10^{-6}$ Pa · s

- Dynamische Viskosität des Gemisches nach Gl. (1.5-8) für 20 °C:

$$\eta_G = \frac{\sum_{j=1}^{k}\left(n_j\,\eta_{j,N}\sqrt{M_j\,T_{C,j}}\right)}{\sum_{j=1}^{k}\left(n_j\sqrt{M_j\,T_{C,j}}\right)}$$
$$= \frac{\sum_{j=1}^{4} 0{,}04 \cdot 8{,}95 \cdot 8{,}18 + 0{,}28 \cdot 17{,}3 \cdot 59{,}5 + 0{,}08 \cdot 14{,}44 \cdot 115{,}7 + 0{,}6 \cdot 17{,}34 \cdot 59{,}5}{\sum_{j=1}^{4} 0{,}04 \cdot 8{,}18 + 0{,}28 \cdot 59{,}5 + 0{,}08 \cdot 115{,}7 + 0{,}6 \cdot 59{,}5} \cdot 10^{-6}$$
$$= 16{,}85 \cdot 10^{-6}\ \text{Pa} \cdot \text{s}$$

Die Werte für $\sqrt{M\,T_C}$ wurden aus Tabelle 1.5-1 entnommen.

- Durchflussgeschwindigkeit nach Gl. (1.1-4):

$$w_A = \frac{V_F}{d_i^2\,\pi / 4} = \frac{5{,}56}{(1{,}2^2\,\pi / 4)} = 4{,}92\ \text{m/s}$$

- Reynolds-Zahl nach Gl. (1.1-14):

$$Re = \frac{w_A\, d_i\, \rho_G}{\eta_Á} = \frac{4{,}92 \cdot 1{,}2 \cdot 1{,}213}{16{,}85 \cdot 10^{-6}} = 4{,}25 \cdot 10^5$$

- Rohrrauheit nach Tabelle 1.1-4:

  Es wird k = 0,5 mm gewählt (oberer Mittelwert einer gebrauchten Erdgasleitung).

- Rohrreibungswert nach Bild 1.1-1 für $k / d_i = 0{,}5 / 1200 = 0{,}00042$: $\lambda_R = 0{,}017$.

- Vorhandener Druckverlust nach Gl. (1.1-5a) unter Berücksichtigung von Gl. (1.1-8a) und $K_T = 1$:

$$\Delta P = \frac{\rho_G\, w_A^2}{2} \cdot \frac{\lambda_R \,(L_S + L_ä)}{d_i} = \frac{1{,}213 \cdot 4{,}92^2}{2} \cdot \frac{0{,}017 \cdot 450}{1{,}2} = 93{,}6 \text{ Pa}$$

Da der errechnete Druckverlust von 93,6 Pa wesentlich unter 10 % des Eingangsdruckes P_A liegt, ist die Rohrleitung ausreichend bemessen.

1.5.3 Rohrleitungen der Gasversorgung

a) Gemeinsamkeiten

Zur Berechnung des Druckverlustes von Gasrohrnetzen gilt in der BRD DVGW GW 303-1, gleichermaßen wie bei der Berechnung von Wasserrohrnetzen. Es setzt die abgeschlossene Umstellung der Gasversorgung von Stadtgas auf Erdgas voraus.

Anstelle der absoluten Rohrrauheit k wird wie bei den Rohrleitungen für die Wasserversorgung eine betriebliche Rohrrauheit k_i (auch als integrale Rohrrauheit bezeichnet) verwendet. Sie berücksichtigt das gesamte hydraulische Verhalten einer Rohrleitung mit allen widerstandsbildenden Faktoren. **Tabelle 1.5-2** enthält Richtwerte für die betriebliche Rohrrauheit von Gasleitungen.

Im DVGW GW 303-1 sind 2 Diagramme enthalten, die für den Anwender vereinfachte Berechnungen unter bestimmten Randbedingungen erlauben. Sie setzen folgende Basiswerte voraus:

Tabelle 1.5-2: Richtwerte für die betriebliche Rohrrauheit in Gasleitungen nach DVGW-Arbeitsblatt GW 303-1

Leitungsart / Zustand / Einschränkungen		Betriebliche Rohrrauheit k_i in mm
Stahl-, Guss- und Kunststoffrohre	ohne Ablagerungen, gestreckte Leitungsführung, wenige Einbauten, geringe Vermaschung [1)]	0,1
	ohne Ablagerungen, mit Einbauten, erhöhte Vermaschung	0,5
Stahl- und Gussrohre	geringe Ablagerungen, mit Einbauten, stark vermaschte Netze, z. B. Niederdrucknetze	1
	starke Ablagerungen, mit Einbauten, stark vermaschte Netze	> 1
[1)] z. B. Gas-Transportleitungen		

$\rho_N = 0{,}84\ kg/m^3$

$\nu = 14{,}2 \cdot 10^{-6}\ m^2/s$ bei 10 °C und 1013 mbar

$P = 1{,}013 \cdot 10^5\ Pa = 1013\ mbar$

$t = 10\ °C\ (T = 283\ K)$

$k_i = 1$ mm als betriebliche Rohrrauheit für Niederdrucknetze

$k_i = 0{,}1$ mm als betriebliche Rohrrauheit für Hochdrucknetze

Weichen die tatsächlichen Bedingungen merkbar hiervon ab, muss der Druckverlust nach den einschlägigen Grundgleichungen für die raumbeständige und die isotherme raumveränderliche Fortleitung berechnet werden. Im Gegensatz zu den Grundgleichungen (1.1-5a) und (1.1-6a) berücksichtigen die für Erdgas modifizierten Formeln keine Einzelwiderstände, da diese bereits in der betrieblichen Rohrrauheit k_i enthalten sind.

b) Niederdruckbereich für Arbeitsdrücke p_o < 100 mbar

Druckverlust:

$$\Delta P = \frac{\rho_A\, w_A^2}{2}\, \frac{\lambda_R\, L_S}{d_i} \qquad (1.5\text{-}12)$$

Druck am Ende der Rohrleitung:

$$P_E = P_A - \Delta P + \Delta P_G \qquad (1.5\text{-}13)$$

Der Term

$$\Delta P_G = g\,(\rho_L - \rho_A)\,\Delta H = g\,(\rho_L - \rho_A)\,(H_E - H_A) \qquad (1.5\text{-}14)$$

beschreibt das Druckgefälle durch geodätische Höhenunterschiede gegenüber Luft. Ist $(H_E - H_A) < 0$, hat die Rohrleitung Gefälle, bei $(H_E - H_A) > 0$ steigt sie an.

Die Dichte der Luft ist mit ρ_L bezeichnet. Der Dichteunterschied im Niederdruckbereich beträgt $\rho_L > \rho_A$, wodurch ein Auftrieb erzeugt wird.

c) Mitteldruck- und Hochdruckbereich für Arbeitsdrücke $p_o \geq 100$ mbar

Druckverlust:

$$\Delta P = P_A \left(1 - \sqrt{1 - \frac{\rho_A\, w_A^2}{P_A} \frac{\lambda_R\, L_S}{d_i} K_m}\right) \qquad (1.5\text{-}15)$$

Die mittlere Kompressibilität K_m, welche in gewisser Weise mit dem Quotienten T_m / T_A in Gl. (1.1-6a) vergleichbar ist, errechnet sich für Erdgas mit 10 °C bis zu einem Druck von 70 bar aus:

$$K_m = 1 - \frac{P_m}{450} \qquad (1.5\text{-}16)$$

Der mittlere Druck ist definiert zu:

$$P_m = \frac{2}{3} \frac{P_A^3 - P_E^3}{P_A^2 - P_E^2} \qquad (1.5\text{-}17)$$

Für Drücke $P_A < 5$ bar kann $K_m \approx 1$ gesetzt werden.

Der Einfluss des Druckgefälles ΔP_G entsprechend Gl. (1.5-14) kann im unteren Hochdruckbereich wegen $\rho_L \approx \rho_A$ vernachlässigt werden. Im oberen Druckbereich ist er jedoch bei großen Höhenunterschieden zu berücksichtigen, da die mit der Druckerhöhung einhergehende Dichtezunahme zu merkbaren Druckabfällen beim Verbraucher führen kann.

Beispielsweise entsteht bei einer Erdgasversorgungsleitung mit $t_A = 10$ °C, $P_A = 10$ bar, $\rho_N = 0{,}84$ kg/m³ und einem Anstieg von $\Delta H = 500$ m gemäß Gl. (1.5-14) folgender zusätzlicher Druckabfall beim Verbraucher:

$$\Delta P_G = g\,(\rho_L - \rho_A)\,\Delta H = 9{,}81\,(1{,}247 - 8) \cdot 500 = -33{,}1 \cdot 10^3 \text{ Pa} \approx -0{,}33 \text{ bar}$$

Die Dichte der atmosphärischen Luft bei 10 °C und des Erdgases bei P_A = 10 bar und t_A = 10 °C wurden nach Gl. (1.5-2) zu ρ_L = 1,247 kg/m³ bzw. zu ρ_A = 8 kg/m³ ermittelt.

Bei einem Netzdruck von P_A = 50 bar erhöht sich die Dichte des Erdgases auf ρ_A = 40 kg/m³, wodurch der Druckabfall auf ΔP_G = -1,9 bar steigt.

d) Berechnungsbeispiel 1.5-2

Ein 800 m über NN gelegener Wohnblock soll an ein L_S = 550 m entferntes Erdgasnetz angeschlossen werden. Der Gasverbrauch beträgt $V_{F,N}$ = 180 m³/h. Die Zuführungsleitung soll stetig um 15 m (ΔH = 15 m) ansteigen und als Stahlrohrleitung ausgeführt werden. Zur Verfügung steht ein mittleres Erdgas mit ρ_N = 0,84 kg/m³ bei einer Temperatur von t_A = 10 °C (T_A = 283 K). Der Rohrdurchmesser d_i ist zu ermitteln, wobei im Netz ein Mindestdruck von p_A = 10 mbar = 1000 Pa (P_A = 101 300 + 1000 = 102 300 Pa) und an der Verbraucherstelle von p_E = 5 mbar = 500 Pa (P_E = 101 300 + 500 = 101 800 Pa) herrschen soll.

Wegen $p_A \leq$ 100 mbar erfolgt die Berechnung nach Gl. (1.5-12) bis (1.5-14).

- Volumenstrom für den Zustand am Anfang der Rohrleitung P_A / T_A, modifiziert für V_F nach Gl. (1.5-1):

$$V_{F,A} = \frac{P_N\, T_A}{T_N\, P_A}\, V_{F,N} = 371\, \frac{T_A}{P_A} = 371\, \frac{283}{102\,300}\, 180 = 184{,}74 \text{ m}^3/\text{h}$$

- Überschlägige Ermittlung des Innendurchmessers nach Gl. (1.1-3) für w_A = 3 m/s (Niederdruckgas, gewählt aus Tabelle 1.1-2):

$$d_i = 2\sqrt{\frac{V_{F,A}}{\pi\, w_A}} = 2\sqrt{\frac{184{,}74}{\pi \cdot 3 \cdot 3600}} = 0{,}148 \text{ m}$$

- Nachrechnung der Durchflussgeschwindigkeit für DN 150 (d_i = 0,15 m) nach Gl. (1.1-4):

$$w_A = \frac{V_{F,A}}{d_i^2\, \pi / 4} = \frac{184{,}74}{0{,}15^2 \cdot 3600 \cdot \pi / 4} = 2{,}905 \text{ m/s}$$

- Umrechnung der Dichte auf den Zustand am Anfang der Rohrleitung P_A / T_A nach Gl. (1.5-3):

$$\rho_A = \frac{P_A}{371\, T_A}\, \rho_N = \frac{102\,300}{371 \cdot 283} \cdot 0{,}84 = 0{,}82 \text{ kg/m}^3$$

- Kinematische Viskosität im Normzustand nach Tabelle 1.5-1:

  $\nu_N = 13{,}3 \cdot 10^{-6}\ m^2/s$

- Umrechnung der kinematischen Viskosität auf den Zustand am Anfang der Rohrleitung P_A / T_A nach Gl. (1.5-4c):

$$\nu_Á = \left(\frac{T_A}{273}\right)^u \cdot \frac{\rho_N}{\rho_Á}\, \nu_N = \left(\frac{283}{273}\right)^{0,85} \cdot \frac{0{,}84}{0{,}82}\, 13{,}3 \cdot 10^{-6} = 14{,}05 \cdot 10^{-6}\ m^2/s$$

- Reynoldszahl nach Gl. (1.1-14):

$$Re = \frac{w_A\, d_i}{\nu_Á} = \frac{2{,}905 \cdot 0{,}15}{14{,}05 \cdot 10^{-6}} = 31\ 014$$

- Betriebliche Rohrrauheit nach Tabelle 1.5-2: $k_i = 1$ mm für Niederdrucknetze

- Rohrreibungswert nach Bild 1.1-1 für $k_i / d_i = 1 / 150 = 0{,}00666$: $\lambda_R = 0{,}035$

- Vorhandener Druckverlust nach Gl. (1.5-12):

$$\Delta P = \frac{\rho_A\, w_A^2}{2} \cdot \frac{\lambda_R\, L_S}{d_i} = \frac{0{,}82 \cdot 2{,}906^2}{2} \cdot \frac{0{,}035 \cdot 550}{0{,}15} = 444\ Pa$$

- Druckgefälle durch geodätische Höhenunterschiede gegenüber Luft gemäß Gl. (1.5-14):

  $\Delta P_G = g\,(\rho_L - \rho_A)\,\Delta H = 9{,}81\,(1{,}293 - 0{,}82)\,15 = 70\ Pa$

  Als Dichte der Luft wurde der Normzustand mit $\rho_{L,N} = 1{,}293\ kg/m^3$ eingesetzt.

  Aufgrund des Leitungsanstieges bedeutet der Einfluss des geodätischen Höhenunterschiedes einen Auftrieb, um dessen Betrag der Druckverlust reduziert und der Druck am Verbraucher erhöht wird.

- Druck am Ende der Rohrleitung gemäß Gl. (1.5-13), bezogen auf Überdrücke:

  $p_E = p_A - \Delta P + \Delta P_G = 1000 - 444 + 70 = 626\ Pa > 500\ Pa$

  Der Druck am Ende der Rohrleitung ist höher als der geforderte Mindestdruck von 500 Pa. Da sich der Drucküberschuss in Grenzen hält, besteht keine Notwendigkeit, die Nennweite weiter zu reduzieren.

1.6 Feststoffleitungen

1.6.1 Einteilung, Kenngrößen

a) Einteilung, Formelzeichen

Von der Art des Trägerstoffes ist zu unterscheiden in

- hydraulischen Transport mit flüssigem Trägerstoff, vorwiegend Wasser,
- pneumatischen Transport mit gasförmigem Trägerstoff, vorwiegend Luft, und
- hydropneumatischen Transport mit einem Wasser-Luft-Gemisch (Lufthebeverfahren).

Bei der Berechnung muss diese Einteilung berücksichtigt werden. Die wichtigsten Kenngrößen und Definitionen sind in **Tabelle 1.6-1** zusammengestellt. Hinsichtlich der Berechnung des hydropneumatischen Transportes wird auf die Literatur verwiesen [1.6-1].

b) Sinkgeschwindigkeit w_F

Die Sinkgeschwindigkeit der Feststoffteile im Trägerstoff ist maßgebend für die gesamte Auslegung von Feststoffleitungen. Bei vertikaler Förderung muss

$$w_T > w_{F,S}$$

erfüllt sein, d. h. die Geschwindigkeit des Trägerstoffes w_T muss wesentlich größer sein als die Sinkgeschwindigkeit $w_{F,S}$ des Feststoffes. Diese ist nach [1.2-2] definiert zu:

$$w_{F,S} = K_\Psi \, K_C \sqrt{\frac{4\, g\, d_F\, (\rho_F - \rho_T)}{3\, c_W\, \rho_T}} = K_\Psi \, K_C \, w_{F,o} \qquad (1.6\text{-}1)$$

K_Ψ - Korrekturfaktor zur Berücksichtigung der Abweichung von der Kugelform (Sphärizität) nach **Bild 1.6-1**, von Körnerkollektiven z. B. nach **Tabelle 1.6-2**

K_C - Korrekturfaktor zur Berücksichtigung der Konzentration nach Bild 1.6-1

$w_{F,o}$ - Sinkgeschwindigkeit kugeliger Feststoffteilchen

Die Beziehung für den Widerstandsbeiwert c_W einer Feststoffkugel stimmt recht gut mit einschlägigen Versuchsergebnissen überein.

Tabelle 1.6-1: Kenngrößen beim Feststofftransport (Indizes: F - Feststoff; T - Trägermedium; G - Gemisch)

Bezeichnung		Kurzzeichen	Einheit	Gl.-Nr.	Gleichung oder Erläuterung
Mischungsverhältnis (Beladung)		ε	–	(1.6-A)	$\frac{m_{F,F}}{m_{F,T}} = \frac{m_{F,F}/m_{F,G}}{1-(m_{F,F}/m_{F,G})} = \frac{1-E_P}{E_P} \cdot \frac{\rho_F w_F}{\rho_T w_T} = \frac{C_T(\rho_F/\rho_T)}{1-C_T}$
Transportkonzentration		C_T	–	(1.6-B)	$\frac{V_{F,F}}{V_{F,G}} = C_V \frac{w_F}{w_G} = \frac{\varepsilon}{\varepsilon + (\rho_F/\rho_T)}$
Raumkonzentration (Volumenkonzentration)		C_V	–	–	siehe Erläuterungen zu Gl. (1.6-6c) und (1.6-8a)
Widerstandsbeiwert von Feststoffkugeln		c_W	–	–	Gl. (1.6-2)
Zwischenraumvolumen (Porosität)		E_P	–	(1.6-C)	$\frac{V_{L,T}}{V_{L,G}} = \frac{V_{L,T}}{V_{L,F}+V_{L,T}} = 1 - C_V$
Kenngröße für den Feststoffanteil		f	–	–	siehe Erläuterungen zu Gleichung (1.6-12)
Massenstrom	Feststoff	$m_{F,F}$	kg/s	(1.6-D)	$V_{F,F}\,\rho_F = (1-E_P)\,\rho_F\,w_F\,A$
	Trägermedium	$m_{F,T}$	kg/s	(1.6-E)	$V_{F,T}\,\rho_T = E_P\,\rho_T\,w_T\,A$
	Gemisch	$m_{F,G}$	kg/s	(1.6-F)	$V_{F,G}\,\rho_G = V_{F,F} + V_{F,T}$
Volumenstrom	Feststoff	$V_{F,F}$	m^3/s	(1.6-G)	$m_{F,F}/\rho_F = C_V\,w_F A$
	Trägermedium	$V_{F,T}$	m^3/s	(1.6-H)	$m_{F,T}/\rho_T$
	Gemisch	$V_{F,G}$	m^3/s	(1.6-I)	$m_{F,G}/\rho_G = w_G\,A = V_{F,F} + V_{F,T} = V_{F,F}/C_T$
Volumen je Längeneinheit	Feststoff	$V_{L,F}$	m^3/m	(1.6-J)	$V_{F,F}/w_F$
	Trägermedium	$V_{L,T}$	m^3/m	(1.6-K)	$V_{F,T}/w_T$
	Gemisch	$V_{L,G}$	m^3/m	(1.6-L)	$V_{F,G}/w_G = V_{L,F} + V_{L,T}$
Korrekturexponent für den Kornverteilungseinfluss		n	–	–	siehe Erläuterungen zu Gleichung (1.6-11)

Tabelle 1.6-1: Fortsetzung

Bezeichnung		Kurzzeichen	Einheit	Gl.-Nr.	Gleichung oder Erläuterung	
Dichte	reiner Feststoff	ρ_F	kg/m³	–	ohne Porenraum, also nicht identisch mit Schüttdichte	
	Trägermedium	ρ_T	kg/m³	–	ohne Feinanteil an Feststoff	
		ρ_{TS}	kg/m³	–	mit Feinanteil an Feststoff; siehe Gl. (1.6-12)	
	Gemisch	ρ_G	kg/m³	–	siehe Gl. (1.6-8b)	
Geschwindigkeit	Feststoff	w_F	m/s	–	siehe Abschnitt 1.6.2 bis 1.6.4	
	Trägermedium	w_T	m/s	–		
	Gemisch	w_G	m/s	–	siehe Gl. (1.6-6b)	
Sinkgeschwindigkeit	Feststoff, allgemein	$w_{F,S}$	m/s	–	siehe Erläuterungen zu Gl. (1.6-1)	
	kugelige Feststoffteile	$w_{F,o}$	m/s	–		
kritische Sinkgeschwindigkeit		w_{kr}	m/s	–	siehe Erläuterungen zu Gl. (1.6-4)	
Korrekturfaktor für	Gemischkonzentration	K_C	–	–	siehe Bild 1.6-1	
	kritische Geschwindigkeit	K_o	–	–	siehe Gl. (1.6-4c) und Tabelle 1.6-3 und 1.6-4	
	Abweichung von Kugelform	K_Ψ	–	–	siehe Bild 1.6-1	
Rohrquerschnitt		A	m²	(1.6-M)	$d_i^2 \pi / 4$	
Korndurchmesser für volumengleiches Feststoffteil		d_F	m	(1.6-N)	$\sqrt[3]{6V/\pi}$	V - Volumen des unregelmäßigen Feststoffanteiles
Sphärizität (Abweichung des Feststoffteiles von der Kugelform)		Ψ_K	–	(1.6-O)	$\pi d_F^2 / O$	O - Oberfläche des unregelmäßigen Feststoffanteiles
Rohrreibungszahl (feinkörniger Feststoff)		$\lambda_{R,F}$	–	–	Gl. (1.6-16) und (1.6-21)	
kinematische Viskosität des Trägerstoffes		ν_T	m²/s	–	siehe z. B. Abschnitt 1.2 oder 1.5	
Reynolds-Zahl	Feststoff	Re_F	–	–	Gl. (1.6-3)	
	Gemisch	Re_G	–	(1.6-P)	$w_G\, d_i / \nu_T$	

$0{,}5 \leq Re_F \leq 10^5$: $$c_W = \frac{24}{Re_F} + \frac{4}{\sqrt{Re_F}} + 0{,}4 \quad (1.6\text{-}2a)$$

$Re_F < 0{,}5$: $$c_W = \frac{24}{Re_F} \quad (1.6\text{-}2b)$$

Die Reynolds-Zahl für den Feststoff ist definiert zu:

$$Re_F = \frac{w_{F,S}\, d_F}{\nu_T} = K_\Psi\, K_C\, \frac{d_F}{\nu_T} \sqrt{\frac{4\, g\, d_F\, (\rho_F - \rho_T)}{3\, c_W\, \rho_T}} \quad (1.6\text{-}3)$$

d_F - Durchmesser des volumengleichen Feststoffteiles nach Tabelle 1.6-1. Liegen unterschiedliche Korngrößen vor, ist der Wert bei 50 % Siebdurchgang ($d_{F,50}$) maßgebend.

Die Sinkgeschwindigkeit $w_{F,S}$ ist aus Gl. (1.6-1) bis (1.6-3) durch schrittweise Näherung zu ermitteln. Anhaltswerte enthält **Bild 1.6-2**. Sie sind für viele Bedarfsfälle ausreichend, ohne dass detaillierte Rechnungen erforderlich sind.

c) Kritische Geschwindigkeit w_{kr}

Die kritische Geschwindigkeit w_{kr} ist so definiert, dass bei ihrer Unterschreitung sich erste Ablagerungen bilden, d. h. für horizontale Rohrleitungen muss $w_T > w_{kr}$ gelten. Sicherheitshalber sollte w_T etwa 20 % größer als w_{kr} sein, um Verstopfungen zu vermeiden. Die Sicherheit von 20 % braucht nicht in voller Höhe in Anspruch genommen werden, wenn w_{kr} durch konkrete Versuche ermittelt wurde. Die kritische Geschwindigkeit ist nach [1.2-2] folgendermaßen zu berechnen:

- Hydraulischer Transport

$$w_{kr} = K_o \left(\frac{d_F}{d_i}\right)^{1/6} \sqrt{2\, g\, d_i\, \frac{(\rho_F - \rho_T)}{\rho_T}} \quad (1.6\text{-}4a)$$

- Pneumatischer Transport

$$w_{kr} = K_o\, \varepsilon^{0,25} \left(\frac{d_F}{d_i}\right)^{0,1} \sqrt{g\, d_i} \quad (1.6\text{-}4b)$$

Das Mischungsverhältnis ε ist in Tabelle 1.6-1 definiert.

Der Korrekturfaktor K_o beträgt für den hydraulischen Transport:

$$K_o = 2{,}9\, C_T^{0,18} \quad (1.6\text{-}4c)$$

Tabelle 1.6-2: Sphärizität von Körnerkollektiven nach [1.6-2] (Zylinderform: h - Höhe; d - Durchmesser)

Stoff bzw. Konform	Sphärizität Ψ_K
Kugel	1
Würfel	0,806
Tetraeder	0,670
Zylinder (h = d)	0,874
Zylinder (h = 2d)	0,832
Sand (rundlich)	0,70
Zement	0,57
Flugstaub (rundlich)	0,82
Kohlenstaub	0,61
Kali	0,70

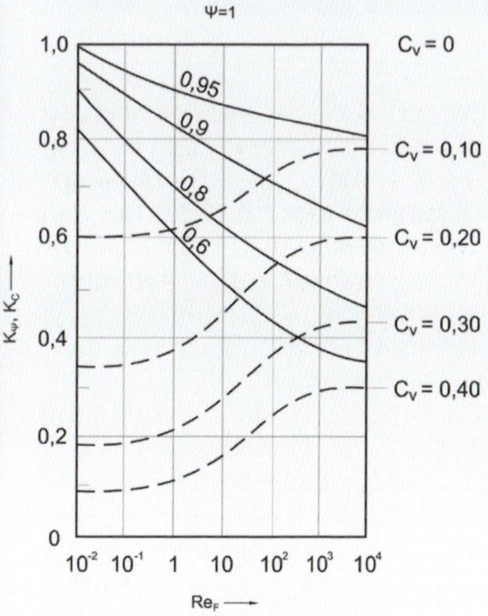

Bild 1.6-1: Korrekturfaktoren K_ψ und K_C für die Sinkgeschwindigkeit (unter Verwendung von Angaben aus [1.2-2])

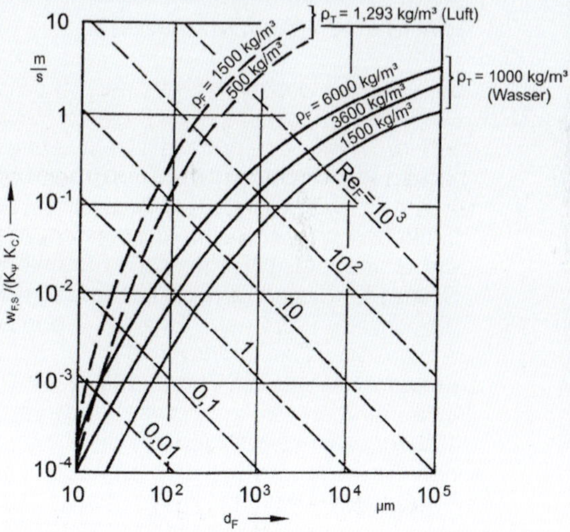

Bild 1.6-2: Sinkgeschwindigkeit $w_{F,S}$ von kugelförmigen Feststoffteilchen (ψ = 1) in Luft und Wasser (unter Verwendung von Angaben aus [1.2-2])

Er kann aus **Tabelle 1.6-3** entnommen werden. Für den pneumatischen Transport gelten die Werte nach **Tabelle 1.6-4**.

Das in anderen Quellen [1.6-3], [1.6-4] angegebene Maximum und Minimum von w_{kr} in Abhängigkeit von der Transportkonzentration geht aus Gl. (1.6-4) allerdings nicht hervor.

Tabelle 1.6-3: Korrekturfaktor K_o nach Gl. (1.6-4c) für die kritische Geschwindigkeit beim hydraulischen Transport (unter Verwendung von Angaben aus [1.2-2])

Transportkonzentration C_T	0,05	0,10	0,20	0,30	0,40
Korrekturfaktor K_o	1,69	1,92	2,17	2,33	2,46

Tabelle 1.6-4: Korrekturfaktor K_o für die kritische Geschwindigkeit beim pneumatischen Transport (unter Verwendung von Angaben aus [1.2-2])

kritische Geschwindigkeit $w_{F,S}$ in m/s	0	1	2	3	4
Korrekturfaktor K_o	7	10	13	14,5	15

1.6.2 Homogene und pseudohomogene hydraulische Förderung

Unter homogener Strömung versteht man feinstverteilte Feststoffteilchen geringer Größe, die im Trägerstoff in Schwebe gehalten werden (Suspensionen). Als Grenze für diesen Bereich hat sich eine Feststoffgröße von 30 µm eingebürgert, obwohl $Re_F \leq 0{,}1$ nach Bild 1.6-2 den Sachverhalt besser erfasst.

Pseudohomogene Strömung liegt bei $0{,}1 < Re_F < 2$ vor. In diesem Bereich ist eine merkbare Sinkgeschwindigkeit vorhanden. Durch die Geschwindigkeit des Trägerstoffes werden jedoch die Feststoffteilchen so gleichmäßig verteilt, dass das Gemisch sich wie eine homogene Strömung verhält. Für den abgegrenzten Bereich gilt:

$$w_T \approx w_F \approx w_G > w_{F,S} \text{ und } C_T = C_V \qquad (1.6\text{-}5)$$

Der Rohrdurchmesser d_i und der Druckverlust ΔP können nach Abschnitt 1.1 ermittelt werden, wobei in den betreffenden Gleichungen die Kenngrößen für das Gemisch (Index G) nach Tabelle 1.6-1 einzusetzen sind. Höhensprünge sind nach Gl. (1.1-9) zu berücksichtigen. Für horizontale Abschnitte ist mit dem festgelegten Innendurchmesser d_i zu prüfen, ob die Bedingung $w_T \geq 1{,}2\ w_{kr}$ eingehalten ist.

Bei scharfkantigen Feststoffteilchen, z. B. Sand, kann die Rohrreibungszahl $\lambda_{R,G}$ aus Bild 1.1-1 für das hydraulisch glatte Rohr entnommen werden, da Korrosionsprodukte und Unebenheiten an der Innenfläche des Rohres sich im Laufe des Betriebes abschleifen.

Transportkonzentrationen $C_T \geq 0{,}35$ sind unabhängig von Re_F nach den Gleichungen für die heterogene hydraulische Förderung zu berechnen.

1.6.3 Heterogene hydraulische Förderung

a) Allgemeines

Bei der heterogenen Förderung mit $Re_F \geq 2$ sind vertikale und horizontale Abschnitte getrennt zu berechnen. Enthält eine Rohrleitung gleichzeitig vertikale und horizontale Abschnitte, müssen beide Förderkriterien erfüllt sein.

b) Vertikale Förderung

Die Geschwindigkeitsunterschiede betragen:

$$w_F = w_T - w_{F,S} \tag{1.6-6a}$$

Mit der Transportkonzentration C_T, der Gemischgeschwindigkeit

$$w_G = \frac{V_{F,G}}{A} = \frac{V_{F,F} + V_{F,T}}{A} = C_V\, w_F + (1 - C_V)\, w_T \tag{1.6-6b}$$

und der Raumkonzentration

$$C_V = \frac{V_{L,F}}{V_{L,G}} = C_T\,\frac{w_G}{w_F} = 1 - E_P = \frac{V_{F,F}}{w_F\,A} \tag{1.6-6c}$$

ergibt sich eine quadratische Gleichung für die Trägerstoffgeschwindigkeit mit der Lösung:

$$w_T = \frac{w_G + w_{F,S}}{2} + \sqrt{\left(\frac{w_G + w_{F,S}}{2}\right)^2 - (1 - C_T)\, w_G\, w_{F,S}} \tag{1.6-7}$$

Aus Gleichung (1.6-6a) und (1.6-6b) errechnet sich die Raumkonzentration zu:

$$C_V = (w_T - w_G) / w_{F,S} \tag{1.6-8a}$$

und schließlich entsprechend Tabelle 1.6-1 die Gemischdichte zu

$$\rho_G = C_V\, \rho_F + (1 - C_V)\, \rho_T = m_{F,G}\, V_{F,G} \tag{1.6-8b}$$

Mit ρ_G und w_G wird der Druckverlust nach Gl. (1.1-5a) bis (1.1-5c) und das Druckgefälle infolge geodätischer Höhenunterschied nach Gl. (1.1-9) ermittelt. Die Re-Zahl für das Gemisch Re_G ist in Tabelle 1.6-1 als Gl. (1.6-P) definiert. Für die Rohrreibungszahl $\lambda_{R,G}$ gilt das Gleiche wie für die homogene Förderung.

c) Horizontale Förderung

Die Geschwindigkeit des Trägerstoffes muss

$$w_T \geq 1{,}2\, w_{kr} \tag{1.6-9a}$$

sein. Weiterhin gilt

$$w_G \approx w_F \approx w_T \tag{1.6-9b}$$

Hiermit können der Innendurchmesser d_i und alle weiteren erforderlichen Größen entsprechend Tabelle 1.6-1 gebildet werden.

Der Druckverlust ergibt sich aus der Formel von Durand [1.6-5]. Sie setzt sich aus den Druckverlustanteilen für den Trägerstoff und den Feststoff zusammen und soll mit der Praxis am besten übereinstimmen [1.6-6]:

$$\Delta P_G = \frac{\rho_T\, w_G^2\, \lambda_{R,G}\, (L_S + L_ä)\, K_T}{2\, d_i} \left[1 + 83^{1/n} \left(\frac{g\, d_i\, (\rho_F - \rho_{TS})}{w_G^2\, \rho_{TS}\, \sqrt{c_w}} \right)^{1/n^3} C_T\, (1 - f) \right] \tag{1.6-10}$$

Bei gleichmäßiger Größe der Feststoffteile beträgt der Korrekturexponent n = 1. Liegt jedoch ein unterschiedliches Korn vor, gilt gemäß [1.2-2]:

$$n = 2 - (d_{F,90} / d_{F,10})^{-0{,}04} \tag{1.6-11}$$

$d_{F,90}$ - Korngröße bei 90 % Siebdurchgang

$d_{F,10}$ - Korngröße bei 10 % Siebdurchgang

Durch die Größen f und ρ_{TS} wird der Einfluss der erhöhten Tragfähigkeit des Trägermediums durch die Anreicherung des Feststoffanteils in diesem berücksichtigt. ρ_{TS} stellt die Dichte des um den Feinanteil angereicherten Trägermediums dar. Sie ergibt sich nach [1.2-2] aus der Beziehung:

$$\rho_{TS} = f\, C_T\, \rho_F + (1 - f\, C_T)\, \rho_T \qquad (1.6\text{-}12)$$

Die Größe f beschreibt den Masseanteil des Feststoffes, dessen Korngröße und Dichte einer Reynolds-Zahl des Feststoffes $Re_F < 2$ entspricht (homogener und pseudohomogener Anteil). Dabei gilt:

$f = 1$ für homogene und pseudohomogene Gemische.

$f = 0$ für heterogene Gemische.

$0 < f < 1$ für heterogene Gemische mit Feinstoffeffekt.

Ein ähnliches Verfahren zur Ermittlung des Druckverlustes als Summe der beiden Einzelanteile ist in [1.6-7] für $Re_F \leq 200$ beschrieben.

d) Druckverlust in Einbauteilen

Die üblichen Einzelwiderstände sind durch die äquivalente Rohrlänge berücksichtigt. Daneben sind in Gl. (1.1-9) die Staudrücke

$$\frac{\rho_A\, w_A^2}{2} = 0 \quad \text{und} \quad \frac{\rho_E\, w_E^2}{2} = \frac{\rho_G\, w_G^2}{2} \qquad (1.6\text{-}13)$$

einzurechnen.

In Rohrbogen tritt ein zusätzlicher Druckverlust durch das Abbremsen der Feststoffteile infolge der Fliehkraft und deren erneute Beschleunigung auf. Er liegt in der Größenordnung von

$$\Delta P_{Bogen} = 0{,}6\, \frac{\rho_F\, w_F^2}{2} \qquad (1.6\text{-}14)$$

Detaillierte Berechnungen sind mit Hilfe der Gleichungen und Diagramme nach [1.2-2] und [1.6-2] möglich.

1.6.4 Pneumatische Förderung

a) Einteilung

Bei der pneumatischen Förderung ist zu unterscheiden in

- Flugförderung ($\varepsilon \leq 30$)
- Strähnen-, Ballen- oder Dünenförderung ($\varepsilon > 30$)
- Pfropfen-, Schub- oder Fließförderung ($\varepsilon > 30$)

Durch den geringen Einfluss der Luftdichte lassen sich Förderzustände bis nahe der kritischen Geschwindigkeit einheitlich erfassen.

b) Vertikale Förderung

Analog zur hydraulischen Förderung ist zunächst die Sinkgeschwindigkeit $w_{F,S}$ nach Gl. (1.6-1) zu bestimmen. Die Geschwindigkeit des Trägerstoffes w_T ergibt sich aus Gl. (1.6-7), die Raumkonzentration C_V aus Gl. (1.6-8a). Hiernach kann der Druckverlust des Gemisches berechnet werden:

$$\Delta P_G = \frac{\rho_T \, w_T^2 \left(\lambda_{R,T} + \varepsilon \, \lambda_{R,F}\right)\left(L_S + L_ä\right) K_T}{2 \, d_i} \qquad (1.6\text{-}15)$$

Die Rohrreibungszahl $\lambda_{R,T}$ für den Trägerstoff ist entsprechend Abschnitt 1.1 zu ermitteln. Die Rohrreibungszahl $\lambda_{R,F}$ für den Feststoff ergibt sich aus:

$$\lambda_{R,F} = \left(\frac{1}{1200} + \frac{2}{Fr_T}\right)\frac{w_T}{w_F} \qquad (1.6\text{-}16)$$

Die Froude-Zahl für den Trägerstoff beträgt:

$$Fr_T = \frac{w_T}{\sqrt{g \, d_i}} \qquad (1.6\text{-}17a)$$

Sie wird manchmal auch in quadrierter Darstellung angegeben, was bei der Entnahme aus Tabellen oder Bildern zu beachten ist:

$$Fr_T' = Fr_T^2 = \frac{w_T^2}{g \, d_i} \qquad (1.6\text{-}17b)$$

Für $w_T \leq 10$ m/s beträgt die Feststoffgeschwindigkeit analog Abschnitt 1.6.3, Buchstabe b:

$$w_F = w_T - w_{F,S} \tag{1.6-18}$$

Für $w_T > 10$ m/s ist auf Grund des Einflusses der Stoßreibung die daraus resultierende verminderte Feststoffgeschwindigkeit nach folgender Beziehung zu berechnen:

$$w_F = w_T + B \pm \sqrt{2\,B\,w_T + B^2} \tag{1.6-19a}$$

$$B = \frac{\pi\,d_i^2\,w_{F,S}^2\,\Delta P_F}{8\,g\,m_{F,F}\,L_S} \tag{1.6-19b}$$

$$\frac{\Delta P_F}{L_S} = \frac{\Delta P_G}{L_S} - \frac{\Delta P_T}{L_S} \tag{1.6-19c}$$

Gleichung (1.6-19a) ergibt mit der Sinkgeschwindigkeit $w_{F,S}$ nur dann genaue Werte, wenn der Feststoff gleichmäßig über den Strömungsquerschnitt verteilt ist. Bei starker Entmischung muss die Sinkgeschwindigkeit $w_{F,S}$ höher als nach Gl. (1.6-1) angesetzt werden.

Es ist zu beachten, dass w_F in Gl. (1.6-16) implizit enthalten ist. Der Druckverlust ΔP_F bzw. B nach Gl. (1.6-19b) können deshalb nur durch schrittweise Näherung bestimmt werden.

c) Horizontale Förderung

Wie bei der hydraulischen Förderung soll $w_T \geq 1{,}2\,w_{kr}$ sein, d. h. aus Sicherheitsgründen soll die Geschwindigkeit des Trägerstoffes etwa 20 % über der kritischen Geschwindigkeit liegen. Hiermit können die erforderlichen Größen nach Tabelle 1.6-1 gebildet werden.

Die Geschwindigkeit des Feststoffes w_F errechnet sich aus Gl. (1.6-19a) und hiernach der Druckverlust des Feststoffes ΔP_F analog Gl. (1.6-15) zu:

$$\Delta P_F = \frac{\rho_T\,w_F^2\,\varepsilon\,\lambda_{R,F}\left(L_S + L_ä\right)K_T}{2\,d_i} \tag{1.6-20}$$

Die zugehörige Rohrreibungszahl $\lambda_{R,F}$ ist als Mittelwert für feinkörnige Feststoffe ($d_F \leq 120$ µm) festgelegt:

$$\lambda_{R,F} = \frac{2{,}1\ Fr_F^{0{,}25}}{\varepsilon^{0{,}3}\ Fr_T\ (d_F / d_i)^{0{,}1}} \tag{1.6-21}$$

Der Druckverlust des Gemisches ΔP_G besteht aus dem Anteil für den Feststoff ΔP_F nach Gl. (1.6-20) in Verbindung mit Gl. (1.6-21) und dem Anteil des Trägerstoffes ΔP_T nach Gl. (1.1-5a).

d) Druckverlust in Einbauteilen

Es gilt sinngemäß das gleiche wie bei der hydraulischen Förderung.

e) Kompressibilitätseinfluss bei pneumatischer Förderung

Der spezifische Druckverlust steigt bei starker Expansion an. Entsprechend Abschnitt 1.1 kann dem Rechnung getragen werden, indem der Druckverlust schrittweise ermittelt wird. Dabei kann von einer nahezu isothermen Strömung ausgegangen werden.

1.6.5 Praktische Berechnung

a) Allgemeiner Hinweis

Bei der Planung einer Feststoffleitung besteht die Aufgabe meistens darin, die optimale Transportkonzentration (Mischungsverhältnis) und die erforderliche Nennweite zu bestimmen. Das ist aber nur lösbar, wenn ein Optimumkriterium oder eine andere Randbedingung vorgegeben wird. Im Allgemeinen geht man von der minimalen Transportarbeit aus:

$$\Delta P_G\ V_{F,G} = \min \tag{1.6-22}$$

Weitere Kriterien können die maximale Druckhöhe des Förderaggregates (Pumpe, Verdichter), die zulässige Transportkonzentration der Fördereinrichtung oder minimale Investitionskosten sein.

b) Berechnungsbeispiel 1.6-1

Mörtelsand mit den Kennwerten $\rho_F = 1800$ kg/m³ und $d_{F,50} = 1$ mm $= 1000$ µm soll auf einer horizontalen Strecke hydraulisch gefördert werden. Der Feststoff-Massenstrom beträgt $m_{F,F} = 13{,}3$ t/h (3,7 kg/s).

- Volumenstrom nach Tabelle 1.6-1, Gl. (1.6-G):

  $V_{F,F} = m_{F,F} / \rho_F = 3{,}7 / 1800 = 2{,}05 \cdot 10^{-3}\ m^3/s$

- Re-Zahl für den Feststoff nach Bild 1.6-2:

  Der abgelesene Wert von $Re_F \approx 100$ bedeutet heterogene Förderung. Bei horizontalem Transport gilt entsprechend Gl. (1.6-9b) $w_G \approx w_F \approx w_T$. Demzufolge ist gemäß Tabelle 1.6-1, Gl. (1,6-B) sowie Gl. (1.6-6c) die Transport- mit der Raumkonzentration identisch, d. h. $C_V \approx C_T$.

Die Gemischgeschwindigkeit w_G soll mindestens 1,2 w_{kr} betragen. In der für die kritische Geschwindigkeit w_{kr} maßgebenden Gl. (1.6-4a) ist implizit der gesuchte Innendurchmesser d_i und über den Faktor K_o die ebenfalls unbekannte Transportkonzentration C_T enthalten. Aus

$$w_G = \frac{V_{F,G}}{d_i^2\, \pi / 4}$$

nach Gl. (1.6-6b) in Verbindung mit Gl. (1.6-4a)

$$w_G \geq 1{,}2\, w_{kr} = 1{,}2\, K_o \left(\frac{d_F}{d_i}\right)^{1/6} \sqrt{2\, g\, d_i \frac{(\rho_F - \rho_T)}{\rho_T}}$$

ergibt sich:

$$d_i^{7/3} \leq \frac{V_{F,G}}{0{,}3\, \pi\, K_o\, d_F^{1/6} \sqrt{2\, g\, \frac{\rho_F - \rho_T}{\rho_T}}} \qquad (1.6\text{-}23a)$$

$$d_i \leq \sqrt[7/3]{\frac{V_{F,G}}{0{,}3\, \pi\, K_o\, d_F^{1/6} \sqrt{2\, g\, \frac{\rho_F - \rho_T}{\rho_T}}}} \qquad (1.6\text{-}23b)$$

Diese Gleichung ist nur noch von C_T abhängig. Die Auswertung erfolgt in Tabellenform mit variablem C_T. Als zusätzliches Kriterium für C_T werden gemäß Gl. (1.6-22) die minimale Transportarbeit $\Delta P_G\, V_{F,G}$ = min, sowie eine Begrenzung der Transportkonzentration infolge der Pumpenbauart mit $C_T \leq$ 0,4 vorgegeben.

Der weitere Rechengang ist in **Tabelle 1.6-5** zusammengefasst und soll am Beispiel $C_T = 0{,}1$ demonstriert werden.

- Korrekturfaktor K_o nach Tabelle 1.6-3 für $C_T = 0{,}1$: $K_o = 1{,}92$

- Volumenstrom des Gemisches nach Tabelle 1.6-1, Gl. (1.6-I):

$$V_{F,G} = \frac{V_{F,F}}{C_T} = \frac{2{,}05 \cdot 10^{-3}}{0{,}1} = 20{,}5 \cdot 10^{-3}\ m^3/s$$

- Rohrinnendurchmesser nach Gl. (1.6-23b):

$$d_i \leq \sqrt[7/3]{\frac{V_{F,G}}{0{,}3\,\pi\,K_o\,d_F^{1/6}\sqrt{2\,g\,\frac{\rho_F - \rho_T}{\rho_T}}}} = \sqrt[7/3]{\frac{20{,}5 \cdot 10^{-3}}{0{,}3\,\pi \cdot 1{,}92 \cdot 0{,}001^{1/6}\sqrt{2 \cdot 9{,}81\,\frac{1800 - 1000}{1000}}}} = 0{,}133\,m$$

Mit Rücksicht auf den zu erwartenden Verschleiß soll die Wanddicke mindestens 8 mm betragen. Gewählt wird die Abmessung 141,3 x 8 mit einem Rohrinnendurchmesser von d_i = 125,3 mm.

- Geschwindigkeit des Gemischs nach Gl. (1.6-6b):

$$w_G = \frac{V_{F,G}}{d_i^2\,\pi / 4} = \frac{20{,}5 \cdot 10^{-3}}{0{,}1253^2\,\pi / 4} = 1{,}66\ m/s$$

- Kinematische Viskosität des Trägermediums (Wasser) nach Tabelle 1.2-1 für 20 °C:

$$\nu_T = 1{,}002 \cdot 10^{-6}\ m^2/s$$

- Reynolds-Zahl des Gemischs nach Tabelle 1.6-1, Gl. (1.6-P):

$$Re_G = \frac{w_G\,d_i}{\nu_T} = \frac{1{,}663 \cdot 0{,}1253}{1{,}002 \cdot 10^{-6}} = 207\,958 \approx 2{,}08 \cdot 10^5$$

- Rohrreibungsbeiwert nach Bild 1.1-1 bzw. Gl. (1.1-15b) durch Näherungsrechnung für hydraulisch glattes Rohr: $\lambda_{R,G} = 0{,}015$

- Widerstandsbeiwert einer Feststoffkugel nach Gl. (1.6-2a) für $Re_F \approx 100$:

$$c_w = \frac{24}{Re_F} + \frac{4}{\sqrt{Re_F}} + 0{,}4 = \frac{24}{100} + \frac{4}{\sqrt{100}} + 0{,}4 = 1{,}04$$

- Massenanteil des Feststoffes im Trägermedium:
Entsprechend Erläuterung zu Gl. (1.6-12) ist bei einem heterogenem Gemisch f = 0, d. h. das Trägermedium enthält keinen Feststoffanteil. Die Dichte des

Tabelle 1.6-5: Ergebnisse des Berechnungsbeispiels 1.6-1 (Feststofftransport): Auslegungsrechnung

C_T gewählt	K_o nach Gl. (1.6-4c)	$V_{F,G} = V_{F,F} / C_T$	d_i nach Gl. (1.6-23)	$D_o \times e_{ord}$ gewählt	d_i aus Rohr-abmessung
-	-	m^3/s	mm	mm	mm
0,1	1,92	$20{,}5 \cdot 10^{-3}$	133,1	141,3 x 8	125,3
0,12	1,98	$17{,}08 \cdot 10^{-3}$	121,5	133 x 8	117
0,14	2,04	$14{,}64 \cdot 10^{-3}$	112,3	127 x 8	111
0,2	2,17	$10{,}25 \cdot 10^{-3}$	93,8	108 x 8	92
0,23	2,23	$8{,}91 \cdot 10^{-3}$	87,4	101,6 x 8	85,6
0,3	2,33	$6{,}83 \cdot 10^{-3}$	76,5	88,9 x 8	72,9
0,35	2,40	$5{,}86 \cdot 10^{-3}$	70,7	82,5 x 8	66,5
0,4	2,46	$5{,}13 \cdot 10^{-3}$	66,1	76,1 x 8	60,1
C_T gewählt	**$w_G = V_{F,G} / A$**	**$Re_G = w_G d_i / \nu_T$ $\nu_T = 1{,}002 \cdot 10^{-6}\ m^2/s$**	**λ_{RG} nach Gl. (1.1-15b)**	**$\Delta P_G / (L_S + L_ä)$ nach Gl. (1.6-10)**	**$\Delta P_G V_{F,G} / (L_S + L_ä)$ nach Gl. (1.6-22)**
-	m/s	-	-	Pa/m	W/m
0,1	1,66	$2{,}08 \cdot 10^{5}$	0,0155	732,0	15
0,12	1,59	$1{,}86 \cdot 10^{5}$	0,01585	856,6	14,6
0,14	1,51	$1{,}67 \cdot 10^{5}$	0,0162	979,8	14,3
0,2	1,54	$1{,}41 \cdot 10^{5}$	0,0168	1418,6	14,5
0,23	1,55	$1{,}32 \cdot 10^{5}$	0,0170	1636,0	14,6
0,3	1,64	$1{,}19 \cdot 10^{5}$	0,0174	2186,9	14,9
0,35	1,69	$1{,}12 \cdot 10^{5}$	0,0176	2579,8	15,1
0,4	1,81	$1{,}09 \cdot 10^{5}$	0,0177	3017,9	15,5

Trägermediums wird somit nicht durch einen Feinstoffanteil beeinflusst, d. h. $\rho_{TS} = \rho_T$.

- Kornverteilungseinfluss:

  Gemäß Aufgabenstellung wird eine gleichmäßige Größe der Feststoffanteile vorausgesetzt. Für den Korrekturexponenten gilt entsprechend der Erläuterung zu Gl. (1.6-11) demzufolge n = 1.

- Korrekturfaktor für Rohrtoleranz entsprechend Tabelle 1.1-3:

  Für D_o / d_i = 141,3 / 125,3 = 1,13 und 12,5 % Wanddickentoleranz entsprechend DIN EN 10216-1 lässt sich K_T = 1,1 aus der Tabelle interpolieren.

- Längenbezogener Druckverlust, modifiziert nach Gl. (1.6-10):

  Wegen n = 1 und f = 0 vereinfacht sich Gl. (1.6-10) zu

$$\frac{\Delta P_G}{\left(L_S + L_ä\right)} = \frac{\rho_T\, w_G^2\, \lambda_{R,G}\, K_T}{2\, d_i}\left[1 + 83\left(\frac{g\, d_i\left(\rho_F - \rho_T\right)}{\rho_T\, w_G^2\, \sqrt{c_w}}\right) C_T\right]$$

$$= \frac{1000 \cdot 1{,}66^2 \cdot 0{,}0155 \cdot 1{,}1}{2 \cdot 0{,}1253}\left[1 + 83\left(\frac{9{,}81 \cdot 0{,}1253\,(1800 - 1000)}{1000 \cdot 1{,}66^2\,\sqrt{1{,}04}}\right) 0{,}1\right] = 732\ \mathrm{Pa/m}$$

- Transportarbeit gemäß Gl. (1.6-22):

$$\frac{\Delta P_G}{\left(L_S + L_ä\right)} V_{F,G} = 732 \cdot 20{,}5 \cdot 10^{-3} = 15\ \mathrm{N/s} = 15\ \mathrm{W/m}$$

Aus Tabelle 1.6-5 ist erkennbar, dass die Transportkonzentration C_T = 0,14 zunächst den geringsten Leistungsbedarf erfordert. Geht man aber nunmehr von den gewählten Rohrabmessungen aus und errechnet hieraus mit w_G = 1,2 w_{kr} die jeweils optimale Gemischkonzentration $C_{T,opt}$, verschiebt sich im vorliegenden Beispiel der geringste Leistungsbedarf auf die Abmessung 141,3 x 8 (siehe **Tabelle 1.6-6**). Allerdings unterscheidet sich dieser nur geringfügig von denjenigen der Abmessungen 133 x 8 und 127 x 8.

Die optimale Gemischkonzentration ermittelt man durch Einsetzen von Gl. (1.6-I) der Tabelle 1.6-1

$$V_{F,G} = \frac{V_{F,F}}{C_T}$$

Tabelle 1.6-6: Ergebnisse des Berechnungsbeispiels 1.6-1 (Feststofftransport): Optimierungsrechnung

$D_o \times e_{ord}$ gewählt	d_i aus Rohrabmessung	$C_{T,opt}$ nach Gl. (1.6-24)	$V_{F,G} = V_{F,F} / C_{T,opt}$	$w_G = V_{F,G} / A$
mm	mm	-	m^3/s	m/s
141,3 x 8	125,3	0,113	$18{,}14 \cdot 10^{-3}$	1,47
133 x 8	117	0,129	$15{,}89 \cdot 10^{-3}$	1,48
127 x 8	111	0,143	$14{,}34 \cdot 10^{-3}$	1,48
108 x 8	92	0,208	$9{,}86 \cdot 10^{-3}$	1,48
101,6 x 8	85,6	0,240	$8{,}54 \cdot 10^{-3}$	1,48
88,9 x 8	72,9	0,329	$6{,}23 \cdot 10^{-3}$	1,49
82,5 x 8	66,5	0,395	$5{,}19 \cdot 10^{-3}$	1,50
76,1 x 8	60,1	0,483	$4{,}24 \cdot 10^{-3}$	-
$D_o \times e_{ord}$ gewählt	$Re_G = w_G\, d_i / \nu_T$ $\nu_T = 1{,}002 \cdot 10^{-6}\ m^2/s$	λ_{RG} nach Gl. (1.1-15b)	$\Delta P_G / (L_S + L_ä)$ nach Gl. (1.6-10)	$\Delta P_G\, V_{F,G} / (L_S + L_ä)$ nach Gl. (1.6-22)
mm	-	-	Pa/m	W/m
141,3 x 8	$1{,}84 \cdot 10^5$	0,0159	782,00	14,19
133 x 8	$1{,}73 \cdot 10^5$	0,0161	895,40	14,23
127 x 8	$1{,}64 \cdot 10^5$	0,01625	992,71	14,24
108 x 8	$1{,}36 \cdot 10^5$	0,0169	1456,21	14,36
101,6 x 8	$1{,}26 \cdot 10^5$	0,01715	1687,33	14,41
88,9 x 8	$1{,}08 \cdot 10^5$	0,0177	2342,22	14,59
82,5 x 8	10^5	0,018	2832,73	14,70
76,1 x 8	-	-	-	-

und der Gl. (1.6-4c)

$$K_o = 2{,}9\, C_T^{0{,}18}$$

in Gl. (1.6-23a) und Auflösen nach C_T:

$$C_{T,opt}^{1{,}18} = \frac{V_{F,F}}{0{,}3 \cdot 2{,}9\, \pi\, d_i^{7/3}\, d_F^{1/6} \sqrt{2\, g\, \frac{\rho_F - \rho_T}{\rho_T}}} = \frac{0{,}366\, V_{F,F}}{d_i^{7/3}\, d_F^{1/6} \sqrt{2\, g\, \frac{\rho_F - \rho_T}{\rho_T}}} \qquad (1.6\text{-}24a)$$

$$C_{T,opt} = \sqrt[1{,}18]{\frac{0{,}366\, V_{F,F}}{d_i^{7/3}\, d_F^{1/6} \sqrt{2\, g\, \frac{\rho_F - \rho_T}{\rho_T}}}} \qquad (1.6\text{-}24b)$$

Bei der Abmessung 141,3 x 8 ergibt sich die optimale Gemischkonzentration $C_{T,opt}$ zu:

$$C_{T,opt} = \sqrt[1{,}18]{\frac{0{,}366 \cdot 2{,}05 \cdot 10^{-3}}{0{,}1253^{7/3} \cdot 0{,}001^{1/6} \sqrt{2 \cdot 9{,}81\, \frac{1800 - 1000}{1000}}}} = 0{,}113$$

Der Leistungsbedarf beträgt hierbei 14,19 W/m.

Der Rechengang für die optimale Gemischkonzentration $C_{T,opt}$ ist in Tabelle 1.6-6 zusammengefasst. Aus Gründen der Rechengenauigkeit sind alle Rohrreibungsbeiwerte nach Gl. (1.1-15b) mittels schrittweiser Näherung ermittelt. Als Korrekturfaktor für Rohrtoleranz wurde durchgängig in allen Rechenschritten $K_T = 1{,}1$ verwendet.

Die Nachrechnung der optimalen Gemischkonzentration für die Abmessung 76,1 x 8 ergibt $C_{T,opt} > 0{,}4$, was gemäß Aufgabenstellung aber nicht zulässig ist.

1.7 Warmhalteleitungen

1.7.1 Allgemeines

Dampfleitungen, welche nur in Ausnahmesituationen durchströmt werden und sich in ständiger Betriebsbereitschaft befinden, müssen während der Bereitschaftsphase warm gehalten werden, damit sie schnell und risikolos in Betrieb genommen werden können. Hierzu gehören vor allem Rohrleitungen vor Reduzierstationen (Überström- bzw. Umleitstationen), Zuführungsleitungen von Sicherheitsventilen (SiV) und Anfahrleitungen.

Das Warmhalten erfolgt durch Heißdampf, im Regelfall mit den Betriebsparametern des eigenen Systems. Er wird am Anfang (Index A) der warmzuhaltenden Rohrleitung zugeführt und am Ende (Index E) des Rohrleitungsabschnittes (z. B. vor einem SiV) auf ein Leitungssystem von niedrigerer Druckstufe oder auf ein Entspannungsgefäß abgeleitet. Dabei ist es unerheblich, ob die Warmhaltedrossel oder das Drosselventil am Anfang oder am Ende der warm zu haltenden Rohrleitung angeordnet ist. In besonderen Fällen kann auch eine Rückführung ohne Drosselorgan in das eigene vorgeschaltete System unter Nutzung des Druckverlustes erfolgen.

Da die zur Warmhaltung erforderliche Dampfmenge m_F im Vergleich zur Betriebsdampfmenge relativ klein ist, sinkt in Verbindung mit der hohen inneren Wärmeübergangszahl α_i (siehe Abschnitt 2.1.3) die Rohrwandtemperatur t_R schneller als die Dampftemperatur t_F. Mit zunehmender Leitungslänge steigt die Differenz zwischen diesen beiden Temperaturen immer stärker. Das kann insbesondere bei sehr großen Leitungsquerschnitten dazu führen, dass die Rohrwandtemperatur bereits vor Erreichen des Leitungsendes trotz scheinbar ausreichender Fluidtemperatur bis unter die Sättigungsgrenze abfällt und eine Kondensatbildung bewirkt. Diese kann langzeitig zu irreversiblen Schädigungen in Form von Thermoschockrissen führen.

Um eine Kondensatbildung am Ende der warmzuhaltenden Leitung mit Sicherheit zu vermeiden, muss die Warmhaltemenge m_F so bemessen sein, dass sich im Bereich der Ableitung eine Rohrwandtemperatur $t_{R,E}$ einstellt, welche noch geringfügig über der Sättigungstemperatur des jeweiligen Dampfdruckes $t_{F,S}$ liegt. Die Höhe dieser Temperatur ist u. a. von den Einsatzbedingungen des jeweiligen Leitungssystems abhängig. Sie ergibt sich aus der Berechnung der Thermoschockspannung beim plötzlichen Öffnen einer in Bereitschaft stehenden Armatur, z. B. einer Reduzierstation. Es wird deshalb empfohlen, bei der Auslegung der Warmhaltung die Rohrwandtemperatur im Bereich der Ableitung $t_{R,E}$ mindestens um $\Delta t_x = 30$ K über der Sättigungstemperatur des Warmhaltedampfes $t_{F,S}$ anzusetzen.

Der Temperaturabfall längs der Rohrwand infolge von Wärmebrücken, Abflachungen und Beschädigungen der Wärmedämmung wird durch die Betriebswärmeleitfähigkeit λ_B entsprechend Abschnitt 2.1.5 berücksichtigt, die sich von der Laborwärmeleitfähigkeit merkbar unterscheidet.

Wird die Warmhaltemenge über eine Drosselstelle abgeführt, so ist bei deren Auslegung zu beachten, dass bei Erreichen des kritischen Druckgefälles

$$\left(\frac{P_2}{P_1}\right)_{kr} = f(\kappa) = \left(\frac{2}{\kappa + 1}\right)^{\frac{\kappa}{\kappa - 1}} \qquad (1.7\text{-}1)$$

der Massenstrom ausschließlich durch die Dampfparameter vor der Drossel bestimmt wird. P_1 bezeichnet den Druck vor, P_2 nach der Drosselstelle. Eine kritische Entspannung liegt in fast allen Einsatzfällen vor.

Der Adiabatenexponent κ kann aus einschlägigen Tabellenwerken entnommen werden:

- Heißdampf mit $\kappa = 1{,}3$: $f(\kappa) = 0{,}546$
- Sattdampf mit $\kappa = 1{,}135$: $f(\kappa) = 0{,}577$
- Luft mit $\kappa = 1{,}4$: $f(\kappa) = 0{,}528$.

Druckverlustberechnungen sind nicht erforderlich, da der Druckverlust gegenüber dem Drosselverlust vernachlässigbar ist.

1.7.2 Berechnung

a) Berechnungsgang

Die Berechnung erfolgt nach [1.7-1] in Verbindung mit den zutreffenden Gleichungen für den Wärmedurchgang im Kapitel 2. Im folgenden sind die Berechnungsgleichungen zusammengefasst, welche zur Ermittlung der Warmhaltemenge und des Drosseldurchmessers erforderlich sind.

Die Bedeutung der Formelzeichen ist Tabelle 1.1-1 für die strömungstechnischen Größen und Abschnitt 2.1.1 für die wärmetechnischen Größen zu entnehmen.

- Dimensionslose Kenngröße B_B

$$B_B = \left(\frac{d_i}{L_S}\right)^{0,78} \left(\frac{k_R}{\lambda_D\, \pi}\right)^{0,22} \qquad (1.7\text{-}2)$$

Die Wärmeleitfähigkeit des Warmhaltedampfes λ_D sollte nicht mit der Wärmeleitfähigkeit λ_B der Dämmung verwechselt werden, die implizit im Wärmedurchgangskoeffizienten der Dämmung k_R enthalten ist.

- Wärmedurchgangskoeffizient für das gedämmte Rohr k_R entsprechend Abschnitt 2.1.6:

$$k_R = \frac{\pi}{\frac{1}{2\,\lambda_B} \ln \frac{D_D}{D_o} + \frac{1}{\alpha_a\, D_D}} \qquad (1.7\text{-}3)$$

- Betriebswärmeleitfähigkeit λ_B entsprechend Abschnitt 2.1.5.

- Äußere Wärmeübergangszahl α_a entsprechend Abschnitt 2.1.3.

- Warmhaltedampfmenge

$$m_F = \frac{k_R\, L_S}{B_T\, c_p} \qquad (1.7\text{-}4a)$$

Die Kenngröße B_T ist als Unbekannte in der Funktionsgleichung

$$\frac{\Delta t_{R,E}}{\Delta t_{R,A}} = \frac{e^{-B_T}}{1 + \frac{B_B}{0{,}033} B_T^{0{,}78}} \qquad (1.7\text{-}4b)$$

enthalten und durch Näherungsrechnung zu ermitteln.

Für die Berechnung von B_T sind Werte zwischen 0,01 und 3 anzusetzen.

- Zulässiger Rohrwandtemperaturabfall

$$\Delta t_{R,zul} = t_{R,A} - (t_{F,S} + \Delta t_x) \qquad (1.7\text{-}5a)$$

Entsprechend den Erläuterungen im Abschnitt 1.7.1 beträgt

$$\Delta t_x = t_{R,E} - t_{F,S} \geq 30\ \text{K} \qquad (1.7\text{-}5b)$$

- Temperaturquotient Rohrwand

Verhältnis der Temperaturdifferenzen zwischen Rohrwand am Ende der warmzuhaltenden Rohrleitung $t_{R,E}$ und der Umgebungstemperatur t_{UT}, sowie der

Rohrwand am Anfang der Rohrleitung $t_{R,A}$ und der Umgebungstemperatur:

$$\frac{\Delta t_{R,E}}{\Delta t_{R,A}} = \frac{t_{R,E} - t_{UT}}{t_{R,A} - t_{UT}} = 1 - \frac{\Delta t_{R,zul}}{t_{R,A} - t_{UT}} \tag{1.7-6}$$

- Temperaturquotient Dampf

  Das Verhältnis der Temperaturdifferenzen zwischen Dampf am Ende der warmzuhaltenden Rohrleitung $t_{F,E}$ und der Umgebungstemperatur t_{UT}, sowie des Dampfes am Anfang der Rohrleitung $t_{F,A}$ und der Umgebungstemperatur erfolgt mit Hilfe der Funktionsgleichung:

$$\frac{\Delta t_{F,E}}{\Delta t_{F,A}} = \frac{t_{F,E} - t_{UT}}{t_{F,A} - t_{UT}} = e^{-B_T} \tag{1.7-7}$$

  Die Zusammenhänge zwischen den einzelnen Temperaturquotienten und den Kenngrößen B_B und B_T können auch aus **Bild 1.7-1** abgelesen werden.

- Dampftemperatur am Ende des warmzuhaltenden Rohrabschnittes

$$t_{F,E} = t_{F,A} \frac{\Delta t_{F,E}}{\Delta t_{F,A}} + t_{UT} \left(1 - \frac{\Delta t_{F,E}}{\Delta t_{F,A}}\right) \tag{1.7-8}$$

- Druckverhältnis der Drosseleinrichtung P_2 / P_1 entsprechend Gl. (1.7-1).

- Geschwindigkeit in der Warmhaltedrossel

  Im engsten Querschnitt (Düse) tritt folgende Geschwindigkeit auf (z. B. nach [1.5-1]):

$$w_D = \psi \, \alpha_W \sqrt{2 \, P_1 \, v_1} \tag{1.7-9}$$

  Die Ausflussfunktion ψ ist aus **Tabelle 1.7-1** zu entnehmen.

  Die Ausflussziffer beträgt bei nur einer Drosselbohrung $\alpha_W = 0{,}7$, bei mehreren parallel angeordneten Bohrungen $\alpha_W = 0{,}6$.

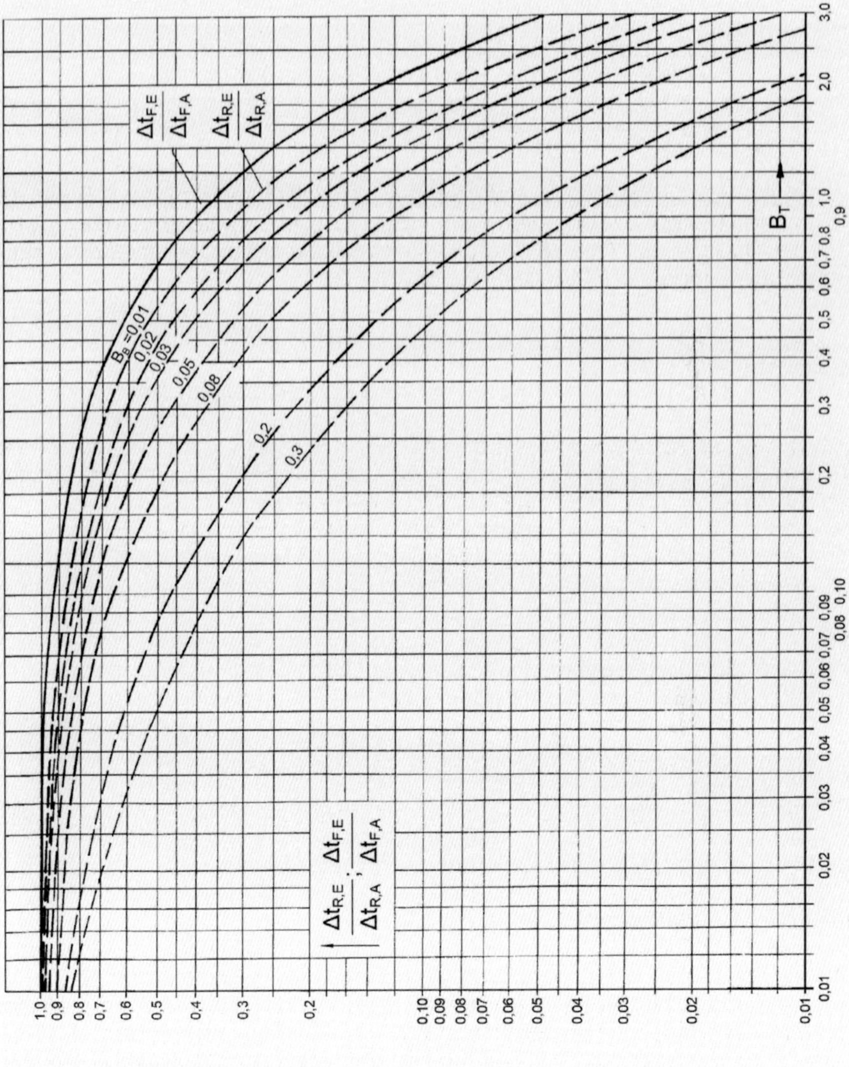

Bild 1.7-1: Bestimmung des Dampf- und Rohrwandtemperaturabfalls längs eines durchströmten Rohres nach [1.7-1]

Tabelle 1.7-1: Ausflussfunktion ψ für Heißdampf (κ = 1,3) in Abhängigkeit vom Druckverhältnis P_2 / P_1

P_2 / P_1	1	0,99	0,98	0,97	0,96	0,95	0,94	0,93	0,92	0,91	0,90
ψ	0	0,099	0,140	0,170	0,195	0,217	0,236	0,254	0,270	0,284	0,298
P_2 / P_1	0,89	0,88	0,87	0,86	0,85	0,84	0,83	0,82	0,80	0,78	0,76
ψ	0,310	0,322	0,333	0,343	0,352	0,362	0,370	0,378	0,393	0,406	0,418
P_2 / P_1	0,74	0,72	0,70	0,68	0,66	0,64	0,62	0,60	0,58	0,56	$\leq$0,546
ψ	0,428	0,437	0,445	0,452	0,457	0,462	0,466	0,469	0,471	0,472	0,472

- Durchmesser der Warmhaltedrossel

  Aus Gl. (1.3-1) in Verbindung mit w_D nach Gl. (1.7-9) ergibt sich:

$$d_D = \sqrt{\frac{4\ m_F}{\pi\ \rho_1\ w_F}} = \sqrt{\frac{4\ m_F}{\pi\ (1 / v_1)\ \psi\ \alpha_W\ \sqrt{2\ P_1\ v_1}}} = \sqrt{\frac{0{,}9\ m_F}{\psi\ \alpha_W\ \sqrt{P_1 / v_1}}} \qquad (1.7\text{-}10a)$$

Je nach Anordnung der Warmhaltedrossel können sich P_1 und v_1 auf den Anfang (Index A) oder das Ende (Index E) der warm zu haltenden Rohrleitung beziehen.

Bei unterkritischer Entspannung kann der Durchmesser der Warmhaltedrossel d_D über den nach Gl. (1.1-11c) zu ermittelnden k_v-Wert mit hinreichender Genauigkeit bestimmt werden:

$$d_D = \sqrt{\frac{120\ k_v}{\pi}} \quad \text{in mm} \qquad (1.7\text{-}10b)$$

Es ist zu beachten, dass k_v hierbei die Einheit m³/h hat.

b) Berechnungsbeispiel 1.7-1

Die vorzugsweise waagerecht verlaufenden Zuführungsleitungen zu den 4 Frischdampf-Sicherheitsventilen eines Kraftwerksblockes sollen warmgehalten werden. Am Ende der Rohrleitungen soll die Rohrwandtemperatur mindestens Δt_x = 70 K über der Sättigungstemperatur des Frischdampfes liegen. Die Warmhaltung soll aus dem Frischdampfsystem mit den Arbeitsparametern p_A = 139 bar und $t_{F,A}$ = 550 °C erfolgen.

Der Warmhaltedampf wird am Ende der 4 Zuführungsleitungen über eine gemeinsame Warmhaltedrossel auf den Turbinen-Hochdruck-Entwässerungsentspanner abgeleitet. Die gestreckte Länge jeder Rohrleitung mit den Abmessungen 219,1 x 25 (D_o = 219,1 mm; e_{ord} = 25 mm; d_i = 169,1 mm) beträgt L_S = 40 m. Die Wärmedämmung hat eine Dicke von 150 mm, d. h. einen Außendurchmesser von D_D = 519 mm. Die Betriebswärmeleitfähigkeit beträgt λ_B = 0,11 W/(m·K). Die Oberflächentemperatur soll 40 °C nicht übersteigen, als Umgebungstemperatur sind t_{UT} = 20 °C anzunehmen (Innenrohrleitungen). Die Ummantelung hat einen Farbanstrich, wobei Verschmutzungen auf der Oberfläche nicht auszuschließen sind.

Es sind

- die Warmhaltedampfmenge m_F
- die sich am Ende der Leitung einstellende Dampftemperatur $t_{F,E}$
- der Durchmesser der Warmhaltedrossel d_D

zu ermitteln. Bei der Berechnung ist davon auszugehen, dass alle vier SiV-Leitungsstränge baugleich ausgeführt sind, und die Warmhaltung aller vier Stränge über eine gemeinsame Warmhaltedrossel erfolgt.

- Temperaturdifferenz zwischen Dämmoberfläche und Umgebung nach Gl. (2.1-18):

  $$\Delta t_O = |t_O - t_{UT}| = |40 - 20| = 20 \text{ K}$$

- Äußere Wärmeübergangszahl durch Konvektion nach Gl. 2.1-4:

  $$\alpha_K = 3{,}3 \text{ W/(m}^2\cdot\text{K)}$$

- Strahlungszahl C_{12}:

  Da die Ummantelung mit einem Anstrich versehen ist und verschmutzt sein kann, wird der Strahlungskoeffizient entsprechend Abschnitt 2.1.3 mit dem ungünstigsten Wert C_{12} = 5,33 W/(m²K⁴) ermittelt.

- Wärmeübergangszahl durch Strahlung nach Gl. (2.1-12):

$$\alpha_S = C_{12}\left|\frac{(T_O/100)^4 - (T_{UT}/100)^4}{\Delta t_O}\right| = 5{,}33\left|\frac{\left[(40+273)/100\right]^4 - \left[(20+273)/100\right]^4}{20}\right|$$

$$= 5{,}94 \text{ W/(m}^2\cdot\text{K)}$$

- Äußere Gesamtwärmeübergangszahl nach Gl. (2.1-14):

$\alpha_a = \alpha_K + \alpha_S = 3{,}3 + 5{,}94 = 9{,}24\ \mathrm{W/(m^2 \cdot K)}$

- Wärmedurchgangszahl k_R nach Gl. (1.7-3):

$$k_R = \frac{\pi}{\frac{1}{2\,\lambda_B}\ln\frac{D_D}{D_o} + \frac{1}{\alpha_a\,D_D}} = \frac{\pi}{\frac{1}{2\cdot 0{,}11}\ln\frac{519}{219} + \frac{1}{9{,}24\cdot 0{,}519}} = 0{,}76\ \mathrm{W/m\cdot K}$$

- Wärmeleitfähigkeit des Dampfes bei P_A = 140 bar und t_A = 550 °C nach [1.4-1]:

$\lambda_D = 0{,}0852\ \mathrm{W/(m\cdot K)}$

- Dimensionslose Kenngröße B_B nach Gl. (1.7-2):

$$B_B = \left(\frac{d_i}{L_S}\right)^{0,78}\left(\frac{k_R}{\lambda_D\,\pi}\right)^{0,22} = \left(\frac{0{,}1691}{40}\right)^{0,78}\left(\frac{0{,}76}{0{,}0852\,\pi}\right)^{0,22} = 0{,}0177$$

- Sättigungstemperatur für P_A = 140 bar nach [1.4-1]:

$t_{F,S} = 337\ °\mathrm{C}$

- Zulässiger Rohrwandtemperaturabfall nach Gl. (1.7-5a) mit $t_{R,A} \approx t_{F,A}$:

$\Delta t_{R,zul} = t_{R,A} - (t_{F,S} + \Delta t_x) = 550 - (337 + 70) = 143\ \mathrm{K}$

- Temperaturquotient Rohrwand nach Gl. (1.7-6):

$$\frac{\Delta t_{R,E}}{\Delta t_{R,A}} = 1 - \frac{\Delta t_{R,zul}}{t_{R,A} - t_{UT}} = 1 - \frac{143}{550 - 20} = 0{,}73$$

- Dimensionslose Kenngröße B_T nach Gl. (1.7-4b):

Die Näherungsrechnung ergibt $B_T = 0{,}182 \approx 0{,}18$.

- Spezifische Wärme des Dampfes bei P_A = 140 bar und t_A = 550 °C nach [1.4-1]:

$c_p = 2666\ \mathrm{J/(kg\cdot K)}$

- Warmhaltemenge nach Gl. (1.7-4):

$$m_F = \frac{k_R\, L_S}{B_T\, c_p} = \frac{0{,}76 \cdot 40}{0{,}18 \cdot 2666} = 0{,}0633 \text{ kg/s} \triangleq 228 \text{ kg/h}$$

Da alle vier SiV-Leitungen über eine gemeinsame Drossel warmgehalten werden, ist die errechnete Menge mit vier zu multiplizieren, d. h. sie beträgt 0,253 kg/s bzw. 912 kg/h.

- Temperaturquotient Dampf $\Delta t_{F,E} / \Delta t_{F,A}$ nach Gl. (1.7-7):

$$\frac{\Delta t_{F,E}}{\Delta t_{F,A}} = \frac{t_{F,E} - t_{UT}}{t_{F,A} - t_{UT}} = e^{-B_T} = e^{-0{,}18} = 0{,}84$$

- Dampftemperatur am Ende der Leitung nach Gl. (1.7-8):

$$t_{F,E} = t_{F,A} \frac{\Delta t_{F,E}}{\Delta t_{F,A}} + t_{UT}\left(1 - \frac{\Delta t_{F,E}}{\Delta t_{F,A}}\right) = 550 \cdot 0{,}84 + 20\,(1 - 0{,}84) = 465\ °C$$

- Verhältnis der Drücke P_2 / P_1 nach und vor Warmhaltedrossel:

Da der Warmhaltedampf auf den Turbinenentwässerungsentspanner geführt wird, der im Vakuumbereich arbeitet, wird $P_2 = 1$ bar gesetzt. Da der Druckverlust vernachlässigbar ist, kann $P_1 \approx P_E \approx P_A = 140$ bar gesetzt werden. Das Druckverhältnis

$$P_2 / P_1 = 1 / 140 = 0{,}00714 < 0{,}546$$

ist kleiner als das kritische Druckverhältnis nach Gl. (1.7-1), d. h. es liegt kritische Entspannung vor.

- Ausflussfunktion nach Tabelle 1.7-1:

Für $P_2 / P_1 = 0{,}00714$ beträgt $\psi = \psi_{max} = 0{,}472$

- Spezifisches Dampfvolumen am Ende der Rohrleitung bei $P_E \approx 140$ bar und $t_{F,E} = 465$ °C, ermittelt nach [1.4-1]:

$$v_E = v_1 = 0{,}0208 \text{ m}^3/\text{kg}$$

- Ausflussziffer gemäß Erläuterungen zu Gl. (1.7-9):

$\alpha_W = 0{,}7$, da nur eine Bohrung für die Drosselscheibe vorgesehen ist.

- Durchmesser der Warmhaltedrossel nach Gl. (1.7-10a)

$$d_D = \sqrt{\frac{0{,}9\ m_F}{\psi\ \alpha_W \sqrt{P_1 / v_1}}} = \sqrt{\frac{0{,}9 \cdot 0{,}253}{0{,}472 \cdot 0{,}7\sqrt{140 \cdot 10^5 / 0{,}0208}}}$$

$$= 0{,}00515\ \text{m} \triangleq 5{,}15\ \text{mm}$$

Ausgeführt wird die Drosselbohrung mit $d_D = 5{,}5$ mm

1.8 Berechnung von Dampfabblaseleitungen

1.8.1 Grundlagen

Ist einem Sicherheitsventil (SiV) eine Abblaseleitung nachgeschaltet, baut sich beim Abblasen in Abhängigkeit von den Druckverlusten ein Gegendruck am Austrittsstutzen des SiV auf. Er wird als Eigengegendruck bezeichnet und wirkt prinzipiell in Schließrichtung des Sicherheitsventils. Wird die Abblaseleitung hingegen auf ein nachgeschaltetes Drucksystem geführt, so wird am Austrittsstutzen des SiV zusätzlich ein Fremdgegendruck wirksam, der je nach Arbeitsweise des Drucksystems konstant oder veränderlich sein kann.

Für die Bemessung einer Abblaseleitung ist maßgebend, dass der am Austrittsstutzen des SiV bei maximaler Abblaseleistung vorhandene Eigengegendruck den zulässigen Gegendruck des Sicherheitsventils nicht überschreitet. Ist diese Voraussetzung nicht erfüllt, kann dies zu einer Verminderung der Abblaseleistung und/oder zum Flattern des Sicherheitsventils führen.

Zur Ermittlung des Eigengegendrucks muss zunächst der Druck an der Mündung der Abblaseleitung berechnet werden. Während beim Abblasen von Flüssigkeiten auf ein druckloses System oder ins Freie an der Mündung der Abblaseleitung Atmosphärendruck herrscht, kann sich bei starker Expansion von Gasen und Dämpfen ein kritischer Strömungszustand mit einem Mündungsdruck P_E einstellen, der größer als der Umgebungsdruck P_U ist, d. h. $P_E > P_U$. Das kann bedingen, dass die Abblaseleistung, also der erforderliche Massenstrom des Sicherheitsventils am Mündungsquerschnitt nicht erreicht wird, weil die dort herrschende Dichte unter derjenigen für den Umgebungsdruck $P_U = 1$ bar liegt. Ein solcher Zustand sollte allerdings aus Lärmschutzgründen durch eine entsprechende Bemessung der Abblaseleitung ausgeschlossen werden.

Ein kritischer Strömungszustand liegt vor, wenn die Machzahl

$$Ma = w_E / a = 1 \quad (1.8\text{-}1)$$

ist, d. h. die Strömungsgeschwindigkeit w_E ist an der Mündung gleich der Schallgeschwindigkeit a. Diese beträgt:

- Heißdampf: $a = 333 \sqrt{P_E v_E}$ (1.8-2a)
- Sattdampf: $a = 323 \sqrt{P_E v_E}$ (1.8-2b)

P_E und v_E beziehen sich auf den Zustand an der Mündung der Abblaseleitung.

Der sich einstellende Mündungsdruck P_E errechnet sich nach [1.8-1] aus der Gleichung:

$$\frac{P_E}{P_1} = 1{,}1\, \alpha_W \frac{A_o}{A_E} \left(\frac{2}{\kappa + 1}\right)^{\frac{\kappa}{\kappa - 1}} \quad (1.8\text{-}3)$$

P_1	- Ansprechdruck des Sicherheitsventils
A_o	- Sitzquerschnittsfläche des Sicherheitsventils
$A_E \geq A_o$	- Mündungsquerschnitt der Abblaseleitung

Ist der nach Gl. (1.8-3) errechnete Wert von $P_E < P_U = 1$ bar, liegt keine kritische Entspannung vor, so dass mit einem Druck von $P_E = P_U = 1$ bar zu rechnen ist. Gleiches gilt sinngemäß bei kritischer Entspannung mit $P_E = P_U = 1$ bar. Ergibt hingegen Gl. (1.8-3) $P_E > P_U = 1$ bar, ist mit Nachexpansionen an der Mündung zu rechnen, was erhebliche Lärmbelästigung bedingt. In diesem Fall sollte die Abblaseleitung vergrößert werden, damit zumindest $P_E = P_U = 1$ bar eingehalten ist.

Mündet die Abblaseleitung in ein Gegendrucksystem, so ist als Mündungsdruck der Druck des nachgeschalteten Systems einzusetzen. Bei Anschluss eines Schalldämpfers ist $P_E > P_U = 1$ bar ausgeschlossen. Einzelheiten zur Berechnung siehe Abschnitt 15.4.

Der Eigengegendruck wird gemäß [1.8-1] je nach Druckverhältnis mit unterschiedlichen Gleichungen ermittelt.

1.8.2 Kritische Geschwindigkeit an der Mündung

Ist $P_E > P_U = 1$ bar errechnet sich der Eigengegendruck P_{ae} zu:

$$P_{ae} = P_1 \, B_Z \sqrt{1 + \left(\frac{\lambda_R \, L_S}{d_i} + \sum \zeta \right) \kappa} \qquad (1.8\text{-}4)$$

Substitutionsglied:

$$B_Z = \psi \, \alpha_W \, \frac{A_o}{A_E} \sqrt{\frac{2}{\kappa}} \qquad (1.8\text{-}5)$$

Ausflussfunktion für kompressible Strömung bei kritischer Entspannung:

$$\psi = \psi_{max} = \sqrt{\frac{\kappa}{\kappa + 1}} \left(\frac{2}{\kappa + 1} \right)^{\frac{\kappa}{\kappa - 1}} \qquad (1.8\text{-}6)$$

L_S bedeutet die gestreckte Rohrlänge eines Abschnittes der Abblaseleitung mit dem Innendurchmesser d_i und der zugehörigen Rohrreibungszahl λ_R.

Das spezifische Volumen des Dampfes v_E bezieht sich auf die Mündung der Abblaseleitung, wobei der Temperaturabfall beim Drosseln zu berücksichtigen ist.

Ist der zulässige Eigengegendruck bekannt, so kann man die mögliche gestreckte Länge der geraden Rohrabschnitte einer Abblaseleitung durch Umstellen von Gl. (1.8-4) ermitteln:

$$\frac{\lambda_R \, L_S}{d_i} = \frac{1}{\kappa \, B_Z^2} \left(\frac{P_{ae}}{P_1} \right)^2 - \frac{1}{\kappa} - \sum \zeta \qquad (1.8\text{-}7)$$

1.8.3 Unterkritische Geschwindigkeit an der Mündung

Ist $P_E \leq P_U = 1$ bar errechnet sich der Eigengegendruck zu:

$$P_{ae} = P_1 \sqrt{\left(\frac{\lambda_R \, L_S}{d_i} + \sum \zeta \right) \kappa \, B_Z^2 + \left(\frac{P_{ie}}{P_1} \right)^2} \qquad (1.8\text{-}8)$$

P_{ie} bedeutet den Fremdgegendruck. Bei Abblaseleitungen, die ins Freie münden, entspricht dem der Atmosphärendruck P_U.

Die mögliche Gesamtlänge der geraden Rohrabschnitte ergibt sich durch Umstellen von Gl. (1.8-8) zu:

$$\frac{\lambda_R L_S}{d_i} = \frac{1}{\kappa B_Z^2}\left[\left(\frac{P_{ae}}{P_1}\right)^2 - \left(\frac{P_{ie}}{P_1}\right)^2\right] - \sum\zeta \qquad (1.8\text{-}9)$$

Die Ermittlung des Eigengegendruckes und des zulässigen Widerstandsbeiwertes kann auch mit Hilfe von Diagrammen erfolgen, die von verschiedenen Sicherheitsventil-Herstellern auf der Grundlage von Versuchen aufgestellt wurden. Sie sind für Planungszwecke meist hinreichend genau und ersparen aufwändige Berechnungen.

Hat eine Abblaseleitung unterschiedliche Querschnitte (**Bild 1.8-1**), sind die Eigengegendrücke (z. B. P_{ae1} bis P_{ae4}) abschnittsweise zu ermitteln, beginnend an der Abblasemündung rückwärts bis zum Austritt Sicherheitsventil. So lassen sich z. B. bei einem Mündungsdruck $P_E = P_U = 1$ bar die Eigengegendrücke nach Bild 1.8-1 bei sinngemäßer Anwendung von Gl. (1.8-8) mit folgenden Einzelgleichungen berechnen:

$$P_{ae1} = P_1 \sqrt{\left(\frac{\lambda_{R1} L_{S1}}{d_{i1}} + \sum\zeta_1\right)\kappa B_Z^2 + \left(\frac{P_{ie}}{P_1}\right)^2} \qquad (1.8\text{-}10a)$$

$$P_{ae2} = P_1 \sqrt{\left(\frac{\lambda_{R2} L_{S2}}{d_{i2}} + \sum\zeta_2\right)\kappa B_Z^2 + \left(\frac{P_{ae1}}{P_1}\right)^2} \qquad (1.8\text{-}10b)$$

$$P_{ae3} = P_1 \sqrt{\left(\frac{\lambda_{R3} L_{S3}}{d_{i3}} + \sum\zeta_3\right)\kappa B_Z^2 + \left(\frac{P_{ae2}}{P_1}\right)^2} \qquad (1.8\text{-}10c)$$

$$P_{ae4} = P_1 \sqrt{\left(\frac{\lambda_{R4} L_{S4}}{d_{i4}} + \sum\zeta_4\right)\kappa B_Z^2 + \left(\frac{P_{ae3}}{P_1}\right)^2} \qquad (1.8\text{-}10d)$$

P_{ae4} stellt den Eigengegendruck am Ventilaustritt dar.

Weitere praktische Gesichtspunkte zur Auslegung von Abblasesystemen werden im Kapitel 15 behandelt.

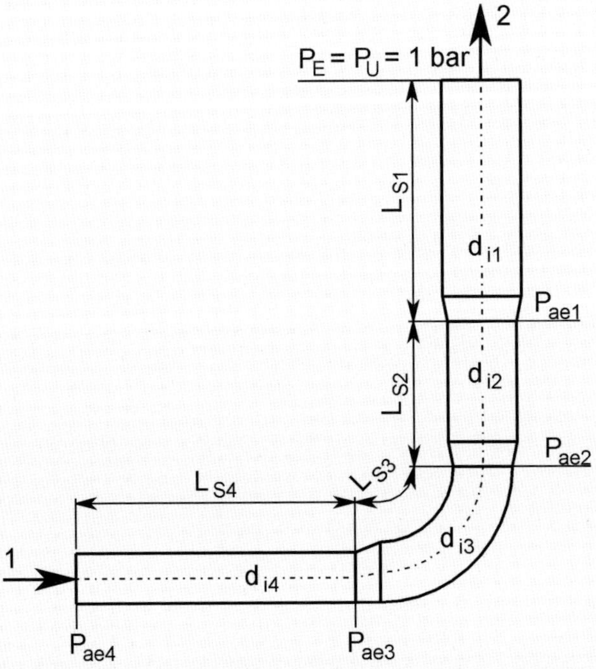

Bild 1.8-1: Druckverlauf in einer Einzelabblaseleitung mit Rohrstrecken unterschiedlichen Durchmessers (1 – vom Sicherheitsventil; 2 – Abblasemündung in die Atmosphäre)

2. Berechnung der Wärme- und Temperaturverluste

2.1 Berechnungsgrundlagen

2.1.1 Formelzeichen, Begriffe

a) Formelzeichen

Allgemein gültige Formelzeichen: Tabelle 0.1-1

Spezielle Formelzeichen der Wärmetechnik: **Tabelle 2.1-1**

Erläuterung der Maße: **Bild 2.1-1**. D_o ist mit D_S nach Tabelle 0.1-2 identisch.

b) Begriffe

Als Wärmedurchgang wird die Wärmeübertragung zwischen Flüssigkeiten oder Gasen durch einen Körper bezeichnet. Der Wärmefluss erfolgt von der warmen zur kalten Seite. Nach der Richtung des Wärmeflusses unterscheidet man zwischen Wärme- und Kältedämmung (**Bild 2.1-2**), verbunden mit Wärmeverlusten oder Wärmeeinträgen.

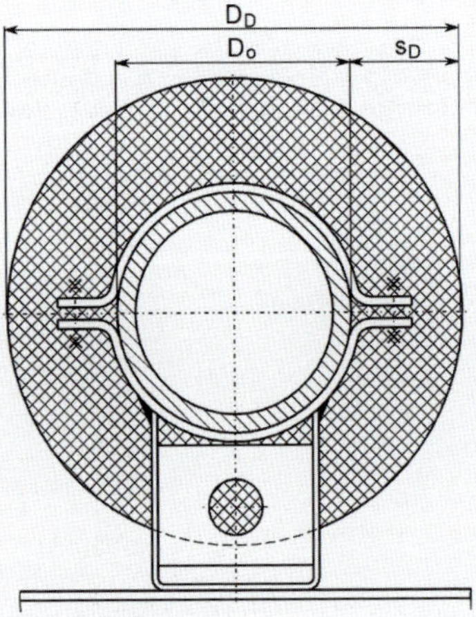

Bild 2.1-1: Maße gedämmter Rohrleitungen

Tabelle 2.1-1: Formelzeichen zur Berechnung der Wärme- und Temperaturverluste

Formelzeichen	Einheit		Bezeichnung	
	SI-kohärent	allgemein		
c_p	J/(kg·K)	J/(kg·K)	spezifische Wärmekapazität, für Gase bei konstantem Druck	
C_{12}	$W/(m^2 \cdot K^4)$	$W/(m^2 \cdot K^4)$	Strahlungskoeffizient	
k	$W/(m^2 \cdot K)$	$W/(m^2 \cdot K)$	Wärmedurchgangskoeffizient	allgemein
k_P				einer ebenen Fläche (Platte)
$k_{W,O}$				eines Einbauteils, bezogen auf die Oberfläche
k_W	W/(m·K)	W/(m·K)	dito, längenbezogen	eines Einbauteils, bezogen auf Einbaulänge
k_R				eines Rohres oder Kanals
K_N	-	-	Faktor für praktische Wärmeleitfähigkeit	
K_{WH}	-	-	Faktor für Einbauten und Rohrhalterungen	
K_{TS}	-	-	Faktor für Trag- und Stützkonstruktionen	
L_W	m	mm	Länge Einbauteil, zuzüglich Abstand für Instandhaltung	
L_S	m	mm	durchgemessene Rohrleitungslänge	
$L_ä$	m	mm	äquivalente Rohrlänge eines Einbauteils (Wärmebrücke)	
m_F	kg/s	kg/h	Massenstrom	
M_F	kg/m	kg/m	Masse, bezogen auf Rohrlänge	eingeschlossene Flüssigkeit
M_R	kg/m	kg/m		Rohr
s_D	m	mm	Dämmschichtdicke	allgemein, z. B. Rohr oder Kanal
s_{DW}	m	mm		Einbauteil
t_O	-	°C	Temperatur an der Oberfläche Dämmung oder Rohr	
Δt_O	K	°C	Übertemperatur der Oberfläche gegenüber der Umgebung	

Tabelle 2.1-1: Fortsetzung

Formelzeichen	Einheit SI-kohärent	Einheit allgemein	Bezeichnung	
R	$m^2 \cdot K/W$	$m^2 \cdot K/W$	Wärmedurchgangswiderstand	allgemein
R_P				einer ebenen Fläche (Platte)
R_R	$m \cdot K/W$	$m \cdot K/W$	dito, längenbezogen	eines Rohres oder Kanals
U_m	m	mm	mittlerer Umfang eines Rechteckkanals	
$V_{R,ges}$	W	kW	Wärmeleistung (Verlustleistung)	
W_F	W/m	W/m	Speicherwärme, bezogen auf Rohrlänge	eingeschlossene Flüssigkeit
W_R	W/m	W/m		Rohr
Z_E	s	h	Abkühlzeit einer Wasserleitung bis zum Einfrieren	
z	-	-	Zuschlagswert für anlagenbedingte Wärmebrücken	
α_a	$W/(m^2 \cdot K)$	$W/(m^2 \cdot K)$	Wärmeübergangszahl	äußere gesamt (Dämmung / Umgebung)
α_i	$W/(m^2 \cdot K)$	$W/(m^2 \cdot K)$		innere (Fluid / Rohr)
α_K	$W/(m^2 \cdot K)$	$W/(m^2 \cdot K)$		äußere durch Konvektion
α_S	$W/(m^2 \cdot K)$	$W/(m^2 \cdot K)$		äußere durch Strahlung
λ_B	$W/(m \cdot K)$	$W/(m \cdot K)$	Wärmeleitfähigkeit	Betrieb
λ_N	$W/(m \cdot K)$	$W/(m \cdot K)$		Nennwert
λ_{Pr}	$W/(m \cdot K)$	$W/(m \cdot K)$		praktische
$\Delta\lambda_{TS}$	$W/(m \cdot K)$	$W/(m \cdot K)$		Zuschlag für Trag- und Stützkonstruktionen
ϕ_P	W/m^2	W/m^2	Wärmestromdichte, bezogen auf	ebene Fläche
ϕ_R	W/m^2	W/m^2		Ummantelungsumfang Rohr
Φ_P, Φ_R	W/m	W/m	Wärmestrom, bezogen auf Kanal oder Rohrlänge	

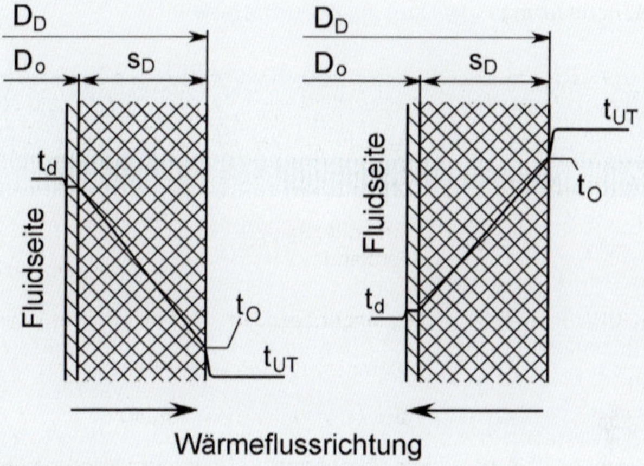

Bild 2.1-2: Temperaturverlauf beim Wärmedurchgang durch die Rohrwand
links: Wärmedämmung ($t_d > t_{UT}$); rechts: Kältedämmung ($t_d < t_{UT}$)

Wärmeverluste oder Wärmeeinträge entstehen durch Wärmeleitung, Konvektion und Wärmestrahlung. Meist treten zwei oder alle drei Arten gemeinsam auf, sie unterliegen jedoch verschiedenen Gesetzmäßigkeiten.

Hinsichtlich der physikalischen Zusammenhänge und Berechnungsgleichungen wird auf DIN EN ISO 12241 und VDI 2055 Blatt 1 verwiesen. Die hierin enthaltenen allgemeingültigen Festlegungen sind in den folgenden Abschnitten berücksichtigt, ohne dass an jeder Stelle hierauf hingewiesen wird.

Für die Überprüfung der Eigenschaften von Dämmstoffen oder von kompletten Dämmsystemen gelten VDI 2055 Blatt 2 und Blatt 3.

2.1.2 Auslegungsbedingungen

a) Fluidtemperatur

Für die Bemessung der Dämmung ist die Auslegungstemperatur t_d entsprechend Abschnitt 0.2.4 maßgebend. Sinngemäß das Gleiche gilt für die Berechnung der Wärmeverluste oder Wärmeeinträge.

b) Umgebungstemperatur bei Außenanlagen

Im Gebiet der BRD sind entsprechend Abschnitt 0.1.3 folgende Umgebungstemperaturen t_{UT} zugrunde zu legen:

- Tiefstwert t_{UT} = -20 °C
- Höchstwert bei direkter Sonneneinstrahlung t_{UT} = 60 °C
- dito bei ständiger Abschattung t_{UT} = 40 °C

Je nach Wärmefluss können die höchsten oder niedrigsten Werte zur Bemessung der Dämmung maßgebend sein.

Bei Auslegungstemperaturen zwischen diesen Grenzwerten kann sich der Wärmefluss vom Sommer zum Winter umkehren. Beispielsweise tritt bei einer Kaltwasserleitung mit einer Auslegungstemperatur von 10 °C im Sommer ein Wärmeeintrag, im Winter ein Wärmeverlust auf.

c) Umgebungstemperatur bei Innenanlagen

Bei Innenanlagen wird mit einem Mittelwert von t_{UT} = 20 °C gerechnet.

d) Windgeschwindigkeit

Mittlere Windgeschwindigkeiten w_{Lo} in Abhängigkeit von der Windzone siehe Tabelle 0.3-1. Sie gelten für eine Höhe von 10 m über Geländeniveau in Geländekategorie II (ebenes offenes Gelände). Umrechnung auf andere Geländeverhältnisse und Höhen H_L entsprechend DIN EN 1991-1-4/NA:

$$H_L > H_{L,min} \qquad w_L = K_L\, w_{Lo} \left(\frac{H_L}{10\ \text{m}}\right)^{\beta} \tag{2.1-1a}$$

$$H_L \leq H_{L,min} \qquad w_L = K_{L,min}\, w_{Lo} \tag{2.1-1b}$$

H_L bedeutet die Höhe der Rohrleitung über Geländeniveau. Die Koeffizienten K_L und die Exponenten β sind in Abhängigkeit von der Geländekategorie aus **Tabelle 2.1-2** zu entnehmen, desgleichen $H_{L,min}$ und $K_{L,min}$.

Bei der Dimensionierung der Dämmung von freiliegenden Rohrleitungen, die dem vollen Windeinfluss ausgesetzt sind, sollte in Anbetracht steigender Energiepreise von den Windgeschwindigkeiten entsprechend Gl. (2.1-1) ausgegangen werden.

Für Rohrleitungen, die weitgehend im Windschatten liegen, kann hingegen ein Durchschnittswert von w_L = 5 m/s angesetzt werden. Dieser Wert wird häufig

Tabelle 2.1-2: Koeffizienten und Exponenten zur Errechnung der Windgeschwindigkeit

Geländekategorie		K_L	β	$H_{L,min}$	$K_{L,min}$
I	flaches Gelände, z. B. Seen, Ebenen von ≥ 5 km Ausdehnung	1,18	0,12	2	0,97
II	ebenes offenes Gelände mit einzelnen Bäumen, Gehöften, Hecken	1	0,16	4	0,86
III	Vorstädte, Industrie- und Gewerbegebiete, Wälder	0,77	0,22	8	0,73
IV	Städte, bei denen ≥ 15 % der Fläche Gebäudehöhen > 15 m aufweisen	0,56	0,3	16	0,64

allgemein zur Dimensionierung von Dämmungen in Freianlagen benutzt, da erhöhte Windgeschwindigkeiten nur im Ausnahmefall mit den tiefsten bzw. höchsten Umgebungstemperaturen entsprechend Buchstabe b zusammenfallen.

Sind Windeinflüsse durch die Art der baulichen Anordnung ausgeschlossen, gelten die Bedingungen wie bei Innenanlagen, jedoch unter Berücksichtigung der Umgebungstemperaturen von Außenanlagen.

e) Durchmesser

Der in den Berechnungsformeln enthaltene Außendurchmesser der Dämmung D_D entspricht dem Ummantelungsdurchmesser. Bei ungedämmten Rohrleitungen ist in den Berechnungsgleichungen anstelle von D_D der Außendurchmesser des Rohres D_o einzusetzen.

2.1.3 Wärmeübergangszahlen

a) Innere Wärmeübergangszahl infolge Konvektion

Richtwerte nach [2.1-1] und anderen Quellen:

- Wasser α_i = 3000 bis 6000 W/(m²·K)
- kondensierender Dampf α_i = 2000 bis 5000 W/(m²·K)
- Heißdampf α_i = 1000 bis 5000 W/(m²·K)
- Heizöl α_i = 8 bis 100 W/(m²·K)

b) Äußere Wärmeübergangszahl infolge Konvektion bei ruhender Luft

Die äußeren Wärmeübergangszahlen sind abhängig von der Übertemperatur Δt_O entsprechend Abschnitt 2.1.4. Sie gelten gemäß DIN EN ISO 12241 für $\Delta t_O < 100$ K. Des Weiteren ist zu unterscheiden in

laminare Luftströmung: $$D_D^3\,\Delta t_O \leq 10\ \mathrm{m^3K} \tag{2.1-2a}$$

turbulente Luftströmung: $$D_D^3\,\Delta t_O > 10\ \mathrm{m^3K} \tag{2.1-2b}$$

- Waagerechte Rohrleitung, laminare Luftströmung

$$\alpha_K = 1{,}25\ \sqrt[4]{\frac{\Delta t_O}{D_D}} \tag{2.1-3}$$

- Waagerechte Rohrleitung, turbulente Luftströmung

$$\alpha_K = 1{,}21\ \sqrt[3]{\Delta t_O} \tag{2.1-4}$$

- Senkrechte Rohrleitung, laminare Luftströmung

$$\alpha_K = 1{,}32\ \sqrt[4]{\frac{\Delta t_O}{D_D}} \tag{2.1-5}$$

- Senkrechte Rohrleitung, turbulente Luftströmung

$$\alpha_K = 1{,}74\ \sqrt[3]{\Delta t_O} \tag{2.1-6}$$

Die in VDI 2055 Blatt 1 angegebenen Formeln sind die gleichen bzw. weichen nur unwesentlich hiervon ab. Die Grenze zwischen laminar und turbulent ist allerdings mit 1 $\mathrm{m^3K}$ angegeben, was offensichtlich ein Versehen ist; denn in der Literatur, gleichfalls auch im Anhang A10 von VDI 2055 Blatt 1, wird die Grenze zwischen laminar und turbulent wie folgt definiert (Ra - Raleigh-Zahl, Gr - Grashof-Zahl):

$$Ra = Pr\ Gr = Pr\,\frac{g\ D_D^3\ \Delta t_O}{\nu_{UT}^2\ T_{UT}} = Pr\,\frac{g\ \rho_{UT}^2\ D_D^3\ \Delta t_O}{\eta_{UT}^2\ T_{UT}} = 10^9 \tag{2.1-7}$$

Für Luft zwischen 0 °C und 50 °C beträgt die Prandtl-Zahl $Pr = 0{,}7$, so dass sich mit den Stoffwerten für $t_{UT} = 20$ °C diese Grenze zu

$$D_D^3\ \Delta t_O = \frac{10^9\ \eta_{UT}^2\ T_{UT}}{Pr\ g\ \rho_{UT}^2} = \frac{10^9 \cdot 18{,}17^2 \cdot 10^{-12} \cdot 293}{0{,}7 \cdot 9{,}81 \cdot 1{,}189^2}$$

$$= 9{,}96\ \mathrm{m^3K} \approx 10\ \mathrm{m^3K} \tag{2.1-2c}$$

ergibt.

Des Weiteren wird in VDI 2055 Blatt 1 bei den senkrechten Rohrleitungen der Unterschied zwischen laminarer und turbulenter Luftströmung vernachlässigt.

c) Äußere Wärmeübergangszahl infolge Konvektion bei bewegter Luft

Theoretisch ist zwischen laminarer ($D_D\ w_L \leq 0{,}00855\ m^2/s$) und turbulenter Strömung ($D_D\ w_L > 0{,}00855\ m^2/s$) zu unterscheiden. Der Bereich der laminaren Luftströmung ist in der Praxis aber ohne Bedeutung. Beispielsweise liegt bei $w_L = 1$ m/s die Grenze für den laminaren Bereich bei $D_D \approx 9$ mm, bei $w_L = 0{,}1$ m/s bei $D_D \approx 86$ mm.

Berechnungsformeln für Rohrleitungen nach verschiedenen Quellen:

- Gebrauchsformel [2.1-1], [2.1-2]:

  $$\alpha_K = 4{,}13\,\frac{w_L^{0,8}}{D_D^{0,2}} \qquad (2.1\text{-}8)$$

  Die Gleichung unterscheidet nicht zwischen laminarer und turbulenter Strömung, was im technisch wichtigen Anwendungsbereich ohne Belang ist. Die α_K-Werte liegen etwas niedriger als nach VDI 2055 Blatt 1 (siehe Vergleich in **Tabelle 2.1-3**). Trotzdem wird diese Gebrauchsformel bisweilen noch zur Dimensionierung von Dämmungen verwendet.

- Überschlagsformel, z. B. nach [2.1-3]:

  $$\alpha_K = 2 + 12\,\sqrt{w_L} \qquad (2.1\text{-}9)$$

  Es wird ebenfalls nicht zwischen laminarer und turbulenter Strömung unterschieden. Zusätzlich fehlt der Bezug auf den Außendurchmesser der Dämmung. Die α_K-Werte weichen daher merkbar von denen nach VDI 2055 Blatt 1 ab (Tabelle 2.1-3).

- VDI 2055 Blatt 1

  laminar: $$\alpha_K = \frac{0{,}0081}{D_D} + 3{,}14\,\sqrt{\frac{w_L}{D_D}} \qquad (2.1\text{-}10a)$$

  turbulent: $$\alpha_K = 2\,w_L + 3\,\sqrt{\frac{w_L}{D_D}} \qquad (2.1\text{-}10b)$$

  Gl. (2.1-10b) wird für wärmetechnische Berechnungen bevorzugt verwendet. Die Gleichung für laminare Strömungen hat hingegen aus o. g. Gründen in der Praxis kaum einen Anwendungsbereich.

Tabelle 2.1-3: Vergleich der äußeren Wärmeübergangskoeffizienten α_K für bewegte Luft, errechnet nach verschiedenen Quellen

Formel und Quelle	α_K in W/(m²·K) bei Dämmdurchmesser D_D		
	1 m	0,5 m	0,1 m
Luftgeschwindigkeit 10 m/s			
Gebrauchsformel, Gl. (2.1-8)	26,1	29,9	41,3
Gebrauchsformel, Gl. (2.1-9)		39,9	
VDI 2055 Blatt 1, Gl. (2.1-10b)	29,5	33,4	50
DIN EN ISO 12241, Gl. (2.1-11)	70,7	75,8	89
Luftgeschwindigkeit 5 m/s			
Gebrauchsformel, Gl. (2.1-8)	15	17,2	23,7
Gebrauchsformel, Gl. (2.1-9)		28,8	
VDI 2055 Blatt 1, Gl. (2.1-10b)	16,7	19,5	31,2
DIN EN ISO 12241, Gl. (2.1-11)	37,9	40,6	47,7
Luftgeschwindigkeit 1 m/s			
Gebrauchsformel, Gl. (2.1-8)	4,1	4,7	6,5
Gebrauchsformel, Gl. (2.1-9)		14	
VDI 2055 Blatt 1, Gl. (2.1-10b)	5	6,2	11,5
DIN EN ISO 12241, Gl. (2.1-11)	8,9	9,5	11,2

- DIN EN ISO 12241

  laminar: entsprechend Gl. (2.1-10a)

  turbulent: $$\alpha_K = 8{,}9\,\frac{w_L^{0,9}}{D_D^{0,1}} \qquad (2.1\text{-}11)$$

  Die hiernach ermittelten α_K-Werte sind für den technisch wichtigen turbulenten Bereich unrealistisch, von wenigen Ausnahmen abgesehen (siehe Tabelle 2.1-3).

d) Äußere Wärmeübergangszahl infolge Strahlung

Für den Strahlungsaustausch zwischen der Oberflächentemperatur der Dämmung und der Umgebungsluft gilt:

$$\alpha_S = C_{12}\left|\frac{(T_O / 100)^4 - (T_{UT} / 100)^4}{\Delta t_O}\right| \qquad (2.1\text{-}12)$$

Für Übertemperaturen $\Delta t_O \leq 200$ K besteht folgende Näherung:

$$\alpha_S \approx 4 \cdot 10^{-8}\, C_{12} \left(\frac{t_O + t_{UT}}{2} + 273 \right)^3 = 0{,}5 \cdot 10^{-8}\, C_{12}\, (T_O + T_{UT})^3 \qquad (2.1\text{-}13)$$

Der Strahlungskoeffizient C_{12} ist aus **Tabelle 2.1-4** zu entnehmen. Für reale Bedingungen muss mit einer verstaubten und/oder oxidierten Oberfläche gerechnet werden.

e) Äußere Gesamt-Wärmeübergangszahl

Sie setzt sich aus dem Konvektions- und Strahlungsanteil zusammen:

$$\alpha_a = \alpha_K + \alpha_S \qquad (2.1\text{-}14)$$

Tabelle 2.1-4: Strahlungskoeffizient C_{12} verschiedener Oberflächen von Dämmsystemen bei Temperaturen zwischen 0 und 200 °C sowie Koeffizienten für Näherungsrechnungen (Angaben nach DIN EN ISO 12241)

Oberfläche			Strahlungskoeffizient C_{12} in $W/(m^2 \cdot K^4)$	Koeffizient für Näherungsrechnung	
				C_H	C_V
Aluminiumfolie, blank			0,28	2,5	2,7
Aluminiumblech	walzblank		0,28	2,5	2,7
	oxidiert		0,74	3,1	3,3
Stahlblech	unlegiert, verzinkt	blank	1,47	4	4,2
		verstaubt	2,49	5,3	5,5
	nichtrostend, austenitisch		0,85	3,2	3,4
Aluminium-Zink-Blech	glatt poliert		0,9	-	-
	dito, leicht oxidiert		1,02	3,4	3,6
nichtmetallische Oberflächen, z. B.	farbbeschichtetes Blech		5,33	8,5	8,7
	Schaumglas				
	synthetischer Kautschuk				
	Elastomerschaumstoff				
	Kunststoffummantelung				

Bei niedrigen Luftgeschwindigkeiten von $w_L < 1$ m/s ist zu überprüfen, ob nicht die äußere Wärmeübergangszahl infolge Konvektion bei ruhender Luft (siehe Buchstabe b) höhere α_K-Werte ergibt.

DIN EN ISO 12241 und VDI 2055 Blatt 1 enthalten für ruhende Luft zusätzlich folgende Näherungen:

- Waagerechte Rohrleitungen (D_D = 0,25 bis 1 m)

$$\alpha_a = C_H + 0{,}05\ \Delta t_O \qquad (2.1\text{-}15)$$

- Senkrechte Rohrleitungen

$$\alpha_a = C_V + 0{,}09\ \Delta t_O \qquad (2.1\text{-}16)$$

Die Koeffizienten C_H und C_V sind in Tabelle 2.1-4 enthalten.

Des Weiteren sind für grobe Abschätzungen in VDI 2055 Blatt 1 folgende Werte angegeben:

Freianlagen: $\alpha_a = 20\ \text{W/(m}^2\cdot\text{K)}$

Innenräume: $\alpha_a = 4$ bis $10\ \text{W/(m}^2\cdot\text{K)}$

2.1.4 Oberflächentemperatur, Über- und Untertemperatur

a) Oberflächentemperatur

Zur Bestimmung der äußeren Wärmeübergangszahl α_a muss die Oberflächentemperatur t_O bekannt sein. Für ungedämmte Rohrleitungen entspricht sie der Auslegungstemperatur, d. h. $t_O \approx t_d$. Bei gedämmten Rohrleitungen ist sie aber implizit im Wärmestrom Φ_R enthalten (siehe Abschnitt 2.2). Sie muss daher zunächst geschätzt und hiernach schrittweise entsprechend Gl. (2.1-17) korrigiert werden:

$$t_O = \frac{\Phi_R}{\pi\ \alpha_a\ D_D} + t_{UT} \qquad (2.1\text{-}17)$$

Bei Wärmedämmungen ist $\Phi_R > 0$, bei Kältedämmungen $\Phi_R < 0$.

Richtwerte für die erste Schätzung:

- Wärmedämmung, Innenräume $t_O \approx t_{UT} + 20$ bis 25 K
- Wärmedämmung, Außenanlagen $t_O \approx t_{UT} + 10$ bis 15 K
- Kältedämmung (Δt_{Tau} siehe Abschnitt 2.4) $t_O \geq t_{UT} - \Delta t_{Tau}$

b) Über- und Untertemperaturen

Die Temperaturdifferenz zwischen der Oberfläche und der Umgebung wird je nach Richtung des Wärmeflusses als Über- oder Untertemperatur bezeichnet. Da sie von der Richtung des Wärmeflusses Φ_R abhängig ist, wird in der Regel mit dem Absolutwert gerechnet:

Übertemperatur: $$\Delta t_O = |t_O - t_{UT}| \quad (2.1\text{-}18a)$$

Untertemperatur: $$\Delta t_O = |t_{UT} - t_O| \quad (2.1\text{-}18b)$$

2.1.5 Wärmeleitfähigkeit von Dämmstoffen

a) Betriebswärmeleitfähigkeit

Die Betriebswärmeleitfähigkeit ist gemäß VDI 2055 Blatt 1 definiert zu:

$$\lambda_B = K_N \lambda_N + K_{TS} \Delta\lambda_{TS} = \lambda_{Pr} + K_{TS} \Delta\lambda_{TS} \quad (2.1\text{-}19)$$

wobei

$$\lambda_{pr} = K_N \lambda_N \quad (2.1\text{-}20)$$

auch als praktische oder effektive Wärmeleitfähigkeit des Dämmstoffes bezeichnet wird.

Der Term $K_{TS} \Delta\lambda_{TS}$ ist ein Zuschlag zur Berücksichtigung der Wärmeleitung von Trag- und Stützkonstruktionen.

b) Nennwert der Wärmeleitfähigkeit

Die Nenn-Wärmeleitfähigkeit λ_N ist eine Materialkonstante. Sie hängt entweder von der Auslegungstemperatur t_d, oder von einer Mitteltemperatur t_m ab:

$$t_m = 0{,}5\,(t_d + t_O) \quad (2.1\text{-}21)$$

Es ist zu beachten, dass sich die Nenn-Wärmeleitfähigkeit λ_N merkbar von der Laborwärmeleitfähigkeit λ_{Lab} unterscheidet, die oft in Katalogen, Prospekten, Zeitschriften und dergl. angegeben ist. Liegt in Einzelfällen keine Nenn-Wärmeleitfähigkeit vor, kann näherungsweise mit

$$\lambda_N \approx 1{,}1\ \lambda_{Lab} \tag{2.1-22}$$

gerechnet werden.

Verbindliche Angaben für die Nenn-Wärmeleitfähigkeit von Dämmstoffen für Rohrleitungen sind den Herstellerunterlagen oder folgenden Normen zu entnehmen:

- Mineralwolle (MW):	DIN EN	14303
- Schaumglas (CG):	DIN EN	14305
- Calciumsilikat (CS):	DIN EN	14306
- Polyethylenschaum (PEF), vernetzt oder unvernetzt:	DIN EN	14313
- Flexibler Elastomerschaum (FEF):	DIN EN	14304
- Extrudierter Polystyrolschaum (XPS):	DIN EN	14307
- Expandiertes Polystyrol (EPS):	DIN EN	14309
- Polyurethan-Hartschaum (PUR):	DIN EN	14308
- Polyisocyanurat-Schaum (PIR):	DIN EN	14308
- Polyurethan-Ortschaum (PUR):	DIN EN	14319-1
- Phenolharzschaum (PF):	DIN EN	14314

Anhaltswerte für die Nenn-Wärmeleitfähigkeit λ_N häufig vorkommender Dämmstoffe enthalten **Tabelle 2.1-5** und **Tabelle 2.1-6**.

Die Wärmeleitfähigkeit im absoluten Vakuum ist null, was durch Evakuieren des Mantelrohrs bei Stahlmantelrohr-Systemen (SMR-Systemen) ausgenutzt wird.

Korkdämmungen sind für Rohrleitungen nicht gebräuchlich. Die Angaben in der Tabelle dienen nur der Information.

Tabelle 2.1-5: Nennwert der Wärmeleitfähigkeit λ_N von Mineralwolle-Erzeugnissen (MW) nach VDI 2055 Blatt 1. Dunkelgraue Felder: Der Wert ist nicht von der Auslegungstemperatur t_d, sondern von der Mitteltemperatur t_m abhängig.

Dämmstoff mit Rohdichte in kg/m³			Nennwerte der Wärmeleitfähigkeit λ_N in W/(m·K) bei Auslegungstemperatur t_d in °C										
			-150	-100	-50	0	10	50	100	200	300	400	600
Lose Wolle, Stopfdichte	60 bis 170 kg/m³	von	0,02	0,024	0,028	0,033	0,034	0,038	0,045	0,06	0,082	0,112	0,199
		bis	0,021	0,025	0,03	0,036	0,037	0,042	0,049	0,066	0,09	0,12	0,22
Lamellenmatten, druckfest	40 bis 60 kg/m³	von	-	-	-	-	-	0,042	0,052	0,079	0,115	0,158	-
		bis	-	-	-	-	-	0,048	0,06	0,09	0,13	0,178	-
Matten auf Drahtgeflecht	80 bis 120 kg/m³	von	-	-	-	-	-	0,036	0,042	0,058	0,08	0,106	0,18
		bis	-	-	-	-	-	0,043	0,049	0,066	0,09	0,124	0,23
	100 bis 160 kg/m³	von	-	-	-	-	-	0,037	0,043	0,055	0,075	0,102	0,17
		bis	-	-	-	-	-	0,044	0,05	0,064	0,083	0,11	0,19
Schalen (Formteile)	70 bis 110 kg/m³	von	-	-	-	-	0,033	0,036	0,042	0,059	0,082	-	-
		bis	-	-	-	-	0,036	0,04	0,046	0,064	0,092	-	-
	100 bis 160 kg/m³	von	-	-	-	-	0,035	0,037	0,042	0,057	0,077	-	-
		bis	-	-	-	-	0,038	0,041	0,047	0,064	0,081	-	-

Tabelle 2.1-5: Fortsetzung

Dämmstoff mit Rohdichte in kg/m³			Nennwerte der Wärmeleitfähigkeit λ_N in W/(m·K) bei Auslegungstemperatur t_d in °C										
			-150	-100	-50	0	10	50	100	200	300	400	600
Platten	70 bis 110 kg/m³	von	-	-	-	-	0,032	0,034	0,039	0,054	0,073	0,095	0,15
		bis	-	-	-	-	0,039	0,041	0,046	0,063	0,088	0,12	0,2
	100 bis 140 kg/m³	von	-	-	-	-	0,032	0,034	0,039	0,053	0,07	0,09	0,135
		bis	-	-	-	-	0,039	0,042	0,047	0,062	0,085	0,114	0,185
	130 bis 160 kg/m³	von	-	-	-	-	0,033	0,036	0,041	0,053	0,068	0,086	0,13
		bis	-	-	-	-	0,04	0,043	0,048	0,062	0,081	0,104	0,165

Tabelle 2.1-6: Nennwert der Wärmeleitfähigkeit λ_N ausgewählter Dämmstoffe nach VDI 2055 Blatt 1

Dämmstoff mit Rohdichte in kg/m³		Nennwerte der Wärmeleitfähigkeit λ_N in W/(m·K) bei Auslegungstemperatur t_d in °C											
		-150	-100	-50	0	10	50	100	200	300	400	600	800
Silikatwolle-Matten [1)]	130 kg/m³ [2)]	-	-	-	-	0,033	0,038	0,044	0,057	0,071	0,088	0,14	0,224
	220 kg/m³ [3)]	-	-	-	-	-	-	-	0,051	0,065	0,08	0,117	0,168
PUR-Hartschaum-Platten und -Schalen	35 kg/m³	0,017	0,019	0,022	0,025	0,026	0,029	0,034	-	-	-	-	-
	60 kg/m³	0,019	0,021	0,024	0,026	0,027	0,03	0,035	-	-	-	-	-
PUR-Ortschaum, 45 bis 55 kg/m³ [4)]		0,016	0,022	0,027	0,033	0,034	0,039	0,046	-	-	-	-	-

[1)] auch als Hochtemperaturwolle (HTW) bezeichnet.
[2)] 1000 °C: 0,354 W/(m·K)
[3)] 1000 °C: 0,235 W/(m·K)
[4)] FCKW-frei

Tabelle 2.1-6: Fortsetzung

Dämmstoff mit Rohdichte in kg/m³			Nennwerte der Wärmeleitfähigkeit λ_N in W/(m·K) bei Auslegungstemperatur t_d in °C											
			-150	-100	-50	0	10	50	100	200	300	400	600	800
Expandierte Polystyrol-Platten (EPS)	20 kg/m³		0,016	0,023	0,029	0,036	0,037	0,042	-	-	-	-	-	-
	30 kg/m³		0,016	0,022	0,028	0,034	0,035	0,040	-	-	-	-	-	-
Schaumglas-Platten (CG)	115 kg/m³ 5)		0,024	0,027	0,032	0,037	0,038	0,044	0,052	0,073	0,101	0,137	-	-
	130 kg/m³		0,022	0,027	0,033	0,039	0,04	0,045	0,053	0,073	0,099	0,135	-	-
Elastomerschaum (FEF), Platten, Schläuche, Bänder	40 bis 70 kg/m³	von	0,02	0,025	0,031	0,036	0,037	0,041	0,047	-	-	-	-	-
		bis	0,025	0,03	0,035	0,04	0,041	0,045	85 °C: 0,049		-	-	-	-
	50 bis 90 kg/m³	von	0,025	0,03	0,035	0,04	0,041	0,045	0,05	0,06	-	-	-	-
		bis	0,03	0,035	0,04	0,045	0,046	0,05	0,055	0,065	-	-	-	-
Polyethylenschaum (PEF), unvernetzt, 20 bis 40 kg/m³		von	-	-	0,028	0,033	0,034	0,038	-	-	-	-	-	-
		bis	-	-	0,041	0,046	0,047	0,051	-	-	-	-	-	-
dito, vernetzt, 30 kg/m³			-	-	-	-	0,033	0,04	-	-	-	-	-	-
Kork, 100 bis 220 kg/m³ 6)			0,025	0,03	0,035	0,04	-	0,045	-	-	-	-	-	-
Luft			-	-	-	0,027	-	0,028	0,031	0,038	-	-	-	-

5) 450 °C: 0,159 W/(m·K)

6) Die Werte von λ_N sind von der Mitteltemperatur t_m abhängig.

c) Zuschlag zur Nenn-Wärmeleitfähigkeit

Der Zuschlagsfaktor $K_N \geq 1$ nach Gl. (2.1-22) berücksichtigt Einflüsse, die zusätzlich auf die Nenn-Wärmeleitfähigkeit einwirken können:

- Abweichungen vom linearen Verlauf der Wärmeleitung (siehe Bild 2.1-2) über der Dämmstoffdicke.
- Fugen in der Dämmung, die durch die Wärmedehnung des Rohres entstehen.
- Unregelmäßigkeiten bei der Herstellung der Stopfdichte.
- Konvektion innerhalb der Dämmung, speziell bei senkrechten Rohrleitungen.
- Geringe Feuchtigkeitsunterschiede zur Umgebung.
- Alterung, insbesondere bei geschäumten Dämmungen.
- Infrarot-Durchlässigkeit bei speziellen Dämmstoffen.

Für viele Anwendungsfälle kann $K_N = 1$ gesetzt werden. $K_N > 1$ ist zu berücksichtigen für:

- Mineralwolle-Erzeugnisse

  Zuschlagsfaktor: $K_N = 1{,}1$.

  Für Matten auf Drahtgeflecht kann bei Dämmdicken von $s_D \approx$ DN und Mitteltemperaturen $t_m \approx 300$ °C mit $K_N = 1{,}05$ gerechnet werden.

- PUR-, EPS- und XPS-Schalen

  Zuschlagsfaktor für Kältedämmungen mit Dampfbremse: $K_N = 1{,}1$.

- PEF- und FEF-Schaum

  Ein Zuschlagsfaktor $K_N > 1$ ist für Kältedämmungen mit Dampfbremse bei Nutzungsdauern von 10 Jahren zu berücksichtigen. Er ist abhängig von der Dämmdicke und dem Diffusionswiderstand. Für Diffusionswiderstände $\mu \geq 7000$, wie sie fast ausnahmslos geliefert werden, ergibt sich nach VDI 2055 Blatt 1:

  Dämmdicke $s_D = 32$ mm: $K_N = 1{,}02$

  Dämmdicke $s_D = 19$ mm: $K_N = 1{,}03$

  Dämmdicke $s_D = 13$ mm: $K_N = 1{,}06$

d) Zuschlag für Trag- und Stützkonstruktionen

Stützkonstruktionen halten die Ummantelung im Abstand der erforderlichen Dämmdicke zur Rohrleitung. Sie dürfen losen Kontakt zur Rohrleitung haben.

Tragkonstruktionen müssen zusätzlich zu den Stützkonstruktionen das Gewicht der Dämmung auf die Rohrleitung übertragen. Ein direkter Kontakt zur Rohrleitung ist zwingend notwendig, d. h. sie müssen mit der Rohrleitung verschweißt, angeschellt oder angeschraubt sein.

Die Stege der Stütz- und Tragkonstruktionen sind mit den Stützringen meist durch Niete verbunden. Zur Minderung der Wärmeleitung sind zwischen Stützring und Steg dämmende Zwischenschichten oder Beilagen erforderlich. Sie sind ebenfalls an den Trennstellen von geteilten Stegen notwendig, sowie bei Tragkonstruktionen an der Verbindungsstelle zur Rohrleitung.

Trag- und Stützkonstruktionen sind Wärmebrücken, falls sie nicht aus Dämmstoff mit entsprechender Druckfestigkeit bestehen. Hauptanwendungsgebiet sind Dämmungen aus Mineralwolle, mit Ausnahme von Rohrleitungen ≤ DN 50 bei Dämmdicken $s_D \leq 50$ mm. Dämmschläuche und fest haftende Ortschäume erfordern keine Trag- und Stützkonstruktionen.

Werkstoff und Ausführung der Stege sind für die Wärmeleitung und damit für den Zuschlag $\Delta\lambda_{TS}$ maßgebend. Dieser bezieht sich nicht nur auf einen einzelnen Steg, sondern er berücksichtigt sowohl die durchschnittliche Anzahl von Stegen innerhalb eines Stützrings in Abhängigkeit von Außendurchmesser und Dämmdicke, als auch eine durchschnittliche Anzahl von Trag- bzw. Stützkonstruktionen pro Längeneinheit Dämmung.

Für Wärmeleitungen werden vorzugsweise Stege aus Bandstahl verwendet. Gemäß VDI 2055 Blatt 1 ist mit folgenden Zuschlägen für Stege aus unlegiertem Stahl der Abmessung 30 x 3 zu rechnen:

- Durchgehende Stege

  loser Kontakt zur Rohrleitung (**Bild 2.1-3** a): $\Delta\lambda_{TS} = 0{,}006$ W/(m·K)

  direkter Kontakt zur Rohrleitung (Bild 2.1-3 b): $\Delta\lambda_{TS} = 0{,}013$ W/(m·K)

  dito, jedoch mit zusätzlichem Innenring: $\Delta\lambda_{TS} = 0{,}017$ W/(m·K)

- Geteilte, kurze Stege (auch als getrennte Stege bezeichnet)

  loser Kontakt zur Rohrleitung (Bild 2.1-3 c): $\Delta\lambda_{TS} = 0{,}01$ W/(m·K)

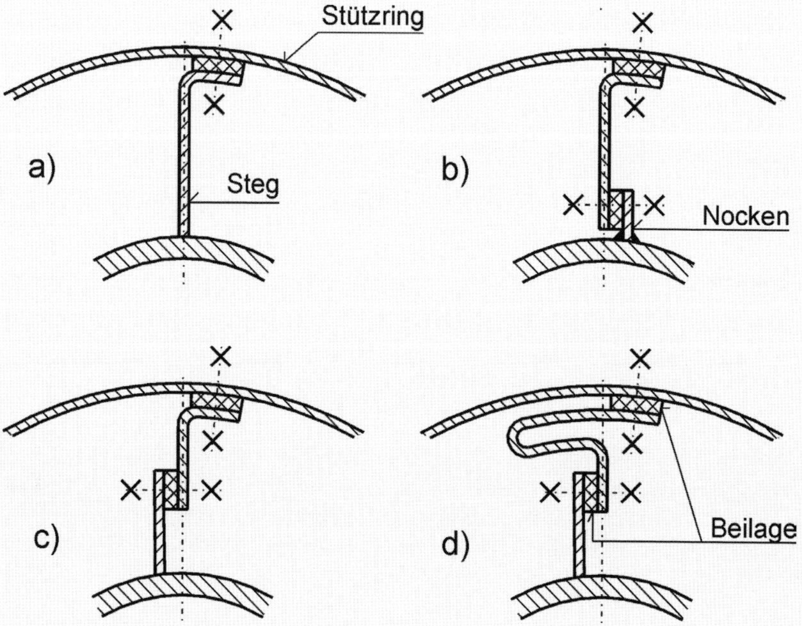

Bild 2.1-3: Trag- und Stützkonstruktionen
a) durchgehender Steg, loser Kontakt zum Rohr; b) durchgehender Steg, direkter Kontakt zum Rohr; c) getrennter Steg, loser Kontakt zum Rohr; d) wie c, jedoch mit verlängertem äußeren Steg

direkter Kontakt zur Rohrleitung: $\Delta\lambda_{TS}$ = 0,023 W/(m·K)

- Geteilte, lange Stege (auch als federnde Stege bezeichnet):

loser Kontakt zur Rohrleitung (Bild 2.1-3 d): $\Delta\lambda_{TS}$ = 0,006 W/(m·K)

direkter Kontakt zur Rohrleitung: $\Delta\lambda_{TS}$ = 0,013 W/(m·K)

Die Wärmeleitung wird gegenüber den kurzen Stegen verringert, indem der äußere Stegteil im Querschnitt verkleinert (Abmessung 30 x 1), die gestreckte Länge vergrößert wird.

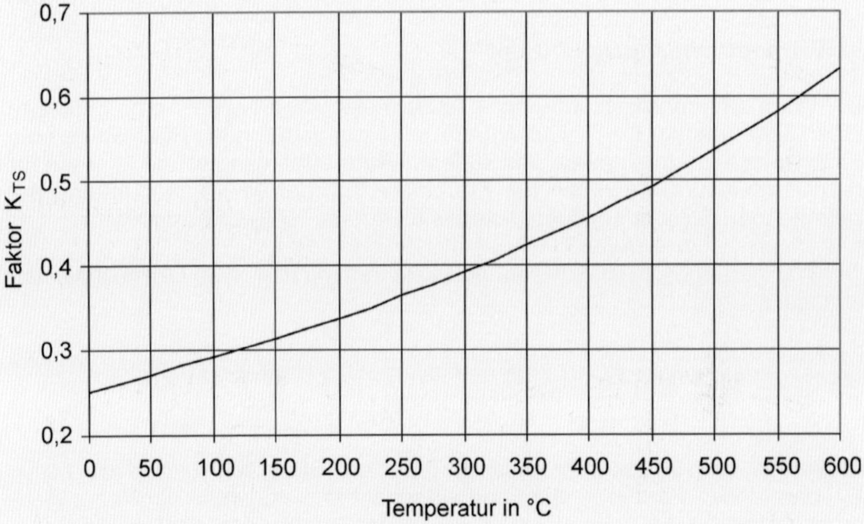

Bild 2.1-4: Faktor K_{TS} für Trag- und Stützkonstruktionen mit durchgehenden Stegen aus nichtrostendem Stahl

Für durchgehende Stege aus nichtrostendem Stahl vermindern sich die Werte um den Faktor K_{TS}, der dem Quotienten der Wärmeleitfähigkeiten von nichtrostendem zu unlegiertem Stahl entspricht (**Bild 2.1-4**). Bei getrennten Stegen braucht nur der innere Stegteil aus nichtrostendem Stahl bestehen. Nach den in VDI 2055 Blatt 1 angegebenen Werten lässt sich allgemein $K_{TS} \approx 0{,}7$ ermitteln, womit man in jedem Fall auch für getrennte Stege auf der sicheren Seite liegt.

Für Kälteleitungen werden häufig Stützkonstruktionen aus nichtmetallischen Werkstoffen verwendet. Richtwerte gemäß VDI 2055 Blatt 1 für Stege von 16 mm Durchmesser:

- Keramik: $\Delta\lambda_{TS} = 0{,}005$ W/(m·K)
- Holz: $\Delta\lambda_{TS} = 0{,}001$ W/(m·K)
- Kunststoff: $\Delta\lambda_{TS} = 0{,}001$ W/(m·K)

Bei verändertem Stegquerschnitt ist eine näherungsweise Umrechnung über die Querschnittsflächen möglich.

2.1.6 Wärmedurchgangskoeffizient und Wärmedurchgangswiderstand

a) Wärmedurchgangskoeffizient

Der Wärmedurchgangskoeffizient k bezieht sich allgemein auf eine definierte Oberfläche und hat die Einheit W/(m²·K). Für ein gedämmtes Rohr werden die Einzelanteile für den inneren und äußeren Wärmeübergang k_i und k_a sowie für die Wärmeleitung k_λ wegen der Krümmung auf den jeweiligen Umfang der betreffenden Schicht bezogen, so dass hierfür die Einheit W/(m·K) gilt.

Der Wärmedurchgangskoeffizient eines Rohres mit mehreren Dämmschichten ist definiert zu:

$$k_R = \frac{1}{\frac{1}{\pi\,\alpha_i\,d_i} + \sum_{j=1}^{j=k}\left(\frac{1}{2\,\pi\,\lambda_{Bj}}\ln\frac{D_j}{D_{j-1}}\right) + \frac{1}{\pi\,\alpha_a\,D_D}} = \frac{1}{\frac{1}{k_i} + \sum_{j=1}^{j=k}\frac{1}{k_{\lambda j}} + \frac{1}{k_a}} \qquad (2.1\text{-}23)$$

Die Außen- bzw. Innendurchmesser der jeweiligen Dämmschicht sind mit D_j bzw. D_{j-1} bezeichnet. Für die innere Lage entspricht $D_{j-1} = D_o$, also der Rohraußendurchmesser, für die äußere Lage ist $D_j = D_D$, der Durchmesser der Ummantelung.

Für einlagige Dämmschichten, wie sie bei Rohrleitungen die Regel sind, gilt:

$$k_R = \frac{1}{\frac{1}{\pi\,\alpha_i\,d_i} + \frac{1}{2\,\pi\,\lambda_B}\ln\frac{D_D}{D_o} + \frac{1}{\pi\,\alpha_a\,D_D}} = \frac{1}{\frac{1}{k_i} + \frac{1}{k_\lambda} + \frac{1}{k_a}} \qquad (2.1\text{-}24a)$$

oder

$$\frac{1}{k_R} = \frac{1}{k_i} + \frac{1}{k_\lambda} + \frac{1}{k_a} = \frac{1}{\pi\,\alpha_i\,d_i} + \frac{1}{2\,\pi\,\lambda_B}\ln\frac{D_D}{D_o} + \frac{1}{\pi\,\alpha_a\,D_D} \qquad (2.1\text{-}24b)$$

Gemäß DIN EN ISO 12241 ist bei strömenden Fluiden in Rohrleitungen der innere Wärmeübergang vernachlässigbar, d. h.

$$\frac{1}{k_i} = \frac{1}{\pi\,\alpha_i\,d_i} \approx 0 \qquad (2.1\text{-}25)$$

und somit:

$$k_R = \frac{1}{\frac{1}{2\,\pi\,\lambda_B}\ln\frac{D_D}{D_o} + \frac{1}{\pi\,\alpha_a\,D_D}} = \frac{1}{\frac{1}{k_\lambda} + \frac{1}{k_a}} \qquad (2.1\text{-}26)$$

Für ungedämmte Rohrleitungen ($D_D = D_o$) ist schließlich:

$$k_R = \frac{1}{\frac{1}{k_a}} = k_a = \frac{1}{\frac{1}{\pi\,\alpha_a\,D_o}} = \pi\,\alpha_a\,D_o \qquad (2.1\text{-}27)$$

b) Wärmedurchgangswiderstand

Als Wärmedurchgangswiderstand R bezeichnet man den Kehrwert des Wärmedurchgangskoeffizienten:

$$R = 1\,/\,k \qquad (2.1\text{-}28)$$

Gl. (2.1-24a) kann demzufolge auch wie folgt geschrieben werden:

$$R_R = R_i + R_\lambda + R_a = \frac{1}{\pi\,\alpha_i\,d_i} + \frac{1}{2\,\pi\,\lambda_B}\ln\frac{D_D}{D_o} + \frac{1}{\pi\,\alpha_a\,D_D} = \frac{1}{k_R} \qquad (2.1\text{-}29)$$

R_λ - Wärmeleitungswiderstand

R_a - äußerer Wärmeübergangswiderstand

R_i - innerer Wärmeübergangswiderstand, in der Regel ist $R_i \approx 0$

Beim ungedämmten Rohr wird:

$$R_R = R_a = \frac{1}{\pi\,\alpha_a\,D_o} \qquad (2.1\text{-}30)$$

Die Einheit des längenbezogenen Wärmedurchgangswiderstand R_R und seiner Einzelanteile R_λ, R_a und R_i beträgt für Rohre und Kanäle somit m·K/W, für andere Oberflächen m²·K/W.

2.1.7 Zuschläge für Einbauten und Rohrhalterungen

a) Definition

Die üblichen Berechnungsgleichungen für den Wärmestrom einer Rohrleitung Φ_R gehen von dem Wärmedurchgangskoeffizienten k_R des geraden Rohres aus. Zur Ermittlung eines durchschnittlichen Wärmestroms oder des Gesamt-Wärmeverlustes bzw. -eintrags einer Rohrleitung $\Phi_{R,ges}$ ist jedoch eine anteilige Berücksichtigung von anlagenbedingten Wärmebrücken erforderlich. Sie umfassen Einbauten in Form von Flanschverbindungen, Kompensatoren, Armaturen und anderen Ausrüstungsteilen (Index W) sowie Rohrhalterungen (Index H):

$$k_{R,ges} = K_{WH}\, k_R \tag{2.1-31}$$

Der Faktor K_{WH} ist definiert zu:

$$K_{WH} = 1 + \sum z_W + \sum z_H = 1 + \frac{\sum L_ä}{L_S} + \sum z_H \tag{2.1-32}$$

z_W - Zuschlag für Einbauteile

z_H - Zuschlag für Rohrhalterungen

$L_ä$ - äquivalente Rohrlänge für Einbauteile

L_S - gestreckte Länge der Rohrleitung

b) Äquivalente Rohrlängen für ungedämmte Einbauten und Rohrleitungen

Einbauten haben gegenüber dem Rohr gleicher Länge L_W einen höheren Wärmedurchgangskoeffizienten, d. h. $k_W > k_R$. Dieser wird entsprechend VDI 2055 Blatt1 bzw. DIN EN ISO 12241 durch eine äquivalente Rohrlänge $L_ä$ ausgeglichen:

$$L_ä = \frac{k_W\, L_W}{k_R} = \frac{k_{W,O}\, O_W}{k_R} \tag{2.1-33}$$

Es ist hierbei zu beachten, dass der Wärmedurchgangskoeffizient $k_{W,O}$ des Einbauteils sich auf dessen Oberfläche, derjenige der Rohrleitung k_R sich gemäß Abschnitt 2.1-6 auf den Umfang der einzelnen Schichten bezieht.

Für ungedämmte Rohrleitungen ist entsprechend Gl. (2.1-27)

$$k_R = k_a = \pi\, \alpha_a\, D_o \tag{2.1-34a}$$

und für das ungedämmte Einbauteil

$$k_{W,O} \approx \alpha_a \tag{2.1-34b}$$

Eingesetzt in Gl. (2.1-33) ergibt sich die äquivalente Rohrlänge zu:

$$L_ä = \frac{k_{W,O}\, O_W}{k_R} \approx \frac{\alpha_a\, O_W}{\pi\, \alpha_a\, D_o} = \frac{O_W}{\pi\, D_o} \tag{2.1-35}$$

Tabelle 2.1-7 enthält äquivalente Rohrlängen für Armaturen, **Tabelle 2.1-8** für Flanschverbindungen, die aus VDI 2055 Blatt1 bzw. DIN EN ISO 12241 entnommen sind. Dabei fällt die Abhängigkeit von der Auslegungstemperatur t_d auf, die aus Gl. (2.1-35) nicht abgeleitet werden kann. Des Weiteren ergaben Stichprobenrechnungen an Flanschverbindungen mit Vorschweißflanschen DN 50 und DN 500 nach DIN EN 1092-1 auf der Basis von Gl. (2.1-35) äquivalente Rohrlängen von 0,5 m bzw. 1 m, also Werte die merkbar unter denen der Tabelle 2.1-8 liegen. Die Tabellenwerte scheinen demzufolge erhebliche Reserven zu enthalten, falls nicht noch andere, nicht näher erläuterte Einflussgrößen eingerechnet sind.

Bei geflanschten Armaturen sind theoretisch die zugehörigen Werte beider Tabellen zu addieren, wobei unterschiedliche Nennweiten am Ein- und Ausgang zu beachten sind. In der Praxis ist das wegen der schon genannten Reserven kaum notwendig.

Tabelle 2.1-7: Äquivalente Rohrlängen $L_ä$ für Armaturen nach DIN EN ISO 12241 bzw. VDI 2055 Blatt 1

Nennweite DN	äquivalente Rohrlängen $L_ä$ in m für Temperaturen t_d von		
	50 bis 100 °C	150 bis 300 °C	400 bis 500 °C
ungedämmt in Innenräumen bei t_{UT} = 20 °C			
50	9 bis 15	16 bis 29	27 bis 39
100	15 bis 21	24 bis 46	42 bis 63
150	16 bis 28	26 bis 63	58 bis 90
200	21 bis 35	37 bis 82	73 bis 108
300	29 bis 51	50 bis 116	106 bis 177
400	36 bis 60	59 bis 136	126 bis 206
500	46 bis 76	75 bis 170	158 bis 267
ungedämmt in Außenanlagen bei t_{UT} = 0 °C			
50	22 bis 24	27 bis 34	35 bis 39
100	33 bis 36	42 bis 52	56 bis 61
150	39 bis 42	50 bis 68	77 bis 83
200	51 bis 56	68 bis 87	98 bis 101
300	59 bis 75	90 bis 125	140 bis 160
400	84 bis 88	106 bis 147	165 bis 190
500	108 bis 114	134 bis 182	205 bis 238
gedämmt in Innenräumen bei t_{UT} = 20 °C, in Außenanlagen bei t_{UT} = 0 °C			
50	4 bis 5	5 bis 6	6 bis 7
100	4 bis 5	5 bis 7	6 bis 7
150	4 bis 6	5 bis 8	6 bis 9
200	5 bis 7	5 bis 9	7 bis 10
300	5 bis 9	6 bis 12	7 bis 13
400	6 bis 9	7 bis 12	8 bis 15
500	7 bis 11	8 bis 15	9 bis 19

Tabelle 2.1-8: Äquivalente Rohrlängen für $L_ä$ Flanschverbindungen nach DIN EN ISO 12241 bzw. VDI 2055 Blatt 1

Nennweite DN	äquivalente Rohrlängen $L_ä$ in m für Temperaturen t_d von		
	50 bis 100 °C	150 bis 300 °C	400 bis 500 °C
ungedämmt in Innenräumen bei t_{UT} = 20 °C			
50	3 bis 5	5 bis 11	9 bis 15
100	4 bis 7	7 bis 16	13 bis 16
150	4 bis 9	7 bis 17	17 bis 30
200	5 bis 11	10 bis 26	20 bis 37
300	6 bis 16	12 bis 37	25 bis 57
ungedämmt in Außenanlagen bei t_{UT} = 0 °C			
50	7 bis 11	9 bis 16	12 bis 19
100	9 bis 14	13 bis 23	18 bis 28
150	11 bis 18	14 bis 29	22 bis 37
200	13 bis 24	18 bis 38	27 bis 46
300	16 bis 32	21 bis 54	32 bis 69
400	22 bis 31	28 bis 53	44 bis 68
500	25 bis 32	31 bis 52	48 bis 69
gedämmt in Innenräumen bei t_{UT} = 20 °C, in Außenanlagen bei t_{UT} = 0 °C			
50	0,7 bis 1,0	0,7 bis 1,0	1,0 bis 1,1
100	0,7 bis 1,0	0,8 bis 1,2	1,1 bis 1,4
150	0,8 bis 1,1	0,8 bis 1,3	1,3 bis 1,6
200	0,8 bis 1,3	0,9 bis 1,4	1,3 bis 1,7
300	0,8 bis 1,4	1,0 bis 1,6	1,4 bis 1,9
400	1,0 bis 1,4	1,1 bis 1,6	1,6 bis 1,9
500	1,1 bis 1,3	1,1 bis 1,6	1,6 bis 1,8

Äquivalente Rohrlängen von Einbauteilen, die nicht in Tabelle 2.1-7 bzw. 2.1-8 enthalten sind, z. B. von Kompensatoren, können mit Gl. (2.1-35) berechnet werden.

c) Äquivalente Rohrlängen für gedämmte Einbauten und Rohrleitungen

Dämmkappen von Einbauteilen sollen nach DIN 4140 die gleiche Dämmdicke wie das gerade Rohr haben (Beispiel **Bild 2.1-5**), gleicher Dämmstoff vorausgesetzt. Wegen des erhöhten Ummantelungsdurchmessers D_{DW} gegenüber demjenigen des Rohres D_D steigt trotzdem der Wärmedurchgang, d. h. in diesem Fall ist $k_W > k_R$. Die äquivalente Rohrlänge lässt sich für die Ausführung nach Bild 2.1-5 aus Gl. (2.1-33) in Verbindung mit Gl. (2.1-26) ableiten:

$$L_ä = \frac{k_W L_W}{k_R} = \frac{\frac{1}{2\lambda_B} \ln \frac{D_D}{D_o} + \frac{1}{\alpha_a D_D}}{\frac{1}{2\lambda_B} \ln \frac{D_{DW}}{D_{DW} - 2 s_{DW}} + \frac{1}{\alpha_a D_{DW}}} L_W \qquad (2.1\text{-}36)$$

Die zusätzliche Dämmwirkung der Luft zwischen Einbauteil und Dämmkappe ist hierbei nicht berücksichtigt. Durch Gleichsetzen der Wärmeleitungswiderstände ergibt sich folgende Vereinfachung:

$$L_ä \approx \frac{\ln \frac{D_D}{D_o}}{\ln \frac{D_{DW}}{D_{DW} - 2 s_{DW}}} L_W \qquad (2.1\text{-}37)$$

oder:

$$\frac{L_ä}{L_W} \approx 1{,}2 \frac{\ln\left(1 + 2 s_D / D_o\right)}{\ln \frac{1 + \left(2 s_D / D_o\right)\left(1 + s_{DW} / s_D\right)}{1 + 2 s_D / D_o}} \qquad (2.1\text{-}38)$$

In Gl. (2.1-38) wurde zusätzlich ein Faktor von 1,2 eingefügt, der sowohl die Vernachlässigung der äußeren Wärmeübergangswiderstände allgemein, als auch deren Unterschiede infolge von unterschiedlichen Ummantelungsdurchmessern D_D bzw D_{DW} berücksichtigt.

Gl (2.1-38) gilt sowohl für gleiche, als auch ungleiche Dämmdicken von Rohr und Einbauteil. Die Auswertung ist im **Bild 2.1-6** dargestellt. Gleiche Dämmwirkung von Rohr und Einbauteil entspricht $L_ä / L_W = 1$.

Dämmkappen nach **Bild 2.1-7** sollen an den Stirnflächen die gleiche Dämmdicke wie am Umfang haben. Gleiches gilt sinngemäß für die gedämmten Hauben der Oberteile von Armaturen.

Analog Gl. (2.1-38) lässt sich die äqivalente Rohrlänge wie folgt bestimmen:

$$\frac{L_ä}{L_W} \approx \frac{1{,}2\, K_{DW} \ln\left(1 + 2 s_D / D_o\right)}{\ln \frac{\left(D_{DW} / D_D\right)\left(1 + 2 s_D / D_o\right)}{\left(D_{DW} / D_D\right) + 2\left(s_D / D_o\right)\left(D_{DW} / D_D\right) - 2\left(s_D / D_o\right)\left(s_{DW} / s_D\right)}} \qquad (2.1\text{-}39)$$

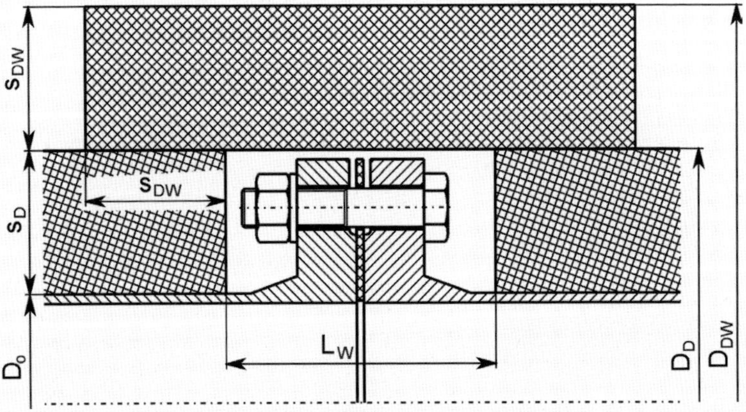

Bild 2.1-5: Dämmkappe nach DIN 4140: Dargestellt ist eine Ausführung mit $s_{DW} = s_D$, die unmittelbar an die Ummantelung des Rohres anschließt.

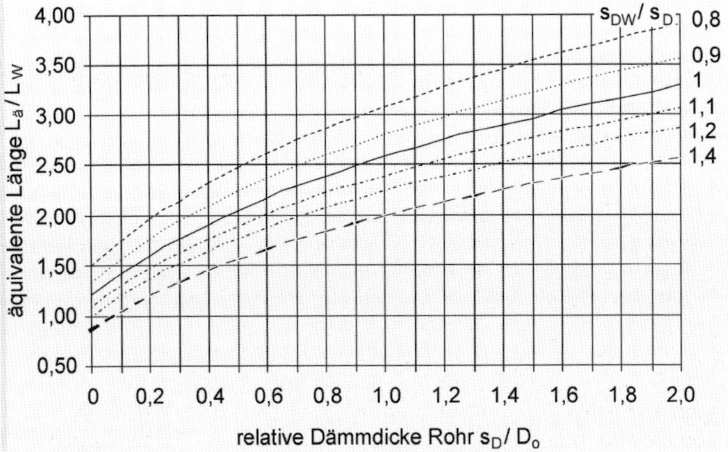

Bild 2.1-6: Äquivalente Rohrlängen für Dämmkappen entsprechend Bild 2.1-5

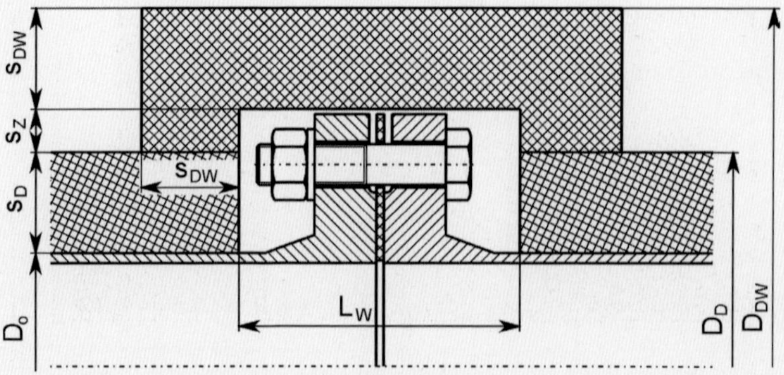

Bild 2.1-7: Dämmkappe nach DIN 4140: Dargestellt ist eine Ausführung mit $s_{DW} = s_D$, die nicht unmittelbar an die Ummantelung des Rohres anschließt, sondern einen Abstand s_Z hat.

Um den Wärmeverlust an den beiden Stirnflächen der Kappe zu berücksichtigen, wurde zusätzlich in Gl. (2.1-39) ein Faktor

$$K_{DW} \approx \frac{D_{DW} / D_D}{s_{DW} / s_D} \qquad (2.1\text{-}40)$$

eingefügt. Im **Bild 2.1-8** sind beispielhaft für gleiche Dämmdicken von Rohr und Dämmkappe ($s_{DW} / s_D = 1$) die zugehörigen äquivalenten Rohrlängen dargestellt.

Weitere Anhaltswerte für gedämmte Armaturen und Flanschverbindungen sind in Tabelle 2.1-7 bzw. Tabelle 2.1-8 angegeben. Die Tabellenwerte enthalten ebenso wie bei den ungedämmten Einbauteilen ausreichend Reserven, so dass zusätzliche gedämmte Hauben für den Spindelaufsatz von Armaturen als einbezogen anzusehen sind. Die Durchdringung der Dämmkappen oder Hauben infolge von kleinflächigen Spindeln, Hebeln oder anderen Bedienungselementen ist ebenfalls meist vernachlässigbar.

Eine Abhängigkeit von der Auslegungstemperatur t_d kann aus den zugehörigen Gl. (2.1-38) bzw. (2.1-39) nicht abgeleitet werden.

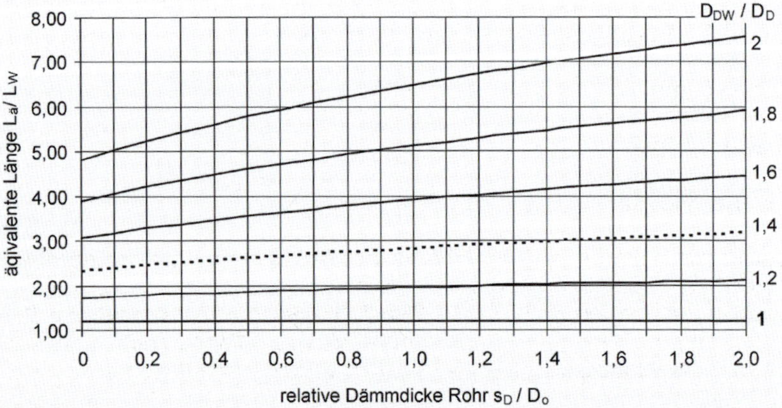

Bild 2.1-8: Äquivalente Rohrlängen für Dämmkappen mit $s_{DW} = s_D$ entsprechend Bild 2.1-7

d) Äquivalente Rohrlängen für ungedämmte Einbauten in gedämmten Rohrleitungen

Der Wärmedurchgang des ungedämmten Einbauteils ist erheblich höher gegenüber dem gedämmten Rohr. Die äquivalente Länge lässt sich aus Gl. (2.1-36) ableiten:

$$L_ä = \frac{\dfrac{1}{2\,\lambda_B} \ln \dfrac{D_D}{D_D - s_D} + \dfrac{1}{\alpha_a\, D_D}}{\dfrac{1}{\alpha_a\, D_{DW}}} L_W \qquad (2.1\text{-}41)$$

Überschlägig kann mit äquivalenten Längen von

$$L_ä \approx (10 \text{ bis } 25)\, L_W \qquad (2.1\text{-}42)$$

gerechnet werden. Die Anhaltswerte für ungedämmte Armaturen und Flanschverbindungen in Tabelle 2.1-7 bzw. Tabelle 2.1-8 sind anwendbar, selbst wenn auf die unteren Grenzwerte orientiert wird.

e) Zuschläge für Rohrhalterungen

Rohrhalterungen wirken als Wärmebrücken. In DIN EN ISO 12241 bzw. VDI 2055 Blatt 1 sind folgende pauschale Anhaltswerte für den Zuschlag z_H genannt:

- Innenräume $z_H = 0{,}15$
- Außenanlagen $z_H = 0{,}25$

Die Werte sind auf übliche Stützweiten bezogen.

In der Praxis befinden sich innerhalb einer Rohrleitung unterschiedliche Halterungsarten. Modellrechnungen [2.1-4] haben gezeigt, dass gegenüber den pauschalen Angaben recht hohe Abweichungen bestehen (**Tabelle 2.1-9**), insbesondere bei Hängungen. Bei Anwendung der Werte nach Tabelle 2.1-9 sollte der Zuschlag z_H als gewogener Mittelwert berechnet werden.

Bei Halterungen aus nichtrostendem Stahl, z. B. in Anlagen der Steriltechnik, kann der Zuschlag z_H analog wie bei den Trag- und Stützkonstruktionen um den Faktor K_{TS} (siehe Bild 2.1-4) vermindert werden.

Tabelle 2.1-9: Zuschläge für Halterungen nach [2.1-4]

Halterungsart		Nennweite DN	Zuschlag z_H
Hängung mit Vertikalschelle	Biegeschelle	-	0,35
	Kastenschelle	-	0,12
Hängung mit Horizontalschelle	Biegeschelle	-	0,05
	Bügel- oder Gurtschelle	-	0,01
Gleitlager mit Biegeschelle	Gegenauflager Stahl	200	0,13
		500	0,18
	Gegenauflager Stahl, jedoch auf Hängetraverse	200	0,12
		500	0,14
	Gegenauflager PTFE	200	0,11
		500	0,11

2.2 Wärmeverluste und Wärmeeinträge

2.2.1 Grundgleichungen

a) Wärmestrom

Der längenbezogene Wärmestrom, je nach Richtung des Wärmeflusses als Wärmeverlust oder Wärmeeintrag bezeichnet, ist allgemein definiert zu:

$$\Phi = k\,\Delta t = \frac{\Delta t}{R} \qquad (2.2\text{-}1)$$

Für Rohrleitungen mit einlagigen Dämmschichten gilt unter Berücksichtigung von Gl. (2.1-24):

$$\Phi_R = k_R\left(t_d - t_{UT}\right) = \frac{t_d - t_{UT}}{R_\lambda + R_a} = \frac{t_d - t_{UT}}{\dfrac{1}{2\,\pi\;\lambda_B}\ln\dfrac{D_D}{D_o} + \dfrac{1}{\pi\,\alpha_a\,D_D}} \qquad (2.2\text{-}2)$$

oder unter Berücksichtigung von Einbauten mit K_{WH} nach Abschnitt 2.1.7:

$$\Phi_{R,WH} = \Phi_R\,K_{WH} \qquad (2.2\text{-}3a)$$

Bei Wärmedämmungen ($t_d > t_{UT}$) ist $\Phi_R > 0$, bei Kältedämmungen ($t_d < t_{UT}$) $\Phi_R < 0$.

Der Gesamt-Wärmeverlust bzw. -eintrag einer Rohrleitung, also ihre Verlustleistung, mit der durchgemessenen Länge L_S beträgt:

$$V_{R,ges} = \Phi_{R,WH}\,L_S \qquad (2.2\text{-}3b)$$

b) Wärmestromdichte

Sie ergibt sich für Rohrleitungen aus Gl. (2.2-2), bezogen auf den Umfang des Ummantelungsdurchmessers zu:

$$\phi_R = \frac{\Phi_R}{\pi\,D_D} = \frac{t_d - t_{UT}}{\dfrac{D_D}{2\,\lambda_B}\ln\dfrac{D_D}{D_o} + \dfrac{1}{\alpha_a}} \qquad (2.2\text{-}4a)$$

oder unter Berücksichtigung von Einbauten analog zu Gl. (2.2-3a):

$$\phi_{R,WH} = \frac{\Phi_R\,K_{WH}}{\pi\,D_D} \qquad (2.2\text{-}4b)$$

Gleichermaßen könnte die Wärmestromdichte auch auf den Rohrumfang bezogen werden, was aber wegen der fehlenden Vergleichbarkeit zu ebenen Flächen bzw. Rechteckkanälen nicht gebräuchlich ist.

Die Wärmestromdichte für ebene Flächen (Platten) ist im Abschnitt 2.2.4 angegeben.

2.2.2 Ungedämmte Rohrleitungen

Für ungedämmte Rohrleitungen beträgt der längenbezogene Wärmestrom gemäß Gl. (2.2-2) unter Berücksichtigung von $R_\lambda = 0$ und $t_d \approx t_O$:

$$\Phi_R = \frac{t_O - t_{UT}}{R_a} = \frac{t_O - t_{UT}}{\frac{1}{\pi\,\alpha_a\,D_o}} = \pi\,\alpha_a\,D_o\left(t_O - t_{UT}\right) \qquad (2.2\text{-}5)$$

Beispiele für ungedämmte horizontale Rohrleitungen sind in **Tabelle 2.2-1** angegeben. Die Werte sind stark abhängig vom äußeren Wärmeübergangskoeffizienten α_a:

- Strahlungsanteil

  Für Innenräume und Außenanlagen wurde gleichermaßen farbbeschichteter Stahl mit einem Strahlungskoeffizienten von C_{12} = 5,33 W/(m²·K⁴) entsprechend Tabelle 2.1-5 vorausgesetzt.

- Innenräume, konvektiver Anteil

  Die Wärmeübergangszahl α_K richtet sich nach der Art der Luftströmung:

  laminar mit $D_o^3\,\Delta t_O \leq 10$ m³K: nach Gl. (2.1-3)

  turbulent mit $D_o^3\,\Delta t_O > 10$ m³K: nach Gl. (2.1-4)

  Gemäß DIN EN ISO 12241 gelten die Formeln für Übertemperaturen von $\Delta t_O < 100$ K, was für ungedämmte Rohleitungen meist nicht zutrifft. Vergleichsrechnungen mit Gl. (2.1-10b) ergaben jedoch, dass erst bei Luftgeschwindigkeiten von $w_L > 1$ m/s die Wärmeströme für ruhende Luft überschritten werden, d. h. die Wärmeströme nach Tabelle 2.2-1 liegen in der richtigen Größenordnung.

Tabelle 2.2-1: Längenbezogener Wärmestrom ungedämmter Rohrleitungen in Innenräumen bei t_{UT} = 20 °C, in Außenanlagen bei t_{UT} = -20 °C

D_o in mm	Wärmestrom Φ_R in W/m bei der Auslegungstemperatur t_d in °C									
	50	100	200	300	400	50	100	200	300	400
	Innenräume (w_L = 0)					Außenanlagen (w_L = 5 m/s)				
21,3	28	95	297	609	1073	286	504	988	1568	2290
60,3	69	235	746	1561	2799	563	1002	2019	3309	4999
88,9	97	331	1057	2227	4017	736	1316	2681	4448	6805
114,3	121	414	1326	2806	5080	880	1578	3237	5414	8349
168,3	171	585	1883	4012	7305	1167	2102	4360	7381	11518
219,1	217	741	2395	5125	9366	1421	2570	5371	9164	14410
273	265	903	2929	6290	11529	1681	3048	6410	11009	17417
323,9	309	1054	3427	7378	14115	1920	3488	7370	12719	20215
355,6	336	1146	3734	8456	15497	2066	3757	7959	13771	21941
406,4	380	1294	4475	9664	17711	2296	4183	8892	15442	24686
508	465	1685	5593	12080	22138	2746	5016	10725	18735	30113

- Außenanlagen, konvektiver Anteil

  Die Werte für α_K wurden nach Gl. (2.1-8b) ermittelt. Entsprechend Abschnitt 2.1.2 wurde eine durchschnittliche Luftgeschwindigkeit von w_L = 5 m/s angesetzt.

Bei ungedämmten Luft- und Rauchgasleitungen ist zusätzlich zu untersuchen, ob durch den Temperaturabfall (Abschnitt 2.3) eine Taupunktunterschreitung auftritt. Falls zutreffend, ist eine Dämmung erforderlich, da ansonsten mit erheblichen Korrosionen zu rechnen ist.

2.2.3 Gedämmte Rohrleitungen

a) Berechnung

In der Praxis besteht die Dämmung fast ausnahmslos nur aus einer einlagigen Dämmschicht, d. h. es ist Gl. (2.2-2) anwendbar.

Der äußere Wärmeübergangskoeffizient α_a ist von der Oberflächentemperatur t_O abhängig. Diese ist zunächst nicht bekannt und muss geschätzt werden.

Richtwerte für die erste Schätzung siehe Abschnitt 2.1.4. Aus dem hiernach errechneten längenbezogenen Wärmestrom ist entsprechend Gl. (2.1-17) die Oberflächentemperatur t_O neu zu bestimmen, der Wärmestrom erforderlichenfalls durch schrittweise Näherung zu korrigieren.

Als Hilfsmittel für die Praxis können die längenbezogenen Wärmeströme für waagerechte Rohrleitungen in Innenräumen nach **Tabelle 2.2-2**, für Außenanlagen nach **Tabelle 2.2-3** verwendet werden. Die Ermittlung der äußeren Wärmeübergangskoeffizienten α_a erfolgte analog Abschnitt 2.2.2, wobei die Übertemperatur immer bei $\Delta t_O < 100$ K lag.

b) Berechnungsbeispiel 2.2-1

Für eine gebäudeverlegte Heißwasserleitung DN 200 (Außendurchmeser D_o = 219,1 mm) mit einer Auslegungstemperatur von t_d = 145 °C und einer Umgebungstemperatur von t_{UT} = 20 °C ist der Wärmeverlust zu ermitteln. Die Dicke der Mineralwolle-Dämmschalen mit einer Rohdichte von 100 kg/m³ beträgt s_D = 40 mm ($D_D \approx$ 299 mm), die Umhüllung besteht aus verzinktem Feinblech.

- Oberflächentemperatur

  Sie wird als erste Schätzung entsprechend den Hinweisen zu Gl. (2.1-17) zu

  $$t_O = t_{UT} + 25\ \text{K} = 20 + 25 = 45\ °\text{C}$$

  angenommen. Δt_O = 25 K entspricht der Übertemperatur.

- Nenn-Wärmeleitfähigkeit

  Gemäß Tabelle 2.1-5 ist die Nenn-Wärmeleitfähigkeit von Mineralwolle-Dämmschalen nicht von der Auslegungstemperatur, sondern von der Mitteltemperatur t_m nach Gl. (2.1-21) abhängig:

  $$t_m = 0{,}5\,(t_d + t_O) = 0{,}5\,(145 + 45) = 95\ °\text{C}$$

  Durch Interpolation ergibt sich hierfür aus Tabelle 2.1-5 durch Interpolation ein Nennwert der Wärmeleitfähigkeit von λ_N = 0,042 W/(mK).

- Praktische Wärmeleitfähigkeit

  Entsprechend Abschnitt 2.1.5 (Buchstabe c) beträgt der Zuschlagsfaktor für Mineralwolle-Erzeugnisse K_N = 1,1. Die praktische oder effektive Wärmeleitfähigkeit des Dämmstoffes errechnet sich nach Gl. (2.1-20) zu:

  $$\lambda_{pr} = K_N\,\lambda_N = 1{,}1 \cdot 0{,}042 \approx 0{,}046\ \text{W/(mK)}$$

Tabelle 2.2-2: Längenbezogener Wärmestrom gedämmter Rohrleitungen bzw. Wärmestromdichten ebener Flächen in Innenräumen (t_{UT} = 20 °C) für verschiedene Betriebswärmeleitfähigkeiten λ_B

D_o in mm	λ_B in W/(m·K)	längenbezogener Wärmestrom Φ_R in W/m bei Auslegungstemperatur									
		t_d = 100 °C					t_d = 200 °C				
		Dämmdicke s_D in mm									
		30	40	50	60	80	40	50	60	80	100
60,3	0,04	26	22	19	17	15	50	44	39	34	30
	0,06	38	32	28	26	22	73	64	58	50	45
	0,08	49	42	37	34	29	95	84	76	66	59
	0,10	59	51	45	41	36	116	103	94	81	73
	0,12	68	59	53	49	42	136	121	110	96	87
114,3	0,04	42	35	30	26	22	79	68	60	50	43
	0,06	61	50	43	39	32	114	99	88	73	64
	0,08	78	65	56	50	42	148	128	115	96	85
	0,10	93	78	69	62	52	180	157	140	118	104
	0,12	108	91	80	72	62	210	184	165	140	124
168,3	0,04	58	47	40	35	29	107	91	79	65	56
	0,06	83	68	58	51	42	155	132	116	96	83
	0,08	106	87	75	67	55	200	171	151	125	109
	0,10	127	106	91	81	68	242	209	185	154	134
	0,12	146	123	107	95	80	283	245	218	182	159
219,1	0,04	73	59	49	43	35	133	112	97	79	67
	0,06	104	84	72	63	51	192	163	143	116	99
	0,08	132	108	93	82	67	248	211	186	152	131
	0,10	158	131	113	100	82	301	257	227	187	161
	0,12	182	152	131	117	97	350	301	267	220	190
323,9	0,04	103	82	69	59	48	186	156	134	107	90
	0,06	147	118	99	87	70	269	226	196	158	133
	0,08	186	151	128	112	91	346	293	255	206	175
	0,10	222	182	155	137	111	419	356	312	253	216
	0,12	256	211	181	160	131	488	416	366	298	255
406,4	0,04	127	101	84	72	57	228	190	163	129	109
	0,06	180	144	121	105	84	329	276	238	190	160
	0,08	228	185	156	136	109	423	356	310	249	210
	0,10	272	222	189	165	134	512	433	378	305	258
	0,12	313	257	220	193	157	595	506	443	360	305

Schattierte Zellen: Die Oberflächentemperatur liegt bei diesem Wärmestrom über 40 °C

längenbezogener Wärmestrom Φ_R in W/m bei Auslegungstemperatur														
t_d = 300 °C					t_d = 400 °C					t_d = 500 °C				
Dämmdicke s_D in mm														
50	60	80	100	120	60	80	100	120	150	80	100	120	150	200
68	62	53	47	43	84	71	64	58	53	90	81	74	66	59
100	91	78	70	64	123	106	95	87	78	134	120	110	99	88
131	119	103	92	84	162	139	125	115	104	176	158	145	131	116
161	146	127	114	105	199	172	155	142	129	218	196	180	163	145
190	173	150	135	125	236	205	184	170	154	259	233	214	195	173
105	93	77	68	61	127	105	92	82	73	133	116	104	92	79
154	137	114	100	90	186	155	136	122	108	197	172	155	137	118
201	179	150	132	119	244	204	179	162	143	259	227	205	181	157
246	220	185	163	147	300	252	222	200	178	319	281	253	225	195
289	259	219	193	175	354	299	263	238	212	379	333	302	268	232
141	124	101	87	77	168	137	118	105	91	174	149	133	116	98
206	182	149	129	115	247	203	175	156	136	257	221	197	172	146
269	237	196	169	151	323	266	230	206	180	337	291	260	227	193
328	291	241	209	187	397	328	285	254	223	416	360	322	282	240
386	342	285	248	222	468	388	338	302	265	492	428	383	336	286
175	152	123	105	92	207	167	142	126	108	211	180	159	137	114
255	223	181	155	137	303	246	211	186	161	312	266	235	203	170
331	291	237	204	181	396	323	277	245	213	409	351	311	269	226
404	356	292	251	223	486	398	342	304	264	504	433	384	333	280
475	419	345	298	265	573	471	406	361	314	597	514	457	397	334
243	210	167	141	123	286	227	192	167	142	288	242	211	180	147
354	307	246	208	182	418	335	283	247	211	424	358	313	267	219
459	400	322	273	240	545	439	372	326	279	556	471	413	353	291
560	489	396	337	296	668	540	459	403	345	684	581	510	437	361
657	575	467	399	351	787	638	543	478	411	809	689	606	520	430
296	255	202	169	147	347	274	230	199	168	347	291	252	213	173
431	373	297	249	217	508	404	339	295	250	511	429	373	316	257
560	485	388	327	286	662	529	446	388	330	670	564	492	416	340
682	593	477	403	353	811	650	549	480	408	824	696	608	517	423
799	697	562	477	418	954	768	650	569	485	975	825	721	614	505

Tabelle 2.2-2: Fortsetzung

D_o in mm	λ_B in W/(m·K)	längenbezogener Wärmestrom Φ_R in W/m bzw. Wärmestromdichte ϕ_P in W/m² bei Auslegungstemperatur									
		t_d = 100 °C					t_d = 200 °C				
		Dämmdicke s_D in mm									
		30	40	50	60	80	40	50	60	80	100
508	0,04	156	123	102	88	69	280	232	199	157	131
	0,06	221	177	148	128	102	403	336	290	230	192
	0,08	280	226	190	165	132	518	435	376	300	252
	0,10	334	271	230	201	162	626	528	459	368	310
	0,12	383	314	268	235	190	727	616	538	433	366
ebene Fläche (Platte)	0,04	92	71	58	49	37	162	132	111	85	68
	0,06	130	102	84	71	55	233	191	162	124	101
	0,08	165	130	108	92	71	300	247	210	162	132
	0,10	196	157	130	112	87	363	300	256	198	162
	0,12	225	181	151	130	102	421	350	300	233	191

- Betriebswärmeleitfähigkeit

  Da für die horizontale Rohrleitung keine Trag- und Stützkonstruktionen erforderlich sind, entfällt der diesbezügliche Zuschlag ($K_{TS}\,\Delta\lambda_{TS}$). Die Betriebswärmeleitfähigkeit λ_B nach Gl. (2.1-19) ist deshalb mit der praktischen Wärmeleitfähigkeit identisch, d. h. $\lambda_B = \lambda_{Pr}$.

- Äußere Wärmeübergangszahl infolge Konvektion

  Entsprechend Gl. (2.1-2) ist zunächst die Art der zu erwartenden Luftströmung zu ermitteln:

  $$D_D^3\,\Delta t_O = 0{,}299^3 \cdot 25 = 0{,}668 \leq 10\ \text{m}^3\text{K}$$

  Es handelt sich also um eine laminare Luftströmung. Für die äußere Wärmeübergangszahl infolge Konvektion ist demzufolge Gl. (2.1-3) maßgebend:

  $$\alpha_K = 1{,}25\sqrt[4]{\frac{\Delta t_O}{D_D}} = 1{,}25\sqrt[4]{\frac{25}{0{,}299}} = 3{,}78\ \text{W/(m}^2\cdot\text{K)}$$

- Äußere Wärmeübergangszahl infolge Strahlung

Schattierte Zellen: Die Oberflächentemperatur liegt bei diesem Wärmestrom über 40 °C

längenbezogener Wärmestrom Φ_R in W/m bzw. Wärmestromdichte ϕ_P in W/m² bei Auslegungstemperatur														
t_d = 300 °C					t_d = 400 °C					t_d = 500 °C				
Dämmdicke s_D in mm														
50	60	80	100	120	60	80	100	120	150	80	100	120	150	200
362	311	244	204	176	423	332	277	239	200	420	350	302	253	204
527	453	359	300	260	618	488	408	353	297	618	516	447	376	303
682	590	469	394	342	805	639	536	465	392	813	681	590	497	402
831	721	576	485	422	991	789	663	576	487	1001	840	729	616	499
981	846	679	573	500	1168	933	785	684	579	1185	996	866	733	594
206	174	132	107	90	237	180	145	122	98	228	184	154	124	94
300	254	194	158	132	346	265	214	180	145	335	271	228	184	139
389	330	254	206	174	451	346	281	237	192	439	356	300	243	184
473	403	311	254	214	552	425	346	292	237	540	439	370	300	228
554	473	367	300	254	649	502	410	346	281	638	520	439	356	271

Nach langjährigem Gebrauch muss mit Staub auf der Ummantelung aus verzinktem Feinblech gerechnet werden. Hierfür ergibt sich aus Tabelle 2.1-4 ein Strahlungskoeffizient von C_{12} = 2,49 W/(m²K⁴). Die äußere Wärmeübergangszahl infolge Strahlung errechnet sich mit $T_O = 45 + 273 = 318$ K und $T_{UT} = 20 + 273 = 293$ K nach Gl. (2.1-12) zu:

$$\alpha_S = C_{12} \left| \frac{(T_O / 100)^4 - (T_{UT} / 100)^4}{\Delta t_O} \right| = 2{,}49 \left| \frac{(318 / 100)^4 - (293 / 100)^4}{25} \right|$$

$$= 2{,}84\,\mathrm{W/(m^2 \cdot K)}$$

Tabelle 2.2-3: Längenbezogener Wärmestrom gedämmter Rohrleitungen bzw. Wärmestromdichten ebener Flächen in Außenanlagen (t_{UT} = -20 °C) für verschiedene Betriebswärmeleitfähigkeiten λ_B

D_o in mm	λ_B in W/(m·K)	längenbezogener Wärmestrom Φ_R in W/m bei Auslegungstemperatur									
		t_d = 100 °C					t_d = 200 °C				
		Dämmdicke s_D in mm									
		30	40	50	60	80	40	50	60	80	100
60,3	0,04	42	35	30	27	23	64	56	50	42	38
	0,06	63	52	45	40	34	95	83	74	63	56
	0,08	83	68	60	54	46	126	109	98	84	74
	0,10	102	85	74	67	57	155	136	122	104	93
	0,12	120	101	88	79	68	185	162	145	124	111
114,3	0,04	69	55	47	41	34	101	86	76	62	54
	0,06	102	82	70	61	51	150	128	113	93	81
	0,08	133	108	92	81	67	198	169	149	123	107
	0,10	164	133	114	101	83	244	209	185	153	133
	0,12	193	158	135	120	100	289	248	220	183	159
168,3	0,04	95	75	63	55	44	138	116	101	82	70
	0,06	140	111	94	82	66	204	172	150	121	104
	0,08	183	146	123	108	88	268	226	198	161	138
	0,10	224	180	152	133	109	330	280	245	200	172
	0,12	264	213	181	159	130	391	332	291	238	205
219,1	0,04	119	94	78	68	54	172	143	124	99	84
	0,06	175	138	116	100	81	254	212	184	148	126
	0,08	229	182	152	132	107	333	275	243	196	166
	0,10	280	224	188	164	132	410	340	300	243	207
	0,12	330	264	223	195	158	485	409	357	289	247
323,9	0,04	169	132	109	93	74	242	200	171	135	113
	0,06	248	194	161	139	110	356	295	254	201	169
	0,08	323	254	212	183	145	467	388	335	266	224
	0,10	394	313	261	226	180	574	479	414	330	278
	0,12	463	369	309	268	214	677	567	491	392	331
406,4	0,04	208	161	133	114	89	296	244	208	163	136
	0,06	304	238	196	168	133	436	360	309	243	203
	0,08	396	311	258	222	175	571	473	407	321	268
	0,10	484	382	318	274	217	701	583	502	398	333
	0,12	567	451	376	325	258	827	690	596	473	397

längenbezogener Wärmestrom Φ_R in W/m bei Auslegungstemperatur														
t_d = 300 °C					t_d = 400 °C					t_d = 500 °C				
Dämmdicke s_D in mm														
50	60	80	100	120	60	80	100	120	150	80	100	120	150	200
81	72	61	55	50	95	81	72	65	59	100	89	81	73	64
120	108	92	82	74	142	120	107	98	88	149	132	121	109	96
159	143	122	108	99	188	160	142	130	117	198	176	161	145	128
197	177	151	135	123	233	199	177	162	146	246	219	200	181	159
235	212	181	161	147	278	237	212	194	175	294	262	240	216	191
125	110	91	79	71	145	119	103	93	81	147	128	115	101	87
186	164	135	118	105	215	178	154	138	122	220	191	171	151	129
246	217	179	156	140	284	235	205	184	162	291	253	227	200	172
304	269	223	194	174	353	292	255	229	202	362	315	283	250	215
361	320	266	232	208	420	349	304	273	241	432	377	338	299	257
168	147	119	102	90	192	156	133	118	102	193	165	146	127	107
250	218	177	151	134	286	232	199	176	153	287	246	218	190	160
327	288	234	201	178	377	307	264	234	203	380	326	290	252	213
407	356	290	250	222	467	381	328	291	253	472	406	360	314	265
483	423	346	298	265	556	454	391	348	303	563	484	431	375	317
208	180	144	122	108	237	190	161	141	121	235	199	175	150	125
309	268	215	183	161	351	282	240	211	181	349	297	261	225	187
407	353	284	242	213	464	373	318	280	241	462	393	346	298	249
500	437	353	301	265	574	463	395	348	300	574	489	431	372	310
596	519	420	359	317	682	552	471	416	359	683	583	515	444	371
290	249	197	165	143	327	258	217	188	160	320	268	233	198	161
430	369	293	246	214	485	384	323	281	238	476	399	348	295	241
565	488	387	325	284	639	508	427	372	316	629	529	461	392	321
697	602	480	404	353	790	630	530	463	394	780	657	573	488	400
825	714	571	482	421	938	750	632	552	471	928	783	684	583	478
355	303	238	198	171	398	312	260	225	189	386	322	278	234	189
524	449	353	295	255	589	464	387	335	282	574	479	415	350	283
689	592	467	390	338	777	613	512	444	375	759	634	550	464	376
849	731	579	485	421	959	759	636	552	466	940	788	683	577	469
1005	867	688	577	502	1138	903	758	659	557	1119	939	815	690	561

Tabelle 2.2-3: Fortsetzung

D_o in mm	λ_B in W/(m·K)	längenbezogener Wärmestrom Φ_R in W/m bzw. Wärmestromdichte ϕ_P in W/m² bei Auslegungstemperatur									
		t_d = 100 °C					t_d = 200 °C				
		Dämmdicke s_D in mm									
		30	40	50	60	80	40	50	60	80	100
508	0,04	256	198	162	138	108	363	298	254	198	164
	0,06	374	291	240	205	160	534	440	376	294	244
	0,08	486	381	315	270	212	699	578	495	388	323
	0,10	593	467	388	333	262	857	711	611	481	401
	0,12	695	550	458	395	312	1010	841	724	572	477
ebene Fläche (Platte)	0,04	152	115	93	78	59	211	170	143	108	87
	0,06	222	170	137	115	87	311	252	211	160	129
	0,08	289	222	180	152	115	407	331	278	211	170
	0,10	352	272	222	187	143	500	407	343	262	211
	0,12	413	321	262	222	170	589	481	407	311	252

- Gesamt-Wärmeübergangszahl

  Nach Gl. (2.1-14) ist

  $\alpha_a = \alpha_k + \alpha_S = 3{,}78 + 2{,}84 = 6{,}62$ W/(m²K)

- Längenbezogener Wärmeverlust

  Er beträgt entsprechend Gl. (2.2-2)

$$\Phi_R = \frac{t_d - t_{UT}}{\frac{1}{2\,\pi\,e_B}\ln\frac{D_D}{D_o} + \frac{1}{\pi\,\alpha_a\,D_D}} = \frac{145 - 20}{\frac{1}{2\,\pi\cdot 0{,}046}\ln\frac{299}{219{,}1} + \frac{1}{\pi\cdot 6{,}62\cdot 0{,}299}}$$

$$= 101 \text{ W/m}$$

längenbezogener Wärmestrom Φ_R in W/m bzw. Wärmestromdichte ϕ_P in W/m² bei Auslegungstemperatur														
t_d = 300 °C					t_d = 400 °C					t_d = 500 °C				
Dämmdicke s_D in mm														
50	60	80	100	120	60	80	100	120	150	80	100	120	150	200
433	369	288	239	205	485	378	313	269	225	468	388	333	279	223
640	547	428	355	306	718	561	466	401	336	695	577	497	416	334
840	720	565	470	405	945	742	617	532	446	918	763	659	552	444
1035	888	700	583	503	1167	918	765	661	555	1137	947	818	687	552
1224	1053	832	694	600	1383	1092	911	788	662	1352	1129	976	820	661
248	208	157	126	105	273	206	165	138	111	255	205	171	137	103
366	307	233	187	157	404	306	246	206	165	378	305	255	205	154
481	405	307	248	208	531	404	325	273	219	500	403	338	271	205
592	500	381	307	258	656	500	404	339	273	619	500	419	338	255
701	592	453	366	307	778	594	481	404	325	736	595	500	403	305

- Kontrolle der Oberflächentemperatur

  Nach Gl. (2.1-17) ergibt sich:

$$t_O = \frac{\Phi_R}{\pi\,\alpha_a\,D_D} + t_{UT} = \frac{101}{\pi \cdot 6{,}62 \cdot 0{,}299} + 20 = 36{,}2\ °C$$

  Gegenüber dem Schätzwert von 45 °C besteht eine Abweichung von knapp 9 K. Die weitere schrittweise Näherung ergibt einen Wärmeverlust von Φ_R = 100 W/m bei einer Oberflächentemperatur von t_O = 37,2 °C.

c) Berechnungsbeispiel 2.2-2

Für die Heißwasserleitung DN 200 gemäß Berechnungsbeispiel 2.2-1 ist der Gesamtwärmeverlust bei L_S = 200 m Rohrlänge, 2 Schiebern PN 25 und 20 Flanschverbindungen PN 25 zu ermitteln.

- Äquivalente Rohrlängen für Armaturen

  Entsprechend den Erläuterungen im Abschnitt 2.1.7 (Buchstabe c) kann auf die unteren Werte von Tabelle 2.1-7 orientiert werden. Für DN 200 und t_d = 145 °C ergibt sich hierfür $L_{ä1}$ = 5 m.

- Äquivalente Rohrlängen für Flanschverbindungen

  Analog zu den Armaturen lässt sich aus Tabelle 2.1-8 ein Wert von $L_{ä2} = 0{,}9$ m ablesen.

- Faktor K_{WH} zur Berücksichtigung von Einbauten

  Gemäß Gl. (2.1-32) gilt:

$$K_{WH} = 1 + \frac{\sum L_ä}{L_S} = 1 + \frac{(2 \cdot 5) + (20 \cdot 0{,}9)}{200} = 1{,}14$$

- Längenbezogener Wärmeverlust einschließlich Einbauten

  Berechnung nach Gl. (2.2-3a):

$$\Phi_{R,WH} = \Phi_R\, K_{WH} = 100 \cdot 1{,}14 = 114 \text{ W/m}$$

  Durch Berücksichtigung der Einbauten steigt der längenbezogene Wärmeverlust gegenüber dem Berechnungsbeispiel 2.2-1 um 14 %.

d) Berechnungsbeispiel 2.2-3

Für die Heißwasserleitung DN 200 gemäß Berechnungsbeispiel 2.2-2 sollen qualitätsgerechte Dämmkappen nach DIN 4140 (Bild 2.1-5 bzw. 2.1-7) eingesetzt werden. Die Dämmdicke soll die gleiche wie beim Rohr sein, d. h. $s_{DW} = s_D = 40$ mm ($s_{DW} / s_D = 1$).

- Relative Dämmdicke Rohr
  $s_D / D_o = 40 / 219{,}1 = 0{,}183$

- Außendurchmesser Dämmkappe

  Maßgebend ist der Außendurchmesser des Flansches PN 25 gemäß DIN EN 1092-1, der 360 mm beträgt. Da die Dämmkappe nach Bild 2.1-5 nur einen lichten Durchmesser von $D_D = 299$ mm ergibt, muss die Ausführung nach Bild 2.1-7 gewählt werden. Als lichter Durchmesser wird 380 mm festgelegt. Somit beträgt der Außendurchmesser der Dämmkappe:

$$D_{DW} = 380 + 2\, s_D = 380 + 80 = 460 \text{ mm}$$

  Falls das Oberteil des Schiebers höher als 0,5 D_{DW} ist, also aus der Dämmkappe herausragt, ist ein zusätzlicher gedämmter Aufsatz erforderlich.

- Durchmesserverhältnis

  $D_{DW} / D_D = 460 / 299 = 1{,}54$

- Äquivalente Einbaulänge

  Aus Bild 2.1-8 lässt sich für $s_D / D_o = 0{,}183$ und $D_{DW} / D_D = 1{,}54$ eine äquivalente Einbaulänge von $L_ä / L_W \approx 3$ ablesen.

- Einbaulängen für Schieber

  Für geflanschte Schieber sind die Einbaulängen in DIN EN 558 festgelegt. Sie liegen für PN 25 zwischen 400 und 550 mm. Bei Orientierung auf den Höchstwert müssen für die beidseitigen Gegenflansche (Höhe Vorschweißflansch: 80 mm) und zusätzlichem Platz für Montage- und Instandhaltungsarbeiten noch rund 250 mm eingeplant werden, so dass die lichte Länge der Dämmkappe $L_{W1} = 0{,}8$ m pro Schieber beträgt.

- Einbaulängen für Flanschverbindungen

  Entsprechend den Erläuterungen zu den Armaturen ist pro Flanschverbindung mit einer Einbaulänge von $L_{W2} = 0{,}25$ m zu rechnen.

- Faktor K_{WH} zur Berücksichtigung von Einbauten

  Gemäß Gl. (2.1-32) gilt, modifiziert auf Einbaulängen:

  $$K_{WH} = 1 + \frac{L_ä}{L_W} \frac{\sum L_W}{L_R} = 1 + 3 \frac{(2 \cdot 0{,}8) + (20 \cdot 0{,}25)}{200} = 1{,}10$$

- Längenbezogener Wärmeverlust einschließlich Einbauten

  Berechnung nach Gl. (2.2-3a):

  $\Phi_{R,WH} = \Phi_R\, K_{WH} = 100 \cdot 1{,}10 = 110$ W/m

  Gegenüber dem Berechnungsbeispiel 2.2-2 liegt der Wärmeverlust erwartungsgemäß niedriger. Wird die Dicke der Dämmkappen gegenüber dem Rohr erhöht, also $s_{DW} > s_D$, kann der Wärmeverlust weiter minimiert werden.

2.2.4 Gedämmte ebene Flächen (Platten)

a) Berechnungsgrundlagen

Die Wärmestromdichte ebener Flächen beträgt unter Vernachlässigung des inneren Wärmeüberganges analog Gl. (2.2-2):

$$\phi_P = k_P \left(t_d - t_{UT}\right) = \frac{t_d - t_{UT}}{R_\lambda + R_a} = \frac{t_d - t_{UT}}{\frac{s_D}{\lambda_B} + \frac{1}{\alpha_a}} \qquad (2.2\text{-}6)$$

Zur Wärmeleitfähigkeit λ_B siehe Abschnitt 2.1.5. Für die äußere Wärmeübergangszahl α_a gilt:

- Strahlungsanteil α_S

  Für Innenräume und Außenanlagen gilt Gl. (2.1-12) bzw. (2.1-13).

- Innenräume, konvektiver Anteil

  Die Wärmeübergangszahl α_K richtet sich nach der Art der Luftströmung:

  laminar mit $H_P^3\ \Delta t_O \leq 10\ m^3K$: nach Gl. (2.1-3) oder (2.1-5)

  turbulent mit $H_P^3\ \Delta t_O > 10\ m^3K$: nach Gl. (2.1-4) oder (2.1-6)

  In den genannten Gleichungen ist der Ummantelungsdurchmesser D_D durch die Plattenhöhe H_p zu ersetzen, z. B. das gedämmte Seitenmaß eines Kanals. Die Hinweise zu Gl. (2.1-3) bis (2.1-6) im Abschnitt 2.1.3 gelten sinngemäß auch für ebene Flächen.

- Außenanlagen, konvektiver Anteil

  Nach DIN EN ISO 12241 gilt für turbulente Luftströmungen:

$$\alpha_K = 5{,}76\ \sqrt[5]{\frac{w_L^4}{H_P}} \qquad (2.2\text{-}7)$$

  Hinweise zur Luftgeschwindigkeit w_L siehe Abschnitt 2.1.2, wobei in der Regel wie bei den Rohrleitungen ein Mittelwert von $w_L = 5$ m/s angesetzt wird.

  Laminare Luftströmungen sind ebenso wie bei den Rohrleitungen (Abschnitt 2.1.3) ohne Belang.

Zur Bestimmung der Oberflächentemperatur t_O gilt in Anlehnung an Gl. (2.1-17):

Wärmedämmung $$t_O = \frac{\phi_P}{\alpha_a} + t_{UT} \quad (2.2\text{-}8a)$$

Kältedämmung $$t_O = \frac{\phi_P}{\alpha_a} - t_{UT} \quad (2.2\text{-}8b)$$

Tabelle 2.2-2 enthält auch Wärmestromdichten für ebene Flächen in Innenräumen, Tabelle 2.2-3 in Außenanlagen. Für die äußeren Wärmeübergangszahlen infolge Konvektion wurde einheitlich eine Plattenhöhe von H_P = 1 m zugrunde gelegt.

b) Anwendung auf Kanäle

Ebene Flächen treten insbesondere bei rechteckigen Kanälen auf, z. B. Rauchgaskanäle, Kohlenstaubkanäle, Abgaskanäle von Gasturbinen. Der Wärmestrom wird entsprechend DIN EN ISO 12241 auf den mittleren Kanalumfang U_m bezogen (**Bild 2.2-1**):

$$U_m = 2\,(a_o + b_o + 2\,s_D) \quad (2.2\text{-}9)$$

Hierbei ist gleiche Dämmdicke über den Kanalumfang vorausgesetzt. Der längenbezogene Wärmestrom beträgt:

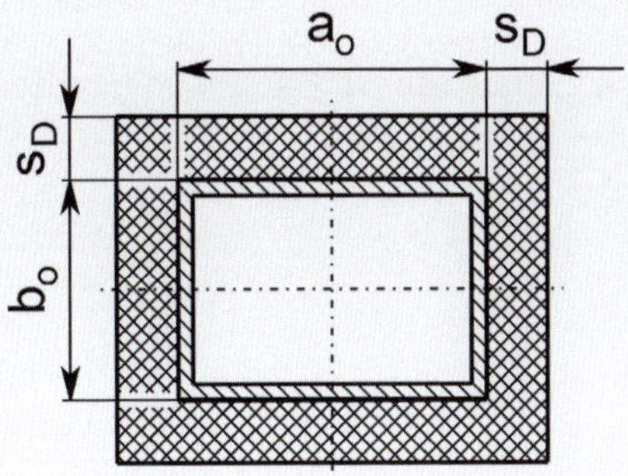

Bild 2.2-1: Querschnitt eines Rechteckkanals

$$\Phi_K = U_m \quad \phi_P = U_m \frac{t_d - t_{UT}}{\frac{s_D}{\lambda_B} + \frac{1}{\alpha_a}} = \frac{t_d - t_{UT}}{\frac{s_D}{U_m \lambda_B} + \frac{1}{U_m \alpha_a}} \qquad (2.2\text{-}10)$$

Bei anderen Anwendungen ist U_m entsprechend zu modifizieren. Beispiele:

- rechteckige Dämmungen für runde Rohrleitungen.
- Rohrleitungen großer Nennweite mit relativ kleinen Dämmdicken.
- Rechteckkanäle mit unterschiedlichen Dämmausführungen der Seiten, z. B. bei Anordnung an Decken oder in Gebäudeecken.

2.3 Temperaturänderung längs einer Rohrleitung

a) Berechnungsgrundlagen

Die Temperaturänderung längs einer Rohrleitung kann je nach Richtung des Wärmestromes durch Wärmeverluste (Temperaturabfall bei Wärmeleitungen) oder Wärmeeintrag (Temperaturanstieg bei Kälteleitungen) bedingt sein. Für Flüssigkeiten und Gase ermittelt man gemäß DIN EN ISO 12241 die Temperatur am Ende (Index E) einer Rohrleitung zu:

$$|t_E - t_{UT}| = |t_A - t_{UT}|\, e^{-\varepsilon} \qquad (2.3\text{-}1)$$

t_A bedeutet die Temperatur am Anfang der Rohrleitung, die in der Regel mit der Auslegungstemperatur t_d identisch ist. Der Exponent ε beträgt:

$$\varepsilon = \frac{\Phi_{R,WH}\, L_S}{|t_A - t_{UT}|\, m_F\, c_p} \qquad (2.3\text{-}2)$$

m_F - Massenstrom

c_p - spezifische Wärmekapazität bei der Temperatur t_A: für Wasserdampf nach Tabelle 1.4-1, für Gase nach Tabelle 1.5-1, für Wasser und andere Flüssigkeiten z. B. nach [0.3-2] Abschnitt 6.1.4

L_S - durchgemessene Rohrleitungslänge

Der längenbezogene Wärmestrom $\Phi_{R,WH}$ ist nach Abschnitt 2.2.1 zu bestimmen.

Für Rohrleitungen von geringer Länge bzw. geringem Temperaturabfall gilt folgende Näherung:

$$|t_E - t_A| = \frac{\Phi_{R,WH}\, L_S}{m_F\, c_p} \qquad (2.3\text{-}3)$$

Die Näherungsformel nach Gl. (2.3-3) ist für Temperaturdifferenzen von

$$|t_E - t_A| \leq 0{,}06\ t_A \qquad (2.3\text{-}4)$$

anwendbar.

Für Gase und Dämpfe ist zu beachten, dass eine zusätzliche Temperaturänderung infolge von adiabater Entspannung auftreten kann. Sie ist insbesondere für Wasserdampf von Bedeutung. Einzelheiten siehe Abschnitt 1.4.

b) Berechnungsbeispiel 2.3-1

Für die Heißwasserleitung DN 200 des Berechnungsbeispiels 2.2-2 beträgt der Massenstrom 11 t/h, d. h. m_F = 3,06 kg/s. Es ist der Temperaturabfall zu bestimmen.

- Spezifische Wärmekapazität

  Aus [0.3-2] Tabelle 6.1-7 kann c_p = 4290 J/(kg·K) interpoliert werden.

- Temperaturabfall

  Näherungsweise Berechnung nach Gl. (2.3-3):

$$|t_E - t_A| = \frac{\Phi_{R,WH}\, L_S}{m_F\, c_p} = \frac{110 \cdot 200}{3{,}06 \cdot 4290} = 1{,}68\ \text{K}$$

  Die Überprüfung des Geltungsbereiches der Näherungsformel gemäß Gl. (2.3-4) ergibt:

$$1{,}68\ \text{K} = |t_E - t_A| \leq 0{,}06\ t_A = 0{,}06 \cdot 145 = 8{,}7\ \text{K}$$

  d. h. die Bedingung ist eingehalten.

- Temperatur am Ende der Rohrleitung

$$t_E = t_A - |t_E - t_A| = 145 - 1{,}68 \approx 143\ °\text{C}$$

Die exakte Berechnung nach Gl. (2.3-1) ergibt einen Temperaturabfall von 1,67 K. Die Abweichung gegenüber der Näherungsformel ist also unbedeutend.

2.4 Bemessung der Dämmdicke nach der Oberflächentemperatur

2.4.1 Berechnungsgrundlagen

Die erforderliche Dämmdicke bei Vorgabe einer bestimmten Oberflächentemperatur ergibt sich durch Gleichsetzen von Gl. (2.2-2) mit der nach Φ_R aufgelösten Gl. (2.1-17). Hiernach erhält man den Ummantelungsdurchmesser D_D:

$$D_D \ln \frac{D_D}{D_o} = \frac{2\,\lambda_B}{\alpha_a} \cdot \frac{t_d - t_O}{t_O - t_{UT}} \qquad (2.4\text{-}1)$$

Bezogen auf die Dämmdicke s_D ergibt sich:

$$s_D = \frac{\lambda_B / \alpha_a}{\ln\left(1 + 2\,s_D / D_o\right)} \cdot \frac{t_d - t_O}{t_O - t_{UT}} - 0{,}5\,D_o \qquad (2.4\text{-}2)$$

Weder D_o noch s_D können explizit berechnet werden, so dass nur eine schrittweise Näherung möglich ist.

Der Oberflächentemperatur entspricht eine bestimmte Wärmestromdichte.

2.4.2 Berührungsschutz

a) Notwendigkeit eines Berührungsschutzes

Zum Schutz vor thermischen Gefährdungen darf in begehbaren Bereichen die Oberflächentemperatur der Dämmung einen bestimmten Grenzwert nicht übersteigen. Die bisher übliche Grenztemperatur lag bei 45 °C.

Gemäß BIA-Information 12/2000 liegt die Verbrennungsschwelle (Beginn von Verbrennungen 2. Grades) bei 55 °C, bezogen auf eine Kontaktdauer von 10 s. Des Weiteren können unabhängig von der Einwirkzeit bereits ab 44 °C Verbrennungen 1. Grades in Form von Hautrötungen und Schwellungen mit Schmerzen auftreten [2.4-1].

Bei Warmwasseranlagen soll zum Vermeiden von Verbrühungen bzw. Verbrennungen in Risikobereichen (Krankenhäuser, Seniorenheime, Pflegeheime) die Oberflächentemperatur gemäß DIN EN 806-2 mit 43 °C begrenzt sein, in Kindereinrichtungen sogar mit 38 °C.

Unter Berücksichtigung dessen, dass durch Wärmebrücken örtlich erhöhte Temperaturen möglich sind, sollte in zugänglichen Bereichen die Bemessungstemperatur für die Oberfläche der Dämmung bei 40 °C liegen, zudem aus Gründen des Umweltschutzes (Erderwärmung, CO_2-Ausstoß) generell auf erhöhte Dämmdicken orientiert wird.

Für zugängliche Rohrleitungen, die hingegen nur kurzzeitig betrieben werden und deren Wärme nicht nutzbar ist, z. B. Abblaseleitungen von Sicherheitsventilen, kann man zur Festlegung angemessener Dämmdicken erhöhte Oberflächentemperaturen in der Größenordnung von 100 °C zulassen, weil die Durchwärmung der Dämmung in der Regel länger dauert, als der Abblasezeitraum der Sicherheitsventile.

Für klimatisierte oder gekühlte Räume, z. B. Büroräume, Anlagen der Steriltechnik oder der Lebensmittelindustrie, werden die maximalen Oberflächentemperaturen oder Wärmestromdichten vom jeweiligen Raumplaner vorgegeben. Sie liegen in der Regel unter dem o. g. Wert für den Berührungsschutz.

b) Richtwerte für den Berührungsschutz

Für den Berührungsschutz von Rohrleitungen sind in **Tabelle 2.4-1** die erforderlichen Dämmdicken für verschiedene Auslegungstemperaturen und Betriebswärmeleitfähigkeiten λ_B angegeben. Sie beziehen sich auf eine Oberflächentemperatur von 40 °C und sind Mindestwerte, die auf die nächsthöheren konfektionierten Dämmdicken aufzurunden sind. Sie gelten sowohl für Innenräume, als auch für Außenrohrleitungen, da eine unbeabsichtigte Berührung von warmgehenden Außenrohrleitungen auch in den Sommermonaten bei Windstille stattfinden kann.

In Ermangelung anderweitiger Kriterien werden die Dämmdicken von Innenrohrleitungen häufig für eine Oberflächentemperatur von 40 °C dimensioniert. Dem entsprechen je nach Auslegungstemperatur, Nennweite und Betriebswärmeleitfähigkeit Wärmestromdichten ϕ_R von 170 bis 220 W/m², bezogen auf den Ummantelungsumfang.

Für ebene Flächen (z. B. für Kanäle) kann s_D explizit dargestellt werden:

$$s_D = \frac{\lambda_B}{\alpha_a} \frac{t_d - t_O}{t_O - t_{UT}} \tag{2.4-3}$$

Die hiernach ermittelten Dämmdicken sind zur Information in Tabelle 2.4-1 zusätzlich enthalten.

Tabelle 2.4-1: Erforderliche Dämmdicke von Rohrleitungen bzw. ebenen Flächen für t_{UT} = 20 °C und einer Oberflächentemperatur von 40 °C für verschiedene Auslegungstemperaturen t_d und Betriebswärmeleitfähigkeiten λ_B

D_o in mm	Dämmdicke s_D in mm bei t_O = 40 °C und Auslegungstemperatur									
	t_d = 100 °C					t_d = 200 °C				
	λ_B in W/(m·K)									
	0,04	0,06	0,08	0,10	0,12	0,04	0,06	0,08	0,10	0,12
60,3	10	14	18	22	26	23	33	42	50	59
114,3	11	16	20	25	29	26	38	49	59	69
168,3	11	17	22	27	32	28	41	53	64	75
219,1	12	17	23	28	33	30	43	56	68	79
323,9	12	18	24	30	35	32	46	60	73	86
406,4	13	19	25	31	36	33	48	62	76	90
508	13	19	25	32	38	34	49	64	79	93
Platte	13	20	26	33	39	35	52	69	87	104
D_o in mm	Dämmdicke s_D in mm bei t_O = 40 °C und Auslegungstemperatur									
	t_d = 300 °C					t_d = 400 °C				
	λ_B in W/(m·K)									
	0,04	0,06	0,08	0,10	0,12	0,04	0,06	0,08	0,10	0,12
60,3	35	49	63	75	88	46	65	82	98	114
114,3	41	58	73	89	103	54	76	96	116	135
168,3	44	63	80	97	113	59	83	106	128	148
219,1	46	66	85	103	120	62	88	113	136	158
323,9	50	72	92	112	131	67	95	123	148	173
406,4	51	74	96	117	138	69	100	129	156	182
508	53	77	100	122	144	72	104	134	163	191
Platte	56	85	113	141	169	78	117	156	195	234
D_o in mm	Dämmdicke s_D in mm bei t_O = 40 °C und Auslegungstemperatur									
	t_d = 500 °C					t_d = 600 °C				
	λ_B in W/(m·K)									
	0,04	0,06	0,08	0,10	0,12	0,04	0,06	0,08	0,10	0,12
60,3	57	79	100	120	140	67	93	118	141	164
114,3	66	93	118	142	165	78	110	139	167	193
168,3	72	102	130	156	182	86	120	153	184	213
219,1	77	109	138	167	194	91	128	163	196	228
323,9	83	118	151	183	213	99	140	179	215	251
406,4	86	124	159	192	224	103	147	188	227	264
508	90	129	166	202	236	107	154	197	238	278
Platte	100	150	199	249	299	121	182	243	304	364

2.4.3 Schwitzwasserdämmung

a) Auftreten von Schwitzwasser

Tauwasser (häufig auch als Schwitzwasser bezeichnet) an Kältedämmungen oder an ungedämmten Rohrleitungen mit kalten Fluiden, z. B. Kaltwasserleitungen, ist aus folgenden Gründen zu vermeiden:

- Verursachung von Korrosionen am ungedämmten Rohr oder bei gedämmten Rohrleitungen an den Ummantelungen aus Stahlblech.

- Verminderung der Dämmwirkung bei Durchfeuchtung des Dämmstoffes.

- Funktionsstörungen und/oder Beschädigungen infolge von Tropfwasser an darunter liegenden Ausrüstungen und Einrichtungen.

Mit Schwitzwasser ist zu rechnen, wenn die Fluidtemperatur, in der Regel die Auslegungstemperatur t_d, unter der Umgebungstemperatur t_{UT} liegt, d. h.

$$t_d < t_{UT} \qquad (2.4\text{-}4)$$

Bei Außenanlagen ist mit starken Schwankungen der Umgebungstemperatur zu rechnen (siehe Abschnitt 2.1.2), so dass sich der Wärmefluss durchaus umkehren kann.

b) Vermeidung von Tauwasserbildung

Die Dämmdicke muss so bemessen sein, dass die sich einstellende Oberflächentemperatur t_O bei allen vorkommenden Umgebungsbedingungen (Umgebungstemperatur t_{UT} und relative Luftfeuchte φ_{UT}) über der Taupunkttemperatur t_{Tau} liegt.

Für Freianlagen unter mitteleuropäischen Verhältnisse kann mit maximal 85 % Luftfeuchtigkeit gerechnet werden. In Feuchträumen (z. B. Kühlkeller) sind Werte bis zu φ_{UT} = 95 % möglich.

Die Untertemperatur Δt_{Tau} ist aus VDI 2055 Blatt 1 zu entnehmen (**Tabelle 2.4-2**). DIN EN ISO 12241 enthält die gleichen Werte, allerdings nur für Umgebungstemperaturen bis -20 °C.

Die Dämmdicke einer Rohrleitung ist gegen Taupunktunterschreitung ausreichend bemessen, wenn die Bedingung

$$t_O \geq t_{Tau} = t_{UT} - \Delta t_{Tau} \qquad (2.4\text{-}5)$$

bei allen möglichen Umgebungsbedingungen erfüllt ist. Die erforderliche Dämmdicke ist nach Gl. (2.4-1) bzw. (2.4-2) zu bestimmen, indem die Oberflächentem-

Tabelle 2.4-2: Zulässige Untertemperatur Δt_{Tau} zur Vermeidung von Tauwasserbildung (Auszug aus VDI 2055 Blatt 1)

Lufttemperatur t_{UT} in °C	zulässige Temperaturdifferenz Δt_{Tau} in K bei einer relativen Luftfeuchtigkeit φ_{UT} in %													
	30	35	40	45	50	55	60	65	70	75	80	85	90	95
-30	11,1	9,8	8,6	7,5	6,6	5,7	4,9	4,2	3,5	2,8	2,2	1,6	1,1	0,6
-25	11,5	10,1	8,9	7,8	6,8	5,9	5,1	4,3	3,6	2,9	2,3	1,7	1,1	0,6
-20	12	10,4	9,1	8	7	6	5,2	4,5	3,7	2,9	2,3	1,7	1,1	0,6
-15	12,3	10,8	9,6	8,3	7,3	6,4	5,4	4,6	3,8	3,1	2,5	1,8	1,2	0,6
-10	12,9	11,3	9,9	8,7	7,6	6,6	5,7	4,8	3,9	3,2	2,5	1,8	1,2	0,6
-5	13,4	11,7	10,3	9	7,9	6,8	5,8	5	4,1	3,3	2,6	1,9	1,2	0,6
0	13,9	12,2	10,7	9,3	8,1	7,1	6	5,1	4,2	3,5	2,7	1,9	1,3	0,7
5	14,9	13,2	11,6	10,2	9	7,9	6,8	5,9	5	4	3,1	2,3	1,5	0,7
10	16	14,2	12,6	11,2	10	8,6	7,4	6,3	5,2	4,2	3,3	2,4	1,6	0,8
15	17,1	15,3	13,5	11,8	10,3	8,9	7,7	6,5	5,4	4,3	3,4	2,5	1,7	0,8
20	18,1	15,9	14	12,3	10,7	9,3	8	6,8	5,6	4,6	3,6	2,6	1,7	0,8
25	18,7	16,5	14,5	12,7	11,1	9,6	8,3	7	5,8	4,7	3,7	2,7	1,8	0,9
30	19,5	17,1	15,1	13,2	11,6	10,1	8,6	7,3	6,1	5	3,8	2,8	1,8	0,9
35	20,2	17,7	15,7	13,7	12	10,4	9	7,6	6,3	5,1	4	2,9	1,9	0,9
40	20,9	18,4	16,1	14,2	12,4	10,8	9,3	7,9	6,5	5,3	4,1	3	2	0,9
45	21,6	19	16,7	14,7	12,8	11,2	9,6	8,1	6,8	5,5	4,3	3,1	2,1	0,9
50	22,3	19,7	17,3	15,2	13,3	11,6	9,9	8,4	7	5,7	4,4	3,2	2,1	0,9

peratur t_O entsprechend Gl. (2.4-5) vorgegeben wird. Wie bei anderen dämmtechnischen Berechnungen ist eine Lösung nur durch schrittweise Näherung möglich.

Bei ungedämmten Rohrleitungen ist wegen $t_O \approx t_d$ merkbar früher mit Taupunktunterschreitung zu rechnen, als bei gedämmten. Eine Schwitzwasserdämmung ist daher bereits ab Fluidtemperaturen von +15 °C entsprechend **Tabelle 2.4-3** zu empfehlen. Sie enthält Dämmdicken nach DIN EN ISO 12241 für Innenräume (t_{UT} = 20 °C) mit einer Betriebswärmeleitfähigkeit λ_B, die einem Elastomerschaum (FEF) entspricht.

In **Tabelle 2.4-4** wurden die für Taupunktunterschreitungen bei den Umgebungstemperaturen 20 °C und 0 °C errechneten Mindestdämmdicken zusammengestellt. Es ist erkennbar, dass für die Bemessung der Schwitzwasserdämmung je nach Fluidtemperatur unterschiedliche Umgebungstemperaturen maßgebend sein können. Weitere Berechnungen mit der Umgebungstemperatur t_{UT} = -20 °C

Tabelle 2.4-3: Empfohlene Dämmdicken zur Verhütung von Tauwasserbildung nach DIN EN ISO 12241 (Umgebungstemperatur: t_{UT} = 20 °C), Betriebswärmeleitfähigkeit bei -10 °C: λ_B = 0,04 W/(m·K); bei -100 °C: λ_B = 0,033 W/(m·K)

Rohraußen-durchmesser D_o in mm	Dämmdicke in mm bei Auslegungstemperatur t_d in °C																		
	+15	+10	+5	0	-5	-10	-15	-20	-25	-30	-35	-40	-45	-50	-55	-60	-65	-70	-75
	relative Luftfeuchtigkeit φ_{UT} = 85 %; dunkelgraue Zellen: φ_{UT} = 80 %																		
26,9	15	15	-	30	30	40	40	50	50	-	65	-	-	-	80	-	-	-	-
33,7	-	15	-	25	25	30	30	-	40	-	50	50	-	-	65	65	-	-	-
38	-	-	-	-	-	-	-	-	-	-	-	-	-	-	-	90	90	-	-
60,3	-	-	-	-	-	-	-	-	-	-	-	-	-	-	-		80 100	100	-
70	15	15	-	-	-	-	-	-	-	-	-	-	-	-	-	-	-	-	-
76,1	-	-	25	-	-	-	-	-	-	-	-	-	-	-	-	-	-	-	-
82,5	-	-	-	40	40	-	-	-	-	-	-	-	-	-	-	-	-	-	-
88,9	-	-	-	-	-	50	-	-	-	-	-	-	-	-	-	-	-	90	-
95	-	-	-	-	-	-	65	65	-	-	-	-	-	-	-	-	-	-	-
101,6	-	-	-	-	-	-	-	-	-	80	80	-	-	-	-	-	-	120	120
127	-	-	-	-	-	-	-	-	-	-	-	90	-	-	-	-	-	100	100
133	-	-	-	-	-	-	-	-	-	-	-	-	100	100	-	-	-	-	-
159	-	25	-	-	-	-	-	-	-	-	-	-	-	-	-	-	-	-	-
177,8	-	-	30	-	-	-	-	-	-	-	-	-	-	-	120	120	-	-	-
219,1	-	-	-	40	-	-	-	-	-	-	-	-	-	-	-	-	-	-	-
273	-	-	-	-	-	-	-	-	-	-	-	-	-	-	-	-	140	140	-
298,5	-	-	-	-	-	-	-	-	-	-	-	-	-	-	-	-	-	120	-
323,9	-	-	-	50	50	-	-	-	-	-	-	-	-	-	-	-	-	-	-
355,6	15	15	25	30	40	50	50	65	65	-	80	-	-	-	-	-	-	-	-
419	-	-	-	-	65	65	-	-	-	-	-	90	90	-	-	-	-	160	160
508	-	-	-	-	-	-	80	80	-	-	-	-	100	100	-	-	-	-	-
609,6	-	-	-	-	-	-	-	90	100	100	120	-	140	140	-	120	-	-	-
711,2	-	-	-	-	-	-	-	-	-	-	-	-	-	-	-	160	160	-	-
812,2	-	-	-	-	-	-	-	-	-	-	-	-	-	-	-	-	-	140 180	140 180

Tabelle 2.4-4: Mindestdämmdicken von Rohrleitungen bzw. ebenen Flächen zum Vermeiden von Schwitzwasserbildung

Umgebungstemperatur: t_{UT} = 20 °C; relative Luftfeuchtigkeit: φ_{UT} = 85 %; Betriebswärmeleitfähigkeit: λ_B = 0,04 W/(m·K)

D_o in mm	Mindestdämmdicke s_D in mm bei t_{UT} = 20 °C (Δt_{Tau} = 2,6 K) und Auslegungstemperatur t_d in °C									
	+15	+10	0	-10	-20	-30	-40	-50	-60	-70
60,3	4	12	25	37	48	58	68	77	86	95
114,3	4	13	28	42	55	67	79	90	101	111
168,3	5	14	30	46	60	73	86	98	110	122
219,1	5	14	32	48	63	77	91	104	117	129
323,9	5	15	33	51	67	83	98	113	127	141
406,4	5	15	34	53	70	86	102	118	133	147
508	5	15	35	54	72	89	106	122	138	154
610	5	16	36	55	74	92	109	126	143	159
813	5	16	37	57	77	96	114	132	149	167
Platte	5	16	39	61	83	105	127	149	171	193

D_o in mm	Mindestdämmdicke s_D in mm bei t_{UT} = 0 °C (Δt_{Tau} = 1,9 K) und Auslegungstemperatur t_d in °C									
	+15	+10	0	-10	-20	-30	-40	-50	-60	-70
60,3	keine Tauwasserbildung, da $t_d \geq t_{UT}$			19	39	56	72	87	101	115
114,3				22	45	65	84	102	118	135
168,3				23	48	71	92	112	130	148
219,1				24	51	75	97	118	139	158
323,9				26	54	81	105	129	151	172
406,4				27	56	84	109	134	158	181
508				27	58	87	114	140	165	189
610				28	59	89	118	145	171	196
813				28	61	93	123	152	180	207
Platte				29	66	102	139	175	211	247

ergaben, dass die hiernach errechneten Dämmdicken durchgehend niedriger als für 20 °C und 0 °C liegen, also zur Bemessung nicht in Betracht kommen, falls nicht dauerhaft tiefe Umgebungstemperaturen wie in Kühlkellern vorhanden sind.

Wie bei anderen Bemessungsverfahren sind die in Tabelle 2.4-4 enthaltenen Werte auf die nächsthöhere konfektionierte Dämmdicke aufzurunden.

2.5 Auskühlzeiten abgesperrter Flüssigkeitsleitungen

a) Berechnungsgrundlagen

Stillstehende Flüssigkeitsleitungen, insbesondere Wasserleitungen, können bei niedrigen Umgebungstemperaturen einfrieren. Durch eine optimal bemessene Dämmschicht kann das Einfrieren zwar nicht verhindert, aber der Abkühlvorgang zeitlich verzögert werden.

Die Abkühlzeit Z_E in Sekunden bzw. in Stunden bis zum Beginn des Einfrierens kann in Anlehnung an DIN EN ISO 12241 nach folgender vereinfachter Gleichung berechnet werden:

$$Z_E = S \frac{W_F + W_R}{\Phi_{R,WH}} = S \frac{(M_F\, c_F + M_R\, c_R)\,(t_o - t_G)}{3600\, \Phi_{R,WH}} \,[h] \qquad (2.5\text{-}1)$$

Es bedeuten:

- Arbeitstemperatur t_o

  Die Arbeitstemperatur t_o (siehe Abschnitt 0.2.3) zum Zeitpunkt des Stillstandes der Rohrleitung ist in der Regel nicht identisch mit der Auslegungstemperatur t_d.

- Temperatur des Gefrier- oder Erstarrungspunktes t_G

  Für reines Wasser beträgt t_G = 0 °C. Durch Beimischungen (Frostschutzmittel) kann t_G abgesenkt werden.

- Sicherheit S

  Bei der Ermittlung der Abkühlzeit wird ein ungestörter Rohrabschnitt vorausgesetzt, d. h. Trag- und Stützkonstruktionen sowie Einbauten sind nicht berücksichtigt. Es wird demzufolge empfohlen, die ermittelte Abkühlzeit um 25 % zu kürzen, was einer Sicherheit von S = 0,75 entspricht.

- Speicherwärme der Flüssigkeit W_F

  Sie bezieht sich auf die Längeneinheit des Rohres und beträgt:

$$W_F = M_F\, c_F\, (t_o - t_G) \qquad (2.5\text{-}2)$$

$$M_F = \frac{\pi\, d_i^2}{4}\, \rho_F \qquad (2.5\text{-}3)$$

Für Wasser kann die Dichte ρ_F aus Tabelle 1.2-1, die spezifische Wärme c_F aus Tabellenwerken oder nach [0.3-2] Tabelle 6.1-7 ermittelt werden. Beide Werte sollten auf eine mittlere Fluidtemperatur bezogen werden:

$$t_{o,m} = 0{,}5\ (t_o - t_G) \qquad (2.5\text{-}4)$$

- Speicherwärme des Rohres W_R

  Sie bezieht sich analog zur Flüssigkeit auf die gleiche Längeneinheit und beträgt:

$$W_R = M_R\ c_R\ (t_o - t_G) \qquad (2.5\text{-}5)$$

$$M_R = \pi\ (D_o - e_{ord})\ e_{ord}\ \rho_R \qquad (2.5\text{-}6)$$

  Die physikalischen Kennwerte für den Rohrwerkstoff sind aus Tabellenwerken zu entnehmen, z. B. die Dichte ρ_R nach [0.3-1] Tabelle 1.11-1, die spezifische Wärme c_R für Stahl nach [0.3-1] Tabelle 1.11-8.

- Wärmeverlust der Rohrleitung $\Phi_{R,WH}$

  Der Wärmeverlust ist nach Gl. (2.2-2) in Verbindung mit Gl. (2.2-3a) zu bestimmen, wobei für den Abkühlungszeitraum statt der Auslegungstemperatur t_d die mittlere Fluidtemperatur $t_{o,m}$ nach Gl. (2.5-4) einzusetzen ist.

- Umgebungstemperatur t_{UT}

  Sie bezieht sich ebenso wie die Arbeitstemperatur t_o auf den Zeitpunkt des Stillstandes der Rohrleitung, sie ist also nicht unbedingt identisch mit der für die Auslegung maßgebenden Umgebungstemperatur entsprechend Abschnitt 2.1.2.

Die Speicherwärme der Dämmung ist vernachlässigbar. Anhaltswerte für zu erwartende Auskühlzeiten sind in **Bild 2.5-1** angegeben. Grundlage sind nahtlose Rohre (DN 200 geschweißte Rohre) aus Stahl, mit Vorzugsabmessungen entsprechend Band I Tabelle 4.1-2. Es ist zu beachten, dass Ableitungen von kleiner Nennweite (z. B. Entlüftungen und/oder Entleerungen) merkbar früher einfrieren als die Hauptleitung, auch wenn ein gewisser Wärmeaustausch zwischen Hauptleitung und Ableitung erfolgt.

In DIN EN ISO 12241 sind des Weiteren auch Berechnungsformeln für Rohrleitungen mit Eisansatz angegeben. Eisansätze sind jedoch weitgehend zu vermeiden, da die behinderte Volumenausdehnung des Eises eine erhebliche Drucksteigerung im Wasser bedingen kann.

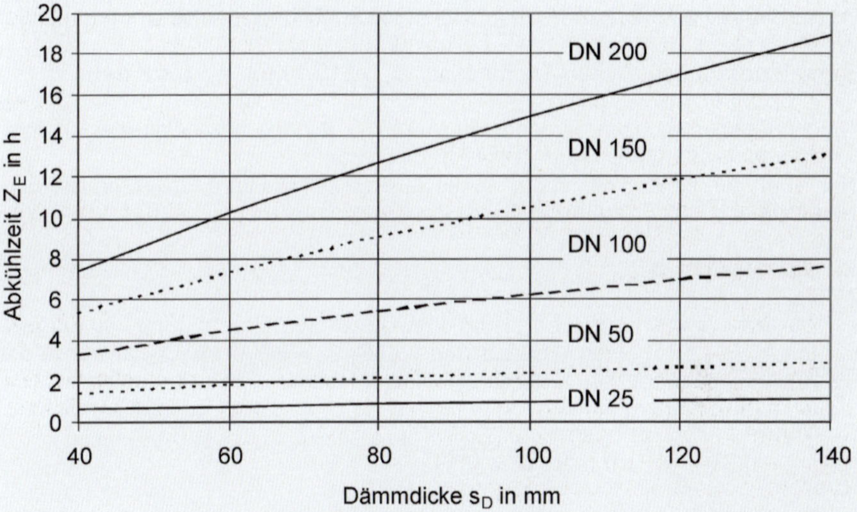

Bild 2.5-1: Auskühlzeit Z_E von wärmegedämmten Wasserleitungen mit λ_B = 0,08 W/(m·K) bei Abkühlung von t_o = 10 °C bis zum Gefrierpunkt t_G = 0 °C bei einer Umgebungstemperatur von t_{UT} = -20 °C

Liegt die Auskühlzeit trotz optimaler Dämmschichtdicke zu niedrig, sind andere Maßnahmen erforderlich, z. B.:

- Beheizen der Rohrleitung, auch durch gemeinsame Dämmung mit einer anderen, ständig betriebenen Rohrleitung.
- Verlegen der Leitung in frostfreie Tiefen.
- Rechtzeitiges oder automatisches Entleeren der Rohrleitung bei Stillstand.
- Sicherung eines ständigen geringen Wasserdurchflusses, des sog. Frostschutzlaufes.

b) Berechnungsbeispiel 2.5-1

Für eine freiverlegte Kaltwasserleitung DN 200 mit einer Arbeitstemperatur von t_o = 8 °C wurde zum Vermeiden einer Begleitheizung und zur Verhinderung der

Taupunktunterschreitung eine Dämmdicke von s_D = 100 mm festgelegt. Die Dämmung besteht aus Mineralwolleschalen, als Umhüllung dient Aluminiumblech.

Rohrabmessungen: Außendurchmesser D_o = 219,1 mm, e_{ord} = 4,5 mm.

Umgebungsbedingungen: Temperatur t_{UT} = -15 °C, Windgeschwindigkeit w_L = 1 m/s.

Für einen eventuellen Stillstand ist die Auskühlzeit bis zum Einsetzen der Eisbildung bei t_G = 0 °C zu ermitteln.

- Wärmestrom $\Phi_{R,WH}$

  Die Berechnung nach Gl. (2.2-3a) ergab unter Berücksichtigung von Einbauten (K_{WH} = 1,15) einen Wärmestrom von $\Phi_{R,WH}$ = 8,3 W/m. Dabei wurde die Auslegungstemperatur t_d durch die mittlere Fluidtemperatur $t_{o,m}$ entsprechend Gl. (2.5-4) ersetzt:

  $$t_{o,m} = 0{,}5\,(t_o - t_G) = 0{,}5\,(8 - 0) = 4\ °C$$

  Der Strahlungskoeffizient für oxidiertes Aluminiumblech wurde aus Tabelle 2.1-4 mit $C_{12} = 0{,}74\ W/(m^2 \cdot K^4)$ entnommen. Für Mineralwolleschalen lässt sich aus Tabelle 2.1-5 eine Nenn-Wärmeleitfähigkeit λ_N = 0,035 W/(m·K) ablesen. Da keine Trag- und Stützkonstruktionen benötigt werden ($\Delta\lambda_{TS}$ = 0), ergibt sich die Betriebswärmeleitfähigkeit gemäß Gl. (2.1-19) mit dem Faktor K_N = 1,1 entsprechend Abschnitt 2.1.5 (Buchstabe c) zu:

  $$\lambda_B = K_N\,\lambda_N = 1{,}1 \cdot 0{,}035 \approx 0{,}04\ W/(m \cdot K)$$

- Speicherwärme der Flüssigkeit W_F

  Berechnung nach Gl. (2.5-2) in Verbindung mit Gl. (2.5-3):

  $$W_F = \frac{\pi\, d_i^2}{4}\,\rho_F\, c_F\,(t_o - t_G) = \frac{\pi\,(0{,}2191 - 2 \cdot 0{,}0045)^2}{4} \cdot 1000 \cdot 4200 \cdot (8 - 0)$$

  $$= 1165 \cdot 10^3\ J/m$$

  Die physikalischen Kennwerte wurden für die mittlere Fluidtemperatur $t_{o,m}$ = 4 °C ermittelt: Dichte $\rho_F = 1000\ kg/m^3$ aus Tabelle 1.2-1, spezifische Wärme c_F = 4200 J/(kg·K) nach [0.3-2] Tabelle 6.1-7.

- Speicherwärme des Rohres W_R

  Berechnung nach Gl. (2.5-5) in Verbindung mit Gl. (2.5-6):

$$W_R = \pi\,(D_o - e_{ord})\,e_{ord}\,\rho_R\,c_R\,(t_o - t_G)$$

$$= \pi\,(0{,}2191 - 0{,}0045) \cdot 0{,}0045 \cdot 7850 \cdot 460\,(8 - 0) = 88 \cdot 10^3\ \text{J/m}$$

Physikalische Kennwerte für Stahl: Dichte ρ_R = 7850 kg/m³ nach [0.3-1] Tabelle 1.11-1; spezifische Wärme c_R = 460 J/(kg·K) nach [0.3-1] Tabelle 1.11-8.

- Auskühlzeit Z_E

  Berechnung nach Gl. (2.5-1):

$$Z_E = S\,\frac{W_F + W_R}{\Phi_{R,WH}} = S\,\frac{W_F + W_R}{3600\,\Phi_{R,WH}}\,[\text{h}] = 0{,}75\,\frac{1165 + 88}{3600 \cdot 8{,}3}\,10^3 = 31{,}4\ \text{h}$$

2.6 Wirtschaftliche Dämmschichtdicken

Zum überwiegenden Teil werden die Dämmschichtdicken nach betriebstechnischen Gesichtspunkten ermittelt (siehe Auslegungsempfehlungen im Abschnitt 2.7). Es besteht jedoch auch die Möglichkeit, diese nach wirtschaftlichen Gesichtspunkten zu berechnen, indem das Minimum aus den jährlichen Energie- und Betriebskosten gebildet wird [2.6-1].

- Energiekosten

  Mit zunehmender Dämmdicke sinken die Wärmeverluste und somit die aufzuwendenden Energiekosten. Sie sind für Fernwärmeleitungen noch relativ einfach feststellbar und liegen bei Heißwasser je nach Anbieter z. Z. bei 0,10 bis 0,12 €/kWh. Sie beinhalten alle Kosten, einschließlich CO_2-Abgaben [2.6-2], bis Übergabestelle Verbraucher. Gleiches gilt sinngemäß auch für die Bereitstellung von Industriedampf oder Kühlsole in Gewerbegebieten.

  Bei den in Kraftwerken und Industrieanlagen anzusetzenden Energiekosten gibt es allerdings unterschiedliche Berechnungsmöglichkeiten. Zum Einen ist in verwertbare oder nicht verwertbare Wärmeverluste zu unterscheiden. Zu letzteren gehören z. B. die Wärmeverluste an Abblaseleitungen von Sicherheitsventilen oder an Kondensatleitungen von Niederdruckvorwärmern, die in den Kondensator einbinden. Andererseits gibt es sehr unterschiedliche Ausnutzungsgrade der Energieerzeugungsanlagen, je nachdem, ob primär Elektroenergie (z. B. Kondensationskraftwerke) oder Wärme (z. B. Heizwerke) erzeugt wird. Da noch weitere Gesichtspunkte die Wärmeverlustkosten beeinflussen, ist der Rohrleitungsplaner auf konkrete Vorgaben des Gesamtplaners oder Betreibers angewiesen.

- Betriebskosten

  Mit zunehmender Dämmdicke steigen die Investitionskosten und damit im Zusammenhang die Betriebskosten für Instandhaltung (etwa 2 % der Investitionskosten), Kreditierung (Zinsen, Tilgung) und Abschreibung (Nutzungsdauer je nach Anlagenart 8 bis 25 Jahre).

  Bei den Investitionskosten ist der Rohrleitungsplaner auf die Zuarbeit des Herstellers der Dämmung angewiesen, da allgemeine Richtwerte von den endgültigen Preisen stark abweichen können und somit das Ergebnis verfälschen. Eine Zuarbeit wird aber aus verständlichen Gründen kaum geleistet, da zum Zeitpunkt der Raumplanung dem Hersteller der Dämmung noch keine verbindlichen Zusagen zur Lieferung und Montage gegeben werden können.

Aus o. g. Gründen ist zwar die Ermittlung einer wirtschaftlichen Dämmdicke anzustreben, insbesondere für die kostenintensiven Frischdampf- und Zwischenüberhitzungsleitungen sowie für oberirdische Fernleitungen, aber in der Praxis oft nicht zu verwirklichen. Liegen die Voraussetzungen aber vor, schätzt man zunächst die Dämmdicke, z. B. auf Grundlage der Oberflächentemperatur gemäß Tabelle 2.4-1, oder nach dem Wärmestrom entsprechend Tabelle 2.2-2 (Innenanlagen) bzw. Tabelle 2.2-3 (Außenrohrleitungen). Danach wird die Dämmdicke entsprechend ihrer Stufung variiert und die bei der jeweiligen Stufe anfallende Summe aus Energie- und Betriebskosten gebildet.

Diejenige Dämmdicke, bei der die Summe der jährlichen Aufwendungen ein Minimum ergibt, wird als wirtschaftliche Dämmschichtdicke bezeichnet. Im **Bild 2.6-1** ist das Ergebnis in idealisierter Form als Kurve dargestellt. In der Praxis handelt es sich um eine Stufenlinie, die die gleiche Aussagekraft hat.

Man unterscheidet zwischen einem statischen und einem dynamischen Kostenminimum. Das statische Kostenminimum (Bild 2.6-1 oben) geht von konstanten Kostenverhältnissen während der Nutzungsdauer aus. Beim dynamischen Kostenminimum (Bild 2.6-1 unten) werden hingegen sowohl Energiepreissteigerungen berücksichtigt, die aus erhöhten Kosten für Verknappung, Verarbeitung, Transport und Umweltschutz resultieren, als auch die zu erwartenden Inflationsraten bei den Kosten für Instandhaltung und Abschreibung (Wiederbeschaffung). Das dynamische Kostenminimum führt bei jährlich steigenden Wärmeverlustkosten zu größeren Dämmschichtdicken als das statische Kostenminimum (siehe hierzu auch [2.6-1]).

Zur Berechnung der wirtschaftlichen Dämmschichtdicke sind eine Vielzahl von Annahmen erforderlich, die mehr oder weniger stark das Ergebnis beeinflussen.

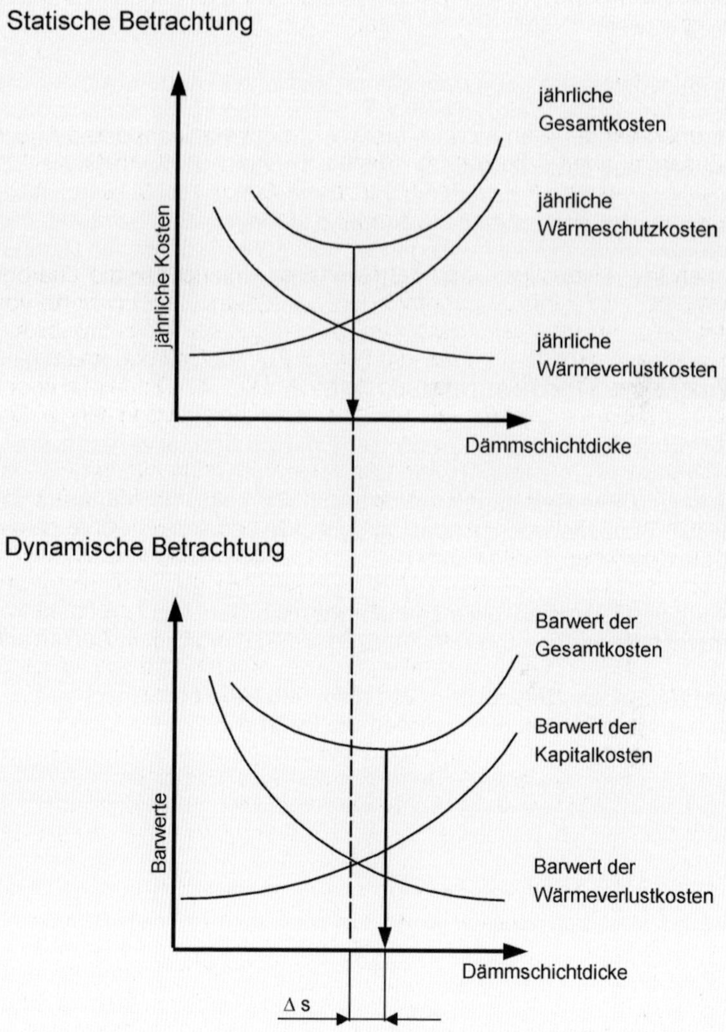

Bild 2.6-1: Ermittlung der wirtschaftlichen Dämmschichtdicke nach statischen und dynamischen Kostengesichtspunkten gemäß VDI 2055 Blatt 1.
Als Barwert ist die Summe der abgezinsten Kosten während der Lebensdauer der Dämmung zu verstehen.

Zu Details der recht aufwändigen Berechnungen muss auf VDI 2055 Blatt 1 verwiesen werden.

Auf die Dynamisierung kann dabei kaum verzichtet werden, wie das Beispiel der Fernwärmekosten zeigt, die sich in den letzten 10 Jahren aus den unterschiedlichsten Gründen um 50 bis 60 % erhöht haben. Wahrscheinlich ist aus den gleichen Gründen AGI Q 156 Teil 1 nicht mehr aktualisiert, sondern zurückgezogen worden, obwohl erhöhte Energiekosten etwas zeitversetzt auch steigende Investitionskosten der Dämmung bedingen. Das bedeutet, dass das Kostenniveau zwar absolut gestiegen ist, sich aber die optimalen Dämmdicken gar nicht so stark von denjenigen früherer Jahre unterscheiden.

2.7 Sonstige Bemessungsregeln

2.7.1 Mindestdämmdicken nach der Energieeinsparverordnung

Entsprechend Energieeinsparverordnung [2.7-1] sind für Innenräume die in **Tabelle 2.7-1** angegebenen Mindestdämmdicken verbindlich. Für Außenanlagen gelten die doppelten Dämmdicken.

Die Angaben basieren auf einer Betriebswärmeleitzahl von $\lambda_B = 0{,}035$ W/(m·K). Für Dämmstoffe mit $\lambda_B > 0{,}035$ W/(m·K) ist die Dämmdicke anteilig zu erhöhen.

An Durchführungen, Kreuzungen, Verteilern und Heizkörperanschlussleitungen bis 4 m Länge (Stichleitungen) dürfen die in Tabelle 2.7-1 angegebenen Mindestdämmdicken um 50 % vermindert werden.

Tabelle 2.7-1: Mindestdämmdicken gemäß Heizungsanlagen-Verordnung [1.4-3]

Leitungsart	Innendurchmesser d_i in mm		Mindestdämmdicke s_D in mm
	von	bis	
Heizleitungen in Gebäuden	≤ 22		20
	> 22	35	30
	> 35	100	d_i in mm
	> 100		100
Kaltwasser- und Kälteleitungen	-		6

2.7.2 Mindestdämmdicken an Halterungen

Die Laschen der Biegeschellen von Rohrhalterungen (Bild 2.1-1) dürfen nicht die Ummantelung durchdringen. Mindestdämmdicken für Schellen nach DIN 3567 sind in **Tabelle 2.7-2** angegeben. Die Werte enthalten keine Reserven, d. h. bei ihrer Unterschreitung kann es zu Kollisionen mit der Ummantelung kommen.

Für spezielle Ausführungen von rohrumschließenden Halterungsbauteilen sind die Herstellerunterlagen maßgebend.

Tabelle 2.7-2: Mindestdämmdicken bei Verwendung von Schellen nach DIN 3567

Rohraußendurchmesser D_o in mm		Mindestdämmdicke s_D in mm
von	bis	
21,3	48,3	50
60,3	88,9	60
114,3	219,1	70
273	355,6	80
406,4	508	90
559	610	120 [1)]
711	813	130 [1)]
914	1220	140 [1)]

[1)] nicht in DIN 3567 enthalten, nach Herstellerangaben errechnet [0.3-4].

2.7.3 Bemessung nach der Wärmestromdichte

Gemäß AGI Q 101 soll für Rohrleitungen in Kraftwerken die Bemessung der Dämmung innerhalb und außerhalb von Gebäuden für eine maximale Wärmestromdichte von 150 W/m² erfolgen. Die sich hiernach ergebenden Dämmdicken werden hinsichtlich Platzbedarf und Investitionskosten als akzeptabel eingeschätzt. Des Weiteren wird innerhalb der Kesselräume eine Wärmestromdichte von 200 W/m² empfohlen, da die von der Dämmung abgegebene Wärmemenge größtenteils als vorgewärmte Verbrennungsluft dem Kessel wieder zugeführt wird. Wärmestromdichten von 200 W/m² entsprechen einem Berührungsschutz mit einer Oberflächentemperatur von etwa 40 °C (siehe Tabelle 2.4-1).

In **Tabelle 2.7-3** sind für Rohrleitungen in Innenräumen, in **Tabelle 2.7-4** desgleichen für Außenanlagen die erforderlichen Mindestdämmdicken für eine Wärmestromdichte von 150 W/m² zusammengestellt. Sie sind auf die jeweils nächsthöhere konfektionierte Dämmdicke aufzurunden. In der Praxis werden die o. g.

Tabelle 2.7-3: Mindestdämmdicken bei unterschiedlichen Wärmestromdichten in Innenräumen (t_{UT} = 20 °C)

D_o in mm	Wärmestromdichte ϕ_R = 150 W/m² bei Auslegungstemperatur t_d					
	100 °C	200 °C	300 °C	400 °C	500 °C	600 °C
60,3	17	49	94	139	199	288
114,3	19	56	108	160	230	333
168,3	19	59	117	174	251	364
219,1	20	62	123	184	266	387
323,9	20	65	132	199	289	422
406,4	20	66	137	208	303	444
508	20	68	141	216	317	466
D_o in mm	Wärmestromdichte ϕ_R = 100 W/m² bei Auslegungstemperatur t_d					
	100 °C	200 °C	300 °C	400 °C	500 °C	600 °C
60,3	26	69	131	191	274	398
114,3	28	79	151	222	317	459
168,3	30	85	164	242	346	501
219,1	30	89	173	257	367	532
323,9	31	94	187	279	401	582
406,4	32	97	195	292	421	613
508	32	100	202	305	442	644
λ_B in W/(m·K)	0,05	0,07	0,1	0,12	0,15	0,2

Wärmestromdichten auch für andere Anlagenarten angewendet, nicht nur für Rohrleitungen in Kraftwerken. Bei der Berechnung der Mindestdämmdicken wurden die äußeren Wärmeübergangskoeffizienten α_a analog Abschnitt 2.2 ermittelt.

Die in den beiden Tabellen enthaltenen Betriebswärmeleitfähigkeiten λ_B beziehen sich auf Mineralwolledämmung von mittlerer Stopfdichte. Ihr Anstieg mit zunehmender Temperatur entspricht den Angaben von Tabelle 2.1-5.

Die empfohlenen Wärmestromdichten des AGI Q 101 werden allerdings teilweise als zu hoch eingeschätzt [2.6-1], [2.7-2]. Statt dessen wird auf eine Bemessung nach wirtschaftlichen Gesichtspunkten orientiert, was auf Grund der Erläuterungen im Abschnitt 2.6 leider auf erhebliche Schwierigkeiten stößt. Empfehlungen zur Verminderung der maximalen Wärmestromdichten werden in den genannten Arbeiten nicht gegeben.

Stichprobenrechnungen mit dem zurückgezogenen Arbeitsblatt AGI Q 156 Teil 1 ergaben, dass zum Zeitpunkt der Erarbeitung im Jahre 1987 Wärmestromdichten in der Größenordnung von 70 bis 100 W/m² den wirtschaftlichen Dämmdicken

Tabelle 2.7-4: Mindestdämmdicken bei unterschiedlichen Wärmestromdichten in Außenanlagen (t_{UT} = -20 °C)

D_o in mm	Wärmestromdichte ϕ_R = 150 W/m² bei Auslegungstemperatur t_d				
	100 °C	200 °C	300 °C	400 °C	500 °C
60,3	28	61	108	153	215
114,3	31	69	124	177	249
168,3	33	74	135	193	272
219,1	33	77	142	204	288
323,9	35	82	153	221	314
406,4	35	84	159	231	329
508	35	86	164	241	344
D_o in mm	Wärmestromdichte ϕ_R = 100 W/m² bei Auslegungstemperatur t_d				
	100 °C	200 °C	300 °C	400 °C	500 °C
60,3	40	84	148	210	295
114,3	44	96	171	243	341
168,3	47	104	186	266	373
219,1	49	109	197	282	396
323,9	51	117	213	307	432
406,4	52	121	223	322	454
508	53	124	232	336	477
λ_B in W/(m·K)	0,05	0,07	0,1	0,12	0,15

entsprachen. Zur Information sind deshalb in den Tabellen 2.7-3 und 2.7-4 zusätzlich Mindestdämmdicken für eine Wärmestromdichte von 100 W/m² angegeben. Entsprechend der abgesenkten Wärmestromdichte von reichlich 30 % steigen die Dämmdicken nahezu im gleichen Verhältnis. Diese Tendenz bleibt auch bei einer weiteren Absenkung erhalten.

2.7.4 Auslegungsempfehlungen

a) Wärmedämmungen

Es gibt keine einheitlichen Bemessungsregeln. Je nach konkretem Fall können verschiedene Kriterien gleichzeitig zutreffen, z. B. wirtschaftliche Dämmschichtdicke und betriebstechnische Aspekte. Grundsätzlich sollte immer die höchste ermittelte Dämmschichtdicke ausgeführt werden.

Neben der wirtschaftlichen Dämmschichtdicke kommen noch folgende betriebstechnische Vorgaben zur Bemessung in Betracht:

- Mindestdämmdicken nach der Energieeinsparverordnung entsprechend Abschnitt 2.7.1 für Rohrleitungen in Heizungsanlagen.
- Mindestdämmdicken für Rohrleitungen mit geschellten Halterungen gemäß Abschnitt 2.7.2.
- Begrenzung der maximalen Oberflächentemperatur t_O (Abschnitt 2.4.2) und/oder der maximalen Verlustleistung $V_{R,ges}$ (Abschnitt 2.2.1) für klimatisierte oder zwangsbelüftete Räume.
- Notwendigkeit eines Berührungsschutzes nach Abschnitt 2.4.2 in begehbaren Bereichen für Rohrleitungen, deren Wärme direkt oder indirekt an die Umgebung abgegeben wird, z. B. Abblaseleitungen von Sicherheitsventilen, Rauchgasleitungen, Kühlwasser-Rücklaufleitungen.
- Begrenzung des Temperaturabfalls, insbesondere für Dampfleitungen mit hohen Temperaturen oder für Fernwärmeleitungen (Abschnitt 2.3).
- Einhaltung einer bestimmten Wärmestromdichte entsprechend Abschnitt 2.7.3.

b) Kältedämmungen

Analog zu den Wärmedämmungen können ebenfalls verschiedene Kriterien gleichzeitig zutreffen, wobei in der Regel betriebstechnische gegenüber wirtschaftlichen Gesichtspunkten dominieren. Prinzipiell sollte auch bei Kältedämmungen immer die höchste ermittelte Dämmschichtdicke ausgeführt werden:

- Mindestdämmdicken zum Vermeiden von Tauwasser, wobei die nach Abschnitt 2.4.3 ermittelten Dämmdicken sehr niedrige Wärmestromdichten (Wärmeeinträge) von 10 bis 20 W/m^2 ergeben, die die Erfüllung der nachfolgenden Kriterien bereits einschließen.
- Minimierung der Erwärmung des Fluids (Abschnitt 2.3).
- Einhaltung einer bestimmten Wärmestromdichte bzw. eines Wärmeeintrags (Größenordnung 20 bis 50 W/m^2).
- Mindestdämmdicken für Rohrleitungen mit geschellten Halterungen gemäß Abschnitt 2.7.2.

3. Zulässige Spannungen und Bruchhypothesen für Festigkeitsberechnungen

3.1 Werkstoffkennwerte

3.1.0 Vorbemerkungen

Analog zu den verfahrenstechnischen Kenngrößen einer technischen Anlage sind die Werkstoffkennwerte des zum Einsatz kommenden Werkstoffes die wichtigsten Eckdaten für die Auslegung eines Rohrleitungssystems. Die Auswahl des geeigneten Werkstoffes ist abhängig von:

- Vorgaben der Verfahrenstechnik.

- Sicherheitsaspekten der zu betreibenden Anlage bzw. des Rohrleitungssystems.

- wirtschaftlichen Gesichtspunkten.

Stahl in seinen vielfältigen Erscheinungsformen ist auch heute noch der bevorzugte Werkstoff. Daneben gewinnen die glasfaserverstärkten Kunststoffe an Bedeutung, obwohl es hierfür noch keine einheitlichen Richtlinien gibt. Im folgenden wird auf die verschiedenen Werkstoffe nur in Hinsicht auf die für die Festigkeitsberechnung maßgebenden Eigenschaften eingegangen. Diese spielen eine wesentliche Rolle bei der Auswahl der Sicherheitsbeiwerte und der anzuwendenden Festigkeitshypothesen, die im technischen Regelwerk detailliert festgelegt sind. Die Werkstoffeigenschaften müssen darüber hinaus sichern, dass Spannungskonzentrationen und schlagartige Belastungen während des Betriebes von der Rohrleitung aufgenommen werden können.

3.1.1 Stahl

a) Allgemeine Anforderungen

Am wichtigsten ist die Auslegung nach der Streckgrenze oder einer Ersatzstreckgrenze, im allgemeinen die 0,2 %-Dehngrenze. Eine ausgeprägte Streckgrenze tritt bei den unlegierten Baustählen gemäß DIN EN-Reihe 10025 sowie den Rohrstählen nach DIN EN 10216-1, DIN EN 10216-2, DIN EN 10217-1 und DIN EN 10217-2 auf.

Bei Feinkornbaustählen sowie den legierten Baustählen geht hingegen der Spannungs-Dehnungsverlauf vom elastischen stetig in den plastischen Bereich über. Austenitische Stähle haben einen besonders ausgeprägten plastischen Bereich (Kurve im **Bild 3.1-1**), so dass für sehr große Bruchdehnungen als Festigkeitskennwert die 1,0 %-Dehngrenze anstelle der 0,2 %-Dehngrenze verwendet wird.

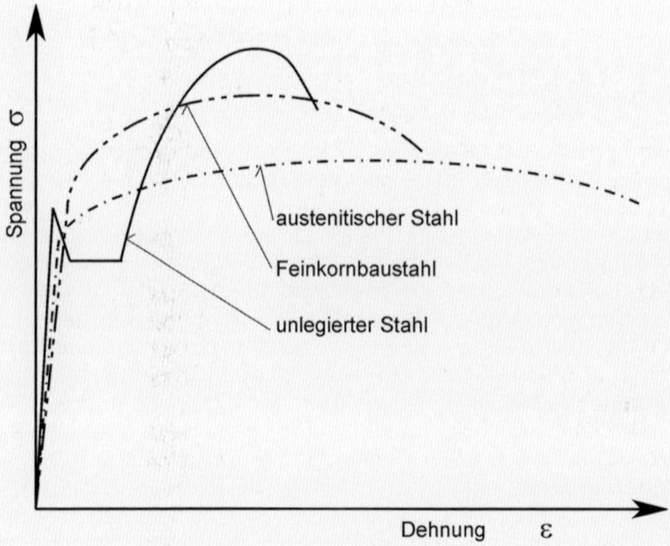

Bild 3.1-1: Spannungs-Dehnungs-Schaubild von Stählen

Des Weiteren darf die Auslegung gegen die Bruchgrenze eines Werkstoffes nicht unberücksichtigt bleiben, insbesondere im Hinblick auf den aktuellen Trend zum Anheben des Streck- oder Dehngrenzenverhältnisses (Begriffe siehe Band I Abschnitt 3.1)

$$k_H = R_{p0,2} / R_m \qquad (3.1\text{-}1)$$

für bestimmte Feinkornbaustähle. Dabei kann auch die Bruchdehnung von Bedeutung sein, obwohl sie nicht unmittelbar in die Auslegung eingeht. Sie kann aber bedingen, dass die auftretenden Belastungen, insbesondere von außen einwirkende Kräfte, sehr genau erfasst und innerhalb der zulässigen Spannungen abgedeckt werden müssen.

Nach DIN EN 13480-2 müssen Stähle bei Raumtemperatur eine Bruchdehnung in Längsrichtung von mindestens 14 %, in Querrichtung von 16 % aufweisen. Außerdem müssen die eingesetzten Stähle eine genügend große Zähigkeit aufweisen, die über die Kerbschlagarbeit nachzuweisen ist. Auch sie geht nicht unmittelbar in die Festigkeitsberechnung ein.

Sind für unlegierte Stähle in den Werkstoffnormen keine Warmfestigkeitskennwerte enthalten, dürfen diese gemäß DIN EN 13480-3 nach der Gleichung

$$R_{p0,2,t} = R_m \frac{720\text{-}t_c}{1400} \qquad (3.1\text{-}2)$$

ermittelt werden. Unter t_c ist die Berechnungstemperatur (siehe Abschnitt 0.2.5) in den Grenzen von 20 bis 150 °C zu verstehen.

Beim Betrieb von Rohrleitungen im Bereich tiefer Temperaturen ist der Zähigkeitsabfall der meisten Stähle so stark, dass sie für einen sicheren Betrieb nicht geeignet sind. Die zulässigen Werkstoffe nach AD 2000 W 10 sind durch eine vergleichsweise hohe Zähigkeit bei niedrigen Temperaturen gekennzeichnet, z. B. kaltzähe Stähle, kaltzähe Feinkornbaustähle und austenitische Stähle. Entsprechend AD 2000 W 10 ist ein zusätzlicher Sicherheitsbeiwert gegenüber der Streckgrenze zu berücksichtigen, je nachdem bei welcher niedrigsten Temperatur die Kerbschlagarbeit ermittelt wurde (siehe Band I, Abschnitt 2.2.3).

b) Zeitstandfestigkeit

Demgegenüber verhalten sich in der Regel alle Stahlsorten bei hohen und sehr hohen Temperaturen mit Blick auf das Verformungsvermögen günstiger als bei Raumtemperatur. Aber mit steigender Temperatur gewinnt auch zunehmend der Faktor Zeit eine dominierende Rolle, weil der Werkstoff unter einer konstant anstehenden äußeren Last zu fließen beginnt. In diesem als Zeitstandfestigkeit bezeichneten Bereich sind für die Auslegung eines Rohrleitungssystems nicht allein die im Zugversuch ermittelten zeitunabhängigen, sondern vorwiegend die zeitabhängigen Festigkeitskennwerte entscheidend. Das Verhalten des Werkstoffes ist dann auch nicht mehr in den klassisch elastischen und plastischen Bereich zu unterteilen. Es muss vielmehr davon ausgegangen werden, dass ein stetiges zeitabhängiges plastisches Verformen bis zum Bruch auftritt. Physikalisch ist dies ein fließender Übergangsbereich, der zu beachten ist, wenn der Beanspruchungszustand und der Zeitraum in einer Größenordnung liegen, die für den vorgesehenen Betriebszeitraum begrenzend wirken.

Die zeitabhängigen Festigkeitskennwerte sind in den Werkstoffnormen in der Regel als mittlere Bruchzeiten zu verstehen. Neben den 1 %-Zeitdehngrenzen werden im mitteleuropäischen Raum vor allem die $2 \cdot 10^5$ h-Zeitstandwerte als Auslegungsbasis angegeben, in Ausnahmefällen auch für $2{,}5 \cdot 10^5$ h. Andere Staaten verwenden $1{,}5 \cdot 10^5$ h- bzw. 10^5 h-Werte. Bei der Entwicklung neuer Stähle liegen naturgemäß zuerst die 10^5 h-Werte vor, weil laufende Zeitstandversuche erfahrungsgemäß nur bis zu einem Faktor 3 mit Bezug auf die Zeitachse extrapoliert werden sollen. Eine sichere und damit auch wirtschaftliche Festlegung des 10^5 h-Wertes kann demzufolge erst nach einer Versuchsdauer von etwa $3 \cdot 10^4$ bis $5{,}5 \cdot 10^4$ h erfolgen.

Im Gegensatz zu den im klassischen Zugversuch nachzuweisenden Festigkeitseigenschaften, sind die Zeitstandfestigkeitswerte sowie Zeitdehngrenzwerte auf Basis statistischer Daten über viele Chargen aus unterschiedlichen Schmelzöfen und ggf. auch unterschiedlichen Erschmelzungsarten zu ermitteln. Auch unterschiedliche Wärmebehandlungstemperaturen nach dem Abgießen sowie dem Warmumformen sollen in die Auswertung eingehen.

Für Anwendungen im Geltungsbereich der Druckgeräterichtlinie, und damit der harmonisierten europäischen Normen, ist vom Stahlhersteller nachzuweisen, dass die Festigkeitseigenschaften der von ihm für den Zeitstandbereich hergestellten Stähle in einem Streuband von ± 20 % zum statistischen Mittelwert liegen.

Im Zeitstandversuch bildet sich für alle Stähle eine Kriechkurve entsprechend **Bild 3.1-2** aus. Der Kriechvorgang kann in drei Phasen aufgeteilt werden:

- Primäres Kriechen

  Dieses Kriechverhalten tritt bei jedem Stahl auf, der erstmalig nach seiner Formgebung, z. B. durch Schmieden, oder nach einer Wärmebehandlung unter hohen Temperaturen belastet wird. Das primäre Kriechen erstreckt sich über einen relativ kurzen Zeitraum, gemessen an der geplanten Lebensdauer des Rohrleitungssystems. Je nach Beanspruchung und Betriebstemperatur ist dieser Bereich in wenigen hundert bis zu mehreren tausend Stunden durchlaufen.

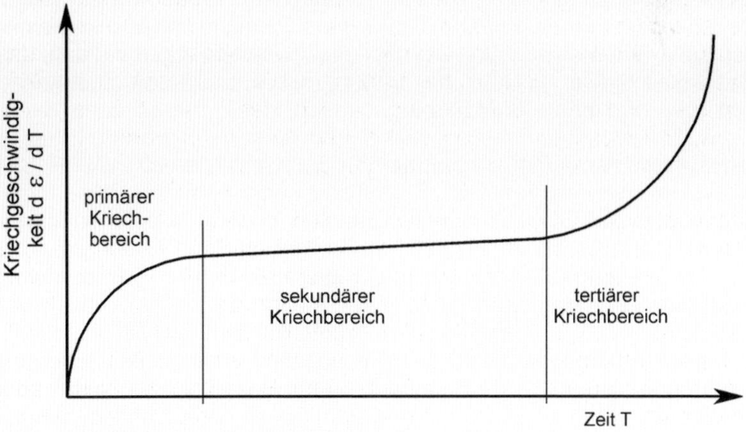

Bild 3.1-2: Kriechbereiche beim Zeitstandversuch

- Sekundäres Kriechen

  Es schließt sich an das primäre Kriechen an und ist maßgebend für die Auslegung. Dieser Bereich ist dadurch gekennzeichnet, dass eine überwiegend konstante Kriechgeschwindigkeit bei gleichbleibender Beanspruchung vorliegt. Am Ende dieser Phase ist eine merkliche Schädigung des Gefüges in Form von Porenketten und Mikrorissen vorhanden, die eindeutig als Zeitstandschädigung zu erkennen ist.

- Tertiäres Kriechen

  Im Anschluss an das sekundäres Kriechen erfolgt eine Beschleunigung der Kriechgeschwindigkeit, die letztendlich in relativ kurzer Zeit zum Versagen des Bauteiles führt.

In der Praxis soll der tertiäre Bereich nicht erreicht werden, weil damit ein erhöhtes Risiko in Bezug auf Sicherheit und Verfügbarkeit des Rohrleitungssystems besteht.

Für die zulässigen Spannungen im Zeitstandbereich sind gemäß DIN EN 13480-3 die Mittelwerte der Zeitstandfestigkeit für $2 \cdot 10^5$ h bei einer Sicherheit von 1,25 maßgebend. Liegen hierfür keine Werte vor, dürfen auch Zeitstandfestigkeiten für $1{,}5 \cdot 10^5$ h sowie 10^5 h verwendet werden, wobei erhöhte Sicherheitsbeiwerte zu berücksichtigen sind. Sie wurden so festgelegt, dass sich in allen drei Fällen annähernd die gleichen zulässigen Spannungen ergeben.

Wie bereits erwähnt, befinden sich die in den Werkstoffnormen angegebenen Zeitstandwerte der Grundwerkstoffe in einem Streuband mit Abweichungen von ± 20 % zum Mittelwert. Die Zeitstandfestigkeitswerte der Schweißverbindungen liegen in aller Regel unterhalb derjenigen für den Grundwerkstoff, worauf noch eingegangen wird (siehe Buchstabe c).

Dem Mittelwert der Zeitstandfestigkeit für $2 \cdot 10^5$ h ist gemäß DIN EN 13480-3 ein Sicherheitsbeiwert von 1,25 zugeordnet. Das bedeutet, dass eigentlich der untere Wert des Streubandes als zulässige Spannung definiert wird, nämlich 80 % des Mittelwertes (1/1,25 = 0,8). Im herkömmlichen Sinne beträgt somit der Sicherheitsbeiwert gleich 1 gegenüber dem Mindestwert der 200 000 h-Zeitstandfestigkeit.

Das gilt gleichermaßen bei Verwendung von Zeitstandfestigkeiten für 250 000 h, die eine Lebensdauer von reichlich 30 Jahren statt der üblicherweise 25 Jahre repräsentieren.

Hat ein Werkstoff seine Lebensdauer erreicht, wird er bei weiterer Belastung nicht schlagartig versagen, selbst wenn die Werkstoffeigenschaften sich tatsächlich im unteren Streubandbereich bewegen. Statt dessen sollen ab 60 000 Betriebsstunden die ersten Maßnahmen der Lebensdauerüberwachung entsprechend VGB-R 509 L einsetzen, um die Sicherheit der Bauteile während des weiteren Betriebes zu gewährleisten. Bei Überbeanspruchungen stellen sich Zeitstandschädigungen in Form von Kohlenstoffporen, Kohlenstoffporenketten oder Mikrorissen ein, die aus Gefügeabdrücken erkennbar sind. Erst bei Eintritt in den tertiären Kriechbereich kann der Werkstoff abrupt versagen. Um dies zu verhindern, ist in DIN EN 12952-4 ein Verfahren festgelegt, das durch betriebsbegleitende Berechnungen die noch zu erwartende Lebensdauer feststellt. Falls sich dabei starke Abweichungen zu den zu erwartenden Zahlenwerten ergeben, z. B. bei der Einführung eines neu entwickelten Werkstoffes, ist eine kritische Bewertung gemeinsam mit dem Werkstofffachmann vorzunehmen.

Falls Zeitstandfestigkeiten für $1{,}5 \cdot 10^5$ h oder 10^5 h verwendet werden, bedeutet das aber keine verkürzte Lebensdauer der Rohrleitung, da der erhöhte Sicherheitsbeiwert lediglich den voraussichtlichen Unterschied zur Zeitstandfestigkeit für $2 \cdot 10^5$ h bei einer Sicherheit von 1,25 kompensiert. Als zu erwartende Lebensdauer der Rohrleitung werden also $2 \cdot 10^5$ h zu Grunde gelegt und nicht $1{,}5 \cdot 10^5$ h bzw. 10^5 h.

Bei allen 3 Auslegungsvarianten kann davon ausgegangen werden, dass die untere Streubandgrenze nur im Extremfall bei wenigen Bauteilen auftritt. Des Weiteren verlängert sich in der Praxis die Lebensdauer der Rohrleitung merkbar gegenüber dem rechnerischen Wert, weil:

- die rechnerische Mindestwanddicke für ein konkretes Bauteil unterhalb der Bestellwanddicke liegt.
- der Berechnungsdruck nicht über den gesamten Zeitraum gefahren wird.
- die Berechnungstemperatur nicht durchgängig auftritt.

Das schließt nicht aus, dass einzelne Bauteile durchaus größere Schädigungen gegenüber den meisten anderen Bauteilen erfahren können.

c) Schweißnähte im Zeitstandbereich

Schweißnähte stellen im Zeitstandbereich kritische Bereiche im Rohrleitungssystem dar. Das ist auf die inhomogenen und keineswegs isotropen Werkstoffeigenschaften einer Schweißnaht in Querrichtung und über der Wanddicke zurückzuführen. Durch die schnelle Erstarrung des aufgeschmolzenen Schweißgutes und der unmittelbar benachbarten Bereiche des Grundwerkstoffes, der

Wärmeeinflusszonen (WEZ), entsteht ein relativ ungeordneter „Gusszustand" mit erheblichen Schweißeigenspannungen sowie einer Vielzahl unterschiedlicher Schichten und Lagen von Kristalliten. Sie führen in der Summe dazu, dass diese Werkstoffzonen als inhomogene Bereiche betrachtet werden müssen. Durch eine anschließende Wärmebehandlung werden die Werkstoffeigenschaften der Schweißnaht sowie der WEZ denen des Grundwerkstoffes zwar weitgehend angeglichen, was aber naturbedingt nicht vollständig gelingt. Negativ machen sich diese Unterschiede insbesondere für die ferritisch-martensitischen Stähle bei Betriebstemperaturen ab 560 bis über 600 °C bemerkbar.

Die Zeitstandfestigkeitswerte der Schweißverbindungen liegen in aller Regel unterhalb der Werte für den Grundwerkstoff. Das bedingt sowohl besondere Beachtung bei der Auslegung, als auch während der Lebensdauerüberwachung. In diesem Zusammenhang taucht häufig der Begriff der „voll beanspruchten" Schweißnähte auf. Hierunter ist zu verstehen, dass die zulässige Spannung der betrachteten Schweißnaht maßgebend für die Bemessung des Bauteils (z. B. von Längsnähten) und/oder für das Spannungsniveau eines Rohrleitungssystems (z. B. von Rundnähten bei nicht ausreichenden Dehnungsschenkeln) ist. Weitere Details sind aus der Verbändevereinbarung FDBR-V 1996/1 (identisch mit VdTÜV MB DAMP 451-96/1) und aus AD 2000 S 6 zu entnehmen.

Für die Auslegung ist deshalb die Kenntnis des einzusetzenden Schweißzusatzwerkstoffes bzw. dessen Festigkeitseigenschaften im verschweißten und wärmebehandelten Zustand notwendig. Die für die Berechnung erforderlichen Festigkeitskennwerte sind den Datenblättern (Normen und Regeln) der Schweißzusatzwerkstoffe zu entnehmen. Sie können durchaus niedriger als beim Grundwerkstoff liegen. Die Werte beziehen sich im Allgemeinen sowohl auf das Schweißgut selbst, als auch auf die gesamte Schweißverbindung, bestehend aus dem beidseitig angrenzenden Grundwerkstoff mit ihren Wärmeeinflusszonen, sowie dem Schweißgut. Die Prüfung erfolgt mit Zugproben, die längs und quer zur Schweißnaht liegen (**Bild 3.1-3**) [3.1-1]. Zum Zeitpunkt der Berechnung ist deshalb die Kenntnis des unter Sicherheits- und Wirtschaftlichkeitsgesichtspunkten optimalen Schweißzusatzwerkstoffes durchaus von Bedeutung. Hinweise zum Schweißnahtfaktor bei fehlenden oder unvollständigen Zeitstandfestigkeitswerten der Schweißverbindungen enthält Abschnitt 7.1.5.

Bei den Schweißverbindungen ist das Streuband der Zeitstandwerte mit steigender Temperatur enger als bei den Grundwerkstoffen, insbesondere bei ferritisch-martensitischen Schweißzusatzwerkstoffen. Dies ist u. a. ein sicherheitstechnischer und wirtschaftlicher Gesichtspunkt für die aktuell angewendeten Werkstoffe im Temperaturbereich um und über 600 °C.

Austenitische Werkstoffe haben bei Temperaturen ab 600 °C eine höhere Zeitstandfestigkeit als ferritisch-martensitische Stähle. Grundsätzlich können aber

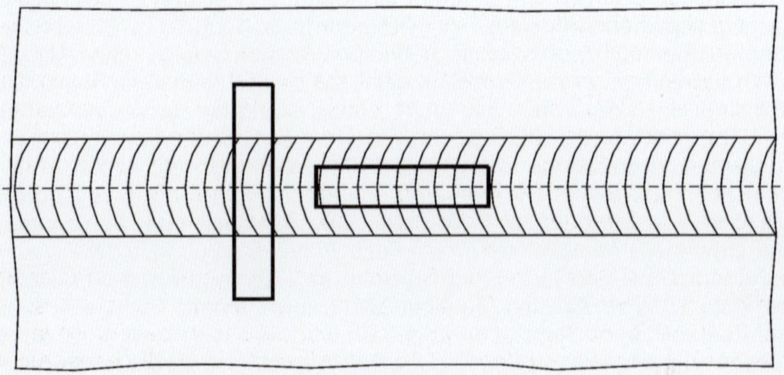

Bild 3.1-3: Lage von Schweißnahtproben für den Zugversuch

deren Schweißverbindungen ebenfalls niedrigere Zeitstandwerte aufweisen als diejenigen der zugehörigen Grundwerkstoffe.

d) Relaxation

Im klassischen Zeitstandversuch wird das plastische Fließen eines Werkstoffes mit Kriechen bezeichnet. Während des Versuches wirkt über die gesamte Versuchsdauer eine konstante Kraft auf den Prüfkörper ein. Dieser einachsig wirkenden Kraft entsprechen am realen Bauteil die äußeren Kräfte wie innerer Überdruck, Eigengewicht des Bauteils, Windbelastung und dergl., also Belastungen, die unabhängig von der Verformung des Bauteiles über die Zeit wirken.

Im Gegensatz dazu wird von Relaxation gesprochen, gemeint ist aber der gleiche physikalische Vorgang innerhalb der kristallinen Werkstoffstruktur, wenn statt der konstant wirkenden Kraft der Versuch mit einer zeitlich konstanten Dehnung erfolgt. Dieser Versuch führt nicht zum Versagen der Probe. Es ist aber möglich, Aussagen zum Entspannungsverhalten des Werkstoffes zu treffen, und diese bei der Gestaltung und Werkstoffauswahl zu berücksichtigen. Offenkundig wird die Relaxation bei der Auslegung von Schraubenverbindungen im Zeitstandbereich, z. B. bei Flanschverbindungen. Spannungen von gleichem Charakter sind die behinderte Wärmedehnung im Rohrleitungssystem oder diejenigen Spannungen, die sich im Hinblick auf die Kontinuitätsbedingungen ausbilden, z. B. an der Einbindung eines Abzweiges in ein Grundrohr. Hierauf wird bei der Festlegung der zulässigen Spannungen noch eingegangen.

Die für die Langzeitbeanspruchung maßgebenden Zeitstandwerte haben bei kurzzeitig auftretenden Belastungen nur geringe Bedeutung, z. B. bei Windbelastungen oder bei Druckwellen im Rohrleitungssystem infolge schnellschließender Armaturen bzw. durch Pumpenausfall. Da diese Belastungen dynamischer Natur sind, auch der Wind wirkt nicht statisch sondern durch die Ausbildung von Wirbelstraßen hochdynamisch, muss trotz dieser hohen Temperaturen das klassische elastische und plastische Verhalten des Werkstoffes als Kriterium zugrunde gelegt werden. Da die Festigkeitskennwerte $R_{p0.2/t}$ und $R_{m/t}$ unter Berücksichtigung der Sicherheitsbeiwerte meist über denjenigen der Zeitstandwerte liegen, sind sie für die Festigkeitsberechnung in der Regel nicht maßgebend. Sie sind jedoch von Bedeutung, wenn durch eine kurzzeitige hohe Belastung im Zeitstandbereich Plastifizieren auftritt und dieser plastifizierte Zustand durch Relaxation abgebaut wird. Es ist einleuchtend, dass die solcherart hervorgerufene Schädigung des Werkstoffes größer ist als bei einer Auslegung lediglich auf konstante Betriebslast. Diese Vorgänge sind festigkeitsmäßig allerdings nur mit erheblichen Aufwand zu erfassen. Sie werden im allgemeinen durch konstruktive oder verfahrenstechnische Maßnahmen bzw. durch restriktives Festlegen der zulässigen Spannungen vermieden.

3.1.2 Stahlguss

Rohre oder ganze Rohrleitungssysteme aus Stahlguss treten im industriellen Anwendungsbereich nicht auf, wohl aber Pumpen und Armaturen als Bestandteile der Rohrleitungssysteme. Hierfür werden ähnliche Werte für die Bruchdehnung gefordert wie für Stahl. Im AD 2000 W 5 ist ein Mindestwert von 15 % festgelegt. Die Festigkeitskennwerte, d. h. Streckgrenze oder 0,2 %-Dehngrenze für ferritischen bzw. 1,0 %-Dehngrenze für austenitischen Stahlguss, sowie ggf. Zeitstandwerte, sind aus den Werkstoffnormen zu entnehmen, insbesondere DIN EN 10213.

3.1.3 Gusseisen

Lamellares (GJL bzw. GJLA) und globulares Gusseisen (GJS bzw. GJSA) haben ein prinzipiell abweichendes Festigkeitsverhalten gegenüber Stahl und Stahlguss:

- Der Druckbereich im einachsigen Zug-/Druckversuch ist weitaus größer gegenüber dem Zugbereich.

- Es gibt nahezu keinen oder nur einen sehr geringen plastischen Verformungsbereich oberhalb der Streckgrenze. Dies wirkt sich bei der Definition und

Festlegung der zulässigen Spannungen aus, weil nennenswerte Fließvorgänge innerhalb des Bauteiles nicht möglich sind. Die zulässige Spannung wird deshalb so weit abgesenkt, dass selbst örtlich wirkende Spannungsspitzen die Streckgrenze nicht signifikant überschreiten.

- Der Elastizitätsmodul speziell von GJL weicht sehr stark von dem für Stahl und Stahlguss ab. Er variiert von rund 70 GPa bis 140 GPa. Das betrifft insbesondere den Ursprungsmodul, d. h. die Steigung der σ/ε-Kurve in der Nähe des Nullpunktes (Bild 3.1-1). Für alle Beanspruchungen, bei denen die Verformung von Bedeutung ist (Zug-, Biege- und Torsionssteifigkeit), muss der real vorhandene Elastizitätsmodul möglichst genau vorliegen. Erforderlichenfalls ist dieser im einachsigen Zug-/Druckversuch zu bestimmen, da ansonsten durch die Variationsbreite Ergebnisabweichungen bis zum Faktor 2 auftreten können.

Weitere Einzelheiten enthält Band I Abschnitt 3.5.

3.1.4 Kupfer und Aluminium

Die für Festigkeitsberechnungen wesentlichen Eigenschaften sind:

- Der Elastizitätsmodul variiert für Kupfer und Kupferknetlegierungen bei Raumtemperatur von 106 GPa bis 130 GPa. Für Aluminium und Al-Legierungen liegt er bei etwa 70 GPa und schwankt nur wenig.

- Die Festigkeitskennwerte hängen von den Legierungselementen ab. Zeitstandfestigkeiten sind bereits ab 100 bis 150 °C für die Auslegung maßgebend.

- Kupfer lässt sich wegen der sehr guten Wärmeleitfähigkeit zwar schlecht, aber dennoch verschweißen. Dabei wird die Kaltverfestigung im Bereich der Schweißnähte aufgehoben, was beim Festigkeitskennwert zu berücksichtigen ist. Letzteres gilt gleichermaßen für Aluminium und Al-Legierungen. Die Wärmeeinflusszone (WEZ) der Schweißnähte ist gegenüber Stahl erheblich größer.

- Durch bestimmte Legierungselemente kann die ansonsten sehr gute Verformungsfähigkeit beider Werkstoffe drastisch reduziert werden, was bei der Festlegung des Sicherheitsbeiwertes zu beachten ist. Einige Al-Gusssorten weisen Bruchdehnungen unter 1 % auf.

- Für Ermüdungsanalysen sind die Grenzwerte für die Dauerschwingbelastung beim Hersteller zu erfragen, insbesondere bei niederzyklischer Ermüdung (low cycle fatigue).

3.1.5 Thermoplastische Kunststoffe

Für die Festigkeitsberechnung ist in der Regel die Zeitstandfestigkeit maßgebend, da thermoplastische Kunststoffe schon bei geringer Belastung unter Raumtemperatur erheblich kriechen. Der physikalische Ablauf des Kriechens ist gegenüber den Metallen grundsätzlich anderer Natur. Er wird aber aus praktischen Gründen in gleicher Weise für die Berechnung gehandhabt.

Für die wichtigsten thermoplastischen Kunststoffe enthalten die technischen Lieferbedingungen Diagramme für die Zeitstandfestigkeit in Abhängigkeit von der Temperatur. Sie entsprechen der bei Stahl üblichen Tabellenform. Des weiteren existieren isochrone Spannungs-Dehnungs-Diagramme für 20 °C. Für erhöhte Temperaturen sind sie beim Hersteller zu erfragen oder sie sind gemäß DVS 2205-1 aus den Kriechmodulkurven abzuleiten.

Bei der Auslegung auf der Grundlage von Dehnungen muss die Steifigkeit des Bauteiles bzw. der Rohrleitung ermittelt werden. Für Metalle dient hierzu der Elastizitätsmodul. Da Thermoplaste aber schon bei Raumtemperatur nennenswert kriechen, wird dieses Verhalten durch den Kriechmodul E_C berücksichtigt. Er wird bei Anwendung des Hookeschen Gesetzes an Stelle des Elastizitätsmoduls eingesetzt, obwohl er die bleibenden Verformungen durch Kriechen zum Ausdruck bringt. Für die verschiedenen Thermoplaste gibt es gemäß DVS 2205-1 Dehngrenzwerte, die für PP 2 %, für PE-HD 3 % und für PVC-U 0,8 % betragen. Wird die dem Dehngrenzwert äquivalente Spannung überschritten, ist mit einem Versagen des Bauteils zu rechnen.

Bei der Auslegung nach unterschiedlichen Spannungszuständen bzw. für unterschiedliche Betriebstemperaturen kann wie bei den Metallen die Minersche Regel angewendet werden. Weitere Einzelheiten siehe [3.1-2].

Für geschweißte Rohrleitungen sind die Schweißnahtwertigkeiten bei der Berechnung zu berücksichtigen. Sie sind vom Schweißverfahren und vom Werkstoff abhängig. Es kann auch eine Zeitabhängigkeit bestehen. DVS 2205-1 enthält Richtwerte für Kurzzeit- und Langzeitbeanspruchung.

Zu weiteren physikalischen Eigenschaften und Festigkeitseigenschaften wird auf Band I Abschnitt 3.7 sowie [0.3-1] Abschnitt 1.11 und 2.3, zu Zeitstandfestigkeits-Diagrammen, isochronen Spannungs-Dehnungs-Diagrammen und Kriechmodul-Diagrammen auf DVS 2205-1 verwiesen.

Glasfaserverstärkte Thermoplaste, bisweilen für Rohre, meist für Spritzgussteile verwendet, sind nicht genormt. Die Festigkeitseigenschaften sind beim Hersteller zu erfragen.

3.1.6 Duroplastische Kunststoffe

Duroplaste besitzen gegenüber den Thermoplasten eine erhöhte Temperaturbeständigkeit. Sie werden vorzugsweise als Verbundwerkstoff in Form von glasfaserverstärkten Kunststoffen (GFK) angewendet. Die Innenseite kann auch mit einem Thermoplast ausgekleidet sein. Hinsichtlich der Festigkeitseigenschaften sind GFK-Erzeugnisse (Rohre und Formstücke) als inhomogene Werkstoffe mit anisotropen Eigenschaften anzusehen. Erschwerend für die Festigkeitsbetrachtungen sind die beiden unterschiedlichen Komponenten des GFK-Erzeugnisses, das Harz als Trägerbasis und die Glasfasern als kraftaufnehmende Bestandteile. Weiterhin ist der Trägeraufbau über der Rohrwanddicke sowie das jeweilige Herstellverfahren des Erzeugnisses für die ertragbare Festigkeit ausschlaggebend. Bei hohen mechanischen und thermischen Belastungen, d. h. Innendruck sowie Biegebeanspruchungen durch Eigengewicht und behinderte Wärmedehnung, sind Bauteile nach dem Kreuzwickelverfahren zu empfehlen. Es hat den Vorteil des Überlappens bei der Ausrichtung der Glasfasern (**Bild 3.1-4**). Der Wickel-

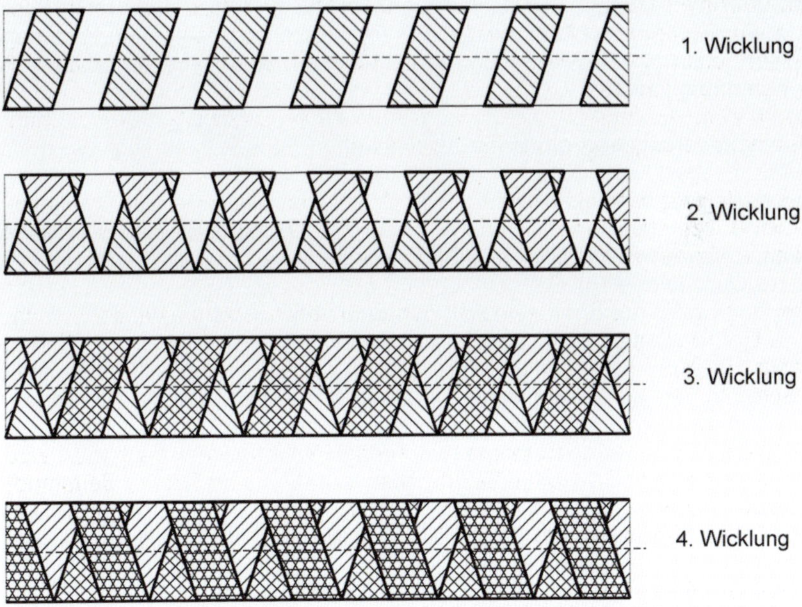

Bild 3.1-4: Kreuzwickelverfahren für GFK-Rohre, dargestellt sind vier Wicklungen

winkel der Glasfaser kann optimal an die Beanspruchung angepasst werden. Für reine Innendruckbelastung errechnet er sich zu 63°, weil beim geraden Rohr das Verhältnis von Umfangsspannung zu Längsspannung näherungsweise 2 : 1 beträgt. Bei zusätzlicher Biegebeanspruchung kann der Winkel sogar noch etwas reduziert werden.

Der Wärmeausdehnungskoeffizient von GFK liegt höher als bei Stahl, was bei der Planung der Rohrhalterungen zu berücksichtigen ist. Bei großen Rohrdurchmessern ist die unterschiedliche Wärmeausdehnung über den Umfang bei der Konstruktion der Lastableitung aus dem Rohrsystem von Bedeutung. Hinweise hierfür enthält [3.1-3].

Der Glasfaserverbund wird an den Verbindungsstellen zwangsläufig unterbrochen. Er wird in der Regel auf der Baustelle durch Laminieren oder Kleben überbrückt. Die Verbindungen müssen so beschaffen sein, dass sie die Längskräfte und Biegemomente übertragen können. In Umfangsrichtung wirken die Stoßstellen wegen ihrer Verstärkung unterstützend, so dass in dieser Richtung keine nennenswerten Zusatzspannungen zu erwarten sind. Muffenverbindungen sind demgegenüber näherungsweise wie Gelenke aufzufassen. Bestimmte Bauarten sind zugfest und können Längskräfte z. B. aus dem Innendruck übertragen. GFK-Rohre haben wegen des niedrigen Elastizitätsmoduls sowohl eine niedrige Druck-/Zug- als auch Biegesteifigkeit, so dass relativ große Verformungen möglich sind.

Der Festigkeitskennwert eines kreuzgewickelten GFK-Rohres liegt bei etwa 300 MPa. Er stellt keine Streck- oder Bruchgrenze wie bei metallischen Werkstoffen dar, sondern ist ein Wert für die Reißfestigkeit des Materials. Ab diesem Wert ist mit Brechen oder Reißen der ersten Fasern zu rechnen, was sich in kleinen Leckagen in Form von Flüssigkeitsperlen äußert, der Werkstoff beginnt zu „schwitzen" (weeping). Danach benötigt der gesamte GFK-Verbund je nach Art der Glasfasern nur noch eine Reißdehnung von 1,5 bis maximal 2,2 % bis zum völligen Versagen.

Der genannte Festigkeitskennwert von 300 MPa bleibt bis zu einer Temperatur von 70 °C nahezu konstant, über 90 °C sinkt er merkbar. In Langzeit-Eignungstests wurde eine weitere Abnahme des Festigkeitskennwerts festgestellt, die auf einen Zeitraum von 20 Jahren extrapoliert wurde. Zur Berücksichtigung des Einflusses von Lebensdauer, Temperatur, Inhomogenität und durchströmendem Fluid auf die entsprechenden Sicherheitsbeiwerte bzw. Abminderungsfaktoren enthält Abschnitt 3.3 weitere Einzelheiten.

Physikalische Eigenschaften und Festigkeitseigenschaften sind Band I Abschnitt 3.7 sowie [0.3-1] Abschnitt 1.11 und 2.4 zu entnehmen.

3.2 Festigkeitshypothesen

3.2.1 Notwendigkeit von Festigkeitshypothesen

Die im einachsigen Zugversuch ermittelten Festigkeitseigenschaften sind nicht direkt auf Beanspruchungszustände des realen Bauteils zu übertragen, weil dort normalerweise ein zwei- oder dreiachsiger Spannungszustand herrscht. Für den mehrachsigen Spannungszustand ist deshalb eine Vergleichsspannung zu bilden, die mit guter Näherung dem Verhalten im Zugversuch entspricht [3.1-1], [3.2-1].

Von den verschiedenen Spannungshypothesen sind für den Rohrleitungsbau drei von Bedeutung, weil sie mit den realen Verhältnissen befriedigend übereinstimmen. In den technischen Regelwerken werden sie in Abhängigkeit vom Werkstoff und von der Art des Versagens, hier sind in erster Linie Metalle gemeint, unterschiedlich angewandt.

3.2.2 Gestaltänderungs-Energie-Hypothese (GEH)

Die GEH zeigt für das Verhalten gegen plastisches Verformen und Dauerbruch die beste Übereinstimmung zwischen einachsigem Zugversuch und mehrachsigem Spannungszustand im realen Bauteil. Sie ist definiert zu:

$$\sigma_{v/GEH} = \frac{1}{\sqrt{2}} \sqrt{(\sigma_1 - \sigma_2)^2 + (\sigma_2 - \sigma_3)^2 + (\sigma_3 - \sigma_1)^2} \qquad (3.2\text{-}1)$$

$\sigma_1 \geq \sigma_2 \geq \sigma_3$ bedeuten die drei Hauptspannungen. Der Beanspruchungszustand im Bauteil wird genauer als bei der Schubspannungs-Hypothese erfasst.

3.2.3 Schubspannungs-Hypothese (SSH)

Die SSH ist zweckmäßig, wenn plastisches Verformen und Gleitbruch zu erwarten sind. Die Vergleichsspannung wird aus der Differenz der größten und kleinsten Hauptspannung gebildet. Sie beträgt das 2-fache der größten ertragbaren Schubspannung (Anstrengungsverhältnis $\Phi = 2$):

$$\sigma_{v/SSH} = \sigma_1 - \sigma_3 \qquad (3.2\text{-}2)$$

Bei der Festlegung von $\sigma_1 \geq \sigma_2 \geq \sigma_3$ hat demzufolge die mittlere Hauptspannung keinen Einfluss auf die Vergleichsspannung.

Im **Bild 3.2-1** sind die Spannungshypothesen als relative Spannungen dargestellt, z. B. bezogen auf die Streckgrenze R_e bzw. $R_{p0,2}$. Die Vergleichsspannungen nach Gl. (3.2-1) bis (3.2-3) wurden hierbei $\sigma_v / R_e = 1$ gesetzt.

Aus Bild 3.2-1 geht hervor, dass die SSH etwas konservativer als die GEH ist. Die größte Abweichung für den 2-achsigen Spannungszustand tritt bei der relativen Spannung $\sigma_2 / R_e = 0{,}5$ mit $\sigma_1 / R_e \approx 1{,}15$ auf, d. h. die GEH erlaubt rund 15 % höhere Spannungen gegenüber der SSH. Die Vergleichsspannung $\sigma_{v/GEH} / R_e = 1$ ergibt sich auch durch Einsetzen der o. g. Werte von σ_1 / R_e und σ_2 / R_e in Gl. (3.2-1). Hingegen resultiert $\sigma_1 / R_e = 1$ aus Gl. (3.2-2), wenn $\sigma_{v/SSH} / R_e = 1$ gesetzt wird.

Durch die SSH wird demzufolge für verformungsfähige Werkstoffe der im Bauteil herrschende Beanspruchungszustand um 15 % zu hoch bewertet bzw. der Fließbeginn zu früh bestimmt. Diese maximale Abweichung tritt natürlich beim Vertauschen der Spannungen, nämlich bei $\sigma_1 / R_e = 0{,}5$ mit $\sigma_2 / R_e \approx 1{,}15$ nochmals auf.

Die SSH wird vorzugsweise in den technischen Regelwerken für Anlagen im Dampf- und Druckbereich angewendet, einerseits wegen ihres einfachen Aufbaus und andererseits wegen des inhärenten Konservatismus.

3.2.4 Normalspannungs-Hypothese (NH)

Die beiden zuvor genannten Hypothesen liefern zum Trennungsbruch keine Aussage. Dieser wird am besten durch die Normalspannungs-Hypothese erfasst:

$$\sigma_{v/NH} = \sigma_1 \qquad (3.2\text{-}3)$$

mit $\sigma_1 \geq \sigma_2 \geq \sigma_3$. Es ist zu beachten, dass das Versagen nicht wie im einachsigen Zugversuch bei R_m eintritt (R_m: Zugfestigkeit, bezogen auf den Ausgangsquerschnitt), sondern je nach Brucheinschnürung entsprechend höher liegt.

Bei wenig oder gar nicht verformungsfähigen Werkstoffen, z. B. Grauguss, kommt die NH zum Tragen. Auch bei gut verformungsfähigen Werkstoffen führt ein dreiachsiger Zugspannungszustand zu einer drastischen Abnahme der Verformungsfähigkeit. Das kann z. B. im Kerbgrund von Anrissen oder scharfen geometrischen Übergängen eintreten.

Für Kunststoffe kommen sowohl die Normalspannungs-Hypothese als auch die Schubspannungs-Hypothese in Betracht. Es wird jedoch nicht ausschließlich gegen eine zulässige Spannung abgesichert, sondern häufig auch gegen einen Dehngrenzwert, der bei thermoplastischen Kunststoffen ein weiteres Kriterium für die Funktionsfähigkeit des Bauteils darstellt. Auf die Dehngrenzwerte von thermoplastischen Kunststoffen wurde bereits im Abschnitt 3.1.5 hingewiesen.

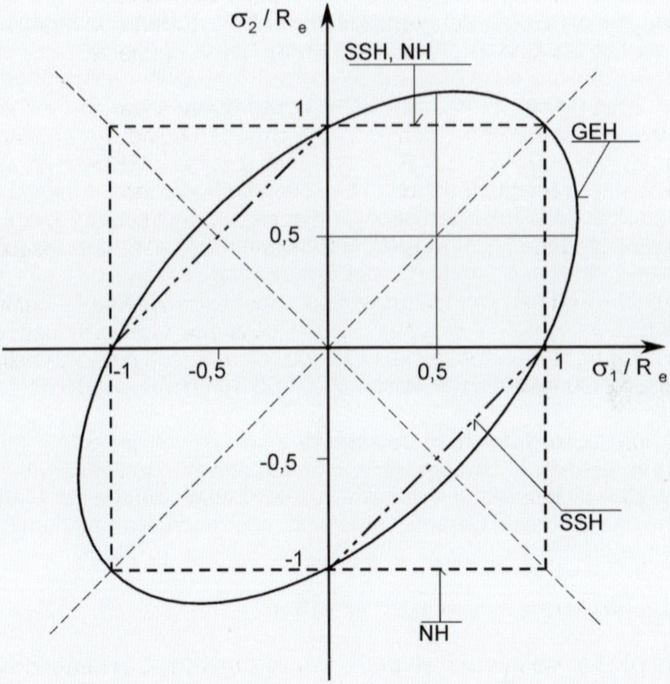

Bild 3.2-1: Darstellung der Vergleichsspannungshypothesen für den ebenen Spannungszustand, d. h. $\sigma_3 = 0$

3.3 Zulässige Spannungen

3.3.1 Gemeinsamkeiten

a) Definitionen

Der mit Hilfe eines mathematischen Modells ermittelte Beanspruchungszustand wird mit einer der o. g. Festigkeitshypothesen auf einen äquivalenten eindimensionalen Spannungszustand reduziert, der unterhalb einer zulässigen Spannung liegen muss. Die zulässige Spannung ist je nach Werkstoff, Belastungsart und Spannungsermittlung unterschiedlich definiert.

Im Allgemeinen werden Berechnungsmethoden angewendet, die ein linear-elastisches Materialverhalten voraussetzen, um den Berechnungsaufwand in Grenzen zu halten. Hieran ändert sich auch nichts, wenn beim Spannungsnachweis die Streckgrenze bzw. 0,2 %- oder 1,0 %-Dehngrenze überschritten wird. Allerdings gelten dann zusätzliche Randbedingungen, die ein Versagen des Bauteiles verhindern.

Als Basis für die zulässige Spannung f bei den unterschiedlichen Belastungsarten dienen charakterische Festigkeitskennwerte, die im Zugversuch ermittelt und in den technischen Lieferbedingungen festgelegt sind. Das sind meist garantierte Mindestwerte, aber auch mittlere oder untere Richtwerte:

$$f = K / S \qquad (3.3\text{-}1)$$

K - Festigkeitskennwert (siehe Abschnitt 3.3.2)

S - Sicherheitsbeiwert (siehe Buchstabe b)

Im Zeitstandbereich wird auf der Basis von statistisch ermittelten Mittelwerten gearbeitet, die zwar keine Garantiewerte sind, aber nach vernünftigem Ermessen eine hinreichende Grundlage für eine sichere Auslegung bilden:

$$f = R_{m/T/t} / S_{CR} \qquad (3.3\text{-}2)$$

Zeitabhängige Festigkeitskennwerte $R_{m/T/t}$ und zugehörige Sicherheitsabstände S_{CR} sind unter Buchstabe c erläutert. Die zulässige Spannung nach Gl. (3.3-2) wird in DIN EN 13480-3 mit f_{CR} bezeichnet.

b) Sicherheitsbeiwerte

Die Sicherheitsbeiwerte S bzw. S_{CR} sind je nach Festigkeitskennwert unterschiedlich hoch in den technischen Regelwerken festgelegt. Sie haben die Aufgabe, einen Sicherheitsabstand zwischen der rechnerisch wahrscheinlichen Spannung und der real gerade noch ertragbaren Spannung zu halten. Dadurch werden Unsicherheiten durch nicht planbare Abweichungen in jeglicher Hinsicht abgedeckt und dem Grundbedürfnis nach Sicherheit der Anlage und der Unversehrtheit der in der Nähe befindlichen Personen nachgekommen. Diese Zielstellung ist in seiner Auswirkung identisch mit der aus ökonomischen Gründen bestehenden Forderung nach hoher Anlagenverfügbarkeit. Der Sicherheitsbeiwert soll folgende Unwägbarkeiten erfassen:

- Ungenauigkeiten in der mathematischen Erfassung des Bauteiles durch notwendige Abstraktionen auf berechnungsfähige Geometrien sowie durch Vereinfachungen im Rechengang selbst.

- Unsicherheiten in den real vorhandenen Werkstoffeigenschaften, hervorgerufen durch eine endliche Anzahl von Werkstoffprüfungen, durch Umformvorgänge, durch Schweißen und anschließende ein- oder mehrmalige Wärmebehandlung.

- Unsicherheiten durch unvollständige Kenntnisse der auf das Bauteil einwirkenden Belastungen mechanischer und thermischer Art. Chemische Einwirkungen sollten durch die Wahl des Werkstoffes oder durch Korrosionszuschläge möglichst vollständig ausgeschlossen sein, zumindest wenn diese zu Änderungen in den Werkstoffeigenschaften führen können und damit durch die Spannungsanalysen nicht erfassbar sind.

- Unsicherheiten durch Form- und Maßabweichungen bei der Herstellung des Halbzeugs, der Fertigung und Montage des Bauteils, sowie durch nicht vorhersehbare Formabweichungen während des Betriebs der Rohrleitung.

- Sicherheitsabstand des Mindestwertes der Zeitstandfestigkeit gegenüber dem Mittelwert (ausführliche Erläuterungen siehe Abschnitt 3.1.1).

c) Zulässige Spannungen

In **Tabelle 3.3-1** und **Tabelle 3.3-2** sind die zulässigen Spannungen f verschiedener technischer Regelwerke für häufig vorkommende Werkstoffe zusammengefasst. Sie dienen einerseits zum Berechnen der erforderlichen Wanddicke bei Beanspruchung durch inneren oder äußeren Überdruck (Dimensionierung), andererseits als Basiswert für die unterschiedlichen Spannungsarten innerhalb eines belasteten Bauteils sowie als Grenzwert für den Prüfzustand. Ist die zulässige Spannung von der Dehnung A abhängig, ist auf den Quer- bzw. Tangentialwert zu orientieren, falls die Werkstoffnormen eine Differenzierung gegenüber dem Längswert enthalten.

Maßgebend für die Dimensionierung der Bauteile bzw. für die Ermittlung des Ratingdruckes ist der Minimalwert aus Gl. (3.3-1) und (3.3-2):

$$f = \min \{ K / S; R_{m/T/t} / S_{CR} \} \qquad (3.3\text{-}3)$$

Bei zeitabhängiger Auslegung zwischen 10 000 und 200 000 h ist zunächst $R_{m/T/t}$ durch logarithmische Interpolation für die jeweilige Lebensdauer T zu ermitteln. Für die Bemessung gilt dann:

$$f = R_{m/T/t} / 1,25 \qquad (3.3\text{-}4)$$

Eine zeitabhängige Auslegung unter 10 000 h ist nicht zulässig.

Tabelle 3.3-1: Zulässige Spannungen für Rohrleitungsteile unter Auslegungsbedingungen

Werkstoff			Regelwerk [1]	
			DIN EN 13480-3	AD 2000 B 0
zulässige Spannung $f = K / S$ für zeitunabhängige Belastung [2]				
nichtaustenitische Walzstähle	mit	spezifischer Prüfung	$\min\{R_m / 2{,}4;\ R_{p0,2/t} / 1{,}5\}$	$R_{p0,2/t} / 1{,}5$
	ohne		$\min\{R_m / 2{,}88;\ R_{p0,2/t} / 1{,}8\}$	-
austenitische Walzstähle Nickel- und/oder Chrom-Legierungen	$A < 30\,\%$		wie nichtaustenitische Walzstähle	$R_{p1,0/t} / 1{,}5$
	$30\,\% \le A < 35\,\%$		$\min\{R_m / 2{,}4;\ R_{p1,0/t} / 1{,}5\}$	
	$A \ge 35\,\%$		$R_{p1,0/t} / 1{,}5$ oder $\min\{R_{m/t} / 3;\ R_{p1,0/t} / 1{,}2\}$ [3]	
Stahlguss			$\min\{R_m / 3;\ R_{p0,2/t} / 1{,}9\}$	$R_{p0,2/t} / 2$
Cu- und Cu-Legierungen, nahtlos oder geschweißt			-	$R_m / 3{,}5$ [4]
Al- und Al-Legierungen nach DIN EN 13480-8 der Werkstoffgruppe	21		$R_{p1,0/t} / 1{,}5$	$R_{p0,2/t} / 1{,}5$ [8]
	22		$\min\{R_m / 2{,}4;\ R_{p0,2/t} / 1{,}5\}$	
	23		$\min\{R_m / 3;\ R_{p0,2/t} / 1{,}5\}$	
zulässige Spannung $f = R_{m/T/t} / S_{CR}$ für zeitabhängige Belastung von 200 000 h (rund 25 Jahre) [5]				
nichtaustenitische und austenitische Walzstähle			$R_{m/200\,000/t} / 1{,}25$ [6]	$R_{m/100\,000/t} / 1{,}5$
nichtaustenitischer Stahlguss			$R_{m/100\,000/t} / 1{,}9$ [7]	$R_{m/100\,000/t} / 2$
austenitischer Stahlguss mit $A \ge 30\,\%$			$R_{m/100\,000/t} / 1{,}5$ [7]	
Cu- und Cu-Legierungen, nahtlos oder geschweißt			-	[4]
Al- und Al-Legierungen			-	$R_{m/100\,000/t} / 1{,}5$ [8]

[1] Für HD-Gasleitungen gilt zusätzlich DIN EN 10208-2.
[2] Bis 50 °C kommen sowohl $R_{p0,2}$ als auch R_{eH} in Betracht.
[3] Gilt nur, wenn die Werkstoffnormen Werte für $R_{m/t}$ enthalten.
[4] Festigkeitskennwerte und zulässige Spannungen siehe AD 2000 W 6/2.
[5] Für Lebensdauern unter 200 000 h siehe Abschnitt 3.3.1.
[6] Fehlen Werte für $R_{m/200\,000/t}$ gilt $f = \min\{R_{m/150\,000/t} / 1{,}35;\ R_{m/100\,000/t} / 1{,}5\}$
[7] Nach DIN EN 12516-2.
[8] Festigkeitskennwerte siehe AD 2000 W 6/1.

Tabelle 3.3-2: Zulässige Spannungen unter Prüfbedingungen

Werkstoff		Regelwerk [1)]	
		DIN EN 13480-3	AD 2000 B 0
nichtaustenitische Walzstähle		0,95 $R_{p0,2}$	$R_{p0,2}$ / 1,05
austenitische Walzstähle mit A ≥ 25 % [2)] Nickel- und/oder Chrom-Legierungen		min {0,95 $R_{p1,0}$; 0,45 R_m}	$R_{p0,2}$ / 1,05
Stahlguss		$R_{p0,2}$ / 1,4	$R_{p0,2}$ / 1,4
Cu- und Cu-Legierungen		-	R_m / 2,5
Al- und Al-Legierungen nach DIN EN 13480-8 der Werkstoffgruppe	21	$R_{p1,0}$ / 1,05	$R_{p0,2}$ / 1,05
	22; 23	$R_{p0,2}$ / 1,05	

[1)] Es kann sowohl $R_{p0,2}$ als auch R_{eH} in Betracht kommen.
[2)] Für A < 25 % gelten die zulässigen Spannungen wie für nichtaustenitische Stähle.

Liegen für T > 100 000 h keine Zeitstandfestigkeiten vor, werden meist die Werte für 100 000 h mit einer Sicherheit von S_{CR} = 1,5 verwendet.

Näherungsweise kann auch, wie bei der Ermittlung der noch zu erwartenden Lebensdauer nach DIN EN 12952-4 bzw. Band I Abschnitt 14.3.4, von der aus DIN EN 13480-3 abzuleitenden Relation für die zulässige Spannung im Zeitstandbereich ausgegangen werden:

$$f = \frac{R_{m/200\,000/t}}{1{,}25} \approx \frac{R_{m/150\,000/t}}{1{,}35} \approx \frac{R_{m/100\,000/t}}{1{,}5} \qquad (3.3\text{-}5a)$$

Hieraus resultiert:

$$R_{m/200\,000/t} \approx \min\{0{,}92\, R_{m/150\,000/t};\ 0{,}83\, R_{m/100\,000/t}\} \qquad (3.3\text{-}5b)$$

Mit dem so erhaltenen Näherungswert von $R_{m/200\,000/t}$ ist eine Interpolation für T > 100 000 h möglich.

Weitere zusätzliche Hinweise:

- Die zulässigen Spannungen nach FDBR-RL 4 sind mit denen nach DIN EN 13480-3 identisch.

- AD 2000 S 6 geht auf die Bestimmung der zulässigen Spannungen im Zeitstandbereich gesondert ein. Es wird dort sehr deutlich zwischen Grundwerkstoff und Schweißverbindung unterschieden. Bei fehlenden gesicherten Festigkeitskennwerten für die Schweißverbindung ist eine Reduzierung der zulässigen Spannung des Grundwerkstoffes auf 80 % vorzunehmen.

- Für Rohrleitungen in Hydraulikanlagen unter schwellender Beanspruchung gilt DIN 2413. Die Norm enthält geeignete Werkstoffe und deren zulässige Spannungen.

- In den amerikanischen Regelwerken, z. B. ASME B31.1 für Kraftwerksrohrleitungen und ASME B31.3 für verfahrenstechnische und petrochemische Rohrleitungen, sind die zulässigen Spannungen explizit und temperaturabhängig für eine Reihe von amerikanischen Stählen angegeben.

3.3.2 Festigkeitskennwerte für Metalle

Folgende Festigkeitskennwerte werden für Metalle zugrunde gelegt (Definitionen siehe Band I Abschnitt 3.1):

- Mindestzugfestigkeit bei Raumtemperatur R_m,

- Mindestwert der oberen Streckgrenze R_{eH} bei Raumtemperatur.

- Mindestwert der 0,2 %- bzw. 1,0 %-Dehngrenze bei Raumtemperatur $R_{p0,2}$ bzw. $R_{p1,0}$ oder bei Berechnungstemperatur $R_{p0,2t}$ bzw. $R_{p1,0t}$.

Im Zeitstandbereich sind entsprechend deutschem Regelwerk maßgebend:

- Mittelwert der Zeitstandfestigkeit des Grundwerkstoffs bei Berechnungstemperatur t_c als $R_{m/T/t}$ für T = 200 000, 150 000 oder 100 000 h, in Ausnahmefällen auch für 250 000 h.

- Mittelwert der Zeitdehngrenze bei Berechnungstemperatur t_c für T = 100 000 h bei speziellen Berechnungen, z. B. als 1 %-Zeitdehngrenze $R_{p1,0/100\,000/t}$.

- Mittelwert der Zeitstandfestigkeit der Schweißverbindung bei Berechnungstemperatur t_c als $R_{m/T/t}$ für T = 200 000, 150 000 oder 100 000 h, falls merkbare Abweichungen zum Grundwerkstoff bestehen. In diesem Fall beträgt der Schweißnahtminderungsfaktor nach Gl. (7.1-7) $z_{SMF} = 1$

Im Gegensatz zu den technischen Regelwerken für Druckgeräte, wo die genannten Unwägbarkeiten gemeinsam in einem Sicherheitsbeiwert zusammengefasst sind, werden im Stahlbau entsprechend DIN EN-Reihe 1993-1 (insbesondere DIN EN 1993-1-1) Teilsicherheitsbeiwerte verwendet. Sie dienen zur Veranschaulichung des Einflusses einzelner Unsicherheiten und zum Abbau konservativer Annahmen. Dadurch wird eine ökonomische Herstellung gefördert ohne an Sicherheit einzubüßen.

3.3.3 Festigkeitskennwerte für Kunststoffe

Für Kunststoffe gelten je nach Belastung folgende Festigkeitskennwerte:

- Zeitstandfestigkeit des Erzeugnisses, z. B. Rohr oder Formstück.
- Zeitstandfestigkeit der gefügten Verbindung (Kurz- und Langzeit-Schweißfaktoren für Thermoplaste, Fügefaktoren für Klebeverbindungen bei Thermo- und Duroplasten sowie Laminatverbindungen bei Duroplasten).
- Dehngrenzwerte.

Da für den gesamten Anwendungsbereich der thermoplastischen Kunststoffe die Werkstoffeinflüsse nicht mit dem Sicherheitsbeiwert allein ökonomisch und zuverlässig erfasst werden können, wurden zusätzlich Abminderungsfaktoren eingeführt. Sie bedeuten entsprechend DVS 2205-1:

- A_1 - Streuung im Zeitstandverhalten

  Dieser Faktor variiert zwischen 1,25 und 2,0 und ist in die Zeitstandkurven bereits eingearbeitet.

- A_2 - Einfluss des Fluids (reziproker Resistenzfaktor)

  Der Faktor ist von der Konzentration und der chemischen Zusammensetzung des Fluids, dessen Temperatur und dem eingesetzten Kunststoff abhängig. DVS 2205-1 enthält hierfür eine umfangreiche Tabelle.

- A_3 - Einfluss der Temperatur auf das Zeitstandverhalten

  Der Faktor ist in die Zeitstandkurven bereits eingearbeitet.

- A_4 - Einfluss der Zähigkeit des Kunststoffs von der Temperatur

  Der Faktor ist umso höher, je niedriger die Berechnungstemperatur liegt. Er schwankt zwischen 1 und 1,9. DVS 2205-1 enthält eine diesbezügliche Tabelle.

Die Abminderungsfaktoren sind teilweise in die Belastungsfälle der Erzeugnisse oder in die Anwendungsklassen spezieller Rohrleitungssysteme (z. B. für die Trinkwasser- oder Warmwasserversorgung) eingearbeitet. Weitere Erläuterungen siehe [0.3-1] Abschnitt 2.3 oder [0.3-2] Abschnitt 7.1.4.

3.4 Primär- und Sekundärspannungen, Spannungsspitzen

3.4.1 Einteilung

Bei der Anwendung der zulässigen Spannungen ist zu unterscheiden in:

- Primärspannungen, die den von außen einwirkenden Belastungen das Gleichgewicht halten.

- Sekundärspannungen, die über die Dehnung zu begrenzen sind.

- Lokale Spannungsspitzen, die bei häufigem Auftreten zur Ermüdung des Werkstoffes führen.

3.4.2 Primärspannungen

Hierunter sind solche linear verteilten Spannungen bzw. Spannungsanteile zu verstehen, die im betrachteten Querschnitt das Gleichgewicht mit den äußeren Lasten herstellen. Diese Belastungsarten sind der Größe nach nicht abhängig von der Verformung des Rohrleitungssystems oder eines Bauteils im Rohrleitungssystem. Sie bleiben auch erhalten, wenn der Werkstoff plastifiziert. Die wichtigsten hierfür maßgebenden äußeren Lasten sind:

- Eigengewicht der Rohrleitung einschließlich aller Einbauten wie Armaturen und Formstücke, Gewicht des Fluids und der Dämmung.

- Innerer und äußerer Überdruck.

- Erdlasten, Zusatzlasten (zusätzliche Flächenlasten von Straßen, Schüttgütern und dergl.) und Verkehrslasten bei eingeerdeten Rohren.

- Schnee- und Eisgewicht sowie Windlasten für Rohrleitungen im Freien.

- Erdbebenlasten für Rohrleitungen in seismisch gefährdeten Gebieten.

Die Primärspannungen P_m, P_b und P_L werden unterteilt in

- allgemeine oder über einen großen Bereich wirkende Spannungen P_m,

- Biegespannungen P_b,

- lokale Primärspannungen P_L, die dem Charakter nach den Kriterien der Sekundärspannungen entsprechen.

3.4.3 Sekundärspannungen

Sekundärspannungen Q sind linear verteilte Spannungen bzw. Spannungsanteile, die über den betrachteten Querschnitt auftreten. Sie haben folgende Ursachen:

- geometrische Unstetigkeiten zur Herstellung der Kompatibilitätsbedingungen zweier geometrisch unterschiedlicher Bauteile.
- behinderte Wärmedehnung innerhalb eines Bauteils.
- Zwängungsbedingungen infolge von Rohrhalterungen.

Die Sekundärspannungen können sich nach dem Überschreiten der Streck- bzw. 0,2 %- oder 1,0 %-Dehngrenze durch plastisches Verformen abbauen. Sie führen entsprechend ihrem Charakter bei einmaliger und überwiegend ruhender Beanspruchung nicht zum plötzlichen Versagen des Bauteils. Einige Beispiele dieser Belastungsarten sind:

- Unterschiedliches Dehnverhalten lokaler Steifigkeiten an geometrischen Übergangsstellen wie unterschiedliche Wanddicken benachbarter Rohrschüsse, Übergänge vom Zylinder auf Kegel, Halbkugel, oder ebenen Boden, Abzweige auf kugeligen oder zylindrischen Formstücken.
- Unterschiedliches Dehnverhalten infolge verschiedener Wärmeausdehnungskoeffizienten zweier verschweißter Stähle.
- Ungleichmäßige Temperaturverteilung über den Durchmesser des Rohres und/oder lokal über die Wanddicke durch Temperaturtransienten.
- Behinderte Wärmedehnung der Rohrleitung durch Zwängungen infolge von Rohrhalterungen.
- Lagerungszwängungen.
- Setzen von Gebäuden oder Gebäudewänden, wenn die Rohrleitung über die Gebäudegrenzen hinweg verläuft.
- Verschiebungen von Rohrhalterungen durch betrieblich bedingte Wärmeausdehnung von Halterungsanschlüssen am Stahl- oder Massivbau.
- Unrundheit von Rohren bei innerem Überdruck.

3.4.4 Spannungsspitzen

Als Spannungsspitzen F oder tertiäre Spannungen werden diejenigen Spannungsanteile einer Gesamtspannung bezeichnet, die abzüglich der Primär- und Sekundärspannungen noch vorhanden sind. Sie sind im klassischen Sinne die begrenzt örtlich wirkenden Spannungen, die wesentlich zur Ermüdung eines Bauteiles beitragen, aber keinen wesentlichen Einfluss auf die Gesamtverformung des Bauteiles haben. Zu den Spannungsspitzen gehören:

- Kerbspannungen.

- Lochrandspannungen.

- nicht lineare Anteile von Temperaturspannungen an geometrischen Unstetigkeiten, z. B. an Wanddickenübergängen.

- nicht lineare Anteile von transienten Temperaturspannungen, z. B. Thermoschock.

3.4.5 Begrenzung der Spannungen

Im zeitunabhängigen Bereich gelten folgende Spannungsbegrenzungen:

- Primärspannungen

  Primäre, allgemein wirkende Spannungen werden auf

  $$\sigma \leq f \quad (3.4\text{-}1)$$

  begrenzt. Dieser Wert liegt auch der Wanddickenbestimmung zugrunde (siehe Tabelle 3.3-1).

  Für lokal wirkende Primärspannungen gilt häufig

  $$\sigma \leq 1{,}5\ f \quad (3.4\text{-}2)$$

  Je nach technischem Regelwerk kann der Faktor in Gl. (3.4-2) auch reduziert sein.

- Sekundärspannungen

Die Sekundärspannungen, einschließlich aller primären Spannungen, dürfen unter Beibehaltung des Hookeschen Gesetzes die Streckgrenze überschreiten und maximal den 2-fachen Wert von Gl. (3.4-2) annehmen:

$$\sigma \leq 3\,f \qquad (3.4\text{-}3)$$

Auch hier kann in Abhängigkeit vom technischen Regelwerk die Spannungsgrenze reduziert sein, z. B. auf $f_a + f$ nach DIN EN 13480-3 (**Tabelle 3.4-1**).

- Spannungsspitzen

Die Spannungsspitzen einschließlich aller primären und sekundären Spannungen, also die Gesamtspannung, werden im niederzyklischen Bereich (low cycle fatigue) durch die Wöhlerkurven begrenzt. Je nach Regelwerk ist noch ein zusätzlicher Sicherheitsfaktor zwischen 1 und 2 auf die Zyklenanzahl zu berücksichtigen.

Für Stahl enthalten die Wöhlerkurven bereits einen Zyklenfaktor und damit einen Spannungsfaktor von mindestens 2. Für Kupfer- und Aluminiumlegierungen sind ebenfalls Wöhlerkurven vorhanden. Es empfiehlt sich aber, bei den Herstellern den Sicherheitsfaktor zu erfragen und ob dieser bereits in den Kurven implizit enthalten ist.

Im Zeitstandbereich sind zusätzliche Werkstoffeigenschaften zu beachten, die über den Rahmen dieser Betrachtungen hinausgehen. Aus diesem Grund sollten

Tabelle 3.4-1: Zulässige Spannungen gemäß DIN EN 13480-3 für Spannungsnachweise an lokalen Stellen

Spannungsart	zulässige Spannung 1)	Lastfall
$P_m + P_b + P_L$	1,5 f	ständig wirkende äußere Lasten
$P_m + P_b + P_L$	1,8 f	ständig und gelegentlich wirkende äußere Lasten
$P_m + P_b + P_L$	2,7 f	Lasten aus Not- und Schadensfällen, die nicht planmäßig und äußerst selten auftreten
Q	f_a	Lasten aus behinderter Wärmedehnung des Rohrleitungssystems (entspricht σ_3)[2]
$P_m + P_b + P_L + Q$	$f_a + f$	äußere ständig wirkende Lasten und Lasten aus behinderter Wärmedehnung (entspricht σ_4)[2]

Lastwechselzahl n_{eq}	≤ 7 000	14 000	22 000	45 000	100 000	≥ 100 000
Lastwechselfaktor U	1	0,9	0,8	0,7	0,6	0,5

[1] Spannungsschwingbreite f_a siehe Gl. (3.4-4). [2] nach Abschnitt 6.4.4

auch Spannungen in Kunststoffen nicht in obiger Art untergliedert werden, weil Kunststoffe schon bei Raumtemperatur kriechen.

3.4.6 Begrenzung der Spannungen in Rohrleitungssystemen

Grundsätzlich gilt die Unterteilung in primäre und sekundäre Spannungen sowie deren Bewertung gleichermaßen für Rohrleitungssysteme. Die Begrenzung der primären Spannungen (globale und lokale Membranspannungen, primäre Biegespannungen) in Rohrleitungssystemen ist gegenüber den zulässigen Spannungen für Druckbehälter, oder im Falle von sehr detaillierten Spannungsanalysen an Bauteilunstetigkeiten, stets konservativer Natur. Damit wird dem Umstand Rechnung getragen, dass außer dem Innendruck und der zugehörigen Temperatur alle anderen Belastungsgrößen in der Auslegungsphase keineswegs genau bestimmt werden können, und deshalb abdeckend berücksichtigt werden müssen. Eine detaillierte Auflistung der formal einzuhaltenden Spannungsgrenzen mit den zu berücksichtigenden Belastungen ist im Abschnitt 6.4 beschrieben. Es sind hierbei folgende Spannungsgrenzen einzuhalten [3.4-1]:

- Primärspannungen f

  nach Tabelle 3.3-1.

- Spannungsschwingbreite f_a für Sekundärspannungen

  $$f_a = U\,(1{,}25\; f_{RT} + 0{,}25\; f)\; E / E_{RT} \qquad (3.4\text{-}4)$$

  Es bedeuten:

  f_{RT} - zulässige Spannung bei Raumtemperatur nach Tabelle 3.3-1

  E_{RT} - Elastizitätsmodul bei Raumtemperatur

  f - zulässige Spannung bei Auslegungstemperatur nach Tabelle 3.3-1

  E - Elastizitätsmodul bei Auslegungstemperatur

  U - Lastspielminderungsfaktor U nach Tabelle 3.4-1

  Das Verhältnis E / E_{RT} kann z. B. aus **Bild 7.1-2** entnommen werden.

- Primär- und Sekundärspannungen $(f + f_a)$

  falls die Sekundärspannungen oberhalb der Spannungsschwingbreite f_a liegen.

In DIN EN 13480-3 wurde für den Zeitstandbereich eine zusätzliche Bedingung aufgenommen. Hiernach sind ein Drittel des Biegemomentes aus behinderter Wärmedehnung als primär wirkend in die Spannungsbegrenzung einzubeziehen, wie aus Abschnitt 6.4.5 hervorgeht. Dadurch wird berücksichtigt, dass in einem ausgeführten Rohrleitungssystem keine vollständige Relaxation durch Werkstoffkriechen auftritt. Allerdings sollte beachtet werden, dass Relaxation ebenfalls eine Werkstofferschöpfung darstellt und für den gesamten Kriechprozess des Werkstoffes zu beachten ist.

Für Rohrleitungssystem-Analysen sind grundsätzlich alle möglichen Belastungszustände zu betrachten. Im Einzelfall können jedoch manchmal einige Belastungszustände ausgeschlossen werden. Gemäß DIN EN 13480-3 sind folgende Auslegungsbedingungen zu berücksichtigen:

- Normale Betriebsbedingungen

  Hierzu gehören der stationäre Betriebszustand und alle anderen planmäßigen instationären Betriebszustände, die im Volllast-, Teillast- oder unter An- und Abfahrbedingungen auftreten.

- Gelegentlich auftretende Betriebszustände.

  Sie treten z. B. beim Abblasen von Sicherheitsventilen, bei Pumpenausfall, bei Lastabwurf und dergl. auf. Als gelegentlicher Betriebszustand zählen auch die Belastungen bei der Reinigung, z. B. beim Ausblasen, Beizen oder Spülen eines Rohrleitungssystems.

- Außergewöhnliche Betriebszustände

  Hierunter fallen z. B. örtlich bedingte außergewöhnliche Klimaeinflüsse wie extreme Wind-, Eis- und Schneebelastungen sowie Erdbebenbelastungen.

- Prüfbedingungen

  Berücksichtigung außergewöhnlicher Belastungen, z. B. hydraulische Druckprüfungen an Dampf- und Gasleitungen oder Bewegungseinschränkungen durch zeitweise blockierte Rohrhalterungen.

Die für die konkrete Anlage auftretenden Auslegungsbedingungen sind im Detail mit dem Auftraggeber abzustimmen, damit die erforderlichen Lastfälle analysiert und die zugehörigen Spannungsbegrenzungen eingehalten werden.

3.5 Bruchmechanik

3.5.1 Aufgaben der Bruchmechanik

Die Bruchmechanik nimmt trotz intensiver Forschung und Entwicklung gegenwärtig nicht den Stand ein, wie die klassische Festigkeitslehre. Das hängt u. a. damit zusammen, dass die veröffentlichten Arbeiten, Lösungsansätze, Methoden und dergl. vorzugsweise Teilaspekte der Bruchmechanik behandeln, für den in der Praxis stehenden Ingenieur aber allgemein anwendbare Kriterien fehlen.

Die Werkstoffmechanik und das spezifische Werkstoffverhalten unter Belastung jeglicher Art ist der wesentliche Aspekt der Bruchmechanik. Sie verkörpert in diesem Sinne das Zusammenwirken zweier Disziplinen, nämlich der Werkstoff- und der Festigkeitslehre. Die nachfolgenden Ausführungen können das Thema nicht erschöpfend behandeln. Sie haben das Ziel, einige einführende Erläuterungen in das Gebiet der Bruchmechanik für kristalline Werkstoffe zu geben, insbesondere für Stähle.

Es bestehen zwei wesentliche Aufgaben für die Anwendung der Bruchmechanik:

- Auslegung von Bauteilen

  Um die Sicherheit von Rohrleitungen und anderen Komponenten festigkeitsmäßig abzusichern, sind in der Auslegungsphase vorausschauende Analysen notwendig. Dabei werden Werkstofffehler unterstellt, zumeist in Form von Rissen, um deren Auswirkungen zu quantifizieren.

  Solche Analysen wurden in den letzten Jahrzehnten insbesondere für kerntechnische Anlagen erstellt, bei denen die Sicherheit Priorität gegenüber kommerziellen Interessen hat. Das dementsprechende Expertenwissen ist deshalb in der BRD bei solchen Unternehmen und Institutionen angesiedelt, die sich intensiv mit den Aufgaben der Kerntechnik beschäftigt hatten.

  Zunehmend gewinnt aber die Anwendung der Bruchmechanik auch für die Auslegung solcher industrieller Anlagen an Bedeutung, bei denen ein erhebliches Gefährdungspotenzial für Mensch und Umwelt besteht.

- Bewertung in Betrieb befindlicher Bauteile

  Im englischsprachigen Raum sind einige Regeln und Standards entwickelt worden, die als probates Mittel die Methoden und Kriterien der Bruchmechanik verwenden. Diese sind hinsichtlich ausreichender Sicherheit und Verfügbarkeit nur anwend- und einhaltbar, wenn sowohl Informationen auf der Belastungs- und Werkstoffseite zur Verfügung stehen, als auch bezüglich Auswertungs- und Bewertungsdauer.

Für den Betreiber einer Anlage ist es von wesentlicher wirtschaftlicher Bedeutung, aus festigkeitsmäßiger Sicht eine Aussage über die uneingeschränkte Verfügbarkeit einer Rohrleitung oder Komponente für einen vorausschauenden Zeitraum zu erhalten. Deshalb dürften betriebswirtschaftliche Argumente die erfolgreiche Anwendung der Bruchmechanik auf bestehende Anlagen fördern, so dass diese künftig auch in die deutschen Regelwerke Eingang finden könnte.

3.5.2 Grundlagen

a) Werkstoffmechanik

In der klassischen Festigkeitslehre metallischer Werkstoffe wird vorausgesetzt, dass isotrope und homogene Werkstoffe und Werkstoffeigenschaften vorliegen. Diese mehr oder weniger stillschweigende Annahme ist nur bedingt richtig, wie der in der Praxis stehende Ingenieur immer wieder leidvoll erfahren muss.

Die Bruchmechanik geht im Gegensatz zu diesem Postulat davon aus, dass in technischen Strukturen grundsätzlich Fehler oder Fehlstellen enthalten sind. Sie definiert diese Ungänzen als Risse, weil diese Fehlerart für das zu betrachtende Bauteil das größtmögliche Gefährdungspotenzial darstellt, so dass die Gefahr einer Unterbewertung vermieden wird. Detaillierte Analysen sind natürlich möglich, bedürfen aber eines erhöhten Aufwandes.

Risse einschließlich Mikrorisse können während des Herstellungs- und/oder Verarbeitungsprozesses entstehen oder durch mechanische, thermische und chemische Einwirkungen während des Betriebes. Beispiele für solche Ungänzen im Gefüge sind:

- Herstellung

  Walz- und Schmiedefehler durch zu niedrige Umformtemperaturen und zu hohe Verformung, nicht werkstoffgerechtes Abkühlen, Verunreinigungen bis hin zum Wasserstoffeinschluss und dadurch bedingte Aufhärtungen und lokale Versprödungen.

- Verarbeitung

  Ungeeignete Schweißzusatzwerkstoffe, Abweichungen von vorgeschriebenen Schweißparametern, Einbrandkerben, Bindefehler, konvexe Kehlnahtformen, scharfe Wanddickensprünge, unsachgemäße Wärmenachbehandlung, hohe Eigenspannungen durch Kaltverformen, ungeeignetes Abkühlen nach dem Schweißen oder der Warmumformung.

- Betrieb

  Zyklische mechanische und/oder thermische Belastungen, Änderung der Werkstoffeigenschaften durch radioaktive Bestrahlung, Versprödung, Kriechen im Zeitstandbereich, chemische Einwirkungen (z. B. interkristalline Korrosion infolge Wasserstoffversprödung), fehlende bzw. gerissene Magnetitschichten, aggressive Fluide mit damit verbundener Wanddickenabnahme (großflächig oder lokal in Form von Grübchenbildung) und infolge dessen einem erhöhten Beanspruchungszustand bei weitgehend gleichbleibender statischer und dynamischer Belastung.

Ursachen sowie Auswirkungen solcher Fehler werden in der Fachliteratur ausführlich beschrieben (siehe z. B. Band I, Abschnitt 14.4).

Das wirkungsvollste Mittel zum Verhindern von Makrorissen und zum Ertragen von anderen im Bauteil befindlichen Ungänzen besteht darin, dass der Werkstoff eine entsprechende Zähigkeit besitzt und dadurch Risse auffängt.

In den technischen Regeln (DIN EN 13480-2, AD 2000 Reihe W) werden deshalb Kerbschlagprüfungen gefordert, die durch entsprechende Prüfbescheinigungen zu belegen sind. Die Mindestwerte für die von der Probe aufzunehmende Kerbschlagarbeit ist darin werkstoff- und temperaturabhängig festgelegt.

International wird im wesentlichen die in DIN EN ISO 148-1 genormte Kerbschlagprobe mit V-Kerb angewendet. Sie ist mit den gleichen Abmessungen unter dem Begriff Charpy-V-Notch-Test auch im ASTM E 23a enthalten.

Für Stähle jeglicher Art bilden sich temperaturabhängig S–förmige Kurven für die Kerbschlagarbeit aus. Die jeweilige Einsatztemperatur soll in der sog. Hochphase liegen, weil die Höhe der Kerbschlagarbeit, also das Zähigkeitsverhalten, ein qualitatives Maß für die Fähigkeit des Werkstoffes darstellt, Inhomogenitäten und Fehlstellen im Material aufzufangen.

Die Bruchmechanik hat zur Bestimmung des Risswiderstands zwei weitere Probenformen entwickelt:

- Kompaktprobe oder CT-Probe (CT: compact tension) nach **Bild 3.5-1** links.

- Dreipunktbiegeprobe oder SENB-Probe (single edge notched bend specimen) nach Bild 3.5-1 rechts.

Mit Hilfe dieser Proben lässt sich die Risswiderstandskurve F = f(v) in einem Rissaufweitungsdiagramm im Versuch bestimmen, wobei v die Rissöffnung bedeutet. Über einen festgelegten Algorithmus kann ein werkstoffspezifischer

Spannungsintensitätsfaktor K_{IC}, bei dem Versagen auftritt, für die betreffende Probe (CT-Probe oder SENB-Probe) bestimmt werden [3.5-1].

Der so gefundene K_{IC}-Wert gilt exakt nur für die untersuchte Probe. Mit der notwendigen Sorgfalt ist er auch auf die gesamte Charge übertragbar. Dabei ist zu beachten, dass sowohl vorangegangene merkbare Plastifizierungen als auch Wärmebehandlungen die Werkstoffeigenschaften verändern können. Die Ergebnisse des Versuches sind deshalb nicht ohne weiteres auf andere Verhältnisse übertragbar, z. B. auf Schweißverbindungen. Sinngemäß das Gleiche gilt für Werkstoffveränderungen während des Betriebes in Form von zunehmender Versprödung oder durch chemischen Angriff. Für normale Betriebsbedingungen ist hingegen eine Anwendung mit den o. g. Einschränkungen möglich. Einige Anwendungsfälle werden noch beschrieben.

Die CT- oder SENB-Proben sind keine Standard-Werkstoffproben, so dass diesbezügliche Werkstoffkennwerte fehlen. Es müssen demzufolge spezielle Werkstoffprüfungen durchgeführt werden, die eine bruchmechanische Beurteilung zulassen.

Für die Bedürfnisse der Bruchmechanik gibt es lediglich für die Kerbschlagprobe mit V-Kerb bzw. dem Charpy-V-Notch-Test, allgemein akzeptierte und in Regeln festgelegte Korrelationen (API 579-1 Anhang F; BS PD 6493; ASME BPVC-XI Anhang C und H), die als Bewertungsmaßstab herangezogen werden können. Diese Beziehungen liegen naturbedingt auf der konservativen Seite, so dass

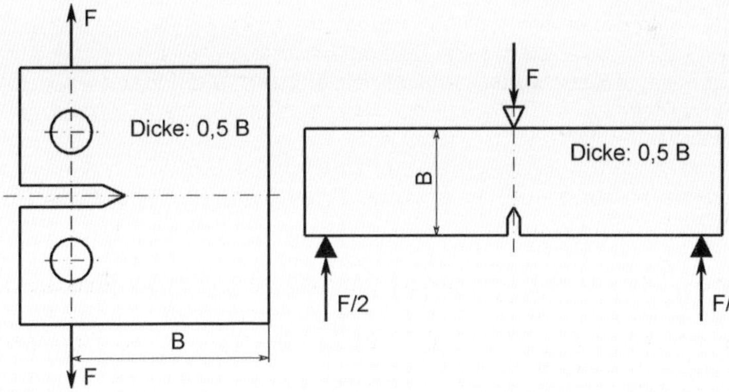

Bild 3.5-1: Probenformen zur Ermittlung des Risswiderstandes
links: Kompaktprobe; rechts: Dreipunktbiegeprobe (SENB-Probe)

die Beurteilung mittels bruchmechanischer Methoden einen Sicherheitsfaktor erfordert. Im deutschen Regelwerk sind leider noch keine diesbezüglichen Bewertungsmaßstäbe festgelegt.

Für Kerbschlagproben mit U–Kerb, einschließlich der früheren DVM-Probe nach DIN 50115, gibt es bedingt durch die Probenform keine entsprechenden Korrelationen.

b) Werkstoffverhalten unter Belastung

Die Bruchmechanik unterscheidet zwischen drei unterschiedlichen Belastungsarten an der Rissspitze (**Bild 3.5-2**), die an einer Probenform, z. B. der Kompaktprobe, möglich sind. Demzufolge werden auch drei unterschiedliche Spannungsintensitätsfaktoren K ermittelt, die mit K_I, K_{II} und K_{III} bezeichnet werden.

Die wichtigste Belastungsart liegt beim Auseinanderklaffen von Rissen vor (K_I), bei der die Hauptbelastungsrichtung senkrecht zum Rissverlauf liegt. Sie ist definiert zu:

$$K_I = k\,\sigma\,\sqrt{\pi\,a} \quad \left[\frac{N}{mm^2}\sqrt{mm}\right] \qquad (3.5\text{-}1)$$

Es bedeuten:

k - rissformabhängige Konstante

σ - anliegende Spannung senkrecht zur Rissebene in N/mm²

a - Risstiefe in mm

K_{IC} ist derjenige werkstoffspezifische Spannungsintensitätsfaktor, bei dem Versagen auftritt.

Bei einem Riss innerhalb des Werkstoffes wird eine Ellipse mit den Hauptachsen 2 a (Risstiefe) und 2 c (Risslänge) zu Grunde gelegt. Geht der Riss von der Werkstoffoberfläche aus, gilt die Risstiefe a.

Im geraden Rohrabschnitt eines Rohrleitungssystems kann die anliegende Spannung durch das örtlich wirkende Spannungsniveau (siehe Kapitel 6) beschrieben werden:

in Umfangsrichtung
$$\sigma_t = \frac{p_c\,D_o}{2\,e_{ord}} \qquad (3.5\text{-}2a)$$

in Längsrichtung
$$\sigma_a = \frac{p_c\,D_o}{4\,e_{ord}} + \frac{M_A}{Z} \qquad (3.5\text{-}2b)$$

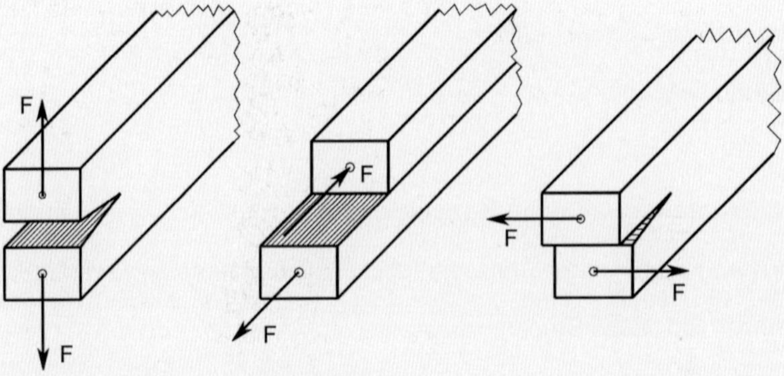

Bild 3.5-2: Belastungsarten an der Rissspitze
links: senkrecht zur Rissebene; Mitte: lateral in Rissebene; rechts: angular in Rissebene

betragen. Je nach betrachteter Spannungskomponente kann damit ein Riss in Längs- bzw. Umfangsrichtung analysiert werden.

In der Praxis ist der örtlich wirkende Spannungszustand allerdings nicht so einfach zu bestimmen, weil die interessierenden Rissbereiche sich selten auf das ungestörte gerade Rohr erstrecken. Schon eine Rundnaht kann bei der Bestimmung der vorhandenen Spannung Schwierigkeiten bereiten, weil der tatsächliche Beanspruchungszustand erfasst werden muss, d. h. auch die durch den Schweißprozess eingebrachten Eigenspannungen sind zu quantifizieren. Durch eine Wärmebehandlung nach dem Schweißen werden diese Eigenspannungen zwar wesentlich abgebaut, doch bleibt auch bei fachgerechter Ausführung eine Restspannung erhalten, die von der Glühtemperatur und dem Werkstoff abhängig ist.

Weitere Eigenspannungen werden durch Umformprozesse eingebracht. Je niedriger die Umformtemperatur war, umso höher wird der Eigenspannungszustand sein. Bei Umformvorgängen sind die Eigenspannungen gerichtet, während sie durch den Schweißvorgang über der Wanddicke keine bevorzugte Richtung aufweisen müssen. Sie klingen aber mit wachsender Entfernung von der Schweißnaht ab, wodurch sie geometrisch relativ gut festzulegen sind. Die lokalen Werkstoffeigenschaften im Bereich einer Schweißnaht unterscheiden sich jedoch vom Grundwerkstoff, so dass folgende drei Bereiche zu untersuchen sind:

- Schweißnaht
- Wärmeeinflusszone (WEZ)
- Grundwerkstoff

3.5.3 Bruchmechanische Konzepte

Im Wesentlichen werden drei unterschiedliche Konzepte angewandt:

- Linear-elastische Bruchmechanik

  LEFM - linear elastic fracture mechanics

- Elastisch-plastische Bruchmechanik

  EPFM - elastic plastic fracture mechanics

- Limit load

  Vollplastischer Spannungszustand über den gesamten betrachteten Querschnitt, auch als plastischer Kollaps bezeichnet, etwa vergleichbar mit dem Begriff der Traglast.

Die LEFM wurde als erstes Konzept mit den entsprechenden Methoden und Algorithmen entwickelt. Sie ist anwendbar für alle metallischen Werkstoffe, die ein sprödes und nur wenig plastisches Verformungsvermögen aufweisen. Für mehrere hundert unterschiedliche Geometrien wurden die rissformabhängigen Konstanten k ermittelt und in Handbüchern, Formelsammlungen und den im Abschnitt 3.5.4 angegebenen Regeln zusammengestellt.

Die verschiedenen bruchmechanischen Konzepte können nicht nach Prioritäten gestaffelt werden. Jedes Konzept hat seinen eigenen Anwendungsbereich, der vom Kenntnisgrad der vorhandenen Belastungen sowie vom Werkstoffverhalten abhängig ist.

3.5.4 Berechnungsmethoden

Folgende, überwiegend im angelsächsischen Raum entwickelte Methoden, einschließlich der zugehörigen Korrelationen und Algorithmen werden angewendet:

CTOD:	crack tip opening displacement
J–Integral:	energy release rate (Rissöffnungsenergie)
FAD:	failure assessment diagram
CDF:	crack driving force
EPRI/GE J-solution:	Electric Power Research Institution der General Electric

Sie sind in folgenden Veröffentlichungen enthalten:

- ASME BPVC-XI, Anhang C und H
- ASME BPVC-III, Code Case N 494-3
- API 579-1 Anhang F
- BS PD 6493 mit R6-Methode
- ETM-Richtlinie (Engineering Treatment Model) [3.5-2]
- Direction des Reacteurs, Nucleares A 16 [3.5-3]
- SINTAP, Final Draft [3.5-4]

Eine umfassende Analyse der o. g. Methoden erfolgte 1998 im WRC 430 [3.5-5], mit Ausnahme der SINTAP-Methode, die erst im Jahre 1999 veröffentlicht wurde. Ergebnis:

- Bei einigen Methoden sind überhaupt keine Geltungsbereiche angegeben.
- Einige Geltungsbereiche verweisen auf Auslegungsregeln, so dass die Anwendungsgrenzen unklar sind. Der Benutzer muss also alle zugehörigen Regeln sorgfältig lesen, um Fehler zu vermeiden.
- Durch die nicht immer eindeutige Abgrenzung des Geltungsbereiches können Ergebnisse zu optimistisch eingeschätzt werden, d. h. vorhandene oder angenommene Risse werden zu gut beurteilt, so dass Gefährdungen die Folge sein können.
- Angegebene Geltungsbereiche sind korrekt einzuhalten. Bei Abweichungen besteht die Gefahr einer zu optimistischen Bewertung.

- Die Ergebnisse der verschiedenen Methoden weichen voneinander teilweise sehr stark ab.

Das SINTAP-Projekt wurde von der Europäischen Union gefördert und vereinte europäische Forschungsinstitutionen sowie Experten der Industrie. Die entwickelten Methoden basieren im wesentlichen auf dem britischen Standard BS PD 6493 mit der R6-Methode sowie der am GKSS Geesthacht entwickelten ETM-Richtlinie.

Inhaltlich wurden im Entwurf die beiden unterschiedlichen Untersuchungsmethoden FAD und CDF so aufeinander abgestimmt, dass gleiche Ergebnisse erzielt werden. Des weiteren beinhalten die SINTAP-Methoden einen abgestuften Konservatismus, der sowohl die Belastungsgrößen und die Geometrie als auch die zur Verfügung stehenden Werkstoffeigenschaften bis hin zu chargenspezifischen Spannungs-Dehnungskurven berücksichtigen [3.5-6].

Die SINTAP-Methoden sind allgemeingültig und auf alle technischen Komponenten anwendbar. Sie müssen jedoch für die zu betrachtende Komponente und deren spezifische Belange zugeschnitten werden. In der Veröffentlichung [3.5-7] wird z. B. ein Weg zur Beurteilung von Rissen in Rohrleitungen angegeben.

In der Arbeit [3.5-8] wird ein repräsentativer Überblick über die unterschiedlichen Berechnungs- und Bewertungsstufen der SINTAP-Methoden gegeben. Des Weiteren erfolgt ein Vergleich zwischen berechneten und experimentell ermittelten Versagenslasten und deren Bewertung für die jeweiligen Analysestufen.

3.5.5 Anforderungen an die Prüftechnik zur Feststellung von Ungänzen

Zur möglichst genauen Positionierung und Vermaßung von Ungänzen einschließlich Rissen ist am besten die Ultraschalltechnik geeignet. Bei entsprechend erfahrenem US-Prüfpersonal kann die genaue Lage im Bauteil relativ zu geometrischen Bezugsmaßen, z. B. zur Rohrlängsachse, recht genau bestimmt werden. Des Weiteren können mit dieser fortgeschrittenen Prüftechnik nicht nur kleine Ungänzen aufgefunden werden, sondern auch die wahrscheinlichen Abmessungen der Risse, d. h. die Toleranzbreite bei der Bestimmung von flächigen Rissen und deren Lage zur Rohrachse reduziert sich.

3.5.6 Anwendungsbeispiele

a) Anwendungsmöglichkeiten

Bruchmechanische Untersuchungen sind aufwändig. Sie werden im Rohrleitungsbau in der Regel nicht an den üblichen un- oder niedriglegierten Stählen durchgeführt. Das hängt damit zusammen, dass diese Stähle

- ein sehr duktiles Verhalten aufweisen und somit hinsichtlich Rissbildung und Risswachstum unempfindlich sind.

- häufig für solche Fluide eingesetzt werden, die wenig gefährlich oder ungefährlich sind. Beim plötzlichem Versagen ist mit begrenzten Schäden und Folgeschäden zu rechnen.

- bei ihrem Versagen relativ preisgünstig wiederbeschaffbar und unproblematisch zu bearbeiten sind.

Bruchmechanische Analysen haben jedoch dann einen betriebswirtschaftlichen Nutzen, wenn der Ausfall eines Rohrleitungssystems zum Stillstand einer ganzen Produktions- oder Versorgungsanlage führen kann, bzw. wenn das plötzliche Versagen katastrophale Auswirkungen für Mensch und Umwelt hat.

b) Bewertung von Rissen in einem Hochdruckgassystem

In der Arbeit [3.5-9] wird ein Bewertungsprogramm auf der Basis der britischen R6-Methode (nahezu identisch mit der SINTAP-Methode) vorgestellt, das Fehler in der Rohrwand bruchmechanisch bewertet und Aussagen zur Sicherheit des Rohres bei vorhandenen und vermessenen Rissen trifft. Das Programm setzt voraus, dass die Ungänzen möglichst genau bzw. mit vertretbaren Toleranzen ermittelt werden. Das Bewertungsprogramm ist so aufgebaut, dass der Prüfingenieur auch ohne bruchmechanische Vorkenntnisse eine Bewertung der von ihm festgestellten Ungänzen hinsichtlich Weiterbetrieb oder Sanierung erhält.

Wesentliche Voraussetzung für das Bewertungsprogramm war die Bestimmung der für die Bruchmechanik notwendigen Materialkennwerte von Grundwerkstoff, Schweißgut und Wärmeeinflusszone für die bei Gasleitungen üblichen Stähle. Liegen solche nicht vor, müssen sie aus Restmaterial des Montageablaufs oder aus herausgeschnittenen Proben bestimmt werden. Das birgt allerdings Risiken, da nicht zwangsläufig die entnommene Charge mit den niedrigsten Materialkennwerten des gesamten zu bewertenden Rohrleitungssystems zusammenfällt.

Als Alternative werden im Bewertungsprogramm für den Werkstoff deshalb auch die Normwerte verwendet, was eine stark konservative Bewertung der Ungänzen bedingt.

c) Aufdachungen bei längsnahtgeschweißten Rohren

Örtliche Spannungserhöhungen treten in längsnahtgeschweißten Rohren mit hoher Aufdachung auf. Bei solchen Rohren DN 500 wurden Anrisse während des Stresstests festgestellt. Deren Bewertung erfolgte sowohl mit der klassischen Festigkeitslehre auf der Grundlage von Wöhlerkurven und der Berechnung der Spitzenspannungen (Kerbgrundkonzept), als auch mit den Methoden der Bruchmechanik zur Berechnung der Restlebensdauer [3.5-10].

Wesentlicher Bestandteil der Untersuchungen bildete die Bestimmung der bruchmechanischen Werkstoffkennwerte für den Grundwerkstoff, das Schweißgut und die Wärmeeinflusszone sowie des Nahtformfaktors der Längsnaht.

Die in der Arbeit beschriebene Vorgehensweise ist auf ähnlich gelagerte Fälle übertragbar, wenn die bruchmechanischen Kennwerte für den jeweiligen Werkstoff und die Nahtgeometrie vorhanden sind.

d) Wechselbeziehungen zwischen Kerbschlagarbeit und Bruchzähigkeit

Für hochfeste Baustähle sind in der Arbeit [3.5-11] Korrelationen zwischen Kerbschlagarbeit in Hochlage und Bruchzähigkeit angegeben. Dies ist insofern von Bedeutung, weil in den technischen Regelwerken grundsätzlich die Zähigkeit eines Werkstoffes allein mit den chargenabhängigen Kerbschlagproben bewertet wird.

Mit den ermittelten Zusammenhängen können aus der Höhe der Kerbschlagarbeit die bruchmechanischen Kennwerte aus Diagrammen abgelesen bzw. aus Formeln errechnet werden. Das ermöglicht für diese hochfesten Stähle einerseits bruchmechanische Analysen, andererseits können bruchmechanische Untersuchungen bereits in der Auslegungsphase erfolgen. Sie können die richtige Werkstoffauswahl für den spezifischen Anwendungsfall beeinflussen und Forderungen an eine Mindestkerbschlagarbeit bedingen.

4. Festigkeitsberechnung von Rohren und Bauteilen

4.1 Grundlegende Betrachtungen zum geraden Rohr unter Innendruckbelastung

4.1.1 Vorbemerkungen

Die Anwendung eines bestimmten technischen Regelwerkes richtet sich nach dem Sitz der zu errichtenden Anlage und nach den Wünschen des Auftraggebers, sofern die gesetzlichen Bestimmungen hierfür Spielraum zulassen. Für Rohrleitungen in industriellen Anlagen der BRD sind die Druckgeräterichtlinie (DGRL) und die hieraus resultierenden Normen und Regeln maßgebend. Ausführliche Erläuterungen zur DGRL siehe Band I Abschnitt 1.2, zu weiteren in der BRD einzuhaltenden gesetzlichen Bestimmungen (z. B. für Rohrleitungen in explosionsgefährdeten Bereichen, Rohrleitungen in kerntechnischen Anlagen, Ver- und Entsorgungsleitungen, Rohrfernleitungen) und den damit verbundenen Regelwerken siehe Band I Abschnitt 1.3 und 1.4.

Die nachfolgenden Festigkeitsberechnungen fußen vorzugsweise auf DIN EN 13480-3, weitere Normen und Regeln sind im Einzelfall angegeben. Allgemeingültige Formelzeichen siehe Tabelle 0.1-1. Spezielle Formelzeichen für die Festigkeitsberechnung enthält **Tabelle 4.1-1**. Sie sind weitgehend an DIN EN 13480-3 angelehnt.

4.1.2 Grundgleichungen

Unter Anwendung der Theorie für rotationssymmetrische Schalen, ohne Störstellen aber beliebiger Wanddicke, sind für die Innendruckbelastung zylindrischer Bauteile folgende Gleichungen zur Bestimmung der Spannungen vorhanden:

$$\sigma_r = -p_c \frac{d_i^2}{D_o^2 - d_i^2} \left(\frac{D_o^2}{d^2} - 1 \right) \qquad (4.1\text{-}1)$$

$$\sigma_t = p_c \frac{d_i^2}{D_o^2 - d_i^2} \left(\frac{D_o^2}{d^2} + 1 \right) \qquad (4.1\text{-}2)$$

Der Rohrdurchmesser d kann hierbei von der inneren bis zur äußeren Oberfläche laufen, d. h.

$$d_i \le d \le D_o \qquad (4.1\text{-}3)$$

Die Indizes r und t bezeichnen die Radial- bzw. Tangential- oder Umfangsrichtung. Da technische Bauteile auch in der Längsrichtung eine endliche Ausdehnung haben und mit einem Boden versehen sein können bzw. durch einen

Tabelle 4.1-1: Spezielle Formelzeichen für Festigkeitsberechnungen
ANMERKUNG: Die als gebräuchlich bezeichneten Einheiten sind Beispiele. Sie können je nach Erfordernis hiervon abweichen.

Formelzeichen	Einheit		Bezeichnung	
	SI-kohärent	gebräuchlich		
a	m	mm	Faltenabstand bei Biegungen	
A_f	m²	mm²	tragende Querschnittsfläche	
A_p	m²	mm²	druckbelastete Querschnittsfläche	
b	m	mm	Dicke einer Flachstahlringversteifung	
B_i, B_a	-	-	Berechnungsfaktoren für Bogen (i - innen; a - außen)	
c_{0i}, c_{0a}	m	mm	Zuschlag für	Korrosion / Erosion (i - innen; a - außen)
c_1	m	mm		Herstellungstoleranz
c_2	m	mm	Wanddickenreduzierung infolge nachträglicher Fertigung	
C, C_1	-	-	Berechnungsfaktoren für ebene Böden	
d_A	m	mm	lichter Durchmesser einer Bodenöffnung	
D_A	m	mm	Ausschnittsdurchmesser	
D_p, D_t	m	mm	Dichtungsdurchmesser, Teilkreisdurchmesser	
h_A	m	mm	Höhe	Aufdachung, Abflachung
h_R	m	mm		Ringversteifung
h_m	m	mm	mittlere Faltenhöhe bei Biegungen	
J_c	m⁴	mm⁴	Flächenträgheitsmoment eines versteiften Rohres	
J_S	m⁴	mm⁴	Flächenträgheitsmoment einer Versteifung	
k_1	m	mm	Dichtungskennwert	
k_s	-	-	Faktor für Fertigungsverfahren	
L_V	m	mm	Länge	zwischen zwei Versteifungen
L_c	m	mm		eines versteiften Rohres
L_b	m	mm	mittragende Länge am	Abzweig
L_s	m	mm		Grundrohr
$n_V \geq 2$	-	-	Anzahl der Beulwellen zwischen zwei Versteifungen	
n_j	-	-	zulässige Anzahl von Druck- und Temperaturwechseln	
O	-	%	Ovalität (Unrundheit) gemäß DIN EN 10266	

Tabelle 4.1-1: Fortsetzung

Formelzeichen	Einheit [1] SI-kohärent	Einheit [1] gebräuchlich	Bezeichnung	
p_a	Pa	bar	Außendruck (negativer innerer Überdruck)	allgemein
$p_{a,k}$	Pa	bar		für plastisches Einbeulen
$p_{a,R}$	Pa	bar		für elastisches Einbeulen
R_K	m	mm	Kugelradius	
S_K	-	-	Sicherheitsbeiwert gegen Einbeulen	
u	-	-	Durchmesserverhältnis (Außen- / Innendurchmesser)	
α	-	°	Reduzierwinkel	
Θ	-	°	Segmentwinkel	
ε	-	%	Dehnung	
ε_e	m	mm	Aufrundung zur Bestellwanddicke	
Λ_{ges}	-	%	Erschöpfungsgrad	gesamt
Λ_T	-	%		aus Zeitstandbelastung
Λ_W	-	%		aus Wechselbelastung
ν	-	-	Querkontraktionszahl (Stahl: ν = 0,3)	
σ	Pa	MPa	Normalspannung, allgemein	
τ	Pa	MPa	Schubspannung, allgemein	
Ψ_A	-	°	Neigungswinkel Schrägstutzen	

[1] 1 Pa ≙ 1 N/m²; 1 MPa ≙ 1 N/mm²; 1 bar ≙ 0,1 MPa

Rohrbogen dem Rohrsystem eine andere Richtung geben, tritt infolge dieser „Deckelkraft“ eine Längsspannung (auch als Axialspannung bezeichnet) in folgender Größe auf:

$$\sigma_a = p_c \frac{d_i^2}{D_o^2 - d_i^2} \tag{4.1-4}$$

Mit dem Ausdruck

$$u = D_o / d_i \tag{4.1-5}$$

ergeben sich die bekannten Gleichungen:

$$\sigma_r = -p_c \frac{1}{u^2 - 1} \left(\frac{D_o^2}{d^2} - 1 \right) \tag{4.1-6}$$

$$\sigma_t = p_c \frac{1}{u^2 - 1} \left(\frac{D_o^2}{d^2} + 1 \right) \tag{4.1-7}$$

$$\sigma_a = p_c \frac{1}{u^2 - 1} \tag{4.1-8}$$

Sowohl die Radial- als auch die Umfangsspannung sind nicht über der Wanddicke konstant. Sie haben beide an der Innenseite ihre Größtwerte. Die Radialspannung nimmt an der Außenseite den Wert null an.

Die Vergleichsspannungen nach der SSH sowie der GEH (siehe Abschnitt 3.2) bestimmen sich unter Anwendung der obigen Gleichungen an der Innenoberfläche zu:

$$\sigma_{v/SSH} = \sigma_{t,i} - \sigma_{r,i} = 2\, p_c \frac{u^2}{u^2 - 1} \tag{4.1-9}$$

$$\sigma_{v/GEH} = \frac{\sqrt{3}}{2} \left(\sigma_{t,i} - \sigma_{r,i} \right) = \sqrt{3}\, p_c \frac{u^2}{u^2 - 1} \tag{4.1-10}$$

Daraus ist zu erkennen, dass zur Einhaltung einer zulässigen Spannung für verformungsfähige Werkstoffe die Schubspannungs-Hypothese einen inhärenten Konservatismus beinhaltet. Für spröde und nicht duktile Werkstoffe wird dieser aufgehoben, sobald die Vergleichsspannung nach der SSH über den elastischen Bereich hinausgeht (Abschnitt 3.2).

Wird die Innendruckbelastung über den elastischen Bereich hinaus gesteigert, tritt zuerst an der Innenfaser Fließen (Plastifizieren) ein. Wird ein ideales elastisch-plastisches Werkstoffverhalten entsprechend **Bild 4.1-1** vorausgesetzt, steigt die Spannung an der Innenfaser zwar nicht weiter an, es werden aber die nach außen hin benachbarten Wandbereiche verstärkt zum Tragen herangezogen, bis auch sie ihre Tragfähigkeit erreicht haben. In der Endstufe dieser Lastumlagerungen entsteht der vollplastische Zustand, der die Gesamttragfähigkeit des Rohres begrenzt. Dieser Grenzzustand kann in der Praxis nicht aufrechterhalten werden und ist natürlich zu vermeiden. Er wird beschrieben mit:

$$\sigma_{v/GEH} = \frac{p_c}{\ln u} \tag{4.1-11}$$

Da bis zu diesem Grenzzustand der Werkstoff bei nicht allzu kleinen Wanddicken plastifizieren muss, wird der Spannungszustand mit der GEH am genauesten beschrieben, wobei eine Materialverfestigung ausgeschlossen wird (Bild 4.1-1).

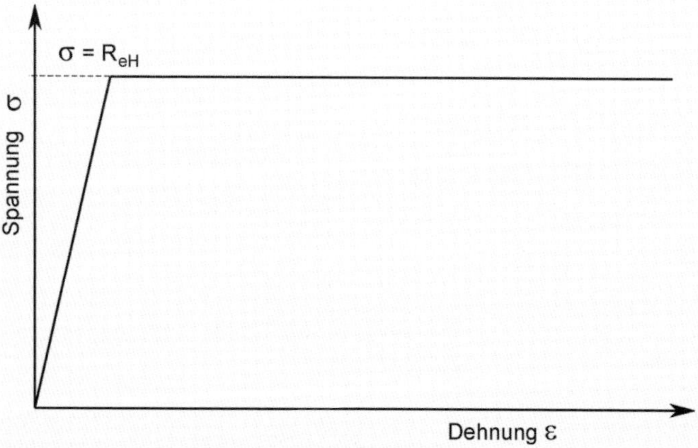

Bild 4.1-1: Spannungs-Dehnungs-Schaubild für ideales elastisch-plastisches Materialverhalten

Viele übliche Stähle zeigen jedoch im Versuch eine Verfestigung, so dass noch Werkstoffreserven vorhanden sind. Sie lassen sich nicht ohne weiteres quantifizieren, zudem sie für die einzelnen Werkstoffe auch noch unterschiedlich hoch sind. Im **Bild 4.1-2** sind die einzelnen Grenzkurven dargestellt.

Für die praktischen Berechnungen sind bei der Dimensionierung innendruckbeaufschlagter Bauteile die genauen Gleichungen für die Wanddickenbestimmung nicht erforderlich. Einerseits treten unabhängig von der mathematischen Erfassung des Beanspruchungszustandes weitere Ungenauigkeiten bei der Dimensionierung auf, andererseits hat der weitaus größte Teil aller innendruckbelasteten Bauteile ein Durchmesserverhältnis (D_o / d_i) bzw. relative Wanddicken von (e / d_i), (e / d_m) oder (e / D_o), die die Anwendung der Theorie dickwandiger Schalen nicht erfordert. Je dünner die Rohrwand ist, um so mehr nähert sich die Umfangsspannung einer reinen Membranspannung. Die Anwendung der Theorie dünnwandiger Schalen beinhaltet dann einen immer kleiner werdenden Fehler, wodurch sich die Dimensionierung innendruckbelasteter Bauteile vereinfacht. Die Radialspannung kann in diesem Zusammenhang näherungsweise als linear veränderlich über die Wanddicke angesehen werden. Sie hat an der Innenfaser den Wert -p_c, in Wandmitte -0,5 p_c und an der Außenfaser 0.

Wie die Kurven Ia, Ib und II im Bild 4.1-2 zeigen, liegt zwischen dem Erreichen der Streckgrenze an der Innenfaser und dem völligen Plastifizieren der gesamten Wanddicke ein großer Bereich. Da entsprechend Abschnitt 3.3 ein zusätzlicher

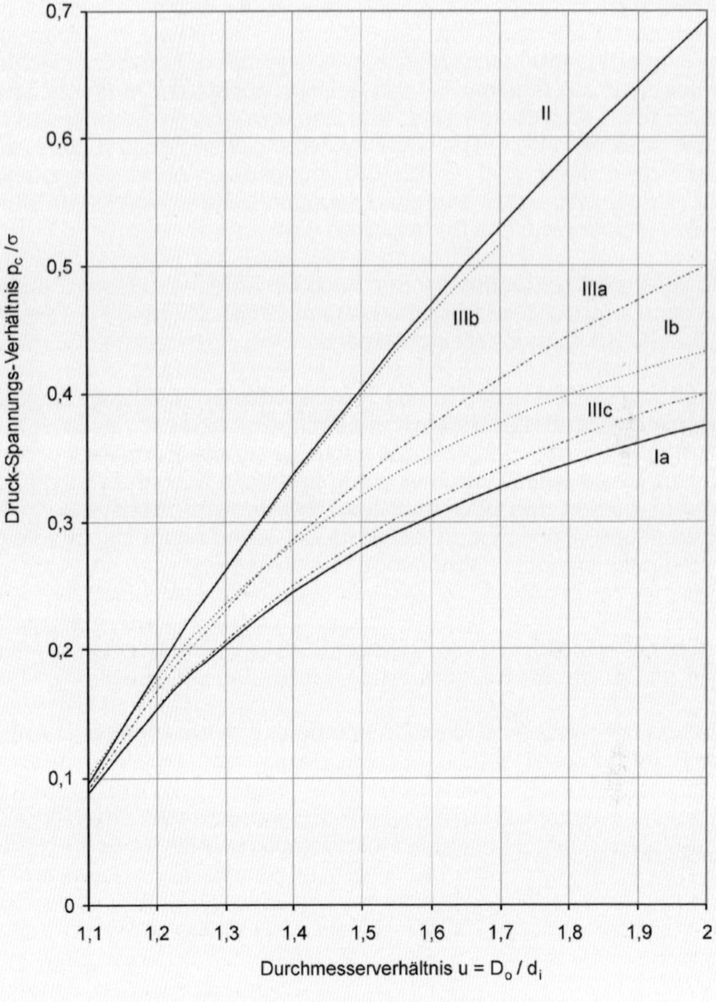

4.1-2: Auslegung des geraden Rohres nach verschiedenen Gleichungen
Ia – Grenze des rein elastischen Zustandes nach der SSH;
Ib – Grenze des rein elastischen Zustandes nach der GEH
II – Grenze für den vollplastischen Zustand nach der GEH
IIIa – Berechnung nach DIN 2413, Geltungsbereich I;
IIIb – Berechnung nach DIN EN 13480-3 mit $u \leq 1{,}7$ und AD 2000 B 1 mit $u \leq 1{,}2$;
IIIc – Berechnung nach DIN 2413, Geltungsbereich III;
IIId – Berechnung nach AD 2000 B 10 mit $1{,}2 < u \leq 1{,}5$
(Kurve nicht dargestellt, da mit IIIa praktisch identisch)

Sicherheitsbeiwert zu berücksichtigen ist, wird der Werkstoff nur zum geringen Teil ausgenutzt. Die Praxis zeigt, dass eine solche konservative Dimensionierung auf Innendruck nicht notwendig wäre, weil u. a. durch Druckbegrenzungsventile der Druck sehr gut regelbar ist und deshalb zusätzliche Sicherheitsreserven eigentlich nicht erforderlich sind. Aus der verfügbaren Spannweite ist auch erklärbar, dass es in den verschiedenen technischen Regeln und Normen, die historisch gewachsen sind, für die Gleichungen zur Wanddickenbestimmung und für die geometrischen Randbedingungen bei den einzelnen Betriebsverhältnissen unterschiedliche Forderungen gibt.

Im Bild 4.1-2 sind zur Verdeutlichung noch die Berechnungsgleichungen unter Berücksichtigung der Sicherheitsbeiwerte nach DIN EN 13480-3, DIN 2413 und den AD 2000 B 1 bzw. B 10 eingetragen.

Als Grundlage zur Bemessung von zylindrischen Formstücken dient das Flächenvergleichsverfahren. Es stellt ein Kräftegleichgewicht zwischen der Aktionskraft $p_c A_p$ und der innerhalb des Bauteiles herrschenden Reaktionskraft σA_f her. Dieses Verfahren ist allgemeingültig und kann auch auf das gerade Rohr angewandt werden, wie **Bild 4.1-3** zeigt. Mit dem Verhältnis A_p / A_f sowie der Radialspannung von -0,5 p_c in der Mitte der Wand ergibt sich als Vergleichsspannung nach der Schubspannungs-Hypothese:

$$\sigma_v = p_c \left(\frac{A_p}{A_f} + 0{,}5 \right) \qquad (4.1\text{-}12)$$

Sie führt zu der annähernd gleichen Wanddicke, wie sie mit Gl. (4.1-9) für das gerade Rohr errechnet wird.

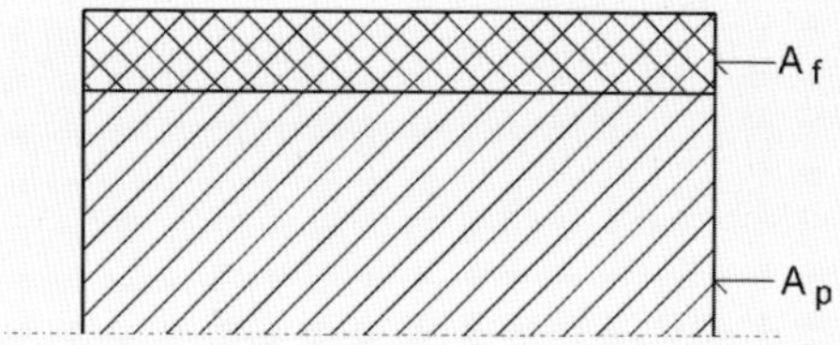

Bild 4.1-3: Anwendung des Flächenvergleichsverfahrens auf gerades Rohr

4.1.3 Schweißnahtfaktor

Für die Festigkeitsberechnung ist es wesentlich, ob ein nahtloses oder geschweißtes Rohr untersucht wird. Bei Rohren mit Längs- oder Spiralnaht (Wendelnaht) muss die Güte der Schweißnaht, die Schweißnahtwertigkeit z_V, entsprechend den technischen Lieferbedingungen (siehe Band I Abschnitt 4.1.1 und 4.1.2) berücksichtigt werden. Die Schweißnahtwertigkeit von geschweißten Rohren aus Stahl der DIN EN-Reihe 10217 beträgt 1. Alle Nähte der DIN EN-Reihe 10217 werden volumetrisch geprüft. Bei auftragsgebundener Fertigung oder bei NE-Metallen kann $z_V < 1$ sein.

$z_V = 1$ bedeutet, dass die Schweißnaht dem Grundwerkstoff gleichwertig ist, d. h. der für die Wanddickenbestimmung erforderliche Schweißnahtfaktor beträgt ebenfalls $z = 1$. Liegt die Schweißnahtwertigkeit z_V hingegen unter 1, ist sie bei Längsnähten in gleicher Höhe als Schweißnahtfaktor $z < 1$ bei der Festlegung der drucktragenden Wand einzurechnen.

Für spiralgeschweißte Rohre ist die exakte Umrechnung der Schweißnahtwertigkeit z_V in einen Schweißnahtfaktor z hingegen aufwändiger. Für Schweißnahtwertigkeiten $z_V \geq 0{,}8$ darf mit $z = 1$ gerechnet werden, wenn die Wendelnaht einschließlich Bandverbindungsnaht zu 100 % geprüft ist.

Liegt der Prüfumfang unter 100 %, gleichgültig ob Längs- oder Wendelnaht, sollte gemäß DIN EN 13480-3 der Schweißnahtfaktor $z = 0{,}85$ betragen, bei ungeprüften Nähten, d. h. lediglich Sichtprüfung, hingegen $z = 0{,}7$.

Im Allgemeinen ist bei der Festigkeitsberechnung nur die Umfangsspannung vom Schweißnahtfaktor beeinflusst. Für die Radialspannung und die Längsspannung ist eine Abminderung nicht notwendig. In einigen Regelwerken wird dennoch bei der Vergleichsspannung ein Schweißnahtfaktor eingerechnet.

Der Schweißnahtfaktor z nach DIN EN 13480-3 berücksichtigt nicht einen möglichen Abfall der Festigkeitskennwerte der Schweißnaht gegenüber denen des Grundwerkstoffs, insbesondere nicht im Zeitstandbereich (siehe Abschnitt 3.1.1). Im zeitunabhängigen Bereich ist dieser Gesichtspunkt bei geeigneter Wahl der Schweißzusatzwerkstoffe ohne Bedeutung. Falls doch, z. B. beim Verschweißen von Aluminium, ist er bei der Festlegung des Festigkeitskennwerts zu berücksichtigen.

Weitere Hinweise zum Schweißnahtfaktor, insbesondere zum Schweißnahtminderungsfaktor z_{SMF} und dessen Berücksichtigung in einem Gesamt-Schweißnahtfaktor z, sind im Abschnitt 7.1.5 angegeben.

4.1.4 Bestellwanddicke

a) Rechnerische Wanddicke

Die rechnerische Wanddicke ohne Zuschläge beträgt für $u \leq 1{,}7$:

$$e = \frac{p_c\, D_o}{2\, f\, z + p_c} \tag{4.1-13a}$$

$$e = \frac{p_c\, d_i}{2\, f\, z - p_c} \tag{4.1-13b}$$

Für $u > 1{,}7$ ist:

$$e = \frac{D_o}{2}\left(1 - \sqrt{\frac{f\,z - p_c}{f\,z + p_c}}\right) \tag{4.1-14a}$$

$$e = \frac{d_i}{2}\left(\sqrt{\frac{f\,z + p_c}{f\,z - p_c}} - 1\right) \tag{4.1-14b}$$

Die Gleichungen (4.1-13) und (4.1-14) sind mit DIN EN 13480-3 identisch.

b) Bestellung nach genormten Nennwanddicken

Die rechnerisch ermittelte Mindestwanddicke e ist noch mit Zuschlägen zu versehen. Beim Einsatz un- und niedriglegierter Stähle wird häufig ein Zuschlag von $c_{0,i} = 1$ mm wegen möglicher Korrosionen an der Innenoberfläche berücksichtigt. Er ist nicht erforderlich, wenn keine Korrosionsgefahr besteht, z. B. durch geregelte Zugabe und Überwachung von Inhibitoren zur Bindung freien Sauerstoffs oder bei nicht korrodierenden Fluiden wie Öl. Andererseits kann bei stark korrodierenden Fluiden auch ein erhöhter Zuschlag erforderlich sein, z. B. bei abtragender Korrosion unter Druckwasserstoff.

Die Außenoberfläche eines Rohres ist im allgemeinen durch eine Korrosionsschutzbeschichtung als geschützt vorauszusetzen, ansonsten kann ein Zuschlag $c_{0,a}$ notwendig sein, insbesondere für Außenanlagen. Der gesamte Korrosionszuschlag beträgt:

$$c_0 = c_{0,i} + c_{0,a} \tag{4.1-15}$$

Für austenitische Stähle und Nichteisenmetalle ist kein Korrosionszuschlag $c_{0,i}$ erforderlich, falls keine Erosion oder Abrasion zu erwarten sind. Lokale Wanddickenminderungen, z. B. an Schweißnähten von integralen Halterungsanschlüssen oder an bearbeiteten Schmiedeteilen, sind je nach Größe im Einzelfall zu bewerten.

Prinzipiell ist aber die untere Wanddickentoleranz c_1 gemäß technischer Lieferbedingungen zu berücksichtigen, unabhängig davon, ob sich die Rohrabmessungen nach dem Außen- oder Innendurchmesser richten. Bei Bestellung von Mindestwanddicken entfällt der Zuschlag. Zusätzlich können noch weitere Wanddickenminderungen c_2 während einer anschließenden Fertigung auftreten. Beide sind auf die rechnerische Wanddicke e einschließlich Korrosionszuschlag c_0 aufzuschlagen.

Die Aufrundung um den Betrag ε_e zu einer genormten Nennwanddicke wird als Bestellwanddicke e_{ord} bezeichnet, d. h.

$$e_{ord} = e + c_0 + c_1 + c_2 + \varepsilon_e = e_r + \varepsilon_e \qquad (4.1\text{-}16a)$$

Als festigkeitsmäßig verfügbare Wanddicke bezeichnet man:

$$e_a = e + \varepsilon_e \qquad (4.1\text{-}16b)$$

Im **Bild 4.1-4** sind die Zusammenhänge zwischen den einzelnen Zuschlägen und den Wanddickenbezeichnungen dargestellt.

c) Bestellung als Mindestwanddicke

Bei Bestellung nach der Mindestwanddicke e_{min} (in DIN EN-Reihe 10216 als T_{min} bezeichnet) entfallen der Zuschlag c_1 für die untere Wanddickentoleranz sowie der Aufrundungsbetrag ε_e:

$$e_{min} = e + c_0 + c_2 \qquad (4.1\text{-}16c)$$

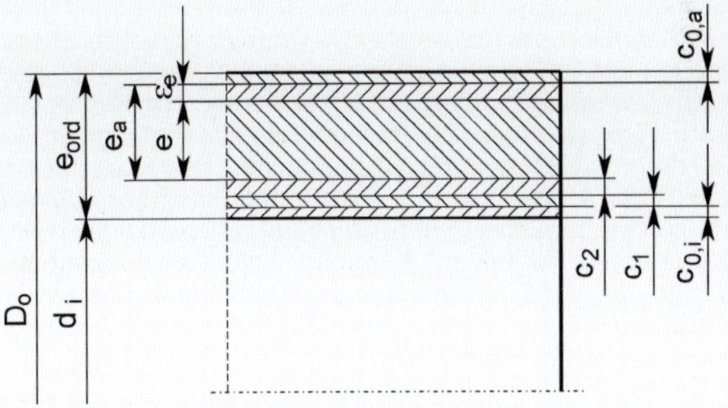

Bild 4.1-4: Bezeichnungen für Wanddicken und Zuschläge

Die festigkeitsmäßig verfügbare Wanddicke e_a ist in diesem Fall mit der rechnerischen Wanddicke e identisch.

Für rohrstatische Berechnungen ist e_S nach Abschnitt 0.1.1 zu ermitteln.

4.1.5 Ovalität (Unrundheit)

Die Berechnung eines Rohres, wie auch aller anderen Rohrleitungsbauteile, geht vom kreisrunden Rohr aus. Bei der Herstellung lässt sich dieser Idealzustand aber nicht verwirklichen, so dass neben der über den Umfang ungleichmäßigen Wanddicke auch noch eine über die Länge des Rohrschusses veränderliche Unrundheit O vorliegt, die folgendermaßen definiert ist:

$$O = 2\,\frac{D_{o,max} - D_{o,min}}{D_{o,max} + D_{o,min}} = \frac{D_{o,max} - D_{o,min}}{D_o} \qquad (4.1\text{-}17)$$

Diese liegt für das gerade Rohr entsprechend der jeweiligen Liefernorm in den Grenzabmaßen des Nenndurchmessers von ± 0,5 bis 1 %, d. h. O = 0,01 bis 0,02.

Durch die Unrundheit treten unter Innendruckbelastung zusätzliche Biegespannungen in Umfangsrichtung auf, die den Umfangsspannungen des kreisrunden Rohres additiv zu überlagern sind. Wegen der Querkontraktion müssten auch noch Spannungen in Längsrichtung berücksichtigt werden, die aber nicht festigkeitsbestimmend sind. Die Höhe der Biegespannungen nimmt bei gleichbleibender Unrundheit mit erhöhter Wanddicke zu.

Entsprechend Definition sind die durch Unrundheit hervorgerufenen Biegespannungen sekundären Charakters. Sie sind durch Verformungen bedingt und gehen gegen null, wenn die unrunden Bauteile unter Innendruck sich in eine kreisrunde Form rückverformen. Die Bestimmung dieser Spannungen ist stark abhängig von dem gewählten statisch-mathematischen Modell. In der Arbeit [4.1-1] werden unter Anwendung von Fourierreihen die Formabweichungen beschrieben und einer genauen Spannungsanalyse unterzogen. Schwaigerer [3.2-1] legt hingegen ein Ringmodell zugrunde, wofür in Anlehnung an TRD 301 Anlage 1 die zusätzlichen Biegespannungen (Umfangsspannungen) wie folgt errechnet werden:

$$\sigma_{t,b} = \pm\, p_c \,\frac{1{,}5\, O\, (d_m / e_a)}{1 + 0{,}455\, (p_c / E_t)\, (d_m / e_a)^3} \qquad (4.1\text{-}18)$$

Der mittlere Durchmesser wird in diesem Fall auf die festigkeitsmäßig verfügbare Wanddicke bezogen:

$$d_m = d_i + e_a = D_o - e_a \tag{4.1-19}$$

Die Vergleichsspannung σ_v nach Gl. (4.1-9) lässt sich folgendermaßen umformen:

$$\sigma_v = 2\, p_c \frac{u^2}{u^2 - 1} = p_c \frac{\left[(d_m / e_a) + 1\right]^2}{2\,(d_m / e_a)} \tag{4.1-20}$$

Die zusätzlichen Biegespannungen nach Gl. (4.1-18) sind der Umfangsspannung σ_t zu überlagern:

$$\sigma_t + \sigma_{t,b} = p_c \left[\frac{(d_m / e_a)^2 + 1}{2\,(d_m / e_a)} + \frac{1{,}5\, O\,(d_m / e_a)}{1 + 0{,}455\,(p_c / E_t)\,(d_m / e_a)^3}\right] \tag{4.1-21}$$

Entsprechend Bemerkungen zu Gl. (3.4-3) wird folgende Spannungsbegrenzung empfohlen:

$$\sigma_t + \sigma_{t,b} \leq \min\left\{f + f_a;\ 1{,}5\,\frac{R_{m/T/t}}{S_{CR}}\right\} \tag{4.1-22}$$

Bei einer Überschreitung der Spannung im Zeitstandbereich führt dies zu einer Einschränkung der Zeitstandlebensdauer und äußerst sich durch eine erhöhte Zeitstandschädigung.

Bei der Überprüfung der Unrundheit vorhandener Bauteile sind

- in Gl. (4.1-17) die gemessenen maximalen und minimalen Außendurchmesser,

- in Gl. (4.1-18) an Stelle von e_a die tatsächliche Istwanddicke

einzusetzen.

Beispielrechnungen zeigen, dass die zusätzlichen Biegespannungen für die o. g. genormten Unrundheiten bei geradem Rohr innerhalb einer tolerierbaren Größenordnung liegen.

4.1.6 Aufdachungen und Abflachungen (Einbeulungen)

Insbesondere bei längsnahtgeschweißten Rohren treten Formabweichungen beiderseits der Längsnaht auf, die zumeist aus der fehlenden Krümmung am Anfang und Ende des einzurollenden Bleches beim Herstellungsprozess resultieren. Sie äußern sich als Aufdachungen, bzw. als Folge von Schweißeigenspannungen als Abflachungen (Einbeulungen), insbesondere bei dünnwandigen austenitischen Blechen. Die Formabweichungen bilden einen mehr oder weniger stark ausgeprägten winkligen Bereich entsprechend **Bild 4.1-5**. Durch den inneren Überdruck treten hierin lokale Biegespannungen in Umfangsrichtung entlang der Schweißnaht auf, die wie bei der Unrundheit sekundären Charakter haben und somit entsprechend Tabelle 3.4-1 abzusichern sind. Sie lassen sich näherungsweise wie folgt bestimmen:

$$\sigma_{t,b} = 3\, p_c \left(d_m / e_a\right) \frac{h_A}{e_{ord}} \qquad (4.1\text{-}23)$$

h_A bedeutet die Höhe der Aufdachung bzw. Abflachung gemäß Bild 4.1-5. Nur in Grenzfällen besteht ein Einfluss auf die Dimensionierung des Rohres unter statischen Belastungsverhältnissen.

Treten zusätzlich Unrundheiten auf, sind die Biegespannungen aus Gl. (4.1-18) und (4.1-23) zu addieren. Die Spannungsbegrenzung bleibt die Gleiche wie im Abschnitt 4.1.4:

$$\sigma_v + \sum \sigma_{t,b} \le \min\left\{ f + f_a;\ 1{,}5\, \frac{R_{m/T/t}}{S_{CR}} \right\} \qquad (4.1\text{-}24)$$

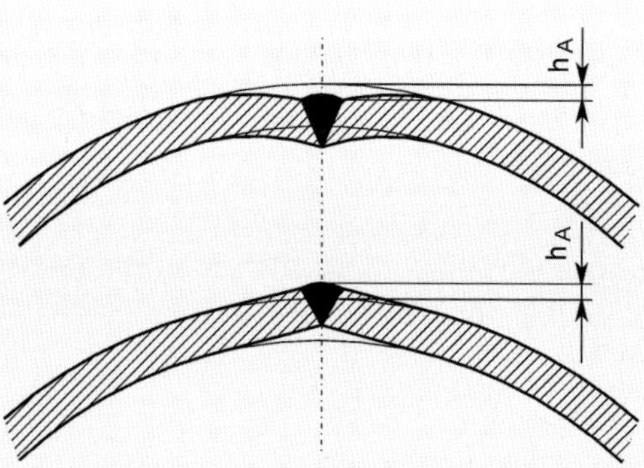

Bild 4.1-5: Aufdachung (unten) und Einbeulung (oben) an einem längsgeschweißten Rohr

Bei einer Überschreitung der Spannung im Zeitstandbereich führt dies analog wie bei der Unrundheit (Abschnitt 4.1.4) zur Einschränkung der Zeitstandlebensdauer, die sich durch eine erhöhte Zeitstandschädigung äußert.

Bezüglich des zyklischen Ermüdungsverhaltens sowie der Zeitstanderschöpfung sind sowohl die Unrundheit als auch die Aufdachungen und Einbeulungen weitergehenden Betrachtungen zu unterziehen [3.5-10].

4.2 Berechnung von Umlenkungen auf Innendruck

4.2.1 Wanddickenbestimmung von Biegungen unter Anwendung des Kräftegleichgewichts (Flächenvergleichsmethode)

a) Berechnungsgrundlagen

Biegungen und Bogen werden mit denselben Berechnungsmethoden bemessen. Bei der Dimensionierung gegen Innendruck werden in der Praxis zwei Methoden angewandt. Bei der in Mitteleuropa in den Regelwerken verankerten Methode wird für jede Hälfte der Biegung bzw. des Bogens, also beiderseits der Mittellinie, getrennt ein Flächenvergleich geführt:

$$\sigma_v = p_c \left(\frac{A_p}{A_f} + 0{,}5 \right) \tag{4.2-1}$$

Hieraus resultiert, dass auf der Innenseite der Biegung (Intrados) eine größere Wanddicke als auf der Außenseite (Extrados) erforderlich ist. Gegenüber dem geraden Rohr darf die Mindestwanddicke am Extrados kleiner sein (siehe **Bild 4.2-1**).

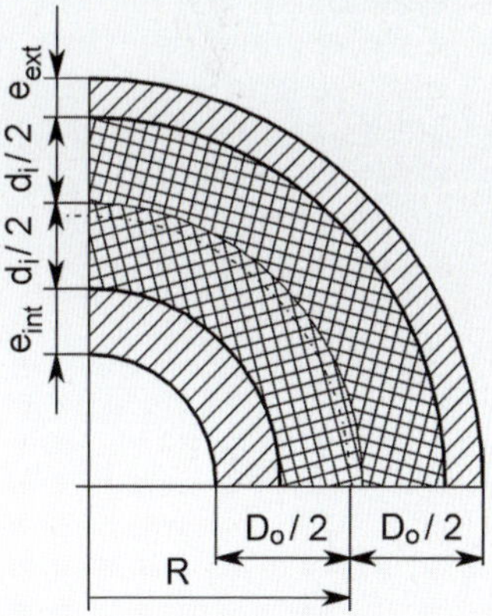

Bild 4.2-1: Bezeichnungen für Rohrbiegungen

Anschweißbogen (sog. „Hamburger Bogen" oder „Bitterfelder Bogen") und Schalenbogen haben aus fertigungstechnischen Gründen eine gleichmäßige Wanddicke über dem gesamten Biegequerschnitt, also am Intrados und am Extrados. Bei ihnen muss die Bemessung nach der Innenseite erfolgen. Zusätzlich muss beim Schalenbogen ein Schweißnahtfaktor z berücksichtigt werden. Beim üblichen Kalt- und Warmbiegen und insbesondere beim Induktivbiegen ergibt sich bedingt durch das Fertigungsverfahren eine Wanddickenverschwächung am Extrados und eine Wanddickenzunahme am Intrados, beiderseits in etwa gleicher Höhe.

Für die Festigkeitsberechnung sind unter Beachtung der Schubspannungs-Hypothese folgende Beziehungen für die Vergleichsspannung maßgebend:

- Intrados (Innenseite der Biegung)

$$\sigma_{v,int} = p_c \left(\frac{A_{p,int}}{A_{f,int}} + 0{,}5 \right) \leq f \qquad (4.2\text{-}2)$$

- Extrados (Außenseite der Biegung)

$$\sigma_{v,ext} = p_c \left(\frac{A_{p,ext}}{A_{f,ext}} + 0{,}5 \right) \leq f \qquad (4.2\text{-}3)$$

Damit der Flächenvergleich nicht für jeden Bogen neu durchgeführt werden muss, sind unter Bezugnahme auf das gerade Rohr Faktoren B_{int} und B_{ext} definiert worden, die die Ermittlung der Wanddicke eines Bogens oder einer Biegung vereinfachen:

$$e_{int} = e\, B_{int} \qquad (4.2\text{-}4a)$$

$$e_{ext} = e\, B_{ext} \qquad (4.2\text{-}4b)$$

e_{int} und e_{ext} gehen aus Bild 4.2-1 hervor, e ist die rechnerisch erforderliche Wanddicke des geraden Rohres. B_{int} und B_{ext} können aus **Bild 4.2-2** (Basis Außendurchmesser) bzw. **Bild 4.2-3** (Basis Innendurchmesser) abgelesen werden. Sie sind mit den Bildern gemäß Anhang B zur DIN EN 13480-3 identisch. Mit ausreichender Genauigkeit können die Mindestwanddicken auch wie folgt ermittelt werden:

$$e_{int} = e\, \frac{(R / D_o) - 0{,}25}{(R / D_o) - 0{,}5} \qquad (4.2\text{-}5)$$

$$e_{ext} = e\, \frac{(R / D_o) + 0{,}25}{(R / D_o) + 0{,}5} \qquad (4.2\text{-}6)$$

Definition des Biegeradius R siehe Bild 4.2-1.

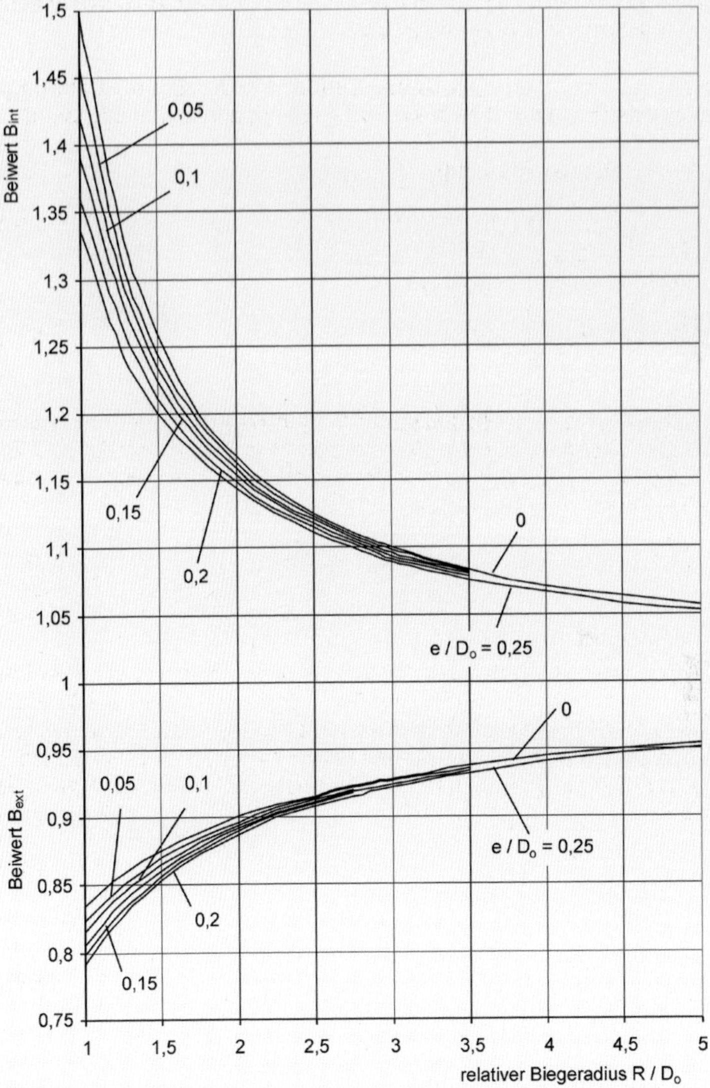

Bild 4.2-2: Berechnungsbeiwerte B_i und B_a auf der Basis Außendurchmesser

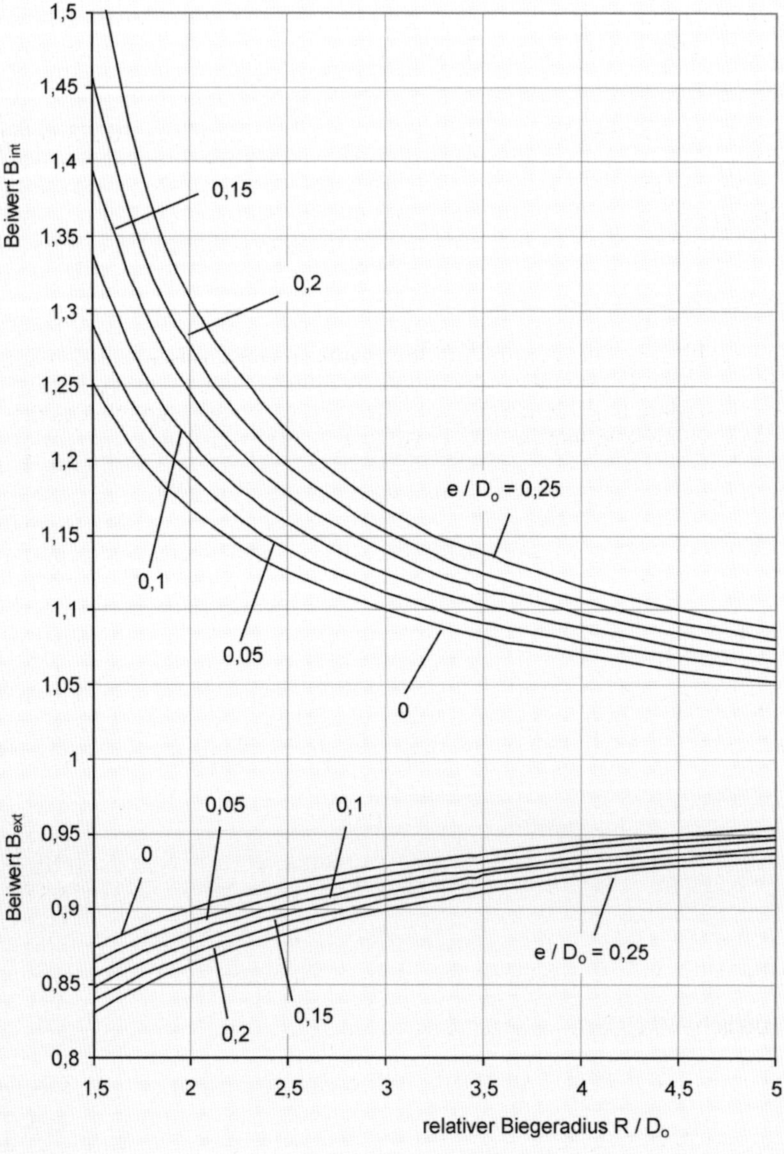

Bild 4.2-3: Berechnungsbeiwerte B_i und B_a auf der Basis Innendurchmesser

Rohrbogen mit genormten Abmessungen nach DIN EN 10253-2 und 10253-4 erleichtern die Bemessung. Ihre festigkeitsmäßige Dimensionierung basiert auf der oben erläuterten Berechnungsvorschrift und wird im nachfolgenden Berechnungsbeispiel erläutert.

Es ist allerdings zu beachten, dass Bogen nach DIN EN-Reihe 10253 keine geraden Schenkel haben, so dass nur einseitige US-Prüfungen an den Schweißnähten möglich sind. Gemäß DIN EN ISO 17640 sind diese für Prüfklasse A und B und Wanddicken $e_{ord} \leq 40$ mm aber zulässig, was für Rohrleitungen der Kategorie I bis III ausreicht (siehe auch [0.3-2] Abschnitt 3.8.1).

b) Berechnungsbeispiel 4.2-1

Für eine Rohrleitung aus unlegiertem Stahl mit Rohr der Abmessung 219,1 x 4,5 nach DIN EN 10216-1 soll ein passender Rohrbogen nach DIN EN 10253-2 ausgewählt werden. Die Berechnung nach Gl. (4.1-13a) ergibt eine festigkeitsmäßig erforderliche Mindestwanddicke von e = 2,4 mm.

- Wanddickenminderung durch Walztoleranzen c_1

  Gemäß DIN EN 10216-1 beträgt für 219,1 x 4,5 die Wanddickenminderung 12,5 %, bezogen auf die Bestellwanddicke, mindestens jedoch 0,4 mm:

  $c_1 = 0{,}125 \cdot 4{,}5 \approx 0{,}6 \text{ mm} > 0{,}4 \text{ mm}$

- Wanddickenminderung durch nachträgliche Bearbeitung c_2

  Es ist keine nachträgliche Bearbeitung erforderlich, d. h. $c_2 = 0$.

- Korrosionszuschlag c_o

  Entsprechend Abschnitt 4.1.4 wird ein innerer Abtrag von $c_{0,i}$ = 1 mm eingeplant. Für außen wird $c_{o,a} = 0$ gesetzt, da eine Beschichtung vorgesehen ist. Nach Gl. (4.1-15) ist:

  $c_0 = c_{0,i} + c_{0,a} = 1 + 0 = 1 \text{ mm}$

- Erforderliche Wanddicke e_r nach Gl. (4.1-16a):

  $e_r = e + c_0 + c_1 + c_2 = 2{,}4 + 1 + 0 + 0{,}6 = 4 \text{ mm}$

- Aufrundungszuschlag ε_e nach Gl. (4.1-16a):

  $\varepsilon_e = e_{ord} - e_r = 4{,}5 - 4 = 0{,}5 \text{ mm}$

- Festigkeitsmäßig verfügbare Wanddicke e_a nach Gl. (4.1-16b):

  $e_a = e + \varepsilon_e = 2{,}4 + 0{,}5 = 2{,}9$ mm

- Ausnutzungsgrad des Rohres X_R (Index R)

  $X_R = e / e_a = 2{,}4 / 2{,}9 = 0{,}83$

- Bogenauswahl

  Gemäß DIN EN 10253-2 hängt für Bogen vom Typ A (verminderter Ausnutzungsgrad) der Ausnutzungsgrad X_B (Index B) von der Abmessung und vom Biegeradius ab. Es sind nur Bogen einsetzbar, bei denen $X_B \geq X_R = 0{,}83$ ist. Möglich ist die Bauart 5D mit einem Biegeradius von etwa 2,5 D_o mit einem zulässigen Ausnutzungsgrad von $X_B = 0{,}88$.

  Ist dieser Biegeradius zu groß, muss entweder die Wanddicke erhöht oder ein Bogen vom Typ B mit vollem Ausnutzungsgrad gewählt werden. Weitere Alternativen siehe [0.3-1] Abschnitt 3.1.1.

  Bei Bogen mit erhöhten Wanddicken ist der Wanddickenübergang (Kantenversatz) entsprechend den schweiß- und prüftechnischen Forderungen auszuführen (siehe auch [0.3-2] Abschnitt 3.7.1).

4.2.2 Wanddickenbestimmung nach der rechnerischen Mindestwanddicke des geraden Rohres

In den angelsächsischen technischen Regelwerken ist eine Bemessung analog Gl. (4.2-5) und (4.2-6) möglich. Alternativ ist noch eine andere Festigkeitsbedingung zugelassen, die in DIN EN 13480-3 ebenfalls als Alternativverfahren übernommen wurde. Hiernach darf nach dem Herstellungsprozess an keiner Stelle des Bogens oder der Biegung die rechnerische Mindestwanddicke des geraden Rohres einschließlich aller Zuschläge unterschritten werden. Dabei gelten für die Mindestwanddicke am Intrados in Abhängigkeit von der zulässigen Spannung folgende zusätzliche Forderungen:

- bei zeitunabhängigen Festigkeitskennwerten und Biegeradien $R < 3\,D_o$

$$e_{int} = \frac{e}{1{,}25} \frac{2\,R - 0{,}5\,(D_o - e)}{2\,R - (D_o - e)} \qquad (4.2\text{-}7)$$

- bei zeitabhängigen Festigkeitskennwerten und Biegeradien $R < 6\,D_o$

$$e_{int} = e \frac{2\,R - 0{,}5\,(D_o - e)}{2\,R - (D_o - e)} \qquad (4.2\text{-}8)$$

Im Regelfall sind diese Forderungen bei den üblichen Kalt- und Warmbiegeverfahren erfüllbar, wenn für das Ausgangsrohr die in **Tabelle 4.2-1** angegebenen Wanddicken verwendet werden.

Tabelle 4.2-1: Ausgangswanddicken zum Biegen von Rohren beim Alternativverfahren nach DIN EN 13480-3 und ASME B31.1

Biegeradius R		1,5 D_o	2 D_o	2,5 D_o	3 D_o	4 D_o
Ausgangs-wanddicke e_{ord}	DIN EN 13480-3	1,25 e	1,2 e	1,16 e	1,13 e	1,1 e
	ASME B31.1	-	-	-	1,25 e	1,14 e
Biegeradius R		**5 D_o**	**6 D_o**	**8 D_o**	**6 D_o**	
Ausgangs-wanddicke e_{ord}	DIN EN 13480-3	1,08 e	1,06 e	1,05 e	1,04 e	
	ASME B31.1	1,08 e	1,06 e			

4.2.3 Berücksichtigung von Formabweichungen durch Unrundheit

a) Grenzwerte, zeitabhängiges Kriechen

Aufgrund des Herstellverfahrens treten Abweichungen von der idealen Kreisform auf, die sich als Unrundheiten (Ovalitäten) äußern und die zusätzliche Spannungen bewirken. Die große Ovalachse liegt hierbei in der Regel senkrecht zur Biegeebene.

Die Unrundheit bei Anschweißbogen und bei Schalenbogen liegt entsprechend ihrer technischen Lieferbedingungen in der Größenordnung der zugehörigen geraden Rohre und kann im Allgemeinen vernachlässigt werden. Unrundheiten sind jedoch bei Kalt- und Warmbiegungen (insbesondere für kleine Durchmesser und Wanddicken) sowie bei Induktivbiegungen von Bedeutung. Entsprechend [4.2-1] haben Induktivbiegungen relativ häufig und in Abhängigkeit vom Biegeradius die größten Abweichungen von der Idealform.

Die Grenzwerte für die zulässigen Unrundheiten nach DIN EN 13480-4 (siehe Band I Bild 4.3-2) sind im Regelfall einhaltbar. Für Kraftwerksrohrleitungen sind gemäß VGB-R 508 weitere Einschränkungen gültig (siehe Band I Abschnitt 4.3.1).

Diese pauschal vorgenommene Reduzierung der zulässigen Unrundheit ist auf den sog. DDA-Rohrbogenversuch unter Langzeitbedingungen an der MPA Stuttgart zurückzuführen [4.2-2]. Er brachte insbesondere die Erkenntnis, dass große Unrundheiten im Zeitstandbereich zu einer merklich verkürzten Lebensdauer führen. Die physikalischen Zusammenhänge sind komplexer Natur und mathematisch schwer zu beschreiben. Lediglich mit der Methode der finiten Elemente (FEM) kann z. Z. die Lebensdauer von zeitstandbetriebenen Biegungen mit akzeptabler Genauigkeit bestimmt werden.

Die zusätzlichen Spannungen entstehen dadurch, dass der durch den Umformprozess unrunde Rohrbogen durch den im Betrieb herrschenden Innendruck bei freien Ausdehnungsmöglichkeiten in eine zunehmend kreisrunde Form gedrückt wird. Dadurch entstehen im Rohrquerschnitt des großen Durchmessers Biegemomente, die in Umfangsrichtung Zugspannungen an den Innenfasern und Druckspannungen an den Außenfasern bewirken. Im Bereich von Extrados (Bogenaußenseite) und Intrados (Bogeninnenseite) herrschen hingegen näherungsweise gleich große Biegemomente, jedoch mit entgegengesetzten Vorzeichen. Diese Biegespannungen sind von Natur aus als verformungsbedingte Größen zu verstehen, die der Relaxation unterliegen (siehe Abschnitt 3.1.1). Sie müssen zeitabhängig zu den gleichgewichtshaltenden Umfangsspannungen vektoriell addiert werden. Das führt im Bereich des Extrados dazu, dass an der Außenfaser erhöhte Spannungen herrschen, die durch die verminderte Wanddicke an der Bogenaußenseite noch gesteigert werden. Da die Relaxation ein Kriechvorgang ist, muss diese als Kriecherschöpfung in gleicher Weise bewertet werden, wie z. B. die Umfangsspannung eines kreisrunden Rohres aus dem Innendruck.

Im Rahmen weiterführender Forschungsarbeiten zum DDA-Rohrbogenversuch ist ein Programm erarbeitet worden, das die Kriechgleichungen des jeweiligen Werkstoffs als festen Bestandteil beinhaltet, jedoch ohne Einsatz der FEM. Verifiziert wurde der Algorithmus mit einer Vielzahl von FEM-Analysen mit denselben Kriechgleichungen. Dieser Algorithmus wird seit nunmehr über 10 Jahren angewendet und dient bei mehreren Kraftwerksblöcken mittlerweile als Beurteilungsgrundlage für wiederkehrende Prüfungen.

Weiterführend und ergänzend zur Anwendung von FEM-Programmen bzw. FEM-Analysen wird die theoretische Gesamterschöpfung eines Rohrbogens unter Anwendung der Robinson-Regel entsprechend DIN EN 12952-4 ermittelt.

b) Überschlägige Bestimmung der zusätzlichen Biegespannungen

Eine überschlägige Bestimmung der durch Ovalität auftretenden zusätzlichen Biegespannungen kann analog Gl. (4.1-18) erfolgen. Die Gesamtspannungen ergeben sich dann für den Extrados zu:

$$\sigma_t + \sigma_{t,b} = \frac{p_c\, d_m}{2\, e_a} \left[B_{ext} + \frac{1{,}5\, O\, (d_m / e_a)}{1 + 0{,}455\, (p_c / E_t)\, (d_m / e_a)^3} \right] \tag{4.2-9}$$

und für den Intrados:

$$\sigma_t + \sigma_{t,b} = \frac{p_c\, d_m}{2\, e_a} \left[B_{int} + \frac{1{,}5\, O\, (d_m / e_a)}{1 + 0{,}455\, (p_c / E_t)\, (d_m / e_a)^3} \right] \tag{4.2-10}$$

Analog zum Abschnitt 4.1.4 wird eine Spannungsbegrenzung entsprechend Gl. (4.1-22) bzw. (4.1-24) empfohlen.

In der Arbeit [4.2-3] erfolgten Vergleichsrechnungen, wie stark sich die Unrundheit in Abhängigkeit von d_m / e_a in Form von zusätzlichen Biegespannungen auswirkt. Sie sollten bei hochbelasteten dünnwandigen Bogen nicht vernachlässigt werden.

Weitere Berechnungsmöglichkeiten für die zu erwartenden Spannungen sind im amerikanischen ASME BPVC Section 3 Division 1 Subsection NB angegeben.

c) Spannunganalyse nach KTA-Regelwerk

Für die Spannungen an einer Biegung oder einem Bogen gelten nach KTA 3201.2 und 3211.2 folgende Gleichungen (Bezeichnungen siehe **Bild 4.2-4**):

$$\sigma = i\,\sigma_{Ni} \qquad \tau = i\,\tau_N \qquad (4.2\text{-}11)$$

Die Nennspannungen betragen:

$$\sigma_N(p_c) = \frac{p_c\, d_i}{2\, e_c} \quad (4.2\text{-}12a) \qquad \sigma_N(M_b) = \frac{M_b}{Z} \quad (4.2\text{-}12b) \qquad \tau_N(M_t) = \frac{M_t}{2\,Z} \quad (4.2\text{-}12c)$$

Die in Gl. (4.2-12) enthaltene Wanddicke e_c (im KTA-Regelwerk mit s_c bezeichnet) ist in DIN EN 13480-3 nicht definiert. Sie hat folgende Bedeutung:

$$e_c = e_{ord} - c_0 + \frac{|c_3| - |c_1|}{2} = e_{ord} - c_0 + \frac{|\Delta T^+| - |\Delta T^-|}{2} = e_S - c_0 \qquad (4.2\text{-}13a)$$

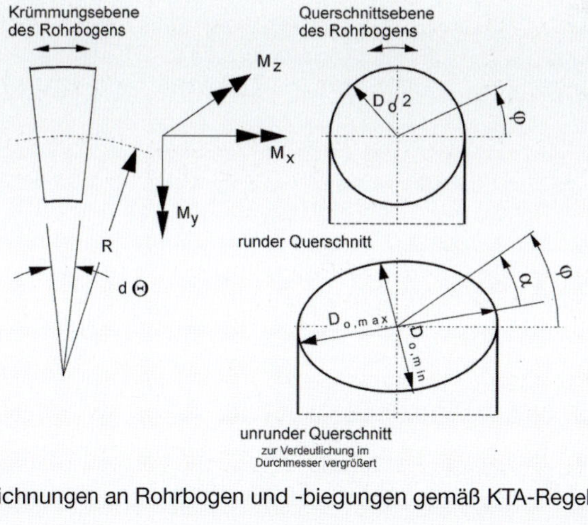

Bild 4.2-4: Bezeichnungen an Rohrbogen und -biegungen gemäß KTA-Regelwerk

e_S bezeichnet die für statische Berechnungen erforderliche äqivalente Wanddicke nach Tabelle 0.1-2. $|\Delta T^+| = c_3$ und $|\Delta T^-| = c_1$ sind die positiven und negativen Grenzabmaße der Wanddicke entsprechend Abschnitt 0.1.1. Bei Bestellungen auf der Grundlage von Mindestwanddicken beträgt $|\Delta T^-| = 0$. Ansonsten kann mit $|\Delta T^+| \approx |\Delta T^-|$ gerechnet werden, so dass im Allgemeinen folgende Vereinfachung anwendbar ist:

$$e_c = e_S - c_0 \approx e_{ord} - c_0 \qquad (4.2\text{-}13b)$$

Die Nennspannungen nach Gl. (4.2-12) sind einerseits von ihrer Lage am Rohrumfang und innerhalb der Wanddicke, andererseits von der Belastungsart abhängig. Die Biege- und Torsionsmomente sind aus rohrstatischen Berechnungen zu entnehmen. Für jeden Punkt des Bogenquerschnitts sind die jeweiligen Vergleichsspannungen nach der Schubspannungshypothese entsprechend Gl. (4.1-9) zu ermitteln. Die Spannungsbegrenzung ist gemäß KTA 3201.2 und 3211.2 von weiteren Kriterien abhängig, z. B. Werkstoffgruppe, Beanspruchungsstufe, Prüfgruppe, Art der zulässigen Spannung. Bei un- oder niedriglegierten Stählen außerhalb des Primärkreislaufes beträgt sie für die Beanspruchungsstufen „normaler und außergewöhnlicher Betriebszustand“ 3 f. Das sind diejenigen Belastungszustände, die im operativen Betrieb zu erwarten sind und am häufigsten auftreten.

Die Spannungsbeiwerte in Gl. (4.2-11) unterscheiden sich je nach Belastungsart.

Spannungsbeiwerte bei Belastung durch Innendruck

Es gelten die Spannungsbeiwerte nach **Tabelle 4.2-2**. Sie setzen sich aus den Teilfaktoren i_1 bis i_4 zusammen und errechnen sich mit den Winkeln α und φ (Bild 4.2-4) aus:

$$i_1 = \frac{R + 0{,}25\, d_i \sin\varphi}{R + 0{,}5\, d_m \sin\varphi} \qquad (4.2\text{-}14)$$

$$i_2 = 0{,}5\, d_i / d_m \qquad (4.2\text{-}15)$$

$$i_3 = \frac{1{,}5\, O\, (d_m / e_c) \cos 2\alpha}{1 + 0{,}455\, (p_c / E_t)\, (d_m / e_c)^3} \qquad (4.2\text{-}16)$$

$$i_4 = 2\, e_c / d_i \qquad (4.2\text{-}17)$$

Spannungsbeiwerte bei Momentenbelastung

Für die Spannungsbeiwerte gilt **Tabelle 4.2-3**. Die Teilfaktoren errechnen sich mit der Querkontraktionszahl ν (für Stahl beträgt $\nu = 0{,}3$) und dem Winkel φ (Bild 4.2-4):

Tabelle 4.2-2: Spannungsbeiwerte für Rohrbogen unter Innendruckbelastung

Umfangsort	Lage zur Rohrwand	Spannungsrichtung	Spannungsbeiwert
runder Querschnitt			
abhängig vom Winkel φ	außen	σ_t	$i_1 - 0{,}5\ i_4$
	Mitte		i_1
	innen		$i_1 + 0{,}5\ i_4$
jeder	außen, Mitte, innen	σ_a	i_2
unrunder Querschnitt			
abhängig vom Winkel φ	außen	σ_t	$i_1 - i_3 - 0{,}5\ i_4$
	Mitte		i_1
	innen		$i_1 + i_3 - 0{,}5\ i_4$
	außen	σ_a	$i_2 - 0{,}3\ i_3$
	Mitte		i_2
	innen		$i_2 + 0{,}3\ i_3$
runder und unrunder Querschnitt			
jeder	außen	σ_r	0
	Mitte		$- 0{,}5\ i_4$
	innen		$- i_4$

- Torsionsmomente M_x

$i = 1$

- Biegemomente M_y

$$i_{amy} = \cos\varphi + [(1{,}5\ x_2 - 18{,}75)\cos 3\varphi + 11{,}25\cos 5\varphi] / x_4 \quad (4.2\text{-}18)$$

$$i_{tby} = -\lambda\,(9\ x_2 \sin 2\varphi + 225 \sin 4\varphi) / x_4 \quad (4.2\text{-}19)$$

- Biegemomente M_z

$$i_{amz} = \sin\varphi + [(1{,}5\ x_2 - 18{,}75)\sin 3\varphi + 11{,}25\sin 5\varphi] / x_4 \quad (4.2\text{-}20)$$

$$i_{tbz} = \lambda\,(9\ x_2 \cos 2\varphi + 225 \cos 4\varphi) / x_4 \quad (4.2\text{-}21)$$

$$i_{tmz} = -0{,}5\,(d_m / R)\cos\varphi\,\{\cos\varphi + [(0{,}5\ x_2 - 6{,}25)\cos 3\varphi + 2{,}25\cos 5\varphi] / x_4\} \quad (4.2\text{-}22)$$

Tabelle 4.2-3: Spannungsbeiwerte für Rohrbogen unter Momentenbelastung

Umfangsort	Lage zur Rohrwand	Spannungs-richtung	Spannungsbeiwert
bei Torsionsmoment M_x			
jeder	außen, Mitte, innen	τ_{at}	1
bei Biegemoment M_y			
abhängig vom Winkel φ	außen	σ_t	i_{tby}
	Mitte		0
	innen		$-i_{tby}$
	außen	σ_a	$i_{amy} + \nu\, i_{tby}$
	Mitte		i_{amy}
	innen		$i_{amy} - \nu\, i_{tby}$
bei Biegemoment M_z			
abhängig vom Winkel φ	außen	σ_t	$i_{tmz} + i_{tbz}$
	Mitte		i_{tmz}
	innen		$i_{tmz} - i_{tbz}$
	außen	σ_a	$i_{amz} + \nu\, i_{tbz}$
	Mitte		i_{amz}
	innen		$i_{amz} - \nu\, i_{tbz}$

Die Kurzzeichen in Gl. (4.2-18) bis (4.2-22) haben folgende Bedeutung:

$$x_1 = 5 + 6\,\lambda^2 + 24\,\psi \qquad (4.2\text{-}23)$$

$$x_2 = 17 + 600\,\lambda^2 + 480\,\psi \qquad (4.2\text{-}24)$$

$$x_3 = x_1\,x_2 - 6{,}25 \qquad (4.2\text{-}25)$$

$$x_4 = (1 - \nu^2)\,(x_3 - 4{,}5\,x_2) = 0{,}91\,(x_3 - 4{,}5\,x_2) \qquad (4.2\text{-}26)$$

$$\psi = \frac{2\,p_c\,R^2}{d_m\,e_c\,E_t} \qquad (4.2\text{-}27)$$

$$\lambda = \frac{4\,(R / d_m)\,(e_c / d_m)}{\sqrt{1 - \nu^2}} \approx 4{,}2\,(R / d_m)\,(e_c / d_m) \geq 0{,}2 \qquad (4.2\text{-}28)$$

Die Gleichungen (4.2-23) bis (4.2-28) gelten nur für dickwandige Bogen, z. B. bei $R = 1{,}5\ d_m$ für relative Wanddicken von $e_c / d_m \geq 0{,}032$ (bei $R = 4\ d_m$ gilt $e_c / d_m \geq 0{,}012$).

Bei dünnwandigen Rohrbogen mit $\lambda < 0{,}2$ sind die obigen Gleichungen nur als Näherung zu betrachten. Genaue Beurteilungen sind nur mittels FEM-Analyse möglich.

4.2.4 Wellenbildung am Intrados in Längsrichtung der Biegung

Bei dünnwandigen Rohrbiegungen mit großem Verhältnis D_o / e_{ord} und relativ kleinem Biegeradius können sich am Intrados Wellen bilden, was früher zur Herstellung von Faltenrohrbogen ausgenutzt wurde. Bei Glattrohrbogen wird versucht, Falten oder Wellen weitgehend zu vermeiden. In DIN EN 13480-4 und dem KTA-Regelwerk wird die zulässige Faltenbildung (Bezeichnungen nach **Bild 4.2-5**) wie folgt begrenzt ($d_m = D_o - e_{ord}$):

Faltenhöhe: $$h_m = \frac{D_{o2} + D_{o4}}{2} - D_{o3} \leq 0{,}03\ d_m \qquad (4.2\text{-}29a)$$

Faltenabstand: $$a / h_m > 12 \qquad (4.2\text{-}29b)$$

Bei Einhaltung dieser Werte sind die Zusatzspannungen vernachlässigbar.

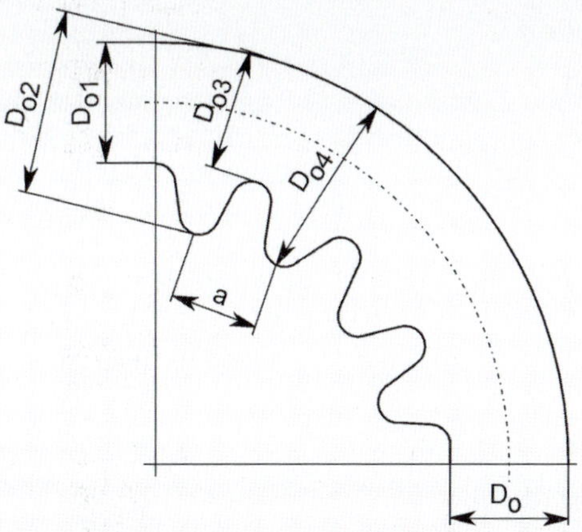

Bild 4.2-5: Faltenbildung an einer Rohrbiegung (die Falten sind zur Verdeutlichung unmaßstäblich dargestellt)

4.2.5 Berücksichtigung von Biegemomenten aus dem Rohrleitungssystem

Eine zusätzliche Unrundheit wird durch die Biegemomente aus dem Rohrleitungssystem erzeugt. Dem wird bei der Elastizitätsberechnung mittels der üblichen Berechnungsprogramme durch einen Elastizitätsfaktor $k_B \geq 1$ (auch als Flexibilitätsfaktor oder v.-Kármán-Faktor bezeichnet) Rechnung getragen:

$$k_B = 1{,}65 \frac{d_m^2}{4\,R\,e_S} = \frac{0{,}4125\,d_m^2}{R\,e_S} \qquad (4.2\text{-}30)$$

Die für statische Berechnungen äquivalente Wanddicke e_S ist in Tabelle 0.1-2 für alle in Betracht kommenden optionalen Bestellmaße von Rohren definiert.

In den rohrstatischen Programmen ist das Rohr als Balken modelliert, für das eine ideale kreisrunde Form vorausgesetzt wird. Zur Berechnung der Kräfte und Momente ist dies völlig ausreichend. Die Methode gestattet jedoch auch unter Beachtung eines Spannungserhöhungsfaktors (im Allgemeinen mit i bezeichnet) keine detaillierte Spannungsbetrachtung an der realen Rohrbiegung mit unterschiedlichen Wanddicken über den Umfang und in Längsrichtung, sowie der durch Fertigungsprozesse hervorgerufenen Unrundheit.

Näherungsweise können diese Spannungen unter Anwendung der Gleichungen für dickwandige Schalen nach Abschnitt 4.2.3 und der Tabelle 4.2-3 erfasst werden.

4.2.6 Berechnung von Segmentkrümmern und Gehrungen auf Innendruck

a) Gemeinsamkeiten

Segmentkrümmer und Gehrungen sind im allgemeinen auf MD- und ND-Rohrleitungen mit großen Verhältnissen D_o / e_{ord} beschränkt. Als noch keine Induktivbiegungen verfügbar waren, wurden sie auch schon in HD-Rohrleitungen (Zwischenüberhitzungsleitungen, Speisewasserdruckleitungen) eingesetzt.

Für die Berechnung von Segmentkrümmern und Gehrungen nach DIN EN 13480-3 werden folgende Einsatzbeschränkungen vorausgesetzt:

- Der maximal zulässige Druck beträgt 20 bar, im Zeitstandbereich 4 bar.

- Gehrungswinkel von $2\,\Theta > 45°$ bzw. Gehrungsschnitte von $\Theta > 22{,}5°$ (**Bild 4.2-6**) sollen für mehr als 7000 Belastungszyklen nicht verwendet werden. Im Zeitstandbereich sind sie auf 100 Zyklen begrenzt.

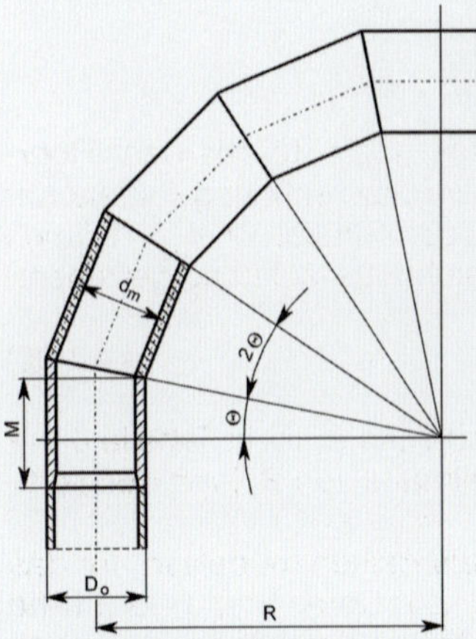

Bild 4.2-6: Bezeichnungen am Segmentkrümmer

Darüber hinaus muss bei Verwendung im Zeitstandbereich das Rohrleitungssystem so flexibel sein, dass keine nennenswerten Lasten aus der Verspannung des Systems auf den Segmentkrümmer bzw. die Gehrung wirken. Des Weiteren sind die reduzierten Temperaturzyklen im zeitabhängigen Bereich zu beachten.

Für die Abklinglänge M gilt:

$$M = \max \left[2{,}5 \sqrt{0{,}5\, D_o\, e_{ord}};\ (R - 0{,}5\, d_m) \tan \Theta \right] \qquad (4.2\text{-}31)$$

Schrägschnitte von $\Theta \leq 1{,}5°$ gelten als Schweißnahtanpassungen und brauchen nicht gesondert berechnet werden.

Die nachfolgenden Berechnungsgleichungen sind für Gehrungsschnitte von $\Theta \leq 22{,}5°$ gültig. Der in den Gleichungen enthaltene Schweißnahtfaktor z bezieht sich auf das verwendete Rohr und nicht auf die Gehrungsnaht, d. h. für

- geschweißtes Rohr: nach Abschnitt 4.1.3.
- nahtloses Rohr: $z = 1$.

b) Segmentkrümmer

Kennzeichnend für den Segmentkrümmer sind ein oder mehrere Segmente, die mit dem anschließenden Rohr einen Krümmer vom Radius R (Bild 4.2-6) bilden. Dieser muss mindestens betragen:

$$R \geq \frac{A}{\tan \Theta} + 0{,}5\, D_o \qquad (4.2\text{-}32)$$

Tabelle 4.2-4: Beiwert A zur Berechnung von Segmentkrümmern

Wanddicke e_a in mm [1]	< 13	$13 \leq e_a \leq 22$	> 22
Beiwert A	25 mm	$2\ e_a$	$0{,}667\ e_a + 30$ mm

[1] Definition von e_a siehe Bild 4.1-4

Der Beiwert A ist **Tabelle 4.2-4** zu entnehmen.

Der Ratingdruck errechnet sich aus:

$$p_{rat} \leq \frac{2\,f\,e_a\,z}{d_m} \left[\frac{e_a}{e_a + 0{,}643\sqrt{0{,}5\,d_m\,e_a}\,\tan\Theta} \right] \tag{4.2-33a}$$

$$p_{rat} \leq \frac{2\,f\,e_a\,z}{d_m} \left(\frac{R - 0{,}5\,d_m}{R - 0{,}25\,d_m} \right) \tag{4.2-33b}$$

Der sich aus den Gleichungen (4.2-33a) und (4.2-33b) ergebende kleinere Ratingdruck ist maßgebend für den berechneten Krümmer.

c) Einzelne Gehrungen

Für Gehrungsschnitte mit $\Theta > 1{,}5°$ beträgt der Ratingdruck:

$$p_{rat} \leq \frac{2\,f\,e_a\,z}{d_m} \left[\frac{e_a}{e_a + 1{,}25\sqrt{0{,}5\,d_m\,e_a}\,\tan\Theta} \right] \tag{4.2-34}$$

4.3 Reduzierungen (Erweiterungen)

Die Wanddicke von kon- und exzentrischen Reduzierungen (**Bild 4.3-1**), oder bei umgekehrter Durchflussrichtung Erweiterungen, ist wie folgt zu bestimmen:

$$e = \frac{p_c\,D_o}{2\,f\,z + p_c}\,\frac{1}{\cos\alpha} \tag{4.3-1}$$

Bei Einziehungswinkeln bis etwa $\alpha = 15°$ sind sie näherungsweise ausreichend dimensioniert, wenn die Wanddicke des Kegelmantels derjenigen des anschließenden Rohres am erweiterten Durchmesser entspricht. Verminderte Wanddicken in Richtung des eingezogenen Durchmessers sind möglich, wenn sie entsprechend dem Flächenvergleichsverfahren an jeder Stelle des Kegelmantels den Forderungen gemäß Gl. (4.3-1) entsprechen. Der Durchmesser D_o bezieht sich dabei auf einen beliebigen Schnitt senkrecht zum Kegelmantel.

Für exzentrische Reduzierungen muss die Bemessung nach dem Maximalwert des Winkels α (Bild 4.3-1) erfolgen.

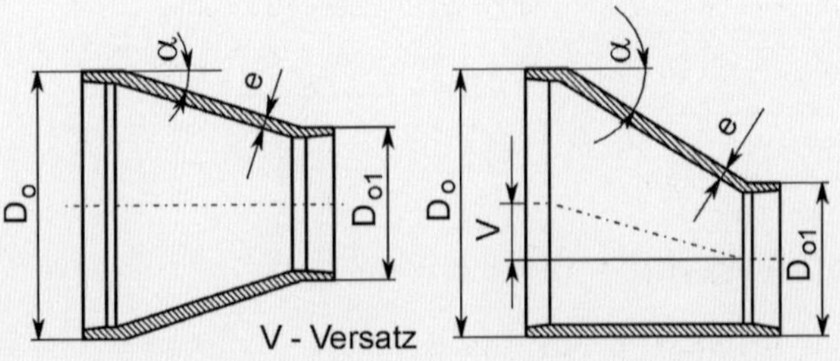

Bild 4.3-1: Konzentrische (links) und exzentrische Reduzierung (rechts)

Weitergehende Festlegungen, insbesondere für den Übergang zwischen Kegel und Krempe enthält DIN EN 13480-3. Spezielle Reduzierungen mit und ohne Ausschnitt können nach AD 2000 B 2 berechnet werden.

Genormte zentrische und exzentrische Reduzierstücke sind in DIN EN-Reihe 10253 enthalten. Für die Auswahl von Reduzierstücken nach DIN EN 10253-2 und 10253-4 gelten hinsichtlich des Ausnutzungsgrades sinngemäß die gleichen Aussagen wie für Rohrbogen im Abschnitt 4.2.1.

Genormte Reduzierstücke sind im Zeitstandbereich zu vermeiden. Einerseits haben sie häufig einen recht steilen Winkel, der sowohl strömungstechnisch, als auch festigkeitsmäßig ungünstig ist. Andererseits sollte versucht werden, die Reduzierungen an Abzweigstücke (T-Stücke, Sammler) oder zumindest an Rohrstücke anzuarbeiten, damit gesonderte Schweißnähte vermieden werden. Reduzierungen sind häufig an Abzweigen 1 : 1 erforderlich, weil gemäß DIN EN 13480-3 Abzweigverhältnisse von $d_{iA} / d_{iG} \geq 0{,}8$ im Zeitstandbereich nicht zulässig sind. Das Grundrohr (Index G) muss deshalb vergrößert und die beidseitigen Anschlüsse durch Reduzierungen überbrückt werden.

Bild 4.3-2 zeigt eine für den Zeitstandbereich geeignete Reduzierung mit strömungsgünstigem Winkel. Die Formgebung solcher Ausführungen basiert auf umfangreichen detaillierten Spannungsuntersuchungen, einschließlich Analysen nach der Methode der finiten Elemente. Durch große Übergangsradien wird ein günstiger Spannungsverlauf erzielt. Durch Beibehalten der großen Wanddicke über eine möglichst große Länge der Reduzierung liegen die aus den Rohrleitungsschnittkräften und -momenten rührenden Zusatzspannungen auf einem relativ niedrigen Spannungsniveau. Der niedrige Spannungserhöhungsfaktor ist deshalb nicht maßgebend für die Bemessung des reduzierten Bereiches an

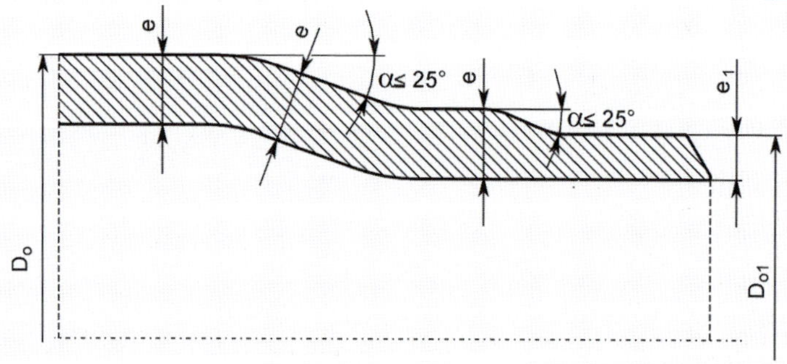

Bild 4.3-2: Reduzierung für den Zeitstandbereich, z. B. in geschmiedeter Ausführung

einem Formstück. Die Reduzierung braucht im Regelfall bei der Systemanalyse nicht gesondert erfasst werden.

4.4 Ebene Böden

4.4.1 Geflanschte Böden

Geflanschte Böden sind Kreisplatten, die mit der aus dem Innendruck resultierenden Flächenlast beaufschlagt sind. Zusätzlich kommt im Normalfall ein gleichsinnig wirkendes Randmoment durch die Verspannung mit dem Gegenflansch hinzu (**Bild 4.4-1**). Reicht die Dichtung über den Teilkreisdurchmesser der Schrauben hinaus (**Bild 4.4-2**), kann das Randmoment null gesetzt werden. Strenggenommen gilt das nur bei Verwendung von Weichstoffdichtungen, näherungsweise kann das aber auch für andere Dichtungen angenommen werden.

Die innendruckbelastete Kreisplatte mit ihrer Auflage auf der Dichtung nach Bild 4.4-1 kann als gelenkig gelagert angesehen werden. Die Verspannung durch die Schraubenbolzen bewirkt das zusätzliche Randmoment. Die Höhe dieses Momentes ist vor Allem von der gewählten Dichtung abhängig. Im AD 2000 B 5 ist zur Bemessung des ebenen Bodens folgende Gleichung angegeben:

$$e = C_1 \, d_D \sqrt{\frac{p_c}{f}} \qquad (4.4\text{-}1)$$

Die Bezeichnungen wurden vorwiegend aus AD 2000 B 5 übernommen. Der Beiwert C_1 ist aus **Bild 4.4-3** zu entnehmen. Für den dort enthaltenen Parameter δ gilt:

$$\delta = 1 + 4 \, \frac{k_1 \, S_D}{d_D} \qquad (4.4\text{-}2)$$

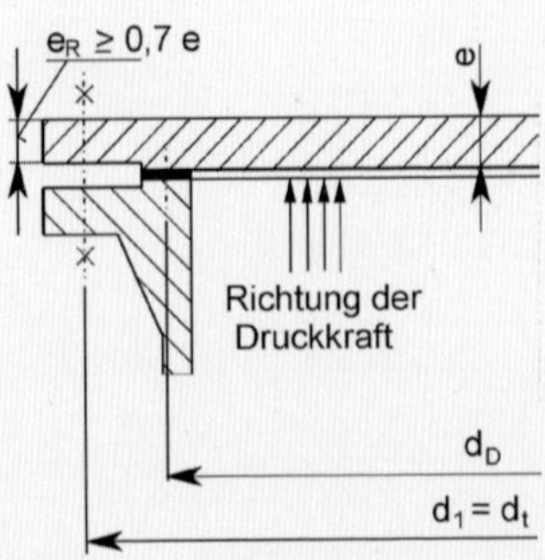

Bild 4.4-1: Blindflansch mit zusätzlichem gleichsinnigem Randmoment

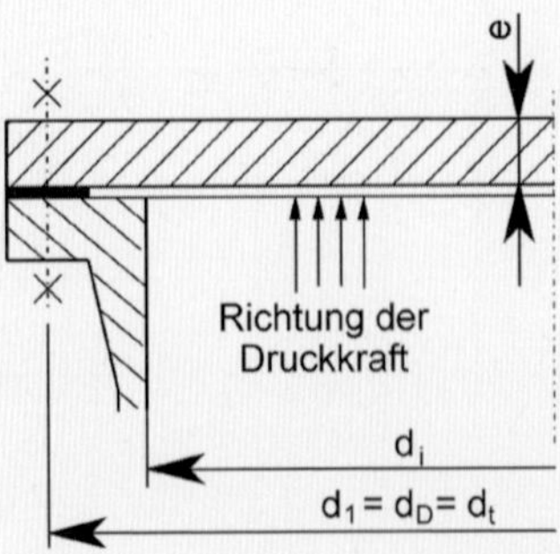

Bild 4.4-2: Blindflansch mit außenliegender Dichtung ohne Randmoment

S_D ist ein Sicherheitsbeiwert gegen Undichtwerden, der mit $S_D = 1{,}2$ angesetzt werden kann. Der Dichtungskennwert k_1 ist den Herstellerangaben oder AD 2000 B 7 zu entnehmen.

Bei der Ausführung nach Bild 4.4-2 ohne Randmoment gilt für die Mindestwanddicke:

$$e = C\, d_t \sqrt{\frac{p_c}{f}} = C\, d_1 \sqrt{\frac{p_c}{f}} \qquad (4.4\text{-}3)$$

Der Teilkreisdurchmesser des Flansches ist mit d_t bezeichnet. Er ist mit dem Dichtungsdurchmesser d_D identisch, so dass das Durchmesserverhältnis $d_t / d_D = 1$ beträgt. Hieraus lässt sich aus Bild 4.4-3 ein Beiwert von $C_1 = 0{,}45$ ablesen. Gemäß AD 2000 B 5 darf jedoch ein Beiwert von $C = 0{,}35$ angesetzt werden.

Auf die Berechnungswanddicke e sind analog wie beim Rohr (Abschnitt 4.1.4) Zuschläge zur Berücksichtigung von Minustoleranzen, Korrosion und nachträgliche Bearbeitung aufzuschlagen ($\Sigma\, c_j$).

Die Bemessung der verschraubten Böden wird wesentlich von der notwendigen Vorverformungskraft der verwendeten Dichtung bestimmt. Bei den Bemessungsgleichungen in DIN EN 13480-3 wurden diese gegenüber AD 2000 B 5 höher angesetzt. Sie stammen aus dem britischen Regelwerk und betrachten zwei voneinander unabhängige Zustände zur Bestimmung der Wanddicke, resultierend aus:

- der Vorverformungskraft der Dichtung, damit Dichtheit gesichert ist.
- dem Innendruck.

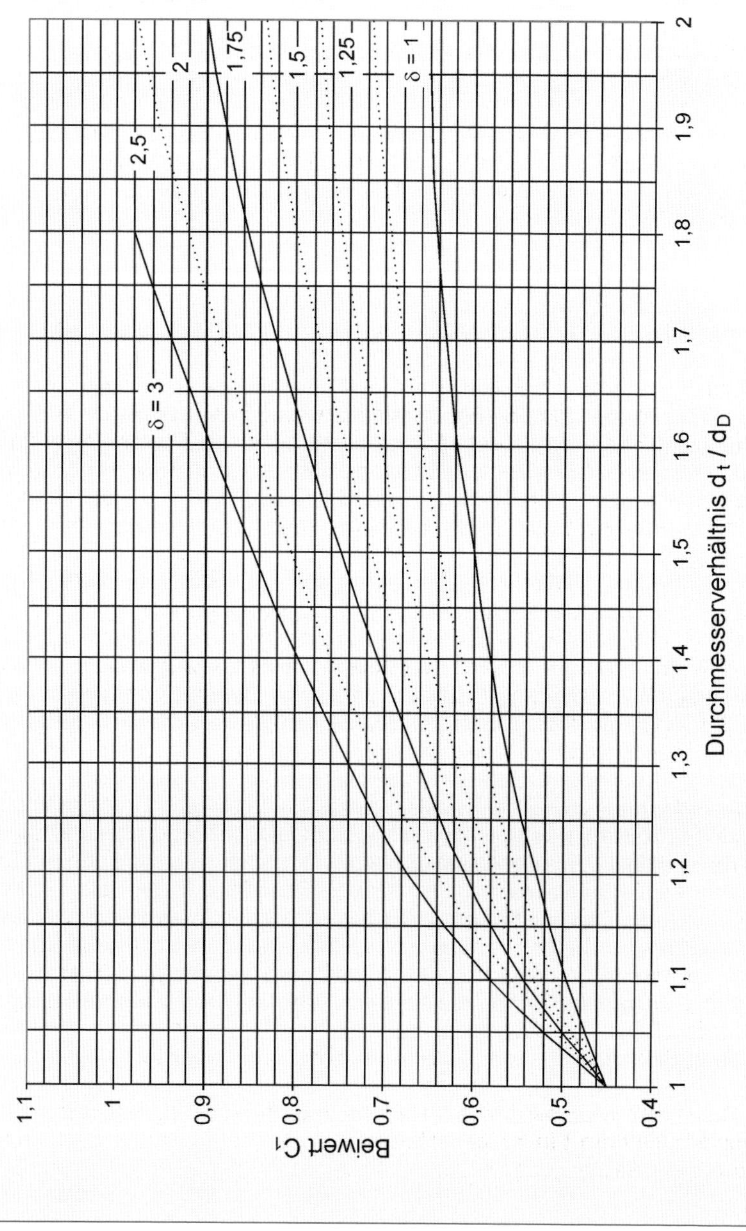

Bild 4.4-3: Berechnungsbeiwert C1 von Blindflanschen mit zusätzlichem gleichsinnigem Randmoment

Die größere der beiden Wanddicken ist für die Dimensionierung maßgebend.

Die Wanddicken nach DIN EN 13480-3 sind bis zu 25 % höher als nach AD 2000 B 5 [4.4-1].

Beim Einsatz genormter Blindflansche nach DIN EN 1092-1 entfällt eine Nachrechnung. DIN EN 1092-1 enthält Ratingdrücke für Flanschverbindungen bis PN 100 für eine Vielzahl von Werkstoff- und Flanschverbindungskombinationen (siehe auch Abschnitt 5.3).

4.4.2 Verschweißte Böden (Vorschweißblinddeckel)

Geschweißte ebene Böden werden im Rohrleitungsbau in verschiedenen Ausführungsformen verwendet. Der geschmiedete oder gepresste ebene Boden entsprechend **Bild 4.4-4** ist beanspruchungsgerecht, da die Faserrichtung weitgehend dem Spannungsverlauf entspricht. Ähnliches gilt für den gekrempten ebenen Boden nach **Bild 4.4-5**, der allerdings auf Grund der durchgehenden Wanddicke nicht so hoch wie das anschließende Rohr belastbar ist.

Bei der Ausführung nach **Bild 4.4-6** und **Bild 4.4-7** muss Blech oder Schmiedestahl mit verbesserten Verformungseigenschaften senkrecht zur Erzeugnisoberfläche verwendet werden (siehe Band I Abschnitt 3.3.2), ansonsten besteht die Gefahr des Terrassenbruchs. Beidseitig auf- bzw. eingeschweißte Böden (Beispiel Bild 4.4-7) bedingen Zugänglichkeit von innen, d. h. Abmessungen > DN 600. Eingeschweißte Böden nach **Bild 4.4-8** erfordern ab einer bestimmten Bodendicke eine Gegenlage von innen.

Wegen einiger schwerer Schadensfälle in den vergangenen Jahren ist der Einsatz von ebenen Böden mit Entlastungsnut nach Bild 4.4-6 auf Grund einer Entscheidung des Deutschen Dampfkesselausschusses (DDA) aus dem Jahre 1999 im Zeitstandbereich nicht mehr erlaubt. Auch in DIN EN 13480-3 ist diese Konstruktionsform für den Zeitstandbereich nicht zugelassen. Schadensursache in diesem höchstbeanspruchten Bereich des ebenen Bodens waren niedrigere Zeitstandwerte der Schweißnaht gegenüber dem Grundwerkstoff. Die vorzeitig auftretenden Zeitstandschädigungen im Schweißnahtbereich einschließlich der Wärmeeinflusszone wurden nicht erkannt, weil wiederkehrende Prüfungen auf Grund der konstruktiven Gegebenheiten nur unter sehr großem Aufwand möglich sind.

Die VGB-R 508 lässt darüber hinaus ebene Böden für HD-Rohrleitungen nur mit ausdrücklichem Einverständnis des Auftraggebers und unter Einhaltung bestimmter Auflagen (Zugversuch in Dickenrichtung, 100 % US-Prüfung) zu.

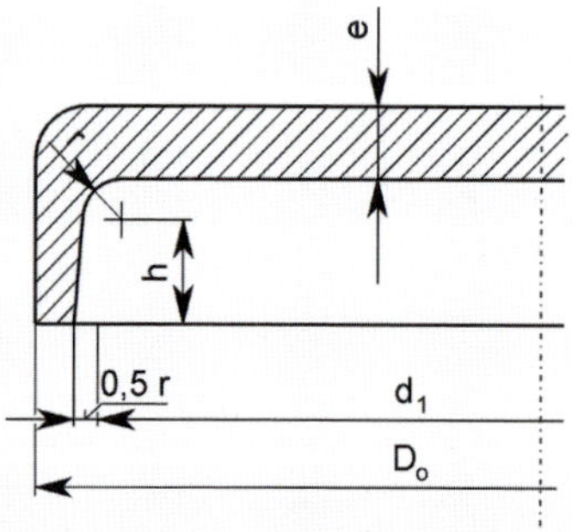

Bild 4.4-4: Geschmiedeter oder gepresster ebener Boden

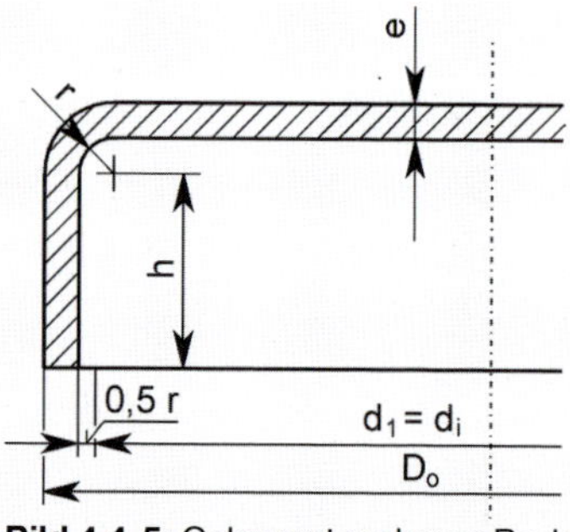

Bild 4.4-5: Gekrempter ebener Boden

Die Ermittlung der Berechnungswanddicke von angeschweißten Böden erfolgt nach Gl. (4.4-3). Der Beiwert C ist aus **Tabelle 4.4-1** zu entnehmen. Für den Boden mit Entlastungsnut (Bild 4.4-6) gilt zusätzlich:

$$e_R \geq 1{,}3 \, \frac{p_c \, (0{,}5 \, d_1 - r)}{f} \geq 5 \text{ mm} \tag{4.4-4}$$

Wie bereits erwähnt, sind die Schweißnahtformen gemäß Bild 4.4-6 und Bild 4.4-7 ungünstig, da sie den Werkstoff des Blinddeckels (Blech oder Schmiederonden) in Dickenrichtung belasten. Falls keine andere Deckelform möglich ist, z. B. nach Bild 4.4-8, muss zumindest Vormaterial mit garantierten Festigkeitseigenschaften in Dickenrichtung gemäß DIN EN 10164 eingesetzt werden.

Tabelle 4.4-1: Beiwert C zur Bestimmung der Wanddicke von ebenen Böden

C	Zusatzbedingungen	Bild
0,30	$D_o \leq 500$ mm: $r \geq 30$ mm; 500 mm $< D_o \leq 1400$ mm: $r \geq 35$ mm	4.4-5
0,35	Krempenradius $r \geq e / 3$, jedoch mindestens 8 mm	4.4-4
0,40	$r \geq 0{,}2$ e, jedoch mindestens 5 mm; e_R nach Gl. (4.4-4)	4.4-6
0,40	$e_{Boden} \leq 3 \, e_{ord}$ [1)]	4.4-7
0,45	$e_{Boden} > 3 \, e_{ord}$ [1)]	
0,45	$e_{Boden} \leq 3 \, e_{ord}$ [1)]	4.4-8
0,50	$e_{Boden} > 3 \, e_{ord}$ [1)]	

[1)] e_{Boden}: Berechnungswanddicke zuzüglich Zuschläge $\Sigma \, c_j$.

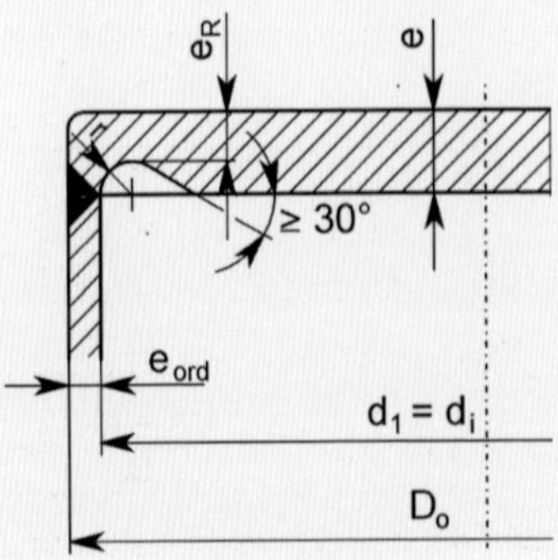

Bild 4.4-6: Ebener Boden mit Entlastungsnut (Vorschweißblinddeckel)

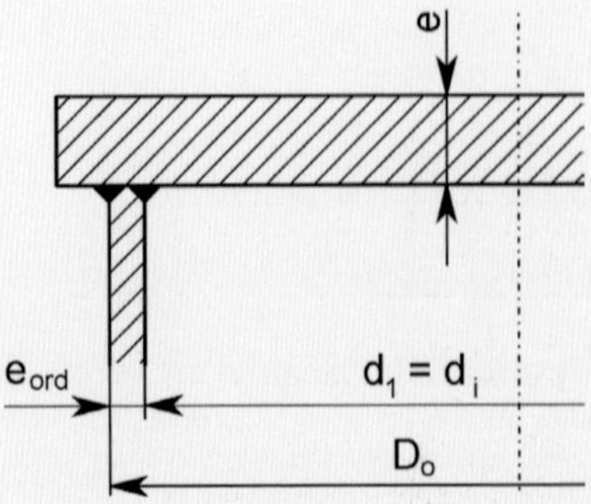

Bild 4.4-7: Beidseitig angeschweißter Deckel

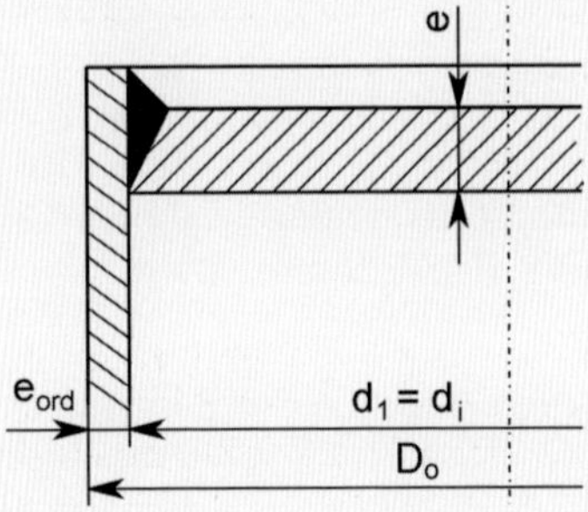

Bild 4.4-8: Einseitig eingeschweißter Deckel

In DIN EN 13480-3 wird die Wanddicke gekrempter Böden mit ähnlichen Gleichungen wie nach AD 2000 Reihe B bestimmt. Sie ergeben demzufolge annähernd gleiche Wanddicken. Die Ermittlung der erforderlichen Faktoren erfolgt jedoch mittels Gleichungen bzw. eines Diagramms. Beide Möglichkeiten ergeben das gleiche Resultat. Die behandelten Bauformen entsprechen Bild 4.4-4 und 4.4-5.

Eingeschweißte ebene Böden gemäß Bild 4.4-8 haben zur Bestimmung diverser Beiwerte einen recht aufwändigen Algorithmus. Alternativ ist jedoch deren

Dimensionierung mit Hilfe eines Diagramms möglich. Zusätzlich enthält DIN EN 13480-3 weitere Konstruktionsformen, sowie Berechnungsvorschriften für mittige und außermittige Ausschnitte in Böden.

4.5 Gewölbte Böden

4.5.1 Übersicht

In der BRD sind Bauarten mit kugeliger Wölbung üblich. Die drei gebräuchlichen Bauformen werden entsprechend ihrem Verhältnis R_{Ki} / d_i wie folgt unterschieden (R_{Ki} - Kugelinnenradius):

- Halbkugelböden $R_{Ki} / D_o = 0{,}5$ (4.5-1a)
- Korbbogenböden $R_{Ki} / D_o = 0{,}8$ (4.5-1b)
- Klöpperböden $R_{Ki} / D_o = 1$ (4.5-1c)

Klöpper- und Korbbogenböden sind Varianten der torisphärischen Böden (auch als toroidale Böden bezeichnet), die überwiegend im deutschsprachigen Raum üblich sind. In anderen europäischen Ländern und in den USA werden hingegen vorzugsweise elliptische Böden eingesetzt. DIN EN 13480-3 enthält deshalb zusätzlich Bemessungsgleichungen für elliptische Böden.

4.5.2 Halbkugelböden

Halbkugelböden benötigen die niedrigste Wanddicke. Ihre Berechnung erfolgt gemäß DIN EN 13480-3 wie für zylindrische Bauteile nach Gl. (4.1-13), jedoch mit der Konstanten 4 statt 2:

$$e = \frac{p_c\, D_o}{4\, f\, z + p_c} \qquad (4.5\text{-}2)$$

Gegenüber dem geraden Rohr wird nur die halbe Wanddicke benötigt. Aus schweißtechnischen Gründen wird meist die gleiche Wanddicke wie diejenige des Rohres gewählt, so dass eine detaillierte Berechnung des Halbkugelbodens nur bei Ausschnitten erforderlich ist.

Zylindrische Ansätze sind aus Festigkeitsgründen nicht erforderlich. Sie werden jedoch häufig aus schweiß- und prüftechnischen Gründen (Schweißnahtübergang zum Rohr, UT-Prüfung beidseits der Schweißnaht) vorgesehen.

4.5.3 Torisphärische Böden

a) Berechnungsmodell

Für torisphärische Böden gilt die Bedingung $R_{Ki} > 0,5\ d_i$. Hierunter fallen insbesondere die oben erwähnten Korbbogen- und Klöpperböden.

Die geometrische Form der Kappen nach DIN EN-Reihe 10253 entspricht weitgehend der Korbbogenform. Sie halten bei gleichem Werkstoff dem selben Innendruck stand, wie das anschließende gerade Rohr von gleicher Wanddicke. Ihre Auslegung entspricht AD 2000 B 3. Die beiden torisphärischen Bauformen nach DIN 28011 und DIN 28013 werden verwendet, wenn Kappen entsprechend DIN EN-Reihe 10253 hinsichtlich Abmessung und Werkstoff nicht ausreichen.

Bei der festigkeitsmäßigen Auslegung torisphärischer Böden sind drei geometrisch unterschiedliche Bereiche entsprechend **Bild 4.5-1** zu berücksichtigen:

- Kugelform im mittleren Bereich (Kalottenbereich).

- Torus im Krempenbereich.

- Zylinder im Auslaufbereich.

Gemäß Bild 4.5-1 kann der gewölbte Boden als Stufenkörper modelliert werden. Zur Erfüllung der Verträglichkeitsbedingungen müssen wegen des unterschiedlichen Dehnungsverhaltens an den jeweiligen Rändern Schnittkräfte und -momente auftreten. Von den o. g. Bauformen weist der Klöpperboden die höchsten Schnittlasten auf Grund der größten Differenz im Dehnungsverhalten zwischen den drei Stufenkörpern auf. Er besitzt bei gleichem Innendruck das höchste Spannungsniveau, so dass er bei gleicher Wanddicke die niedrigste Innen-

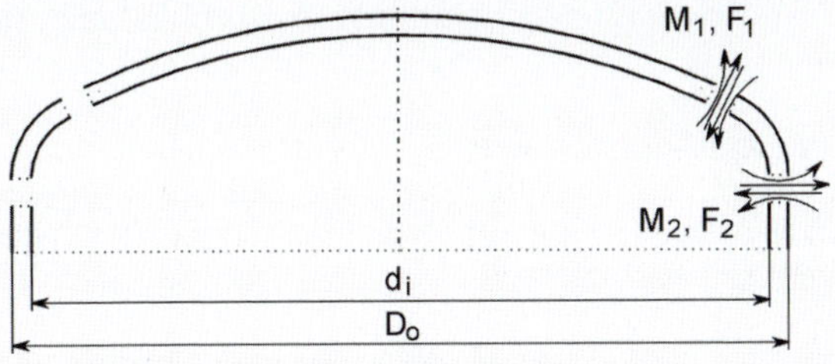

Bild 4.5-1: Berechnungsmodell eines gewölbten Bodens

druckbelastung erträgt. Des Weiteren wird bei einer hohen Innendruckbelastung der Klöpperboden infolge Einbeulens eher versagen als der Korbbogenboden. Zurückzuführen ist dieses Verhalten auf die zusätzlichen Druckspannungen in Umfangsrichtung (bezogen auf die Rohrachse) über den gesamten Krempenbereich und auf die Schnittlasten am Stufenkörper. Aus diesem Grunde ist bei sehr dünnwandigen Böden (e_a / D_o < 0,001) entsprechend Anhang 1 zum AD 2000 B 3 zusätzlich eine Überprüfung auf elastisches Einbeulen mit der festgelegten Wanddicke notwendig. Derart dünnwandige Böden werden jedoch im Rohrleitungsbau fast nie verwendet.

b) Kalottenbereich

Der Kalottenbereich ist mit dem Durchmesser 0,6 D_o begrenzt. Die erforderliche Wanddicke wird in Anlehnung an Gl. (4.5-2) berechnet, wobei

$$D_o = 2\,(R_{Ki} + e_K) \qquad (4.5\text{-}3)$$

einzusetzen ist. e_K ist die Bestellwanddicke im Kalottenbereich.

- Korbbogenböden

$$e = \frac{p_c\,(1{,}6\,D_o + 2\,e_K)}{4\,f\,z + p_c} \approx \frac{p_c\,D_o}{2{,}5\,f\,z + p_c} \qquad (4.5\text{-}4)$$

- Klöpperböden

$$e = \frac{p_c\,(2\,D_o + 2\,e_K)}{4\,f\,z + p_c} \approx \frac{p_c\,D_o}{2\,f\,z + p_c} \qquad (4.5\text{-}5)$$

Die Wanddicken sind niedriger als im Krempenbereich. Für große Nennweiten kann es durchaus wirtschaftlich sein, die Kalotte mit verminderter Wanddicke in den Krempenbereich einzuschweißen. Die Schweißnahtwertigkeit z der Verbindungsnaht ist zu berücksichtigen.

Schweißnähte, die hingegen den Kalottenbereich schneiden, dürfen mit z = 1 bewertet werden.

c) Krempen- und Zylinderbereich

Für den zylindrischen Bereich entspricht die Wanddicke derjenigen des geraden Rohrs (siehe Abschnitt 4.1).

Für den Krempenbereich wird die Mindestwanddicke bestimmt zu:

$$e = \frac{p_c\,D_o\,\beta}{4\,f\,z} \qquad (4.5\text{-}3)$$

Für den Beiwert β gilt für Klöpperböden die Kurve $d_A / D_o = 0$ aus **Bild 4.5-2**, für Korbbogenböden analog aus **Bild 4.5-3**. Die in den Diagrammen enthaltene relative Wanddicke e / D_o (Abszisse) ist zunächst nicht bekannt, so dass iteratives Vorgehen notwendig ist.

Die Nachrechnung auf Einbeulen bei äußerem Überdruck erfolgt mit der Wanddicke e_a (siehe Bild 4.1-4):

$$p_c \leq 3{,}66 \frac{E_t}{S_K} \left(\frac{e_a}{R_{Ki}} \right)^2 \qquad (4.5\text{-}4)$$

Die Sicherheit gegen Einbeulen beträgt:

$$S_K \leq 3 + \frac{0{,}002\, R_{Ki}}{e_a} \qquad (4.5\text{-}5)$$

Die Ergebnisse nach DIN EN 13480-3 weichen nur unwesentlich von denen nach AD 2000 B 3 ab.

4.5.4 Ausschnitte in gewölbten Böden

a) Halbkugelböden und Kalottenbereich torisphärischer Böden

Ausschnitte sind entsprechend Abschnitt 4.7 zu verstärken.

b) Krempenbereich torisphärischer Böden

Unabhängig von der Art der Ausschnittsverstärkung ist für den Krempenbereich die Mindestwanddicke nach Gl. (4.5-3) zu ermitteln. Für den Beiwert β gelten für Klöpperböden die Kurven $d_A / D_o > 0$ aus Bild 4.5-2, für Korbbogenböden analog aus Bild 4.5-3.

Unter dem Durchmesser d_A ist der lichte Durchmesser einer Öffnung im Boden zu verstehen. Bei einem Stutzen ist er identisch mit dem Innendurchmesser d_i des Rohres, gleichgültig ob es durchgesteckt, eingesetzt oder aufgesetzt ist. Bei einem anderen Ausschnitt (z. B. Revisionsöffnungen, Mannlochdeckel) entspricht er dem Ausschnittsdurchmesser D_A.

Umfasst der Ausschnitt sowohl die Krempe, als auch den Kalottenbereich (das trifft auf jeden Fall für $d_A / D_o > 0{,}2$ zu), ist der betroffene Kalottenbereich mit der gleichen Wanddicke wie die Krempe auszuführen.

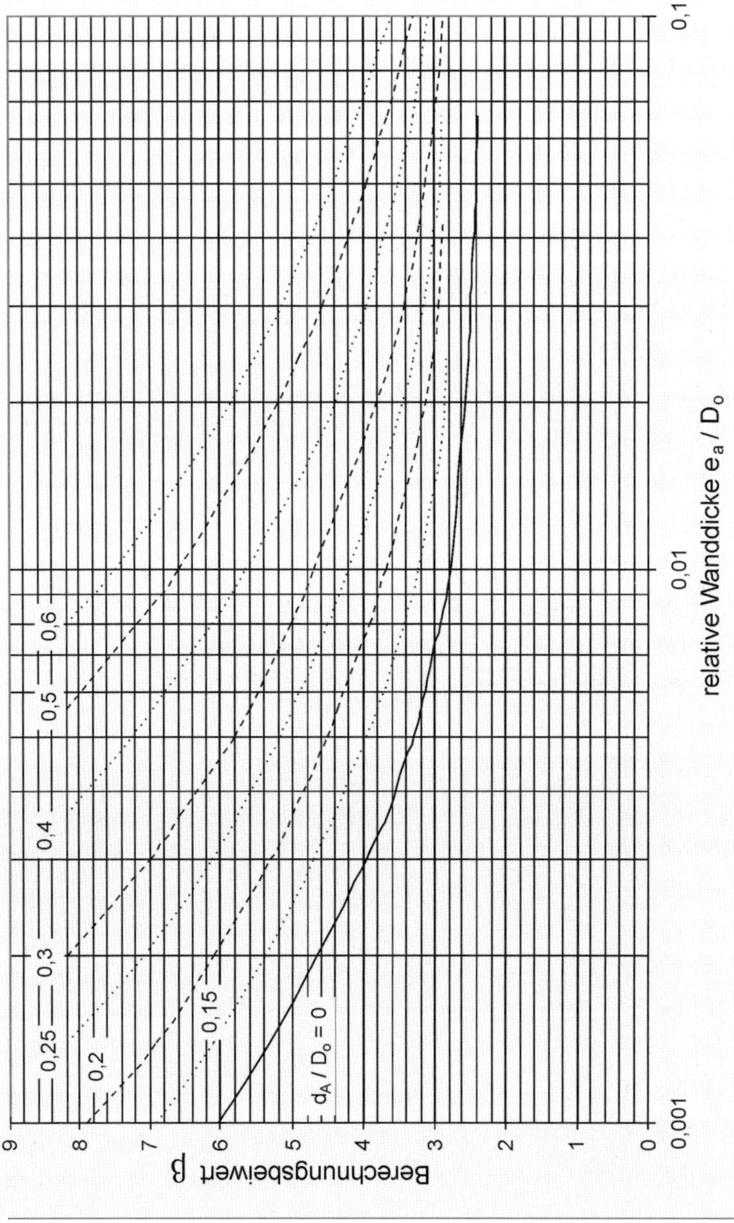

Bild 4.5-2: Berechnungsbeiwert b für Klöpperböden

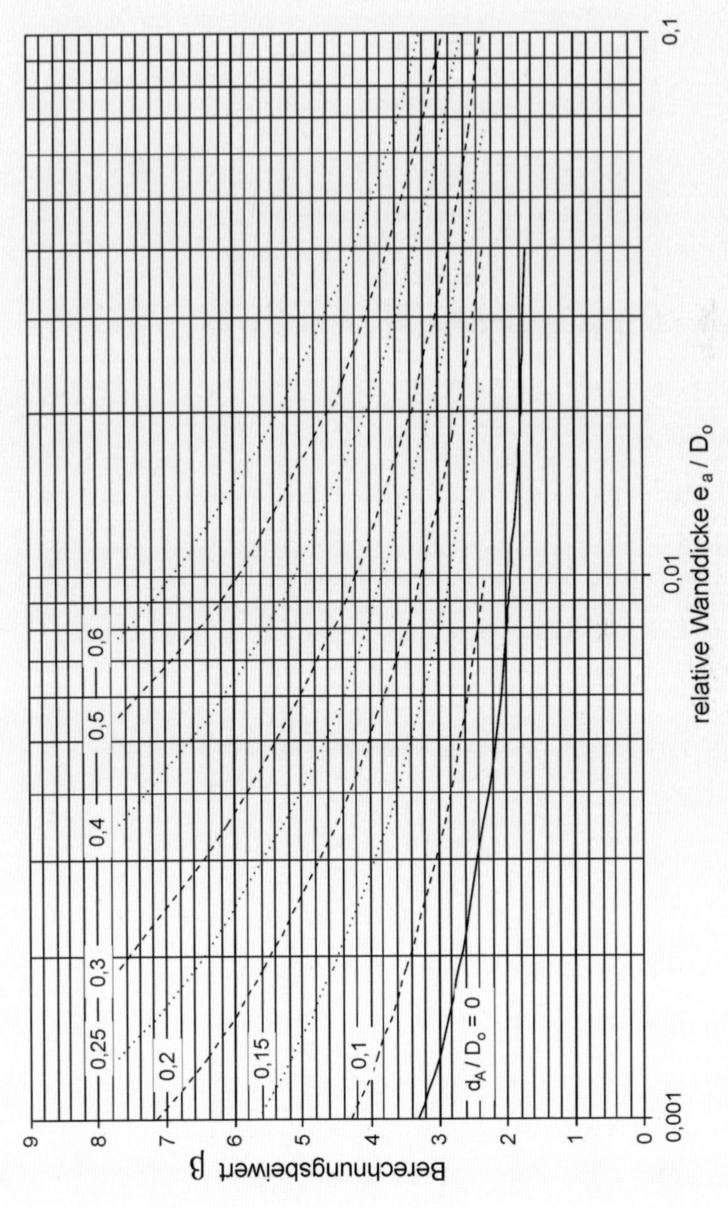

Bild 4.5-3: Berechnungsbeiwert b für Korbbogenböden

Grundsätzlich liefern die technischen Regelwerke keine Auslegungsformeln für Ausschnitte im Krempenbereich. Die dort vorhandenen zusätzlichen Biegespannungen stehen den Kompatibilitätsbedingungen entgegen (siehe Abschnitt 4.5.3 Buchstabe a). Für die Praxis kann in obiger Form verfahren werden, jedoch ist das nicht als festigkeitsmäßiger Nachweis zu bewerten.

c) Zylindrischer Bereich torisphärischer Böden

Ausschnitte sind entsprechend Abschnitt 4.6 zu verstärken.

4.6 Abzweige und Ausschnitte

4.6.1 Allgemeines

a) Einleitung, Indizes

Abzweige in Rohrleitungen treten wegen der unterschiedlichsten Kombinationen von Durchmesserverhältnissen, Werkstoffen, Herstellverfahren und Bauarten in einer Vielfalt von Konstruktionsformen auf, so dass es in den technischen Regelwerken gegenüber anderen Rohrleitungsformstücken erheblich mehr Festlegungen gibt. Da in DIN EN 13480-3 keine durchgängig einheitliche Schreibweise verwendet wird, werden zur Unterscheidung folgende zusätzliche Indizes verwendet:

G - Grundkörper (Rohr, Kugel, Schmiedeteil, Schale)

S - Anschlussteil (Stutzen, Abzweig, Mannloch, sonstige Öffnung)

A - Ausschnitt im Grundkörper

R - Anschlussrohr

Der Ausschnittsdurchmesser D_A ist bei aufgesetzten Anschlussteilen mit dem Innendurchmesser $d_{i,S}$ des Anschlussteils identisch, bei eingesetzten oder durchgesteckten Anschlussteilen ist hingegen $D_A \neq d_{i,S}$.

b) Theoretische Grundlagen

Ein Hohlzylinder mit Bohrung und unverstärktem Ausschnittsrand unter Innendruckbelastung, also ohne Verstärkung, weist gegenüber dem unverschwächten Rohr am Lochrand einen Spannungsanstieg auf. Dieser liegt jedoch höher als in einer unendlich ausgedehnten Scheibe mit einem Loch, die durch zwei zueinander senkrecht stehende Zugspannungen von σ_0 und $\sigma_0 / 2$ beansprucht ist (**Bild 4.6-1**).

Deren Spitzenspannung kann unabhängig vom Lochdurchmesser mit σ_{max} = 2,5 σ_0 bestimmt werden [4.6-1]. Messungen an Lochrändern in Rohren unter Innendruck ergaben hingegen einen Spitzenwert von 3,6 σ_0 [3.2-1], wobei die Deckelkraft als Linienlast am Lochumfang wirkte. Die Messungen erfolgten an einem Ausschnitt mit dem Verhältnis D_A / $d_{i,G}$ = 0,5.

Da bei Innendruckbeanspruchung die Umfangsspannung im Rohr doppelt so hoch ist wie die Längsspannung, sind diese Werte direkt übertragbar. Die Überhöhung des Spitzenwertes von 2,5 σ_0 auf 3,6 σ_0 ist auf den zusätzlich als Deckelkraft F_p wirkenden Innendruck zurückzuführen:

$$F_p = \frac{p_c \, \pi \, D_A^2}{4} \qquad (4.6\text{-}1)$$

Die Deckelkraft F_p ist abhängig vom Durchmesser des Ausschnitts, also vom Innendurchmesser eines aufgesetzten Anschlussteils $d_{i,S}$. Somit ist vorstellbar, dass der bei D_A / $d_{i,G}$ = 0,5 gemessene Wert nicht konstant über alle Durchmesserverhältnisse D_A / $d_{i,G}$ ist. Hieraus ist auch ableitbar, dass für einen wenig verformungsfähigen Werkstoff ein größerer Sicherheitsfaktor gegen die Streckgrenze bzw. Bruchgrenze zu wählen ist, als bei einem fließfähigen Werkstoff, bei dem Lastumlagerungen stattfinden, sobald die Fließgrenze überschritten wird.

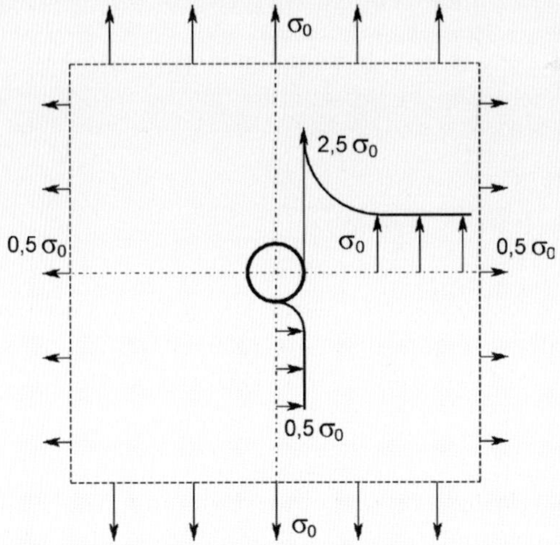

Bild 4.6-1: Spannungskonzentration in einer Scheibe mit Loch

Zur sicheren Dimensionierung von Anschlüssen muss der verschwächte Bereich des Grundkörpers zusätzlich verstärkt werden. Zur Bemessung sind zwei gleichermaßen bewährte Berechnungsmethoden verbreitet:

- Flächenvergleichsverfahren, in Europa gebräuchlich.

- Flächenersatzverfahren, im amerikanischen Raum üblich.

Das Flächenvergleichsverfahren wurde bereits beim geraden Rohr und bei den Biegungen behandelt. Das Flächenersatzverfahren geht von dem Grundsatz aus, dass diejenigen Werkstoffflächen, die durch den Ausschnitt im Grundrohr entfernt wurden, durch zusätzliches Material in den unmittelbar angrenzenden Bereichen zu ersetzen sind.

Für mittlere und hohe Drücke führen beide Methoden zu etwa gleichen Ergebnissen. Für niedrige Innendrücke, und damit relativ dünnwandigen Rohren, weichen aufgrund der Definition der mittragenden Längen beide Verfahren voneinander ab, wobei das Flächenersatzverfahren mit der Biegetheorie der dünnwandigen Schalen nicht im Einklang steht.

Das in Deutschland angewandte Flächenvergleichsverfahren ist dem Grunde nach ein Traglastverfahren. Es nimmt über die definierte Werkstoffquerschnittsfläche eine mittlere Spannung an, die real zwar nicht messbar ist, mit der aber das Gleichgewicht zum Innendruck hergestellt wird. Dadurch wird zugelassen, dass in bestimmten Bereichen die Fließ- oder Streckgrenze überschritten wird und es lokal zu Lastumlagerungen kommt. In DIN EN 13480-3 wird grundsätzlich ebenfalls das Flächenvergleichsverfahren angewendet.

4.6.2 Bauformen für Abzweige

a) Wanddickenverhältnis

Das maximale Wanddickenverhältnis von Abzweig zu Grundrohr $e_{a,S}$ / $e_{a,G}$ ist in Abhängigkeit vom Durchmesserverhältnis $d_{i,S}$ / $d_{i,G}$ aus **Bild 4.6-2** links zu entnehmen. Aus schweißtechnischen Gründen sollen sich die Wanddicken von Grundkörper und Abzweig nicht zu stark unterscheiden, ebenso wenn nennenswerte Temperaturänderungen und Temperaturdifferenzen zu erwarten sind. Dies trifft ganz besonders für den Zeitstandbereich zu.

Gemäß DIN EN 13480-3 und anderen Regeln sind eine Reihe von Einsatzbedingungen zu beachten.

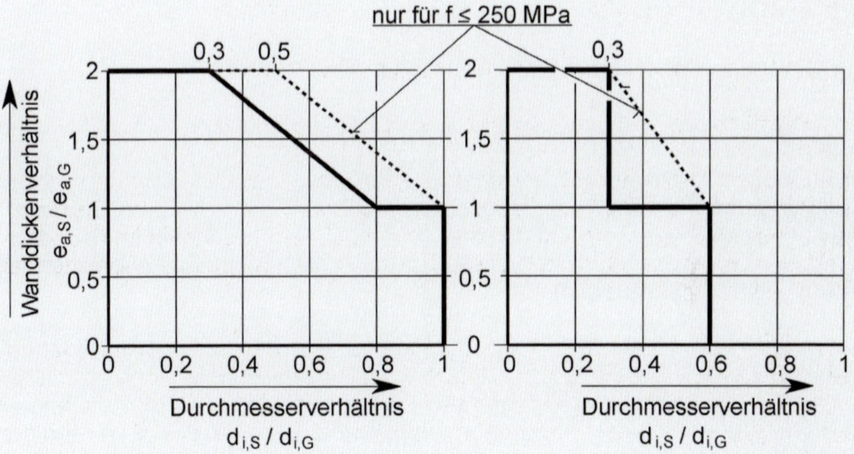

Bild 4.6-2: Zulässige Wanddickenverhältnisse und maximaler Abzweigdurchmesser nach DIN EN 13480-3
links: zylindrische Grundkörper; rechts: Böden und Kugeln

b) Bauformen und Verstärkungsmöglichkeiten

Nach der Art des Anschlusses zum Grundkörper wird unterteilt in:

- aufgesetzte Anschlussteile (Beispiel **Bild 4.6-3**).
- eingesetzte Anschlussteile (Beispiel **Bild 4.6-4**).
- durchgesteckte Anschlussteile (Beispiel **Bild 4.6-5**).

Durchgesteckte Anschlussteile sind strömungstechnisch ungünstig. Gegenschweißung ist unter Beachtung von BGR 117-1 erst bei Grundkörpern ab DN 700 möglich.

Nach der Art der Verstärkung unterscheidet man:

- Wandverstärkung des Grundkörpers.
- Wandverstärkung des Anschlussteils.

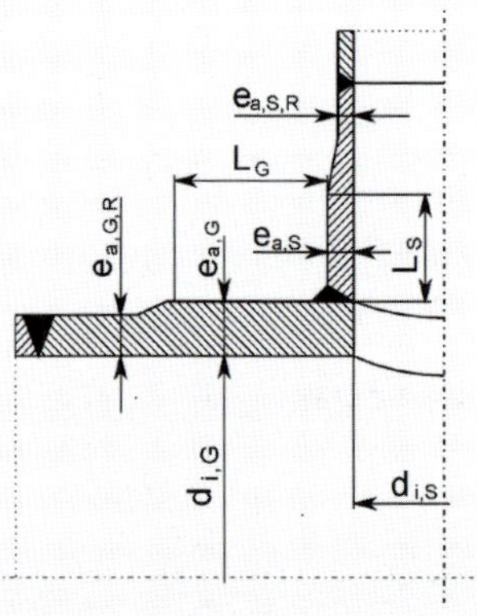

Bild 4.6-3: Aufgesetzter Stutzen

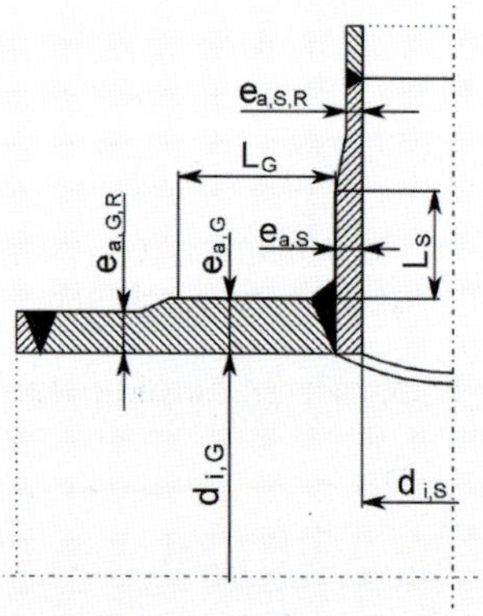

Bild 4.6-4: Eingesetzter Stutzen

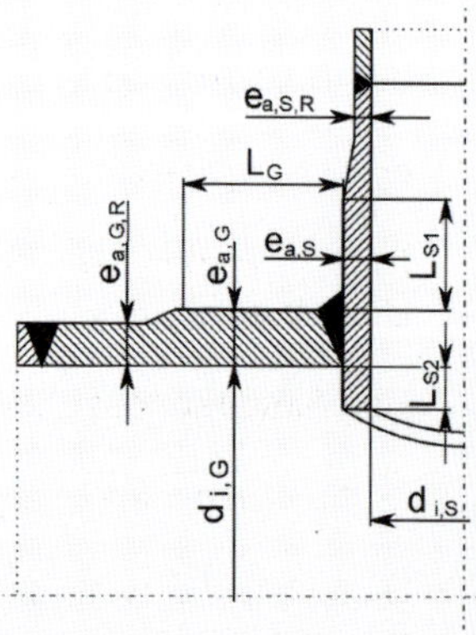

Bild 4.6-5: Durchgesteckter Stut

- Aufschweißen von Verstärkungsblechen (meist Scheiben), vornehmlich auf dem Grundkörper.

- Kombination der Verstärkungsmöglichkeiten.

c) Durchmesser- oder Ausschnittverhältnis

Im Zeitstandbereich ist gemäß DIN EN 13480-3 das Durchmesserverhältnis von Abzweig zu Grundkörper mit $d_{i,S} / d_{i,G} \leq 0{,}8$ begrenzt. Größere Durchmesserverhältnisse bis zu $d_{i,S} / d_{i,G} = 1$ sind für den zeitunabhängigen Bereich zugelassen.

Für ovale und elliptische Ausschnitte bezieht sich $d_{i,S}$ auf die große Achse. Zusätzlich darf das Verhältnis von großer zu kleiner Achse einen Wert von 2 nicht überschreiten.

d) Ausschnitte in Reduzierungen

Ausschnitte in Reduzierungen sind nach DIN EN 13480-3 zwar zulässig, sind aber möglichst zu vermeiden. Falls notwendig, gelten die unter Buchstabe a angegebenen Wanddickenbegrenzungen gleichermaßen.

e) Mittragende Längen

Die mittragenden Längen errechnen sich für

den Grundkörper: $L_G = \sqrt{(d_{i,G} + e_{a,G})\, e_{a,G}} \approx \sqrt{(D_{o,G} - e_{a,G})\, e_{a,G}}$ (4.6-2)

das Anschlussteil: $L_S = \sqrt{(d_{i,S} + e_{a,S})\, e_{a,S}} \approx \sqrt{(D_{o,S} - e_{a,S})\, e_{a,S}}$ (4.6-3)

Die Bedeutung der Maße geht aus Bild 4.6-3 bis 4.6-5 hervor, wobei $D_{o,G}$ bzw. $D_{o,S}$ die zu $d_{i,G}$ bzw. $d_{i,S}$ gehörigen Außendurchmesser sind.

Bei Verstärkungsscheiben (Index P) gilt für die mittragende Länge:

$$L_P = \sqrt{(d_{i,P} + e_{a,P})\, e_{a,P}} \approx \sqrt{(D_{o,P} - e_{a,P})\, e_{a,P}} \leq L_G \qquad (4.6\text{-}4)$$

Unabhängig von der tatsächlichen Dicke der Verstärkungsscheibe darf in Gl. (4.6-4) nur eine Wanddicke von $e_{a,P} \leq e_{a,G}$ eingerechnet werden.

Für schräge Anschlussteile gilt Gl. (4.6-3) in modifizierter Form:

$$L_S = \sqrt{\left(\frac{d_{i,S}}{\cos\varphi} + e_{a,S}\right) e_{a,S}} \approx \sqrt{\left(\frac{D_{o,S}}{\cos\varphi} - e_{a,S}\right) e_{a,S}} \qquad (4.6\text{-}5)$$

Der Winkel $\varphi \leq 45°$ stellt gemäß DIN EN 13480-3 die Abweichung gegenüber einem senkrechten Anschlussteil dar (siehe **Bild 4.6-6**).

Bei durchgesteckten Stutzen darf sich die mittragende Länge aus den beiden Anteilen L_{S1} und L_{S2} zusammensetzen, wobei zusätzlich gilt:

$$L_{S2} \leq 0{,}5\, L_{S1} \qquad (4.6\text{-}6)$$

Innerhalb der mittragenden Längen dürfen sich keine geometrischen Unstetigkeiten in Form von angearbeiteten Reduzierungen oder Biegungen sowie Schweißnähte von Böden, Flanschen, Kompensatoren und anderen Bauteilen befinden. DIN EN 13480-3 lässt einige wenige Ausnahmen zu, deren Anwendung aber nur bei überdimensionierten mittragenden Längen sinnvoll ist.

Stumpfnähte im Grundkörper (Wendelnähte, Bandverbindungsnähte, Längs- und Rundnähte), die die mittragenden Längen durchdringen, sollen eine Schweißnahtwertigkeit von $z_V = 1$ besitzen und zu 100 % zerstörungsfrei geprüft sein.

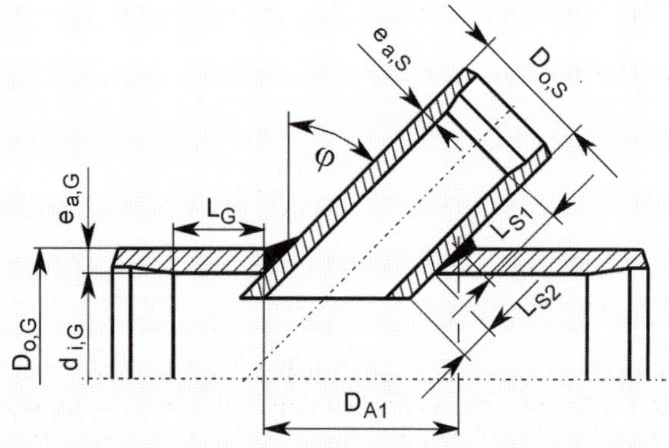

Bild 4.6-6: Durchgesteckter Schrägstutzen

f) Scheibenförmige Verstärkungen

Scheibenförmige Verstärkungen sind nach DIN EN 13480-3 auf $d_{i,S}$ / $d_{i,G}$ ≤ 0,8 begrenzt. Dabei dürfen folgende Berechnungsparameter nicht überschritten werden (siehe Band I Bild 4.4-7):

- p_c = 70 bar bei 20 °C.
- p_c = 20 bar bei 300 °C.

Für Temperaturen zwischen t_c = 20 °C und 300 °C gilt:

$$p_c = 73{,}57 \text{ bar} - t_c \cdot 0{,}179 \text{ bar/°C} \qquad (4.6\text{-}7)$$

Unabhängig von der ausgeführten Scheibendicke darf nur maximal die Wanddicke $e_{a,G}$ des Grundkörpers in der Berechnung berücksichtigt werden.

Die Verstärkungsfläche A_f soll mit einem Bewertungsfaktor von 0,7 (bei durchgestecktem Stutzen 0,8) abgewertet werden.

g) Aushalsungen

Aushalsungen sind nach DIN EN 13480-3 bis zu folgenden Durchmesserverhältnissen von Abzweig zu Grundkörper zulässig:

- nichtaustenitische Stähle im zeitunabhängigen Bereich $d_{i,S} / d_{i,G} \leq 0{,}8$
- austenitische Stähle im zeitunabhängigen Bereich $d_{i,S} / d_{i,G} \leq 1$
- alle Stähle im Zeitstandbereich $d_{i,S} / d_{i,G} \leq 0{,}7$

Bei Verwendung im Zeitstandbereich ist die zulässige Spannung f auf 90 % zu reduzieren.

h) Werkstoffkombinationen

Falls für den Grundkörper und das Anschlussteil unterschiedliche Werkstoffe verwendet werden, müssen diese gemäß DIN EN 13480-3 wegen möglicher Temperaturspannungen etwa gleiche Wärmeausdehnungskoeffizienten und Bruchdehnungen besitzen. Hat die Verstärkung gegenüber dem Grundkörper einen niedrigeren Festigkeitskennwert, ist das bei der Berechnung zu berücksichtigen. Liegt er höher, bleibt er unberücksichtigt.

Gleiches gilt sinngemäß auch für Scheiben, Rippen, Ringe und andere zusätzliche Verstärkungsmaßnahmen.

i) Eingeschraubte Abzweige

Eingeschraubte Anschlussteile sind nach DIN EN 13480-3 auf maximal DN 50 bei 40 bar und 400 °C beschränkt. Sie müssen etwa gleiche Wärmeausdehnungskoeffizienten wie der Grundkörper besitzen. Die Einschraubtiefen müssen mindestens betragen:

- ≤ DN 20 6-fache Steigung
- DN 25 bis 40 7-fache Steigung
- DN 50 8-fache Steigung

Unabhängig davon sind für den Bereich ≥ 200 °C und/oder ≥ 16 bar Dichtschweißungen erforderlich, d. h. der Werkstoff der Einschraubteile muss das Verschweißen ermöglichen.

Es empfiehlt sich, dass einschraubbare Anschlussteile von Herstellern bezogen werden, die diesbezügliche Baumusterprüfungen oder andere vergleichbare Nachweise besitzen.

j) Gegossene Abzweige

Abzweig-Formstücke aus zugelassenen Stahlgusssorten sind unter Beachtung der diesbezüglichen zulässigen Spannungen ohne Einschränkung verwendbar.

Abzweig-Formstücke aus ferritischem oder austenitischem Gusseisen in lamellierter oder globularer Form sind im Geltungsbereich der Druckgeräterichtlinie für Rohrleitungen zwar zugelassen, in DIN EN-Reihe 13480 wird aber nicht speziell auf diese Werkstoffe eingegangen. Die hierfür zutreffenden harmonisierten Normen und die damit verbundenen Einsatzvorschriften für die einzelnen Werkstoffe sind im Band I Abschnitt 3.5 erläutert.

k) Ausschnitte in Bogen

Ausschnitte in Bogen oder Biegungen sind im Zeitstandbereich nicht erlaubt. Außerhalb des Zeitstandbereiches sind sie begrenzt für Berechnungsparameter von $p_c \leq 40$ bar bei ≤ 350 °C zulässig. Einzelheiten der Einsatzbedingungen siehe Anhang E von DIN EN 13480-3.

Die unter Buchstabe a angegebenen Wanddickenbegrenzungen gelten gleichermaßen für Bogen oder Biegungen. Die Hauptachse des abgewickelten Ellipsenausschnittes darf den Rohraußendurchmesser D_o nicht überschreiten. Verstärkungen müssen durch Wanddickenerhöhungen des Bogens und/oder des Abzweigs erfolgen.

4.6.3 Berechnung

Es ist in Einzelausschnitte und benachbarte Ausschnitte zu unterscheiden. Einzelausschnitte liegen vor, wenn der Stegabstand zwischen den nebeneinander liegenden Ausschnitten (gemessen auf der abgewickelten Oberfläche) mindestens der Summe ihrer mittragenden Längen gemäß Gl. (4.6-2) entspricht. Bei aufgesetzten Anschlussteilen ist zu beachten, dass die Summe der mittragenden Längen um die jeweilige Wanddicke $e_{ord,S}$ des Anschlussteils zu erhöhen ist.

In der Regel ist im Rohrleitungsbau die Bedingung für den Einzelausschnitt erfüllbar. Falls nicht, müssen die benachbarten Ausschnitte als Einheit betrachtet werden, für die die Festigkeitsbedingung nach Gl. (4.6-8) erfüllt sein muss. Einzelheiten siehe DIN EN 13445-3.

Die Festigkeitsbedingung für alle Arten von Abzweigen lautet:

$$p_c \left(\frac{A_p}{A_f} + 0{,}5 \right) \leq f \qquad (4.6\text{-}8)$$

Für die Bestimmung der Flächen sind die Wanddicken e_a von Grundkörper, Anschlussteil und Verstärkungsscheibe maßgebend, sowie die mittragenden Längen entsprechend Gl. (4.6-2) bis (4.6-6).

Gl. (4.6-8) ist zur Nachrechnung, aber nicht zur Dimensionierung geeignet. Diese ist nur durch schrittweise Näherung möglich. Richtwerte für einen Nutzungsfaktor

$$K_A = p_c / f \tag{4.6-9}$$

sind aus [0.3-2] Abschnitt 7.6.3 für einige häufig vorkommende Anschlussarten zu entnehmen. Sie sind von der relativen Wanddicke des Grundkörpers $e_{a,G} / D_{o,G}$, dem Durchmesserverhältnis $D_{o,S} / D_{o,G}$ und dem Wanddickenverhältnis $e_{a,S} / e_{a,G}$ abhängig.

Unverstärkte Ausschnitte (Bohrungen) sind nach DIN EN 13480-3 zulässig, wenn folgende Bedingung erfüllt ist:

$$D_A \leq 0{,}14 \sqrt{(d_{m,G}\, e_{a,G})} \tag{4.6-10}$$

4.7 Kugelformstücke, zylindrische Y-Formstücke, Ausschnitte in Böden

a) Kugelformstücke

Kugelformstücke sind Konstruktionsformen, die vorwiegend für HD-Rohrleitungen in Kraftwerken verwendet werden. Im Kugelformstück (**Bild 4.7-1**) können bis zu vier Rohrleitungen an einem Punkt zusammengeführt werden.

Bei der Konstruktion ist zu beachten, dass zwischen den Abzweigen genügend Stegabstand am kugeligen Grundkörper vorhanden ist, was einen bestimmten Mindestdurchmesser der Kugel erfordert. Der Übergang zum Anschlussrohr kann mit

- zylindrischem Auslauf,
- konischem Auslauf oder
- mit unmittelbarem Übergang zur Kugel erfolgen.

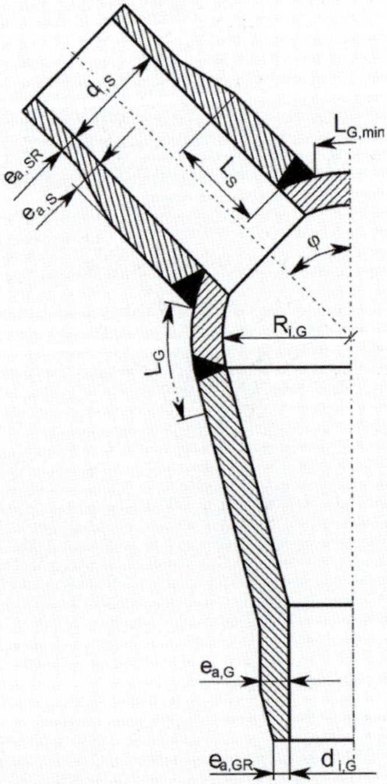

Bild 4.7-1: Kugelformstück

b) Zylindrische Y-Formstücke

Zylindrische Y-Formstücke werden nicht nur im Hochdruckbereich (**Bild 4.7-2**), sondern auch bei MD- und ND-Rohrleitungen eingesetzt. Sie haben Vorteile hinsichtlich geringer Stömungsverluste gegenüber rechtwinkligen Abzweigen und sind insbesondere bei großen Wasserleitungen anzutreffen (**Bild 4.7-3**). Im ND-Bereich erhalten sie im Zwickel häufig rippenförmige Verstärkungen mit volltragenden Schweißnähten. Die an- oder eingeschweißte Rippe soll mindestens so dick wie die Rohrwand sein, den doppelten Wert aber nicht überschreiten.

c) Ausschnitte in Böden

Zentrische Ausschnitte in Böden werden bisweilen anstelle von Reduzierungen oder als Besichtigungsstutzen verwendet. In Ausnahmefällen dienen sie mit zwei Abzweigen auch als Y-Formstücke.

d) Berechnung

Für alle Ausschnitte und Ausschnittsverstärkungen gelten sinngemäß die gleichen Einsatzbedingungen wie für zylindrische Grundkörper (Abschnitt 4.6.3). Das Durchmesserverhältnis des Ausschnittes zum Boden- bzw. Kugeldurchmesser ist allerdings mit $d_{i,S} / d_{i,G} \leq 0{,}6$ begrenzt. Das maximale Wanddickenverhältnis von Abzweig zu Boden bzw. Kugel $e_{a,S} / e_{a,G}$ ist in Abhängigkeit vom Durchmesserverhältnis $d_{i,S} / d_{i,G}$ aus Bild 4.6-2 rechts zu entnehmen.

Für alle Ausschnitte und Formstücke ist das Flächenvergleichsverfahren entsprechend Gl. (4.6-8) anzuwenden.

Bei mehreren Ausschnitten sind die in den Bildern 4.7-2 und 4.7-3 gekennzeichneten zwei Teilbereiche zu untersuchen, wobei im Normalfall der Bereich I für die Dimensionierung der Wanddicke maßgebend ist. Bei der Bestimmung der Flächen sind die zugehörigen Wanddicken e_a einzusetzen.

Für die mittragenden Längen gelten je nach Anschlussart (aufgesetzt, eingesetzt, durchgesteckt, mit und ohne zusätzliche Verstärkungen) Gl. (4.6-2) bis (4.6-6).

Unverstärkte Ausschnitte (Bohrungen) brauchen nicht verstärkt werden, wenn Gl. (4.6-10) eingehalten ist.

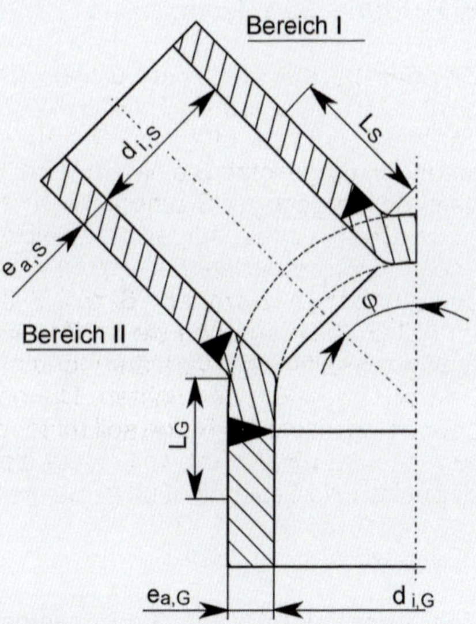

Bild 4.7-2: Y-Formstück in Kugelform

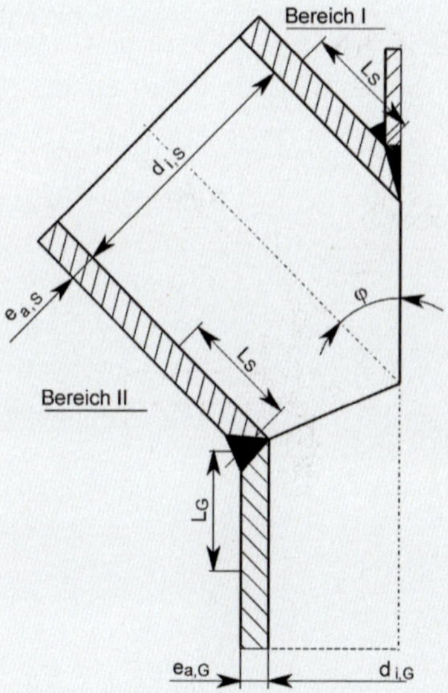

Bild 4.7-3: Y-Formstück als Hosenrohr mit Rippe im Zwickel
Als Herstellungsbedingung gilt $D_{o,S} = D_{o,G}$. Die Wanddicken sind in der Regel gleich, d. h. $e_{ord,S} = e_{ord,G}$, im Ausnahmefall ist $e_{ord,S} \neq e_{ord,G}$.

4.8 Rohre unter äußerem Überdruck

4.8.1 Grundregeln

Analog Abschnitt 4.1.2 ergeben sich für den mit äußerem Überdruck p_a (oder mit negativem innerem Überdruck p_c, d. h. $p_a = -p_c$) beaufschlagten kreisrunden Zylinder beliebiger Wanddicke die folgenden Beziehungen:

$$\sigma_r = -p_a \frac{u^2}{u^2 - 1}\left(1 - \frac{d_i^2}{d^2}\right) \qquad (4.8\text{-}1)$$

$$\sigma_t = -p_a \frac{u^2}{u^2 - 1}\left(1 + \frac{d_i^2}{d^2}\right) \qquad (4.8\text{-}2)$$

$$\sigma_a = -p_a \frac{u^2}{u^2 - 1} \qquad (4.8\text{-}3)$$

Zur Definition der Durchmesser siehe Gl. (4.1-3).

Für die Randspannungen an der Innenseite des Zylinders ($d = d_i$) gelten die Gleichungen:

$$\sigma_r = 0 \tag{4.8-4}$$

$$\sigma_t = -2\, p_a \frac{u^2}{u^2 - 1} \tag{4.8-5}$$

Gl. (4.8-5) ist dem Betrag nach identisch mit der Vergleichsspannung nach der Schubspannungs-Hypothese. Nach der Gestaltänderungs-Energie-Hypothese ergibt sich:

$$\sigma_{v/GEH} = \sqrt{3}\, p_a \frac{u^2}{u^2 - 1} \tag{4.8-6}$$

Sie hat also für den höchstbeanspruchten Punkt die gleiche Höhe wie bei der Innendruckbelastung.

4.8.2 Kritischer Druck

Beim äußeren Überdruck ist für dünnwandige Zylinder der Länge L_V zusätzlich noch die Stabilität zu überprüfen. Als dünnwandig gelten Zylinder mit:

$$L_V / d_m >> 0{,}5 \tag{4.8-7}$$

Der mittlere Durchmesser ist hierbei:

$$d_m = D_o - e_a \approx d_i + e_a \tag{4.8-8}$$

Für solche dünnwandigen Zylinderschalen errechnet sich ein kritischer äußerer Überdruck $p_{a,k}$, bei dem das Rohr instabil wird, von:

$$p_{a,k} = \frac{24\, E\, J_L}{(1 - \nu^2)\, D_o^3} \tag{4.8-9}$$

Das Trägheitsmoment in Rohrachse bezieht sich auf die Längeneinheit des Rohres von der Wanddicke e_a:

$$J_L = \frac{e_a^3}{12} \tag{4.8-10}$$

Die zugehörige Spannung beträgt somit:

$$\sigma_k = \frac{E\, e_{ord}^2}{(1 - \nu^2)\, D_o^2} \tag{4.8-11}$$

bzw. der kritische äußere Druck

$$p_{a,k} = \frac{2\,E\,e_{ord}^3}{(1 - \nu^2)\,D_o^3} \geq p_a \qquad (4.8\text{-}12)$$

Gl. (4.8-12) ist für unversteifte Rohre identisch mit dem Beuldruck nach AD 2000 B 6. Als Sicherheitsfaktor gegen elastisches Einbeulen ist $S_K = 3$ festgelegt. Für große Unrundheiten (Ovalität) O > 0,015 (1,5 %) gilt:

$$S_K = 2{,}25 + 50\,O \geq 3 \qquad (4.8\text{-}13)$$

Abflachungen sind bei der Bestimmung der Ovalität zu berücksichtigen.

Normalwandige Stahlrohre im industriellen Bereich haben Wanddickenverhältnisse von $e_{ord} / D_o \approx 0{,}01$. Hierfür errechnet sich mit $\nu = 0{,}3$ und E = 200 MPa und unter Berücksichtigung eines Sicherheitsfaktors von $S_K = 3$ gegen elastisches Einbeulen ein kritischer äußerer Überdruck von

$$p_{a,k} = 0{,}146 \text{ MPa} = 1{,}46 \text{ bar}$$

Hierbei ist vorausgesetzt, dass das Rohr kreisförmig und mit einer Unrundheit von maximal 1,5 % behaftet ist.

Da für Rohrleitungen im Allgemeinen ein maximaler äußerer Überdruck von 1 bar auftreten kann, also absolutes Vakuum, ist gemäß DIN EN 13480-3 keine Nachrechnung auf Einbeulen erforderlich, wenn folgende Bedingungen gleichzeitig eingehalten sind:

- Das Wanddickenverhältnis beträgt $e_{ord} / D_o \geq 0{,}01$.
- Abflachungen überschreiten nicht die Nennwanddicke e_{ord}.
- Die maximale Unrundheit beträgt $O \leq 1$ %.
- Bei nichtaustenitischen Stählen beträgt die Berechnungstemperatur ≤ 150 °C.
- Bei austenitischen Stählen beträgt die Berechnungstemperatur ≤ 50 °C.

Große äußere Überdrücke können demzufolge auftreten bei:

- Mantelrohrsystemen mit höherem äußeren Überdruck als im innenliegenden Produktrohr, wobei für innen ein Druck $p_c = 0$ (leer) oder $p_c = -1$ bar (Vakuum) einkalkuliert werden muss.
- Rohrleitungen in tiefen Gewässern (Offshore-Rohrleitungen).

- Schellen an Halterungen mit relativ großer Unrundheit, die durch die Schraubenkräfte das Rohr verformen.

4.8.3 Elastisches Einbeulen nach AD 2000 B 6

Bei dünnwandigen Rohrleitungen mit Versteifungen errechnet sich für das elastische Einbeulen der Ratingdruck zu:

$$p_{a,R} = 2\,\frac{E}{S_K}\left\{\frac{e_a / D_o}{(n_V^2 - 1)\left[1 + (n_V / Z_V)^2\right]^2} + \frac{(e_a / D_o)^3}{3\,(1 - \nu^2)}\left[n_V^2 - 1 + \frac{2\,n_V^2 - 1 - \nu}{1 + (n_V / Z_V)^2}\right]\right\} \qquad (4.8\text{-}14)$$

Der Koeffizient Z_V geht aus Gl. (4.8-15) hervor, n_V bedeutet die ganzzahlige Anzahl der Beulwellen, die zwischen zwei wirksamen Versteifungen mit der Länge L_V liegen können (**Bild 4.8-1** und **Bild 4.8-2**). Sie errechnen sich näherungsweise zu:

$$n_V = 1{,}63\,\sqrt[4]{\frac{D_o^{\,3}}{L_V^2\,e_a}} \geq 2 > Z_V = \frac{\pi\,D_o}{2\,L_V} \qquad (4.8\text{-}15)$$

Wirksame Versteifungen in Rohrleitungen können sein:

- Ringversteifungen in Form von umschließenden Rohrhalterungen, die aus konstruktiven Gründen häufig schon eine ausreichende Eigensteifigkeit aufweisen.
- zusätzlich aufgeschweißte Ringversteifungen.
- ebene und gewölbte Böden (Kappen).
- Flansche.
- Verstärkungen an Abzweigen.

Rohrbogen und -biegungen sowie Segmentkrümmer sind nicht als Versteifungen anzusehen.

Die Versteifungsringe müssen gleichmäßig verteilt sein und mindestens ein Drittel über den gesamten Umfang mit dem Rohr verschweißt sein. Die aufgeschweißten Ringversteifungen müssen so dimensioniert sein, dass sie selbst

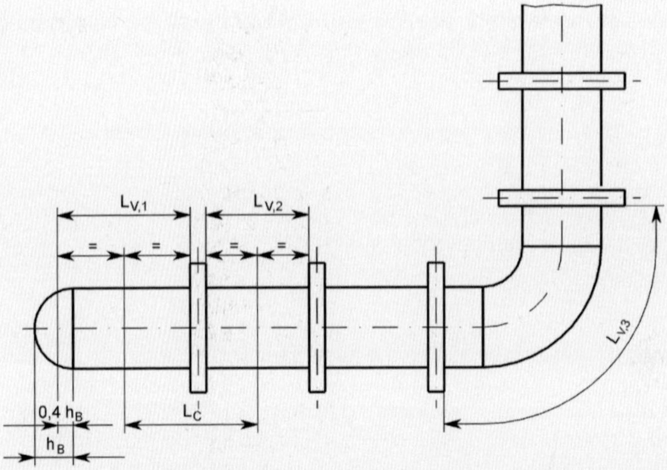

Bild 4.8-1: Definition der Längen L_V und L_C zwischen zwei wirksamen Versteifungen gemäß DIN EN 13480-3

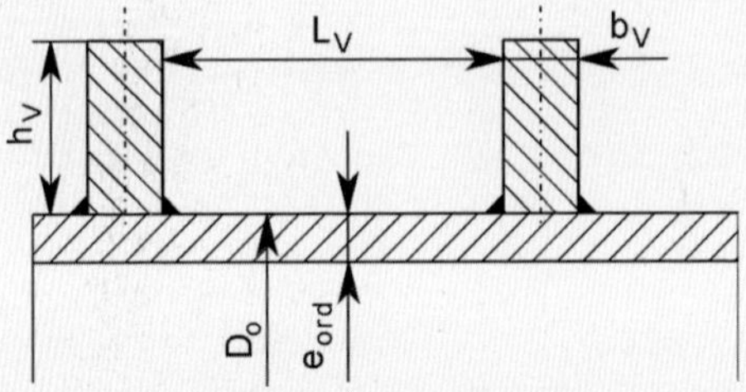

Bild 4.8-2: Ringversteifung aus Flachstahl für außendruckbeanspruchtes Rohr

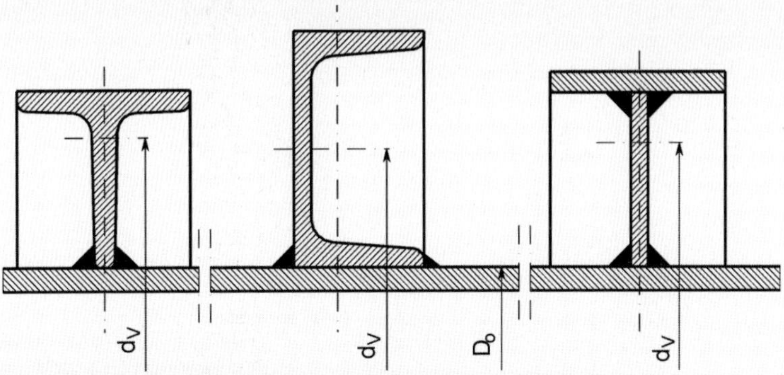

Bild 4.8-3: Versteifungen mit Profilstahl (d_V – Schwerpunktdurchmesser des Versteifungsringes)

nicht knickgefährdet sind. Sie können unterschiedliche Geometrien haben (**Bild 4.8-3**). Einfache glatte Ringe aus Flachstahl oder Blech sollen ein Verhältnis aus Höhe h_V und Breite b_V von $h_V / b_V \leq 8$ nicht überschreiten (siehe Bild 4.8-2).

Das notwendige Flächenträgheitsmoment des Versteifungsringes beträgt:

$$J_V \geq \frac{0{,}0413\ S_K\ p_{a,V}\ D_o^3 \sqrt{D_o\ e_a}}{E} \tag{4.8-16}$$

sowie dessen Querschnittsfläche

$$A_V \geq \frac{p_{a,R}\ D_o \sqrt{D_o\ e_a}}{2\ f_V\ E} \tag{4.8-17}$$

Die Maße L_V, e_a und/oder das Profil des Versteifungsringes mit J_V und A_V sind so lange zu variieren, bis Gl. (4.8-14) bis (4.8-17) erfüllt sind. Die zulässige Spannung f_V bezieht sich auf den Versteifungsring und ist aus Tabelle 3.3-1 zu entnehmen.

4.8.4 Plastisches Einbeulen nach AD 2000-Merkblatt B 6

Zusätzlich zum elastischen Einbeulen ist auch plastisches Einbeulen zu überprüfen.

- Kleine Ringabstände mit $D_o / L_V > 5$

$$p_{a,pl1} = \frac{2\ f_V\ e_a}{D_o} \geq p_a \tag{4.8-18}$$

$$p_{a,pl2} = 3\ f_V \left(\frac{e_a}{L_V}\right)^2 \geq p_a \tag{4.8-19}$$

  Der größere der beiden Werte $p_{a,pl1}$ oder $p_{a,pl2}$ ist für den äußeren Ratingdruck maßgebend.

- Große Ringabstände mit $D_o / L_V \leq 5$

$$p_{a,pl} = 2\ f_V \frac{e_a / D_o}{1 + 0{,}015\ O \left(1 - 0{,}2\ \frac{D_o}{L_V}\right) \frac{1}{e_a / D_o}} \geq p_a \tag{4.8-20}$$

4.8.5 Berechnung nach DIN EN 13480-3

DIN EN 13480-3 hat ebenso wie DIN EN 13445-3 den Rechenalgorithmus aus dem seinerzeitigen britischen Standard BS 5500 (jetzt PD 5500) übernommen, jedoch um rohrleitungsspezifische Belange ergänzt. Auf die Gefahr der Spaltkorrosion bei unterbrochenen Schweißnähten zwischen Rohr und Versteifung wird ausdrücklich hingewiesen.

Die Auslegung nach DIN EN 13480-3 führt für nichtaustenitische Werkstoffe zu annähernd gleichen Wanddicken wie nach AD 2000 B 6. Für austenitische Werkstoffe ist ein zusätzlicher Sicherheitsbeiwert von 1,25 zu berücksichtigen, weil der reine Elastizitätsbereich um einiges niedriger als bei ferritischen Werkstoffen liegt. Der Algorithmus enthält für dünnwandige Rohre einen ansteigenden Sicherheitsbeiwert. Gleiches gilt für erforderliche Versteifungen.

4.9 Anbauteile als integrale Halterungsanschlüsse

4.9.1 Grundlagen

Aus dem Halterungskonzept geht hervor, an welchen Punkten Lasten aus dem Rohrleitungssystem in den Stahl- bzw. Betonbau abgetragen werden müssen. Diese Lasten resultieren aus unterschiedlichen Belastungsfällen, die durch eine Rohrsystemanalyse quantitativ bestimmt werden (siehe Abschnitt 6). Die so ermittelten Kräfte und Momente sind maßgebend für die Festigkeitsberechnung der integralen Halterungsanschlüsse, einschließlich des Rohrabschnittes, an dem sie angebracht sind. Das können sowohl das auf Innendruck bemessene gerade Rohr, aber auch ein wandverstärktes Rohrstück oder ein geschmiedetes Formstück sein.

Für HD-Rohrleitungen und andere warm- und heißgehende Rohrleitungssysteme ist der Lastabtrag allein durch Reibungskräfte nicht zu empfehlen, weil diese Reibkräfte fortwährend über alle Belastungszustände zuverlässig wirken müssen, sowohl bei transienter Druck- und Temperaturbelastung, als auch während schlagartiger Beanspruchung.

Die integralen Halterungsanschlüsse in Form von Nocken und Knaggen werden zunächst konstruktiv festgelegt. Die damit vorliegende Geometrie wird anschließend mit bestimmten Nachweismethoden auf Zulässigkeit der auftretenden Primär- und Sekundärspannungen überprüft. Durch schrittweise Näherung muss die optimale Konstruktion ermittelt werden. Aus wirtschaftlichen Gründen soll die Berechnungsmethode auf der sicheren Seite liegen und möglichst schnell zu befriedigenden Ergebnissen führen, auch wenn damit vielleicht nicht die letzte Genauigkeit erreicht wird.

Eine rationelle Methode bietet DIN EN 13480-3. Sie geht davon aus, dass bei den üblichen Konstruktionen die höchsten Spannungen im drucktragenden Bauteil (Rohr oder Schmiedestück) auftreten und infolgedessen auch nur hierfür die

Spannungen nachzuweisen sind. Die Nocken und Knaggen (Rechtecknocken) sind als Kragarme anzusehen, die nach den üblichen Regeln der Statik nachzuweisen sind. Die Beanspruchungen infolge der Lasteinleitung können allerdings bei hohlen Rundnocken Aussteifungen in Form von eingesetzten oder aufgeschweißten Scheiben erfordern, insbesondere bei dünnwandigen Nocken mit einem Verhältnis

$$d_{o,T} / e_{n,T} \geq 10 \qquad (4.9\text{-}1)$$

$d_{o,T}$ - Außendurchmesser des Rundnockens

$e_{n,T}$ - Nennwanddicke des Rundnockens, bei unbearbeiteten Nocken mit der Bestellwanddicke $e_{ord,T}$ identisch

4.9.2 Allgemeine Randbedingungen und zulässige Spannungen

- Die Nocken und Knaggen sollen auf das gerade, unverschwächte Rohr geschweißt werden. Störstellen einschließlich Schweißnähte sollen mindestens

  $$L_T = 2{,}5 \sqrt{0{,}5\, d_m\, e_S} = 1{,}768 \sqrt{d_m\, e_S} \qquad (4.9\text{-}2)$$

  vom Außenrand des Nockens entfernt sein.

  In Gl. (4.9-2) und in den folgenden Gleichungen ist die für statische Berechnung maßgebende Wanddicke e_S nach Abschnitt 0.1.1 einzusetzen. $d_m = D_o - e_S$ ist der mittlere Durchmesser des Grundrohrs.

- Die Werkstoffe von Grundrohr und Nocken bzw. Knaggen sollten etwa gleiche Festigkeitseigenschaften und Wärmeausdehnungskoeffizienten aufweisen.

- Bei HD-Rohrleitungen, insbesondere im Zeitstandbereich, müssen die integralen Halterungsanschlüsse mit durchgeschweißten und damit volltragenden Schweißnähten mit dem Rohr verbunden sein.

- Bei kurzen Nocken oder Knaggen und einem Verhältnis von $d_m / e_S < 10$ des Grundrohres ist die Auslegung allein auf Scherspannung in der Schweißnaht ausreichend.

Grundlage für die zulässigen Spannungen bilden die Festlegungen im Abschnitt 3.4. Die Definitionen der primären, sekundären und tertiären Spannungen (Spannungsspitzen) sind zu beachten. Als zulässige Spannungen können die Werte entsprechend Tabelle 3.4-1 zugrunde gelegt werden.

4.9.3 Definitionen und geometrische Grenzen

Der Algorithmus zur Berechnung der Nocken und Knaggen ist DIN EN 13480-3 zu entnehmen. Die Richtungen und Bezeichnungen der Belastungsgrößen auf den Nocken sind im **Bild 4.9-1** dargestellt. Die wesentlichen Grenzen des Algorithmus sind (Index T - Anbauteil):

- Rohrförmige Nocken

$$4 \leq \gamma = D_o / 2\, e_S \leq 50 \qquad (4.9\text{-}3a)$$

$$0{,}2 \leq \tau = e_{n,T} / e_S \leq 1 \qquad (4.9\text{-}3b)$$

$$0{,}3 \leq \beta = D_{o,T} / D_o \leq 1 \qquad (4.9\text{-}3c)$$

- Flach- oder Rechtecknocken

$$\beta_1 = 2\, L_1 / d_m \leq 0{,}5 \qquad (4.9\text{-}4a)$$

$$\beta_2 = 2\, L_2 / d_m \leq 0{,}5 \qquad (4.9\text{-}4b)$$

$$\beta_1\, \beta_2 \leq 0{,}075 \qquad (4.9\text{-}4c)$$

$$D_o / e_S \leq 100 \qquad (4.9\text{-}4d)$$

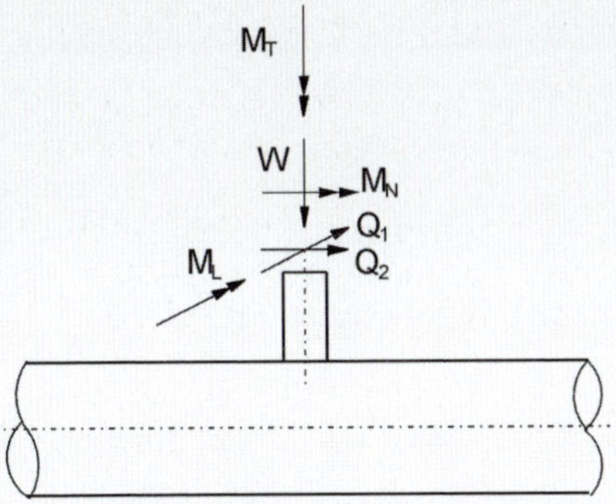

Bild 4.9-1: Kräfte und Momente an einem Nocken
Die Bezeichnungen entsprechen DIN EN 13480-3. Für die im Rohr wirkenden Belastungen sind die Bezeichnungen entsprechend Kapitel 6 üblich.

L_1 - halbe Länge des Rechtecknockens in Umfangsrichtung des Rohres (in der Regel die halbe Dicke)

L_2 - halbe Länge des Rechtecknockens in Längsrichtung des Rohres

Streng genommen gilt der Algorithmus nach DIN EN 13480-3 nur außerhalb des Kriechbereiches der Werkstoffe, da z. Z. keine Veröffentlichung dessen Gültigkeit im Kriechbereich nachweist. Die bisherigen Erfahrungen rechtfertigen aber dessen Anwendung mit ausreichender Genauigkeit auch für den zeitabhängigen Bereich.

4.9.4 Spannungsanalyse für das Grundrohr unter Einbeziehung der lokalen Spannungen

Die unter Anwendung des Algorithmus nach DIN EN 13480-3 ermittelten lokal wirkenden Spannungen sind den Spannungen aus der Rohrsystemanalyse zu überlagern. Die in Gl. (4.9-5) bis (4.9-9) zusätzlich verwendeten Formelzeichen sind in Tabelle 0.1-1 erläutert, wobei $0{,}75\ i \geq 1$ zu beachten ist. Die Spannungen σ_{MT} und σ_{PT} beziehen sich auf durchgeschweißte Anbauteile und werden nach DIN EN 13480-3 ermittelt.

- Ständig wirkende Lasten

$$\sigma_1 = \frac{p_c\, D_o}{4\, e_S} + \frac{0{,}75\, i\, M_A}{Z} + \sigma_{MT} \leq 1{,}5\, f \qquad (4.9\text{-}5)$$

- Ständig wirkende und gelegentliche Lasten

$$\sigma_{2a} = \frac{p_c\, D_o}{4\, e_S} + \frac{0{,}75\, i\, (M_A + M_B)}{Z} + \sigma_{MT} \leq 1{,}8\, f \qquad (4.9\text{-}6)$$

- Außergewöhnliche Lasten (Störfälle)

$$\sigma_{2b} = \frac{p_c\, D_o}{4\, e_S} + \frac{0{,}75\, i\, (M_A + M_B)}{Z} + \sigma_{MT} \leq 2{,}7\, f \qquad (4.9\text{-}7)$$

- Lasten durch behinderte Wärmedehnung

$$\sigma_3 = \frac{i\, M_C}{Z} + 0{,}5\, \sigma_{PT} \leq f_a \qquad (4.9\text{-}8)$$

- Kombination aus Eigengewicht, ständigen und durch behinderte Wärmedehnung wirkenden Lasten

$$\sigma_4 = \frac{p_c\, D_o}{4\, e_S} + \frac{0{,}75\, i\, M_A}{Z} + \frac{i\, M_C}{Z} + \sigma_{MT} + 0{,}5\, \sigma_{PT} \leq f + f_a \qquad (4.9\text{-}9)$$

Zusätzlich sind noch weitere spezielle Spannungsbedingungen für die Rund- und Rechtecknocken einzuhalten, die aus DIN EN 13480-3 hervorgehen.

Die zulässige Spannung f ist der Tabelle 3.3-1, die Spannungsschwingbreite f_A dem Abschnitt 3.4.6, der Spannungsfaktor i der Tabelle 6.4-1 zu entnehmen.

Falls die Ergebnisse aus der vorstehenden Spannungsanalyse nicht zufriedenstellend ausfallen bzw. die Nocken- und Knaggenabmessungen außerhalb der o.g. Grenzen liegen, dürfen alternative Berechnungsmethoden angewandt werden, z. B. nach [4.9-1], [4.9-2] oder PD 5500.

4.10 Ermüdung

4.10.1 Grundlagen

a) Belastungsquellen

Reine statische Belastungszustände in Rohrleitungssystemen sind fast eine Ausnahme, vielmehr unterliegen die Rohrleitungen durch die unterschiedlichen Fahrweisen der Gesamtanlage wechselnden und/oder schwellenden Beanspruchungen. Diese sollten in der Auslegungsphase eines Rohrleitungssystems als Auslegungseckdaten bekannt sein, damit sowohl die Berechnung als auch die Konstruktion der einzelnen Rohrleitungsbauteile darauf abgestimmt werden können. Grundsätzlich sind für ein Rohrleitungssystem drei verschiedene Belastungsquellen zu unterscheiden:

<u>Innendruckbelastung durch</u>

- An- und Abfahren des Rohrleitungssystems.

- Lastschwankungen, bedingt durch die Fahrweise der Anlage.

- Druckstöße, bedingt durch An- und Abfahren oder Umschalten von Pumpen, schnelles Öffnen oder Schließen von Armaturen (Klappen, Ventile, Sicherheitseinrichtungen).

<u>Temperaturbelastung durch</u>

- An- und Abfahren.

- Lastschwankungen in Form von transienten thermischen Belastungen, die in einem kurzen Zeitraum ablaufen.

<u>Belastung des Rohrleitungssystems durch äußere Kräfte und Momente infolge von</u>

- Wind, Schnee, Eis.

- Druckstoß.
- seismischen Lasten, Setzungen.
- betrieblich bedingten Vibrationen (Schwingungen).
- Erdlasten, Verkehrslasten.

Es ist zu untersuchen, ob diese unterschiedlichen und variablen Lasten zeitgleich auftreten, oder ob eine zeitliche Trennung vorgenommen werden kann. Hiernach richtet sich die Überlagerung der jeweiligen Spannungsanteile.

Da detaillierte Ermüdungsanalysen recht aufwändig sind, sollte zuvor geprüft werden, inwieweit eine solche erforderlich ist, oder ob mit vereinfachenden Annahmen und Randbedingungen diese auch mit angemessenem Aufwand durchgeführt oder völlig entfallen kann.

b) Entfall einer Ermüdungsanalyse

Wenn die beiden folgenden Randbedingungen vollständig eingehalten sind, braucht keine Ermüdungsanalyse vorgenommen werden.

Einfluss der Lastschwankungen auf die Materialermüdung

- Die Mindestzugfestigkeit entsprechend den technischen Lieferbedingungen darf bei Raumtemperatur 550 MPa nicht überschreiten.
- Die Summe der Zyklen nachfolgender Wechselbelastungen darf 1000 nicht übersteigen:
    - Volle Druckschwankungsbreiten einschließlich An- und Abfahren, zuzüglich äquivalenter Druckschwankungen:

$$n_{eq} = \sum_{j=1}^{k} \left[\left(\frac{\Delta p_j}{p_c} \right)^{3,5} n_j \right] \qquad (4.10\text{-}1)$$

n_j ist hierbei die Anzahl der Schwankungen mit der Druckdifferenz Δp_j. Volllastwechsel werden durch $\Delta p_j = p_c$ erfasst.

- Temperaturzyklen Δt für Schweißnähte an Werkstoffen mit unterschiedlichen Wärmeausdehnungskoeffizienten β_1 und β_2, deren Produkt

$$\Delta t\,(\beta_1 - \beta_2) > 0{,}00034 \qquad (4.10\text{-}2)$$

ist. Als Δt kann an der betrachteten Stelle näherungsweise die Schwankung der Arbeitstemperatur angenommen werden.

- Gewichtete Temperaturzyklen zweier benachbarter Punkte

  Grundlage bildet die größte Temperaturschwingbreite zwischen zwei Punkten für einen betrachteten Temperaturtransienten. Die Gewichtung der vorgegebenen bzw. zu erwartenden Temperaturzyklen erfolgt mit den Faktoren der **Tabelle 4.10-1**.

  Als benachbarte Punkte gelten 2 gegenüberliegende Stellen auf der Innen- und Außenoberfläche eines Bauteils, die nicht weiter als

$$L_{ia} \leq \sqrt{0{,}5\, D_o\, e_a} \qquad (4.10\text{-}3)$$

  voneinander entfernt sind. Die Entfernungsbegrenzung L_{ia} gilt in Längs- und Umfangsrichtung.

Tritt als signifikante Schwankungsgröße nur der Innendruck auf, weil die zeitlichen Temperaturänderungen keine nennenswerten Spannungen zur Folge haben, kann zur Abgrenzung zwischen überwiegend statischer Beanspruchung und Ermüdungsbeanspruchung AD 2000 S 1 dienen.

<u>Einfluss der Formgebung des Rohrleitungsbauteils</u>

Das Bauteil muss so konstruiert sein, dass keine Spannungsspitzen infolge Kerbwirkung vorhanden sind. Hinweise für optimale Konstruktionen finden sich im AD 2000 S 1.

Tabelle 4.10-1: Gewichtungsfaktoren für Temperaturzyklen

Temperaturschwing-breite Δt in K								
	über	-	30	60	80	140	190	250
	bis	30	60	80	140	190	250	-
Gewichtungsfaktor		0	1	2	4	8	12	20

4.10.2 Spitzenspannungen durch Innendruck bei ermüdungsgefährdeten Rohrleitungsbauteilen

a) Abzweige

Besonders gefährdet sind Abzweige, die mittels Kehlnähten mit dem Grundrohr verschweißt sind, sowie Sattelstutzen und Abzweige mit scharfem Übergang zum Grundkörper. Die Spannungsspitzen sind bei dünnwandigen Bauteilen ausgeprägter als bei dickwandigen. Der Spannungserhöhungsfaktor wird mit α_m bezeichnet und wie folgt bestimmt:

$$\alpha_m = \alpha_{m0} + K_O\, \alpha_b \qquad (4.10\text{-}4)$$

Die Spannungserhöhungsfaktoren α_{m0} und α_b sind aus **Tabelle 4.10-2** zu entnehmen. Der Faktor K_O berücksichtigt die Unrundheit des Grundrohres, der in Anlehnung an Gl. (4.1-18) zu ermitteln ist:

$$K_O = \frac{1{,}5\, O\, \left(d_m / e_{ord}\right)}{1 + 0{,}455\, \left(\Delta p / E_t\right) \left(d_m / e_{ord}\right)^3} \qquad (4.10\text{-}5)$$

Bei der Berechnung des Spannungserhöhungsfaktors wird entweder die Nennwanddicke e_{ord} oder die gemessene Wanddicke zu Grunde gelegt. Bei Nachrechnungen ist statt e_{ord} die verfügbare Wanddicke e_a einzusetzen. Die Unrundheit O nach Gl. (4.1-17) ist dann ebenfalls ein gemessener Wert.

Die für die Ermüdung maßgebliche Spannung bestimmt sich zu:

$$\sigma_{ip} = 0{,}5\, \alpha_m\, p_c\, \left(d_m / e_{ord}\right) \qquad (4.10\text{-}6)$$

Für schräge Abzweige sowie für Y-Formstücke, Hosenrohre und Gabeln wird:

$$\alpha_m = 2{,}5 + \frac{\left(90 - \Psi_A\right)^2}{1000} = 2{,}5 + \frac{\varphi^2}{1000} \qquad (4.10\text{-}7)$$

wobei Ψ_A der Neigungswinkel zur Mantellinie des Grundrohrs bedeutet (φ siehe Bild 4.6-6). Bei nicht nachgearbeiteter Schweißnahtwurzel ist α_m zusätzlich mit 1,2 zu multiplizieren.

b) Reduzierungen

Reduzierungen mit großem Öffnungswinkel und scharfem Übergang vom Konus auf den zylindrischen Teil sind ermüdungsgefährdet, insbesondere wenn die Reduzierung keinen zylindrischen Übergang hat und unmittelbar an der Schräge mit dem anschließenden Rohr verschweißt ist. Die hierbei auftretenden lokalen Biege- und Membranspannungen, resultierend aus den Kompatibilitätsbedingungen, können aus einem Stufenkörpermodell erfasst werden [4.10-1].

Zur Bestimmung der Spannungsspitzen müssen die Membran- und Biegespannungen mit einem Spannungserhöhungsfaktor belegt werden [4.10-2], [4.10-3]. Gleiches gilt, wenn zur Spannungsermittlung statt des Stufenkörpermodells die FEM-Analyse eingesetzt und dabei Schalenelemente verwendet werden.

c) Ebene Böden

Sie gelten als ermüdungsgefährdet, wenn sie mit einer Kehlnaht oder Doppelkehlnaht mit dem Rohr verbunden sind.

d) Bogen und Biegungen

Durch Versuche wurde festgestellt [4.10-4], dass nennenswerte Unrundheiten aus dem Umformprozess zu solchen zusätzlichen Spannungen in Umfangsrichtung führen, dass im Verhältnis zum kreisrunden Rohr eine erhebliche Ermüdungsbeeinträchtigung besteht, obschon im klassischen Sinne keine Spannungsspitze auftritt.

Unrundheiten bis zu 3 % haben bei Rohrbögen oder Rohrbiegungen keinen nennenswerten oder messbaren Einfluss auf die Lebensdauer. Unrundheiten über 3 bis zu 6 % bedingen einen Rückgang der ertragbaren Lastwechsel bis zum Bruch auf etwa 30 %. Bei Unrundheiten von 10 % sinken die Werte auf 10 % der ertragbaren Lastwechsel kreisrunder Rohre. Diese Messergebnisse sind zwar nicht auf alle Werkstoffe und alle Durchmesserverhältnisse (D_o / e_{ord})

Tabelle 4.10-2: Spannungserhöhungsfaktoren α_{m0} und α_b zur Bestimmung der Spitzenspannung

α_{m0}	konstruktive Ausführung
2,6	durchgesteckte und durchgeschweißte sowie im Gesenk geschmiedete Abzweige
2,9	aufgeschweißte Abzweige, Wurzel ausgebohrt, ohne Restspalt
3,2	ausgehalste Grundkörper mit angeschweißtem Abzweig, Wurzel ausgebohrt, ohne Restspalt
3,5	Walzverbindungen
5,0	Walzverbindungen oder Kehlnahtverbindungen mit einem wurzelseitigen Restspalt > 1,5 mm
$\alpha_b = 2$	falls nicht durch Rechnung oder Messung genauer belegt

übertragbar, zeigen jedoch die Tendenz, dass die konstruktionsbedingt vorgegebenen maximalen Unrundheiten in der Fertigung nicht überschritten werden dürfen. Zur Sicherheit sollten die Bogen ausgemessen und die Ergebnisse protokolliert werden.

Die Zusatzspannungen durch Unrundheiten bei Belastung durch Innendruck bzw. durch eine Druckdifferenz zwischen wechselnden Betriebszuständen können nach Gl. (4.2-11) bis (4.2-28) bestimmt werden. Zu beachten ist die Wirkungsrichtung des Biegemomentes aus der Rohrstatik, ob es auf- oder zubiegend ist. Ein zubiegendes Moment verstärkt die zusätzlichen Biegespannungen in Umfangsrichtung am Extrados und Intrados, ein aufbiegendes Moment wirkt der vorhandenen Unrundheit entgegen und ist damit als abschwächend anzusehen.

4.10.3 Spitzenspannungen durch Temperaturbelastung

Temperaturspannungen sind aufwändiger zu bestimmen als Spannungen aus Innendruck oder wechselnden Drücken. Es sind drei unterschiedliche Wirkungsweisen des Temperatureinflusses zu unterscheiden:

- Spannungen im Rohrleitungssystem durch behinderte Wärmeausdehnung

  Die hierdurch bedingten Spannungen werden in der Systemanalyse erfasst (siehe Kapitel 6).

- Spannungen durch ungleichmäßige Temperaturverteilung über den Rohrquerschnitt

  Stationäre Temperaturunterschiede können z. B. durch Kondensatpfützen in Heißdampfleitungen bedingt sein. Die Auswirkungen der Krümmung des Rohres auf die benachbarten Rohrleitungsabschnitte sind mit Hilfe der Elastizitätsanalyse zu erfassen. Die Spannungen am Entstehungsort können mit dieser Methode allerdings nicht ermitelt werden, weil die Abbildung als Balken hierfür ungeeignet ist.

- Örtlich bezogene instationäre oder transiente Temperaturänderungen

  Bei diesen Temperaturfeldern handelt es sich um einen über die Wanddicke und mit der Zeit veränderlichen Temperaturverlauf. Bekannte Beispiele sind das An- und Abfahren von Rohrleitungen sowie Thermoschocks, hervorgerufen durch plötzliches Öffnen von Armaturen oder Einspritzungen zur Dampfkühlung.

Möglicherweise müssen bei den Ermüdungsanalysen alle drei Arten von Temperaturbelastungen beachtet werden, im ungünstigen Fall sind die entsprechenden Spannungskomponenten zu addieren. Für relativ starre Rohrleitungssysteme können die beiden erstgenannten Spannungen beträchtliche Werte annehmen.

4.10.4 Lineare Temperaturänderungen

Die Aufwärmung einer Rohrleitung erfolgt häufig in der Weise, dass das Fluid eine nahezu lineare Temperatursteigerung erfährt. Besonders ausgeprägt ist das bei heißgehenden Kraftwerksrohrleitungen. Die mathematische Beschreibung dieses physikalischen Vorganges erlaubt mit hinreichender Genauigkeit die Bestimmung der über die Rohrwanddicke auftretenden Temperaturdifferenzen und der daraus resultierenden Temperaturspannungen. Folgende vereinfachende Randbedingungen sind vorauszusetzen:

- Das Rohr ist ideal wärmegedämmt, so dass ein adiabates System besteht.

  Dieser Zustand ist bei geringen Temperaturdifferenzen zwischen Außenoberfläche des Rohres und Umgebungstemperatur nahezu verwirklicht. Bei großen Temperaturdifferenzen ergeben sich leichte Abweichungen.

  Nach dem Gesetz von der Erhaltung der Energie muss der Wärmeverlust über die Dämmung (siehe Kapitel 2) an die Umgebung durch Energieaufnahme aus dem Fluid über die Rohrwand beim Aufheizen ausgeglichen werden. Da die Dämmung möglichst geringe Wärmeverluste haben soll, tritt durch deren Vernachlässigung keine nennenswerte Verfälschung des Ergebnisses auf. Erst zum Ende des Aufheizvorganges, wenn nur noch eine geringe Wärmespeicherkapazität der Rohrwand vorhanden ist, tritt eine Abweichung zu den physikalischen Gegebenheiten ein. Diese Aufheizphase ist zur Bestimmung der größten Spannungsschwingbreite nicht mehr relevant.

- Der Wärmeübergangskoeffizient an der Innenoberfläche des Rohres wird als unendlich groß angenommen.

  Diese Annahme kommt den Realitäten bei kondensierendem Dampf und Sattdampf sehr nahe (siehe Kapitel 2).

- Es wird zu Beginn des An- oder Abfahrens von einer konstanten Temperaturverteilung über die Rohrwanddicke ausgegangen.

  Diese Annahme entspricht $t_i = t_a$ entsprechend **Bild 4.10-1** für den Zeitpunkt $T = 0$.

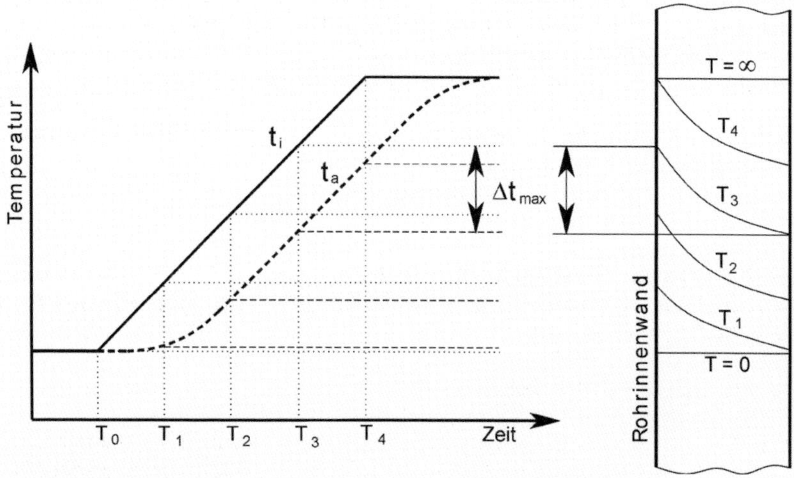

Bild 4.10-1: Temperaturverteilung in der Rohrwand während des Anfahrens

Das Temperaturfeld über der Rohrwanddicke ist für eine konstant steigende Fluidtemperatur t_i qualitativ im Bild 4.10-1 dargestellt. Mit zeitlicher Verschiebung zur Erhöhung der Fluidtemperatur t_i folgt bis zum Zeitpunkt T_1 (siehe Bild 4.10-1) zunächst nur ein zögernder Anstieg der Rohraußentemperatur t_a. Bei weiterer Steigerung der Fluidtemperatur t_i ergibt sich eine verstärkte Änderung der Rohraußentemperatur t_a. Dieser Vorgang kann jedoch nicht beliebig gesteigert werden, weil nur eine begrenzte Energiemenge auf das Rohr übertragen und durch Wärmleitung weiter transportiert werden kann (Zeitpunkt T_2 bis T_4 im Bild 4.10-1). Diese maximal möglichen Temperaturunterschiede variieren in Abhängigkeit von den Rohrabmessungen D_o, e_{ord} und vom Werkstoff.

Die größte Temperaturänderungsgeschwindigkeit wird als quasistationärer Temperaturzustand bezeichnet, der bei den Ermüdungsuntersuchungen nach DIN EN 12952-3 für zylindrische und sphärische Bauteile zu berücksichtigen ist. In DIN EN 12952-3 wird darauf hingewiesen, dass damit auch gleichzeitig der zulässige Temperaturschock erfasst ist. Der quasistationäre Temperaturzustand wird in der Praxis nicht immer erreicht, und falls doch, dann nicht gleich zu Beginn des Aufheizvorganges.

Der in DIN EN 12952-3 angegebene Algorithmus ist eine Weiterentwicklung von Anlage 1 zur TRD 301, die nicht mehr aktualisiert wird. Sie war erforderlich, weil mit steigenden Dampfparametern und der zunehmend geforderten Anpassung eines Kraftwerkes an die täglichen Bedarfsschwankungen die in Anlage 1 der TRD 301 enthaltenen konservativen Gesichtspunkte abgebaut werden mussten, um plausible und praxisnahe Ergebnisse zu erreichen.

Ebenso wie im ursprünglichen deutschen Regelwerk kann zwischen unterschiedlichen Vorgehensweisen gewählt werden:

- Spezifiziertes Lastkollektiv

  Die Anzahl der zu erwartenden Kalt-, Warm- und Heißstarts und deren Lastausschläge ist vorgegeben. Der kumulierte Ermüdungsgrad nach Gl. (4.10-8) darf $\delta_F = 1$ betragen.

- Ohne spezifiziertes Lastkollektiv

  Es ist allein von 2000 Kaltstarts auszugehen. Der Ermüdungsgrad ist mit $\delta_F \leq 0{,}4$ begrenzt, d. h. die Bauteile sind auf der Basis von 5000 Volllastwechseln zu bemessen und zu gestalten.

Im Gegensatz zu der bisherigen pauschalen Festlegung der Spitzenspannungen mittels der Faktoren α_m und α_b sind diese nunmehr abhängig von den geometrischen Maßen der jeweiligen Stutzenverbindung, sowie vom durchströmenden Medium Dampf oder Wasser. Diese veränderten Faktoren können aus Diagrammen entnommen werden bzw. werden entsprechende Gleichungen bereitgestellt, um eine Programmierung des Algorithmus zu erleichtern und diesen effektiv verifizieren zu können.

Einzelheiten zur Berechnung sind DIN EN 12952-3 zu entnehmen. Bei hohen Dampfparametern und großen Wanddicken können instationäre Temperaturanalysen erforderlich sein. Die Ermüdungsuntersuchungen sind im Regelfall nur an Abzweigen mit den größten Wanddicken im System erforderlich, weil an diesen Stellen die höchsten instationären Temperaturspannungen auftreten.

4.10.5 Kombination von Druck- und Temperaturschwankungen

Beim An- und Abfahren einer Rohrleitung treten Druck- und transiente Temperaturschwankungen nahezu zeitgleich auf. Nach DIN EN 12952-3 können sowohl zulässige Temperaturdifferenzen Δt bei vorgegebener Lastwechselzahl, als auch zulässige Temperaturänderungsgeschwindigkeiten v_t ermittelt werden, bzw. bei gegebenen Größen die zulässige Lastwechselzahl. Randbedingung ist hierbei die sofortige Ausbildung eines quasistationären Temperaturfeldes, das bis zum Ende des An- bzw. Abfahrprozesses erhalten bleibt.

Falls gemäß DIN EN 12952-3 allein Kaltstarts berücksichtigt werden, die alle anderen Betriebsänderungen abdecken, wird auch bei kombinierter Druck- und Temperaturbelastung ein Ermüdungsgrad (Ausnutzungsfaktor) von $\delta_F \leq 0{,}4$ zugrunde gelegt.

Werden hingegen unterschiedliche Belastungszyklen mit diesem Verfahren untersucht, z. B. Warm- und Heißstarts mit unterschiedlicher Häufigkeit, ist unter Anwendung der Regel von Palmgren und Miner [4.10-5], [4.10-6] ein Ermüdungsgrad oder Ausnutzungsfaktor von $\delta_F \leq 1$ zulässig.

Der Ermüdungsgrad δ_F bezieht sich auf Belastungen durch Druck- und/oder Temperaturzyklen. Er wird auch als Ausnutzungsfaktor oder Erschöpfungsgrad für Wechselbeanspruchungen bezeichnet und ist folgendermaßen definiert:

$$\delta_F = \frac{n_1}{N_1} + \frac{n_2}{N_2} + \ldots = \sum_{j=1}^{k} \frac{n_j}{N_j} \qquad (4.10\text{-}8)$$

Hierin bedeuten:

n_j - Anzahl der Druck- und/oder Temperaturzyklen pro Belastungskollektiv

N_j - Anzahl der ertragbaren Druck- und/oder Temperaturzyklen pro Belastungskollektiv bis zum ersten Anriss

Die Grenzwerte für die Spannungsschwingbreite sind aus den Wöhlerkurven zu entnehmen. DIN EN 12952-3 enthält temperaturabhängige Wöhlerkurven für ferritische und ferritisch-martensitische Stähle. Für andere Werkstoffe sind sie beim Hersteller zu erfragen oder der Spezialliteratur zu entnehmen. DIN EN 13480-3 enthält ebenfalls Angaben zur zulässigen Spannungsschwingbreite, wobei die unterschiedliche Definition der Kenngrößen zu beachten ist.

In DIN EN 12952-3 sind zusätzliche Grenzwerte zur Erhaltung einer Magnetitschutzschicht für un- und niedriglegierte Stähle angegeben, die sich an benetzten Oberflächen (Speisewasserleitungen, Nassdampfleitungen, Kondensatpfützen in Heißdampfleitungen) ab etwa 120 °C ausbilden kann:

- zulässige Druckspannung 600 MPa
- zulässige Zugspannung 200 MPa

Die Magnetitschutzschicht entsteht während des Betriebes bei hohen Temperaturen. Die o. g. Grenzwerte geben die maximalen Stauchungen bzw. Dehnungen an, die sie ertragen kann, ohne dass sie aufreißt und sich neu bilden muss. Beim Überschreiten der Grenzwerte reißt die Magnetitschutzschicht auf, was bei mehrmaliger Wiederholung (Wechselbeanspruchung) zur Schädigung des Grundwerkstoffes einschließlich Rissbildung führt. Dieser Vorgang ist nicht durch die Wasserqualität beeinflussbar.

Spitzenspannungen in der obigen Größenordnung können an den Innenkanten von Abzweigen sowie an unrunden Biegungen oder Bogen auftreten, insbesondere bei Verwendung hochfester Stähle, z. B. beim 15NiCuMoNb5-6-4.

4.11 Kriechen und Relaxieren

4.11.1 Unterschiede zwischen Kriechen und Relaxieren

Im Abschnitt 3.1.1 wurde bereits auf das physikalische Verhalten von Stahl im Zeitstandbereich eingegangen. Zwischen Kriechen und Relaxieren ist je nach den Randbedingungen zu unterscheiden in:

- Lastaufgabe bzw. -verhalten und

- Einspannbedingungen.

Beide Einflussgrößen stehen im Zusammenhang.

Bei konstant wirkender Kraft bzw. bei konstant über der Zeit anliegender Spannung stellt sich ein Dehnverhalten ein, wie es als Kriechkurve im Bild 3.1-2 angegeben ist. Die Kurve stellt die Dehngeschwindigkeit $d\varepsilon/dt$ dar und gilt für eine konstante Spannung σ bei einer bestimmten Temperatur t.

Im Gegensatz dazu ist die Relaxation eine irreversibel zunehmende plastische Verformung, wie sie **Bild 4.11-1** zeigt. Beim Versuch wird die Dehnung ε für eine bestimmte Temperatur t konstant gehalten, so dass die Spannung kontinuierlich mit der Zeit abfällt. Dieses Verhalten ist insbesondere für warmfeste Schraubenbolzen von Interesse und erklärt, warum im Zeitstandbereich die Schrauben von Flanschverbindungen nach einer bestimmten Betriebszeit nachgezogen werden müssen. DIN EN 10269, die technischen Lieferbedingungen für Schrauben- und Bolzenwerkstoffe, enthält Angaben zum Relaxationswiderstand. Sie dienen als Grundlage zur Ermittlung derjenigen Betriebszeit,

- nach der die Schraubenbolzen nachzuziehen sind, um Undichtheiten an der Flanschverbindung zu vermeiden, bzw.

- wann sie auszuwechseln oder einer regenerierenden Wärmebehandlung zu unterziehen sind.

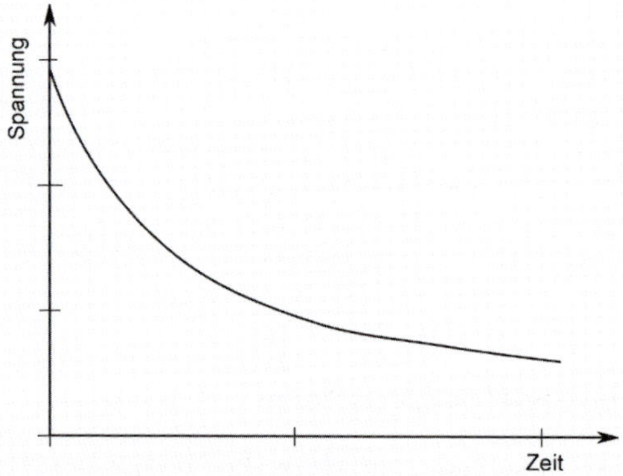

Bild 4.11-1: Relaxationsschaubild für Stahl (konstante Dehnung)

Weitere Einzelheiten enthält VGB-R 505.

4.11.2 Erschöpfung durch Kriechen

Rohrleitungen, die im Zeitstandbereich betrieben werden, unterliegen einem ständigen Kriechen. Aus Instandhaltungsgründen muss der Betreiber wissen, wann das Rohrleitungssystem als Ganzes bzw. die einzelnen Bauteile voraussichtlich erschöpft sind. Grundlage bildet hierfür DIN EN 12952-4, die im Allgemeinen auch für Rohrleitungen angewendet wird.

Während der Herstellung und Errichtung sind die Istmaße der Bauteilgeometrie (Wanddicken, Unrundheiten, Wandverschwächungen und -verdickungen an Bogen) als Nullzustand festzustellen und hieraus deren voraussichtliche Lebensdauer zu errechnen. Je nach Toleranzlage können dabei mehr oder weniger starke Abweichungen zum Nennzustand auftreten.

Der Betreiber ist dafür verantwortlich, dass er den Erschöpfungsgrad der Rohrleitungsbauteile in bestimmten Zeitabständen ermittelt und fortschreibt. Dazu muss er die Anzahl der Lastzyklen der Arbeitsparameter (Druck und Temperatur) über die Zeit registrieren und hieraus Belastungskollektive bilden. Des Weiteren sind an ausgewählten Stellen die Wandtemperaturdifferenzen und die Aufweitung (bleibende Dehnung) zu messen. Diese Daten gehen in die Lebenslaufakte der Rohrleitung ein. Der Erschöpfungsgrad bzw. die Ermüdung durch Lastwechselzyklen kann nur so genau sein, wie es die erfassten Betriebsdaten zulassen.

In DIN EN 12952-4 wird der Erschöpfungsgrad allein auf der Grundlage von Druck und Temperatur bestimmt, was für Kesselbauteile im allgemeinen ausreichend ist. Für Rohrleitungen müssten eigentlich noch die zusätzlichen Spannungen aus der Systemanalyse berücksichtigt werden, die je nach den vorhandenen Schnittkräften und -momenten unterschiedlichen Einfluss auf das einzelne Bauteil ausüben können. Insoweit sollte zu gegebener Zeit ein Rechenschema für Rohrleitungen erarbeitet werden. Voraussetzung hierfür ist das Vorliegen abgestimmter Berechnungsmethoden, die diese Einflüsse erfassen. Bei einer Revision sollten hierbei folgende Gesichtspunkte berücksichtigt werden:

- Die Spannungen aus dem inneren Überdruck sind wie bisher zu ermitteln, d. h. nach DIN EN 13480-3 und weiteren Berechnungsmethoden für spezielle Bauteile und Inhomogenitäten, z. B. Unrundheiten.

- Grundlage für die Vergleichsspannung im Zeitstandbereich sollte nicht die Schubspannungs-Hypothese sondern die Gestaltänderungs-Energie-Hypothese sein, die im Zeitstandbereich das Werkstoffverhalten genauer wiedergibt.

- Die Spannungen aus den Schnittkräften und -momenten sind nur zu berücksichtigen, wenn sie oberhalb der Längsspannung aus dem inneren Überdruck liegen. Andernfalls tragen sie nur unwesentlich zur Erschöpfung bei.

Im Abschnitt 3.1.1 wurde bereits erwähnt, dass bei metallischen Werkstoffen eine relativ große Schwankungsbreite (Streuband) für die Zeitstandwerte besteht. Sie ist abhängig von der jeweiligen Charge, aus der das Rohrleitungsbauteil hergestellt ist. Aus Sicherheitsgründen muss bei der Dimensionierung eine Zeitstandfestigkeit an der unteren Streubandkurve unterstellt werden.

Bei der Bestimmung der Zeitstanderschöpfung wird auf dieser Grundlage fast zwangsläufig ein hinreichend früher Zeitpunkt ermittelt, der es den Werkstofffachleuten mit geeigneten Verfahren gestattet, frühzeitig genug eine Schädigung unmittelbar am Bauteil zu erkennen. Dabei sind funktionstüchtige Rohrhalterungen über die gesamte Betriebszeit vorauszusetzen, was durch vorbeugende Instandhaltung abgesichert werden kann.

4.11.3 Erschöpfung durch Kriechen und Ermüden

Als Basis der Zeitstand- und Ermüdungsbetrachtungen dienen die Akkumulationsregeln von Palmgren [4.10-5], Miner [4.10-6] und Robinson [4.11-1]:

$$\delta_{ges} = \delta_F + \delta_c \leq 1{,}0 \qquad (4.11\text{-}1)$$

Der Erschöpfungsgrad δ_F bezieht sich auf die Ermüdung durch Belastungen infolge von Druck- und Temperaturzyklen entsprechend Gl. (4.10-8).

Der 2. Anteil δ_c beschreibt die Zeitstandschädigung über den betrachteten Belastungszeitraum:

$$\delta_c = \frac{t_1}{T_1} + \frac{t_2}{T_2} + \ldots = \sum_{j=1}^{k} \Delta\delta_{c,j} = \sum_{j=1}^{k} \frac{t_j}{T_j} \leq 1 \qquad (4.11\text{-}2)$$

Dabei bedeutet:

t_j -Betriebszeit pro Lastkollektiv j, bestehend aus Druck und Temperatur

T_j - rechnerische Lebensdauer für das jeweilige Lastkollektiv j

Für metallische Werkstoffe hat sich die Vorgehensweise zur Bestimmung der Gesamterschöpfung durch reine Addition der Erschöpfungsgrade aus Lastwechselermüdung (Wechselbeanspruchung) δ_F und Zeitstandschädigung δ_c eingebürgert. Dies ist weniger auf Grundlage wissenschaftlicher Untersuchungen erfolgt, als vielmehr aus pragmatischer Notwendigkeit entstanden, um eine einigermaßen zuverlässige und überschaubare Beurteilung zu ermöglichen. Die mittlerweile gesammelten positiven Erfahrungen unterstützen diesen Weg, auch hinsichtlich der Addition der anteiligen Erschöpfungsgrade infolge von Zeitstandschädigung nach Gl. (4.11-2).

Die Zeitstanderschöpfung δ_c entsprechend Gl. (4.11-2) wird in folgender Weise ermittelt:

- Festlegung von Lastkollektiven j hinsichtlich Zuordnung von Druck- und Temperaturbereichen.

- Ermittlung der Zeiträume t_j für die jeweiligen Lastkollektive entsprechend den Aufzeichnungen der Betriebsführung.

- Bestimmung der vorhandenen Spannungen und hieraus der jeweiligen Lebensdauer T_j für die maßgebenden Parameter der jeweiligen Lastkollektive unter Berücksichtigung der Istabmessungen. Grundlage bildet hierfür die Belastung aus dem Innnendruck, alternativ wäre die Einrechnung der Zusatzspannungen aus den Schnittkräften und -momenten des Rohrleitungssystems möglich.

- Berechnung des anteiligen Erschöpfungsgrades

  $$\Delta\delta_{c,j} = (t_j / T_j) \qquad (4.11\text{-}3)$$

  und Summierung zum Gesamterschöpfungsgrad δ_c.

Diese Berechnungen müssen gemäß DIN EN 12952-4 für diejenigen Rohrleitungsbauteile mit der geringsten Lebensdauererwartung durchgeführt werden. Grundlage dafür bilden die o. g. Untersuchungen auf der Basis der Istabmessungen.

4.12 Besonderheiten bei Rohrleitungen aus Gusseisen, Aluminium und nichtmetallischen Werkstoffen

4.12.1 Vorbemerkungen

Für Rohrleitungen im Geltungsbereich der Druckgeräterichtlinie gelten deren Anforderungen, unabhängig vom gewählten Werkstoff. Einzelheiten siehe Band I Abschnitt 1.2 und 3.2.1.

Für Rohrleitungen außerhalb der Druckgeräterichtlinie, z. B. für kerntechnische Anlagen oder Fernleitungen, können andere oder zusätzliche Forderungen gelten. Hinweise siehe Band I Kapitel 1 und 3.

4.12.2 Gusseisen

Einsatzgebiete für gusseiserne Rohrsysteme und deren Besonderheiten bei den verschiedenen Fluiden (Abwasser, Trinkwasser, Druckwasserleitungen von Wasserkraftwerken, Erdgasleitungen) siehe [0.3-1] Kapitel 4. Anforderungen an den Werkstoff enthält Band I Abschnitt 3.5, auch für den Einsatz im Geltungsbereich der Druckgeräterichtlinie.

Die Zähigkeit und die Bruchdehnung sind abhängig von der Einlagerung des Graphits im Gusseisen, so dass zwischen laminarem und globularem bzw. duktilem Gusseisen zu unterscheiden ist. Zusätzlich ist das unterschiedliche Werkstoffverhalten von ferritischem und austenitischem Gusseisen zu berücksichtigen.

Die Sicherheitsbeiwerte für die Festigkeitsberechnung sind umso höher, je niedriger die Bruchdehnung ist. Mindestwerte sind in den im Band I Abschnitt 3.5 angegebenen Normen und Regeln enthalten.

Im Regelfall ist keine Festigkeitsberechnung erforderlich, da in den Herstellerunterlagen Ratingdrücke und -temperaturen angegeben sind. Weitere Hinweise speziell zu duktilem Gusseisen siehe [4.12-1].

4.12.3 Aluminium, Kupfer und andere NE-Metalle

DIN EN 13480-3 gilt gleichermaßen auch für NE-Metalle. Das unterschiedliche Festigkeitsverhalten von Al, Cu und deren Legierungen gegenüber Stahl wird durch die zulässige Festigkeit entsprechend Tabelle 3.3-1 berücksichtigt.

Weitere Hinweise zu den Festigkeitskennwerten, auch für Titan, Nickel und deren Legierungen, siehe Band I, Abschnitt 3.6.

4.12.4 Thermoplaste

Werkstoffe für den Rohrleitungsbau und deren Eigenschaften siehe Band I Abschnitt 3.7 sowie [0.3-1] Kapitel 6.

Thermoplastische Werkstoffe besitzen einige Eigenschaften, die in der Auslegungsphase zwingend zu beachten sind:

- Der Wärmeausdehnungskoeffizent ist gegenüber Stahl etwa 10 Mal höher, was bei der Rohrleitungsführung entsprechend zu berücksichtigen ist.

- Die niedrigen zulässigen Spannungen bedingen gegenüber Stahl erheblich kleinere Stützweiten, insbesondere bei warmgehenden Rohrleitungen.

- Das Kriechen des Werkstoffs tritt bereits bei Raumtemperatur auf. Dadurch ist mit erheblichen irreversiblen Verformungen zu rechnen, die Funktionsbeeinträchtigungen während des Betriebszeitraumes bedingen können.

- Unter Einwirkung von direkter Sonneneinstrahlung kann eine schnelle Versprödung (UV-Versprödung) eintreten, was bei Außenrohrleitungen zu beachten ist (Abschattung).

- Thermoplaste sind nicht elektrisch leitend, so dass je nach Anlagenart zusätzliche Erdungsmaßnahmen erforderlich sein können, insbesondere in explosionsgefährdeten Bereichen.

Festigkeitsberechnungen sind im Allgemeinen nicht erforderlich, da die Rohre und Rohrleitungsbauteile nach Rohrserienzahlen S und/oder nach SDR-Klassen gegliedert sind. Sie beinhalten bereits Ratingparameter in Abhängigkeit von Belastungsklassen. Einzelheiten siehe [0.3-1] Abschnitt 2.3.

4.12.5 Duroplaste

Für die Werkstoffe und deren Eigenschaften gelten die gleichen Angaben wie für Thermoplaste. Im Gegensatz zu Thermoplasten haben Duroplaste aber eine höhere UV-Beständigkeit und besitzen auch geringere Wärmeausdehnungskoeffizenten. Bezüglich Erdungsmaßnahmen gilt das Gleiche wie für Thermoplaste.

Die Festigkeitsberechnung kann nach AD 2000 N1 erfolgen, falls nicht bereits Ratingdrücke angegeben sind. Hinweise hierzu siehe [0.3-1] Abschnitt 2.4.

Für erdverlegte Rohrleitungen werden die Rohre und Rohrleitungsteile nach Nenn-Ringsteifigkeiten SN geliefert. Falls nicht, kann eine Umrechnung entsprechend Abschnitt 7.8 erfolgen.

4.12.6 Rohrleitungsteile aus Glas

Für den Rohrleitungsbau kommt nur Borosilikatglas 3.3 in Betracht. Einsatzmöglichkeiten und ausgewählte Eigenschaften siehe AD 2000 N 4, Band I Abschnitt 3.8.5 sowie [0.3-1] Abschnitt 1.7.7. Hervorzuheben sind:

- Zulässige Spannungen

  Zugspannungen, und somit auch Biegespannungen, sind wegen der niedrigen zulässigen Bruchdehnung von rund 1 % zu vermeiden. Die zulässige Zugspannung liegt mit nur 6 MPa demzufolge wesentlich unter der zulässigen Druckspannung von 100 MPa.

- Wärmeausdehnungskoeffizient

  Er beträgt $3{,}3 \cdot 10^{-6}\ K^{-1}$, ist also sehr niedrig gegenüber anderen Werkstoffen.

- Elastizitätsmodul

  Der E-Modul mit 64 000 MPa ist im Vergleich zu anderen Werkstoffen ebenfalls recht niedrig.

- Querkontraktionszahl

  Mit $\nu = 0{,}2$ besteht nur eine geringe Verformungsfähigkeit. Es dürfen deshalb nur Bauteile mit unversehrten Oberflächen verwendet werden.

Zusätzlich zur üblichen Festigkeitsberechnung mit den o. g. zulässigen Spannungen sind die thermischen Spannungen über die Wanddicke bei warmen Fluiden zu berücksichtigen. Berechnungsvorschriften siehe AD 2000 N 4.

5. Berechnung von Flanschverbindungen

5.1 Allgemeines

a) Formelzeichen

Es gelten die Formelzeichen und Einheiten nach Tabelle 0.1-1. Zusätzliche Formelzeichen sind im Text an der betreffenden Stelle erläutert.

b) Berechnungsverfahren

Bei Flanschverbindungen ist neben dem Festigkeitsnachweis für die Einzelteile der Flanschverbindung (Flansch, Schrauben, Muttern und Dichtung) auch der Dichtheitsnachweis von besonderer Bedeutung, um ein Austreten des Durchflussstoffes zu verhindern. Der Nachweis kann nur an der kompletten Flanschverbindung geführt werden, d. h. es ist beidseitig der Flansch einzubeziehen.

An einem Flansch (**Bild 5.1-1**) wirken folgende Belastungen:

- die Kräfte aus dem inneren Überdruck F_p
- die Dichtungskraft F_G

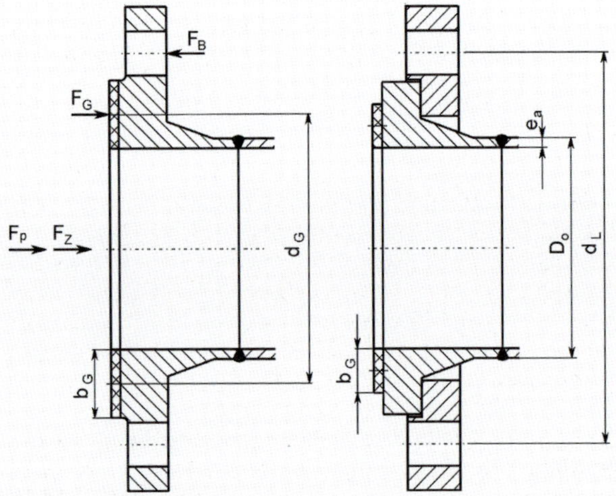

Bild 5.1-1: Belastungen und Maße (Dichtungen sind Beispiele) links: Vorschweißflansch, Dichtungsbreite entspricht Dichtleiste; rechts: Vorschweißbund mit Losflansch, Dichtungsbreite kleiner als Breite der Dichtleiste

- die aus den Anschlussbelastungen resultierende Zusatzkraft F_Z
- die Schraubenkraft F_B

Zur Festigkeitsberechnung von Flanschverbindungen sind verschiedene Verfahren anwendbar, die alle die Kriterien der Druckgeräterichtlinie erfüllen:

- DIN EN 13480-3, Anhang N

  Das Verfahren wurde von TAYLOR-FORGE entwickelt. Es wird insbesondere im anglo-amerikanischen Einflussbereich angewendet und ist Bestandteil des ASME BPVC. Berechnungshilfen für Vorschweißflansche (Typ 11), Anschweißflansche (Typ 01) sowie Vorschweißbunde (Typ 34) mit Losflanschen (Typ 04) enthält [5.1-1]. In DIN EN 13480-3 wird in einer Anmerkung darauf hingewiesen, dass bei Anwendung dieser Berechnungsmethode die Dichtigkeit nicht unbedingt gesichert ist.

- AD 2000 B 8 in Verbindung mit AD 2000 B 7

  Grundlage für AD 2000 B 8 war die Stufenkörper-Methode nach DIN V 2505, die wegen der Übernahme von DIN EN 1591-1 nicht mehr fortgeführt wurde. Das Verfahren ergibt gegenüber DIN EN 1591-1 etwas größere Dicken, liegt also auf der sicheren Seite. Zur manuellen Berechnung von Einzelflanschen bietet es aber wegen der Unabhängigkeit von speziellen Rechenprogrammen und der relativ leichten Handhabung Vorteile gegenüber den anderen Methoden.

- DIN EN 1591-1

  Das von WÖLFEL entwickelte Berechnungsverfahren war in TGL 32903/13 und TGL 22160/09 genormt. Es hat grundsätzlichen Charakter, weil es alle wesentlichen Einflussgrößen beim Festigkeits- und Dichtheits-Nachweis einer Flanschverbindung erfasst. Beispielweise wurden die genormten Flansche nach DIN EN-Reihe 1092 hiernach dimensioniert.Das umfangreiche Gleichungssystem ist aber nur sinnvoll mit Computer-Rechenprogrammen anwendbar. Softwarehinweise siehe Kapitel 18.

Im Rohrleitungsbau werden fast ausschließlich genormte Flansche und Flanschverbindungen verwendet, für die Ratingparameter existieren, so dass sich Festigkeitsberechnungen erübrigen. Je nach Berechnungsdruck und -temperatur können jedoch Anpassungen hinsichtlich Dichtungsart und Schraubenverbindungen erforderlich sein.

5.2 Berechnungsgrundlagen

5.2.1 Berechnungsumfang und -voraussetzungen

a) Berechnungsumfang

Die Berechnung einer Flanschverbindung umfasst die Dimensionierung der Bestandteile einer Flanschverbindung. Üblicherweise wird vorausgesetzt, dass bei sachgemäßer Schraubenvorspannung mit dem vorgeschriebenem Anzugsmoment auch die Dichtheit der Flanschverbindung gegeben ist. DIN EN 1591-1 bietet gegenüber den anderen Berechnungsmethoden einen zusätzlichen Dichtheitsnachweis. Des Weiteren muss die Flanschverbindung den Belastungen entsprechend Abschnitt 5.2.3 standhalten.

Beim Festigkeits- und Dichtheitsnachweis sind folgende Situationen zu untersuchen:

- Montagezustand (Index: 0)

  Der Montagezustand ist der Einbauzustand nach dem erstmaligen Anziehen der Schrauben, d. h. die betriebsbereite Rohrleitung, die aber noch nicht mit Betriebsmedium gefüllt ist. Der Montagezustand wird bei der Berechnung im Hinblick auf das Vorverformen der Dichtung betrachtet, bei dem sich die Dichtung den Unebenheiten der Auflageflächen anpassen muss.

- Folgezustände (Index: fortlaufende Zahl je nach Belastungszustand)

  Als Folgezustand wird jeder dem Montagezustand folgende, und möglicherweise kritische Belastungszustand bezeichnet, z. B. Prüfzustand, Betriebszustände bei verschiedenen Belastungen. Der Prüfzustand ist durch die mit Prüfmedium gefüllte und unter Prüfdruck stehende Rohrleitung gekennzeichnet.

b) Berechnungsdruck

Der Berechnungsdruck p_c (Abschnitt 0.2.5) ist im Regelfall mit dem Auslegungsdruck p_d (Abschnitt 0.2.4) identisch. Äußere Überdrücke entsprechen negativen inneren Überdrücken.

c) Berechnungstemperatur

An der Flanschverbindung können Temperaturunterschiede zwischen den einzelnen Teilen auftreten, so dass die Berechnungstemperatur t_c gegenüber der Auslegungstemperatur t_d manchmal etwas abgemindert werden darf.

Für ungedämmte Flanschverbindungen gelten die Richtwerte gemäß Abschnitt 0.2.5.

Für gedämmte Flanschverbindungen sind gemäß AD 2000 B 7 für die Schrauben und Muttern folgende Temperaturabschläge in Abhängigkeit von der Flanschkombination zulässig:

- fester Flansch - fester Flansch: 15 K
- fester Flansch - loser Flansch: 25 K
- loser Flansch - loser Flansch: 30 K

Die Berechnungstemperatur darf durch die Temperaturabschläge selbstverständlich nicht unter der Umgebungstemperatur liegen.

d) Berechnungsgrundlage

Bei allen betrachteten Belastungszuständen zur Dimensionierung bzw. Nachrechnung der Bestandteile von Flanschverbindungen muss die im Montagezustand aufgebrachte Schraubenkraft F_B über derjenigen für die Dichtheit erforderlichen Kraft F_G liegen, d. h.:

$$n_B\, F_B > F_G \qquad (5.2\text{-}1)$$

F_G - Kraft zur Erzielung von Dichtheit in allen Belastungszuständen (siehe Abschnitt 5.2.4)

F_B - Schraubenkraft zur Vorspannung der Flanschverbindung

n_B - Anzahl Schrauben der Flanschverbindung

Gl. (5.2-1) setzt ausreichende Festigkeit der Flansche voraus. Dabei soll die Neigung des Flanschblattes als Maß für die Formstabilität gemäß AD 2000 B 8 einen Winkel von 0,5 bis 1° nicht überschreiten, weil ansonsten bei Flachdichtungen Dichtheitsprobleme auftreten können.

Gemäß DIN EN 1591-1 ist die für die Dichtheit erforderliche Kraft F_G für den Montagezustand und alle Folgezustände zu berechnen. Dies erfolgt mit Hilfe der Elastizitätstheorie und sichert, dass für jeden Folgezustand mindestens die zur Dichtheit der Verbindung notwendige Schraubenkraft vorhanden ist. Die für die Montage vorzugebende Schraubenkraft F_B ist der Größtwert aus allen berechneten Belastungszuständen unter Berücksichtigung der Streuung beim Schraubenanzug.

Für die Folgezustände, also nach dem erstmaligen Schraubenanzug, werden einmalige plastische Verformungen zugelassen. Nach mehreren Belastungszyklen kann die dann real vorhandene Schraubenkraft kleiner als diejenige bei der Erstmontage sein, sie ist aber immer noch mindestens so groß wie die erforderliche. Damit bei der Ausnutzung plastischer Verformungen keine gefährliche Plastifizierung entsteht, sind bei wiederholtem Ein- und Ausbau von Schrauben die Schraubenanzugskräfte zu korrigieren.

5.2.2 Schraubenvorspannung

a) Streuung beim Schraubenanzug

Bei der Berechnung der Schraubenkraft ist die Streuung $\pm\ \varepsilon$ beim Schraubenanzug in Abhängigkeit von der Schraubenanzugsmethode zu beachten:

$$F_{B,zul} \geq F_{B,0,max} \geq F_{B,0} \geq F_{B,0,min} \qquad (5.2\text{-}2)$$

$F_{B,zul}$ - zulässige Schraubenkraft auf Grundlage der zulässigen Spannung des Schraubenwerkstoffs

$F_{B,0,max}$ - größte Schraubenkraft unter Berücksichtigung des oberen Streuwertes von ε beim Anziehen der Schrauben.

$F_{B,0}$ - Nennwert der Schraubenkraft (Montagevorspannung) für das Anziehen der Schrauben

$F_{B,0,min}$ - kleinste Schraubenkraft unter Berücksichtigung des unteren Streuwertes von ε beim Anziehen der Schrauben.

Der Nachweis der Dichtheit ist mit dem kleinstmöglichen Wert der Schraubenkraft zu führen:

$$F_{B,0,min} = (1 - \varepsilon_-)\ F_{B,0} \qquad (5.2\text{-}3a)$$

Der Nachweis der Festigkeit der Bauteile wird hingegen mit dem größtmöglichen Wert der Schraubenkraft überprüft:

$$F_{B,0,max} = (1 + \varepsilon_+)\ F_{B,0} \leq F_{B,zul} = f_B\ A_{Be} \qquad (5.2\text{-}3b)$$

b) Nennwert der Schraubenkraft (Montagevorspannkraft)

Die Montagevorspannung wird so ermittelt, dass die zulässige Spannung des Schraubenwerkstoffs unter Berücksichtigung der Streuung beim Schraubenanzug möglichst voll ausgenutzt wird. Aus Gl. (5.2-3b) resultiert:

$$(1+\varepsilon_+)\,F_{B,0} = f_B\,A_{Be} \tag{5.2-4}$$

Hieraus ergibt sich die Montagevorspannkraft zu:

$$F_{B,0} = \frac{f_B\,A_{Be}}{(1+\varepsilon_+)} = \frac{f_B}{(1+\varepsilon_+)}\,\frac{\pi\,d_{Be}^2}{4} \tag{5.2-5}$$

ε_+ - oberer Streuwert beim Schraubenanzug in Abhängigkeit vom Schraubenanzugsverfahren. Richtwerte gemäß Anhang C von DIN EN 1591-1:

unkontrolliertes Anziehen (nach Gefühl):	$0{,}3 + 0{,}5\,\mu_B$
Schlagschrauber (mit Klangprobe):	$0{,}2 + 0{,}5\,\mu_B$
Drehmomentschlüssel:	$0{,}1 + 0{,}5\,\mu_B$

Die Streuwerte für den Drehmomentschlüssel liegen gegenüber DIN EN ISO 6789 relativ hoch, so dass beim zusätzlichen Gebrauch von Drehmomentvervielfältigern (Drehmomentverstärker) die gleichen Streuwerte angesetzt werden können.

f_B - zulässige Spannung der Schraube bei Umgebungstemperatur entsprechend Tabelle 3.3-1

Dem entspricht für un- und niedriglegierte Stähle sowie austenitische Stähle mit A < 30 %:

$$f_B = \min\left\{\frac{R_{eL}}{1{,}5};\frac{R_{p0,2}}{1{,}5};\frac{R_m}{2{,}4}\right\} \tag{5.2-6a}$$

Der Schraubenwerkstoff soll folgendes Streckgrenzenverhältnis haben:

$$\left\{\frac{R_{eL}}{R_m};\frac{R_{p0,2}}{R_m}\right\} \le 0{,}8 \tag{5.2-6b}$$

Für Verhältnisse > 0,8 gelten gemäß AD 2000 B7 andere Sicherheiten.

Für austenitische Stähle mit A ≥ 30 % gilt:

$$f_B = \min\left\{\frac{R_{p1,0}}{1{,}5};\frac{R_m}{2{,}4}\right\} \tag{5.2-6c}$$

d_{Be} - maßgebender (effektiver) Schraubendurchmesser gemäß **Tabelle 5.2-1**
Für Vollschaftschrauben (**Bild 5.2-1**, Form a bis d) entspricht d_{Be} dem Mittelwert aus Flankendurchmesser und Kerndurchmesser des Gewindes (siehe Einzelheit f im Bild 5.2-1). Für Dehnschrauben (Bild 5.2-1, Form e) ist hingegen der Durchmesser des Dehnschaftes maßgebend.

A_{Be} - tragender (effektiver) Querschnitt der Verbindungsmittel (siehe Tabelle 5.2-1)
Wie bereits erwähnt, wird in der Regel von $F_{B,0,max} = F_{B,zul}$ ausgegangen, d. h. bei der Montage wird die zulässige Spannung der Schraube unter Berücksichtigung der Streuung möglichst voll ausgenutzt. Unter speziellen Gegebenheiten (z. B. Dichtflächen bei Weichgummiauskleidungen) kann allerdings eine solche Schraubenvorspannung zu hoch sein, so dass in diesem Fall $F_{B,0,max} < F_{B,zul}$ gilt.

Tabelle 5.2-1: Effektive Durchmesser und Querschnitte von Verbindungsmitteln

Gewinde-bezeicnung	Steigung in mm	effektiver Schrauben-durchmesser d_{Be} in mm		effektiver Schraubenquer-schnitt A_{Be} in mm²	
		Vollschaft-schraube 1)	Dehnschrau-be 2)	Vollschaft-schraube 1)	Dehnschrau-be 2)
M10	1,5	8,70	-	59	-
M12	1,75	10,48	8,5	86	57
M16	2	14,27	12	160	113
M20	2,5	17,84	15	250	177
M24	3	21,40	18	360	254
M27	3	24,40	20,5	467	330
M30	3,5	26,97	23	571	415
M33	3,5	30,28	25,5	720	510
M36	4	32,54	27,5	831	594
M39	4	35,54	30,5	991	730
M45	4,5	41,10	35,5	1326	989
M48	5	43,67	37,5	1497	1104
M52	5	47,67	41	1784	1320
M56	5,5	51,24	44	2061	1520
M64	6	58,80	51	2714	2042
M72 x 6	6	66,80	58,5	3503	2686

1) Maßgebend ist der Mittelwert aus Kerndurchmesser d_{B1} und Flankendurchmesser d_{B2} des Gewindes nach DIN ISO 724: $d_{Be} = 0,5\,(d_{B1} + d_{B2})$.
2) Maßgebend ist der Durchmesser des Dehnschaftes nach DIN 2510-3.

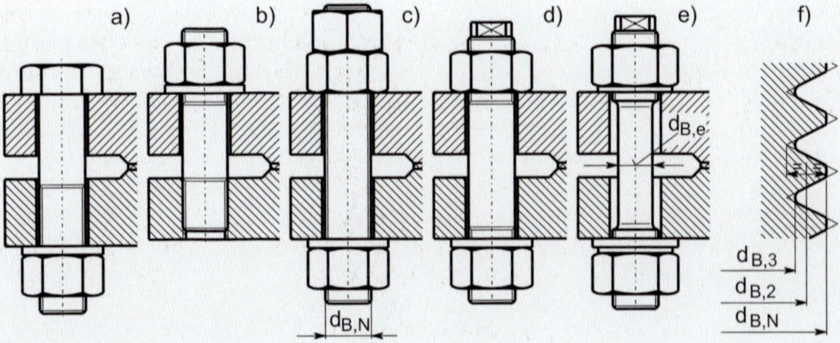

Bild 5.2-1: Verbindungsmittel
a) Sechskantschraube; b) Stiftschraube; c) Gewindebolzen; d) Schraubenbolzen ohne Dehnschaft; e) Schraubenbolzen mit Dehnschaft; f) Einzelheit Gewinde

c) Nennwert des Schraubenanzugsmoments

Durch das Anzugsmoment $M_{B,0}$ soll die erforderliche Vorspannung im Montagezustand $F_{B,0}$ erreicht werden, die die Dichtheit der Verbindung in allen Belastungszuständen sichert. Für Schrauben mit Gewinde nach DIN ISO 724 errechnet es sich gemäß Anhang von DIN EN 1591-1 mit ausreichender Näherung zu:

$$M_{B,0} = 1{,}2\ \mu_B\ F_{B,0}\ d_{B,N} \qquad (5.2\text{-}7)$$

$d_{B,N}$ - nominaler Gewindedurchmesser, unabhängig von der Schraubenart, z. B. $d_{B,N}$ = 12 mm bei Gewinde M12

μ_B - Reibungsbeiwert im Gewinde. Richtwerte:

μ_B = 0,10 bis 0,15 für glatte, geschmierte Oberflächen

μ_B = 0,15 bis 0,25 für durchschnittliche, normale Zustände

μ_B = 0,20 bis 0,35 für raue, trockene Oberflächen

d) Belastungsgrad

In DIN EN 1591-1 ist für Schrauben ein Belastungsgrad $\Phi_B \leq 1$ definiert, der neben der Schraubenkraft $F_{B,0}$ das Torsionsmoment beim Schraubenanzug $M_{B,0}$ berücksichtigt. Hiernach vermindert sich bei Verwendung von Drehmoment-Werkzeugen und Schrauben mit einer Dehnung von $A \geq 10$ % die Schraubenvorspannung nach Gl. (5.2-5) um folgende Faktoren:

Reibungsbeiwert $\mu_B = 0{,}1$: Faktor 0,95

Reibungsbeiwert $\mu_B = 0{,}15$: Faktor 0,9

Die Abminderung um die o. g. Faktoren ist in der Regel vernachlässigbar, da die heutigen Drehmoment-Werkzeuge nach DIN EN ISO 6789 eine zulässige Abweichung gegenüber dem Nennwert von maximal ± 6 % gestatten, während die Schraubenvorspannung meist mit dem in DIN EN 1591-1 für den kontrollierten Schraubenanzug enthaltenen Streufaktor

$$\varepsilon_R = 0{,}1 + 0{,}5\,\mu_B \approx \pm\, 0{,}2$$

errechnet wird.

Für Anzugsverfahren, bei denen die Schraube nicht auf Torsion beansprucht ist (z. B. hydraulische Spannvorrichtungen), entfällt ein Abminderungsfaktor.

Der ebenfalls in DIN EN 1591-1 geforderte Mindest-Belastungsgrad von Φ_B = 0,3 kann in grober Näherung als $F_{B,0,min} \leq 0{,}3\, F_{B,zul}$ angenommen werden.

5.2.3 Belastungen

a) Axialkraft infolge von Überdruck

Die Axialkraft F_p infolge inneren oder äußeren Überdruckes wird bei DIN EN 1591-1 auf den effektiven Dichtungsdurchmesser d_{Ge} bezogen, der gegenüber dem mittleren Dichtungsdurchmesser je nach effektiver Dichtungsbreite etwas kleiner sein kann. Die hierfür erforderliche effektive Dichtungsbreite wird in einem Näherungsverfahren in Abhängigkeit von der Dichtungskraft ermittelt.

Für die Ermittlung der Axialkraft F_p genügt jedoch mit ausreichender Genauigkeit der Bezug auf den mittleren Dichtungsdurchmesser d_G (Bild 5.1-1) bzw. mittleren Abdichtungsdurchmesser $d_{G,A}$ nach Abschnitt 5.2.4:

$$F_p = \frac{p_c\, \pi\, d_{G,A}^2}{4} \tag{5.2-8}$$

In AD 2000 B 7 wird die Axialkraft ebenfalls auf den mittleren Dichtungsdurchmesser d_G bezogen, allerdings aufgeteilt in zwei Anteile, was letztlich auf das Gleiche hinausläuft.

b) Äußere Belastungen

Die äußere Belastung entspricht der Vergleichsbelastung (resultierende Belastung) nach Gl. (7.5-1). Gemäß DIN EN 1591-1 werden aber nur die Axialkräfte N und Biegemomente M_b (Bezeichnungen siehe Abschnitt 7.5) aus der anschließenden Rohrleitung berücksichtigt, d. h. Querkräfte und Torsionsmomente werden vernachlässigt. Die Axialkräfte und Biegemomente werden zu einer axialen Zusatzkraft zusammengefasst, so dass sich Gl. (7.5-1b) folgendermaßen vereinfacht, bezogen auf den Lochkreisdurchmesser d_L:

$$F_Z = |N| + \left| \frac{4\,M_b}{d_L} \right| \qquad (5.2\text{-}9)$$

Der in DIN EN 1591-1 vorgenommene Bezug auf einen effektiven Lochkreisdurchmesser d_{Le} wurde in Gl. (5.2-9) vernachlässigt.

F_Z kann je nach Vorzeichenkombination der beiden Kraftanteile eine Zug- oder Druckkraft sein. Da die Auswirkungen auf die Dichtung und die Schrauben unterschiedlich sind, wird die Berechnung mit beiden Varianten empfohlen.

Die tatsächlichen Kräfte und Momente, die an einer konkreten Flanschverbindung wirken, sind im Rahmen der Rohrleitungssystem-Analyse oder anderer einfacher statischer Berechnungen zu ermitteln. Liegen solche zum Zeitpunkt der Berechnung einer Flanschverbindung nicht vor, ist die Annahme einer axialen Zusatzkraft nach Abschnitt 7.5-2 in Abhängigkeit von Nennweite und Nenndruck zu empfehlen.

Für Deckel (Blindflansche) beträgt $F_Z = 0$.

Bei dem Berechnungsverfahren nach AD 2000 B 7 sind keine Zusatzkräfte berücksichtigt. Sie können jedoch bei der Ermittlung der Mindestschraubenkraft für den Betriebszustand zusätzlich eingerechnet werden.

c) Kräfte aus Temperaturänderungen und -unterschieden

Die axiale Wärmeausdehnung innerhalb der Flanschverbindung gegenüber dem Montagezustand wird bei DIN EN 1591-1 durch ein aufwändiges Verfahren berücksichtigt. Bei den anderen Berechnungsmethoden gehen sie nur indirekt in die Berechnung ein, z. B. durch zulässige Spannungen, Dichtungskennwerte, veränderte Sicherheiten.

5.2.4 Dichtheitsnachweis

a) Abdichtungsbreite

Die Abdichtungsbreite $b_{G,A} \leq b_G$ ist die für die Dichtheit maßgebende Breite, die im gemeinsamen Kraftfluss von Flansch und Gegenflansch liegt. Sie braucht weder mit den Abmessungen der Dichtung, noch mit bestimmten Abmessungen des Flansches übereinstimmen. Beispiele für die Abdichtungsbreite häufig vorkommender Dichtsysteme siehe **Bild 5.2-2**.

- Glatte Dichtflächen mit und ohne Dichtleiste (Bild 5.2-2 a und b)

  Die Abdichtungsbreite $b_{G,A}$ ergibt sich aus dem Größtwert von Innendurchmesser Dichtung oder Flansch und dem Kleinstwert von Außendurchmesser Dichtung oder Flansch bzw. Dichtleiste. Bei unterschiedlichen Abmessungen von Flansch und Gegenflansch gilt der für den Kraftfluss jeweils maßgebende Innen- bzw. Außendurchmesser.

- Kammprofildichtung

  Bei beidseitiger Weichstoffauflage trifft das Gleiche wie für glatte Dichtflächen zu. Bei Entfall der Weichstoffauflage gilt gemäß AD 2000 B 7:

  $$b_{G,A} = 0{,}4\ \sqrt{n_K} \quad \text{in} \quad [\text{mm}] \qquad (5.2\text{-}10)$$

  n_K bedeutet die Anzahl der Kämme.

- Dichtlinsen (Bild 5.2-2 c)

  Die Dichtungsbreite ist nach DIN 2696 zu bestimmen. AD 2000 B 7 legt einen allgemeinen Richtwert von 1,6 mm fest.

- Feder und Nut

  Die Abdichtungsbreite ist identisch mit der Dichtungsbreite, d. h. $b_{G,A} = b_G$. Gleiches gilt sinngemäß für die Schweißringdichtung mit Hilfsdichtung nach Bild 5.2-2 d.

- Rundring-Abdichtung (Bild 5.2-2 e)

  Die Abdichtungsbreite entspricht ungefähr dem Durchmesser des Rundringes.

Die Abdichtungsbreite $b_{G,A}$ ist insbesondere bei Flachdichtungen etwas größer als die effektive Dichtungsbreite b_{Ge} nach DIN EN 1591-1, die in einem aufwändigen Näherungsverfahren ermittelt werden muss.

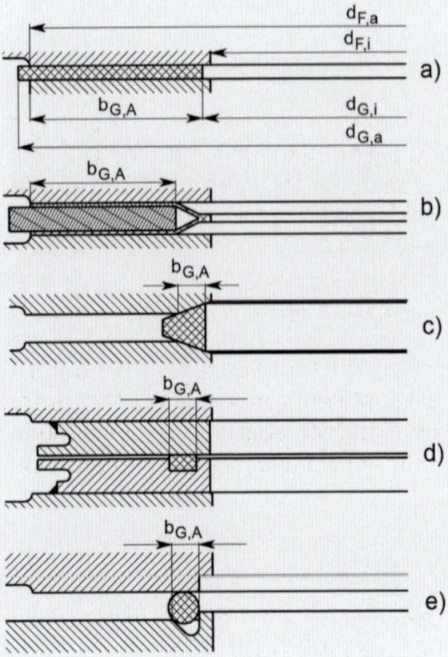

Bild 5.2-2:
Abdichtungsbreite, Beispiele
a) Flachdichtung für glatte Dichtfläche (oberer Flansch mit Dichtleiste);
b) Flachdichtung (PTFE-geschlitzt) für glatte Dichtfläche; c) Linsendichtung;
d) Schweißringdichtung mit Hilfsdichtung; e) Runddichtring für O-Ring-Vorsprung und -Nut

b) Dichtkraft im Montagezustand

Der Nachweis der Dichtheit ist im Montagezustand entsprechend Gl. (5.2-3a) mit dem Mindestwert der Schraubenvorspannung zu führen, d. h.:

$$n_B\, F_{B,0,min} = n_B\, (1 - \varepsilon_{-})\, F_{B,0} \geq F_{G,0,min} \qquad (5.2\text{-}11)$$

Die Mindest-Dichtungskraft im Montagezustand beträgt näherungsweise:

$$F_{G,0,min} = A_{G,A}\, Q_A = \pi\, d_{G,A}\, b_{G,A}\, Q_A \qquad (5.2\text{-}12)$$

Die nach Gl (5.2-12) ermittelte Dichtungskraft ist gegenüber DIN EN 1591-1 etwas höher, da nicht mit der effektiven Dichtungsbreite gerechnet wird.

$b_{G,A}$ - Abdichtungsbreite gemäß Buchstabe a

$d_{G,A}$ - mittlerer Abdichtungsdurchmesser entsprechend der Abdichtungsbreite $b_{G,A}$. Sie entspricht ($d_{G,i}$ + $b_{G,a}$) entsprechend Bild 5.2-2. Für Dichtlinsen ist der Abdichtungsdurchmesser in DIN 2696 festgelegt.

Tabelle 5.2-2: Richtwerte der Mindestflächenpressung von Dichtungen für allgemeine Verwendung
Dichtheitsklasse $L_{1,0}$ - für flüssige Fluide; Dichtheitsklasse $L_{0,1}$ - für gasförmige Fluide

Werkstoff und Bezeichnung der Dichtung		Mindestflächenpressung Q_A in MPa			
		DIN EN 1591-2 [1]		AD 2000 B 7	
		$L_{1,0}$	$L_{0,1}$	$L_{1,0}$	$L_{0,1}$
Weichstoffdichtung					
asbestfreie Fasern	≥ 1 mm Dicke	12	20	35	35
	< 1 mm Dicke	-	-	40	40
Elastomere		-	-	1	2
PTFE		10	20	20	25
expandierter Graphit	ohne Metalleinlage	-	-	25	25
	mit Metalleinlage	10	10	20	20
	mit Spießblecheinlage	10	25	-	-
Spiraldichtung mit Füllstoff					
PTFE	ohne Innenring	-	-	50	50
	mit Innenring	60	60	50	50
Graphit	ohne Innenring	35	40	40	40
	mit Innenring	10	30	40	40
Wellringdichtung aus					
Aluminium		alle Metalle mit Graphitauflage: 10		8	30
Kupfer, Messing				9	35
Weicheisen				10	40
metallummantelte Dichtung					
Aluminium		60 (30) [2]	100 (30) [2]	10	50
Kupfer, Messing				20	60
Weicheisen				40	70
Kammprofildichtung					
Graphitauflage	Weicheisen	alle Metalle: 40	alle Metalle: 50	20	20
	warmfester Stahl			15	15
	nichtrostender Stahl			20	20
PTFE-Auflage	Weicheisen	-	-	15	15
	nichtrostender Stahl	-	-	15	15

Metalldichtung: Q_A nach AD 2000 B 7

Aluminium	Kupfer	Weicheisen	Stahl		
			unlegiert	warmfest	hochlegiert
100	200	350	400	450	500

[1] Die Werte sind abhängig vom Innendruck. Die Angaben in der Tabelle orientieren auf Maximalwerte.
[2] Metall mit Graphitfüllstoff; Klammerwerte mit zusätzlicher Graphitauflage.

Q_A - Mindestflächenpressung der Dichtung bei Montage. Sie ist abhängig vom Werkstoff der Dichtung, der Herstellungstechnologie und der erforderlichen Dichtheitsklasse L_N (siehe Band 1 Abschnitt 5.2.4, KTA 3211.2 und [0.3-1] Abschnitt 10.4.4). Verbindliche Werte sind den Herstellerunterlagen zu entnehmen, Richtwerte enthält DIN EN 1591-2.

Für Dichtungen zur allgemeinen Verwendung sind einige Richtwerte in **Tabelle 5.2-2** angegeben, die auf der sicheren Seite liegen.

Die in In AD 2000 B 7 enthaltene Gleichung für die Mindest-Dichtungskraft im Montagezustand entspricht Gl. (5.2-12). Das Produkt $b_{G,A}$ Q_A ist jedoch anders definiert, so dass auch deren Kennwerte nicht in jedem Fall mit DIN EN 1591-2 vergleichbar sind. Insbesondere wird bei der Flächenpressung zwischen flüssigen und gasförmigen Fluiden unterschieden, was bei DIN EN 1591-2 hingegen durch die Dichtheitsklasse L_N ausgedrückt wird.

c) Maßnahmen bei Nichteinhaltung des Dichtheitsnachweises

Wird der Dichtheitsnachweis nach Gl. (5.2-11) nicht erfüllt, ist entweder die Schraubenvorspannung zu erhöhen, oder die Mindest-Dichtungskraft zu verringern. Bei genormten Flanschverbindungen ist eine Erhöhung der Schraubenvorspannung über diejenige nach Gl. (5.2-5) hinaus nur durch Einsatz von Verbindungsmitteln mit erhöhten zulässigen Spannungen möglich. Der Erfolg hält sich in Grenzen, wie die Untersuchungen im Abschnitt 5.3.3 zeigen.

Die Mindest-Dichtungskraft nach Gl. (5.2-12) lässt sich durch folgende Maßnahmen verringern:

- Verkleinerung der Abdichtungsbreite

  Sie ist anwendbar bei Flachdichtungen für glatte Dichtflächen mit oder ohne Dichtleiste, da hierdurch bei gleicher Mindest-Flächenpressung Q_A eine merkbar niedrigere Kraft aufgewendet werden muss. Falls die Dichtung auf Grund ihrer Herstellungstechnologie nicht in ihrer Breite verändert werden kann (z. B. Spiraldichtungen), ist ein Abdrehen des Außendurchmessers der Dichtleiste am Flansch zu erwägen.

- Einsatz von Werkstoffen mit niedrigen Mindest-Flächenpressungen

  Voraussetzung ist die Eignung für das betreffende Fluid und dessen Auslegungsparameter, insbesondere der Auslegungstemperatur. Typisches Beispiel ist die Verwendung von Elastomeren statt Faserstoffen.

- Veränderung des Dichtsystems

  Die Veränderung des Dichtsystems zieht meist aufwändige Bearbeitungen an den Flanschen nach sich. Andererseits lassen sich hierdurch oft extrem kleine Dichtbreiten erreichen, so dass ggf. auch erhöhte Flächenpressungen des Dichtungswerkstoffs kompensiert werden können. Typischer Einsatzfall ist die Umstellung von glatten Dichtflächen auf Dichtsystem Feder und Nut, erforderlichenfalls mit Einlegering und beiderseits Nuteindrehungen.

d) Dichtkraft im Betriebszustand

Die Mindest-Dichtkraft im Betriebszustand (Index 1) beträgt entsprechend DIN EN 1591-1:

$$F_{G,1,min} = \max\left\{\pi\, d_{G,A}\, b_{G,A}\, Q_{S,min[L]};\ \left|F_p + F_Z\right|\right\} \qquad (5.2\text{-}13)$$

Die Mindestflächenpressung $Q_{S,min[L]}$ ist vom Innendruck, der Anfangsflächenpressung und der geforderten Dichtheitsklasse L_N abhängig. Richtwerte sind aus DIN EN 1591-2 zu entnehmen. Für die Abdichtungsbreite $b_{G,A}$ gilt sinngemäß das Gleiche wie zu Gl. (5.2-12).

Beim Dichtheitsnachweis ist analog zu Gl. (5.2-11) ein Bezug auf die Schraubenanzahl n_B erforderlich.

5.3 Genormte Flanschverbindungen

5.3.1 Bestandteile genormter Flanschverbindungen

Die Flanschverbindungen bestehen aus genormten Flanschen, Dichtungen und zugehörigen Schrauben bzw. Schraubenbolzen mit Muttern. Einzelheiten zu den Bestandteilen siehe Band I Abschnitt 5.2. Für Rohrleitungen aus metallischen Werkstoffen werden nahezu ausschließlich Flansche nach DIN EN-Reihe 1092 verwendet, die auf der Grundlage von DIN EN 1591-1 bemessen wurden. Sie bedürfen daher keiner besonderen Überprüfung auf ausreichende Tragfähigkeit, sofern die Ratingparameter nach Abschnitt 5.3.2 und der Prüfdruck

$$p_t \leq 1{,}43\ PN \qquad (5.3\text{-}1)$$

nicht überschritten werden.

Für Flanschverbindungen mit ovalen Flanschen, Apparateflanschen, Flanschen aus nichtmetallischen Werkstoffen (z. B. Kunststoffe) oder Flanschen für spezielle Zwecke (z. B. Steriltechnik) sind die Ratingparameter den zugehörigen Normen und/oder Herstellerunterlagen zu entnehmen. Hinweise hierzu siehe [0.3-1].

5.3.2 Ratingparameter nach DIN EN-Reihe 1092

a) Übersicht

Allgemein gilt, dass die Ratingdrücke p_{rat} bei Umgebungstemperatur für alle Werkstoffe dem Nenndruck PN in bar entsprechen. Je nach Werkstoff ist für erhöhte Temperaturen aber eine mehr oder weniger starke Abminderung zu erwarten.

DIN EN 1092-1 enthält Ratingparameter von Flanschverbindungen für eine Vielzahl von Werkstoffen. Beispielhaft sind die Ratingparameter für folgende häufig verwendeten Werkstoffe angegeben:

- unlegierter Stahl PN 2,5 bis 400 **Tabelle 5.3-1**
- niedriglegierter Stahl PN 40 bis 400 **Tabelle 5.3-2**
- hochlegierter Stahl PN 2,5 bis 40 **Tabelle 5.3-3**

Die in Tabelle 5.3-1 und 5.3-2 erwähnten Referenzdicken des Vormaterials sind z. B. Blechdicken, Wanddicken oder Ansatzdicken geschmiedeter oder gegossener Flansche.

b) Referenzzustand

Für das Berechnungsmodell zur Ermittlung der Ratingparameter gelten gemäß Anhang E von DIN EN 1092-1 für den Referenzzustand (Index R) die folgenden Berechnungsvoraussetzungen.

- Flansche

  Zulässige Spannungen für den

  - Montagezustand: $f_{B,R} = 140$ MPa
  - Prüfzustand: $f_{test,R} = 200$ MPa

  Die zulässigen Spannungen entsprechen folgenden Schmiedestählen:

  - P245GH (1.0352) nach DIN EN 10222-2 (Flansch-Werkstoffgruppe 3E0)

    $R_m = 410$ MPa, $R_{eH} = 220$ MPa bzw. $R_{p0,2} = 210$ MPa

  - X2CrNiMo17-12-2 (1.4404) nach DIN EN 10222-5 (Flansch-Werkstoffgruppe 13E0)

    $R_m = 490$ MPa, $R_{p0,2} = 190$ MPa bzw. $R_{p1,0} = 225$ MPa

Tabelle 5.3-1: Ratingdrücke genormter Flanschverbindungen PN 2,5 bis 400 mit Flanschen aus unlegiertem Stahl P245GH (Werkstoffgruppe 3E0) nach DIN EN 1092-1
ANMERKUNG 1: Die Werte ohne Klammern gelten für Referenzdicken des Vormaterials ≤ 50 mm, die Werte in Klammern für Referenzdicken > 50 mm.
ANMERKUNG 2: Kursive Angaben kennzeichnen den Bereich der Zeitstandfestigkeit.

Nenndruck PN	Ratingdruck in bar bei Ratingtemperatur								
	≤ 50 °C	100 °C	150 °C	200 °C	250 °C	300 °C	350 °C	400 °C	450 °C
2,5	2,5	2,3 (2,1)	2,2 (2)	2 (1,9)	1,9 (1,7)	1,7 (1,6)	1,6 (1,5)	1,4	*0,8*
6	6	5,5 (5,1)	5,2 (5)	5 (4,6)	4,5 (4,2)	4,1 (3,8)	3,8 (3,6)	3,5 (3,4)	*1,9*
10	10	9,2 (8,5)	8,8 (8,3)	8,3 (7,7)	7,6 (7)	6,9 (6,4)	6,4 (6)	5,9 (5,7)	*3,2*
16	16	14,8 (13,7)	14 (13,3)	13,3 (12,4)	12,1 (11,3)	11 (10,2)	10,2 (9,6)	9,5 (9,1)	*5,2*
25	25	23,2 (21,4)	22 (20,8)	20,8 (19,4)	19 (17,7)	17,2 (16)	16 (15,1)	14,8 (14,2)	*8,2*
40	40	37,1 (34,2)	35,2 (33,3)	33,3 (31)	30,4 (28,3)	27,6 (25,7)	25,7 (24,1)	23,8 (22,8)	*13,1*
63	63	58,5 (54)	55,5 (52,5)	52,5 (48,9)	48 (44,7)	43,5 (40,5)	40,5 (38,1)	37,5 (36)	*20,7*
100	100	92,8 (85,7)	88 (83,3)	83,3 (77,6)	76,1 (70,9)	69 (64,2)	64,2 (60,4)	59,5 (57,1)	*32,8*
160	160	148,5 (137,1)	140,9 (133,3)	133,3 (124,1)	121,9 (113,5)	110,4 (102,8)	102,8 (96,7)	95,2 (91,4)	*52,5*
250	250	232,1 (214,2)	220,2 (208,3)	208,3 (194)	190,4 (177,3)	172,6 (160,7)	160,7 (151,1)	148,8 (142,8)	*82,1*
320	320	297,1 (274,2)	281,9 (266,6)	266,6 (248,3)	243,8 (227)	220,9 (205,7)	205,7 (193,5)	190,4 (182,8)	*105,1*
400	400	371,4 (342,8)	352,3 (333,3)	333,3 (310,4)	304,7 (283,8)	276,1 (257,1)	257,1 (241,9)	238 (228,5)	*131,4*

Tabelle 5.3-2: Ratingdrücke genormter Flanschverbindungen PN 40 bis 400 mit Flanschen aus niedriglegiertem Stahl 16Mo3 (Werkstoffgruppe 4E0) und 13CrMo4-5 (Werkstoffgruppe 5E0) nach DIN EN 1092-1

ANMERKUNG 1: Die Werte gelten für Referenzdicken des Vormaterials von 90 bis 150 mm. Für Referenzdicken < 90 mm liegen die Ratingdrücke im zeitunabhängigen Bereich ab 200 °C (13CrMo4-5 ab 300 °C) etwas höher.

ANMERKUNG 2: Kursive Angaben kennzeichnen den Bereich der Zeitstandfestigkeit.

Nenndruck PN	Ratingdruck in bar bei Ratingtemperatur											
	≤ 50 °C	100 °C	150 °C	200 °C	250 °C	300 °C	350 °C	400 °C	450 °C	500 °C	530 °C	570 °C
16Mo3 (Werkstoffgruppe 4E0)												
40	40	40	40	37,1	34,2	30,4	28	25,3	23,6	*17,7*	*8,9*	
63	63	63	63	58,5	54	48	44,1	39,9	37,2	*27,9*	*14,1*	
100	100	100	100	92,8	85,7	76,1	70	63,3	59	*44,2*	*22,3*	
160	160	160	160	148,5	137,1	121,9	112	101,3	94,4	*70,8*	*35,8*	-
250	250	250	250	232,1	214,2	190,4	175	158,3	147,6	*110,7*	*55,9*	
320	320	320	320	297,1	274,2	243,8	224	202,6	188,9	*141,7*	*71,6*	
400	400	400	400	371,4	342,8	304,7	280	253,3	236,1	*177,1*	*89,5*	
13CrMo4-5 (Werkstoffgruppe 5E0)												
40	40	40	40	40	40	36,7	33,9	31,8	29,5	*26*	*14,8*	*6,2*
63	63	63	63	63	63	57,9	53,4	50,1	46,5	*41,1*	*23,4*	*9,9*
100	100	100	100	100	100	97,6	90	83,8	78,5	*65,2*	*37,1*	*15,7*
160	160	160	160	160	160	147	135,6	127,2	118	*104,3*	*59,4*	*25,1*
250	250	250	250	250	250	229,7	211,9	198,8	184,5	*163*	*92,8*	*39,2*
320	320	320	320	320	320	294	271,2	254,4	236,1	*208,7*	*118,8*	*50,2*
400	400	400	400	400	400	367,6	339	318	295,2	*260,9*	*148,5*	*62,8*

Tabelle 5.3-3: Ratingdrücke genormter Flanschverbindungen PN 2,5 bis 40 mit Flanschen aus hochlegiertem Stahl X6CrNiTi18-10 (Werkstoffgruppe 12E0) und X6CrNiMoTi17-12-2 (Werkstoffgruppe 15E0) nach DIN EN 1092-1

ANMERKUNG: Kursive Angaben kennzeichnen den Bereich der Zeitstandfestigkeit.

Nenndruck PN	Ratingdruck in bar bei Ratingtemperatur											
	≤ 50 °C	100 °C	150 °C	200 °C	250 °C	300 °C	350 °C	400 °C	450 °C	500 °C	550 °C	600 °C
	X6CrNiTi18-10 (Werkstoffgruppe 12E0)											
2,5	2,5	2,4	2,3	2,2	2,1	1,9	1,9	1,8	1,8	1,7	*1,6*	*1*
6	6	5,9	5,6	5,3	5	4,7	4,6	4,4	4,3	4,2	*4*	*2,4*
10	10	9,9	9,3	8,8	8,4	7,9	7,6	7,4	7,2	7	*6,7*	*4*
16	16	15,8	14,9	14,1	13,4	12,7	12,2	11,8	11,6	11,3	*10,8*	*6,5*
25	25	24,7	23,3	22,1	21	19,8	19,1	18,5	18,1	17,7	*16,9*	*10,2*
40	40	39,6	37,3	35,4	33,7	31,8	30,6	29,7	29	28,3	*27*	*16,3*
	X6CrNiMoTi17-12-2 (Werkstoffgruppe 15E0)											
2,5	2,5	2,5	2,4	2,3	2,2	2	2	1,9	1,9	1,8	1,8	*1,3*
6	6	6	5,8	5,6	5,3	5	4,8	4,6	4,6	4,5	4,4	*3,3*
10	10	10	9,8	9,3	8,8	8,3	8	7,8	7,6	7,5	7,4	*5,5*
16	16	16	15,6	14,9	14,1	13,3	12,8	12,4	12,2	12	11,9	*8,8*
25	25	25	24,5	23,3	22,1	20,8	20,1	19,5	19,1	18,8	18,6	*13,8*
40	40	40	39,2	37,3	35,4	33,3	32,1	31,2	30,6	30	29,9	*22*

- Verbindungsmittel

  Referenzeigenschaften der Verbindungsmittel, Schraubenanzugsmomente, sowie Hinweise bei der Verwendung anderer Werkstoffe siehe Abschnitt 5.3.3.

- Dichtungen

  Referenzeigenschaften der Dichtungen, Eigenschaften von Dichtungswerkstoffen, sowie Hinweise beim Einsatz anderer Dichtungsformen und Werkstoffe siehe Abschnitt 5.3.4.

- Zusatzkräfte

  Bei der Bemessung der Flanschverbindungen wurden die Zusatzkräfte bzw. zulässigen Anschlussbelastungen gemäß Abschnitt 7.5.2 berücksichtigt. Durch eine Rohrleitungssystem-Analyse oder andere einfache statische Berechnungen ist zu überprüfen, dass diese nicht überschritten werden.

- Sonstige Bedingungen

  Während der Lebensdauer der Flanschverbindung ist 20-maliges Öffnen und Schließen vorgesehen.

DIN EN 1092-2 (Flansche aus Gusseisen), DIN EN 1092-3 (Flansche aus Cu und dessen Legierungen) und DIN EN 1092-4 (Flansche aus Al und dessen Legierungen) enthalten ebenfalls Ratingdrücke. Die Berechnungsvoraussetzungen sind allerdings nicht im Detail angegeben.

5.3.3 Verbindungsmittel

a) Referenzeigenschaften der Verbindungsmittel

Bei der Ermittlung der Ratingparameter wurden gemäß DIN EN 1092-1 folgende Eigenschaften der Verbindungsmittel vorausgesetzt:

- Schraubenabmessungen

  Sechskantschrauben mit Schaft nach DIN EN ISO 4014

- Reibungsbeiwert beim Schraubenanzug: $\mu_{B,R} = 0{,}2$ (geschmiert)

- Schraubenwerkstoff für Gewindegrößen ≤ M39

  Zulässige Spannungen für

  Montagezustand: $f_{B,R}$ = 200 MPa

  Prüfzustand: $f_{test,R}$ = 285,7 MPa

  Die zulässigen Spannungen entsprechen Festigkeitsklasse 5.6 nach DIN EN ISO 898-1.

- Schraubenwerkstoff für Gewindegrößen > M39

  Zulässige Spannungen für

  Montagezustand: $f_{B,R}$ = 250 MPa

  Prüfzustand: $f_{test,R}$ = 419 MPa

  Die zulässigen Spannungen entsprechen dem Stahl 25CrMo4 (1.7218) nach DIN EN 10269.

- Schraubenanzug für Gewinde ≤ M20

  unkontrolliertes Anziehen: Streuwert für die einzelne Schraube $\varepsilon_R = \pm 0{,}4$

- Schraubenanzug für Gewinde > M20

  Drehmomentschlüssel: Streuwert für die einzelne Schraube $\varepsilon_R = \pm 0{,}2$

- Festigkeitskategorie der Schrauben nach DIN EN 1515-2

  normale Festigkeit

- Mindest-Vorspannkraft der Schrauben

  entsprechend Mindest-Belastungsgrad der Schrauben von $\Phi_B = 0{,}3$

- Maximale Neigung des Flanschblattes: 1°

b) Schraubenvorspannung im Referenzzustand

Wie bereits erwähnt, wurden die Flanschabmessungen gemäß DIN EN 1092-1 auf der Grundlage der maximalen Schraubenvorspannung gemäß Gl. (5.2-2) festgelegt:

$$F_{B,zul} = F_{B,0,max}$$

Der Nennwert der Schraubenkraft für das Anziehen der Schrauben (Montagevorspannung) ist nach Gl. (5.2-5) zu ermitteln.

Für genormte Flanschverbindungen mit Vollschaftschrauben ergeben sich unter Berücksichtigung der unterschiedlichen Werkstoffe und Schraubenanzugsmethoden folgende Varianten für die Vorspannung im Referenzzustand:

- Gewinde ≤ M20

  Festigkeitsklasse 5.6, unkontrolliertes Anziehen der Schrauben mit $\varepsilon_R = \pm 0{,}4$

  Nach DIN EN ISO 898-1 ergeben sich folgende Festigkeitskennwerte:

  Zugfestigkeit $R_m \geq 500$ MPa

  untere Streckgrenze $R_{eL} \geq 300$ MPa, d. h. $R_{el} / R_m = 0{,}6 < 0{,}8$

  Zulässige Spannungen im Montagezustand gemäß Gl. (5.2-6a):

$$f_{B,R} = \min\left\{\frac{R_{eL}}{1{,}5}; \frac{R_m}{2{,}4}\right\} = \min\left\{\frac{300}{1{,}5}; \frac{500}{2{,}4}\right\} = 200 \text{ MPa}$$

  Vorspannkraft im Referenzzustand:

$$F_{B,R} = \frac{f_{B,R}\,A_{Be}}{(1+\varepsilon_R)} = \frac{200}{(1+0{,}4)}\,\frac{\pi\,d_{Be}^2}{4} = 112{,}2\,d_{Be}^2 \qquad (5.3\text{-}2a)$$

- Gewinde > M20, jedoch ≤ M39

  Festigkeitsklasse 5.6, kontrolliertes Anziehen der Schrauben mit $\varepsilon_R = \pm 0{,}2$

  Vorspannkraft (Werkstoffkennwert analog ≤ M20) im Referenzzustand:

$$F_{B,R} = \frac{f_{B,R}\,A_{Be}}{(1+\varepsilon_+)} = \frac{200}{(1+0{,}2)}\,\frac{\pi\,d_{Be}^2}{4} = 130{,}9\,d_{Be}^2 \qquad (5.3\text{-}2b)$$

- Gewinde > M39

  Stahl 25CrMo4, kontrolliertes Anziehen der Schrauben mit $\varepsilon_R = \pm 0{,}2$

Tabelle 5.3-4: Vorspannung $F_{B,R}$ für Flanschverbindungen des Berechnungsmodells, ermittelt aus den Referenzeigenschaften

Gewindenenngröße	M10	M12	M16	M20	M24	M27	M30	M33
Vorspannung in kN	8	12	23	36	60	78	95	120
Gewindenenngröße	M36	M39	M45	M48	M52	M56	M64	M72 x 6
Vorspannung in kN	139	165	276	312	372	429	565	730

Nach DIN EN 10269 ergeben sich folgende Festigkeitskennwerte:

Zugfestigkeit $R_m \geq 600$ MPa

Dehngrenze $R_{p0,2} \geq 440$ MPa, d. h. $R_{p0,2} / R_m = 0,733 < 0,8$

Zulässige Spannungen im Montagezustand gemäß Gl. (5.2-6a):

$$f_{B,R} = \min\left\{\frac{R_{p0,2}}{1,5}; \frac{R_m}{2,4}\right\} = \min\left\{\frac{440}{1,5}; \frac{600}{2,4}\right\} = 250 \text{ MPa}$$

Vorspannkraft im Referenzzustand:

$$F_{B,R} = \frac{f_{B,R}\, A_{Be}}{(1+\varepsilon_R)} = \frac{250}{(1+0,2)} \frac{\pi\, d_{Be}^2}{4} = 163,6\, d_{Be}^2 \qquad (5.3\text{-}2c)$$

Die nach Gl. (5.3-2a) bis (5.3-2c) errechneten Vorspannkräfte $F_{B,R}$ für die Verbindungsmittel im Referenzzustand sind in **Tabelle 5.3-4** angegeben. Sie dienen als Grundlage für den Festigkeitsnachweis der genormten Flansche.

c) Klassifizierung genormter Flanschverbindungen

Zulässige Kombinationen von Flansch- und Schraubenwerkstoffen enthält DIN EN 1515-2. Bei der Auswahl ist zu beachten, dass die Ratingtemperatur des Schraubenwerkstoffes für die vorgesehene Auslegungstemperatur geeignet sein muss. Jeder Flansch-Werkstoffgruppe sind Werkstoffe von Verbindungsmitteln zugeordnet, die folgendermaßen klassifiziert sind:

- niedrige Festigkeit

  Die Festigkeit der Verbindungsmittel ist nicht ausreichend, um die Ratingparameter der genormten Flanschverbindungen (siehe z. B. Tabelle 5.3-1 bis 5.3-3) auszuschöpfen. Die solchermaßen klassifizierten Werkstoffe sollten deshalb nur dann eingesetzt werden, wenn die Auslegungsdrücke merkbar unter denjenigen der Ratingdrücke liegen. Als Richtwert der Abwertung kann das Verhältnis der zulässigen Spannung des Schraubenwerkstoffes mit „niedriger Festigkeit“ zu einem ähnlichen in der gleichen Flansch-Werkstoffgruppe mit „normaler Festigkeit“ angesetzt werden.

Beispielsweise wird im unteren Temperaturbereich häufig die Festigkeitsklasse 4.6 verwendet, die generell mit „niedriger Festigkeit“ klassifiziert ist. Ihre zulässige Spannung beträgt gemäß DIN EN ISO 898-1

$f_{B,4.6} = R_{eL,4.6} / 1{,}5 = 240 / 1{,}5 = 160$ MPa

Die zulässige Spannung der Festigkeitsklasse 5.6 beträgt hingegen, wenn diese in der gleichen Flansch-Werkstoffgruppe mit „normaler Festigkeit“ klassifiziert ist:

$f_{B,5.6} = R_{eL,5.6} / 1{,}5 = 300 / 1{,}5 = 200$ MPa

Damit ergibt sich eine Abwertung von:

$f_{B,4.6} / f_{B,5.6} = 160 / 200 = 0{,}8$

d. h. die Ratingdrücke sollten nur zu 80 % ausgeschöpft werden.

- normale Festigkeit (auch als „mittlere Festigkeit“ bezeichnet)

  Die Festigkeit der Verbindungsmittel gegenüber derjenigen des Flansches entspricht innerhalb zugelassener Grenzen dem Berechnungsmodell. Es gibt somit keine Einsatzbeschränkungen, abgesehen von der generellen Eignung für die jeweilige Auslegungstemperatur.

- hohe Festigkeit

  Die Festigkeit der Verbindungsmittel ist wie bei der „normalen Festigkeit“ ohne Einschränkungen gegeben. Allerdings darf die maximal mögliche Vorspannung nach Gl. (5.2-5) nicht ausgeschöpft werden, da der Flansch nicht für diese hohe Belastung dimensioniert wurde. Es wird deshalb empfohlen, die Vorspannkraft eines Werkstoffes mit „normaler Festigkeit“ der gleichen Flansch-Werkstoffgruppe für das Verbindungsmittel mit „hoher Festigkeit“ anzusetzen, auch wenn dadurch die hohe Festigkeit des Verbindungsmittels nicht ausgeschöpft wird.

DIN EN 1515-2 gilt für Vollschaftschrauben. Sie sollte aber auch für Schraubenbolzen mit Dehnschaft (Dehnschrauben) angewendet werden, die für hohe Drücke und/oder Temperaturen (siehe Band I Tabelle 5.2-8) anstelle von Vollschaftschrauben erforderlich sind. Komplikationen zur Klassifizierung sind kaum zu befürchten, zudem die meist höhere Werkstoffqualität den verringerten effektiven Schraubendurchmesser der Dehnschrauben im Allgemeinen ausgleicht.

d) Schraubenvorspannung für genormte Flanschverbindungen

Für genormte Flanschverbindungen sind Verbindungsmittel mit „normaler Festigkeit" nach DIN EN 1515-2 vorzusehen. Die Ratingtemperatur des Schraubenwerkstoffes muss für die vorgesehene Auslegungstemperatur geeignet sein. Kontrolliertes Anziehen der Schrauben mit $\varepsilon = \pm 0{,}2$ sollte die Regel sein.

Als Basiswerkstoff für genormte Flanschverbindungen wird analog zum Berechnungsmodell P245GH (Werkstoffgruppe 3E0) gewählt. Für die zugehörigen Vollschaftschrauben kommt als Standardwerkstoff die Festigkeitsklasse 5.6 nach DIN EN ISO 898-1 in Betracht. Die Festigkeitskennwerte sind in **Tabelle 5.3-5** aufgelistet, desgleichen die nach Gl. (5.2-6) ermittelte zulässige Spannung.

Bei den Dehnschrauben wird als Basiswerkstoff 25CrMo4 (1.7218) nach DIN EN 10269 zugrunde gelegt. Festigkeitskennwerte und zulässige Spannungen sind ebenfalls in Tabelle 5.3-5 enthalten.

Die für die Montage vorzugebenden Vorspannkräfte $F_{B,0}$ sind nach Gl. (5.2-5), die zugehörigen Schraubenanzugsmomente $M_{B,0}$ nach Gl. (5.2-7) zu ermitteln. Die effektiven Querschnitte A_{be} können für Vollschaft- und Dehnschrauben aus Tabelle 5.2-1 entnommen werden. Die hiernach errechneten Vorspannkräfte und Schraubenanzugsmomente können aus **Tabelle 5.3-6** entnommen werden.

Tabelle 5.3-5: Festigkeitskennwerte und zulässige Spannungen in MPa für häufig verwendete Schraubenwerkstoffe

Festigkeitsklasse bzw. Werkstoff	Zugfestigkeit R_m	0,2 %-Dehngrenze $R_{p0,2}$ [1)]	zulässige Spannung f_B	R_{el} / R_m	Faktor C_f
Vollschaftschrauben					
4.6	400	240	160	0,6	0,8
5.6	500	300	200	0,6	1
A2-50, A4-50	500	210	140	0,42	0,7
A2-70, A4-70	700	450	292	0,64	1,46
Dehnschrauben					
15CrMo4	600	440	250	0,73	1
42CrMo4	860	730	358	0,85	1,433
21CrMoV5-7	700	550	292	0,79	1,167
X22CrMoV12-1	800	600	333	0,75	1,333
X7CrNiMoBNb16-16	650	500	271	0,77	1,083

1) Für Festigkeitsklasse 4.6 und 5.6 gilt statt dessen die untere Streckgrenze R_{eL}.

Tabelle 5.3-6: Vorspannung und Anzugsmomente von Verbindungsmitteln für genormte Flanschverbindungen bei kontrolliertem Schraubenanzug (in Klammern: unkontrollierter Schraubenanzug).
Die schattierten Zellen kennzeichnen das übliche Einsatzgebiet von Drehmomentvervielfältigern (Drehmomentverstärkern).

Gewindegröße	Vollschaftschraube 5.6		Dehnschraube 15CrMo4	
	Vorspannung in kN	Anzugsmoment in Nm	Vorspannung in kN	Anzugsmoment in Nm
M10	10 (8)	24 (20)	-	-
M12	14 (12)	41 (35)	12	34
M16	27 (23)	102 (88)	24	90
M20	42 (36)	200 (171)	37	177
M24	60	345	53	305
M27	78	505	69	445
M30	95	685	87	623
M33	120	950	106	842
M36	139	1197	124	1069
M39	165	1547	152	1424
M45	221	2387	206	2226
M48	250	2874	230	2649
M52	297	3710	275	3431
M56	344	4617	317	4255
M64	452	6948	425	6534
M72 x 6	584	10 088	560	9671

Die Vorspannkräfte sind bei den Vollschaftschrauben ≤ M39 identisch mit denjenigen des Berechnungsmodells nach Tabelle 5.3-4. Für Gewindegrößen > M39 bestehen Abweichungen, da beim Berechnungsmodell ein anderer Werkstoff gewählt wurde.

Entsprechend DIN EN 1515-2 können je nach zulässiger Werkstoffkombination und Auslegungstemperatur andere Festigkeitsklassen bzw. Werkstoffe erforderlich sein. Die zugehörigen Vorspannkräfte und Schraubenanzugsmomente können gleichfalls aus Tabelle 5.3-6 entnommen werden. Sie sind jedoch mit einem Faktor C_f zu multiplizieren, der für häufig vorkommende Festigkeitsklassen bzw. Schraubenwerkstoffe zusätzlich in Tabelle 5.3-5 angegeben ist. Der Faktor C_f stellt das Verhältnis aus zulässiger Spannung des Schraubenwerkstoffs zum Bezugswerkstoff der Tabelle 5.3-6 dar, d. h.:

Vollschaftschrauben $$C_f = \frac{f_B}{f_{B,5.6}} = \frac{f_B}{200} \quad (5.3\text{-}3a)$$

Dehnschrauben $$C_f = \frac{f_B}{f_{B,15CrMo4}} = \frac{f_B}{250} \quad (5.3\text{-}3b)$$

5.3.4 Dichtungen

a) Referenzeigenschaften der Dichtungen

Die Dichtungsarten und -breiten sowie die Mindestflächenpressung $Q_{A,R}$ siehe **Tabelle 5.3-7**. Weitere Referenzeigenschaften, die aber nicht unbedingt zur Überprüfung der Eignung einer Dichtung erforderlich sind, können aus DIN EN 1092-1, Anhang E entnommen werden.

b) Nachweis der Dichtheit

Der Nachweis der Dichtheit im Montagezustand ist beim Referenzzustand (Index R) als gegeben zu betrachten, d. h.:

$$n_B\,(1 - \varepsilon_-)\,F_{B,0,min} \geq F_{G,0,min,R} = \pi\, d_{G,R}\, b_{G,R}\, Q_{A,R} \quad (5.3\text{-}4a)$$

$b_{G,R}$ - Abdichtungsbreite im Referenzzustand (Berechnungsmodell). Sie ist in Abhängigkeit von Nennweite DN und Nenndruck PN aus den in **Tabelle 5.3-7** angegebenen Normen zu entnehmen. Die Erläuterungen zur Definition der Abdichtungsbreite gemäß Abschnitt 5.2.4 sind zu beachten.

$d_{G,R}$ - mittlerer Abdichtungsdurchmesser im Referenzzustand entsprechend der zu $b_{G,R}$ gehörenden Abdichtungsbreite

$Q_{A,R}$ - Mindestflächenpressung im Referenzzustand entsprechend Angaben in **Tabelle 5.3-7**.

Für Flanschverbindungen mit abweichenden Dichtungsarten und Dichtungswerkstoffen muss hingegen ein zusätzlicher Nachweis der Dichtheit geführt werden:

$$n_B\,(1 - \varepsilon_-)\,F_{B,0,min} \geq F_{G,0,min,A} = \pi\, d_{G,A}\, b_{G,A}\, Q_A \quad (5.3\text{-}4b)$$

$b_{G,A}$ - Abdichtungsbreite der gewählten Dichtung entsprechend Abschnitt 5.2.4

$d_{G,A}$ - mittlerer Abdichtungsdurchmesser der gewählten Dichtung entsprechend Abschnitt 5.2.4

Q_A - Mindestflächenpressung der gewählten Dichtung. Sie ist vorzugsweise den Herstellerunterlagen zu entnehmen. Richtwerte enthält **Tabelle 5.2-2**.

Tabelle 5.3-7: Dichtungsarten und -abmessungen beim Berechnungsmodell

PN von	PN bis	DN	Dichtungsart	Abmessungen nach DIN EN	$Q_{A,R}$ in MPa	Dicke bei DN ≤ 300	Dicke bei DN > 300
2,5	25	alle	Weichstoff	1514-1	25	2	3
40		≤ 600	Weichstoff	1514-1	25	2	3
		> 600	Spiral	1514-2	50	4,5	
63		≤ 400	Weichstoff	1514-1	25	2	3
		> 400	Spiral	1514-2	50	4,5	
> 63		alle	Spiral	1514-2	50	4,5	

Der Dichtheitsnachweis nach Gl. (5.3-4b) kann entfallen, wenn die Dichtheit als offensichtlich gegeben zu betrachten ist, z. B. bei Verwendung eines Dichtungswerkstoffes mit geringerer Mindestflächenpressung gegenüber dem Referenzzustand.

5.4 Relaxation von Dehnschrauben

a) Vorbemerkungen

Dehnschrauben (Schraubenbolzen mit Dehnschaft) von Flanschverbindungen, die im Zeitstandbereich betrieben werden, unterliegen der Relaxation, d. h. die aufgebrachte Schraubenvorspannung baut sich im Laufe der Zeit ab. Weitere Erläuterungen zur Relaxation siehe Abschnitt 4.11.1. Gemäß VGB-R 505 ist die Länge zeitstandbeanspruchter Dehnschrauben bei allen Demontagen und Revisionen zu messen und mit den Ausgangswerten zu vergleichen. Bei einer bleibenden Dehnung von 1 % sind sie gegen neue oder regenerierte Schrauben auszuwechseln. Das Ausmessen der Schrauben hat allerdings messtechnisch seine Grenzen.

Untersuchungen zur Reduzierung des Einflusses der Relaxation mittels Tellerfedern und werden anhand eines Berechnungsmodells in der Arbeit [5.4-1] beschrieben.

Bei Vollschaftschrauben ist die Relaxation ohne Bedeutung, da für den in Betracht kommenden Temperaturbereich nur Dehnschrauben eingesetzt werden.

b) Äquivalente Spannungen der Schrauben- und Dichtungskräfte

Der Relaxationwiderstand $R_{E/t/\varepsilon}$ ist diejenige Restspannung infolge bleibender Dehnung, die nach einer Anfangsdehnung von meist 0,2 %, bei austenitischen Stählen von 0,15 %, verbleibt. Zu vergleichenden Betrachtungen müssen die

Schrauben-Vorspannkräfte und Dichtungskräfte auf äquivalente Spannungen umgerechnet werden:

- Äquivalente Spannung der Montagevorspannkraft $\sigma_{B,0}$

  Sie beträgt nach Gl. (5.2-4), bezogen auf den Querschnitt der Dehnschraube:

$$\sigma_{B,0} = \frac{F_{B,0}}{A_{Be}} = \frac{f_B}{(1 + \varepsilon_+)} \tag{5.4-1}$$

  Gl. (5.4-1) setzt eine ausreichende Wärmedämmung voraus, so dass sich bei Erwärmung sowohl die Flansche, als auch die Schraubenbolzen gleichmäßig dehnen können. Die zulässigen Temperaturabschläge zwischen Schraubenbolzen und Flanschen gemäß Abschnitt 5.2.1 sind hierbei vernachlässigt, desgleichen unterschiedliche Wärmeausdehnungen infolge von Werkstoffunterschieden zwischen den Dehnschrauben und Flanschen.

- Äquivalente Spannung der maximalen Schraubenkraft $\sigma_{B,0,max}$

  Aus Gl. (5.2-3b) resultiert:

$$\sigma_{B,0,max} = \frac{F_{B,0,max}}{A_{Be}} = \frac{f_B\, A_{Be}}{A_{Be}} = f_B \tag{5.4-2}$$

  Die äquivalente Spannung ist also identisch mit der zulässigen Spannung bei Raumtemperatur.

- Äquivalente Spannung der Mindest-Schraubenkraft $\sigma_{B,0,min}$

  Aus Gl. (5.2-3a) in Verbindung mit Gl. (5.2-4) folgt:

$$\sigma_{B,0,min} = \frac{F_{B,0,min}}{A_{Be}} = \frac{1 - \varepsilon_-}{1 + \varepsilon_+}\, f_B \tag{5.4-3}$$

  Sie muss höher sein als die äquivalente Spannung der Mindest-Dichtungskraft, d. h.:

$$\sigma_{B,0,min} > \sigma_{G,0,min} \tag{5.4-4}$$

- Äquivalente Spannung der Mindest- Dichtungskraft $\sigma_{G,0,min}$

  Aus Gl. (5.2-11) in Verbindung mit Gl. (5.2-12) ergibt sich, bezogen auf den Schraubenquerschnitt:

$$\sigma_{G,0,min} = \frac{F_{G,0,min}}{n_B\, A_{B,e}} = \frac{A_{G,A}}{n_B\, A_{B,e}}\, Q_A \tag{5.4-5}$$

  Die äquivalente Spannung nach Gl. (5.4-5) ist für die Dichtheit im Montagezustand maßgebend. Sie wurde für einige kammprofilierte Dichtungen ermittelt, wie sie neben Schweißdichtungen vorzugsweise für Flanschverbindungen im Zeitstandbereich verwendet werden. Die geometrischen Daten stammen aus DIN EN 1514-6. Sie ergeben in Verbindung mit Schraubenanzahl und -größe eine recht große Variationsbreite:

PN 100 $\sigma_{G,0,min} = (2{,}4 \text{ bis } 9{,}3)\ Q_A$ (5.4-6a)

PN 250 $\sigma_{G,0,min} = (3 \text{ bis } 6)\ Q_A$ (5.4-6b)

PN 400 $\sigma_{G,0,min} = (2{,}1 \text{ bis } 3{,}9)\ Q_A$ (5.4-6c)

c) Darstellung im Relaxationsdiagramm

Die Zusammenhänge bei der Relaxation von Dehnschrauben in Flanschverbindungen werden am Beispiel des Werkstoffes X22CrMoV12-1+QT1 im **Bild 5.4-1** erläutert.

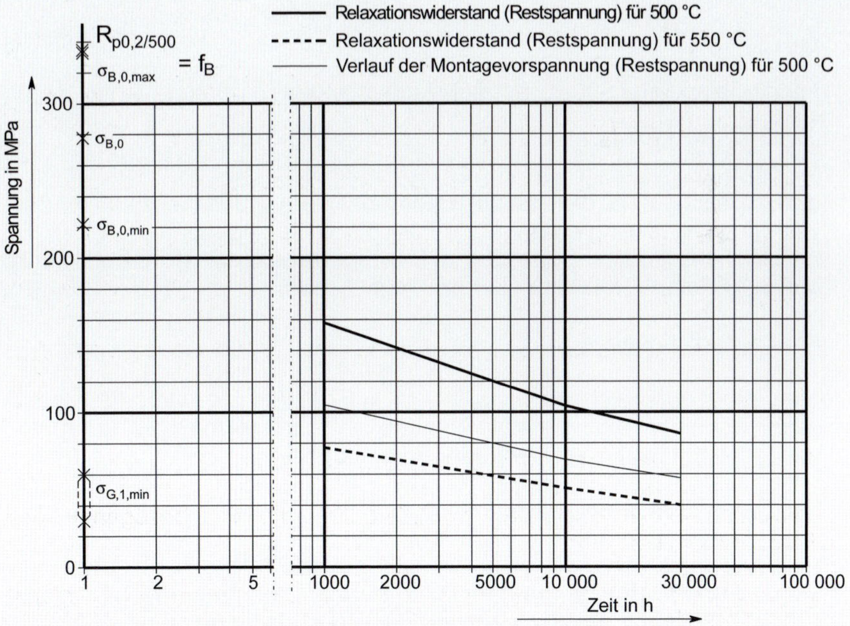

Bild 5.4-1: Relaxationswiderstand von Dehnschrauben aus X22CrMoV12-1+QT1 (Erläuterung der Kurzzeichen im Text)

- Restspannungen nach zeitabhängiger Beanspruchung

  Die Restspannungen wurden für die Temperaturen 500 °C und 550 °C aus DIN EN 10269 (Ausgabe 2006) entnommen. Sie beziehen sich auf eine Anfangsdehnung ($T \approx 1$ h) von $\varepsilon_A = 0{,}2$ %, dem bei 500 °C eine 0,2 %-Dehngrenze von $R_{p0,2/500} = 335$ MPa entspricht. Der Neuentwurf von DIN EN 10269 enthält höhere Werte gegenüber Ausgabe 2006.

- Zulässige Spannung für den Montagezustand f_B

  Sie beträgt entsprechend Gl. (5.2-6a) $f_B = 333$ MPa $= \sigma_{B,0,max}$. Die Festigkeitskennwerte stammen aus DIN EN 10269. f_B ist nur zufällig mit der 0,2 %-Dehngrenze $R_{p0,2/500}$ nahezu identisch.

- Tatsächliche Anfangsdehnung

  Aus dem Verhältnis von zulässiger Spannung im Montagezustand zur 0,2 %-Dehngrenze bei Ratingtemperatur ergibt sich die für die Relaxation der Dehnschrauben maßgebende Anfangsdehnung:

$$\varepsilon_B = \frac{f_B}{R_{p0,2/t}} \varepsilon_A \qquad (5.4\text{-}7)$$

  Für die Temperatur 500 °C beträgt sie demzufolge:

$$\varepsilon_B = \frac{333}{335} 0{,}2 = 0{,}199 \text{ \%}$$

  d. h. nahezu 0,2 %, weil die zulässige Spannung f_B annähernd so groß ist wie die 0,2 %-Dehngrenze $R_{p0,2/500}$. Für 550 °C ist hingegen $\varepsilon_B > 0{,}2$ %, da bei gleicher zulässiger Spannung im Montagezustand die 0,2 %-Dehngrenze gegenüber 500 °C merkbar niedriger liegt.

- Montagevorspannung

  Sie beträgt entsprechend Gl. (5.4-1) $\sigma_{B,0} \approx 278$ MPa. Sie wurde für kontrollierten Schraubenanzug mittels Drehmomentschlüssel mit $\varepsilon_+ = 0{,}2$ ermittelt und ist nicht vom Schraubenquerschnitt abhängig.

- Mindestwert der Montagevorspannung

  Er wurde entsprechend Gl. (5.4-3) zu $\sigma_{B,0,min} \approx 222$ MPa ermittelt. Auch hier wurde kontrollierter Schraubenanzug mittels Drehmomentschlüssel mit $\varepsilon_- = 0{,}2$ angesetzt. Der Mindestwert der Montagevorspannung ist für den Dichtheitsnachweis maßgebend.

In erster Näherung ist anzunehmen, dass diese Anfangsspannung nach zeitabhängiger Beanspruchung im gleichen Verhältnis zum Kurvenverlauf des Relaxationswiderstandes absinkt:

$$f(\sigma_{B,0,min}) = \frac{\sigma_{B,0,min}}{R_{p0,2/t}} R_{\varepsilon/T/t} \qquad (5.4\text{-}8)$$

Für 500 °C ergibt sich hiernach die im Bild 5.4-1 dünn eingetragene Kurve:

$$f(\sigma_{B,0,min}) = \frac{\sigma_{B,0,min}}{R_{p0,2/500}} R_{0,2/T/500} = \frac{222}{335} R_{0,2/T/500} = 0{,}667\, R_{0,2/T/500}$$

- Äquivalente Spannung der Mindest-Dichtungskraft für den Montagezustand

Für kammprofilierte Dichtungen PN 250 mit beidseitiger Graphitauflage und einer Mindest-Flächenpressung von $Q_A \approx 40$ MPa entsprechend DIN EN 1591-2 (siehe Tabelle 5.2-2) ergibt sich nach Gl. (5.4-6b) für die Vorverformung:

obere Grenze $\sigma_{G,0,min} = 240$ MPa bei DN 200

untere Grenze $\sigma_{G,0,min} = 120$ MPa bei DN 50

- Äquivalente Spannung der Dichtungskraft im Betriebszustand

Nach der Vorverformung sinkt die erforderliche Flächenpressung im Betrieb (Index 1) gemäß DIN EN 1591-2 auf $Q_{S,min[L]} = 10$ MPa ab. Die o. g. Werte für die äquivalente Spannung im Montagezustand verringern sich auf:

obere Grenze $\sigma_{G,1,min} = 60$ MPa bei DN 200

untere Grenze $\sigma_{G,1,min} = 30$ MPa bei DN 50

- Betriebszeit bis zum Nachziehen der Schrauben

Der Schnittpunkt zwischen der Kurve der Montagevorspannung $f(\sigma_{B,0,min})$ und der äquivalenten Spannung der Dichtungskraft im Betriebszustand $\sigma_{G,1,min}$ lässt zumindest Tendenzen für das Nachziehen der Dehnschrauben erkennen:

DN 200 mit $\sigma_{G,1,min} = 60$ MPa Nachziehen bei 25 000 h

DN 50 mit $\sigma_{G,1,min} = 30$ MPa Nachziehen bei über 30 000 h

Diese Zeiten sind durchaus als real einzuschätzen, da die Mindestflächenpressung im Betriebszustand merkbar niedriger als im Montagezustand ist. Eine Größenordnung von 30 000 h bis zum ersten Nachziehen der Dehnschrauben sowie das Auswechseln der Schrauben nach dreimaligem Nachziehen bei etwa 100 000 h ist als gängige Betriebspraxis anzusehen.

Auch wenn zunächst keine weiteren Rückschlüsse aus diesem Beispiel möglich sind, trägt das Relaxationsdiagramm zumindest zum Verständnis der Vorgänge bei der Relaxation der Dehnschrauben im Zeitstandbereich bei.

5.5 Ausblassicherheit von Flanschverbindungen

a) Definition

Gemäß VDI 2200 gilt eine Flanschverbindung als ausblassicher, wenn die Dichtung nicht aus ihrem Sitz gedrückt werden kann. Es soll dadurch die plötzliche Zerstörung einer Dichtung verhindert werden, was insbesondere bei Gefahrstoffen von besonderer Bedeutung ist.

Diese Definition erscheint unzureichend, da gerade bei Gefahrstoffen ein plötzlicher Anstieg der Leckage die Betriebsicherheit der Anlage beeinträchtigen kann, auch wenn die Dichtung nicht aus dem Sitz gedrückt wird.

Gemäß [5.5-1] gilt daher eine Flanschverbindung als ausblassicher, wenn die Mindestflächenpressung einer Dichtung $Q_{S,min[L]}$ für den vorgesehenen Auslegungsdruck abgesenkt werden oder abfallen darf, ohne dass

- die Dichtung aufreißt bzw. Teile der Dichtung aus der Verbindung heraus gedrückt werden.

- eine grobe Leckage eintritt, die um mehr als zwei Dichtheitsklassen größer ist, als es der geforderten Dichtheitsklasse L entspricht, wobei die Dichtung als Ganzes zwischen den Flanschdichtleisten verbleibt.

b) Ausblassichere Dichtsysteme

Als ausblassicher werden folgende Dichtsysteme angesehen:

- formschlüssige Dichtsysteme mit Eindrehungen für Linsen, Feder / Nut, Vor- und Rücksprung oder andere Profilformen.

- Dichtungen im Kraftnebenschluss.

- metallische Dichtungen wie Schweißringdichtungen, Membran-Schweißdichtungen, Kammprofildichtungen.

- Metall-Weichstoff-Dichtungen wie Spiraldichtungen, Wellringdichtungen gebördelte Dichtungen.

- Weichstoff-Dichtungen mit metallischen Einlagen (Spießbleche, Metallkerne, Lochbleche).

In der Praxis gibt es jedoch auch hier Schadensfälle, z. B. Zerstörung kammprofilierter Dichtungen, unterstützt durch zusätzliche Kerbwirkungen. Flanschverbindungen kleiner Nennweite mit vier Schrauben sind besonders gefährdet, da zwischen jeweils zwei Schrauben ausreichend Platz vorhanden ist, dass die gesamte unzerstörte Dichtung heraus geschleudert werden kann.

c) Nachweis der Ausblassicherheit

Die Ausblassicherheit ist hauptsächlich von Bedeutung bei:

- Flanschen mit glatten Dichtleisten, z. B. emaillierten Flanschen.

- Flanschverbindungen mit werkstoffbedingten niedrigen zulässigen Schraubenvorspannungen, z. B. bei Flanschen aus Kunststoffen (z. B. GFK) oder mit Weichgummiauskleidung.

- Flanschverbindungen im Zeitstandbereich mit Schrauben, die der Relaxation unterliegen (siehe Abschnitt 5.4).

In VDI 2200 werden Verfahren zum Nachweis der Ausblassicherheit vorgeschlagen, die im Anhang A von VDI 2200 näher beschrieben sind. Der Prüfaufbau geht von Flanschverbindungen DN 100, PN 40 (Stahl) bzw. PN 10 aus. Bei den Flanschen aus Stahl soll die Rauheit an der Dichtfläche $Rz \leq 6{,}3$ µm betragen, für emaillierte Flansche und Kunststoffflansche wird von der üblichen Herstellerqualität ausgegangen.

Hierauf aufbauend werden in der Arbeit [5.5-1] systematische Versuche an Dichtsystemen mit Flanschen DN 100 PN 16 und PN 160 aus Stahl, emailliertem Stahl und Kunststoff vorgestellt. Es wurde die Mindestflächenpressung zur Gewährleistung der Ausblassicherheit für 12 verschiedene Dichtungsarten ermittelt [5.5-2]: PTFE-Dichtungen in verschiedenen Ausführungen, Spiralringdichtungen, Graphitdichtungen mit Stahlblecheinlagen, Weichstoffdichtungen, Kammprofildichtungen mit Graphitauflagen und Wellringdichtungen.

Die Kenntnis der Mindestflächenpressung ist Voraussetzung für die Ermittlung der erforderlichen Schraubenvorspannung bei ausblasgefährdeten Flanschverbindungen. Die Mindestflächenpressung gemäß [5.5-2] schließt bereits einen Sicherheitsabstand gegen Ausblasen ein.

6. Rohrleitungssystem-Analyse

6.1 Allgemeines

a) Formelzeichen

Allgemeingültige Formelzeichen sind in Tabelle 0.1-1 angegeben, weitere Formelzeichen sind an diejenigen der Festigkeitsberechnung gemäß Tabelle 4.1-1 angelehnt. Spezielle Ergänzungen sind im Text an der betreffenden Stelle erläutert.

Die für rohrstatische Berechnungen einzusetzenden Wanddicken e_S bzw. Außendurchmesser D_S sind im Abschnitt 0.1.1 und in Tabelle 0.1-2 für die verschiedenen Bestellmöglichkeiten der Rohre definiert.

b) Bedeutung der Rohrleitungssystem-Analyse

Die Rohrleitungssystem-Analyse eines Leitungssystems soll Auskunft darüber geben, ob die Beanspruchung des Rohrleitungssystems mit seinen einzelnen Bauteilen innerhalb zulässiger Grenzen liegt, und ob die Belastungen an Anschlusskomponenten, wie z. B. Kesselsammler oder Turbine, sich im zulässigen Bereich befinden. Sie wird im Allgemeinen anschließend an die Festigkeitsberechnung gegen Innendruck (siehe Kapitel 4) durchgeführt.

Hierbei werden die durch Eigengewicht, Druck, Wind-, Schnee- oder sonstige Lasten und insbesondere die durch behinderte Wärmedehnung hervorgerufenen Beanspruchungen auf die starren Unterstützungen ermittelt. Für Konstant- und Federhänger sind mit Hilfe der statischen Rohrleitungssystem-Analyse die erforderlichen Einstellwerte zu bestimmen.

Die Rohrleitungssystem-Analyse industrieller Rohrleitungen erfolgt nach DIN EN 13480-3, die im Grundsatz mit FDBR-RL 4 übereinstimmt.

Maßgebend für die auftretenden Spannungen, Kräfte und Momente ist neben den Rohrabmessungen die Rohrleitungsführung. Für die Rohrleitungssystem-Analyse kann das Rohrleitungssystem in einzelne Abschnitte unterteilt werden. Diese sollen durch Festpunkte oder Anschlüsse an Behältern, Pumpen oder sonstigen Komponenten begrenzt sein. Ist aus berechnungstechnischen Gründen eine weitere Untergliederung erforderlich, kann der abgetrennte Abschnitt durch eine Flexibilitätsmatrix ersetzt werden.

Bei den zu berechnenden Rohrleitungen handelt es sich in der Regel um hochgradig statisch unbestimmte Stabtragwerke. Die Ermittlung der Schnittgrößen und Verformungen erfolgt auch bei kleinen Systemen fast ausschließlich mit Hilfe elektronischer Berechnungsprogramme, da eine manuelle Lösung einen zu hohen Zeitaufwand erfordert.

Die gängigen Berechnungsprogramme sind mit speziellen, auf den Rohrleitungsbau zugeschnittenen Erweiterungsmodulen ausgestattet, die z. B. unterschiedliche Regelwerke berücksichtigen oder in denen Kataloge verschiedener Bauteil- und Komponentenhersteller hinterlegt sind.

Vereinfachte Handrechnungsverfahren, wie das nach v. Jürgensonn [6.1-1], sollten nur in Ausnahmefällen auf bestimmte einfache Systeme angewandt werden (siehe Kapitel 7).

Für alle ausgedehnten, verzweigten oder vermaschten Systeme ist hingegen eine genaue Rohrleitungssystem-Analyse mit Hilfe eines elektronischen Berechnungsprogramms anzustreben. Die hierfür zur Verfügung stehenden Programme sind recht benutzerfreundlich, so dass sie selbst für einfache Systeme der zeitraubenden und fehleranfälligen manuellen Berechnung vorzuziehen sind.

6.2 Elastizität des Rohrleitungssystems

a) Flexibilitätsfaktor

Die Elastizität einer Rohrleitung ist ausschlaggebend für die Beanspruchung des Systems und seiner Bauteile sowie der Belastung der Anschlusskomponenten. Bei einer warmgehenden Rohrleitung, die sich ausdehnen möchte, aber an ihren Endpunkten durch die anschließenden Ausrüstungen daran gehindert wird, liegt die Beanspruchung um so niedriger, je elastischer die Rohrleitung verlegt ist. Der Elastizitätsberechnung kommt daher innerhalb der statischen Rohrleitungssystem-Analyse eine besondere Bedeutung zu.

Um die durch behinderte Wärmedehnung hervorgerufenen Spannungen und Kräfte im Rohrleitungssystem zu begrenzen, muss eine ausreichende Verformungsmöglichkeit des Systems vorhanden sein. Das Verformungsverhalten wird im wesentlichen von den elastischen Rohrleitungselementen bestimmt, z. B. Rohrbogen, L-, U- und Z-Dehnungsausgleicher sowie sonstige Kompensatoren. Dabei wird das vom geraden Rohr abweichende Verformungsverhalten der Rohrleitungsteile durch einen Flexibilitätsfaktor k_B (auch als Elastizitätsbeiwert oder Elastizitätsfaktor bezeichnet) berücksichtigt, der das Verhältnis der Biegesteifigkeit des geraden Rohres zu der eines Rohrleitungsteiles gleicher Abmessung darstellt:

$$k_B = \frac{(E\,J)_{Rohr}}{(E\,J)_{Bauteil}} \geq 1 \qquad (6.2\text{-}1)$$

Die Flexibilitätsfaktoren sind für die verschiedenen Rohrleitungsteile in DIN EN 13480-3 angegeben. Sie stimmen im Wesentlichen mit den Angaben in FDBR-RL 4 und ASME B31.1 überein.

b) Flexibilitätsfaktoren für Rohrbogen

Infolge der Ovalisierung des Rohrquerschnitts ist die Biegesteifigkeit stets kleiner als beim entsprechenden geraden Rohr. Der Formfaktor h (auch als Flexibilitätscharakteristik bezeichnet) wird auf den mittleren Durchmesser bezogen:

$$h = \frac{4\,e_S\,R}{d_m^2} \tag{6.2-2}$$

Der Flexibilitätsfaktor k_B ist abhängig vom Formfaktor h und den Randbedingungen an den Bogenenden. Er kann **Tabelle 6.2-1** entnommen werden. Die Werte von k_B gelten für die gestreckte Länge des gebogenen Rohres.

Als Versteifungen zählen Flansche, Armaturen und ähnliche dickwandige Teile, die unmittelbar am Bogenende angebracht sind. Schweißnähte gelten nicht als Versteifung. Bei hohen Innendrücken ist eine signifikante Aussteifung des Bogens durch den der Ovalisierung entgegenwirkenden Druck zu berücksichtigen. Der Flexibilitätsfaktor k_B ist daher noch durch den Faktor für Innendruckaussteifung zu teilen:

$$k_{B,Druck} = \frac{k_B}{1 + 6\,\frac{p_d}{E}\left(\frac{d_m}{2\,e_S}\right)^{2/3}\left(\frac{2\,R}{d_m}\right)^{1/3}} \tag{6.2-3}$$

Aus Gl. (6.2-2) und (6.2-3) ist ersichtlich, dass mit zunehmendem Bogenradius R der Formfaktor h steigt, hingegen der Flexibilitätsfaktor k_B sinkt. Da bei einem großen Bogenradius gleichzeitig die Bogenlänge wächst, bei der diese durch den Flexibilitätsfaktor zu berücksichtigen ist, ergibt sich insgesamt nur eine minimale Abnahme der Elastizität des Rohrleitungssystems mit zunehmendem Bogenradius. Dadurch sind bei großen Bogenradien R die Reaktionen (Kräfte und Momente) zwar geringfügig erhöht, aber die Biegespannungen niedriger gegenüber kleinen Biegeradien.

Dem Wunsch nach kleinen Bogenradien zur Erreichung einer hohen Elastizität im Gesamtsystem steht jedoch die Forderung nach geringen Druckverlusten entgegen, die große Bogenradien bedingt.

c) Flexibilitätsfaktoren für andere Bauteile

- Abzweige und T-Stücke

  Sie werden meist als biegesteife Ecken berechnet, d. h. $k_B = 1$.

- Armaturen, Flansche und andere Einbauteile

  Sie erhöhen die Steifigkeit des Systems, ihr Einfluss wird durch die Annahme erhöhter Wanddicken erfasst.

Tabelle 6.2-1: Flexibilitätsfaktoren von Umlenkungen

Art der Umlenkung	Flexibilitätsfaktor $k_B \geq 1$		
	unversteift	beidseitig versteift	einseitig versteift
Glattrohrbogen	$\frac{1{,}65}{h}$	$\frac{1{,}65}{h} h^{1/3} = \frac{1{,}65}{h^{2/3}}$	$\frac{1{,}65}{h} h^{1/6} = \frac{1{,}65}{h^{5/6}}$
Segmentkrümmer	$\frac{1{,}52}{h^{5/6}}$	$\frac{1{,}52}{h^{5/6}} h^{1/3} = \frac{1{,}52}{h^{1/2}}$	$\frac{1{,}52}{h^{5/6}} h^{1/6} = \frac{1{,}52}{h^{2/3}}$

- Kompensatoren (Dehnungsausgleicher)

  Für Kompensatoren gelten Federkennwerte entsprechend den Angaben des jeweiligen Herstellers. Sie werden bei Berechnungen mittels Rechenprogrammen berücksichtigt. Werden Systeme mit Kompensatoren manuell berechnet, bleibt auf Grund der hohen Beweglichkeit der Kompensatoren die Elastizität des Rohrleitungssystems meist unberücksichtigt. Die Kompensatoren werden so gewählt, dass sie die gesamte Dehnung der Leitung aufnehmen können.

  Die Auslegung von Systemen mit Kompensatoren sowie die Berechnung der Reaktionskräfte sind im Regelfall in den Herstellerunterlagen angegeben (siehe auch Kapitel 9).

d) Rohrhalterungen

Alle im Rohrleitungssystem vorgesehenen Rohrhalterungen sind bei der statischen Berechnung entsprechend ihrer Wirkung zu berücksichtigen. Das betrifft z. B. Federkonstanten und -vorspannung bei federnden Rohrhalterungen, Nullsetzen der Verschiebung bei starren Zwischenlagern, Lasteinleitung in Richtung freier Verschiebung an Konstanthängern. Die Vorspannung der Federlager bzw. die Lastaufnahme der Konstanthänger ist so festzulegen, dass im Einbauzustand die Eigenlasten aufgenommen werden.

e) Komponentenanschlüsse

An Komponentenanschlüssen sind die Reaktionen (Kräfte und Momente) zu überprüfen. Bei Annahme ideal steifer Verbindungen ergeben sich häufig unrealistisch hohe Reaktionen. Realistische Werte erhält man bei Berücksichtigung der Steifigkeit im Komponentenanschluss. Dies geht in Form einer Steifigkeitsmatrix in die Rohrleitungssystem-Analyse ein. Die Steifigkeitsmatrix kann entweder der Berechnung der Komponente entnommen, oder bei Kenntnis der lokalen Geometrieverhältnisse mit empirischen Formeln abgeschätzt werden (PD 5500, WRC Bulletin 297). Rechenprogramme können die Steifigkeitsmatrix basierend auf FE-Modellen auch genau bestimmen.

f) Weitere Einflussgrößen

Die Elastizität eines Rohrleitungssystems ist weiterhin abhängig vom Unterstützungskonzept. Wind- oder Erdbebenbelastungen bedingen, das System durch starre Halterungen zu stabilisieren. Dies führt zwangsläufig zur Behinderung infolge Wärmedehnung und somit zu einer verminderten Elastizität des Systems. Es muss daher zwischen dem Wunsch nach ausreichender Verformungsmöglichkeit und der Forderung nach stabilen Halterungen ein akzeptabler Kompromiss gefunden werden.

Der geringe vorhandene Platz bei Kraftwerksneubauten ist ein weiteres Problem, um eine Rohrleitung mit ausreichender natürlicher Kompensation verlegen zu können. Die Einhaltung der vorgegebenen zulässigen Anschlussbelastungen an den Ausrüstungen kann dann außerordentlich schwierig sein.

Die Einschätzung ausreichender Elastizität ist durch die Elastizitätsberechnung innerhalb der Rohrleitungssystem-Analyse oder bei einfachen Systemen nach dem im Kapitel 7 dargestellten Verfahren feststellbar.

6.3 Belastungen des Rohrleitungssystems

a) Übersicht

Die ausreichende Festigkeit der einzelnen Bauteile eines Rohrleitungssystems muss gegen die Beanspruchung aus Innendruck gemäß DIN EN 13480-3, AD 2000-Regelwerk oder anderen Regeln und Normen nachgewiesen werden. Darüber hinaus muss das gesamte Rohrleitungssystem so ausgelegt sein, dass es den Beanspruchungen aus Eigenlasten einschließlich Fluidgewicht standhält. Die Auswirkungen aus behinderter Wärmeausdehnung oder ähnlichen Beanspruchungen (z. B. Setzungen) müssen untersucht worden sein. Bei unverspannten Kompensatoren ist der Einfluss des Innendrucks zu berücksichtigen.

Entsprechend DIN EN 13480-3 bzw. FDBR-RL 4 kann ein Rohrleitungssystem (für Rohrhalterungen gelten andere Zuordnungen) im Laufe seiner Betriebszeit den folgenden Belastungen oder Belastungskombinationen unterworfen sein.

b) Ständig wirkende Belastungen (Hauptprimärlasten)

- Druckkräfte durch inneren und/oder äußeren Überdruck

  Hierzu zählen nicht entlastete Kompensatoren, nicht zugfeste (kraftschlüssige oder reibschlüssige) Muffen oder ähnlich wirkende Bauteile.

- Gewichtsbelastung

  Eigengewicht der Rohrleitung einschließlich Formstücken (Fittings) und Armaturen, das Gewicht der Dämmung und die Fluidmasse im Betrieb und/oder bei der Druckprobe.

c) Gelegentlich wirkende oder außergewöhnliche Belastungen (Zusatzprimärlasten)

- Wind- und Schneebelastungen

  für exponierte Rohrleitungen in Freianlagen.

- Fluiddynamische Belastungen

  durch Abbremsen des Fluids bei schnell wirkenden Schaltvorgängen, z. B. beim Turbinenschnellschluss oder Pumpenausfall (siehe Kapitel 10).

- Schwingungsbelastungen

  z. B. durch Anregung von angeschlossenen Aggregaten (Verdichter, Pumpen).

- Erdbebenbelastungen

  in seismisch gefährdeten Gebieten.

d) Sekundärlasten

- Wärmeausdehnung

  der Rohrleitung einschließlich Verschiebungen an den Anschlusspunkten der Ausrüstungen, z. B. infolge ihrer eigenen Wärmeausdehnung.

  Die Wärmeausdehnung der Rohrleitung wird gemäß Abschnitt 7.1.4 durch den differentiellen linearen Wärmeausdehnungskoeffizienten β_{diff} erfasst, der sich auf die Temperaturdifferenz Δt zwischen Umgebungstemperatur (für Innenräume im Allgemeinen 20 °C) und Auslegungstemperatur bezieht.

Bei kaltgehenden Rohrleitungen wirken sich die tiefen Temperaturen als Schrumpfen gegenüber der Umgebungstemperatur aus.

- Innendruckdehnung

  Längung aus Innendruck im geraden Rohr sowie Aufbiegen (Strecken) von Bogen und Krümmern (auch als Burdon-Effekt bezeichnet).

- Wiederkehrende Bewegungen an Bauwerkanschlüssen

  z. B. infolge von Wind oder Erdbeben.

- Einmalige Bewegungen an Bauwerkanschlüssen

  z. B. infolge von Gebäudesetzungen, Bergschäden.

- Vorspannung

- Reibungskräfte an Gleitlagern

e) Hinweise zu Gewichtsbelastungen

Für die Einstellung von Feder- und Konstanthängern und damit für das Tragverhalten des Systems sowie die Anschlussbelastungen an Ausrüstungen sind die Gewichtsbelastungen entsprechend Abschnitt 0.3.1 möglichst genau zu erfassen.

- Rohrgewicht

  Bei dickwandigen Rohren, die nach dem Innendurchmesser und der rechnerischen Mindestwanddicke bestellt werden, können die Wanddickentoleranzen durchaus zwischen 0 und +25 % liegen. Eine Berechnung mit den Ist-Wanddicken scheidet in der Regel aus, da zu diesem Zeitpunkt häufig noch keine Bestellung erfolgt ist, geschweige denn Messwerte vorliegen. Aus diesem Grund wird das Rohrgewicht mit einer äquivalenten Wanddicke e_S entsprechend Abschnitt 0.1.1 in Verbindung mit Tabelle 0.1-2 berechnet. Tabelle 0.1-2 enthält noch weitere Varianten von Bestellmaßen und deren Umrechnung auf eine äquivalente Wanddicke e_S, die auch für rohrstatische Berechnungen zu verwenden ist.

- Zuschläge für Korrosion und/oder Erosion

  Sie werden bei der Bestimmung der auftretenden Kräfte und Momente nicht berücksichtigt, d. h. es wird mit der Bestellwanddicke gerechnet, bevor diese durch Korrosion oder Erosion abgetragen wurde. Bei der Spannungsanalyse wird hingegen nur die nach Korrosion oder Erosion verbleibende Wanddicke berücksichtigt.

- Gewicht der Dämmung

  Es kann insbesondere bei heißgehenden dünnwandigen Rohrleitungen merkbaren Einfluss auf das Gesamtgewicht haben. Richtwerte siehe [0.3-2] Abschnitt 8.6.6.

- Fluidmasse

  Die Berücksichtigung der Fluidmasse während der Druckprüfung einer Gas- oder Dampfleitung ist zur Ermittlung der Lagerbelastungen auch dann erforderlich, wenn die Feder- und Konstanthänger selbst nicht hierfür ausgelegt sind, sondern während der Prüfung blockiert werden können.

6.4 Beanspruchung des Rohrleitungssystems

6.4.1 Allgemeines

a) Grundsätze

Um den funktionsgerechten Betrieb eines Rohrleitungssystems zu sichern, werden für die einzelnen Bauteile die vorhandenen Spannungen ermittelt und gegen zulässige Spannungen abgesichert. Die Spannungsberechnungen erfolgen mit der bereits erwähnten äquivalenten Wanddicke e_S gemäß Abschnitt 0.1.1 in Verbindung mit Tabelle 0.1-2. Wanddickentoleranzen und andere Zuschläge gegenüber der rechnerischen Mindestwanddicke (Bild 4.1-4) sind durch die Spannungsgrenzen abgedeckt.

b) Spannungserhöhungsfaktoren

Durch Spannungserhöhungsfaktoren $i \geq 1$ werden erhöhte Spannungen von Formstücken (Bogen, Reduzierungen, Abzweige) und Schweißnähten gegenüber dem ungestörten geraden Rohr berücksichtigt. Für detaillierte Untersuchungen an Bauteilen, die gegenüber der Rohrachse asymmetrisch sind (Bogen, Abzweige), dienen Spannungserhöhungsfaktoren $i_i \geq 1$ und $i_o \geq 1$. Sie berücksichtigen den unterschiedlichen Einfluss von Biegemomenten, die auf die Formstücke in (Index i: in-plane-Momente) und quer zur Betrachterebene (Index o: out-of-plane-Momente) wirken. Für die häufigsten Bauteile sind die Faktoren in **Tabelle 6.4-1** zusammengestellt. Eine ausführliche Auflistung aller genannten Spannungsbeiwerte findet sich im Anhang H zu DIN EN 13480-3.

Bei der Ermittlung der Spannungen gemäß Abschnitt 6.4.2 bis 6.4.6 gilt zusätzlich

$$0{,}75\ i \geq 1;\ 0{,}75\ i_i \geq 1;\ 0{,}75\ i_o \geq 1 \tag{6.4-1}$$

c) Resultierendes Gesamtmoment und Vergleichsspannung

Für n gleichzeitig wirkende Momente M_{xk}, M_{yk} und M_{zk} (k = 1, 2, ... n) in Bezug auf ein rechtwinkliges x-, y-, z-Koordinatensystem ergibt sich das resultierende Gesamtmoment zu

$$M = \sqrt{M_x^2 + M_y^2 + M_z^2} \tag{6.4-2}$$

mit

$$M_x = \sum_{k=1}^{n} M_{xk} \qquad M_y = \sum_{k=1}^{n} M_{yk} \qquad M_z = \sum_{k=1}^{n} M_{zk} \tag{6.4-3}$$

Bei den hiernach errechneten Spannungen (Z – Widerstandsmoment)

$$\sigma = M / Z \tag{6.4-4}$$

handelt es sich bereits um Vergleichsspannungen nach der Schubspannungs-Hypothese. Sie beträgt:

$$\sigma_{v/SSH} = \sqrt{\sigma^2 + 4\,\tau^2} = \sqrt{\left(\frac{M_b}{Z}\right)^2 + 4\left(\frac{M_z}{Z_T}\right)^2} \tag{6.4-5}$$

Mit

$$M_b = \sqrt{M_x^2 + M_y^2} \tag{6.4-6}$$

wird das resultierende Biegemoment bezeichnet, so dass M_z zum Torsionsmoment wird. Das Torsionswiderstandsmoment beträgt für den Kreisringquerschnitt

$$Z_T = 2\,Z \tag{6.4-7}$$

Hiermit ergibt sich:

$$\sigma_{v/SSH} = \sqrt{\left(\frac{M_b}{Z}\right)^2 + 4\left(\frac{M_z}{Z_T}\right)^2} = \sqrt{\frac{M_b^2}{Z^2} + 4\,\frac{M_z^2}{4\,Z^2}} = \sqrt{\frac{M_b^2 + M_z^2}{Z^2}} = \frac{M}{Z} \tag{6.4-8}$$

Der Term M / Z in Gl. (6.4-8) entspricht somit der Vergleichsspannung nach der Schubspannungs-Hypothese.

Tabelle 6.4-1: Spannungserhöhungsfaktoren nach DIN EN 13480-3 Anhang H

Bauteil	Spannungserhöhungsfaktor		Formfaktor h	Bauteil-Skizze
	out-of-plane i_0	in-plane i_i		
gerades Rohr	1	1	1	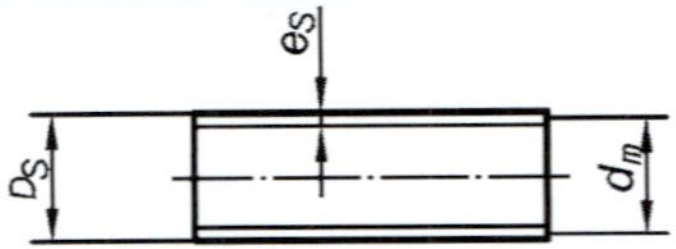
Biegung oder Bogen	$\frac{0{,}75}{h^{2/3}}$	$\frac{0{,}9}{h^{2/3}}$	$\frac{4\,e_S\,R}{d_m^2}$	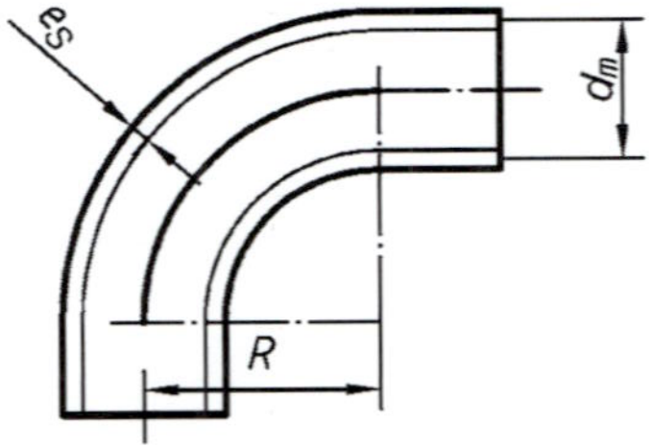
Segmentkrümmer, Segmentlänge frei wählbar $L > 0{,}5\,d_m\,(1 + \tan\Theta)$	$\frac{0{,}9}{h^{2/3}}$	$\frac{0{,}9}{h^{2/3}}$	$\frac{4\,e_S\,R}{d_m^2} = \frac{e_S(1+\cot\Theta)}{d_m}$	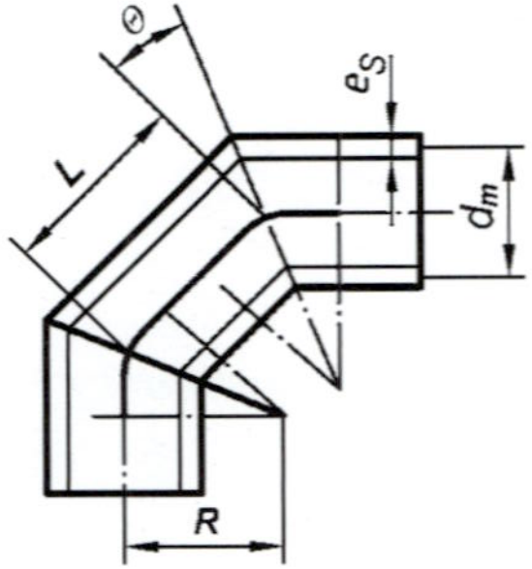

Tabelle 6.4-1: Fortsetzung

Bauteil	Spannungserhöhungsfaktor out-of-plane i_0	Spannungserhöhungsfaktor in-plane i_i	Formfaktor h	Bauteil-Skizze
Segmentkrümmer mit Segmentlänge $L = 2\,R \tan \Theta$ $\leq 0,5\, d_m (1 + \tan \Theta)$	$\frac{0,9}{h^{2/3}}$	$\frac{0,9}{h^{2/3}}$	$\frac{4\, e_S R}{d_m^2} = \frac{2\, e_S L \cot \Theta}{d_m^2}$	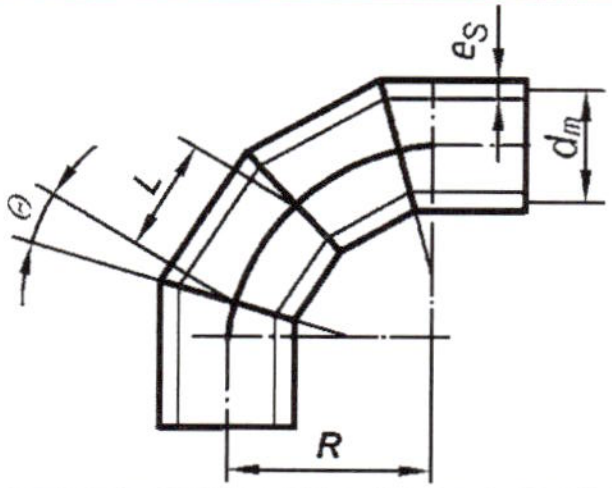
T-Stück mit auf- oder eingeschweißtem oder ausgehalstem Abzweig	$\frac{0,9}{h^{2/3}}$	$0,75\, i_o + 0,25$	$\frac{2\, e_S}{d_m}$	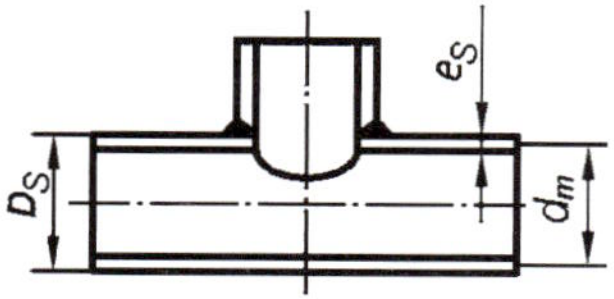
dito, jedoch mit zusätzlicher Verstärkungsscheibe	$\frac{0,9}{h^{2/3}}$	$0,75\, i_o + 0,25$	$\frac{2 (e_S + 0,5\, e_D)^{5/2}}{e_S^{3/2}\, d_m}$	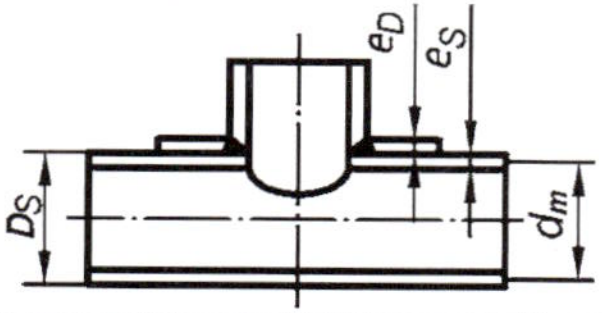
geschmiedetes T-Stück	$\frac{0,9}{h^{2/3}}$	$0,75\, i_o + 0,25$	$\frac{8,8\, e_S}{d_m}$	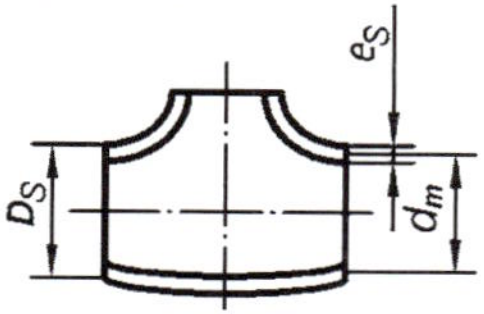

Die Lastbestandteile der in die Spannungsnachweise eingehenden resultierenden Momente sind in den Abschnitten 6.4.2 bis 6.4.6 angegeben und im Abschnitt 6.3 erläutert. Alle Spannungsnachweise entsprechen DIN EN 13480-3.

Der Schweißnahtfaktor wurde in allen Spannungsnachweisen z = 1 gesetzt. Für Schweißnahtfaktoren z < 1 (siehe Abschnitt 7.1.5) sind für die Schweißnahtbereiche die zulässigen Spannungen f bzw. die Spannungsausschläge f_a mit z zu multiplizieren.

6.4.2 Spannungen aufgrund ständig wirkender Belastungen

Die Summe der Primärspannungen aus dem Auslegungsdruck p_d und dem resultierenden Moment M_A muss folgende Bedingung erfüllen:

$$\sigma_1 = \frac{p_d\, D_S}{4\, e_S} + \frac{0{,}75\, i\, M_A}{Z} \leq f \qquad (6.4\text{-}9)$$

Das resultierende Moment M_A ergibt sich aus folgenden Hauptprimärlasten:

- Gewichtsbelastung (Gewicht der Rohrleitung, der Dämmung und des Fluids im Betrieb und/oder bei der Druckprobe).

- Innendruckkräfte nicht entlasteter Kompensatoren und dergl.

Dieser Nachweis dient zur Überprüfung der Spannungen aus ständigen Lasten, besonders auch der Stützmomente an den Halterungen und ist damit indirekt eine Bestätigung der gewählten Stützweite.

Die Spannung σ_1 ist die maximale Axialspannung im Rohr unter den genannten Belastungen. Bei kleinem Torsionsmoment stellt dieser Nachweis in Kombination mit der Innendruckauslegung eine Begrenzung der Vergleichsspannung nach der Schubspannungs-Hypothese dar.

In diesem Fall betragen die drei Hauptspannungen im Rohr:

Umfangsspannung	$\sigma_I = \sigma_t$
Axialspannung	$\sigma_{II} = \sigma_a$
Radialspannung	$\sigma_{III} = \sigma_r$

Hieraus resultiert:

$$\sigma_{v/SSH} = \max \left\{ |\sigma_t - \sigma_r|;\ |\sigma_r - \sigma_a|;\ |\sigma_a - \sigma_t| \right\} \qquad (6.4\text{-}10)$$

Bei einem geraden, axial nicht eingespannten Rohr unter Innendruck mit äußeren Biegemomenten ergeben sich folgende Hauptspannungen:

$$\sigma_t = \frac{p_d\, D_S}{2\, e_S} \tag{6.4-11a}$$

$$\sigma_{a,min} = \frac{p_d\, D_S}{4\, e_S} - \frac{|M_b|}{Z} \qquad \sigma_{a,max} = \frac{p_d\, D_S}{4\, e_S} + \frac{|M_b|}{Z} \tag{6.4-11b}$$

$$\sigma_{r,innen} = -\, p_d \qquad \sigma_{r,außen} = p_d \tag{6.4-11c}$$

Dabei erzeugt das äußere Moment auf der einen Seite des Rohres Zugspannungen, die die Axialspannungen aus Innendruck erhöhen, und auf der gegenüberliegenden Seite Druckspannungen, die die Axialspannungen infolge von Innendruck reduzieren. Die Radialspannung ist auf der Innenseite des Rohres mit dem Innendruck identisch, auf der Außenseite ist sie null. Der Spannungszustand auf der Rohraußenseite ist somit 2-achsig, bestehend aus Umfangs- und Axialspannungsanteil. Die Absicherung der Vergleichsspannung beträgt:

$$\sigma_{v/SSH} = \max\left\{|\sigma_t - 0|;\ |0 - \sigma_a|;\ |\sigma_a - \sigma_t|\right\} \le f \tag{6.4-12}$$

Sie kann folgendermaßen zerlegt werden:

- Innendrucknachweis

$$|\sigma_t - 0| = \sigma_t = \frac{p_d\, D_S}{2\, e_S} \le f \tag{6.4-13a}$$

- Längsspannungsnachweis

$$\max\left\{|0 - \sigma_a|;\ |\sigma_a - \sigma_t|\right\} = \max\left\{\left|\frac{p_d\, D_S}{4\, e_S} + \frac{|M_b|}{Z}\right|;\ \left|\frac{p_d\, D_S}{4\, e_S} + \frac{|M_b|}{Z} - \frac{p_d\, D_S}{2\, e_S}\right|\right\}$$

$$= \frac{p_d\, D_S}{4\, e_S} + \frac{|M_b|}{Z} = \sigma_1 \le f \tag{6.4-13b}$$

Für den Fall des axial nicht eingespannten Rohres sichert die Kombination aus Innendrucknachweis und Längsspannungsnachweis also die Vergleichsspannung an Zug- und Druckseite der Rohrleitung ab. Bei Anwendung dieser Kombination ist damit implizit vorausgesetzt, dass die Längsdehnung nicht vollständig behindert ist, wie dies z. B. bei erdverlegten Leitungen auftritt. In solchen Fällen sind spezielle Regeln für gebettete Leitungen anzuwenden, z. B. nach ASME B31.8, AGFW FW 401 Teil 10 oder DIN EN 13941.

6.4.3 Spannungen aufgrund ständig und gelegentlich wirkender Belastungen

Die Summe der Primärspannungen aus dem Auslegungsdruck p_d, dem resultierenden Moment M_A der ständig wirkenden Lasten, und dem resultierenden Moment M_B der gelegentlich wirkenden Lasten muss folgende Bedingung erfüllen:

$$\sigma_2 = \frac{p_d\, D_S}{4\, e_S} + \frac{0{,}75\, i\, M_A}{Z} + \frac{0{,}75\, i\, M_B}{Z} \leq k\, f \qquad (6.4\text{-}14)$$

Bestandteile des resultierenden Momentes M_A siehe Abschnitt 6.4.2. Das resultierende Moment M_B enthält folgende gelegentlich wirkende Zusatzprimärlasten:

- Windbelastungen mit einer Einwirkungszeit von maximal 10 % der geplanten Lebensdauer.

- Schneebelastungen für exponierte Rohrleitungen in Freianlagen, die nicht gleichzeitig mit Windbelastungen zusammenfallen brauchen.

- Fluiddynamische Belastungen mit einer Einwirkungszeit von maximal 1 % der geplanten Lebensdauer.

- Erdbebenbelastungen mit einer Einwirkungszeit von maximal 1 % der geplanten Lebensdauer, wobei die Auswirkungen von Lagerstellenverschiebungen infolge von Erdbeben in Gleichung (6.4-15) bzw. (6.4-16) berücksichtigt werden sollen.

Bei der Festlegung von M_B ist vorausgesetzt, dass fluiddynamische Belastungen nicht gleichzeitig mit Erdbebenbelastungen auftreten.

Für den Faktor k gilt:

$k = 1$ wenn Wind- oder Schneebelastungen über einen Zeitraum von mehr als 10 % während einer Betriebsperiode von 24 Stunden zu erwarten sind, d. h. normale Schnee- und Windbelastungen.

$k = 1{,}15$ wenn Wind- oder Schneebelastungen über einen Zeitraum von weniger als 10 % während einer Betriebsperiode von 24 Stunden zu erwarten sind.

k = 1,2 wenn gelegentlich wirkende Lasten über einen Zeitraum von weniger als 1 % während einer Betriebsperiode von 24 Stunden zu erwarten sind. Hierunter fallen z. B. dynamische Lasten bei Öffnungs- und Schließvorgängen von Armaturen sowie Auslegungserdbeben.

k = 1,3 für außergewöhnliche Lasten mit sehr geringer Wahrscheinlichkeit, z. B. schwerer Schneesturm mit dem 1,75-fachen der üblichen Stärke.

k = 1,8 für Sicherheitserdbeben.

6.4.4 Spannungen infolge von Wärmeausdehnung und Wechselbeanspruchung

Die Spannungsschwingbreite aus dem resultierenden Moment M_C infolge von Wärmeausdehnung und Wechselbeanspruchung muss folgende Bedingung erfüllen:

$$\sigma_3 = \frac{i\,M_C}{Z} \leq f_a \qquad (6.4\text{-}15)$$

Ist Gl. (6.4-15) nicht einhaltbar, muss die Summe der Spannungen aus dem Auslegungsdruck p_d, dem resultierenden Moment M_A der ständig wirkenden Lasten und dem resultierenden Moment M_C infolge von Wärmeausdehnung und Wechselbeanspruchung folgender Bedingung genügen:

$$\sigma_4 = \sigma_1 + \sigma_3 = \frac{p_d\,D_S}{4\,e_S} + \frac{0{,}75\,i\,M_A}{Z} + \frac{i\,M_C}{Z} \leq f + f_a \qquad (6.4\text{-}16)$$

Bestandteile des resultierenden Momentes M_A siehe Abschnitt 6.4.2. Das resultierende Moment M_C ist die Schwankungsbreite, d. h. die größte Differenz der Momente aus Wärmeausdehnung und Wechselbeanspruchung. Sie ist mit dem Elastizitätsmodul bei der jeweiligen Temperatur zu bestimmen, wobei der Betriebsstillstand als Betriebsfall bei der niedrigsten Temperatur anzusehen ist. Im Gegensatz zu den gelegentlich wirkenden Lasten, bei denen nur gleichzeitg wirkende Lasten auch gemeinsam betrachtet werden, sind bei der Momenten-schwingbreite alle Lastfälle, die Wechselbeanspruchung erzeugen, gemeinsam zu berücksichtigen.

Bei der Momentendifferenz M_c aus thermischer Ausdehnung und Wechselbeanspruchung ist zu berücksichtigen:

- Axiale Wärmeausdehnung der Rohrleitung, einschließlich der Eigenbewegungen an den Anschlusspunkten infolge von Wärmeausdehnung und Innendruck.
- Bewegungen von Anschlusspunkten und Lagerstellen infolge von Erdbeben.
- Bewegungen von Anschlusspunkten infolge von Windeinwirkungen.
- Reibungskräfte.

Es ist hervorzuheben, dass die Längsdehnung aus Innendruck als Sekundärlast bei der Wechselbeanspruchung σ_3 zu berücksichtigen ist, obwohl die Längsspannung aus Innendruck in den Spannungsnachweis σ_1 für Primärlasten eingeht.

Die Rohrleitung ist nicht nur für den Anfahrzustand, sondern auch für die Außerbetriebnahme (Abfahren) zu berechnen. In Systemen, bei denen die Behinderung aus Wärmeausdehnung zum großen Teil durch Reibung verursacht wird, kann die Spannungsschwingbreite durch die Umkehr der Reibungsrichtung beim Abfahren weiter vergrößert werden.

Vorspannungen bleiben beim Nachweis für σ_3 bzw. σ_4 unberücksichtigt, d. h. es ist unabhängig von den tatsächlichen Gegebenheiten prinzipiell ohne Vorspannung zu rechnen. Falls die Vorspannung aus anderen Gründen, z. B. zur Bestimmung realistischer Stutzenbelastungen, in den Lastfällen berücksichtigt werden soll, ist sicherzustellen, dass trotz Berücksichtigung der Vorspannung die Spannungsschwingbreite richtig bestimmt wird. Dazu ist im Allgemeinen die zusätzliche Betrachtung des vorgespannten kalten Systems erforderlich.

Die Reibung wird bei den Spannungsnachweisen nur als zusätzliche Belastung angesetzt, die entgegen der Wärmeausdehnung wirkt. Den möglicherweise entlastenden Effekt bei gelegentlichen Lasten (z. B. Wind oder Erdbeben) berücksichtigt man nicht, da die Reibung ja bereits durch Wärmeausdehnung überwunden sein kann, und die gleitende Leitung den gelegentlichen primären Lasten dann nicht mehr entgegensteht.

6.4.5 Zusätzlicher Nachweis für den Zeitstandbereich

Für Rohrleituingen, die im Zeitstandbereich betrieben werden, müssen die Spannungen aus dem Auslegungsdruck p_d, dem resultierenden Moment M_A der ständig wirkenden Lasten (Abschnitt 6.4.2) und dem resultierenden Moment M_C infolge von Wärmeausdehnung und Wechselbeanspruchung (Abschnitt 6.4.4) folgender Bedingung entsprechen:

$$\sigma_5 = \frac{p_d\, D_S}{4\, e_S} + \frac{0{,}75\, i\, M_A}{Z} + \frac{0{,}75\, i\, M_C}{3\, Z} \leq f_{CR} \qquad (6.4\text{-}17)$$

Gl. (6.4-17) geht davon aus, dass im Hinblick auf das Materialverhalten im Zeitstandbereich noch ein Drittel der Spannungen aus dem resultierenden Moment M_C als Primärspannung verbleibt, d. h. 2/3 der Beanspruchung wird durch Relaxation abgebaut.

6.4.6 Spannungen infolge einmaliger Lagerstellenverschiebung

Die Spannungen aus dem resultierenden Moment M_D aus einer einmaligen Lagerstellenverschiebung, z. B. aus der Bewegung des Anschlusspunktes infolge Gebäudesetzung, muss folgende Bedingung erfüllen:

$$\sigma_6 = \frac{i\, M_D}{Z} \leq \min\left\{3\, f;\, 2R_{p0,2/t}\right\} \qquad (6.4\text{-}18)$$

Bei diesen Belastungen handelt es sich um Sekundärlasten, die aber im Gegensatz zu den wechselnden Beanspruchungen nur einmalig auftreten und daher nicht zusammen mit den Wechselbeanspruchungen betrachtet werden müssen.

6.4.7 Nachweis der Anschlussbelastungen

Dieser Nachweis ist zu führen, wenn die Anschlussbelastungen auf Bauwerke und Ausrüstungen bestimmte vorgegebene Grenzwerte nicht überschreiten dürfen. Grundlage sind die Belastungen nach Abschnitt 6.4.3 und 6.4.4. Die Anschlussbelastungen dürfen sowohl im kalten, als auch im warmen Zustand die zulässigen Werte nicht überschreiten.

Die Vorspannung des Rohrleitungssystems darf in die Berechnung einbezogen werden, wenn

- die Rohrleitung im zeitunabhängigen Bereich betrieben wird, und
- die Trasse einschließlich Halterungskonzept das wirksame Einbringen einer maximal zweiachsigen Vorspannung gestattet.

Diese Voraussetzungen liegen in der Regel nur bei ebenen und einfachen räumlichen Systemen vor. Verzweigte und komplizierte räumliche Systeme sind hierfür im Allgemeinen nicht geeignet.

Die Höhe der Vorspannung richtet sich nach der Auslegungstemperatur. Bei Temperaturen über 100 °C wird meist ein Wert von 50 % gewählt, um

- die Kräfte auf einem annähernd gleichem Niveau im kalten und warmen Zustand zu halten, und

- die Dehnungsaufnahme von Kompensatoren sinnvoll auszunutzen.

Bei Berechnung der Anschlussbelastungen unter Berücksichtigung von Vorspannung sollte die zu erwartende Montagetoleranz (Größenordnung mindestens ± 5 mm) beim Einbringen der Vorspannung berücksichtigt werden. Dies kann z. B. dadurch geschehen, dass im warmen Betriebszustand nur 60% der Vorspannung berücksichtigt wird, im kalten Zustand aber die volle Vorspannung.

Zeitstandbeanspruchte Rohrleitungen sollen nicht vorgespannt werden, da durch das Kriechen des Rohrwerkstoffes eine Selbstvorspannung auftritt. Beim Abfahren entstehen dann Belastungen an Lagern und Anschlüssen, die entgegen den Belastungen infolge von Wärmeausdehnungen gerichtet sind. Bei voll relaxierten Systemen, bei denen sich die Temperaturspannungen durch Kriechen im warmen Zustand komplett abgebaut haben, treten beim Abfahren dann die Lasten in gleicher Höhe wie beim ersten Anfahren auf, jedoch mit umgekehrten Vorzeichen. Sie können sogar noch um das Verhältnis der E-Moduln des kalten und warmen Zustands überhöht sein, da ein Schrumpfen (negative Wärmeausdehnung) beim Abkühlen stattfindet.

6.4.8 Beanspruchbarkeit eines Rohrleitungssystems

Die Beanspruchbarkeit ist beschränkt durch:

- zulässige Belastungen an Ausrüstungs- oder Bauwerkanschlüssen gemäß Abschnitt 6.4.7.

- Begrenzung der im Abschnitt 6.4.2 bis 6.4.6 ermittelten Spannungen σ_1 bis σ_6.

Die für die Spannungsbegrenzung nach DIN EN 13480-3 erforderlichen zulässigen Spannungen f für den zeitunabhängigen und f_{CR} für den zeitabhängigen Bereich sind Tabelle 3.3-1 zu entnehmen. Die zulässige Spannungsschwingbreite f_a ist in Gl. (3.4-4) definiert. Zusätzliche Erläuterungen siehe Abschnitt 3.4.6.

6.5 Wärmespannungen infolge von Wandtemperaturdifferenzen

Die zusätzlichen Wärmespannungen, die einerseits aus Thermoschock, andererseits aus dem An- und Abfahren der Rohrleitung resultieren, werden getrennt nachgewiesen, z. B. nach DIN EN 12952-3 oder TRD 301 Anlage 1. Maßgebend sind hierbei nur die hochbeanspruchten Rohrleitungsbauteile und Armaturen, die infolge der hohen Wärmespannungen die zulässigen An- und Abfahrgeschwindigkeiten begrenzen (siehe Abschnitt 4.10.3).

Besteht zwischen Rohrinnen- und Rohraußenseite ein Temperaturunterschied Δt, entstehen auf der warmen Seite Druck-, auf der weniger warmen Zugspannungen. Bei linearer Temperaturverteilung errechnen sich bei einer ebenen Wand die stationären Wärmespannungen an der Innen- bzw. Außenseite zu:

$$\sigma_t = E_t\,\varepsilon = E_t\,\frac{\Delta d}{d} \tag{6.5-1}$$

Die relative Längenänderung Δd / d bezieht sich auf eine beliebige Ausdehnungsrichtung in der Wandebene. Die Temperaturdifferenz wird dabei relativ zur integralen mittleren Wandtemperatur t_m berechnet:

$$\Delta t = t_i - t_m \tag{6.5-2}$$

Dabei bedeutet β_t den Wärmeausdehnungskoeffizienten bei der Temperatur t_m.

Eingesetzt in Gl. (6.5-1) erhält man als Druck- und Zugspannung:

$$\sigma_t = \pm\, E_t\,\beta_t\,\Delta t \tag{6.5-3}$$

Unter Berücksichtigung der Querkontraktionszahl ν entsteht die Basisgleichung für die stationäre Wärmespannung am ebenen Bauteil:

$$\sigma_t = \pm\frac{E_t\,\beta_t}{1-\nu}\,\Delta t \tag{6.5-4}$$

Dieselbe Gleichung lässt sich für dünnwandiges Rohr mit $u = D_o / d_i \le 1{,}2$ herleiten, wenn man $D_o \approx d_m \approx d_i$ setzt.

Für dickwandige Rohre erhält man unter Berücksichtigung des unterschiedlichen Umfanges am Innen- und Außendurchmesser für die Innenfaser:

$$\sigma_{ti} = \pm\frac{E_t\,\beta_t}{1-\nu}\,\Delta t\left(\frac{2\,u^2}{u^2-1}-\frac{1}{\ln u}\right) \tag{6.5-5}$$

und für die Außenfaser:

$$\sigma_{ta} = \pm\frac{E_t\,\beta_t}{1-\nu}\,\Delta t\left(\frac{2}{u^2-1}-\frac{1}{\ln u}\right) \tag{6.5-6}$$

Bei einem warmgehenden Rohr treten an der Innenfaser Druckspannungen (positives Vorzeichen), an der Außenfaser Zugspannungen (negatives Vorzeichen) auf. Bei Kälteleitungen kehren sich die Verhältnisse um.

Gleichung (6.5-4) ist in DIN EN 12952-3 als ideal-elastische Wärmespannung an der Innenwand eines zylindrischen Ausschnitts in der Form

$$\sigma_{tang,t} = \pm \alpha_t \frac{E_t \beta_t}{1 - \nu} \Delta t \qquad (6.5\text{-}7)$$

angegeben.

Die Formzahl $\alpha_t \leq 2$ kann für Zylinderschalen mit Ausschnitt in Abhängigkeit vom Ausschnittverhältnis aus einem Diagramm von DIN EN 12952-3 entnommen werden.

Die nach den o. g. Gleichungen errechneten Zusatzspannungen sind nur bei großen Wanddicken und schnellen Temperaturwechseln relevant und erforderlichenfalls bei der Ermüdungsanalyse (siehe Abschnitt 4.10) zu berücksichtigen.

6.6 Ermittlung der Lasten für Bauangaben

6.6.1 Übersicht der Lastfälle

Die Berechnung der Lasten für die Stützkonstruktionen zur Planung der bautechnischen Anlagen erfolgt im Rahmen einer Systemanalyse der Rohrleitungen. Als Berechnungsgrundlage dient in der Regel FDBR-RL 4 bzw. DIN EN 13480-3. Die Kräfte und Momente an den Auflagerpunkten werden für die einzelnen Lastfälle in einer Liste zusammengefasst. Für einfache Rohrleitungssysteme, die keiner Systemanalyse unterzogen werden, können Näherungsverfahren angewendet werden.

Bei der Ermittlung der Lagerbelastungen sind folgende Lasten zu berücksichtigen (siehe auch Abschnitt 8.3.1):

- Hauptlasten H

- Zusatzlasten Z

- Sonderlasten S

6.6.2 Bezeichnung der Lasten für Bauangaben

Die folgenden Lagerbelastungen sind zweckmäßigerweise tabellarisch in allen Koordinatenrichtungen aufzulisten:

F_G - Kraft infolge Eigengewicht

F_D - Kraft aus behinderter Wärmeausdehnung

F_R - Kraft infolge Reibung am Einzellager

$F_{R,res}$ - resultierende Reibungskraft auf einer Seite des Ruhepunktes

F_P - Kraft infolge Innendruck

F_Z - Kraft infolge Zusatzbelastungen

$F_{R,T}$ - Reibungskräfte an Traversen von Rohrbrücken, Stützen und Schwellen (Sockeln). Bei der Angabe dieser Belastungen sind für die Reibungskräfte bei mehreren Einzellagern Gleichzeitigkeitsfaktoren K_g zu berücksichtigen.

Die Gesamtbelastung einer Rohrleitung an einer Lagerstelle bzw. auf einer Traverse ist horizontal in x- und y-Richtung anzugeben:

$$F_{ges} = \sum F_D + \sum F_P + \sum F_Z + \sum F_{R,res} = \sum F_D + \sum F_P + \sum F_Z + F_{R,T} \quad (6.6\text{-}1)$$

In vertikaler Richtung (z-Richtung) ist zusätzlich ΣF_G zu addieren.

Zur Abdeckung von Reserven für zusätzliche Kleinleitungen (≤ 60,3 mm Außendurchmesser) wird ein Zuschlag von 10 bis 20 % empfohlen. Sämtliche Belastungen sind getrennt für den Haupt- und Zusatzlastfall zu ermitteln.

6.6.3 Lastfall „Eigengewicht"

Die Lagerbelastung aus der Streckenlast F_G ergibt sich aus dem Produkt der Streckenlast Q_{RL} in N/m mit der Einflusslänge L des Lagers:

$$F_G = Q_{RL}\, L \quad (6.6\text{-}2)$$

Als Einflusslänge L bezeichnet man diejenige Rohrleitungslänge, deren Eigengewicht durch das entsprechende Lager aufgenommen wird. Überschlägig rechnet man mit der jeweils halben Masse beiderseits der Rohrhalterung bis zur nächsten Lagerstelle.

Die Streckenlast Q_{RL} umfasst im Hauptlastfall H die Lasten aus Rohrgewicht, Fluidgewicht, Wärmedämmung (Abschnitt 0.3.1) und ggf. Schneelast (Abschnitt 0.3.2). Das Gewicht der Rohrhalterungen kann durch einen pauschalen Zuschlag von 5 bis 15 % zur Rohrlast berücksichtigt werden. Richtwerte sind im Abschnitt 0.3.1 enthalten.

Die Eigenmasse von dampf- und gasförmigen Fluiden ist vernachlässigbar. Windlasten (Abschnitt 0.3.2) sind nur beim Zusatzlastfall Z zu erfassen.

Berechnungsgleichungen für die maximalen Biegemomente infolge von Streckenlasten, Beispiele für die anteilige Berücksichtigung von Einzellasten (z. B. Armaturen) und zusätzliche Einbeziehung vertikaler Rohrleitungsstrecken enthält Abschnitt 7.7.2.

6.6.4 Lastfall „Behinderte Wärmeausdehnung“

Für U-, Z- und L-Ausgleicher lassen sich die Kräfte aus der behinderten Wärmeausdehnung näherungsweise nach Abschnitt 7.4 berechnen. Dabei ist auf die Einhaltung der Randbedingungen für die Systemgeometrie zu achten. Die an den Festpunkten angreifenden Reaktionskräfte der beidseitig anschließenden Rohrleitungsabschnitte sind unter Beachtung des Vorzeichens für alle Koordinatenrichtungen zu summieren.

Für komplizierte warmgehende Rohrleitungssysteme sind rohrstatische Berechnungen erforderlich. Die dabei berechneten Lagerbelastung können direkt übernommen werden, wobei die Reibungskräfte besondere Aufmerksamkeit erfordern.

6.6.5 Lastfall „Reibung“

a) Reibungskräfte an beweglichen Lagern

Die Reibungskraft an der einzelnen Halterung (z. B. Gleitlager, Zwangsführung, Hängung) F_R tritt immer entgegen der Bewegungsrichtung der Rohrleitung auf. Sie ist stets mit beiden Vorzeichen (±) anzugeben, da sich die Kraftwirkungsrichtung bei der Rückwärtsbewegung umkehrt. Die Lagerbelastung durch Reibung an einer Rohrhalterung errechnet sich aus dem Produkt der Kraft infolge Eigengewicht F_G mit dem Reibungskoeffizienten μ:

$$F_R = \pm \mu \, F_G \qquad (6.6\text{-}3)$$

Bei Zwangsführungen ist zusätzlich die Reibungskraft infolge der seitlichen Führungskräfte zu addieren. Bei reibungsarmen Gleitlagern ist zu berücksichtigen, dass auch die Zwangsführungen möglichst reibungsarm sein sollen, weil ansonsten der gewünschte Zweck nur unzureichend erfüllt wird.

b) Kräfte infolge Reibung an Festpunkten und Teilfestpunkten (Haltepunkten)

Die gesamte einseitige Festpunktbelastung $F_{R,ges}$ infolge von Reibung ergibt sich als Summe der Reibungskräfte aller Gleitlager und Zwangsführungen bis zum Ruhepunkt (Festpunkt oder Haltepunkt) des jeweiligen Rohrleitungsabschnittes:

$$F_{R,ges} = \sum F_R \tag{6.6-4}$$

Für die Ruhepunkte selbst beträgt die Reibungskraft F_{Ri} aus den beiderseits anschließenden Rohrleitungsabschnitten bei einseitiger Temperaturbelastung (z. B. Absperrung durch eine Armatur oder Steckscheibe):

$$F_{Ri} = \max \left| F_{R,ges} \right| \tag{6.6-5}$$

Bei beidseitig gleicher Temperaturbelastung (ohne Absperrungen) ist:

$$F_{Ri} = \max \left| F_{R,ges} \right| - K_r \min \left| F_{R,ges} \right| \tag{6.6-6}$$

Die Richtung der Reibungskraft F_{Ri} wird durch die Richtung der maximalen Reibungskraft max $|F_{R,ges}|$ bestimmt. Der Koeffizient K_r beträgt:

$K_r = 0{,}8$ für Festpunkte mit beiderseits gleichartigen Rohrleitungabschnitten

$K_r = 0{,}5$ für Festpunkte zwischen Rohrleitungabschnitten mit unterschiedlichem elastischem Verhalten beiderseits vom Festpunkt

Bei Anwendung von Rechenprogrammen, die die Reibungskräfte berücksichtigen, kann in o. g. Gleichungen statt $|F_{R,ges}|$ häufig der Wert $|F_{R,ges} + F_D|$ eingesetzt werden, falls die Belastungen $F_{R,ges}$ und F_D nicht einzeln ausgewiesen sind.

c) Reibungskoeffizienten

Der Reibungskoeffizient μ ist abhängig von der Werkstoffpaarung an der Rohrhalterung. Übliche Werte für bewegliche Rohrhalterungen siehe Tabelle 0.3-3, fiktive Reibungskoeffizienten von steifen Rohrhalterungen (Pendelstützen, starre Hängungen, Gummimetall-Lager) siehe Abschnitt 0.3.3.

Für Sockel- und Stützentrassen mit hohen Belastungen durch das Eigengewicht der Rohrleitung, insbesondere bei Einzelleitungen großer Nennweite für Flüssigkeiten, sind Haftreibungsbeiwerte in der Größenordnung von $\mu \approx 0{,}5$ durch den Bauplaner bei der Dimensionierung der Sockel und Stützen zu berücksichtigen. Da durch die Anwendung reibungsarmer oder selbstschmierender Gleitlager ebenso wie durch Rollen- oder Kugellager bauseitig oft wesentliche Kosten eingespart werden können, ist bei Sockel- und Stützentrassen sowie bei Rohrbrückenleitungen in Abstimmung mit dem Auftraggeber der Einsatz solcher Lager zu bevorzugen.

d) Gleichzeitigkeitsfaktoren für Reibungskräfte an Traversen

Sind mehrere Rohrleitungen auf einer Traverse gelagert, so entstehen die maßgebenden Belastungen durch die Summe der Lasten aus den einzelnen Systemen. Das gilt sowohl für Außentrassen, als auch für Traversen in Gebäuden und Kanälen. Bei der Überlagerung der Belastungen kann die zeitlich unterschiedliche Bewegung der einzelnen Rohrleitungen durch einen Gleichzeitigkeitsfaktor K_g für die Reibungskräfte F_{Ri} berücksichtigt werden. Dieser ist von der Anzahl i der auf der Traverse liegenden Rohrleitungen (Lagerstellen) abhängig.

Einzelheiten zur Bestimmung von K_g und zur Gesamtbelastung der Traverse $F_{R,T}$ siehe Abschnitt 7.7.3.

6.6.6 Lastfall „Innendruck“

Lagerbelastungen durch Innendruck entstehen bei Dehnungsstopfbuchsen, nicht- oder teilentlasteten Kompensatoren in Rohrlängsrichtung. Maßgebend ist der für den Innendruck wirksame Durchmesser. Einzelheiten siehe Kapitel 9.

Für andere offene Rohrleitungssysteme mit nicht zugfesten (kraftschlüssigen) Muffen oder Kupplungen treten analoge Längskräfte auf. Berechnungshinweise siehe Abschnitt 0.2.8.

6.6.7 Spezielle Belastungen

- Windlast
  Hinweise zu den Lastannahmen siehe Abschnitt 0.3.2. Windlast ist als Zusatzlast zu berücksichtigen.

- Schnee- und Eislast
  Hinweise zu den Lastannahmen siehe Abschnitt 0.3.2. Schnee- und Eislasten gehören zu den Hauptlasten.

- Belastungen durch Verstellkräfte von Kompensatoren
  Sie sind den Herstellerangaben zu entnehmen und gehören zu den Hauptlasten.

- Sonderlasten
  Hierzu zählen z. B. zusätzliche Einzellasten oder Einzelmomente infolge kinetischer Energie aus fluiddynamischen Vorgängen (z. B. Druckstöße, Druckwellen). Einzelheiten enthält Kapitel 10.

6.7 Berücksichtigung von Erdbebenbelastungen

6.7.1 Allgemeine Vorgehensweise

Erdbeben wirken als Beschleunigungslasten in beliebigen Richtungen. Da sie in ihrer Beschleunigung nicht begrenzt sind, ist eine Absicherung gegen Erdbebenbelastungen grundsätzlich eine Risikoabwägung. Das bedeutet, dass nicht die zu erwartende Spannung aus maximal möglicher Belastung mit einer zulässigen Spannung verglichen wird, sondern es werden Risiken aus diesen Belastungen in vertretbaren Grenzen gehalten. Aus diesen Risiken werden in DIN EN 1998-1 zwei Anforderungen abgeleitet:

- Anforderungen an die Standsicherheit

  Hierbei geht es um den Schutz vor Schäden durch die Anlage. Die Anlage muss deshalb so gebaut sein, dass sie einem Bemessungserdbeben insoweit standhält, dass niemand zu Schaden kommt. Dabei kann die Anlage selbst aber Schaden erleiden. Das Bemessungserdbeben wird auch als Schadensfallerdbeben (SSE) bezeichnet.

- Anforderungen an die Schadensbegrenzung

  Diese Anforderungen dienen zur Absicherung der Anlageinvestitionen. Bei einem Erdbebenniveau, das geringer als das Bemessungserdbeben ist, muss die Anlage unbeschädigt bleiben. Hierbei wird ein ausgewogenes Verhältnis zwischen den Zusatzinvestitionen zum Erreichen dieser Sicherheit und den zu erwartenden Kosten aus möglichen Schäden während der Lebensdauer der Anlage angestrebt.

Wenn z. B. das Risiko eines Verlustes der Anlage infolge von Erdbeben während einer geplanten Betriebsdauer von 30 Jahren auf weniger als 10 % begrenzt werden soll, wird als Bemessungserdbeben diejenige Erdbebenamplitude zugrunde gelegt, die innerhalb von 30 Jahren nur mit einer Wahrscheinlichkeit von 10 % übertroffen wird. Dies wäre ein Erdbeben mit einer Stärke, das statistisch alle 270 Jahre auftritt.

Das Bemessungserdbeben für den Schadensfall (SSE) wird in DIN EN 1998-1 als dasjenige Erdbebenniveau beschrieben, das statistisch alle 475 Jahre auftritt. In nationalen Ergänzungen zu DIN EN 1998-1 soll jedes Land dieses Erdbebenniveau festlegen. Der diesbezügliche nationale Anhang für Deutschland weist in einer Landkarte (siehe **Bild 6.7-1**) 4 Erdbebenzonen aus, für die die Bemessungswerte der Bodenbeschleunigung angegeben sind (siehe **Tabelle 6.7-1**).

Zur Berücksichtigung der Erdebenbelastungen werden im Wesentlichen drei Methoden angewendet:

- ersatzstatische Erdbenanalyse
- Antwortspektrenmethode
- nichtlineare Untersuchungen im Zeitbereich mit synthetischen Erdbebenzeitverläufen.

6.7.2 Ersatzstatische Erdbebenanalyse

Die ersatzstatische Erdbebenanalyse vernachlässigt die Betrachtung der Strukturantwort auf die dynamischen Erdbebenlasten und ersetzt sie durch eine statische Beschleunigung in den drei Raumrichtungen x, y und z.

Tabelle 6.7-1: Bemessungswerte der Erdbebenzonen von Deutschland

Erdbebenzone	Intensitätsintervalle I	Bemessungswert der Bodenbeschleunigung a_g in m/s²
0	$6 \leq I < 6{,}5$	-
1	$6{,}5 \leq I < 7$	0,4
2	$7 \leq I < 7{,}5$	0,6
3	$7{,}5 \leq I$	0,8

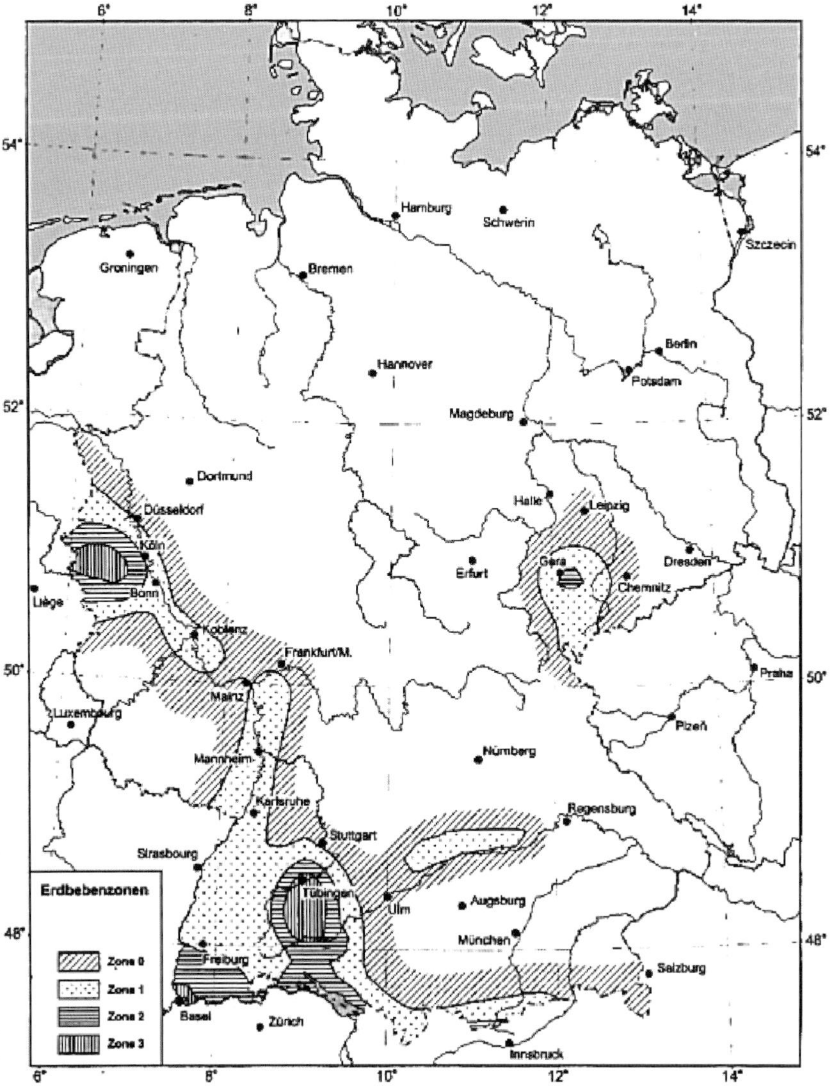

Bild 6.7-1: Erdbebenzonen für Deutschland gemäß DIN EN1998-1/NA

Zur Ermittlung der Beanspruchungen aus Erdbebenbelastungen wird im Allgemeinen wie folgt vorgegangen (siehe DIN EN13480-3 Anhang A):

- Die Beschleunigungen in x-, y- und z-Richtung sind dem Antwortspektrum (auch als Reaktionsspektrum bezeichnet) des Bemessungserdbebens zu entnehmen. Liegen keine Werte vor, können die Beschleunigungen aus Tabelle 6.7-1 verwendet werden.

- Die maximalen Beschleunigungen des Antwortspektrums sind mit einem Faktor k_i zu multiplizieren. Falls die Eigenfrequenz der Rohrleitung nachweislich um mindestens 10 % von derjenigen des Gebäudes abweicht, darf $k_i = 1$ gesetzt werden. In allen anderen Fällen gilt $k_i = 1{,}5$.

- Die Beanspruchungen des Rohrleitungssystems infolge dieser Beschleunigung der Eigenmassen werden mittels üblicher rohrstatischer Verfahren berechnet.

- Die Beanspruchungen infolge der Beschleunigungen in x-, y- und z-Richtung werden ebenso wie die Verschiebungen vektoriell, d. h. mittels der Quadratwurzelmethode (SRSS) überlagert:

$$R_g = \sqrt{R_{g,x}^2 + R_{g,y}^2 + R_{g,z}^2} \qquad (6.7\text{-}1)$$

- Die Bewertung der Gesamtbeanspruchung erfolgt in der Regel als Primärzusatzlast nach den zutreffenden Regelwerken, z. B. nach DIN EN 13480-3 oder den KTA-Regeln.

- Die zusätzlichen Lasten infolge Erdbebenbelastungen sind bei der Auswahl der Rohrhalterungen zu berücksichtigen.

Das ersatzstatische Verfahren sollte auf Rohrleitungen beschränkt bleiben, die innerhalb des gleichen Gebäudes angebracht sind, d. h. dass davon ausgegangen werden kann, dass die Anregung zumindest für die unteren Eigenfrequenzen an allen Halterungen gleichzeitig in der gleichen Richtung auftreten.

Falls bei diesem Verfahren eine Überschreitung der zulässigen Beanspruchungen im Rohrleitungssystem auftritt, ist es häufig günstiger, eines der anderen Verfahren zu verwenden, statt die dynamischen Rohrhalterungen (z. B. Schwingungsdämpfer, Stoßbremsen, Ausschlagsicherungen, verformbare Halterungen) auf Basis der ersatzstatischen Berechnung zu dimensionieren.

Tabelle 6.7-2: Parameter des elastischen Antwortspektrums
Kurzzeichen für die Bodenklasse (1. Stelle des Untergrundverhältnisses) siehe DIN EN 1998-1; Kurzzeichen für die geologische Untergrundklasse (2. Stelle der Untergrundverhältnisses) siehe nationalen Anhang von DIN EN 1998-1/NA, Bild NA.2.

Untergrund-verhältnisse	Bodenparameter S	Schwingungsdauer nach DIN EN 1998-1		
		T_B in s	T_C in s	T_D in s
A-R	1,00	0,05	0,20	2,0
B-R	1,25	0,05	0,25	2,0
C-R	1,50	0,05	0,30	2,0
B-T	1,00	0,10	0,30	2,0
C-T	1,25	0,10	0,40	2,0
C-S	0,75	0,10	0,50	2,0

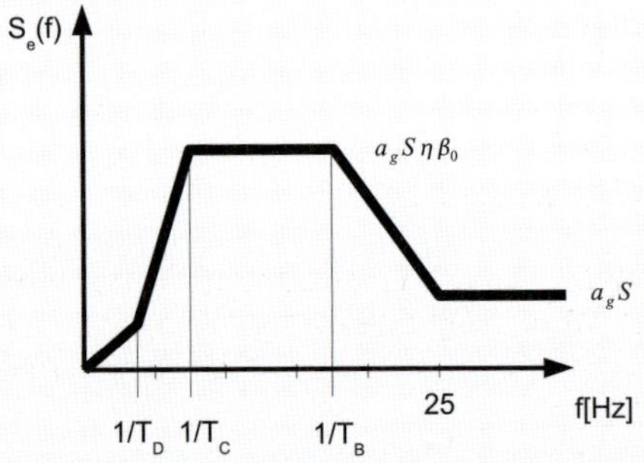

Bild 6.7-2: Parametrisiertes elastisches Antwortspektrum

6.7.3 Erdbebenanalyse mit Antwortspektrenmethode

Bei der Ermittlung der Beanspruchungen aus Erdbebenbelastungen nach der Antwortspektrenmethode muss zunächst für jeden Halterungspunkt das elastische Antwortspektrum bestimmt werden. Für Halterungsfundamente kann die spektrale Verteilung der Erdbebenantwort direkt aus den Angaben von DIN EN 1998-1 über parametrisierte Antwortspektren berechnet werden, die mit dem Bemessungswert für die Bodenbeschleunigung zu skalieren sind. Die Parameter für die Antwortspektren sind als Funktion der Untergrundverhältnisse angegeben (siehe **Tabelle 6.7-2**).

Mit Hilfe der Untergrundverhältnisse und eines Dämpfungskorrekturbeiwerts η (bei 5% Dämpfung ist $\eta = 1$) kann damit für jede Stelle ein elastisches Bodenantwort-Spektrum für das Bemessungserdbeben bestimmt werden (siehe **Bild 6.7-2**).

Für Rohrhalterungen an Gebäuden müssen zunächst über eine dynamische Berechnung des Gebäudes die Etagen-Antwortspektren an den Halterungsstellen bestimmt werden. Die entsprechenden Angaben sind vom Tragwerksplaner bereitzustellen.

Die rohrstatische Berechnung enthält dann üblicherweise folgende Schritte:

- Für jeden Halterungspunkt werden die Beschleunigungen in x-, y- und z-Richtung dem vorliegenden Antwortspektrum entnommen. Dabei werden die Halterungspunkte mit dem Gebäudenamen versehen, an dem sie befestigt sind.

- Die Eigenfrequenzen und Eigenformen der Leitung werden als linearelastisches Modell bis zu einer Grenzfrequenz (z. B. 25 Hz) bestimmt.

- Für jedes Gebäude und jede Richtung wird die Anregung der verschiedenen Eigenformen aus der Beschleunigung im Antwortspektrum berechnet. Außerdem wird ein sog. Restmode berechnet, der die Anregungen bei Frequenzen oberhalb der Grenzfrequenz berücksichtigt.

- Die Beanspruchungen infolge der Beschleunigungen für die Gebäude, für die Eigenformen und für die x-, y- und z-Richtung werden analog Gl. (6.7-1) mittels der Quadratwurzelmethode (SRSS) berechnet.

- Falls Differenzbewegungen aus Gebäuden zu berücksichtigen sind, werden diese nach Raumrichtungen und Gebäuden getrennt aufgebracht und berechnet. Die Beanspruchungen und Verschiebungen infolge der Erdbebenbeschleunigungen werden überlagert.

- Die Bewertung der Gesamtbeanspruchung erfolgt in der Regel als Primärzusatzlast nach den maßgebenden Regelwerken, z. B. nach DIN EN 13480-3 oder den KTA-Regeln.

- Die zusätzlichen Lasten infolge Erdbebenbelastungen sind bei der Auswahl der Rohrhalterungen zu berücksichtigen.

Die Dämpfung der Rohrleitung wird bei dieser Methode schon in den berechneten Antwortspektren berücksichtigt.

Bei Überschreitung der zulässigen Beanspruchungen können zusätzlich Schwingungsdämpfer, Stoßbremsen, Ausschlagssicherungen und verformbare Halterungen im Rohrleitungssystem erforderlich sein.

6.7.4 Nichtlineare Untersuchungen mit synthetischen Zeitverläufen

Falls das System starke nichtlineare Elemente enthält, die mit der linearen Antwortspektren-Methode nicht berücksichtigt werden können, kann eine nichtlineare Zeitverlaufsberechnung (time-history) durchgeführt werden.

Dabei werden zunächst aus den Antwortspektren synthetische Erdbebenzeitverläufe generiert. Üblicherweise wird folgendermaßen vorgegangen:

- Bestimmung der Antwortspektren für alle Halterungen.
- Generierung von mehreren synthetischen Erdbebenzeitverläufen.
- Berechnung des Zeitverlaufs der Systemantwort.
- Berechnung der maximal auftretenden Spannungen.
- Mehrfache Wiederholung mit anderen synthetischen Erdbebenbelastungen, da unterschiedliche Phasenbeziehungen der spektralen Anteile auftreten können.
- Die Bewertung der Gesamtbeanspruchung erfolgt analog der anderen Verfahren als Primärzusatzlast nach den zutreffenden Regelwerken, z. B. nach DIN EN 13480-3 oder den KTA-Regeln (siehe Abschnitt 6.7.6).
- Die zusätzlichen Lasten infolge Erdbebenbelastungen sind bei der Auswahl der Rohrhalterungen zu berücksichtigen.

Auch bei diesem Berechnungsverfahren kann bei Überschreitung der zulässigen Beanspruchungen das dynamische Verhalten des Rohrleitungssystems mit Schwingungsdämpfern, Stoßbremsen, Ausschlagssicherungen und verformbaren Halterungen modifiziert werden. Im Gegenteil zu den linearen Verfahren ermöglicht die nichtlineare Methode im Zeitbereich die genaue Berücksichtigung von lokaler Dämpfung oder anderen nichtlinearen Komponenten (z. B. Stoßbremsen, viskoelastischen Dämpfern, Rohrhalterungen mit Spiel). Der Aufwand ist allerdings recht hoch und erfordert eine Methode zur Erzeugung von synthetischen Erdbebenzeitverläufen, die sowohl den Antwortspektren entsprechen, als auch die richtigen maximalen Differenzbewegungen zwischen den Halterungen erzeugen.

6.7.5 Berechnung auf der Grundlage von DIN EN 13480-3

Die Erdbebenbelastungen gehören zu den Zusatzprimärlasten. Randpunktbewegungen aus Erdbebenbelastungen sind als Sekundärlasten zu betrachten. Daraus resultierende Halterungslasten werden als Zusatzlast Z eingestuft. Die Beanspruchungen aus Beschleunigungen im Rohrleitungssystem werden nach Gl. (6.4-14) als primäre gelegentliche Lasten begrenzt, wobei entsprechend Abschnitt 6.7.1 je nach Art der Erdbebenannahme für Basiserdbeben der Faktor k = 1,2 oder für ein Sicherheitserdbeben der Faktor k = 1,8 einzusetzen ist.

Die Beanspruchungen aus Randpunktbewegungen für das Basiserdbeben sind entweder ebenfalls in Gl. (6.4-14) zu berücksichtigen oder nach Gl. (6.4-15) bzw. (6.4-16) den Wechselbeanspruchungen zuzuordnen. Bei Sicherheitserdbeben kann eine Betrachtung der Randpunktbewegungen unterbleiben, da nicht davon auszugehen ist, dass während der kurzen Einwirkungsdauer des Erdbebens ein Versagen aus Wechselbeanspruchung eintritt.

6.7.6 Berechnung nach KTA-Regelwerk

Maßgebend für die Auslegung von Kernkraftwerken gegen seismische Einwirkungen sind KTA 2201.1 und KTA 2201.4 in Verbindung mit KTA 3201.2 für Komponenten des Primärkreislaufes bzw. KTA 3211.2 für äußere Systeme.

Nach KTA 2201.1 ist das Bemessungserdbeben für die Berechnung zugrunde zu legen. Das Bemessungserdbeben ist dasjenige Erdbeben, mit der für den Standort (bis etwa 200 km Entfernung) maßgebenden größten Intensität. Aus dem Etagen-Antwortspektrum werden die Beschleunigungen in x-, y- und z-Richtung entnommen. Für Rohrleitungen kann dabei ein Dämpfungswert D = 4 verwendet werden.

Nach KTA 2201.4 hat die Überlagerung stets für den Betriebszustand zu erfolgen. Die Bewertung muss nach der Beanspruchungsstufe D gemäß KTA 3201.2 bzw. KTA 3211.2 erfolgen. Sie besagt, dass zur Bewertung von Schadensfällen (SF) und Notfällen (NF) nur Primärspannungen zu berücksichtigen sind, wobei merkbare plastische Verformungen mit nachfolgender Reparatur oder Austausch in Kauf genommen werden. Folgende Spannungsbegrenzungen sind einzuhalten:

$$P_m \leq 0{,}7\ R_m \tag{6.7-2a}$$

$$P_m + P_b \leq R_m \tag{6.7-2b}$$

Die Bedeutung der Spannungsarten P_m und P_b ist im Abschnitt 3.4 erläutert.

6.8 Rechenprogramme für Rohrleitungssystem-Analysen

6.8.1 Berechnungsablauf

Rohrleitungssystem-Analysen werden fast ausschließlich nur noch mit Hilfe von Rechenprogrammen durchgeführt. Bekannte Rechenprogramme sind z. B. ROHR2, EASYPIPE, AUTOPIPE™, P 10 u. a. (siehe Abschnitt 18.4).

Die Programme liefern für gleiche Belastungs- und Geometriebedingungen annähernd gleiche Ergebnisse. Sie basieren im Allgemeinen auf Berechnungsverfahren der Stabstatik (Kraftgrößenverfahren, Reduktionsverfahren). Wegen der Schnelligkeit der Rechenprogramme sind Variantenrechnungen möglich, so dass auf konstruktive Änderungen schnell reagiert werden kann. Die Berechnungsergebnisse sind im Rahmen der Berechnungsmethode und der getroffenen Annahmen als fehlerfrei anzusehen.

Der Ablauf der Berechnung gestaltet sich folgendermaßen:

- Aufbereitung der Rohrleitungsgeometrie
- Definition der Lastfälle
- Definition der Spannungsabsicherung
- Definition der Überlagerung für die Belastungsauswertung
- Durchführung der Berechnungen und Ergebnisauswertung
- Nachbereitung

6.8.2 Aufbereitung der Rohrleitungsgeometrie

Die Aufbereitung kann über Texteingaben in einem definierte Format oder einfacher über eine grafische Benutzeroberfläche erfolgen. Sollte die Rohrleitungsgeometrie bereits in einem CAD-System vorliegen, können die Daten auch über Schnittstellen in das Rechenprogramm übertragen werden.

Nach Abschluss der Aufbereitung liegt ein Rohrleitungsmodell vor, das Rohrleitungsgeometrie, Rohrabmessungen, Einzellasten (z. B. Armaturen), Rohrhalterungen und deren Funktionen, sowie andere Randbedingungen beschreibt (Beispiel **Bild 6.8-1**).

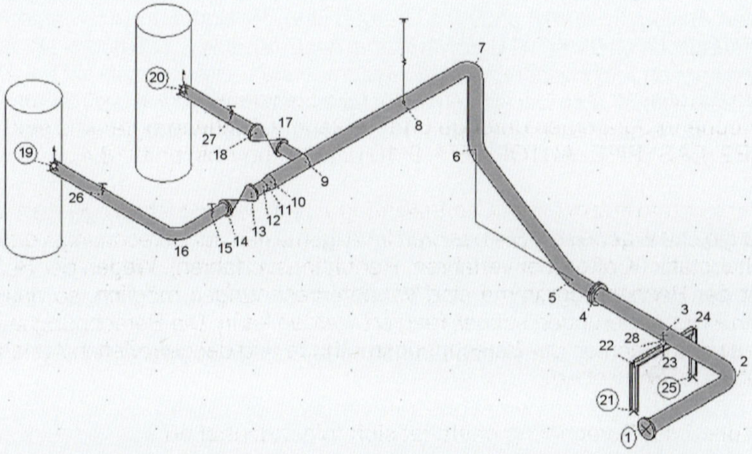

Bild 6.8-1: Rohrleitungsmodell in einer Berechnungssoftware (Werkbild: SIGMA Ingenieurgesellschaft mbH, Unna)

6.8.3 Definition der Lastfälle

Die Lastfälle (siehe auch Abschnitt 6.6) müssen so definiert sein, dass sich damit sowohl die Spannungsnachweise der Rohrleitung selbst, als auch die Stutzen- und Lagerbelastungen berechnen lassen. Es muss für jeden Lastfall festgelegt werden, welche Betriebsbedingungen im jeweiligen Lastfall zu berücksichtigen sind, und welche Lasten in die Berechnung eingehen sollen:

- globale Lasten: z. B. Erdbeschleunigung, Wärmeausdehnung.
- lokale Lasten: z. B. Einzellasten infolge von Armaturenantrieben.

Des Weiteren muss die Berechnungsmethode festgelegt werden, z. B. statisch lineare oder statisch nichtlineare Berechnung, Antwortspektrenmethode, Zeitverlaufsberechnung.

Bezüglich Elastizitätsmodul muss klar sein, ob sich dieser auf Umgebungs- oder Auslegungstemperatur beziehen soll. Das ist insofern von Bedeutung, weil die Berechnungsvorschriften den Spannungsnachweis unter Berücksichtigung des Elastizitätsmoduls für Auslegungstemperatur vorschreiben, für die Lagerbelastungen aber keine Festlegungen bestehen. Eine akzeptable Lösung ist die Berechnung mit den Auslegungsdaten und eine Umrechnung der Kräfte und Momente für die Spannungsabsicherung mit dem Verhältnis der E-Moduln E_{UT} / E (Index UT: Umgebungstemperatur; ohne Index: Auslegungstemperatur). Dieser Ansatz hat den Vorteil, dass realistische Lager-und Anschlussbelastungen ermittelt werden, und dass die Durchbiegung der Rohrleitung den tatsächlichen Betriebsbedingungen entspricht.

6.8.4 Definition der Spannungsabsicherung

Die Spannungsbewertung kann z. B. nach folgenden Vorschriften erfolgen:

- DIN EN 13480-3: Metallische industrielle Rohrleitungen
- FDBR-RL 4: Berechnung von Kraftwerksrohrleitungen
- ASME B31.1: Kraftwerksrohrleitungen
- ASME B31.3: Chemierohrleitungen
- ASME B31.8: Gasrohrleitungen
- ASME BPVC Section 3 Division 1 Subsection NB, NC und ND: Rohrleitungen in kerntechnischen Anlagen
- AGFW FW 401 Teil 10: Kunststoffmantelrohrleitungen (KMR) für Fernwärmenetze
- DIN EN 13941 Anhang C: Verbundmantelrohrleitungen für Fernwärmenetze
- DIN EN ISO 14692-3: Glasfaserverstärkte Kunststoffrohrleitungen (GFK) für die Erdöl- und Erdgasindustrie
- KTA 3201.2 bzw. KTA 3211.2: Rohrleitungen in Kernkraftwerken

Vielfach werden weitere internationale Normen angewendet: z. B. RCC-M, BS 7159 , OGUK guidelines (siehe Abschnitt 19.3.2).

Die meisten Berechnungsprogramme bieten bereits mehr oder weniger aufbereitete Spannungsanalysen an, bei denen die Nachweise bereits definiert sind. Dabei kann im Einzelfall eine Anpassung an die Besonderheiten der aktuellen Vorschrift nötig sein.

6.8.5 Definition der Überlagerungen für die Belastungsauswertung

Die Rohrleitung erzeugt an ihren Lagerstellen und Anschlüssen Lasten, deren Größen zur Dimensionierung der Rohrhalterungen sowie zur Überprüfung der zulässigen Anschlussbelastungen benötigt werden. Die Ergebnisse der einzelnen Lastfälle müssen zu diesem Zweck noch in geeigneter Weise überlagert werden, z. B. durch Addition, Skalierung, Maximumermittlung, Rangfolgebildung und dergl.

Üblich ist die Berechnung von kompletten Betriebslastfällen, die einem Hauptlastzustand des Rohrleitungssystems entsprechen, und die mit jeweils einer gelegentlichen Lastsituation (z. B. Erdbeben) kombiniert werden. Die gelegentlichen Lastsituationen können selbst zuvor aus verschiedenen Einzellastfällen (z. B. Erdbeben-X, Erdbeben-Y Erdbeben-Z) kombiniert worden sein. Seltene gelegentliche Lasten (z. B. Erdbeben und Wind) werden gewöhnlich nicht miteinander kombiniert. Dies ist zulässig, wenn die Eintrittswahrscheinlichkeit entsprechend niedrig ist und kein Kausalzusammenhang besteht.

6.8.6 Durchführung der Berechnungen und Ergebnisauswertung

Nach vollständiger Eingabe erfolgt die Berechnung. Die Ausgabe der Ergebnisse geschieht über das grafische Benutzer-Interface (postprocessing) und wahlweise in automatisch generierten Dokumentationen.

Ergänzend bieten die Programme Zusatzfunktionen wie die Erstellung von Isometrien, die animierte Darstellung von Berechnungsergebnissen (dynamischer Druckstoß), die Übergabe der Berechnungsergebnisse an Anwendungen zur Komponentenauslegung (z. B. ROHR2fesu entsprechend Abschnitt 18.4.1) oder die Anbindung an CAD- und CAE-Umgebungen an.

Die Berechnungsergebnisse enthalten zum Einen die Kräfte und Momente sowie die Verformungen für alle gerechneten Lastfälle. Dies gilt sowohl für die Schnittkräfte, als auch die Lager- und Anschlussbelastungen. Die Daten werden sowohl in Text- und Tabellenform, als auch grafisch zur Verfügung gestellt. **Bild 6.8-2** zeigt die Verformungen des Rohrleitungssystems für einen konkreten Betriebslastfall. Hiermit lässt sich das Halterungskonzept kontrollieren. Die Durchbiegung beim Lastfall „Eigengewicht“ ist z. B. ein Kriterium für die zulässige Stützweite. Durch Variieren der Lagerabstände sowie Überprüfung auf abhebende Lager kann das Halterungskonzept der zu erwartenden Wärmeausdehnung angepasst werden. Die Ergebnisse ermöglichen ebenfalls eine schnelle Plausibilitätsprüfung hinsichtlich richtiger Eingabe des Rohrleitungsmodells und der Lastannahmen.

Des Weiteren werden die vorhandenen Spannungen an den vorgegebenen Schnittstellen ausgewiesen sowie die Spannungsausnutzung, d. h. das Verhältnis aus vorhandener zu zulässiger Spannung. **Bild 6.8-3** zeigt z. B. optisch die Spannungsausnutzung für den Nachweis σ_4 nach Gl. (6.4-16).

Üblicherweise enthält eine Rohrleitungssystem-Analyse zumindest einen Spannungsnachweis für die ständigen Lasten σ_1 sowie einen Nachweis für Wärmeausdehnung und Wechselbeanspruchung σ_3 bzw. σ_4. Bei Untersuchung mehrerer Betriebszustände ist üblicherweise aber nur ein Nachweis für Wärmeausdehnung und Wechselbeanspruchung erforderlich, da in diesen die Spannungsschwingbreite aus allen Betriebszuständen eingeht.

Falls mehrere gelegentliche Lasten zu berücksichtigen sind, ist für jede Lastannahme ein gesonderter Nachweis σ_2 zu führen. Bei Rohrleitungen, die im Zeitstandsbereich betrieben werden, muss zusätzlich der Nachweis für σ_5 erfüllt sein.

6.8.7 Weitere Arbeitsschritte

An die Rohrleitungssystem-Analyse schließen sich häufig noch folgende Arbeitsschritte an:

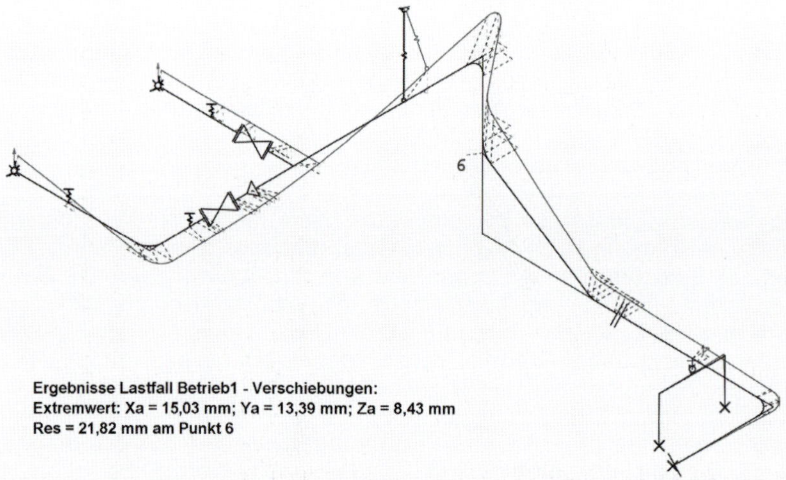

Bild 6.8-2: Verformungslinie aus Lastfall „Behinderte Wärmeausdehnung" (Werkbild: SIGMA Ingenieurgesellschaft mbH, Unna)

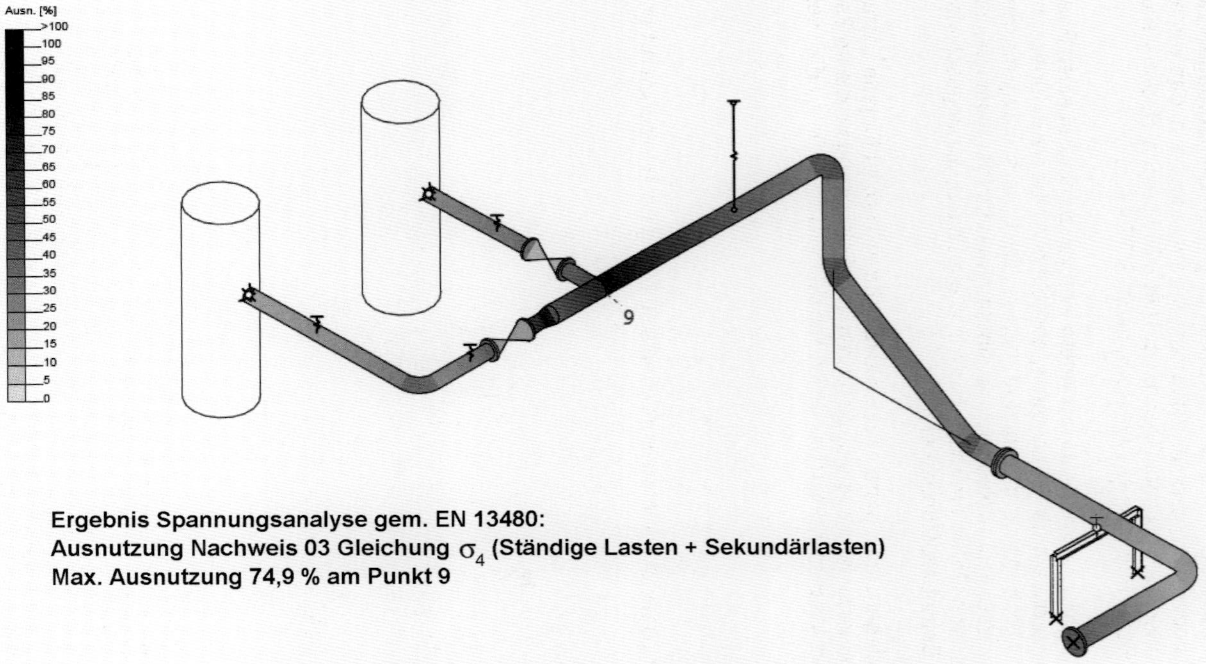

Bild 6.8-3: Spannungsausnutzung für den Nachweis σ_4 (Werkbild: SIGMA Ingenieurgesellschaft mbH, Unna)
Erläuterung: Je dunkler die Schattierung, umso höher ist die Spannung

S t r a n g 1   P u n k t 8   S HR

Stuetze im absoluten Koordinatensystem

Federhänger

Lastf.-Bezeichn.	WX	WY	WZ	PX	PY	PZ	AQX	AQY	AQZ	AMX	AMY	AMZ
	mm	mm	mm	mrad	mrad	mrad	kN	kN	kN	kNm	kNm	kNm
Gewicht	0.13	0.02	-0.11	-0.01	0.53	0.02	0.000	0.000	-7.476	0.000	0.000	0.000
Betrieb1	10.65	-2.50	10.95	4.39	-2.80	5.25	0.043	-0.010	-6.007	0.000	0.000	0.000
C1kalt	3.12	-6.72	12.40	5.63	-4.45	3.87	0.012	-0.026	-5.810	0.000	0.000	0.000
C2kalt	14.72	6.34	7.19	1.27	-1.44	5.35	0.064	0.028	-6.514	0.000	0.000	0.000
Wind1-XY	1.65	0.82	0.93	0.19	0.52	0.54	0.000	0.000	0.125	0.000	0.000	0.000
Erdbeben1-XYZ	8.34	1.57	4.08	1.19	0.61	0.77	0.000	0.000	0.544	0.000	0.000	0.000
Extremwert-Min.	-8.21	-8.29	-4.27	-1.20	-5.06	-0.78	0.000	-0.026	-8.031	0.000	0.000	0.000
Extremwert-Max.	23.06	7.91	16.49	6.82	1.14	6.12	0.064	0.028	-5.265	0.000	0.000	0.000

Bild 6.8-4: Verschiebungen, Kräfte und Momente an einem Federhänger

- Halterungsstatik

  Für die Lagerstellen werden zusätzlich die Ergebnisse der Lastfallberechnungen sowie die aus Überlagerungen ermittelten Maximalwerte tabellarisch ausgegeben. Sie dienen zur Auswahl und Konstruktion der Rohrhalterungen sowie zur Überprüfung der Einhaltung zulässiger Belastungen an Ausrüstungs- und Bauwerkanschlüssen. **Bild 6.8-4** zeigt an einem Beispiel die Ergebnisse für einen Federhänger.

  Viele Rohrstatikprogramme verfügen auch über Export-Schnittstellen zur automatischen Weiterverarbeitung der Lagerbelastungen und -verschiebungen in speziellen CAD-Programmen, die von den Halterungsherstellern zur Verfügung gestellt werden. Hierdurch wird die Planung der Rohrhalterungen erleichtert.

- Spannungsnachweise für integrale Halterungsanschlüsse

  Falls das Rohrleitungssystem integrale Halterungsanschlüsse (Nocken, Knaggen) enthält, ist deren Spannungsnachweis unter Berücksichtigung der im Rohr vorhandenen Spannungen sowie der Lagerbelastungen möglich. Einzelheiten zum Spannungsnachweis siehe DIN EN 13480-3 und Abschnitt 4.9.

- Nachweis zulässiger Anschlussbelastungen an Flanschverbindungen

  Für die verschiedenen Lastfälle können die an den Flanschverbindungen auftretenden Kräfte und Momente zu resultierenden Anschlussbelastungen zusammengefasst und auf deren Zulässigkeit überprüft werden. Zulässige Anschlussbelastungen siehe Abschnitt 7.5.2.

- Spannungsnachweis an Schweißnähten

  Ein gesonderter Spannungsnachweis ist für die im Rohrleitungssystem befindlichen Rundnähte erforderlich, wenn der Schweißnahtfaktor (siehe Abschnitt 6.4.1 in Verbindung mit Abschnitt 7.1.5) $z < 1$ beträgt.

7. Einfache statische Berechnungen

7.1 Grundlagen

7.1.1 Anwendungsbereich, Formelzeichen

a) Anwendungsbereich

Einfache statische Berechnungen (auch als vereinfachte statische Berechnungen bezeichnet) sind in der Praxis auf den Streckgrenzenbereich beschränkt. Sie sind in der Regel mittels Taschenrechner oder einfachen Kalkulationsprogrammen beherrschbar, während Rohrleitungssystem-Analysen (Kapitel 6) zwar exakte Ergebnisse liefern, aber gewisse Kenntnisse für die Aufbereitung und Auswertung der Daten erfordern.

Kräfte durch Lagerreibung werden bei einfachen statischen Berechnungen nur in Ausnahmefällen berücksichtigt. Im Regelfall sind sie entsprechend den Hinweisen im Kapitel 8 zusätzlich einzurechnen.

Kleinleitungen mit $D_o \leq 60{,}3$ mm werden meist nicht trassiert, gleichgültig ob sie im Streckgrenzen- oder im Zeitstandbereich betrieben werden. Demzufolge entfällt auch eine rohrstatische Berechnung. Eine Ausnahme bilden Kleinleitungen im aktiven Teil von Kernkraftwerken, die nach Inbetriebnahme nicht mehr oder nur unter bestimmten Bedingungen zugänglich sind.

Für Rohrleitungen der chemischen Verfahrenstechnik sind einfache statische Berechnungen auf der Grundlage des AD 2000-Regelwerkes üblich, insbesondere nach AD 2000 HP 100 R und AD 2000 S 4 [7.1-1]. Der in Betracht kommende Bereich ≤ DN 500 ist im **Bild 7.1-1** dargestellt. Gemäß [7.1-1] werden hiervon über 90 % aller Rohrleitungen der chemischen Verfahrenstechnik erfasst. Für Rohrleitungen > DN 500 oder für Rohrleitungen, bei denen zulässige Stutzenbelastungen nachzuweisen sind, werden exakte rohrstatische Berechnungen durchgeführt.

Die Belange der Zeitstandfestigkeit werden im Kapitel 6 behandelt. Dabei ist zu beachten, dass die zulässigen Spannungen für Wärmeausdehnungen und andere Wechselbeanspruchungen im Zeitstandbereich merkbar von denen im Streckgrenzenbereich abweichen.

b) Formelzeichen

Die Bedeutung der Formelzeichen und Indizes geht aus Tabelle 0.1-1 hervor. Für statische Berechnungen sind äquivalente Außendurchmesser D_S und Wanddicken e_S entsprechend Tabelle 0.1-2 anzuwenden, die die unterschiedlichen Bestellgrößen für Rohre berücksichtigen.

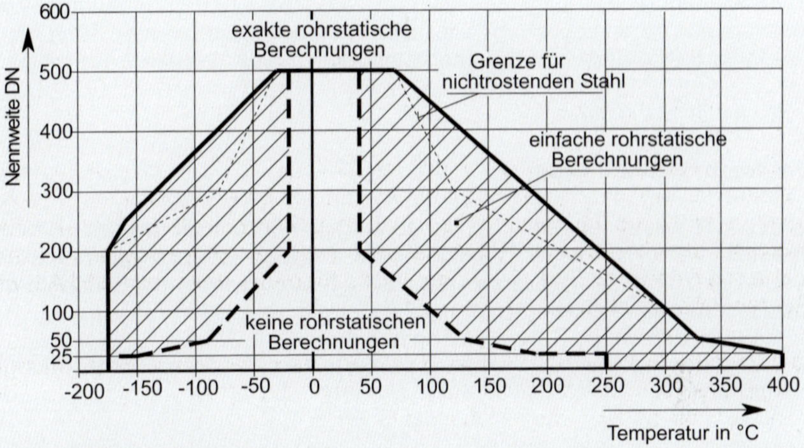

Bild 7.1-1: Abgrenzung des Bereichs für einfache statische Berechnungen von Rohrleitungen aus Stahl in der chemischen Verfahrenstechnik [7.1-1]

Auf folgende Besonderheiten wird speziell hingewiesen:

- Zulässige Spannung bei Raumtemperatur f_{RT}

  Diese Bezeichnung wird nur dort verwendet, wo eine ausdrückliche Unterscheidung zur Umgebungstemperatur und zur Auslegungstemperatur erforderlich ist. DIN EN 13480-3 verwendet hierfür das Kurzzeichen f_c, wobei der Index c für „cold" steht.

- Zulässige Spannung bei Auslegungstemperatur f

  Sie wird in DIN EN 13480-3 teilweise mit f_h bezeichnet. Der Index h bedeutet „hot". Im Zeitstandbereich wird die Bezeichnung f_{CR} verwendet.

Sinngemäß die gleiche Regelung gilt für die Indizes des Elastizitätsmoduls bei Raum-, Umgebungs- bzw. Auslegungstemperatur.

7.1.2 Elastizitätsmodul

Der Elastizitätsmodul für Stahl kann in Abhängigkeit von der Temperatur nach DIN EN 13480-3 Anhang G berechnet werden. Die Angaben in [0.3-1] Kapitel 1 haben die gleiche Basis. Ebendort sind auch Werte für NE-Metalle zu finden.

Mit ausreichender Genauigkeit kann das Verhältnis E / E_{RT} für Stahl, Kupfer, Aluminium und deren Legierungen aus **Bild 7.1-2** abgelesen werden. Sind Absolutwerte für E erforderlich, ist Umrechnung mit E_{RT} nach **Tabelle 7.1-1** möglich.

7.1.3 Wärmeausdehnung

Die freie Wärmeausdehnung von Rohrleitungen wird notwendigerweise durch Lagerstellen eingeschränkt. Abgesehen von den Lagerbelastungen resultieren hieraus zusätzliche Biegespannungen. Bei behinderter Wärmeausdehnung in Längsrichtung des Rohres (Abschnitt 7.2.1) treten hingegen Axialspannungen auf, die über den vollen Rohrquerschnitt wirken.

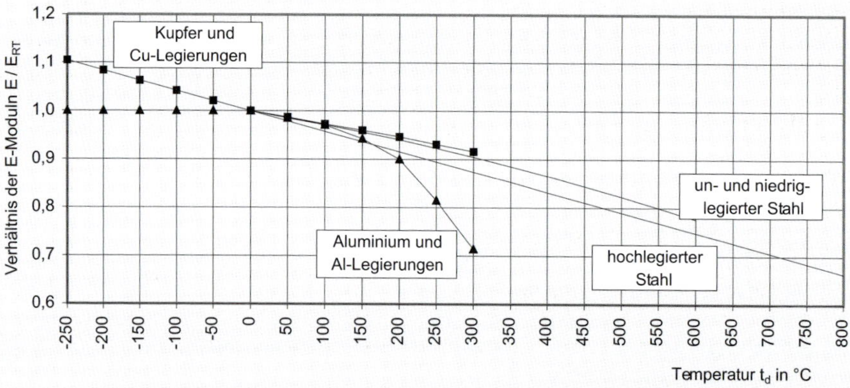

Bild 7.1-2: Verhältnis der Elastizitätsmoduln E / E_{RT} metallischer Werkstoffe (Kurven für Stahl gelten ab 0 °C)

Tabelle 7.1-1: Elastizitätsmoduln metallischer Werkstoffe bei Raumtemperatur

Elastizitätsmodul E_{RT} in GPa		Elastizitätsmodul E_{RT} in GPa	
unlegierter Stahl	213,16	Kupfer	128
niedriglegierter Stahl	215,44	CuZn20Al2As	110
hochlegierter Stahl	201,66	CuNi10Fe1Mn	130
Titan	125	Al, Al-Legierungen	70

Die lineare Wärmeausdehnung oder -verkürzung (-schrumpfung) in Längsachse des Rohres beträgt:

$$\Delta L_W = L\,\beta_{diff}\,(t_d - t_{UT}) = L\,\beta_{diff}\,\Delta t_W \qquad (7.1\text{-}1)$$

Bei ebenen oder räumlichen Rohrleitungssystemen ist vektorielle Addition der Wärmeausdehnungen möglich.

Der differentielle lineare Wärmeausdehnungskoeffizient β_{diff} in Gl. (7.1-1) ist entsprechend Anhang G von DIN EN 13480-3 auf eine fiktive Temperatur t* zu beziehen, die folgendermaßen zu bilden ist:

$$t^* = 0{,}75 \max\{t_d;\, t_{UT}\} + 0{,}25 \min\{t_d;\, t_{UT}\} \qquad (7.1\text{-}2)$$

Werte für den differentiellen linearen Wärmeausdehnungskoeffizienten β_{diff} siehe Abschnitt 7.1.4, Definition der Umgebungstemperaturen t_{UT} für mitteleuropäische Verhältnisse siehe Abschnitt 0.1.3.

Als relative Wärmeausdehnung bezeichnet man:

$$\Delta L_W / L = \beta_{diff}\,(t_d - t_{UT}) = \beta_{diff}\,\Delta t_W \qquad (7.1\text{-}3)$$

Sie wird aus Gründen der Anschaulichkeit meist in mm/m angegeben.

7.1.4 Wärmeausdehnungskoeffizient

a) Differentieller linearer Wärmeausdehnungskoeffizient

Der differentielle lineare Wärmeausdehnungskoeffizient β_{diff} kann aus **Bild 7.1-3** entnommen werden. Er bezieht sich auf Raumtemperatur t_{RT} = 20 °C, d. h. er ist bei 20 °C mit dem linearen Wärmeausdehnungskoeffizient β_t identisch.

Da für NE-Metalle im Gegensatz zu Stahl keine differentiellen linearen Wärmeausdehnungskoeffizienten vorliegen, können diese mit guter Näherung für die Temperatur t wie folgt ermittelt werden:

$$\beta_{diff,t} \approx \beta_t + \frac{\beta_{t+\Delta t} - \beta_{t-\Delta t}}{2\,\Delta t}\,(t - t_{RT}) = \beta_t + \frac{\beta_{t+\Delta t} - \beta_{t-\Delta t}}{2\,\Delta t}\,(t - 20) \qquad (7.1\text{-}4)$$

Δt ist eine wählbare Temperaturdifferenz, die möglichst klein sein soll. Δt = 50 K ergibt bereits ausreichend genaue Werte für β_{diff}.

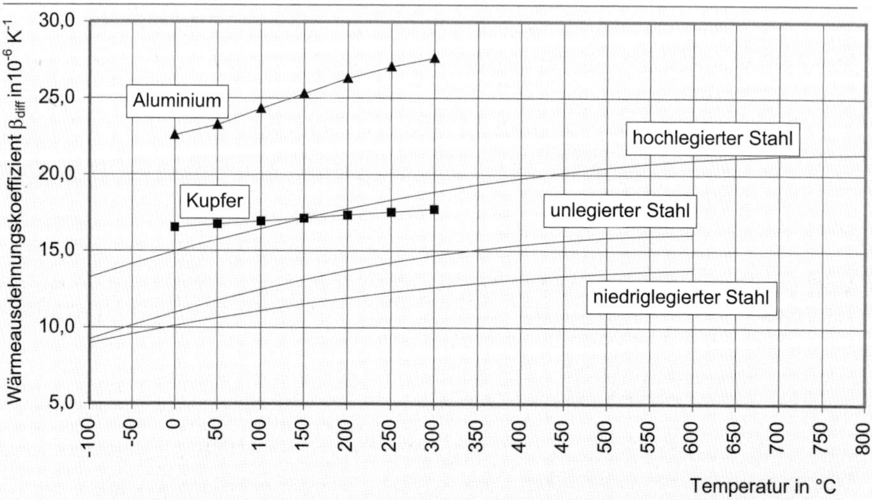

Bild 7.1-3: Differentieller linearer Wärmeausdehnungskoeffizient β_{diff} für metallische Werkstoffe, bezogen auf t_{RT} = 20 °C
Stahl: nach DIN EN 13480-3 Anhang G ermittelt, wobei für t < 20 °C die Begrenzung des Geltungsbereiches vernachlässigt wurde.
NE-Metalle: nach Gl. (7.1-4) mit Δt = 50 K aus dem linearen Wärmeausdehnungskoeffizient β_t errechnet.

Weicht die Umgebungstemperatur von t_{RT} = 20 °C ab, kann eine Korrektur um $\Delta\beta_{diff}$ erfolgen:

$$\Delta\beta_{diff} \approx \beta_{UT} - \beta_{20\,°C} \qquad (7.1\text{-}5)$$

Für Umgebungstemperaturen t_{UT} = -20 °C (Außenrohrleitungen unter mitteleuropäischen Verhältnissen) beträgt die Korrektur:

- un- und hochlegierter Stahl $\Delta\beta_{diff} = -0{,}65 \cdot 10^{-6}\ K^{-1}$
- niedriglegierter Stahl $\Delta\beta_{diff} = -0{,}42 \cdot 10^{-6}\ K^{-1}$

Für Kunststoffe, Borosilicatglas und andere nichtmetallische Werkstoffe sind die linearen Wärmeausdehnungskoeffizienten β_t aus [0.3-1] Kapitel 1 oder einschlägigen Tabellenwerken zu entnehmen. Sie können bei Kunststoffen als annähernd konstant über den Temperaturanwendungsbereich angesehen werden, d. h. in Gl. (7.1-4) wird $\beta_{t+\Delta t} - \beta_{t-\Delta t} = 0$ und somit:

$$\beta_{diff,t} \approx \beta_{diff,20\,°C} \approx \beta_t \approx \beta_{t,20\,°C} \qquad (7.1\text{-}6)$$

b) Relative Wärmeausdehnung

Bild 7.1-4 enthält die relative Wärmeausdehnung, bezogen auf eine Umgebungstemperatur von 0 °C. Sie berücksichtigt die fiktive Temperatur t* entsprechend Gl. (7.1-2). Einem Temperaturunterschied von

$$\Delta t_W = (t_d - t_{UT}) = (100 - 0) = 100 \text{ K}$$

entspricht bei unlegiertem Stahl einer relativen Wärmeausdehnung von rund $\Delta L_W / L = 1$ mm/m.

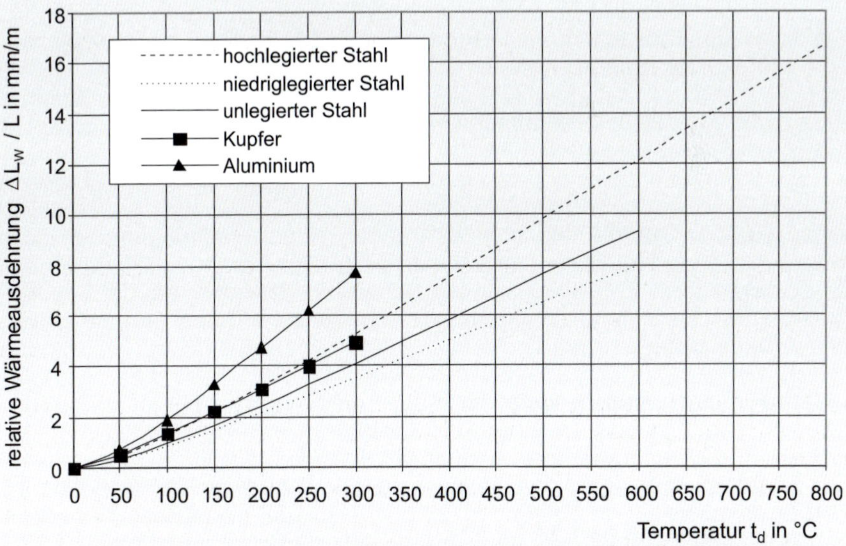

Bild 7.1-4: Relative Wärmeausdehnung $\Delta L_W / L$, berechnet mit t* nach Gl. (7.1-2) und bezogen auf eine Umgebungstemperatur $t_{UT} = 0$ °C.

7.1.5 Schweißnahtfaktor

a) Schweißnahtwertigkeit z_V

Die Schweißnahtwertigkeit $z_V \leq 1$ ist ein Maßstab für die Güte der Schweißnaht im Vergleich zum Grundwerkstoff. Sie ist für geschweißte Bauteile in den zugehörigen technischen Lieferbedingungen festgelegt und beträgt z. B. $z_V = 1$ bei Rohren aus Stahl der DIN EN-Reihe 10217. Bei auftragsgebundener Fertigung oder bei NE-Metallen kann sie auch bei $z_V < 1$ liegen.

Der im AD 2000 B 0 angegebene Faktor v zur Berücksichtigung der Ausnutzung der zulässigen Berechnungsspannung in einer dauerhaften Rohrverbindung entspricht seinem Wesen nach der Schweißnahtwertigkeit z_V. Er wird in manchen AD 2000-Merkblättern deshalb auch so bezeichnet und richtet sich nach den Kriterien des AD 2000 HP 0 in Verbindung mit AD 2000 HP 5/3. Er ist sowohl zur Dimensionierung, als auch für rohrstatische Berechnungen anzuwenden.

In DIN EN 13480-3 ist nur im Anhang Q die Anwendung einer Schweißnahtwertigkeit v vorgesehen.

b) Schweißnahtqualität z_Q

Die Schweißnahtqualität $z_Q \leq 1$ ist gemäß DIN EN 13480-3 im Wesentlichen vom Umfang der zerstörungsfreien Prüfung abhängig:

- $z_Q = 1$ 100 % Prüfumfang ohne signifikante Fehler
- $z_Q = 0{,}85$ Stichprobenprüfung, d. h. < 100 % Prüfumfang.
- $z_Q = 0{,}7$ Sichtprüfung, d. h. ohne anderweitige zerstörungsfreie Prüfung

Entsprechend DIN EN 13480-3 ist der Schweißnahtfaktor z_Q bei der Dimensionierung der Bauteile anzuwenden. Für rohrstatische Berechnungen gibt es keine Festlegungen.

c) Schweißnahtminderungsfaktor z_{SMF}

Bei hohen Temperaturen kann die Zeitstandfestigkeit der Schweißnaht niedriger als diejenige des Grundwerkstoffs sein. Diesbezügliche Schweißnahtminderungsfaktoren z_{SMF} in Relation zum Grundwerkstoff siehe Band I Abschnitt 3.4.11, ergänzt durch [7.1-2].

Gemäß Verbändevereinbarung FDBR-V 1996/1 (identisch mit VdTÜV MB DAMP 451-96/1) sind die abgeminderten Zeitstandfestigkeiten sowohl bei den Festigkeitsberechnungen, als auch bei rohrstatischen Berechnungen zu berücksichtigen.

In DIN EN 12952-3 ist zusätzlich festgelegt, welche Schweißnahtminderungsfaktoren bei fehlender Zeitstandfestigkeit der Schweißnaht anzusetzen sind:

- $z_{SMF} = 0{,}8$

  bezogen auf die Zeitstandfestigkeit des Schweißzusatzwerkstoffes, falls Zeitstandfestigkeitswerte des Schweißzusatzwerkstoffes, aber keine der kompletten Schweißverbindung vorliegen.

- $z_{SMF} = 0{,}64$

  bezogen auf die Zeitstandfestigkeit des Grundwerkstoffes, wenn weder Zeitstandfestigkeitswerte des Schweißzusatzwerkstoffes, noch der kompletten Schweißverbindung vorliegen.

Die Schweißnahtminderungsfaktoren z_{SMF} sind gemäß DIN EN 12952-3 für alle senkrecht belasteten Schweißnähte anzuwenden, also auch für rohrstatische Berechnungen.

AD 2000 S 6 differenziert hingegen nicht nach Schweißzusatzwerkstoff und kompletter Schweißverbindung, sondern legt generell $z_{SMF} = 0{,}8$ für beide Varianten fest.

In DIN EN 13445-3 werden für unbefeuerte Druckbehälter andere Definitionen verwendet. Sie treffen aber für axial belastete Rundnähte nicht zu, wie sie bei Rohrleitungen vorkommen.

Da die einfachen rohrstatischen Berechnungen auf den Streckgrenzenbereich beschränkt sind, kann in diesem Fall $z_{SMF} = 1$ gesetzt werden.

d) Schweißnahtfaktor z

Je nach Bauteil oder Rohrleitungssystem können die o. g. drei Einflussgrößen einzeln oder gleichzeitig auftreten:

- Schweißnahtwertigkeit z_V
- Schweißnahtqualität z_Q
- Schweißnahtminderungsfaktor z_{SMF}

In Anlehnung an AD 2000 S 6 wird deshalb folgender Schweißnahtfaktor z empfohlen:

$$z = \min\left\{z_V\ z_{SMF};\ z_Q\ z_{SMF}\right\} \tag{7.1-7}$$

Der Schweißnahtfaktor z < 1 mindert die zulässige Spannung f bzw. den Spannungsausschlag f_a.

Einfache rohrstatische Berechnungen erfolgen in der Regel mit z = 1. Unabhängig davon sind jedoch die im Rohrleitungssystem befindlichen Rundnähte bei Schweißnahtfaktoren z < 1 zusätzlich auf Einhaltung der zulässigen Spannung z f bzw. des zulässigen Spannungsausschlages z f_a zu überprüfen.

7.1.6 Vorhandene Spannungen bei ständig wirkenden Lasten

Die Spannungen durch die Deckelkraft und weitere ständig wirkende Lasten sind gemäß DIN EN 13480-3 im Streckgrenzenbereich beschränkt durch:

$$\sigma_1 = \frac{p_d\ D_S}{4\ e_S} + \frac{0{,}75\ i\ M_A}{Z} = \frac{p_{rat}\ D_S}{4\ e_S} \cdot \frac{p_d}{p_{rat}} + \frac{0{,}75\ i\ M_A}{Z} \leq f \tag{7.1-8a}$$

Für den Spannungserhöhungsfaktor i gilt zusätzlich 0,75 i ≥ 1, so dass bei geradem Rohr (i = 1) demzufolge 0,75 i = 1 zu setzen ist. Der Spannungsanteil

$$\sigma_A = \frac{0{,}75\ i\ M_A}{Z} \tag{7.1-8b}$$

resultiert aus folgenden ständig wirkenden Lasten:

- Gewicht der Rohrleitung einschließlich Dämmung und Fluid (Abschnitt 0.3.1).
- Innendruckkraft aus nicht entlasteten oder teilentlasteten Kompensatoren (Abschnitt 9.6.2).

Bei der Addition der einzelnen Spannungsanteile sind unterschiedliche Wirkungsrichtungen zu beachten.

Die Längsspannung durch die Deckelkraft beträgt:

$$\sigma_{ax} = \frac{p_{rat}\ D_S}{4\ e_S} \cdot \frac{p_d}{p_{rat}} \approx 0{,}5\ f\ \frac{p_d}{p_{rat}} \tag{7.1-9a}$$

Daraus ergeben sich folgende Grenzfälle:

- volle Auslastung des Rohrs durch den Innendruck

$p_d = p_{rat}$: $\sigma_{ax} = 0{,}5\ f$ und $\sigma_A \leq 0{,}5\ f$ (7.1-9b)

- drucklose Leitung

$p_d = 0$: $\sigma_{ax} = 0$ und $\sigma_A \leq f$ (7.1-9c)

7.1.7 Vorhandene Spannungen bei Wärmeausdehnungen

a) Ohne Berücksichtigung ständig wirkender Lasten

Zur Bewertung der Spannungen infolge von Wärmeausdehnungen (resultierendes Moment M_C), die sich vorwiegend als Biegespannungen äußern, ist für metallische Rohrleitungen die Spannungsschwingbreite f_a entsprechend Tabelle 3.4-1 maßgebend:

$$\sigma_3 = \frac{i\ M_C}{Z} \leq f_a = U\ (1{,}25\ f_c + 0{,}25\ f_h)\ \frac{E}{E_{RT}} \qquad (7.1\text{-}10)$$

Dabei bedeuten:

$$f_c = \min\ \{f_{RT};\ R_m / 3\} \text{ und } f_h = f \qquad (7.1\text{-}11)$$

Die zulässigen Spannungen bei Raum- bzw. Auslegungstemperatur (f_{RT} und f) sind im Abschnitt 7.1.1 erläutert. Gl. (7.1-10) gilt auch für andere Wechselbeanspruchungen.

Der Lastspielminderungsfaktor

$$U = 6\ n_{eq}^{-0,2} \leq 1 \qquad (7.1\text{-}12)$$

ist gemäß Tabelle 3.4-1 abhängig von der Anzahl der Volllastwechsel n_{eq}. Teillastwechsel n_j beziehen sich bei der Wärmedehnung auf die jeweils herrschende Temperatur $t_j \leq t_d$. Umrechnung auf äquivalente Volllastwechsel n_{eq}:

$$n_{eq} = \sum_{j=1}^{k} \left[\left(\frac{t_j - t_{UT}}{t_d - t_{UT}} \right)^5 n_j \right] \qquad (7.1\text{-}13)$$

Kaltstarts mit den zugehörigen Abfahrvorgängen zählen als Volllastwechsel, Warmstarts können hingegen als Teillastwechsel eingeordnet werden.

Der Lastspielminderungsfaktor kann U = 1 gesetzt werden, wenn es sich nicht gerade um dynamisch beanspruchte Rohrleitungen handelt. Er beinhaltet dann tägliches An- und Abfahren der Rohrleitung bei einer Lebensdauer von 25 Jahren.

Gl. (7.1-10) gilt unabhängig vom Innendruck, d. h. der auf Grund der Rohrwanddicke maximal mögliche Auslegungsdruck $p_d = p_{rat}$ darf voll in Anspruch genommen werden. Vorspannung des Rohrleitungssystems bleibt allerdings unberücksichtigt, da sich hierdurch der Spannungsauschlag zwar in seinem Nullpunkt verlagert, aber in seiner Größe unverändert bleibt.

b) Zusätzliche Berücksichtigung ständig wirkender Lasten

Bei detaillierter Spannungsanalyse kann sich ergeben, dass durch die ständig wirkenden Belastungen gemäß Gl. (7.1-8) die zulässige Spannung f nicht voll in Anspruch genommen wird, insbesondere bei niedrigen Auslegungsdrücken $p_d < p_{rat}$. In diesem Fall darf Gl. (7.1-10) gemäß DIN EN 13480-3 modifiziert werden:

$$\sigma_1 + \sigma_3 \approx 0{,}5\, f \frac{p_d}{p_{rat}} + \frac{0{,}75\, i\, M_A}{Z} + \sigma_3 \leq f + f_a \qquad (7.1\text{-}14)$$

oder:

$$\sigma_3 + \frac{0{,}75\, i\, M_A}{Z} \leq f_a + f\left(1 - 0{,}5\,\frac{p_d}{p_{rat}}\right) \qquad (7.1\text{-}15)$$

Der durch ständige Lasten nicht ausgenutzte Spannungsanteil steht somit für Spannungen infolge von Wärmeausdehnungen zusätzlich zur Verfügung. Grenzfälle bei völliger Vernachlässigung des Spannungsanteils durch ständige Lasten:

- volle Auslastung des Rohrs durch Innendruck:

$$p_d = p_{rat} \qquad \sigma_3 \leq f_a + 0{,}5\, f \qquad (7.1\text{-}16a)$$

- drucklose Leitung:

$$p_d = 0 \qquad \sigma_3 \leq f_a + f \qquad (7.1\text{-}16b)$$

Für den Zeitstandbereich gilt generell:

$$\sigma_5 = \sigma_1 + 0{,}25\, \sigma_3 = \frac{p_d\, D_S}{4\, e_S} + \frac{0{,}75\, i\, M_A}{Z} + \frac{0{,}25\, i\, M_C}{Z} \leq f_{CR} \qquad (7.1\text{-}17)$$

Die Spannungen durch die Wärmeausdehnung dürfen in diesem Fall nicht losgelöst von den anderen Einflüssen bewertet werden.

7.2 Rohrleitungen ohne Dehnungsausgleich

7.2.1 Behinderte Wärmeausdehnung in Längsrichtung des Rohres

Entsprechend Gl. (7.1-1) dehnt sich ein gerader Rohrleitungsabschnitt bei Erwärmung um den Betrag ΔL_W. Wird er an den Festpunkten bzw. Anschlüssen an der Ausdehnung, und bei langen Rohrleitungen durch Zwangsführungen zusätzlich am seitlichen Ausknicken gehindert (**Bild 7.2-1** oben), entstehen folgende Axialspannungen:

$$\sigma_W = E \frac{\Delta L_W}{L} = E\, \beta_{diff}\, (t_d - t_{UT}) \leq f \qquad (7.2\text{-}1)$$

Ähnliches gilt bei Abkühlung, jedoch mit anderer Wirkungsrichtung.

Im Gegensatz zu den Spannungen bei unbehinderter Wärmeausdehnung (Abschnitt 7.4.1), die sich als Biegespannungen äußern, wirken bei der behinderten Wärmeausdehnung die Spannungen über den vollen Rohrquerschnitt. Aus diesem Grund werden diese in Gl. (7.2-1) durch die zulässige Spannung f, und nicht durch den zulässigen Spannungsausschlag f_a begrenzt.

Durch Umformen von Gl. (7.2-1) lässt sich eine zulässige Temperaturdifferenz errechnen, bei der trotz behinderter Wärmeausdehnung keine Spannungsüberschreitung eintritt:

$$(t_d - t_{UT}) = \Delta t_W \leq \frac{f}{E\, \beta_{diff}} \qquad (7.2\text{-}2)$$

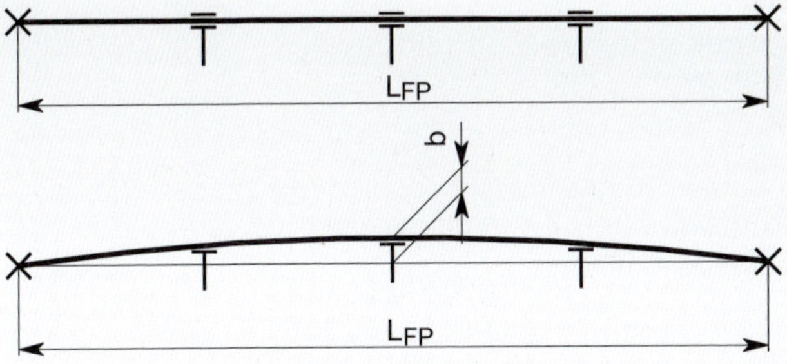

Bild 7.2-1: Beidseitig fest eingespannte gerade Rohrleitungsabschnitte ohne Dehnungsausgleich; oben: behinderte Wärmeausdehnung, dargestellt mit Zwangsführungen zum Verhindern des Ausknickens; unten: Wärmeausdehnung durch Ausknicken der Rohrleitung möglich

Gl. (7.2-2) zeigt, dass die zulässigen Temperaturdifferenzen nicht von der Länge des behinderten Rohrleitungsabschnittes abhängen, sondern lediglich von den werkstoffspezifischen Kenngrößen.

Für Rohrleitungen mit den Kennwerten nach Abschnitt 7.1.2 und 7.1.4 beträgt die zulässige Temperaturdifferenz von Δt_W:

- unlegierte Stähle, z. B. P235TR2 (f = 156,7 MPa): 65 K
- nichtrostende Stähle, z. B. X6CrNiTi18-10 (f = 143,3 MPa): 45 K
- Kupfer, z. B. Cu-DHP R220 (f = 55 MPa): 25 K
- Aluminium, z. B. Al99,5-O (f = 20 MPa): 15 K
- Aluminiumlegierungen, z. B. AlMg4,5Mn0,7-O (f = 83,3 MPa): 60 K
- thermoplastische Kunststoffe (Band I Abschnitt 2.1.11): 30 bis 50 K
- duroplastische Kunststoffe (Band I Abschnitt 2.1.11): ≈ 100 K

Die Längskraft an den Anschlüssen errechnet sich aus Gl. (7.2-1) durch Multiplikation mit dem Rohrquerschnitt A_R:

$$F_W = \sigma_W A_R = E\, \beta_{diff} (t_d - t_{UT}) A_R \qquad (7.2\text{-}3)$$

7.2.2 Seitlich ausknickende Rohrleitungen

a) Knicklänge

Werden lange gerade Rohrleitungsabschnitte, die an der Wärmeausdehnung gehindert sind, nicht durch Zwangsführungen gesichert (Bild 7.2-1 unten), knicken sie seitlich aus.

Diese Art von Wärmeausgleich lässt man bisweilen für Fernleitungen in unbebautem Gelände (Steppen, Wüsten) zu, wenn seitlich genügend Platz vorhanden ist und im wesentlichen nur witterungsbedingte Temperaturunterschiede herrschen. Um die Auslenkung in die gewünschte Richtung zu erzwingen, ist das Einbringen von Vorlauf (Exzentrizität) während der Montage empfehlenswert. Zusätzlich ist die Rohrleitung gegen Abheben zu sichern.

Drehbare Haltepunkte unterstützen die Schrägstellung der Rohrleitung, so dass eine gegenläufige Auslenkung in Form einer Schlangenlinie entsteht.

Die untere Anwendungsgrenze ist durch den Schlankheitsgrad definiert [7.2-1]:

$$\lambda = L_{FP}\sqrt{\frac{A_R}{J}} \geq \pi\sqrt{\frac{E}{0{,}8\;R_{p0,2t}}} = \pi\sqrt{\frac{E}{1{,}2\;f}} \qquad (7.2\text{-}3)$$

wobei $f = R_{p0,2t} / 1{,}5$ gesetzt wurde.

Hieraus resultiert mit einigen zulässigen Vereinfachungen die Gebrauchsformel:

$$L_{FP} \geq d_m\sqrt{\frac{E}{f}} \qquad (7.2\text{-}4)$$

Für un-, niedrig- und hochlegierte Stähle beträgt die hiernach errechnete Knicklänge

$$L_{FP} \geq (37 \text{ bis } 38)\; d_m \qquad (7.2\text{-}5)$$

b) Auslenkung

Die seitliche Auslenkung (Ausknickung) b kann aus Tabellenwerken der Bogenfunktionen ermittelt werden. Sie ist die Bogenhöhe, die sich aus der zugeordneten Bogenlänge ergibt, die dem Festpunktabstand L_{FP} (Sehnenlänge) zuzüglich der Wärmeausdehnung ΔL_W entspricht. Sie ist selbst bei niedrigen Temperaturunterschieden, also kleinen relativen Wärmeausdehnungen ΔL_W / L, beträchtlich (**Bild 7.2-2**).

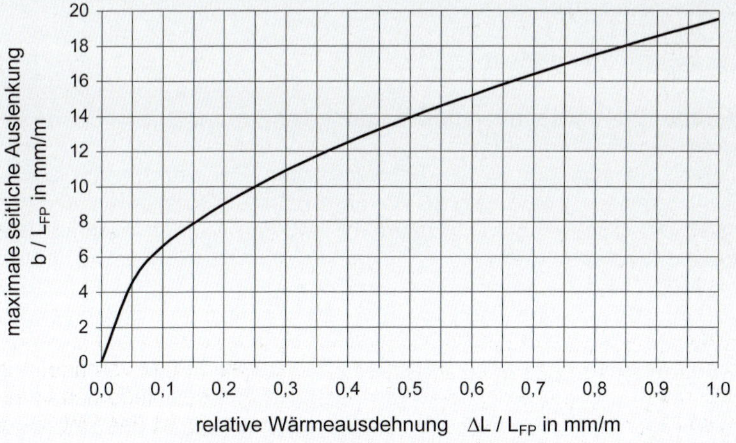

Bild 7.2-2: Rohrleitungen ohne Dehnungsausgleich: Seitliche Auslenkung bei niedrigen relativen Wärmeausdehnungen

Die Festpunktkräfte liegen in der Größenordnung von Gl. (7.2-2).

Der erforderliche Vorlauf Δb (Exzentrizität) bei der Montagetemperatur t_M soll so hoch sein, dass bei der niedrigsten Umgebungstemperatur t_{UT} die seitliche Auslenkung $b \geq 0$ ist. Hieraus folgt:

$$\Delta b \geq b \frac{t_M - t_{UT}}{t_d - t_{UT}} \qquad (7.2\text{-}6)$$

c) Berechnungsbeispiel 7.2-1

- Ausgangswerte: Werkstoff P235TR2 (unlegierter Stahl); Rohraußendurchmesser D_S = 406,4 mm; Wanddicke e_S = 6,3 mm; Festpunktabstand L_{FP} = 120 m, Schweißnahtfaktor z = 1.

  Die Auslegungstemperatur t_d = 70 °C entspricht der höchsten Umgebungstemperatur (Sonneneinstrahlung), die niedrigste Umgebungstemperatur beträgt t_{UT} = 10 °C, die Montagetemperatur t_M = 25 °C

- Mittlerer Durchmesser: d_m = 406,4 – 6,3 = 400,1 mm

- Überprüfung der Knicklänge nach Gl. (7.2-5):

  L_{FP} = 120 m ≥ (37 bis 38) · 0,4001 ≈ 15 m, d. h. die Rohrleitung knickt aus.

- Fiktive Temperatur nach Gl. (7.1-2):

  $t^* = 0{,}75 \max\{70; 10\} + 0{,}25 \min\{70; 10\} = 0{,}75 \cdot 70 + 0{,}25 \cdot 10 = 52{,}5 + 2{,}5 = 55\ °C$

- Differentieller linearer Wärmeausdehnungskoeffizient nach Bild 7.1-3:

  Für t* = 55 °C lässt sich $\beta_{diff} = 12 \cdot 10^{-6}\ K^{-1}$ ablesen. Der Wert bezieht sich auf eine Raumtemperatur von t_{RT} = 20 °C. Eine näherungsweise Korrektur auf t_{UT} = 10 °C (10 K gegenüber t_{RT}) ergäbe mit dem auf -20°C bezogenen Wert von Abschnitt 7.1.4:

  $\Delta\beta_{diff} = -0{,}65 \cdot 10^{-6}\ K^{-1}\ (10\ K / 40\ K) = -0{,}16 \cdot 10^{-6}\ K^{-1}$, ist also vernachlässigbar.

- Wärmeausdehnung nach Gl. (7.1-1) für Δt_W = 70 - 10 = 60 K:

  $\Delta L_W = 120 \cdot (12 \cdot 10^{-6}) \cdot 60 = 0{,}0864$ m = 86,4 mm bzw. $\Delta L_W / L_{FP}$ = 0,72 mm/m

- Gesamte seitliche Auslenkung nach Bild 7.2-2:

  $b / L_{FP} \approx$ 16,5 mm/m, bzw. b = 1980 mm bei 120 m Festpunktabstand.

- Erforderlicher Vorlauf (Exzentrizität) bei Montagetemperatur $t_M = 25$ °C gemäß Gl. (7.2-6):

$$\Delta b \geq b \frac{t_M - t_{UT}}{t_d - t_{UT}} = 1980 \frac{25 - 10}{70 - 10} = 495 \text{ mm}$$

7.3 Elastizitätskriterium für oberirdische Systeme

7.3.1 Definition nach DIN EN 13480-3

Das Elastizitätskriterium nach DIN EN 13480-3 ist identisch mit ASME B 31.1. Es gilt für:

- Rohrleitungen aus Stahl mit konstantem Querschnitt ohne zwischenliegende Halterungen, die die Bewegung einschränken, und Schweißnahtfaktor z = 1.

- relative Wanddicken $e_S / D_S \geq 0{,}01$.

- $n_{eq} \leq 7000$ Volllastwechsel, bei Gasleitungen $n_{eq} \leq 1000$ Volllastwechsel. Zur Umrechnung von Teillast- auf Volllastwechsel siehe Gl. (7.1-13).

Eine beliebig trassierte Rohrleitung zwischen 2 Festpunkten (**Bild 7.3-1**) ist unter Einhaltung der zulässigen Spannungen ausreichend elastisch, wenn folgende Bedingung eingehalten ist:

$$\frac{D_S \, \Delta L_W}{(L_S - L_{FP})^2} \leq 208{,}3 \left[\frac{\text{mm}}{\text{m}}\right]^2 \qquad (7.3\text{-}1a)$$

oder wenn alle Größen die gleiche Einheit haben:

$$\frac{D_S \, \Delta L_W}{(L_S - L_{FP})^2} \leq 208{,}3 \cdot 10^{-6} \qquad (7.3\text{-}1b)$$

Die Rohrleitungstrasse L_S zwischen 2 Festpunkten ist über alle Einbauten durchzumessen. Umlenkungen zählen als Ecke, unabhängig von Bauart und Umlenkungsradius.

Der kürzeste Festpunktabstand L_{FP} ergibt sich aus den Koordinaten von Anfangs- und Endpunkt:

$$L_{FP} = \sqrt{L_x^2 + L_y^2 + L_z^2} \qquad (7.3\text{-}2)$$

Bezüglich der Festpunktkräfte sind verständlicherweise keine Aussagen möglich, da sie stark von der geometrischen Form des Systems abhängen.

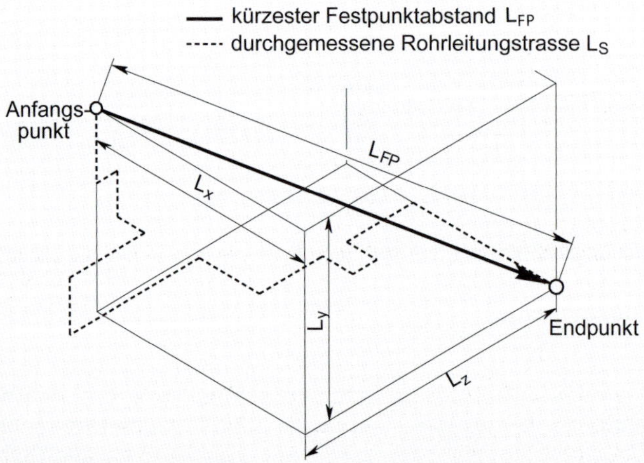

Bild 7.3-1: Elastizitätskriterium: Definition der durchgemessenen (gestreckten) Länge L_S und des Festpunktabstandes L_{FP}

Die resultierende Wärmeausdehnung ΔL_W hat die gleiche Richtung wie L_{FP}. Sie beträgt:

$$\Delta L_W = \sqrt{\Delta L_{W,x}^2 + \Delta L_{W,y}^2 + \Delta L_{W,z}^2} \qquad (7.3\text{-}3)$$

Gl. (7.3-1) ist nicht anwendbar für Systeme (**Bild 7.3-2**)

- mit ungleichschenkligem U-Bogen.
- in Form eines Sägezahns.

7.3.2 Anwendungshinweise

a) Temperaturgrenzen

Die Konstante K_E = 208,3 in Gl. (7.3-1) ist proportional dem Verhältnis aus zulässiger Spannung und Elastizitätsmodul:

$$K_E \sim f / E \qquad (7.3\text{-}4)$$

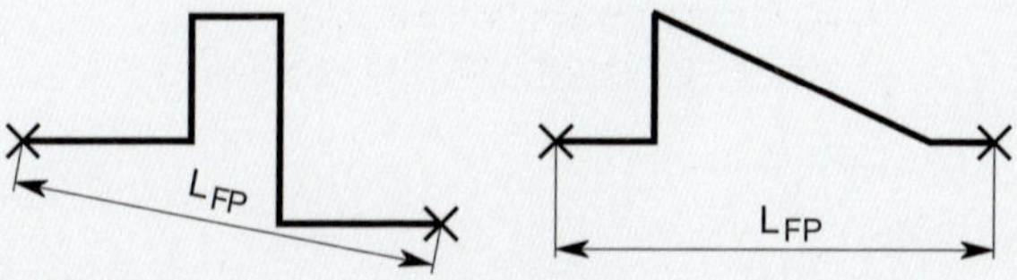

Bild 7.3-2: Spezielle Rohrleitungssysteme
links: mit ungleichschenkligem U-Bogen; rechts: in Form eines Sägezahns

Proportionalität zwischen f und E besteht nur im Streckgrenzenbereich, aber nicht im Zeitstandbereich. Des Weiteren gibt es beträchtliche Unterschiede in der Höhe der Streckgrenze, während der Elastizitätsmodul für alle Stähle nur geringfügig schwankt (Bild 7.1-2).

Es ist deshalb empfehlenswert, für Temperaturen über 500 °C das Elastizitätskriterium nicht anzuwenden.

b) Erforderliche gestreckte Länge

Um ausreichende Elastizität zu erzielen, muss die gestreckte Länge L_S mindestens betragen:

$$\frac{L_S}{L_{FP}} \geq 1 + \sqrt{\frac{\beta_{diff}\,\Delta t_W}{208{,}3 \cdot 10^{-6}}} \cdot \sqrt{\frac{D_S}{L_{FP}}} = 1 + K_L \sqrt{\frac{D_S}{L_{FP}}} \qquad (7.3\text{-}5)$$

Gl. (7.3-5) ergibt sich durch Umformung von Gl. (7.3-1). Der Faktor zur Berücksichtigung der Längenausdehnung K_L ist im **Bild 7.3-3** dargestellt. Der darin enthaltene differentielle lineare Wärmeausdehnungsbeiwert β_{diff} wurde hierbei auf die fiktive Temperatur t* entsprechend Gl (7.1-2) bezogen.

L_{FP} / D_S wird auch als Geometriefaktor bezeichnet. Die zugehörige Wärmeausdehnung errechnet sich aus:

$$\Delta L_W = 208{,}3 \cdot 10^{-6}\, K_L^2\, L_{FP} \qquad (7.3\text{-}6)$$

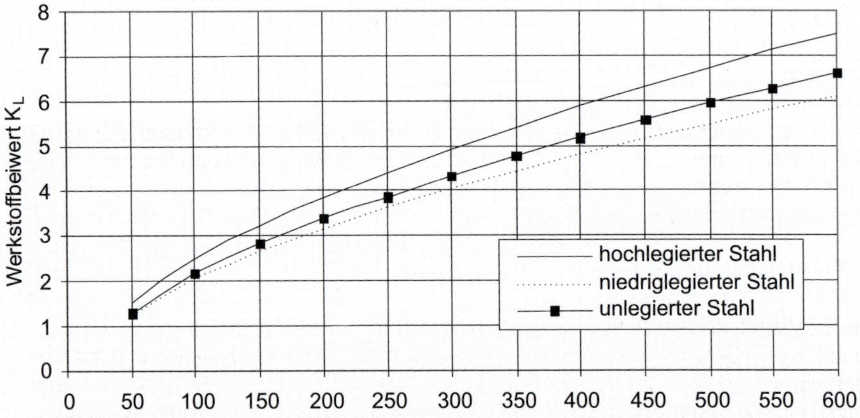

Bild 7.3-3: Elastizitätskriterium: Werkstoffbeiwert K_L zur Ermittlung der mindest erforderlichen Rohrleitungslänge L_S, bezogen auf Raumtemperatur 20 °C

c) Berechnungsbeispiel 7.3-1

- Ausgangswerte für eine Innenrohrleitung

  Werkstoff P235TR2 (unlegierter Stahl), Auslegungstemperatur t_d = 250 °C, Rohraußendurchmesser D_S = 114,3 mm, Festpunktabstand L_{FP} = 14,7 m, gestreckte (durchgemessene) Länge L_S = 21,4 m

- Temperaturdifferenz für die Wärmeausdehnung (t_{UT} = 20 °C):

  $\Delta t_W = t_d - t_{UT} = 250 - 20 = 230$ K

- Längenausdehnungsfaktor: $K_L = 4$ aus Bild 7.3-3

- Wärmeausdehnung nach Gl. (7.3-6): $\Delta L_W = 208{,}3 \cdot 10^{-6} \cdot 4^2 \cdot 14\,700 = 49$ mm

- Geometriefaktor: $L_{FP} / D_o = 14{,}7 \cdot 1000 / 114{,}3 = 128{,}6$

- Erforderliche gestreckte Länge zum Erfüllen des Elastizitätskriteriums nach Gl. (7.3-5)

  $$\frac{L_S}{L_{FP}} \geq 1 + 4\sqrt{\frac{1}{128{,}6}} = 1{,}353 \text{ also } L_S \geq 1{,}353 \cdot 14{,}7 = 19{,}9 \text{ m}$$

Die vorhandene gestreckte Länge von 21,4 m ist größer als die erforderliche von 19,9 m. Die Rohrleitung ist ausreichend elastisch.

d) Systeme mit ungleichschenkligem U-Bogen oder mit Sägezahnform

Gegenüber dem Elastizitätskriterium gemäß DIN EN 13480-3 wird nach [7.2-1] mit einer um den Faktor 2 erhöhten Sicherheit gerechnet, wodurch auch Systeme nach Bild 7.3-2 einbezogen sind. Demzufolge ist Gl. (7.3-5) gleichermaßen anwendbar, wenn der Längenausdehnungsfaktor K_L zusätzlich mit $2^{0,5} = 1{,}414$ multipliziert wird.

e) Zusätzliche Anschlussverschiebungen

Das Elastizitätskriterium gilt streng genommen nicht bei zusätzlichen Anschlussverschiebungen. Geringe Anschlussverschiebungen ΔL_A, die zeitnah periodisch mit den Wärmeausdehnungen auftreten, können aber näherungsweise durch Annahme einer fiktiven Fluidtemperatur berücksichtigt werden. Eine abweichende Wirkungsrichtung der resultierenden Anschlussverschiebung gegenüber derjenigen der Wärmeausdehnung ist wegen $\Delta L_W << L_{FP}$ bzw. $\Delta L_A << L_{FP}$ von untergeordneter Bedeutung.

Da Wärmeausdehnungen und Anschlussverschiebungen zeitversetzt auftreten können, muss die Überprüfung des Rohrleitungssystems auf ausreichende Elastizität gemäß Buchstabe b folgende drei Fälle berücksichtigen (Wirkungsrichtung von ΔL_A gegenüber ΔL_W beachten):

- Wärmeausdehnung ΔL_W ohne Anschlussverschiebung

  Überprüfung des Systems mit dem Längenausdehnungsfaktor K_L bei Auslegungstemperatur t_d.

- Anschlussverschiebung ΔL_A ohne Wärmeausdehnung

  Überprüfung des Systems mit dem Längenausdehnungsfaktor K_L bei der fiktiven Auslegungstemperatur t_{d1}:

  $$t_{d1} - 20 = (t_d - 20)\,\frac{\Delta L_A}{\Delta L_W} \qquad (7.3\text{-}7)$$

  Resultierende Anschlussverschiebung ΔL_A:

  $$\Delta L_A = \sqrt{\Delta L_{A,x}^2 + \Delta L_{A,y}^2 + \Delta L_{A,z}^2} \qquad (7.3\text{-}8)$$

- Wärmeausdehnung ΔL_W mit Anschlussverschiebung ΔL_A

  Überprüfung des Systems mit dem Längenausdehnungsfaktor K_L bei der fiktiven Auslegungstemperatur t_{d2}:

$$t_{d2} - 20 = (t_d - 20)\,\frac{\Delta L_{W+A}}{\Delta L_W} \qquad (7.3\text{-}9)$$

Zugehörige resultierende Anschlussverschiebung ΔL_{W+A}:

$$\Delta L_{W+A} = \sqrt{(\Delta L_{W,x} + \Delta L_{A,x})^2 + (\Delta L_{W,y} + \Delta L_{A,y})^2 + (\Delta L_{W,z} + \Delta L_{A,z})^2} \qquad (7.3\text{-}10)$$

7.4 L-, Z- und U-Ausgleicher

7.4.1 Gemeinsamkeiten

a) Berechnungsmodell

Ausgangspunkt zur Ableitung der Grundgleichungen ist ein abgewinkeltes Rohr, das lateral um den Betrag ΔL_y verschoben wird (**Bild 7.4-1**) [7.2-1]. Zur Berechnung der erforderlichen Dehnlänge L_x ist die Steifigkeit der Abwinkelung maßgebend. Sie ist charakterisiert durch das Verhältnis aus Spannungserhöhungsfaktor i und Flexibilitätsfaktor k_B. Es werden zwei Grenzfälle unterschieden:

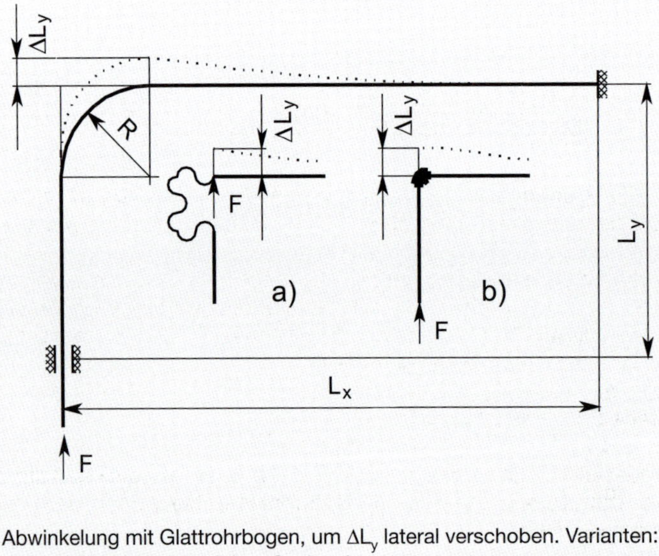

Bild 7.4-1: Abwinkelung mit Glattrohrbogen, um ΔL_y lateral verschoben. Varianten:
a) Abwinkelung mit flexiblem Schlauch;
b) Abwinkelung mit steifem dickwandigen Krümmer

- Gelenkige Abwinkelung mit $i / k_B = 0{,}5$

Die gelenkige Abwinkelung (Bild 7.4-1a) ist z. B. als Schlauch vorstellbar. Hierfür sind die Grundgleichungen des einseitig eingespannten Rohres anwendbar. Bogen und Krümmer mit $i / k_B \leq 0{,}5$ dürfen demzufolge wie eine gelenkige Abwinkelung berechnet werden.

Für Glattrohrbogen kann $i = 0{,}9 / h^{2/3}$ und $k_B = 1{,}65 / h$ aus DIN EN 13480-3 (siehe auch Tabelle 6.2-1 und 6.4-1) entnommen werden. Hieraus ergibt sich:

$$\frac{i}{k_B} = \frac{0{,}9 / h^{2/3}}{1{,}65 / h} = \frac{0{,}9\ h}{1{,}65\ h^{2/3}} = 0{,}545\ h^{1/3} \leq 0{,}5 \qquad (7.4\text{-}1)$$

und somit

$$h = \frac{4\ e_S\ R}{d_m^2} = \frac{4\ e_S\ R}{(D_S - e_S)^2} \leq \left(\frac{0{,}5}{0{,}545}\right)^3 = 0{,}77 \qquad (7.4\text{-}2)$$

Für Segmentkrümmer mit $i = 0{,}9 / h^{2/3}$ und $k_B = 1{,}52 / h^{5/6}$ ist analog

$$\frac{i}{k_B} = \frac{0{,}9 / h^{2/3}}{1{,}52 / h^{5/6}} = \frac{0{,}9\ h^{5/6}}{1{,}52\ h^{2/3}} = 0{,}592\ h^{1/6} \leq 0{,}5 \qquad (7.4\text{-}3)$$

und

$$h = \frac{4\ e_S\ R}{d_m^2} = \frac{4\ e_S\ R}{(D_S - e_S)^2} \leq \left(\frac{0{,}5}{0{,}592}\right)^6 = 0{,}363 \qquad (7.4\text{-}4)$$

Für $h \leq 0{,}77$ (Bogen) bzw. $h \leq 0{,}363$ (Segmentkrümmer) kann also die Berechnung wie bei der gelenkigen Abwinkelung generell mit $i / k_B = 0{,}5$ erfolgen.

Der Anwendungsbereich der Grundgleichungen für L-, Z- und U-Ausgleicher nach Abschnitt 7.4.2 bis 7.4.4 mit gebräuchlichen Biege- bzw. Krümmerradien ist im **Bild 7.4-2** dargestellt. Er umfasst die in der Praxis in Betracht kommenden Wanddickenverhältnisse.

- Biegesteife Ecke mit $i / k_B = 1$

Die biegesteife Ecke wurde im Bild 7.4-1b z. B. als dickwandiger Gusskrümmer dargestellt. Die Grundgleichungen entsprechen dem beidseitig eingespannten Rohr.

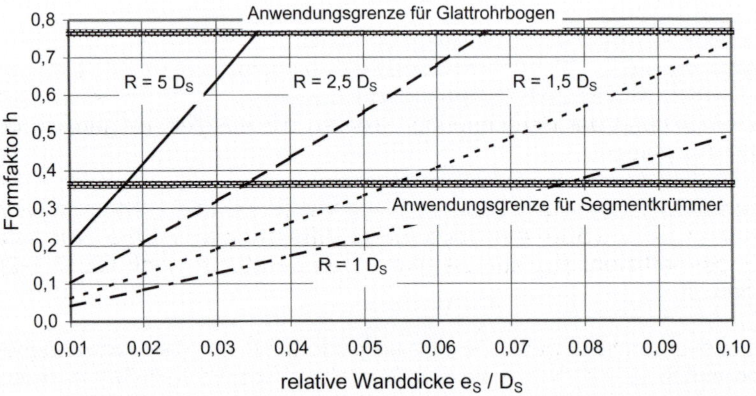

Bild 7.4-2: Anwendungsgrenzen der Grundgleichungen für L-, Z- und U-Ausgleicher

Hierunter fallen alle Bogen und Krümmer, bei denen die Anwendungsbereiche im Bild 7.4-2 überschritten sind. Die erforderlichen Dehnungsschenkel gemäß Abschnitt 7.4.2 bis 7.4.4 erhöhen sich um den Faktor

$$K_D = \sqrt{2\,\frac{i}{k_B}} \leq \sqrt{2} = 1{,}414 \qquad (7.4\text{-}5)$$

Die nach AD 2000 HP 100 R (DIN EN 13480-3 Anhang Q) ermittelten Dehnungsschenkel haben die biegesteife Ecke zur Grundlage. Sie sind gegenüber Abschnitt 7.4.2 bis 7.4.4 um den Faktor $K_D = 1{,}414$ länger.

b) Trägheitsmoment, Widerstandsmoment

Das zur Ermittlung der Reaktionskräfte erforderliche Trägheitsmoment errechnet sich aus:

$$J = \frac{\pi}{64}\left(D_S^4 - d_i^4\right) \approx 0{,}393\; e_S\, d_m^3 \qquad (7.4\text{-}6)$$

Das Widerstandsmoment beträgt:

$$Z = \frac{2\,J}{d_m} \qquad (7.4\text{-}7)$$

c) Wärmeausdehnungen und zusätzliche Anschlussverschiebungen

L-, Z- und U-Ausgleicher sind ebene Rohrleitungssysteme, bei denen die Lateralverschiebungen der Bogenschenkel zum Dehnungsausgleich genutzt werden. Je nach örtlichen Verhältnissen können die Ausgleicher auch senkrecht stehen. Zur Vereinfachung der Berechnungen werden die Ausgleicher generell in die x- / y-Ebene gelegt.

Die Berechnung der Wärmeausdehnungen ΔL_W in x- und y-Richtung erfolgt nach Gl. (7.1-1), wobei der zugehörige differentielle lineare Wärmeausdehnungskoeffizient β_{diff} auf die fiktive Temperatur t^* nach Gl. (7.1-2) zu beziehen ist.

Anschlussverschiebungen, die zeitnah periodisch mit den Wärmeausdehnungen auftreten, können zusätzlich berücksichtigt werden. Treten diese an mehreren Lagerstellen auf, sind sie je nach Angriffspunkt und Richtung zu einer resultierenden Anschlussverschiebung zusammenzufassen oder einzeln zu bewerten.

Der Höchstwert der Gesamtverschiebung ΔL ist als Absolutwert zu ermitteln aus:

- Wärmeausdehnung ohne Anschlussverschiebung: ΔL_{Wx} bzw. ΔL_{Wy}
- Anschlussverschiebung ohne Wärmeausdehnung: ΔL_{Ax} bzw. ΔL_{Ay}
- Wärmeausdehnung mit Anschlussverschiebung:

  $(\Delta L_{Wx} + \Delta L_{Ax})$ bzw. $(\Delta L_{Wy} + \Delta L_{Ay})$ unter Berücksichtigung der Wirkungsrichtungen (Vorzeichen) von Wärmeausdehnung und Anschlussverschiebung.

In x- und y-Richtung können unterschiedliche Kriterien für den Höchstwert maßgebend sein, d. h.

$$\Delta L_x = \max\left\{|\Delta L_{Wx}|;\ |\Delta L_{Ax}|;\ |\Delta L_{Wx} + \Delta L_{Ax}|\right\} \qquad (7.4\text{-}8a)$$

$$\Delta L_y = \max\left\{|\Delta L_{Wy}|;\ |\Delta L_{Ay}|;\ |\Delta L_{Wy} + \Delta L_{Ay}|\right\} \qquad (7.4\text{-}8b)$$

d) Zulässige Spannung und Werkstofffaktor

Als zulässige Spannung ist der Spannungsausschlag f_a entsprechend Gl. (7.1-10) maßgebend. Bei niedrigen Auslegungsdrücken p_d darf die erhöhte zulässige Spannung gemäß Gl. (7.1-15) ausgenutzt werden.

Die Grundgleichungen für L-, Z- und U-Ausgleicher setzen gleiche Werkstoffe für Rohr und Umlenkung voraus, z. B. bei Wärmeausdehnung und/oder Anschlussverschiebung in x-Richtung:

$$H_y \geq \sqrt{\frac{1{,}5\ E\ D_S\ \Delta L_x}{f_a}} = K_{Ws}\sqrt{D_S\ \Delta L_x} \qquad (7.4\text{-}9)$$

Zur Vereinfachung werden die für den Werkstoff spezifischen Werte in einem Werkstofffaktor zusammengefasst:

$$K_{Ws} = \sqrt{\frac{1{,}5\ E}{f_a}} = \sqrt{\frac{1{,}5\ E_{RT}}{U\ (1{,}25\ f_c + 0{,}25\ f)}} \qquad (7.4\text{-}10)$$

K_{Ws} ist beispielhaft für einige Werkstoffe im **Bild 7.4-3** dargestellt, wobei U = 1 gesetzt wurde (siehe Abschnitt 7.1.7). Für den Stahl P235TR2 wurden die Kennwerte aus AD 2000 W 4 entnommen, für die anderen Stähle aus DIN EN 10216-2 bzw. 10216-5.

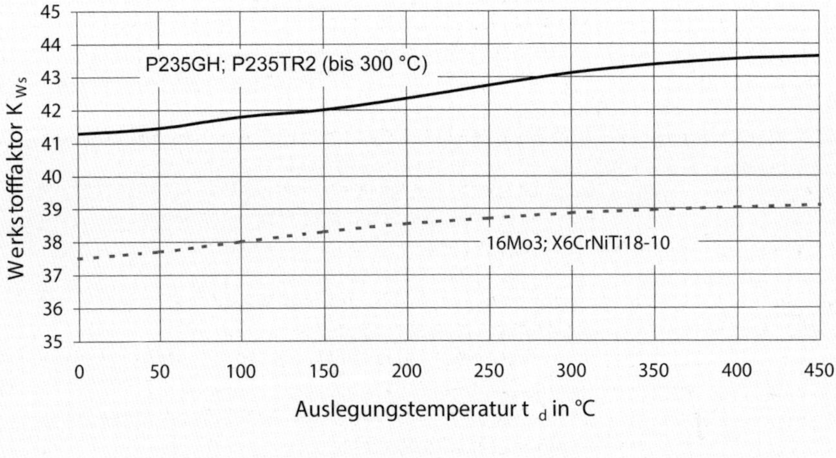

Bild 7.4-3: Werkstofffaktor K_{Ws} für ausgewählte Stähle, gültig für Wanddicken $\leq$ 60 mm

e) Vorspannung

Vorspannung des Systems wird bei der Elastizitätsberechnung nicht berücksichtigt, da der Spannungsausschlag lediglich in seinem Nullpunkt verlagert wird, ohne dass sich dessen Höhe verändert. Zur Verschiebung der Nulllage von Bewegungen und zur Verminderung der Lagerbelastungen kann aber Vorspannung von Vorteil sein. Praktische Gesichtspunkte zum Einbringen von Vorspannung siehe Band I Abschnitt 2.1.11.

Die Vorspannung ΔL_V gibt an, um welchen Betrag die Rohrleitung bei der Montage zu verkürzen, bei kaltgehenden Rohrleitungen zu spreizen ist. Sie ist richtungsabhängig bezogen.

Als Vorspannfaktor bezeichnet man das Verhältnis aus Vorspannung zur Gesamtverschiebung ΔL:

$$V = \Delta L_V / \Delta L \qquad (7.4\text{-}11)$$

Häufig verwendete Vorspannungen:

- $V = 0{,}5$ (50 % Vorspannung)

  Lagerbelastungen sowohl im Betriebszustand, als auch bei Stillstand ≈ 50 %.

  Bei hohen Temperaturen nimmt der Einfluss des Elastizitätsmoduls allerdings zu, so dass die Lagerbelastungen im kalten und warmen Zustand unterschiedlich ausfallen. Gleichheit besteht bei der Vorspannung:

$$V = \frac{E / E_{RT}}{1 + (E / E_{RT})} \qquad (7.4\text{-}12)$$

  Für unlegierten Stahl kann bei 450 °C aus Bild 7.1-2 ein Wert von $E / E_{RT} = 0{,}85$ abgelesen werden. Dem entspräche eine Vorspannung von $V = 0{,}46$. Die Abweichung ist also nicht gravierend.

- $V = 1{,}0$ (100 % Vorspannung)

  Lagerbelastungen im Betriebszustand ≈ 0, bei Stillstand ≈ 100 %.

- $V = 0$ (ohne Vorspannung)

  Lagerbelastungen im Betriebszustand ≈ 100 %, bei Stillstand ≈ 0.

Da die Montagetemperatur t_M meist nicht mit der Umgebungstemperatur t_{UT} übereinstimmt, die den Berechnungen zugrunde liegt, ist zumindest für Temperaturdifferenzen $\Delta t_W \leq 100$ K eine Korrektur der Vorspannung für den Montagezustand erforderlich:

$$\Delta L_{VM} = \Delta L_V \frac{t_d - t_M}{t_d - t_{UT}} \tag{7.4-13}$$

7.4.2 L-Ausgleicher

a) Mindestlänge der Dehnungsschenkel

Die Mindestlängen der Dehnungsschenkel H_x und H_y (**Bild 7.4-4**) dürfen nicht in ihrer Bewegung behindert werden. Sie errechnen sich aus:

$$H_x \geq K_{Ws} \sqrt{D_S \, \Delta L_y} \tag{7.4-14a}$$

$$H_y \geq K_{Ws} \sqrt{D_S \, \Delta L_x} \tag{7.4-14b}$$

Die im Bild 7.4-4 eingetragenen Zwangsführungen können entfallen, wenn an den anderen Lagerstellen ausreichend Platz zur Aufnahme der Verschiebungen vorhanden ist. Die anderen Halterungen richten sich nach Stützweite und Lage des L-Ausgleichers. Bild 7.4-4 stellt einen liegenden L-Ausgleicher dar, der im Bogenscheitel zum Vermeiden von Durchhang unterstützt ist. Eine solche Halterung ist für flüssige oder dampfförmige Durchflussstoffe sinnvoll, wenn eine restlose Entleerung erforderlich ist, z. B. aus Gründen der Korrosion.

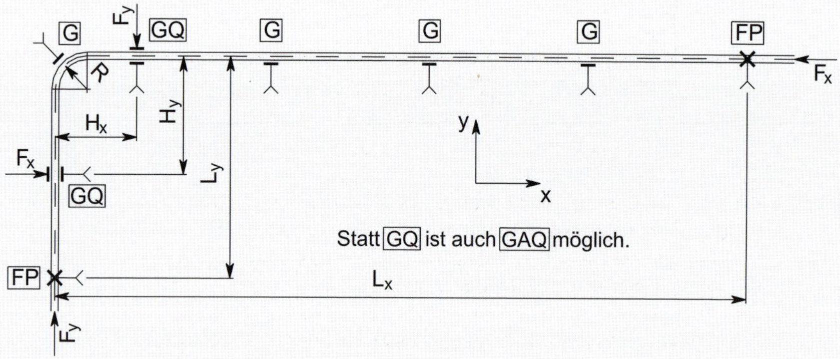

Bild 7.4-4: L-Ausgleicher: Maße und Lagerstellen (Bezeichnung der Lagerstellen nach FDBR-N 40-1)

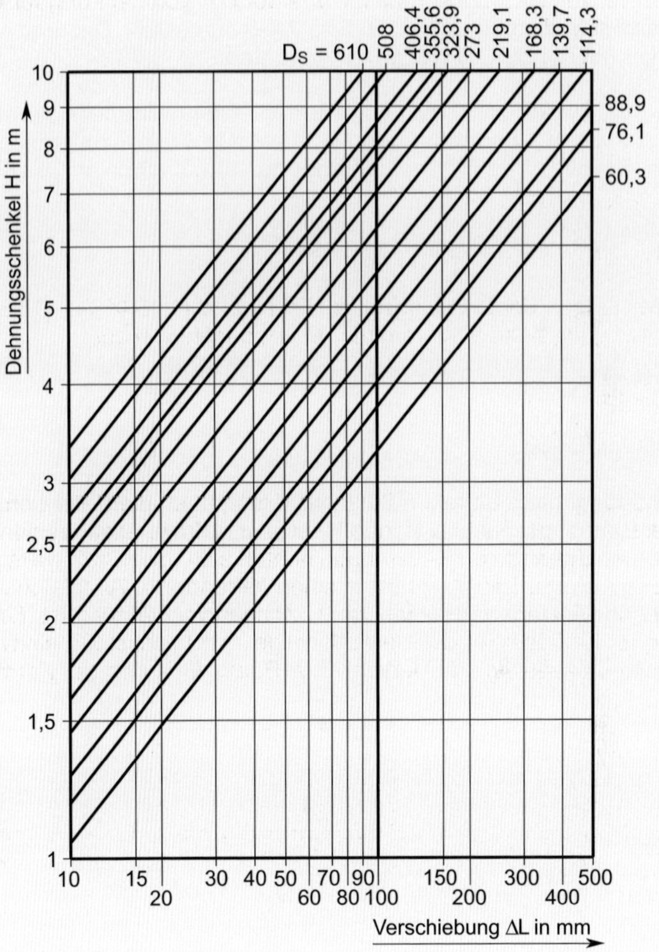

Bild 7.4-5: Länge der Dehnungsschenkel von L-, Z- und U-Ausgleichern in Abhängigkeit von der zugehörigen Verschiebung für P235 GH oder P235TR2 bei 250 °C:

L-Ausgleicher	$H_x = f(\Delta L_y)$;	$H_y = f(\Delta L_x)$
Z-Ausgleicher	$H_x = f(0{,}5\ \Delta L_y)$;	$H_y = f(\Delta L_x)$
U-Ausgleicher		$H_y = f(0{,}5\ \Delta L_x)$

Die Werte gelten mit -1 % Toleranz auch für 50 °C, mit +1 % Toleranz für 450 °C, liegen also in der Ablesegenauigkeit. Für 16Mo3 und X6CrNiTi18-10 verringern sich die Dehnschenkel um den Faktor 0,9.

Die Zusammenhänge zwischen Länge des Dehnungsschenkels, Verschiebung und Rohraußendurchmesser sind im **Bild 7.4-5** dargestellt. Dabei ist die Zuordnung von H_x mit ΔL_y bzw. H_y mit ΔL_x zu beachten.

Die Verschiebungen ΔL_x bzw. ΔL_y können entsprechend Abschnitt 7.4.1 sowohl aus Wärmeausdehnungen als auch aus Anschlussverschiebungen stammen. Bei alleiniger Wärmeausdehnung vereinfacht sich Gl. (7.4-14) zu:

$$H_x \geq K_{Ws} \sqrt{D_S \frac{\Delta L_W}{L} L_y} \tag{7.4-15a}$$

$$H_y \geq K_{Ws} \sqrt{D_S \frac{\Delta L_W}{L} L_x} \tag{7.4-15b}$$

Die relative Wärmeausdehnung ΔL_W / L kann hierbei aus Bild 7.1-4 entnommen werden.

b) Lagerbelastungen

Sie sind abhängig von der eingebrachten Vorspannung und der tatsächlichen Länge der Dehnungsschenkel H_x und H_y, wobei im konkreten Fall die Kraftrichtungen zu beachten sind.

Stillstand und Montagezustand:

$$F_{x,M} = -V_x \frac{3\, E_{RT}\, \Delta L_x\, J}{H_y^3} \tag{7.4-16a}$$

$$F_{y,M} = -V_y \frac{3\, E_{RT}\, \Delta L_y\, J}{H_x^3} \tag{7.4-16b}$$

Betriebszustand:

$$F_{x,B} = (1 - V_x) \frac{3\, E\, \Delta L_x\, J}{H_y^3} = - \frac{1 - V_x}{V_x} \cdot \frac{E}{E_{RT}} F_{x,M} \tag{7.4-17a}$$

$$F_{y,B} = (1 - V_y) \frac{3\, E\, \Delta L_y\, J}{H_x^3} = - \frac{1 - V_y}{V_y} \cdot \frac{E}{E_{RT}} F_{y,M} \tag{7.4-17b}$$

Das Verhältnis E / E_{RT} kann aus Bild 7.1-2 abgelesen werden.

Bei Entfall der Zwangsführungen im Bild 7.4-4 erreichen die Lagerbelastungen ihr Minimum, weil dann die Dehnungsschenkel mit $H_x = L_x$ und $H_y = L_y$ am längsten sind. Abgesehen von den Reibungskräften sind die Belastungen in diesem Fall allein an den Festpunkten abzufangen.

c) Berechnung nach AD 2000 HP 100 R

Die nach Gl. (7.4-11) bzw. (7.4-12) ermittelten Dehnungsschenkel sind kürzer als nach dem Nomogramm von AD 2000 HP 100 R. Das hat folgende Gründe:

- Berechnungsmodell

  Gemäß Abschnitt 7.4-1 wird beim AD-Merkblatt generell mit der biegesteifen Ecke gerechnet, was dem beidseitig eingespannten Rohr ohne Bogen entspricht. Hierdurch erhöhen sich entsprechend Gl. (7.4-4) die Dehnungsschenkel um den Faktor $K_D = 1{,}414$.

- Zulässige Spannung

  Für die Belastungen aus Wärmeausdehnungen und anderen Wechselbeanspruchungen gilt gemäß DIN EN 13480-3 (siehe Abschnitt 7.4.1) der Spannungsausschlag f_a. Im AD 2000-Merkblatt HP 100 R wird hingegen die zulässige Spannung f bei Auslegungstemperatur angesetzt, die merkbar niedriger als f_a ist.

- Schweißnahtwertigkeit

  In den Beispielen von AD 2000 HP 100 R wird eine Schweißnahtwertigkeit von $z_V = 0{,}85$ angesetzt (dort mit v bezeichnet), die sich nach AD 2000 HP 0 richtet. Gemäß Gl. (7.1-7) beträgt somit auch der Schweißnahtfaktor $z = 0{,}85$.

Das Nomogramm aus AD 2000 HP 100 R wurde nahezu unverändert in den informativen Anhang Q von DIN EN 13480-3 eingearbeitet, was bei Benutzung zu beachten ist.

d) Anwendung des Elastizitätskriteriums auf gleichschenklige L-Ausgleicher

Beim gleichschenkligen L-Ausgleicher entspricht $L_x = L_y = L$ und somit $\Delta L_x = \Delta L_y = \Delta L$. Zwangsläufig ist auch $H_x = H_y = H = L$, da Zwischenlager nicht zu berücksichtigen sind.

Entsprechend Abschnitt 7.3.1 beträgt die gestreckte Länge $L_S = 2\ L$. Der kürzeste Festpunktabstand errechnet sich aus

$$L_{FP} = L\sqrt{2} = 1{,}414\ L \tag{7.4-18}$$

und analog dazu

$$\Delta L_W = \Delta L_{FP} = \Delta L\sqrt{2} = 1{,}414\ \Delta L \tag{7.4-19}$$

Das Elastizitätskriterium vereinfacht sich zu:

$$\frac{D_S\,\Delta L_W}{(L_S - L_{FP})^2} = \frac{1{,}414\,D_S\,\Delta L}{(2\,L - 1{,}414\,L)^2} = \frac{1{,}414\,D_S\,\Delta L}{0{,}343\,L^2} = \frac{D_S\,\Delta L}{0{,}243\,L^2} \leq 208{,}3 \cdot 10^{-6} \qquad (7.4\text{-}20)$$

Die Ausladung errechnet sich somit zu:

$$H = L \geq \sqrt{\frac{D_S\,\Delta L}{0{,}243 \cdot 208{,}3 \cdot 10^{-6}}} = 141\,\sqrt{D_S\,\Delta L} \qquad (7.4\text{-}21)$$

Die hiernach errechneten Schenkel H sind für alle Stähle merkbar größer als nach Gl. (7.4-14), da gemäß Bild 7.4-3 der Werkstofffaktor $K_{Ws} < 141$ ist. Der Faktor 141 in Gl. (7.4-21) entspricht gemäß Gl. (7.4-9) dem Werstofffaktor K_{Ws}. Die Berechnung nach dem Elastizitätskriterium enthält also beachtliche Sicherheiten.

e) Berechnungsbeispiel 7.4-1

- Ausgangswerte (**Bild 7.4-6**)

  Werkstoff P235TR2 (unlegierter Stahl); Rohraußendurchmesser D_S = 406,4 mm; Wanddicke e_S = 6,3 mm; Glattrohrbogen mit Biegeradius

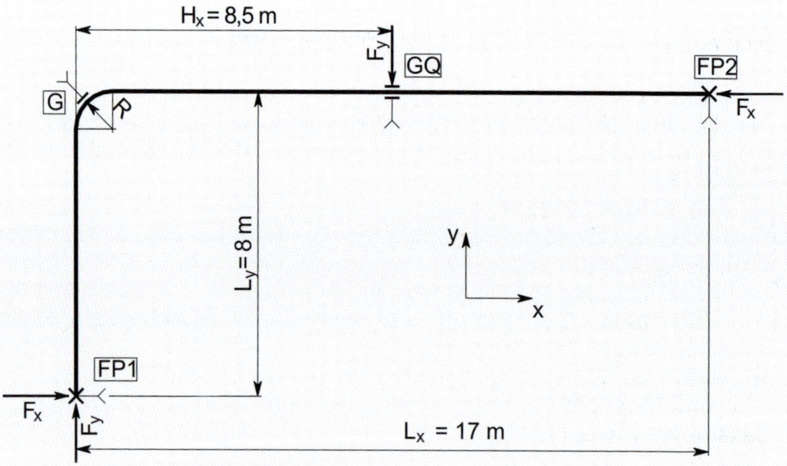

Bild 7.4-6: L-Ausgleicher: Berechnungsbeispiel 7.4-1

$R = 2{,}5\ D_S$; L-Ausgleicher mit $L_x = 17$ m, $L_y = 8$ m; Anschlussverschiebung am Festpunkt 1 (FP1) in y-Richtung $\Delta L_{Ay} = 18$ mm; Schweißnahtfaktor $z = 1$.

Die Vorspannung soll 50 % betragen, bezogen auf die Wärmeausdehnung ΔL_W, d. h. die Anschlussverschiebung wird in die Vorspannung nicht einbezogen.

Auslegungstemperatur $t_d = 220$ °C; niedrigste Umgebungstemperatur (Außenrohrleitung) $t_{UT} = -20$ °C; Montagetemperatur $t_M = 20$ °C

- Relative Wanddicke: $e_S / D_S = 6{,}3 / 406{,}4 = 0{,}0155$

- Überprüfung des Anwendungsbereiches nach Bild 7.4-2

  Der Schnittpunkt von $e_S / D_S = 0{,}0155$ mit der Kurve $R = 2{,}5\ D_S$ liegt innerhalb des Anwendungsbereiches der Grundgleichungen für L-, Z- und U-Ausgleicher.

- Fiktive Temperatur nach Gl. (7.1-2)

  $$t^* = 0{,}75 \max\{220; -20\} + 0{,}25 \min\{220; -20\} = (0{,}75 \cdot 220) - (0{,}25 \cdot 20) = 165 - 5 = 160\ °C$$

- Differentieller linearer Wärmeausdehnungskoeffizient nach Bild 7.1-3

  Für $t^* = 160$ °C lässt sich $\beta_{diff} = 13{,}5 \cdot 10^{-6}\ K^{-1}$ ablesen. Der Wert bezieht sich auf Raumtemperatur $t_{RT} = 20$ °C. Die Korrektur auf $t_{UT} = -20$ °C beträgt $\Delta\beta_{diff} = -0{,}65 \cdot 10^{-6}\ K^{-1}$ entsprechend Abschnitt 7.1.4 und damit

  $$\beta_{diff} = 13{,}5 \cdot 10^{-6} - 0{,}65 \cdot 10^{-6} \approx 12{,}8 \cdot 10^{-6}\ K^{-1}$$

- Wärmeausdehnung nach Gl. (7.1-1) für $\Delta t_W = 220 - (-20) = 240$ K

  $$\Delta L_{Wx} = (17 \cdot 10^3) \cdot (12{,}8 \cdot 10^{-6}) \cdot 240 = 52\ \text{mm (50 \% Vorspannung: } \Delta L_{Vx} = 26\ \text{mm)}$$

  $$\Delta L_{Wy} = (8 \cdot 10^3) \cdot (12{,}8 \cdot 10^{-6}) \cdot 240 = 24\ \text{mm (50 \% Vorspannung: } \Delta L_{Vy} = 12\ \text{mm)}$$

- Gesamtverschiebung nach Gl. (7.4-8)

  $$\Delta L_x = \max\{\,|\Delta L_{Wx}|; |\Delta L_{Ax}|; |\Delta L_{Wx} + \Delta L_{Ax}|\,\} = \max\{\,|52|; |0|; |52 + 0|\,\} = 52\ \text{mm}$$

  $$\Delta L_y = \max\{\,|\Delta L_{Wy}|; |\Delta L_{Ay}|; |\Delta L_{Wy} + \Delta L_{Ay}|\,\} = \max\{\,|24|; |18|; |24 + 18|\,\} = 42\ \text{mm}$$

- Vorspannfaktoren gemäß Gl. (7.4-11)

  $V_x = \Delta L_{Vx} / \Delta L_x = 26 / 52 = 0{,}5$

  $V_y = \Delta L_{Vy} / \Delta L_y = 12 / 42 = 0{,}286$

- Werkstofffaktor nach Bild 7.4-3 für $t_d = 220\ °C$: $K_{Ws} = 42{,}5$

- Dehnungsschenkel nach Gl. (7.4-14):

  $H_x \geq 42{,}5 \sqrt{406{,}4 \cdot 42} = 5553 \text{ mm} \approx 5{,}6 \text{ m} < 17 \text{ m} = L_x$

  $H_y \geq 42{,}5 \sqrt{406{,}4 \cdot 52} = 6178 \text{ mm} \approx 6{,}2 \text{ m} < 8 \text{ m} = L_y$

  Die gleichen Ergebnisse erhält man aus Bild 7.4-5.

  Da die zulässige Stützweite für L_x kleiner als 17 m ist, also sowieso eine zusätzliche Lagerstelle notwendig ist, wird diese bei $H_x = 0{,}5\ L_x = 8{,}5$ m als Zwangsführung vorgesehen.

- Elastizitätsmodul bei Raumtemperatur nach Tabelle 7.1-1: $E_{RT} = 213{,}16$ GPa

- Trägheitsmoment J nach Gl. (7.4-6)

  $J \approx 0{,}393\ e_S\ d_m^3 = 0{,}393 \cdot 6{,}3 \cdot (406{,}4 - 6{,}3)^3 = 158{,}6 \cdot 10^6 \text{ mm}^4$

- Lagerbelastungen im Stillstand nach Gl. (7.4-16) für $H_x = 8{,}5$ m und $H_y = L_y = 8$ m

  $$F_{x,M} = -V_x \frac{3\ E_{RT}\ \Delta L_x\ J}{H_y^3} = -0{,}5 \frac{3 \cdot 213{,}16 \cdot 10^3 \cdot 52 \cdot 158{,}6 \cdot 10^6}{8000^3} = -5150 \text{ N}$$

  $$F_{y,M} = -V_y \frac{3\ E_{RT}\ \Delta L_y\ J}{H_x^3} = -0{,}286 \frac{3 \cdot 213{,}16 \cdot 10^3 \cdot 42 \cdot 158{,}6 \cdot 10^6}{8500^3} = -1984 \text{ N}$$

  Wenn bei $H_x = 8{,}5$ m statt des Führungslagers GQ ein Gleitlager G vorgesehen wird, sinkt $F_{y,M}$ auf 248 N, da sich der Dehnungsschenkel von 8,5 m auf 17 m erhöht.

- Verhältnis der E-Moduln bei Auslegungstemperatur nach Bild 7.1-2: $E / E_{RT} = 0{,}9$.

- Lagerbelastungen im Betriebszustand nach Gl. (7.4-17) für $H_x = 8{,}5$ m und $H_y = L_y = 8$ m

  $$F_{x,B} = -\frac{1 - V_x}{V_x} \cdot \frac{E}{E_{RT}} \cdot F_{x,M} = \frac{1 - 0{,}5}{0{,}5} \cdot 0{,}9 \cdot 5150 = 4635 \text{ N}$$

$$F_{y,B} = -\frac{1 - V_y}{V_y} \cdot \frac{E}{E_{RT}} \cdot F_{y,M} = \frac{1 - 0{,}286}{0{,}286} \cdot 0{,}9 \cdot 1984 = 4458 \text{ N}$$

Bei Ersatz des Führungslagers GQ durch ein Gleitlager G sinkt $F_{y,B}$ auf 557 N.

- Einfluss der Montagetemperatur auf die Vorspannung nach Gl. (7.4-13)

$$\Delta L_{VM} = \Delta L_V \frac{t_d - t_M}{t_d - t_{UT}} = \Delta L_V \frac{220 - 20}{220 + 20} = 0{,}833\ \Delta L_V$$

In Anbetracht der geringen Vorspannwerte von 26 bzw. 12 mm und der erreichbaren Montagegenauigkeiten ist der Einfluss der Montagetemperatur vernachlässigbar.

7.4.3 Z-Ausgleicher

a) Dehnungsschenkel bei symmetrischen Z-Ausgleichern

Die Mindestlänge des Dehnungsschenkels H_y (**Bild 7.4-7**) ist die gleiche wie beim L-Ausgleicher. H_y wird auch als Versatz bezeichnet.

Verschiebungen in y-Richtung verteilen sich hingegen auf zwei Bogenrohre, so dass die Dehnungsschenkel H_x etwas kürzer als beim L-Ausgleicher sind:

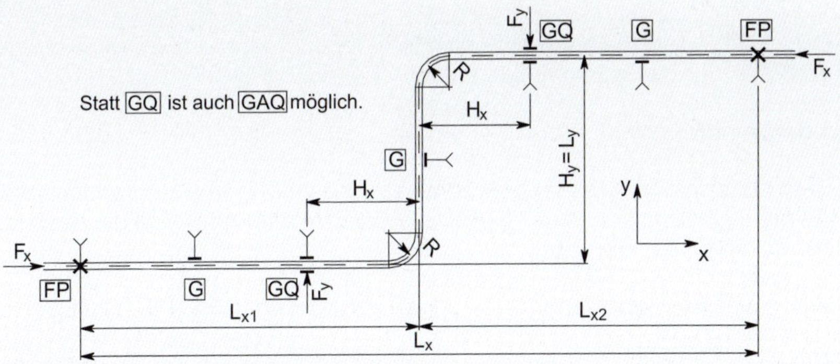

Bild 7.4-7: Z-Ausgleicher: Maße und Lagerstellen (Bezeichnung der Lagerstellen nach FDBR-N 40-1). Die eingetragenen Zwangsführungen sollen Ausknicken des Z-Ausgleichers verhindern.

$$H_x \geq K_{Ws} \sqrt{D_S (0{,}5\ \Delta L_y)} = 0{,}707\ K_{Ws} \sqrt{D_S\ \Delta L_y} \quad (7.4\text{-}22a)$$

$$H_y \geq K_{Ws} \sqrt{D_S\ \Delta L_x} \quad (7.4\text{-}22b)$$

Bei Ermittlung der Dehnungsschenkel nach Bild 7.4-5 ist zu beachten, dass die Verschiebung ΔL_y zu halbieren ist.

b) Dehnungsschenkel bei asymmetrischen Z-Ausgleichern

- Blockieren eines Dehnungsschenkels

  Die Dehnungsschenkel dürfen wie beim L-Ausgleicher nicht durch Zwangsführungen in ihrer Bewegung behindert werden. Bei bestimmten Anwendungen kann jedoch einer der beiden Dehnungsschenkel H_x blockiert sein, z. B. bei einem stehenden Z-Ausgleicher. In diesem Fall sind die Verschiebungen in y-Richtung voll oder anteilig vom anderen Dehnungsschenkel aufzunehmen. Sicherheitshalber sollte hierfür vollständige Dehnungsaufnahme eingeplant werden:

$$H_{xo} \geq K_{Ws} \sqrt{D_S\ \Delta L_y} \quad (7.4\text{-}23)$$

- Ungleiche Schenkellängen $L_{x1} \neq L_{x2}$

  Sie bedingen beidseitig vom Versatz unterschiedliche Reibungskräfte und ungleichmäßige Verschiebungen. Der Drehpunkt im Versatz kann sich dadurch außermittig verlagern, was eventuell bei der Einstellung der Gleitlager zu berücksichtigen ist.

  Bei $L_{x1} / L_{x2} \rightarrow 0$ verlagert sich die Dehnungsaufnahme außerdem auf den größeren der beiden Schenkel entsprechend Gl. (7.4-23).

c) Lagerbelastungen

Sie sind abhängig von der eingebrachten Vorspannung und der tatsächlichen Länge der Dehnungsschenkel H_x und H_y, wobei im konkreten Fall die Kraftrichtungen zu beachten sind.

Stillstand und Montagezustand:

$$F_{x,M} = -V_x \frac{3\ E_{RT}\ \Delta L_x\ J}{H_y^3} \quad (7.4\text{-}24a)$$

$$F_{y,M} = -V_y \frac{1{,}5\ E_{RT}\ \Delta L_y\ J}{H_x^3} \quad (7.4\text{-}24b)$$

Betriebszustand:

$$F_{x,B} = (1 - V_x)\frac{3\,E\,\Delta L_x\,J}{H_y^3} = -\frac{1 - V_x}{V_x} \cdot \frac{E}{E_{RT}} F_{x,M} \qquad (7.4\text{-}25a)$$

$$F_{y,B} = (1 - V_y)\frac{1{,}5\,E\,\Delta L_y\,J}{H_x^3} = -\frac{1 - V_y}{V_y} \cdot \frac{E}{E_{RT}} F_{y,M} \qquad (7.4\text{-}25b)$$

Das Verhältnis E / E_{RT} kann aus Bild 7.1-1 abgelesen werden.

Wird die gesamte Verschiebung entsprechend Gl. (7.4-23) nur von einem Dehnungsschenkel aufgenommen, verändern sich die Kräfte in y-Richtung.

Stillstand und Montagezustand:

$$F_{y,Mo} = -V_y \frac{3\,E_{RT}\,\Delta L_y\,J}{H_{xo}^3} \qquad (7.4\text{-}26a)$$

Betriebszustand:

$$F_{y,Bo} = (1 - V_y)\frac{3\,E\,\Delta L_y\,J}{H_{xo}^3} = -\frac{1 - V_y}{V_y} \cdot \frac{E}{E_{RT}} F_{y,Mo} \qquad (7.4\text{-}26b)$$

d) Berechnungsbeispiel 7.4-2

- Ausgangswerte (**Bild 7.4-8**)

  Analog Berechnungsbeispiel 7.4-1, jedoch als Z-Ausgleicher.

- Relative Wanddicke wie Berechnungsbeispiel 7.4-1: $e_S / D_S = 0{,}0155$

- Überprüfung des Anwendungsbereiches: zulässig wie beim Berechnungsbeispiel 7.4-1

- Wärmeausdehnung analog Berechnungsbeispiel 7.4-1:

  $\Delta L_{Wx} = 52$ mm (50 % Vorspannung: $\Delta L_{Vx} = 26$ mm)

  $\Delta L_{Wy} = 24$ mm (50 % Vorspannung: $\Delta L_{Vy} = 12$ mm)

- Gesamtverschiebung analog Berechnungsbeispiel 7.4-1:

  $\Delta L_x = 52$ mm; $\Delta L_y = 42$ mm

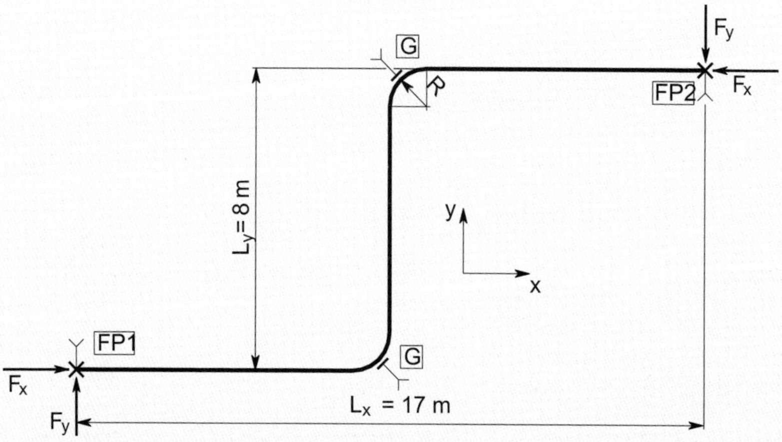

Bild 7.4-8: Z-Ausgleicher: Berechnungsbeispiel 7.4-2

- Vorspannfaktoren analog Berechnungsbeispiel 7.4-1:

  $V_x = 0{,}5;\ V_y = 0{,}286$

- Werkstofffaktor analog Berechnungsbeispiel 7.4-1: $K_{Ws} = 42{,}5$

- Dehnungsschenkel H_x nach Gl. (7.4-22a):

  $H_x \geq 42{,}5 \sqrt{406{,}4 \cdot 0{,}5 \cdot 42} = 3926 \text{ mm} \approx 4 \text{ m} < 8{,}5 \text{ m} = 0{,}5\ L_x$

  oder

  $H_{x,Z\text{-}Ausgl.} = 0{,}707\ H_{x,L\text{-}Ausgl.} = 0{,}707 \cdot 5553 = 3926 \text{ mm} \approx 4 \text{ m}$

  Das gleiche Ergebnis erhält man aus Bild 7.4-5 für $\Delta L = 21 \text{ mm} = 0{,}5\ \Delta L_y$.

- Dehnungsschenkel H_y analog Berechnungsbeispiel 7.4-1:

  $H_y = 6{,}2 \text{ m} < 8 \text{ m} = L_y$

- Elastizitätsmodul bei Raumtemperatur analog Berechnungsbeispiel 7.4-1:

  $E_{RT} = 213{,}16$ GPa

- Trägheitsmoment J analog Berechnungsbeispiel 7.4-1: $J = 158{,}6 \cdot 10^6$ mm^4

- Lagerbelastungen im Stillstand nach Gl. (7.4-24) für $H_x = 0{,}5\ L_x = 8{,}5$ m und $H_y = L_y = 8$ m

  Da die gleichen Ausgangswerte wie beim Berechnungsbeispiel 7.4-1 bestehen, beträgt $F_{x,M}$ gleichermaßen -5150 N. $F_{y,M}$ halbiert sich hingegen, d. h.

  $F_{y,M,Z\text{-}Ausgl.} = 0{,}5\ F_{y,M,L\text{-}Ausgl.} = 0{,}5 \cdot (-1984) = -992$ N

- Lagerbelastungen im Betriebszustand nach Gl. (7.4-25) für $H_x = 8{,}5$ m und $H_y = 8$ m

  Da wie beim Stillstand die gleichen Ausgangswerte wie beim Berechnungsbeispiel 7.4-1 bestehen, beträgt demzufolge $F_{x,B} = 4635$ N. $F_{y,B}$ halbiert sich hingegen:

  $F_{y,B,Z\text{-}Ausgl.} = 0{,}5\ F_{y,B,L\text{-}Ausgl.} = 0{,}5 \cdot 4458 = 2229$ N

- Einfluss der Montagetemperatur auf die Vorspannung: vernachlässigbar wie beim Berechnungsbeispiel 7.4-1.

7.4.4 U-Ausgleicher

a) Einbauhinweise

U-Ausgleicher (**Bild 7.4-9**) dienen nahezu ausschließlich der Kompensation der Wärmeausdehnung in x-Richtung. Der Ausgleicher wird in der zu kompensierenden Strecke mittig angeordnet, damit beiderseits nahezu gleiche Reibungskräfte herrschen und die Schenkel gleichmäßig belastet sind. Zwangsführungen GQ im Abstand $L_a \approx 2$ R sollen seitliches Ausknicken verhindern.

Der Scheitel der Ausladung ist zum Vermeiden von Durchhang möglichst zu unterstützen. Der Gleitweg darf nicht behindert sein, damit die Schenkel sich in y-Richtung ausdehnen können. Bei großer Ausladung sind zusätzliche Gleitlager in Schenkelmitte erforderlich.

Beim stehendem oder schräg liegendem U-Ausgleicher sind federnde Halterungen am Scheitel notwendig. Je nach Fluid und Strömungsrichtung sind im unteren Bereich Entwässerungen bzw. Entleerungen, im Scheitel Entlüftungen anzuordnen.

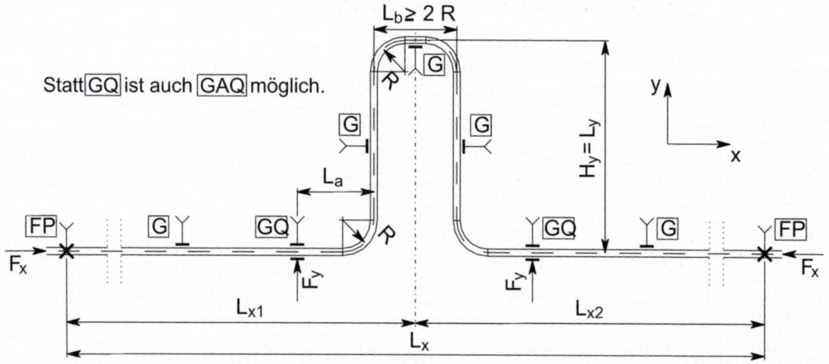

Bild 7.4-9: U-Ausgleicher: Maße und Lagerstellen bei liegender Anordnung (Bezeichnung der Lagerstellen nach FDBR-N 40-1). Die Zwangsführungen GQ bzw. GAQ sollen Ausknicken verhindern.

Mit wachsender Ausladung steigt die Dehnungsaufnahme und sinken die Lagerkräfte. Vorspannung ist nur in x-Richtung notwendig.

b) Mindestlänge der Ausladung

- Berechnung mit den Grundgleichungen

Der U-Ausgleicher entspricht einem doppelten Z-Ausgleicher. Dehnungsschenkel in x-Richtung entfallen, da der U-Bogen sich in y-Richtung ungehindert ausdehnen kann.

Die Ausladung H_y ist vergleichbar mit dem Versatz des Z-Ausgleichers. Er beträgt gemäß Gl. (7.4-22b) bei halber Verschiebung ΔL_x:

$$H_y \geq K_{Ws} \sqrt{D_S \cdot (0{,}5\,\Delta L_x)} = 0{,}707\,K_{Ws} \sqrt{D_S\,\Delta L_x} \qquad (7.4\text{-}27a)$$

oder bei Bezug auf $\Delta L_W / L$ nach Bild 7.1-4

$$H_y \geq 0{,}707\,K_{Ws} \sqrt{D_S \frac{\Delta L_W}{L} L_x} \qquad (7.4\text{-}27b)$$

- Ermittlung nach Bild 7.4-5

Bei Anwendung von Bild 7.4-5 ist zuvor die Verschiebung ΔL_x (in der Regel die Wärmeausdehnung ΔL_W) zu halbieren. Das Ergebnis entspricht bis auf Ablesegenauigkeiten der Gl. (7.4-27a).

- Anwendung des Elastizitätskriteriums entsprechend Abschnitt 7.3.1

  Der kürzeste Festpunktabstand L_{FP} entspricht L_x, die gestreckte Länge beträgt $L_S = L_x + 2\,H_x$. Das Elastizitätskriterium nach Gl. (7.3-1b) vereinfacht sich zu:

$$\frac{D_S\,\Delta L_W}{(L_S - L_{FP})^2} = \frac{D_S\,\Delta L_x}{(L_x + 2\,H_y - L_x)^2} = \frac{D_S\,\Delta L_x}{4\,H_y^2} \leq 208{,}3 \cdot 10^{-6}$$

  Die Ausladung errechnet sich somit zu:

$$H_y \geq \sqrt{\frac{D_S\,\Delta L_x}{4 \cdot 208{,}3 \cdot 10^{-6}}} = 34{,}64\,\sqrt{D_S\,\Delta L_x} \qquad (7.4\text{-}28)$$

  Die hiernach errechneten Schenkel liegen für unlegierte Stähle reichlich 10 % höher als nach Gl. (7.4-27a). Für 16Mo3 und hochlegierte Stähle haben sie die gleiche Größenordnung wie nach Gl. (7.4-27a).

c) Festpunktkräfte

Da der U-Ausgleicher aus 2 Z-Ausgleichern besteht, sind demzufolge die Kräfte durch die Wärmeausdehnung gegenüber einem Z-Ausgleicher nur halb so groß.

Stillstand und Montagezustand:

$$F_{x,M} = -V_x\,\frac{1{,}5\,E_{RT}\,\Delta L_x\,J}{H_y^3} \qquad (7.4\text{-}29)$$

Betriebszustand:

$$F_{x,B} = (1 - V_x)\,\frac{1{,}5\,E\,\Delta L_x\,J}{H_y^3} = -\,\frac{1 - V_x}{V_x} \cdot \frac{E}{E_{RT}}\,F_{x,M} \qquad (7.4\text{-}30)$$

Das Verhältnis E / E_{RT} kann aus Bild 7.1-2 entnommen werden.

d) Kräfte an den Zwangsführungen

Die beiden Zwangsführungen GQ müssen bei einem liegenden U-Ausgleicher die Reibungskräfte der Ausladung in y-Richtung aufnehmen:

$$F_y = 0{,}5\,g\,\mu\,L_{RL}\,q_{RL} \qquad (7.4\text{-}31)$$

Das längenbezogene Gewicht q_{RL} ist entsprechend Gl. (0.3-4) zu ermitteln. Es bezieht sich auf die gestreckte Länge

$$L_{RL} = 2\,L_a + 2\,H_y + L_b \qquad (7.4\text{-}32)$$

des U-Ausgleichers zwischen den beiden Zwangsführungen GQ.
Richtwerte für den Reibungsbeiwert μ siehe Abschnitt 0.3.3.

e) Berechnungsbeispiel 7.4-3

- Ausgangswerte

  Werkstoff P235TR2 (unlegierter Stahl); Rohraußendurchmesser $D_S = 406{,}4$ mm; Wanddicke $e_S = 6{,}3$ mm; Glattrohrbogen mit Biegeradius $R = 2{,}5\ D_S$; U-Ausgleicher mit einem Festpunktabstand von $L_x = 80$ m; Schweißnahtfaktor z = 1. Die Vorspannung ist so zu wählen, dass bei Stillstand und während des Betriebes annähernd gleiche Kräfte vorhanden sind.

  Auslegungstemperatur $t_d = 220$ °C; niedrigste Umgebungstemperatur (Außenrohrleitung) $t_{UT} = -20$ °C; Montagetemperatur $t_M = 20$ °C

- Relative Wanddicke analog Berechnungsbeispiel 7.4-1: $e_S / D_S = 0{,}0155$

- Überprüfung des Anwendungsbereiches: zulässig wie beim Berechnungsbeispiel 7.4-1

- Fiktive Temperatur analog Berechnungsbeispiel 7.4-1: $t^* = 160$ °C

- Differentieller linearer Wärmeausdehnungskoeffizient analog Berechnungsbeispiel 7.4-1: $\beta_{diff} \approx 12{,}8 \cdot 10^{-6}\ K^{-1}$

- Wärmeausdehnung nach Gl. (7.1-1) für $\Delta t_W = 220 - (-20) = 240$ K

  $$\Delta L_{Wx} = (80 \cdot 10^3) \cdot (12{,}8 \cdot 10^{-6}) \cdot 240 = 246 \text{ mm}$$

  ΔL_{Wx} ist identisch mit der Gesamtverschiebung ΔL_x.

- Verhältnis der E-Moduln bei Auslegungstemperatur nach Bild 7.1-2: $E / E_{RT} = 0{,}9$

- Vorspannfaktor

  Er ist gemäß Gl. (7.4-12) zu ermitteln, da im warmen und kalten Zustand annähernd gleiche Kräfte herrschen sollen:

  $$V = \frac{E / E_{RT}}{1 + (E / E_{RT})} = \frac{0{,}9}{1 + 0{,}9} = 0{,}47$$

- Vorspannwert bei 47 % Vorspannung (V = 0,47):

  $$\Delta L_{Vx} = V\ \Delta L_{Wx} = 0{,}47 \cdot 246 = 116 \text{ mm}$$

- Ausladung nach Bild 7.4-5 für $\Delta L = 0{,}5\ \Delta L_x = 0{,}5 \cdot 246 = 123$ mm

  $H_y \approx 9{,}5$ m, ausgeführt 10 m.

- Ausladung nach Gl. (7.4-27a) mit dem Werkstofffaktor K_{Ws} = 42,5 analog Berechnungsbeispiel 7.4-1:

$$H_y \geq 42{,}5 \sqrt{406{,}4 \cdot 0{,}5 \cdot 246} = 9502 \text{ mm} \approx 9{,}5 \text{ m}$$

- Ausladung nach dem Elastizitätskriterium entsprechend Gl. (7.4-28):

$$H_y \geq 34{,}64 \sqrt{406{,}4 \cdot 246} = 10\,953 \text{ mm}$$

  Wie erwähnt, liegt der Wert rund 10 % höher als nach Gl. (7.4-27a).

- Elastizitätsmodul bei Raumtemperatur nach Tabelle 7.1-2: E_{RT} = 213,16 GPa

- Trägheitsmoment analog Berechnungsbeispiel 7.4-1: $J = 158{,}6 \cdot 10^6$ mm^4

- Lagerbelastungen im Stillstand nach Gl. (7.4-29) für H_y = 10 m

$$F_{x,M} = -\,0{,}47 \frac{1{,}5 \cdot 213{,}16 \cdot 10^3 \cdot 246 \cdot 158{,}6 \cdot 10^6}{10\,000^3} = -5863 \text{ N}$$

- Lagerbelastungen im Betriebszustand nach Gl. (7.4-30)

$$F_{x,B} = -\frac{1 - V_x}{V_x} \cdot \frac{E}{E_{RT}} \cdot F_{x,M} = \frac{1 - 0{,}47}{0{,}47} \cdot 0{,}9 \cdot 5863 = 5950 \text{ N}$$

  Die geringen Unterschiede kalt / warm resultieren aus Auf- und Abrundungen.

- Einfluss der Montagetemperatur auf die Vorspannung analog Berechnungsbeispiel 7.4-1: ohne Belang

7.5 Anschlussbelastungen

7.5.1 Definitionen

a) Resultierende Belastung (Vergleichsbelastung) F_Z

Die resultierende Belastung (Vergleichsbelastung) an beliebiger Stelle einer Rohrleitung oder an einem Anschluss beträgt:

$$F_Z = \sqrt{\left[|N| + \frac{4\left|\sqrt{M_{bu}^2 + M_{bv}^2}\right|}{d_m}\right]^2 + 3\left[\left|\sqrt{Q_u^2 + Q_v^2}\right| + \frac{|M_T|}{d_m}\right]^2} \qquad (7.5\text{-}1a)$$

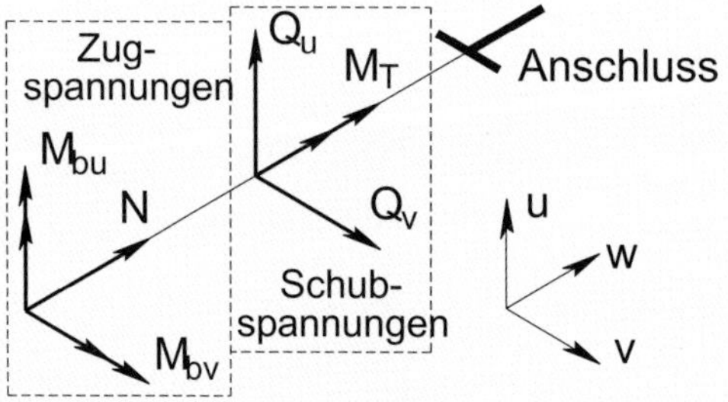

Bild 7.5-1: Bezeichnung der Kräfte und Momente an einem Anschluss

Unter d_m ist dabei der mittlere Durchmesser an der betrachteten Stelle zu verstehen.

Die Normal- und Querkräfte, sowie die Biege- und Torsionsmomente (Schnittkräfte und -momente) sind aus rohrstatischen Berechnungen zu entnehmen. Ihre Wirkungsrichtungen gehen aus dem in **Bild 7.5-1** dargestellten lokalen Koordinatensystem hervor, bei dem die Koordinate w immer in der Rohrachse liegt. Übliche Rohrstatikprogramme verwenden absolute Koordinatensysteme, was bei der Betrachtung eines konkreten Anschlusses zu beachten ist.

Gl. (7.5-1a) entspricht in ihrem Aufbau der Vergleichsspannung nach der Gestaltänderungsenergie-Hypothese (GEH), d. h. sie gilt für Stahl oder andere zähe Werkstoffe (z. B. für NE-Metalle), für die die GEH anwendbar ist. Der erste Term berücksichtigt Zugspannungen, der zweite Schubspannungen. Bei Anwendung der Schubspannungs-Hypothese (SSH) ändert sich der Faktor für die Schubspannungen von 3 auf 4.

Für andere Werkstoffe des Rohrleitungsbaus sind die Vergleichsbelastungen auf Grund anderweitiger Begrenzungen (Abmessungen, Ratingparameter) meist ohne Belang. Im Zweifelfall ist der Systemhersteller zu konsultieren.

Manche Rohrstatikprogramme geben innerhalb der Rohrleitung (z. B. an Flanschen) die Normal- und Querkräfte, sowie die Biege- und Torsionsmomente unabhängig vom absoluten Koordinatensystem an. Die Biegemomente M_b und Querkräfte Q sind hierbei bereits als Resultierende zusammengefasst. In diesem Fall vereinfacht sich Gl. (7.5-1a) zu:

$$F_Z = \sqrt{\left[|N| + \frac{4\,|M_b|}{d_m}\right]^2 + 3\left[|Q| + \frac{|M_T|}{d_m}\right]^2} \qquad (7.5\text{-}1b)$$

b) Ertragbare Vergleichsbelastung in der Rohrleitung F_{ZR}

Die Spannungen durch die Deckelkraft und weitere ständig wirkende Lasten sind seitens der Rohrleitung gemäß Gl. (7.1-8) begrenzt durch:

$$\sigma_1 = \frac{p_d \, D_S}{4 \, e_S} + \frac{0{,}75 \, i \, M_A}{Z} \leq f \tag{7.5-2}$$

Durch Multiplikation mit dem Rohrquerschnitt und einige zulässige Vereinfachungen ergibt sich das Kräftegleichgewicht:

$$\frac{d_i^2 \, \pi}{4} \, p_d + F_{ZR} \leq 2 \, \frac{d_i^2 \, \pi}{4} \, p_{rat} \tag{7.5-3}$$

Der erste Term stellt die Deckelkraft beim Auslegungsdruck p_d dar, der zwischen 0 und dem Maximalwert p_{rat} schwanken kann.

Die spannungsseitige Begrenzung der resultierenden Belastung beträgt somit

$$F_{ZR} \leq \frac{d_i^2 \, \pi}{4} \, p_{rat} \left(2 - \frac{p_d}{p_{rat}} \right) \tag{7.5-4}$$

Als Bewertungsmaßstab für die ertragbare Vergleichsbelastung der Rohrleitung wird im Allgemeinen die volle Auslastung durch den Auslegungsdruck ($p_d = p_{rat}$) vorausgesetzt:

$$F_{ZR} \leq \frac{d_i^2 \, \pi}{4} \, p_{rat} \tag{7.5-5}$$

c) Zulässige Vergleichsbelastung am Bauteilanschluss F_{ZA}

Die spannungsseitige Begrenzung der resultierenden Belastung F_{ZR} nach Gl. (7.5-5) gilt für die Rohrleitung. Für die zulässige Anschlussbelastung F_{ZA} des Bauteils gelten hingegen andere oder zusätzliche Kriterien, die in Normen, Regeln oder Richtlinien des Herstellers vorgegeben werden. Sie können durch abweichende Werkstoffe, die Größe oder die Form und Funktion des Bauteils bedingt sein. Bei Nichtbeachtung können Funktionsstörungen durch Verformungen oder Spannungsüberschreitungen die Folge sein, d. h. es gilt zusätzlich zu Gl. (7.5-5) am Anschluss:

$$F_{ZR} \leq F_{ZA} \tag{7.5-6}$$

Manche Hersteller nennen keine zulässigen Anschlussbelastungen, sondern fordern einen sog. spannungsarmen oder weitgehend kraft- und momentenfreien

Anschluss (siehe Band I Abschnitt 2.1.5), um Funktionsstörungen mit Sicherheit zu vermeiden. Vergleichsbelastungen in der Größenordnung von

$$F_{ZR} \leq 0{,}25 \frac{d_i^2 \pi}{4} p_{rat} \quad (7.5\text{-}7a)$$

können als spannungsarm, solche mit

$$F_{ZR} \leq 0{,}1 \frac{d_i^2 \pi}{4} p_{rat} \quad (7.5\text{-}7b)$$

als weitgehend kraft- und momentenfrei eingestuft werden.

Zulässige Anschlussbelastungen sind insbesondere zu beachten an:

- Flanschverbindungen.
- Ausrüstungsteilen, z. B. Armaturen, Siebe, statische Mischer.
- Druckgeräten, z. B. Kessel, Behälter.
- Aggregaten, z. B. Pumpen, Turbinen, Verdichter.

d) Berechnungsbeispiel 7.5-1

- Allgemeine Daten und Rohrleitungsverlauf:

  Rohrleitungsverlauf: siehe Isometrie **Bild 7.5-2**

  Auslegungsparameter: 16 bar, 150 °C

  Rohrwerkstoff: P235GH nach DIN EN 10216-2 mit $R_{p0,2/150}$ = 187 MPa

  Schweißnahtfaktor: z = 1

  Rohrabmessungen am Behälterstutzen: Rohraußendurchmesser D_S = 168,3 mm; Wanddicke: e_S = 4,5 mm

- Mittlerer Durchmesser: $d_m = D_S - e_S = 168{,}3 - 4{,}5 = 163{,}8$ mm = 0,1638 m
- Innendurchmesser: $d_i = D_S - 2\,e_S = 168{,}3 - (2 \cdot 4{,}5) = 159{,}3$ mm = 0,1593 m
- Mindestwanddicke bei einer Grenzabweichung von -12,5 %: e_a = 3,9 mm
- Zulässige Spannung: $f = R_{p0,2/150} / S = 187 / 1{,}5 = 124{,}7$ MPa

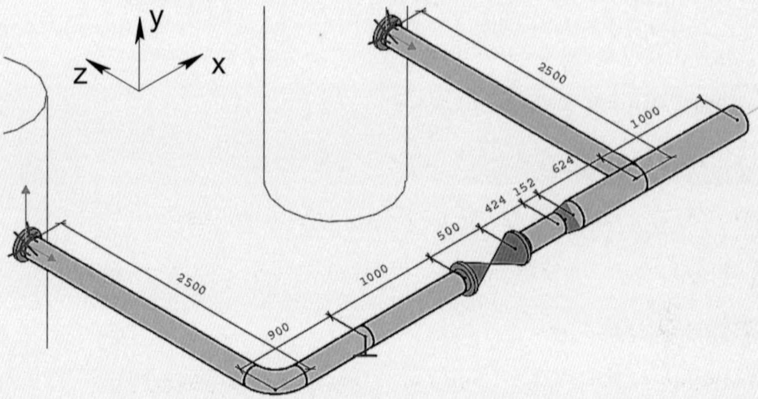

Bild 7.5-2: Isometrie zum Berechnungsbeispiel 7.5-1 [7.5-1] (Werkbild: SIGMA Ingenieurgesellschaft mbH, Unna)

- Ratingdruck bei 150 °C durch Umstellung von Gl. (4.1-13a)

$$p_{rat} = \frac{2\,f\,z}{\frac{1}{e_a / D_S} - 1} = \frac{2 \cdot 124{,}7 \cdot 1}{\frac{1}{3{,}9 / 168{,}3} - 1} = 5{,}92 \text{ MPa} = 59{,}2 \text{ bar}$$

- Ausschöpfung des Ratingdruckes: $p_d / p_{rat} = 16 / 59{,}2 = 0{,}27$

- Kräfte und Momente an den beiden Behälterstutzen nach [7.5-1]: siehe **Tabelle 7.5-1**

- Vorhandene Vergleichsbelastung F_Z

  Mit den Kräften und Momenten an den beiden Behälterstutzen (Tabelle 7.5-1) wurden gemäß Gl. (7.5-1a) die in der gleichen Tabelle angegebenen zugehörigen Vergleichsbelastungen F_Z errechnet.

- Rohrleitungsseitig ertragbare Vergleichsbelastung nach Gl. (7.5-5):

$$F_{ZR} \leq \frac{d_i^2\,\pi}{4}\,p_{rat} = \frac{0{,}1593^2\,\pi}{4} \cdot 5{,}92 = 0{,}118 \text{ MN} = 118 \text{ kN}$$

Tabelle 7.5-1: Rohrleitungsseitige Kräfte und Momente an den beiden Behälterstutzen gemäß [7.5-1] (Originalbezeichnungen in Klammern gesetzt).
Die Vergleichsbelastung nach Gl (7.5-1a) und die zulässige Anschlussbelastung nach Bayer-Werknorm 299 sind zusätzlich eingetragen.

Behälteranschluss (Bild 7.5-2)		Kräfte in kN			Momente in kNm			F_Z in kN
		N	Q_u	Q_v	M_T	M_{bu}	M_{bv}	
		(QYa)	(QXa)	(QZa)	(MYa)	(MXa)	(MZa)	
links	Betrieb	-0,622	-0,318	-0,986	0,006	0,812	-0,651	26,103
	maximal	-1,798	-0,838	-1,012	-0,171	0,848	-1,093	35,808
rechts	Betrieb	4,426	-0,615	0,364	-0,853	-0,319	0,262	17,629
	maximal	7,238	-1,909	-1,060	-1,001	-0,767	0,809	37,228
Bayer-Werknorm 299		6,7	6,8	4,8	4	2,6	4,8	164

Die vorhandene maximale Vergleichsbelastung von 37,2 kN (rechter Behälter im Bild 7.5-2) liegt bei rund 32 % der ertragbaren Vergleichsbelastung der Rohrleitung, d. h. die Anschlussbelastungen liegen im unteren zulässigen Bereich. Das ist einerseits bedingt durch die relativ geringe Wärmeausdehnung in x-Richtung, andererseits durch die langen Dehnungsschenkel von 2,5 m. Bei Berechnung nach Gl. (7.5-4) erhöht sich F_{ZR} auf 204 kN.

- Zulässige Anschlussbelastung am Behälterstutzen

Die in Tabelle 7.5-1 eingetragenen zulässigen Werte nach Bayer-Werknorm 299 (siehe Abschnitt 7.5.4) liegen bis auf die Normalspannung am rechten Behälterstutzen (schattiertes Feld in Tabelle 7.5-1) höher als die rohrleitungsseitig vorhandenen Belastungen. Diese Überschreitung ist aber unbedenklich, da die vorhandenen zugehörigen Biegemomente deutlich niedriger als die zulässigen Werte liegen. Auch die resultierende zulässige Anschlussbelastung liegt mit 164 kN wesentlich über der vorhandenen Vergleichsbelastung von rund 37 kN.

Im Zweifelsfall muss Rücksprache mit dem Hersteller des Behälters genommen werden.

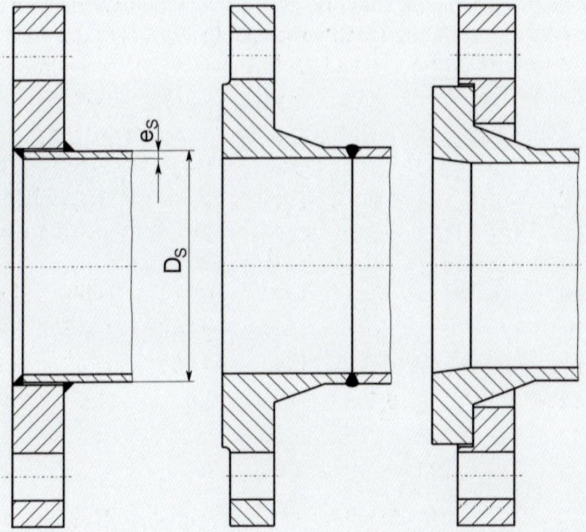

Bild 7.5-3: Anschweißflansch (Typ 01), Vorschweißflansch (Typ 11) und Vorschweißbund mit Losflansch (Typ 34 mit 04)

7.5.2 Zulässige Anschlussbelastungen für Flanschverbindungen

Gemäß DIN EN 1092-1 sind die bei der Dimensionierung der Flansche eingerechneten Anschlussbelastungen F_{ZA} in folgender Höhe berücksichtigt:

- Vorschweißflansch (Typ 11), Vorschweißbund mit Losflansch (Typ 34 mit 04) und Anschweißflansch (Typ 01) gemäß **Bild 7.5-3**

$$F_{ZA1} = \frac{15\,\pi\,(D_S\,e_S - e_S^2)}{1000}\ [\text{kN}] \quad (D_S \text{ und } e_S \text{ in mm}) \qquad (7.5\text{-}8a)$$

$$F_{ZA2} = \min\left\{DN;\ 10\,\sqrt{DN}\right\}\ [\text{kN}] \qquad (7.5\text{-}8b)$$

$$F_{ZA} = \max\{\,F_{ZA1};\ F_{ZA2}\} \qquad (7.5\text{-}8c)$$

Die hiernach errechneten zulässigen Anschlussbelastungen F_{ZA} sind für Vorschweißflansche und Vorschweißbunde mit Losflanschen in **Tabelle 7.5-2**, für Anschweißflansche in **Tabelle 7.5-3** zusammengestellt. Die Werte für Anschweißflansche gelten nur bei Einhaltung der Mindestwanddicken des Anschlussrohres gemäß DIN EN 1092-1.

Tabelle 7.5-2: Zulässige Anschlussbelastung F_{ZA} von Vorschweißflanschen Typ 11 und Vorschweißbunden Typ 34 mit Losflanschen Typ 04

DN	F_{ZA} in kN bei PN											
	2,5	6	10	16	25	40	63	100	160	250	320	400
≤ 100	DN in kN [1) 2)]											
125	112	112	112	112	112	112	112	112	112	112	140	231
150	122	122	122	122	122	122	122	122	122	132	199	304
200	141	141	141	141	141	141	141	141	153	259	303	439
250	158	158	158	158	158	158	158	158	238	402	535	-
300	173	173	173	173	173	173	173	207	316	-	-	-
350	187	187	187	187	187	187	187	256	-	-	-	-
400	200	200	200	200	200	205	200	-	-	-	-	-
450	212	212	212	212	212	262	-	-	-	-	-	-
500	224	224	224	224	235	330	-	-	-	-	-	-
600	245	245	245	283 [3)]	352	448	-	-	-	-	-	-
700	265	265	291	330	466							
800	283	283	334	472	601							
900	303	303	531	531	739							
1000	338	380	591	591	939							
1200	457	502	711	806								
1400	533	586	942	1060								
1600	671	762	1214	1326								
1800	857	942	1494	1705								
2000	1048	1190	1661	2084								
2200	1153	1465	2088	-								
2400	1258	1713	2527	-								
2600	1352	1963	3057	-								
2800	1456	2245	3293	-								
3000	1560	2827	4506	-								
3200	1663	3016	-	-								
3400	1767	3523	-	-								
3600	1871	3730	-	-								
3800	1974	-	-	-								
4000	2078	-	-	-								

1) Ausnahme für PN 400 / DN 100: 123 kN

2) Zusätzlich schattiert sind PN 160: ≥ DN 80; PN 250: ≥ DN 65; PN 320 und 400: ≥ DN 40

3) Vorschweißbund Typ 34: 249 kN

Schattierter Bereich:
Die Anschlussbelastungen liegen unter denjenigen der Armaturen nach DIN EN 12569 mit

$$F_{ZA} < \frac{\pi \, DN^2}{40\,000} PN$$

Bei den schattierten Abmessungen liegen die zulässigen Anschlussbelastungen niedriger als diejenigen der zugehörigen Armaturen nach DIN EN 12569.

Tabelle 7.5-3: Zulässige Anschlussbelastung F_{ZA} von Anschweißflanschen Typ 01 mit Mindestwanddicken der Anschlussrohre nach DIN EN 1092-1

DN	F_{ZA} in kN bei PN							
	2,5	6	10	16	25	40	63	100
≤ 100	DN in kN							
125	112	112	112	112	112	112	112	112
150	122	122	122	122	122	122	122	122
200	141	141	141	141	141	141	141	141
250	158	158	158	158	158	158	158	158
300	173	173	173	173	173	173	173	207
350	187	187	187	187	187	187	202	256
400	200	200	200	200	200	205	262	-
450	212	212	212	212	212	(262)	-	-
500	224	224	224	224	235	(330)	-	-
600	245	245	245	249	310	(448)	-	-
700	265	265	265	291	411			
800	283	283	283	378	535			
900	303	303	375	426				
1000	338	338	418	474				
1200	405	457	626	-				
1400	-	533	-	-				
1600	-	686	-	-				
1800	-	857	-	-				
2000	-	1048	-	-				

Klammerwerte: Wanddicken von Typ 11 übernommen.

Schattierter Bereich:
Die Anschlussbelastungen liegen unter denjenigen der Armaturen nach DIN EN 12569 mit

$$F_{ZA} < \frac{\pi \, DN^2}{40\,000} PN$$

- Anschweißbund (Typ 32), Vorschweißring (Typ 35), Pressbördel mit langem Ansatz (Typ 36) und Pressbördel normaler Länge (Typ 37), alle mit Losflansch (Typ 02) gemäß **Bild 7.5-4**

$$F_{ZA1} = \frac{\pi \, DN^2}{40\,000} PN \text{ [kN]} \qquad (7.5\text{-}9a)$$

$$F_{ZA2} = 5\sqrt{DN} \text{ [kN]} \qquad (7.5\text{-}9b)$$

$$F_{ZA} = \min\{F_{ZA1}; F_{ZA2}\} \qquad (7.5\text{-}9c)$$

Zulässige Anschlussbelastungen: siehe **Tabelle 7.5-4**. Sie haben mindestens die gleiche Höhe wie Armaturen nach DIN EN 12569.

Tabelle 7.5-4: Zulässige Anschlussbelastung F_{ZA} von Anschweißbunden Typ 32, Vorschweißringen Typ 35 und Pressbördeln Typ 36 oder Typ 37 mit Losflanschen Typ 02

DN	F_{ZA} in kN bei PN						DN	F_{ZA} in kN bei PN				
	2,5	6	10	16	25	40		2,5	6	10	16	25
10	16	16	16	16	16	16	700	132	231	385	616	962
15	19	19	19	19	19	19	800	141	302	503	804	1257
20	22	22	22	22	22	22	900	159	382	636	1018	1590
25	25	25	25	25	25	25	1000	196	471	785	1257	1963
32	28	28	28	28	28	28	1200	283	679	1131	1810	-
40	32	32	32	32	32	32	1400	385	924	1539	2463	-
50	35	35	35	35	35	35	1600	503	1206	2011	3217	-
65	40	40	40	40	40	40	1800	636	1527	2545	4071	-
80	45	45	45	45	45	45	2000	785	1885	3142	5026	-
100	50	50	50	50	50	50	2200	950	2281	3801	-	-
125	56	56	56	56	56	56	2400	1131	2714	4524	-	-
150	61	61	61	61	61	71	2600	1327	3185	5309	-	-
200	71	71	71	71	79	126	2800	1539	3694	6157	-	-
250	79	79	79	79	123	196	3000	1767	4241	7068	-	-
300	87	87	87	113	177	283	3200	2011	4825	-	-	-
350	94	94	96	154	241	385	3400	2270	5447	-	-	-
400	100	100	126	201	314	503	3600	2545	6107	-	-	-
450	106	106	159	254	398	636	3800	2835	-	-	-	-
500	112	118	196	314	491	785	4000	3142	-	-	-	-
600	122	170	283	452	707	1131	-					

Für Flansche aus Kupfer- oder Aluminiumlegierungen sind in DIN EN 1092-3 und 1092-4 keine Anschlussbelastungen festgelegt. Die Werte von Stahl sind jedoch übertragbar. Für Flansche aus Gusseisen nach DIN EN 1092-2 gilt sinngemäß das Gleiche. Zusätzlich sind jedoch Zugspannungen und Biegemomente zu minimieren, insbesondere bei Flanschen aus lamellarem Gusseisen GJL.

7.5.3 Zulässige Anschlussbelastungen für Armaturen

a) Armaturen mit festgelegten zulässigen Anschlussbelastungen

Armaturen für Chemieanlagen müssen gemäß DIN EN 12569 folgende Anschlussbelastungen ohne Festigkeitseinbußen oder Funktionsstörungen ertragen:

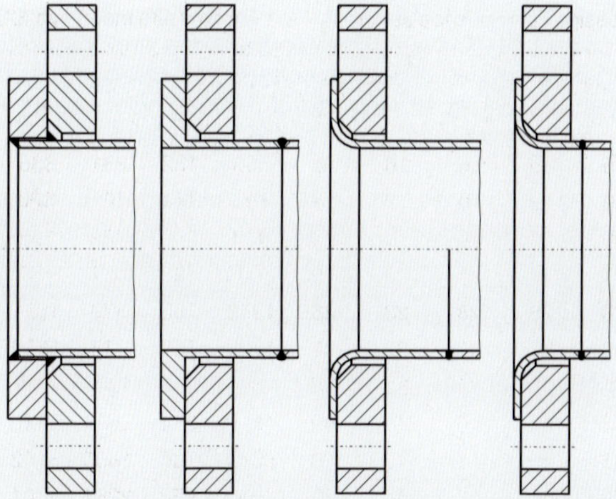

Bild 7.5-4: Anschweißbund (Typ 32), Vorschweißring (Typ 35), Pressbördel mit langem Ansatz (Typ 36) und Pressbördel normaler Länge (Typ 37), alle mit Losflansch (Typ 02)

$$F_{ZA} = \frac{\pi \, DN^2}{40\,000} \, p_{rat} \qquad (7.5\text{-}10)$$

Der maximale Ratingdruck in bar entspricht in der Regel dem Nenndruck PN.

Bei geflanschten Armaturen können je nach Nennweite und Nenndruck die Gegenflansche für die ertragbaren Anschlussbelastungen maßgebend sein (siehe Abschnitt 7.5.2).

Für Armaturen in Wärmekraftanlagen gilt bei Vereinbarung von VGB-R 107 L sinngemäß das Gleiche wie für Armaturen nach DIN EN 12569.

b) Armaturen ohne festgelegte zulässige Anschlussbelastungen

Bei Armaturen, die nicht den Festlegungen bzw. Vereinbarungen gemäß Buchstabe a unterliegen, muss mit Einschränkungen gerechnet werden. Das betrifft vorzugsweise Schieber und Klappen.

- Schieber

  Biegemomente im Sitzbereich können bereits geringfügige Verformungen bewirken, obwohl die zulässigen Spannungen eingehalten sind. Die Folge ist, dass im geschlossenen Zustand der Keil festklemmt, oder dass sich im geöffneten Zustand der Keil nicht vollständig in den verengten Spalt einfahren lässt. Besonders empfindlich sind geschweißte Schieber aus umgeformten Stahlblech, falls der Sitzspalt nicht durch Rippen oder andere konstruktive Maßnahmen versteift ist.

In der Vergangenheit wurde versucht, die zulässigen Anschlussbelastungen für Schieber zu begrenzen, indem in Gl. (7.5-1a) zusätzliche Faktoren eingefügt wurden, die den unterschiedlichen Einfluss der Schnittkräfte und -momente auf die Funktionstüchtigkeit des Schiebers berücksichtigen sollten. Die Formel wurde von der Armaturenindustrie entwickelt und enthält wahrscheinlich sehr hohe Sicherheiten, um Sanktionen vorzubeugen. Einzelheiten siehe [0.3-2] Abschnitt 3.4.

- Klappen

  Sie sind gegenüber Querkräften anfällig, da diese Unrundheiten des Klappengehäuses bewirken können. Solche Verformungen führen ähnlich wie bei Schiebern zu Störungen beim Öffnen und Schließen der Armatur, ohne dass die zulässige Spannung überschritten wird. Bei dünnwandigen Gehäusen werden daher die Anschlussstutzen bisweilen durch Ringe verstärkt, um Unrundheiten zu vermeiden.

- Ventile und Hähne

  Sie sind bedingt durch die Bauart gegenüber Verformungen durch Anschlussbelastungen nicht so empfindlich. Bestrebungen zum Begrenzen der zulässigen Anschlussbelastungen von Ventilen siehe [0.3-2] Abschnitt 3.4.

Um Störungen vorzubeugen, sollten die rohrleitungsseitigen Belastungen möglichst auf den spannungsarmen Anschluss gemäß Gl. (7.5-7a) begrenzt werden.

c) Berechnungsbeispiel 7.5-2

- Allgemeine Daten und Rohrleitungsverlauf:

  siehe Berechnungsbeispiel 7.5-1 in Verbindung mit Bild 7.5-2. Der Schieber zwischen den beiden Behältern entspricht DN 150 / PN 25 und hat beiderseits Flanschanschluss.

- Kräfte und Momente am Schieber nach [7.5-1]:

  siehe **Tabelle 7.5-5**. Die Biegemomente und Querkräfte sind bereits als resultierende Belastungen angegeben.

- Einschätzung des Spannungsniveaus am Schieberanschluss

  Die Vergleichsbelastung F_Z, berechnet mit Gl. (7.5-1b), ist in Tabelle 7.5-5 eingetragen. Der Maximalwert beträgt fast 95 kN.

  Die rohrleitungsseitige ertragbare Vergleichsbelastung bei voller Spannungsausnutzung ist die gleiche wie im Berechnungsbeispiel 7.5-1, also $F_{ZR} = 118$ kN.

  Die maximale Vergleichsbelastung von 95 kN liegt somit bei etwa 80 % der ertragbaren Vergleichsbelastung der Rohrleitung, d. h. der rohrleitungsseitige Anschluss ist nahezu ausgelastet. Bei Berücksichtigung des geringen Auslegungsdruckes beträgt die Auslastung allerdings nur rund 50 %.

- Zulässige Anschlussbelastung des Schiebers

  Bei einem Schieber nach DIN EN 12569 beträgt die zulässige Anschlussbelastung gemäß Gl. (7.5-10), modifiziert für $p_{rat} = PN$:

$$F_{ZA} = \frac{150^2 \pi}{40\,000} \cdot 25 = 44 \text{ kN}$$

Dieser Wert liegt deutlich unter der vorhandenen maximalen Vergleichsbelastung von 95 kN, d. h. der zulässige Wert ist um das Doppelte überschritten. Der Schieber kann demzufolge nicht an dieser Stelle verbleiben. Möglich wäre eine Verlagerung unmittelbar an den Stutzen des linken Behälters, wo die Vergleichsbelastung entsprechend Tabelle 7.5-1 nur knapp 36 kN beträgt.

Die zulässigen Anschlussbelastungen der zugehörigen Flansche nach Tabelle 7.5-2 bis 7.5-4 liegen mit 122 kN bzw. 61 kN über den zulässigen Anschlussbelastungen des Schiebers, begrenzen also nicht dessen Einsatz.

Tabelle 7.5-5: Berechnungsbeispiel 7.5-2: Kräfte und Momente am Ein- und Austritt des Schiebers gemäß [7.5-1] (Originalbezeichnungen in Klammern gesetzt). Die Vergleichsbelastung nach Gl (7.5-1b) ist zusätzlich eingetragen.

Armaturen-anschluss	Kräfte in kN		Momente in kN·m		F_Z nach Gl. (7.5-1b) in kN
	N	Q	M_T	M_b	
	(N)	(Q)	(MT)	(MB)	
rechts	-0,59	1,55	0,04	3,85	94,658
links	-0,59	2,46	0,04	2,91	71,804

7.5.4 Zulässige Anschlussbelastungen für Aggregate und andere Druckgeräte

a) Turbine, Kessel, Pumpen, Verdichter

Die zulässigen Anschlussbelastungen sind beim Hersteller zu erfragen, um Funktionsstörungen zu vermeiden. Einige Richtwerte zur Abschätzung der Größenordnung siehe [0.3-2] Abschnitt 3.4.

b) Behälter

Zulässige Kräfte und Momente entsprechend Bayer-Werknorm 299 [7.1-1], [7.5-2] siehe **Tabelle 7.5-6**. Sie gelten unabhängig vom Nenndruck PN sowohl für Stutzen am Behältermantel, als auch am Behälterboden. Die Wirkungsrichtungen der Kräfte und Momente im **Bild 7.5-5** sind zu beachten, speziell für Stutzen am Behältermantel.

Die angegebenen Kräfte und Momente gelten für den Schnittpunkt des Stutzens mit der äußeren Oberfläche des Behälters. Für Stutzen < DN 50 sind Zusatzbelastungen gemäß Bayer-Werknorm 299 vernachlässigbar.

Tabelle 7.5-6 enthält zusätzlich die resultierenden Anschlussbelastungen, errechnet mit Gl. (7.5-1a), wobei der mittlere Durchmesser d_m näherungsweise durch die Nennweite DN ersetzt wurde. Diese Werte dienen zum Vergleich mit den zulässigen Anschlussbelastungen von Armaturen oder Flanschen, die unmittelbar am Behälterstutzen angebracht sind.

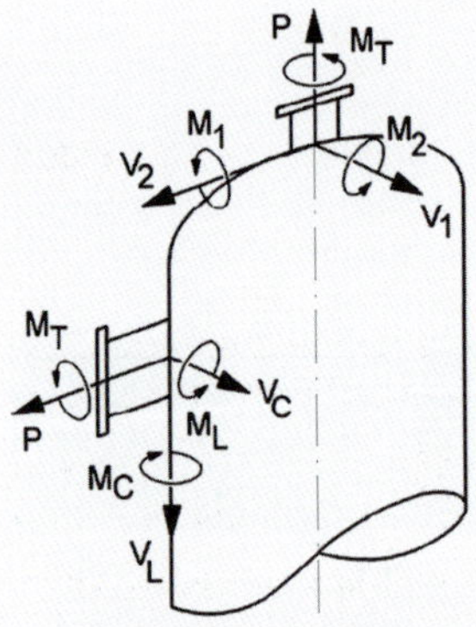

Bild 7.5-5: Bezeichnung der Kräfte und Momente an einem Behälter gemäß Bayer-Werknorm 299

Tabelle 7.5-6: Zulässige Kräfte und Momente von Behälterstutzen nach Bayer-Werknorm 299 (Originalbezeichnungen in Klammern gesetzt).
Die Vergleichsbelastung nach Gl (7.5-1a) ist zusätzlich eingetragen.

Nennweite DN	Kräfte in kN			Momente in kN·m			F_{ZA} nach Gl. (7.5-1a) in kN
	N	Q_u	Q_v	M_T	M_{bu}	M_{bv}	
	(P)	(V_L, V_1)	(V_C, V_2)	(M_T)	(M_L, M_1)	(M_C, M_2)	
50	2,3	3,1	2,3	0,5	0,4	0,8	**78**
80	3,5	4,1	3	1,4	0,9	1,8	**111**
100	4,3	4,8	3,5	2,1	1,4	2,6	**131**
150	6,7	6,8	4,8	4	2,6	4,8	**164**
200	9,5	9,3	6,3	6,4	4,2	7,3	**193**
250	12,6	12,2	8	9,1	6,1	10,2	**221**
300	16,2	15,5	9,8	12,2	8,3	13,4	**248**
350	20,1	19,3	11,9	15,7	10,9	16,9	**276**
400	24,3	23,4	14	19,6	13,8	20,9	**305**
450	29	28	16,4	23,9	17	25,2	**334**
500	34	33	18,9	28,5	20,5	29,8	**363**
600	45,2	44,3	24,5	39	28,6	40,1	**424**
700	57,9	57,2	30,7	51	38	51,8	**487**
800	72,1	71,8	37,6	64,6	48,7	65	**554**
900	87,7	88,1	45,2	79,7	60,6	79,6	**624**
1000	104,9	106,1	53,5	96,3	73,9	95,5	**696**

7.6 Stützweiten und Kraglängen

7.6.1 Berechnungsgrundlagen

Die Stützweiten und Kraglängen können nach folgenden Kriterien ermittelt werden:

- Begrenzung des Durchhangs

  Anwendung: Flüssigkeiten, Wasserdampf und andere kondensierende Gase oder Dämpfe, bei denen eine geringe Fluidpfütze toleriert werden kann.

- Vorgabe eines Gefälles

  Anwendung: aggressive, stark korrodierende oder aushärtende Flüssigkeiten, kondensierende Gase oder Dämpfe, die restlos zu entleeren sind.

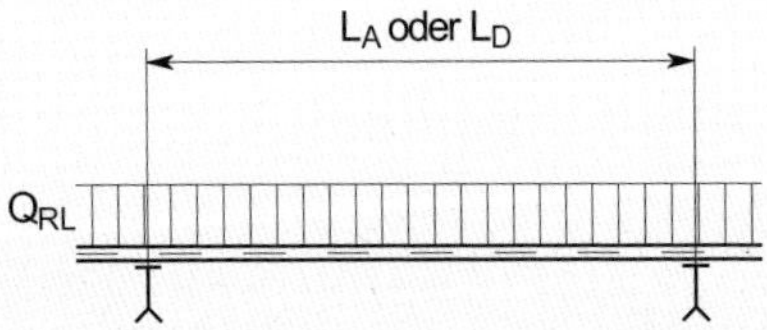

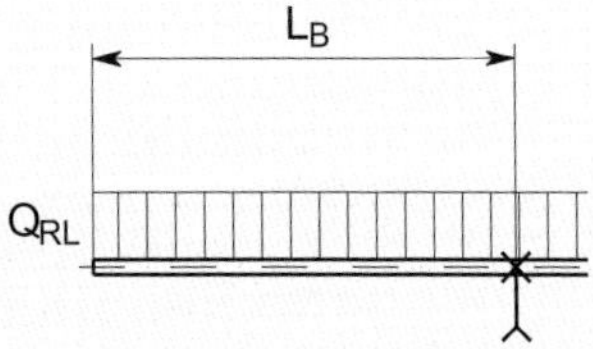

Bild 7.6-1: Träger auf 2 Stützen bzw. Durchlaufträger mit Streckenlast Q_{RL}

Bild 7.6-2: Kragträger mit Streckenlast Q_{RL}

Q_{RL}: Streckenlast infolge der Gewichte von Rohr, Fluid, Dämmung, Schnee

- Begrenzung durch die zulässige Spannung

  Anwendung: trockene Gase oder nicht korrodierende Flüssigkeiten, bei denen Restpfützen zulässig sind.

Für einfache Systeme kann die Stützweite in Abhängigkeit von der Masse der Rohrleitung q_{RL} (Rohr, Fluid, Dämmung) und von punktförmigen Einzelmassen (Armaturen, spezielle Formstücke) nach Abschnitt 8.4 berechnet werden. Das Gewicht der Halterung bleibt unberücksichtigt, da es unmittelbar in den Baukörper eingeleitet wird und somit keinen Einfluss auf die Stützweite hat.

Für die Berechnung sollte der Träger auf zwei Stützen (**Bild 7.6-1**) zugrunde gelegt werden. Bei Trassenleitungen kommt auch der Durchlaufträger in Betracht.

Für gleichschenklige L-Ausgleicher (Abschnitt 7.4.2) sind die Berechnungsgleichungen des Kragträgers (**Bild 7.6-2**) anwendbar. Einzelmassen treten im Bogenbereich nur in Ausnahmefällen auf, d. h. in den Berechnungsgleichungen kann $m_A = 0$ gesetzt werden. Bei ungleichschenkligen L-Ausgleichern verlagert sich die tiefste Stelle vom Bogen in den längeren der beiden Schenkel. Für Schenkelverhältnisse bis zu 1 : 2 ist diese Verlagerung vernachlässigbar.

Bei der Rohrleitungssystem-Analyse wird die mit der Rohrleitungsgeometrie vorgegebene Stützweite bzw. Kraglänge hinsichtlich Einhaltung der zulässigen Spannungen überprüft. Die Durchsenkung kann aus den Rechnerausdrucken entnommen werden. Bei Überschreitung der zulässigen Werte (siehe Abschnitt 6.4) ist eine Veränderung des Halterungskonzeptes (z. B. zusätzliche Halterungen, Veränderung der Halterungsfunktion) erforderlich.

7.6.2 Modifizierte Stützweiten und Kraglängen ohne Einzelmassen

a) Allgemeines

Die in diversen Tabellen angegebenen Stützweiten bzw. Kraglängen sind auf der Grundlage der Masse der Rohrleitung

$$q_{RL} = q_R + q_F + q_D$$

ermittelt. Einzelmassen wurden nicht berücksichtigt, so dass sich die Berechnungsgleichungen wie folgt vereinfachen:

- Begrenzung des Durchhangs b_S

Träger auf zwei Stützen: $$L_{AF} \leq 2{,}96 \sqrt[4]{\frac{b_S\, E\, J}{g\, q_{RL}}} \leq L_{AS} \qquad (7.6\text{-}1)$$

Durchlaufträger: $$L_{DF} \leq 4{,}43 \sqrt[4]{\frac{b_S\, E\, J}{g\, q_{RL}}} \leq L_{DS} \qquad (7.6\text{-}2)$$

Kragträger: $$L_{BF} \leq 1{,}68 \sqrt[4]{\frac{b_S\, E\, J}{g\, q_{RL}}} \leq L_{BS} \qquad (7.6\text{-}3)$$

Zulässiger Durchhang gemäß AD 2000 HP 100 R:

$b_S \leq 3$ mm für $\leq$ DN 50; $b_S \leq 5$ mm für $>$ DN 50

- Vorgabe eines Gefälles n_R

Träger auf zwei Stützen : $$L_{A\alpha} \leq 2{,}88 \sqrt[3]{\frac{n_R\, E\, J}{S_M\, g\, q_{RL}}} \leq L_{AS} \qquad (7.6\text{-}4)$$

Durchlaufträger: $$L_{D\alpha} \leq 5 \sqrt[3]{\frac{n_R\, E\, J}{S_M\, g\, q_{RL}}} \leq L_{DS} \qquad (7.6\text{-}5)$$

Übliche Gefälle: siehe Band I Abschnitt 2.1.6.

- Begrenzung durch eine zulässige Biegespannung f_B

Träger auf zwei Stützen : $$L_{AS} \leq 2{,}83 \sqrt{\frac{f_B\, Z}{g\, q_{RL}}} = 4 \sqrt{\frac{f_B\, J}{D_S\, g\, q_{RL}}} \qquad (7.6\text{-}6)$$

Durchlaufträger: $$L_{DS} \leq 3{,}64 \sqrt{\frac{f_B\, Z}{g\, q_{RL}}} = 4{,}9 \sqrt{\frac{f_B\, J}{D_S\, g\, q_{RL}}} \qquad (7.6\text{-}7)$$

Kragträger: $$L_{BS} \leq 1{,}41 \sqrt{\frac{f_B\, Z}{g\, q_{RL}}} = 2 \sqrt{\frac{f_B\, J}{D_S\, g\, q_{RL}}} \qquad (7.6\text{-}8)$$

Zulässige Biegespannung gemäß AD 2000 HP 100 R:

$$f_B = \min\{40\ \text{N/mm}^2;\ 0{,}4\ f\} \qquad (7.6\text{-}9)$$

Ein Schweißnahtfaktor wird nicht berücksichtigt, d. h. es wird z = 1 gesetzt.

- Durchhang bei der ausgeführten Stützweite bzw. Kraglänge

Träger auf zwei Stützen: $$b_{SA} = 130 \cdot 10^4\, L_C^4\, \frac{g\, q_{RL}}{E\, J} \qquad (7.6\text{-}12)$$

Durchlaufträger: $$b_{SD} = 26 \cdot 10^4\, L_D^4\, \frac{g\, q_{RL}}{E\, J} \qquad (7.6\text{-}11)$$

Kragträger: $$b_{SB} = 1250 \cdot 10^4\, L_A^4\, \frac{g\, q_{RL}}{E\, J} \qquad (7.6\text{-}12)$$

Die Gleichungen gelten für die in Tabelle 0.1-1 angegebenen SI-kohärenten Einheiten (siehe auch Berechnungsbeispiel 7.6-1). Die Indizes der Stützweiten bzw. Kraglängen wurden aus Abschnitt 8.4 übernommen.

b) Berechnungsbeispiel 7.6-1

Für den ungleichschenkligen L-Ausgleicher im Berechnungsbeispiel 7.4-1 (Bild 7.4-6) soll überprüft werden, ob am größeren der beiden Schenkel das Zwischenlager GQ entfallen kann.

- Ausgangswerte gemäß Berechnungsbeispiel 7.4-1

  Werkstoff P235TR2 (unlegierter Stahl); Rohraußendurchmesser D_S = 406,4 mm; Wanddicke e_S = 6,3 mm; Spannweite ohne Zwischenlager GQ: L_x = 17 m. Auslegungstemperatur t_d = 220 °C (Heißwasser)

- Trägheitsmoment J gemäß Berechnungsbeispiel 7.4-1: $J = 158{,}6 \cdot 10^6$ mm^4

- Masse des Rohres q_R nach Gl. (0.3-1)

  $q_R = 0{,}0247 \cdot 6{,}3\,(406{,}4 - 6{,}3) = 62{,}3$ kg/m (der Wert entspricht DIN EN 10220)

- Masse des Fluids q_F (Dichte bei 220 °C: $\rho_F \approx 850$ kg/m^3) in Anlehnung an Gl. (0.3-3)

$$q_F = \frac{\pi\,(D_S - 2\,e_S)^2}{4}\,\rho_F = \frac{\pi\,(406{,}4 - 2 \cdot 6{,}3)^2 \cdot 10^{-6}}{4}\,850 = 103{,}5 \text{ kg/m}$$

- Masse der Dämmung q_D entsprechend [0.3-2] Abschnitt 8.6.6

  Mineralwolle 80 mm dick, Ummantelung aus Stahlblech: $q_D \approx 30$ kg/m

- Gesamtmasse: $q_{RL} = 62{,}3 + 103{,}5 + 30 = 195{,}8$ kg/m

- Zulässige Spannung bei Auslegungstemperatur

  Die Warmstreckgrenze für 220 °C beträgt $R_{p0,2/220} = 154{,}6$ MPa entsprechend Band I Tabelle 3.4-1 (interpoliert), somit

  $f = R_{p0,2/220} / S = 154{,}6 / 1{,}5 = 103$ MPa.

- Zulässige Biegespannung gemäß Gl. (7.6-9)

  $f_B = \min\{40 \text{ N/mm}^2;\ 0{,}4\ f\} = \min\{40 \text{ MPa};\ 0{,}4 \cdot 103 = 41{,}2 \text{ MPa}\} = 40$ MPa

- Zulässige Stützweite

  Die Strecke G-FP2 im Bild 7.4-6 entspricht einem Träger auf zwei Stützen, so dass Gl. (7.6-6) anzuwenden ist:

$$L_{CS} \le 4\sqrt{\frac{40 \cdot 158{,}6 \cdot 10^6}{406{,}4 \cdot 9{,}81 \cdot 195{,}8} \cdot (10^{-3} \text{ m/mm})} = 11{,}4 \text{ m} < L_x = 17 \text{ m}$$

  Die zulässige Stützweite von 11,4 m rechtfertigt demzufolge das Zwischenlager GQ.

7.6.3 Genormte und konfektionierte Stützweiten und Kraglängen

a) Stahl

Anhaltswerte für ausgewählte Abmessungen:

- Stützweitenvergleich DIN EN 13480-3 zu ASME B 31.1.

  Abschnitt 8.4.3 enthält die Stützweiten einiger ausgewählter Abmessungen. Aus dem Vergleich ist erkennbar, dass sich nach ASME bei gasförmigen Fluiden etwas niedrigere, bei flüssigen etwas höhere Stützweiten als nach DIN EN 13480-3 ergeben.

- Stützweiten und Kraglängen nach AD 2000 HP 100 R

  Die Richtwerte sind mit Anhang Q von DIN EN 13480-3 identisch. Sie gelten für DN 25 bis 500 und ermöglichen eine schnelle Abschätzung der zulässigen Werte. Die zulässige Biegespannung wurde einheitlich mit f_B = 40 MPa festgelegt.

  Da der Durchlaufträger in der Tabelle von AD 2000 HP 100 R nicht enthalten ist, kann folgende Umrechnung erfolgen:

  $L_{DF} = 1{,}5\ L_{AF} = 1{,}5\ L_1$ $\qquad$ $L_{DS} = 1{,}225\ L_{AS} = 1{,}225\ L_2$.

  Beim Kragträger entspricht $L_{BS} = L_5$.

- Stützweiten und Kraglängen für Kleinleitungen (Band I Tabelle 13.5-3)

  Die Richtwerte für $D_S \leq 60{,}3$ mm dienen vorzugsweise zur Montagehilfe für nicht trassierte Kleinleitungen. Sie sind aber gleichfalls zur Festlegung der Halterungsabstände trassierter Kleinleitungen anwendbar.

- Stützweiten und Kraglängen für $D_S > 60{,}3$ mm ([0.3-2] Tabelle 8.7-1 und 8.7-2)

  Die Tabellen enthalten Stützweiten von Durchlaufträgern und Kragträgern bis $D_S = 508$ mm. Die Abstufung der Wanddicken ist so gewählt, dass eine ausreichende Interpolation möglich ist.

- Trinkwasserleitungen aus Stahl

  siehe [0.3-2] Tabelle 8.7-3

Die Tabellenwerte gelten mit ausreichender Genauigkeit für alle Stähle. Der Temperatureinfluss ist bis 500 °C vernachlässigbar ([0.3-2] Abschnitt 8.7).

b) Gusseisen

Für oberirdische Rohrleitungen aus duktilem Gusseisen ist nur jeweils eine Halterung im Bereich der Verbindungsstelle (vorzugsweise Muffe) notwendig, d. h. je nach Rohrlänge alle 6 bis 8 m [7.6-1]. Bogenstücke benötigen keine zusätzliche Halterungen, da die Schenkellängen sehr kurz sind.

Rohrleitungen aus lamellarem Gusseisen werden nahezu ausnahmslos in der Erde verlegt, so dass die Festlegung von Stütz- und Kragweiten entfällt.

c) Kunststoffe

Die zulässigen Stützweiten L_K sind den Herstellerunterlagen zu entnehmen, z. B. [7.6-2]. Der Einfluss der Temperatur auf die Stützweiten und Kraglängen ist erheblich und nicht vernachlässigbar. Beispiele für Träger auf zwei Stützen (L_K entspricht L_{AF}):

- PVC-U: Stützweiten siehe **Tabelle 7.6-1**
- PVC-C: Die Stützweiten liegen geringfügig höher als von PVC-U.
- PE: Stützweiten siehe **Tabelle 7.6-2**
- PP: Die Stützweiten liegen in der gleichen Größenordnung wie von PE.
- GF: Stützweiten siehe **Tabelle 7.6-3**.

Die in den Tabellen 7.6-1 bis 7.6-3 angegebenen Stützweiten L_K gelten für Träger auf zwei Stützen mit einem vom Hersteller als zulässig angesehenen Durchhang b_S. Sie entsprechen demzufolge der Stützweite L_{AF} bei Stahl nach Gl. (7.6-1). Eine Umrechnung auf Durchlaufträger kann zumindest überschlägig mit dem Faktor 1,5, auf Kragträger mit dem Faktor 0,55 erfolgen.

Tabelle 7.6-1: Stützweiten von Rohrleitungen aus PVC-U, gültig für Wasserleitungen der Rohrserienzahl S 10 (SDR-Klasse 21) [7.6-2]. Für S 6,3 (SDR-Klasse 13,6) sind die Werte mit 1,08, für S 5 (SDR-Klasse 11) mit 1,15 zu multiplizieren. Bei Gasleitungen der Rohrserienzahl S 10 sind die Stützweiten mit dem Faktor 1,4, bei S 6,3 mit 1,3 und bei S 5 mit 1,2 zu multiplizieren.

d_n	Stützweite L_K in m bei Temperatur			d_n	Stützweite L_K in m bei Temperatur		
	20 °C	40 °C	60°C		20 °C	40 °C	60°C
16	1	0,9	0,6	140	2,7	2,5	2
20	1,1	1	0,7	160	2,9	2,7	2,1
25	1,2	1,1	0,8	180	3,1	2,9	2,2
32	1,4	1,3	0,9	200	3,3	3	2,4
40	1,5	1,4	1	225	3,5	3,2	2,5
50	1,6	1,5	1,2	250	3,7	3,4	2,6
63	1,8	1,7	1,3	280	3,8	3,6	2,8
75	2	1,9	1,5	315	4,1	3,8	3
90	2,2	2	1,6	355	4,3	4	3,1
110	2,4	2,3	1,8	400	4,6	4,3	3,3
125	2,6	2,4	1,9	Senkrechte Leitungen: mit 1,3 multiplizieren.			

Bei Kleinleitungen aus thermoplastischen Kunststoffen wird wegen der geringen Stützweiten häufig eine durchgehende Unterstützung gewählt, z. B. auf Winkelstahl, oder bei mehreren Rohrleitungen auf Kabelpritschen (Band I Abschnitt 8.5.5).

Tabelle 7.6-2: Stützweiten von Rohrleitungen aus PE, gültig für Wasserleitungen der Rohrserienzahl S 8 (SDR-Klasse 17) [7.6-2]. Für S 12,5 (SDR-Klasse 26) sind die Werte mit 0,91, für S 5 (SDR-Klasse 11) mit 1,15 zu multiplizieren.
Bei Gasleitungen der Rohrserienzahl S 8 sind die Stützweiten mit dem Faktor 1,3, bei S 5 mit 1,2 zu multiplizieren.

d_n	Stützweite L_K in m bei Temperatur			d_n	Stützweite L_K in m bei Temperatur		
	20 °C	40 °C	60°C		20 °C	40 °C	60°C
16	0,5	0,5	0,4	140	1,9	1,8	1,5
20	0,6	0,5	0,4	160	2,1	1,9	1,6
25	0,7	0,6	0,5	180	2,2	2	1,8
32	0,8	0,7	0,6	200	2,3	2,1	1,9
40	0,9	0,8	0,7	225	2,5	2,3	2,1
50	1,1	0,9	0,8	250	2,6	2,4	2,1
63	1,2	1,1	0,9	280	2,8	2,6	2,2
75	1,4	1,2	1	315	2,9	2,7	2,4
90	1,5	1,4	1,2	355	3,1	2,9	2,6
110	1,7	1,5	1,3	400	3,3	3,1	2,7
125	1,8	1,6	1,4	Senkrechte Leitungen: mit 1,3 multiplizieren.			

Tabelle 7.6-3: Stützweiten von Rohrleitungen aus GFK [7.6-3]
Bei Gasleitungen (z. B. für Rauchgasleitungen) sind die Stützweiten mit dem Faktor 1,2 zu multiplizieren.

DN	Stützweite L_K in m bei Temperatur			DN	Stützweite L_K in m bei Temperatur		
	24 °C	65 °C	90°C		24 °C	65 °C	90°C
50	3,8	3,7	3,5	300	7,7	7,3	6,9
80	4,3	4,1	3,8	350	8,4	7,9	7,5
100	4,9	4,6	4,4	400	8,9	8,4	8
150	5,8	5,5	5,2	450	9,3	8,8	8,4
200	6,3	5,9	5,7	500	9,6	9,1	8,6
250	7,1	6,7	6,4	-			

d) Sonstige NE-Werkstoffe

- Trinkwasserleitungen aus Kupfer und Kunststoffen

  siehe [0.3-2] Tabelle 8.7-4.

- Gummi-Rohre (Elastomer-Rohre)

  siehe [0.3-1] Tabelle 6.6-1.

7.7 Belastungen an Bauwerkanschlüssen

7.7.1 Bauwerkanschlüsse

Übliche Bauwerkanschlüsse siehe **Tabelle 7.7-1**.

Einzelheiten zu den einzelnen Arten und deren Eignung zur Einleitung von Kräften und/oder Momenten in das Bauwerk sind Band I Abschnitt 2.1.4 und [0.3-2] Abschnitt 3.16 zu entnehmen.

Tabelle 7.7-1: Bauwerkanschlüsse: Übersicht

Bauwerk	Bauwerkanschluss	
Betonbau	Ankerplatten	zum Anschweißen von Anschlussteilen
	Ankerschienen	mit und ohne Längsverzahnung und Hammerkopfschraube
	Leerrohre	Anschluss mit durchgestecktem Gewindebolzen
	Betonanker	mit Gewindeanschluss am Anker
	Dübelverbindungen	mit Gewindeanschluss am Ankerbolzen
	Umklammerungen	eventuell zusätzlich Verschiebesicherung an Stützen erforderlich
	Abhängungen	an Betondecken
Mauerwerk	Ankerplatten	gegenüber Betonbau häufig mit zusätzlicher Sicherung mittels Ankerschlaufen und Bewehrungsstahl
	Ankerschienen	
	Dübelverbindungen	mit Gewindeanschluss am Ankerbolzen
Stahlbau[1)]	Schweißverbindungen	z. B. mit Anschweißböcken, -ösen, -bügeln, -platten
	lösbare Verbindungen	z. B. mit Trägerklammern, Klemmlaschen, Gewindbügeln

[1)] Bei unsymmetrischen Profilen kann örtliche Verstärkung gegen Verdrehen erforderlich sein.

7.7.2 Lagerstellenbelastung

a) Grundsätze

Bei der Ermittlung der Lagerstellenbelastungen ist es gleichgültig, ob diese je nach Planungsstand aus Systemanalysen (Kapitel 6), einfachen Berechnungen (z. B. Abschnitt 7.4) oder aus Abschätzungen anderer realisierter Anlagen stammen. Bemessungsgrundlage sind die Größtwerte bei den betrachteten Lastfällen entsprechend Kapitel 6 infolge von:

- Eigengewicht (siehe Abschnitt 0.3.1).
- witterungsbedingten Lasten (siehe Abschnitt 0.3.2).
- behinderter Wärmeausdehnung (siehe z. B. Abschnitt 7.4).
- Reibung (siehe Abschnitt 0.3.3 und 8.6).
- Innendruck- und Verstellkräften durch Kompensatoren (siehe Kapitel 9).
- Axialkräften durch Innendruck bei offenen Rohrleitungssystemen (siehe Abschnitt 0.2.8).
- sonstigen Zusatzbelastungen, z. B. Erdbeben (siehe Abschnitt 6.7) oder Reaktionskräften an Reduzier- oder Sicherheitsarmaturen (siehe z. B. Abschnitt 16.5).

Erhöhte Fluidgewichte bei der Wasserdruckprüfung von Rohrleitungen für gasförmige Fluide sind zusätzlich zu berücksichtigen, falls keine zeitweiligen zusätzlichen Abstützungen vorgesehen sind.

Die Belastungen beidseitig einer Lagerstelle sind zu addieren, wenn sie die gleiche Wirkungsrichtung haben. Bei entgegen gesetzten Wirkungsrichtungen ist der Größtwert maßgebend, da eine einseitige Belastung der Lagerstelle bei Instandsetzungen oder Havarien einzukalkulieren ist. Liegen mehrere Hängungen in Reihe, müssen sie überdimensioniert sein, damit bei Ausfall einer beliebigen Hängung die benachbarten Lager die Last übernehmen können. Eine entsprechend erhöhte Lastverteilung ist auch an den betreffenden Bauwerkanschlüssen einzuplanen.

b) Belastungen durch Streckenlasten

Ermittlung der Streckenlast Q_{RL} siehe Abschnitt 0.3.1. Überschlägig ordnet man einer Lagerstelle diejenige Streckenlast zu, die auf der jeweils halben Stützweite beidseitig einer Lagerstelle wirkt. Bei Kragträgern ist die gesamte Streckenlast der Kraglänge anzusetzen. Ein Beispiel für die Aufteilung der Streckenlas-

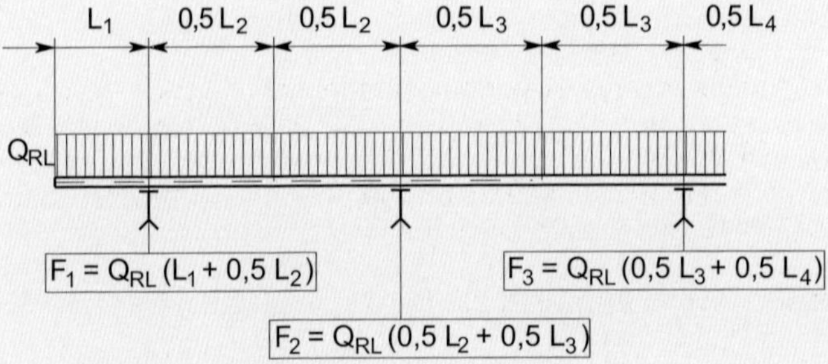

Bild 7.7-1: Aufteilung der Streckenlasten auf die Lagerstellen
Q_{RL}: Streckenlast infolge der Gewichte von Rohr, Fluid, Dämmung, Schnee

ten auf die einzelnen Lagerstellen und deren zugeordnete Vertikalkräfte ist im **Bild 7.7-1** dargestellt.

Biegemomente M infolge von Streckenlasten treten bei Festpunkten zusätzlich auf. Die maximalen Biegemomente sind abhängig von der Lagerung des in Betracht kommenden Rohrleitungsabschnittes:

- Unterstützung auf zwei Lagerstellen, beidseitig Festpunkt

$$M_R = Q_{RL}\, L^2 / 12 \qquad (7.7\text{-}1)$$

- Unterstützung auf zwei Lagerstellen, einseitig Festpunkt, andererseits frei beweglich (z. B. Feld F_1 - F_2 im **Bild 7.7-2**)

$$M_R = Q_{RL}\, L^2 / 8 \qquad (7.7\text{-}2)$$

- überkragende Rohrlänge mit Festpunkt (z. B. Kragträger links von der Lagerstelle F_1 im Bild 7.7-2)

$$M_R = Q_{RL}\, L^2 / 2 \qquad (7.7\text{-}3)$$

L entspricht der Einflusslänge der Streckenlast Q_{RL}.

Für die Lagerstelle 1 im Bild 7.7-2 würde sich z. B. wegen der entgegen gesetzten Wirkungsrichtungen als Höchstwert ergeben (Einflusslängen L_1 und 0,5 L_2):

$$M_{R1} = \max\left\{Q_{RL}\,\frac{L_1^2}{2};\; Q_{RL}\,\frac{L_2^2}{32}\right\} \qquad (7.7\text{-}4)$$

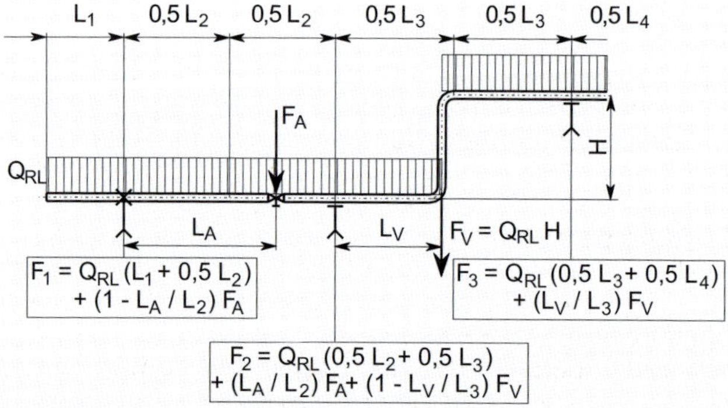

Bild 7.7-2: Aufteilung der Streckenlasten und Einzelkräfte auf die Lagerstellen
Q_{RL} - Streckenlast infolge der Gewichte von Rohr, Fluid, Dämmung, Schnee;
F_A - Einzellast (z. B. Armatur); F_V - vertikale Streckenlast, umgerechnet als Einzellast

c) Belastungen durch Einzellasten

Einzellasten F_A sind hinsichtlich ihrer Kräfte und Momente auf die benachbarten Lagerstellen anteilig von deren Entfernung aufzuteilen (Beispiel im Bild 7.7-2). Es ist daher von Vorteil, wenn schwere Einzellasten direkt unterstützt sind, so dass kein zusätzliches Moment auftritt, weder an der Lagerstelle, noch in der Rohrleitung.

d) Vertikale Rohrleitungsabschnitte

Kurze vertikale Rohrleitungsabschnitte ohne eigene Lagerstellen sind als Einzellast $F_V = Q_{RL}$ H aufzufassen, die anteilig analog Buchstabe c auf die benachbarten Lagerstellen aufzuteilen ist (Beispiel im Bild 7.7-2).

Lange vertikale Rohrleitungsabschnitte mit eigenen Lagerstellen sind hingegen in Einflusslängen ähnlich Buchstabe b aufzuteilen. Dabei ist vorauszusetzen, dass bei warmgehenden Rohrleitungen die beweglichen Halterungen so eingestellt werden, dass sie die Lasten gleichmäßig abtragen.

7.7.3 Belastung der Bauwerkanschlüsse

a) Allgemeine Hinweise

Zur Bauwerksplanung müssen die maximalen Belastungen an den Bauwerkanschlüssen bekannt sein. Je nach deren Lage und Art können hieran ein oder mehrere Rohrleitungen befestigt sein. Die zugehörigen Lagerstellenbelastungen sind deshalb hinsichtlich ihrer Größe und Koordinatenrichtung zusammenzufassen und auf den jeweiligen Bauwerkanschluss zu transformieren. Maßgebend sind in der Regel die Absolutwerte der Lagerstellenbelastungen, da die Gleichzeitigkeit des Betriebs und die dabei auftretenden unterschiedlichen Bewegungsrichtungen der einzelnen Rohrleitungen meist nicht abgeschätzt werden können. Belastungen durch Zwischentragwerkskonstruktionen (Sekundärstahlbau) und Zugänge (Podeste, Bühnen, Laufstege, Treppen, Leitern) sind zusätzlich zu berücksichtigen.

Für Kleinleitungen mit ≤ 60,3 mm Rohraußendurchmesser sollte generell ein Zuschlag von 10 bis 20 % vorgesehen werden, zumindest bei der Vorplanung.

b) Belastung von Traversen

Liegen mehr als zwei Rohrleitungen auf einer Traverse, dürfen bei der Addition der Reibkräfte

$$|F_{R1}| \geq |F_{R2}| \geq |F_{R3}| \ldots \geq |F_{Ri}| \qquad (7.7\text{-}5)$$

Gleichzeitigkeitsfaktoren K_g angesetzt werden. Sie berücksichtigen die voneinander abweichenden Zeitpunkte der Bewegung.

Die Einflüsse der unterschiedlichen Auflagerlasten (Rohr, Armaturen, Fluid, Dämmung, Schnee) und Reibungspaarungen werden bei der Ermittlung der Gesamtbelastung auf der Traverse $F_{R,T}$ infolge von Reibung wie folgt berücksichtigt:

$$F_{R,T} = \max\left\{(|F_{R1}| + |F_{R2}|);\ K_g \sum_{i=1}^{n} |F_{Ri}|\right\} \qquad (7.7\text{-}6)$$

Empfohlene Werte für den Gleichzeitigkeitsfaktor K_g in Abhängigkeit von der Anzahl der auf der Traverse liegenden Rohrleitungen:

drei Rohrleitungen	$K_g = 0{,}8$
vier Rohrleitungen	$K_g = 0{,}7$
mehr als vier Rohrleitungen	$K_g = 0{,}5$

7.8 Erdverlegte Rohrleitungen

7.8.1 Mindestwanddicken für Rohrleitungen aus Stahl

Mindestwanddicken für eingeerdete Rohrleitungen aus Stahl nach DIN EN 13480-6 siehe **Tabelle 7.8-1**. Sie gelten auch für Schutzrohre und Mantelrohre von Stahlmantelrohr-Systemen (SMR-Systeme).

Falls der Innendruck keine darüber hinausgehende Wanddicke erfordert, sind die Wanddicken nach Tabelle 7.8-1 ohne detaillierten Spannungs- und Verformungsnachweis für Überdeckungen von 1 bis 6 m und Verkehrslasten bis SLW 60 anwendbar.

Tabelle 7.8-1: Erdverlegte Rohrleitungen aus Stahl: Mindestwanddicken nach DIN EN 13480-6 (Nennweiten und Wanddicken an genormte Größen angeglichen)

Nennweite DN		Mindestwanddicke in mm	Nennweite DN		Mindestwanddicke in mm
über	bis		über	bis	
-	80	3,2	450	600	8
80	150	5	600	1000	10
150	450	6,3	1000	-	0,01 DN

7.8.2 Bemessung mittels Nenn-Ringsteifigkeiten

a) Definition der Nenn-Ringsteifigkeit SN

Die Nenn-Ringsteifigkeit SN (nominal ring stiffness) ist für erdverlegte Rohrleitungen aus Thermoplasten, Duroplasten und Compound-Werkstoffen eine Kennzahl für deren zulässige Belastung. Es ist zu beachten, dass der Zahlenwert von SN in den europäischen Normen in kN/m², in den nationalen Normen (DIN) hingegen in N/m² angegeben ist.

Die Nenn-Ringsteifigkeit SN ist ein Langzeitwert, der sich auf 50 Jahre bezieht. Sie ist definiert zu (siehe z. B. DIN 16868-1):

$$SN = \frac{E\,J_L}{d_m^3} = \frac{E}{12}\left(\frac{e_S}{D_S - e_S}\right)^3 \tag{7.8-1}$$

mit dem auf die Längeneinheit bezogenen Längsträgheitsmoment

$$J_L = \frac{e_S^3}{12} \tag{7.8-2}$$

Die Elastizitätsmoduln können aus [0.3-1] Tabelle 1.11-4 entnommen werden.

Mit Gl. (7.8-1) kann die Ringsteifigkeit von Rohren berechnet werden, für die die Normen keine SN-Werte enthalten. Das trifft insbesondere für solche Rohre zu, die nicht ausdrücklich allein für Erdverlegung bestimmt sind. Hierunter fallen z. B. GFK-Rohre nach DIN 16870-1, bei denen die errechneten Ringsteifigkeiten zusätzlich zum Nenndruck PN in der Norm angegeben sind, oder PE-Rohre für Druckleitungen nach DIN EN 12201-2, die keine Angaben für SN enthält.

b) Vereinfachte Bemessung Rohr

Die detaillierte Berechnung der zulässigen Überdeckungshöhe bei vorgegebener Nenn-Ringsteifigkeit und Verkehrsbelastung kann nach ATV-DVKW-A 127 erfolgen.

Für erdverlegte drucklose Abwasserleitungen ist jedoch gemäß DIN EN 13476-1 keine gesonderte Berechnung erforderlich, wenn die Ringsteifigkeit **Bild 7.8-1** entspricht. Dabei gelten folgende Voraussetzungen:

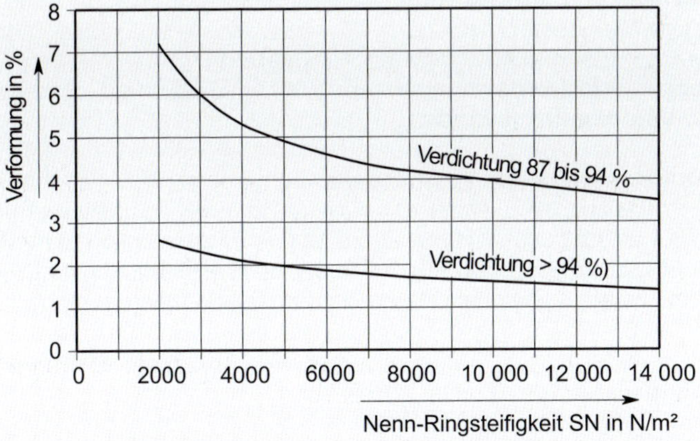

Bild 7.8-1: Rohrverformung in Abhängigkeit von der Nenn-Ringsteifigkeit (Erläuterungen siehe Text)

- Verlegetiefe: bis 6 m

- Verkehrslasten

  sind berücksichtigt, wobei entsprechend [7.8-1] von SLW 60 ausgegangen werden kann.

- Verlegung

  Verdichtung > 94 %: entspricht Einbaufall EF 1 (Verdichtung 95 bis 97 %).

  Verdichtung 87 bis 94 %: entspricht Einbaufall EF 2 (Verdichtung 90 %).

  Die Einbaufälle sind im Kapitel 13 erläutert. Eine Verdichtung unter 87 % wird nicht empfohlen.

Nach [7.8-1] wird für die in Deutschland herrschenden Verhältnisse eine Nennsteifigkeit von mindestens SN 4000 empfohlen. Hiermit sind Verlegetiefen bis 6 m bei Verkehrslasten von SLW 60 ohne besondere Maßnahmen realisierbar, wobei gemäß DIN EN 13480-6 die Überdeckungshöhe mindestens 0,8 m betragen muss.

Bild 7.8-1 ist gleichermaßen auch für erdverlegte Druckleitungen anwendbar, wobei zusätzlich eine ordnungsgemäße Dimensionierung gegen Innendruck vorauszusetzen ist.

Als zulässige Verformung gilt allgemein ein Wert von 6 %. Hieraus resultiert wahrscheinlich der o. g. Mindestwert für die Ringsteifigkeit von SN 4000, mittlere Verdichtung vorausgesetzt.

Für Thermoplaste sind Verformungen > 6 % in der Diskussion, ohne dass z. Z. verbindliche Werte genannt werden.

c) Vereinfachte Bemessung Formstücke

DIN EN 13476-1 enthält zusätzlich eine Zuordnung von Formstücken zu den Ringsteifigkeiten der Abwasser-Rohre (**Tabelle 7.8-2**). Sie ist gleichfalls auch für Druckleitungen anwendbar, wenn ausreichende Bemessung gegen Innendruck gegeben ist.

Tabelle 7.8-2: Erdverlegte Rohrleitungen aus Kunststoffen: Mindestanforderungen an Formstücke in Abhängigkeit von der Nenn-Ringsteifigkeit der Rohre

Nenn-Ringsteifigkeit Rohr	Mindestanforderungen an Formstücke nach DIN EN				
	13476-2, -3	14758-1	1401-1	1852-1	12666-1
	PVC-U, PP, PE [1]	PP-MD [2]	PVC-U [3]	PP [3]	PE [3]
SN 4000	SN 4000	SN 4000	SDR 51	SDR 41	SDR 33
SN 8000	SN 8000	SN 8000	SDR 41	SDR 33	SDR 26
SN 16 000	SN 16 000	-	SDR 34	SDR 27,6	SDR 21

[1] mit profilierter Wandung [2] PP mit mineralischen Additiven [3] aus Vollmaterial

8. Berechnung von Rohrhalterungen

8.1 Allgemeines

Im Rahmen der Harmonisierung der Europäischen Normen werden bestehende DIN-Normen und nationale Regelwerke schrittweise durch DIN EN ersetzt. Die neuen Normen verwenden Definitionen oder Berechnungsmethoden, die sich teilweise von den bislang bekannten Definitionen und Methoden unterscheiden.

Für die Rohrhalterungen sind in Übereinstimmung mit der Druckgeräterichtlinie die Grundsätze zur Konstruktion und Berechnung in DIN EN 13480-3 festgelegt. Für Rohrhalterungen in Wärmekraftwerken gelten in Deutschland darüber hinaus die FDBR-RL 4 und VGB-R 510. Die VGB-R 510 basiert auf den KTA 3205.1 bis KTA 3205.3, in denen die Funktionsanforderungen und Auslegungskriterien von Rohrhalterungen für kerntechnische Anlagen festgelegt sind.

International ist die Anwendung amerikanischer Regelwerke üblich. Die wichtigsten für konventionelle Kraftwerke und chemische Anlagen sind ASME B31.1, ASME B31.3 sowie ANSI/MSS SP-58 und ANSI/MSS SP-69. Für kerntechnische Anlagen wird zusätzlich die Einhaltung des ASME Boiler and Pressure Vessel Codes (BPVC) verlangt.

In DIN EN 13480-3 ist folgende Definition für Rohrhalterungen zu finden:

Rohrhalterungen sind Tragelemente, die die Rohrleitung mit der umgebenden Tragwerkkonstruktion verbinden. Sie haben den Zweck,

- das Gewicht der Rohrleitung und der mit ihr verbundenen Einrichtungen zu tragen;

- die Bewegung der Rohrleitung zu lenken;

- die Belastungen der Rohrleitung in die umgebende Tragwerkkonstruktion abzuleiten und zu übertragen und einen oder mehrere der sechs Freiheitsgrade der Rohrleitung an bestimmten Punkten des Rohrleitungssystems aufzuheben oder zu begrenzen.

Rohrhalterungen sind das Bindeglied zwischen der Rohrleitung und der Baustruktur, so dass die für Rohrleitung und Baustruktur geltenden Normen und Regelwerke gleichermaßen zu berücksichtigen sind.

Im Bereich Baunormen haben sich in den letzten Jahren viele Veränderungen ergeben. Die bislang für den Stahlbau gültigen Normen (DIN 18800-1 bis 18800-4) wurden 2010 zurückgezogen. Statt dessen sind für den Stahlbau DIN EN 1993-1-1 bis DIN EN 1993-1-10 (Eurocode 3) und deren Nationale Anhänge anzuwenden. Verglichen mit der Rohrleitungsberechnung basieren diese Normen auf einer anderen Sicherheitsphilosophie. Es werden teilweise andere Berechnungsmethoden verwendet, die aufgrund ähnlich klingender Begriffe zu Verwirrungen oder Verwechselungen führen können, weitere Hinweise sind im Abschnitt 8.3.2 zu finden.

8.2 Anwendung der DIN EN 13480-3

Für die EN-Reihe 13480 ist das Technische Komitee CEN/TC267 zuständig. DIN EN 13480-3 (Metallische industrielle Rohrleitungen - Konstruktion und Berechnung) wurde ebenso wie die anderen Teile der Norm im Jahre 2002 veröffentlicht. Sie wird mittlerweile sehr häufig benutzt, obwohl sich bei der Anwendung einige Unkorrektheiten ergaben, abgesehen von einigen Übersetzungsmängeln in der deutschen Fassung. Bei Zweifeln an der Richtigkeit der deutschen Übersetzung sollte die englische Ausgabe zu Hilfe gezogen werden, die als abgestimmte Version anzusehen ist.

Der Abschnitt 13 mit den damit verbundenen Anhängen behandelt Rohrhalterungen. Sie werden in DIN EN 13480-3 mit Abstützungen bezeichnet, der wörtlichen Übersetzung des englischen Begriffes „supports", was auch im englischen Sprachgebrauch alle Rohrhalterungen einschließt. Eine Übersicht der in den letzten Jahren durchgeführten Änderungen ist in [8.2-1] zusammengefasst.

Seit 2002 sind einige Amendments (Korrekturen, Verbesserungen) und Berichtigungen der deutschen Übersetzung erschienen (**Tabelle 8.2-1**), die teilweise auch Rohrhalterungen betreffen. Alle Amendments und Berichtigungen sind in die konsolidierte Fassung eingearbeitet, die seit 2012 verbindliche Arbeitsgrundlage ist.

Tabelle 8.2-1: Historie der DIN EN 13480-3

Dokument	Datum	Anmerkung
DIN EN 13480-3	2002-08	Erstveröffentlichung
DIN EN 13480-3/A1	2005-11	A = Amendment (Änderung)
DIN EN 13480-3 Berichtigung 1	2005-12	
DIN EN 13480-3 Berichtigung 2	2006-06	
DIN EN 13480-3/A2	2007-02	
DIN EN 13480-3 Berichtigung 3	2007-05	
DIN EN 13480-3/A3	2009-11	
DIN EN 13480-3/A4	2010-10	
DIN EN 13480-3/A5 (Entwurf)	2011-07	
DIN EN 13480-3	2012	Konsolidierte Fassung

8.3 Sicherheitskonzepte

8.3.1 Anwendungsunterschiede in den Sicherheitskonzepten

Geschichtlich gesehen gibt es zwei verschiedene Sicherheitskonzepte. Ihr Anwendungsbereich ist durch die übergeordneten Regelwerke bestimmt:

- σ-zul-Konzept

  International ist der Begriff „Allowable Stress Design“ (ASD) üblich.

  Für Rohrhalterungen ist gemäß DIN EN 13480-3 das σ-zul-Konzept vorgeschrieben.

- Methode der Teilsicherheitsbeiwerte

  Sie wird auch als „Load and Resistance Factor Design“ (LRFD) bezeichnet.

  Tragwerkskonstruktionen, die dem Baurecht unterliegen, sind mit der Methode der Teilsicherheitsbeiwerte nachzuweisen.

Beiden Methoden liegen verschiedene Sicherheitskonzepte zu Grunde, auf die hier nicht näher eingegangen werden kann. In beiden Methoden werden jedoch ähnliche Begriffe verwendet, die u. U. bei Anwendern der verschiedenen Konzepte zu Verständigungsproblemen führen können. Ein detaillierter Vergleich der beiden Methoden kann z. B. aus [8.3-1] entnommen werden.

8.3.2 σ-zul-Konzept

Das σ-zul-Konzept ist das traditionelle deterministische Sicherheitskonzept und beruht auf der Nachweisführung mit einem globalen Sicherheitsbeiwert, welcher in der Regel auf der Widerstandsseite angesetzt wird (Verfahren mit zulässigen Spannungen). Diese Methode wird sowohl im Maschinenbau, als auch im Rohrleitungsbau angewendet.

DIN EN 13480-3 definiert folgende Lastfälle:

- normale Betriebsbedingungen
- gelegentlich auftretende Betriebszustände
- außergewöhnliche Betriebsbedingungen

In VGB-R 510 wird unterschieden in:

- Lastfall H (Hauptlasten)

  Belastung mit allen planmäßig auftretenden Lasten, die nicht nur kurzzeitig auftreten.

- Lastfall HZ (Haupt- und Zusatzlasten)

  Neben den Hauptlasten sind alle übrigen bei planmäßiger Nutzung auftretenden Lasten zu berücksichtigen.

- Lastfall HS (Haupt- und Sonderlasten)

  Dieser Lastfall wird häufig auch als Schadenslastfall bezeichnet, der außergewöhnliche Ereignisse einschließt.

Die zulässigen Spannungen werden für alle Kombinationen von Spannungsarten (z. B. Zug, Druck, Biegung, Schub, Vergleichsspannung) und Lastfälle vorgegeben. In den meisten Fällen werden eine oder mehrere Bezugsspannungen definiert, mit denen die zulässigen Spannungen für die verschiedenen Beanspruchungsarten und Lastfälle bestimmt werden.

8.3.3 Methode der Teilsicherheitsbeiwerte

Die Methode der Teilsicherheitsbeiwerte wurde bereits in DIN-Reihe 18800 eingeführt. Die Nachweisführung beruht auf sogenannten Teilsicherheitsbeiwerten γ_F auf der Einwirkungsseite (Lastseite) und γ_M auf der Widerstandsseite gegenüber den Festigkeitskennwerten (Streckgrenze f_y und Zugfestigkeit f_u).

Die Nachweisführung nach dem neuen Berechnungskonzept für die Tragwerksplanung lautet gemäß DIN EN 1990:

$$E_d \leq R_d \qquad (8.3\text{-}1)$$

Es bedeuten:

E - Einwirkung (effect)

R - Widerstand (resistance)

d - Bemessung (design)

Somit muss der Bemessungswert der Einwirkung kleiner oder gleich dem Bemessungswert der Tragfähigkeit (Beanspruchbarkeit) sein.

Charakteristische Werte für Einwirkungen F_k sind Bezugsgrößen für die Bemessung. Die entsprechenden Festlegungen zu den Lastannahmen sind z. B. in DIN EN-Reihe 1991 (Eurocode 1) definiert. Die Bemessungswerte ergeben sich aus den ständigen Einwirkungen G_k (z. B. Eigenlast), veränderlichen Einwirkungen Q_k (z. B. Verkehrslasten, Schnee, Wind) und außergewöhnlichen Einwirkungen A_k (z. B. Anpralllasten, Erdbeben). Die Teilsicherheitsbeiwerte γ_F sind in DIN EN 1990 (Eurocode 0) als empfohlene Werte festgelegt. Die in den Nationalen Anhängen definierten Teilsicherheitsbeiwerte können ggf. davon abweichen.

Der Bemessungswert einer Einwirkung ist:

$$F_{Ed} = \gamma_F \, F_k \qquad (8.3\text{-}2)$$

Für je eine ständige und eine veränderliche Einwirkung ergibt sich der Bemessungswert der Einwirkung zu:

$$F_{Ed} = \gamma_G \, G_k + \gamma_Q \, Q_k = 1{,}35 \, G_k + 1{,}5 \, Q_k \qquad (8.3\text{-}3)$$

Charakteristische Werte von Widerstandsgrößen R_k (z. B. Streckgrenze f_y oder Zugfestigkeit f_u) sind die Bezugsgrößen für die Beanspruchbarkeit des Werkstoffs, z. B. Zug-, Druck oder Biegebeanspruchungen. Der Bemessungswert der Beanspruchbarkeit beträgt:

$$R_d = R_k \, / \, \gamma_M \qquad (8.3\text{-}4)$$

In DIN EN-Reihe 1993 sind die Teilsicherheitsbeiwerte der Beanspruchbarkeiten γ_M definiert. Die Angaben des Nationalen Anhanges für Deutschland gemäß DIN EN 1993-1-1/NA sehen folgende Werte vor:

$$\gamma_{M0} = 1; \quad \gamma_{M1} = 1{,}1; \quad \gamma_{M2} = 1{,}25 \qquad (8.3\text{-}5)$$

Für außergewöhnliche Bemessungssituationen dürfen andere Sicherheitsbeiwerte verwendet werden:

$$\gamma_{M0} = 1; \quad \gamma_{M1} = 1; \quad \gamma_{M2} = 1{,}15 \qquad (8.3\text{-}6)$$

In DIN EN-Reihe 1993 werden vier Querschnittklassen definiert. Querschnitte der Klasse 1 können plastische Gelenke oder Fließzonen mit ausreichender plastischer Momententragfähigkeit und Rotationskapazität für eine plastische Berechnung ausbilden. Die Querschnitte der Klasse 4 dagegen sind z. B. dünnwandige Profile oder Hohlprofile, bei denen örtliches Beulen vor Erreichen der Streckgrenze in

Tabelle 8.3-1: Nachweise für die Beanspruchbarkeit der Querschnitte (Beispiele)

Belastung	Nachweis	Definitionen	
Zug	$N_{Ed} \leq N_{t,Rd}$	N_{Ed} $N_{t,Rd}$	Bemessungswert der einwirkenden Normalkraft Bemessungswert der Zugtragfähigkeit: $N_{t,Rd} = A\, f_y / \gamma_{M0}$ bzw. $N_{t,Rd} = 0{,}9\, A_{net}\, f_u / \gamma_{M2}$ für Stäbe mit Löchern
Druck	$N_{Ed} \leq N_{c,Rd}$	N_{Ed} $N_{c,Rd}$	Bemessungswert der einwirkenden Normalkraft Bemessungswert der Normaltragfähigkeit bei Druck: $N_{c,Rd} = A\, f_y / \gamma_{M0}$
Biegung	$M_{Ed} \leq M_{Rd}$	M_{Ed} M_{Rd}	Bemessungswert des einwirkenden Moments Bemessungswert der Momententragfähigkeit: $M_{Rd} = Z_{pl}\, f_y / \gamma_{M0}$ für Querschnittklasse 1 und 2 oder $M_{Rd} = Z_{el}\, f_y / \gamma_{M0}$ für Querschnittklasse 3
A_{net} Z_{el} Z_{pl}	Nettoquerschnittsfläche elastisches Widerstandsmoment plastisches Widerstandsmoment		

einem oder mehreren Teilen des Querschnitts auftreten kann. Bei Berechnung der verschiedenen Belastungen, z. B. Biegung, hat die Querschnittklasse einen Einfluss.

Gemäß DIN EN-Reihe 1993 gelten dann z. B. die in **Tabelle 8.3-1** aufgeführten Nachweise für die Beanspruchbarkeit der Querschnitte, wobei jeweils die zugehörige Querschnittklasse zu berücksichtigen ist.

8.3.4 Anbindung einer Rohrhalterung an das Tragwerk

Bei der Anbindung einer Rohrhalterung an ein Tragwerk, das nach dem neuen Sicherheitskonzept ausgelegt wird, kann es zu Missverständnissen bei den Lastangaben kommen. Auf der Rohrleitungsseite wird im Allgemeinen von zulässigen Betriebslasten gesprochen, entsprechende Angaben findet man auch in Herstellerkatalogen (**Bild 8.3-1**). Es handelt sich dabei um tatsächliche Lasten ohne Sicherheitsbeiwerte.

Auf der Tragwerksseite werden im Bauingenieurwesen die Begriffe Bemessungswerte bzw. Designwerte verwendet, d. h. dass die Teilsicherheitsbeiwerte auf der Einwirkungsseite bereits eingerechnet sind. Oft geben aber auch Hersteller in technischen Dokumenten zulässige Lasten als Bemessungswerte F_{Rd} an, z. B. bei Dübeln oder Ankerschienen (siehe **Bild 8.3-2**). Meist wird dann ein Teilsicherheitsbeiwert auf der Einwirkungsseite im Bereich von $\gamma_F = 1{,}35$ bis 1,5 verwendet.

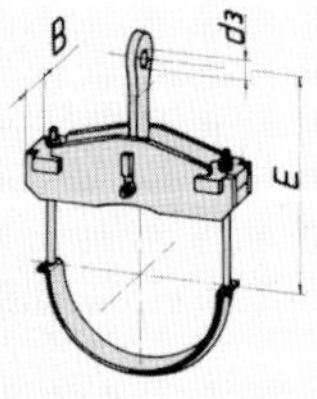

Typ	Zulässige Belastung (kN) 100	250	350	450	500	510	530	560	580	600°C
44 36 12	44	38	28							
44 36 13	70	60	53							
44 36 31				21	20	19	17	10		
44 36 32				39	37	35	28	17		
44 36 33			70	60	58	54	47	29		
44 36 41								20	15	10
44 36 42								33	24	17
44 36 43							59	55	42	29

Bild 8.3-1: Herstellerangaben für Rohrhalterungen - Beispiel Schellen (entnommen aus [8.3-2])

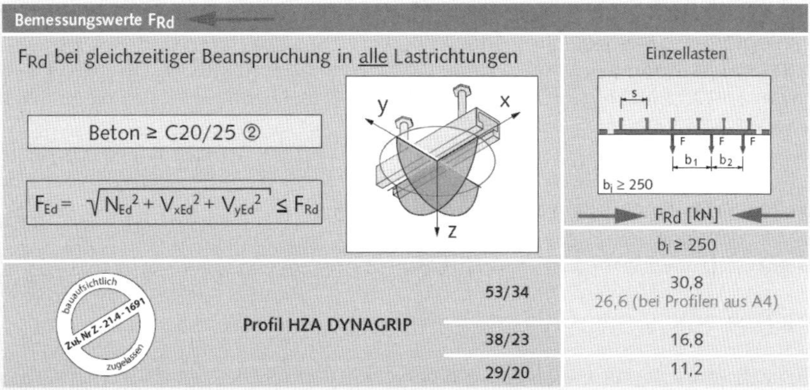

Bild 8.3-2: Herstellerangaben für Bauprodukte - Beispiel Ankerschienen (entnommen aus [8.3-3])

8.4 Stützweitenberechnung

8.4.1 Berechnungsgrundlagen

a) Stützweiten nach DIN EN 13480 Anhang Q

Die Stützweitenberechnung komplexer, mehrfach in alle Raumrichtungen abgewinkelter warmgehender Rohrleitungen erfolgt im Rahmen der Rohrleitungssystem-Analyse (siehe Kapitel 6). Für einfache Systeme bzw. im Rahmen der Vorplanung ist eine manuelle Berechnung auf der Grundlage von DIN EN 13480-3 Anhang Q sinnvoll. Die Berechnung stammt aus AD 2000 HP 100 R, jedoch unterscheiden sich die Tabellenwerte geringfügig voneinander. Hierbei können folgende Kriterien maßgebend sein:

- Begrenzung der zulässigen Spannungen

  Durch den Stützweitenabstand ergeben sich Biegespannungen, die den Längsspannungen infolge des Innendrucks überlagert sind. Sie werden durch die zulässigen Spannungen des jeweiligen Werkstoffs begrenzt. Für unlegierte Stähle der Gruppe P235 und voller Ausnutzung der Wanddicke durch den Innendruck wurde in DIN EN 13480-3 Anhang Q die ausnutzbare oder zulässige Biegespannung bei Auslegungstemperatur mit

  $$f_B = \min \{40 \text{ MPa}; 0{,}4\, f\} \qquad (8.4\text{-}1a)$$

  festgelegt, wobei f die zulässige Spannung bei Auslegungstemperatur bedeutet. Wird eine Rohrleitung durch den Innendruck nicht voll belastet, steht eine höhere Spannung zur Verfügung (siehe z. B. Abschnitt 7.1.6).

- Begrenzung der maximalen Durchbiegung

  Durch Beschränkung der maximalen Durchbiegung werden z. B. bei Dampfleitungen Kondensatansammlungen in Form von Pfützen vermieden. In DIN EN 13480-3 Anhang Q werden hierfür folgende Richtwerte genannt:

  $$\leq \text{DN } 50 \quad w_{zul} = 3 \text{ mm} \qquad (8.4\text{-}1b)$$

  $$> \text{DN } 50 \quad w_{zul} = 5 \text{ mm} \qquad (8.4\text{-}1c)$$

  Rohrleitungen für gasförmige Durchflussstoffe dürfen einen größeren Durchhang aufweisen, wenn keine Kondensatbildung erfolgt.

b) Grundlagen und Formelzeichen

Die Rohrleitung wird zur Bestimmung der Stützweite je nach Lagerung als Träger auf zwei Stützen, als Kragträger oder als Durchlaufträger betrachtet. Die Beziehungen für den Träger auf zwei Stützen werden auch für die Randfelder des Durchlaufträgers verwendet. Aus den Gleichungen der Biegelinie ergeben sich die entsprechenden Formeln für die Stützweite. Maßgebende Belastungen sind das Eigengewicht der Rohrleitung, das Gewicht der Dämmung und das Füllgewicht der Rohrleitung als verteilte Streckenlast q. Einzelmassen, z. B. Armaturen, werden mit ihrer Gewichtskraft F in die Berechnung einbezogen. Die mögliche Spannungserhöhung infolge von Rohrbogen oder T-Stücken kann durch einen Spannungserhöhungsfaktor i nach DIN EN 13480-3 (siehe Tabelle 6.4.1) berücksichtigt werden.

Bei gleichzeitiger Belastung durch Streckenlast und Einzelkraft können die Gleichungen auf der Grundlage der maximalen Durchbiegung nicht nach der Stützweite aufgelöst werden, so dass diese iterativ bestimmt werden muss.

In den Gleichungen für die Stützweite haben die Formelzeichen folgende Bedeutung:

E - Elastizitätsmodul bei Auslegungstemperatur in MPa (N/mm^2)

f_B - zulässige Biegespannung nach Gl. (8.4-3) bei Auslegungstemperatur in MPa (N/mm^2)

F - Zusatzlast, z. B. durch eine Zusatzmasse, in N

$i \geq 1$ - Spannungserhöhungsfaktor nach DIN EN 13480-3 (Tabelle 6.4.1)

J_R - Trägheitsmoment (Flächenträgheitsmoment 2. Grades) des Rohres in mm^4

L - Stützweite, Kraglänge in mm

L* - äquivalente Länge nach Gl. (8.4-8) in mm

q - Streckenlast in N/mm (im Abschnitt 7.6 und 7.7 mit Q_{RL} bezeichnet)

w - Durchbiegung in mm (im Abschnitt 7.6 mit b_s bezeichnet)

Z - Widerstandsmoment des Rohres in mm^3

Indizes:

A, B, C, D, E	Kennzeichnung des Belastungsfalls entsprechend **Tabelle 8.4-1**
W	Kennzeichnung des begrenzenden Kriteriums Durchbiegung
S	Kennzeichnung des begrenzenden Kriteriums Spannung

8.4.2 Berechnung der Stützweiten

a) Belastungsfall A: Träger auf zwei Stützen

$$w = \frac{L_{AW}^3}{384\, E\, J_R}\left(8\, F + 5\, q\, L_{AW}\right) \tag{8.4-2}$$

$$L_{AS} = \frac{F}{q} + \sqrt{\left(\frac{F}{q}\right)^2 + \frac{8\, Z\, f_B}{q\, i}} \tag{8.4-3}$$

b) Belastungsfall B: Kragträger

$$w = \frac{L_{BW}^3}{24\, E\, J_R}\left(8\, F + 3\, q\, L_{BW}\right) \tag{8.4-4}$$

$$L_{BS} = \frac{F}{q} + \sqrt{\left(\frac{F}{q}\right)^2 + \frac{2\, Z\, f_B}{q\, i}} \tag{8.4-5}$$

c) Belastungsfall C: Durchlaufträger, Einzellast in allen Feldern

$$w = \frac{L_{CW}^3}{384\, E\, J_R}\left(2\, F + q\, L_{CW}\right) \tag{8.4-6}$$

$$L_{CS} = \frac{3\, F}{4\, q} + \sqrt{\left(\frac{3\, F}{4\, q}\right)^2 + \frac{12\, Z\, f_B}{q\, i}} \tag{8.4-7}$$

d) Belastungsfall D: Durchlaufträger, Einzellast nur im jeweiligen Feld

$F / q \leq 0{,}38\, L^*$

$$L^* = \sqrt{\frac{12\, Z\, f_B}{q\, i}} \tag{8.4-8}$$

Tabelle 8.4-1: Stützweitenberechnung gemäß DIN EN 13480-3 Anhang Q

Belastungsfall	Belastungsschema	Belastung	Gleichungs-Nr. bei Begrenzung infolge	
			Durchbiegung	Spannung
A	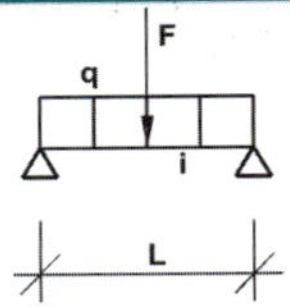	Träger auf zwei Stützen mit Streckenlast q und Einzellast F	L_{AW} (8.4-2)	L_{AS} (8.4-3)
B	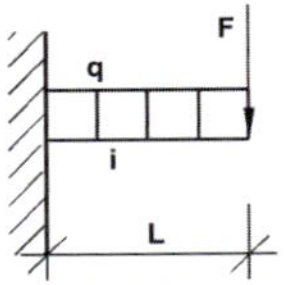	Kragträger mit Streckenlast q und Einzellast F	L_{BW} (8.4-4)	L_{BS} (8.4-5)
C	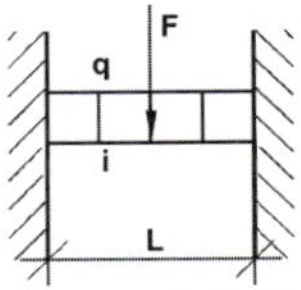	Durchlaufträger mit Streckenlast q und Einzellast F in allen Feldern	L_{CW} (8.4-6)	L_{CS} (8.4-7)
D	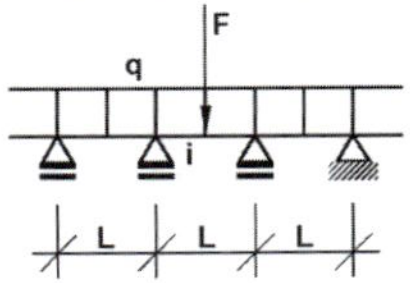	Durchlaufträger mit Streckenlast q und Einzellast F nur im jeweiligen Feld bei $F / q \leq 0{,}38\ L^*$	L_{DW} (8.4-9)	L_{DS} (8.4-10)
E		Durchlaufträger mit Streckenlast q und Einzellast F nur im jeweiligen Feld bei $F / q > 0{,}38\ L^*$	L_{EW} (8.4-11)	L_{ES} (8.4-12)

$$w = \frac{L_{DW}^3}{384\ E\ J_R}\left(6{,}1\ F + q\ L_{DW}\right) \qquad (8.4\text{-}9)$$

$$L_{DS} = \frac{126\ F}{265\ q} + \sqrt{\left(\frac{126\ F}{256\ q}\right)^2 + \frac{12\ Z\ f_B}{q\ i}} \qquad (8.4\text{-}10)$$

e) Belastungsfall E: Durchlaufträger, Einzellast nur im jeweiligen Feld

$F / q > 0{,}38\ L^*$

$$w = \frac{L_{EW}^3}{384\ E\ J_R}\left(6{,}1\ F + q\ L_{EW}\right) \qquad (8.4\text{-}11)$$

$$L_{ES} = \frac{543\ F}{265\ q} + \sqrt{\left(\frac{543\ F}{256\ q}\right)^2 + \frac{24\ Z\ f_B}{q\ i}} \qquad (8.4\text{-}12)$$

f) Gefälleverlegte Rohrleitungen

Wenn bei gefälleverlegten Rohrleitungen eine restlose Entleerung gefordert wird, muss ein drittes Kriterium zur Bestimmung der Stützweite beachtet werden, nämlich die Neigung der Biegelinie muss kleiner sein als das vorgesehene Gefälle der Rohrleitung, so dass kein unzulässiger Durchhang Gegengefälle erzeugen kann. Für den Träger auf zwei Stützen und den Durchlaufträger mit Streckenlast kann die maximale Neigung der Biegelinie analytisch bestimmt werden.

- Belastungsfall A: Träger auf zwei Stützen mit Belastung q

$$\tan \alpha_{max} = \frac{q\ L_{A\alpha}^3}{24\ E\ J_R} = \frac{n_R}{S_\alpha} \qquad (8.4\text{-}13)$$

$$L_{A\alpha} = \sqrt[3]{\frac{24\ E\ J_R\ n_R}{q\ S_\alpha}} \qquad (8.4\text{-}14)$$

- Belastungsfall C: Durchlaufträger mit Belastung q

$$\tan \alpha_{max} = \frac{\sqrt{3}\ q\ L_{C\alpha}^3}{216\ E\ J_R} = \frac{n_R}{S_\alpha} \qquad (8.4\text{-}15)$$

$$L_{C\alpha} = \sqrt[3]{\frac{216\,E\,J_R\,n_R}{\sqrt{3}\,q\,S_\alpha}} \qquad (8.4\text{-}16)$$

Die Formelzeichen bedeuten:

α - Neigung der Biegelinie

n_R - Rohrleitungsgefälle

S_α - Sicherheit gegen Montagetoleranzen. Häufig wird S_α im Bereich 1,3 bis 1,5 gewählt, so dass die maximale Stützweite nur zu etwa 90 % ausgenutzt wird.

8.4.3 Anhaltswerte für Stützweiten

DIN EN 13480-3 enthält Tabellen mit zulässigen Stützweiten von einigen in Tabelle 8.4-1 beschriebenen Biegefällen für gängige Außendurchmesser, Wanddicken und verschiedene Dämmdicken. In **Tabelle 8.4-2** erfolgt eine Gegenüberstellung zu den Belastungsfällen gemäß Abschnitt 8.4.2. Es zeigt sich, dass der Durchlaufträger nicht berücksichtigt ist, obwohl er für Rohrleitungen in vielen Fällen der Praxis realistischer als der Träger auf zwei Stützen ist. Eine Umrechnung der zulässigen Stützweiten ergibt hierfür:

Tabelle 8.4-2: Zusammenhang zwischen den Stützweitentabellen in DIN EN 13480-3 Anhang Q und den Belastungsfällen nach Tabelle 8.4-1

lfd. Nr. [1]	Belastungsfall [2]	Begrenzung infolge	Spannungserhöhungsfaktor
1	A (Träger auf zwei Stützen)	Durchbiegung L_{AW} (8.4-2)	i = 1
2		Spannung L_{AS} (8.4-3)	i = 1
3			Geschmiedetes T-Stück
4			Geschweißtes T-Stück
5	B (Kragträger)	Spannung L_{BS} (8.4-5)	i = 1
6			Geschweißtes T-Stück

[1] Index der Stützweite gemäß DIN EN 13480-3.
[2] Belastung durch Streckenlast q.

$$L_{CW} = \sqrt[4]{5}\, L_{AW} \approx 1{,}5\, L_{AW} \qquad (8.4\text{-}17)$$

$$L_{CS} = \sqrt{1{,}5}\, L_{AS} \approx 1{,}225\, L_{AS} \qquad (8.4\text{-}18)$$

Die in **Tabelle 8.4-3** angegebenen Richtwerte von maximalen Stützweiten wurden für horizontale Rohrleitungen ohne Lastkonzentrationen (z. B. durch Armaturen) und Temperaturen bis 400 °C ermittelt. Sie basieren auf dem Belastungsfall C (Durchlaufträger mit gleicher Belastung in allen Feldern) und einer Begrenzung der Durchbiegung von 3 bzw. 5 mm gemäß Gl. (8.4-1b) und (8.4-1c). Bei der Streckenlast ist das Eigengewicht der Rohrleitung einschließlich Dämmung und Fluidmasse berücksichtigt. Als Wanddicken wurden die unteren Werte der Abmessungen aus den Stützweitentabellen von DIN EN 13480-3 zugrunde gelegt.

In ASME B31.1 sind Stützweiten für Rohrleitungen mit Standardwanddicken und mit erhöhten Wanddicken bis zu einer maximalen Fluidtemperatur von 400 °C angegeben. Diese liegen bei gleicher Nenngröße NPS bzw. Nennweite DN und

Tabelle 8.4-3: Anhaltswerte für Stützweiten (Belastungsfall C) in Anlehnung an DIN EN 13480-3 und ASME B31.1 (kursiv gekennzeichnet)

Abmessung			Stützweiten in m nach					
			DIN EN 13480-3				*ASME B31.1*	
Nennweite DN	*Nominal Pipe Size NPS in inch*	Außendurchmesser D_o in mm	leere Rohrleitung ohne Dämmung	wassergefüllte Rohrleitung ohne Dämmung	wassergefüllte Rohrleitung, Dämmdicke 40 mm	wassergefüllte Rohrleitung, Dämmdicke 80 mm	*Rohrleitung mit Dampf, Gas oder Luft*	*wassergefüllte Rohrleitung*
25	*1*	33,7	4,3	4,0	2,9	2,6	*2,7*	*2,1*
50	*2*	60,3	5,8	5,0	4,3	3,8	*4,0*	*3,0*
80	*3*	88,9	8,0	6,8	5,9	5,5	*4,6*	*3,7*
100	*4*	114,3	9,2	7,6	6,8	6,5	*5,2*	*4,3*
150	*6*	168,3	11,2	8,6	8,0	7,7	*6,4*	*5,2*
200	*8*	219,1	12,8	9,7	9,1	8,8	*7,3*	*5,8*
300	*12*	323,9	15,8	10,9	10,4	10,3	*9,1*	*7,0*
400	*16*	406,4	17,6	11,9	11,5	11,3	*10,7*	*8,2*
500	*20*	508	19,7	13,3	13,0	12,8	*11,9*	*9,1*

vergleichbarer Wanddicke allgemein niedriger gegenüber denen nach DIN EN 13480-3, weil folgende einschränkende Bedingungen gelten:

- Biegespannung $f_{zul} \leq 16$ MPa (8.4-19)

- maximale Durchbiegung $w_{zul} \leq 2{,}5$ mm (8.4-20)

Außerdem sind in ASME B31.1 keine weiteren Angaben über Dämmdicken bzw. Dämmgewichte angegeben, so dass ein direkter Vergleich nicht möglich ist. Einige Werte sind in Tabelle 8.4-3 zusammengestellt.

Weitere Hinweise zu genormten oder konfektionierten Stützweiten, auch zu NE-Metallen, Gusseisen und Kunststoffen, siehe Abschnitt 7.6.3.

8.5 Bauangaben für Belastungen an Rohrhalterungen

Die Auflagerreaktionen der Rohrhalterungen sind als Resultat der Rohrleitungs-system-Analyse (siehe Kapitel 6) als Bauangaben in Belastungsplänen, Tabellen oder Zeichnungen anzugeben. Dabei sind die Lastfälle gemäß Abschnitt 8.3.2 zu berücksichtigen.

Zur Beschreibung der Verschiebungen und Belastungen muss ein eindeutig und klar definiertes Koordinatensystem verwendet werden. In der Praxis sind verschiedene Koordinatensysteme üblich. Bei Verwendung von Berechnungsprogrammen wird meist ein globales Koordinatensystem vorgegeben. Häufig wird auch ein System verwendet, bei dem die +z-Achse nach oben gerichtet ist. Bei einem anderen gebräuchlichen Koordinatensystem zeigt hingegen die +y-Achse nach oben, während die +x-Achse nach Norden weist, sofern eine Himmelsrichtung vorgegeben ist.

Besondere Vor- oder Nachteile hat keines der Systeme. Wichtig ist allein, dass für die Planung der Rohrleitungen einschließlich der Rohrhalterungen eine eindeutige Definition des verwendeten Koordinatensystems erfolgt, und dass dieses deutlich auf allen Zeichnungen, Tabellen und allen anderen Unterlagen angegeben wird. Ansonsten können Belastungs- bzw. Verschiebungskomponenten falsch interpretiert werden.

Für jede Rohrhalterung existieren:

- Kräfte in den drei Richtungen (F_u, F_v, F_w)

- Momente um die drei Achsen (M_u, M_v, M_w)

- Verschiebungen in den drei Richtungen (Δu, Δv, Δw)

- Verdrehungen um die drei Achsen (φ_u, φ_v, φ_w)

Die Koordinaten u, v, w sollen die ausgeprägten Richtungen der Rohrhalterung kennzeichnen. Sie müssen nicht unbedingt mit dem globalen Koordinatensystem der Rohrleitung oder der baulichen Anlage x, y, z übereinstimmen.

Je nach Typ der Rohrhalterung werden eine bis sechs der möglichen Bewegungen (Freiheitsgrade) eingeschränkt. Durch diese Behinderung der Verschiebungen bzw. Drehungen entstehen Kräfte und Momente, die von der Rohrhalterung aufgenommen und in den Baukörper eingeleitet werden müssen.

Zur Beschreibung der Kräfte und Verschiebungen wird im Folgenden ein Koordinatensystem verwendet, bei dem die +z-Achse nach oben zeigt.

8.6 Auflagerarten und Belastungen

a) Hängungen

Gemäß DIN EN 13480-3 und VGB-R 510 sind Hängungen so zu montieren, dass die Zugstangen im kalten Zustand (Montagezustand) lotrecht sind. Infolge thermischer Bewegungen ergibt sich im warmen Zustand der Rohrleitungen (Betriebszustand) eine Schrägstellung der Zugstangen. In anderen Ländern werden hingegen für den warmen Zustand lotrechte Zugstangen gefordert. Die Schrägstellung ist im Allgemeinen auf maximal 4° begrenzt. Bei der Auslegung der Anschlussteile, z. B. Rohrschellen und Bauwerkanschlüsse, sind die durch die Schrägstellung der Zugstangen entstehenden Horizontalkräfte bei der Berechnung zu berücksichtigen. Eine Schrägstellung von $\alpha \leq 4°$ bewirkt eine resultierende Horizontalkraft von etwa 7 % der vertikalen Abhängekraft:

$$F_H = \sqrt{F_x^2 + F_y^2} \leq F_z \tan\alpha \approx 0{,}07\ F_z \qquad (8.6\text{-}1)$$

Für die Auslegung der Bauwerkanschlüsse und deren Anschlussschweißnähte, z. B. bei Anschweißösen oder Anschweißbügeln, ist die Beachtung des maximalen Schrägzugs von Bedeutung.

b) Federnde Aufhängungen (Vertikalkraft F_z)

Die Federkraft im warmen Zustand der Rohrleitung errechnet sich aus der Kaltlast F_k, der Federkonstanten k und der Längenänderung Δl_F der Feder zu:

$$F_w = F_k + k\ \Delta l_F \qquad (8.6\text{-}2)$$

Die Längenänderung der Feder ergibt sich aus den 3 Verschiebungen der Rohrleitung an der Lagerstelle und der Pendellänge l_0 der federnden Aufhängung:

$$\Delta l = \sqrt{\Delta x^2 + \Delta y^2 + (l_0 - \Delta z)^2} - l_0. \qquad (8.6\text{-}3)$$

Es ist dabei zu berücksichtigen, dass eine positive Verschiebung Δz die Pendellänge verkürzt.

Für die Federn fordert DIN EN 13480-3, dass sie ihre festgelegte Federkraft über die gesamte Lebensdauer des Rohrleitungssystems beibehalten. Die Abweichung aufgrund der Alterung darf ±2,5 % der Vorspannung nicht überschreiten. Gemäß VGB-R 510 dürfen nur vorrelaxierte Schraubendruckfedern eingesetzt werden. Für die quasistatisch belasteten Rohrhalterungen genügt eine statische Auslegung gemäß DIN EN 13906-1. In der Rohrleitungsberechung sind Federhänger als elastische Auflager zu betrachten.

c) Konstanthänger (Vertikalkraft F_z = const.)

Für konstante Aufhängungen gelten sinngemäß die gleichen Überlegungen zur Berechnung des effektiven Weges wie beim Federhänger. Für die Rohrleitungsberechnung ist eine konstante Abhängung kein Auflager sondern eine konstante äußere Belastung.

d) Festpunkte, Teilfestpunkte

Diese Rohrhalterungen sind entsprechend der jeweiligen Konstruktionsform zu betrachten. Häufig handelt es sich um mehrfach statisch überbestimmte Systeme, die entsprechenden Aufwand bei der Berechnung der inneren Spannungen verlangen.

e) Gleitlager

Zur Berechnung der Gleitlagerkonstruktion und der Rohrleitung ist die resultierende maximale Reibkraft F_R zu berücksichtigen. Sie ist abhängig von der Normalbelastung F_N und dem Reibungskoeffizienten μ:

$$F_R = \mu\, F_N \qquad (8.6\text{-}4)$$

Der Reibungskoeffizient μ ist von der verwendeten Materialpaarung, der spezifischen Belastung sowie von der Temperatur abhängig. Bei der häufig verwendeten Kombination rostfreier Stahl / PTFE ergibt sich ein Reibwert von $\mu \leq 0{,}1$. Weitere Angaben sind den Unterlagen der Hersteller für Gleitlager bzw. Gleitlagersohlen (PTFE, selbstschmierende Gleitelemente) zu entnehmen. Richtwerte siehe Abschnitt 0.3.3. Es muss konstruktiv bzw. durch Wartung sichergestellt sein, dass sich der Reibungskoeffizient im Laufe der Zeit nicht durch äußere Einflüsse verändert, z. B. durch Verschmutzungen oder Korrosionen.

Die Reibungskräfte sind für normale und gelegentliche Betriebsbedingungen bzw. die Lastfälle H und HZ nachzuweisen. Bei un- oder niedriglegierten Stählen kann bei der Materialpaarung Stahl / Stahl je nach Beschaffenheit der Oberfläche ein Haftreibungsbeiwert von $\mu = 0{,}30$ bis 0,45 auftreten. Bei der Bestimmung der Lagesicherung einer Konstruktion (Zwangsführung) wird dagegen häufig mit einem zu kleinen Reibungskoeffizienten von etwa $\mu = 0{,}15$ gerechnet, was aber nicht immer berechtigt ist.

f) Rollenlager

Bei der Auswahl von Rollenlagern sind die maximale Belastung und die Querbelastung zu beachten. Ein weiterer wichtiger Aspekt ist der Rollwiderstand der Laufrollen, auch bei Querbelastung. Die ungünstigste Kombination ergibt die maximale Beanspruchung des Rollenlagers. Für den Anwender von standardisierten Rollenlagern sind die maximale Belastung, die maximale Querbelastung sowie der Rollwiderstand gemäß Herstellerangaben zu berücksichtigen. Bei üblichen Rollenlagern liegt der Rollwiderstand, je nach Ausführung und Lagerung der Rollen, im Bereich von 2 bis 4% der Auflagerlast.

g) Rohrumschließende Bauteile

Für die Berechnung der Rohrschellen oder Rohrlager ist die Bestimmung der Temperatur im gesamten Bauteil von entscheidender Bedeutung. Mit Festlegung des Temperaturprofils in Abhängigkeit von der Fluidtemperatur t_f (sie entspricht der Auslegungstemperatur der Rohrleitung und wird auch mit T_M bezeichnet) werden die Festigkeitskennwerte und damit auch die Dimensionierung der Schelle beeinflusst. Die Vorgaben gemäß DIN EN 13480-3 sind in **Tabelle 8.6-1** und **Bild 8.6-1** dargestellt.

Die Vorschriften der VGR-R 510 sind für Temperaturen $\leq$ 350 °C ähnlich. In **Bild 8.6-2** sind die hierfür zutreffenden Berechnungstemperaturen dargestellt. Bei Temperaturen > 350 °C sollen alle innerhalb der Dämmung liegenden Teile für die Fluidtemperatur t_f ausgelegt werden, sofern kein anderweitiger Nachweis über die Temperaturverteilung geführt wird.

Durchgeführte Temperaturmessungen an Rohrschellen unter realen Bedingungen zeigen ähnliche Temperaturabzüge wie in Bild 8.6-2 [8.6-1].

Bei der Berechnung der Belastung innerhalb der Rohrschellen muss der Schrägzug infolge der Auslenkung der Abhängung berücksichtigt werden. Des Weiteren sind bei der Auslegung von Rohrlagern die Reibkräfte am Rohrlagerfuß einzurechnen.

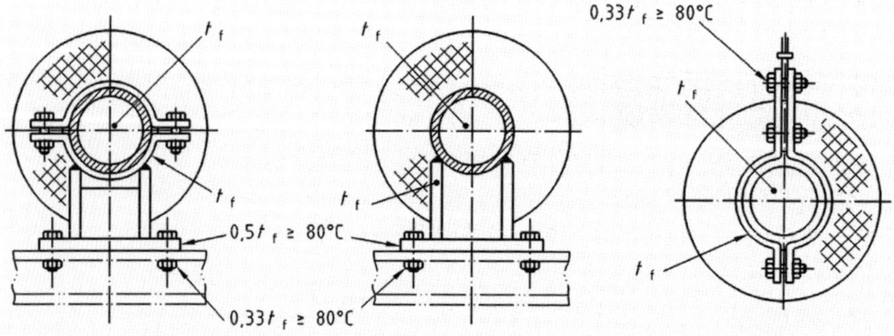

Bild 8.6-1: Berechnungstemperaturen für rohrumschließende Bauteile gemäß DIN EN 13480-3

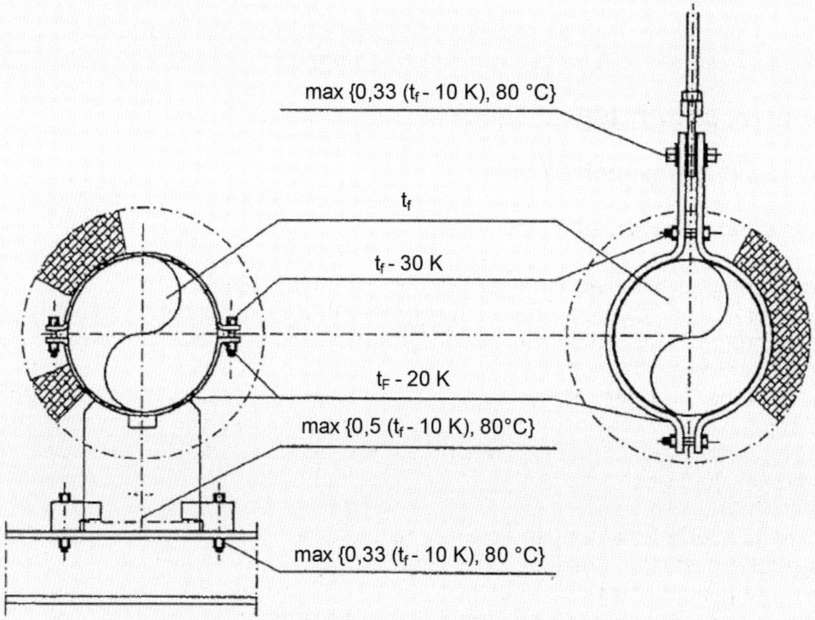

Bild 8.6-2: Berechnungstemperaturen für rohrumschließende Bauteile nach VGB-R 510

Tabelle 8.6-1: Berechnungstemperaturen für rohrumschließende Bauteile gemäß DIN EN 13480-3

Bauteil	Berechnungs-temperatur t
Bauteile innerhalb der Dämmung	
direkt an die Rohrleitung angeschweißte Bauteile und Schellen	t_f
Bauteile ohne unmittelbaren Kontakt zur Rohrleitung	t_f - 20 K
Bolzen, Schrauben, Muttern und Stifte	t_f - 30 K
Bauteile außerhalb der Dämmung	
unmittelbar mit der Rohrleitung verbundene Bauteile	max {0,5 t_f; 80°C}
Bolzen, Schrauben, Muttern und Stifte	max {0,33 t_f; 80°C}

8.7 Berechnungsgrundlagen für Rohrhalterungen

8.7.1 Spannungsnachweise

a) Bezugsbasis der zulässigen Spannungen

Der wichtigste Nachweis bei der Berechnung von Rohrhalterungen ist der allgemeine Spannungsnachweis. Besteht die Gefahr, dass große elastische Verformungen zum Versagen führen können, ist ein zusätzlicher Formänderungsnachweis (Knicken, Kippen, Beulen) und der Nachweis der Sicherheit gegen Abheben oder Umkippen erforderlich. Bei Rohrhalterungen, die durch Schrägzug oder Schrägdruck beansprucht werden, sind die zusätzlichen seitlichen Kraftkomponenten rechtwinklig zur Hauptlastrichtung in der Berechnung zu berücksichtigen.

Die errechneten Spannungen der Rohrhalterungen sind den zulässigen Werten gegenüberzustellen. Die zulässigen Spannungen für die verschiedenen Beanspruchungsarten der Rohrhalterungen sind in DIN EN 13480-3 in Abhängigkeit von der zulässigen Spannung f der Rohrleitung angegeben. Letztere beträgt:

$$f = \min\left\{\frac{R_{eHt}}{1{,}5}\text{ bzw. }\frac{R_{p0{,}2t}}{1{,}5};\ \frac{R_m}{2{,}4};\ f_{CR}\right\} \qquad (8.7\text{-}1)$$

R_{eHt} - Mindestwert der oberen Streckgrenze bei Berechnungstemperatur t

$R_{p0,2t}$ - Mindestwert der 0,2 %-Dehngrenze bei Berechnungstemperatur t

R_m - Mindestwert der Zugfestigkeit bei Raumtemperatur t_{RT}

f_{CR} - zulässige Spannung im Zeitstandbereich

Die zulässige Spannung im Zeitstandbereich f_{CR} für die Auslegung bei ruhender Belastung ist in Gl. (3.3-5a) definiert. An gleicher Stelle und zusätzlich im Abschnitt 3.3.2 finden sich zusätzliche Hinweise zum zeitabhängigen Sicherheitsbeiwert bei unterschiedlichen Lebensdauern sowie zur Ermittlung der zulässigen Spannung f_{CR}, wenn die in der Norm angegebene Zeitstandfestigkeit nicht der vorgesehenen Lebensdauer entspricht.

In VGB-R 510 wird eine Bemessungsspannung S_m definiert, die der Auslegungsspannung f nach DIN EN 13480-3 entspricht. Beim Vergleich oder bei der Anwendung verschiedener Regelwerke sollte beachtet werden, dass sich die verwendeten Formelzeichen unterscheiden. Im Weiteren werden vorzugsweise die Formelzeichen der DIN EN 13480-3 verwendet.

Die Festigkeitskennwerte bei Betriebstemperaturen werden normalerweise den Werkstoffnormen entnommen. Für die Stahlgruppen S235 (St 37) und S355

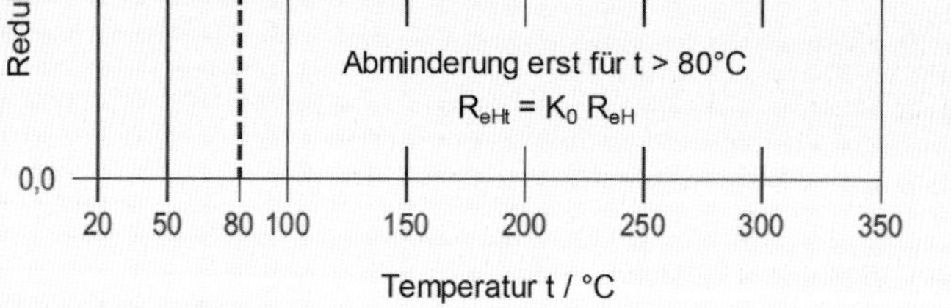

Bild 8.7-1: Reduktionsfaktor K_0 zur Ermittlung der Warmstreckgrenze von Stählen der Gruppe S235 (St 37) und S355 (St 52) gemäß VGB-R 510

(St 52) darf gemäß VGB-R 510 im Temperaturbereich bis 350 °C die Warmstreckgrenze mit dem Reduktionsfaktor K_0 aus **Bild 8.7-1** ermittelt werden:

$$R_{eHt} = K_0 \, R_{eH} \tag{8.7-2}$$

Zwischenwerte sind linear zu interpolieren. Gleiche Diagramme sind in KTA 3205.1 und KTA 3205.2 zu finden.

b) Zulässige Spannungen in Bauteilen

Die zulässigen Spannungen in Bauteilen sind in **Tabelle 8.7-1** und **Tabelle 8.7-2** zusammengestellt. Die darin enthaltene Vergleichsspannung wird gemäß der Gestaltänderungs-Energie-Hypothese berechnet. Für den ebenen Spannungszustand bei einachsiger Zug- bzw. Biegespannung ergeben sich diese zu:

Tabelle 8.7-1: Zulässige Spannungen in Rohrhalterungen gemäß DIN EN 13480-3

Spannungsart	Formelzeichen	normale	gelegentliche
		Betriebsbedingungen	
Axial- oder Membranspannung	σ_a	f	1,2 f
Biegespannung [1]	σ_b	f	1,2 f
Schubspannung	τ	0,6 f	0,7 f
Vergleichsspannung [1]	σ_e	f	1,2 f

[1] Die zulässigen Spannungen für Rohrhalterungen, die nicht im Zeitstandbereich betrieben werden, sind:
- für Rohrhalterungen, die mit der Platten- oder Schalentheorie nachgewiesen werden:
  - normale Betriebsbedingungen $\sigma_b \leq 1{,}5$ f $\sigma_e \leq 1{,}5$ f
  - gelegentliche Betriebsbedingungen $\sigma_b \leq 1{,}8$ f $\sigma_e \leq 1{,}8$ f
- für doppeltsymmetrische massive Profile:
  - normale Betriebsbedingungen $\sigma_b \leq 1{,}1$ f $\sigma_e \leq 1{,}1$ f
  - gelegentliche Betriebsbedingungen $\sigma_b \leq 1{,}3$ f $\sigma_e \leq 1{,}3$ f

Tabelle 8.7-2: Zulässige Spannungen in Rohrhalterungen gemäß VGB-R 510

Spannungsart	Belastungsart (Kurzzeichen)		
	H	HZ	HS
Zug-, Biegezug- und Biegedruckspannung (ohne Stabilitätsnachweis)	f	1,15 f	1,5 f
Druck- und Biegedruckspannung (mit Stabilitätsnachweis) [1]	0,9 f	f	1,2 f
Schubspannung	0,55 f	0,65 f	0,85 f
Vergleichsspannung	1,15 f	1,2 f	1,5 f

[1] Bei austenitischen Stählen ist der entsprechende Zulassungsbescheid des Instituts für Bautechnik zu beachten (Lastfall HS = 1,33 x Lastfall H).

$$\sigma_e = \sqrt{(\sigma_a + \sigma_b)^2 + 3\,\tau^2} \qquad (8.7\text{-}3)$$

Einige internationale Regelwerke, z. B. in den USA, benutzen keine Vergleichsspannung.

c) Zulässige Spannungen in Schweißnähten

Die DIN EN 13480-3 definiert einen Schweißnahtfaktor z, mit dem die zulässigen Spannungen des Grundmaterials multipliziert werden. Er ist abhängig vom Umfang der Schweißnahtprüfung:

- Schweißnahtfaktor z = 0,7

  alle Schweißverbindungen, die lediglich einer Sichtprüfung unterzogen werden.

- Schweißnahtfaktor z = 0,85

  Folgende Bedingungen sind zu erfüllen:

  - Eine Baumusterprüfung wurde erfolgreich bestanden.
  - Es werden teilweise oder vollständig mechanisierte Schweißverfahren angewendet.
  - Die Schweißverbindungen werden stichprobenartigen zerstörungsfreien Prüfungen unterzogen.

- Schweißnahtfaktor z = 1

  Für Stumpfschweißnähte und ganz durchgeschweißte Nähte, die zu 100 % zerstörungsfrei geprüft werden.

Weitere Erläuterungen zum Schweißnahtfaktor siehe Abschnitt 7.1.5, insbesondere auch zu Schweißnähten im Zeitstandsbereich.

Darüber hinaus darf die Schubspannung des Grundwerkstoffs nicht überschritten werden.

Die Vorgaben der VGB-R 510 sind wesentlich detaillierter. Die maximal zulässigen Spannungen für verschiedene Schweißnahtformen und Nahtgüten sind in **Tabelle 8.7-3** zusammengefasst.

Tabelle 8.7-3: Zulässige Spannungen für Schweißnähte gemäß VGB-R 510

Nahtart	Nahtgüte	Beanspruchungsart	Lastfall H	Lastfall HS	Lastfall HZ
			Faktor für zulässige Spannung f		
Stumpfnaht	alle Nahtgüten	Druck und Biegedruck	1,00	1,15	1,50
D(oppel)HV-Naht (K-Naht)	nachgewiesen	Zug und Biegezug, Vergleichsspannung			
HV-Naht mit Kapplage gegengeschweißt oder Wurzel durchgeschweißt	nicht nachgewiesen		0,70	0,80	0,95
D(oppel)HY-Naht mit Kehlnaht (K-Stegnaht)	alle	Druck und Biegedruck	1,00	1,15	1,50
D(oppel)HY-Naht mit Doppelkehlnaht		Zug und Biegezug, Vergleichsspannung	0,70	0,80	0,95
Kehlnaht[1)]	alle	Zug und Biegezug, Druck und Biegedruck, Vergleichsspannung	0,70	0,80	0,95
Doppelkehlnaht					
Kehlnaht mit tiefem Einbrand[1)]					
alle Nähte bei Stahlgruppe S235 (St 37)	alle	Schub	0,85	0,95	1,25
alle Nähte bei Stahlgruppe S355 (St 52)			0,70	0,80	1,05
alle Nähte bei übrigen Stählen			0,55	0,65	0,75

[1)] Beidseitig geschweißte Nähte sind einseitig geschweißten Nähten vorzuziehen. Die aufgeführten Schweißnahtformen dürfen nur bei Flankenkehlnähten und Anschlüssen von geschlossenen Teilen angewendet werden. Für Schweißlagendicken $a \leq 6$ mm sind einlagige Schweißnähte zulässig.

d) Zulässige Spannungen in Schrauben

Die Anforderungen in der DIN EN 13480-3 an die Berechnung von Schrauben beschränken sich darauf, dass Schraubenverbindungen in Übereinstimmung mit den entsprechenden europäischen Normen ausgeführt werden sollen, wobei der Einfluss der Temperatur zu beachten ist.

Die Vorgaben der VGB-R 510 sind für die Berechnung von Rohrhalterungen wesentlich umfangreicher. Bei der Spannungsermittlung von Schrauben ist zu beachten, dass beim Spannungsnachweis infolge Scherbeanspruchung der Querschnitt im Abscherbereich (Schaft- oder Kernquerschnitt) maßgebend ist.

Beim Spannungsnachweis unter Normalbeanspruchung ist für Schrauben mit metrischem ISO-Gewinde gemäß DIN 13-1 die Berechnung mit dem Schaftquerschnitt zulässig. Für andere Gewinde ist der Kernquerschnitt maßgebend. In den international häufig angewandten Regeln ASME B31.1, ASME B31.3, ANSI/MSS SP-58 und ANSI/MSS SP-69 wird die Berechnung der Spannungen generell mit dem Kernquerschnitt gefordert.

Die Auslegungsspannung für Schrauben ist gemäß VGB-R 510 L wie folgt definiert:

$$f_B = \min\left\{\frac{R_{eHt}}{2{,}5};\frac{R_{m/200\,000/t}}{1{,}4}\right\}. \tag{8.7-4}$$

Die zulässigen Zug- und Schubspannungen ergeben sich durch Multiplikation der Auslegungsspannung f_B (in VGB-R 510 als Bemessungsspannung S_m bezeichnet) mit den Faktoren nach **Tabelle 8.7-4**. Die Festigkeitskennwerte bei Raumtemperatur für Verbindungsmittel der Festigkeitsklassen 4.6, 5.6, 8.8 und 10.9 bzw. 5, 8 und 10 dürfen gemäß VGB-R 510 bis 80 °C verwendet werden. Bei Temperaturen über 80 °C bis 350 °C gelten:

- für Festigkeitsklasse 4.6 die Abminderungsfaktoren der Stahlgruppe S235 nach Bild 8.7-1.

- für die Festigkeitsklassen 5.6, 8.8 und 10.9 bzw. 5, 8 und 10 die Warmfestigkeitskennwerte nach DIN EN ISO 898-1.

Die Festigkeitskennwerte austenitischer Schrauben sind AD 2000 W 2 zu entnehmen. Die Bemessungsspannung richtet sich nach Gl. (8.7-4) in Verbindung mit Tabelle 8.7-4.

Tabelle 8.7-4: Zulässige Spannungen für Schrauben gemäß VGB-R 510

Spannungsart	Lastfall		
	H	HZ	HS
	Faktor für Bemessungsspannung f_B		
Schraubenverbindungen für $R_{eH} \geq 450$ MPa (N/mm²)			
Zug Schub (Abscheren quer zur Schraubenachse)	1,175	1,3	1,6
hochfeste Schraubenverbindungen mit $R_{eH} > 450$ MPa (N/mm²), sowie alle Schraubenverbindungen im Zeitstandbereich			
Zug	1	1,125	1,35
Schub (Abscheren quer zur Schraubenachse)	0,66	0,75	0,9

8.7.2 Bemessungsspannung dynamisch beanspruchter Bauteile

Zur Auslegung von dynamisch beanspruchten Rohrhalterungen (Stoßbremsen, Gelenkstreben, Schwingungsdämpfer) und deren Anschlussteile (Wechsellastschellen, Anschweißböcke) gibt es in der DIN EN 13480-3 keine spezifischen Vorgaben.

In der VGB-R 510 wird die Auslegungsspannung f_D für dynamisch beanspruchten Rohrhalterungen wie folgt definiert:

$$f_D = \min \left\{ \frac{R_{eHt}}{1{,}5} \text{ bzw. } \frac{R_{p0{,}2t}}{1{,}5}; \frac{R_m}{2.4}; R_{p1{,}0t/10\,000} \right\} \qquad (8.7\text{-}5)$$

R_{eHt} - Mindestwert der oberen Streckgrenze bei Berechnungstemperatur t

$R_{p0,2t}$ - Mindestwert der 0,2 %-Dehngrenze bei Berechnungstemperatur t

R_m - Mindestwert der Zugfestigkeit bei Raumtemperatur

$R_{p1,0t/10\,000}$ - Mittelwert der 1 %-Zeitdehngrenze für 10 000 h bei Berechnungstemperatur t

Für Schraubenverbindungen gelten die zulässigen Spannungen gemäß Gl. (8.7-4). Bei Stoßbremsen und Gelenkstreben wird darüber hinaus die Einhaltung eines Lastwechselkollektivs nach **Tabelle 8.7-5** gefordert, das im Rahmen einer Eignungs- bzw. einer Typprüfung auch experimentell nachzuweisen ist.

Für Wechsellastschellen, die ebenfalls das Lastwechselkollektiv nach Tabelle 8.7-5 erfüllen müssen, gilt die Bemessungsspannung f_D nach Gl. (8.7-5). Für dynamisch belastete Schellen und Anschlussbauteile, z. B. Anschweißböcke,

Tabelle 8.7-5: Lastwechselkollektive für Stoßbremsen und Gelenkstreben gemäß VGB-R 510

Last [1)]	Stoßbremsen		Gelenkstreben Wechsellastschellen
	bei 80 °C	bei 150 °C	bei 80 °C
1,5 F_N	25	25	25
1,0 F_N	3300	1800	3300
0,5 F_N	47 000	18 000	47 000
0,1 F_N	1 800 000	72 000	330 000

[1)] F_N ist die Nennlast (Lastfall H).

ist der maximale Schwenkwinkel bzw. die daraus resultierende Querbelastung der Bauteile zu beachten. Der Mindestschwenkwinkel beträgt 5° (VGB-R 510) bzw. 6° (DIN EN 13480-3).

8.7.3 Stabilitätsnachweise

Für die auf Druck belasteten Rohrhalterungen sind die notwendigen Stabilitätsnachweise (Knicken, Kippen, Beulen) zu führen. Für stabförmige Abstützungen gilt Anhang L der DIN EN 13480-3.

Der Trägheitsradius wird nach folgender Gleichung berechnet (J - Trägheitsmoment; A - Querschnittsfläche des Bauteils):

$$\rho = \sqrt{\frac{J}{A}} \qquad (8.7\text{-}6)$$

Der Schlankheitsgrad des Stabes in Knickrichtung ergibt sich aus der Stablänge L und dem üblichen Faktor K = (2; 1; 0,7 bzw. 0.5) je nach dem zutreffenden Fall der vier Euler-Knickfälle:

$$\lambda = \frac{K\,L}{\rho} \qquad (8.7\text{-}7)$$

Es sind Druckstäbe bis $\lambda = 200$ zulässig. Die VGB-R 510 verlangt, dass Druckstäbe einen Schlankheitsgrad $\lambda \leq 150$ haben.

Elastisches Knicken beginnt bei Schlankheitsgraden $\lambda \geq \lambda_c$:

$$\lambda_c = \sqrt{\frac{2\,\pi^2\,E}{R_{p0,2t}}} \qquad (8.7\text{-}8)$$

Plastisches oder elastischplastisches Knicken tritt bei Schlankheitsgraden unterhalb dieses Wertes auf.

Die Druckspannung sollte unterhalb der durch Gl. (8.7-9) und (8.7-10) gegebenen zulässigen Druckspannungen liegen und keinesfalls den Wert der zulässigen Spannung f gem. Gl. (8.7-1) überschreiten. Für un- und niedriglegierte Stähle ist R_{eHt} statt $R_{p0,2t}$ zu verwenden.

- Schlankheitsgrad $\lambda \geq \lambda_c$

$$\sigma_{a,zul} = \frac{12}{23}\left(\frac{\pi^2\,E}{\lambda^2}\right) \qquad (8.7\text{-}9)$$

- Schlankheitsgrad $\lambda < \lambda_c$

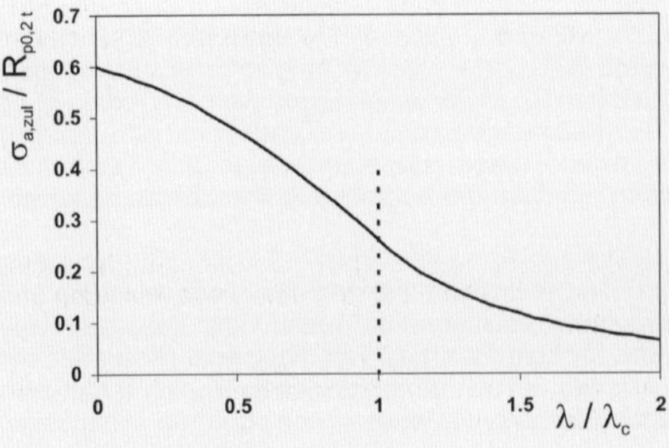

Bild 8.7-2: Zulässige Druckspannung gemäß DIN EN 13480-3 Anhang L

$$\sigma_{a,zul} = \min \left\{ f; \frac{R_{p0.2t}\left(1 - \frac{\xi^2}{2}\right)}{\left(\frac{5}{3} + \frac{3\,\xi}{8} - \frac{\xi^3}{8}\right)} \right\} \quad (8.7\text{-}10)$$

$$\xi = \lambda / \lambda_c \quad (8.7\text{-}11)$$

Im **Bild 8.7-2** ist der Verlauf der zulässigen Druckspannung in Abhängigkeit vom Schlankheitsgrad des Druckstabs dargestellt. Nahezu identische Knickberechnungen sind im ASME Boiler and Pressure Vessel Code und im amerikanischen Stahlbauregelwerk ANSI/AISC 360-10 zu finden.

Für Druckstäbe, die zusätzlich durch ein Moment belastet werden, gibt es in der DIN EN 13480-3 ein entsprechendes Nachweisverfahren. Bei der Anwendung des Anhangs L sollte auf jeden Fall die konsolidierte Fassung (siehe Tabelle 8.2-1) verwendet werden, da die vorhergehende Version etliche Schreibfehler enthielt (siehe [8.2-1]).

Weitere Stabilitätsnachweise wie das Beulen von Platten bzw. Schalen können gemäß DIN EN 1993-1-5 bzw. DIN EN 1993-1-6 oder nach anderen geeigneten numerischen Berechnungsverfahren erstellt werden. Bei Anwendung von DIN EN-Reihe 1993 muss aber berücksichtigt werden, dass es sich um die Methode der Teilsicherheitsbeiwerte handelt und nicht um das σ-zul-Konzept, wie es in DIN EN 13480-3 verwendet wird.

Eine Anwendung der in der VGB-R 510 vorgesehenen Berechnungsverfahren ist nicht mehr möglich, da die Stahlbaunormen DIN 18800-2 bis DIN 18800-4 Ende 2010 zurückgezogen wurden. Hier empfiehlt sich die Anwendung der DIN EN 13480-3 bzw. der entsprechenden Teile der DIN EN 1993-1.

8.7.4 Vergleich verschiedener Regelwerke

Ein direkter Vergleich von DIN EN 13480-3, VGB-R 510 und KTA 3205.2 mit den amerikanischen Regeln ASME B31.1 oder ANSI/MSS SP-58 ist kaum möglich. Die europäischen und deutschen Regelwerke verlangen die Berücksichtigung des Schrägzugs, da die Rohrhalterungen im kalten Zustand lotrecht montiert werden sollen. Andere Regelwerke fordern dagegen eine annähernd lotrechte Position im warmen Zustand, so dass die Berechnung des Schrägzugs nicht vorgesehen ist.

Unterschiede bestehen auch in der Behandlung des aus Längsbelastung und einachsiger Biegebeanspruchung resultierenden Spannungszustandes. Nach den deutschen Regelwerken wird die maximale Randfaserspannung mit einer zulässigen Spannung verglichen. In den amerikanischen Regeln findet sich hingegen folgende Beziehung für die Axialspannung σ_a und die (einachsige) Biegespannung σ_b:

$$\frac{\sigma_a}{f_a} + \frac{\sigma_b}{f_b} \leq 1 \qquad (8.7\text{-}12)$$

Mit f ist die zulässige Spannung für die jeweilige Beanspruchungsart gekennzeichnet.

In **Tabelle 8.7-6** sind die zulässigen Spannungen für Zug und Druck nach verschiedenen Regeln gegenübergestellt. Da die Höhe der geforderten Sicherheiten für Zug und Druck variieren, ist ein direkter allgemeiner Vergleich nicht möglich.

Die DIN EN 13480-3 erlaubt bei der Auslegung im Streckgrenzenbereich für die Eckspannungen infolge zweiachsiger Biegung (lokale Spannungserhöhung) für doppeltsymmetrische massive Querschnitte 10% höhere Biege- und Vergleichsspannungen, d. h.:

$$\sigma_b \leq 1{,}1\ f \text{ bzw. } \sigma_e \leq 1{,}1\ f \qquad (8.7\text{-}13)$$

Die amerikanischen Regeln ASME B31.1 und ANSI/MSS SP-58 behandeln zweiachsige Biegebelastungen etwas anders. Für die starke (strong) und die schwache (weak) Biegeachse (Indizes 1 und 2) werden unterschiedliche zulässige Spannungen definiert. Die Summe der Spannungsausnutzungen muss ≤ 1 sein:

$$\frac{\sigma_a}{f_a} + \frac{\sigma_{b1}}{f_{b1}} + \frac{\sigma_{b2}}{f_{b2}} \leq 1 \qquad (8.7\text{-}14)$$

Die geforderten Sicherheiten sind in Tabelle 8.7-6 aufgeführt. Auch für diesen Belastungsfall ist ein allgemeiner Vergleich der Regelwerke nicht möglich.

Besonders gravierend ist der Unterschied der Sicherheitsanforderungen an Zugstangen in den Regelwerken DIN EN 13480-3, VGB-R 510 und KTA 3205.2

Tabelle 8.7-6: Vergleich der zulässigen Spannungen für normale Betriebsbedingungen (Lastfall H) im Streckgrenzbereich für verschiedene Regelwerke

Regelwerk			
DIN EN 13480-3	VGB-R 510 KTA 3205	ASME BPVC Section 3 Division 1 Subsection NF	ANSI B31.1 ANSI/MSS SP-58
zulässige Zugspannung			
min {0,667 R_{eHt}; 0,417 R_m}		0,6 R_{eHt}	min {0,625 R_{eHt}; 0,25 R_{mt}} [1)]
zulässige Biegespannung			
min {0,667 R_{eHt}; 0,417 R_m}		0,66 R_{eHt}	min {0,625 R_{eHt}; 0,25 R_{mt}} [1)]
zulässige Normalspannung (aus Längskraft und einachsiger Biegung)			
min {0,667 R_{eHt}; 0,417 R_m} oder Gl. (8.7-14)	min {0,667 R_{eHt}; 0,417 R_m}	Gl. (8.7-13)	
zulässige Normalspannung (aus Längskraft und zweiachsiger Biegung)			
min {0,667 R_{eHt}; 0,417 R_m} oder Gl. (8.7-14)	min {0,667 R_{eHt}; 0,417 R_m}	Gl. (8.7-15) mit f_{b1} = 0,66 R_{eHt} (starke Achse) f_{b2} = 0,75 R_{eHt} (schwache Achse)	wie Zug und einachsige Biegung
zulässige Schubspannung			
min {0,4 R_{eHt}; 0,25 R_m}	min {0,367 R_{eHt}; 0,229 R_m}	0,4 R_{eHt}	min {0,5 R_{eHt}; 0,2 R_{mt}}

1) In der aktuellen Version der ANSI/MSS SP-58 ist die Sicherheit gegen die Bruchgrenze mit dem Faktor 0,266 gegenüber bisher 0,25 neu festgelegt

einerseits, sowie ASME B31.1 und ANSI/MSS SP-58 andererseits. Die amerikanischen Regelwerke verlangen eine 25 %-ige Reduzierung der zulässigen Zugspannungen (siehe Tabelle 8.7-6). Das bedingt im Vergleich zu den deutschen Regelwerken eine um den Faktor 2,2 höhere Sicherheit gegen die Zugfestigkeit und damit im allgemeinen stärkere Zugstangen.

8.7.5 Experimentelle Auslegung und Überprüfung von Standardrohrhalterungen

In einigen Regelwerken wird eine experimentelle Überprüfung der Rohrhalterungen verlangt, bzw. es wird die Möglichkeit definiert, aus Lastversuchen die zulässige Belastung der Rohrhalterungsbauteile zu ermitteln. Die Bezeichnungen und die Anforderungen sind unterschiedlich, geschichtlich gesehen handelt es sich um:

- Eignungsprüfungen gemäß KTA 3205.3
- Typprüfungen gemäß VGB-R 510
- Baumusterprüfungen gemäß DIN EN 13480-3

Im Rahmen von Typ- bzw. Eignungsprüfungen wird eine experimentelle Überprüfung der Rohrhalterungen verlangt, wenn die Struktur der Bauteile nur näherungsweise mathematisch abgebildet werden kann. Diese Anforderung trifft u. a. für Gelenkstreben, Gewindeösen, Gewindebügel, Spannschlösser, Schellen und Rohrlager zu. Dabei sind für ausgewählte Baugrößen, die den gesamten

Tabelle 8.7-7: Bemessungsfaktoren zur Bestimmung der Nennlast (normale Betriebsbedingungen) gemäß DIN EN 13480-3 Anhang J

Typ der Halterung	Zulässige Last auf Grundlage der		
	Stabilitätsgrenze, Knicklast	Bruchlast	Fließlast
Starre Rohrhalterung	F_S / 2,5	F_u / 4 oder F_u / (2,4 K_1)	F_y / (1,6 K_2)
Hängeschellen			
Hänger			
Gelenkstreben	F_B / 2,5		
Stoßbremsen			
Federstreben (sway brace)			
auf Druck belastete Rohrhalterungen			

Anwendungsbereich abdecken, experimentelle Prüfungen durchzuführen. Die Prüfbedingungen müssen den für den Betrieb vorgesehenen physikalischen Gegebenheiten möglichst genau entsprechen. Das gilt vor allem für die Befestigung von Anbauteilen und die Belastungsrichtung. Treten Belastungen in verschiedenen Richtungen und Größen auf, ist die konservativste Kombination für die Prüfung zu verwenden.

Die in den drei Regelwerken geforderten Sicherheiten gegen Fließen, Bruch und Knicken sind gleich. Als zulässige Betriebslast ist die ermittelte kleinste Prüflast zu verwenden, bei der die Bruchgrenze (Bruchlast F_u), die Fließgrenze (Fließlast F_y), die Knickgrenze (Knicklast F_B) bzw. die Stabilitätsgrenze (Last F_S) erreicht werden, wobei für das betreffende Bauteil der nach **Tabelle 8.7-7** niedrigste Wert zu verwenden ist. Für Schellen gilt 1 % bleibende Dehnung, für alle anderen Bauteilen 0,2 % bleibende Dehnung als Definition für die Fließlast F_y.

Der in der Tabelle 8.7-7 angegebene Faktor K_1 ist das Verhältnis der Zugfestigkeit aus der Werkstoffnorm zu der Zugfestigkeit des eingesetzten Werkstoffs:

$$K_1 = \frac{R_{m,\text{Zugversuch}}}{R_{m,\text{Werkstoffnorm}}} \qquad (8.7\text{-}15)$$

Analog gibt K_2 das Verhältnis der Streckgrenzen für un- und niedriglegierte bzw. das Verhältnis der 0,2 %-Dehngrenzen für austenitische Werkstoffe an:

$$K_2 = \frac{R_{eH,\text{Zugversuch}}}{R_{eH,\text{Werkstoffnorm}}} \qquad (8.7\text{-}16a)$$

$$K_2 = \frac{R_{p0,2,\text{Zugversuch}}}{R_{p0,2,\text{Werkstoffnorm}}} \qquad (8.7\text{-}16b)$$

Die Anforderungen der Eignungs- bzw. Typprüfung umfassen, verglichen mit der Baumusterprüfung, noch weitere Tests für bewegliche Standardrohrhalterungen. Es werden dabei wichtige Funktionsparameter überprüft, z. B. der Kraft-Weg-Verlauf von Konstant- und Federhängern oder die Schließgeschwindigkeit von Stoßbremsen. Eine bestandene Eignungs- bzw. Typprüfung ist auch gleichzeitig eine Aussage über die Qualität der beweglichen Standardrohrhalterungen.

8.8 Berechnung von Stützkonstruktionen

Gemäß den Definitionen der DIN EN 13480-3 gehören Zwischentragwerkskonstruktionen und Sekundärstahlbau zu den Rohrhalterungen. Ihre Dimensionierung muss auf guter industrieller Praxis beruhen, wie sie z. B. in DIN EN-Reihe 1993 festgelegt ist. Zwischentragwerkskonstruktionen und Sekundärstahlbau dürfen die in DIN EN 13480-3 definierten zulässigen Spannungen (Tabelle 8.7-1) nicht überschreiten.

Die VGB-R 510 verweist für Hilfs- und Stützkonstruktionen auf die Vorschriften des Stahlbaus. Zur Berechnung sind DIN EN 1993-1-1, DIN EN 1993-1-5, DIN EN 1993-1-6 anzuwenden. Dabei sollte auf jeden Fall die Problematik der unterschiedlichen Berechnungskonzepte berücksichtigt werden. Bei dynamischen Beanspruchungen sind abhängig von der Art der Beanspruchung ggf. Ermüdungsfestigkeitsnachweise erforderlich. Die Berechnung ist in DIN EN 1993-1-9 geregelt.

9. Berechnung von Schlauchleitungen und Kompensatoren

9.1 Grundlagen

9.1.1 Auslegungsgrundlagen

Die sachgerechte Dimensionierung von flexiblen Elementen liegt in der Verantwortung des Herstellers. Sie muss entsprechend dem Stand der Technik erfolgen. Nationale und/oder internationale Vorschriften und Normen sind einzuhalten. Hierbei ist insbesondere die Druckgeräterichtlinie [0.1-1] zu nennen. Sie ist bis auf wenige Ausnahmen für alle drucktragenden Bauteile mit einem zulässigen Druck von mehr als 0,5 bar verbindlich. Damit fallen auch drucktragende Rohrleitungen mit ihren Bauteilen unter die Druckgeräterichtlinie. Neben den Rohrleitungsbauteilen, zu denen Schlauchleitungen und Kompensatoren gehören, müssen Bauteile von Druckbehältern, darunter auch Kompensatoren, die Druckgeräterichtlinie erfüllen.

Diese Bauteile sollten eine CE-Kennzeichnung tragen, wenn sie die Anforderungen der Richtlinie erfüllen und unter die darin definierten Kategorien I bis IV fallen. Flexible Elemente, die nicht der Druckgeräterichtlinie unterliegen, sollten nach vergleichbaren Prinzipien und Bedingungen ausgelegt und gefertigt werden.

Standards und Normen, die sich mit der Dimensionierung der flexiblen Bauteile befassen, werden jeweils im Zusammenhang mit den behandelten Bauteilen genannt. Der Schwerpunkt wird auf die Berechnungen gelegt, die der Anwender benötigt, um die Eignung eines bereits dimensionierten flexiblen Elements für seinen Anwendungsfall selbst ermitteln oder prüfen zu können.

9.1.2 Standardbaureihen

Die Hersteller bieten überwiegend standardisierte Baureihen von flexiblen Elementen an, die meist nach Nenndrücken gemäß DIN EN 1333 gestaffelt sind (siehe **Tabelle 9.1-1**). Der Nenndruck PN hat an sich keine Einheit, wird aber analog wie bei den Flanschverbindungen nach DIN EN 1092-1 als zulässiger Druck in bar bei Raumtemperatur (t_{RT} = 20 °C) verstanden. Je nach Werkstoff und Auslegungskonzept lässt sich anhand des Nenndrucks der maximal zulässige Druck p_s bei der maximal zulässigen Temperatur t_s über Druck-Abminderungsfaktoren K_p wie folgt bestimmen:

$$p_s = PN\ [\text{bar}]\ K_p \tag{9.1-1}$$

Tabelle 9.1-1: Nenndrücke drucktragender Bauteile nach DIN EN 1333 (PN 1 nach ISO 2944)

PN	1	2,5	6	10	16	25	40	63	100	160	250	320	400

Normalerweise ist der Werkstoff des drucktragenden elastischen Bauteils für K_p bestimmend. Einige Beispiele hierfür sind im Abschnitt 9.3 und 9.5 genannt.

Bei extremen Betriebsverhältnissen werden flexible Bauteile häufig vom Hersteller auftragsgebunden auf die Auslegungsbedingungen der Rohrleitung zugeschnitten, um optimale Leistungsdaten zu erhalten.

Die Auslegung flexibler Elemente muss einerseits die Festigkeit gegenüber Innendruck bei maximal zulässiger Temperatur berücksichtigen, andererseits spielt die erforderliche Bewegungsaufnahme eine entscheidende Rolle. Das betrifft zunächst das Bauteil selbst, schlussendlich aber seine Anordnung im Gesamtsystem. Hierauf wird bei den jeweiligen Elementen im Detail eingegangen.

Die Hersteller sind im Regelfall darauf eingestellt, den Planer bei der Auswahl der geeigneten Bauteile für seinen jeweiligen Einsatzfall zu unterstützen. Häufig stellen sie hierfür auch anwenderfreundliche Software zur Verfügung.

9.1.3 Auswahlkriterien

Allgemein richtet sich die Auswahl eines geeigneten flexiblen Elements nach den gegebenen Auslegungs- und Einbaubedingungen. Hierunter fallen:

- Nennweite DN
- Auslegungsdruck der Rohrleitung (statisch, pulsierend)
- minimale und maximale Auslegungstemperatur der Rohrleitung
- aufzunehmende Bewegungen (siehe Abschnitt 9.2)
- erforderliche Lebensdauer (Lastspiele)
- Verstellkräfte und -momente
- Durchflussstoff
- Umgebungsbedingungen
- Art der Dämmung

Daneben können noch weitere Anforderungen von Bedeutung sein, z. B. die Berücksichtigung bzw. Erfüllung gesetzlicher Vorschriften, Richtlinien, Normen und besonderer Regelwerke. Diese Kriterien beeinflussen insgesamt die Auslegung des flexiblen Elements, jedoch nur einige davon die Berechnung, worauf noch eingegangen wird.

9.2 Ermittlung der Bewegungsgrößen

9.2.1 Allgemeines

Folgende Relativbewegungen können mittels flexibler Elemente kompensiert werden:

- Wärmeausdehnungen oder Schrumpfungen (Kälteleitungen)
- Druckdehnungen
- Schwingungen
- Ausgleich von Montagetoleranzen und Bauabweichungen
- Fundamentsenkungen
- Ausbauwege zur Montage- und Demontagehilfe

Für die genannten Relativbewegungen ist es zunächst unerheblich, welche Art von flexiblem Element in Betracht kommt.

9.2.2 Wärmeausdehnungen

Die lineare Wärmeausdehnung ΔL_W metallischer Rohrleitungen lässt sich über den werkstoff- und temperaturabhängigen Wärmeausdehnungskoeffizienten β_{diff} ermitteln:

$$\Delta L_W = L\,\beta_{diff}\,\Delta t_W \qquad (9.2\text{-}1)$$

Darin bedeuten:

L - Systemlänge, z. B. die Rohrstrecke zwischen zwei Festpunkten

Δt_W - Temperaturdifferenz zwischen Auslegungstemperatur t_d und Umgebungstemperatur t_{UT}

β_{diff} - differentieller Wärmeausdehnungskoeffizient, bezogen auf die Temperaturdifferenz Δt_W. Die in **Tabelle 9.2-1**, Bild 7.1-3 oder anderen Tabellenwerken angegebenen differentiellen Wärmeausdehnungskoeffizienten beziehen sich meist auf eine Raumtemperatur von t_{RT} = 20 °C. Weicht die Umgebungstemperatur t_{UT} hiervon ab, ist eine Korrektur von β_{diff} mit Gl. (7.1-5) möglich.

Relative Wärmeausdehnungen ΔL_W / L, bezogen auf 1 Meter Rohrleitung, sind für verschiedene Werkstoffe aus **Bild 9.2-1** oder Bild 7.1-4 direkt abzulesen.

Bei der Ermittlung der Temperaturdifferenz Δt_W wird statt der Umgebungstemperatur t_{UT} häufig die Montagetemperatur t_M = 15 bis 20 °C angesetzt. Diese unterscheidet sich bei Außenanlagen jedoch merklich von der Umgebungstemperatur, die für die BRD bis zu Höhen von 1000 m bei t_{UT} = -20 °C liegen kann (siehe Abschnitt 0.1.3).

Bei Auslegungstemperaturen $t_d \leq$ 100 °C sollte diese Abweichung daher nicht vernachlässigt werden. Das gilt gleichermaßen für die Bestimmung der Vorspannung, die mit Gl. (7.4-13) an reale Verhältnisse angepasst werden kann. Eine Vernachlässigung kann zu Zwängungen oder Schäden führen, weil flexible Elemente zu stark gestreckt bzw. einem Gelenksystem geometrisch unverträgliche Bewegungen aufgezwungen werden.

Grundsätzlich gilt, dass zur Bestimmung der Lebensdauer eines flexiblen Elements die aus der Auslegungstemperatur t_d ermittelten Wärmeausdehnungen anzusetzen sind. Falls die Temperatur unter abweichenden, seltenen Betriebsverhältnissen extreme Werte annehmen kann, z. B. erhöhte Temperaturen bei niedrigem Druck im Leerlaufzustand einer Dampfturbine, muss zusätzlich überprüft werden, ob das Kompensationssystem die größere Wärmeausdehnung erträgt und ob diese Bewegung nicht durch Anschläge oder Blockierungen behindert wird.

9.2.3 Druckdehnungen

Druckdehnungen treten an Behältern und in Rohrleitungen unter Druckbeanspruchung auf. Zur Abschätzung ihrer Größe ist zu berücksichtigen, dass in einem

Tabelle 9.2-1: Differentieller Wärmeausdehnungskoeffizient β_{diff} in mm/(m·K)

Werkstoff	β_{diff} in mm/(m·K) im Temperaturbereich von 20 °C bis				
	100 °C	200 °C	300 °C	400 °C	500 °C
Ferritischer Stahl	0,0125	0,013	0,0136	0,0141	0,0145
Austenitischer Stahl	0,016	0,0165	0,017	0,0175	0,018
Kupfer	0,0155	0,016	0,0165	0,017	0,0175
Aluminiumlegierung AlMg3	0,0237	0,0245	0,0253	0,0263	0,0272

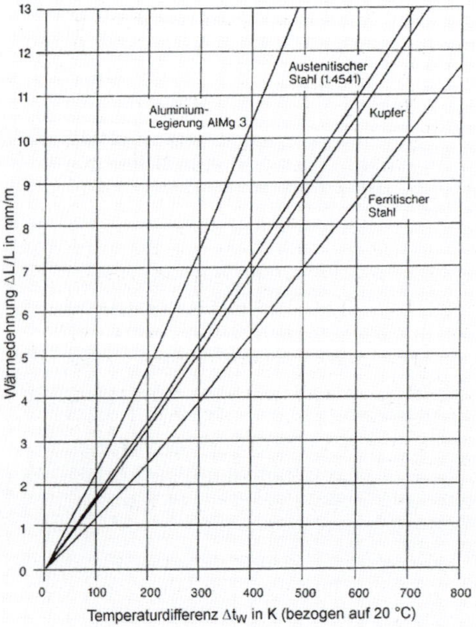

Bild 9.2-1: Wärmeausdehnung metallischer Rohrleitungen

unter Druck stehenden geschlossenen Zylinder die Längsspannungen halb so groß sind wie die Umfangsspannungen. Geht man von einer vollen Druckauslastung des betrachteten Bauteils aus, d. h. von einer maximal zulässigen Umfangsspannung, so ergibt sich für unlegierten Qualitätsstahl mit R_{eH} = 235 N/mm^2 unter Berücksichtigung eines Sicherheitsfaktors von 1,5 sowie der Querkontraktion eine relative Dehnung aus der Druckbelastung von $\Delta L_P / L \approx 0{,}1$ mm/m. Dieser Wert ist im Allgemeinen vernachlässigbar, außer bei sehr hohen Kolonnen oder langen Behältern wie Winderhitzern von Hochofenanlagen, deren axiale Druckdehnung zur lateralen Beanspruchung von Kompensatoren in den Anschlussleitungen führen kann.

Rohrleitungen mit Axial-Kompensatoren erfahren wegen der fehlenden Längskraft keine Druckdehnung.

9.2.4 Schwingungen

Schwingungen kommen hauptsächlich an Maschinen mit bewegten Massen vor, z. B. Turbomaschinen, Kolbenmaschinen und Zentrifugen. Die Schwingungen sind durch Frequenz und Amplitude definiert. Die Frequenzen entsprechen der Drehzahl. Darüber hinaus treten abhängig von Kolben- oder Schaufelzahlen Oberschwingungen mit einem Vielfachen der Drehzahl auf, die aber deutlich geringere Amplituden aufweisen.

Die Amplituden der Grundschwingungen, die bei gut ausgewuchteten Maschinen üblicherweise unter 1 mm liegen, nehmen nur beim Anfahren und Durchfahren von kritischen Drehzahlen kurzzeitig größere Werte an. Angeschlossene Rohrleitungen können durch die Schwingungen der Maschinen ebenfalls zum Schwingen angeregt werden, was zur Materialermüdung und zum Schaden führen kann. Anschlussleitungen sind insbesondere dann gefährdet, wenn die Erregerfrequenz mit deren Eigenfrequenz in Resonanz steht. Hochfrequente

Schwingungen machen sich eventuell als Schall unangenehm bemerkbar; niederfrequente Schwingungen können über die Fundamente und das Erdreich weitergeleitet werden und Schäden an benachbarten Bauwerken verursachen.

Zur Vermeidung von Schwingungsschäden und Schallausbreitung, werden Maschinen elastisch gelagert und deren Anschlussleitungen durch flexible Elemente, wie Schlauchleitungen oder Kompensatoren, abgekoppelt.

Bei allen Maschinen treten die größten Amplituden quer zur Wellenachse auf, was je nach Stutzenlage ganz unterschiedliche Bewegungsgrößen ergeben kann. Neben den Schwingungsamplituden im normalen Betriebszustand sind häufig bis zu fünfmal größere Bewegungsamplituden beim Anfahren zu erwarten, insbesondere wenn die Maschine eine kritische Drehzahl durchfahren muss. Diese großen Bewegungsausschläge können im Allgemeinen bei der Auslegung der elastischen Elemente unberücksichtigt bleiben, da sie im Interesse einer schonenden Fahrweise der Maschine meist nur sehr kurzzeitig auftreten dürfen. Die ersten Eigenfrequenzen der elastischen Elemente sollten weit genug oberhalb der Erregerfrequenzen der Maschine liegen, um Resonanz zu vermeiden.

Zur Körperschalldämmung müssen hingegen elastische Elemente verwendet werden, deren Eigenfrequenzen unterhalb der Schallfrequenz liegen, was im Regelfall ohnehin gegeben ist. Eine besonders gute schalldämmende Wirkung kann durch flexible Elemente aus Elastomeren oder Kunststoffen erzielt werden. Auch flexible Elemente aus Metall können Körperschall bis zu 20 dB und mehr dämmen, wenn deren elastische Grundelemente mehrwandig ausgeführt sind oder/und Umflechtungen aufweisen. Bei verankerten Kompensatoren müssen zur Körperschalldämmung auch die Anker schalldämmend gelagert sein. Der über das Medium, z. B. Wasser, weitergeleitete Schall wird von solchen Bauteilen hingegen nur unwesentlich gedämpft.

Werden Rohrleitungen durch Druckstöße zum Schwingen angeregt, wie sie von Kolbenkompressoren oder Hydraulik-Aggregaten ausgehen können, sind Schlauchleitungen oder Kompensatoren nur sehr bedingt als Abhilfe einsetzbar. Eine sorgfältige Halterung der Rohrleitung und das Nachschalten eines Ausgleichsbehälters sind geeignetere Maßnahmen.

9.2.5 Sonstige Bewegungen

a) Montagetoleranzen und Bauabweichungen

Toleranzen der Rohrleitungsmontage und anderer Gewerke (Bauabweichungen) können durch elastische Elemente überbrückt werden. Es handelt sich dabei jeweils um eine einmalige Bewegung, die ohne Einfluss auf die Lebensdauer wäre. Praktisch wird dadurch aber meist ein Teil der geometrisch gegebenen Bewegungsfähigkeit des Kompensationselements aufgebraucht, was zum vorzeitigen Versagen führen kann, wenn es nicht bei der Auslegung berücksichtigt wurde. Diese Gefahr ist besonders hoch, wenn ein relativ kurzer Kompensator zum ungeplanten Ausgleich von seitlichem Montageversatz benutzt wird.

b) Fundamentsenkungen

Fundament- und Bodensenkungen sind analog dem Ausgleich von Montagetoleranzen einmalige Bewegungen, die bei Beachtung der oben genannten Einschränkungen keinen Einfluss auf die Lebensdauer von Kompensationselementen haben. Wenn die Fundamentsenkung als einzige Bewegung das Kompensationselement beansprucht, kann unter Umständen sogar eine übermäßige Verformung des Elements akzeptiert werden.

Absenkungen von Tanks, die beim Füllen auftreten und beim Entleeren wieder zurückgehen, sind wie übliche lastspielabhängige Bewegungen zu behandeln.

c) Montage- und Demontagewege

Bauteile mit lösbaren Verbindungen, die häufig oder zügig ausgebaut werden müssen, benötigen Montagewege, die ggf. durch zwischengeschaltete elastische Elemente einfacher zu realisieren sind, als durch den Ein- oder Ausbau von Leitungsstücken.

9.3 Schlauchleitungen

9.3.1 Allgemeines

Als Schlauchleitungen werden Schläuche, die biegsamen Elemente der Schlauchleitung, mit ihren Anschlussarmaturen verstanden. Wenn Schlauchleitungen für die Weiterleitung von Medien unter Druck vorgesehen sind, beinhalten diese auch die für die Festigkeit gegen Innendruck erforderlichen Umflechtungen und Stützwendeln. Daneben werden alle zusätzlichen Montageteile, wie äußere Schutzvorrichtungen, hinzugerechnet.

Wegen der sehr verschiedenen Ausführungsformen von Schlauchleitungen, die sich im Wesentlichen nach den spezifischen Anforderungen richten, werden nachstehend die prinzipiell unterschiedlichen Konstruktionen jeweils gesondert behandelt. Einzelheiten zu den Ausführungsformen und ihren jeweiligen Einsatzmöglichkeiten siehe Band I Kapitel 6.

Neben den im Abschnitt 9.1.3 genannten Auswahlkriterien sind häufig weitere Anforderungen zu berücksichtigen:

- zulässiger Durchflusswiderstand (Druckverlust).
- Reinheit in der Steriltechnik (Durchfluss von Lebensmitteln und Pharmaka).
- Einbausituation (Einbauraum, Anschlüsse).
- äußere Schutzvorrichtungen (Schutz gegen Abrieb, Geflechtschutz, Wickelschlauch als Knickschutz).

Diese können ebenfalls die Auswahl einer geeigneten Schlauchleitung maßgebend bestimmen.

Als bewegliches Element werden Schläuche aus Elastomeren, Kunststoffen oder Metallen verwendet. Bei metallischen Schlauchleitungen kommt entweder der gewickelte oder der gewellte Metallschlauch infrage, je nach vorgesehenem Einsatz. Beide Bauformen erlauben deutlich höhere maximal zulässige Temperaturen als Elastomer- oder Kunststoffschläuche. Wegen der möglichen Materialermüdung haben Metallschläuche aber eine eingeschränkte Lebensdauer, was je nach Verwendungszweck berücksichtigt werden muss.

9.3.2 Schlauchleitungen aus Elastomer

Die Festigkeit der Schlauchleitungen aus Elastomer (Gummimischungen) gegenüber Innendruck wird durch geeignete, meist einvulkanisierte Geflechtslagen sichergestellt. Der Nachweis der Festigkeit erfolgt häufig experimentell, z. B. durch Berstdruckprüfungen. Die maximal zulässigen Temperaturen sind meist mit 150 °C begrenzt. Erhöhte Temperaturen, maximal 230 °C, erfordern häufig Geflechte aus Metalldrähten. Bezüglich der erreichbaren zulässigen Drücke und Temperaturen sind die Angaben der Hersteller (z. B. [9.3-1]) und die entsprechenden Normen zu beachten, z. B. DIN EN ISO 6134.

Aufgrund der hohen Elastizität der verwendeten Werkstoffe und trotz der für das Erreichen der Festigkeit gegen Innendruck erforderlichen Druckträger, sind Schlauchleitungen aus Elastomer besonders flexibel. Dazu sind in den Herstellerunterlagen häufig vom Schlauchaufbau abhängige Mindestradien angegeben, die für den betrieblichen Einsatz zu beachten sind. Gegebenenfalls sind die Längen der Schlauchleitungen entsprechend anzupassen. Die Lastspielzahlen sind praktisch unbegrenzt, wenn die obigen Angaben beachtet werden.

Schlauchleitungen aus Elastomeren sind hilfreich beim Lösen von Schwingungsproblemen. Daneben sind sie hervorragend für Fluide mit pulsierenden oder wechselnden Drücken geeignet, aber auch zur Aufnahme von Druckstößen.

Die strömungsbedingten Druckverluste der innen glatten Schlauchleitungen entsprechen praktisch denen von Rohrleitungen gleicher Länge. Eine gesonderte Berechnung für die oben genannten Anforderungen erübrigt sich daher.

9.3.3 Schlauchleitungen aus Kunststoffen

Für Schlauchleitungen aus Kunststoffen werden Schläuche verwendet, die nach unterschiedlichen Verfahren hergestellt sind. Das Verfahren bestimmt den Aufbau der Schlauchwand, die geeigneten Werkstoffe sowie die möglichen Stützelemente. Es entscheidet letztlich darüber, welche Drücke, Temperaturen und Biegeradien zulässig sind.

Allgemein kann festgehalten werden, dass Schlauchleitungen aus Thermoplasten meist nur für sehr geringe bis mittlere zulässige Drücke ($p_s \leq 14$ bar) vorgesehen sind. Die maximal zulässigen Temperaturen liegen bei $t_s \leq 150$ °C. Mit dem Schlauchwerkstoff PTFE können Temperaturen bis 260 °C erreicht werden.

Der Anwender wird sich bei der Auswahl demzufolge vorzugsweise an den Angaben und Empfehlungen des Herstellers (z. B. [9.3-2]) bzw. der zutreffenden Normen orientieren, z. B. DIN EN 12115 für Chemikalienschläuche. Die von den Herstellern angegebenen maximal zulässigen Drücke beziehen sich häufig auf Raumtemperatur. Sie müssen mit steigender Temperatur reduziert werden. Beispielhaft sind Druck-Abminderungsfaktoren einiger Kunststoffe im Band I Tabelle 6.4-3 genannt.

Schlauchleitungen aus Kunststoffen sind innen glatt oder weisen nur eine geringe Wellung auf, so dass deren strömungsbedingte Druckverluste etwa denen von Rohrleitungen gleicher Länge entsprechen oder kleiner sind.

9.3.4 Metallische Wickelschlauch-Leitungen

Die relativ einfache Ausführungsform von Schlauchleitungen mit Wickelschläuchen findet im industriellen Bereich hauptsächlich dort Verwendung, wo weder hohe Ansprüche an die Dichtheit, noch an die Festigkeit gegen Innendruck gestellt werden. Des Weiteren muss genügend Einbauraum zur Verfügung stehen, damit die relativ großen zulässigen Biegeradien bei vorgegebener Bewegung eingehalten werden können. Da die charakteristischen Eigenschaften experimentell bestimmt werden, ist der Anwender auf die Herstellerangaben angewiesen.

Es besteht zwar eine gewisse Abhängigkeit des zulässigen Druckes von der Temperatur, die aber im Wesentlichen durch die eingesetzten Dichtschnüre bedingt ist und daher keiner Berechnung bedarf.

Strömungsbedingte Druckverluste spielen bei den üblichen Einsatzgebieten dieser Schlauchleitungen kaum eine Rolle. Bei Erfordernis kann ihre Größenordnung nach Abschnitt 9.3.5 abgeschätzt werden.

9.3.5 Wellschlauch-Leitungen

Schlauchleitungen mit metallischen Wellschläuchen können bei absoluter Dichtheit für sehr hohe Drücke und Temperaturen verwendet werden. Die Auslegung umfasst auch die zu erwartende Lebensdauer und erfolgt überwiegend auf experimenteller Basis, wie sie in DIN EN ISO 10380 festgelegt ist. Zusätzliche Anforderungen an die Auslegung enthält DIN EN 14585-1, die als harmonisierte Produktnorm die Anforderungen der DGRL erfüllt.

- Zulässige Drücke

  Liegen für standardisierte Schlauchleitungen Nenndrücke vor, können zulässige temperaturabhängige Drücke gemäß Gl. (9.1-1) mit Hilfe der in **Tabelle 9.3-1** enthaltenen Druck-Abminderungsfaktoren K_p ermittelt werden. Dabei sind die Werkstoffe des gewellten Schlauches und der Umflechtung bestimmend. Hiervon abweichende Werkstoffe der Anschlussarmaturen können meist vernachlässigt werden, weil die Armaturen (z. B. Flansche und Verschraubungen) üblicherweise schon aufgrund ihrer Formgebung überdimensioniert sind. Das gilt fast immer auch für die Schweißnahtenden von Schlauchleitungen.

- Lebensdauer und Biegeradien

  Bezüglich der zu erwartenden Lebensdauer gelten die in DIN EN ISO 10380 festgelegten durchmesserabhängigen Biegeradien (siehe **Tabelle 9.3-2**) als Voraussetzung für die Einhaltung der zugesicherten Lastspielzahlen. Für definierte Typen von Schlauchleitungen sind mittlere Lastspielzahlen von 10 000 bzw. 50 000 im Versuch zu erreichen, mit einer maximal zulässigen unteren Abweichung von -20 %.

Tabelle 9.3-1: Temperaturabhängige Druck-Abminderungsfaktoren K_p für gewellte Metallschläuche nach DIN EN ISO 10380 (dunkelgrau schattierte Zellen: Basis sind Zeitstandwerte für 100 000 h)

Werkstoff	Druck-Abminderungsfaktor K_p für Temperatur in °C								
	50	100	200	300	400	500	550	600	650
unlegierter warmfester Stahl									
z. B. P235GH	0,97	0,91	0,77	0,65	0,57	0,18	–	–	–
austenitischer Stahl ohne Mo-Anteil									
1.4301	0,88	0,73	0,60	0,52	0,48	0.46	0,42	–	–
1.4306	0,87	0,72	0,59	0,51	0,46	0.44	0,43	–	–
1.4541	0,92	0,83	0,74	0,67	0,62	0.60	0,59	–	–
austenitischer Stahl mit Mo-Anteil									
1.4571	0,90	0,81	0,73	0,65	0,61	0.59	0,58	–	–
1.4435	0,88	0,74	0,61	0,54	0,50	0.47	0,47	–	–
1.4404	0,88	0,74	0,62	0,54	0,50	0.47	0,47	–	–
austenitischer hitzebeständiger Stahl, verwendbar bis 1100 °C									
1.4876	0,93	0,80	0,68	0,58	0,53	0.50	0,49	0,48	0,39
Ni-Legierungen									
2.4360	0,94	0,86	0,77	0,74	0,74	–	–	–	–
2.4819	0,97	0,92	0,83	0,74	0,70	–	–	–	–
2.4856	0,95	0,88	0,80	0,75	0,70	0,65	0,64	0,63	0,50
2.4858	0,95	0,89	0,77	0,74	0,70	0,67	0,66	–	–

Tabelle 9.3-2: Minimale Biegeradien r für gewellte Metallschläuche nach DIN EN ISO 10380

DN	Biegeradius r in mm für		DN	Biegeradius r in mm für	
	Typ 1, Typ 2	Typ 3		Typ 1, Typ 2	Typ 3
4	25	11	50	160	100
6	25	12	65	200	115
8	32	16	80	240	130
10	38	20	100	290	–
12	45	25	125	350	–
15	58	25	150	400	–
20	70	30	200	520	–
25	85	45	250	620	–
32	105	60	300	720	–
40	130	80	–	–	–

Typ 1 – umflochtene Schlauchleitung, hoch flexibel, 10 000 oder 50 000 Lastspiele
Typ 2 – umflochtene Schlauchleitung, normal flexibel, 10 000 Lastspiele
Typ 3 – nicht umflochtene Schlauchleitung, nur Biegsamkeit gefordert

Tabelle 9.3-3: Baulängen von Wellschläuchen für typische Einbausituationen [9.3-3]

Gerade Leitung – Einmalige laterale Verschiebung λ (Rohrleitungsversatz)

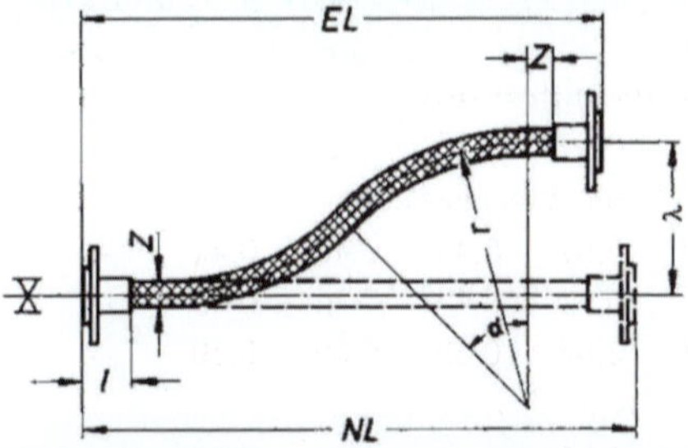

Nennlänge NL:

$$NL = 2\,r\,\alpha\,\frac{\pi}{180} + 2(z + l)$$

Winkel α :

$$\alpha = \arc\cos\left(1 - \frac{\lambda}{2\,r}\right)$$

Einbaulänge LE:

$$LE = 2\,r\sin\alpha + 2\,(z + l)$$

U-Bogen – Zyklische axiale Verschiebung x

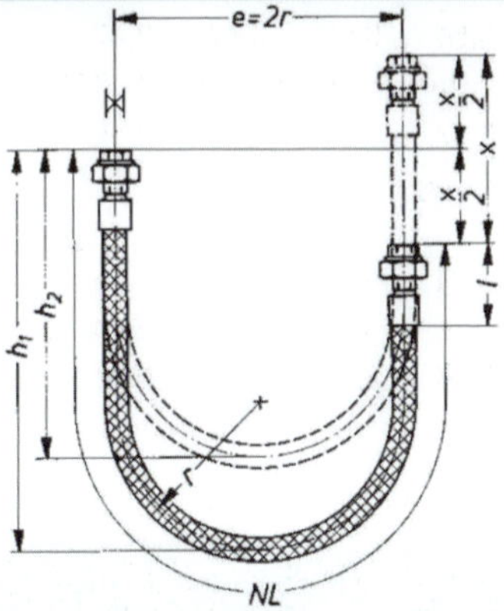

Nennlänge NL:

$$NL = (\pi + 1)\,r + \frac{x}{2} + 2\,l$$

Einbauhöhe maximal:

$$h_1 = 1{,}43\,r + \frac{x}{2} + l$$

Einbauhöhe minimal:

$$h_2 = 1{,}43\,r + l$$

U-Bogen – Zyklische laterale Verschiebung λ

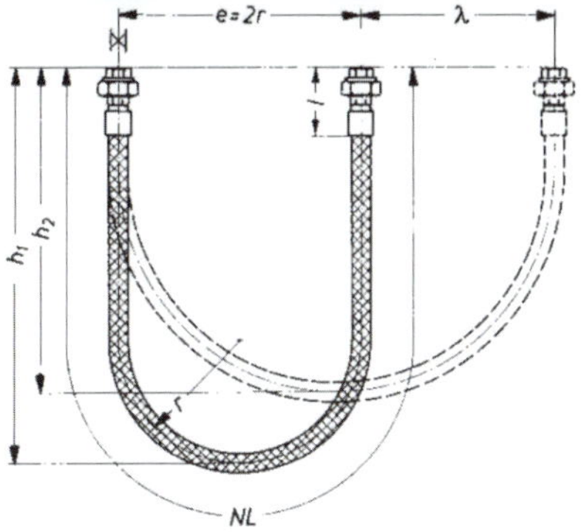

Nennlänge NL:

$$NL = (\pi + 1)\,r + \frac{\pi}{2}\,\lambda + 2\,l$$

Einbauhöhe maximal:

$$h_1 = 1{,}43\,r + 0{,}785\,\lambda + l$$

Einbauhöhe minimal:

$$h_2 = 1{,}43\,r + \frac{\lambda}{2} + l$$

- Einbaulängen

Die auf experimentellem Weg ermittelten Schlauchlängen sind in **Tabelle 9.3-3** angegeben. Sie sind Mindestwerte, die die in Tabelle 9.3-2 definierten Biegeradien r zur Basis haben. Tabelle 9.3-3 zeigt einige typische Anordnungen. Die zugeordneten Berechnungsvorschriften gelten für relativ langsame Bewegungen, wie Wärmeausdehnungen (siehe Abschnitt 9.2.2) und mechanische aufgebrachte Verschiebungen.

Falls schnelle Bewegungen und Schwingungen zu kompensieren sind, müssen die Massenkräfte des Eigengewichts der Schlauchleitung und des eingeschlossenen Mediums innerhalb gesonderter Untersuchungen berücksichtigt werden. Es ist daher empfehlenswert, für solche Anforderungen die Unterlagen und Empfehlungen der Hersteller zu Rate zu ziehen.

- Druckverluste

Abhängig von den Schlauchabmessungen wie Durchmesser und Länge sowie vom durchgeleiteten Medium mit seiner spezifischen Dichte und der Strömungsgeschwindigkeit, können die strömungsbedingten Druckverluste der Schlauchleitung für das Gesamtsystem von Bedeutung sein. Zur Abschätzung der Druckverluste sind die Diagramme **Bild 9.3-1** für Wasser und **Bild 9.3-2** für Luft geeignet. Sie beziehen sich auf eine Schlauchlänge von 1 m und die Bezugsparameter von t_0 = 15 °C und P_0 = 1,013 bar (Absolutdruck).

Die als Bezugsgröße im Bild 9.3-1 und 9.3-2 erforderliche mittlere Strömungsgeschwindigkeit w in m/s beträgt:

$$w = \frac{4 \cdot 10^3\, V}{3{,}6\, \pi\, d_i^3} \qquad (9.3\text{-}1)$$

Der Volumenstrom V ist hierbei in m^3/h, der Innendurchmesser d_i in mm einzusetzen.

Bei der Erstellung der Basisdiagramme wurde von üblichen Wellenprofilen ausgegangen, d. h. den Innendurchmessern d_i sind feste Wellenlängen q zugeordnet und die U-förmige Einheitswelle hat eine Wellenlänge q gleich der Wellenhöhe w. Weichen die geometrischen Wellendaten hiervon ab, ist eine Korrektur mit den Faktoren f_1 und f_2 aus **Bild 9.3-3** und **Bild 9.3-4** leicht möglich.

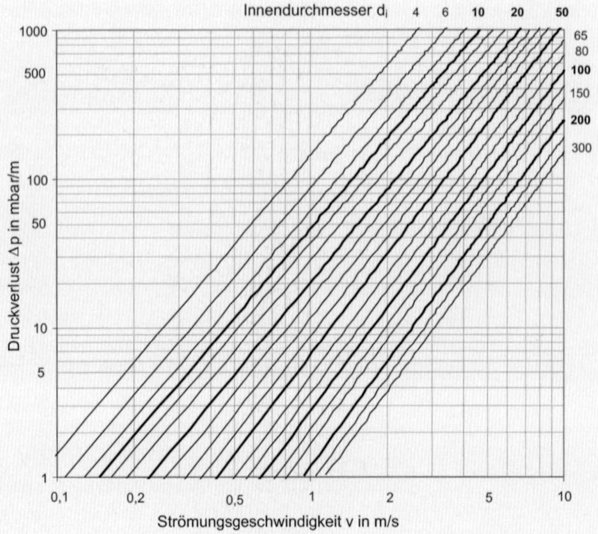

Bild 9.3-1: Druckverluste in ringgewellten Metallschläuchen für Wasser

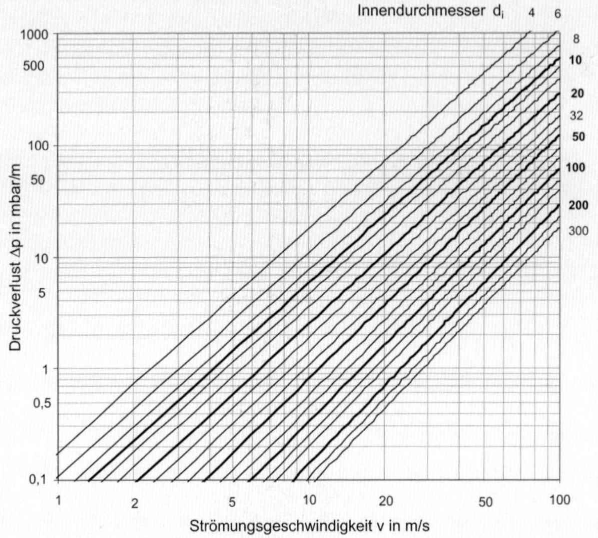

Bild 9.3-2: Druckverluste in ringgewellten Metallschläuchen für Luft

Tabelle 9.3-4: Dichte verschiedener Stoffe und deren Umrechnung auf andere Bezugsparameter (alle Drücke sind Absolutdrücke)

Durchflussstoff		Dichte ρ in kg/m³			
Fluidparameter	P in bar	1,013	10	20	30
	t in °C	15	100	200	300
Wasser		999,1	958,5	864,9	713,1
Wärmeträgeröl		868,4	813,2	748,2	683,3
Luft		1,224	9,33	14,72	18,22
Wasserstoff		0,0852	0,6495	1,025	1,269
Sauerstoff		1,352	10,31	16,26	20,13
Erdgas H		0,729	5,56	8,77	10,86
Fluidparameter	P in bar	1,013	10	40	100
	t in °C	100	180	250	310
Sattdampf		0,598	5,012	19,16	688,4
Interpolation zwischen zwei Spalten (Index 1 und 2)					
Flüssigkeiten		$\rho = \rho_1 - (\rho_1 - \rho_2)\dfrac{t_1 - t}{t_1 - t_2}$			
Gase (Extrapolation)		$\rho = \rho_1 \dfrac{273{,}15 + t_1}{273{,}15 + t}\dfrac{P}{P_1}$			
Sattdampf		$\rho = \rho_1 - (\rho_1 - \rho_2)\dfrac{P_1 - P}{P_1 - P_2}$			

Für andere Fluide und abweichende Auslegungsparameter lassen sich die im Bild 9.3-3 (Wasser) bzw. 9.3-4 (Luft) abgelesenen Druckverluste Δp folgendermaßen korrigieren:

$$\Delta p_{korr} = \Delta p \; f_1 \; f_2 \frac{\rho}{\rho_0} \qquad (9.3\text{-}2)$$

Die Dichte ρ kann für einige ausgewählte Medien aus **Tabelle 9.3-4** entnommen werden, ρ_0 bezieht sich auf die o. g. Bezugsparameter von t_0 = 15 °C und P_0 = 1,013 bar. Für andere gasförmige Fluide kann ρ nach Abschnitt 1.5 ermittelt werden.

- Verstellkräfte

Wellschlauch-Leitungen haben selbst bei hohem Innendruck noch niedrige Verstellkräfte, die beim Einsatz selten ein Problem darstellen.

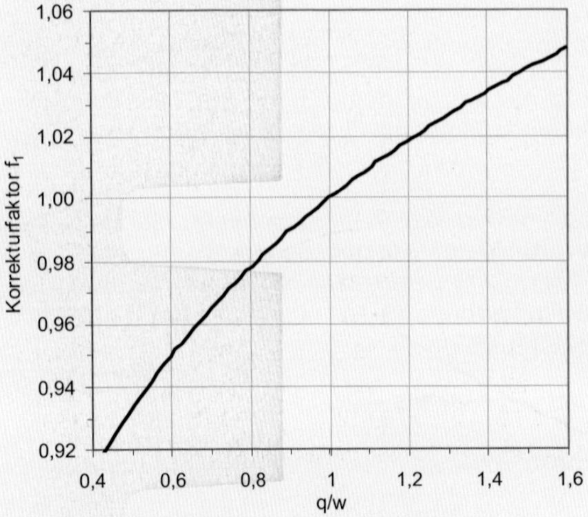

Bild 9.3-3: Korrekturfaktor f_1 für Wellenform

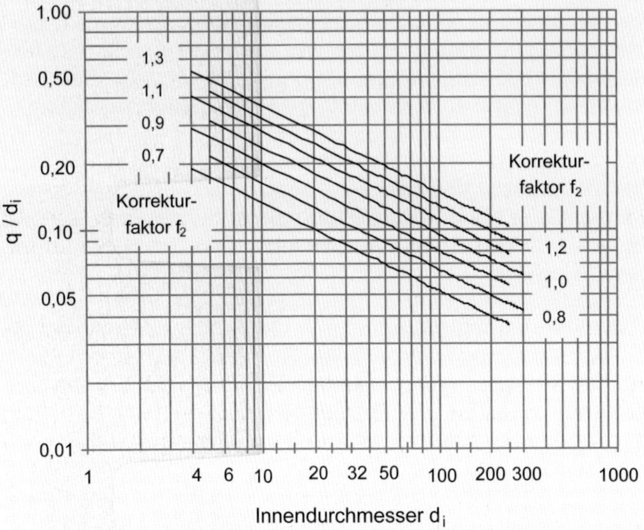

Bild 9.3-4: Korrekturfaktor f_2 für Wellenteilung

9.4 Schiebe- und Dreh-Kompensatoren

9.4.1 Zulässige Parameter, Verstellwege

Die maximal zulässigen Parameter sind den Herstellerunterlagen zu entnehmen. Der maximal zulässige Druck ist meist nicht identisch mit dem Nenndruck, da herstellerspezifisch auch bei erhöhten Temperaturen meist keine Abminderungen vorgenommen werden.

Die Verstellwege sind nur von den konstruktiv vorgesehenen Möglichkeiten begrenzt und entsprechen den vom Hersteller angegebenen Kompensationswegen, die relativ groß sein können. Die Lebensdauer, d. h. die Häufigkeit der Bewegungen und eine eventuelle Alterung wird hauptsächlich durch Standfestigkeit und Material der Dichtungen begrenzt.

9.4.2 Schiebe-Kompensatoren

Schiebe-Kompensatoren in Form von Gleitrohr- oder Stopfbuchs-Kompensatoren werden heute nur noch selten eingesetzt. Nach Herstellerangaben (z. B. [9.4-1]) sind zulässige Temperaturen bis maximal 260 °C erlaubt. Bei darüber liegenden Temperaturen oder solchen unter -10 °C sollte die Eignung und die eventuell erforderliche Druckabminderung beim Hersteller erfragt werden. Die Abminderungsfaktoren können sehr unterschiedlich sein, weil sie sowohl vom gewählten Werkstoff des Gehäuses, als auch vom eingesetzten Dichtungswerkstoff abhängig sind.

Der Verstellwiderstand von Schiebe-Kompensatoren ist relativ groß und deshalb bei der Auslegung der Festpunkte unbedingt zu beachten. Da der Verstellwiderstand stark vom Zustand der Weichstoff-Dichtungen und ihrer Vorspannung abhängt, kann dieser nur annähernd bestimmt werden. Er kann sich darüber hinaus mit zunehmender Betriebszeit deutlich ändern.

Der Verstellwiderstand entspricht im Wesentlichen der Reibkraft F_R zwischen dem verschiebbaren Gleitrohr (Degenrohr) und der Stopfbuchsdichtung. Er ist somit nicht vom Weg, und nur geringfügig von der Temperatur abhängig. Die Werte selbst sind entweder beim Hersteller zu erfragen, da die Kataloge oder Prospekte meist keine Angaben enthalten. Näherungsweise gilt [9.4-2], [9.4-3]:

$$F_R = 1{,}5\ \mu\ l_D\ \pi\ d_D\ p_s \qquad (9.4\text{-}1)$$

Es bedeuten:

μ - Reibungskoeffizient (je nach Ausführung und Stopfbuchsdichtung $\mu = 0{,}1$ bis 0,3)

l_D - Stopfbuchslänge; $l_D \approx 30$ bis 50 mm für einfache Ausführungen (z. B. nach Band I Bild 6.8-1), $l_D \approx 60$ bis 100 mm für gekapselte Stopfbuchsen (z. B. nach Band I Bild 6.8-2)

d_D - Degenrohrdurchmesser in mm

p_s - zulässiger Druck in MPa

Für $\mu = 0{,}3$, $l_D = 50$ mm, $d_D \approx$ DN und $p_s \approx$ PN ergeben sich gute Näherungen für überschlägige Berechnungen:

- nicht entlasteter Gleitrohr-Kompensator

$$F_R \approx 0{,}007 \text{ PN DN in kN} \qquad (9.4\text{-}2a)$$

- entlasteter Gleitrohr-Kompensator mit 3 Stopfbuchsen

$$F_R \approx 0{,}024 \text{ PN DN in kN} \qquad (9.4\text{-}2b)$$

Hierbei ist berücksichtigt, dass zum Ausgleich der Kräfte durch den Innendruck der äußere der beiden Degenrohrdurchmesser

$d_{Da} = \sqrt{2}$ DN betragen muss.

9.4.3 Dreh-Kompensatoren

Nach Herstellerangaben (z. B. [9.4-1], [9.4-4]) sind für Drehgelenke zulässige Temperaturen bis 260 °C, für Kugelgelenke bis zu 275 °C ohne Druckabminderung erlaubt. Bei Temperaturen, die darüber oder die unter -10 °C liegen, sollte deren Zulässigkeit und die damit verbundene Druckabminderung beim Hersteller erfragt werden. Die Abminderungsfaktoren können sehr unterschiedlich sein, weil sie sowohl vom gewählten Werkstoff des Gehäuses, als auch vom eingesetzten Dichtungswerkstoff bzw. Schmiermittel abhängig sind.

Die Verstellmomente von Dreh- und Kugelgelenken sind gering und für die praktische Anwendung ohne Belang.

9.5 Balg-Kompensatoren

9.5.1 Allgemeines

- Formelzeichen

  Der Einfachheit halber sind in den Formeln und Bildern, analog zu DIN EN 14917, die Bewegungen ΔL kurz mit Δ und den zugehörigen Indizes bezeichnet.

- Standardbaureihen

  Die von den Herstellern angebotenen Standardbaureihen, die überwiegend nach Nenndrücken gestaffelt sind, berücksichtigen sowohl die Festigkeit gegenüber Innendruck, als auch Stabilitätskriterien, da die relativ weichen Bälge unter Druck zum Ausknicken neigen können.

- Gesamtbewegung (Gesamtverschiebung)

  Aus den verschiedenen möglichen Relativbewegungen (siehe Abschnitt 9.2), von denen die Wärmeausdehnung meist den größten Anteil ausmacht, lässt sich eine reale Gesamtbewegung Δ von einzelnen Leitungsabschnitten oder Bauteilen ermitteln. Werden Axial-, Universal- oder Lateral-Kompensatoren zu deren Kompensation eingesetzt, entspricht die Gesamtbewegung gleichzeitig dem für die Kompensation erforderlichen Kompensatorweg, wobei dies für Lateral-Kompensatoren nur teilweise zutrifft. Erfolgt die Kompensation hingegen über Gelenksysteme, resultieren hieraus Winkelverstellungen, die aus den Gesamtverschiebungen umzurechnen sind (siehe Abschnitt 9.5.2).

- Verstellkräfte

  Sie sind wegen der deutlich größeren Abmessungen von Kompensatoren gegenüber Schlauchleitungen meist nicht mehr zu vernachlässigen, da sie die Dimensionierung von Festpunkten und Anschlüssen beeinflussen können. Einzelheiten siehe Abschnitt 9.6.

9.5.2 Kompensatoren in Rohrleitungssystemen

Werden Rohrleitungsverschiebungen mittels Gelenken kompensiert, müssen die in Richtung der Leitungsabschnitte wirkenden Bewegungen Δ_i (i = 1 bis 3) in Winkelverstellungen umgerechnet werden. Das kann für gebräuchliche

Systeme über die vereinfachte Berechnung nach **Bild 9.5-1** mit ausreichender Genauigkeit erfolgen [9.5-1].

Die so ermittelten Winkelverstellungen sind exakt, wenn es sich um einfache Zwei-Gelenk-Systeme mit senkrecht übereinander liegenden Gelenken handelt. Bei anderen Systemen sind die ermittelten Winkelverstellungen als Näherung zu betrachten, wobei die Abweichungen von der Anordnung der Gelenke und der Größe der aufzunehmenden Bewegung abhängen und meist sehr gering sind. Für eine genaue Nachrechnung, die im Grenzfall erforderlich sein kann, sind in DIN EN 14917 diesbezügliche Beziehungen angegeben.

Nr.	Gelenksystem	Ersatzsystem	Biegewinkel in Grad bei 50% Vorspannung
1	Zwei-Gelenk 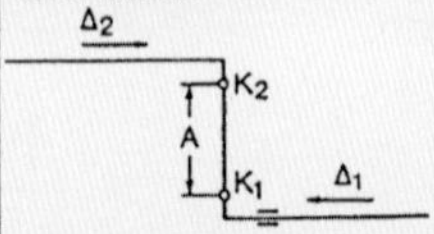	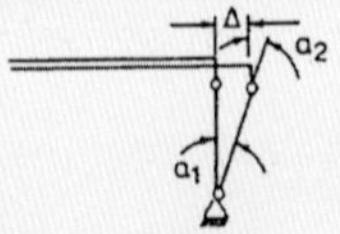	$\Delta = \frac{1}{2}(\Delta_1 + \Delta_2)$ $\alpha_1(\Delta, A)$ *aus Bild 9.5-2* $\alpha_2 = \alpha_1$
2	Zwei-Gelenk in Z-Anordnung 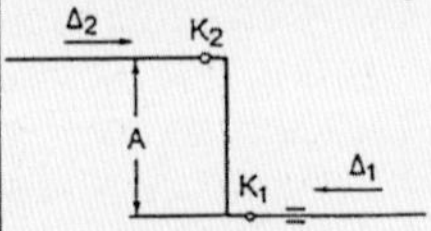	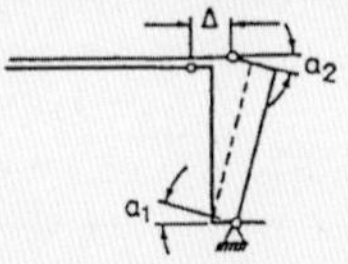	$\Delta = \frac{1}{2}(\Delta_1 + \Delta_2)$ $\alpha_1(\Delta, A)$ *aus Bild 9.5-2* $\alpha_2 = \alpha_1$
3	Zwei-Gelenk, räumlich 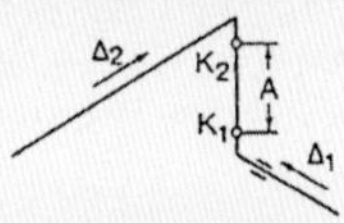	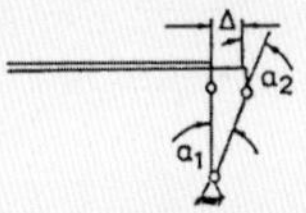	$\Delta = \frac{1}{2}\sqrt{\Delta_1^2 + \Delta_2^2}$ $\alpha_1(\Delta, A)$ *aus Bild 9.5-2* $\alpha_2 = \alpha_1$
4	Drei-Gelenk in U-Anordnung 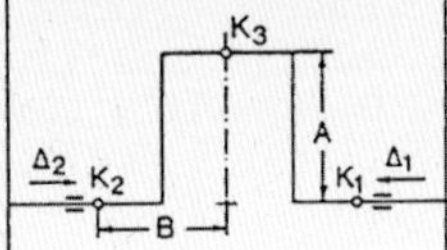	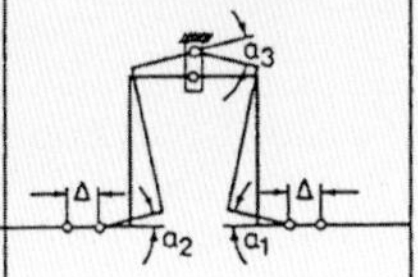	$\Delta = \frac{1}{4}(\Delta_1 + \Delta_2)$ $\alpha_1(\Delta, A)$ *aus Bild 9.5-2* $\alpha_2 = \alpha_1$ $\alpha_3 = 2 \cdot \alpha_1$
5	Drei-Gelenk in L-Anordnung 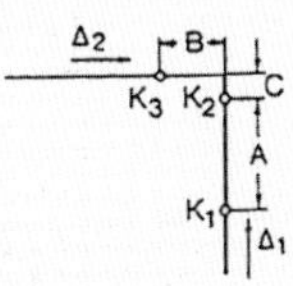	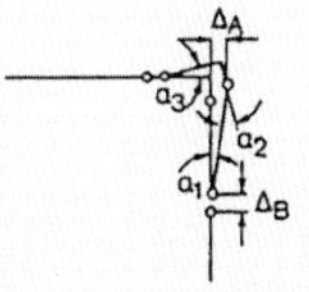	$\Delta_A = \frac{1}{2}(\Delta_2 + \Delta_1 \frac{C}{B})$ $\Delta_B = \frac{1}{2}\Delta_1$ $\alpha_1(\Delta_A, A)$ $\alpha_3(\Delta_B, B)$ *aus Bild 9.5-2* $\alpha_2 = \alpha_1 + \alpha_3$

Bild 9.5-1: Berechnungsgleichungen für Biegewinkel in Gelenksystemen

Je nach Gelenksystem werden zunächst die relevanten Bewegungsgrößen Δ, Δ_A und Δ_B nach Bild 9.5-1 bestimmt. Zusammen mit den zugeordneten Gelenkabständen A und B lassen sich daraus dann die resultierenden Kompensationswinkel α_1, α_2 und α_3 aus **Bild 9.5-2** ablesen. Die Gelenkabstände A und B sind im Rahmen der baulichen Gegebenheiten so groß wie möglich zu wählen, um kleine Biegewinkel der Kompensatoren und vor Allem, um möglichst geringe Kräfte und Momente im Rohrleitungssystem zu erhalten. Der Abstand C ist hingegen möglichst klein zu halten.

Nr.	Gelenksystem	Ersatzsystem	Biegewinkel in Grad bei 50% Vorspannung
6	Drei-Gelenk in Z₁-Anordnung 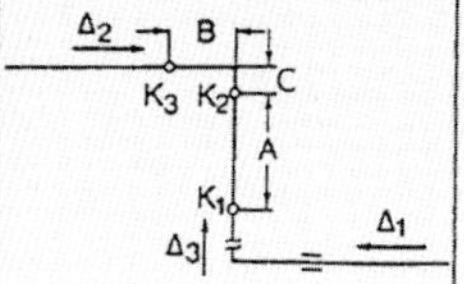	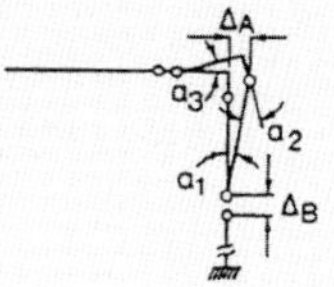	$\Delta_A = \frac{1}{2}(\Delta_1 + \Delta_2 + \Delta_3 \frac{C}{B})$ $\Delta_B = \frac{1}{2}\Delta_3$ $\alpha_1(\Delta_A, A)$ $\alpha_3(\Delta_B, B)$ aus Bild 9.5-2 $\alpha_2 = \alpha_1 + \alpha_3$
7	Drei-Gelenk in Z₂-Anordnung 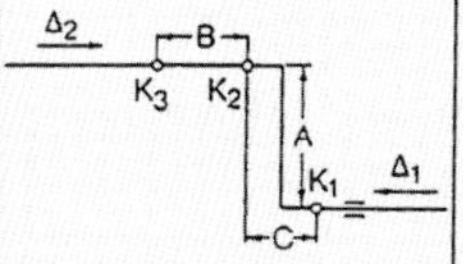	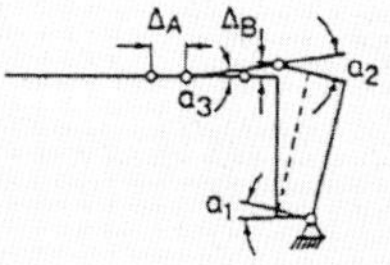	$\Delta_A = \frac{1}{2}(\Delta_1 + \Delta_2)$ $\Delta_B = \Delta_A \frac{C}{A}$ $\alpha_1(\Delta_A, A)$ $\alpha_3(\Delta_B, B)$ aus Bild 9.5-2 $\alpha_2 = \alpha_1 + \alpha_3$
8	Drei-Gelenk, räumlich 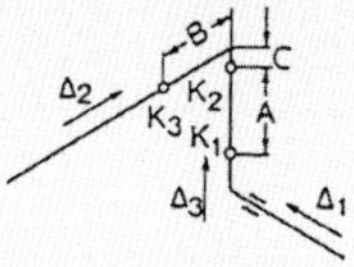	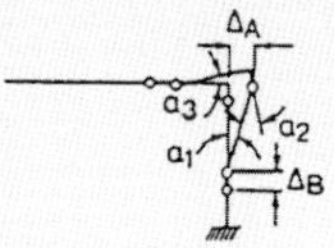	$\Delta_A = \frac{1}{2}(\sqrt{\Delta_1^2 + \Delta_2^2} + \Delta_3 \frac{C}{B})$ $\Delta_B = \frac{1}{2}\Delta_3$ $\alpha_1(\Delta_A, A)$ $\alpha_3(\Delta_B, B)$ aus Bild 9.5-2 $\alpha_2 = \alpha_1 + \alpha_3$

Bild 9.5-1: Fortsetzung

Es bedeuten (Bild 9.5-1):

A - Hauptabstand: projizierter Abstand der Gelenke im oder am abbiegenden Leitungsstrang (Versprung) bei U- und Z-Systemen, oder Abstand der Gelenke im gleichen Leitungsstrang beim L-System.

B - Nebenabstand (nur bei Drei-Gelenk-Systemen): Abstand zum Ausgleichsgelenk bei L- und Z-Systemen, oder projizierter Abstand zwischen Basis- und Scheitelgelenk beim U-System.

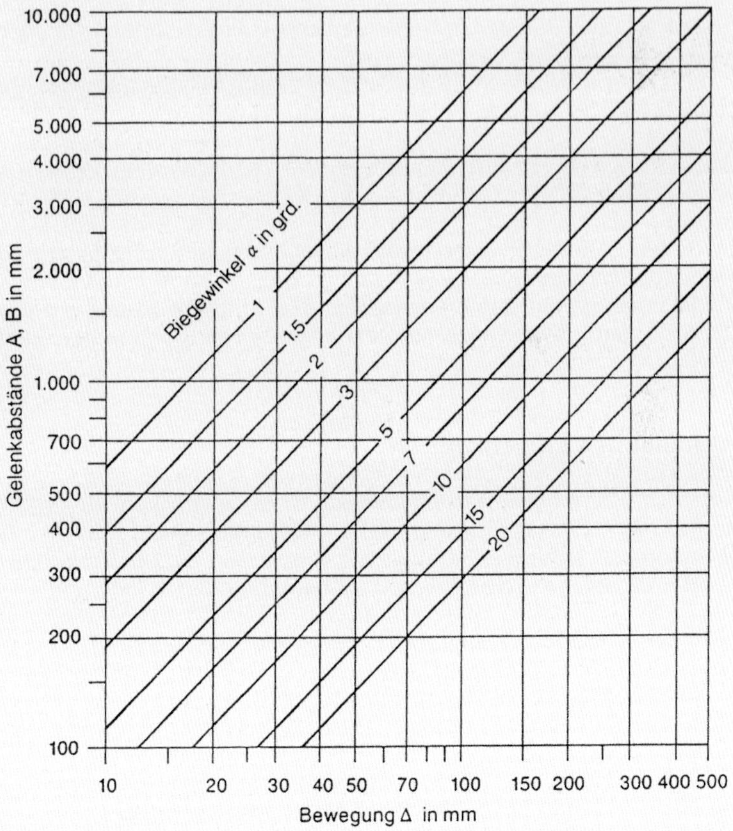

Bild 9.5-2: Biegewinkel in Gelenksystemen

C - Eckabstand (nur bei Drei-Gelenk-Systemen): projizierter Abstand zwischen den Gelenken am Rohrbogen bei L- und Z-Systemen (bei U-Systemen nicht vorhanden)

K_1 - Außengelenk (erstes Gelenk) im Leitungsabschnitt A

K_2 - Zweites Gelenk im Leitungsabschnitt A bei L- und Z-Systemen, bzw. zweites Außengelenk im U-System

K_3 - Drittes Gelenk (Ausgleichsgelenk) von Drei-Gelenk-Systemen bei L- und Z-Systemen bzw. Scheitelgelenk im U-System

Δ_1 - Erste Hauptbewegung: Bewegung im ersten Hauptstrang, K_1 zugeordnet

Δ_2 - Zweite Hauptbewegung: Bewegung im zweiten Hauptstrang, K_2 bzw. K_3 zugeordnet

Δ_3 - Sekundärbewegung: Weg im abbiegenden Leitungsstrang (Versprung), nur beim Z-System

Die ermittelten Biegewinkel sind reale Winkel des warmen Systems bei 50 % Vorspannung. Sie gelten sinngemäß auch für das um 50 % vorgespannte kalte System. Hat das System keine Vorspannung, sind die Winkel rund doppelt so groß. Sie erfordern meist Kompensatoren mit erhöhter Dehnungsaufnahme.

9.5.3 Weichstoff-Kompensatoren

Für Weichstoff-Kompensatoren liegen keine Normen vor, wohl aber das Gütezeichen RAL-GZ 719, das die Mitglieder der Gütegemeinschaft für Weichstoff-Kompensatoren e. V. für ihre Erzeugnisse verwenden dürfen, wenn diese den Güte- und Prüfbestimmungen RAL-GZ 719 entsprechen.

Der zulässige Druck von Weichstoff-Kompensatoren ist gering. Die Über- und Unterdrücke liegen bei 350 mbar. Die Kompensatoren werden auftragsgebunden jeweils für die vorgesehenen Arbeitsbedingungen (Druck, Temperatur, Bewegung) entworfen. Eine Druckabminderung ist demzufolge nicht erforderlich.

Die Bewegungsfähigkeit hängt von der gewählten Balgform und der freien Baulänge A_0 (Band I Bild 6.9-2 und 6.9-3) ab, die üblicherweise zwischen 200 und 500 mm liegt. Neben axialer Stauchung (Dehnung ist nicht erlaubt) ist gleichzeitig eine laterale Bewegung zulässig (Anhaltswerte siehe Band I Tabelle 6.9-1). Alternativ ist Angularbewegung oder Verdrehung möglich, deren zulässige Größe vom Her-

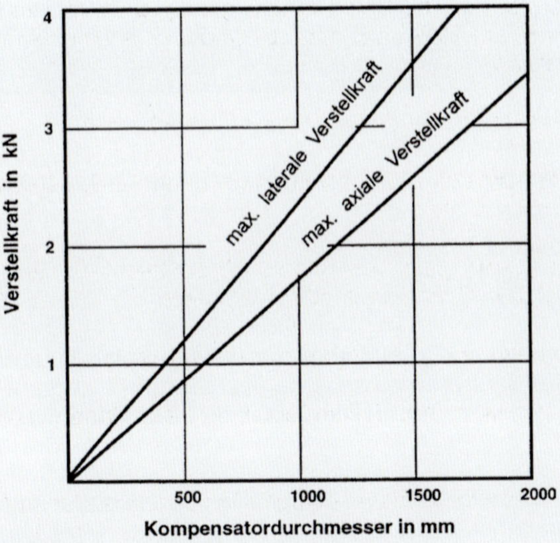

Bild 9.5-3: Verstellkräfte von Weichstoff-Kompensatoren

steller zu erfragen ist. Daneben können Schwingungen ohne Lebensdauereinbuße aufgenommen werden. Die Zahl der ertragbaren Lastspiele liegt über 1000, wenn die eingesetzten Werkstoffe den betrieblichen Anforderungen entsprechen.

Der Verstellwiderstand der Weichstoff-Kompensatoren ist gering und kann bei der Auslegung von Führungen und Festpunkten im Allgemeinen vernachlässigt werden [9.5-2]. Anhaltswerte enthält **Bild 9.5-3**.

9.5.4 Elastomer-Kompensatoren (Gummi-Kompensatoren)

Für Elastomer-Kompensatoren existieren keine Auslegungsnormen, die Berechnungsvorschriften enthalten. Lediglich Kompensatoren für Heizungsanlagen müssen DIN 4809-1 und 4809-2 entsprechen, die Vorschriften für die experimentelle Auslegung enthalten.

Gummi-Kompensatoren werden als Standardkompensatoren vorwiegend nach Nenndruck ausgewählt, für große Durchmesser erfolgt die Auslegung oft auftragsgebunden nach den gegebenen Arbeitsparametern. Bis zur Grenztemperatur, die wesentlich von dem für die drucktragende Gewebe-

Tabelle 9.5-1: Druck-Abminderungsfaktoren von Gummi-Kompensatoren nach [9.5-6]

Typ	Karkasse	Nenndruck PN	Druck-Abminderungsfaktor K_p bei Temperatur in °C						
			50	70	90	100	110	130	150
Standard	Nyloncord	16	1	0,8	0,6	0,5	–	–	–
Sonder für Hochdruck	Nyloncord	25	1	0,8	0,6	–	–	–	–
	Aramid	25	1	1	0,8	0,7	0,6	0,5	0,25
	Stahl	16	1	0,75	0,7	0,6	0,5	0,35	–
Spezial nach DIN 4809	Aramid	25	1	1	0,8	0,7	0,6	0,5	–
	Stahl	16	1	0,75	0,65	0,6	0,35	–	–

karkasse eingesetzten Material abhängt, erfolgt keine Druckabminderung. Bei erhöhten Temperaturen muss nach **Tabelle 9.5-1** abgemindert werden. Bei auftretenden Druckstößen soll der zulässige Druck auf etwa 0,7 PN begrenzt werden.

Die Bewegungsfähigkeit wird in den Maßtabellen der Hersteller angegeben. Sie ist abhängig von Durchmesser, Baulänge und Balgform der Kompensatoren. Es sind axiale, laterale und angulare Bewegungen möglich. Außerdem können Schwingungen praktisch unbegrenzt ertragen werden. Die in den Herstellerunterlagen angegebenen Bewegungswerte sind Nominalwerte, die nur in Ausnahmefällen voll ausgenutzt werden dürfen. In axialer Richtung sind für das Stauchen meist größere Werte als für das Strecken zugelassen. Bei kombinierten Bewegungen dürfen die einzelnen prozentualen Bewegungsanteile in der Summe 100 % nicht überschreiten (siehe **Bild 9.5-4**).

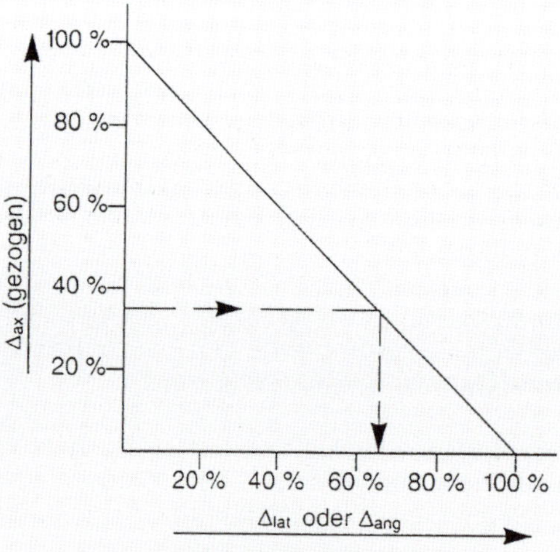

Bild 9.5-4: Zulässige Bewegungskombination von Gummi-Kompensatoren (Werkbild: BOA Balg- und Kompensatoren-Technologie GmbH, Stutensee [9.5-3])

Um eine Verletzung des Balges an den Flanschschrauben zu vermeiden, ist beim Zusammenwirken von lateraler oder angularer Bewegung mit axialer Verschiebung nur ein Strecken, kein Stauchen, zulässig [9.5-4]. Eine kombinierte Bewegung bei gleichzeitigem Stauchen des Balges ist jedoch ohne weiteres möglich, wenn der Balg durch Stützkragen auf Distanz zu den Schraubenköpfen gehalten wird.

Die Lebensdauer wird im Regelfall nicht durch die Lastspiele, sondern durch die Alterung bestimmt, die zeit- und temperaturabhängig ist. Allgemeingültige definitive Aussagen sind nicht möglich. Mit Standzeiten von mehr als 10 Jahren kann jedoch beim Einsatz geeigneter Materialqualitäten gerechnet werden.

Der Verstellwiderstand von Gummi-Kompensatoren ist, begünstigt durch das verformungsfähige Kautschukmaterial und die eingelegten Synthesefaser-Karkassen, im drucklosen Zustand relativ gering. Aufgrund der meist einwelligen Tonnenform sind die Verstellraten beim Stauchen wesentlich niedriger als beim Strecken des Kompensators. Laterale und angulare Verstellraten sind ebenfalls niedrig und im Wesentlichen durchmesserabhängig. Die wegen der Tonnenform gegebene Druckabhängigkeit der Verstellkräfte, nicht zu verwechseln mit der axialen Druckkraft, wird selten in den zugänglichen Herstellerunterlagen angegeben. Sie sollte bei Bedarf beim Hersteller erfragt werden. Die Veränderung der Verstellraten mit der Temperatur ist unbedeutend und daher vernachlässigbar.

9.5.5 PTFE-Kompensatoren

Für PTFE-Kompensatoren gibt es ebenfalls keine genormten Berechnungsvorschriften. Der zulässige Druck von PTFE-Kompensatoren, soweit es sich nicht um solche mit drucktragendem Edelstahlbalg handelt, wird vom Hersteller festgelegt. Da er sehr stark von der Baulänge (Wellenzahl) und der Temperatur abhängt, wird er normalerweise nicht in Nenndruckstufen angegeben. **Bild 9.5-5** zeigt z. B. für die verschiedenen Nennweitenbereiche die Abhängigkeit des zulässigen Drucks von der Temperatur, dargestellt für einen dreiwelligen PTFE-Balg mit Stützringen. Mit geringer werdender Wellenzahl steigen die Drücke an, für kleine Durchmesser bis etwa DN 150 um mehr als 30 %. Bei großen Wellenzahlen fallen die zulässigen Drücke im gesamten Nennweitenbereich hingegen auf 6 bar und weniger [9.5-5].

Die Bewegungsfähigkeit der Bälge ist praktisch nur durch die Wellengeometrie begrenzt. Eine nennenswerte Abhängigkeit von der Lastspielzahl oder der Arbeitstemperatur ist nicht gegeben. Es sind axiale, laterale und angulare Bewegungen möglich.

Der Verstellwiderstand der PTFE-Kompensatoren ist gering. Er wird in Abhängigkeit von der Verstellrate angegeben. Dabei ist zu beachten, dass die Verstellkräfte für das Stauchen mit einem fiktiven Verstellweg Δ^* zu errechnen sind [9.5-5]:

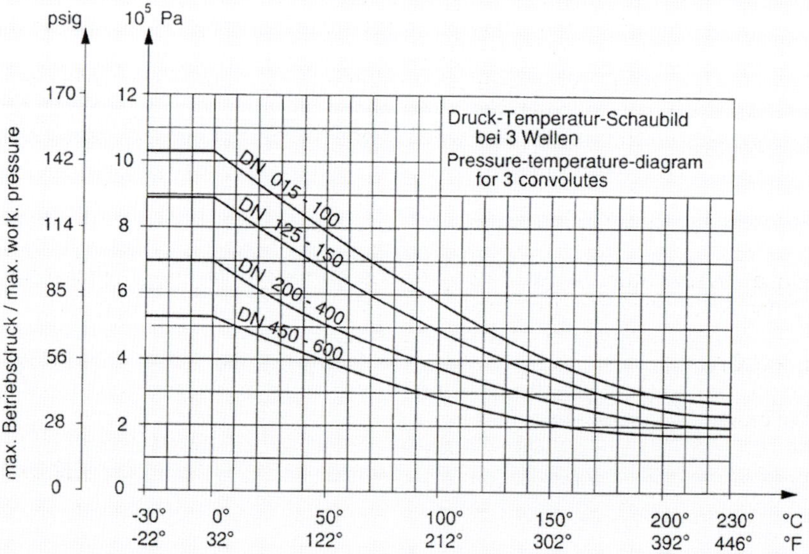

Bild 9.5-5: Zulässige Drücke von PTFE-Kompensatoren in Abhängigkeit von der Temperatur (Werkbild: Crane Resistoflex GmbH, Pforzheim)

$$\Delta^* = \sqrt{\Delta} \tag{9.5-1}$$

Kompensatoren mit drucktragendem Balg aus nichtrostendem Stahl und PTFE-Auskleidung verhalten sich prinzipiell wie Metallbalg-Kompensatoren.

9.5.6 Metall-Kompensatoren

a) Vorschriften für die Berechnung und Konstruktion

Für die Berechnung von Kompensatoren mit gewellten Metallbälgen gilt die harmonisierte Europäische Norm DIN EN 14917. Mit ihr werden die Anforderungen der Druckgeräterichtlinie (DGRL) [0.1-1] erfüllt. Sie ist natürlich auch für solche Metall-Kompensatoren anwendbar, die nicht der DGRL unterliegen. Die bisher verwendeten Normen wie DIN EN 13445-3, DIN EN 13480-3 und DIN 30681, die Vorschriften zur Dimensionierung und Anwendung von Kompensatoren enthalten, werden an DIN EN 14917 angepasst. Für die Auslegung von einwandigen metallischen Balg-Kompensatoren gibt es darüber hinaus noch die Berechnungsvorschrift AD 2000 B 13, die ebenfalls an DIN EN 14917 angepasst wird.

Die Hersteller bieten Standardkompensatoren auf der Grundlage von DIN EN 14917 an, die nach Nenndrücken gestaffelt sind. Desgleichen werden auf den jeweiligen Bedarfsfall optimierte Kompensatoren auftragsgebunden nach DIN EN 14917 dimensioniert.

b) Festigkeit gegenüber Innendruck

Für Einsatztemperaturen ≥ 20 °C können die maximal zulässigen Drücke aus dem Nenndruck PN wie folgt ermittelt werden:

$$p_s = PN\ K_P \qquad (9.5\text{-}2)$$

Der Druck-Abminderungsfaktor beträgt:

$$K_p = f_t / f_{RT} \qquad (9.5\text{-}3)$$

Es bedeuten:

f_t - zulässige Spannung bei der Temperatur t. Bei Bälgen aus nichtrostendem Stahl ist hierfür meist die 1%-Dehngrenze $R_{p1,0t}$ bei der Temperatur t maßgebend, im Kriechbereich stattdessen die Zeitstandfestigkeit.

f_{RT} - zulässige Spannung bei Raumtemperatur. Für Bälge aus nichtrostendem Stahl gilt hierfür meist die 1%-Dehngrenze $R_{p1,0}$ bei Raumtemperatur.

Druck-Abminderungsfaktoren gebräuchlicher Werkstoffe können aus Tabelle 9.3-1 entnommen werden. Dabei ist normalerweise der Balgwerkstoff bestimmend, da die zugehörigen Anschlussteile und Verankerungen üblicherweise so ausgelegt sind, dass sie bis zu der festgelegten oberen Grenztemperatur des Kompensators den maximal zulässigen Druck p_s auch ertragen.

Tabelle 9.5-2: Werkstoffe für Tieftemperatureinsatz nach AD 2000 W 10

Balg	Rohr	Flansch/ Verankerung	tiefste zulässige Temperatur t_{min} in °C
1.4541	P235GH	S235JRG2	- 10
	P355N	P355N	- 70
	P355NL1	P355NL1	- 90
	P355NL2	P355NL2	- 110
	1.4541	1.4541	- 270

Für niedrige Temperaturen t < -10 °C müssen Tieftemperaturstähle für die Bauteile aus un- oder niedriglegierten Stählen gewählt werden. **Tabelle 9.5-2** enthält zugelassene Werkstoffe gemäß AD 2000 W 10, die eine volle Auslastung des Kompensators erlauben (siehe hierzu auch DIN EN 14917). Für Tiefsttemperaturen bis t = -270 °C ist auch für die Anschlussteile und Verankerungen austenitischer Stahl erforderlich, z. B. 1.4541.

c) Lebensdauer

Die Bewegungsfähigkeit der Metall-Kompensatoren wird durch die Anforderungen an die Lebensdauer bestimmt. Normalerweise reichen im Anlagenbau 1000 volle Lastspiele aus, was bei wöchentlichem An- und Abfahren einer Betriebszeit von etwa 20 Jahren entspricht. Standard-Kompensatoren sind deshalb meist für 1000 Lastspiele ausgelegt. Werden mehr oder weniger Lastspiele gefordert, sind die zulässigen Bewegungswerte anzupassen.

Ein Lastspiel ist definiert als die volle Bewegung des Kompensators aus beliebiger Anfangstellung bis zum zulässigen Extremwert auf der einen Seite, zurück über den Anfangspunkt und darüber hinaus zum Extremwert auf der anderen Seite und wieder zurück in die Anfangstellung.

Die Lebensdauer eines Metall-Kompensators wird darüber hinaus durch weitere Größen beeinflusst, die bei der Auswahl zu berücksichtigen sind:

- Temperatur, nur im Zeitstandsbereich relevant
- Druckauslastung, Druckwechsel

Sonstige mögliche Einflüsse auf die Lebensdauer, die jedoch in ihrer Wirkung rechnerisch kaum erfassbar oder gar unzulässig sind, werden hier nicht behandelt:

- Thermoschock
- Korrosion
- Vorschädigung durch unsachgemäßen Einbau
- Beschädigung der Wellen
- unerwartete Resonanzen

Die berechenbaren Einflussgrößen, nämlich die Anzahl der Lastwechsel, die Temperatur und die Druckauslastung, lassen sich zu einem Gesamt-Einflussfaktor

KΔ zusammenfassen:

$$K_\Delta = K_{\Delta,t}\, K_{\Delta,p}\, K_{\Delta,N} \leq 1{,}15 \qquad (9.5\text{-}4)$$

In **Tabelle 9.5-3**, **Tabelle 9.5-4** und **Tabelle 9.5-5** sind die Einflussfaktoren aufgelistet. Es handelt sich um Näherungswerte, die sich auf standardisierte Ausgangswerte beziehen (nichtrostender Stahl 1.4541, 1000 Lastspiele, Raumtemperatur 20 °C, Nenndruck PN), und für die der jeweilige Faktor 1 beträgt. Der Temperaturfaktor ist im Zeitstandsbereich nur als grobe Orientierung zu sehen, da er sehr stark von der statischen Druckauslastung und von den Haltezeiten zwischen den Bewegungen abhängt. Darüber hinaus spielen in Bezug auf Kriechen die spezifischen Werkstoffeigenschaften eine entscheidende Rolle.

Da bei reduzierter Lastspielzahl $N \leq 1000$ der Faktor $K_{\Delta,N} > 1$ wird, kann auch die theoretisch zulässige Bewegungsaufnahme Δ_{zul} größer als die nominale Bewegungsaufnahme Δ_N werden. Um daraus eventuell resultierende geomet-

Tabelle 9.5-3: Einflussfaktor für die Temperatur $K_{\Delta,t}$

Zulässige Temperatur t_s in °C	100	200	300	400	500	600	700	800	900
Einflussfaktor $K_{\Delta,t}$	1				0,8	0,7	0,6	0,5	0,3
Balgwerkstoff	1.4541				1.4876 (Incoloy 800 H)				

Tabelle 9.5-4: Einflussfaktor für die Druckauslastung $K_{\Delta,p}$

Druckverhältnis p_s / PN [1]	1	0,8	0,6	0,4	0,2	0 [2]
Einflussfaktor $K_{\Delta,p}$	1	1,03	1,06	1,1	1,13	1,15

[1] p_s - maximal zulässiger Druck [2] drucklos

Tabelle 9.5-5: Einflussfaktor für die Lastspielzahl $K_{\Delta,N}$

Lastspiele	Einflussfaktor $K_{\Delta,N}$	Lastspiele	Einflussfaktor $K_{\Delta,N}$
300	1,33	10 000	0,61
400	1,24	20 000	0,53
500	1,17	50 000	0,45
1000	1	100 000	0,40
2000	0,86	500 000	0,32
4000	0,74	1000 000	0,27
7000	0,66	10 000 000	0,23

rische Unverträglichkeiten auszuschließen, wurde der Korrekturfaktor K_Δ in Gl. (9.5-4) mit 1,15 begrenzt.

Die für den Nennzustand in den Herstellerunterlagen angegebene nominale Bewegungsaufnahme Δ_N des Kompensators ist durch Multiplikation mit K_Δ auf die zulässige Bewegungsaufnahme Δ_{zul} des jeweiligen Betriebszustandes umzurechnen:

$$\Delta_{zul} = K_\Delta \, \Delta_N \tag{9.5-5}$$

Dabei ist zu beachten, dass die Hersteller meist den zulässigen Gesamtweg des Kompensators angeben, d. h. $\Delta_N = 2\,\delta_N$. Es ist also einkalkuliert, dass der Einbau mit 50 % Vorspannung erfolgt. Das gilt für alle 3 Bewegungsarten: axial, lateral und angular.

Sind dem statischen Auslegungsdruck zusätzlich Druckschwankungen überlagert, haben sie solange keine Auswirkung auf die Lebensdauer, wie sie sich im üblichen Rahmen betrieblicher Druckänderungen bewegen. Bei pulsierenden Drücken oder häufigen Druckstößen kann eventuell die Lebensdauer negativ beeinflusst werden. In solchen Fällen sollte beim Hersteller nachgefragt werden.

Wird der Kompensator mit einem Bewegungskollektiv beaufschlagt, d. h. es sind m unterschiedliche Betriebszustände gegeben, die jeweils durch unterschiedliche Bewegungsgrößen, Lastspielzahlen, Druck und Temperatur definiert sind, können die einzelnen Schädigungsgrade D_i nach der Miner-Regel linear zu einem Gesamtschädigungsgrad D akkumuliert werden.

Dazu wird für jeden Betriebszustand i ein Schädigungsgrad D_i ermittelt, indem die geplante oder vorhandene Lastspielzahl n_i mit der zugehörigen zulässigen Lastspielzahl N_i ins Verhältnis gesetzt wird. Die Summe der Schädigungsgrade darf 100 % nicht überschreiten:

$$D = \frac{n_1}{N_1} + \frac{n_2}{N_2} + \frac{n_3}{N_3} + \cdots = \sum_{i=1}^{m} \frac{n_i}{N_i} \leq 1 \tag{9.5-6}$$

Ist Gl. (9.5-6) hinsichtlich der Lastkollektive für die Anzahl der Bewegungen erfüllt, ist der für den Einsatzfall vorgesehene Kompensator hierfür geeignet.

Sollen Axial-Kompensatoren angulare (α), laterale (λ) oder kombinierte Bewegungen aufnehmen, können die angularen oder lateralen Bewegungsanteile in äquivalente axiale Bewegungen δ umgerechnet werden, die gleiche Spannungsschwingbreiten bewirken (**Bild 9.5-6**):

$$\delta_\alpha = \frac{d_m}{115}\,\alpha \tag{9.5-7}$$

$$\delta_\lambda = \frac{3\, d_m}{L_B} \lambda \qquad (9.5\text{-}8)$$

Es bedeuten:

d_m - mittlerer Balgdurchmesser (**Bild 9.5-7**), näherungsweise d_m = DN

α - Biegewinkel in grad

λ - Lateralweg

L_B - gewellte Balglänge (Bild 9.5-6)

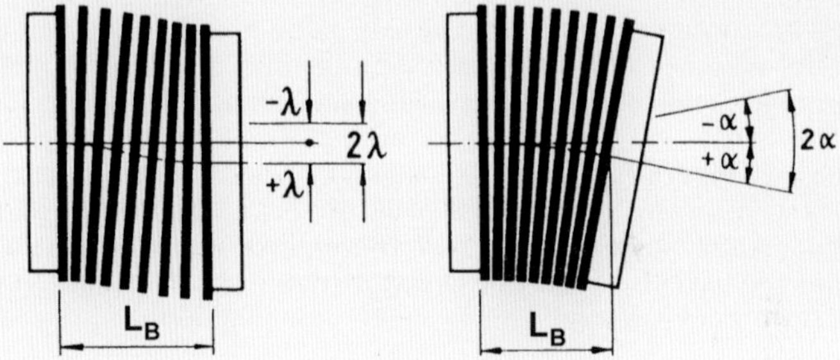

Bild 9.5-6: Lateral- und Angularbewegung eines Kompensatorbalges

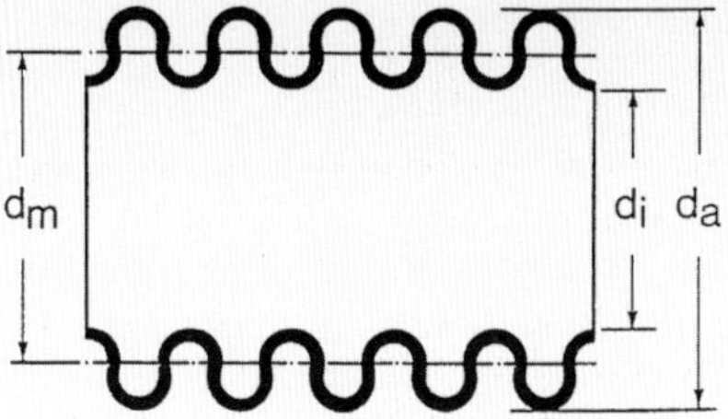

Bild 9.5-7: Bezeichnung der Durchmesser am Wellrohrbalg

Die Umrechnungen nach Gl. (9.5-7) und (9.5-8) gelten für Axial-Kompensatoren mit nur einem Balg und ohne Leitrohr, das die Bewegung begrenzen würde. Der maximal zulässige Druck des Kompensators bleibt von der Umrechnung unbeeinflusst, wenn die angularen Bewegungsanteile nicht größer als 50 % der rechnerisch möglichen Werte bei voller Auslastung der möglichen Axialbewegung sind. Bei einem größeren Anteil der Angularbewegung erfährt der Balg eine zusätzliche Krümmung, die die Lastspielzahl reduziert. Wenn trotzdem noch die gleiche Lastspielzahl erreicht werden soll, muss der zulässige Druck des Axial-Kompensators um etwa 20 % reduziert werden. Es handelt sich hierbei nur um eine grobe Abschätzung, da für eine genaue Betrachtung erheblich mehr Auslegungsparameter berücksichtigt werden müssen. Einzelheiten siehe DIN EN 14917.

d) Schwingungen

Soll ein Axial-Kompensator zur Schwingungsaufnahme eingesetzt werden, errechnen sich die zulässigen Schwingungsamplituden δ_∞ zu:

$$\delta_\infty \approx K_{\Delta\infty}\, \delta_N \approx 0{,}05\, \delta_N \qquad (9.5\text{-}9)$$

Analog ergibt sich bei lateraler Schwingungsamplitude pro Balg:

$$\lambda_\infty = K_{\Delta\infty}\, \lambda_N = 0{,}05\, \frac{L_B}{3\, d_a}\, \delta_N \qquad (9.5\text{-}10)$$

Für eine dauerfeste Auslegung bis zu Temperaturen von etwa 600 °C und mit zusätzlicher Sicherheit wegen der Unwägbarkeit, ob alle Wellen des Balges an den Schwingbewegungen gleichermaßen beteiligt sind, wurde $K\Delta_\infty = 0{,}05$ gesetzt.

Die nach Gl. (9.5-9) und (9.5-10) ermittelten Amplituden sind Maximalwerte für Schwingungen in jeweils einer Richtung bzw. Ebene. Bei mehreren Richtungen bzw. Ebenen dürfen die zugehörigen Amplitudenausschläge insgesamt 100 % des Maximalwertes nicht überschreiten.

Die Kompensatorbälge können durch hohe Strömungsgeschwindigkeiten zu Schwingungen angeregt werden. Richtwerte für ertragbare Strömungsgeschwindigkeiten sind **Tabelle 9.5-6** zu entnehmen. In den zulässigen Werten ist bereits eine ungünstige Anströmung der Balgwellen vorausgesetzt. Es ist erkennbar, dass die Dämpfungseigenschaften mehrwandiger Bälge erhöhte Strömungsgeschwindigkeiten erlauben. Detaillierte Berechnungsvorschriften sind in DIN EN 14917 enthalten.

Sind höhere Strömungsgeschwindigkeiten gegenüber Tabelle 9.5-6 zu erwarten, sollten Leitrohre vorgesehen werden. Im Zweifelsfall ist der Kompensatorhersteller zu befragen.

Tabelle 9.5-6: Ertragbare Strömungsgeschwindigkeit in Metallbälgen ohne Leitrohr

Nennweite DN	Gase					Flüssigkeiten				
	zulässige Strömungsgeschwindigkeit in m/s bei Anzahl der Lagen									
	1	2	3	4	≥ 5	1	2	3	4	≥ 5
50	2,5	3,5	4,3	5	5,5	1,2	1,7	2,1	2,4	2,7
100	5	7	8,5	10	11	2,1	3	3,6	4,2	4,7
≥ 150	7,5	10,5	13	15	16,5	3	4,3	5,3	6,1	6,8
Zwischenwerte für andere Nennweiten sind zu interpolieren.										

9.6 Kräfte und Momente bei metallischen Balg-Kompensatoren

9.6.1 Allgemeines

Jedes warmgehende Rohrleitungssystem übt Kräfte auf seine Festpunkte aus, unabhängig davon, ob natürlich kompensiert wird, oder ob die Wärmeausdehnungen mit Kompensatoren aufgenommen werden. Natürlich kompensierte Systeme werden im Allgemeinen durch eine Rohrleitungssystem-Analyse überprüft, die auch die Ermittlung der Festpunktkräfte und Momente einschließt (siehe Kapitel 6). Sind in der Rohrleitung Kompensatoren eingebaut, muss die Art der Kompensation bei der Ermittlung der Festpunktkräfte berücksichtigt werden.

9.6.2 Axialkraft infolge Innendruck

Grundsätzlich herrscht in jeder druckführenden Rohrleitung eine axial wirkende Längskraft der Größe:

$$F_L = A_R\, p \qquad (9.6\text{-}1)$$

wobei A_R der lichte Rohrquerschnitt und p der innere Überdruck ist. Sie entsteht durch die axiale Druckkomponente, die am Ende einer Rohrstrecke auf eine projizierte Abschlussfläche trifft. Die Druckkraft wirkt bei einem geschlossenen System ohne Kompensator nicht nach außen, sondern wird durch Längsspannungen in der Rohrwand aufgenommen.

Beim Einsatz eines flexiblen, unverankerten Kompensators will diese Druckkraft den Kompensator strecken bzw. bei Unterdruck (negativer Überdruck) stauchen, falls sie nicht an beiden Enden der Rohrstrecke durch Festpunkte abgefangen wird.

Da der Kompensator konstruktionsbedingt einen mittleren Balgdurchmesser hat, der in der Regel größer als der Innendurchmesser des Rohres ist, wird die bei der Auslegung der Festpunkte zu berücksichtigende Kraft dementsprechend größer:

$$F_p = A_K\, p \tag{9.6-2a}$$

Wird der wirksame Balgquerschnitt A_K in cm^2 und der Überdruck p in bar eingesetzt, erhält man die Gebrauchsformel:

$$F_p = 0{,}01\, A_K\, p \text{ in kN} \tag{9.6-2b}$$

Der wirksame Balgquerschnitt A_K, der auch in den Herstellerunterlagen angegeben ist, errechnet sich mit guter Näherung aus dem mittleren Balgdurchmesser d_m (Bild 9.5-7):

$$A_K = \frac{\pi}{4}\, d_m^2 \tag{9.6-3a}$$

$$d_m = 0{,}5\,(d_i + d_a) \tag{9.6-3b}$$

Für die Festpunktauslegung ist der größte auftretende Überdruck einzusetzen, meist der Prüfdruck. Bei verankerten Kompensatoren oder bei solchen mit vollständigem innerem Druckausgleich wirkt die axiale Druckkraft nicht nach außen, d. h. sie belastet nicht die Festpunkte.

9.6.3 Verstellkräfte und -momente von Kompensatoren

a) Feder- oder Verstellraten

Für Kompensatoren findet man in allen Herstellerunterlagen die Feder- oder Verstellraten, z. B. c_d für Axial-Kompensatoren. Wird eine elastische Federrate angegeben, so stimmt dieser Wert nur für Bewegungen, die noch im elastischen Wegbereich der Balgwellen liegen und sehr klein sind. Für die meisten Anwendungsfälle, die im niederzyklischen Ermüdungsbereich bei etwa 1000 Lastspielen liegen, ist dieser Wert zu hoch, da er das reale Werkstoffverhalten bei teilplastischer Verformung nicht berücksichtigt.

Die üblichen Verstellraten beziehen sich meist auf den Nennweg und berücksichtigen zusätzliche Effekte, wie die Lagenreibung bei mehrwandigen Bälgen. DIN EN 14917 enthält hierzu sehr detaillierte Berechnungsvorschriften. Für die praktische Anwendung bei der Rohrleitungssystem-Analyse genügt die Berechnung mit Grenzwerten, die auf der sicheren Seite liegen. Im Übrigen kann für die Einhaltung der elastischen Federraten ohnehin nur mit einer Genauigkeit von ± 30 % gerechnet werden.

Bei Gelenksystemen ergeben sich die Kräfte und Momente aus der jeweiligen Anordnung der Kompensatoren. Einzelheiten siehe Abschnitt 9.6.4.

b) Verstellkräfte beim Axial-Kompensator

Die Verstellkraft gegenüber der neutralen Stellung errechnet sich für den Axial-Kompensator zu:

$$F_\delta = c_\delta\, \delta \qquad (9.6\text{-}4a)$$

Als Größengleichung mit c_δ in N/mm und δ in mm wird:

$$F_\delta = 0{,}001\, c_\delta\, \delta \text{ in kN} \qquad (9.5\text{-}4b)$$

c) Verstellkräfte beim Lateral-Kompensator

Die Verstellkraft senkrecht zur Achse des Lateral-Kompensators muss neben der Verstellrate aus dem Verstellwiderstand der Bälge noch weitere Kraftkomponenten berücksichtigen, nämlich die Reibanteile der Gelenklager und die Rückstellkraft, die sich aus bewegungsabhängigen Druckkomponenten ergibt.

Die laterale Verstellkraft gegenüber der neutralen Stellung errechnet sich als Größengleichung zu:

$$F_\lambda = 0{,}001\, (c_\lambda\, \lambda + c_r\, p_d + c_{p\lambda}\, p_d\, \lambda) \text{ in kN} \qquad (9.6\text{-}5)$$

Es bedeuten:

c_λ - Verstellrate des Balges in N/mm

c_r - Reibbeiwert der Gelenkes in N/bar

$c_{p\lambda}$ - wegabhängige Druckrate in N/(bar·mm)

λ - Lateralweg des Kompensators aus der Neutralstellung in mm

p_d - Auslegungsdruck in bar

Der Wert $c_{p\lambda}$ wird nicht von allen Herstellern in ihren Unterlagen angegeben, obwohl er meist nicht vernachlässigbar ist und bis zu 20 % der Verstellkraft betragen kann.

d) Verstellmomente beim Angular-Kompensator

Das Verstellmoment eines Angular-Kompensators wirkt an den Balgenden und setzt sich wie beim Lateral-Kompensator aus drei Anteilen zusammen. Die Größengleichung für seine Bestimmung lautet:

$$M_\alpha = c_\alpha\, \alpha + c_r\, p_d + c_{p\alpha}\, p_d\, \alpha \text{ in Nm} \qquad (9.6\text{-}6)$$

Bedeutung der Formelzeichen:

c_α - Verstellrate des Balges in Nm/grad

c_r - Reibbeiwert des Gelenkes in Nm/bar

$c_{p\alpha}$ - wegabhängige Druckrate des Balges in Nm/(bar·grad)

p_d - Auslegungsdruck in bar

α - Biegewinkel des Kompensators aus der Nulllage in grad

Für den Wert $c_p\alpha$ gilt sinngemäß das Gleiche wie für $c_{p\lambda}$ bei den Lateral-Kompensatoren. Der Fehler bei den Verstellmomenten liegt gleichfalls bei rund 20 %.

e) Vorspannung

Geht man für einen Axial-Kompensator von einer Gesamtweggröße $\Delta = 2\,\delta$ und einer Vorspannrate V aus, so erhält man für die axiale Vorspannkraft im Montagezustand:

$$F_{\delta,M} = 0{,}001\, c_\delta\, \Delta\, V \qquad (9.6\text{-}7)$$

Für den Betriebszustand ist die Verstellkraft V durch (1 - V) zu ersetzen.

Die Berechnung der Verstellkräfte und -momente über die Gesamtbewegung und Vorspannrate kann für die anderen Kompensatorarten ebenfalls sinngemäß angewendet werden.

Bei einem nicht vorgespannten Kompensator (V = 0) werden die Kräfte oder Momente entsprechend Gl. (9.6-7) im Montagezustand null, während sie im Betriebszustand den vollen Wert erreichen. Bei 50 % Vorspannung (V = 0,5) sinken sie hingegen auf 50 %, wirken aber in gleicher Höhe, jedoch in umgekehrter Richtung, auch im Montagezustand.

f) Betriebszustand

Die vorstehenden Berechnungsvorschriften gelten für den Zustand bei Raumtemperatur. Im Betriebszustand liegen die Kräfte und Momente bedingt durch den Abfall der Elastizitätsmodule etwas niedriger. Bis zu Temperaturen von 200 °C sind die Abweichungen vernachlässigbar. Bei darüber liegenden Temperaturen ergibt sich ein Korrekturfaktor K_C aus dem Quotienten der Elastizitätsmodule im warmen und kalten Zustand. Für die Standard-Werkstoffe 1.4541 und 1.4876 (Incoloy 800H) sind die Verstellraten mit dem Korrekturfaktor K_C nach **Tabelle 9.6-1** zu multiplizieren.

Tabelle 9.6-1: Reduzierfaktor für Verstellraten K_C für die Werkstoffe 1.4541 und 1.4876 (Incoloy 800 H)

Zulässige Temperatur t_s in °C	200	300	400	500	600	700	800	900
Korrekturfaktor K_C	0,93	0,9	0,86	0,83	0,81	0,79	0,77	0,75

9.6.4 Sonstige anlagenbedingte Kräfte

a) Reibungskräfte aus den Rohrlagern

Zusätzlich zu den Verstellkräften und -momenten der Kompensatoren wirkt bei warmgehenden Rohrleitungen die Summe aller Reibungskräfte an den Rohrhalterungen zwischen dem Kompensationssystem und dem benachbarten Festpunkt auf diesen Festpunkt. Einzelheiten zu deren Berechnung enthält Abschnitt 6.6.5 in Verbindung mit Abschnitt 0.3.3 (Reibungskoeffizienten).

Es ist zu berücksichtigen, dass die Reibungskräfte den Festpunkt in wechselnden Richtungen beanspruchen. Beim Anfahren (Erwärmen) der Leitung wirken sie umgekehrt wie beim Abfahren (Abkühlung). Durch veränderte Anordnung des Kompensationssystems auf der Strecke zwischen den Festpunkten kann eine andere Verteilung der Reibungskräfte auf die beiden Festpunkte erreicht werden. Wird beispielsweise das Kompensationssystem unmittelbar an einem der Festpunkte angeordnet, ist dieser Festpunkt nicht durch Reibungskräfte belastet. Hingegen muss der andere Festpunkt die gesamte Reibungskraft aufnehmen. Liegt das Kompensationssystem mittig zwischen den Festpunkten, wird jeder Festpunkt mit der halben Reibungskraft beaufschlagt.

b) Zentrifugalkraft

Eine Zentrifugalkraft tritt nur an Eckfestpunkten von axial kompensierten Leitungen auf (**Bild 9.6-1**). Sie ist im Regelfall vernachlässigbar. Nur bei Flüssigkeiten, die mit hoher Geschwindigkeit durch die Rohrleitung strömen, kann sich eine nennenswerte Zentrifugalkraft ergeben. Sie errechnet sich aus:

$$F_Z = \frac{A_R\,\rho\,w^2\,\sin\beta}{10\,000} \text{ in kN} \qquad (9.6\text{-}8)$$

A_R - Rohrquerschnitt in cm^2

ρ - Dichte des Fluids in g/cm^3

w - Strömungsgeschwindigkeit in m/s

β - Abwinkelung der Leitung gemäß Bild 9.6-1

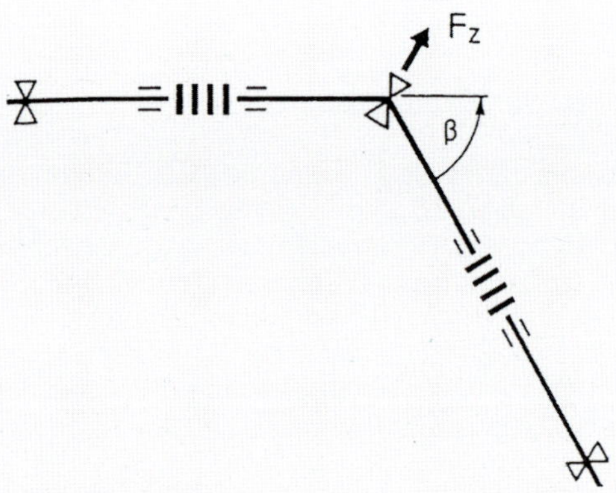

Bild 9.6-1: Wirkungsrichtung der Zentrifugalkraft an einem Eckfestpunkt

c) Zusatzlasten

Für die Festpunktdimensionierung müssen auch noch Kräfte berücksichtigt werden, die aus der Anlage oder Leitungsführung stammen oder durch Zusatzlasten verursacht werden. Einzelheiten siehe Kapitel 6.

9.6.5 Kräfte und Momente in Kompensationssystemen

a) Allgemeine Voraussetzungen

Werden in ein starres Rohrleitungssystem Kompensatoren eingebaut, ändert sich das Elastizitätsverhalten grundlegend. Man kann vereinfachend annehmen, dass die Kompensatoren Gelenke darstellen, und dass die Rohrleitung zwischen den Gelenken steif ist. Bei einer Bewegung des Gelenksystems um den Winkel α wird jedoch analog wie bei einer Drehfeder (**Bild 9.6-2**) der Rohrleitung durch das Verstellmoment der Kompensatoren ein äußeres Moment aufgezwungen, das allerdings deutlich geringer ist als die Momente in einem unkompensierten Rohrleitungssystem, was letztlich der Zweck der Kompensation ist.

Das Modell der Drehfeder trifft auf Angular-Kompensatoren weitgehend zu, kann aber auch bei Lateral-Kompensatoren angenommen werden, wenn jeder einzelne Balg als Drehfeder betrachtet wird. Die entsprechenden Momente errechnen sich aus der lateralen Verstellkraft F_{λ} nach Gl. (9.6-5) zu:

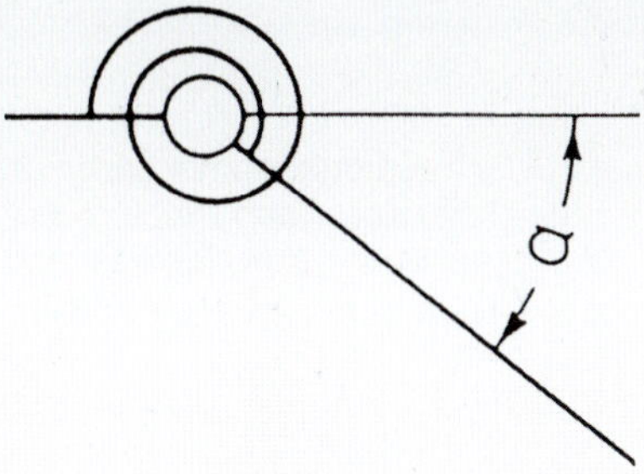

Bild 9.6-2: Gelenk mit Drehfeder als Ersatzsystem für einen Angular-Kompensator

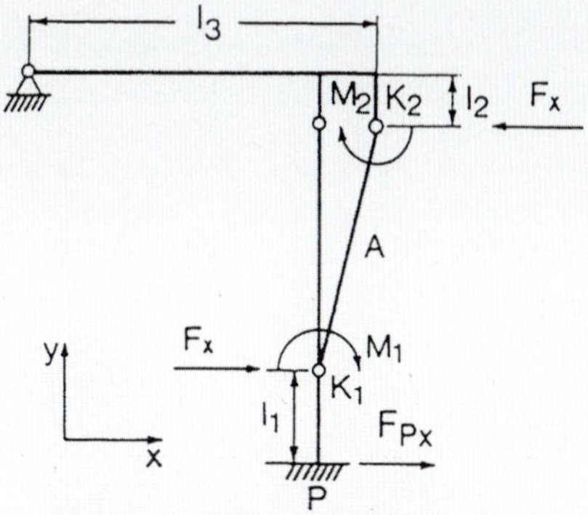

Bild 9.6-3: Kräfte und Momente im Zwei-Gelenk-System

$$M_1 = M_2 = F_\lambda L_B / 2 \quad (9.6\text{-}9)$$

Der Balgmittenabstand L_B entspricht hierbei dem Gelenkabstand A nach **Bild 9.6-3**.

b) Zwei-Gelenk-System

Durch ein Zwei-Gelenk-System (Bild 9.6-3) ist keine vollständige Kompensation zu erreichen (siehe Abschnitt 9.6.6), so dass zusätzliche Kräfte und Momente aus der Rohrbiegung entstehen. Die zusätzliche Kräfte und Momente werden bei der nachstehenden Berechnung nicht berücksichtigt, da sie im Allgemeinen vernachlässigbar sind, wenn nicht zu kurze Schenkellängen gewählt wurden. Im Zweifelsfalle müssen sie über rohrstatische Berechnungen gemäß Kapitel 6 ermittelt werden.

Die nachfolgenden Gleichungen gelten für ein ebenes System mit zwei gleichen Angular-Kompensatoren oder einem Lateral-Kompensator.

- Einzelmomente der Kompensatoren

$$M = M_1 = M_2 = M_\alpha \quad (9.6\text{-}10)$$

mit M_α nach Gl. (9.6-6).

- Verstellkraft F_x mit dem Gelenkabstand A

$$F_x = 2\,M / A \quad (9.6\text{-}11)$$

- Festpunktkräfte am Punkt P für $l_3 \gg l_2$

$$F_{Px} = 2\,M / A \quad (9.6\text{-}12)$$

$$F_{Py} = 0 \quad (9.6\text{-}13)$$

- Festpunktmoment am Punkt P mit l_1 nach Bild 9.6-3

$$M_{Pz} = M_1 + F_x\, l_1 \quad (9.6\text{-}14)$$

Der Momentenverlauf geht aus **Bild 9.6-4** hervor. Wird ein räumliches, allseitig bewegliches Zwei-Gelenk-System mit Kardangelenken vorgesehen, muss zur Berechnung der Verstellmomente und Verstellkräfte

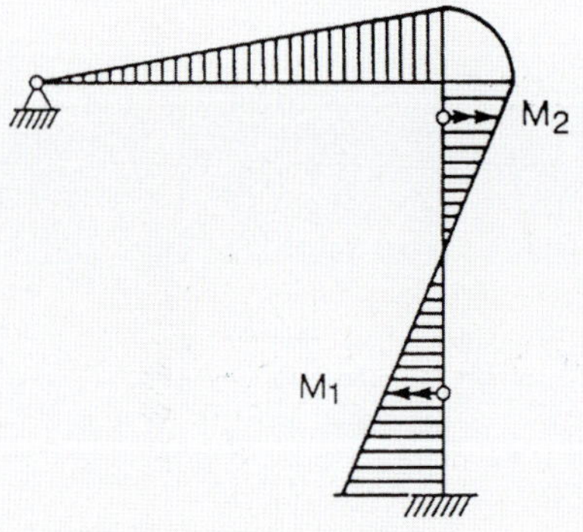

Bild 9.6-4: Momentenverlauf im Zwei-Gelenk-System

das System in zwei Ebenen betrachtet werden. Aus den oben angegebenen Formeln erhält man die Kräfte und Momente in den beiden Ebenen, die dann vektoriell zu addieren sind.

Das gleiche Ergebnis erhält man, wenn anfangs die resultierende Bewegung gebildet wird:

$$\Delta_{res} = \sqrt{\Delta_1^2 + \Delta_2^2} \quad (9.6\text{-}15)$$

und mit den obigen Gleichungen die resultierenden Kräfte und Momente direkt errechnet werden.

c) Ebenes Drei-Gelenk-System in U-Anordnung

Im U-System ergibt sich für den Scheitelkompensator ein Winkel, der doppelt so groß ist wie derjenige der zwei Einzelgelenke. Dieser Kompensator muss diese höheren Bewegungswerte ertragen. Entsprechend wird sich das Verstellmoment der Kompensatoren unterscheiden.

- Einzelmomente der Kompensatoren (**Bild 9.6-5**)

$$M_1 = M_2 = M_\alpha \quad (9.6\text{-}16)$$

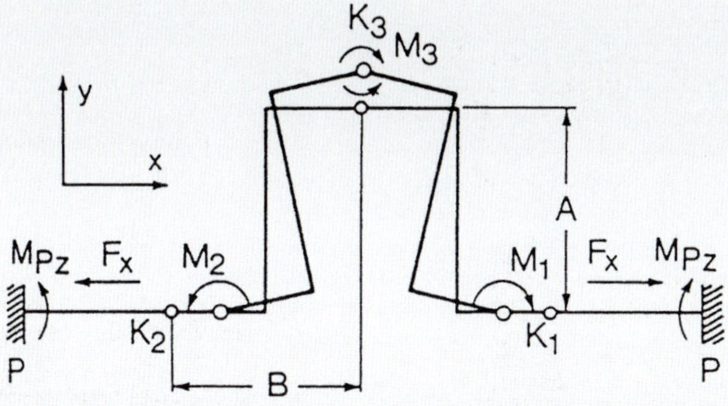

Bild 9.6-5: Kräfte und Momente im Drei-Gelenk-System in U-Anordnung

M_α: Berechnung nach Gl. (9.6-6) für $\alpha = \alpha_1 = \alpha_2$.

$$M_3 = M_\alpha \tag{9.6-17}$$

M_α: Berechnung nach Gl. (9.6-6) für $\alpha = \alpha_3$.

- Verstellkraft F_x (A: Ausladung)

$$F_x = (M_1 + M_3) / A \tag{9.6-18}$$

- Festpunktkraft am Punkt P

$$F_{Px} = F_x = (M_1 + M_3) / A \tag{9.6-19}$$

- Festpunktmoment am Punkt P

$$M_{Pz} = M_1 = M_2 \tag{9.6-20}$$

Der Momentenverlauf geht aus **Bild 9.6-6** hervor.

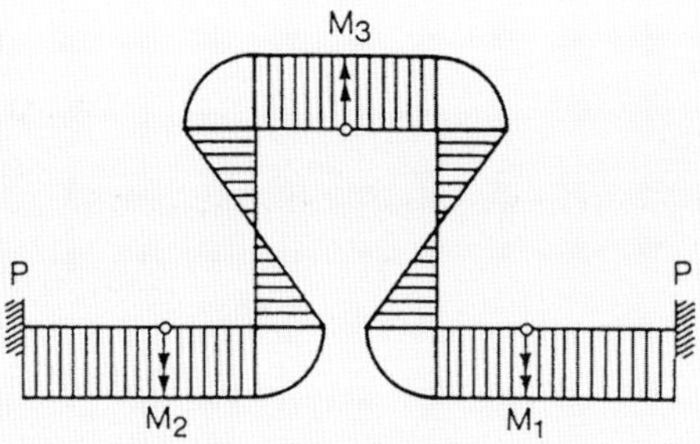

Bild 9.6-6: Momentenverlauf im Drei-Gelenk-System in U-Anordnung

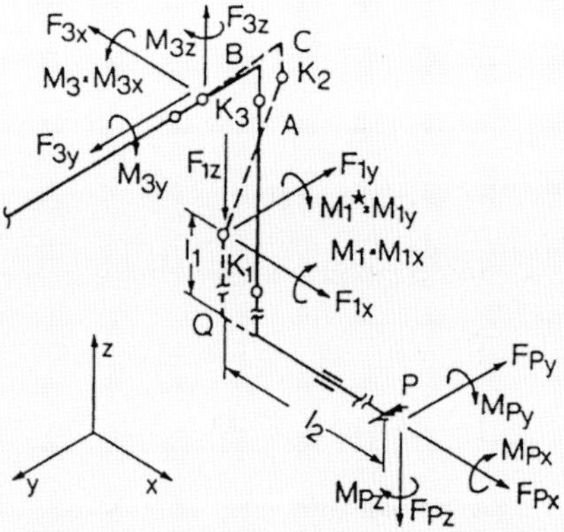

Bild 9.6-7: Kräfte und Momente im räumlichen Drei-Gelenk-System

d) Räumliches Drei-Gelenk-System in L-Anordnung

Das räumliche Drei-Gelenk-System (**Bild 9.6-7**) stellt die umfassendste Version der Drei-Gelenk-Systeme dar und wird daher hier ausführlich behandelt [9.5-1]. Für ebene Drei-Gelenk-Systeme in L- oder Z-Anordnung, die vereinfachte Formen des räumlichen Systems darstellen, können sinngemäß die gleichen Berechnungsvorschriften angewendet werden.

Es werden zunächst die Momente und Kräfte in der Hauptebene (diejenige Ebene, die durch die drei Gelenke aufgespannt ist) mit den Verschiebungen in y- und z-Richtung bestimmt. Danach werden die anderen Bewegungen berücksichtigt.

- Einzelmomente der Kompensatoren in der Hauptebene um die x-Achse, bedingt durch Bewegungen in y- und z-Richtung:

  $$M_i = M_{ix} = M_\alpha \qquad (9.6\text{-}21)$$

  M_α: Berechnung nach Gl. (9.6-6) für $\alpha = \alpha_1$, $\alpha = \alpha_2$ bzw. $\alpha = \alpha_3$.

- Biegemomente der Kompensatoren K_1 und K_2 um die y-Achse, bedingt aus zusätzlicher Bewegung Δ_1 in x-Richtung, d. h. senkrecht zur Hauptebene:

  $$M_1^* = M_{1y} = M_\alpha \qquad (9.6\text{-}22a)$$

  M_α: Berechnung nach Gl. (9.6-6) für $\alpha = \alpha_1^*$.

  $$M_2^* = M_{2y} = M_\alpha \qquad (9.6\text{-}22b)$$

  M_α: Berechnung nach Gl. (9.6-6) für $\alpha = \alpha_2^*$.

  $$\alpha_1^* = \alpha_2^* = \arcsin\left[\frac{\Delta_1}{A}(1 - V)\right] \qquad (9.6\text{-}23)$$

- Verstellkräfte in der Hauptebene (mit den Gelenkabständen A, B und C):

  $$F_{1y} = F_{2y} = F_{3y} = (M_1 + M_2) / A \qquad (9.6\text{-}24a)$$

  $$F_{1z} = F_{2z} = F_{3z} = (M_3 + M_2 + F_{3y}\,C) / B \qquad (9.6\text{-}24b)$$

- Verstellkräfte und -momente aus zusätzlicher Bewegung Δ_1 in x-Richtung:

  $$F_{Px} = F_{1x} = \left(M_1^* + M_2^*\right) / A \qquad (9.6\text{-}25)$$

  $$M_{3y} = M_2^* + F_{2x}\,C \qquad (9.6\text{-}26a)$$

$$M_{3z} = F_{2x}\,B \qquad (9.6\text{-}26b)$$

- Festpunktkräfte am Punkt P:

$$F_{Px} = F_{1x} = \left(M_1^* + M_2^*\right) / A \qquad (9.6\text{-}27a)$$

$$F_{Py} = F_{1y} = (M_1 + M_2) / A \qquad (9.6\text{-}27b)$$

$$F_{Pz} = F_{1z} = (M_3 + M_2 + F_{3y}\,C) / B \qquad (9.6\text{-}27c)$$

- Festpunktmomente am Punkt P (l_1 und l_2 nach Bild 9.6-7)

$$M_{Px} = M_1 + F_{1y}\,l_1 \qquad (9.6\text{-}28a)$$

$$M_{Py} = \left(M_1^* + F_{1x}\,l_1\right) - F_{1z}\,l_2 \qquad (9.6\text{-}28b)$$

$$M_{Pz} = F_{1y}\,l_2 \qquad (9.6\text{-}28c)$$

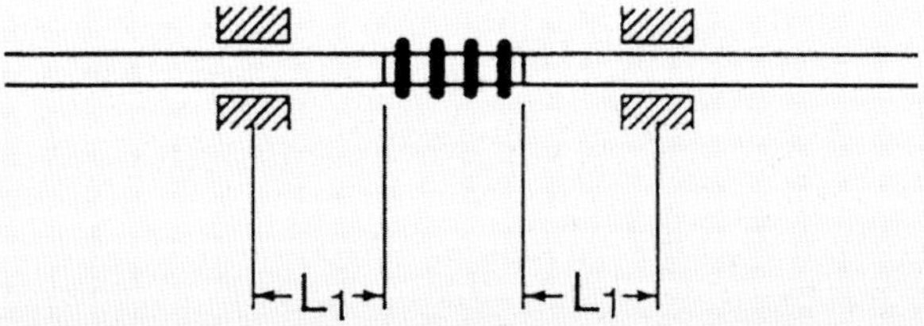

Bild 9.6-8: Führungslager unmittelbar vor und hinter einem Axial-Kompensator

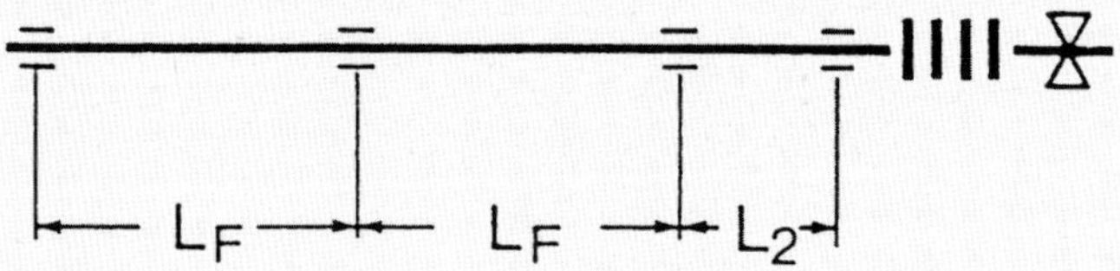

Bild 9.6-9: Führungslager in einer Rohrleitung mit Axial-Kompensator

9.6.6 Führungen kompensierter Systeme

a) Führungen bei axialer Kompensation

Grundsätzlich sind für die Bemessung der Lager und der Lagerabstände (Stützweiten) die von der Rohrleitung gegebenen Bedingungen maßgebend. Zusätzlich sind beim Einsatz von Axial-Kompensatoren folgende Führungen erforderlich:

- Führungen unmittelbar vor und hinter dem Axial-Kompensator (**Bild 9.6-8**)

  Sie dürfen höchstens viermal Rohrdurchmesser vom Kompensator entfernt sein, d. h. $L_1 \leq 4$ DN.

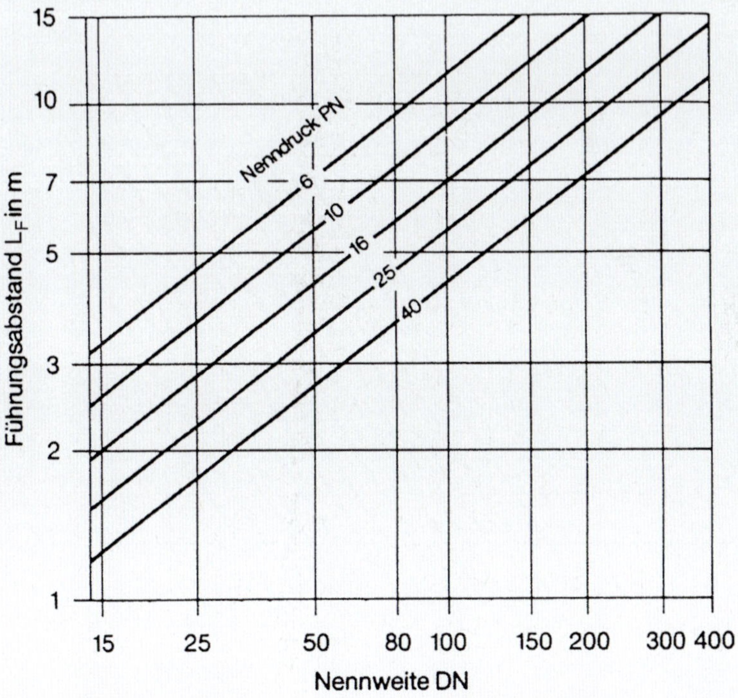

Bild 9.6-10: Richtwerte für Rohrhalterungsabstände gegen Ausknicken bei axialer Kompensation

- Abstand zwischen der Führung unmittelbar am Kompensator und dem nächsten Rohrlager (**Bild 9.6-9**)

  Er darf nur 14-mal Rohrdurchmesser betragen, d. h. $L_2 \approx 14$ DN.

- Stützweite

  Die normale Stützweite L_F im weiteren Rohrleitungsverlauf muss gegenüber der aus statischen Gründen erforderlichen Stützweite reduziert werden, wenn ein Ausknicken der Rohrleitung zu befürchten ist [9.6-1]. Richtwerte enthält **Bild 9.6-10**.

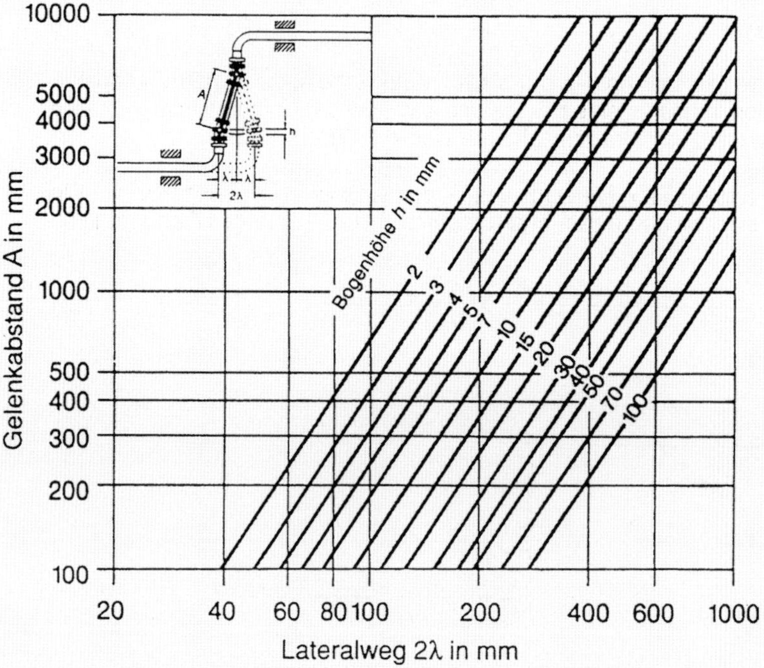

Bild 9.6-11: Scheitelverschiebung eines Zwei-Gelenk-Systems bei Lateralbewegung (Bogenhöhe)

b) Führungen bei Zwei-Gelenk-Systemen

Bei Zwei-Gelenk-Systemen mit Lateral- oder Angular-Kompensatoren verbleibt immer eine Restdehnung, die durch Rohrbiegung vom System aufgenommen werden muss. Diese Restdehnung setzt sich aus zwei Komponenten zusammen:

- der Wärmeausdehnung der unkompensierten Strecke zwischen den Gelenken einschließlich der Länge der Kompensatoren.
- der Bogenhöhe h aus der Kreisbewegung des einen gegenüber dem anderen Gelenk (**Bild 9.6-11**).

Die Bogenhöhe errechnet sich dabei zu:

$$h = A - \sqrt{A^2 - \lambda^2} \qquad (9.6\text{-}29)$$

mit dem Gelenkabstand A (Bild 9.6-11) und dem halbem Lateralweg λ. Die Bogenhöhe h gemäß Gl. (9.6-29) ist im Bild 9.6-11 über dem Lateralweg 2 λ dargestellt.

Wegen der Verkürzung des projizierten Gelenkabstands und um Zwangskräfte zu vermeiden, muss an einem Ende des Zwei-Gelenk-Systems eine ausreichende Bewegungsmöglichkeit geschaffen werden (**Bild 9.6-12**).

Weitere ausführliche Hinweise zur Anordnung von Kompensatoren in Rohrleitungssystemen und deren Führungen sind in DIN EN 14917 angegeben.

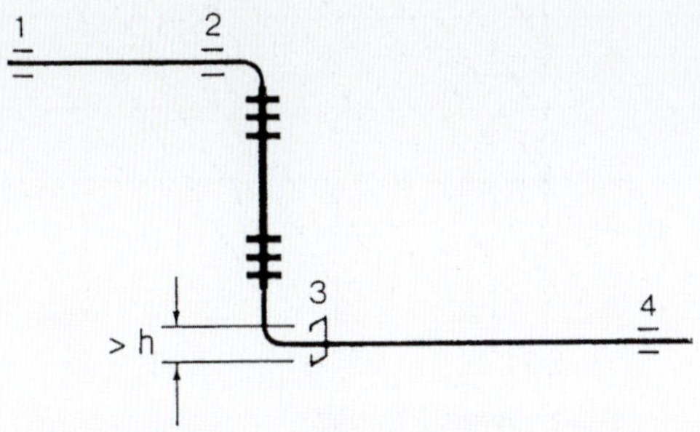

Bild 9.6-12: Führungen im Zwei-Gelenk-System

10. Fluiddynamische Berechnungen

10.1 Instationäre Strömungsvorgänge, Druckstoß

Wird in einer Rohrleitung das Fluid beschleunigt oder verzögert, z. B. durch schnelles Öffnen oder Schließen einer Armatur, werden in dem System Unter- bzw. Überdruckwellen erzeugt. Diese Druckwellen laufen mit Schallgeschwindigkeit a von der Armatur weg in das Rohr hinein, werden reflektiert, überlagern sich und klingen schließlich infolge Dämpfungseffekte ab.

Bild 10.1-1 zeigt das Druckstoßverhalten für ein Rohr mit Behälter und einem schließenden Schieber. Der Reibungseinfluss wurde hier vernachlässigt. Schließt der Schieber innerhalb der Zeit T, bildet sich eine Druckwelle mit einem Wellenkopf der Länge a T, die stromaufwärts läuft und vom Behälter reflektiert wird. Am geschlossenen Schieber angekommen, erfolgt eine weitere Reflexion, so dass hier hin- und herlaufende Druckwellen entstehen, die mit der Zeit infolge der Dämpfungseffekte wie Reibung abklingen.

Der Druckanstieg beträgt nach Joukowsky [10.1-1]:

$$\Delta p = \rho \; a \; \Delta w \qquad (10.1\text{-}1)$$

mit

ρ - Fluiddichte und

Δw - Geschwindigkeitsänderung.

Die Laufzeit der Welle beträgt L / a, die Zeitperiode am geschlossenen Schieber ist 4 L / a (L nach Bild 10.1-1). Die Reflexionszeit des Rohres beträgt somit

$$T_R = 2 \frac{L}{a} \qquad (10.1\text{-}2)$$

Ist die Schließzeit T der Armatur kleiner als die Reflexionszeit, kommt der volle Joukowsky-Stoß zur Wirkung. Im **Bild 10.1-2a** bis **Bild 10.1-2e** sind die Geschwindigkeitsänderungen und die Druckwellenbilder am Ort des Schiebers für das o. a. Rohrleitungssystem dargestellt. Es sind Plotterbilder der Ergebnisse eines Computerprogrammes, mit dem dieses einfache System analysiert wurde.

Bei einer Rohrlänge von L = 500 m und einer Schallgeschwindigkeit von a = 1000 m/s ergibt sich eine Reflexionszeit von 1 s. Mit der Fluiddichte von $\rho = 1000$ kg/m^3 beträgt der Druckanstieg $\Delta p = 10^6$ N/m^2, also 10 bar. Dies gilt für Schließzeiten, die kleiner oder gleich der Reflexionszeit sind (Bilder 10.1-2a bis 10.1-2c). Ist die Schließzeit der Armatur größer als die Reflexionszeit, nämlich $T > T_R$, wird durch die zurückkommende Unterdruckwelle der volle Joukowsky-Stoß reduziert (Bilder 10.1-2d bis 10.1-2e). Der Druckanstieg beträgt näherungsweise

$$\Delta p = \rho \; a \; \Delta w \frac{T_R}{T} \qquad (10.1\text{-}3)$$

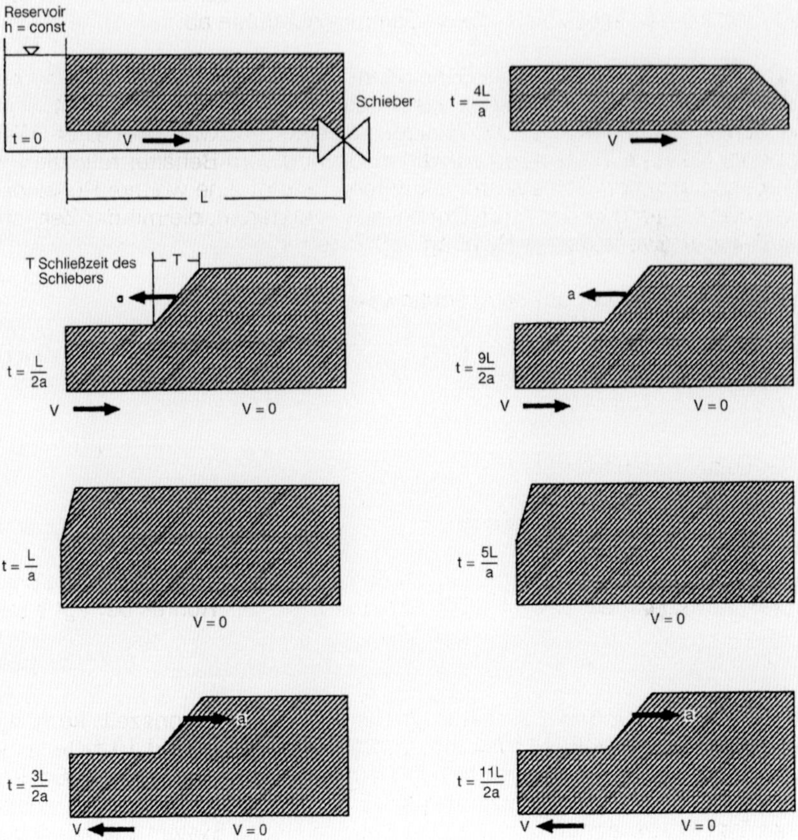

Bild 10.1-1: Druckwellenbilder am Beispiel Behälter-Rohr-Schieber; Schließen der Armatur in der Zeit T

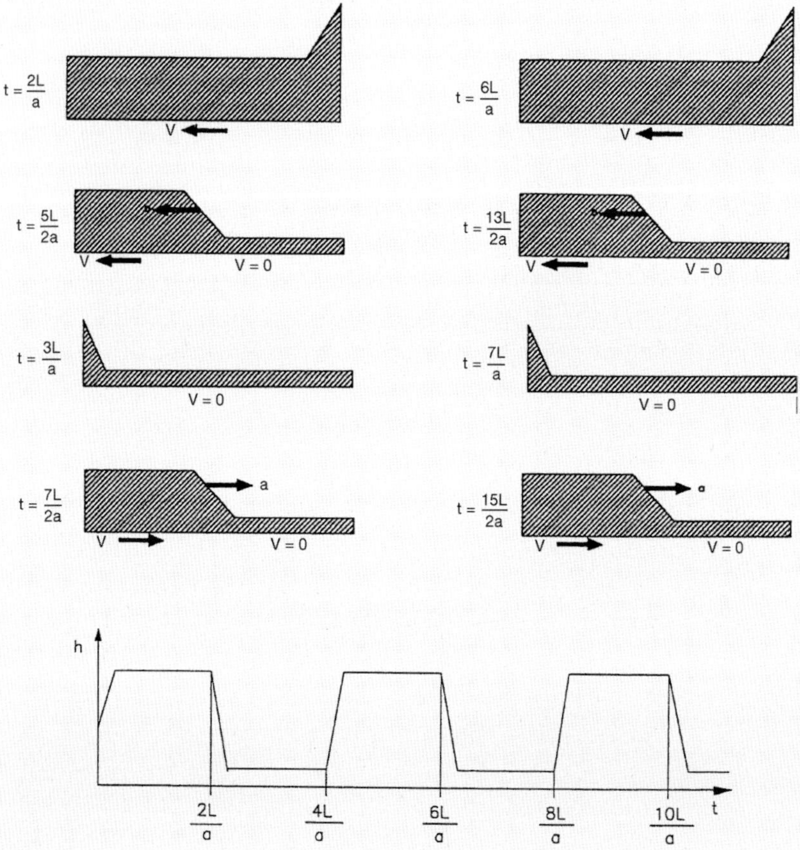

Bild 10.1-1: Fortsetzung

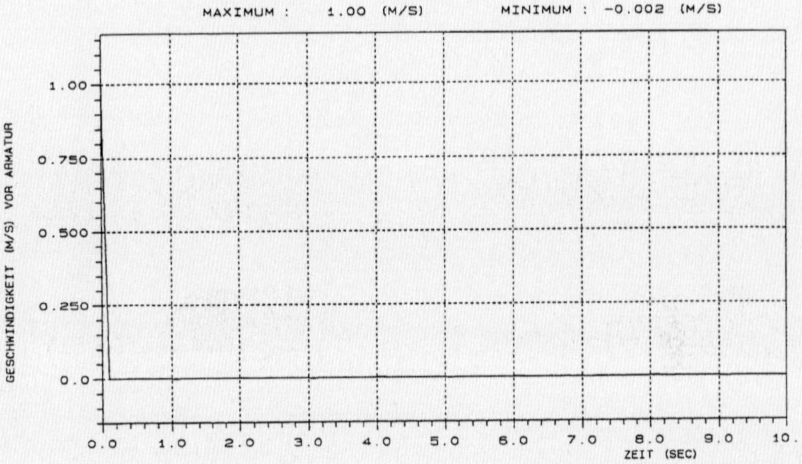

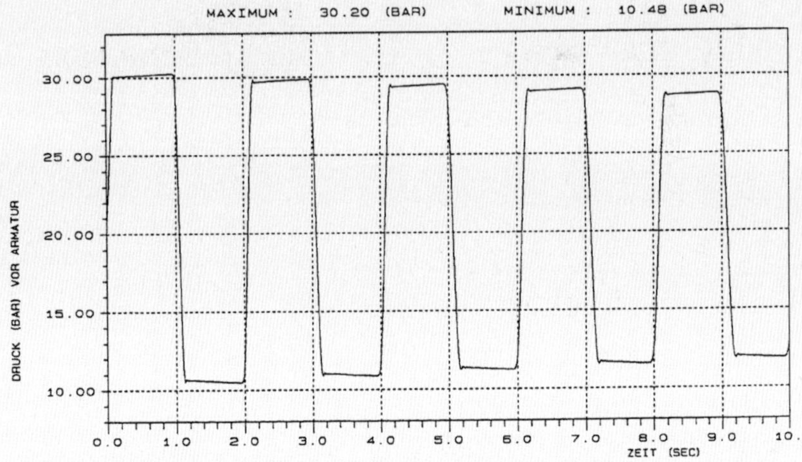

Bild 10.1-2a: Druckstoß-Analyse eines Systems Behälter-Rohrleitung mit schließender Armatur: L = 500 m, Schallgeschwindigkeit 1000 m/s, Reflexionszeit 1 s, Schließzeit 0,1s
oben: Geschwindigkeit; unten: Druck am Ort der Armatur

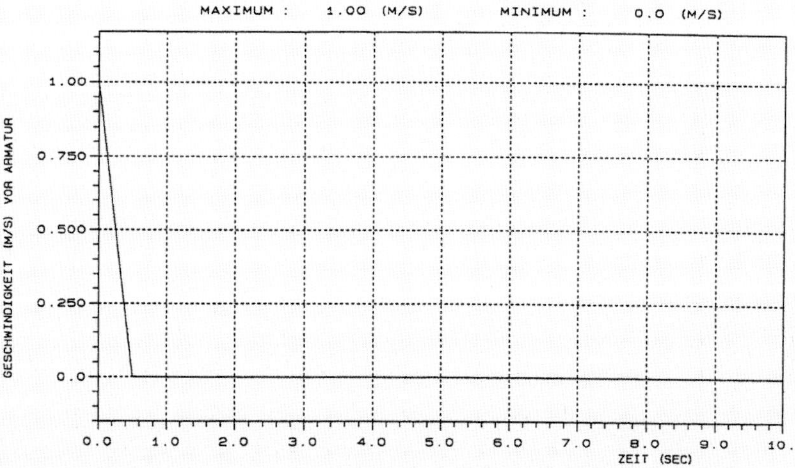

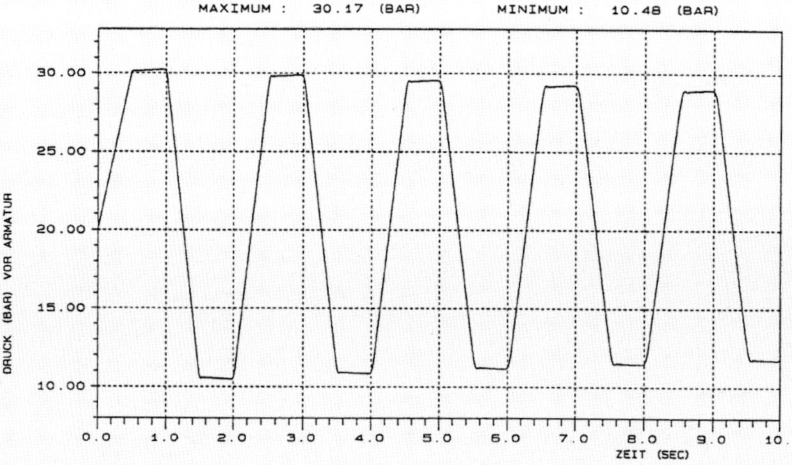

Bild 10.1-2b: wie Bild 10.1-2a, jedoch mit Schließzeit 0,5 s

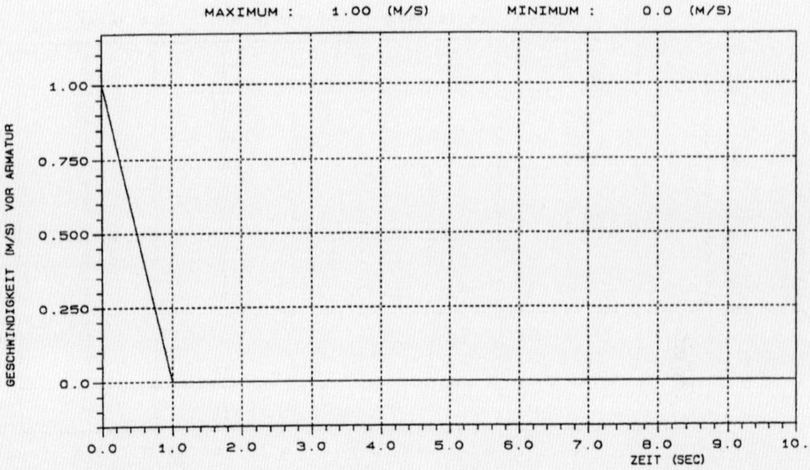

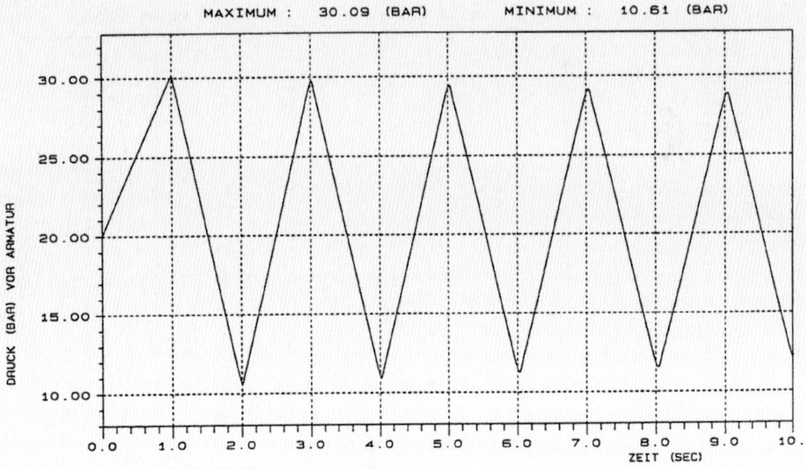

Bild 10.1-2c: wie Bild 10.1-2a, jedoch mit Schließzeit 1 s

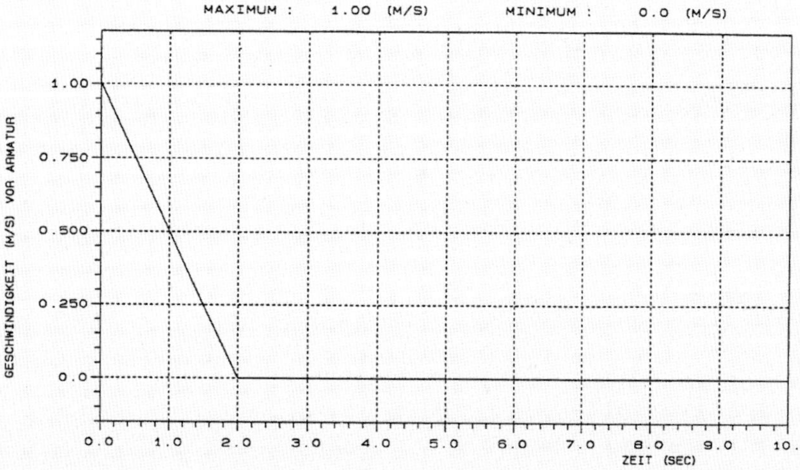

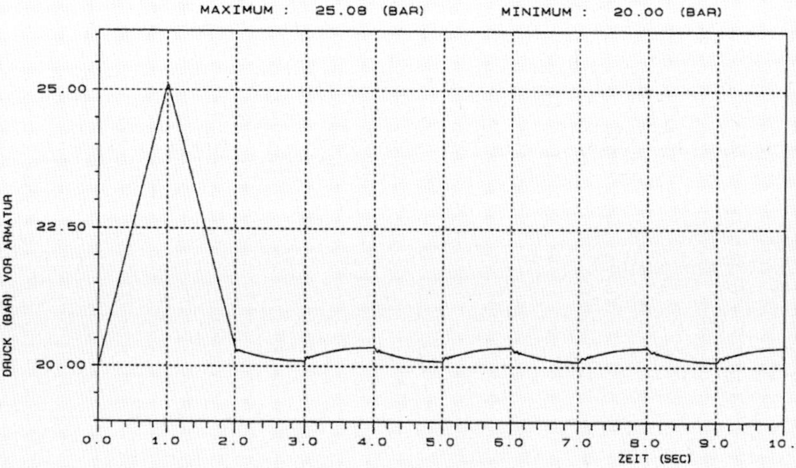

Bild 10.1-2d: wie Bild 10.1-2a, jedoch mit Schließzeit 2 s

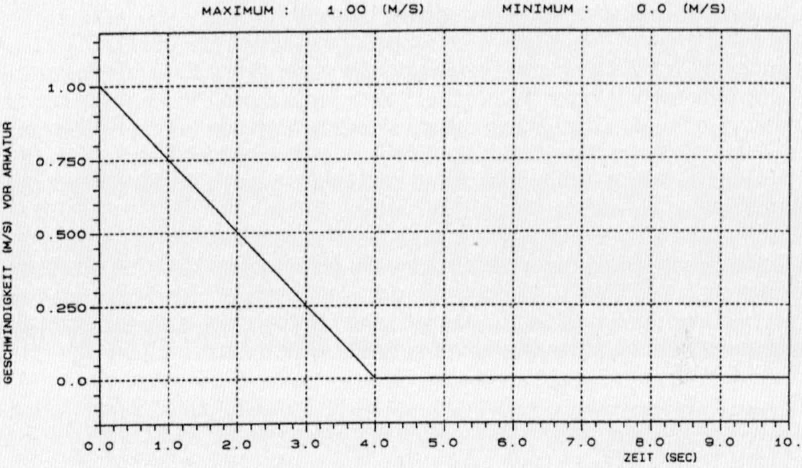

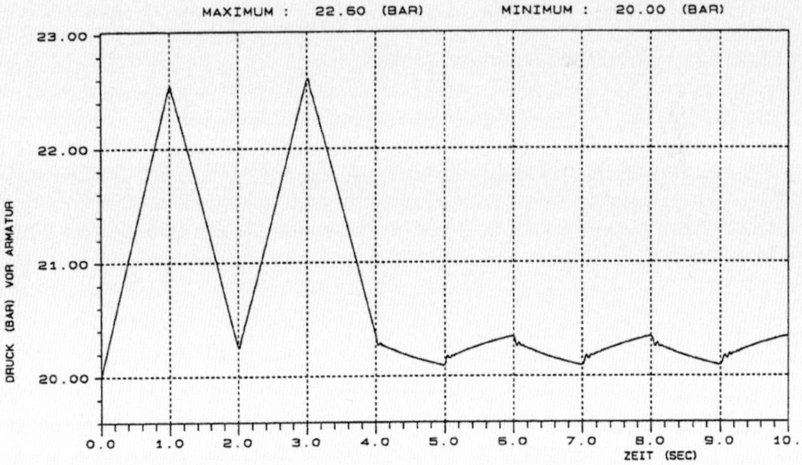

Bild 10.1-2e: wie Bild 10.1-2a, jedoch mit Schließzeit 4 s

10.2 Vereinfachte Berechnungen

10.2.1 Ermittlung der Schallgeschwindigkeit

Für einfache Rohrsysteme ohne Verzweigungen oder Vermaschungen lassen sich die Druckwellen hinsichtlich Druckhöhe und Verlauf mit Hilfe der Joukowsky-Beziehung recht gut abschätzen. Sie gilt streng genommen nur für Flüssigkeiten. Sind Schallgeschwindigkeit und Dichte der Flüssigkeit sowie das Schließgesetz der Armatur bekannt, erhält man für die überschlägige Auslegung brauchbare Ergebnisse.

Die Schallgeschwindigkeit a der Druckwelle wird sowohl von den elastischen Eigenschaften des Fluids, als auch von der Elastizität der Rohrwand bestimmt. Sie ist bei bei dünnwandigen und elastischen Rohren kleiner als bei dickwandigen. In Rohren mit Flüssigkeiten errechnet sie sich nach der Gleichung:

$$a = \frac{1}{\sqrt{\rho\left(\frac{1}{E_F} + \frac{d_i}{e_S\,E_R}\right)}} \qquad (10.2\text{-}1)$$

Es bedeuten:

E_F - Elastizitätsmodul des Fluids

E_R - Elastizitätsmodul des Rohrwerkstoffes

e_S - Wanddicke der Rohrleitung entsprechend Tabelle 0.1-2

d_i - Innendurchmeser der Rohrleitung

Bei großen Wanddicken ergibt sich näherungsweise die Schallgeschwindigkeit des Fluids zu

$$a = \sqrt{\frac{E_F}{\rho}} = \sqrt{\frac{\partial p}{\partial \rho}} \qquad (10.2\text{-}2)$$

Die Werte für die Schallgeschwindigkeit einzelner Stoffe können aus Stoffwerttabellen entnommen werden, z. B. [0.3-2] Abschnitt 6.1.5.

Für Wasser reicht es in vielen Fällen aus, die Schallgeschwindigkeit für Raumtemperatur und atmosphärischen Druck zu kennen. Für 15 °C beträgt $E_F = 2{,}16 \cdot 10^9\ N/m^2$ und $\rho = 999{,}2\ kg/m^3$, so dass sich a = 1470 m/s nach Gl. (10.2-2) errechnet.

Für andere Zustände muss der Einfluss des Druckes und der Temperatur berücksichtigt werden, wobei die Druckabhängigkeit der Schallgeschwindigkeit im technischen Bereich vernachlässigbar ist. Bei einer Druckerhöhung um 100 bar steigt sie lediglich um etwa 1 % an.

Der Temperatureinfluss ist hingegen wesentlich größer. Die Werte variieren bei atmosphärischem Druck zwischen 1402 m/s bei 0 °C und 1555 m/s bei 75°C. **Bild 10.2-1** zeigt die Temperaturabhängigkeit der Schallgeschwindigkeit in reinem Wasser in relativ dickwandigen Rohrleitungen aus Stahl.

In dünnwandigen Rohren sinkt die Schallgeschwindigkeit auf etwa 1000 bis 1100 m/s, in elastischen GFK-Rohren auf etwa 450 bis 500 m/s. Weitere Angaben zur Berechnung der Schallgeschwindigkeit siehe z. B. [10.2-1] und [10.2-2].

10.2.2 Druckstöße und dynamische Kräfte

Obwohl Erfahrungen an langen Rohrleitungen zeigten, dass der Joukowsky-Stoß in vielen Fällen auftreten kann, werden die Druckspitzen häufig dadurch abgemindert, dass Reflexionen an Querschnittsänderungen, Verzweigungen oder Rohrenden entstehen. Dies wurde bereits an dem o. a. einfachen System beschrieben.

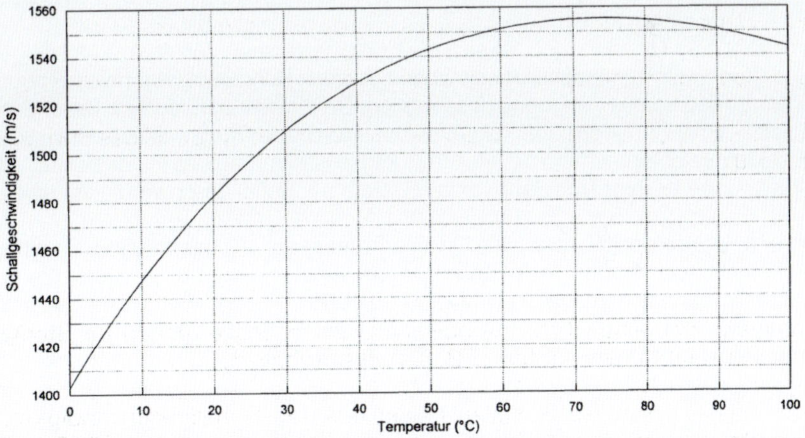

Bild 10.2-1: Temperaturabhängigkeit der Schallgeschwindigkeit in reinem Wasser

Druckstöße sind vor Allem in Flüssigkeiten wegen der großen Dichte des Fluids eine nicht vernachlässigbare Erscheinung. Aber auch in Leitungen mit stark kompressiblen Medien sind Druckstöße möglich, z. B. beim Schließen des Turbinenschnellschlussventils in Frischdampfleitungen.

Wie schon erwähnt, wird bei einer Geschwindigkeitsänderung von 1 m/s in einer Wasserleitung ein Druckstoß von 10 bar erzeugt, so dass erhebliche Drücke möglich sind, die die zulässigen Spannungen der Rohrleitungen überschreiten. Ebenso können Unterdruckwellen zum Ausdampfen der Flüssigkeit führen. Die mit Dampf gefüllten Hohlräume implodieren bei einem Druckanstieg schlagartig und erzeugen ihrerseits wieder Druckwellen mit hohen Druckspitzen.

Die Druckstöße wirken als dynamische äußere Lasten am Rohrleitungssystem, belasten die Rohrhalterungen und können erhebliche Schäden anrichten, falls keine Vorkehrungen getroffen sind. Insbesondere warmgehende Leitungssysteme, die vorwiegend elastisch mit Hängern gehaltert sind, können durch diese Kräfte angeregt werden. Im Resonanzfall mit dem Rohrleitungssystem treten hohe Lagerbelastungen auf. Derartige dynamische Untersuchungen sind in der Regel nicht mit Überschlagsrechnungen zu erfassen [10.2-3].

Zur Abschätzung der axialen Rohrkräfte aus dem Druckstoß setzt man den Impulssatz an den Umlenkungen der Rohrleitung an (**Bild 10.2-2**). Die resultierende dynamische Last ergibt sich aus der Summe der Krümmerkräfte F_1 und F_2 sowie der Reibungskraft F_{Reib} zwischen Flüssigkeit und Rohrwand:

$$F_{dyn} = -F_1 + F_2 + F_{Reib} \tag{10.2-3}$$

Im stationären Fall ist $F_{dyn} = 0$, da sich die Kräfte gegenseitig aufheben. Läuft hingegen eine Druckwelle durch den Bogen 1 in den geraden Rohrleitungsteil hinein, steigt der Druck p_1 und somit F_1 an, ohne dass sich am Ort 2 die Kraft F_2 ändert. Bei endlichen Schließ- bzw. Öffnungszeiten von Armaturen wird eine Druckwelle erzeugt, die eine Druckrampe entsprechend der Geschwindigkeitsänderung des Fluids besitzt. Diese Druckrampe bewegt sich dann in das System mit Schallgeschwindigkeit hinein.

Im o. a. Beispiel erhält man eine Druckerhöhung von 10 bar bei einer Geschwindigkeitsänderung von 1 m/s. Dauert diese Verzögerung 1 s, so passt die komplette Druckrampe gerade in ein Rohr von 1000 m Länge. Der Druck ändert sich somit um 0,01 bar/m Rohr. Bei einem geraden Rohrstück von 100 m zwischen zwei Bogen und einem lichten Durchmesser von d_i = 500 mm ergibt sich eine maximale Druckdifferenz von

$$\Delta p = 100 \cdot 0{,}01 = 1 \text{ bar}$$

und somit eine axiale dynamische Kraft von

$$F_{dyn} = -A_R \left(\rho_1 v_1^2 + p_1 + \Delta p\right) + A_R \left(\rho_2 v_2^2 + p_2\right) + F_{Reib} \tag{10.2-4}$$

Wenn man die Reibung vernachlässigt und an den Stellen 1 und 2 die Geschwindigkeiten $v_1 = v_2$ sowie die Dichten $\rho_1 = \rho_2$ setzt, erhält man

$$F_{dyn} = -A_R \, \Delta p = -\frac{d_i^2 \, \pi}{4} \, \Delta p \qquad (10.2\text{-}5)$$

Das negative Vorzeichen gibt an, dass die Kraft entgegen der positiven Strömungsrichtung wirkt. Beim obigen Zahlenbeispiel wird $F_{dyn} \approx -19{,}6$ kN. Bei kürzeren Schließzeiten der Armaturen erhöhen sich die Kräfte entsprechend.

Zahlreiche konstruktive Möglichkeiten stehen zur Abminderung der Druckstöße zur Verfügung:

- Vergrößerung der Schließzeit der Armaturen.
- Einsatz von Rückschlagklappen mit hydraulischen Bremsen, um den Klappenschlag zu vermeiden.

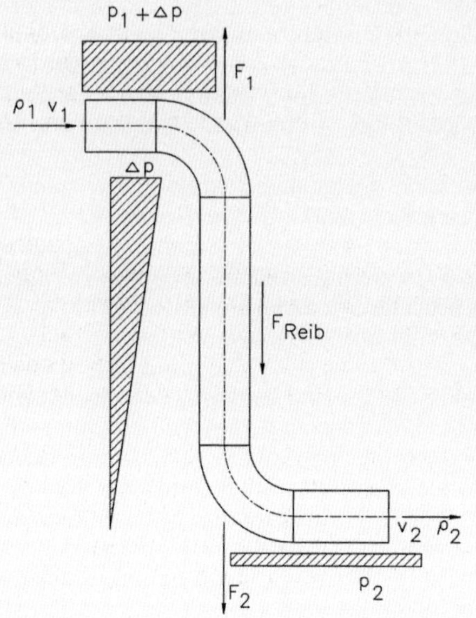

Bild 10.2-2: Berechnungsmodell zur Ermittlung der axialen dynamischen Rohrkraft infolge Druckstoß

- Verwendung von Klappen mit außenliegender Klappenwelle und Hebelarm mit Zusatzgewichten zur Verkürzung der Schließzeit und der Verhinderung von Rückströmungen [10.2-4], [10.2-5].

- Ausrüstung der Pumpen mit großen Schwungmassen, um die Auslaufzeiten bei Pumpenabschaltung zu verlängern, so dass sich die Geschwindigkeitsänderungen des Fluids und somit auch die Druckamplituden verringern. Dadurch können dann freischwingende Rückschlagklappen auf der Pumpendruckseite schließen, ohne dass es zu einer nennenswerten Rückströmung kommt, die für die gefürchteten Klappenschläge verantwortlich ist.

- Zwischenschaltung von Windkesseln, Wasserschlössern oder Sicherheitstanks, die den Druckstoß dadurch abbauen, dass sie ein bestimmtes Volumen elastisch aufnehmen [10.2-6].

10.3 Rechenverfahren für komplexe Systeme

Druckstoßberechnungen werden für verzweigte und vermaschte Rohrleitungssysteme fast ausschließlich auf PC durchgeführt. Grundlage aller Programme, ohne auf Einzelheiten eingehen zu wollen, ist die Entwicklung der Druckstoßgleichungen aus den Gesetzen zur Erhaltung der Masse und zur Erhaltung der Energie (der Impulse), die mittels geeigneter Verfahren für den Rechner aufbereitet werden.

Für Flüssigkeiten wird in der Regel das Charakteristikenverfahren eingesetzt, bei dem die partiellen Differentialgleichungen in gewöhnliche Differentialgleichungen umgeformt werden. Andere Programme arbeiten z. B. mit dem Verfahren der finiten Differenzen, die die partiellen Differentialgleichungen direkt integrieren. Obwohl in der Regel erhöhte Rechenzeiten erforderlich sind, eignen sich diese Verfahren insbesondere für kompressible Medien.

Das Rohrleitungssystem wird als Rechenmodell in kleine Abschnitte zerlegt und in sehr kleinen Zeitschritten im Millisekundenbereich durchgerechnet. Hierbei werden die Differentialgleichungen mittels geeigneter numerischer Verfahren gelöst. Äußere Randbedingungen, wie Drücke und Massenströme, können als zeitabhängige Randfunktionen dem Programm vorgegeben werden. Innere Randbedingungen, wie die Rohrreibung, die Stellung der Armaturen oder die Drehzahlen von Pumpen, werden in speziellen Unterprogrammen für jeden Zeitschritt berechnet. Die ermittelten Ergebnisse, die Widerstandsbeiwerte und die Förderhöhen werden dem Strömungsprogramm übergeben und in die Druckwellenberechnung einbezogen. Selbst Ausdampfen kann mit bestimmten Programmen berücksichtigt werden.

Die Ergebnisse solcher Analysen sind Plots der zeitabhängigen Zustandsgrößen des Fluids, also Drücke und Dichten, Massenströme, Geschwindigkeiten,

Stellgrößen oder Pumpendaten. Ebenso können die dynamischen Lasten als Plots ausgegeben werden, oder sie dienen als Eingabedaten zur dynamischen Strukturanalyse für das Rohrleitungssystem.

10.4 Berechnungsbeispiele

10.4.1 Berechnungsgrundlage

Zum besseren Verständnis der Druckstoßuntersuchungen werden zwei Beispiele von Druckstoßanalysen erläutert. Die Berechnungen wurden mit den Computerprogrammen HYDRIA (Hydraulische instationäre Analyse) und HYDRIAG (Hydraulische instationäre Analyse für Gase) auf einem Personalcomputer durchgeführt. Die Programme arbeiten nach dem Verfahren der finiten Differenzen und werden zur Druckstoßuntersuchung für Flüssigkeiten (HYDRIA) und für Gase (HYDRIAG) eingesetzt. Durch Vergleiche der Berechnungen mit Messungen wurden die Programme verifiziert [10.2-6].

10.4.2 Pumpenausfall

Druckstoßuntersuchungen sind in vielen Fällen bei Rohrleitungssystemen erforderlich, in denen mehrere Pumpen gleichzeitig in Betrieb sind. Üblicherweise befinden sich auf der Druckseite der Pumpe Rückschlagarmaturen zum Schutz der Pumpe gegen Rückströmungen. Oft werden freischwingende Rückschlagklappen eingesetzt. Kommt es zu einem Pumpenausfall, wird während des Pumpenauslaufes der Volumenstrom durch die Pumpe stark abgebremst, bei gleichzeitigem Abfall der Förderhöhe. Während die anderen Pumpen im System weiterlaufen, kann sich die Strömung bei der ausgefallenen Pumpe umkehren, wenn die Rückschlagklappe innerhalb der kurzen Zeit der Strömung nicht so schnell schließen kann. Infolge der negativen Strömung kann es dann zum Klappenschlag mit erheblichen dynamischen Belastungen kommen.

Im vorliegendem Beispiel handelt es sich um eine Pumpstation, bei der 5 Pumpen Wasser durch eine mehrere Kilometer lange Transportleitung auf eine Höhe von reichlich 160 m pumpen sollen. **Bild 10.4-1** zeigt das Rechenmodell mit den Pumpen, Armaturen und Rohrleitungsabschnitten.

Es wurde unterstellt, dass die Pumpe 5 ausfällt. **Bild 10.4-2** zeigt den Drehzahlabfall und den Zusammenbruch der Förderhöhe der Pumpe. Innerhalb der hier betrachteten Problemzeit von 0,6 s fällt die Drehzahl von anfänglich 1490 min^{-1} auf 879 min^{-1} ab, die Förderhöhe sinkt von 160,3 m auf 69,65 m. Die Strömungsgeschwindigkeit am Ort der Rückschlagklappe verringert sich sehr stark und nach etwa 0,145 s kehrt sich die Strömung um (**Bild 10.4-3** unten), weil die Klappe zum gleichen Zeitpunkt noch nicht ganz geschlossen ist (Bild 10.4-3 oben).

Obwohl die negative Strömungsgeschwindigkeit einen verhältnismäßig kleinen Wert von -0,265 m/s aufweist, erzeugt sie eine maximale Druckwellenamplitude von etwa 3,6 bar (**Bild 10.4-4** oben). Bild 10.4-4 zeigt die Druckwellenverläufe vor und hinter der Rückschlagklappe während der Problemzeit. Man erkennt die durch den Klappenschlag kurzzeitig hervorgerufenen Druckspitzen, die aber sehr schnell wieder abklingen. Die dadurch entstehenden dynamischen Lasten (**Bild 10.4-5**) haben einen ähnlichen Verlauf wie die Druckwellen. In der Folge müsste untersucht werden, ob die Pumpe die Spitzenlast von -11,29 kN ertragen kann.

10.4.3 Turbinenschnellschluss

Mit zunehmender Blockleistung der konventionellen thermischen Kraftwerke, verbunden mit einem großen Energiepotenzial infolge hoher Drücke und Strömungsgeschwindigkeiten, müssen auch die Dampfleitungen hinsichtlich Druckstoßgefährdung untersucht werden, so wie es bei Kernkraftwerken schon immer vorgeschrieben ist.

Im untersuchten Beispiel (Rechenmodell mit zugehörigen Rohrleitungsdaten siehe **Bild 10.4-6**) handelt es sich um eine einsträngige Frischdampfleitung, bei der infolge Turbinenschnellschluss innerhalb von etwa 100 ms (**Bild 10.4-7** oben) der Dampfstrom abgesperrt wird. Die Strömungsgeschwindigkeit beträgt vor dem Ansprechen des Turbinenschnellschlussventils etwa 70 m/s bei einem Druck von 183 bar und einer Temperatur von 540 °C.

Durch das schnelle Abbremsen des Dampfstromes steigt der Druck vor dem Ventil von 183 bar auf 214,6 bar an (Bild 10.4-7 unten). Das Druckwellenbild im Fallstrang (**Bild 10.4-8** unten) zeigt zusammen mit der Massenschwingung (Bild 10.4-8 oben) das typische Verhalten in solchen Rohrleitungssystemen. Die Schwingungsfrequenz lässt sich zu rund 1,2 Hz ablesen, die Schallgeschwindigkeit des Dampfes wurde mit etwa 653 m/s errechnet.

Die Kräfte können auch bei kompressiblen Fluiden erhebliche Werte annehmen. Die dynamische Kraft 1, die auf den Fallstrang mit 68,6 m Länge wirkt, erreicht ein Kraftmaximum von 207 kN (**Bild 10.4-9** oben), da die komplette Druckrampe in den Strang hineinpasst. Bei 100 ms Schließzeit hat die Druckrampe eine Länge von etwa 65,3 m. Die Kraft 2 wirkt im Strang unmittelbar vor dem Turbinenschnellschlussventil. Bei einer Stranglänge von 20 m kommt nur ein Teil der Druckrampe zum Tragen, so dass die Kraft 2 mit maximal 64 kN entsprechend kleiner ausfällt (Bild 10.4-9 unten).

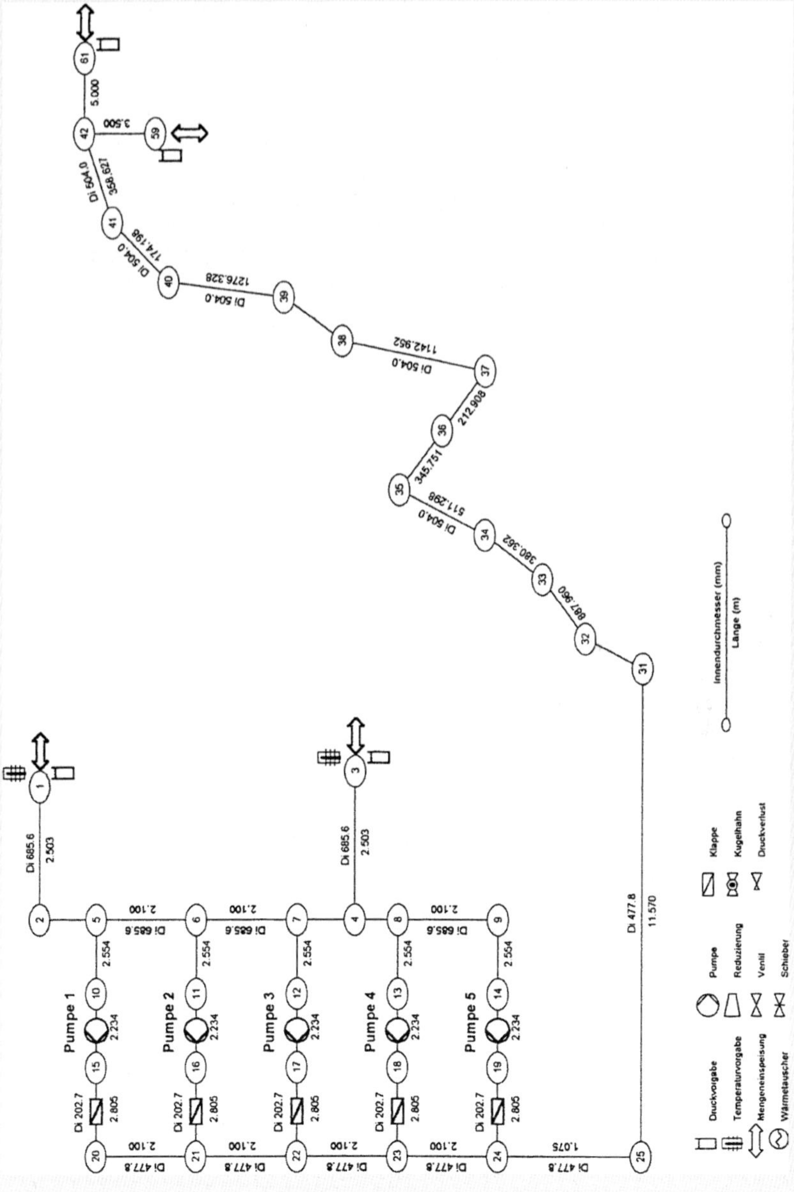

Bild 10.4-1: Rechenmodell einer Pumpstation für eine Druckstoßanalyse infolge Ausfall der Pumpe 5

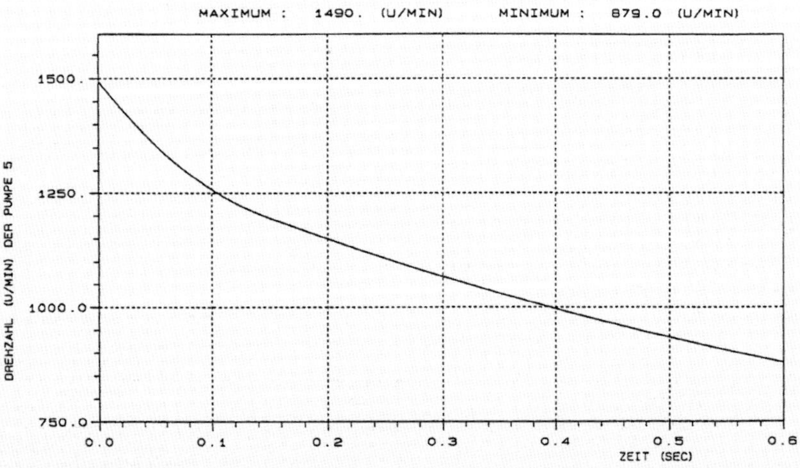

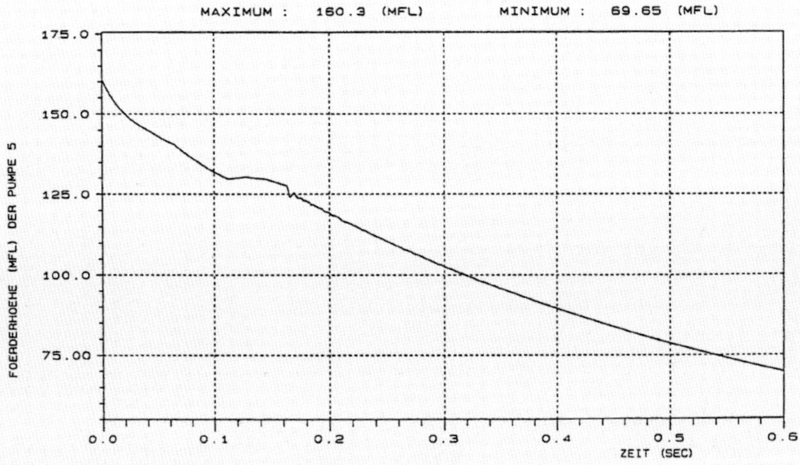

Bild 10.4-2: Beispiel Pumpenausfall: Drehzahl (oben) und Förderhöhe (unten) in Abhängigkeit von der Zeit

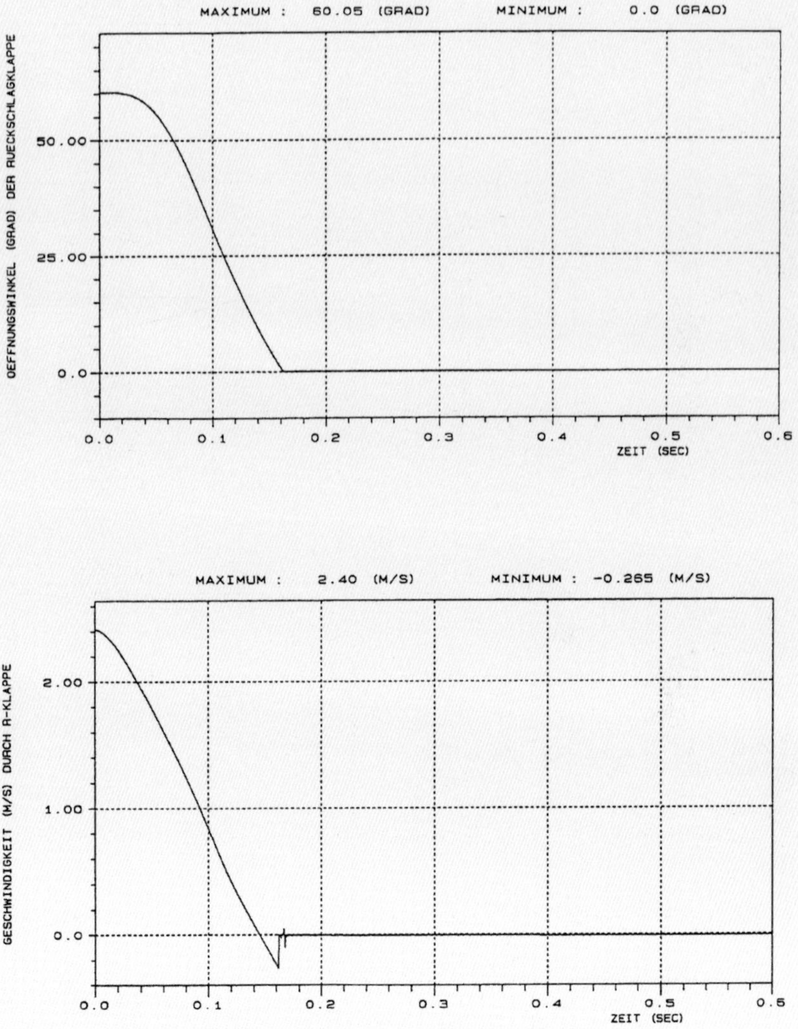

Bild 10.4-3: Beispiel Pumpenausfall: Öffnungswinkel (oben) und Strömungsgeschwindigkeit in der Rückschlagklappe (unten) in Abhängigkeit von der Zeit

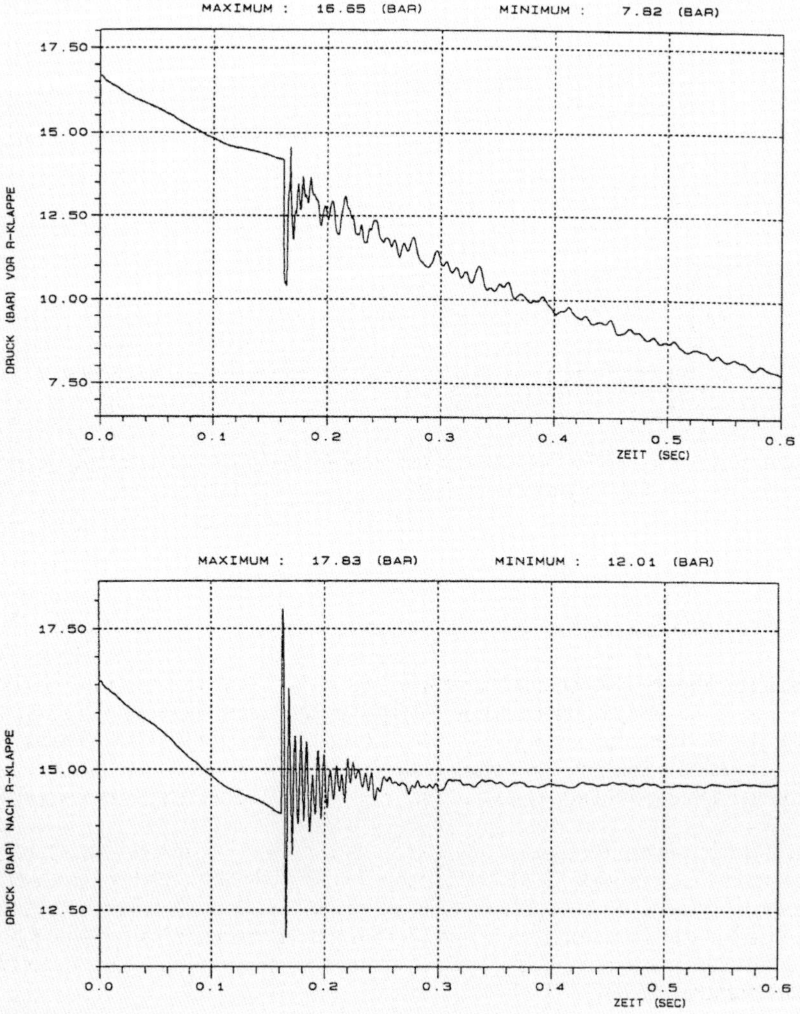

Bild 10.4-4: Beispiel Pumpenausfall: Druck vor (oben) und Druck nach der Rückschlagklappe (unten) in Abhängigkeit von der Zeit

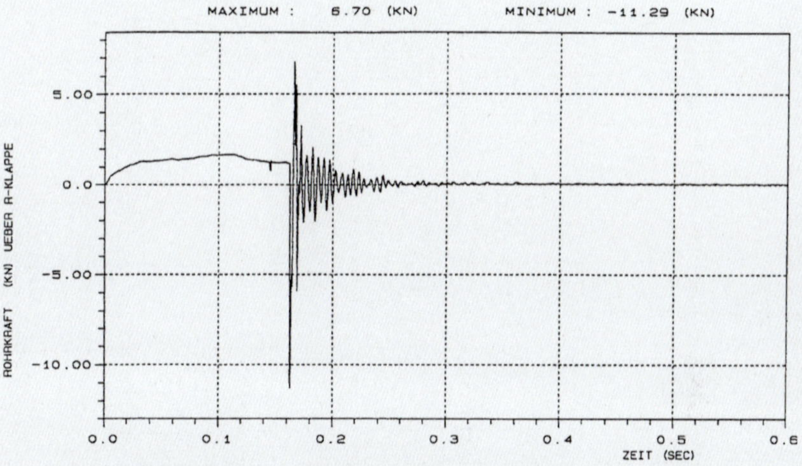

Bild 10.4-5: Beispiel Pumpenausfall: dynamische Rohrkraft an der Rückschlagklappe in Abhängigkeit von der Zeit

10.5 Fluid-Struktur-Wechselwirkung

Wegen des hohen Rechenaufwandes von Druckstoßanalysen für komplexe Systeme wurden in der Vergangenheit die fluiddynamischen Berechnungen ohne den Einfluss der Rohrleitungsbewegung durchgeführt, d. h. mit der Randbedingung einer unbeweglichen Struktur. Die damit ermittelten dynamischen Lasten wurden dann für eine nachfolgende strukturdynamische Berechnung als Erregung verwendet.

Bei warmgehenden Rohrleitungssystemen, die in Federn aufgehängt sind, und in denen die Fluidmasse (z. B. Flüssigkeiten) einen erheblichen Anteil an der Gesamtmasse ausmacht, wird die Druckstoßausbreitung von den Rohrleitungsbewegungen beeinflusst und umgekehrt. Durch diese Wechselwirkung verändern sich die Druckwellen im Rohrleitungssystem zeitlich und örtlich, und somit auch die daraus resultierenden Lasten.

Die Berechnung von Druckstößen mit Fluid-Struktur-Wechselwirkung erfolgt z. B. durch Kopplung des Druckstoßprogramms mit einem Rohrleitungsprogramm. Während der Berechnung werden dann simultan für jeden Berechnungszeitschritt die aktuellen Kräfte aus der Druckstoßberechnung dem Rohrleitungsprogramm übergeben. Dieses berechnet für diesen Zeitschritt die aktuellen Axialbeschleunigungen der

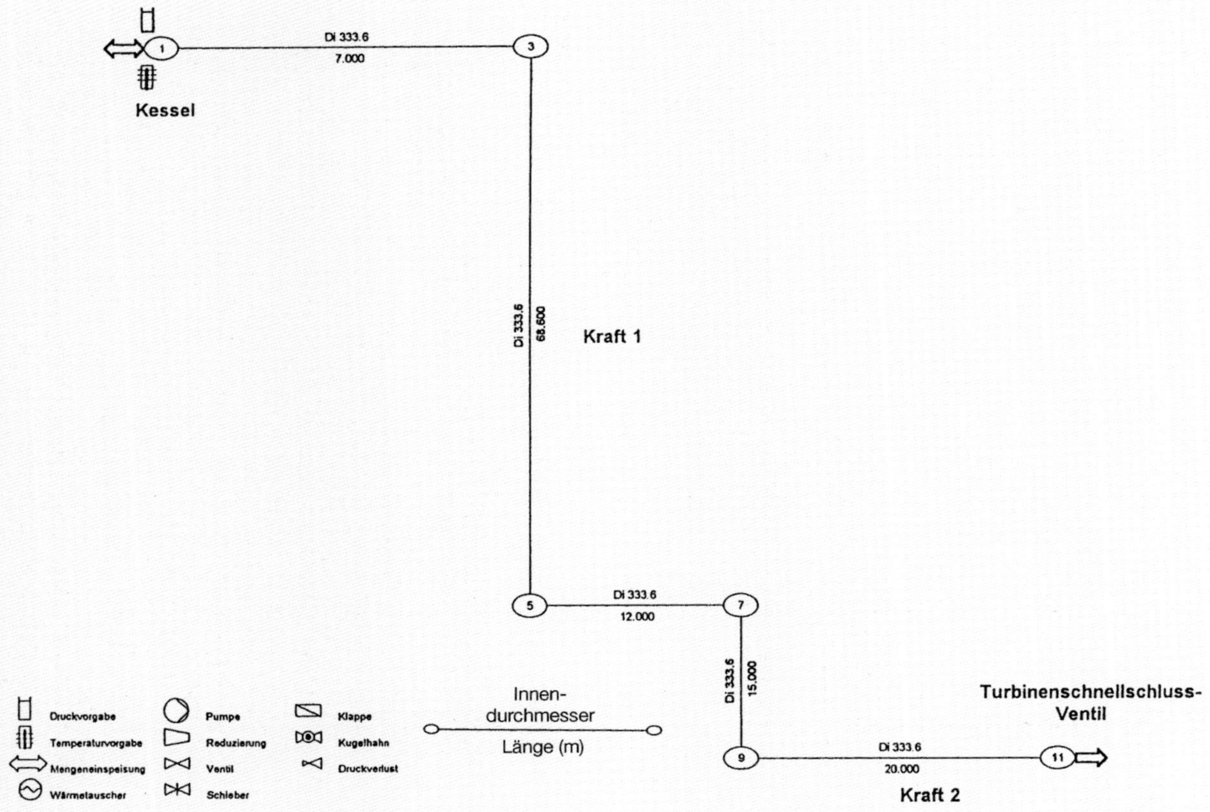

Bild 10.4-6: Rechenmodell der Frischdampfleitung für eine Druckstoßanalyse beim Turbinenschnellschluss

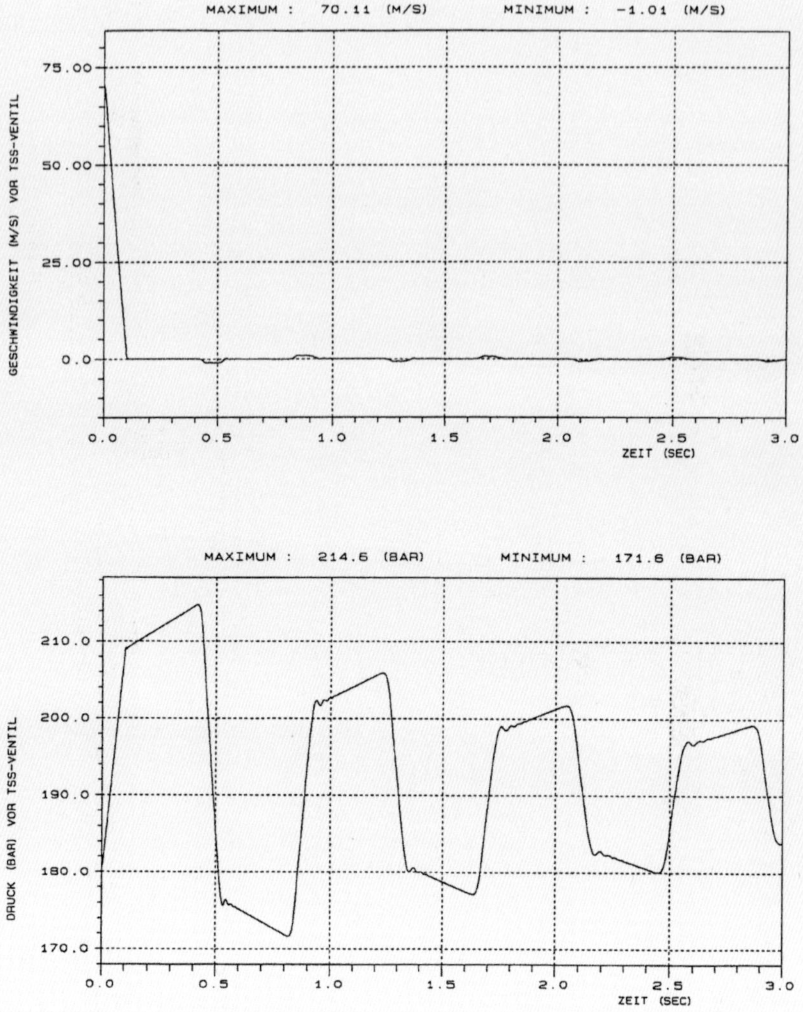

Bild 10.4-7: Beispiel Turbinenschnellschluss: Strömungsgeschwindigkeit (oben) und Druck vor dem Turbinenschnellschlussventil (unten) in Abhängigkeit von der Zeit

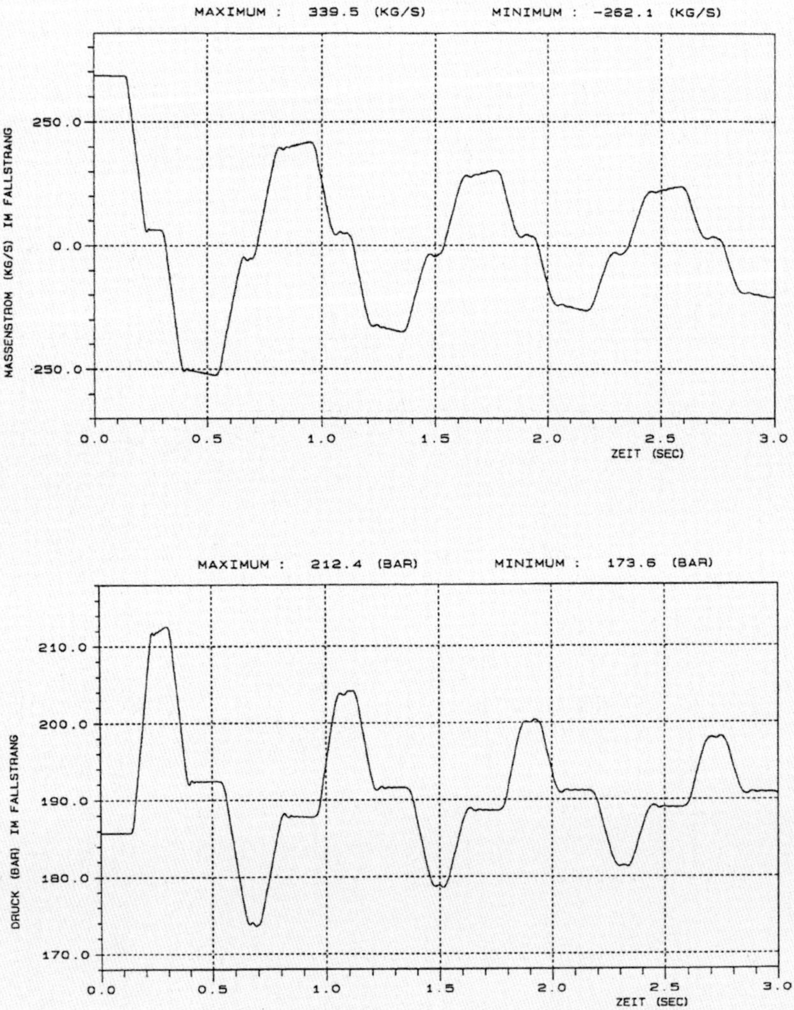

Bild 10.4-8: Beispiel Turbinenschnellschluss: Massenstrom (oben) und Druck im Fallstrang (unten) in Abhängigkeit von der Zeit

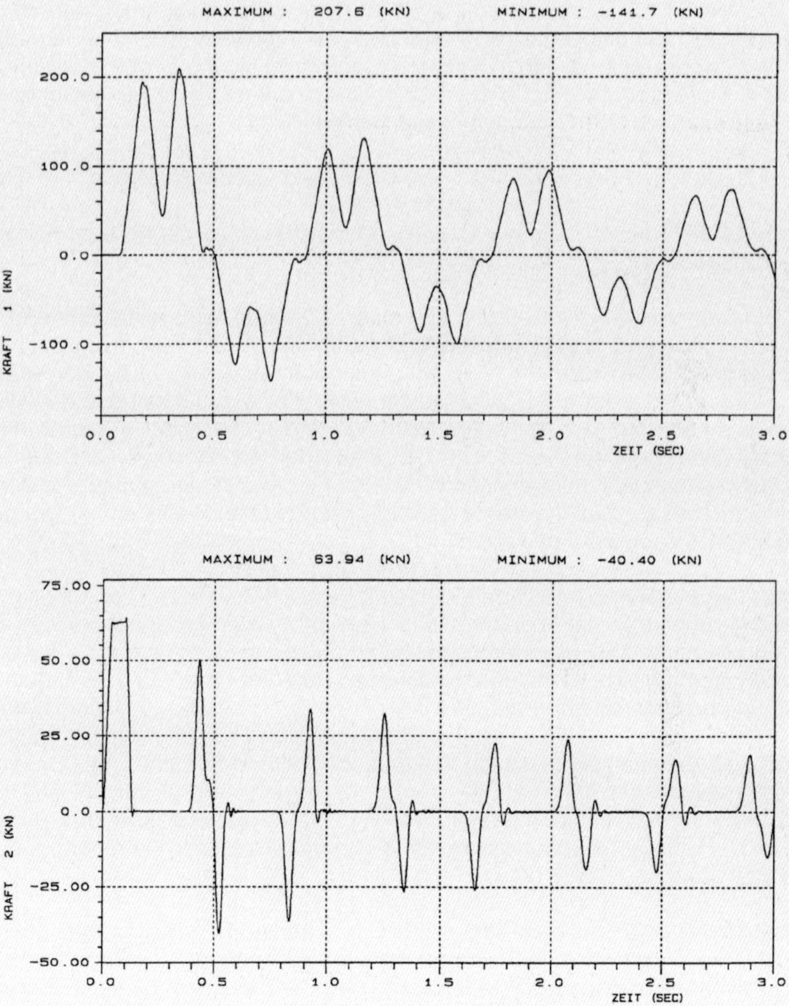

Bild 10.4-9: Beispiel Turbinenschnellschluss: dynamische Rohrkraft 1 im Fallstrang (oben) und dynamische Rohrkraft 2 vor dem Turbinenschnellschlussventil (unten) in Abhängigkeit von der Zeit

Rohrleitungen und übergibt diese dann für jeden Kraftort dem Druckstoßprogramm. Das wiederum löst für den neuen Zeitschritt mittels Direktintegration numerisch die Erhaltungsgleichungen für die Masse und den Impuls der Strömung für jeden Abschnitt, wobei die zugehörige Rohrleitungsbeschleunigung in der Impulserhaltungsgleichung berücksichtigt wird. Als zeitabhängige Ergebnisse werden für jeden Abschnitt innerhalb eines Berechnungsganges geliefert:

- die Zustandsgrößen des Fluids, wie Druck und Geschwindigkeit.
- alle Rohrleitungsgrößen, wie Bewegungen, Kräfte, Momente, Spannungen und Lagerlasten.

Beim vorliegenden Beispiel wurde nach dieser Methode mit dem Druckstoßprogramm HYDRIA und dem Rohrleitungsprogramm ROHR2stoss (siehe Abschnitt 18.4.1) eine fluiddynamische Simulation durchgeführt und mit Messungen verglichen. **Bild 10.5-1** zeigt die Rohrleitungsanlage eines Versuchstandes des Delft Hydraulics Laboratorium, der speziell für die Untersuchung der Fluid-Struktur-Wechselwirkung gebaut wurde. Um den Effekt der Rohrleitungsbewegung auf die Druckwellenausbreitung möglichst zu erhöhen, wurde ein großes Verhältnis von Fluidmasse zur Strukturmasse gewählt und das Leitungssystem an Drähten im Abstand von jeweils 6 m aufgehängt.

An den Lagerstellen A und H befinden sich Festpunkte, an den Lagerstellen B und G Führungen. An der Lagerstelle E ist eine verstellbare Feder angebracht, die für den untersuchten Fall entfernt worden ist. Ein Schnellschlussventil (Position H) wird innerhalb von 10 ms geschlossen, so dass die von A nach H fließende Strömung schlagartig abgebremst wird.

Bild 10.5-2 zeigt den gemessenen Verlauf der Änderung des statischen Druckes vor dem Ventil. Zum Vergleich ist der mit dem delfter Programm FLUSTRIN [10.5-1] berechnete Druck mit und ohne Fluid-Struktur-Wechselwirkung eingetragen. Die klassische Lösung ohne Fluid-Struktur-Wechselwirkung ergibt eine 4 Hz-Schwingung.

Im **Bild 10.5-3** ist der mit den Programmen HYDRIA und ROHR2stoss berechnete Druckverlauf für das gleiche System unter Berücksichtigung der Fluid-Struktur-Wechselwirkung dargestellt. Die Messung und die Berechnung zeigen in guter Übereinstimmung eine abklingende 5 Hz-Schwingung.

Die Kraft-Zeit-Verläufe der klassischen Lösung und der Berechnung mit Fluid-Struktur-Wechselwirkung sind für den 30 m langen Rohrleitungsabschnitt D-E im **Bild 10.5-4** und **Bild 10.5-5** dargestellt. Obwohl die Druckspitzen bei der

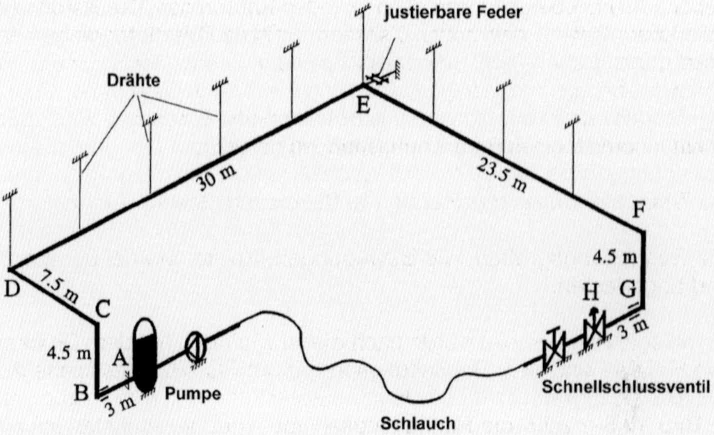

Bild 10.5-1: Rohrleitungssystem zur Untersuchung der Fluid-Struktur-Wechselwirkung [10.5-1]

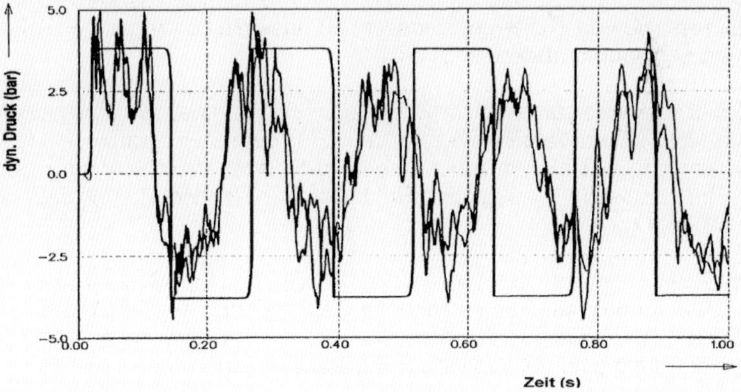

Bild 10.5-2: Gemessene bzw. mit FLUSTRIN berechnete Druck-Zeit-Funktionen vor dem Schnellschlussventil, mit und ohne Fluid-Struktur-Wechselwirkung

Fluid-Struktur-Wechselwirkung teilweise etwas höher liegen als bei der klassischen Lösung, sind die Kräfte in diesem Fall niedriger und klingen schneller ab. Dies muss jedoch nicht immer der Fall sein.

Es ist deshalb sinnvoll, trotz des erhöhten Aufwandes bei warmgehenden und elastisch unterstützten HD-Rohrleitungssystemen die Berechnung unter Berücksichtigung der Fluid-Struktur-Wechselwirkung durchzuführen, um genaue Ergebnisse über die zu erwartenden Kräfte zu erhalten.

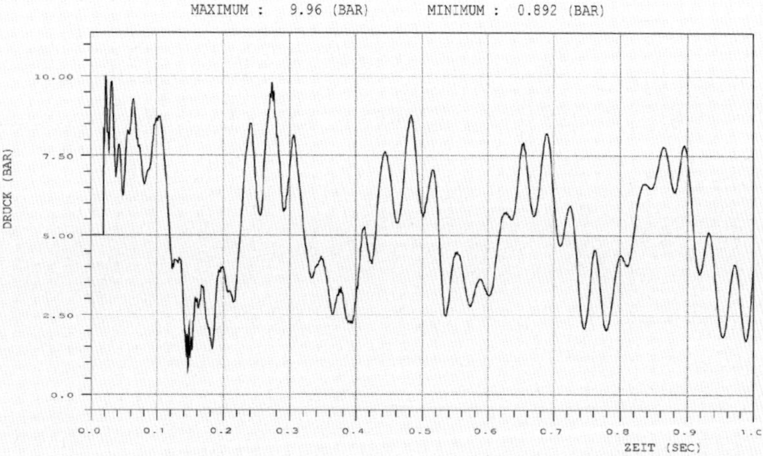

Bild 10.5-3: Mit den Programmen HYDRIA und ROHR2stoss berechnete Druck-Zeit-Funktionen vor dem Schnellschlussventil, mit Struktur-Wechselwirkung

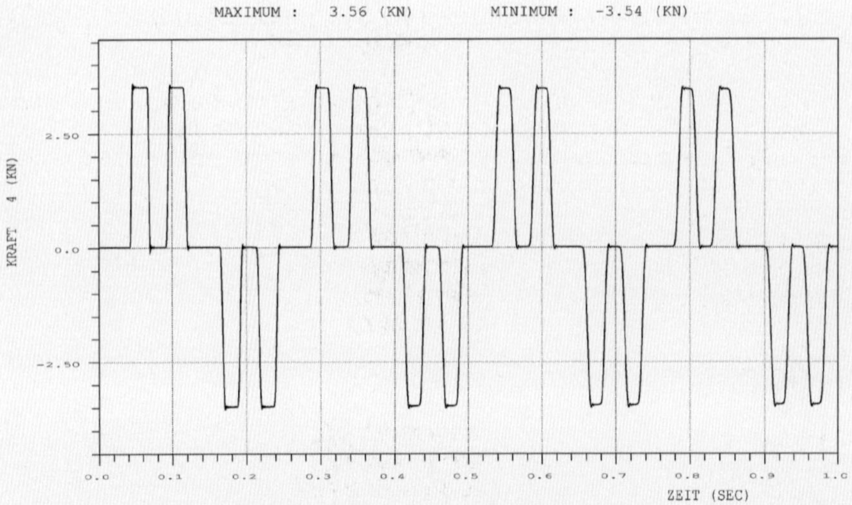

Bild 10.5-4: Mit dem Programm HYDRIA berechnete Kraft-Zeit-Funktionen für den Rohrleitungsabschnitt D-E, ohne Struktur-Wechselwirkung

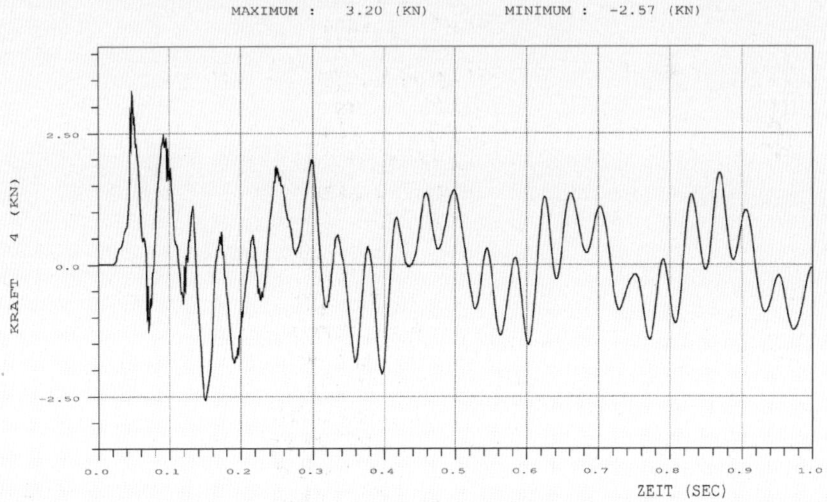

Bild 10.5-5: wie **Bild 10.5-4**, jedoch mit Struktur-Wechselwirkung

11. Erdverlegte Kunststoffmantelrohr-Systeme

11.1 Allgemeines

In den Verteilungsnetzen der Fernwärme wird bei Mediumtemperaturen ≤ 140 °C (gleitende Fahrweise) vorwiegend Kunststoffmantelrohr (KMR) eingesetzt. Das Mediumrohr aus Stahl und das Mantelrohr aus PE-HD sind über einen wärmedämmenden Polyurethan(PUR)-Hartschaumstoff kraftschlüssig miteinander verbunden, so dass unter KMR eigentlich Kunststoff-Verbundmantelrohr zu verstehen ist.

Für kleine Nennweiten sind auch flexible Kunststoffmantelrohre erhältlich, die ohne statische Berechnung nach den Anwendungsvorschriften der AGFW FW 420 Teil 1 bis 5 und DIN EN-Reihe 15632 verlegt werden können. Diese Rohre werden in bestimmten Fällen für Hausanschlüsse genutzt, haben im Fernwärmeleitungsbau bisher aber nur eine untergeordnete Bedeutung. Falls dabei für das Mediumrohr Kunststoff verwendet wird, ist ihr Einsatzbereich auf maximal 95 °C beschränkt.

Bei Temperaturen über 140 °C kommt erdverlegtes Stahlmantelrohr (SMR) zur Anwendung (siehe Kapitel 12).

Die Methoden der statischen Auslegung von KMR-Systemen wurden innerhalb der letzten Jahre immer mehr verfeinert (siehe AGFW FW 401 Teil 10 und DIN EN 13941). Die hohe Rechengeschwindigkeit moderner PC und die Anwendung von Statikprogrammen wie z. B. sisKMR (siehe Kapitel 18), die mit iterativen Methoden auch die nichtlinearen Kraft-Weg-Beziehungen wirklichkeitsnah erfassen können, ermöglichen die Beurteilung der geplanten Systeme und den Vergleich von Varianten zur Auffindung optimaler Lösungen in kürzester Zeit mit vertretbarem Aufwand. Dadurch sind wesentliche Voraussetzungen für eine bessere Materialausnutzung durch den Wegfall unnötiger Sicherheitszuschläge (Angstzuschläge) gegeben. Allerdings erfordert die verbesserte Materialausnutzung eine erhöhte Sorgfalt bei der Systemauslegung in der Planung und bei der Qualitätskontrolle auf der Baustelle.

Die nachfolgenden Abschnitte beschränken sich im Wesentlichen auf die Darlegung der systemspezifischen Besonderheiten und ihre Berücksichtigung bei der Elastizitäts- und Festigkeitsberechnung der KMR-Systeme. Von besonderer Bedeutung sind dabei die Sekundäreinwirkungen, die durch die Temperaturänderungen verursacht werden.

Nachweise zu den Primäreinwirkungen Innendruck, Erd- und Verkehrslast (Auslegung der Wanddicken) sind zuvor gemäß Kapitel 4 und 13 zu führen. Bei den handelsüblichen Wanddicken und den gewöhnlichen Drücken und Überdeckungen erübrigt sich dieser Nachweis für kleine Nennweiten.

11.2 Auslegung langer, gerader Leitungsabschnitte

11.2.1 Einteilung

Der Planer kann lange, gerade Leitungsabschnitte für unterschiedlich hohe Axialspannungen auslegen. Da die Höhe der Axialspannungen in diesen Leitungsabschnitten Auswirkungen auf die Auslegung und Berechnung der Rohre hat, werden hier die elementaren Auslegungsmethoden beschrieben. Je nach Höhe der Axialspannungen in den langen, geraden Leitungsabschnitten unterscheidet man in die Auslegungsvarianten VA bis VD:

Kaltverlegte Systeme (ohne Vorspannung vor dem Verfüllen) nach **Bild 11.2-1**

- VA: Kaltverlegung mit niedrigem Spannungsniveau

- VB: Kaltverlegung mit hohem Spannungsniveau (betriebliche Selbstvorspannung)

Warmverlegte Systeme (Vorspannung durch Vorwärmung vor dem Verfüllen) nach **Bild 11.2-2**

- VC: Vorgewärmte Verlegung

- VD: Verlegung mit Einmalkompensatoren (E-Muffen)

11.2.2 Kaltverlegung mit niedrigem Spannungsniveau (VA)

Die Kaltverlegung mit niedrigem Spannungsniveau vermeidet das Risiko örtlicher Instabilität, indem der Abstand zwischen zwei benachbarten Kompensationsstellen die zulässige Verlegelänge nicht überschreitet. Dadurch wird ohne Vorwärmung gesichert, dass die zulässige Axialspannung im geraden Rohr (190 MPa bei P235TR1 bzw. St 37.0) nicht überschritten wird. Eine Kaltverlegung mit niedrigem Spannungsniveau ergibt sich in der Planung häufig daraus, dass ohnehin erforderliche Richtungsänderungen für die Kompensation genutzt werden. Auf geraden Trassenabschnitten, bei denen der Abstand der durch den Trassenverlauf gegebenen Kompensationsstellen größer ist als die zulässige Verlegelänge, erfolgt der Einbau von U-Bögen oder anderen Kompensatoren (siehe Bild 11.2-1). Bei langgestrecktem Trassenverlauf ist dies in der Regel die teuerste Lösung. Fernwärmeleitungen, deren maximale Vorlauftemperatur auf ≤ 90 °C begrenzt ist, fallen immer in die Verlegemethode VA, auch wenn sie beliebig lange, gerade Leitungsabschnitte aufweisen.

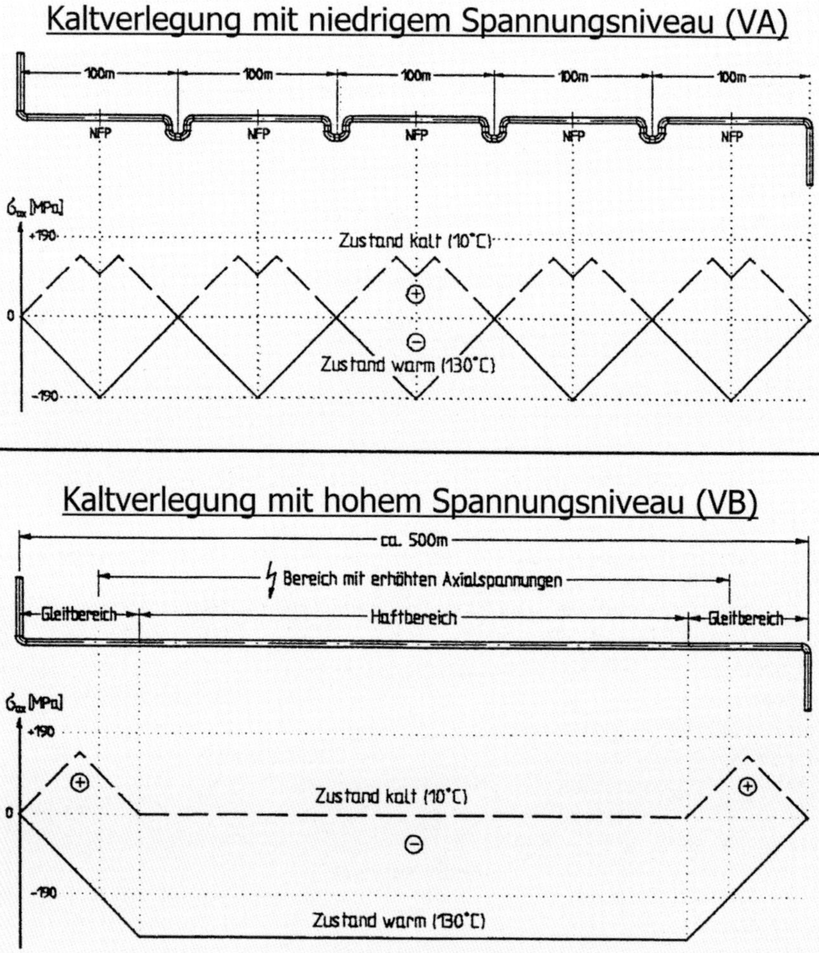

Bild 11.2-1: Kaltverlegte Systeme für eine KMR-Leitung DN 100: Trassenabschnittslänge 500 m, Überdeckung 0,8 m (ohne Wirkungen aus Innendruck und Bettungswiderstand an den Bogen)

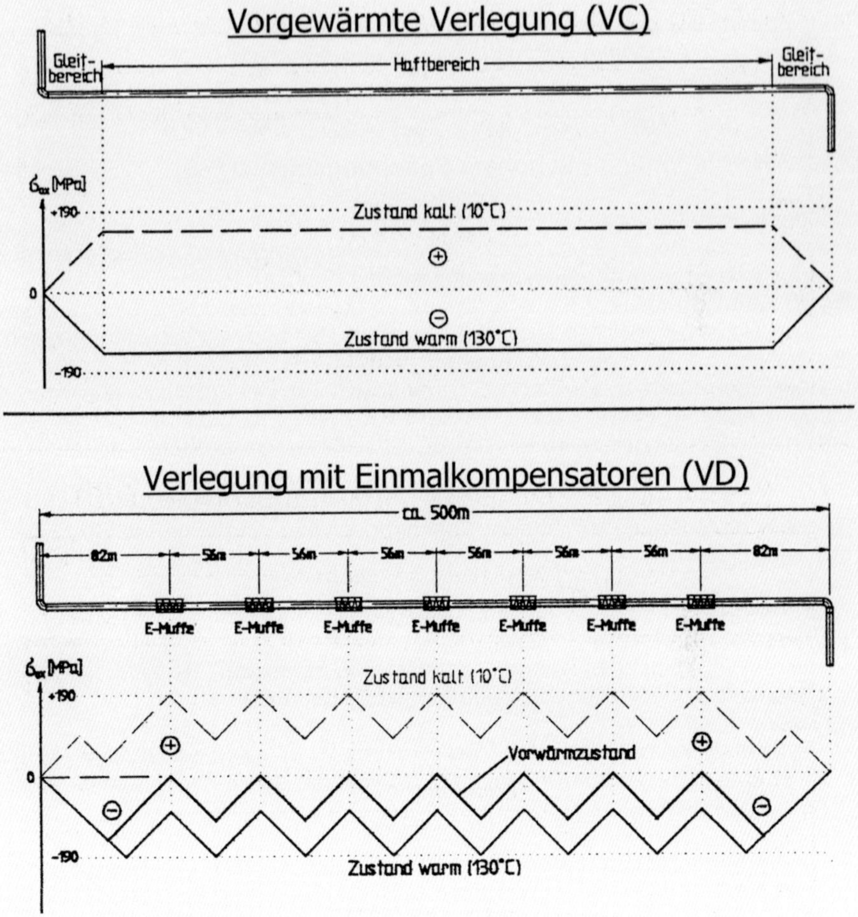

Bild 11.2-2: Warmverlegte Systeme für eine KMR-Leitung DN 100: Trassenabschnittslänge 500 m, Überdeckung 0,8 m (ohne Wirkungen aus Innendruck und Bettungswiderstand an den Bogen)

Bei Kaltverlegung mit niedrigem Spannungsniveau sind überall ohne gesonderten statischen Nachweis Richtungsänderungen in Lage und Höhe über Knicke bis zu 3° zulässig. Der Mindestabstand zwischen zwei Knicken darf ohne gesonderten statischen Nachweis 6 m nicht unterschreiten. Der Graben kann unmittelbar nach der Rohrverlegung verfüllt werden. Je nach Bedarf sind Dehnpolster mechanisch vorzuspannen (siehe Abschnitt 11.3).

11.2.3 Kaltverlegung mit hohem Spannungsniveau (VB)

Bei der Kaltverlegung mit hohem Spannungsniveau können ohne Vorwärmung beliebig lange, gerade Leitungsabschnitte ohne Kompensationselemente realisiert werden. Die Axialspannungen erreichen dabei im Haftbereich Werte von bis zu -300 N/mm² und die erstmaligen Verschiebungen an den Kompensationsbogen am Leitungsende sind höher als bei den anderen Verlegemethoden. Bis zur maximalen Betriebstemperatur von 140 °C ist die Kaltverlegung mit hohem Spannungsniveau nach DIN EN 13941 bis DN 300 uneingeschränkt möglich. Nach AGFW 401 Teil 10 ist diese Verlegemethode bis DN 400 bei einer maximalen Betriebstemperatur von 130 °C zulässig. Bei größeren Nennweiten wächst die Gefahr der örtlichen Instabilität (Beulen) mit der Temperatur.

Bei der Kaltverlegung mit hohem Spannungsniveau sind folgende Besonderheiten zu beachten:

- Segmentschnitte (Knicke) sind nur bedingt anwendbar.
- an den verbleibenden Kompensationsstellen treten drei- bis viermal größere Dehnwege gegenüber vorgewärmten KMR-Leitungen auf.
- örtliche Verkleinerungen des Querschnittes (z. B. durch den Ausschnitt bei T-Stücken oder Anbohrungen) sind nach Bedarf durch Wandverstärkungen auszugleichen.
- an allen Richtungsänderungen, z. B. an Bogen, Knicken und Bogenrohren, treten erhöhte Druckspannungen im PUR-Schaumstoff auf.
- Armaturen müssen für die hohen Axialkräfte ausgelegt sein.
- bei Freigrabung oder Parallelaufgrabung besteht erhöhte Ausknickgefahr.

11.2.4 Vorgewärmte Verlegung (VC)

Wird die Leitung auf dem Sandbett im offenen Graben vorgewärmt und bei Vorwärmtemperatur eingesandet, so spricht man von vorgewärmter Verlegung. Um die Axialspannungen durch Verteilung auf Zug- und Druckbeanspruchung betragsmäßig zu minimieren, werden die Kunststoffmantelrohre bei dieser Verlegemethode vor dem Einbetten auf eine mittlere Temperatur vorgewärmt. Mit dieser Methode können beliebig lange, gerade Leitungsabschnitte realisiert werden, ohne dass deren Axialspannung die Grenzen von ± 150 N/mm² überschreitet (siehe Bild 11.2-2). Die Verschiebungen an den Kompensationsbogen am Leitungsende sind besonders niedrig und können in der Regel ohne mechanische Vorspannung von 40 mm oder 80 mm dicken Dehnpolstern aufgenommen werden.

In allen Verbindungen zwischen werksmäßig gedämmten KMR-Systembauteilen können Richtungsänderungen in Lage und Höhe ohne gesonderten statischen Nachweis über Knicke bis zu 3° realisiert werden. Der Mindestabstand zwischen zwei Knicken darf ohne gesonderten statischen Nachweis 6 m nicht unterschreiten. Die Verbindung mit den Ausgleichsbereichen (Dehnschenkel) erfolgt zweckmäßigerweise noch vor der Abkühlung der eingebetteten Vorspannstrecke, so dass sich die in den Zuständen kalt und warm erwarteten Verschiebungen im Ausgleichsbereich vorteilhaft auf die negativen und positiven Bereiche verteilen.

Die Einbringung von 50 bis 60 % Vorspannung durch fachgerechte Vorwärmung weist folgende Vorteile auf:

- geringeres technisches Risiko gegenüber Kaltverlegung mit hohem Spannungsniveau, höhere Betriebssicherheit und Nutzungsdauer.

- die Rohrleitung kann wie bei der Kaltverlegung mit hohem Spannungsniveau ohne zusätzliche Dehnungselemente über beliebig große Entfernungen geradlinig verlegt werden.

- die Dehnschenkel der Kompensationsbereiche und eventuell erforderliche Kompensatoren können kleiner ausgelegt werden.

- geringe Dehnungen und Querverschiebungen im Kompensationsbereich erfordern geringe Dehnpolsterdicken, wodurch unzulässige Mantelrohrtemperaturen besser vermeidbar sind.

- wesentlich geringere Axialspannungen, bei Sommerbetrieb nahezu null.

- bei Parallelaufgrabungen in unmittelbarer Nähe der Fernwärmeleitung kann das Ausknicken der KMR verhindert werden, indem die Leitung mit Vorwärmtemperatur betrieben wird.

Das Vorspannen durch Vorwärmung erfordert allerdings einen erhöhten Aufwand in der Planungs- und Ausführungsphase. Bei der Planung sind die statischen Erfordernisse sowohl für die Vorwärmphase, als auch für den Betriebszustand zu berücksichtigen. Bei der Ausführung muss der aufwändige Baustellenablauf beachtet werden.

Die Vorwärmung stellt einen nicht zu übersehenden Kostenfaktor dar, wenn ein Anschluss an ein bereits vorhandenes Netz nicht möglich ist. Weitere Nachteile sind das erforderliche Offenhalten langer Streckenabschnitte und die damit verbundene Bauzeitverlängerung.

Darüber hinaus birgt die Verlegung mit Vorwärmung im offenen Graben das Risiko des sogenannten Großrohr-Effektes in sich, der erstmals beim Bau der Transportleitung DN 800 von Wedel nach Hamburg auftrat und deshalb auch als Hamburg-Effekt bezeichnet wird. Beim Abkühlen der eingebetteten Rohrleitung wurden Endverschiebungen gemessen, die um den Faktor 2,5 größer als die vorausberechneten waren. Als Ursache wird die geringe radiale Ausdehnung der Rohrleitung angenommen, die bei sinkendem Druck und sinkender Temperatur wieder rückläufig ist. Dadurch ist ein gewisser Tunneleffekt möglich, der zu einer Verringerung der Reibung und zu einem Vorspannungsverlust führen kann.

Aus diesem Grund wird empfohlen, für den warmen Zustand mit Reibungskoeffizienten von $\mu = 0{,}4$ bis 0,5 und für den kalten Zustand mit $\mu = 0{,}2$ bis 0,3 zu rechnen.

Für Zwischentemperaturen bei Teillastwechseln wird im Programm sisKMR linear zwischen den Werten für 130 und 10 °C interpoliert. Damit wurde eine wesentlich bessere Übereinstimmung bei der Auswertung von Messergebnissen erzielt.

11.2.5 Verlegung mit Einmalkompensatoren (VD)

Mit Einmalkompensatoren, auch E-Muffen genannt, können die Axialspannungen im geraden Rohr auf die zulässigen Spannungen der konventionellen Verlegung reduziert werden. Einmalkompensatoren haben als Sonderlösung das Ziel, ohne aufwändige Vorwärmung im offenen Graben die geplante Vorspannung bei der ersten Inbetriebnahme einzubringen. Die Rohrleitung kann mit Ausnahme der Einmalkompensatoren sofort eingeerdet werden. Bei der ersten Inbetriebnahme wird sie zunächst nur auf Vorwärmtemperatur gebracht. Wenn die vorgesehene Verschiebung an der E-Muffe erreicht ist, wird mittels Kehlnaht die kraftschlüssige Verbindung hergestellt. Damit ist wie bei der Verlegung mit Vorwärmung die geplante Vorspannung eingebracht.

Wegen der Reibung auf den einzelnen Teilabschnitten ergibt sich aber bei dieser Art des Vorspannens ein anderer Axialspannungsverlauf (siehe Bild 11.2-2).

Gemäß Herstellerangaben dient die E-Muffe besonders in den nordischen Ländern häufig als Ersatz für die thermische Vorspannung. In Deutschland konnte sich diese Technik bisher nicht durchsetzen, weil die Betriebstemperaturen der Leitungen allgemein höher sind als in den nordischen Ländern und somit eine dichtere Anordnung der E-Muffen erfordern.

Bedingt durch den infolge Innendruck verursachten Axialkraftverlauf bei der ersten Inbetriebnahme sind in den äußeren Feldern keine symmetrischen Verhältnisse hinsichtlich der Verschiebung zu erwarten, sofern die Dehnung am äußeren Endpunkt durch ein natürliches Ausgleichssystem (z. B. L-Bogen) aufgenommen wird. An dem Bogen wird die resultierende Kraft aus der Zugkraft durch Innendruck und der Druckkraft aus Bettungswiderstand eingeleitet. An der E-Muffe hingegen bewirkt der Innendruck eine betragsmäßig andere Druckkraft. Diese Unsymmetrie der Axialkräfte bewirkt, dass sich an den E-Muffen der äußeren Trassenabschnitte bei Erreichen der Vorspanntemperatur Abweichungen zur geplanten Verschiebungsdifferenz ergeben bzw. die geplante Verschiebungsdifferenz bei einer anderen Temperatur erreicht wird. Weiterhin können örtlich unterschiedliche Reibungskräfte dazu führen, dass sich bei der Vorspanntemperatur abweichende Verschiebungsdifferenzen an den E-Muffen einstellen.

11.3 Kompensation der Endverschiebungen

Trasseneckpunkte mit Ablenkwinkeln von ca. 90° bilden als L- oder Z-System ebenso wie eventuell zusätzlich angeordnete U-Ausgleicher denjenigen Ausgleichsbereich, in dem die Endverschiebungen der angrenzenden Trassenabschnitte kompensiert werden. Diese Endverschiebungen führen zu erheblichen lateralen Verschiebungen.

Die zulässige Druckspannung im PUR-Schaumstoff wird aber bei normaler Verdichtung der Bettung schon bei wesentlich kleineren Lateralverschiebungen erreicht. In [11.3-1] wurden erstmals Versuchsergebnisse zum seitlichen Bettungsdruck an zylindrischen Körpern veröffentlicht. Im AGFW FW 401 Teil 10 sind die Ergebnisse umfangreicher FEM-Berechnungen zu dieser Problematik der KMR-Systeme ausgewertet.

Zur flexiblen Kompensation werden deshalb Dehnpolster eingesetzt, die bei den erwarteten Endverschiebungen auf etwa 20 bis 30 % ihrer Dicke komprimiert werden und dabei noch die Einhaltung der zulässigen Druckspannung des PUR-Schaumstoffes ermöglichen. Versuchsergebnisse zu dem nichtlinearen elastischen Verhalten des Dehnpolstermaterials enthält [11.3-2]. Der funktionale Zusammenhang zwischen Flächenbettungsdruck und Stauchung ist für die charakteristischen Merkmale steif, mittelsteif und weich im AGFW FW 401 Teil 10 dargelegt.

Allerdings entspricht das Dehnpolster einer zusätzlichen Dämmschicht und führt deshalb zu erhöhten Temperaturen des Mantelrohres. Überdimensionierungen der Dehnpolsterdicke sind aus diesem Grund zu vermeiden.

Der seitliche Bettungsdruck im Bogenbereich bewirkt, dass die lateralen Verschiebungen in geringerer Entfernung vom Bogen abklingen, anders als bei freiverlegten Ausgleichssystemen. Eine dementsprechende Abstufung der Dehnpolsterdicke ist vorteilhaft. Sie bewirkt in dem unmittelbar angrenzenden Erdbettungsbereich eine Verminderung der Spannungen im PUR-Schaumstoff und kann außerdem zur Kostensenkung beitragen.

Die Endverschiebungen, die aus der Kaltverlegung mit hohem Spannungsniveau resultieren, sind in der Regel so groß, dass sie nicht ohne zusätzliche Maßnahmen in Dehnpolstern aufgenommen werden können. Für die Aufnahme einer Endverschiebung von 90 mm wäre eine Dehnpolsterdicke von mindestens 120 mm erforderlich. Dehnpolsterdicken von mehr als 80 mm sind aber in der Regel unzulässig, weil sie zu hohe Manteltemperaturen zur Folge haben. In solchen Fällen hat sich die Verlegung der Dehnpolster mit Vorspannung bewährt.

Für ein Trassenbeispiel (L-System DN 100, Überdeckung 0,6 m, Schenkellängen 120 und 40 m) zeigt **Bild 11.3-1** die verschiedenen Rohrpositionen in der Bogenmitte. Die Position A entspricht der Lage bei der Verlegung. Die maximale Querverschiebung beträgt im warmen Zustand 90 mm (Position B). Durch die Behinderungen bei der Abkühlung wird die Rohrleitung nur um 54 mm in die Position C zurückgezogen.

Das Dehnpolster würde ohne zusätzliche Maßnahmen nur einseitig genutzt und müsste allein wegen der großen Erstverschiebung entsprechend dick ausgelegt werden. Bei allen nachfolgenden Grenzzuständen sind hingegen die absoluten Verschiebungswerte im Bereich 36 bis 90 mm zu erwarten, also bei 63 ± 27 mm.

Dieser Effekt lässt sich in der Praxis wie folgt nutzen:

- Vorspannen des Dehnpolsters mittels Vorspannvorrichtung

  Die Rohrleitung wird komplett eingesandet, außer derjenigen Verbindung im Abstand einer Rohrstangenlänge vom Bogen, die in einem Kopfloch noch offen gehalten wird. An dieser Stelle wird ein entsprechender Vorspannspalt gelassen, auf den eine Vorspannvorrichtung aufgesetzt wird (**Bild 11.3-2**). Anschließend wird der Bogenbereich herangezogen, d. h. in das Dehnpolster auf der Innenseite des Bogens gedrückt. Nach Schließen der kompletten Rohrverbindung an der Vorspannstelle kann auch das Kopfloch verfüllt werden.

  Auf diese Weise erreicht man eine Lageposition der Leitung innerhalb des Dehnpolsters, mit der die Querverschiebungen auf die beiden Dehnpolsterseiten wesentlich günstiger verteilt werden. Hiermit lassen sich die Dehnpolsterdicken im gewählten Beispiel um etwa 50 % und die Dehnpolsterlängen um etwa 25 % verringern.

- Nachträgliches Einerden der Dehnpolster

Das nachträgliche Einerden der Dehnpolster ist ebenso wie das mechanische Vorspannen der Dehnpolster eine hilfreiche Technik zur Aufnahme der großen Erstverschiebung bei der Kaltverlegung mit hohem Spannungsniveau (VB). Es wird folgendermaßen vorgegangen.

Beim Verfüllen des Grabens bleiben die Dehnpolsterbereiche zunächst noch offen liegen. Das Einerden dieser Bereiche erfolgt erst nach der Inbetriebnahme der Leitung. Dadurch verändern die Dehnpolster mit der Rohrleitung zusammen ihre Lageposition beim ersten Aufheizen oder sie werden erst an der verschobenen Rohrleitung spannungsfrei angelegt. Damit entfällt für sie die Kompensation der großen Erstverschiebung. Wenn das Einerden bei einer mittleren Temperatur erfolgt, kann die aus dem warmen und kalten Zustand zu erwartende Verschiebungsdifferenz optimal verteilt werden. Auf diese Weise ist es durchaus möglich, die erforderliche Dehnpolsterdicke von 120 mm auf 40 mm zu reduzieren.

Bis zum Einerden des Dehnpolsterbereiches bestehen bei dieser Verfahrensweise günstige Bedingungen für die Messung der Verschiebungen in Abhängigkeit von Druck und Temperatur, so dass eine Überprüfung der realen Reibungskraft möglich ist. Diese Gelegenheit zur Gewinnung weiterer Erfahrungswerte sollte stets genutzt werden.

Der einzige Nachteil dieser Methode ist das Offenhalten des Bogenbereiches bis zur Inbetriebnahme der Leitung.

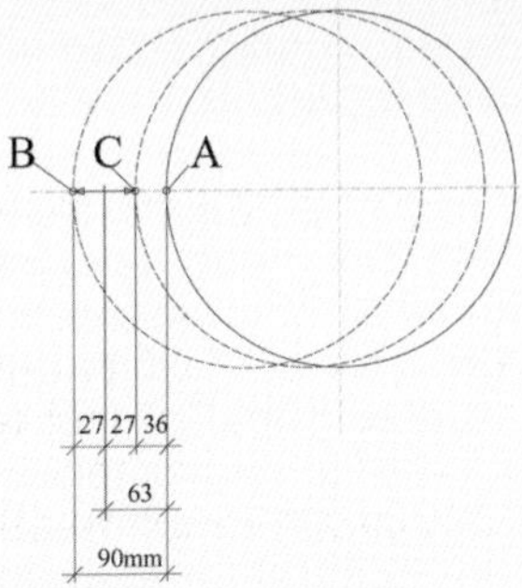

Bild 11.3-1: Querbewegungen im Dehnpolster

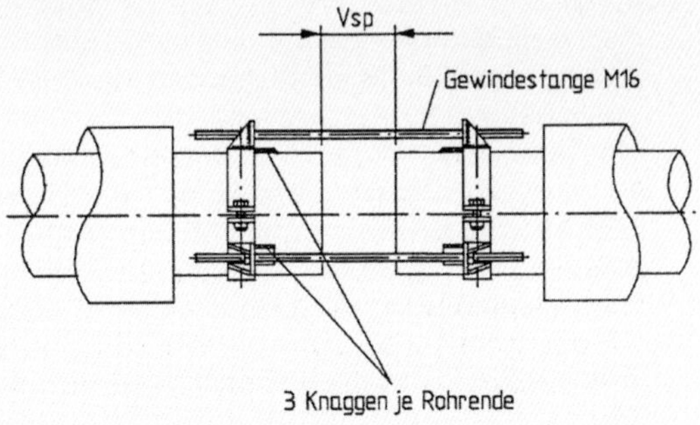

Bild 11.3-2: Vorrichtung für mechanisches Vorspannen (Vsp – Vorspannspalt)

11.4 Systemgerechte Trassierung

Bei der Trassierung einer KMR-Leitung gelten grundlegend andere Regeln, als bei Kanal- oder Freileitungen. Die Trassierung wird durch extrem hohe Axialkräfte im KMR bestimmt, Querverschiebungen können nur in beschränktem Umfang in Dehnpolstern aufgenommen werden. Wegen der starken Behinderung der Wärmeausdehnung infolge von Reibung besteht aber die Möglichkeit, beliebig lange Geradrohrstrecken ohne Zwischenkompensation zu realisieren, so dass das gerade Rohr als Trassierungselement mit der höchsten Betriebssicherheit und den niedrigsten Investitionskosten breiteste Anwendung finden kann.

Unnötige Einbauten wie Festpunkte oder U-Bögen sind zu vermeiden.

- 90°-Bogen

  Im Trassenverlauf vorkommende 90°-Richtungsänderungen bieten sich in Form von L- oder Z-Systemen wie bei freiverlegten Rohrleitungen als ideale Kompensationselemente an.

- Richtungsänderungen zwischen 75° und 15°

  Bei L-Systemen mit Ablenkwinkeln < 90° wachsen die Querverschiebungen mit abnehmendem Umlenkwinkel bis zu einem Vielfachen der Verschiebung des 90°-Bogens an. Sie erfordern daher lange und dicke Dehnpolster bzw. sind diese nur bei geringen Schenkellängen möglich. L-Systeme mit langen Schenkeln und Ablenkwinkeln zwischen 75° und 15° sind mit der Dehnpolstertechnik nicht zu beherrschen. Hierfür bieten sich je nach Trassenverlauf Bogenrohre oder querbelastbare Bogen (Druck-Bogen) an.

- Kleine Richtungsänderungen (Knicke und elastisches Verziehen)

  Kleine Richtungsänderungen werden üblicherweise als Gehrungsschnitt ausgeführt. Knicke mit Gehrungswinkeln bis 1,5° (Ablenkwinkel bis 3°) sind bei Axialspannungen bis 190 MPa uneingeschränkt zulässig. Da der Knick wegen der Spitzenspannungen in der Schweißnaht als hoch belastet anzusehen ist, hängt die Zulässigkeit großer Gehrungswinkel von der Axialkraft und der Längsverschiebung an der betreffenden Stelle ab. Sind Ablenkwinkel > 3° statisch zulässig, ist eine spezielle Muffentechnik erforderlich, weil die üblichen Überschiebmuffen nicht mehr als 3° Richtungsänderung aufnehmen können.

  Das elastische Verziehen der Rohre im Graben ist die beste Technik, um kleine Richtungsänderungen vor Ort zu realisieren. Voraussetzung dafür ist aber, dass eine ausreichende Rohrlänge von mindestens 12 m zur Verfügung steht. Das elastische Verziehen der Rohre im Graben ist mit vertretbaren Kräften bis etwa DN 150 durchführbar.

Kommt die Pipeline-Technik zum Einsatz, also das Einheben mehrerer vormontierter Rohrleitungsstangen in den Graben, so können auch größere Nennweiten elastisch verzogen werden.

- Bogenrohre

Als Bogenrohre bezeichnet man gekrümmte Rohre mit sehr großem Biegeradius von mindestens dem 350-fachen des Rohraußendurchmessers, bezogen auf das Mediumrohr. Für die Trassierung bieten sie vielfältige Möglichkeiten, beispielsweise wenn damit dem gekrümmten Verlauf einer Straße besser gefolgt werden kann.

In Bogenrohren treten kaum höhere Spannungen als im Geradrohr auf und es ist eine vergleichbare Lebensdauer erreichbar. Bogenrohre sind deshalb bei gekrümmtem Trassenverlauf aus statischer Sicht geradezu ideal.

Der kleinste zulässige Krümmungsradius hängt von der Nennweite, Auslegungsvariante, Überdeckungshöhe, Auslegungstemperatur sowie von den Abständen zum natürlichen Festpunkt und zum nächsten Kompensationselement ab. Durch eine statische Berechnung unter Berücksichtigung der Bettungsreaktion für die jeweilige Einbausituation ist die Zulässigkeit des Radius zu prüfen. Bei sehr kleinen Biegeradien sind außerdem die Fertigungsmöglichkeiten der Hersteller zu beachten.

Das Bogenrohr wird von mehreren Herstellern angeboten und wurde in der Praxis schon häufig eingesetzt.

- Festpunkte

Auf Grund der sich im Erdreich aus Gleichgewichtsgründen von selbst einstellenden natürlichen Festpunkte (NFP) und Haftbereiche sind Festpunkte, wie sie bei freiverlegten Rohrleitungen angewendet werden, in aller Regel überflüssig. Ausnahmen stellen z. B. Abschnitte in extremer Hanglage oder Abschnitte zwischen Axialkompensatoren und natürlichen Ausgleichsystemen dar, wenn diese Abschnitte keinen ausgeprägten Haftbereich haben. In diesen Fällen kann ein fehlender Fest- oder Haltepunkt zu unerwünschten Verschiebungen und Spannungen führen, weil bei wiederholten Lastwechseln ein Abwandern von der einen Kompensationsstelle in die andere möglich ist.

Die aufzunehmenden Belastungen eines Festpunktes ergeben sich aus der statischen Berechnung der angrenzenden Teilsysteme und deren Überlagerung, zuzüglich eines angemessenen Sicherheitszuschlages für das ungleichzeitige Wirken der von beiden Seiten entgegen gerichteten Belastungskomponenten.

Festpunkte in KMR-Systemen sind störanfällige Bauteile, weil an ihnen das Mantelrohr durchbrochen wird. Die Erfahrung hat auch gezeigt, dass sie häufig unterdimensioniert sind. Durch systemgerechte Planung sind Festpunkte in KMR-Systemen fast immer vermeidbar.

11.5 Abzweige und Hausabgänge

Abzweige sind hochbelastete Bauteile innerhalb des KMR-Systems und erfordern deshalb größte Beachtung bei den statischen Berechnungen. Für Verzweigungen im Verteilungsnetz und für Hausabgänge verwendete man früher meist T-Stücke nach DIN EN 10253-2, bei Abgängen von kleiner Nennweite auch aufgeschweißte Stutzen. Ausgehalste T-Stücke sind wegen ihrer prüfbaren Schweißverbindung im Abzweig, nahezu kerbfreien Herstellung und strömungsgünstigsten Form für vorgefertigte Kunststoffmantelrohr-Systembauteile technisch und wirtschaftlich eine optimale Lösung. Ihr rechnerischer Nachweis auf der Basis bestehender Regelwerke ist bei erdverlegten warmgehenden Leitungen mit extrem hohen Axialkräften infolge Reibung konservativ und erfordert in den meisten Fällen den Einsatz eines Parallelabzweiges oder lässt bei T-Abzweigen nur kurze Abzweiglängen zu.

Seit der erfolgreichen Fertigstellung eines Industrie-Forschungsprojektes für eine neue Berechnungsmethode für ausgehalste, dickwandige T-Stücke, zeigen diese T-Stücke viele Vorteile und sollten als Standardabzweige für neue Fernwärmenetze eingesetzt werden [11.5-1], [11.5-2]. Um die Vorteile der ausgehalsten T-Stücke bei der Planung von KMR-Netzen nutzen zu können, wurden parametrisierte Analysen auf Basis der Finite-Elemente-Methode (FEM) durchgeführt, ausgewertet und aufgrund von Ähnlichkeitsbetrachtungen auf die gesamten Nennweitenkombinationen von DN 25 / DN 20 bis DN 400 / DN 200 übertragen. Entstanden ist eine Berechnungsmethode, die es gestattet, wirklichkeitsnahe FEM-Ergebnisse in den in der Fernwärme eingesetzten Stabwerksprogrammen wie sisKMR zu nutzen. Im Ergebnis zeigen sich im Vergleich zum konventionellen Ermüdungsnachweis fast 50 % niedrigere Materialausnutzungen.

Da bei der Aushalsung die Nennweite des Abzweigs mindestens eine Stufe kleiner als das Hauptrohr sein muss, sollten für Abzweige mit dem Nennweitenverhältnis Abgang / Hauptrohr von 1 weiterhin T-Stücke nach DIN EN 10253-2 verwendet werden.

Bei Hausabgängen ist zu berücksichtigen, dass der Abzweig und der Bogen der Abgangsleitung einer wesentlich höheren Lastwechselzahl ausgesetzt sind als die sonstigen Bauteile der Verteilleitung. Das hängt damit zusammen, dass die Spannungen im Abzweig überwiegend durch Reibung und Reibungsumkehrung bestimmt werden. Da für die Umkehr der Reibungsrichtung bei kurzen Verlegelängen bereits ein Temperaturwechsel von etwa 30 K ausreicht, entspricht eine Nachtabsenkung bei diesen Bauteilen praktisch schon einem Vollastwechsel.

- T-Abzweig

T-Abzweige stellen die einfachste und kostengünstigste Abzweigvariante dar. Die Variante a gemäß **Bild 11.5-1** ist nur bei übereinander verlegten Verteilleitungen möglich. Bei konventioneller Verlegung der Verteilleitungen sind T-Abzweige nach Variante b von Bild 11.5-1 erforderlich.

Wegen der fehlenden Flexibilität am Abzweig lassen diese Varianten aber nur kurze Abzweiglängen zu. Die zulässige Abzweiglänge kann erhöht werden, wenn ausgehalste dickwandige T-Stücke, dickwandige T-Stücke nach DIN EN 10253-2 Typ B (voller Ausnutzungsgrad) eingesetzt oder die Abzweigleitungen im Schutzrohr verlegt werden.

- Parallelabzweige

Bei langen Hausanschlüssen oder wenn z. B. eine Verteilleitung von einer Hauptleitung in eine Seitenstraße abzweigt, ist in der Regel ein Parallelabzweig erforderlich. Der parallel über dem Grundrohr verlaufende Dehnschenkel kompensiert die aus der Abzweigleitung kommende Dehnung und vermindert so die Belastungsschwingbreiten am Abzweig.

- Anbohrtechnik

Ein großer Teil der Hausanschlüsse wird nachträglich an in Betrieb befindlichen Leitungen angebracht. Das üblicherweise angewendete Verfahren ist das Anbohren der Verteilleitung. Es erlaubt die Herstellung eines Hausabganges ohne Unterbrechung der Wärmeversorgung. Für Abgangsnennweiten bis DN 80 wird dabei häufig ein Anbohrverfahren mit Anbohr-Kugelhahn gemäß **Bild 11.5-2** eingesetzt. Nähere Einzelheiten hierzu enthält [11.5-3].

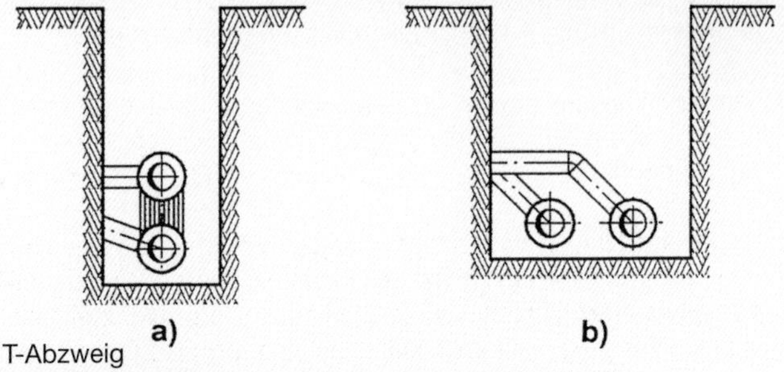

Bild 11.5-1: T-Abzweig
a) bei Übereinanderverlegung von Vor- und Rücklauf;
b) bei Parallelverlegung des Abgangs

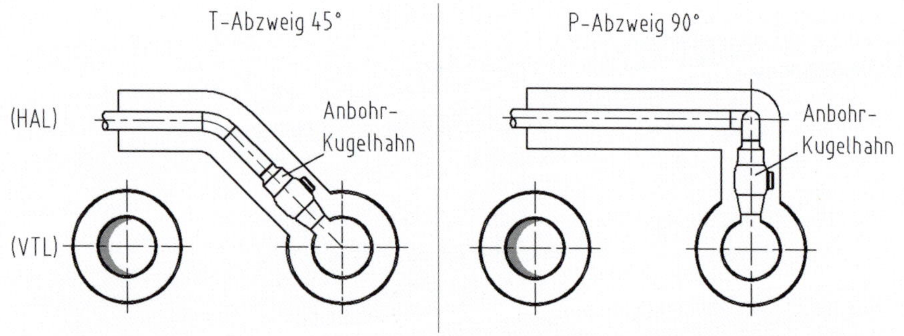

Bild 11.5-2: Anbohr-Kugelhahn für nachträglichen Anschluss einer Hausanschlussleitung (HAL) an eine Verteilleitung (VTL)

11.6 Grundlagen der Elastizitätsberechnung bei KMR-Systemen

11.6.1 Überblick, Formelzeichen

Die statische Berechnung der KMR-Systeme kann an dieser Stelle nur in ihren wesentlichsten Teilen dargelegt werden. Dabei stehen die Berechnung der Reibung und die des Bettungswiderstandes bei Querverschiebung im Vordergrund. Die wirklichkeitsnahe Berücksichtigung dieser Belastungen ist die wichtigste Voraussetzung für die Berechnung realer Schnittgrößen, Spannungen und Spannungsschwingbreiten.

Die nachfolgenden Formelzeichen sind in der **Tabelle 11.6-1** beschrieben. Auf die Rohrlänge bezogene Größen sind durch einen Strich (Prime-Zeichen, Minutenzeichen) gekennzeichnet, z. B. die längenbezogene Masse mit m´. Die in der Tabelle angegebenen Einheiten entsprechen nicht immer den SI-Einheiten, was bei diesbezüglichen Berechnungen zu beachten ist.

11.6.2 Reibungskraft F_R' bei Axialverschiebung

Die längenbezogene Reibungskraft F_R' hat in der Regel den größten Einfluss auf das Verschiebungsverhalten und die dadurch verursachten Beanspruchungen der erdverlegten KMR-Systeme. Für die Berechnung gilt allgemein:

$$F_R' = \mu\,(F_N' + F_G') \qquad (11.6\text{-}1)$$

Tabelle 11.6-1: Formelzeichen und Indizes zur Berechnung von KMR-Leitungen

Formelzeichen	Einheit	Bezeichnung
A_K	mm²	wirksamer Balgquerschnitt eines Axialkompensators
A_S	mm²	Querschnitt Stahlrohr (Mediumrohr)
c	N/mm	Federrate
d_i	mm	Innendurchmesser Stahlrohr
D_a	mm	Außendurchmesser PE-Mantel
D_o	mm	Außendurchmesser Stahlrohr
e	mm	rechnerische Mindestwanddicke
E	MPa	Elastizitätsmodul Stahlrohr
F	N	Kraft
F_R'	N/m	Reibungskraft, auf Länge bezogen
F_N'	N/m	Erddruckkraft, auf Länge bezogen
F_G'	N/m	Gewichtskraft, auf Länge bezogen
g	m/s²	Erdbeschleunigung
h	mm	Erdüberdeckung über Scheitel PE-Mantel
H	mm	Erdüberdeckung ab Rohrachse
H_W	mm	Grundwassertiefe
K_0	-	Ruhedruckbeiwert
L	mm	Länge, allgemein
m	kg	Masse
N	N	Normalkraft
p	N/mm²	Überdruck, allgemein; Berechnungsdruck
Q	N	Querkraft
r	mm	Innenradius Stahlrohr
t	°C	Temperatur allgemein
t_m	°C	Mitteltemperatur Vorlauf / Rücklauf
t_{RL}	°C	Rücklauftemperatur
t_{VL}	°C	Vorlauftemperatur
t_M 1)	°C	Montagetemperatur
v	mm	Querverschiebung
y	-	Verschiebungskennwert
β_{diff}	1/K	differentieller linearer Wärmeausdehnungskoeffizient
γ	kN/m³	Wichte des Erdreichs
ε	%	Dehnung
μ	-	Reibungskoeffizient
ν	-	Poissonsche Zahl
σ_0	N/mm²	Erddruck am PE-Scheitel
σ_p	N/mm²	Druckspannung
φ	°	Reibungswinkel

1) Die im Text genannten Temperaturgrenzen beziehen sich auf t_M = 10 °C.

Gemäß AGFW FW 401 Teil 10 beträgt die am Mantelrohr wirksame Erddruckbelastung:

$$F_N' = D_a \pi \gamma H (1 + K_0) / 2 \qquad (11.6\text{-}2)$$

Die Gewichtsbelastung

$$F_G' = m' g \qquad (11.6\text{-}2a)$$

hat bei den erdgebetteten Leitungen nur geringen Einfluss auf F_R'. Der Ruhedruckbeiwert

$$K_0 = 1 - \sin \varphi \qquad (11.6\text{-}2b)$$

für den horizontal wirkenden Erddruck ändert sich bei Verdichtung in den Beiwert K_d. In Abhängigkeit vom Verdichtungszustand und der Verformbarkeit des Rohres ergeben sich für K_d Werte zwischen 0,3 und 0,8. Weiterhin sind durch unterschiedliche Grabenbedingungen abweichende Erddrücke am Rohrscheitel zu erwarten, die sich bei späteren Setzungen verändern. Aus diesen Gründen wird bei der Planung von KMR-Systemen gewöhnlich mit dem Faktor K_0 gerechnet, so dass bei Sand mit dem inneren Reibungswinkel $\varphi \approx 30°$ anstelle von Gl. (11.6-2) näherungsweise

$$F_N' = 0{,}75\, D_a \pi \gamma H \qquad (11.6\text{-}2c)$$

geschrieben werden kann.

In anderen Quellen, z. B. Hersteller-Katalogen, wird hierfür

$$F_N' = 0{,}5\, D_a \pi \gamma h\, [1 + K_0 (1 + 0{,}5\, D_a / h)] \qquad (11.6\text{-}3)$$

angewendet.

Mit Gl. (11.6-3) ergeben sich gegenüber Gl (11.6-2) insbesondere bei großen Nennweiten deutlich kleinere Werte für die Normalkraft F_N'. Ursache sind die unterschiedlichen Lösungsansätze für den auf den Rohrmantel wirkenden Erddruck in Abhängigkeit vom Umfangswinkel.

Beim AGFW FW 401 Teil 10 wird am Rohrscheitel in der Höhe h unterhalb von Oberkante Erdreich der vertikale Erddruck

$$\sigma_0 = \gamma H \qquad (11.6\text{-}3a)$$

wirksam. Er ist um den Faktor H / h größer als nach Gl. (11.6-3). Bei Bezug der Verlegetiefe auf die Rohrachse liefern beide Lösungsansätze mit

$$H = h + D_a / 2 \qquad (11.6\text{-}3b)$$

denselben Wert für den horizontal wirkenden Erddruck.

Aus **Bild 11.6-1** ist der vom Mantelrohrdurchmesser abhängige Unterschied erkennbar, der sich mit $K_0 = 0{,}5$ für eine Überdeckung h = 1 m und eine Wichte des Bodens $\gamma = 20$ kN/m³ aus den beiden unterschiedlichen Lösungsansätzen ergibt. Zum Vergleich ist im selben Bild auch F_G' in Abhängigkeit vom Mantelrohrdurchmesser D_a dargestellt, basierend auf Rohren mit Normalwanddicke.

Für den Reibungskoeffizienten werden gemäß AGFW FW 401 Teil 10 als Standardwerte vorgegeben:

- $\mu = 0{,}4$ für das Anfahren.
- $\mu = 0{,}2$ für das Abfahren (wegen des im Abschnitt 11.2.2 beschriebenen Tunneleffektes).

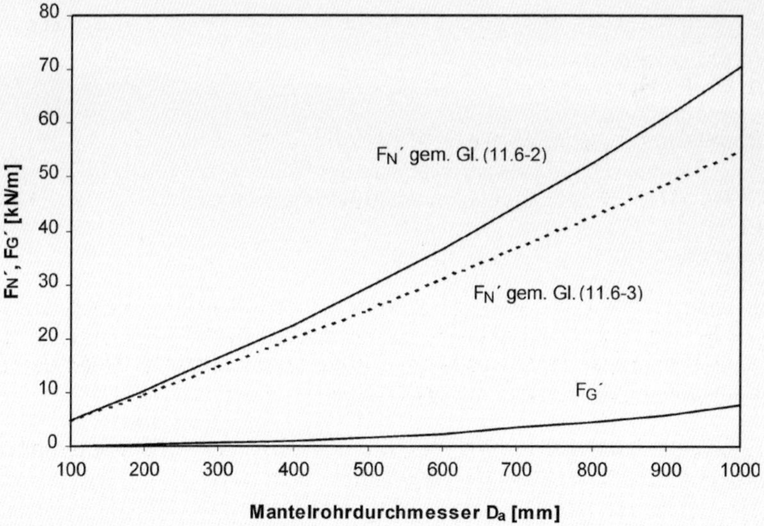

Bild 11.6-1: Längenbezogene Belastungen aus Erddruck und Gewicht

Andere Quellen nennen Werte bis $\mu = 0{,}5$ und weisen darauf hin, dass ggf. für bestimmte Sande andere Werte in Betracht kommen, z. B. $\mu = 0{,}2$ bis 0,3 für märkischen Sand aus dem Raum Berlin.

Bei der Planung der Fernwärmetransitleitung DN 700 vom HKW Lippendorf nach Leipzig erfolgten die Berechnungen gemäß Gl. (11.6-3) mit $\mu = 0{,}45$, $\varphi = 32{,}5°$, $\gamma = 19$ kN/m³. Der Abminderungsfaktor für den Reibungskoeffizienten μ wurde mit 0,85 für 130 °C und 0,6 für 10 °C festgelegt. Die thermische Vorwärmung der langen Strecken musste wegen der begrenzten Kapazität der verfügbaren Stromaggregate abschnittsweise im Pilgerschrittverfahren erfolgen. Dabei wird der jeweilig letzte, bereits eingeerdete und abgekühlte Teilabschnitt nochmals auf die geplante Vorspanntemperatur erwärmt, bevor an der nächsten Vorspannstelle die Verbindung zum folgenden, noch freiliegenden aber gleichfalls aufgeheizten Teilabschnitt mittels Passstück erfolgt.

Bei der sorgfältigen Spaltkontrolle während des Aufheizens ergab sich eine gute Übereinstimmung mit den vorausberechneten Planungswerten. Dabei hat sich auch die lineare Interpolation der Abminderungsfaktoren für den Reibungskoeffizienten μ bei Temperaturen zwischen 10 und 130 °C bewährt. Bei der Auswertung von Messungen an einer in Köln verlegten KMR-Leitung hat diese Methode ebenfalls deutlich zur Verbesserung der Übereinstimmung von Messwerten und Berechnungsergebnissen geführt.

Eine Verminderung der Normalbelastung F_N' ist durch

- Grundwasser
- Baumbestand
- Erschütterungen

möglich. Bei einem Grundwasserspiegel in der Höhe H_w unterhalb OK Erdreich ist im Fall $H_w < H$ die Normalkraft F_N' mit dem Abminderungsfaktor

$$k_{GW} = H_W / H + (1 - \gamma_w / \gamma)(1 - H_W / H) \tag{11.6-4}$$

zu korrigieren.

Wegen $\gamma_w \approx 10$ kN/m³ (Wichte Wasser) und $\gamma \approx 20$ kN/m³ kann bei dichtem Sand näherungsweise die Korrektur mit dem Faktor

$$k_{GW} = 0{,}5\,(1 + H_W / H) \tag{11.6-4a}$$

erfolgen. Sollte die Notwendigkeit der Korrektur für Grundwasser bestehen, so erscheint ein Tunneleffekt unwahrscheinlich und die diesbezügliche Abminderung von μ nicht erforderlich.

Eine schleichende Abminderung der Reibung infolge Baumbestand in unmittelbarer Nähe der Trasse wurde bei einer kaltverlegten KMR-Leitung DN 100 der Fernwärmeversorgung Niederrhein in Dinslaken festgestellt [11.6-1]. Die Bäume im seitlichen Abstand von etwa 2,5 m zur Rohrleitung hatten zum Zeitpunkt der Verlegung Stammdurchmesser von 8 bis 70 cm. Sie stehen in unterschiedlichem Abstand voneinander. Am Abschnittsende mit dem dichtesten und stärksten Baumbestand vergrößerten sich die Endverschiebungen in relativ kurzer Zeit zunächst stark, später nur noch schwach auf das etwa 3-fache der vorausberechneten Werte, und auf das etwa 2-fache gegenüber dem anderen Abschnittsende.

Bei der Systemberechnung mit sisKMR wurden entsprechend dem örtlichen Baumbestand Abminderungsfaktoren geschätzt und in die Berechnung einbezogen. Bereits der erste Berechnungslauf ergab eine zufriedenstellende Übereinstimmung mit den gemessenen Verschiebungswerten.

Hieraus ist auch abzuleiten, dass bei häufigem Einwirken von Erschütterungen, die bis in den Mantelrohrbereich wirken, ebenfalls große Endverschiebungen infolge Reibungsabbau wahrscheinlich sind [11.6-2].

Der Abbau der Kraftübertragung an der Manteloberfläche, der durch Kornverlagerungen des Sandes erklärbar ist, erfolgt nicht an allen Stellen des Gleitbereiches gleichzeitig. Der teilweise oder völlige Verlust der Kraftübertragung im Bereich der einzelnen Störung hat jeweils nur ein geringfügiges Weiterschieben des Rohres zur Folge. Mit dieser einsetzenden Verschiebung ist auch eine erneute teilweise Aktivierung der Kraftübertragung bis zur Wiederherstellung des Gleichgewichtes verbunden, so dass das Schieben wieder abgebremst wird. Wegen der Ungleichzeitigkeit der Ereignisse an verschiedenen Stellen kann sich dieser Reibungsabbau nur langsam vollziehen und zeigt wegen der damit verbundenen Verringerung des Axialspannungsgradienten abnehmende Tendenz. Bei Strecken mit Haftbereich wird dieser durch die Vergrößerung der Gleitbereiche verkürzt.

Die aufgezeigten Unsicherheiten bei der Bestimmung der Reibungskraft und ihre Bedeutung für die Berechnung der Spannungen und Verschiebungen erfordern oftmals, die Berechnung mit den möglichen Extremwerten von F_R' durchzuführen. Ein großes F_R' bedingt kleine Endverschiebungen und kleine Verschiebungen im Gleitbereich, so dass die Belastungen der Dehnschenkel und Bogen, sowie die Querbelastungen an den Abzweigungen niedriger sind als bei kleinem F_R'. Dadurch wird eine Sicherheit ausgewiesen, die eventuell gar nicht vorhanden ist.

Für die Axialspannungen an Schwachstellen, z. B. in dem durch den Ausschnitt verkleinerten Querschnitt des Grundrohres, ergeben sich hingegen erhöhte Werte, so dass hierfür erforderlichenfalls eine Wandverstärkung notwendig ist. Der Nachweis mit großem F_R' liegt für eine solche Schnittstelle auf der sicheren Seite. Entgegengesetzt sind die mit kleinem F_R' ermittelten Sicherheiten zu bewerten, wobei eine Überschreitung der zulässigen Schubspannung im PUR-Schaumstoff nicht erkannt würde.

Bei den vereinfachten Darstellungen des Axialkraftverlaufes wird davon ausgegangen, dass die Reibungskraft schon bei der kleinsten Verschiebung mit dem vollen Betrag wirksam wird. In Wirklichkeit ist die Kraftübertragung mit kleinen Verformungen am Rohr und in der Bettung verbunden. Erst wenn der Spannungszustand dem der Übertragung der vollen Reibungskraft entspricht, setzt ein Verschiebungsunterschied der beteiligten Gleitflächen ein und verhindert ein weiteres Anwachsen der Kraftübertragung. Aus diesem Grund ist an der Grenze von Gleit- und Haftbereich in Wirklichkeit ein stetiger Übergang zu erwarten.

Bei der Berechnung mit PC-Programmen, die die nichtlinearen Kraft-Weg-Beziehungen durch fiktive Federn mit iterativ veränderlichen Federraten berücksichtigen, ergibt sich dieser fließende Übergang bei ausreichender Abschnittseinteilung automatisch, da die Programme nur mit endlich großen Federraten rechnen können. In Fachkreisen wird eingeschätzt, dass bei den KMR-Leitungen für die Aktivierung der vollen Reibungskraft Verschiebungen von 1 bis 3 mm erforderlich sind. Im Programm sisKMR wird z. Z. ein Minimalwert von Δu_{min} = 1 mm angesetzt. Damit kann die Federrate c_u einer fiktiven Feder, die im Berechnungsmodell den axialen Bettungswiderstand der Teillänge L_t ersetzt, maximal nur auf

$$c_u = L_t \, F_R' / \Delta u_{min} \qquad (11.6\text{-}4b)$$

anwachsen. Bei Umkehrung der Verschiebungsrichtung, z. B. bei Abkühlung nach vorangegangener Aufheizung, ergibt sich damit der doppelte Weg für die Aktivierung der vollen Reibungskraft in der Gegenrichtung.

Bild 11.6-2 zeigt den Verlauf von $F_R = F_R' \, L_t$ in vereinfachter Darstellung für einen solchen Reibungspunkt unter Vernachlässigung der gegenseitigen Beeinflussung durch andere Reibungspunkte. Beim ersten Anfahren verschiebt sich die zu $c_{u,max}$ gespiegelte Widerstandslinie K des betreffenden Rohrbereiches von K0 nach K1. Bei der Verschiebung u_1 stellt sich durch iterative Veränderung der Federrate von $c_{u,max}$ nach $c_{u,1}$ das Kräftegleichgewicht ein. Durch Abkühlung verschiebt sich K von K1 nach K2. Die Umkehrung der Reibung wird voll wirksam und als Verschiebung ergibt sich u_2. Bei erneutem teilweisen Aufheizen verschiebt sich K von K2 nach K3. Die Reibungsumkehrung wird nur teilweise wirksam, weil sich das Kräftegleichgewicht schon am Schnittpunkt mit K3 bei der Verschiebung u_3 einstellt.

Sollen für eine derartige Lastfallfolge plausible Ergebnisse ausgewiesen werden, müssen nicht nur die Federraten der fiktiven Federn sondern auch ihre Randpunktverschiebungen sinnvoll geändert werden. Die im vorangegangenen Lastfall berechnete Verschiebung des Rohres hierfür zu verwenden, führt bei der Berechnung eines Volllastwechsels zu befriedigenden Ergebnissen. Bei der Berechnung von Teillastwechseln oder bei Änderungen der Bettungsbedingungen unter konstanter Temperatur im gesamten oder in Teilen des Systems, können mit dieser Methode widersprüchliche Ergebnisse auftreten, z. B.:

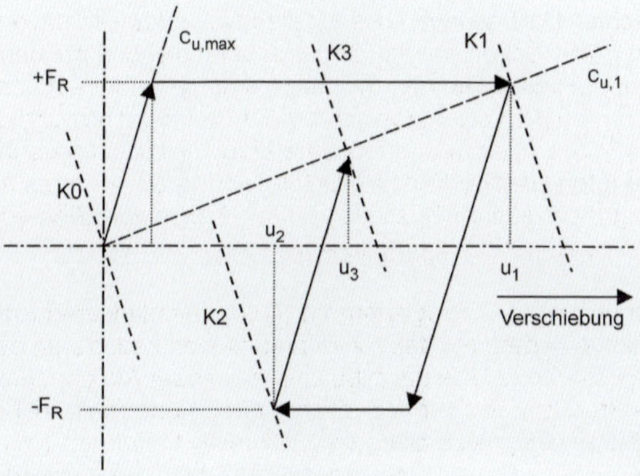

Bild 11.6-2: Reibungskraft F_R bei Richtungsumkehrung

- nicht vorstellbare Änderungen der Verschiebung.
- nicht mögliche Änderungen der wirkenden Reibungskraft.
- entgegengesetzte Richtungen von Verschiebung und Reibungskraft bei Verschiebungsdifferenzen, bei denen dies nicht denkbar ist.

Die eingehende Untersuchung dieser Problematik im Rahmen der Weiterentwicklung des Programms sisKMR führte zu Lösungen und Algorithmen, mit denen diese Unzulänglichkeiten in der Berechnung von KMR-Systemen vermieden werden, so dass auch bei der Berechnung komplizierter Vorgänge plausible Ergebnisse ausgewiesen werden.

Bild 11.6-3 zeigt den Dehnungsverlauf bei einem örtlichen Abbau der Reibungskraft, d. h. dass die Reibungskraft plötzlich auf null zusammenbricht. Durch Zunahme der Verschiebung wird die Kraftübertragung wieder teilweise aufgebaut, bis am Schnittpunkt mit der unveränderten Kennlinie K das Kräftegleichgewicht erneut hergestellt ist.

11.6.3 Axialkräfte infolge inneren Überdruckes

Die durch inneren Überdruck p hervorgerufene Axialkraft bleibt bei der statischen Berechnung frei gelagerter Rohrleitungssysteme unberücksichtigt, wenn die

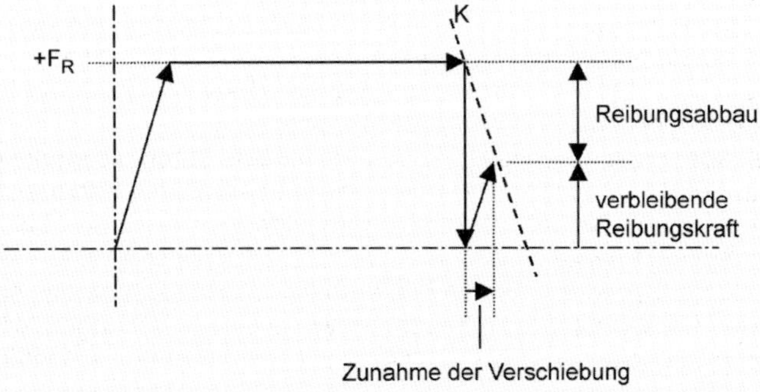

Bild 11.6-3: Reibungskraft F_R bei Störung der Kraftübertragung

Kompensation der temperaturbedingten Dehnungen durch natürlichen Ausgleich erfolgt. Nur die durch inneren Überdruck verursachte axiale Zugspannung geht in den Spannungsnachweis ein.

Bei Systemen mit nichtentlasteten Axial-Kompensatoren muss hingegen die Axialkraft berücksichtigt werden, weil an den Endfestpunkten die Kraft

$$\Delta N_p = A_K \, p \tag{11.6-4c}$$

zusätzlich zu den übrigen Belastungen wirkt (siehe Abschnitt 9.6.2). Auch an den Stutzen von Ausrüstungen, z. B. an Behältern und Pumpen, ist die durch nichtentlastete Axial-Kompensatoren hervorgerufene Kraft von Bedeutung. Der maßgebende Balgquerschnitt A_K der Kompensatoren ist den Herstellerunterlagen zu entnehmen.

Bei Systemen mit natürlichem Dehnungsausgleich ist die dem lichten Rohrquerschnitt entsprechende und durch inneren Überdruck hervorgerufene Axialkraft

$$N_p = p \, d_i^2 \, \pi / 4 \tag{11.6-4d}$$

in der Rohrwand als Axialspannung wirksam. Sie hat aber keinen Einfluss auf die Belastungen eines Festpunktes oder Axialstops und wird deshalb bei der Elastizitätsberechnung dieser Rohrsysteme als äußere Kraft nicht berücksichtigt.

In denjenigen Bereichen, in denen der Druck p die Axialspannung $\sigma_{p,ax}$ bewirkt, ergibt sich mit dem E-Modul E die zusätzliche Dehnung

$$\varepsilon_p = \sigma_{p,ax} \, E \tag{11.6-4e}$$

Bei oberirdischen Rohrleitungen wird die temperaturbedingte Dehnung nicht oder nur geringfügig durch Reibung gemindert, so dass die kleinen durch den Druck hervorgerufenen Längenänderungen bei warmgehenden Rohrleitungen nur einen sehr geringen Anteil an der Gesamtdehnung haben. Bei warmgehenden erdgebetteten KMR-Leitungen erhöht sich deren Anteil an der Endverschiebung der Abschnittsenden aber ganz erheblich, und zwar einerseits durch die starke Unterdrückung der temperaturbedingten Dehnung, andererseits durch den meist recht großen Abstand zwischen dem sich einstellenden natürlichen Festpunkt (NFP) und dem Ausgleichsbereich. Im **Bild 11.6-4** sind die unterschiedlichen Wirkungen des Druckes schematisch dargestellt. Die im Bild enthaltenen Bezeichnungen sind bei den nachfolgenden Berechnungen zu beachten. Weitere Kraftwirkungen, wie z. B. Rückstellkräfte im Ausgleichsbereich, wurden zur Vereinfachung vernachlässigt.

Im Bild 11.6-4a ist die obere Rohrhälfte einer frei gelagerten Rohrleitung mit einem nichtentlasteten Axial-Kompensator an der Stelle A dargestellt. An der Stelle B (Bogen, Knick, Blindflansch oder anderweitiger Verschluss) wirkt die Axialkraft

$$N_2 = r_2^2 \pi p \qquad (11.6\text{-}4f)$$

An der Erweiterung C steigt diese Zugbelastung auf

$$N_1 = r_1^2 \pi p \qquad (11.6\text{-}4g)$$

an. In der äußersten Wellenwand des Kompensators wirkt bei A die Zugkraft

$$N_K = (r_K^2 - r_0^2) \pi p \qquad (11.6\text{-}4h)$$

In das am Kompensator anschließende Rohr wird die Druckkraft

$$N_{1\text{-}0} = (r_1^2 - r_0^2) \pi p \qquad (11.6\text{-}4i)$$

eingeleitet. Der FP (Festpunkt oder Axialstop) wird mit der Kraftdifferenz

$$N_1 - N_{1\text{-}0} = r_0^2 \pi p \qquad (11.6\text{-}4j)$$

belastet. Sie entspricht wegen

$$A_K = r_0^2 \pi \qquad (11.6\text{-}4k)$$

derjenigen Kraft, die sich aus dem Wirkquerschnitt des Kompensators ergibt. Am Kompensator selbst wird diese Kraft aber nicht in das Rohr eingeleitet.

Bei KMR-Leitungen ist dieser Sachverhalt ebenfalls zu beachten, wenn die Kompensation einer Endverschiebung durch einen Axial-Kompensator erfolgt. In einem

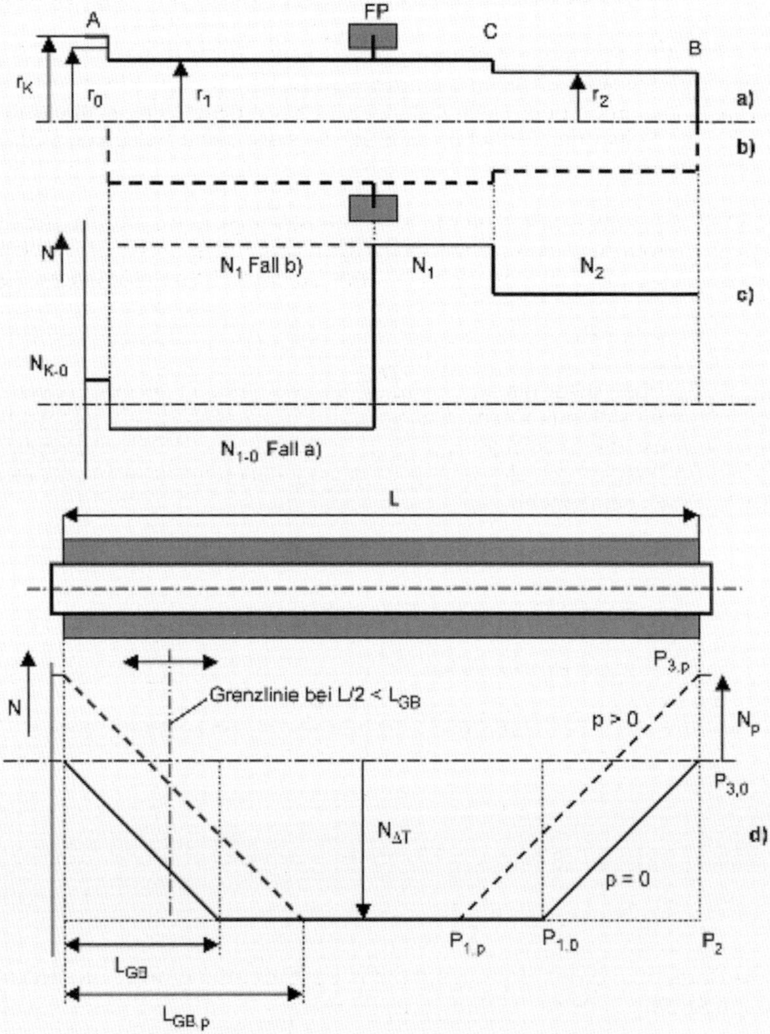

Bild 11.6-4: Einfluss des inneren Überdruckes auf den Axialkraftverlauf
a) Freiverlegtes Rohr mit Axial-Kompensator; b) Freiverlegtes Rohr ohne Axial-Kompensator; c) Axialkraftverlauf für a) und b); d) Axialkraftverlauf bei KMR

solchen Fall wäre auch hier die Druckkraft N_{1-0} zu berücksichtigen, die eine Verkleinerung der Endverschiebung und eine Verkürzung des Gleitbereiches bewirkt.

Im Bild 11.6-4b (gestrichelte Darstellung einer unteren Rohrhälfte) ist an der Stelle A statt des Kompensators ein natürlicher Dehnungsausgleich durch ein verschlossenes, frei bewegliches Ende oder einen Dehnungsbogen wirksam. Die Zugbelastungen N_1 auf beiden Seiten des FP heben sich auf, so dass keine Belastung durch den Innendruck erfolgt.

Im Bild 11.6-4d ist der Axialkraftverlauf einer KMR-Leitung dargestellt. Die gestrichelte Linie zeigt, wie sich durch den Innendruck $p > 0$ der Axialkraftverlauf ändert. Die Wirkung des Innendruckes bleibt über die gesamte Länge L_{GB} gleich. Im anschließenden Bereich

$$L_{GB,p} - L_{GB} = N_p / F_R' \qquad (11.6\text{-}4l)$$

nimmt der Einfluss linear bis auf null ab. Die Auswirkungen auf die Endverschiebungen ergeben sich aus einem Vergleich der Dreiecksflächen am rechten Ende. Der Flächeninhalt des Dreieckes $P_{1,0}$-P_2-$P_{3,0}$ ist äquivalent der Endverschiebung bei $p = 0$. Für $p > 0$ ergibt sich eine Endverschiebung, die dem Flächeninhalt des Dreieckes $P_{1,p}$-P_2-$P_{3,p}$ entspricht.

11.6.4 Bettungskraft Q_v' infolge Querverschiebung

a) Längenbezogene Bettungskraft

Die längenbezogene Bettungskraft Q_v', die im Bereich von Richtungsänderungen bei der Querverschiebung v wirksam wird, ergibt sich aus

$$Q_v' = \sigma_B \, D_a \qquad (11.6\text{-}5)$$

Der Bettungsdruck σ_B ist abhängig von der Bettungsart.

b) Sandbettung ohne Straßendecke

Für die Berechnung des Bettungsdruckes bei Erdbettung ohne Straßendecke gilt nach Audibert / Nyman [11.3-1]:

$$\sigma_B = \gamma \, H \, N_q \, v / (0{,}145 \, y_u + 0{,}855 \, v) \qquad (11.6\text{-}6)$$

Der dimensionslose Beiwert N_q ist abhängig vom Verhältnis H / D_a und dem Reibungswinkel φ. Er kann aus einem entsprechenden Diagramm in [11.3-1] entnommen werden. Im Programm sisKMR wird N_q mit einer ausreichend genauen Näherungsformel berechnet, wobei auch φ als Parameter berücksichtigt wird. Im AGFW FW 401 Teil 10 sind für die üblichen Kennwerte von lockerem und dichtem Sand einfache Näherungsformeln angegeben.

Hiernach ergeben sich die im **Bild 11.6-5** dargestellten Kennlinien, die für diese beiden Bettungsarten eine ausreichend genaue Bestimmung von N_q ermöglichen.

Für den Verschiebungskennwert y_u gelten nach [11.3-1] folgende Beziehungen:

lockerer Sand:	$y_u = 0{,}020\,(h + D_a)$	für $D_a \geq 300$ mm
	$y_u = 0{,}030\,(h + D_a)$	für $D_a \geq 120$ mm bis $D_a < 300$ mm
	$y_u = 0{,}060\,(h + D_a)$	für $D_a \geq 25$ mm bis $D_a < 120$ mm
dichter Sand:	$y_u = 0{,}015\,(h + D_a)$	für $D_a \geq 300$ mm
	$y_u = 0{,}020\,(h + D_a)$	für $D_a \geq 120$ mm bis $D_a < 300$ mm
	$y_u = 0{,}035\,(h + D_a)$	für $D_a \geq 25$ mm bis $D_a < 120$ mm

Im AGFW FW 401 Teil 10 werden die für $D_a \geq 300$ mm geltenden Bezie hungen generell für alle D_a angewendet. Im Programm sisKMR wird hingegen für $D_a < 300$ mm linear interpoliert.

Nach Gl. (11.6-6) gilt für die Querverschiebung $v = y_u$ der Bettungsdruck

$$\sigma_{B,u} = \gamma\, H\, N_q \qquad (11.6\text{-}7)$$

Durch Einführung der dimensionslosen Größen $\sigma_B / \sigma_{B,u}$ und v / y_u ergibt sich die im **Bild 11.6-6** dargestellte allgemeingültige Kennlinie für Erdbettung ohne Strassendecke.

Der Verlauf dieser Kennlinie zeigt, dass der Bettungswiderstand bei $v / y_u = 0$ (gleichbedeutend mit $v = 0$) den größten Anstieg aufweist, der aber mit zunehmender Verschiebung v gegen null tendiert. Für unendlich großes v ergibt sich mit dem theoretischen Grenzwert $(\sigma_B / \sigma_{B,u})_{max} = 1 / 0{,}855$ die maximale Druckspannung zu

$$\sigma_{B,max} = 1{,}17\, \gamma\, H\, N_q \qquad (11.6\text{-}8)$$

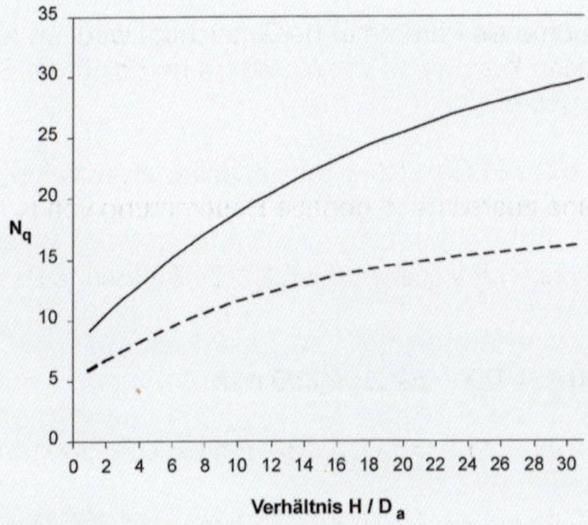

Bild 11.6-5: Bettungsbeiwert N_q (gestrichelte Linie: lockerer Sand; ausgezogene Linie: dichter Sand)

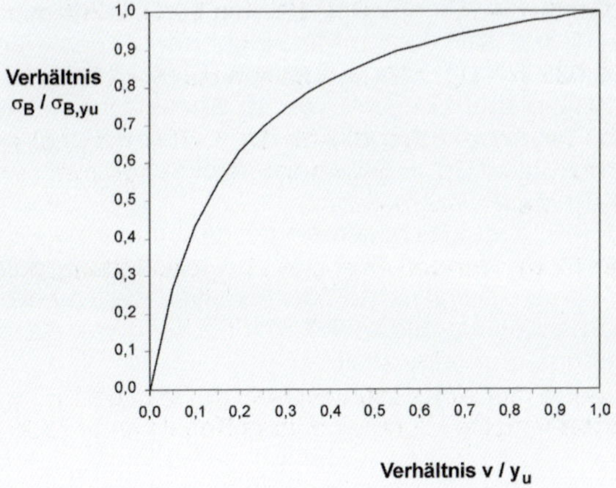

Bild 11.6-6: Allgemeine Kennlinie für Erdbettung ohne Straßendecke

c) Dichter Sand mit Straßendecke

Im AGFW FW 401 Teil 10 wurde auf der Grundlage der Ergebnisse umfangreicher FEM-Berechnungen die folgende Näherungsformel für den Bettungsdruck entwickelt:

$$\sigma_B = f_1 v / (1 + f_2 v) \qquad (11.6\text{-}9)$$

Die Formeln der Hilfsfunktionen lauten:

$$f_1 = 1 / (5{,}8537 + 0{,}01152\ D_a) \quad (11.6\text{-}9a)$$

$$f_2 = 1 / (9{,}8358 + 0{,}013301\ D_a) \quad (11.6\text{-}9b)$$

D_a und v sind hierbei in mm einzusetzen. Der Bettungsdruck σ_B errechnet sich dann in N/mm².

Die FEM-Berechnungen erfolgten für 1 m Überdeckung, was den meisten praktischen Anwendungsfällen näherungsweise entspricht. Mit Gl. (11.6-9) ergeben sich für σ_B die 2- bis 4-fachen Werte gegenüber dichtem Sand ohne Straßendecke.

d) Dehnpolster

Zwischen dem Bettungsdruck und der durch die Querverschiebung v der Rohrleitung verursachten Stauchung des Dehnpolsters besteht ein exponentieller Zusammenhang. In früheren Programmversionen von sisKMR wurden auf der Grundlage der in [11.3-2] enthaltenen Messergebnisse Kennlinien für hartes, normales und weiches Dehnpolster aufgestellt. Diese Kennlinien wurden in sogenannten Bettungsblättern in Form von 10 Wertepaaren näherungsweise beschrieben. Das Programm interpolierte dann linear in dem betreffenden Bereich der Stauchung v / d_P (d_P = Dehnpolsterdicke).

Im AGFW FW 401 Teil 10 ist eine allgemeingültige empirische Funktion angegeben. Sie berücksichtigt steife, mittelsteife und weiche Dehnpolster durch 4 unterschiedliche Faktoren. Damit ist statt der iterativen Systemberechnung eine stetige Funktion vorhanden. Im **Bild 11.6-7** sind die auf dieser Basis ermittelten Kennlinien in Diagrammform dargestellt.

e) PUR-Schaumstoff

Aus AGFW FW 401 Teil 10 kann der Zusammenhang zwischen dem Bettungsdruck im PUR-Schaumstoff und der Stauchung des PUR-Schaumstoffes auf der gedrückten Seite entnommen werden, sofern diese Flexibilität bei den Berechnungen berücksichtigt werden soll. Gleichfalls sind darin die Kennlinien der Zugspannung in Abhängigkeit von der Dehnung enthalten. Da bei diesen Spannungen noch eine deutliche Temperaturabhängigkeit vorliegt, sind zur Vereinfachung Ersatzkennlinien angegeben. Sie entsprechen dem Verlauf bei etwa 80 °C. Bis zu einer Stauchung von rund 3 % (ε_{PUR} = 0,03) verläuft die Ersatzkennlinie nahezu linear und erreicht dabei eine Druckspannung von $\sigma_{B\,(0,03)} \approx 0{,}3$ N/mm². Der weitere nichtlineare Verlauf liegt im Bereich unzulässiger Druckspannungen und ist deshalb im Rahmen der Planung kaum von Bedeutung.

Im erdgebetteten Bereich in unmittelbarer Nähe der Dehnpolster ergeben sich unter Berücksichtigung der Elastizität des PUR-Schaumstoffes etwas kleinere Druckspannungen bei den dort noch vorhandenen Querverschiebungen. Bei der Bettung im Dehnpolster wird hingegen die gesamte Flexibilität, die sich aus denjenigen für Rohr, PUR-Schaumstoff, PE-Mantel, Dehnpolster und Erdbettung zusammensetzt, bis zu Stauchungen des Dehnpolsters von 75 % maßgeblich durch die Flexibilität des Dehnpolsters bestimmt. Der Anteil der anderen Flexibilitäten am Ersatzmodul ist dabei sehr klein.

Als zulässige Druckspannung für den PUR-Schaumstoff gilt allgemein

- 0,15 N/mm² bei Langzeitwirkung.
- 0,30 N/mm² bei Kurzzeitwirkung.

Lässt man die Kraftübertragung durch Zugspannungen sicherheitshalber unberücksichtigt, dürfen die Druckspannungen am Mantel nur das (D_0/D_a)-fache der zulässigen Werte betragen. Die Durchmesserverhältnisse liegen zwischen 0,22 (DN 20 / 90) und 0,8 (DN 800 / 1000), so dass z. B. der Bettungsdruck am Mantelrohr DN 150 / 250 nur etwa 0,09 N/mm² bei Langzeitwirkung betragen darf. Bei mittelsteifem Dehnpolster ergibt sich eine solche Druckspannung schon bei einer Stauchung von rund 55 %. Die hieraus resultierende Kraft bewirkt im PUR-Schaumstoff aber nur eine Stauchung von ungefähr 1 %. Bei einer Dehnpolsterdicke von 40 mm beträgt bei diesem Beispiel die Stauchung des Dehnpolsters 22 mm, die Stauchung des PUR-Schaumstoffes lediglich 0,5 mm.

Eine Berücksichtigung der Kraftübertragung durch Zugspannungen auf der Stahlseite, durch die die vorhandene Spannung im PUR-Schaumstoff am Stahl-

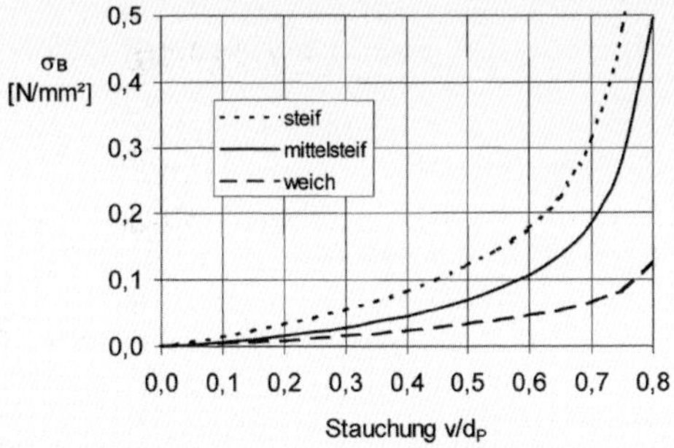

Bild 11.6-7: Druckspannung der Dehnpolster bei Stauchung

rohr näherungsweise auf den halben Wert heruntergerechnet wird, erscheint fragwürdig. Eine solche Verfahrensweise ist nur gerechtfertigt, wenn ausreichende Sicherheit besteht, dass in Bereichen starker Biegebeanspruchung und Querpressungen der Verbund zwischen PUR-Schaumstoff und Stahlrohr erhalten bleibt. Konsequenterweise ist dann aber auch die sich daraus ergebende Erhöhung der Steifigkeit des Ersatz-Moduls zu berücksichtigen.

11.6.5 Resultierender Bettungswiderstand

Analog zur Anwendung von fiktiven Federn in axialer Richtung gebraucht man diese Methode in modifizierter Form auch zur Berechnung der wirksamen Querpressung im Stabwerkmodell. Dabei ist das unterschiedliche Verhalten der beteiligten Werkstoffe zu berücksichtigen. Mit der Modifizierung des Verfahrens wird erreicht, dass die Steifigkeiten der wesentlichen Komponenten entsprechend ihrer Anteile an der örtlichen Querverschiebung v wirklichkeitsnah berücksichtigt werden.

Stahlrohr, PUR-Schaumstoff, PE-Mantel, Erdbettung und ggf. Dehnpolster können dabei als hintereinander geschaltete Federn betrachtet werden, die von der gleichen Querkraft durchlaufen werden. Die gesamte Querverschiebung v setzt sich dann aus den einzelnen Verformungen der beteiligten Komponenten zusammen. Wegen der relativ kleinen Wanddicke des PE-Mantels kann sein Einfluss von vornherein vernachlässigt werden. Im **Bild 11.6-8** ist als Variante a das Modell für einen Dehnpolsterbereich dargestellt, wobei keine Kraftübertragung durch Zugspannungen im PUR-Schaumstoff erfolgen soll. Bild 11.6-8 als Variante b zeigt das Modell für einen Bereich ohne Dehnpolster, jedoch mit gesicherter Übertragung von Zugspannungen im PUR-Schaumstoff auf der Stahlrohrseite.

Entsprechend den bekannten Regeln über das Zusammenwirken von Federn bei Parallel- und Reihenschaltung ergibt sich für die resultierende Feder, die die Steifigkeiten der beteiligten Federn im Bild 11.6-8a ersetzt, folgende Federrate c_{res}:

$$c_{res} = \frac{1}{\frac{1}{c_{SR}} + \frac{1}{c_{PUR,Druck}} + \frac{1}{c_{DP}} + \frac{1}{c_{EB}}} \qquad (11.6\text{-}10)$$

Für die Anordnung gemäß Bild 11.6-8b wird

$$c_{res} = \frac{1}{\frac{1}{c_{ZD}} + \frac{1}{c_{EB}}} \qquad (11.6\text{-}11)$$

mit $c_{ZD} = c_Z + c_D$. Dabei gilt für die Zugspannungsseite

$$c_Z = \frac{1}{\frac{1}{c_{SR}} + \frac{1}{c_{PUR,Zug}}} \qquad (11.6\text{-}11a)$$

und für die Druckspannungsseite

$$c_D = \frac{1}{\frac{1}{c_{SR}} + \frac{1}{c_{PUR,Druck}}} \qquad (11.6\text{-}11b)$$

Kommt eine Übertragung von Zugspannungen nicht in Betracht, wird $c_Z = 0$ und Gl. (11.6-11) geht in Gl. (11.6-10) über; denn wegen fehlendem Dehnpolster wird $1 / c_{DP} = 0$.

Entsprechend AGFW FW 401 Teil 10 gilt für den linearen Zusammenhang zwischen der Druckspannung und der Abplattung des Stahlrohres näherungsweise

$$\frac{\sigma_{B,SR}}{v_{SR}} = 254{,}4\ E_{SR} \frac{(D_o - D_i)^3}{(D_o + D_i)^4} \qquad (11.6\text{-}12)$$

Die Elastizität der Rohrwand von der Teillänge L_t kann somit durch eine fiktive Feder mit der Federrate

$$c_{SR} = 254{,}4\ E_{SR} \frac{(D_o - D_i)^3}{(D_o + D_i)^4} L_t\, D_o \qquad (11.6\text{-}13)$$

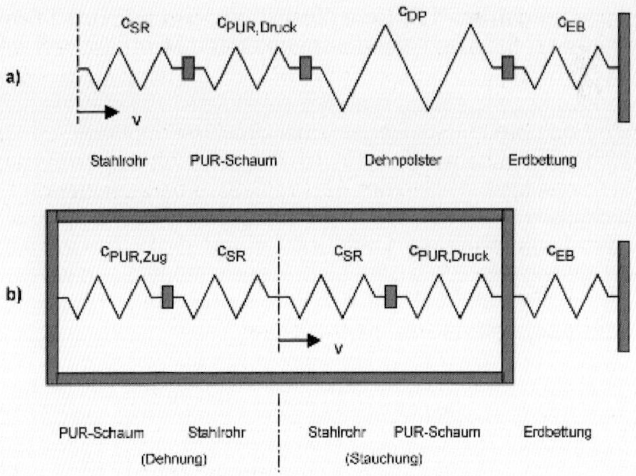

Bild 11.6-8: Modellierung der Querpressung

ersetzt werden. Sie ist bei Temperaturänderung nur noch mit dem entsprechenden E-Modul E_{SR} umzurechnen. Wegen des linearen Zusammenhanges bleibt bei dieser Feder die Federrate während des Iterationsverlaufes konstant.

Im Rahmen der Planungsaufgaben sollen Lösungen gefunden werden, mit denen die zulässigen Spannungen eingehalten werden. Unter diesem Aspekt kann gemäß Abschnitt 11.6.3 auch für die Steifigkeit des PUR-Schaumstoffes lineares Verhalten angenommen werden. Mit $\sigma_{B\,(0,03)} \approx 0{,}3\ \text{N/mm}^2$ bei der Stauchung $\varepsilon_{PUR} = 0{,}03$ ergibt sich für die Teillänge L_t und die PUR-Schaumstoffdicke d_{PUR} eine Federrate von

$$c_{PUR,Druck} = L_t\, D_o\, E_{PUR} \,/\, d_{PUR}, \qquad (11.6\text{-}14a)$$

mit dem E-Modul $E_{PUR} = \sigma_{B\,(0,03)} / 0{,}03 = 10\ \text{N/mm}^2$.

Betrachtet man den bisher vernachlässigten dünnen PE-Mantel näherungsweise ebenfalls als PUR-Schaumstoff, so kann $d_{PUR} = 0{,}5\,(D_a - D_o)$ gesetzt und mit der Federrate

$$c_{PUR,Druck} = 2\, L_t\, D_o\, E_{PUR} \,/\, (D_a - D_o) \qquad (11.6\text{-}14b)$$

gerechnet werden.

Bei den Federraten für die verschiedenen Dehnpolster und Erdbettungsarten ist die Anpassung an die im Abschnitt 11.6.3 angegebenen Funktionen bei jedem Iterationsschritt mit den bis dahin berechneten Verschiebungen erforderlich. Die Anteile der einzelnen Komponenten an der Gesamtverschiebung ergeben sich bei dem Modell nach Bild 11.6-8a aus den Gleichgewichtsbedingungen

$$c_{SR}\, v_{SR} = c_{PUR,Druck}\, v_{PUR} = c_{DP}\, v_{DP} = c_{EB}\, v_{EB} \qquad (11.6\text{-}15)$$

$$v = v_{SR} + v_{PUR} + v_{DP} + v_{EB} \qquad (11.6\text{-}16)$$

Eine befriedigende mathematische Formulierung der Funktion $\sigma_B = f(v_{DP} + v_{EB})$ kann aus den Funktionen der Dehnpolster und Erdbettungen nicht abgeleitet werden. Aus diesem Grund musste auch hier ein iterativer Lösungsweg gefunden werden, der die sinnvolle Veränderung der beiden Federraten in den einzelnen Iterationsschritten ermöglicht.

In diesem Zusammenhang ist eine weitere Problematik zu nennen, die das hier beschriebene Berechnungsmodell und damit auch dasjenige im AGFW FW 401 Teil 10 in Frage stellt.

Die beteiligten Komponenten Stahlrohr und PUR-Schaumstoff im Bereich kleiner Stauchungen können als Federn mit linearer Kennlinie betrachtet werden.

Die Kennlinie des Dehnpolsters hat einen exponentiellen Verlauf. Unter der Voraussetzung, dass bei Umkehrung der Verschiebungsrichtung und der damit verbundenen Abnahme der Stauchung bei gleichen Werten von v_{PUR} auch die gleichen Druckspannungen wirksam werden, ergibt sich für diesen Bettungsteil, wie bei dem Stahlrohr und dem PUR-Schaumstoff, keine Hysterese in der Art, wie sie im Bild 11.6-2 für den axialen Reibungswiderstand dargestellt ist.

Bei den bisherigen Berechnungsmodellen wurde immer von einer solchen Annahme ausgegangen. Bei der Erdbettung kann ein solches elastisches Verhalten sicherlich nicht vorausgesetzt werden. Bei dieser Bettungsart ist mit großer Wahrscheinlichkeit bei Umkehrung der Verschiebungsrichtung schon bei kleinen Verschiebungen in der Gegenrichtung auch ein Richtungswechsel der seitlichen Druckbelastung zu erwarten. Für den Kennlinienverlauf ergeben sich dadurch Hysteresen. Leider sind zu dieser Problematik keine experimentellen Ergebnisse bekannt, und bei kleinen Werten von v_{EB} ist die Vernachlässigung dieser Hysteresen vermutlich auch vertretbar. Bei großen Werten von v_{EB}, z. B. bei Bettung ohne Dehnpolster in lockerem Sand, sind jedoch erhebliche Unterschiede zu erwarten.

Da brauchbare Messergebnisse fehlen, wurde zur Berücksichtigung dieser Besonderheiten der Erdbettung im Programm sisKMR eine Hysteresewirkung modelliert, analog derjenigen bei Umkehrung der axialen Verschiebungsrichtung. Allerdings ergeben sich durch den im Bild 11.6-6 dargestellten Verlauf der Querpressung wesentlich kompliziertere Zusammenhänge, wenn bei den unterschiedlichen Veränderungen der Parameter, z. B. der Temperatur oder der Überdeckung, im gesamten System oder nur in bestimmten Abschnitten plausible Berechnungsergebnisse erzielt werden sollen. Die sinnvolle Änderung der Randverschiebung der fiktiven Federn erweist sich hierbei als besonders schwierig.

Bei der Ableitung des Lösungsweges wurden folgende vereinfachende Annahmen getroffen:

- Die im vorangegangenen Lastfall wirksam gewordene Querpressung sinkt bei Umkehrung der Verschiebungsrichtung linear bis null ab. Der Gradient entspricht dabei dem maximalen Gradienten der allgemeingültigen Kennlinie, d. h. dem Anstieg bei $v = 0$.

- Geht die Verschiebung in der Gegenrichtung weiter, baut sich die Querpressung aus dem bei $\sigma_B = 0$ erreichten Verschiebungspunkt der allgemeingültigen Kennlinie entsprechend in Gegenrichtung auf. Durch diese Methode ergibt sich beim Nulldurchgang von σ_B ein stetiger Verlauf.

Bild 11.6-9 zeigt eine zu Bild 11.6-2 analoge Lastfallfolge in dimensionsloser Darstellung. Sind bei maximaler Betriebstemperatur nur sehr kleine Querverschiebungen am Berechnungspunkt zu erwarten, liegen alle Widerstandskennlinien

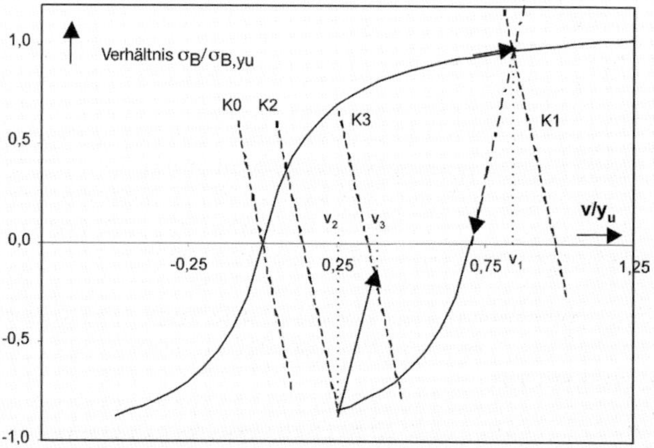

Bild 11.6-9: Bettungsdruck bei Richtungsumkehrung in Erdbettung (dimensionslose Darstellung)

K sehr nahe bei K0. Das bedingt sehr enge Hysteresen, die mit der Tangente am Nulldurchgang annähernd zusammenfallen. Für sehr kleine Verschiebungen ergibt sich damit näherungsweise die lineare Beziehung

$$0{,}145\ \sigma_B / \sigma_{B,u} = v / y_u \tag{11.6-17}$$

Hieraus resultiert der Bettungsdruck

$$\sigma_B = (\sigma_{B,u} / y_u)\ v / 0{,}145 \tag{11.6-18}$$

und für die Teillänge L_t die Federrate

$$c_{EB} = L_t\ D_a\ (\sigma_{B,u} / y_u) / 0{,}145 \tag{11.6-19}$$

Im Programm sisKMR wird von dieser Näherung nicht mehr Gebrauch gemacht, seitdem das Problem der Hysteresen theoretisch gelöst werden konnte. Vergleiche zwischen Berechnung und Messungen haben gezeigt, dass mit dem genannten Programm auch für schwierige Lastfallfolgen und komplizierte Einbaubedingungen plausible Ergebnisse erzielt werden.

11.7 Doppelrohre

11.7.1 Unterschiede gegenüber Einzelrohrverlegung

Die seit einigen Jahren auf dem Markt befindlichen Doppel- oder Twin-Rohre werden inzwischen von allen namhaften Herstellern in den Nennweiten DN 20 bis einschließlich DN 200 angeboten. Sie werden bis zu einer Nenndruckstufe von PN 25 geliefert. Es wird empfohlen, im Dauerbetrieb 120 °C und bei kurzzeitigen Spitzentemperaturen 140 °C nicht zu überschreiten.

DIN EN 15698-1 umfasst auch die Nennweiten DN 15 und DN 250. Beide Nennweiten wurden bisher kaum eingesetzt. Desgleichen liegen für DN 200 bisher nur wenige Erfahrungen vor.

Doppelrohre weisen gegenüber dem Einzelrohr Vorteile wie niedrigere Wärmeverluste, schmalere Rohrgräben und damit geringere Tiefbaukosten, weniger Aufwand beim Nachdämmen (nur halb so viele Muffen erforderlich) oder geringeren Kompensationsaufwand (weniger Dehnpolster) auf.

Dem stehen Vorbehalte gegenüber wie geringere Flexibilität zum elastischen Verziehen, Empfindlichkeit gegenüber Abstandstoleranzen oder erhöhter Aufwand bei vertikalen Richtungsänderungen.

Bei einem Doppel- oder auch TwinRohr besteht das Mantelrohr aus Polyethylen, die Mediumrohre aus Stahl und die Wärmedämmung aus Polyurethan-Schaumstoff. Somit unterscheidet sich der Aufbau eines Doppelrohres nur in der Geometrie von einem KMR-Einzelrohr. Vor- und Rücklauf liegen standardmäßig übereinander und sind durch den PUR-Hartschaumstoff sowie Fixierlaschen kraft- und formschlüssig miteinander verbunden. Dabei liegt der Vorlauf typischerweise unter dem Rücklauf (**Bild 11.7-1**).

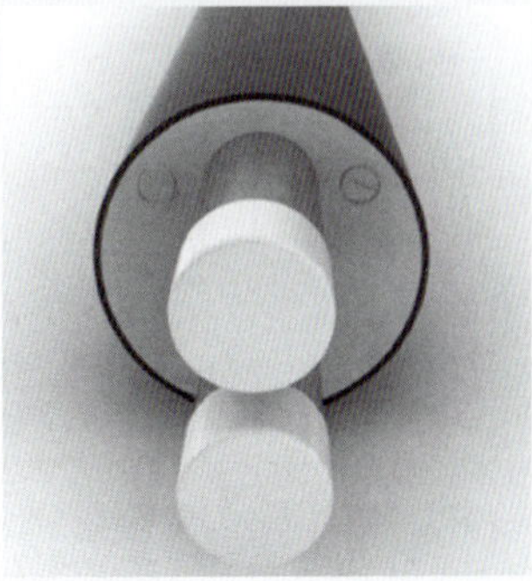

Bild 11.7-1: Aufbau eines Doppelrohres [Quelle: Doppelrohrdatenblatt Isoplus]

Durch die kompakte Bauweise des Doppelrohres reduziert sich der seitliche Platzbedarf im Graben gegenüber dem Einzelrohr, da einerseits der Mantelrohrdurchmesser des Doppelrohres kleiner ist als die Summe der Mantelrohrdurchmesser von Vorlauf und Rücklauf, und andererseits der Arbeitsraum zwischen den beiden Rohren entfällt. Dieser Effekt wird verringert, wenn der Mantelrohrdurchmesser des Doppelrohres 315 mm übersteigt. Dies ist ab DN 100 der Fall.

In diesem Fall vergrößert sich durch den Einsatz von Doppelrohren der seitliche Arbeitsraum von 20 cm auf 25 cm.

Hierzu muss jedoch erwähnt werden, dass auch für die Einzelrohrverlegung ein schlankeres Grabenprofil möglich ist, wenn die Übereinanderverlegung anstelle der Nebeneinanderverlegung angewendet wird. Hierdurch kann die Grabenbreite sogar noch weiter herabgesetzt werden als bei der Doppelrohrverlegung, jedoch steigt die Grabentiefe deutlich an. Wichtiger Nachteil dieser Verlegemethode ist die deutlich erhöhte Zeitspanne, in welcher der Graben geöffnet bleiben muss, da erst das untere Rohr fertig verlegt und eingesandet werden muss, bevor das obere verlegt werden kann.

Da der Vorlauf eine höhere Temperatur aufweist, als der Rücklauf, dehnt er sich auch in höherem Maße aus. Der Verbund im KMR-Doppelrohr wird durch den PUR-Schaumstoff hergestellt. Dieser verfügt allerdings nicht über eine ausreichend hohe Festigkeit, um die Differenz der Dehnungen und die daraus resultierenden Belastungen aufzunehmen. Als Folge würde der Verbund versagen. Um das Versagen des KMR-Doppelrohrverbundsystemes zu verhindern, werden Vor- und Rücklauf am Ende gerader Rohrstrecken und im Bereich von Formteilen über Verbindungsstege, sogenannte Fixierlaschen, kraftschlüssig miteinander verbunden. Somit stellen KMR-Doppelrohre rohrstatisch gesehen vermaschte Systeme dar.

Die Belastung des KMR-Doppelrohres ergibt sich prinzipiell in gleicher Art und Weise, wie die Belastung für KMR-Einzelrohre und wird demnach von zwei Faktoren bestimmt. Der Eine ist die Wärmeausdehnung, der Andere die aus der Dehnung resultierende Reibkraft zwischen Mantelrohr und Erdreich. Die Wärmeausdehnung ist abhängig von der Temperaturdifferenz im Einbau- und im Betriebszustand. Durch die Kopplung von Vor- und Rücklauf wird die resultierende Dehnung des Doppelrohres auf die Dehnung bei mittlerer Temperatur von Vor- und Rücklauf begrenzt:

$$t_m = 0{,}5\,(t_{VL} + t_{RL}) \qquad (11.7\text{-}1)$$

Der Vorlauf erfährt wegen der geringeren thermischen Ausdehnung gegenüber dem Rücklauf eine Druckbelastung, während der Rücklauf in analoger Weise auf Zug belastet ist.

Die Reibkraft, welche der Dehnung entgegenwirkt, ist abhängig vom Mantelaußendurchmesser, dem Reibwert zwischen Mantel und Erdreich und der Überdeckungshöhe. Da die Reibkraft die Ausdehnung behindert, werden über den PUR-Schaumstoff Scherspannungen auf die Mediumrohre übertragen, welche dort Axialspannungen verursachen. Die aus der Reibung resultierenden Axialspannungen überlagern sich mit den durch Kopplung der Mediumrohre resultierenden Spannungen (**Bild 11.7-2**).

Bild 11.7-2: Axialspannungsverlauf durch Reibung induziert (links); Axialspannungsverlauf durch Koppelung der Mediumrohre induziert im Vorlauf (Mitte); resultierender Axialspannungsverlauf im Vorlauf (rechts)

Bei der Inbetriebnahme eines Fernwärmenetzes herrscht bis zum Erreichen eines stationären Temperaturzustandes im Vorlauf t_{max} und im Rücklauf t_{min}. Wenn die Stege des Doppelrohres für eine maximale Temperaturspreizung von 70 K ausgelegt werden, dann ist bei der Inbetriebnahme durch die Betriebsführung die Einhaltung dieser Temperaturdifferenz sicher zu stellen. Dann darf z. B. beim Anfahren aus dem Ausgangszustand mit 10 °C der Vorlauf zunächst nur mit 80 °C gefahren werden.

Wird das Netz jedoch als Wärmespeicher eingesetzt, so ist die Vorlauf- gleich der Rücklauftemperatur. Als Folge dehnen sich die beiden Mediumrohre in gleichem Maße aus, weshalb für den Speicherbetrieb des Netzes höhere Dehnpolsterdicken erforderlich sind. Da die Fixierlaschen nun keine Kräfte mehr übertragen, fällt dieser Anteil an den Axialspannungen weg.

Prinzipiell stehen für die Doppelrohrverlegung die gleichen Auslegungsvarianten zur Verfügung wie für die Einzelrohrverlegung, allerdings werden keine Einmalkompensatoren (System VD) beim Doppelrohr eingesetzt.

Wie bereits erwähnt, wird die Vorlaufleitung einerseits mit einer Druckspannung aus der unterschiedlichen thermischen Dehnung von Vor- und Rücklauf und andererseits mit der aus Reibung resultierenden Druckspannung aus der behinderten Verschiebung der Doppelrohrleitung belastet. Diese Druckspannungen überlagern sich und führen dazu, dass die zulässige Axialspannung von -190 N/mm² bei der Doppelrohrverlegung schon nach wesentlich kürzerer Stecke erreicht wird, als bei der Einzelrohrverlegung (siehe **Bild 11.7-3** und **Bild 11.7-4**). Die zulässige Verlegelänge liegt somit bei Doppelrohren bei nur ca. 60 % der zulässigen Verlegelänge von Einzelrohren.

Am Ende gerader Rohrstrecken ist durch das Anschweißen von Fixierlaschen (**Bild 11.7-5**) sicherzustellen, dass eine kraftschlüssige Verbindung zwischen Vor- und Rücklauf besteht. Dies gilt für den Muffenbereich vor Bögen, im Bereich verschlossener Rohrenden, wie auch an allen anderen Formteilen. Werkseitig

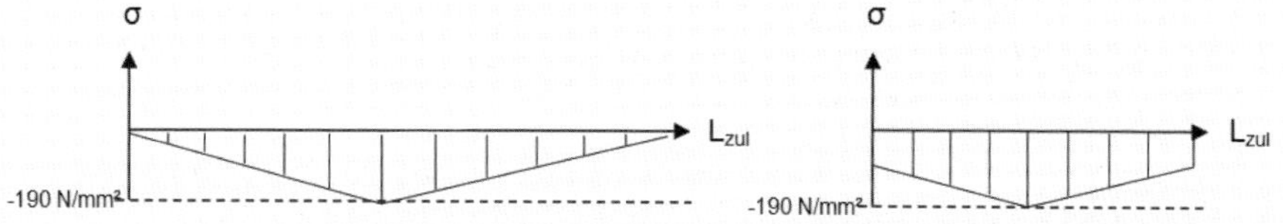

Bild 11.7-3: Axialspannungsverlauf für Einzelrohrverlegung (links) und Doppelrohrverlegung (rechts)

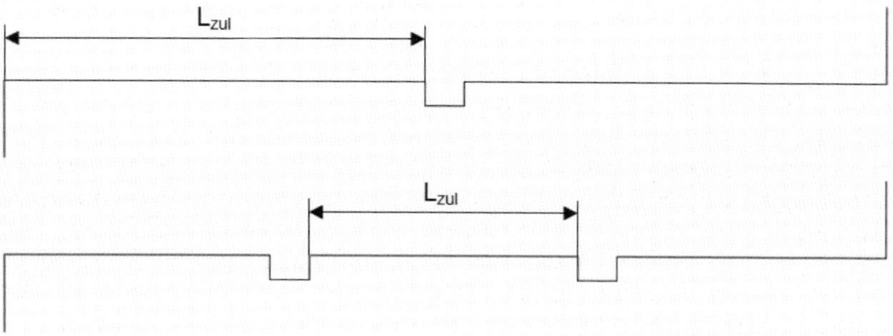

Bild 11.7-4: Zulässige Verlegelängen zwischen Kompensationselementen bei Einzelrohrverlegung (oben) und Doppelrohrverlegung (unten)

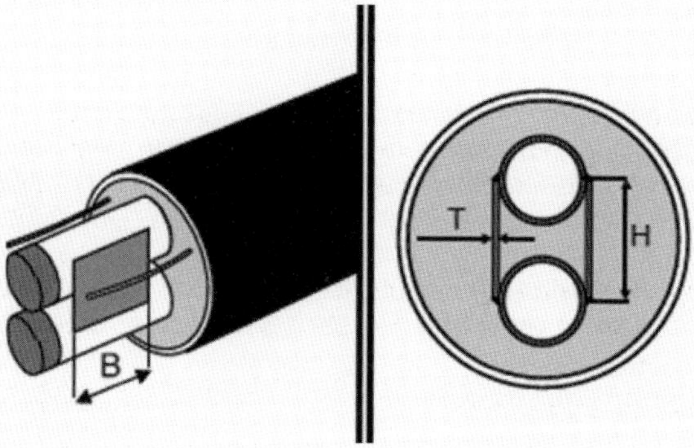

Bild 11.7-5: Fixierlaschen [Quelle: Produktkatalog Logstor]

vorgefertigte Formteile verfügen über bereits verschweißte Fixierlaschen. Bei montageseitig hergestellten oder angepassten Formteilen ist unbedingt darauf zu achten, zusätzlich Fixierlaschen anzubringen.

Die Fixierlaschen sind statisch für bestimmte Temperaturspreizungen zwischen Vor- und Rücklauf ausgelegt, z. B. für $\Delta t = 70$ K ($t_{VL} = 130$ °C, $t_{RL} = 60$ °C). Beim Anfahren des Netzes muss also dringend darauf geachtet werden, dass die zulässige Temperaturspreizung nicht überschritten wird.

Sollte sie dennoch überschritten werden, könnte dies zur Zerstörung des Doppelrohrleitungsnetzes führen. Die Fixierlaschen könnten an den Schweißnähten abreißen und Rohrschäden verursachen. Darüber hinaus würde der Verbund zwischen den Mediumrohren und dem PUR-Hartschaumstoff zerstört werden.

Die Dehnpolster sollen einen Teil der auftretenden Wärmeausdehnung aufnehmen und die durch behinderte Dehnung resultierenden Spannungen herabsetzen. Da sich die resultierende Verschiebung bei der Doppelrohrverlegung aus der mittleren Temperatur t_m nach Gl. (11.7-1) und nicht aus der Vorlauftemperatur t_{VL} ergibt, können die Dehnpolster geringer dimensioniert werden, als bei der Einzelrohrverlegung. Dies gilt allerdings nur für den Normalbetrieb des Netzes. Sollte das Netz als Wärmespeicher eingesetzt werden, tritt die volle Dehnung ein. Somit richtet sich die Bemessung der Dehnpolster danach, ob das Netz als Wärmespeicher genutzt werden soll oder nicht. In den Nahwärmenetzen mit kleinen Nennweiten ist der Betrieb als Wärmespeicher üblicherweise nicht vorgesehen.

11.7.2 Berechnung

Mit den folgenden Formeln können Doppelrohre in Analogie zum Einzelrohr berechnet werden, da sich das KMR-Doppelrohr im Erdreich zwischen zwei Stegen an den Rohrenden (Kompensationsstellen) exakt genauso bewegt, wie ein KMR-Einzelrohr mit halbem Mantelrohrdurchmesser bei der Mitteltemperatur t_m nach Gl. (11.7-1).

Auch die unterschiedlichen Axialkraftverläufe im Vor- und Rücklauf des KMR-Doppelrohrs können unmittelbar aus der KMR-Einzelrohrberechnung abgeleitet werden:

$$N_{VL}(x) = N_m(x) - 0{,}5\,(t_{VL} - t_{RL})\,\beta_{diff}\,E\,A_S \qquad (11.7\text{-}2a)$$

$$N_{RL}(x) = N_m(x) + 0{,}5\,(t_{VL} - t_{RL})\,\beta_{diff}\,E\,A_S \qquad (11.7\text{-}2b)$$

Einzelheiten zum differentiellen linearen Wärmeaausdehnungskoeffizienten β_{diff} siehe Abschnitt 7.1.4.

Mit Gl. (11.7-1) und (11.7-2) ist der Kraft- und Verschiebungsverlauf zwischen zwei Stegen an den Rohrenden (außerhalb der Kompensationsstellen) berechenbar. Im Bereich der Kompensationsstelle ist der Nachweis zu führen, dass die Spannungen im Stahlrohr und im PUR-Schaum an keiner Stelle überschritten werden. Dazu wird hilfsweise ein Einzelrohr mit der Vorlauftemperatur t_{VL} im realen Mantelrohr (z. B. D_a = 200 mm) berechnet, wobei die Verschiebungen aus den langen, geraden Strecken als Randpunktverschiebungen aufgebracht werden.

Hierzu ist keine gesonderte Berechnung als System mit 2 Festpunkten und Randverschiebung erforderlich, sondern das Gesamtsystem, bestehend aus langen, geraden über Stege gekoppelte Abschnitte und Kompensationsabschnitte, kann mit der Mitteltemperatur gemäß Gl. (11.7-1) geschlossen berechnet werden.

Im Ergebnis können somit beliebig verzweigte, räumliche KMR-Doppelrohrsys-teme in Analogie zur Einzelrohrberechnung mit sisKMR berechnet werden. Lediglich die Axialkräfte bzw. -spannungen in langen Geradrohrbereichen müssen manuell mit den Gleichungen (11.7-2) auf die Besonderheiten des gekoppelten Doppelrohrsystems umgerechnet werden.

12. Berechnung warmgehender erdverlegter Stahlmantelrohrsysteme

12.1 Allgemeines

Als Stahlmantelrohr (SMR) bezeichnet man die Anordnung von zwei Stahlrohren unterschiedlicher Nennweite, bei der das Mediumrohr konzentrisch im Mantelrohr gelagert ist. Der Ringraum zwischen den beiden Rohren nimmt die Wärmedämmung des Mediumrohres auf und wird häufig zur Verminderung der Wärmeverluste und zur Lecküberwachung bleibend unter Vakuum gehalten. Bei der Auslegung der Wanddicken ist dieser Unterdruck zu berücksichtigen.

Für besondere Anforderungen wird neuerdings auch ein als Kammer-Pipe bezeichnetes Rohrsystem angeboten [12.1-1]. Durch ein zusätzliches Kammerrohr erfüllt dieses System erhöhte Anforderungen an die Temperaturbelastbarkeit und Ausfallsicherheit.

SMR wird vorzugsweise bei Mediumtemperaturen über 140 °C angewendet, da das kostengünstige Kunststoffmantelrohr (KMR) für diese Temperaturen nicht geeignet ist.

Nach Art und Weise der Kompensation der Wärmedehnungen wird unterschieden in:

- SMR-Systeme mit Axial-Kompensatoren.

- SMR-Systeme ohne Axial-Kompensatoren.

Nach AGFW FW 410 wird nach drei Verlegekonzepten unterschieden:

- A natürliche Kompensation.

- B Axial-Kompensatoren und Festpunkte.

- C vorgespannte Systeme.

Axial-Kompensatoren werden vorwiegend wie bei freiverlegten Rohrleitungen angeordnet. Die Funktion der bei Freiverlegung erforderlichen Fest- bzw. Haltepunkte übernehmen beim SMR-System die Koppelpunkte, die Medium- und Mantelrohr kraftschlüssig miteinander verbinden. Sie übertragen die durch Innendruck, Lagerreibung und Dehnung hervorgerufenen Axialkräfte auf das eingebettete Mantelrohr.

Koppelpunkte in der Nähe von natürlichen Kompensationsstellen (z. B. Richtungsänderungen) sind nicht ortsfest. Infolge der

- axialen Belastungen der Koppelpunkte und

- der Temperaturänderung des Mantelrohres

sind an diesen Stellen Verschiebungen zu erwarten, die bei der Auslegung der SMR-Systeme zu berücksichtigen sind.

Wegen der begrenzten Dehnungsaufnahme der Axial-Kompensatoren sind bei langen Trassenabschnitten mehrere Kompensatoren und Koppelpunkte erforderlich. Der damit verbundene hohe Kostenaufwand führte zur Entwicklung von SMR-Systemen ohne Axial-Kompensatoren.

Die nachfolgenden Abschnitte befassen sich deshalb vorwiegend mit der Elastizitäts- und Festigkeitsberechnung sowie mit den damit in Zusammenhang stehenden Besonderheiten solcher SMR-Systeme (Formelzeichen nach Tabelle 0.1-1 und **Tabelle 12.1-1**). Dabei sind entsprechend Abschnitt 12.2 drei Arten der Lagerung des Mediumrohres im Mantelrohr zu unterscheiden.

12.2 Lagerung des Mediumrohres im Mantelrohr

a) Führungslager (Zwangsführungen)

Führungslager bestehen aus 3 oder 4 sternförmig angeordneten Gleitkufen oder Rollenlagern. Sie lassen außer dem Bewegungsspiel keine lateralen Bewegungen des Mediumrohres im Mantelrohr zu. Führungslager werden auf langen geraden oder nahezu geraden Strecken eingesetzt. Im lokalen Koordinatensystem mit der x-Richtung in Rohrachse gelten als Randbedingungen $w_y = 0$ und $w_z = 0$.

b) Auflager

Auflager oder Gleitlager sind im Gegensatz zu Führungslagern seitlich verschiebbar. Sie werden im Bereich von Kompensationsstellen benötigt, im Regelfall an geeigneten Trassenknickpunkten. Die Randbedingung im lokalen Koordinatensystem lautet $w_z = 0$.

c) Festpunkte (Koppelpunkte)

Fest- oder Fixpunkte dienen der vollständigen kraftmäßigen Kopplung zwischen Mediumrohr und Mantelrohr in axialer Richtung. Sie blockieren in den meisten Fällen alle drei Verschiebungsrichtungen, mindestens jedoch die axiale Verschiebung des Mediumrohres im Mantelrohr.

Da das Mantelrohr an diesen Stellen selbst Verschiebungen aufweisen kann, ist es richtiger, dieses Lager als Koppelpunkt im statischen Gesamtsystem, nämlich

Tabelle 12.1-1: Formelzeichen und Indizes zur Berechnung von SMR-Vorspannstrecken (weitere Formelzeichen sind im Text erläutert)

Formelzeichen	Einheit SI-kohärent	Einheit gebräuchlich	Bezeichnung
E A	N	kN	Axialsteifigkeit (E-Modul x Rohrquerschnitt)
F_R\`	N/m	kN/m	spezifische Reibungskraft, auf Länge bezogen
L	m	mm	Länge der Vorspannstrecke
ΔL	m	mm	Längenänderung, z. B. Vorspannung, Wärmeausdehnung
N	N	kN	Axialkraft
t	-	°C	Temperatur
w	m	mm	Außenrohrverschiebung am Koppelpunkt (+ in x-Richtung)
Δw	m	mm	Verschiebungsdifferenz zwischen Außen- und Innenrohr
x	-	-	Längenkoordinate
β_{diff}	1/K	1/K	differentieller linearer Wärmeausdehnungskoeffizient
ε	-	-	relative Längenänderung: Dehnung oder Stauchung
Indizes			
0	Stelle x = 0		
A	Ausgleichsbereich		
a	Außenrohr (Mantelrohr)		
GB	Gleitbereich		
HB	Haftbereich		
i	Innenrohr (Mediumrohr)		
L	Stelle x = L		
t	Temperatur		
UT	Umgebungstemperatur, z. B. bei der Verlegung		
V	Vorspannung		
W	Wärmeausdehnung		
x	ortsabhängige Größe, d. h. Stelle x		

Mantel- plus Mediumrohr, zu bezeichnen. Es sind 2 Arten zu unterscheiden:

- Koppelpunkte in Abschnitten ohne Vorspannstrecke (**Bild 12.2-1**)

  Liegen 2 benachbarte Kompensationsstellen A und B so nahe beieinander, dass die lateralen Dehnwege der Mediumleitung im Kompensationsbereich

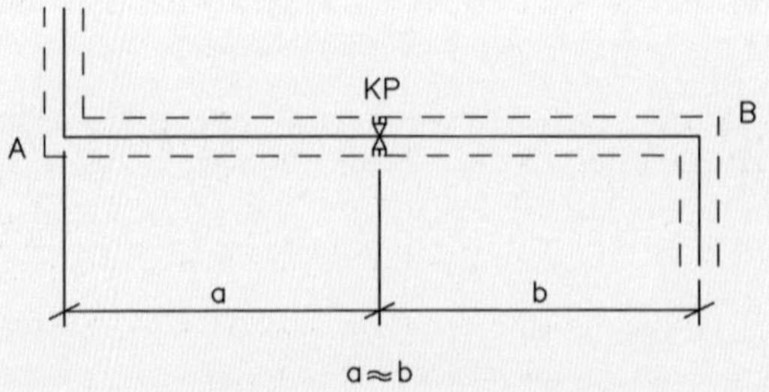

Bild 12.2-1: Rohrleitungsabschnitt mit einem Koppelpunkt

in den zulässigen Grenzen bleiben, so genügt die etwa mittige Anordnung nur eines Koppelpunktes KP.

Ein solcher Koppelpunkt dient der Fixierung des Mediumrohres im Mantelrohr nur insoweit, dass die Dehnwege des Mediumrohres auf die beiden Kompensationsstellen kontrolliert aufgeteilt werden. Die auf das Mantelrohr zu übertragende Axialkraft ist relativ niedrig.

Durch Vorspannen der Kompensationsstrecken a und b und durch Durchmesservergrößerung des Mantelrohres im Eckbereich A und B kann der Abstand zwischen A und B bis zu den zulässigen Grenzen vergrößert werden. Bei Überschreiten dieser Grenzen kann auf die Anordnung von Vorspannstrecken nicht verzichtet werden.

- Koppelpunkte an den Enden von Vorspannstrecken (**Bild 12.2-2**)

Die Koppelpunkte KP_A und KP_B an den Enden der Vorspannstrecke dienen der weitgehenden Unterdrückung der Dehnungen des Mediumrohres zwischen den Koppelpunkten, so dass die Dehnwege an den Kompensationsstellen A und B zulässige Werte annehmen. Die Unterdrückung der Dehnung auf der Vorspannstrecke führt allerdings zu sehr hohen axialen Belastungen der Koppelpunkte.

Die hohe axiale Druckkraft zwischen KP_A und KP_B beim warmen Mediumrohr (Betrieb) belastet die Koppelpunkte in Richtung der Trasseneckpunkte. In gleicher Richtung belasten die infolge Innendruck zwischen Bogen und Koppelpunkten wirkenden axialen Zugkräfte die Verbindungsstelle. Beim kalten Mediumrohr (Stillstand) wirken die eventuell zu berücksichtigenden Innendruckkräfte der hohen Zugkraft zwischen KP_A und KP_B entgegen.

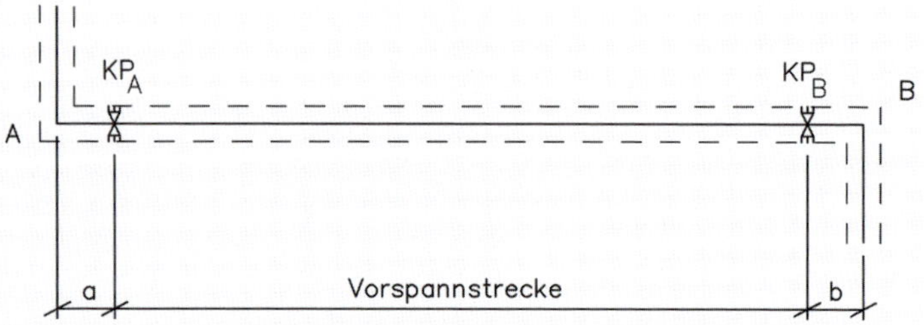

Bild 12.2-2: Rohrleitungsabschnitt mit Vorspannstrecke und 2 Koppelpunkten

12.3 Lagerbelastungen infolge Eigengewicht

Für die Ermittlung der Lagerbelastungen infolge Eigengewicht gelten sinngemäß die gleichen Regeln wie bei oberirdischen Rohrleitungssystemen (siehe Abschnitt 0.3 und 6.6).

Bei gleichgroßen Lagerabständen L_{Lager} und den Streckenlasten q_R, q_D und q_F für Rohr, Wärmedämmung und Medium (Fluid) wird:

$$Q_z = g\ L_{Lager}\ q_{RL} \tag{12.3-1}$$

Für den Betriebsfall ist:

$$q_{RL} = q_R + q_D + q_F \tag{12.3-2a}$$

für den Montagefall (z. B. beim Vorspannen):

$$q_{RL} = q_R + q_D \tag{12.3-2b}$$

Bei ungleichen Lagerabständen $L_{Lager,n}$ und $L_{Lager,n+1}$ vor und nach dem Lager genügt für manuelle Berechnungen folgende Näherung:

$$L_{Lager} \approx 0{,}5\ (L_{Lager,n} + L_{Lager,n+1}) \tag{12.3-3}$$

Bei sternförmiger Anordnung der Gleitkufen oder Rollenlager (**Bild 12.3-1**) ist für die Ermittlung der radialen Belastung Q_r der unteren Lager die Zerlegung von Q_z entsprechend der Spreizung β erforderlich:

$$Q_r = 0{,}5\ Q_z / \cos(\beta / 2) \tag{12.3-4}$$

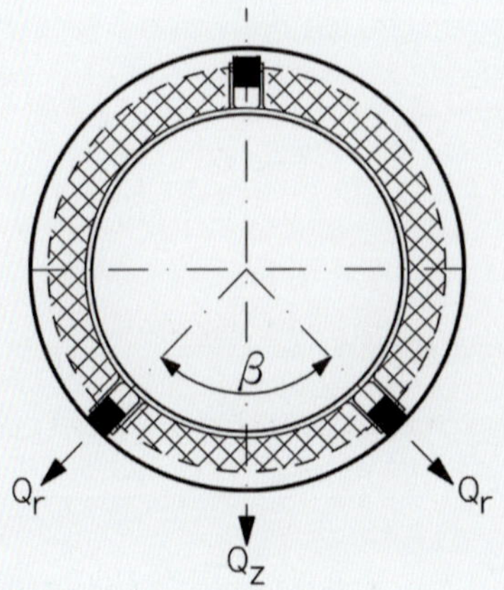

Bild 12.3-1: Sternförmige Führung des Mediumrohres im Mantelrohr

12.4 Querbelastungen in abgewinkelten Vorspannstrecken

Bei bogenartigem oder abgeknicktem Trassenverlauf (**Bild 12.4-1**) auf der Vorspannstrecke führen die hohen Axialkräfte im Mediumrohr zu hohen Querbelastungen an den Führungslagern. Die Querbelastung beträgt für

- bogenartigen Trassenverlauf (R_T - Trassenradius, L_T - gestreckte Länge zwischen 2 geführten Lagerpunkten):

$$Q_y = N_i \, L_T \, / \, R_T \qquad (12.4\text{-}1)$$

- abgeknickten Trassenverlauf (γ_k - Gehrungswinkel am Knick):

$$Q_y = N_i \sin \gamma_k \qquad (12.4\text{-}2)$$

Bei abgeknicktem Trassenverlauf ist entsprechend der geplanten Lageranordnung zu unterscheiden, ob Q_y nur an einer Führung wirksam wird, oder ob sich diese Belastung auf zwei Führungen verteilt.

Für $N_i > 0$ (Zugkraft) ist Q_y nach innen zum Krümmungsmittelpunkt gerichtet, bei $N_i < 0$ (Druckkraft) umgekehrt. Die radiale Belastung bei sternförmig angeordnetem Lager infolge Querkraft Q_y ist analog zu den Belastungen infolge Vertikallast Q_z

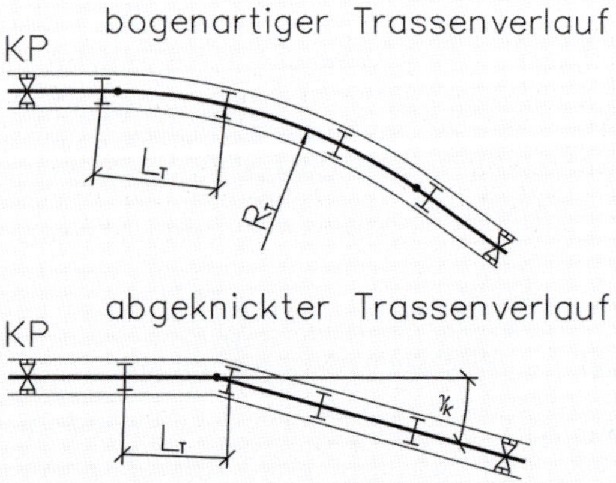

Bild 12.4-1: Abwinkelungen in Vorspannstrecken

durch Zerlegung von Q_y zu ermitteln und den Belastungen aus Q_z zu überlagern. Zur besseren Kraftaufteilung sind 4 Lager bei sternförmigen Führungen günstiger als 3 Lager.

12.5 Querbelastungen infolge behinderter Dehnung

An den Führungslagern in Nähe der Kompensationsstellen, u. U. auch an den Koppelpunkten selbst, können je nach Elastizität der Kompensationsstelle mehr oder minder große Querbelastungen wirken. Die Ermittlung dieser Querbelastungen erfolgt zweckmäßigerweise mit einem geeigneten Rohrstatikprogramm, da manuelle Berechnungen zu aufwändig sind und starke Systemvereinfachungen erforderlich machen.

12.6 Reaktionen und Verschiebungen an den Kompensationsstellen

Die Reaktionen und Verschiebungen werden ebenfalls am zweckmäßigsten mit geeigneten Rohrstatikprogrammen ermittelt (siehe Kapitel 6), wobei eine relativ einfache Modellierung des Kompensationsbereiches bis zu den benachbarten Koppelpunkten unter Beachtung der gegebenen Randbedingungen meist ausreichend ist.

Insbesondere bei stumpfen Ecken mit Ablenkwinkel deutlich < 90° wird die maschinelle Berechnung empfohlen. Die lateralen Bewegungen nehmen mit kleiner werdendem Ablenkwinkel stark zu und müssen deshalb möglichst exakt berechnet werden, um Kollisionen der Dämmschicht mit dem Mantelrohr zu vermeiden. In der Regel werden an Trassenknickpunkten für das Mantelrohr Segmentkrümmer verwendet, wobei oft fertigungsbedingt kleinere Radien als beim Mediumrohr gewählt werden. Diese Besonderheiten schränken den lateralen Bewegungsspielraum für das Mediumrohr zusätzlich ein.

12.7 Axialbelastungen der Koppelpunkte

12.7.1 Vorbemerkungen

Die resultierende axiale Belastung, die vom Innenrohr am Koppelpunkt auf das Außenrohr übertragen wird, ergibt sich aus der Differenz der axialen Reaktionen vor und hinter dem Koppelpunkt beim jeweiligen Belastungsfall.

Bei Koppelpunkten in Trassenabschnitten ohne Vorspannstrecke kann in gleicher Weise wie bei Fest- oder Haltepunkten von oberirdischen Rohrleitungssystemen verfahren werden. Das bedeutet, dass die axialen Wirkungen des Innendruckes nur spannungsmäßig zu berücksichtigen sind, da bei beidseitig symmetrischer Anordnung und natürlichem Dehnungsausgleich die durch inneren Überdruck hervorgerufenen Axialkräfte im Gleichgewicht stehen.

Die nachfolgenden Ausführungen beschränken sich daher auf diejenigen Besonderheiten, die sich bei Trassenabschnitten mit Vorspannstrecke ergeben.

12.7.2 Grundlagen der Berechnung von Vorspannstrecken

Alle Grundgleichungen (Formelzeichen nach Tabelle 12.1-1) zur Berechnung der Vorspannstrecken gelten unter folgenden Voraussetzungen:

- Der relativ geringe Reibungseinfluss des leeren Innenrohres beim Vorspannen wird vernachlässigt.
- Eventuell in Betracht kommende Hangabtriebskräfte bei geneigtem Trassenverlauf werden nachträglich den ermittelten Kräften überlagert. Der geringe Einfluss auf Dehnungen und Verschiebungen wird vernachlässigt.
- Für das Mantelrohr werden auf der gesamten Vorspannstrecke konstante

Bettungsverhältnisse angenommen, so dass an den Orten mit axialen Verschiebungen die spezifische Reibungskraft $F_R`$ = const. der Verschiebung entgegenwirkt.

Die spezifische Reibungskraft $F_R`$ ist abhängig von den Bodenkennwerten, der Überdeckungshöhe, dem Mantelrohrdurchmesser und der Streckenlast infolge Eigengewicht von Medium- und Mantelrohr. Die Berechnung von $F_R`$ erfolgt analog wie bei KMR-Systemen (siehe Kapitel 11).

Hiernach gilt für das Innenrohr ortsunabhängig

- vor beidseitiger Kopplung:

$$N_i = 0 \qquad (12.7\text{-}1)$$

- nach beidseitiger Kopplung:

$$N_i = \varepsilon_i \, (E\,A)_i \qquad (12.7\text{-}2)$$

Dabei gilt:

$$\varepsilon_i = \frac{w_L - w_0 - \Delta L_V}{L} - \varepsilon_{t,i} \qquad (12.7\text{-}3a)$$

mit der relativen linearen Wärmeausdehnung entsprechend Gl. (7.1-1):

$$\varepsilon_{t,i} = \beta_{diff} \, (t_i - t_{UT}) \qquad (12.7\text{-}3b)$$

Es bedeuten:

t_i - Fluidtemperatur. Sie entspricht der Auslegungstemperatur t_d.

t_{UT} - Umgebungstemperatur bei Verlegung

β_{diff} - differentieller linearer Wärmeausdehnungskoeffizient (siehe Abschnitt 7.1.4)

Die Vorspannung ΔL_V ist in der Regel negativ, d. h. es handelt sich um eine Verkürzung.

Unter der Voraussetzung, dass noch beide Seiten der Vorspannstrecke frei sind, die Kompensationsbereiche also noch nicht angeschlossen sind, wird aus Symmetriegründen:

$$w_0 = -w_L \qquad (12.7\text{-}4)$$

und somit

$$\varepsilon_i = \frac{2\ w_L - \Delta L_V}{L} - \varepsilon_{t,i} \tag{12.7-5}$$

bzw.

$$\varepsilon_i = \frac{-\ 2\ w_0 - \Delta L_V}{L} - \varepsilon_{t,i} \tag{12.7-6}$$

Am Außenrohr ergibt sich in den Gleitbereichen ein linearer Axialkraftverlauf mit dem Gradienten $+F_R$\` oder $-F_R$\`. Das Vorzeichen richtet sich danach, ob die Verschiebung in positiver oder negativer x-Richtung verläuft. Weiterhin wird dieser Axialkraftverlauf durch die Gleichgewichtsbedingungen an den Koppelpunkten bestimmt. Vor beidseitiger Kopplung ergibt sich für die freien Enden:

$$N_{a,0} = 0 \text{ und } N_{a,L} = 0 \tag{12.7-7}$$

Nach beidseitiger Kopplung wird bei noch nicht angeschlossenen Kompensationsstellen:

$$N_{a,0} = N_{a,L} = -N_i \tag{12.7-8}$$

12.7.3 Mechanisches Vorspannen

Beim mechanischen Vorspannen ist die Kopplung von Innen- und Außenrohr an einem Ende der Vorspannstrecke bereits fertiggestellt. Am anderen Ende wird das Innenrohr mittels Vorrichtung gezogen, wobei das Außenrohr als Widerlager dient. Obwohl die Kopplung an dieser Stelle montageseitig noch nicht fertiggestellt ist, müssen wegen der kraftschlüssigen Verbindung über die Vorspannvorrichtung die Gleichungen für die vollzogene beidseitige Kopplung angewendet werden.

Durch Umstellung der Gl. (12.7-2) ergibt sich für das Innenrohr die relative Dehnung

$$\varepsilon_i = \frac{N_i}{(E\ A)_i} \tag{12.7-9}$$

und die Längenänderung $L\ \varepsilon_i$.

Die betragsmäßig gleichgroßen Druckkräfte $N_a = -N_i$, die an den Enden auf das Außenrohr wirken, führen zu dessen Verkürzung, die jedoch durch den starken Reibungseinfluss der Bettung behindert wird. Der Verlauf der Axialkräfte von Innen- und Außenrohr ist **Bild 12.7-1** und **Bild 12.7-2** zu entnehmen.

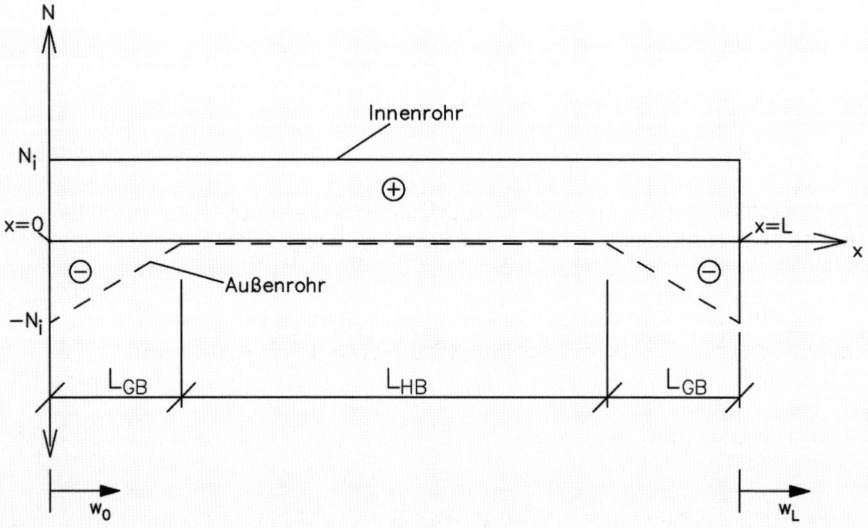

Bild 12.7-1: Axialkräfte beim mechanischen Vorspannen einer Vorspannstrecke mit Haftbereich

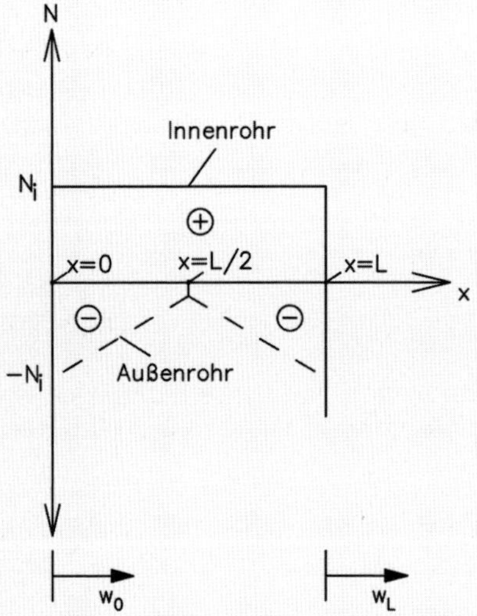

Bild 12.7-2: Axialkräfte bei mechanischer Vorspannung einer Vorspannstrecke ohne Haftbereich

Aus Symmetriegründen genügt die Betrachtung im Bereich $0 \leq x \leq L_{GB}$. Für die Axialkraft im Außenrohr gilt hier:

$$N_{a,x} = -N_i + F_R` \; L_x \qquad (12.7\text{-}10)$$

Die Gleitbereichslänge ergibt sich aus:

$$L_{GB} = \min \{N_i / F_R`; L / 2\} \qquad (12.7\text{-}11)$$

Das mechanische Vorspannen erfolgt bei konstanter Temperatur, so dass $\varepsilon_{t,i} = 0$ gesetzt werden kann. Die örtliche Dehnung beträgt somit:

$$\varepsilon_{a,x} = \frac{N_{a,x}}{(E\,A)_a} \qquad (12.7\text{-}12)$$

Daraus folgt am Koppelpunkt an der Stelle x = 0 die Verschiebung:

$$w_0 = -\int_{x=0}^{L_{GB}} \varepsilon_{a,x} \, dx \qquad (12.7\text{-}13)$$

Unter Berücksichtigung von Gl. (12.7-10) und (12.7-12) wird somit:

$$w_0 = \frac{\left(N_i - 0{,}5\, F_R` \; L_{GB}\right) L_{GB}}{(E\,A)_a} \qquad (12.7\text{-}14)$$

Bei Vorspannstrecken mit Haftbereich wird wegen $L_{GB} = N_i / F_R`$:

$$w_0 = \frac{0{,}5\, N_i^2}{F_R` \; (E\,A)_a} \qquad (12.7\text{-}15a)$$

Unter den gegebenen Voraussetzungen folgt:

$$w_L = -w_0 \qquad (12.7\text{-}15b)$$

Aus der Längenänderung des Innenrohres

$$L\,\varepsilon_i = \frac{L\,N_i}{(E\,A)_i} \qquad (12.7\text{-}16)$$

und den Verschiebungen der Koppelpunkte w_0 und w_L infolge Schrumpfung des Außenrohres ergibt sich der relative Vorspannbetrag, also die effektive Vorspannung, zu:

$$\Delta L_V = -(L\,\varepsilon_i + w_0 - w_L) \qquad (12.7\text{-}17)$$

bzw.

$$\Delta L_V = -(L\,\varepsilon_i + 2\,w_0) \qquad (12.7\text{-}18)$$

Beim Vorspannen unter Kontrolle der Vorspannkraft N_i sind somit die Größen L_{GB}, w_0 und ΔL_V berechenbar.

Erfolgt das Vorspannen unter Kontrolle der relativen Vorspannung ΔL_V, so ergibt sich unter Anwendung von Gl. (12.7-2) und (12.7-6):

$$N_i = \frac{(E\,A)_i\,(2\,w_0 + \Delta L_V)}{L} \tag{12.7-19}$$

und durch Umstellung von Gl. (12.7-14)

$$N_i = \frac{w_0\,(E\,A)_a}{L_{GB}} + \frac{F_R`\,L_{GB}}{2} \tag{12.7-20}$$

Falls ein Haftbereich existiert, folgt aus der Umstellung der Gl. (12.7-15):

$$N_i = \sqrt{2\,w_0\,F_R`\,(E\,A)_a} \tag{12.7-21}$$

Durch Gleichsetzen der rechten Seiten von Gl. (12.7-19) und (12.7-21) erhält man mit den Hilfsgrößen:

$$p = \frac{0{,}5\,F_R`\,(E\,A)_a\,L^2}{(E\,A)_i^2} - \Delta L_V \tag{12.7-22a}$$

$$q = -\frac{\Delta L_V^2}{4} \tag{12.7-22b}$$

schließlich

$$w_0 = -\frac{p}{2} \pm \sqrt{\frac{p^2}{4} - q} \tag{12.7-23}$$

Wird diese Verschiebung in Gl. (12.7-20) oder (12.7-21) eingesetzt, erhält man N_i. Mit dem Test

$$\frac{N_i}{F_R`} \leq 0{,}5\,L \tag{12.7-24}$$

wird die Existenz eines Haftbereiches geprüft. Wird diese Bedingung nicht erfüllt, so muss $L_{GB} = L\,/\,2$ gesetzt werden. Unter Anwendung der Gl. (12.7-2), (12.7-6) und (12.7-14) folgt nun:

$$w_0 = -\left[\frac{(E\,A)_i\;(2\;w_0 + \Delta L_V)}{L} + \frac{F_R`\,L}{4}\right]\frac{L}{2\,(E\,A)_a} \tag{12.7-25}$$

und daraus:

$$w_0 = -0{,}5\,\frac{\Delta L_V\,(E\,A)_i - 0{,}25\;F_R`\,L^2}{(E\,A)_a + (E\,A)_i} \tag{12.7-26}$$

so dass damit auch N_i nach Gl. (12.7-19) bestimmbar ist.

12.7.4 Thermisches Vorspannen

Während des Vorwärmens besteht aus statischer Sicht unter den im Abschnitt 12.7.1 gestellten Voraussetzungen keine kraftschlüssige Verbindung zwischen Innen- und Außenrohr, obwohl die Verbindung an einem der beiden Koppelpunkte üblicherweise bereits erfolgt ist, analog wie beim mechanischen Vorspannen. Die Innenrohrleitung kann sich somit am anderen Koppelpunkt noch ungehindert ausdehnen.

Die Längenänderung durch Wärmeausdehnung beträgt analog Gl. (12.7-3b):

$$\Delta L_W = \varepsilon_{t,i}\, L \qquad (12.7\text{-}27a)$$

mit

$$\varepsilon_{t,i} = \beta_{diff}\,(t_i - t_{UT}) \qquad (12.7\text{-}27b)$$

Durch das Aufheizen der Innenrohrleitung ergibt sich auch eine geringe Temperatursteigerung für das Außenrohr auf $t_a > t_{UT}$. Die Dehnung dieses Rohres wird aber durch die hohen Reibungskräfte der Erdbettung stark behindert.

Die Gleitbereichslänge des Außenrohres bei dieser Erwärmung beträgt:

$$L_{GB} = \min\{-N_{a,HB} / F_R`;\ L / 2\} \qquad (12.7\text{-}28)$$

$N_{a,HB}$ ist diejenige Axialkraft, die sich bei Existenz eines Haftbereiches dort entsprechend Linie a im **Bild 12.7-3** einstellen würde. Für diese Axialkraft gilt:

$$N_{a,HB} = -\varepsilon_{t,a}\,(E\,A)_a \qquad (12.7\text{-}29)$$

mit

$$\varepsilon_{t,a} = \beta_{diff}\,(t_a - t_{UT}) \qquad (12.7\text{-}30)$$

In den Gleitbereichen ergeben sich im Bereich $0 \le x \le L_{GB}$ folgende örtliche Dehnungen:

$$\varepsilon_{a,x} = \varepsilon_{t,a} + \frac{N_{a,x}}{(E\,A)_a} \qquad (12.7\text{-}31)$$

mit

$$N_{a,x} = -F_R`\, x \qquad (12.7\text{-}32)$$

Die Verschiebung des Koppelpunktes bei x = 0 beträgt somit nach der Erwärmung

$$w_0 = -\int_{x=0}^{L_{GB}} \varepsilon_{a,x}\, dx \tag{12.7-33}$$

bzw.

$$w_0 = -L_{GB}\left[\varepsilon_{t,a} - \frac{F_R`\, L_{GB}}{2\,(E\,A)_a}\right] \tag{12.7-34}$$

Unter den genannten Symmetrie-Voraussetzungen wird wegen $w_L = -w_0$ die wirksame Vorspannlänge wiederum

$$\Delta L_V = -(L\,\varepsilon_{t,i} + 2\,w_0) \tag{12.7-35}$$

Im Unterschied zum mechanischen Vorspannen ist hier zunächst w_0 negativ und dient so nur der Berechnung der effektiv eingebrachten Vorspannung ΔL_V.

Die Kopplung der beiden Rohre erfolgt bei Vorwärmtemperatur noch ohne Kraftübertragung an der Koppelstelle, d. h. N_i und $N_{a,0}$ sind gleich null. Erst durch die Abkühlung der unterschiedlich aufgeheizten Rohre ändert sich die Verschiebung und es kommt zur Kraftübertragung am Koppelpunkt.

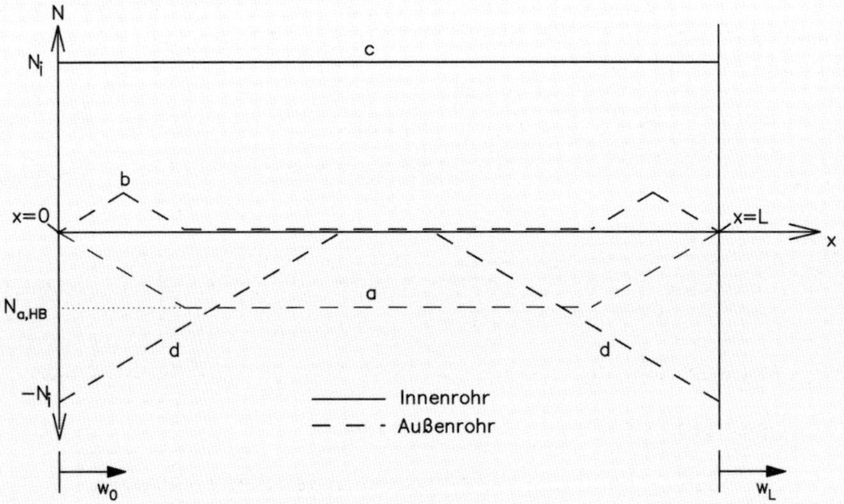

Bild 12.7-3: Axialkräfte bei thermischer Vorspannung
a - Mantelrohr, beim Erreichen der Vorwärmtemperatur im Mediumrohr;
b - Mantelrohr nach Abkühlung ohne Kopplung (theoretischer Fall);
c - Mediumrohr nach Abkühlung; d - Mantelrohr nach Abkühlung

Nachfolgend wird zunächst weiter davon ausgegangen, dass die Kompensationsbereiche noch nicht an die Vorspannstrecke angeschlossen sind, so dass das Kräftegleichgewicht am Koppelpunkt nur durch N_i und $N_{a,0}$ bestimmt wird. Ohne Kopplung mit dem Mediumrohr würde sich im Mantelrohr bei Abkühlung ein Axialkraftverlauf gemäß Linie b im Bild 12.7-3 ergeben. Durch die wesentlich größere Temperaturdifferenz des Mediumrohres bei der Abkühlung stellen sich aber im gekoppelten System die Axialkraftverläufe für das Innenrohr gemäß Linie c im Bild 12.7-3 und für das Außenrohr gemäß Linie d ein.

Werden die Kompensationsstellen vorausetzungsgemäß nach Abkühlung der Vorspannstrecke spannungsfrei angeschlossen, so gilt auch nach erfolgter Abkühlung $N_a = -N_i$. Es ist damit der analoge Zustand zur mechanischen Vorspannung mit ΔL_V-Kontrolle gegeben.

Die entsprechenden Gleichungen und Bedingungen sind in vollem Umfang anwendbar, sofern die sich ergebende Gleitbereichslänge mindestens so groß ist wie die bei der vorangegangenen Vorwärmung. Diese Voraussetzung ist gleichbedeutend mit der Bedingung, dass $N_i \geq -N_{a,HB}$ sein muss, wobei sich $N_{a,HB}$ aus dem Vorwärmzustand gemäß Gl. (12.7-29) ergibt.

Werden hingegen die Kompensationsstellen noch bei Vorspanntemperatur angeschlossen, so entsteht bei Abkühlung der Vorspannstrecke automatisch ein Vorspannen dieser Kompensationsstellen, wodurch zusätzliche äußere Reaktionen auf den Koppelpunkt wirken. Die Gleichgewichtsbedingung am Koppelpunkt lautet dann:

$$N_i + N_{a,0} = N_{iA} + N_{aA} \qquad (12.7\text{-}36)$$

N_{iA} und N_{aA} sind die aus dem angeschlossenen Ausgleichsbereich (Kompensationsbereich) herrührenden Kräfte von Innen- und Außenrohr:

N_{iA} - Axialkraft des Mediumrohres infolge der Verschiebungsdifferenz des Anschlusspunktes. Kraftanteile aus Innendruck und Temperaturänderung entfallen noch zu diesem Zeitpunkt.

N_{aA} - Axialkraft des Mantelrohres. Sie ergibt sich aus den Anteilen infolge:

- Verschiebungsdifferenz der Anschlussstelle
- Behinderung der Strecke Koppelpunkt/Bogen durch Reibung
- Bettungswiderstand bei lateraler Verschiebung im Dehnschenkelbereich, insbesondere im unmittelbaren Bogenbereich.

Sowohl N_{iA} als auch N_{aA} bewirken, dass die Verschiebungsdifferenzen an den Koppelpunkten kleiner ausfallen, als bei Anschluss der Ausgleichsbereiche nach erfolgter Abkühlung, was zu einer erhöhten Zugspannung im Mediumrohr führt.

Die Kräfte N_i und N_{iA} sind linear von der Verschiebung des Koppelpunktes abhängig, so dass eine entsprechende Kennlinie bzw. Funktion aus den Ergebnissen für zwei Verschiebungswerte ermittelt werden kann. Zwischen den Kräften des Mantelrohres (N_{aA} und $N_{a,0}$) und den Verschiebungen der Koppelpunkte besteht hingegen ein nichtlinearer Zusammenhang. Insbesondere die Abhängigkeit von N_{aA} ist mit manuellen Methoden nur in grober Näherung und bei Vorliegen entsprechender Erfahrungen abschätzbar.

Moderne PC-Programme, wie insbesondere das für erdverlegte KMR-Systeme entwickelte Programm sisKMR, ermöglichen bei sachkundiger Modellierung die geschlossene Berechnung von Medium- und Mantelrohr im Ausgleichsbereich und die Kontrolle der Relativverschiebungen im Bogenbereich. Durch Variation der Verschiebung an der Anschlussstelle (Koppelpunkt) kann bei einfacher Modellierung N_{aA} und bei etwas aufwändigerer Modellierung $N_A = N_{iA} + N_{aA}$ in Abhängigkeit von der Verschiebung w_0 bzw. Δw_0 bestimmt werden. Durch Linearisierung des erhaltenen Kurvenverlaufes lassen sich N_{aA0} und c_a und ggf. auch N_{iA0} und c_i ermitteln. Ein diesbezügliches Berechnungsbeispiel zeigt **Tabelle 12.7-1** mit **Bild 12.7-4** und **Bild 12.7-5**.

Die Faktoren c_i und c_a entsprechen Federraten, mit denen die von Δw_0 abhängigen Reaktionen des Medium- und des Mantelrohres annähernd erfasst werden. Da c_a im wesentlichen durch die Querpressung am Ausgleichsschenkel bestimmt wird und damit gewöhnlich wesentlich größer als c_i ist, kann der Einfluss von c_i meist vernachlässigt werden.

Δw_0 ist die Verschiebungsdifferenz aus der neu zu ermittelnden Verschiebung w_0 und derjenigen Verschiebung, bei der der Anschluss der Kompensationsstelle vorgenommen wurde. Bezeichnet man zu diesem Zweck dasjenige w_0, das für den Zustand bei Vorspanntemperatur ermittelt wurde und nur der Berechnung von ΔL_V diente, mit w_V, so wird

$$\Delta w_0 = w_0 - w_V \tag{12.7-37}$$

$N_{a,0}$ ist der von der Größe der Verschiebungsdifferenz Δw_0 unabhängige Betrag der axialen Reibung in der Strecke zwischen Koppelpunkt und Dehnschenkel, d. h.:

$$N_{a,0} = F_R` a \tag{12.7-38}$$

Die Strecke a ist aus Bild 12.2-2 zu entnehmen.

Tabelle 12.7-1: Funktionaler Zusammenhang zwischen Axialkraft und Verschiebung am Koppelpunkt eines SMR-Systems. Berechnungsbeispiel: DN 700, Koppelpunkt 6 m vor der Bogenecke eines L-Systems, 80 mm Dehnpolster

Berechnung nach Programm sisKMR			Linearisierte Ersatzfunktion (Umkehrfunktion)	
Axialkraft -N in kN	Verschiebung w_x in mm für		Axialkraft -N in kN	Verschiebung w_x in mm für $H_ü = 1$ m
	$H_ü = 1$ m	$H_ü = 0,8$ m		
38,13	0,2	0,3	88	0
76,27	1,1	2,4	107	5
114,40	7,0	10,8	127	10
152,53	16,2	20,6	147	15
190,67	26,0	30,7	167	20
228,80	35,5	40,0	186	25
266,93	43,1	44,6	206	30
305,07	46,3	47,7	226	35
343,20	49,3	50,8	246	40
	-		265	45
			285	50

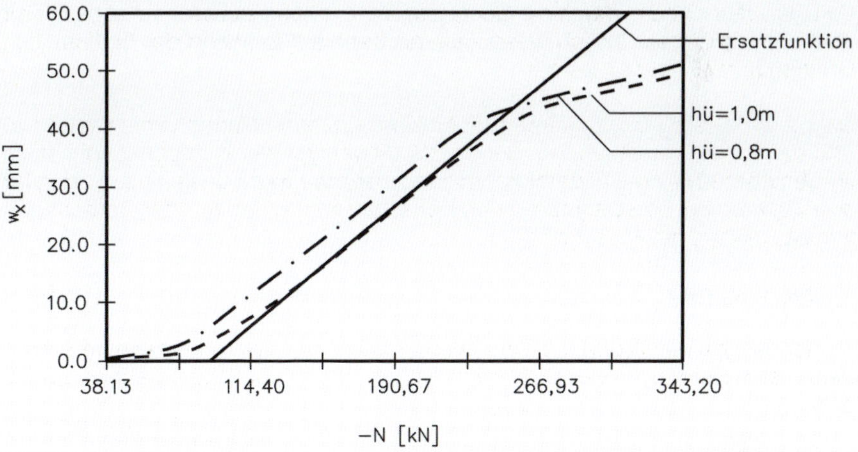

Bild 12.7-4: Widerstand des Kompensationsbereiches für das Berechnungsbeispiel nach Tabelle 12.7-1

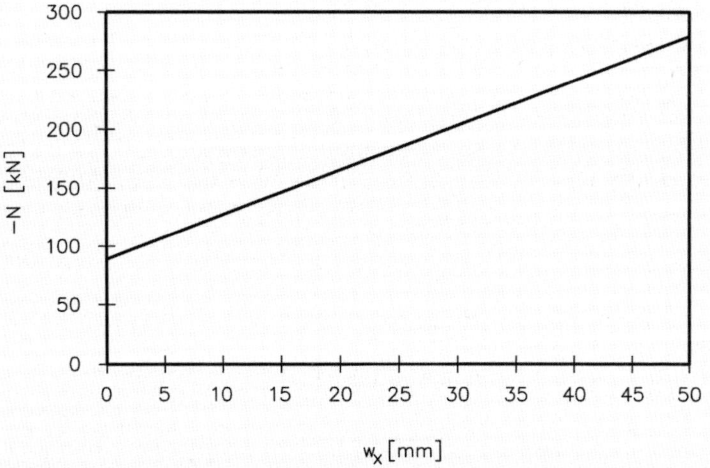

Bild 12.7-5: Umkehrfunktion für das Berechnungsbeispiel nach Tabelle 12.7-1:
$-N = 87{,}5 + 3{,}95\, w_x$ (N in kN; w_x in mm)

Da die Voraussetzung $N_{a,0} = -N_i$ bei Kraftwirkungen außerhalb der Vorspannstrecke nicht gegeben ist, erhält Gl. (12.7-14) die Form:

$$w_0 = -\frac{\left(N_{a,0} + 0{,}5\, F_R^{`}\, L_{GB}\right) L_{GB}}{(E\,A)_a} \qquad (12.7\text{-}39)$$

Bei Vorliegen eines Haftbereiches ist allerdings die Gleitbereichslänge von $N_{a,0}$ abhängig:

$$L_{GB} = -N_{a,0} \,/\, F_R^{`} \qquad (12.7\text{-}40)$$

In Gl. (12.7-39) eingesetzt, führt das zu der Beziehung:

$$w_0 = \frac{N_{a,0}^2}{2\, F_R^{`}\, (E\,A)_a} \qquad (12.7\text{-}41)$$

Ersetzt man die rechte Seite von Gl. (12.7-36) durch die Kraft

$$N_A = N_{A,0} + c\,(w_0 - w_V) \qquad (12.7\text{-}42)$$

mit

$$N_{A,0} = N_{iA,0} + \text{sign}\,(\Delta w_0)\, N_{aA,0} \qquad (12.7\text{-}43)$$

und

$$c = c_i + c_a \qquad (12.7\text{-}44)$$

so erhält man

$$-N_{a,0} = N_i - N_{A,0} - c\,(w_0 - w_V) \qquad (12.7\text{-}45)$$

Bei Abkühlung, d. h. bei Außerbetriebnahme und damit Entstehung von Zugkräften, gilt:

$$\text{sign}\,(\Delta w_0) = 1 \qquad (12.7\text{-}46a)$$

Bei Erwärmung, also Inbetriebnahme und Entstehung von Druckkräften, ist hingegen:

$$\text{sign}\,(\Delta w_0) = -1 \qquad (12.7\text{-}46b)$$

Analog Gl. (12.7-19) folgt:

$$N_i = -\frac{(E\,A)_i\,(2\,w_0 + \Delta L_V)}{L} \qquad (12.7\text{-}47)$$

Mit Gl. (12.7-45) wird schließlich:

$$N_{a,0} = \frac{(E\,A)_i\;(2\;w_0 + \Delta L_V)}{L} + N_{A,0} + c\,(w_0 - w_V) \qquad (12.7\text{-}48)$$

Die Einführung der Hilfsgrößen:

$$S = c + \frac{2\,(E\,A)_i}{L} \qquad (12.7\text{-}49)$$

$$U = N_{A,0} - c\,w_V + \frac{(E\,A)_i\;\Delta L_V}{L} \qquad (12.7\text{-}50)$$

führt zu der quadratischen Gleichung:

$$w_0^2 + 2\left[\frac{U}{S} - \frac{F_R`\,(E\,A)_a}{S^2}\right] w_0 + \frac{U^2}{S^2} = 0 \qquad (12.7\text{-}51)$$

Ersetzt man weiterhin

$$p = 2\left[\frac{U}{S} - \frac{F_R`\,(E\,A)_a}{S^2}\right] \qquad (12.7\text{-}52a)$$

und

$$q = \frac{U^2}{S^2} \qquad (12.7\text{-}52b)$$

kann Gl. (12.7-23) zur expliziten Berechnung der Verschiebung w_0 angewendet werden. Hiermit kann $N_{a,0}$ nach Gl. (12.7-48) bestimmt und die Existenz des Haftbereiches geprüft werden.

Wird der Test

$$-\frac{N_{a,0}}{F_R`} \leq 0{,}5\,L \qquad (12.7\text{-}53)$$

nicht erfüllt, ist kein Haftbereich vorhanden, d. h. in Gl. (12.7-39) ist L_{GB} durch L / 2 zu ersetzen. Die Berechnung der Verschiebung w_0 muss in diesem Fall folgendermaßen wiederholt werden:

$$w_0 = -0{,}5\,\frac{(E\,A)_i\,\Delta L_V + (N_{A,0} - c\,w_V)\,L + F_R`\,L^2/4}{(E\,A)_a + (E\,A)_i + c\,L/2} \qquad (12.7\text{-}54)$$

Mit der endgültigen Verschiebung w_0 kann $N_{a,0}$ ggf. neu bestimmt werden und die Berechnung der übrigen am Koppelpunkt angreifenden Kräfte erfolgen. Die Belastung der Rohrverbindung am Koppelpunkt ergibt sich aus dem Kraftsprung N_i - N_{iA} am Innenrohr, der entsprechend Gl. (12.7-36) gleich dem Kraftsprung N_{aA} - $N_{a,0}$ am Außenrohr ist.

12.7.5 Verschiebung und Belastung des Koppelpunktes bei Betrieb

Für das Innenrohr gilt auf der Vorspannstrecke wiederum

$$N_i = -\frac{(E\,A)_i\,(2\,w_0 + \Delta L_V)}{L} + (E\,A)_i\,\varepsilon_{t,i} \qquad (12.7\text{-}55)$$

und

$$\varepsilon_{t,i} = \beta_{diff}\,(t_i - t_{UT}) \qquad (12.7\text{-}56)$$

Als Fluidtemperatur t_i ist die Auslegungstemperatur der Innenrohrleitung (siehe Abschnitt 0.2.4) einzusetzen. Die im Ausgleichsbereich wirkende Axialkraft ist gleichermaßen

$$N_{iA} = N_{iA,0} + c_i\,\Delta w_0 \qquad (12.7\text{-}57)$$

$N_{iA,0}$ berücksichtigt die gewöhnlich recht große Zugkraft infolge inneren Überdruckes, $c_i\,\Delta w_0$ erfasst die Reaktionen der Kompensationsstelle beim Betrieb.

Die Verschiebungsdifferenz Δw_0 ist die Differenz aus der aktuellen, noch zu ermittelnden Verschiebung w_0 und der Verschiebung w_V. Die Gleichgewichtsbedingung am Koppelpunkt wird somit auch bei Betrieb durch Gl. (12.7-36) bzw. (12.7-44) erfüllt.

Wegen $\varepsilon_{t,i} \neq 0$ gilt:

$$N_{a,0} = \frac{(E\,A)_i\ (2\ w_0 + \Delta L_V)}{L} - (E\,A)_i\ \varepsilon_{t,i} + N_{A,0} + c\ (w_0 - w_V) \qquad (12.7\text{-}58)$$

Am Außenrohr ergibt sich der funktionale Zusammenhang zwischen $N_{a,0}$ und w_0 wieder aus:

$$w_0 = -\int_{x=0}^{L_{GB}} \varepsilon_{a,x}\ dx \qquad (12.7\text{-}59)$$

mit

$$\varepsilon_{a,x} = \varepsilon_{t,a} + \frac{N_{a,x}}{(E\,A)_a} = \beta_{diff}\ (t_a - t_{UT}) + \frac{N_{a,x}}{(E\,A)_a} \qquad (12.7\text{-}60)$$

Im Gegensatz zur thermischen Vorspannung bei der Erwärmung ist aber die ortsabhängige Axialkraft $N_{a,x}$ aus

$$N_{a,x} = N_{a,0} - F_R`\ x \qquad (12.7\text{-}61)$$

zu errechnen. Zur Ermittlung von $\varepsilon_{t,a}$ ist in Gl. (12.7-60) für t_a die Temperatur des Mantelrohrs einzusetzen, die bei Arbeitstemperatur des Mediumrohres zu erwarten ist.

Die Integration von Gl. (12.7-59) ergibt:

$$w_0 = -\ L_{GB}\ \varepsilon_{t,a} - \frac{(N_{a,0} - 0{,}5\ F_R`\ L_{GB})\ L_{GB}}{(E\,A)_a} \qquad (12.7\text{-}62)$$

Zur Bestimmung der Gleitbereichslänge L_{GB} kommen drei Möglichkeiten in Betracht (siehe **Bild 12.7-6**, Kurve d, e und f). Der Axialkraftverlauf gemäß Kurve d kann nur bei relativ hoher prozentualer Vorspannung der Vorspannstrecke und durch spannungsfreies Anschließen des Ausgleichsbereiches eintreten, so dass die Axialkraft $N_{a,0}$ im Betriebszustand betragsmäßig wesentlich kleiner als im Vorspannzustand ist.

Ein solcher Verlauf von $N_{a,x}$ setzt ebenso wie der Verlauf nach Kurve e die Existenz eines Haftbereiches voraus, in dem die Änderung der Axialkraft gegenüber dem Vorspannzustand der Druckkraft

$$N_{a,HB} = -\varepsilon_{t,a}\ (E\,A)_a \qquad (12.7\text{-}63)$$

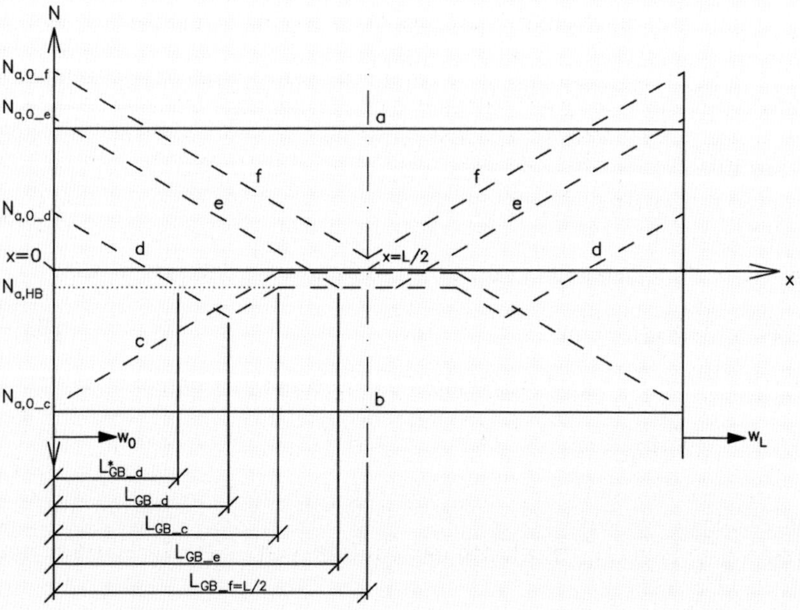

Bild 12.7-6: Axialkräfte bei Betrieb
a - Mediumrohr nach dem Vorspannen; b - Mediumrohr bei Betrieb; c - Mantelrohr nach dem Vorspannen; d - Mantelrohr bei Betrieb und $L_{GB} < L_{GB\text{-}c}$ (mit Haftbereich); e - Mantelrohr bei Betrieb und $L_{GB\text{-}c} < L_{GB} < 0{,}5\ L$ (mit Haftbereich); f - Mantelrohr bei Betrieb und $L_{GB} = 0{,}5\ L$ (kein Haftbereich)

entspricht. Wie aus **Bild 12.7-6** zu entnehmen ist, ergibt sich ein Verlauf nach Kurve d, wenn die Gleitbereichslänge im Betrieb kleiner als im Vorspannzustand ist. Dazu muss die Bedingung

$$N_{a,0} < -(N_{a,0\text{-}c} - N_{a,HB}) \qquad (12.7\text{-}64a)$$

eingehalten sein; denn entsprechend Kurve c ist im Vorspannzustand

$$N_{a,0\text{-}c} \neq N_{a,0} \qquad (12.7\text{-}64b)$$

Ist Gl. (12.7-64a) erfüllt, beträgt die Gleitbereichslänge:

$$L_{GB} = 0{,}5 \left[\frac{\left(N_{a,0} - N_{a,HB}\right)}{F_R^{`}} + L_{GB\text{-}c} \right] \qquad (12.7\text{-}65)$$

$L_{GB\text{-}c}$ entspricht der Gleitbereichslänge im Vorspannzustand (siehe Kurve c).

Bei etwa 50 % Vorspannung der Vorspannstrecke und der Ausgleichsbereiche ist insbesondere durch die Überlagerung der Innendruckkraft ein Axialkraftverlauf nach Kurve e, bei kurzen Vorspannstrecken auch nach Kurve f (kein Haftbereich), zu erwarten. Beide Fälle lassen sich in folgender Form zusammenfassen:

$$L_{GB} = \min \left\{ \frac{\left(N_{a,0} - N_{a,HB}\right)}{F_R`}; L_{GB\text{-}c} \right\} \tag{12.7-66}$$

Bei einem Kurvenverlauf e, also einem vorhandenen Haftbereich, wird

$$L_{GB} = \frac{\left(N_{a,0} - N_{a,HB}\right)}{F_R`} \tag{12.7-67}$$

Gl. (12.7-62) kann dann in folgender Form geschrieben werden:

$$w_0 = - \frac{0{,}5 \left(N_{a,0} - N_{a,HB}\right)^2}{F_R` \left(E\,A\right)_a} \tag{12.7-68}$$

Ersetzt man hierin $N_{a,0}$ durch den rechten Term von Gl. (12.7-58), erhält man:

$$w_0 = \frac{-0{,}5}{F_R` \left(E\,A\right)_a} \left[\left(\frac{2\left(E\,A\right)_i}{L} + c \right) w_0 + N_{A,0} - N_{a,HB} - c\, w_V + \left(E\,A\right)_i \left(\frac{\Delta L_V}{L} - \varepsilon_{t,i} \right) \right] \tag{12.7-69}$$

Durch Einsetzen der Hilfsgrößen p und q nach Gl. (12.7-52a) und (12.7-52b) sowie

$$S = \frac{2\left(E\,A\right)_i}{L} + c \tag{12.7-70a}$$

$$U = N_{A,0} - N_{a,HB} - c\, w_V + \left(E\,A\right)_i \left(\frac{\Delta L_V}{L} - \varepsilon_{t,i} \right) \tag{12.7-70b}$$

kann w_0 nach Gl. (12.7-23) explizit bestimmt werden. Eingesetzt in Gl. (12.7-58) kann $N_{a,0}$ ermittelt und die Existenz des Haftbereiches geprüft werden.

Wird die Bedingung

$$\frac{N_{a,0} - N_{a,HB}}{F_R`} < 0{,}5\,L \tag{12.7-71a}$$

nicht erfüllt, ist kein Haftbereich vorhanden. In diesem Fall ist in Gl. (12.7-62) L_{GB} durch L / 2 zu ersetzen und die Berechnung nach Gleichung

$$w_0 = -0{,}5 \frac{(E\,A)_i \left(\Delta L_V - \varepsilon_{t,i}\, L\right) + \left(N_{A,0} - N_{a,HB} - c\, w_V\right) L - F_R^{`}\, L/4}{(E\,A)_a + (E\,A)_i + c\, L/2} \qquad (12.7\text{-}72)$$

zu wiederholen.

Sollte hingegen

$$\frac{N_{a,0} - N_{a,HB}}{F_R^{`}} < L_{GB\text{-}c} \qquad (12.7\text{-}71b)$$

sein, so dass im Bild 12.7-6 der Axialkraftverlauf nach Kurve d zutrifft, dann ist in Gl. (12.7-62) L_{GB} durch den Mittelwert

$$L_{GB} = 0{,}5 \left(\frac{N_{a,0} - N_{a,HB}}{F_R^{`}} + L_{GB\text{-}c}\right) \qquad (12.7\text{-}73)$$

oder wegen

$$L_{GB\text{-}c} = -\frac{N_{a,0\text{-}c}}{F_R^{`}} \qquad (12.7\text{-}74)$$

durch

$$L_{GB} = 0{,}5 \frac{N_{a,0} - N_{a,HB} - N_{a,0\text{-}c}}{F_R^{`}} \qquad (12.7\text{-}75)$$

zu ersetzen.

Mit der endgültig ermittelten Verschiebung w_0 können nunmehr alle am Koppelpunkt angreifenden Axialkräfte und somit auch die Kraftsprünge

$$N_i - N_{i,A} \text{ und } N_{a,A} - N_{a,0}$$

berechnet werden.

Wird nicht nur die Bedingung für die Existenz des Haftbereiches erfüllt, sondern ergibt sich mit der nach Gl. (12.7-23) ermittelten Verschiebung w_0, dass $N_{a,0}$ nach Gl. (12.7-58) so niedrig ausfällt, dass $L_{GB} < L_{GB\text{-}c}$ wird, ist ein Axialkraftverlauf nach Kurve d zu erwarten. Die berechnete Gleitbereichslänge L_{GB} würde zunächst nur der Länge $L_{GB\text{-}d}$ entsprechen. Da im Bereich

$$L_{GB\text{-}d} < x < L_{GB\text{-}c} \qquad (12.7\text{-}76)$$

der Axialkraftverlauf unterhalb der $N_{a,HB}$-Linie verläuft, sind noch die entsprechenden Verschiebungsanteile zu berücksichtigen. Die erforderliche Korrektur beträgt:

$$w_{0\text{-korr}} = -\frac{0{,}25\left(L_{GB\text{-}c} - L_{GB\text{-}d}\right) L_{GB}\, F_R`}{\left(E\,A\right)_a} \tag{12.7-77}$$

Wegen der Abhängigkeit der Axialkraft $N_{a,0}$ von w_0 müssten bei hohen Genauigkeitsansprüchen weitere Angleichungen iterativ vorgenommen werden. Hierauf wird an dieser Stelle verzichtet, da ein Axialkraftverlauf nach Kurve d in der Praxis kaum zu erwarten ist.

12.7.6 Berechnung der Verschiebungen und Belastungen mit Computer-Programmen

Die dargelegten expliziten Berechnungsgleichungen gelten für ideale Bedingungen, z. B. kein Gefälle, konstante Überdeckungshöhe, konstante Abmessungen. In der Praxis treten mehr oder weniger große Abweichungen hiervon auf, so dass sich zur Schnittkraftbestimmung der Einsatz geeigneter Stabwerkprogramme empfiehlt. Sie müssen jedoch den Einfluss von Reibung und Reibungsumkehrung vorausgegangener Verschiebungszustände berücksichtigen können.

Für die Erfassung der nichtlinearen Kraft-Weg-Beziehungen wird in der Rohrstatik das sogenannte Federkonstantenverfahren angewendet. Bei der Berechnung von Lastfallfolgen werden die für den vorhergehenden Lastfall ermittelten Verschiebungen als Randverschiebungen der fiktiven Federn berücksichtigt. Für die Erfassung der bei Volllastwechsel auftretenden Richtungsänderung der Reibungskraft hat sich diese Vorgehensweise bewährt. Dabei wird aber die Reibung erst durch erneute kleine Verschiebungen aktiviert. Bei der Berechnung von Lastfallfolgen mit sich ändernden Bedingungen führt dies zu widersprüchlichen Ergebnissen. Diese im Bereich kleiner Verschiebungsdifferenzen auftretenden Unzulänglichkeiten wurden im Programm sisKMR durch die Weiterentwicklung des Berechnungsverfahrens behoben (vergl. Kapitel 11).

12.8 Anwendungsbeispiel

Ein praktisches Anwendungsbeispiel für die dargestellte Berechnungsmethode stellt die für die Fernwärmeversorgung der Universität Ulm realisierte 5 km lange Fernwärme-Transportleitung DN 400 / 700 für eine Auslegungstemperatur von 190 °C dar. Die schwierige Topographie, es waren 128 m Höhenunterschied zu überwinden, stellte in Verbindung mit den gegebenen Abmessungen und Auslegungsbedingungen hohe Anforderungen an den Planer. **Bild 12.8-1** zeigt einen Lageplanausschnitt aus einem der 8 Trassenpläne.

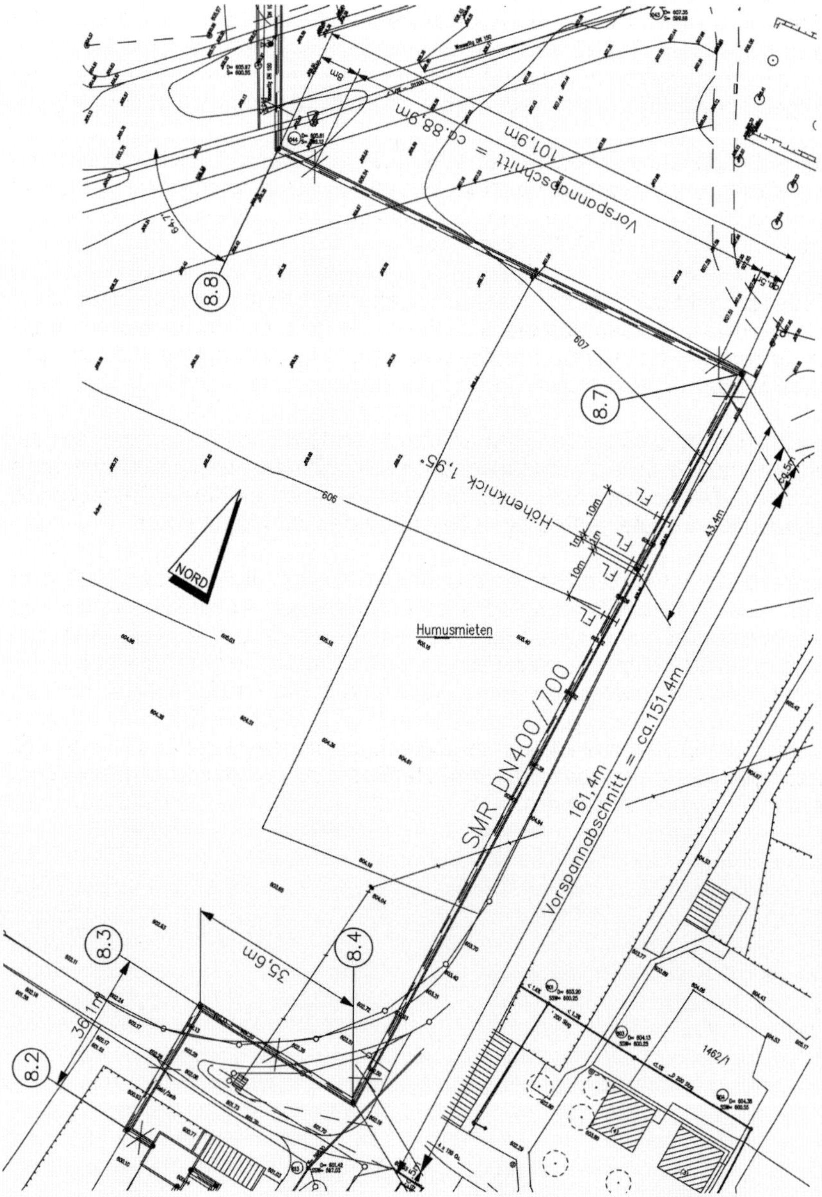

Bild 12.8-1: Lageplanausschnitt einer Stahlmantelrohrleitung DN 400/700 (Werkbild: GEF Ingenieur AG, Leimen)

Von Punkt 8.2 bis 8.4 ist die Trasse bei relativ kurzen Verlegelängen ohne Vorwärmstrecken ausgelegt. Die mit einem Andreaskreuz (X) gekennzeichneten Festpunkte entsprechen den im Bild 12.2-1 beschriebenen Koppelpunkten KP und verteilen die Mediumrohrverschiebungen auf die angrenzenden Bogen. Von Punkt 8.4 bis 8.8 folgen dann zwei Vorspannabschnitte von 151,4 m und 88,9 m Länge.

Die Vorspannabschnitte wurden gemäß Abschnitt 12.7.3 thermisch vorgespannt (vorgewärmt). In den Vorspannabschnitten ist die Belastung der Koppelpunkte (siehe Bild 12.2-2) gegenüber den anderen Abschnitten wesentlich höher. Sie wurden nach Abschnitt 12.7.3 berechnet.

Am Trassenpunkt 8.8 ergaben Optimierungsberechnungen einen Lagerabstand von 8 m, mit dem einerseits die Belastung des Mediumrohrbogens in zulässigen Grenzen gehalten und andererseits eine Erweiterung des Mantelrohres vermieden werden konnte.

An allen Lage- und Höhenknicken traten in den Vorspannstrecken erhebliche Querbelastungen auf, die nach Abschnitt 12.4 berechnet wurden. Vor und hinter dem 1,95°-Höhenknick in der Nähe des Trassenpunktes 8.7 ergaben die Berechnungen optimale Führungslagerabstände von 1 m und 10 m.

Im Bogenbereich sind die Verhältnisse besonders kompliziert. **Bild 12.8-2** zeigt das Detail am Trassenknick Punkt 8.4. Im konventionell verlegten Schenkel wird der Mediumrohrbogen um 20 mm in Richtung des Punktes 8.3 mechanisch vorgespannt, um eine Mantelrohrerweiterung zu vermeiden. Die große Mantelrohrverschiebung aus der Vorspannstrecke erfordert eine Kompensation in Dehnpolstern.

Das Beispiel zeigt, dass die modernen Berechnungsprogramme auch bei großen und schwierigen Projekten eine effiziente Bestimmung aller Verschiebungen, Spannungen und Kräfte liefern.

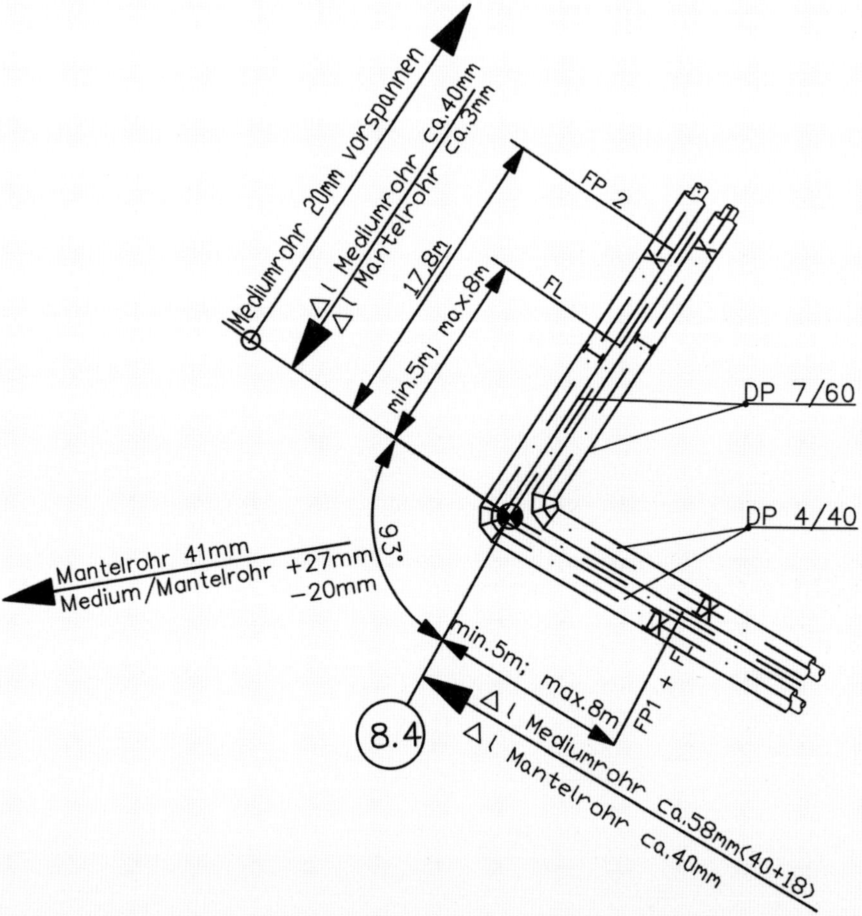

Bild 12.8-2: Lagerabstände, Vorspannmaße, Dehnpolsterangaben sowie Mantel- und Mediumrohrverschiebungen am Trassenknick 8.4 von Bild 12.8-1 (Werkbild: GEF Ingenieur AG, Leimen)
FP 1 - Festpunkt für Vorspannabschnitt (hohe Axialkräfte); FP 2 - Festpunkt im Trassenabschnitt ohne Vorspannstrecke (niedrige Axialkräfte); FL - Führungslager; DP 4/40 - Dehnpolster 4 m lang, 40 mm dick; DP 7/60 - Dehnpolster 7 m lang, 60 mm dick

13. Berechnung kaltgehender erdverlegter Rohrleitungen

13.1 Einleitung

Die Berechnung erdverlegter Rohrleitungen berücksichtigt neben der Belastung durch den Innendruck auch die Zusatzlasten durch den erdverlegten Zustand. Zur Evaluierung der Möglichkeiten einer effizienten Nutzung von erdverlegten Rohrleitungen, zur Klärung der Leistungsfähigkeit der Rohrleitungen im Hinblick auf spezifische Einbausituationen sowie die Erweiterung der Betriebsbedingungen, wie z. B. bei Druckanhebungen, zur Klärung von Schadensfällen und durch die starke Verbreitung der Kunststoffrohre in allen Bereichen des Transportes und der Verteilung gasförmiger und flüssiger Medien, wurden in den letzten Jahren Berechnungsverfahren entwickelt, die das Strukturverhalten erdverlegter Rohrleitungen im Hinblick auf den nachhaltig sicheren und zuverlässigen Langzeitbetrieb und die Wirtschaftlichkeit der Rohrleitungen transparent machen sollen. Da in den verschiedenen Ländern unterschiedliche Berechnungsverfahren mit unterschiedlicher Aussagequalität angewendet werden, sind nationale und internationale Organisationen seit Jahren bemüht, Regelwerke und Richtlinien für ein einheitliches Verfahren zur Berechnung erdverlegter Rohrleitungen festzulegen, was aber bisher noch nicht gelungen ist, wenn man die Berechnungen nach verschiedenen Verfahren vergleicht.

Eine der wesentlichsten Aufgaben der Berechnung erdverlegter Rohrleitungen besteht neben der Dimensionierung der Rohre in der Beurteilung des nachhaltig sicheren und zuverlässigen Betriebes der Rohrleitungen im Hinblick auf den Erhalt der Funktionsfähigkeit innerhalb der Nutzungsdauer sowie die Vermeidung von Schäden an Personen und Sachen sowie auch der Umwelt. Zu diesem Zweck ist es notwendig, den rechnerisch ermittelten Beanspruchungs- und Verformungszustand in den Rohren zufolge der relevanten Lasten sowie den Einbau- und Betriebsbedingungen der Leistungsfähigkeit der Rohrleitungen gegenüberzustellen. Für die Berechnung erdverlegter Rohrleitungen existieren eine Reihe von Computerprogrammen am Markt, die bei ordnungsgemäßer Anwendung zu zuverlässigen Resultaten führen. Durch die Vielzahl der auszuwählenden Parameter sollten diese Programme jedoch nur sachkundig benutzt werden, um systemrelevante Ergebnisse zu erhalten.

Nach den im Betrieb auftretenden und möglichen Druckverhältnissen unterscheidet man zwischen Druckrohrleitungen, also Leitungen mit einem maximal zulässigen Innendruck, und Freispiegelleitungen, also drucklosen Leitungen, wo die Belastung der erdverlegten Rohrleitung vor allem durch den erdverlegten Zustand erfolgt.

Nach dem Verformungsverhalten unterscheidet man zwischen „starren“ und „flexiblen“ Rohren, wobei sich die Bezeichnung „starre Rohre“ vor allem auf die traditionellen metallischen, zementgebundenen und keramischen Rohrwerkstoffe, und die Bezeichnung „flexible Rohre“ auf die modernen Kunststoffrohre bezieht. Während bei den starren Rohren der Boden nur zur Lastübertragung auf das Rohr betrachtet wird, ist bei den flexiblen Rohren die Abstützwirkung des Bodens und damit die mechanische Interaktion zwischen Boden und Rohr für das Strukturverhalten der Rohre von Bedeutung. Für starre Rohre ist aufgrund der hohen Tragfähigkeit der Spannungsnachweis und für flexible Rohre aufgrund der großen Verformbarkeit auch der Verformungsnachweis maßgebend.

Umfangreiche Untersuchungen [13.1-1] bis [13.1-16] zeigen, dass das Strukturverhalten erdverlegter Rohre nicht nur von den Rohreigenschaften, sondern vor allem auch von den Bodeneigenschaften, den Verlege- und Einbaubedingungen, den Betriebs- und Belastungsverhältnissen etc. abhängt. Für die Beurteilung des Beanspruchungs- und Verformungszustandes erdverlegter Rohre ist daher das gesamte mechanische System „Fahrbahn-Boden-Rohr" zu betrachten. Im Folgenden werden die für die Berechnung erdverlegter Rohrleitungen maßgebenden Eigenschaften der Rohre und des Bodens, die Verlege- und Einbaubedingungen sowie die Betriebs- und Belastungsverhältnisse erdverlegter Rohre betrachtet. Neben den zur Zeit am häufigsten verwendeten Berechnungsverfahren für die Anwendungsgebiete Gas, Fernwärme, Wasser, Abwasser etc. wird eine neue Methode für die praktische Anwendung, zur Erfassung und Darstellung des Strukturverhaltens erdverlegter Rohre die sogenannten „Rohrkennfelder" [13.1-11, 13.1-13] präsentiert.

13.2 Mechanisches System „Fahrbahn-Boden-Rohr"

Der prinzipielle Aufbau des mechanischen Systems „Fahrbahn-Boden-Rohr", bei konventioneller Verlegung der Rohre in offener Bauweise im Rohrgraben, mit lagenweiser Einbringung und Verdichtung der Rohrgrabenverfüllung, ist in **Bild 13.2-1** dargestellt.

Der Aufbau der Rohrgrabenverfüllung von der Rohrgrabensohle bis zur Fahrbahn unterteilt sich dabei in die Abschnitte Leitungszone (LZ) und Wiederverfüllzone (WZ). Die Leitungszone ist jener Bereich, der das Rohr unmittelbar umgibt und für die mechanische Interaktion zwischen Boden und Rohr verantwortlich ist. Über der Leitungszone befindet sich die Wiederverfüllzone, die bis zur Fahrbahn reicht.

Im Gegensatz zur konventionellen Verlegung in offener Bauweise, entsteht bei der grabenlosen Verlegung ein Mikrotunnel für die Einbringung der Rohre, der nur eine lokale Störung des Bodens in unmittelbarer Umgebung des Rohrkanals bewirkt. Eine ausführliche Darstellung der grabenlosen im Vergleich zur konventionellen Leitungsverlegung aus geomechanischer und leitungstechnischer Sicht ist in [13.1-16] zu finden.

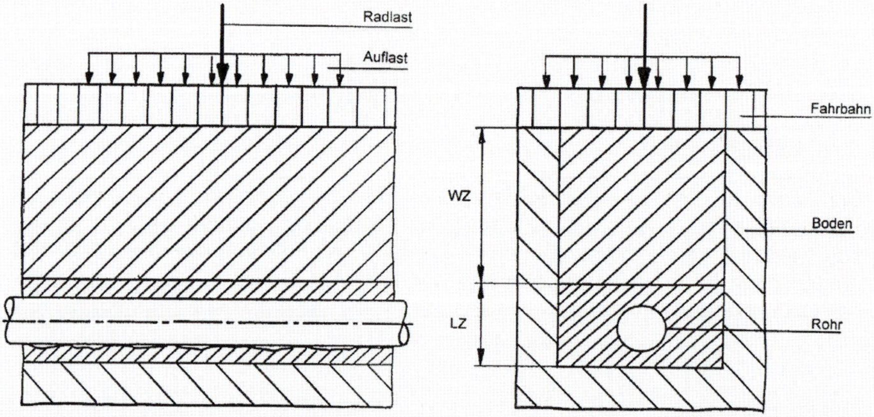

Bild 13.2-1: Mechanisches System „Fahrbahn-Boden-Rohr" bei konventioneller Verlegung

Zur Rehabilitation bzw. Erneuerung bestehender Rohrleitungen werden zur Vermeidung von Aufgrabungen insbesondere in städtischen Gebieten immer häufiger sogenannte Reliningverfahren, also grabenlose Verfahren verwendet, bei denen in die bestehende alte Rohrleitung eine neue Rohrleitung eingebracht wird. Eine Übersicht über diese Verfahren ist in [13.2-1] zu finden. Für die grabenlose Rehabilitation bestehender Rohrleitungen wird im Allgemeinen die Tragfähigkeit der bestehenden Rohrleitung vorausgesetzt, wodurch andere Betrachtungen für die Berechnung erforderlich sind als für erdverlegte Rohrleitungen, die im offenen Graben verlegt werden. Auf die Berechnung von grabenlos eingebrachten Reliningrohren mit den unterschiedlichen Rohrwerkstoffen sowie den unterschiedlichen Belastungsverhältnissen wird im Detail nicht weiter eingegangen, diesbezüglich wird auf die einschlägige Literatur verwiesen.

13.2.1 Mechanische Eigenschaften der Rohrwerkstoffe

Die Werkstoffe für erdverlegte Rohre zeigen zum Teil wesentliche Unterschiede in den mechanischen Eigenschaften. Dies gilt insbesondere für das Spannungs-Dehnungsverhalten, das Zeitstandverhalten, die Zeit- und Temperaturabhängigkeit der mechanischen Eigenschaften sowie die Alterung innerhalb der für erdverlegte Rohre relevanten Einsatzbereiche. Folgende Rahmenbedingungen sind im Allgemeinen als Anforderungen für die Rohrwerkstoffe vorgegeben:

- Mindestnutzungsdauer 50 Jahre
- Schwellbelastung $2 \cdot 10^6$ Lastwechsel
- Temperaturbereich -10 °C bis 50 °C

Der Berechnung erdverlegter Rohre wird im Allgemeinen ein homogener, isotroper Rohrwerkstoff mit linear-elastischem Werkstoffverhalten zugrunde gelegt. Das entsprechende Werkstoffgesetz für den dreidimensionalen Beanspruchungszustand in der Rohrwand mit den Hauptnormalspannungen in Umfangs-, Radial- und Längsrichtung ist gegeben mit dem Elastizitätsmodul E_R und der Querdehnungszahl ν_R:

$$\varepsilon_u = \frac{1}{E_R} \cdot [\sigma_u - \nu_R \cdot (\sigma_r + \sigma_l)]$$

$$\varepsilon_r = \frac{1}{E_R} \cdot [\sigma_r - \nu_R \cdot (\sigma_l + \sigma_u)] \qquad (13.2\text{-}1)$$

$$\varepsilon_l = \frac{1}{E_R} \cdot [\sigma_l - \nu_R \cdot (\sigma_u + \sigma_r)]$$

Dabei bedeuten, bezogen auf die Lage in der Rohrwand:

σ_u - Spannungskomponente in Umfangsrichtung

σ_r - Spannungskomponente in Radialrichtung

σ_l - Spannungskomponente in Längsrichtung

ε_u - Dehnungskomponente in Umfangsrichtung

ε_r - Dehnungskomponente in Radialrichtung

ε_l - Dehnungskomponente in Längsrichtung

Für den eindimensionalen Beanspruchungszustand vereinfacht sich Gl. (13.2-1) zu

$$\varepsilon = \frac{\sigma}{E_R} \qquad (13.2\text{-}2)$$

Zu den Rohrwerkstoffen mit annähernd linear-elastischem Werkstoffverhalten im relevanten Einsatzbereich zählen die metallischen, die zementgebundenen und die keramischen Werkstoffe. Dabei handelt es sich vorwiegend um Rohre mit einem relativ hohen Elastizitätsmodul, die mechanischen Eigenschaften im Einsatzbereich sind im Allgemeinen von der Temperatur und der Belastungsdauer unabhängig. Die im Kurzzeitversuch ermittelten Werkstoffkennwerte können auch für die Langzeitbetrachtung verwendet werden.

Bei den Kunststoffen sind die mechanischen Eigenschaften auch im Einsatzbereich im Allgemeinen von der Belastungsdauer und der Temperatur abhängig. Kunststoffe fallen unter die Gruppe der viskoelastischen Werkstoffe. Das Spannungs-Dehnungsverhalten viskoelastischer Werkstoffe wird durch sogenannte isochrone Spannungs-Dehnungs-Diagramme beschrieben. Bei viskoelastischen Werkstoffen ist grundsätzlich zwischen den Begriffen „Kriechen“ und „Relaxieren“ zu unterscheiden. Kriechen bedeutet eine Zunahme der Dehnungen mit der Belastungsdauer bei konstanter Spannung. Relaxieren bedeutet eine Abnahme der Spannungen mit der Belastungsdauer bei konstanter Dehnung. Eine ausführliche Darstellung der mechanischen Eigenschaften von thermoplastischen Kunststoffrohren ist in [13.2-2] und für faserverstärkte duroplastische Kunststoffe in [13.2-3] und [13.2-4] zu finden.

Analog zu Gl. (13.2-2) lässt sich das eindimensionale Werkstoffverhalten von linear-viskoelastischen, alterungsfreien Werkstoffen bei konstanter Temperatur in Abhängigkeit von der Belastungsdauer beschreiben durch

$$\varepsilon(t) = \int_{-\infty}^{t} K_E(t-\tau) \cdot \frac{\partial \sigma(\tau)}{\partial \tau} \, d\tau \qquad (13.2\text{-}3)$$

Dabei bedeutet K_E (t-τ) die zeitabhängige Kriechfunktion des Werkstoffes, τ die Zeit als Variable, t die Belastungsdauer und σ(τ) repräsentiert die Belastungsgeschichte als Funktion der Zeit über die Belastungsdauer.

Liegen die Spannungen und Dehnungen im Rahmen der Einsatzverhältnisse erdverlegter Kunststoffrohre annähernd im linearen Bereich und erfolgen die Belastungsänderungen nicht plötzlich, so kann die Berechnung mit Hilfe der sogenannten „elastischen Näherung“ durchgeführt werden. Es gilt:

$$\varepsilon(t) = K_E(t) \cdot \sigma(t) \qquad (13.2\text{-}4)$$

Die Voraussetzungen für die Anwendbarkeit von Gl. (13.2-4) sind in [13.2-2] ausführlich beschrieben. Ohne auf die Belastungs- und Verformungsgeschichte der Kunststoffrohre innerhalb der Einsatzdauer einzugehen, kann mit Hilfe der elastischen Näherung zu jedem beliebigen Zeitpunkt der Spannungs-

und Verformungszustand in den Rohren näherungsweise ermittelt werden, wenn die entsprechenden Werkstoffkennwerte als Funktion der Zeit und der Temperatur bekannt sind. In den Gleichungen für linear-elastisches Werkstoffverhalten wird der E-Modul durch den Kehrwert der Kriechfunktion bzw. den zeitabhängigen E-Modul ersetzt. Das Ergebnis ist ein Näherungswert für den Spannungs- und Verformungszustand in den Kunststoffrohren, wobei zwischen Kurzzeit- und Langzeitwerten zu unterscheiden und der Temperatureinfluss zu berücksichtigen ist.

Rohre aus duroplastischen Kunststoffen, wie z. B. geschleuderte oder gewickelte GFK-Rohre, zeigen gleichfalls ein zeitabhängiges Werkstoffverhalten [13.2-3] und [13.2-4], wobei neben dem Schichtenaufbau der Rohrwand die beim Rohrwanddesign festgelegten mechanischen Eigenschaften in Rohrumfangs- und Rohrlängsrichtung zu berücksichtigen sind. Die anisotropen bzw. orthotropen mechanischen Werkstoffeigenschaften der Rohrwand sind auf die Orientierung der Faserverstärkung zurückzuführen, mit deren Hilfe spezielle mechanische Eigenschaften in den entsprechenden Rohrrichtungen erzielt werden können. Für die Berechnung von GFK-Rohren werden die Werkstoffeigenschaften im Allgemeinen, resultierend aus dem Schichtenaufbau, gemittelt über die Rohrwand angenommen.

Für die Berechnung erdverlegter Rohre werden im Allgemeinen folgende Werkstoffkennwerte der Rohre benötigt:

- Wichte γ_R

- Elastizitätsmodul E_R

- Querdehnungszahl ν_R

In **Tabelle 13.2-1** sind die für die Berechnung erforderlichen mechanischen Werkstoffkennwerte der Rohrwerkstoffe zusammengestellt. Ausführliche Informationen über die Eigenschaften der Rohrwerkstoffe sowie die Werkstoffkennwerte für die Berechnung und die Beurteilung der Beanspruchungs- und Verformungsverhältnisse in den Rohren sind den jeweiligen Produktnormen der Rohre sowie den Regeln der Technik zu entnehmen. Die in Tabelle 13.2-1 ausgewiesenen Werkstoffkennwerte beziehen sich auf eine Temperatur von 23°C, die mittlere Betriebstemperatur im Boden kann mit annähernd 5°C angenommen werden. Zu beachten ist, dass insbesondere bei thermoplastischen Kunststoffrohren die Werkstoffeigenschaften und damit die Werkstoffkennwerte zwischen 5°C und 23°C bereits beträchtlich schwanken können.

Tabelle 13.2-1: Werkstoffkennwerte für die gebräuchlichen Rohrwerkstoffe

Rohrwerkstoff	Wichte γ_R [kN/m³]	E-Modul E_R [N/mm²] Kurzzeit / Langzeit	Querdehnungszahl ν_R [-]	Bemerkung
Stahl	78,0	210 000	0,3	
Gusseisen - duktil	70,5	170 000	0,3	
Grauguss	71,5	100 000	0,26	
Beton	24,0	30 000	0,2	
Stahlbeton	25,0	30 000	0,2	
Steinzeug	22,0	50 000	–	
Asbestzement	20,0	25 000	–	
PVC	13,8	3 600/1 750	0,4	
PE	9,5	1 000/150	0,4	
PP	9	1 250/312	0,4	
GF-UP [1)]	17,5	10 000/5 000[2)]	0,25 bis 0,4	Umfangsrichtung
		7 000/1 400		Längsrichtung

[1)] GF-UP-Rohre aus glasfaserverstärktem, ungesättigtem Polyesterharz im Schleuderverfahren hergestellt

[2)] Werte gelten für Druckrohre. Werte für Kanalrohre: Kurzzeit 8000 N/mm² / Langzeit 3200 N/mm²

13.2.2 Mechanische Eigenschaften der Boden- und Verfüllmaterialien

Für die Berechnung erdverlegter Rohrleitungen werden nach den Regeln der Technik die Bodengruppen BG1 bis BG4 unterschieden, deren Klassifizierung nach den Grob- und Feinkornanteilen sowie der Bindigkeit erfolgt, wobei gilt:

BG1: Grobkörnige, nichtbindige Böden
z. B. Kies oder Sand

BG2: Gemischtkörnige, schwach bindige Böden mit geringem Feinkornanteil
z. B. Kies oder Sand mit geringen Anteilen Schluff oder Ton

BG3: Gemischtkörnige, bindige Böden mit hohem Feinkornanteil
z. B. Kies oder Sand mit hohen Anteilen Schluff oder Ton

BG4: Feinkörnige, bindige Böden
z. B. Schluff oder Ton, leicht bis ausgeprägt plastisch

Die mechanische Charakterisierung des Bodens, insbesondere der Verfüllmaterialien in der Leitungszone, erfolgt in Abhängigkeit von der Bodengruppe durch die Wichte γ_B, den inneren Reibungswinkel φ_B sowie den Bodenmodul E_B, der auch als Steifemodul, Bodensteifemodul oder Verformungsmodul bezeichnet wird. Der Bodenmodul ist dabei grundsätzlich eine nichtlineare Funktion der relativen Dichte bzw. des Verdichtungsgrades des Bodenmaterials sowie des Spannungszustandes im Boden bzw. der Überdeckungshöhe.

Sofern im Einzelfall keine genaueren Angaben vorliegen, können für die Berechnung erdverlegter Rohrleitungen näherungsweise die bodenmechanischen Kennwerte der Boden- und Verfüllmaterialien nach **Tabelle 13.2-2** angenommen werden.

Die Beschreibung des Last-Verformungsverhaltens der Boden- und Verfüllmaterialien erfolgt im Allgemeinen durch den Bodenmodul E_B. Dieser kann in horizontaler und vertikaler Richtung gleich angenommen werden. Der Bodenmodul E_{B0} für die Bodengruppen BG1 bis BG4, ist in Abhängigkeit vom Verdichtungsgrad D_{Pr}, für Spannungen $\sigma_0 \leq 0{,}1$ N/mm² in **Tabelle 13.2-3** angegeben.

Für Spannungen $\sigma > \sigma_0$ lässt sich der Steifemodul wie folgt ermitteln:

$$E_B = E_{B0} \cdot \sqrt{\frac{\sigma}{\sigma_0}} \qquad (13.2\text{-}5)$$

Tabelle 13.2-2: Bodenmechanische Kennwerte von Boden- und Verfüllmaterialien

Bodengruppe	Wichte γ_B [kN/m³] ohne Grundwasser	Wichte γ_B` [kN/m³] im Grundwasser	innerer Reibungswinkel φ_B [Grad]	Erddruck-verhältnis K_2 [-]
BG1	20	11	35	0,4
BG2	20	11	30	0,3
BG3	20	12	25	0,2
BG4	20	12	20	0,1

Tabelle 13.2-3: Bodenmodul E_{B0} und Kriechbeiwert k_{50} der Boden- und Verfüllmaterialien

Bodengruppe BG	Bodenmodul E_{B0} [N/mm²] für Spannungen $\sigma_0 \leq 0,1$ N/mm²							Kriechbeiwert k_{50} [-]
	Verdichtungsgrad D_{Pr} [%]							
	85	90	92	95	97	100	102	
BG1	3,8	5,3	6,0	7,2	8,2	10,0	11,4	1,0
BG2	2,1	2,9	3,3	4,0	4,5	5,5	6,3	1,0
BG3	1,3	1,8	2,1	2,5	2,9	3,5	4,0	0,5
BG4	0,9	1,2	1,4	1,7	1,9	2,3	2,6	0,3

Zur Berücksichtigung von Langzeitbelastungen über einen Zeitraum von 50 Jahren ist für die Bodengruppen BG3 und BG4 der Bodenmodul mit dem Kriechbeiwert k_{50} nach Tabelle 13.2-3 zu multiplizieren, wobei gilt:

$$E_{B,50} = E_B \cdot k_{50} \tag{13.2-6}$$

Im Arbeitsblatt ATV-DVWK-A 127 wird der Bodenmodul zur Beschreibung des Last-Verformungsverhaltens der Boden- und Verfüllmaterialien als Verformungsmodul E_B bezeichnet. Für Spannungen $\sigma \leq 0,1$ N/mm² sind Richtwerte für den Verformungsmodul (Sekantenmodul) für die Bodengruppen BG1 bis BG4

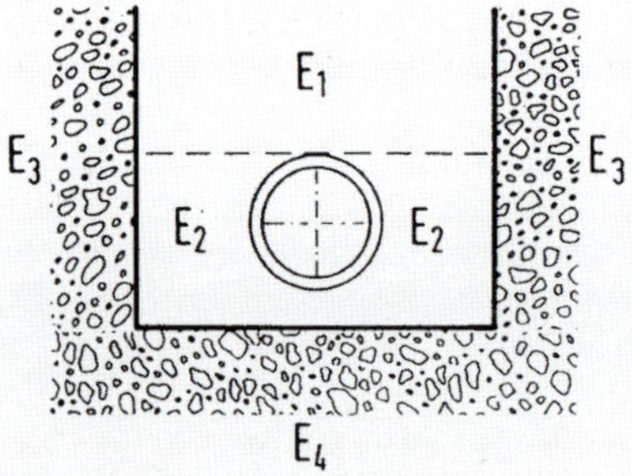

Bild 13.2-2: Bodenmodul in der Boden- und Verfüllzonen erdverlegter Rohre
E_1 – Verfüllung über dem Rohrscheitel
E_2 – Verfüllung in der Leitungszone
E_3 – Boden neben dem Graben bzw. neben der Leitungszone
E_4 – Boden unter dem Rohr bzw. unter der Bettung

Tabelle 13.2-4: Verformungsmodul E_B der Boden- und Verfüllmaterialien nach ATV-DVWK-A 127

Bodengruppe BG	Verformungsmodul E_B [N/mm²]						Reduktionsfaktor für das Kriechen f_1 [-]
	Verdichtungsgrad D_{Pr} [%]						
	85	90	92	95	97	100	
BG1	2	6	9	16	23	40	1,0
BG2	1,2	3	4	8	11	20	1,0
BG3	0,8	2	3	5	8	13	0,8
BG4	0,6	1,5	2	4	6	10	0,5

in Abhängigkeit vom Verdichtungsgrad D_{Pr} in **Tabelle 13.2-4** angegeben. Für Spannungen $\sigma > 0{,}1$ N/mm² steigt der Verformungsmodul an. Ohne besondere Nachweise können auch in diesem Fall die Tabellenwerte herangezogen werden. Für Bodenarten oder Verfüllmaterialien, die nicht in Tabelle 13.2-4 enthalten sind, können die Rechenwerte z. B. mit dem Plattendruckversuch ermittelt werden.

Die für die Berechnung erdverlegter Rohre maßgebenden Bodenmodule in der Umgebung der Rohre sind in **Bild 13.2-2** angegeben. Gewachsene Böden haben im Allgemeinen Proctordichten von 90 bis 97 %. Unter dem Rohr kann $E_4 = 10\ E_1$ angenommen werden, sofern keine genaueren Angaben vorliegen. Bei Gründung auf Fels kann E_4 wesentlich größer angenommen werden.

Grundwasser beeinflusst die Eigenschaften des Verfüllmaterials in der Leitungszone und kann näherungsweise, wie folgt berücksichtigt werden, wenn E_2 den Wert ohne Grundwasser und $E_{2,GW}$ den Wert im Grundwasser bedeuten:

$$E_{2,GW} = f \cdot E_2 \qquad (13.2\text{-}7)$$

wobei gilt:

$$f = \frac{D_{Pr} - 75}{20} \leq 1 \qquad (13.2\text{-}8)$$

Neben den üblichen bodenmechanischen Kennwerten ist für die Beurteilung der Boden- und Verfüllmaterialien unter Belastungen, z. B. bei der Verdichtung der Rohrgrabenverfüllung beim Einbau, vor allem das Druck-Setzungsverhalten aus dem Kompressionsversuch maßgebend. In **Bild 13.2-3** ist das Druck-Setzungsverhalten verschiedener Boden- und Verfüllmaterialen für die Bettung und Einbettung von Rohren in der Leitungszone bei Belastung und Entlastung dargestellt. Das Druck-Setzungsverhalten der Verfüllmaterialien ist wesentlich für die Erfassung und Beurteilung der Auswirkungen der Verdichtung der Rohrgrabenverfüllung auf das Strukturverhalten der erdverlegten Rohre.

Die aus dem Kompressionsversuch gewonnenen Erkenntnisse zeigen, dass es für die Beschreibung der mechanischen Eigenschaften der Boden- und Verfüllmaterialien bei der Verfüllung und Verdichtung im Rohrgräben notwendig ist, vor allem die bleibenden Verformungen unter Belastung zu charakterisieren. Linear-elastisches Werkstoffverhalten der Boden- und Verfüllmaterialien, wie es in den Regeln der Technik angenommen wird, scheint nur für den Zustand nach dem Einbau, also nach der Verfüllung und Verdichtung im Rohrgraben im anschließenden Betrieb für Ent- und Wiederbelastungen repräsentativ.

Stabilisierte Verfüllmaterialien sind nichtkonventionelle Verfüllmaterialien, bestehend aus einem Grundmaterial wie z. B. Sand, Kies, Schotter, Schlacke, Recyclingmaterial usw., Bindemittel, Stabilisierungsmittel und Wasser, die mit Hilfe von Fahrmischern in flüssiger Konsistenz an die Baustelle angeliefert und in den Leitungsgraben eingebracht werden. Stabilisierte Verfüllmaterialien haben in den letzten Jahren in Österreich stark an Bedeutung für den Einbau von erdverlegten PE-Rohrleitungen und Fernwärme-Kunststoffmantelrohren gewonnen. Wie die Erfahrungen zeigen, unterscheiden sich die stabilisierten Verfüllmaterialien der

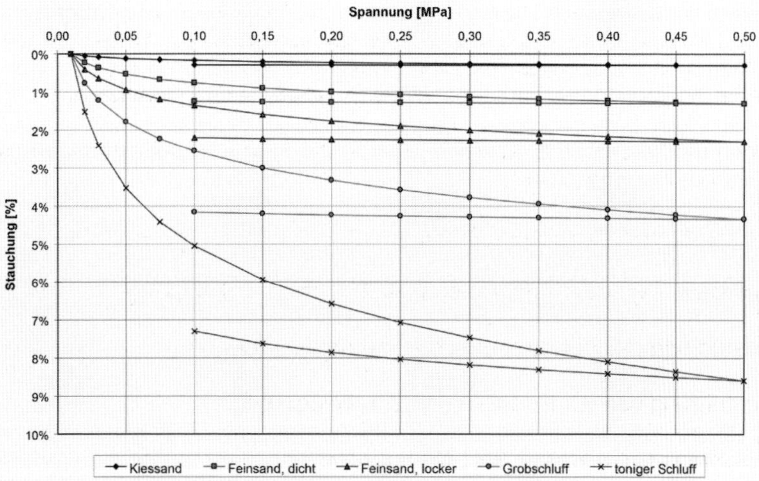

Bild 13.2-3: Druck-Setzungsverhalten verschiedener Boden- und Verfüllmaterialien

verschiedenen Anbieter zum Teil jedoch wesentlich in ihren Eigenschaften. Aus diesem Grund wurde in Österreich eine Richtlinie [13.2-5] erarbeitet, in der die Anforderungen im Hinblick auf den Einsatz für Fernwärme-Kunststoffmantelrohre, die Grundlagen für den Nachweis der Gebrauchstauglichkeit und die Prüfungen für die Qualitätssicherung festgelegt sind. Stabilisierte Verfüllmaterialien bieten eine Reihe von Vorteilen gegenüber den traditionellen Verfüllmaterialien sowohl für die Leitungszone als auch die Wiederverfüllzone [13.2-6] und [13.2-7]. Dies bezieht sich insbesondere auf die gleichmäßige Bettung und Einbettung der Rohre und die Möglichkeit geringerer Grabenbreiten durch die flüssige Einbringung der Grabenverfüllung. Eine Verdichtung der stabilisierten Grabenverfüllung ist nicht erforderlich, wodurch die Einbaulasten wesentlich verringert werden können.

13.2.3 Verlege- und Einbaubedingungen

Die Verlege- und Einbaubedingungen für erdverlegte Rohre sind für die verschiedenen Anwendungsgebiete: Gas, Fernwärme, Wasser, Abwasser, Öl, usw., in den einschlägigen Regeln der Technik festgelegt. Grundsätzlich ist zwischen einer seichten Verlegung mit relativ geringen Überdeckungshöhen und einer tiefen Verlegung mit großen Überdeckungshöhen, wie sie vor allem bei Kanalbauten vorkommen, zu unterscheiden. Der Unterschied bezieht sich neben der Belastung durch Auflasten auch auf das Einbringen und Entfernen des Grabenverbaus sowie die Verfüllung und Verdichtung im Rohrgraben. Des Weiteren wird zwischen dem Einbau im Rohrgraben und dem Einbau im Damm unterschieden. Da man den Einbau im Damm auch als Einbau in einem sehr breiten Graben betrachten kann, wird im Folgenden nicht weiter auf diese Unterscheidung eingegangen.

Zu den für die Berechnung erdverlegter Rohrleitungen relevanten Verlege- und Einbaubedingungen zählen:

- Grabenformen (parallele Wände, geböschte Wände, Stufengraben, ...)

- Abmessungen des Rohrgrabens: Grabentiefe, Grabenbreite

- Ausführung der Rohrgrabensohle und der Rohrbettung

- Ausführung von Kopflöchern und Schweißgruben

- Grundwassereinfluss in der Leitungszone

- Einbringung, Lagerung und Verbindung der Rohre

- Eigenschaften des Verfüllmaterials in der Leitungszone

- Verfüllung und Verdichtung der Leitungszone
- Höhe der Überdeckungszone sowie der Rohrüberdeckung
- Eigenschaften des Verfüllmaterials in der Wiederverfüllzone
- Verfüllung und Verdichtung der Wiederverfüllzone
- Einbringung und Entfernung des Grabenverbaus
- Verdichtungskontrolle.

Der Berechnung erdverlegter Rohre sind bestimmte Einbaudaten zugrunde zu legen, die zumindest folgende Angaben umfassen müssen:

- minimale und maximale Rohrscheitelüberdeckungshöhe
- Grabenbreite in Höhe des Rohrscheitels
- Bodengruppen BG in den relevanten Zonen des Rohrgrabens bzw. der Verfüllung
- Grundwasserverhältnisse, Höhe des Grundwasserspiegels über dem Rohrscheitel.

- **Lagerungsfall LF**

  Der Lagerungsfall legt die Bettung der Rohre in der Bettungszone und im Rohrzwickel fest. Folgende Lagerungsfälle sind zu unterscheiden:

  LF1: Rohrauflager auf geeigneter Rohrgrabensohle oder Rohrbettung in der Sohlzone. Dieser Lagerungsfall ist üblich für die Verlegung von Rohren in den Anwendungsgebieten: Gas, Fernwärme, Wasser, Abwasser, Öl, usw.

  LF2: Rohrauflager auf Betonbettung mit teilweiser oder voller Betonummantelung der Rohre über einen Teil oder die ganze Grabenbreite. Dieser Lagerungsfall wird bei Kanalrohren angewendet.

- **Einbaufall EF**

  Der Einbaufall legt die Verfüllung und Verdichtung von Rohrgräben einschließlich der Art und Entfernung des Grabenverbaus fest. Folgende Einbaufälle sind zu unterscheiden:

EF1: Lagenweise Verfüllung und Verdichtung im Rohrgraben gegen den bestehenden Boden; ein Grabenverbau ist vor dem Verdichten zu entfernen.

EF2: Verfüllung des Rohrgrabens ohne oder mit vorher entferntem Grabenverbau.
Lagenweise Verfüllung und geringe Verdichtung im Rohrgraben, ohne oder mit vorher entferntem Grabenverbau.
Lagenweise Verfüllung und Verdichtung im Rohrgraben gegen einen leichten Grabenverbau, der erst nach dem Verdichten entfernt wird.

EF3: Unkontrollierte Verfüllung mit beliebigem Verfüllmaterial in einem Rohrgraben.
Verfüllung und Verdichtung im Rohrgraben zwischen einem schweren Grabenverbau, der erst nach dem Verdichten entfernt wird
Alle sonstigen Einbaumaßnahmen, die nicht EF1 und EF2 entsprechen.

Die den Einbaufällen EF1 bis EF3 entsprechenden Verdichtungsgrade der Rohrgrabenverfüllung können in Abhängigkeit von den Bodengruppen BG1 bis BG4, näherungsweise der **Tabelle 13.2-5** entnommen werden.

Neben den Verlege- und Einbauanforderungen für erdverlegte Rohrleitungen in der Leitungszone nach den Regeln der Technik existieren regional unterschiedliche Anforderungen der jeweiligen Straßenerhalter in Form sogenannter Straßenwiederinstandsetzungsvorschriften, die Vorgaben über die Art des Verfüllmaterials, die Verfüllung des Rohrgrabens in der Wiederverfüllzone, die Verdichtung der Rohrgrabenverfüllung sowie die erforderlichen Prüfungen am Planum der Verfüllzonen, usw. enthalten. Diese Vorgaben beziehen sich jedoch nur auf die Anforderungen der Straßenerhalter und nicht auf die Bedürfnisse erdverlegter Rohrleitungen im Hinblick auf deren nachhaltige Sicherheit und Wirtschaftlichkeit.

Tabelle 13.2-5: Verdichtungsgrade für die Einbaufälle EF1 bis EF3

Bodengruppe	Verdichtungsgrad D_{Pr} [%]		
	EF1	EF2	EF3
BG1	97	90	85
BG2	97	90	85
BG3	95	90	85
BG4	95	90	85

Die Verfüllung der Rohrgräben in der Wiederverfüllzone hat nach den Anforderungen der Straßenerhalter zu erfolgen. In Straßenwiederinstandsetzungsvorschriften sind die Verfüllmaterialien sowie die Verdichtungsanforderungen für die verschiedenen Bereiche des Rohrgrabens, gemäß **Bild 13.2-4** festgelegt. Entsprechend den vorgegebenen Lastplattenversuchen ist ein bestimmter Verdichtungsgrad durch den Verformungsmodul E_V am Planum der Wiederverfüllzone vorgegeben, der im Zuge der Prüfungen vor Ort nachzuweisen ist. Da die Wiederinstandsetzungsvorschriften der einzelnen Straßenerhalter nicht einheitlich sind, sind zum Teil unterschiedliche Anforderungen für Bundesstraßen, Landesstraßen, Gemeindestraßen, Privatstraßen usw. zu finden.

Im Folgenden sind nach Straßenwiederinstandsetzungsvorschriften beispielhaft die Anforderungen für den Verformungsmodul E_V am Planum der Wiederverfüllzone für die Überprüfung der Verdichtung der Rohrgrabenverfüllung mit dem Lastplattenversuch angegeben, wobei sich der Wert E_{V1} auf die Erstbelastung und der Wert E_{V2} auf die Wiederbelastung bezieht.

- Fahrbahn mit einer Straßenkonstruktionsdicke von mehr als 67 cm

  $E_{V1} = 90$ MN/m² bzw. 70 MN/m² bei $E_{V2} / E_{V1} \leq 2,2$

- sonstige befestigte Fahrbahn

  $E_{V1} = 60$ MN/m²

- unbefestigte Fahrbahn

  $E_{V1} = 35$ MN/m² bzw. 25 MN/m² bei $E_{V2} / E_{V1} \leq 2,0$

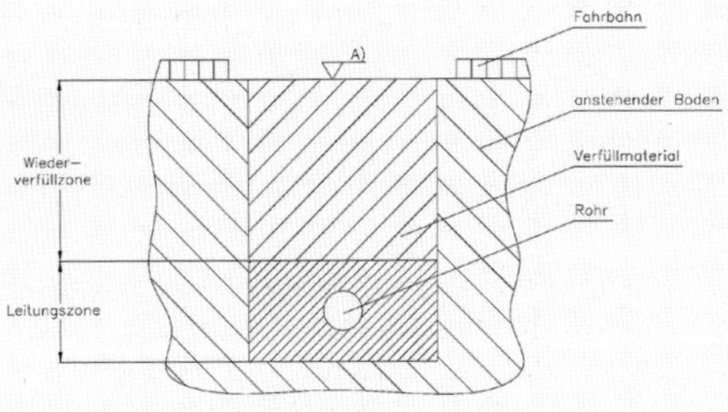

Bild 13.2-4: Rohrgrabenaufbau und Fahrbahnkonstruktion
A) Planum der Wiederverfüllzone

Hinsichtlich der Fahrbahnkonstruktion bzw. der Fahrbahnausbildung über der Wiederverfüllzone von Rohrgräben ist grundsätzlich zu unterscheiden zwischen:

- **Unbefestigte Fahrbahn** - also Fahrbahnen, die keine spezielle Fahrbahnausbildung besitzen, wie sie an Baustellen, bei Feldwegen und im Gelände anzutreffen sind. Die Radlast wird in diesem Fall direkt in den Halbraum, ohne lastverteilende Wirkung, eingeleitet. Die unbefestigte Fahrbahn ergibt die ungünstigsten Belastungsverhältnisse für erdverlegte Rohre und wird daher, im Allgemeinen entsprechend den einschlägigen Regelwerken und Richtlinien, der Ermittlung der Verkehrsbelastung zugrunde gelegt. Die unbefestigte Fahrbahn ist vor allem im Hinblick auf Straßenbaumaßnahmen zu beachten, wenn sich Baufahrzeuge z. B. Schwer-Lastkraftwagen oder Raupenfahrzeuge mit relativ geringer Rohrüberdeckung über der Rohrtrasse bewegen.

- **Befestigte Fahrbahn** - also Fahrbahnen mit einer speziellen Fahrbahnausbildung z. B. aus Asphalt oder Beton. Für die Belastung des Halbraumes durch eine Radlast ist hierbei die lastverteilende Wirkung der Fahrbahnplatte zu berücksichtigen. Grundsätzlich unterscheidet man dabei zwischen:
  - biegeweicher Fahrbahn z. B. Asphaltfahrbahn
  - biegesteifer Fahrbahn z. B. Beton-Fahrbahn

  Bezüglich der lastverteilenden Wirkung einer Fahrbahnplatte sei auf [13.1-10] und [13.1-14] verwiesen.

Die Bauausführung erdverlegter Rohrleitungen muss den für die Berechnung getroffenen Annahmen entsprechen. Abweichungen von den festgelegten Annahmen für die Berechnung können zu wesentlichen Abweichungen der Beanspruchungs- und Verformungsverhältnisse in den Rohren gegenüber den rechnerisch ermittelten Werten führen.

Die Berechnung erdverlegter Rohre setzt im Allgemeinen gleichmäßige Einbauverhältnisse sowie gleichmäßige Belastungen über die Rohrlänge voraus. Die Rohrbettung ist daher so auszubilden, dass Längsbiegungen und Punktlasten vermieden werden.

13.2.4 Belastungsverhältnisse

Untersuchungen im Zusammenhang mit Brüchen an erdverlegten Rohrleitungen [13.1-6] haben gezeigt, dass zusätzlich zu den bekannten mechanischen Belastungen auf Rohre im erdverlegten Zustand, wie sie in den einschlägigen Regelwerken angegeben sind, noch weitere Belastungsmechanismen auftreten können [13.1-1]. Betrachtet man die mechanischen Einwirkungen auf erdverlegte Rohrleitungen, so sind entsprechend dem Auftreten und der Wirkung grundsätzlich zwei Belastungsgruppen zu unterscheiden. Es sind dies einerseits die sogenannten „direkten Lasten", die unmittelbar auf das mechanische System „Fahrbahn-Boden-Rohr" wirken und in den Regeln der Technik angegeben sind sowie andererseits die sogenannten „indirekten Lasten", als Reaktionslasten aus der mechanischen Interaktion zwischen Boden und Rohr. Die indirekten Lasten werden in den einschlägigen Regeln der Technik nicht berücksichtigt, obwohl sie stellenweise wesentlich höhere Beanspruchungen in erdverlegten Rohrleitungen hervorrufen können als die direkten Lasten.

Zu der Gruppe der „direkten Lasten" zählen unter anderem: Innendruck, Erdlast, Auflasten, Verkehrslasten, usw.

Zu der Gruppe der „indirekten Lasten" zählen die Einwirkungen durch Unebenheiten der Rohrgrabensohle, durch Ungleichmäßigkeit der Bettung in Rohrlängsrichtung sowie der Einbettung über den Rohrumfang, Punktlagerungen usw.

Im Folgenden werden die auf erdverlegte Rohre einwirkenden mechanischen Belastungen im Detail betrachtet.

a) Einwirkungen durch direkte Lasten

Als direkte Lasten werden die unmittelbar auf das mechanische System „Fahrbahn-Boden-Rohr" einwirkenden Lasten bezeichnet, wie z. B. der Innendruck, das Rohrgewicht, das Gewicht des Transportmediums, die Erdlast, die Auflasten auf der Fahrbahn, usw. Die im Folgenden angegebenen direkten Lasten sind Flächenlasten bezogen auf den Rohrdurchmesser sowie die Länge. Die Umrechnung auf Streckenlasten in Rohrrichtung erfolgt durch Multiplikation mit dem Rohrdurchmesser.

Innendruck p_i
Die maßgebende Größe für die Dimensionierung von Rohren ist der Innendruck p_i. Für die Berechnung können sowohl der maximale Überdruck als auch der maximale Unterdruck maßgebend sein. Druckstöße sind im Allgemeinen im Auslegungsdruck zu berücksichtigen, entsprechende Hinweise sind erforderlich.

Außendruck p_a
Der äußere Wasserdruck p_a, z. B. durch Grundwasser, ist der auf die Rohrachse bezogene hydrostatische Druck mit der Wichte des Wassers γ_w, der Höhe des Wasserspiegels über dem Rohrscheitel h_w und dem Rohraußendurchmesser d_a:

$$p_a = \gamma_w \cdot \left(h_w + \frac{d_a}{2}\right) \qquad (13.2\text{-}9)$$

Rohreigengewicht q_R

Für das Rohreigengewicht gilt mit der Wichte des Rohrwerkstoffes γ_R und der Rohrwanddicke s:

$$q_R = \gamma_R \cdot \pi \cdot s \qquad (13.2\text{-}10)$$

Das Rohreigengewicht kann im Allgemeinen im Vergleich zu den sonstigen Lasten vernachlässigt werden.

Gewicht des Transportmediums q_M

Für das Gewicht des Transportmediums gilt mit γ_M der Wichte des Transportmediums und d_i dem Rohrinnendurchmesser:

$$q_M = \gamma_M \cdot \pi \cdot \frac{d_i}{4} \qquad (13.2\text{-}11)$$

Erdlast q_E

Die Erdlast entspricht dem Bodengewicht über dem Rohr, entsprechend der Rohrüberdeckung und ergibt sich ohne Berücksichtigung der Silotheorie sowie der Einwirkungen durch die Verdichtung der Rohrgrabenverfüllung vereinfacht mit γ_B der Wichte des Verfüllmaterials und h der Überdeckungshöhe des Rohres:

$$q_E = \gamma_B \cdot h \qquad (13.2\text{-}12)$$

Messungen des Verformungszustandes erdverlegter Kunststoffrohre unmittelbar nach dem Einbauvorgang, mit lagenweiser Verfüllung und Verdichtung im Rohrgraben, haben gezeigt, dass Verformungen in erdverlegten Rohren auftreten können, die weit über den Werten für den Belastungszustand „Erdlast" nach Gl. (13.2-12) liegen. Rechnerische Simulationen [13.1-14] zeigen, dass beim Einbau der Rohre, infolge der Verdichtung der Rohrgrabenverfüllung, entsprechend dem Druck-Setzungsverhalten des Verfüllmaterials, eine bleibende Verspannung des Bodens bzw. der Verfüllung in der Leitungszone bewirkt wird, wodurch auch ohne entsprechende Auflasten hohe, nicht reversible Verformungen der Rohre möglich sind.

Der Begriff Erdlast ist im Allgemeinen nur für eine Schüttung bzw. eine relativ geringe Verdichtung der Rohrgrabenverfüllung gültig. Für eine ordnungsgemäße Verdichtung der eingebrachten Rohrgrabenverfüllung, entsprechend den geforderten Verdichtungsgraden sowie den Anforderungen der Straßenerhalter, ist eine Verdichtungslast zu berücksichtigen. Abminderungen für die Erdlast nach der Silotheorie scheinen daher im Allgemeinen nicht angebracht. Für die Berechnung erdverlegter Rohre ist es vielmehr notwendig, statt der Erdlast eine entsprechende Einbaulast anzusetzen, die wesentlich größer als die Erdlast sein kann. Allgemein gültige Werte für Einbaulasten liegen zur Zeit noch nicht vor. In [13.1-14] ist eine Methode angegeben, mit der die Einbaulasten ermittelt werden können.

Auflasten als ruhende Lasten auf der Fahrbahn q_A
Auflasten zufolge ruhender Lasten auf der Fahrbahn können auftreten durch:
- Fahrzeuge
- Baugeräte, Maschinen, Container, Transportmulden, usw.
- Baumaterialien usw.

Die Lastannahmen sind entsprechend den jeweiligen Gegebenheiten zu treffen. Zu beachten ist, dass die Ausbildung der Fahrbahn einen wesentlichen Einfluss auf die Lastverteilung im Boden besitzen kann.

Verkehrslasten als bewegte Lasten auf der Fahrbahn q_V
Auf allen Flächen, auf denen eine Verkehrsbelastung nicht ausgeschlossen werden kann, sind für die Berechnung erdverlegter Rohre Verkehrslasten entsprechend der Nutzung der Flächen zu berücksichtigen.

- **Straßenverkehrslasten**
  Zur Berechnung der Straßenverkehrslasten sind in **Tabelle 13.2-6** repräsentative Daten für Regelfahrzeuge nach ATV-DVWK-A 127 angegeben.

  Für unbefestigte Fahrbahnen ergibt sich die wirksame Straßenverkehrsbelastung in Rohrscheitelhöhe zufolge der genormten Regelfahrzeuge mit dem dynamischen Beiwert ψ nach Tabelle 13.2-6 mit

$$q_V = p_V \cdot a_V \cdot \psi \qquad (13.2\text{-}13)$$

  p_V und a_V können in Abhängigkeit von der Überdeckungshöhe h und dem mittleren Rohrdurchmesser d_m nach den folgenden Gleichungen, basierend auf der Theorie von Boussinesq für eine Einzellast auf den elastischen Halbraum, angenähert ermittelt werden. Der Näherung liegt eine Druckausbreitung unter der Neigung

Tabelle 13.2-6: Lasten und Radaufstandsflächen von Regelfahrzeugen

Regelfahrzeug	Gesamtlast [kN]	Radlast		Radaufstandsfläche				dynam. Beiwert
		F_A [kN]	F_E [kN]	Breite [m]	Länge [m]	r_A [m]	r_E [m]	ψ
SLW 60	600	100	500	0,6	0,2	0,25	1,82	1,2
SLW 30	300	50	250	0,4	0,2	0,18	1,82	1,4
LKW 12	120	40	80	0,3	0,2	0,15	2,26	1,5

2:1 zugrunde. Die Radlast F_A, die Summe der übrigen Radlasten F_E, der Radius der Ersatzaufstandsfläche r_A und die mittlere Entfernung der übrigen Räder vom Rohrscheitel r_E für die Regelfahrzeuge sind der Tabelle 13.2-6 zu entnehmen.

$$p_V = \frac{F_A}{\pi \cdot r_A^2} \cdot \left[1 - \left(\frac{h^2}{h^2 + r_A^2}\right)^{\frac{3}{2}}\right] + \frac{3 \cdot F_E}{2 \cdot \pi\, h^2} \cdot \left(\frac{h^2}{h^2 + r_E^2}\right)^{\frac{5}{2}} \qquad (13.2\text{-}14)$$

$$a_V = 1 - \frac{0{,}9}{0{,}9 + \dfrac{4\,h^2 + h^6}{1{,}1 \cdot d_m^{\frac{2}{3}}}} \qquad (13.2\text{-}15)$$

Die Gl. (13.2-14) und (13.2-15) gelten für Überdeckungshöhen $h \geq 0{,}5$ m und für Durchmesser $d \leq 5$ m. Für Überdeckungshöhen $h \leq 0{,}5$ m sind gesonderte Betrachtungen unter Einbeziehung der Fahrbahnausbildung erforderlich.

p_V ist eine Näherung für die maximale Belastung infolge der Radlasten und Radaufstandsflächen nach Tabelle 13.2-6, wobei keine lastverteilende Wirkung unter der Fahrbahn aufgrund der Fahrbahnausbildung berücksichtigt ist. a_V ist ein Korrekturfaktor zur Berücksichtigung der Druckverteilung über die Rohrbreite und der mittragenden Rohrlänge bei kleinen Überdeckungshöhen, h und d_m sind in Gl. (13.2-15) in [m] einzusetzen.

Anzumerken ist, dass in der rohrstatischen Berechnung nach den Regeln der Technik als Lastgröße für bewegte Lasten auf der Fahrbahn nur die Vertikalbelastung einwirkend auf die erdverlegten Rohre berücksichtigt wird, die durch die Vertikalbelastung aktivierte Horizontalbelastung im Boden bleibt im Allgemeinen unberücksichtigt.

Für befestigte Fahrbahnen ergeben sich die Belastungen auf erdverlegte Rohre ausgehend von einem Verkehrslastkollektiv auf der Straßenverkehrsfläche zufolge der Lastverteilung unter der gebetteten Fahrbahnplatte, entsprechend den mechanischen Eigenschaften der Fahrbahn. Durch die Radlasten verschiedener Fahrzeuge, die sich zufällig verteilt mit unterschiedlichen Geschwindigkeiten auf der Fahrbahn bewegen, ergeben sich zeitlich und örtlich veränderliche Druckverteilungen auf den Boden unter der Fahrbahn, über die im Allgemeinen keine Informationen vorliegen. Die Verkehrsbelastung kann zur Vereinfachung näherungsweise durch eine resultierende, gleichmäßige, quasistatische Druckbelastung unmittelbar auf den Boden unter der Fahrbahn wirkend ersetzt werden, wobei nach [13.1-2] und [13.1-10] als obere Schranke angenommen werden kann:

PKW: $q_V = 0{,}01\ \mathrm{N/mm^2}$

LKW : $q_V = 0{,}10\ \mathrm{N/mm^2}$

Verkehrslasten, wie sie als obere Schranke der Druckverteilung unter der Fahrbahn ermittelt wurden, sind nur mit geringer Eintrittswahrscheinlichkeit zu erwarten. Die tatsächlichen Verkehrslasten werden im Allgemeinen zwischen den Belastungszuständen „ohne Verkehrslast“ und „mit Verkehrslast“ schwanken und damit Druckschwankungen auf den Boden unter der Fahrbahn im Intervall von $0 \leq q_v \leq 0{,}1$ N/mm² hervorrufen.

- **Schienenverkehrslasten**
  Zur Berechnung der Schienenverkehrslasten auf erdverlegte Rohre wird die lastverteilende Wirkung der Schienen und Schwellen berücksichtigt. Gerechnet wird mit einer vertikalen Bodenspannung p_V in Rohrscheitelhöhe in Abhängigkeit von der Überdeckungshöhe h bis zur Schwellenoberkante gemäß **Tabelle 13.2-7**. Zwischen den angegebenen Werten kann linear interpoliert werden.

  Die sich aus den Schienenverkehrslasten ergebende Belastung erdverlegter Rohre in Rohrscheitelhöhe erhält man mit:

  $$q_v = \psi \cdot p_v \qquad (13.2\text{-}16)$$

  Für den dynamischen Beiwert ψ gilt mit der Überdeckungshöhe h in [m]:

  $$\psi = 1{,}4 - 0{,}1 \cdot (h - 0{,}6) \geq 1{,}0 \qquad (13.2\text{-}17)$$

- **Flugzeugverkehrslasten**
  Für die Berechnung erdverlegter Rohre sind die Angaben der zuständigen Flughafenverwaltungen maßgebend.

- **Sonstige Verkehrslasten**
  Für den Bauzustand sind Verkehrslasten unter Baustellenbedingungen zu beachten und gegebenenfalls Einschränkungen hinsichtlich der Mindestüberdeckungshöhe festzulegen. Bei Belastungen durch spezielle Verkehrssituationen, z. B. extremer Schwerverkehr in bestimmten Zonen müssen im Einzelfall die entsprechenden Daten vorgegeben werden.

Tabelle 13.2-7: Eisenbahn- und Schienenverkehrslasten

h [m]	p_V [kN/m²]	
	1 Gleis	2 und mehr Gleise
1,50	48	48
2,75	39	39
5,50	20	26
≥ 10,00	10	15

- **Sonstige Lasten**
  Zusätzlich zu den angegebenen direkten Lasten auf erdverlegte Rohrleitungen sind mit einer geringen Eintrittswahrscheinlichkeit folgende weitere Lasten anzuführen:
  - Belastungen durch Erdbeben
  - Belastungen durch Sprengerschütterungen und Explosionslasten
  - Zusatzlasten durch Bauarbeiten in der Umgebung erdverlegter Rohrleitungen

Derartige Lasten müssen nach dem Gefährdungspotential der Rohre individuell, entsprechend den Anforderungen des Projektes, berücksichtigt werden.

b) Einwirkungen durch indirekte Lasten

Die Belastung erdverlegter Rohrleitungen durch indirekte Lasten ist die Folge der erzwungenen geometrischen und mechanischen Anpassung der Rohrleitungen an die Umgebungsverhältnisse im erdverlegten Zustand. Dieser Anpassungsvorgang bewirkt Zwängungen, wodurch Reaktionslasten vom Boden auf die Rohre, entsprechend den mechanischen Eigenschaften der beiden Interaktionspartner hervorgerufen werden, die als indirekte Lasten bezeichnet werden. Diese Belastungsgruppe lässt sich zwar relativ einfach durch Worte beschreiben, stellt aber für die rechnerische Erfassung, sowohl der Einwirkungen als auch der Auswirkungen auf erdverlegte Rohre, ein erhebliches Problem dar. Der Grund dafür liegt darin, dass einerseits die Effekte nur im erdverlegten Zustand auftreten und dadurch nur indirekt festzustellen sind und andererseits sowohl die Einwirkungen als auch die Auswirkungen für erdverlegte Rohre in gewissen Schranken einer Zufälligkeit entlang der Rohrleitung, sowohl hinsichtlich des örtlichen Auftretens als auch hinsichtlich der Größe unterliegen [13.1-3].

In den einschlägigen Regeln der Technik werden gleichmäßige Lagerungs-, Bettungs-, Einbettungs- und Belastungsbedingungen für erdverlegte Rohrleitungen in Rohrlängsrichtung angenommen. Mit dieser Annahme werden ideale, determinierte Umgebungsbedingungen für erdverlegte Rohre festgelegt. Betrachtet man die Umgebungsverhältnisse erdverlegter Rohrleitungen, soweit sie erfassbar sind, ist zu erkennen, dass die Annahme gleichmäßiger Umgebungsbedingungen in der Leitungszone im Allgemeinen nicht erfüllt ist. Die Abweichungen der tatsächlichen Umgebungsbedingungen für erdverlegte Rohrleitungen im Boden von der idealen Annahme gleichmäßiger Verhältnisse werden als Imperfektionen bezeichnet. Sie sind im Allgemeinen bereits von der Verlegung an in der Leitungszone vorhanden oder können durch nachträgliche Arbeiten im Rohrbereich eingebracht werden. Bei den Imperfektionen der Umgebungsverhältnisse erdverlegter Rohrleitungen handelt es sich nicht um determinierbare Zustände, sondern vorwiegend um regellose Verhältnisse in der Leitungszone.

Unter die Gruppe der indirekten Lasten fallen unter anderem Einwirkungen durch:

- Unebenheiten der Rohrgrabensohle
- Ungleichmäßigkeit der Bettungs- und Einbettungsverhältnisse
- Ungleichmäßigkeit der Bettungssteifigkeit
- Ungleichmäßigkeit der Einbaulasten
- radiale und angulare Versätze an den Rohrverbindungen

Eine ausführliche Darstellung der Berechnungsverfahren für indirekte Lasten sowie der Ein- und Auswirkungen für erdverlegte Rohrleitungen ist in [13.1-3], [13.1-7], [13.1-9] und [13.1-10] zu finden.

13.3 Berechnungsverfahren für erdverlegte Rohrleitungen

13.3.1 Allgemeines

Für die Berechnung erdverlegter Rohrleitungen stehen je nach Bedarf grundsätzlich folgende Berechnungsverfahren zur Verfügung:

- Berechnung gegen Innendruck
- Verfahren nach den Regeln der Technik
- Analytische Verfahren
- Finite-Elemente-Methode

Die Berechnung gegen Innendruck ist die einfachste Art der Berechnung erdverlegter Rohre und wird vor allem zur Dimensionierung der Rohre auch in den jeweiligen Produktnormen herangezogen.

Vergleicht man die in den Regeln der Technik enthaltenen Berechnungsverfahren für erdverlegte Rohrleitungen mit Messergebnissen sowie mit Erkenntnissen aus Schadensfällen, so zeigt sich, dass diese Verfahren nicht vollständig hinsichtlich der auf erdverlegte Rohre einwirkenden Lasten sind und teilweise unterschiedliche Ergebnisse liefern. Insbesondere fehlen jene Einwirkungen, die wesentliche

Beanspruchungen in der Rohrwand hervorrufen und für das Versagen der Rohre verantwortlich sein können, wie z. B.:

- Einbaulasten durch den Verdichtungsvorgang der Rohrgrabenverfüllung
- indirekte Lasten durch Imperfektionen der Umgebungsverhältnisse
- Zusatzlasten durch Rohrverbindungen

Die Verfahren nach den Regeln der Technik zeigen, dass durch die Vielzahl der auszuwählenden Parameter und durch die Vereinfachungen im Rahmen der mechanischen Modellbildung das Strukturverhalten der Rohre, vor allem bei den flexiblen Rohren, teilweise nicht hinreichend genau erfasst werden kann. Insbesondere bei der Klärung von Schadensfällen kann dies zu Fehlinterpretationen hinsichtlich der Schadensursachen führen. Messungen an erdverlegten Rohren zeigen zum Teil gravierende Abweichungen zu den berechneten Werten. Des Weiteren liefern die Verfahren nach den Regeln der Technik sowohl untereinander als auch im Vergleich zu den anderen Verfahren teilweise unterschiedliche Ergebnisse.

Analytische Verfahren und die Finite-Elemente-Methode sind komplexe Berechnungsverfahren, die keine einfachen Formeln liefern und sich damit einfach auswerten lassen. Diese Verfahren führen zu Gleichungssystemen, die nur numerisch mit Hilfe geeigneter Software gelöst werden können. Die Methoden sind in der Literatur ausführlich beschrieben.

Da sowohl die analytischen Verfahren als auch die Finite-Elemente-Methode sehr effiziente Ergebnisse über das Strukturverhalten erdverlegter starrer und flexibler Rohre liefern, wurde zur allgemeinen Anwendbarkeit dieser Verfahren für die Praxis eine neue Methode entwickelt, die das Beanspruchungs- und Verformungsverhalten erdverlegter Rohre, zufolge der Einwirkungen auf das mechanische System: Fahrbahn-Boden-Rohr, in Diagrammform durch sogenannte „Rohrkennfelder" darstellt. Im Rahmen eines Forschungsprojektes für die Österreichische Vereinigung für das Gas- und Wasserfach – ÖVGW – wurden Rohrkennfelder für PE-Gasrohre erarbeitet. Für die praktische Anwendung im Rahmen der Berechnung erdverlegter Rohre steht dem Anwender ein Rohrkennfeldkatalog zu Verfügung, der das Beanspruchungs- und Verformungsverhalten erdverlegter Rohre in Diagrammform, basierend auf Berechnungen mit der Finite-Elemente-Methode, unter den verschiedenen Boden-, Einbau-, Betriebs- und Belastungsverhältnissen angibt, ohne dass jeweils aufwendige Berechnungen erforderlich sind. Eine ausführliche Darstellung der Rohrkennfelder ist in Abschnitt 13.3.3-e enthalten. Rohrkennfelder haben sich auch für andere Rohrwerkstoffe, wie z. B. Stahlrohre, GFK-Rohre usw. für die praktische Arbeit bewährt, da sie relativ einfache Informationen über das Beanspruchungs- und Verformungsverhalten erdverlegter Rohre bei den

Regeleinbauverhältnissen liefern und die rechnerischen Ergebnisse einfach mit experimentellen Ergebnissen verglichen werden können.

Den bekannten Berechnungsverfahren für erdverlegte Rohrleitungen liegt die übliche Annahme gleichmäßiger Lagerungs-, Bettungs- und Einbettungsverhältnisse der Rohre zugrunde. Einwirkungen durch Imperfektionen der Umgebungsverhältnisse erdverlegter Rohrleitungen können mit Hilfe der Theorie der Zufallsprozesse [13.3-1], [13.3-2] oder mit Hilfe spezieller Verfahren [13.1-3], [13.1-9], [13.1-10] aufgrund von Daten über die relevanten Imperfektionen erfasst werden.

Die Berechnung erdverlegter Rohrformstücke, wie z. B. Rohrbögen, Abzweiger, Reduktionen, usw. erfolgt im Allgemeinen nur nach dem Innendruck, entsprechend den einschlägigen Regeln der Technik. Für die Berechnung von GFK-Formstücken, die aus einzelnen Rohrstücken mittels Laminatverbindungen zusammengesetzt sind, sowie auch für die Berechnung erdverlegter Formstücke wurden vom Autor Berechnungsverfahren entwickelt, die jedoch aufgrund der Komplexität sowie des Umfanges im vorliegenden Beitrag nicht berücksichtigt werden können. Die Berechnungen können auch mit Hilfe der Finite-Elemente Methode erfolgen.

Sonderformen erdverlegter Rohrleitungen und Rohre, wie z. B. ringversteifte Rohrleitungen, können sowohl gegen Innendruck als auch gegenüber den Einwirkungen durch den erdverlegten Zustand mit Hilfe der Finite-Elemente Methode berechnet werden. Für erdverlegte Rohrleitungssysteme, wie z. B. Transportleitungen über lange Strecken mit erdverlegten Bögen, sowohl Horizontalbögen als auch Vertikalbögen nach oben und unten gekrümmt, wurden vom Autor Berechnungsverfahren entwickelt, die aufgrund des Umfanges und der Komplexität im Rahmen dieses Beitrages nicht behandelt werden können.

13.3.2 Berechnung gegen Innendruck

Die Dimensionierung der Rohrwanddicke gegenüber der Beanspruchung durch Innendruck mit Hilfe der sogenannten „Kesselformel" (Gl. 13.3-1a) ist die einfachste Methode zur Berechnung erdverlegter Rohre, wobei nur die mittlere Umfangsspannung in der Rohrwand durch den Innendruck betrachtet wird. Die Kesselformel wird vor allem dann verwendet, wenn der Innendruck die maßgebende Belastung der Rohre darstellt. Bei diesem Verfahren werden die zusätzlichen Beanspruchungen durch den Einbau sowie den erdverlegten Zustand vernachlässigt.

Bei der Berechnung von Rohren gegen Innendruck sind grundsätzlich zwei Betrachtungsweisen zu unterscheiden, die sich auf das Verhältnis Wanddicke zu Durchmesser der Rohre beziehen. Für dünnwandige Rohre wird ein mittlerer Beanspruchungszustand und für dickwandige Rohre die Verteilung der Spannungen über die Rohrwand ermittelt, wobei neben der Umfangsspannung auch die Radial- und Längsspannung maßgebend sind.

Für den Spannungszustand dünnwandiger Rohre gilt nach Gl. (13.3-1):

$$\overline{\sigma}_u = \frac{d_m}{2 \cdot s} \cdot p_i \qquad (13.3\text{-}1a)$$

$$\overline{\sigma}_r = -\frac{1}{2} \cdot p_i \qquad (13.3\text{-}1b)$$

$$\overline{\sigma}_l = \frac{d_m}{4 \cdot s} \cdot p_i \qquad (13.3\text{-}1c)$$

Dabei bedeuten:

$\overline{\sigma}_u$ - mittlere Umfangsspannung über die Rohrwanddicke [N/mm²]

$\overline{\sigma}_r$ - mittlere Radialspannung über die Rohrwanddicke [N/mm²]

$\overline{\sigma}_l$ - mittlere Längsspannung über die Rohrwanddicke [N/mm²]

d_m - mittlerer Rohrdurchmesser [mm]

s - Rohrwanddicke [mm]

p_i - Innendruck [N/mm²]

Für den Spannungszustand dickwandiger Rohre gilt nach Gl. (13.3-2):

$$\sigma_u(d) = \frac{(d_a/d)^2 + 1}{(d_a/d_i)^2 - 1} \cdot p_i \qquad (13.3\text{-}2a)$$

$$\sigma_r(d) = -\frac{(d_a/d)^2 - 1}{(d_a/d_i)^2 - 1} \cdot p_i \qquad (13.3\text{-}2b)$$

$$\sigma_l(d) = \frac{1}{(d_a/d_i)^2 - 1} \cdot p_i \qquad (13.3\text{-}2c)$$

Dabei bedeuten:

$\sigma_u(d)$ - Umfangsspannung über die Rohrwanddicke [N/mm²]

$\sigma_r(d)$ - Radialspannung über die Rohrwanddicke [N/mm²]

$\sigma_l(d)$ - Längsspannung über die Rohrwanddicke [N/mm²]

d_a - Rohraußendurchmesser [mm]

d - beliebiger Rohrdurchmesser, wobei gilt $d_i \leq d \leq d_a$ [mm]

d_i - Rohrinnendurchmesser [mm]

p_i - Innendruck [N/mm²]

Die Dehnungen in der Rohrwand ergeben sich sowohl für dünnwandige als auch für dickwandige Rohre durch Einsetzen der Gl. (13.3-1) bzw. Gl. (13.3-2) in das Werkstoffgesetz Gl. (13.2-1).

Für den Verformungszustand dünnwandiger Rohre erhält man, bei Belastung durch Innendruck, ohne Dehnungsbehinderung:

$$u = \frac{L}{4 \cdot E_R} \cdot \left[\frac{d_m}{s} - 2 \cdot \nu_R \cdot \left(\frac{d_m}{s} - 1\right)\right] \cdot p_i \qquad (13.3\text{-}3)$$

$$w = \frac{d_m}{4 \cdot E_R} \cdot \left[\frac{d_m}{s} - \frac{\nu_R}{2} \cdot \left(\frac{d_m}{s} - 2\right)\right] \cdot p_i \qquad (13.3\text{-}4)$$

Dabei bedeuten:

u - Axialverformung des frei verformbaren Rohres [mm]

w - Radialverformung des Rohres [mm]

d_m - mittlerer Rohrdurchmesser [mm]

s - Rohrwanddicke [mm]

L - Rohrlänge [mm]

p_i - Innendruck [N/mm²]

E_R - Elastizitätsmodul [N/mm²]

ν_R - Querdehnungszahl [-]

13.3.3 Beanspruchungen in Rohrumfangsrichtung durch den erdverlegten Zustand

Bei den Berechnungsverfahren, wie sie in Regelwerken und Richtlinien für die statische Berechnung erdverlegter Rohre Anwendung finden, werden die Zusatzbeanspruchungen infolge des erdverlegten Zustandes durch einfache ebene mechanische Modelle berücksichtigt. Dabei wird das Rohr im Sinne des Schnittprinzips der Statik aus dem mechanischen System „Fahrbahn-Boden-Rohr" herausgetrennt, für sich allein betrachtet und die mechanische Interaktion zwischen Boden und Rohr durch einfache Lastannahmen auf einen eindimensionalen Ring wirkend ersetzt.

Im Folgenden werden drei Berechnungsverfahren nach den Regeln der Technik für unterschiedliche Anwendungsgebiete im Überblick kurz dargestellt:

a) Berechnung nach VdTÜV MB 1063

Das Berechnungsverfahren nach VdTÜV MB 1063 dient insbesondere zur Berechnung erdverlegter Druckrohrleitungen aus Stahlrohren für die Anwendungsgebiete: Gas, Fernwärme, Wasser, usw.

Den Betrachtungen wird das mechanische Ersatzsystem nach **Bild 13.3-1** zugrunde gelegt. Die in der Scheitelebene des Rohres wirksame vertikale Belastung wird als konstante Flächenlast angenommen. Die Verteilung der vertikalen Belastung über den Rohrumfang erfolgt mit einem $\cos\varphi$-Ansatz, wobei die Lagekoordinate φ vom Rohrscheitel aus gezählt wird. Der vertikale Belastungszustand im Boden aktiviert einen horizontalen Spannungszustand im Boden, der als horizontale Belastung auf das Rohr wirkt. Diese horizontale Belastung wird ebenfalls als konstante Flächenlast angenommen. Die Verteilung der horizontalen Belastung über den Rohrumfang erfolgt mit einem $\sin\varphi$-Ansatz.

Die vertikale Belastung im Boden q_v, die auf das Rohr wirkt, ergibt sich aus der Erdlast q_E und der Verkehrslast q_V mit

$$q_v = q_E + q_V \qquad (13.3\text{-}5)$$

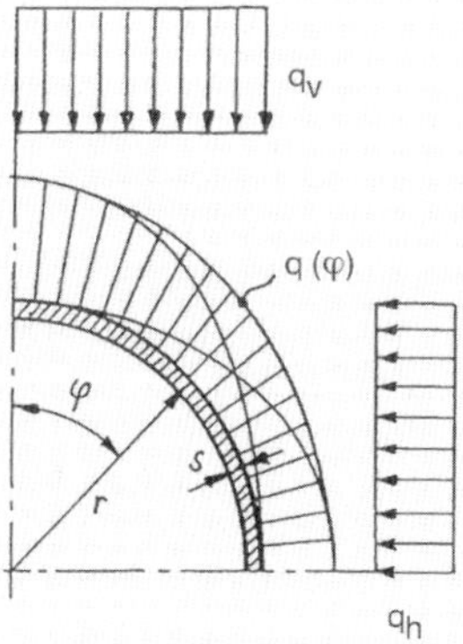

Bild 13.3-1: Lastverteilung durch Auflasten und Reaktionslasten nach VdTÜV MB 1063

Die vertikale Belastung q_v im Boden aktiviert mit dem Ruhedruckbeiwert K_0, wobei gilt

$$K_0 = 1 - \sin\varphi_B \tag{13.3-6}$$

die horizontale Belastung auf das Rohr q_h, wobei gilt:

$$q_h = K_0 \cdot q_v \tag{13.3-7}$$

φ_B bedeutet den Winkel der inneren Reibung des Verfüllmaterials in der Leitungszone, gemäß Tabelle 13.2.2.

Mit Hilfe der vertikalen und horizontalen Lastverteilung im Boden lässt sich die Lastverteilung auf das Rohr über den Rohrumfang in radialer Richtung im drucklosen Zustand, wie folgt angeben:

$$q(\varphi) = \frac{3}{2} \cdot \left(\frac{1 + K_0}{2 + K_0} + \frac{1 - K_0}{2 + K_0} \cdot \cos 2\varphi \right) \cdot q_v \tag{13.3-8}$$

Für die Schnittgrößen erhält man aufgrund der radialen Belastung q(φ), zufolge der äußeren Lasten im erdverlegten Zustand, folgende Normalkräfte und Biegemomente (positiv, wenn die Krümmung verkleinert wird) in der Rohrwand über den Rohrumfang, bezogen auf die Rohrlängeneinheit 1 mit dem mittleren Rohrradius r:

$$n(\varphi) = -\frac{1}{2} \cdot \left(3 \cdot \frac{1 + K_0}{2 + K_0} - \frac{1 - K_0}{2 + K_0} \cdot \cos 2\varphi\right) \cdot r \cdot q_v \qquad (13.3\text{-}9)$$

$$m(\varphi) = \frac{1}{2} \cdot \frac{1 - K_0}{2 + K_0} \cdot r^2 \cdot \cos 2\varphi \cdot q_v \qquad (13.3\text{-}10)$$

Für den Spannungszustand in der Rohrwand in Rohrumfangsrichtung erhält man mit der Rohrwanddicke s durch Überlagerung der Normal- und Biegespannungen

$$\sigma_u(\varphi) = \frac{n(\varphi)}{s} \pm \frac{6 \cdot m(\varphi)}{s^2} \qquad (13.3\text{-}11)$$

und durch Einsetzen weiter

$$\sigma_u(\varphi) = -\frac{1}{2} \cdot \left(3 \cdot \frac{1 + K_0}{2 + K_0} - \frac{1 - K_0}{2 + K_0} \cos 2\varphi\right) \cdot \frac{r}{s} \cdot q_v \pm 3 \cdot \frac{1 - K_0}{2 + K_0} \cdot \cos 2\varphi \cdot \frac{r^2}{s^2} \cdot q_v \qquad (13.3\text{-}12)$$

Die maximale Randzugspannung ergibt sich an der Rohrinnenseite am Scheitel und an der Sohle mit

$$\max\sigma_{uz} = -\frac{1 + 2 \cdot K_0}{2 + K_0} \cdot \frac{r}{s} \cdot q_v + 3 \cdot \frac{1 - K_0}{2 + K_0} \cdot \left(\frac{r}{s}\right)^2 \cdot q_v \qquad (13.3\text{-}13)$$

Die maximale Randdruckspannung ist zugleich die größte Umfangsspannung im drucklosen Rohr und tritt an der Rohrinnenseite am Kämpfer auf:

$$\max\sigma_{ud} = -\frac{r}{s} \cdot q_v - 3 \cdot \frac{1 - K_0}{2 + K_0} \cdot \left(\frac{r}{s}\right)^2 \cdot q_v \qquad (13.3\text{-}14)$$

Die Berücksichtigung des Innendruckes p_i kann durch lineare Superposition der Umfangsspannungen zufolge der äußeren Lasten – Gl. (13.3-12) - und des Innendruckes – Gl. (13.3-1a) oder (13.3-2a) - erfolgen. Für hohe Innendrücke kann die teilweise Rückverformung des Rohres durch den Innendruck und damit ein teilweiser Abbau der Ringbiegespannungen nach der Theorie 2. Ordnung berücksichtigt werden. Es ist jedoch zu bemerken, dass die Möglichkeit der Rückverformung der Rohre von den Einbaubedingungen in der Leitungszone, insbesondere von der Verdichtung der Rohrgrabenverfüllung abhängt. Für nähere Details wird auf VdTÜV MB 1063 sowie die einschlägige Literatur verwiesen.

Die ermittelten Spannungen sind mit den zulässigen Werten für die Spannung des Rohrwerkstoffes σ_R zu vergleichen. Aus dem Verhältnis der vorhandenen Spannungen mit den zulässigen Werten resultiert der Sicherheitsbeiwert, wobei gilt:

$$S = \frac{\sigma_R}{\sigma} \qquad (13.3\text{-}15)$$

Die Durchmesseränderung des Rohres in vertikaler Richtung Δd_v und in horizontaler Richtung Δd_h errechnet sich für den drucklosen Zustand mit:

$$\Delta d_v = -2 \cdot \frac{1 - \nu_R^2}{E_R} \cdot \frac{1 - K_0}{2 + K_0} \cdot \left(\frac{r}{s}\right)^3 \cdot d_a \cdot q_v \tag{13.3-16}$$

$$\Delta d_h = 2 \cdot \frac{1 - \nu_R^2}{E_R} \cdot \frac{1 - K_0}{2 + K_0} \cdot \left(\frac{r}{s}\right)^3 \cdot d_a \cdot q_v \tag{13.3-17}$$

Die Berücksichtigung des Innendruckes p_i kann durch Superposition der Radialverformung des Rohres durch den Innendruck nach Gl. (13.3-4) erfolgen, wobei w der Radialverformung Δd entspricht.

Für den Stabilitätsnachweis ermittelt man den wirksamen äußeren Überdruck mit

$$p_a = p_i - \frac{3}{2} \cdot \frac{1 + K_0}{2 + K_0} \cdot q_v \tag{13.3-18}$$

Dabei bedeutet p_i den Innendruck im Rohr. Ist Unterdruck im Rohr zu erwarten, muss p_i mit negativem Wert eingesetzt werden. Der kritische Beuldruck ist gegeben mit

$$\text{krit } p = \frac{E_R}{4 \cdot \left(1 - \nu_R^2\right)} \cdot \left(\frac{s}{r}\right)^3 \tag{13.3-19}$$

Der Sicherheitsbeiwert gegen das Beulen des Rohres ergibt sich mit

$$S = \frac{\text{krit } p}{p_a} \tag{13.3-20}$$

Die Sicherheitsbeiwerte sind VdTÜV MB 1063 sowie entsprechend den Anwendungsgebieten den einschlägigen Regelwerken und Richtlinien zu entnehmen.

b) Berechnung nach ATV-DVWK-A 127

Das Berechnungsverfahren nach ATV-DVWK-A 127 dient zur statischen Berechnung von erdverlegten Abwasserkanälen und -leitungen. Den Betrachtungen wird das mechanische Ersatzsystem nach **Bild 13.3-2** zugrunde gelegt. Die in der Scheitelebene der Rohre wirksame vertikale Belastung im Rohrgraben wird als konstante Flächenlast über die Rohrgrabenbreite angenommen. Entsprechend der unterschiedlichen Verformungsfähigkeit von Rohr und umgebenden Boden erfolgt nach der Theorie des schubsteifen Balkens die Aufteilung der Belastung auf das Rohr durch den Konzentrationsfaktor λ_R und auf den umgebenden Boden durch den Konzentrationsfaktor λ_B. Die horizontale Belastung auf das Rohr setzt sich zusammen aus

- dem Anteil q_h zufolge der Aktivierung des horizontalen Bodenspannungszustandes durch die vertikale Belastung, entsprechend dem Erddruckverhältnis K_2 und
- dem Bettungsreaktionsdruck q_h^* infolge der Rohrverformung in Form einer Parabel mit dem Öffnungswinkel von $2\beta = 120°$.

Die in der Scheitelebene des Rohres wirksame vertikale Belastung im Rohrgraben über die Rohrgrabenbreite b ergibt sich zu

$$q_v = \lambda_{RG} \cdot (q_E + q_A) + q_V \qquad (13.3\text{-}21)$$

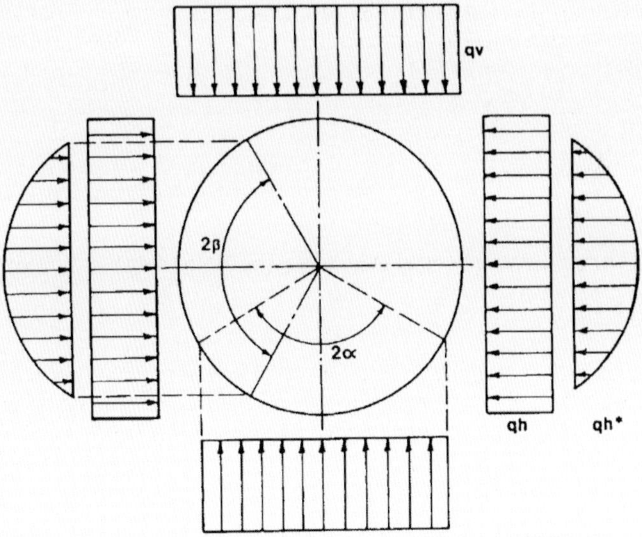

Bild 13.3-2: Lastverteilung durch Auflasten und Reaktionslasten nach ATV-DVWK-A 127

Die Aufteilung der vertikalen Belastung im Rohrgraben über die Breite auf das Rohr und den benachbarten Boden erfolgt entsprechend der Verformbarkeit des Rohres durch den Konzentrationsfaktor λ_{RG}, wobei die Einflussbreite der Lastumlagerung etwa dem vierfachen Rohraußendurchmesser entspricht. Für den Konzentrationsfaktor im Rohrgraben λ_{RG} gilt:

$$1 \leq \frac{b}{d_a} \leq 4: \lambda_{RG} = \frac{\lambda_R - 1}{3} \cdot \frac{b}{d_a} + \frac{4 - \lambda_R}{3} \tag{13.3-22}$$

$$4 \leq \frac{b}{d_a} \leq \infty: \lambda_{RG} = \lambda_R \tag{13.3-23}$$

Der wirksame Lastkonzentrationsfaktor λ_R errechnet sich zu

$$\lambda_R = \frac{\max\lambda \cdot V_S + \frac{4}{3} \cdot a' \cdot K_2 \cdot \frac{\max\lambda - 1}{a' - 0{,}25}}{V_S + \frac{1}{3} \cdot a' \cdot (3 + K_2) \cdot \frac{\max\lambda - 1}{a' - 0{,}25}} \tag{13.3-24}$$

wobei der obere Grenzwert gegeben ist durch:

$$h \leq 10\ \text{m}: \quad \lambda_{R\,max} = 4{,}0 - 0{,}15 \cdot h \leq 2{,}5 \tag{13.3-25}$$

Für ein vollkommen starres Rohr beträgt der wirksame Lastkonzentrationsfaktor $\lambda_R = \max \lambda$, wobei gilt:

$$\max\lambda = 1 + \frac{1}{\frac{d_a}{h}\left(\frac{3{,}5}{a'} + \frac{E_1}{E_4} \cdot \frac{2{,}2}{a' - 0{,}25}\right) + \frac{0{,}62}{a'} + \frac{E_1}{E_4} \cdot \frac{1{,}6}{a' - 0{,}25}} \tag{13.3-26}$$

In den obigen Gleichungen bedeutet a´ die wirksame relative Ausladung, wobei gilt:

$$a' = a \cdot \frac{E_1}{E_2} \geq 0{,}26 \tag{13.3-27}$$

Die relative Ausladung a ist aus **Bild 13.3-3** zu entnehmen.

Für das Steifigkeitsverhältnis V_S gilt:

- ohne Berücksichtigung des horizontalen Bettungsreaktionsdruckes q_h^*

$$V_S = \frac{S_R}{|c_{v1}| \cdot S_{BV}} \tag{13.3-28}$$

- mit Berücksichtigung des horizontalen Bettungsreaktionsdruckes q_h^*

$$V_S = \frac{S_R}{|c_v^*| \cdot S_{BV}} \qquad (13.3\text{-}29)$$

Für die Rohrsteifigkeit S_R gilt mit $I = s^3 / 12$:

$$S_R = \frac{E_R \cdot I}{r_m^3} \qquad (13.3\text{-}30)$$

Für den Beiwert c_v^* gilt:

$$c_v^* = c_{v1} + c_{v2} \cdot K^* \qquad (13.3\text{-}31)$$

Die Beiwerte c_{v1} und c_{v2} sind entsprechend dem gewählten Auflagerwinkel 2α aus **Tabelle 13.3-1** zu entnehmen.

Für den Reaktionsdruckbeiwert K^* gilt:

$$K^* = \frac{c_{h1}}{V_{RB} - c_{h2}} \qquad (13.3\text{-}32)$$

Die Beiwerte c_{h1} und c_{h2} ergeben sich entsprechend dem Auflagerwinkel 2α aus Tabelle 13.3-1.

Für die Systemsteifigkeit V_{RB} gilt:

$$V_{RB} = \frac{S_R}{S_{Bh}} \qquad (13.3\text{-}33)$$

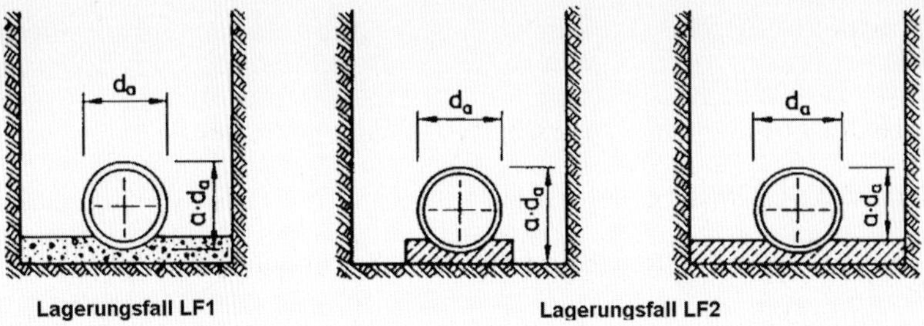

Bild 13.3-3: Relative Ausladung a

Tabelle 13.3-1: Verformungsbeiwerte

Auflagerwinkel 2α	c_{V1}	c_{V2}	c_{h1}	c_{h2}
60 °	-0,1053	+0,0640	+0,1026	-0,0658
90 °	-0,0966	+0,0640	+0,0956	-0,0658
120 °	-0,0893	+0,0640	+0,0891	-0,0658
180 °	-0,0833	+0,0640	+0,0833	-0,0658

Für die horizontale Bettungssteifigkeit S_{Bh} gilt:

$$S_{Bh} = 0{,}6 \cdot \xi \cdot E_2 \qquad (13.3\text{-}34)$$

Der Korrekturfaktor für die horizontale Bettungssteifigkeit ergibt sich mit:

$$\xi = \frac{1{,}667}{\Delta f + (1{,}667 - \Delta f)\frac{E_2}{E_3}} \qquad (13.3\text{-}35)$$

$$\Delta f = \frac{\frac{b}{d_a} - 1}{0{,}980 + 0{,}303\left(\frac{b}{d_a} - 1\right)} \leq 1{,}667 \qquad (13.3\text{-}36)$$

Der Faktor ξ für die horizontale Bettungssteifigkeit berücksichtigt die unterschiedlichen Verformungsmodule der Verfüllung E_2 seitlich neben dem Rohr und des bestehenden Bodens E_3 neben der Leitungszone. Für $E_2 = E_3$ gilt $\xi = 1$.

Die vertikale Bettungssteifigkeit S_{Bv} ergibt sich mit:

$$S_{Bv} = \frac{E_2}{a} \qquad (13.3\text{-}37)$$

Die horizontale Belastung q_h auf das Rohr, hervorgerufen durch den horizontalen Bodenspannungszustand, zufolge der vertikalen Belastung im Boden, ergibt sich mit dem Erddruckverhältnis K_2 nach Tabelle 13.2-2 zu

$$q_h = K_2 \cdot \left[\lambda_B \cdot (q_E + q_A) + \gamma_B \cdot \frac{d_a}{2}\right] \qquad (13.3\text{-}38)$$

Der horizontale Bettungsreaktionsdruck q_h^* ergibt sich mit

$$q_h^* = \frac{c_{h1} \cdot q_v - 0{,}0833 \cdot q_u}{V_{RB} - c_{h2}} \qquad (13.3\text{-}39)$$

Entsprechend der Druckverteilung am Rohrumfang infolge

- der äußeren Lasten,
- der horizontalen Bettungsreaktionslast,
- der Belastung durch das Rohreigengewicht,
- der Belastung durch das Gewicht des Füllmediums sowie
- der Belastung durch den Innendruck und den Außendruck

ergeben sich Ringbiegemomente und Ringnormalkräfte in der Rohrwand. Für die einzelnen Belastungen sind in **Tabelle 13.3-2** die Gleichungen für die Ringbiegemomente und die Ringnormalkräfte zusammengestellt.

Die entsprechenden Biegemomentenbeiwerte m und die Normalkraftbeiwerte n sind für die beiden Lagerungsfälle LF1 und LF2 in **Tabelle 13.3-3** angegeben. Die Beiwerte gelten für kreisförmige Rohrquerschnitte mit konstanter Wanddicke über den Rohrumfang.

Tabelle 13.3-2: Zusammenstellung der Schnittkräfte und Schnittmomente

Belastung	Ringbiegemoment	Ringnormalkraft
q_v	$M_{qv} = m_{qv} \cdot q_v \cdot r_m^2$	$N_{qv} = n_{qv} \cdot q_v \cdot r_m$
q_h	$M_{qh} = m_{qh} \cdot q_h \cdot r_m^2$	$N_{qh} = n_{qh} \cdot q_h \cdot r_m$
q_{h^*}	$M_{qh^*} = m_{qh^*} \cdot q_{h^*} \cdot r_m^2$	$N_{qh^*} = n_{qh^*} \cdot q_{h^*} \cdot r_m$
q_R	$M_R = m_R \cdot \gamma_R \cdot s \cdot r_m^2$	$N_R = n_R \cdot \gamma_R \cdot s \cdot r_m$
q_M	$M_M = m_M \cdot \gamma_M \cdot r_m^3$	$N_M = n_M \cdot \gamma_M \cdot r_m^2$
p_i, p_a	$M_p = (p_i - p_a) \cdot r_i \cdot r_a \cdot \left[\frac{1}{2} - \frac{r_i \cdot r_a}{r_a^2 - r_i^2} \cdot \ln\left(\frac{r_a}{r_i}\right)\right]$	$N_p = p_i \cdot r_i - p_a \cdot r_a$

Tabelle 13.3-3: Biegemomentenbeiwerte und Normalkraftbeiwerte.
Für die Vorzeichen gilt folgende Festlegung:

Biegemoment:	Normalkraft:
+ Zug auf Rohrinnenseite	+ Zug
- Zug auf Rohraußenseite	- Druck

Lagerungs-fall 2α	Schnittstelle	Biegemomentenbeiwerte					Normalkraftbeiwerte				
		m_{qv}	m_{qh}	m_{qh}^*	m_R	m_M	n_{qv}	n_{qh}	n_{qh}^*	n_R	n_M
LF1 / 60°	Scheitel	+0,286	-0,250	-0,181	+0,459	+0,229	0,080	-1,000	-0,577	+0,417	+0,708
	Kämpfer	-0,293	+0,250	+0,208	-0,529	-0,264	-1,000	0	0	-1,571	+0,215
	Sohle	+0,377	-0,250	-0,181	+0,840	+0,420	-0,080	-1,000	-0,577	-0,417	+1,292
LF1 / 90°	Scheitel	+0,274	-0,250	-0,181	+0,419	+0,210	0,053	-1,000	-0,577	+0,333	+0,667
	Kämpfer	-0,279	+0,250	+0,208	-0,485	-0,243	-1,000	0	0	-1,571	+0,215
	Sohle	+0,314	-0,250	-0,181	+0,642	+0,321	-0,053	-1,000	-0,577	-0,333	+1,333
LF1 / 120°	Scheitel	+0,261	-0,250	-0,181	+0,381	+0,190	0,027	-1,000	-0,577	+0,250	+0,625
	Kämpfer	-0,265	+0,250	+0,208	-0,440	-0,220	-1,000	0	0	-1,571	+0,215
	Sohle	+0,275	-0,250	-0,181	+0,520	+0,260	-0,027	-1,000	-0,577	-0,250	+1,375
LF1 / 180°	Scheitel	+0,250	-0,250	-0,181	+0,345	+0,172	0	-1,000	-0,577	+0,167	+0,583
	Kämpfer	-0,250	+0,250	+0,208	-0,393	-0,196	-1,000	0	0	-1,571	+0,215
	Sohle	+0,250	-0,250	-0,181	+0,441	+0,220	0	-1,000	-0,577	-0,167	+1,417
LF2 / 90°	Scheitel	+0,266	-0,245		+0,396	+0,198	+0,038	-0,989		+0,285	+0,643
	Kämpfer	-0,271	+0,244		-0,460	-0,230	-1,000	0		-1,571	+0,215
	Sohle	+0,277	-0,224		+0,524	+0,262	-0,452	-0,718		-1,587	+0,707
LF2 / 120°	Scheitel	+0,240	-0,232		+0,314	+0,517	-0,020	-0,960		+0,105	+0,552
	Kämpfer	-0,240	+0,228		-0,362	-0,181	-1,000	0		-1,571	+0,215
	Sohle	+0,202	-0,187		+0,291	+0,145	-0,558	-0,540		-1,918	+0,541
LF2 / 180°	Scheitel	+0,163	-0,163		+0,071	+0,035	-0,212	-0,788		-0,500	+0,250
	Kämpfer	-0,125	+0,125		0	0	-1,000	0		-1,571	+0,215
	Sohle	+0,087	-0,087		-0,071	-0,035	-0,788	-0,212		-2,642	+0,179

Das resultierende Biegemoment und die resultierende Normalkraft in Ringrichtung ergibt sich durch Überlagerung der einzelnen Momente und Normalkräfte nach Tabelle 13.3-2 entsprechend den jeweiligen Belastungen zu:

$$M = \sum_i M_i \tag{13.3-40}$$

$$N = \sum_i N_i \tag{13.3-41}$$

Mit den Schnittkräften und Schnittmomenten ergeben sich folgende Umfangsspannungen in der Rohrwand, wobei ein Korrekturfaktor zur Berücksichtigung der Krümmung der inneren und der äußeren Randfaser berücksichtigt ist:

$$\sigma_i = \frac{N}{s} + \frac{6M}{s^2} \cdot \left(1 + \frac{1}{3} \cdot \frac{s}{r_m}\right) \tag{13.3-42}$$

$$\sigma_a = \frac{N}{s} - \frac{6M}{s^2} \cdot \left(1 - \frac{1}{3} \cdot \frac{s}{r_m}\right) \tag{13.3-43}$$

Dabei bedeutet σ_i die Umfangsspannung am Innenrand, σ_a die Umfangsspannung am Außenrand der Rohrwand, s die Rohrwanddicke und r_m der mittlere Rohrradius.

Mit den Schnittkräften und Schnittmomenten ermittelt man die entsprechenden Randfaserdehnungen wie folgt:

$$\varepsilon_i = \frac{s}{2 \cdot r_m^3 \cdot S_R} \cdot \left(\frac{s \cdot N}{6} + M \cdot \left(1 + \frac{1}{3} \cdot \frac{s}{r_m}\right)\right) \tag{13.3-44}$$

$$\varepsilon_a = \frac{s}{2 \cdot r_m^3 \cdot S_R} \cdot \left(\frac{s \cdot N}{6} - M \cdot \left(1 - \frac{1}{3} \cdot \frac{s}{r_m}\right)\right) \tag{13.3-45}$$

Die ermittelten Spannungen und Dehnungen sind mit den zulässigen Werten σ_R und ε_R zu vergleichen. Aus dem Verhältnis der Spannungen und Dehnungen mit den zulässigen Werten resultieren die Sicherheitsbeiwerte:

$$S = \frac{\sigma_R}{\sigma} \quad \text{bzw.} \quad S = \frac{\varepsilon_R}{\varepsilon} \tag{13.3-46}$$

Entsprechend der Druckverteilung am Rohrumfang erhält man für die vertikale Durchmesseränderung zufolge der äußeren Lasten:

$$\Delta d_v = \frac{2 \cdot r_m}{S_R} \cdot \left(c_{v1} \cdot q_v + 0{,}0833 \cdot q_h + c_{v2} \cdot q_h^*\right) \tag{13.3-47}$$

und damit folgt die relative vertikale Verformung des Rohres

$$d_v = \frac{\Delta d_v}{2 \cdot r_m} \cdot 100 \quad \text{in } [\%] \tag{13.3-48}$$

Für die horizontale Durchmesseränderung zufolge der äußeren Lasten erhält man:

$$\Delta d_h = \frac{2 \cdot r_m}{S_R} \cdot \left(c_{h1} \cdot q_v - 0{,}0833 \cdot q_h + c_{h2} \cdot q_h^*\right) \tag{13.3-49}$$

Für flexible Rohre ist die vertikale Durchmesseränderung nach Gl. (13.3-47) mit dem zulässigen Langzeitverformungswert zu vergleichen. Der Kurzzeitwert, der zur Nachprüfung unmittelbar nach dem Einbau dient, wird ohne Ansatz der Verkehrs- und Auflasten auf der Fahrbahn ermittelt.

Der Stabilitätsnachweis erfolgt unter Berücksichtigung folgender Einwirkungen: der vertikalen Belastung (Erdlast und Verkehrslast), des äußeren Wasserdrucks (Grundwasser) sowie durch Überlagerung der vertikalen Belastung und des äußeren Wasserdrucks, wobei der Einfachheit halber auf die Ausführungen in ATV-DVWK-A 127, Abschnitt 9.5 verwiesen wird.

c) Berechnung nach EN 13480, Teil 6, Anhang A

Das Regelwerk EN 13480-6 gilt für metallische industrielle Rohrleitungen und enthält im Anhang A normativ eine Methode für die Berechnung erdverlegter metallischer industrieller Rohrleitungen, deren Grundlagen im Folgenden kurz zusammengefasst sind. Das Berechnungsverfahren nach EN 13480-6 umfasst folgende wesentliche Teilabschnitte:

- Dimensionierung der Rohre bzw. Ermittlung der erforderlichen Wanddicken, wenn die Rohrleitung nur durch Innendruck beansprucht wird

- Ermittlung der Belastungen auf die Rohrleitung durch die Rohrgrabenverfüllung und Auflasten auf das System „Fahrbahn-Boden-Rohr“

- Spannungsnachweis für die Rohrleitung mit den festgelegten Wanddicken für die verschiedenen Betriebsbedingungen und Belastungen auf das mechanische System „Fahrbahn-Boden-Rohr“ und den relevanten Boden- und Einbaubedingungen

- Überprüfung der Gesamtstabilität des erdverlegten Rohrleitungssystems

Zu den Beanspruchungen durch Innendruck kommen bei erdverlegten Rohrleitungen noch äußere Belastungen hinzu, die durch Erdaufschüttungen und Oberflächenlasten verursacht werden. Die Belastung durch Erdaufschüttung hängt ab von der Art der Aufschüttung, den Rohren und der Lagerung der Rohre sowie den mechanischen Eigenschaften der Bodenmaterialien. Hinsichtlich der Erdaufschüttung unterscheidet man Graben- und Dammrohrleitungen. Unter Grabenrohrleitungen versteht man Rohrleitungen, die in relativ engen Gräben verlegt werden. Die Gräben werden anschließend mit Erdreich verfüllt. Dammrohrleitungen werden durch aufgeschüttete Dämme, z. B. Straßen- und Eisenbahndämme überdeckt. Unter Dammrohrleitungen versteht man auch in Gräben verlegte Rohre, wenn das Verhältnis von Erdaufschüttung zu Grabenbreite klein ist. Es bestehen Grenzbedingungen in der Zuordnung zu Graben- oder Dammrohrleitungen.

Die für die Berechnung erdverlegter Rohrleitungen relevanten Bodeneigenschaften sind unter Abschnitt 13.2.2 angegeben oder können entweder durch spezifische geotechnische Untersuchungen an Bodenproben bzw. durch Feldversuche ermittelt werden. Sofern im Einzelfall keine genauen Angaben vorliegen, können für die Berechnung von erdverlegten Rohrleitungen auch die in EN 13480-6, Tabelle A.3.2.3 angegebenen Werte den Betrachtungen zugrunde gelegt werden.

Rohrleitungen für schmale Grabenbedingungen

Eine erdverlegte Rohrleitung gilt als Rohrleitung mit schmalen Grabenbedingungen gemäß **Bild 13.3-4**, wenn eine der folgenden Bedingungen erfüllt ist:

$$\frac{L_t}{D_o} < 2 \quad \text{und} \quad \frac{H_t}{L_t} \geq 1{,}5 \qquad (13.3\text{-}50)$$

oder

$$2 \leq \frac{L_t}{D_o} \leq 3 \quad \text{und} \quad \frac{H_t}{L_t} \geq 3{,}5 \qquad (13.3\text{-}51)$$

mit L_t der Breite des Grabens in der Horizontalebene des Rohrscheitels, H_t der Gesamthöhe vom Rohrscheitel bis zur Oberfläche des gewachsenen Bodens

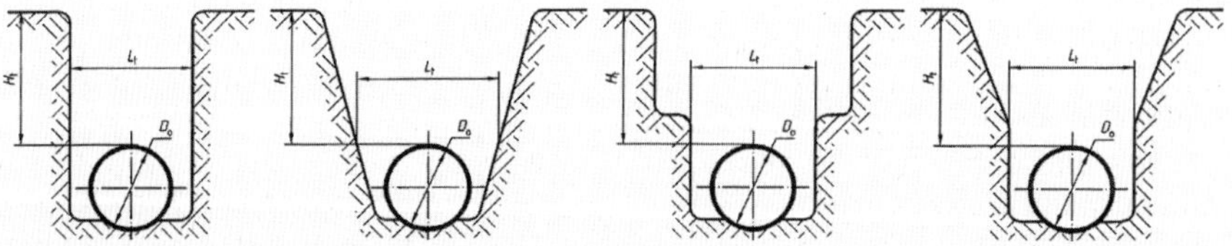

Bild 13.3-4: Grabenformen erdverlegter Rohrleitungen bei schmalen Grabenbedingungen

(Überdeckungshöhe) und D_o dem Rohr-Außendurchmesser. Ist keine der oben angeführten Bedingungen erfüllt, gilt die erdverlegte Rohrleitung als Rohrleitung mit breiten Grabenbedingungen.

Die Belastung F_1 je Längeneinheit, mit der die erdverlegte Rohrleitung durch die Grabenverfüllung bei schmalen Grabenbedingungen belastet wird, ergibt sich mit:

$$F_1 = C_1 \gamma_t L_t H_t \qquad (13.3\text{-}52)$$

$$C_1 = \frac{L_t}{2k\mu' H_t}\left\{1 - e^{\left(\frac{-2k\mu' H_t}{L_t}\right)}\right\} \qquad (13.3\text{-}53)$$

mit γ_t dem spezifischen Gewicht des Verfüllmaterials, k dem Verhältnis zwischen Horizontaldruck und Vertikaldruck des Verfüllmaterials und μ' dem Gleitreibungsbeiwert des Verfüllmaterials.

Die Belastung erdverlegter Rohrleitungen durch die Grabenverfüllung, auch als Erdlast bezeichnet, entspricht der Volumenlast durch das Bodengewicht über dem Rohr und wird üblicherweise als annähernd gleichmäßig verteilt angenommen. Die Überdeckungshöhen zur Ermittlung der Erdlast ergeben sich aus den spezifischen Einbaubedingungen der Rohre. Bei den schmalen Grabenbedingungen ergibt sich die Erdlast auf das Rohr nach EN 13480-6 modellhaft aus dem Gewicht des eingebrachten Verfüllmaterials über dem Rohrscheitel abzüglich der Reibungskräfte zwischen der Rohrgrabenverfüllung und den Rohrgrabenwänden, analog zum Schüttgutverhalten an Silowänden. Die Reibungskräfte werden dadurch erklärt, dass sich die Rohrgrabenverfüllung stärker setzt als der vorhandene Boden jenseits der Grabenwände. Durch die Setzungen der Rohrgrabenverfüllung werden entgegen der Bodenbewegung, nach oben gerichtete Reibungskräfte angenommen, die die Rohrgrabenverfüllung mittragen und damit die Rohrleitung entlasten sollen. Inwieweit diese modellhaften Annahmen den tatsächlichen Verhältnissen entsprechen, ist nicht bekannt. Es ist zwar durchaus vorstellbar, dass an den Grabenwänden ein Reibungswiderstand auftritt, es ist jedoch fraglich, ob in dem Bereich über dem Rohr diese Reibungskräfte noch wirksam sind. Das Problem bei dieser Betrachtung scheint darin zu bestehen, dass die Verfüllung über die Rohrgrabenbreite als starres System angenommen wird und nicht die Änderungen der Verhältnisse über die Grabenbreite, entsprechend den Eigenschaften der Verfüllmaterialien, berücksichtigt werden. Für die Betrachtung der Beanspruchung von Silowänden durch das sich bewegende Schüttgut gilt grundsätzlich eine andere Fragestellung als bei der Erdlast auf Rohre.

Es sei darauf hingewiesen, dass der Begriff Erdlast eine ideale Annahme darstellt, die sich aus dem spezifischen Bodengewicht und der Überdeckungshöhe ergibt. Betrachtet man Ergebnisse von Untersuchungen [13.1-7], [13.1-14], [13.1-15] über das Strukturverhalten erdverlegter Rohrleitungen im Zuge des Einbauvorganges, also der Rohrgrabenverfüllung mit anschließender Verdichtung, so zeigt sich, dass die Belastung durch die Verdichtung, also die Einbaulast, höher als die Erdlast sein kann. Es kann daher notwendig sein statt der Erdlast eine Einbaulast für die statische Berechnung erdverlegter Rohrleitungen zu berücksichtigen, wobei dann unter bestimmten Umständen auch $C_1 > 1{,}0$ sein könnte.

Rohrleitungen für breite Grabenbedingungen
Eine erdverlegte Rohrleitung gilt als Rohrleitung mit breiten Grabenbedingungen wenn keine der Bedingungen nach Gl. (13.3-50) oder (13.3-51) erfüllt ist.

Das Setzungsverhältnis C_{tass} ergibt sich nach der folgenden Gleichung:

$$C_{tass} = \frac{\Delta S_1 + \Delta S_2 - \Delta T_1 - \Delta T_2}{\Delta S_1} \qquad (13.3\text{-}54)$$

Dabei bedeuten gemäß **Bild 13.3-5**:

ΔS_1 - Setzung der Verfüllung neben der Rohrleitung, gemessen zwischen der Ebene des gewachsenen Bodens und der Horizontalebene mit dem Rohrscheitel

ΔS_2 - Setzung des gewachsenen Bodens unter der Verfüllung neben der Rohrleitung

ΔT_1 - Setzung der Rohrleitung in den gewachsenen Boden

ΔT_2 - Abweichung des Rohres von der vertikalen Höhe

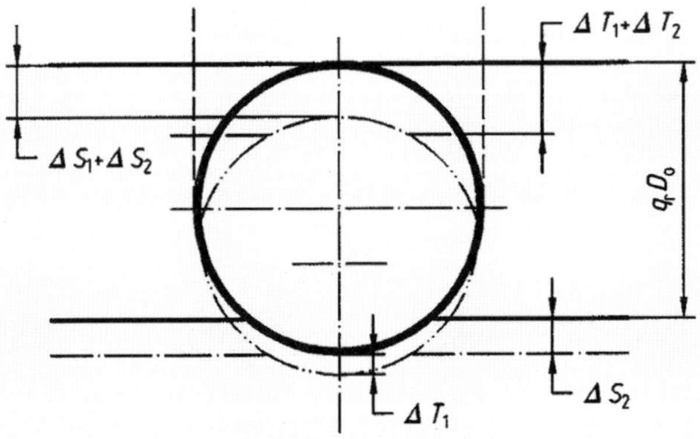

Bild 13.3-5: Setzungsverhältnisse

Nach der Verfüllung sind zwei Fälle möglich:

- Die Verfüllung über der Rohrleitung setzt sich weniger als die übrige Verfüllung. In diesem Fall, der einer „starren" Rohrleitung entspricht, tendieren die Scherkräfte an den Grenzen zu einer Erhöhung der Belastung auf die Rohrleitung und das Setzungsverhältnis wird positiv.

- Die Verfüllung über der Rohrleitung setzt sich mehr als die übrige Verfüllung. In diesem Fall, der einer „halbstarren" bzw. „flexiblen" Rohrleitung entspricht, tendieren die Scherkräfte an den Grenzen zu einer Reduzierung der Belastung auf die Rohrleitung und das Setzungsverhältnis wird negativ.

Die nach EN 13480-6 empfohlenen Werte für den Setzungsbeiwert C_{tass} sind für einige repräsentative Fälle der **Tabelle 13.3-4** zu entnehmen.

Die Belastung F_2 je Längeneinheit, mit der die erdverlegte Rohrleitung durch die Verfüllung bei breiten Grabenbedingungen belastet wird, ergibt sich mit:

$$F_2 = C_2\, \gamma_t\, D_o\, H_t \qquad (13.3\text{-}55)$$

Der Beiwert C_2 ergibt sich in Abhängigkeit vom Verhältnis H_e zu H_t aus den folgenden Gleichungen. H_e ist der Abstand zwischen der Ebene der gleichmäßigen Setzung und dem Rohrscheitel, H_t die Gesamthöhe vom Rohrscheitel bis zur Oberfläche des gewachsenen Bodens.

$\mathbf{H_e > H_t}$: virtuelle Ebene der gleichmäßigen Setzung

$$C_{tass} > 0: \quad C_2 = \frac{e^{\left(\frac{+2\,k\,\mu\,H_t}{D_o}\right)} - 1}{+2\,k\,\mu}\,\frac{D_o}{H_t} \tag{13.3-56}$$

$$C_{tass} < 0: \quad C_2 = \frac{e^{\left(\frac{-2\,k\,\mu\,H_t}{D_o}\right)} - 1}{-2\,k\,\mu}\,\frac{D_o}{H_t} \tag{13.3-57}$$

H_e < **H_t**: tatsächliche Ebene der gleichmäßigen Setzung

$$C_{tass} > 0: \quad C_2 = \frac{e^{\left(\frac{+2\,k\,\mu\,H_e}{D_o}\right)} - 1}{+2\,k\,\mu}\,\frac{D_o}{H_t} + \left(1 - \frac{H_e}{H_t}\right) e^{\left(\frac{+2\,k\,\mu\,H_e}{D_o}\right)} \tag{13.3-58}$$

$$C_{tass} < 0: \quad C_2 = \frac{e^{\left(\frac{-2\,k\,\mu\,H_e}{D_o}\right)} - 1}{-2\,k\,\mu}\,\frac{D_o}{H_t} + \left(1 - \frac{H_e}{H_t}\right) e^{\left(\frac{-2\,k\,\mu\,H_e}{D_o}\right)} \tag{13.3-59}$$

Tabelle 13.3-4: Setzungsbeiwert C_{tass} nach EN 13480-6

„Starre“ Rohrleitung auf Fels oder festem Boden	+1,0
„Starre“ Rohrleitung auf gewöhnlichem Boden	+0,8 bis 0,5
„Starre“ Rohrleitung auf unverfestigtem Boden	+0,5 bis 0
„Elastische“ Rohrleitung mit unverdichteter Verfüllung auf beiden Seiten	-0,4 bis -0,2
„Elastische“ Rohrleitung mit leicht verdichteter Verfüllung auf beiden Seiten	-0,2 bis 0
„Elastische“ Rohrleitung mit gut verdichteter Verfüllung auf beiden Seiten	0 bis +0,4
„Elastische“ Rohrleitung mit optimal verdichteter Verfüllung auf beiden Seiten	+0,4 bis +0,8
ANMERKUNG 1: Eine Rohrleitung kann als „starre“ Rohrleitung betrachtet werden, wenn $\left(\frac{E}{E_t}\right)\left(\frac{2s}{D_o}\right)^3 \geq 1$ ANMERKUNG 2: Bei einer starren Rohrleitung, bei der keine Verformung auftritt, und wenn der Baugrund inkompressibel ist, ist der Setzungsbeiwert gleich 1.	

Belastungen durch Auflasten

Für eine einzelne Auflast F_c auf der Oberfläche des Bodens bzw. der Rohrgrabenverfüllung über der Rohrleitung ergibt sich die Belastung der Rohrleitung je Längeneinheit mit:

$$F_7 = C_7 \frac{F_c}{L} C_{dyn} \qquad (13.3\text{-}60)$$

Der Beiwert C_7 sowie der dynamische Beiwert C_{dyn} sind EN 13480-6, Abschnitt A.3.3.1 zu entnehmen.

Für eine Flächenlast p_r auf der Oberfläche des Bodens bzw. der Rohrgrabenverfüllung über der Rohrleitung ergibt sich die Belastung der Rohrleitung je Längeneinheit mit:

$$F_8 = C_8\, p_r\, D_o\, C_{dyn} \qquad (13.3\text{-}61)$$

Der Beiwert C_8 sowie der dynamische Beiwert C_{dyn} sind EN 13480-6, Abschnitt A.3.3.2 zu entnehmen.

Die durch die verschiedenen Belastungsverhältnisse bzw. Lastfälle, wie z.B. durch die Verfüllung (F_1 bzw. F_2) und Auflasten (F_7 bzw. F_8) verursachten Umfangsmomente in der Rohrwand über den Rohrumfang ergeben sich aus den nachfolgenden Gleichungen. Durch die Überlagerung dieser verschiedenen Lastfälle können die Gesamtschnittgrößen in der Rohrwand ermittelt werden. Anzumerken ist, dass in EN 13480-6 entgegen anderen Regelwerken nur die Umfangsmomente und nicht die Normalkräfte betrachtet werden.

Belastung durch eine Linienlast Q mit Linienlagerung

Die in EN 13480-6 angenommene Linienbelastung am Rohrscheitel gemäß **Bild 13.3-6** entspricht einer Lastkonzentration am Rohrscheitel, wie sie bei einem Scheiteldruckversuch auftritt bzw. der Belastung durch eine starre Platte am Rohrscheitel entspricht.

Für das Umfangsbiegemoment über den Rohrumfang gilt

$$M(\alpha) = \left(\frac{1}{\pi} - \frac{\sin\alpha}{2}\right) Q \frac{D_m}{2} \qquad (13.3\text{-}62)$$

Belastung durch eine Flächenlast q mit Linienlagerung

Die in EN 13480-6 angenommene verteilte Belastung am Rohrscheitel gemäß **Bild 13.3-7** entspricht einer gleichmäßigen Lastverteilung am Rohrscheitel.

Für das Umfangsbiegemoment über den Rohrumfang gilt abschnittsweise entsprechend der Lastverteilung mit dem Übergang bei $\alpha = \pi/2$

$$0 \leq \alpha \leq \pi/2: \quad M(\alpha) = q\left(\frac{D_m}{2}\right)^2\left(\frac{1}{\pi} + \frac{3}{8} - \sin\alpha - \frac{\cos\alpha}{3\pi}\right) \tag{13.3-63}$$

$$\pi/2 \leq \alpha \leq \pi: \quad M(\alpha) = q\left(\frac{D_m}{2}\right)^2\left(\frac{1}{\pi} - \frac{1}{8} - \frac{(\sin\alpha)^2}{2} - \frac{\cos\alpha}{3\pi}\right) \tag{13.3-64}$$

Belastung durch das Rohreigengewicht

Für das Umfangsbiegemoment über den Rohrumfang gilt mit p_{cw} dem Gewicht des Rohres je Längeneinheit am Umfang

$$M(\alpha) = p_{cw}\left(\frac{D_m}{2}\right)^2\left(-(\pi - \alpha)\sin\alpha + \frac{\cos\alpha}{2} + 1\right) \tag{13.3-65}$$

Belastung durch hydrostatischen Druck

Für das Umfangsbiegemoment über den Rohrumfang gilt mit p_w der Gewichtseinheit

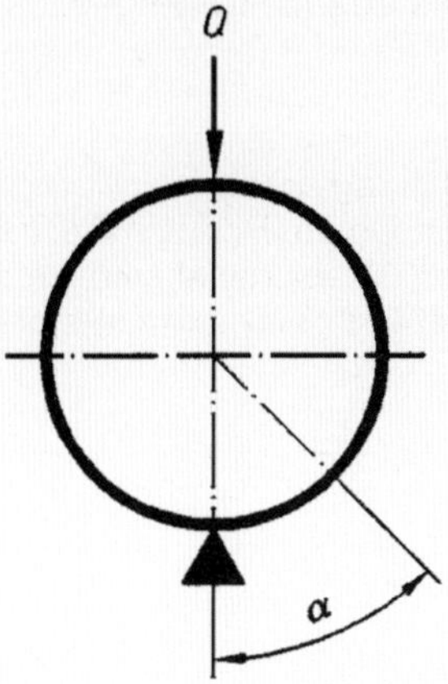

Bild 13.3-6: Linienlast Q mit Linienlagerung

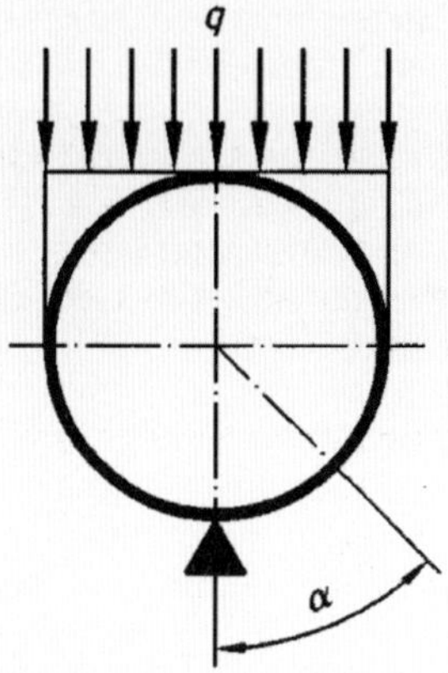

Bild 13.3-7: Flächenlast q mit Linienlagerung

$$M(\alpha) = \frac{p_w}{2}\left(\frac{D_m}{2}\right)^3\left(-(\pi-\alpha)\sin\alpha + \frac{\cos\alpha}{2} + 1\right) \qquad (13.3\text{-}66)$$

Einbettungsbedingung – Lagerung auf Sandbett
Für die Lagerung bzw. Bettung des Rohres im Bereich der Rohrsohle gemäß **Bild 13.3-8** gilt:

Für das Umfangsbiegemoment über den Rohrumfang gilt abschnittsweise entsprechend der Lastverteilung mit dem Übergang bei $\alpha = \pm\,\theta$

$$\alpha \leq \theta:\ M(\alpha) = \frac{q_{total}}{2\pi}\left(\frac{D_m}{2}\right)^2 (2\,U + K\cos\alpha + 2\pi\,\{(\theta-\alpha)\sin\alpha - \cos\alpha + \cos\theta\})$$

(13.3-67)

$$\alpha \geq \theta:\ M(\alpha) = \frac{q_{total}}{2\pi}\left(\frac{D_m}{2}\right)^2 (2\,U + K\cos\alpha) \qquad (13.3\text{-}68)$$

mit den Abkürzungen:

$$U = 2\sin\theta - \theta\,(\cos\theta + 1) \qquad (13.3\text{-}69)$$

$$K = \theta - \sin\theta\cos\theta \qquad (13.3\text{-}70)$$

Die Last q_{total} entspricht der gesamten verteilten Last durch Verfülllast, Eigengewicht und hydrostatischem Druck.

Die Betrachtungen zeigen, dass die in EN 13480-6 für die Lagerungs- bzw. Bettungsbedingung angegebenen Gleichungen am ehesten einen Biegemomenten-

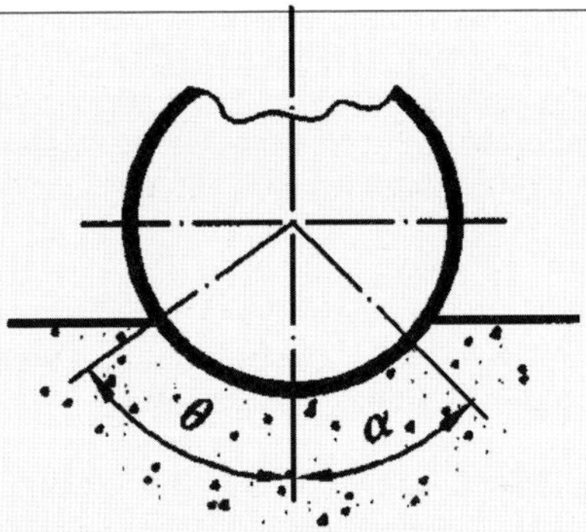

Bild 13.3-8: Lagerung auf Sandbett

verlauf bei gleichförmigem radialem Auflagergegendruck über den Auflagerwinkel 2θ entsprechen. Eine derartige Lastverteilung für die Bettung und Lagerung ist in den einschlägigen Regelwerken jedoch nur bei Lagerung biegesteifer Rohre auf Betonauflagern üblich.

Die resultierenden Schnittgrößen bzw. Umfangsbiegemomente in der Rohrwand ergeben sich aus der Überlagerung der Umfangsbiegemomente zufolge der Belastungen und der Umfangsbiegemomente zufolge der Lagerung bzw. Bettung.

Spannungsnachweis
Die Verteilung der Umfangsspannung in der Rohrwand über den Rohrumfang kann aus den Werten für das resultierende Umfangsmoment M(α) über den Rohrumfang nach Gl. (13.3-71) ermittelt werden, mit I dem Trägheitsmoment der Rohrwand und ν = s/2, der halben Rohrwanddicke:

$$\sigma(\alpha) = \frac{M(\alpha)}{I/\nu} \qquad (13.3\text{-}71)$$

Da industrielle Rohrleitungen vorwiegend mit Innendruck beaufschlagt sind, ist für Druckrohrleitungen zusätzlich der Innendruck für den Spannungsnachweis zu berücksichtigen.

Hinsichtlich der globalen Stabilität eines erdgedeckten Rohrleitungssystems wird der Einfachheit halber auf die Ausführungen in EN 13480-6, Abschnitt A.3.5 verwiesen. Die Ausführungen beziehen sich dabei auf die Prüfung der Stabilität einer durch betriebsbedingte Druck- und Temperaturwechsel beanspruchten erdgedeckten Rohrleitung.

Beispiel: Stahlrohrleitung DN 600 mit Erdüberdeckung
Die Anwendung der EN 13480-6 für die Berechnung erdverlegter Stahlrohrleitungen soll an Hand eines einfachen Beispiels gezeigt werden. Dabei wird die Beanspruchung einer erdverlegten Stahlrohrleitung DN 600 (d_a = 609,5 mm, s = 8,5 mm) durch die Erdüberdeckung in Abhängigkeit von der Überdeckungshöhe betrachtet. Der Einfachheit halber wird keine zusätzliche Auflast auf der Oberfläche des gewachsenen Bodens bzw. der Rohrgrabenverfüllung angenommen.

Die Berechnungen sollen einen Überblick über die Konsequenzen der Berechnungsannahmen der EN 13480-6 für die Belastungs- und Beanspruchungsverhältnisse einer erdverlegten Stahlrohrleitung geben.

In **Bild 13.3-9** sind die Belastungen F_1 und F_2 der erdverlegten Stahlrohrleitung DN 600 durch die Verfüllung des Rohrgrabens in Abhängigkeit von der Überdeckungshöhe und der Rohrgrabenbreite dargestellt.

Bild 13.3-9 zeigt die Belastungsverhältnisse auf die erdverlegte Rohrleitung bei schmalen und breiten Grabenbedingungen. Bei kleinen Überdeckungshöhen ergeben sich die Belastungen durch die Erdüberdeckung F_2 zufolge von breiten Grabenbedingungen entsprechend dem linearen Anstieg als Funktion der Überdeckungshöhe. In Abhängigkeit von der Grabenbreite ergeben sich dann als Funktion der Überdeckungshöhe die Belastungen durch die Erdüberdeckung F_1 zufolge von schmalen Grabenbedingungen, wobei der Übergang durch den sprunghaften Anstieg der Belastung zu erkennen ist. Dieser sprunghafte Anstieg ist dadurch zu erklären, dass bei den schmalen Grabenbedingungen die Belastung auf die Grabenbreite und bei breiten Grabenbedingungen die Belastung auf den Rohrdurchmesser bezogen ist. Bei den schmalen Grabenbedingungen zeigt sich mit zunehmender Überdeckungshöhe eine Reduktion der Belastung, was auf den Einfluss der Reibungsverhältnisse an der Rohrgrabenwand zurückzuführen ist.

In **Bild 13.3-10** ist der Verlauf der Umfangsspannung über den Rohrumfang für die Stahlrohrleitung DN 600 im drucklosen Zustand zufolge der Belastung durch die Grabenverfüllung bei 10 m Überdeckungshöhe und gleichmäßiger Lastverteilung am Rohrscheitel für verschiedene Auflagerwinkel von 60° bis 180° dargestellt.

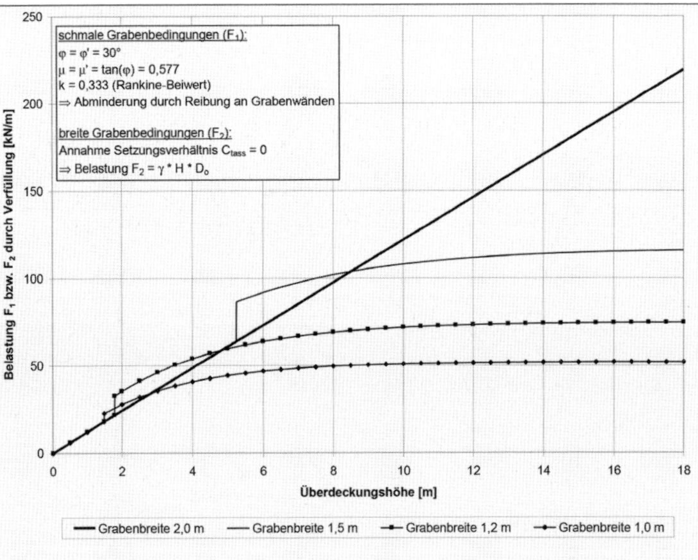

Bild 13.3-9: Erdverlegtes Stahlrohr DN 600 (d_a = 609,5 mm, s = 8,5 mm) Belastung durch Verfüllung (F_1 bzw. F_2 gemäß EN 13480-6)

Aus Bild 13.3-10 ist zu erkennen, dass die Spannungsverteilung über den Rohrumfang nach EN 13480-6 im Bereich der Rohrsohle (dicke Linie) einen ungewöhnlichen Verlauf bei einem größeren Auflagerwinkel zeigt. Dieser Verlauf dürfte auf die Verteilung des Biegemomentes zufolge der Lagerung bzw. Bettung des Rohres nach EN 13480-6 zurückzuführen sein. Bei einer radial gleichmäßigen Verteilung des Bettungsreaktionsdruckes im Bereich der Rohrsohle (dünne Linie) zeigt sich diese Anomalie in der Spannungsverteilung über den Rohrumfang im Bereich der Rohrsohle nicht. Angaben über die Verteilung des Auflagergegendruckes im Bereich der Rohrsohle sind in EN 13480-6 nicht enthalten.

Deutlich zeigt sich, dass der Spannungszustand in der Rohrwand sehr stark von der Annahme des Auflagerwinkels abhängig ist. Je kleiner der Auflagerwinkel ist, desto höher sind die Spannungen in der Rohrwand, die z. B. bei einem Auflagerwinkel von 60° im Bereich der Rohrsohle bereits wesentlich über der Streckgrenze üblicher Rohrwerkstoffe für Stahlrohre liegen kann. Hinweise auf eine repräsentative Annahme des Auflagerwinkels für übliche Einbauverhältnisse sind in EN 13480-6 nicht enthalten.

Die relativ hohen Spannungen in der Rohrwand bei kleinen Auflagerwinkeln dürften trotz der gleichmäßigen Lastverteilung am Rohrscheitel auch darauf

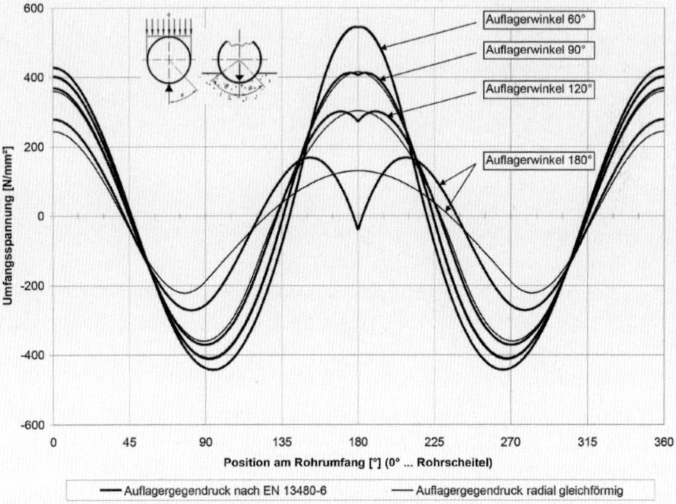

Bild 13.3-10: Erdverlegtes Stahlrohr DN 600 (d_a = 609,5 mm, s = 8,5 mm)
Belastung durch Verfüllung (Überdeckungshöhe: 10 m), ohne Innendruck
Umfangsspannung in der Rohrwand in Abhängigkeit vom Auflagerwinkel

zurückzuführen sein, dass im Bereich des Kämpfers keine Abstützwirkung des Rohres durch den benachbarten Boden berücksichtigt ist.

Die Berechnungen nach EN 13480-6 zeigen ein großes Spektrum an Lösungen zufolge der relativ großen Bandbreiten an Parametern sowie der Auswahlmöglichkeit der teilweise sehr konservativen Ansätze in den Gleichungen, wobei keine geeigneten Entscheidungskriterien für die Auswahlmöglichkeiten vorhanden sind.

d) Berechnung mit analytischen Verfahren

Bei den analytischen Verfahren wird das gesamte mechanische System „Fahrbahn-Boden-Rohr" nach Abschnitt 13.2, zufolge der auf das System einwirkenden Lasten, betrachtet. Die unmittelbare geometrische und mechanische Interaktion zwischen Boden und Rohr im erdverlegten Zustand wird nicht durch Ersatzlasten berücksichtigt, sondern es wird die Weiterleitung der Spannungen und Verformungen vom Boden auf das Rohr direkt, entsprechend den geometrischen und mechanischen Rand- und Übergangsbedingungen zwischen Boden und Rohr, systemrelevant betrachtet. Die direkten Lasten auf das mechanische System „Fahrbahn-Boden-Rohr" werden gemäß **Bild 13.3-11** dort angesetzt, wo sie tatsächlich auftreten, ohne dass angenommene Ersatzlasten zu berücksichtigt sind. Das Rohr wird entsprechend seiner geometrischen Struktur als Kreiszylinderschale angenommen.

Durch die geringe Anzahl von frei wählbaren Parametern, entsprechend der geometrischen und mechanischen Interaktion zwischen Boden und Rohr, lässt sich das Beanspruchungs- und Verformungsverhalten erdverlegter Rohre sehr effizient berechnen. Die Gleichungen zur Beschreibung des Strukturverhaltens der erdverlegten Rohre sind allerdings nicht so einfach zu handhaben wie bei den vereinfachten Verfahren.

Eine ausführliche Darstellung dieser Methode ist in [13.1-4] zu finden, wo auch Gegenüberstellungen mit Messergebnissen enthalten sind. Die Berechnungen erfolgen mit Hilfe geeigneter Software, wobei vom Autor diesbezüglich das Programm RUMFANG entwickelt wurde. Die Berechnungen zeigen eine sehr gute Übereinstimmung mit der Finite-Elemente-Methode und mit Messergebnissen an erdverlegten Rohren. Die analytischen Verfahren eignen sich sowohl für starre als auch für flexible Rohre, da sie die geometrische und mechanische Interaktion zwischen Boden und Rohr direkt berücksichtigen.

e) Rohrkennfelder für erdverlegte Rohrleitungen

Zur Beurteilung der Sicherheit und Zuverlässigkeit erdverlegter Rohre sowie zur Klärung von Schadensfällen müssen die Beanspruchungen in der Rohrwand sowie das Verformungsverhalten der Rohre innerhalb der Nutzungsdauer hinreichend genau bekannt sein. Für die praktische Anwendung ist es jedoch nicht notwendig, die Details der Berechnung erdverlegter Rohre zu kennen. Vielmehr müssen mit Hilfe hochwertiger Berechnungsmethoden die Konsequenzen der geometrischen und mechanischen Interaktion zwischen Boden und Rohr, zufolge der Lasten auf das mechanische System „Fahrbahn-Boden-Rohr", mit einfachen Mitteln transparent gemacht werden. Für die Praxis ist es insbesondere notwendig, die Auswirkungen der Bodeneigenschaften, sowie der Einbauverhältnisse auf das Strukturverhalten der Rohre unter Berücksichtigung der spezifischen Eigenschaften der Rohrwerkstoffe, sowie der vorgegebenen Belastungen einerseits für spezifische Parameter und andererseits im Trend der relevanten Parameter aufzuzeigen.

Im Zusammenhang mit den erkannten Problemen bei der Anwendung verschiedener Berechnungsverfahren für erdverlegte PE-Rohre nach den Regeln der Technik wurde eine praxisorientierte Methode für die Durchführung der erforderlichen Nachweise im Rahmen der statischen Berechnung erdverlegter PE-Gasrohre erarbeitet, die eine rasche Beurteilung und Entscheidungsfindung ermöglicht. Die Methode basiert auf den sogenannten **„Rohrkennfeldern"** [13.1-11], [13.1-14], [13.1-15] einer im Zusammenhang mit der Evaluierung von Messergebnissen an erdverlegten Kunststoffrohren entwickelten, neuen Methode zur Erfassung und Darstellung des Strukturverhaltens erdverlegter Rohre zufolge Einbau und Betrieb für die Anwendung in der Praxis. Neu ist auch die Erfassung der Beanspruchungen und Verformungen in den Rohren

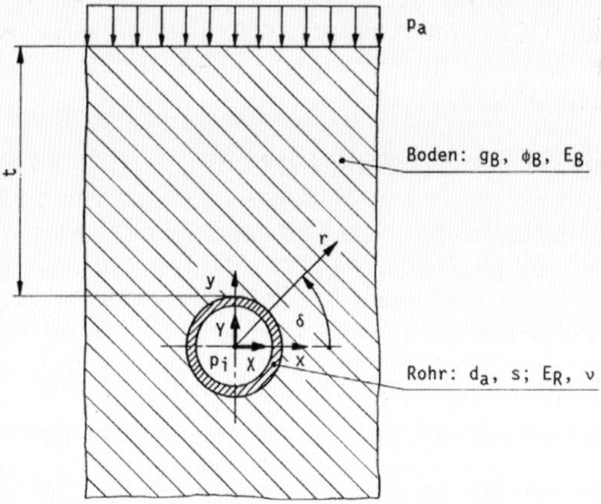

Bild 13.3-11: Mechanisches System als Grundlage für die Berechnung

durch den konventionellen Einbau in offener Bauweise nach den einschlägigen Verlege- und Einbaurichtlinien zufolge der Verfüllung und Verdichtung im Rohrgraben, entsprechend den Anforderungen der Straßenerhalter. Mit Hilfe der Rohrkennfelder wird das Strukturverhalten der Rohre durch Kurvenscharen für die relevanten Parameter in Diagrammform dargestellt, in Abhängigkeit von:

- den mechanischen Eigenschaften der Rohre und Rohrwerkstoffe
- den mechanischen Eigenschaften der Boden- und Verfüllmaterialien
- den Verlege- und Einbaubedingungen nach den Regeln der Technik
- den Einbaubedingungen entsprechend den Anforderungen der Straßenerhalter
- den Belastungen auf das System „Fahrbahn-Boden-Rohr"

Die praktische Anwendung der Rohrkennfelder erfolgt derart, dass für die jeweilige Rohrdimension und den vorgegebenen Einbau- und Belastungszustand der Rohre die entsprechenden Rohrkennfelder aus einem Rohrkennfeldkatalog ausgewählt werden. Mit Hilfe einiger charakteristischer Parameterwerte kann man aus den Rohrkennfeldern sehr einfach das Strukturverhalten der erdverlegten Rohre sowohl für die Dimensionierung als für die erforderlichen Nachweise aus den entsprechenden Diagrammen ablesen und die notwendigen technischen und wirtschaftlichen Entscheidungen über den Einbau der Rohre treffen. Die Rohrkennfelder können als Grundlage für Entscheidungen herangezogen werden hinsichtlich:

- Rohrauswahl
- Rohrscheitelüberdeckung
- Auswahl der Verfüllmaterialien
- Verfüllung und Verdichtung der Rohrgrabenverfüllung
- Nachweis im Sinne der statischen Berechnung erdverlegter Rohrleitungen
- Klärung von Schadensfällen

Für die Beurteilung der nachhaltigen Sicherheit und Zuverlässigkeit erdverlegter Rohrleitungen auch unter Berücksichtigung von sich über die Nutzungsdauer ändernder Bedingungen in der Rohrumgebung ist es notwendig die Beanspruchungen in der Rohrwand sowie das Verformungsverhalten der Rohre zu erfassen. Für flexible Rohre, wie z. B. Kunststoffrohre, ist das Beanspruchungs- und Verformungsverhalten der Rohre unter den auf das mechanische System

„Fahrbahn-Boden-Rohr“ einwirkenden Lasten von den Bodeneigenschaften, den Einbaubedingungen sowie den zeit- und temperaturabhängigen Eigenschaften des Rohrwerkstoffes abhängig.

Für die praktische Anwendung müssen die Konsequenzen der geometrischen und mechanischen Interaktion zwischen Boden und Rohr, zufolge der Lasten auf das mechanische System „Fahrbahn-Boden-Rohr“, mit einfachen Mitteln transparent gemacht werden. Für die Planung und den Bau von erdverlegten Rohrleitungen ist es notwendig, die Auswirkungen der Bodeneigenschaften sowie der Regeleinbauverhältnisse, entsprechend den einschlägigen Verlege- und Einbaurichtlinien auf das Strukturverhalten der Rohre unter Berücksichtigung der mechanischen Eigenschaften des Rohrwerkstoffes aufzuzeigen. Dies kann für bestimmte Punkte über den Rohrquerschnitt, wie z. B. Rohrscheitel, Rohrkämpfer, Rohrsohle, sowohl am Rohrinnen- als auch am Rohraußenrand mit Hilfe der „Rohrkennfelder“ durch Kurvenscharen in Diagrammform erfolgen.

Für die praktische Anwendung der Rohrkennfelder müssen folgende Informationen und Daten über das mechanische System „Fahrbahn-Boden-Rohr“ bekannt sein:

- Rohrdaten
  - Rohrdimension bzw. Rohrgeometrie
  - Rohrwerkstoff - Elastizitätsmodul, für Kunststoffrohre Kurzzeit- und Langzeitmodul

- Verfüllmaterial in der Leitungszone
  - Bodengruppe - Bodensteifemodul im geschütteten, unverdichteten Zustand
  - Verdichtungsgrad - Verformungsmodul am Planum der Wiederverfüllzone

- Einbauverhältnisse der Rohre
  - Rohrüberdeckung - Überdeckungshöhe
  - Rohrbettung

- Belastungsverhältnisse
  - Innendruck - maximal zulässiger Betriebsdruck (MOP)
  - Auflasten auf der Fahrbahn - Verkehrslasten

Für die Beurteilung des Strukturverhaltens erdverlegter Rohre sind nach dem Stand der Technik folgende Nachweise zu führen: Spannungsnachweis, Dehnungsnachweis, Verformungsnachweis. Die Erfahrungen mit der Berechnung erdverlegter Rohre zeigen, dass für die Analyse und Beurteilung des Strukturverhaltens erdverlegter Rohre folgende Strukturwerte repräsentativ sind:

- Spannungszustand - Umfangsspannung Rohrsohle innen und Rohrkämpfer außen

- Dehnungszustand - Umfangsdehnung Rohrsohle innen und Rohrkämpfer außen

- Verformungszustand - vertikale und horizontale Durchmesseränderung

Rohrkennfelder sind eine für die Praxis entwickelte Methode zur Erfassung und Beurteilung des Strukturverhaltens erdverlegter Rohrleitungen. Rohrkennfelder liegen für bestimmte Rohrwerkstoffe und Anwendungsbereiche in Abhängigkeit von den üblichen Einsatzverhältnissen vor, können aber bei Bedarf auch für spezifische Verhältnisse entwickelt werden. Die Rohrkennfelder haben sich bisher einerseits bei der Beurteilung von erdverlegten Rohren im Rahmen der Planung und beim Bau sowie insbesondere im Zusammenhang mit Messungen zur Beurteilung der Einbauqualität der Rohre bewährt. Weiters wurden die Rohrkennfelder bisher erfolgreich bei der Analyse und Klärung der Ursache von Schäden an erdverlegten Rohren eingesetzt. Die Rohrkennfelder sind eine einfache und effiziente Methode um auch die Konsequenzen von Veränderungen am mechanischen System mit der Einsatzdauer transparent zu machen und schon bei der Planung bestimmte zukünftige Effekte detektieren zu können. Die Rohrkennfelder bieten auch die Möglichkeit durch die parameterorientierte Darstellung des Strukturverhaltens erdverlegter Rohre kosteneffiziente Verlege- und Einbaumöglichkeiten einfach erfassen zu können.

Im Folgenden wird die Anwendung der Rohrkennfelder an Hand von zwei repräsentativen Beispielen gezeigt.

Beispiel: PE-Rohr 160 x 14,6 – SDR 11
Die Bilder 13.3-12 bis 13.3-23 zeigen beispielhaft Rohrkennfelder für die Beanspruchungs- und Verformungszustände in einem erdverlegten PE-Rohr 160 x 14,6 – SDR 11 mit 1 m Rohrüberdeckung und 4 bar Innendruck, zufolge Einbau nach den einschlägigen Verlege- und Einbaurichtlinien und im Betrieb über eine Nutzungsdauer von 50 Jahren für die im Folgenden angegebenen Lastfälle:

- **Lastfall 1**: **Einbau (E)**
  Einbau der Rohre nach den einschlägigen Verlege- und Einbaurichtlinien mit einer Rohrüberdeckung von 1 m und den folgenden Verdichtungsgraden am Planum der Wiederverfüllzone:

  - Verfüllung des Rohrgrabens ohne Verdichtung der Rohrgrabenverfüllung

  - Verfüllung und Verdichtung lagenweise in der Wiederverfüllzone des Rohrgrabens in Lagen von etwa 30 cm, mit Verformungsmoduln E_v = 30 MPa, 60 MPa oder 90 MPa am Planum der Wiederverfüllzone.

- **Lastfall 2: Einbau + Auflast (E + A)**
  Einbau entsprechend Lastfall 1 mit zusätzlicher Auflast auf der Fahrbahn zufolge einer Verkehrsbelastung entsprechend der vorgegebenen Verkehrslast nach den einschlägigen Regeln der Technik über einen Belastungszeitraum von 50 Jahren.

- **Lastfall 3: Einbau + Innendruck (E + P)**
  Einbau entsprechend Lastfall 1 mit zusätzlicher Belastung des Rohres durch einen Innendruck von 4 bar, konstant über einen Belastungszeitraum von 50 Jahren.

- **Lastfall 4: Einbau + Auflast + Innendruck (E + A + P)**
  Einbau entsprechend Lastfall 1 mit zusätzlicher Belastung durch eine Auflast auf der Fahrbahn nach Lastfall 2 und zusätzlicher Belastung des Rohres durch einen Innendruck nach Lastfall 3. Dieser Lastfall berücksichtigt die zu erwartenden maximalen Belastungen auf das mechanische System „Fahrbahn-Boden-Rohr“ nach den einschlägigen Regeln der Technik.

Die Werte für den Verformungs- und Beanspruchungszustand in den Rohren sind in den Rohrkennfeldern Bilder 13.3-12 bis 13.3-23 in Abhängigkeit vom Steifemodul der unverdichteten Rohrgrabenverfüllung E_{S0} in der Leitungszone für Kurzzeit- und Langzeitbelastung, entsprechend den mechanischen Eigenschaften des Rohrwerkstoffes PE, und vom Verdichtungsgrad der Rohrgrabenverfüllung am Planum der Wiederverfüllzone, entsprechend den einschlägigen Wiederinstandsetzungsvorschriften, bzw. von den definierten Lastfällen ausgewiesen.

Die Bilder 13.3-12 bis 13.3-23 zeigen generell, dass das Verformungsverhalten der PE-Rohre in bestimmten Bereichen stark vom Bodensteifemodul, dem Kriechmodul des Rohrwerkstoffes PE, dem Verdichtungsgrad der Rohrgrabenverfüllung sowie dem Belastungszustand abhängig ist. Je geringer der Bodensteifemodul und je höher der Verdichtungsgrad ist, um so größer sind die Verformungen im PE-Rohr, da die Abstützwirkung des Bodens gegen die Rohrverformung abnimmt und sich damit durch den Verdichtungsgrad sowie die äußeren Belastungen höhere Verformungen im Rohr einstellen können.

Bild 13.3-12 bezieht sich auf die vertikale Durchmesseränderung des Rohres zufolge des Lastfalles: Einbau + Auflast + Innendruck in Abhängigkeit vom Verdichtungsgrad der Rohrgrabenverfüllung (unverdichtet / E_v = 30 MPa / E_v = 60 MPa / E_v = 90 MPa) und **Bild 13.3-13** auf die vertikale Durchmesseränderung für den Verdichtungsgrad E_v = 90 MPa in Abhängigkeit von den festgelegten Lastfällen.

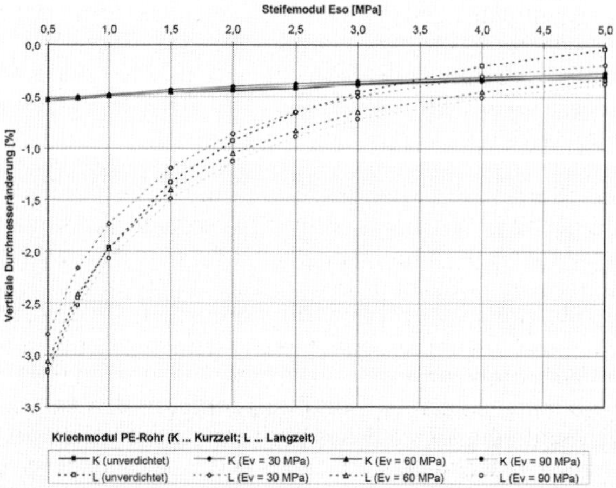

Bild 13.3-12: PE-Rohr 160 x 14,6; SDR 11
Rohrüberdeckung 1 m; Innendruck 4 bar; Verkehrslast nach Norm
Lastfall: Einbau + Auflast + Innendruck
Vertikale Durchmesseränderung in Abhängigkeit vom Verdichtungsgrad

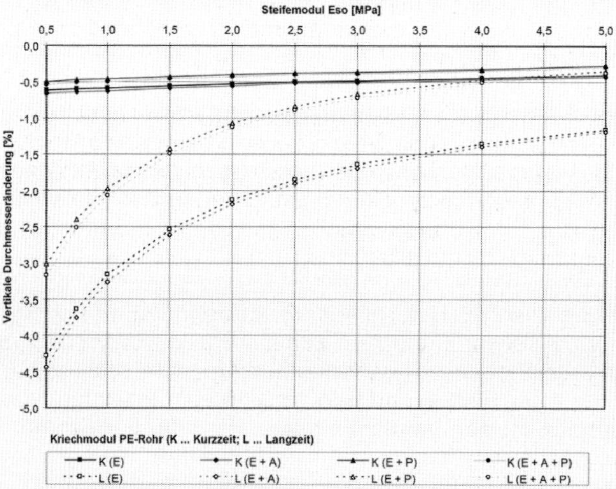

Bild 13.3-13: PE-Rohr 160 x 14,6; SDR 11,
Rohrüberdeckung 1 m; Innendruck 4 bar; Verkehrslast nach Norm
Verdichtungsgrad: E_v = 90 MPa
Vertikale Durchmesseränderung in Abhängigkeit vom Lastfall

Bild 13.3-14 bezieht sich auf die horizontale Durchmesseränderung des Rohres zufolge des Lastfalles: Einbau + Auflast + Innendruck in Abhängigkeit vom Verdichtungsgrad der Rohrgrabenverfüllung (unverdichtet / E_v = 30 MPa / E_v = 60 MPa / E_v = 90 MPa) und **Bild 13.3-15** auf die horizontale Durchmesseränderung für den Verdichtungsgrad E_v = 90 MPa in Abhängigkeit von den festgelegten Lastfällen.

Die Bilder 13.3-12 bis 13.3-15 zeigen, dass durch das viskoelastische Verhalten des Rohrwerkstoffes PE die Rohrverformungen unter einer konstanten Belastung mit der Einsatzdauer zunehmen, wobei die Zunahme in gewissen Bereichen stark vom Bodensteifemodul und vom Verdichtungsgrad der Rohrgrabenverfüllung abhängig ist. Wesentliche Verformungen der PE-Rohre sind vor allem bei einem Verfüllmaterial in der Leitungszone mit geringem Bodensteifemodul und einem hohen Verdichtungsgrad zu erkennen. Bei höheren Bodensteifemoduln zeigt sich, dass die viskoelastischen Eigenschaften des Rohrwerkstoffes nur mehr relativ geringen Einfluss auf das Verformungsverhalten der PE-Rohre bei Verlegung nach den einschlägigen Verlege- und Einbaurichtlinien und moderater Verdichtung der Rohrgrabenverfüllung besitzen.

Bild 13.3-16 bezieht sich auf die Umfangsspannung an der Rohrsohle innen zufolge des Lastfalles: Einbau + Auflast + Innendruck in Abhängigkeit vom Verdichtungsgrad der Rohrgrabenverfüllung (unverdichtet / E_v = 30 MPa / E_v = 60 MPa / E_v = 90 MPa) und **Bild 13.3-17** auf die Umfangsspannung an der Rohrsohle innen für den Verdichtungsgrad E_v = 90 MPa in Abhängigkeit von den festgelegten Lastfällen.

Die Bilder 13.3-16 und 13.3-17 zeigen die Umfangsspannung an der Rohrsohle innen, wobei deutlich das Relaxationsverhalten des Rohrwerkstoffes zu erkennen ist. Weiters ist zu erkennen, dass bei einer gleichmäßigen Einbettung über den Rohrumfang nur bei einem geringeren Bodensteifemodul und hohem Verdichtungsgrad im Kurzzeitverhalten relativ hohe Umfangsspannungen an der Rohrsohle innen zu erwarten sind.

Bild 13.3-18 bezieht sich auf die Umfangsdehnung an der Rohrsohle innen zufolge des Lastfalles: Einbau + Auflast + Innendruck in Abhängigkeit vom Verdichtungsgrad der Rohrgrabenverfüllung (unverdichtet / E_v = 30 MPa / E_v = 60 MPa / E_v = 90 MPa) und **Bild 13.3-19** auf die Umfangsdehnung an der Rohrsohle innen für den Verdichtungsgrad E_v = 90 MPa in Abhängigkeit von den festgelegten Lastfällen.

Die Bilder 13.3-18 und 13.3-19 zeigen die Umfangsdehnung an der Rohrsohle innen, wobei deutlich das Kriechverhalten des Rohrwerkstoffes zu erkennen ist. Des Weiteren ist zu erkennen, dass bei einer gleichmäßigen Einbettung über den Rohrumfang nur bei einem geringeren Bodensteifemodul und hohem

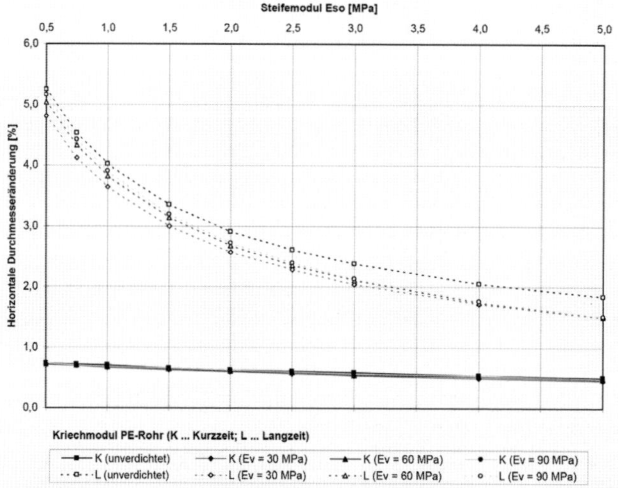

Bild 13.3-14: PE-Rohr 160 x 14,6; SDR 11
Rohrüberdeckung 1 m; Innendruck 4 bar; Verkehrslast nach Norm
Lastfall: Einbau + Auflast + Innendruck;
Horizontale Durchmesseränderung in Abhängigkeit vom Verdichtungsgrad

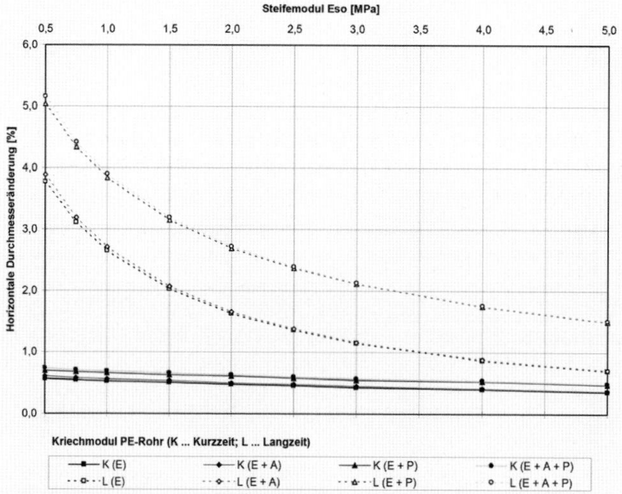

Bild 13.3-15: PE-Rohr 160 x 14,6; SDR 11,
Rohrüberdeckung 1 m; Innendruck 4 bar; Verkehrslast nach Norm
Verdichtungsgrad: E_v = 90 MPa
Horizontale Durchmesseränderung in Abhängigkeit vom Lastfall

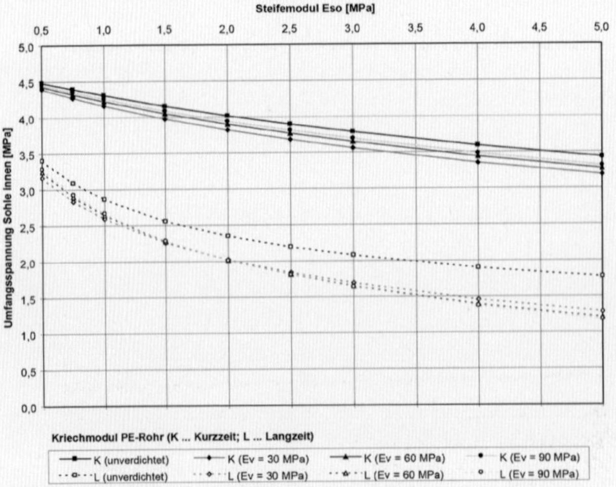

Bild 13.3-16: PE-Rohr 160 x 14,6; SDR 11
Rohrüberdeckung 1 m; Innendruck 4 bar; Verkehrslast nach Norm
Lastfall: Einbau + Auflast + Innendruck
Umfangsspannung Sohle innen in Abhängigkeit vom Verdichtungsgrad

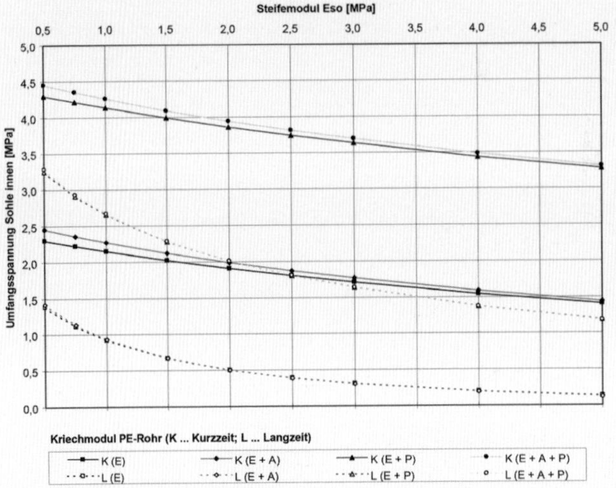

Bild 13.3-17: PE-Rohr 160 x 14,6; SDR 11
Rohrüberdeckung 1 m; Innendruck 4 bar; Verkehrslast nach Norm
Verdichtungsgrad: E_v = 90 MPa
Umfangsspannung Sohle innen in Abhängigkeit vom Lastfall

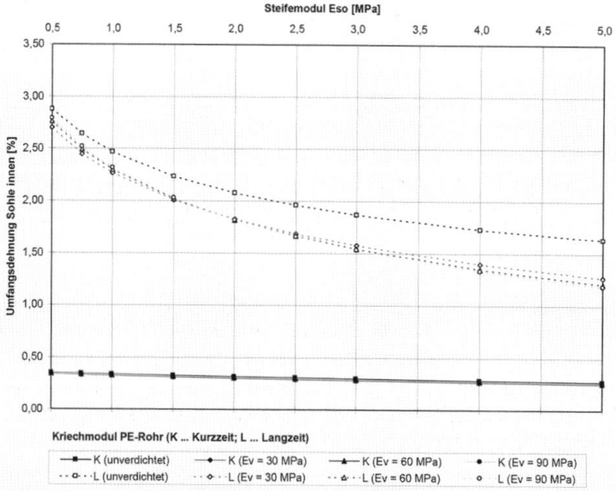

Bild 13.3-18: PE-Rohr 160 x 14,6; SDR 11
Rohrüberdeckung 1 m; Innendruck 4 bar; Verkehrslast nach Norm
Lastfall: Einbau + Auflast + Innendruck
Umfangsdehnung Sohle innen in Abhängigkeit vom Verdichtungsgrad

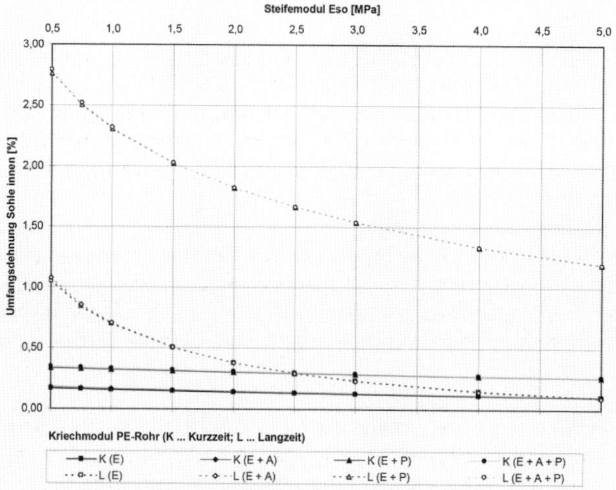

Bild 13.3-19: PE-Rohr 160 x 14,6; SDR 11
Rohrüberdeckung 1 m; Innendruck 4 bar; Verkehrslast nach Norm
Verdichtungsgrad: : E_v = 90 MPa
Umfangsdehnung Sohle innen in Abhängigkeit vom Lastfall

Verdichtungsgrad im Kurzzeitverhalten relativ hohe Umfangsdehnungen an der Rohrsohle innen zu erwarten sind.

Bild 13.3-20 bezieht sich auf die Umfangsspannung am Kämpfer außen zufolge des Lastfalles: Einbau + Auflast + Innendruck in Abhängigkeit vom Verdichtungsgrad der Rohrgrabenverfüllung (unverdichtet / E_v = 30 MPa / E_v = 60 MPa / E_v = 90 MPa) und **Bild 13.3-21** auf die Umfangsspannung am Kämpfer außen für den Verdichtungsgrad E_v = 90 MPa in Abhängigkeit von den festgelegten Lastfällen.

Die Bilder 13.3-20 und 13.3-21 zeigen die Umfangsspannung am Kämpfer außen, wobei deutlich das Relaxationsverhalten des Rohrwerkstoffes zu erkennen ist. Des Weiteren ist zu erkennen, dass bei einer gleichmäßigen Einbettung über den Rohrumfang nur bei einem geringeren Bodensteifemodul und hohem Verdichtungsgrad im Kurzzeitverhalten relativ hohe Umfangsspannungen am Kämpfer außen zu erwarten sind.

Bild 13.3-22 bezieht sich auf die Umfangsdehnung am Kämpfer außen zufolge des Lastfalles: Einbau + Auflast + Innendruck in Abhängigkeit vom Verdichtungsgrad der Rohrgrabenverfüllung (unverdichtet / E_v = 30 MPa / E_v = 60 MPa / E_v = 90 MPa) und **Bild 13.3-23** auf die Umfangsdehnung am Kämpfer außen für den Verdichtungsgrad E_v = 90 MPa in Abhängigkeit von den festgelegten Lastfällen.

Die Bilder 13.3-22 und 13.3-23 zeigen die Umfangsdehnung am Kämpfer außen, wobei deutlich das Kriechverhalten des Rohrwerkstoffes zu erkennen ist . Des Weiteren ist zu erkennen, dass bei einer gleichmäßigen Einbettung über den Rohrumfang nur bei einem geringeren Bodensteifemodul und hohem Verdichtungsgrad im Kurzzeitverhalten relativ hohe Umfangsdehnungen am Kämpfer außen zu erwarten sind.

Für die Beurteilung der beim Einbau und im Betrieb auftretenden Beanspruchungen in den Rohren sind die sich aus den Berechnungen ergebenden Werte für das Strukturverhalten den zulässigen Werten für den Rohrwerkstoff im Hinblick auf die angenommene Mindestnutzungsdauer der Rohre von 50 Jahren gegenüberzustellen.

Die Rohrkennfelder bieten einerseits die Möglichkeit, bei bekannten Kennwerten für den Boden und das Rohr sowie vorgegebenen Belastungsverhältnissen, den Verformungs- und Beanspruchungszustand in der Rohrleitung zu erfassen und andererseits bei Vorliegen von Messdaten über die Verformung der Rohre im erdverlegten Zustand auf die Bodenverhältnisse sowie die Einbauverhältnisse rückschließen zu können. Diese Vorgangsweise erscheint von besonderer Bedeutung im Hinblick auf die Qualitätssicherung des Einbauvorganges der

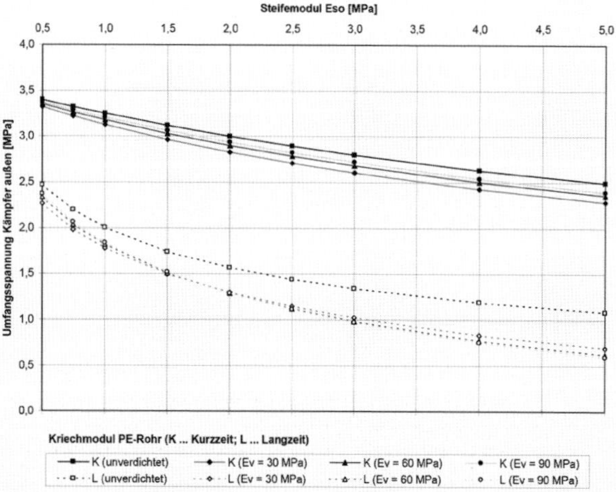

Bild 13.3-20: PE-Rohr 160 x 14,6; SDR 11
Rohrüberdeckung 1 m; Innendruck 4 bar; Verkehrslast nach Norm
Lastfall: Einbau + Auflast + Innendruck
Umfangsspannung Kämpfer außen in Abhängigkeit vom Verdichtungsgrad

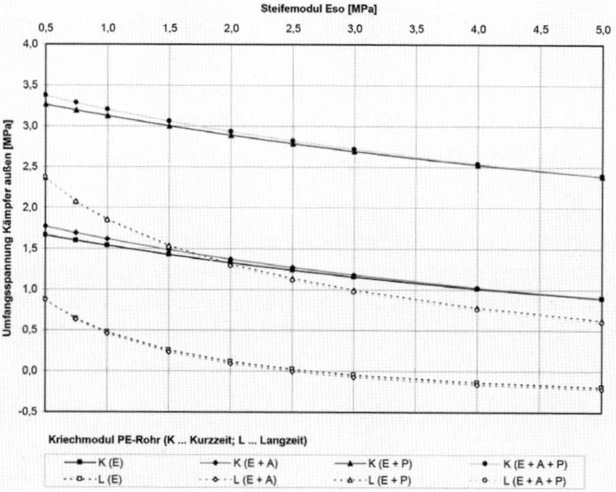

Bild 13.3-21: PE-Rohr 160 x 14,6; SDR 11
Rohrüberdeckung 1 m; Innendruck 4 bar; Verkehrslast nach Norm
Verdichtungsgrad: : E_v = 90 MPa
Umfangsspannung Kämpfer außen in Abhängigkeit vom Lastfall

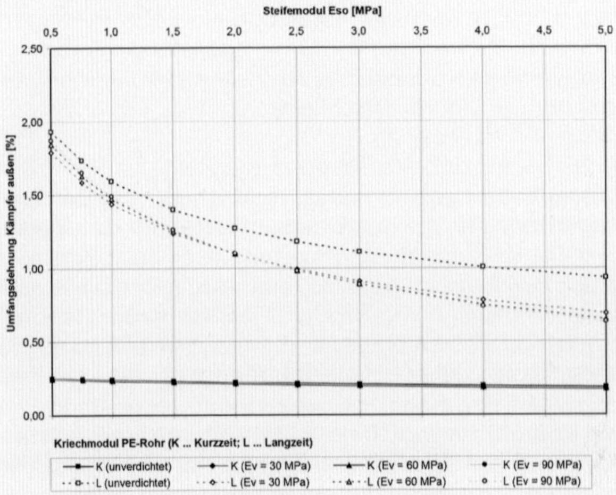

Bild 13.3-22: PE-Rohr 160 x 14,6; SDR 11
Rohrüberdeckung 1 m; Innendruck 4 bar; Verkehrslast nach Norm
Lastfall: Einbau + Auflast + Innendruck
Umfangsdehnung Kämpfer außen in Abhängigkeit vom Verdichtungsgrad

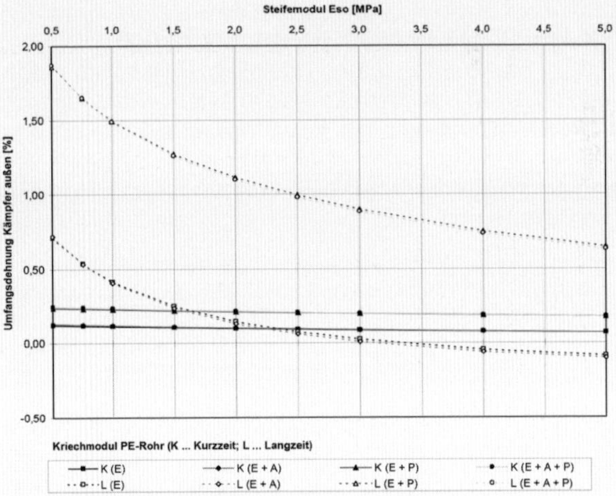

Bild 13.3-23: PE-Rohr 160 x 14,6; SDR 11
Rohrüberdeckung 1 m; Innendruck 4 bar; Verkehrslast nach Norm
Verdichtungsgrad: : E_v = 90 MPa
Umfangsdehnung Kämpfer außen in Abhängigkeit vom Lastfall

Rohre. Es wäre möglich, nach der Verlegung einer Rohrleitung messtechnisch im Zuge von TV-Inspektionen den Verformungszustand der Rohre, insbesondere der verformungsfähigen Kunststoffrohre systematisch zu erfassen und damit auf die Einbaugüte der Rohre zu schließen.

Messungen des Verformungszustandes erdverlegter PE-Rohre unmittelbar nach dem Einbau haben gezeigt, dass Verformungen in den Rohren auftreten können, die weit über den ausgewiesenen Werten für den Belastungszustand „Erdlast“ liegen. Dabei ist davon auszugehen, dass beim Einbau der Rohre, insbesondere durch die Verdichtung, eine relativ hohe Verspannung der PE-Rohre in der Leitungszone bewirkt wird, wodurch ohne entsprechende Auflasten sehr hohe Verformungen im Rohr möglich sind. Daraus leitet sich ab, dass der Begriff Erdlast im Allgemeinen nur für die Schüttung bzw. eine geringe Verdichtung der Rohrgrabenverfüllung gültig ist, wogegen für eine starke Verdichtung der eingebrachten Rohrgrabenverfüllung in der Leitungszone sowie in der Wiederverfüllzone aufgrund der spezifischen Eigenschaften des Verfüllmaterials eine Verdichtungslast berücksichtigt werden sollte.

In den folgenden Beispielen für Rohrkennfelder bezieht sich das Kurzzeichen K auf die Kurzzeitbelastung und das Kurzzeichen L auf die Langzeitbelastung in Abhängigkeit vom Verdichtungsgrad der Rohrgrabenverfüllung sowie den definierten Lastfällen.

Beispiel: GFK-Druckrohr DN 500, PN 16, SN 10 000
Die Bilder 13.3-24 bis 13.3-34 zeigen beispielhaft Rohrkennfelder für die Beanspruchungs- und Verformungsverhältnisse in einem erdverlegten GFK-Druckrohr DN 500, PN 16, SN 10 000 mit 1 m bzw. teilweise 3 m Rohrüberdeckung und 16 bar Innendruck, zufolge Einbau nach den einschlägigen Verlege- und Einbaurichtlinien und im Betrieb über eine Nutzungsdauer von 50 Jahren für die folgenden Lastfälle:

- **Lastfall 1: Einbaulast (E)**
  Einbau der Rohre nach den einschlägigen Verlege- und Einbaurichtlinien in konventioneller offener Bauweise mit einer Rohrüberdeckung von 1 m bis 3 m und den folgenden Verdichtungsgraden am Planum der Wiederverfüllzone:

  - Verfüllung des Rohrgrabens ohne Verdichtung der Rohrgrabenverfüllung

  - Verfüllung und Verdichtung lagenweise in der Wiederverfüllzone des Rohrgrabens in Lagen von etwa 30 cm, mit Verformungsmoduln E_v = 30 MPa, 60 MPa oder 90 MPa am Planum der Wiederverfüllzone.

- **Lastfall 2: Einbau + Auflast (E + V)**
  Einbau entsprechend Lastfall 1 mit zusätzlicher Auflast auf der Fahrbahn zufolge einer Verkehrsbelastung entsprechend der vorgegebenen Verkehrslast nach den einschlägigen Regeln der Technik über einen Belastungszeitraum von 50 Jahren.

- **Lastfall 3: Einbau + Innendruck (E + P)**
  Einbau entsprechend Lastfall 1 mit zusätzlicher Belastung des Rohres durch einen Innendruck von 16 bar, konstant über einen Belastungszeitraum von 50 Jahren.

- **Lastfall 4: Einbaulast + Auflast + Innendruck (E + V + P)**
  Einbau mit Belastung durch eine Auflast auf der Fahrbahn nach Lastfall 2 und zusätzlicher Belastung des Rohres durch einen Innendruck von 16 bar konstant über den Belastungszeitraum von 50 Jahren. Dieser Lastfall berücksichtigt die zu erwartenden maximalen Belastungen nach den einschlägigen Regeln der Technik.

Die Werte für den Beanspruchungs- und Verformungszustand in den GFK-Rohren sind den Rohrkennfeldern in Abhängigkeit vom Anfangssteifemodul des unverdichteten Rohrgrabenverfüllmaterials E_{B0} in der Leitungszone, von den mechanischen Eigenschaften des Rohrwerkstoffes GFK für Kurzzeit- und Langzeitbelastung, vom Verdichtungsgrad der Rohrgrabenverfüllung entsprechend den einschlägigen Wiederinstandsetzungsvorschriften und den definierten Lastfällen zu entnehmen.

Die Rohrkennfelder **Bild 13.3-24** und **Bild 13.3-25** beziehen sich auf die vertikale Durchmesseränderung des Rohres als Funktion des Anfangssteifemoduls des Rohrgrabenverfüllmaterials und des Kriechmoduls des Rohrwerkstoffes zufolge des Lastfalls: Einbau für eine Überdeckungshöhe von 1 m und 3 m bei verschiedenen Verformungsmoduln der Rohrgrabenverfüllung von unverdichtet bis zu einem Verformungsmodul von E_v = 90 MPa auf dem Planum der Wiederverfüllzone. Deutlich ist der Einfluss der Verdichtung der Rohrgabenverfüllung bei der Überdeckungshöhe von 1 m im Vergleich zu 3 m aufgrund der Tiefenwirkung der Verdichtung am Planum der Wiederverfüllzone zu erkennen.

Die Rohrkennfelder **Bild 13.3-26** und **Bild 13.3-27** beziehen sich auf die vertikale Durchmesseränderung des Rohres in Abhängigkeit vom Verdichtungsgrad und einer Rohrüberdeckung von 1 m als Funktion des Anfangssteifemoduls des Rohrgrabenverfüllmaterials und des Kriechmoduls des Rohrwerkstoffes zufolge der festgelegten Lastfälle bei verschiedenen Verformungsmoduln der Rohrgrabenverfüllung von unverdichtet bis zu einem Verformungsmodul von E_v = 90 MPa auf dem Planum der Wiederverfüllzone.

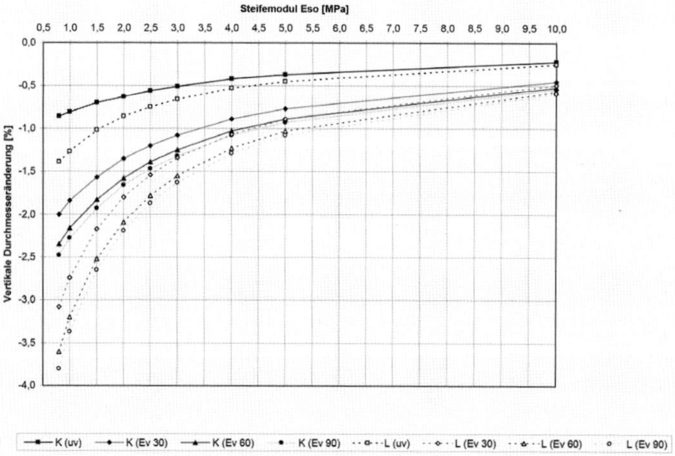

Bild 13.3-24: GFK-Rohr DN 500, PN 16, SN 10 000
Überdeckungshöhe 1 m, Lastfall: Einbau
vertikale Durchmesseränderung in Abhängigkeit vom Verdichtungsgrad

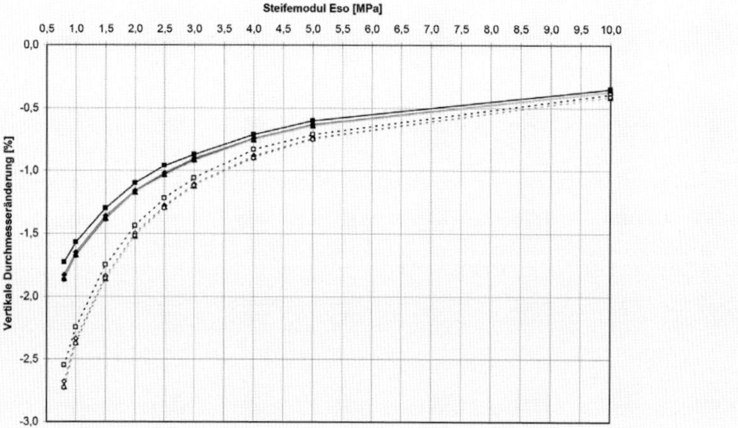

Bild 13.3-25: GFK-Rohr DN 500, PN 16, SN 10 000
Überdeckungshöhe 3 m, Lastfall: Einbau
vertikale Durchmesseränderung in Abhängigkeit vom Verdichtungsgrad

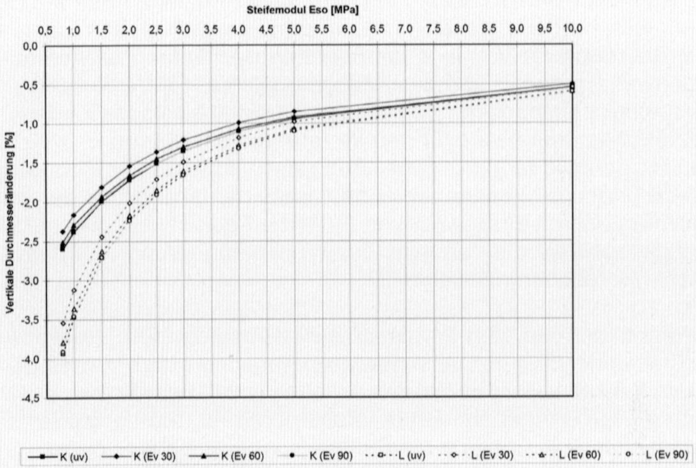

Bild 13.3-26: GFK-Rohr DN 500, PN 16, SN 10 000
Überdeckungshöhe 1 m, Lastfall: Einbau + Verkehrslast
vertikale Durchmesseränderung in Abhängigkeit vom Verdichtungsgrad

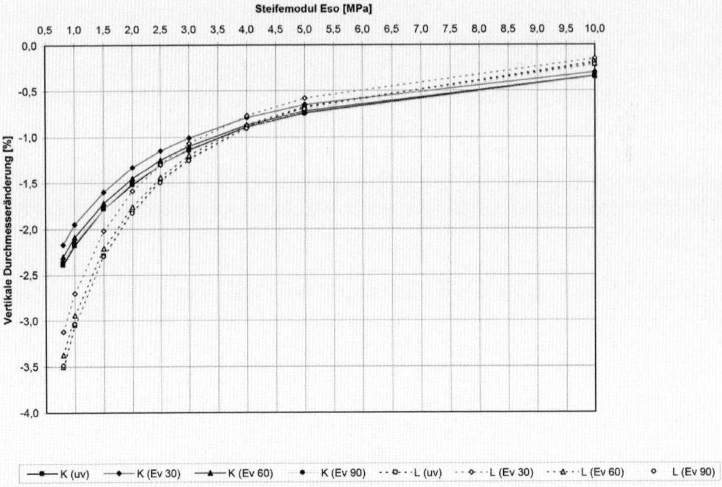

Bild 13.3-27: GFK-Rohr DN 500, PN 16, SN 10 000
Überdeckungshöhe 1 m, Lastfall: Einbau + Verkehrslast + 16 bar Innendruck
vertikale Durchmesseränderung in Abhängigkeit vom Verdichtungsgrad

Die Rohrkennfelder **Bild 13.3-28** und **Bild 13.3-29** beziehen sich auf die vertikale Durchmesseränderung des Rohres in Abhängigkeit von den Lastfällen und einer Rohrüberdeckung von 1 m als Funktion des Anfangssteifemoduls des Rohrgrabenverfüllmaterials und des Kriechmoduls des Rohrwerkstoffes zufolge des Verdichtungszustandes der Rohrgrabenverfüllung einerseits für den Zustand unverdichtet und andererseits für den Verformungsmodul von E_v = 90 MPa auf dem Planum der Wiederverfüllzone. Aus dem Vergleich der Rohrkennfelder Bild 13.3-28 und 13.3-29 ist zu erkennen, dass der Innendruck der vertikalen Rohrverformung durch Einbaulast und Auflast entgegenwirkt, weshalb für den Verformungsnachweis die vertikale Durchmesseränderung aus dem Lastfall Einbaulast + Auflast heranzuziehen ist.

Die Rohrkennfelder Bild 13.3-24 bis 13.3-29 zeigen deutlich, dass das Verformungsverhalten der GFK-Rohre in gewissen Bereichen stark vom Bodensteifemodul, dem Kriechmodul des Rohrwerkstoffes sowie dem Belastungszustand abhängig ist. Je geringer der Bodensteifemodul ist, um so größer sind die Verformungen im GFK-Rohr, da die Stützwirkung des Bodens gegen die Rohrverformung abnimmt und sich damit zufolge der Einbaulast sowie der äußeren Belastungen höhere Verformungen im Rohr einstellen können.

Die Rohrkennfelder Bild 13.3-24 bis 13.3-29 zeigen außerdem, dass durch das zeitabhängige Verhalten des Rohrwerkstoffes die Rohrverformungen unter einer konstanten Belastung mit der Einsatzdauer zunehmen, wobei die Zunahme in gewissen Bereichen stark vom Bodensteifemodul abhängig ist. Wesentliche Zunahmen des Verformungsverhaltens der GFK-Rohre sind vor allem bei einem Verfüllmaterial in der Leitungszone mit sehr geringem Anfangssteifemodul zu erkennen. Bei Vorhandensein eines höheren Anfangssteifemoduls des Verfüllmaterials zeigt sich, dass die zeitabhängigen Eigenschaften des Rohrwerkstoffes nur mehr relativ geringen Einfluss auf das Verformungsverhalten der GFK-Rohre bei Verlegung nach den einschlägigen Verlege- und Einbaurichtlinien besitzen, unter der Voraussetzung, dass keine zusätzlichen lokalen oder globalen Belastungen auftreten.

Die Rohrkennfelder **Bild 13.3-30** und **Bild 13.3-31** beziehen sich auf die Umfangsdehnung an der Rohrsohle innen, in Abhängigkeit vom Verdichtungsgrad und einer Rohrüberdeckung von 1 m als Funktion des Anfangssteifemoduls des Rohrgrabenverfüllmaterials und des Kriechmoduls des Rohrwerkstoffes zufolge der festgelegten Lastfälle bei verschiedenen Verformungsmoduln der Rohrgrabenverfüllung von unverdichtet bis zu einem Verformungsmodul von E_v = 90 MPa auf dem Planum der Wiederverfüllzone. Die Rohrkennfelder Bild 13.3-30 und 13.3-31 zeigen deutlich das Kriechverhalten des Rohrwerkstoffes.

In **Bild 13.3-32** ist der Einfluss einer Überdeckungshöhe von 3 m für den Lastfall 4 (E + V + P) angegeben. Deutlich ist zu erkennen, dass der Verdichtungsgrad

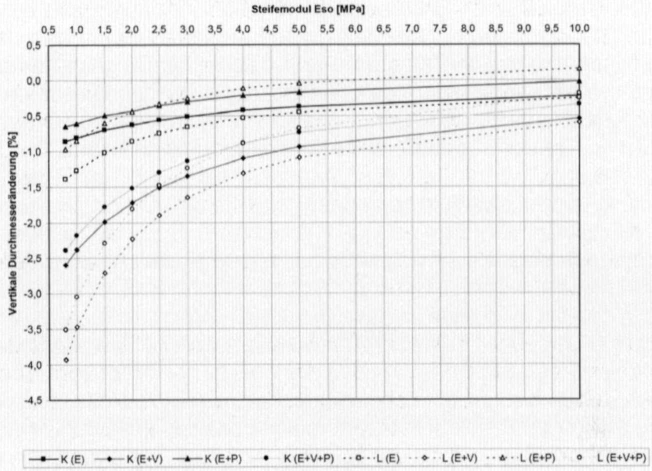

Bild 13.3-28: GFK-Rohr DN 500, PN 16, SN 10 000
Überdeckungshöhe 1 m, unverdichtet
vertikale Durchmesseränderung in Abhängigkeit vom Lastfall

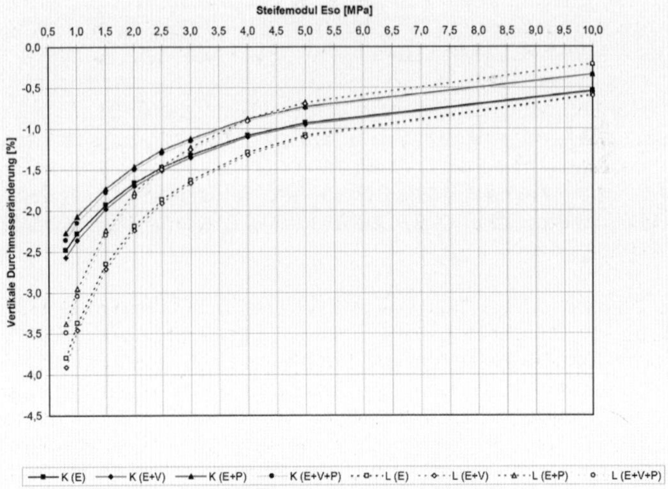

Bild 13.3-29: GFK-Rohr DN 500, PN 16, SN 10 000
Überdeckungshöhe 1 m, E_v = 90 MPa
vertikale Durchmesseränderung in Abhängigkeit vom Lastfall

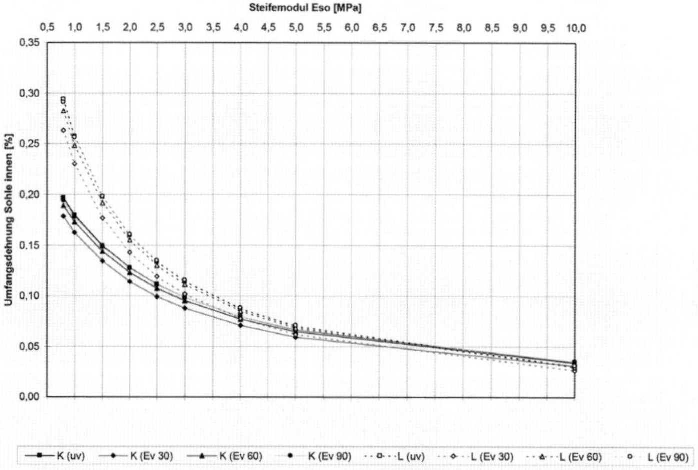

Bild 13.3-30: GFK-Rohr DN 500, PN 16, SN 10 000
Überdeckungshöhe 1 m, Lastfall: Einbau + Verkehrslast
Umfangsdehnung Sohle innen in Abhängigkeit vom Verdichtungsgrad

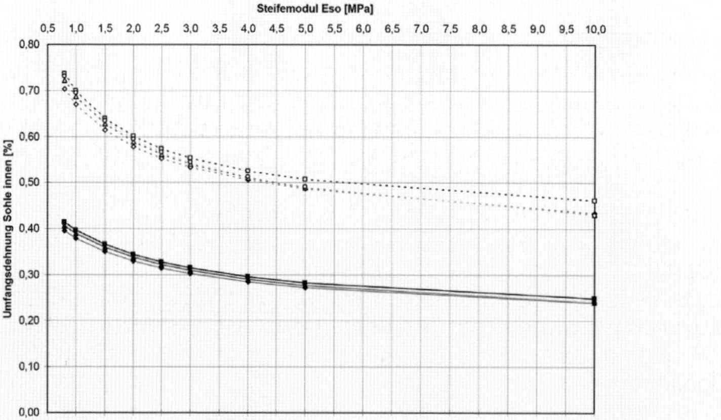

Bild 13.3-31: GFK-Rohr DN 500, PN 16, SN 10 000
Überdeckungshöhe 1 m, Lastfall: Einbau + Verkehrslast + 16 bar Innendruck
Umfangsdehnung Sohle innen in Abhängigkeit vom Verdichtungsgrad

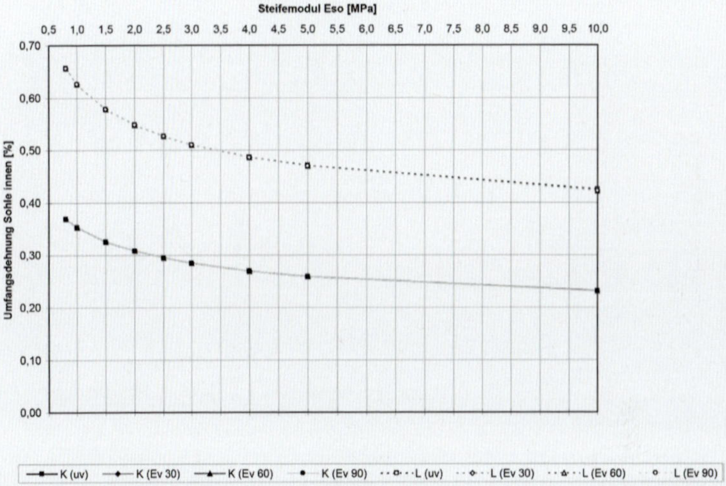

Bild 13.3-32: GFK-Rohr DN 500, PN 16, SN 10 000
Überdeckungshöhe 3 m, Lastfall: Einbau + Verkehrslast + 16 bar Innendruck
Umfangsdehnung Sohle innen in Abhängigkeit vom Verdichtungsgrad

am Planum der Wiederverfüllzone aufgrund der Tiefenwirkung der Verdichtung keinen Einfluss auf das Strukturverhalten der Rohre besitzt. Die Verdichtung der ersten Lage der Wiederverfüllung im Bereich der Leitungszone besitzt jedoch großen Einfluss auf das Strukturverhalten des Rohres.

Die Rohrkennfelder **Bild 13.3-33** und **Bild 13.3-34** beziehen sich auf die Umfangsdehnung an der Rohrsohle innen, in Abhängigkeit von den Lastfällen und einer Rohrüberdeckung von 1 m als Funktion des Anfangssteifemoduls des Rohrgrabenverfüllmaterials und des Kriechmoduls des Rohrwerkstoffes zufolge des Verdichtungszustandes der Rohrgrabenverfüllung einerseits für den Zustand unverdichtet und andererseits für den Verformungsmodul von E_v = 90 MPa auf dem Planum der Wiederverfüllzone.

f) Vergleich der Ergebnisse nach verschiedenen Berechnungsverfahren

Die Güte und Zuverlässigkeit eines Verfahrens zur Berechnung erdverlegter Rohrleitungen lässt sich am besten durch eine Gegenüberstellung der Ergebnisse verschiedener Berechnungsverfahren untereinander sowie mit Messergebnissen von Großversuchen beurteilen. In [13.3-3], [13.3-4] sind die Ergebnisse von Groß-

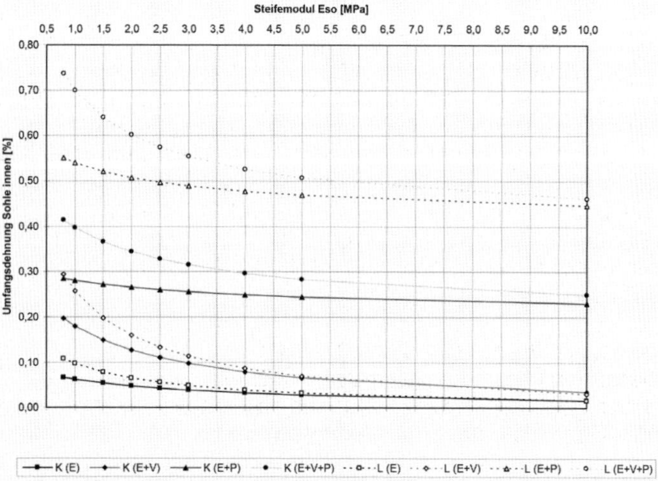

Bild 13.3-33: GFK-Rohr DN 500, PN 16, SN 10 000
Überdeckungshöhe 1 m, unverdichtet
Umfangsdehnung Sohle innen in Abhängigkeit vom Lastfall

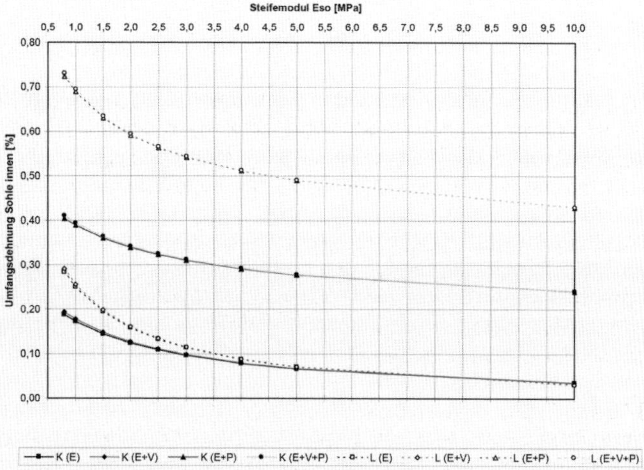

Bild 13.3-34: GFK-Rohr DN 500, PN 16, SN 10 000
Überdeckungshöhe 1 m, , E_v = 90 MPa
Umfangsdehnung Sohle innen in Abhängigkeit vom Lastfall

versuchen an Stahlrohrleitungen der Dimension 24“ (609,5 mm x 8,5 mm) dokumentiert, wobei für die drucklosen Rohre unter anderem die horizontale Durchmesseränderung sowie der Spannungszustand, aufgrund von Dehnungsmessungen in Umfangs- und Längsrichtung, in Abhängigkeit von Überdeckungshöhen bis 18 m, festgestellt wurden. Den Berechnungen sind die in [13.3-3] beschriebenen Bodenverhältnisse mit den entsprechenden Kennwerten zugrunde gelegt.

In **Bild 13.3-35** sind die im Versuch festgestellten horizontalen Durchmesseränderungen des Rohres, in Abhängigkeit von der Überdeckungshöhe, den Ergebnissen nach verschiedenen Berechnungsverfahren – Watkins, Spangler und Kiesselbach – gegenübergestellt.

Bild 13.3-35 zeigt, dass nur das Berechnungsverfahren nach Kiesselbach [13.1-4] über den gesamten Bereich der Überdeckungshöhe eine gute Übereinstimmung mit den Messergebnissen zeigt, wobei die horizontale Durchmesseränderung linear mit der Überdeckungshöhe ansteigt.

In **Bild 13.3-36** sind die Ergebnisse der Umfangsspannung in der Rohrwand über den Rohrumfang nach verschiedenen Berechnungsverfahren für eine erdverlegte Stahlrohrleitung DN 600 ohne Innendruck, bei Belastung durch die Verfüllung des Rohrgrabens mit 10 m Überdeckungshöhe, den Ergebnissen von Messungen im Großversuch gegenübergestellt. Die Berechnungen wurden dabei nach EN 13480-6 für einen Auflagerwinkel von 120°, nach VdTÜV-Merkblatt 1063 sowie mit dem Programm RUMFANG entsprechend dem Berechnungsverfahren nach Kiesselbach [13.1-4] durchgeführt.

Bild 13.3-36 zeigt, dass die Ergebnisse der Berechnungen nach VdTÜV-Merkblatt 1063 und nach Kiesselbach [13.1-4] relativ gut mit den Messergebnissen übereinstimmen, dass aber die Ergebnisse der Berechnungen nach EN 13480-6 für einen Auflagerwinkel von 120° stark von den Messwerten abweichen.

In **Bild 13.3-37** sind die im Feldversuch festgestellten maximalen Vergleichsspannungen in der Rohrwand, in Abhängigkeit von der Überdeckungshöhe, den Berechnungsergebnissen nach VdTÜV-Merkblatt 1063 gemäß [13.3-3] sowie dem Programm RUMFANG entsprechend dem Berechnungsverfahren nach Kiesselbach [13.1-4] gegenübergestellt.

Bild 13.3-37 zeigt, dass die nach dem Berechnungsverfahren von Kiesselbach [13.1-4] ermittelten Spannungen annähernd parallel zu den gemessenen Werten bzw. den Messpunkten verlaufen und eine relativ gute Näherung liefern. Die Berechnungen nach VdTÜV-Merkblatt 1063 liefern Spannungen, die etwas unter den Berechnungsergebnissen nach Kiesselbach liegen. Dies dürfte auf den Unterschied in der Radialspannung am Außenrand des Rohres zurückzuführen sein, wo im Berechnungsverfahren nach Kiesselbach aufgrund des theoretisch

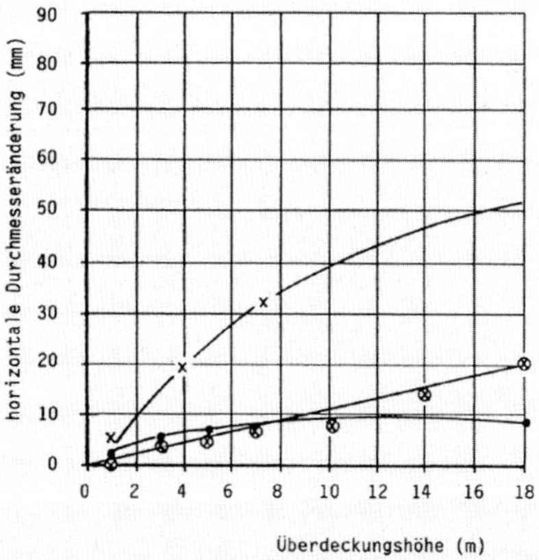

Bild 13.3-35: Stahlrohr 24 " (d_a = 609,5 mm, s = 8,5), drucklos
horizontale Durchmesseränderung in Abhängigkeit von der Überdeckungshöhe
Vergleich der Berechnungsergebnisse mit Messergebnissen
ⓧ Messungen im Großversuch
-x-x- Berechnung nach Watkins
–•– Berechnung nach Spangler
— Berechnung nach Kiesselbach [13.1-4]

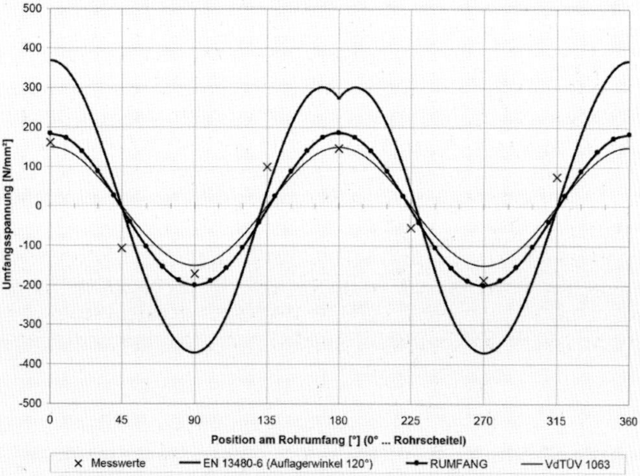

Bild 13.3-36: Erdverlegte Stahlrohrleitung DN 600 (d_a = 609,5 mm, s = 8,5 mm)
Belastung durch Verfüllung (Überdeckungshöhe: 10 m), ohne Innendruck
Umfangsspannung in der Rohrwand
Vergleich der Ergebnisse von Berechnungsverfahren mit Messergebnissen

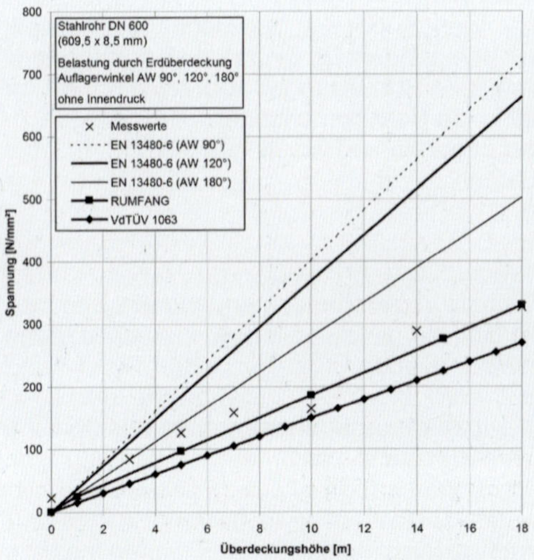

Bild 13.3-37:
Erdverlegtes Stahlrohr DN 600
(d_a = 609,5 mm, s = 8,5 mm)
Belastung durch Verfüllung,
ohne Innendruck
Maximale Spannungen in der Rohrwand
Vergleich der Ergebnisse von Berechnungsverfahren mit Messergebnissen

abgeleiteten Ansatzes zusätzliche Terme gegenüber dem VdTÜV-Merkblatt 1063 berücksichtigt werden. Die Berechnungsergebnisse nach EN 13480-6 liefern für verschiedene Auflagerwinkel - 90°, 120° und 180° - analog zu Bild 13.3-36 weitaus höhere Spannungen als die gemessenen Werte und überschätzen damit die tatsächlichen Beanspruchungen beträchtlich. Die Berechnungsergebnisse nach EN 13480-6 sind demnach als sehr konservativ gegenüber den anderen Berechnungsverfahren sowie gegenüber den Messergebnissen anzusehen.

Aus Bild 13.3-37 ist zu entnehmen, dass sich die beste Annäherung nach EN 13480-6 an die Messergebnisse für einen Auflagerwinkel von 180° ergeben. Ein Auflagerwinkel von 180° kann sich aber nur für sehr flexible Rohre aufgrund der Anpassungsfähigkeit an den umgebenden Boden, oder bei der Verfüllung mit sogenannten stabilisierten Verfüllmaterialien [13.2-5], [13.2-6] und [13.2-7] ergeben, wo insbesondere im Zwickelbereich ein gleichmäßiger Bettungsreaktionsdruck zu erwarten ist.

13.3.4 Beanspruchungen in Rohrlängsrichtung durch den erdverlegten Zustand

Neben den Beanspruchungen erdverlegter Rohrleitungen in Rohrumfangsrichtung, wie sie nach den Regeln der Technik vorgegeben sind, treten im erdverlegten Zustand zusätzliche Beanspruchungen in Rohrlängsrichtung in den Rohrleitungen auf, die in den einschlägigen Regeln der Technik nicht angeführt und für die auch keine Berechnungsmethoden in den Regeln der Technik angegeben sind, obwohl nach den vorliegenden Erfahrungen dadurch relativ hohe Beanspruchungen in den erdverlegten Rohrleitungen auftreten können. Im Folgenden soll ein kurzer Überblick über die Beanspruchungen in Rohrlängsrichtung durch den erdverlegten Zustand gegeben und Möglichkeiten und Ansätze für deren Berechnung aufgezeigt werden.

a) Belastung durch Radlasten

Bewegt sich ein Fahrzeug auf der Fahrbahn gleichmäßig entlang einer erdverlegten Rohrleitung und befindet sich ein Rad genau über der Rohrachse, dann ergibt sich die Frage, welche Längsbiegebeanspruchungen in der Rohrleitung dadurch auftreten können. Die Radlast wird dabei als quasistatische Einzellast, normal auf die Fahrbahnoberfläche wirkend, angenommen. Eine ausführliche Darstellung der Beanspruchungsverhältnisse in erdverlegten Rohrleitungen durch Verkehrslasten ist in [13.1-2] zu finden.

Die Berechnung der Biegebeanspruchungen in erdverlegten Rohrleitungen in Rohrlängsrichtung durch eine maximale Radlast von 120 kN für einen LKW auf stark unebener Fahrbahn in Abhängigkeit von der Bettungsziffer der Rohrbettung gemäß **Tabelle 13.3-5** und der Überdeckungshöhe zwischen 1 m und 1,5 m für Stahlrohre der Dimension DN 150 und DN 300 sowie ein Gussrohr der Dimension

Tabelle 13.3-5: Bettungsziffer für verschiedene Boden- und Verfüllmaterialien

Bettungsmaterial	Bettungsziffer [N/mm³]
Lehmboden nass	0,02 - 0,03
Lehmboden feucht	0,04 - 0,05
Lehmboden trocken	0,06 - 0,08
Lehmboden trocken hart	0,10
frisch geschütteter Sand	0,001 - 0,005
verdichteter Sand	0,005 - 0,05
stark verdichteter Sand	0,05 - 0,10
feiner Kies mit viel feinem Sand	0,08 - 0,10
mittlerer Kies mit feinem Sand	0,10 - 0,12
mittlerer Kies mit grobem Sand	0,12 - 0,15
grober Kies mit grobem Sand	0,15 - 0,20

DN 150 liefern die in den Bildern 13.3-38 bis 13.3-40 ausgewiesenen Ergebnisse, wobei den Auswertungen die Abmessungen nach den einschlägigen Regeln der Technik zugrunde gelegt sind.

Die in den Bildern 13.3-38 bis 13.3-40 dargestellten Ergebnisse der Analysen zeigen sowohl qualitativ als auch quantitativ die Biegebeanspruchung der Rohre in Rohrlängsrichtung, in Abhängigkeit von den entsprechenden Parameterwerten. Es wird jeweils nur die Beanspruchung durch die Einwirkung eines Rades betrachtet, die mögliche Überlagerung der Radlasten verschiedener Räder bzw. verschiedener Achsen eines Fahrzeuges, oder der Räder verschiedener Fahrzeuge wird nicht berücksichtigt. Den Auswertungen wird ein Bereich der Bettungsziffer von 0,005 N/mm³ bis 0,2 N/mm³ zugrunde gelegt.

Im **Bild 13.3-38** ist der Verlauf der Längsbiegespannung in den Rohren in Abhängigkeit von der Entfernung vom Lastangriffspunkt dargestellt. Den Auswertungen ist eine Überdeckungshöhe von 1 m und eine mittlere Bettungsziffer für verdichteten Sand von 0,05 N/mm³ zugrunde gelegt. Die ausgewiesenen Längsbiegespannungen beziehen sich auf den Tiefpunkt an der Rohrsohle. Bild 13.3-38 ist zu entnehmen, dass genau über der Radlast an der Rohrsohle die größte Biegezugspannung auftritt, diese mit zunehmender Entfernung vom Lastangriffspunkt abnimmt und nach einigem Abstand in eine Biegedruckspannung übergeht. Ein analoges Verhalten ist am Rohrscheitel mit umgekehrtem Vorzeichen, also mit Druck an Stelle von Zug und umgekehrt, vorhanden. Da sich die Radlast entlang der Rohrleitung mit einer bestimmten Geschwindigkeit bewegt, bewegt sich somit auch der Biegespannungsverlauf entlang der Rohrleitung. Dies bedeutet, dass in einem bestimmten Querschnitt des Rohres, entsprechend der Bewegung der Radlast, ein zeitlich veränderlicher Längsspannungszustand, wechselnd zwischen Zug und Druck, jedoch mit relativ kleinen Spannungsamplituden, auftritt.

Im **Bild 13.3-39** ist der Verlauf der maximalen Längsbiegespannung im Rohr durch die Radlast, in Abhängigkeit von der Bettungsziffer der Rohrbettung dargestellt. Den Auswertungen ist eine Überdeckungshöhe von 1 m zugrunde gelegt. Dem Bild ist zu entnehmen, dass die Biegebeanspruchung in Rohrlängsrichtung mit abnehmender Bettungsziffer zunimmt. Dies lässt sich einfach dadurch erklären, dass bei weicher Bettung die Stützwirkung und damit das Tragvermögen des Untergrundes unter der Radlast gering ist. Dadurch treten größere Verformungen und damit größere Biegebeanspruchungen im Rohr auf.

Im **Bild 13.3-40** ist der Verlauf der maximalen Längsbiegespannung im Rohr zufolge der Radlast, in Abhängigkeit von der Überdeckungshöhe des Rohres, dargestellt. Den Auswertungen ist eine mittlere Bettungsziffer für verdichteten Sand von 0,05 N/mm³ zugrunde gelegt. Dem Bild ist zu entnehmen, dass die Biegebeanspruchung in Rohrlängsrichtung mit zunehmender Überdeckungshöhe rasch abnimmt.

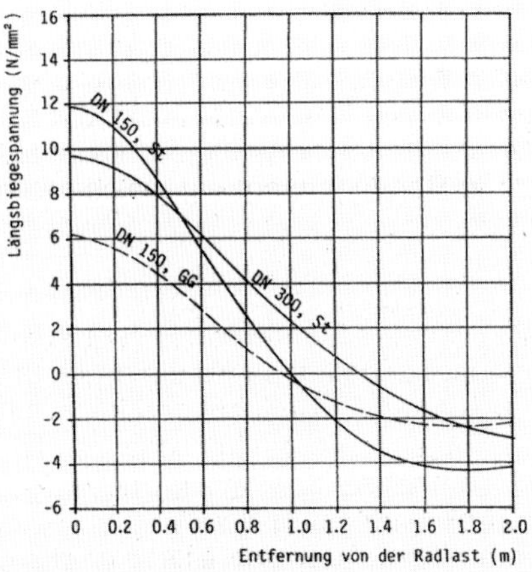

Bild 13.3-38: Verlauf der Längsbiegespannung an der Rohrsohle in Abhängigkeit von der Entfernung vom Lastangriffspunkt für eine Radlast von 120 kN, eine Rohrüberdeckung von 1 m und eine Bettungsziffer von 0,05 N/mm³

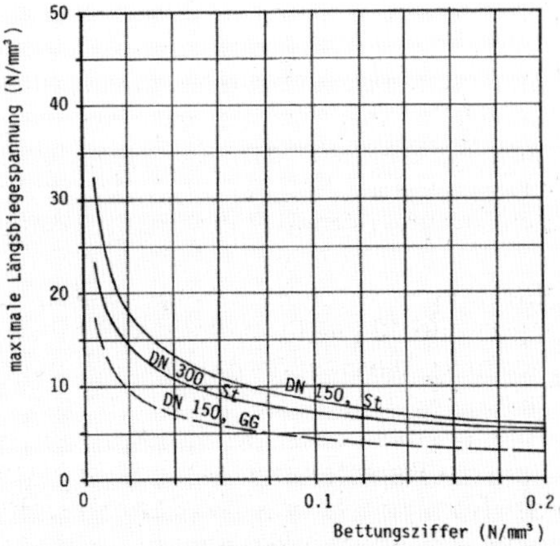

Bild 13.3-39: Verlauf der maximalen Längsbiegespannung an der Rohrsohle in Abhängigkeit von der Bettungsziffer der Rohrbettung für eine Radlast von 120 kN und eine Rohrüberdeckung von 1 m

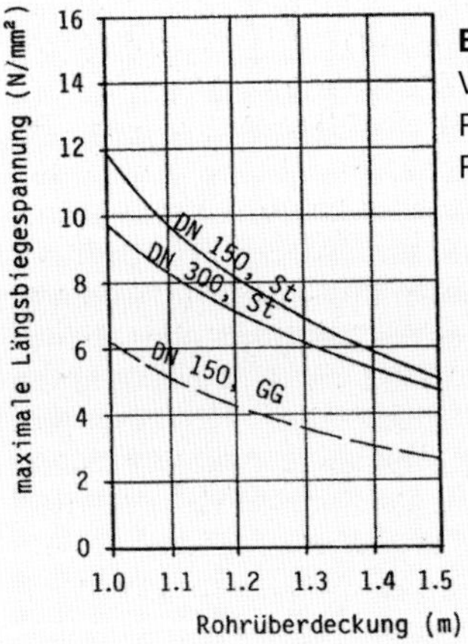

Bild 13.3-40:
Verlauf der maximalen Längsbiegespannung an der Rohrsohle in Abhängigkeit von der Rohrüberdeckung für eine Radlast von 120 kN und eine Bettungsziffer von 0,05 N/mm³

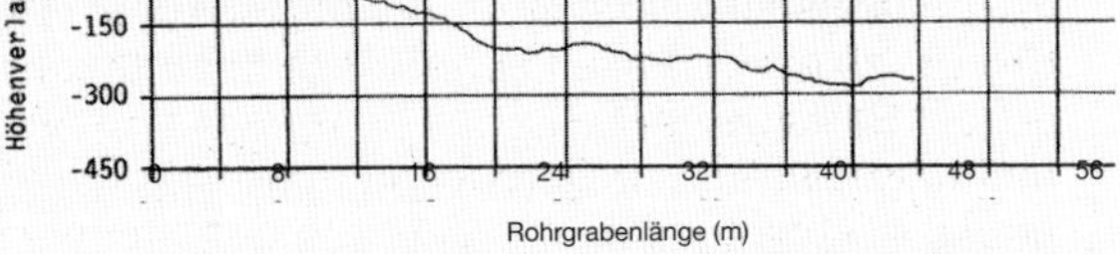

Bild 13.3-41: Gemessener Höhenverlauf einer Rohrgrabensohle mit Sandbettung

b) Belastung durch Imperfektionen der Grabensohle

Im Folgenden werden die Auswirkungen von indirekten Lasten durch Imperfektionen der Grabensohle, wie z. B. Unebenheiten oder Ungleichmäßigkeiten der Bettungssteifigkeit auf die Beanspruchung erdverlegter Rohrleitungen betrachtet. Dabei wird vorausgesetzt, dass die Auflast in Rohrlängsrichtung gleichmäßig ist und eine gerade Rohrleitung verlegt wurde.

Bei dem gemessenen Höhenverlauf einer Rohrgrabensohle handelt es sich nach **Bild 13.3-41** um eine regellose, zufällig verteilte Funktion in Rohrgrabenrichtung. Die Beschreibung von Rohrgrabenunebenheiten sowie die allgemein gültige Erfassung der Auswirkungen auf erdverlegte Rohrleitungen kann mit Hilfe der Methoden der Zufallsfunktionen erfolgen. Eine ausführliche Darstellung der Berechnungsmethode ist in [13.1-3] enthalten. Analog zur Unebenheit der Rohrgrabensohle ist auch die sich dadurch ergebende Beanspruchung in einer erdverlegten Rohrleitung eine Zufallsfunktion. Demnach lässt sich nicht wie bei deterministischen Vorgängen die Beanspruchung an einer bestimmten Stelle der Rohrleitung als Funktion der Eingangsgröße klar definieren, sondern es lassen sich nur statistische Kennwerte sowie Wahrscheinlichkeitsaussagen über die durch die zufälligen Einwirkungen zu erwartenden Beanspruchungen angeben. Die Berechnungen mit Hilfe der Methoden der Zufallsfunktionen liefern Informationen darüber, mit welcher Eintrittswahrscheinlichkeit eine bestimmte Beanspruchung in einer erdverlegten Rohrleitung für die vorgegebenen statistischen Kennwerte von Imperfektionen der Grabensohle zu erwarten ist.

Die Frage, welche maximale Beanspruchung in einer erdverlegten Rohrleitung, durch die Einwirkung von Rohrgrabenunebenheiten aufgrund der statistischen Kennwerte dieser Imperfektion zu erwarten ist, hängt davon ab, welche Überschreitenswahrscheinlichkeit aufgrund von Sicherheitsüberlegungen zugelassen wird. Lässt man z. B. eine Überschreitenswahrscheinlichkeit von 0,3 % zu, dann entspricht die maximale Beanspruchung in der Rohrleitung einer Eintrittswahrscheinlichkeit von 99,7 %. Dies bedeutet, dass die in der erdverlegten Rohrleitung auftretenden Beanspruchungen aufgrund von Rohrgrabenunebenheiten mit einer Wahrscheinlichkeit von 99,7 % kleiner oder gleich der maximalen Beanspruchung bei 99,7 % Eintrittswahrscheinlichkeit sind. Zur Abschätzung der Größe der zu erwartenden Biegebeanspruchungen in erdverlegten Rohrleitungen in Rohrlängsrichtung durch Unebenheiten der Rohrgrabensohle, sind im Folgenden die zu erwartenden Längsbiegespannungen in erdverlegten Rohrleitungen auf der Basis der statistischen Kennwerte von Rohrgrabenunebenheiten beispielhaft angegeben. Die Berechnung der zu erwartenden Biegebeanspruchungen erfolgt in Abhängigkeit von der Bettungsziffer der Rohrbettung für Stahlrohre der Dimension DN 300, wobei den Auswertungen die normgemäßen Abmessungen zugrunde liegen. Den Auswertungen wird ein Bereich der Bettungsziffer von 0,005 N/mm^3 bis 0,2 N/mm^3 zugrunde gelegt. Die aus der einschlägigen Literatur entnommenen Bettungsziffern für verschiedene Bodenarten und Bodenzustände sind in Tabelle 13.3-5 zusammengestellt.

In **Bild 13.3-42** sind die zu erwartenden Längsbiegespannungen in erdverlegten Stahlrohren DN 300, in Abhängigkeit von der Bettungsziffer sowie den Eintrittswahrscheinlichkeiten, dargestellt. Dem Diagramm ist zu entnehmen, dass durch die Unebenheit der Rohrgrabensohle relativ hohe Längsbiegespannungen in den erdverlegten Rohren auftreten können, die weit über den Längsbiegespannungen durch Verkehrslasten liegen. Nimmt man für die Stahlrohre eine Mindeststreckgrenze von 235 N/mm² an, so ist aus den Bildern zu ersehen, dass für eine harte Bettung die zu erwartenden maximalen Längsbiegespannungen über der Streckgrenze liegen können. Für ein Sandbett mit verdichtetem Sand liegen die zu erwartenden maximalen Längsbiegespannungen etwa im Bereich der Mindeststreckgrenze des Rohrwerkstoffes. Den Diagrammen ist weiters zu entnehmen, dass Schwankungen der Bettungsziffer beträchtliche Schwankungen in den Längsbiegespannungen hervorrufen können.

Im Gegensatz zu der vorhergehenden Darstellung, wo die Unebenheiten einer Rohrgrabensohle als Zufallsfunktion betrachtet und mittels statistischer Methoden die, mit einer gewissen Wahrscheinlichkeit zu erwartenden Biegebeanspruchungen in erdverlegten Rohrleitungen ermittelt wurden, wobei über die örtliche Verteilung sowie über die Größe der Beanspruchung an einer bestimmten Stelle keine Informationen zu erhalten sind, wird im Folgenden die mechanische Anpassung einer erdverlegten Rohrleitung an eine messtechnisch aufgenommene unebene Rohrgrabensohle betrachtet. Des Weiteren wird der daraus resultierende Verlauf der Auflagerkraft, der Verlauf des Biegemomentes

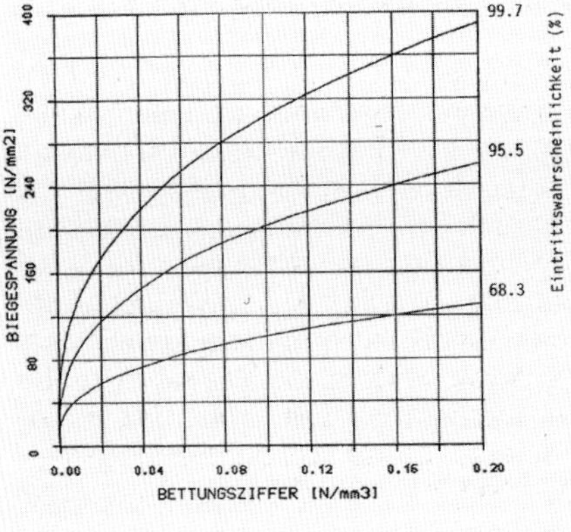

Bild 13.3-42:
Stahlrohr DN 300
Längsbiegespannungen durch Unebenheiten der Rohrgrabensohle in Abhängigkeit von der Bettungsziffer und der Eintrittswahrscheinlichkeit

sowie der Verlauf der Vergleichsspannung über die Rohrlänge ermittelt, um vor allem qualitativ zu klären, wie sich eine erdverlegte Rohrleitung an eine unebene Rohrgrabensohle anpasst und wie sich die mechanischen Reaktionen entlang der Rohrleitung verteilen. Hinsichtlich der Auflasten sind die beiden Belastungszustände „ohne Verkehrslast“ und „mit Verkehrslast“ zu unterscheiden.

Die Berechnungen erfolgen mit Hilfe eines speziell für die Simulation des Strukturverhaltens von erdverlegten Rohrleitungen in Rohrlängsrichtung entwickelten Berechnungsprogramms. Dabei wird das Strukturverhalten erdverlegter Rohrleitungen auf einer vorgegebenen Rohrgrabensohle mit einem bestimmten Unebenheitsverlauf und bestimmten Bettungsverhältnissen unter der Wirkung von Auflasten betrachtet. Bei diesen Berechnungen wird berücksichtigt, dass an jenen Stellen, wo die Durchbiegung aufgrund der zu großen Biegesteifigkeit der Rohre sich nicht der Rohrgrabenunebenheit anpassen kann, die Rohrleitung nicht auf der Rohrgrabensohle aufliegt. Der Einfachheit halber wird nicht näher auf dieses Berechnungsverfahren eingegangen, sondern es werden im Folgenden nur die Ergebnisse der durchgeführten Berechnungen für bestimmte Systemkonfigurationen dargestellt.

Die Berechnungen erfolgen für eine Stahlrohrleitung DN 300 für die Belastungszustände „ohne Verkehrslast“ und „mit Verkehrslast“. Im Folgenden werden nur drucklose Rohre betrachtet. Für die Rohrbettung wird annähernd eine gleichmäßige Bettungssteifigkeit mit einer mittleren Bettungsziffer von 0,025 N/mm^3 in Rohrlängsrichtung angenommen. Die Ergebnisse der Berechnungen für den gemessenen Höhenverlauf der Rohrgrabensohle nach Bild 13.3-41 sind für die Stahlrohrleitung DN 300 in **Bild 13.3-43** und **Bild 13.3-44** enthalten. Die Berechnungen zeigen sowohl qualitativ als auch quantitativ, wie die geometrische und die mechanische Anpassung zwischen der Rohrleitung und der Rohrgrabensohle im erdverlegten Zustand zufolge von Unebenheiten der Rohrgrabensohle erfolgt.

Den Berechnungen ist als wesentliche Erkenntnis zu entnehmen, dass erdverlegte Rohrleitungen auf einer unebenen Rohrgrabensohle nicht gleichmäßig gelagert sind, sondern die Anpassung an die unebene Rohrgrabensohle nur eine stellenweise Auflagerung zulässt. Erdverlegte Rohrleitungen liegen somit nur auf den Hochpunkten der Rohrgrabensohle auf. Zwischen den Auflagerstellen ist teilweise kein Kontakt der Rohrleitung mit der Rohrgrabensohle vorhanden. Der Abstand der Auflagerstellen hängt von der Zufälligkeit des Verlaufes der Rohrgrabenunebenheiten sowie der Steifigkeit der Rohrbettung ab. Den Bildern ist zu entnehmen, dass sich an den Auflagerbereichen stellenweise relativ große Einsenkungen der Rohrleitungen in die Bettung ergeben. Die Größe dieser Einsenkungen ist abhängig von der Auflagerbelastung und von der Bettungssteifigkeit - je weicher die Bettung desto größer die Einsenkung. Die Einsenkungen können stellenweise mehrere mm betragen.

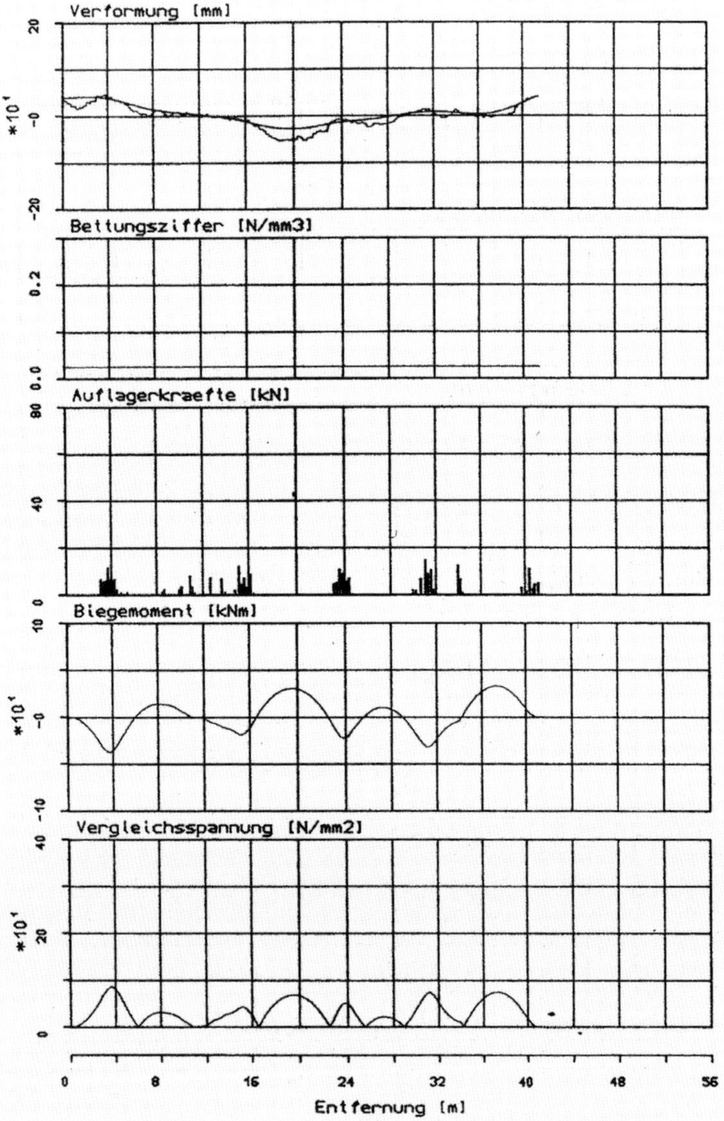

Bild 13.3-43: Stahlrohrleitung DN 300 auf unebener Rohrgrabensohle „ohne Verkehrslast“

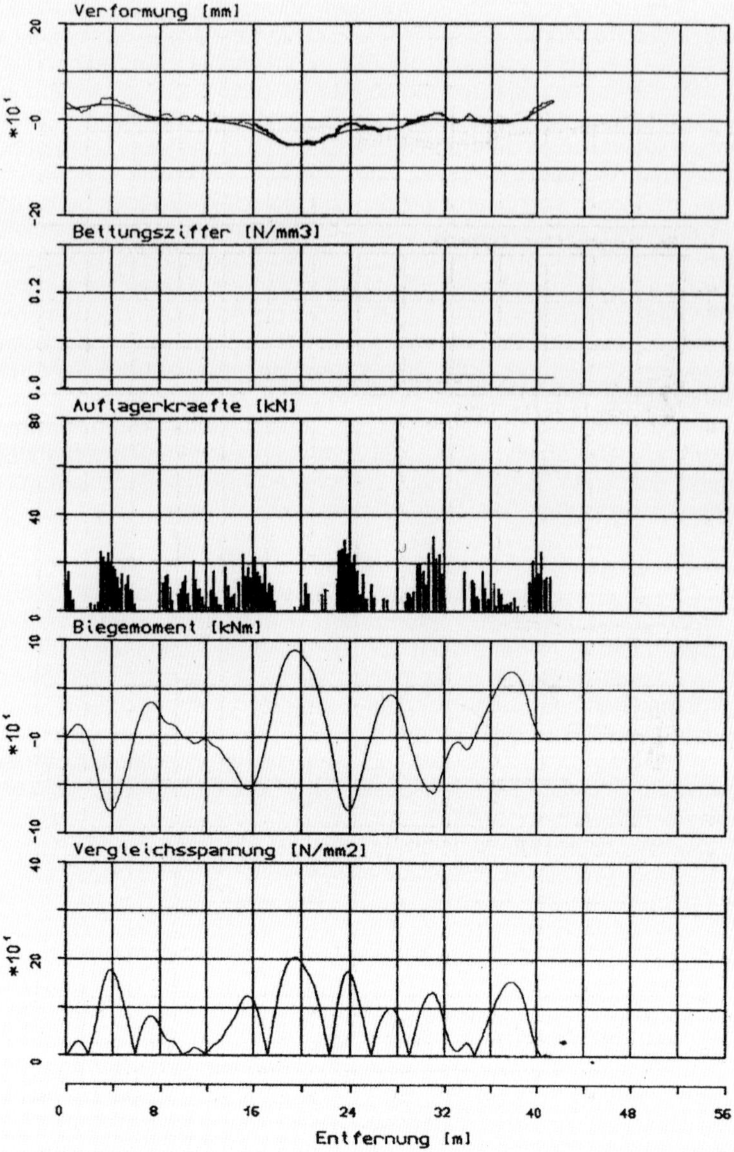

Bild 13.3-44: Stahlrohrleitung DN 300 auf unebener Rohrgrabensohle „mit Verkehrslast“

Aus den Bildern ist des Weiteren zu erkennen, dass keine gleichmäßige Anpassung der Rohrleitungen an die Rohrgrabensohle möglich ist. Dies lässt sich einerseits dadurch erklären, dass eine relativ steife Rohrleitung nicht in der Lage ist, sich dem Unebenheitsverlauf der Rohrgrabensohle entsprechend anzupassen und andererseits die Bettung so steif ist, dass auch bei beträchtlichen lokalen Absenkungen der Rohrleitung in die Bettung kein vollständiger Ausgleich des Unebenheitsverlaufes der Rohrgrabensohle und damit keine durchgehende Auflagerung der Rohrleitung erfolgen kann. Für eine vollständige Anpassung an den Verlauf der Rohrgrabenunebenheiten wäre ein extrem weiches Bettungsmaterial mit einer entsprechenden Schichtdicke, ähnlich einer Flüssigkeitsschicht bei stabilisierten Verfüllmaterialien erforderlich. Die Anpassung einer Rohrleitung an den Verlauf der Rohrgrabensohle ist natürlich auch von der Größe der einwirkenden direkten Lasten abhängig. Je größer die Auflasten, desto mehr wird die Rohrleitung an den Auflagerstellen in die Bettung gepresst und umso eher findet eine Angleichung der Rohrsohle an den Höhenverlauf der Rohrgrabensohle statt. Dies ist deutlich aus der Gegenüberstellung der Belastungszustände „ohne Verkehrslast" und „mit Verkehrslast" zu entnehmen. Rohrleitungen mit Muffenverbindungen sowie flexible Rohrleitungen können sich viel eher dem Verlauf einer unebenen Rohrgrabensohle anpassen als starre Durchlaufsysteme, wie sie etwa bei geschweißten Stahlrohrleitungen vorliegen.

Die ungleichmäßigen Rohrlagerverhältnisse zufolge der Anpassung der Rohrleitung an die Unebenheit der Rohrgrabensohle, bewirken natürlich auch eine ungleichmäßige Auflagerlastverteilung. Den Bildern ist zu entnehmen, dass die Auflagerlasten in Abhängigkeit von der Bettungssteifigkeit relativ stark schwanken sowohl hinsichtlich des lokalen Auftretens als auch hinsichtlich der Größe. Entsprechend der Zufälligkeit der Rohrgrabenunebenheiten ist auch der Auflagerkraftverlauf in Rohrlängsrichtung zufällig verteilt. Die ungleichmäßige Rohrlagerung bewirkt, dass die unmittelbar auf die Rohroberfläche bzw. auf die Rohrumhüllung einwirkenden Reaktionslasten gleichfalls ungleichmäßig verteilt sind. Aus den Bildern ist zu ersehen, dass die Rohroberfläche bzw. die Rohrumhüllung im Bereich der Rohrsohle stellenweise relativ große lokale Pressungen erfährt, wogegen dazwischen Bereiche existieren, wo die Rohroberfläche völlig unbeeinträchtigt von der Rohrbettung ist. Inwieweit derartige mechanische Einwirkungen auf die Rohrumhüllung Probleme hinsichtlich der Dauerhaftigkeit des Korrosionsschutzes mit sich bringen können, wird nicht betrachtet.

Die Ergebnisse der Berechnungen zum Verhalten erdverlegter Rohrleitungen auf unebener Rohrgrabensohle zeigen, dass die Beanspruchungsverhältnisse in Rohrlängsrichtung zufolge der Rohrgrabenunebenheiten relativ stark schwanken. Geht man davon aus, dass bei einer gleichmäßigen Rohrbettung und einer ebenen Rohrgrabensohle sowie einer gleichmäßigen Auflast auf die Rohrleitung, also bei gleichmäßigen Belastungs- und Lagerungsverhältnissen in Rohrlängsrichtung, lediglich eine konstante Absenkung der Rohrleitung und damit keine Biegebeanspruchung auftritt, so ist zu erkennen, dass zufolge der Unebenheit der Rohrgrabensohle der Biegemomentenverlauf in Rohrrichtung nicht nur beträchtlich schwankt, sondern die Biegemomente innerhalb einer geringen Wegstrecke sehr rasch aufklingen, einen Maximalwert annehmen und dann sehr rasch wieder abklingen. Dies bedeutet, dass zufolge des zufälligen Verlaufes der Rohrgrabensohle in der Rohrleitung gleichfalls zufällig verteilt über relativ kurze Rohrabschnitte sehr hohe Biegemomente auftreten. Das gleiche Verhalten wie bei den Biegemomenten gilt selbstverständlich auch für die Biegespannungen in der Rohrleitung in Rohrlängsrichtung.

Aus den Berechnungen leitet sich ab, dass die Messung des Spannungszustandes an einer bestimmten Stelle einer Rohrleitung im erdverlegten Zustand unter Umständen relativ niedrige Biegebeanspruchungen ausweisen kann, in einem unmittelbar daneben liegenden Bereich jedoch relativ hohe Beanspruchungen auftreten könnten. Dies ist einfach dadurch zu erklären, dass der Spannungszustand in der Rohrleitung, also die Auswirkung zufolge der zufällig verteilten Unebenheiten der Rohrgrabensohle gleichfalls zufällig, sowohl hinsichtlich des örtlichen Auftretens, als auch hinsichtlich der Spannungsamplitude ist.

Wie Messungen gezeigt haben, ist, im Gegensatz zu der üblichen Annahme, auch der Verlauf der Bettungssteifigkeit von Rohrgrabensohlen stellenweise sehr ungleichmäßig. Im Folgenden wird auch der Einfluss der Bettungssteifigkeit auf das Strukturverhalten erdverlegter Rohrleitungen betrachtet. Es soll dabei gezeigt werden, welchen Einfluss eine ungleichmäßige Bettungssteifigkeit im Vergleich zu Unebenheiten der Rohrgrabensohle auf die Beanspruchung einer erdverlegten Rohrleitung besitzt. In **Bild 13.3-45** und **Bild 13.3-46** sind die Ergebnisse der Berechnungen für die Stahlrohrleitung DN 300 für den gemessenen Verlauf der Bettungsziffer, unter der Annahme einer ebenen Rohrgrabensohle, für die beiden Belastungszustände „ohne Verkehrslast“ und „mit Verkehrslast“ dargestellt. Die Ergebnisse dieser Berechnungen zeigen den Einfluss der ungleichmäßigen Bettungssteifigkeit der Rohrgrabensohle.

In **Bild 13.3-47** und **Bild 13.3-48** sind die Ergebnisse der Berechnungen für die Stahlrohrleitung DN 300 für den gemessenen Höhenverlauf der Rohrgrabensohle sowie den gemessenen Verlauf der Bettungsziffer der Rohrgrabensohle für die Belastungszustände „ohne Verkehrslast“ und „mit Verkehrslast“ dargestellt. Die Ergebnisse dieser Simulationen zeigen die Überlagerung der indirekten Lasten durch die Unebenheiten der Rohrgrabensohle sowie durch die Ungleichmäßigkeit der Bettungssteifigkeit. Den Berechnungen ist zu entnehmen, dass indirekte Lasten durch Unebenheiten der Rohrgrabensohle im Allgemeinen höhere Beanspruchungen in einer erdverlegten Rohrleitung hervorrufen als die ungleichmäßige Bettungssteifigkeit. Lediglich für den Belastungszustand „mit Verkehrslast“ sind die Spitzenwerte der Bettungsziffer bei ebener Rohrgrabensohle für die Auflagerlastverteilung bedeutsam. Die Spitzenwerte der Auflagerlasten treten

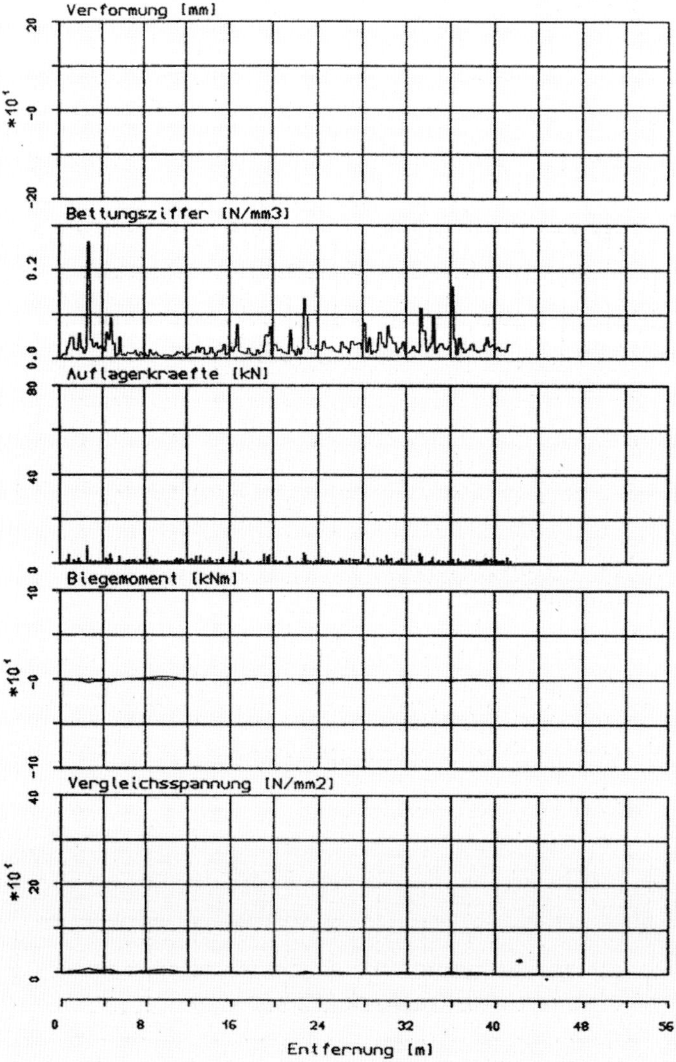

Bild 13.3-45: Stahlrohrleitung DN 300 bei ungleichmäßiger Rohrbettung „ohne Verkehrslast“

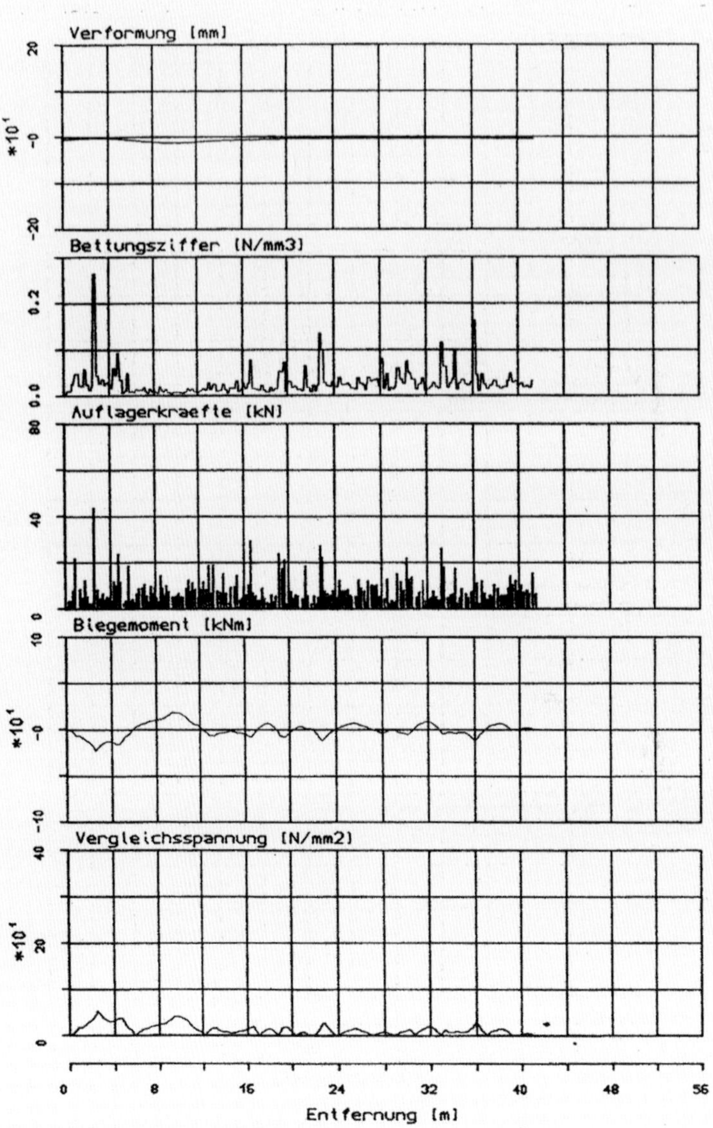

Bild 13.3-46: Stahlrohrleitung DN 300 bei ungleichmäßiger Rohrbettung „mit Verkehrslast“

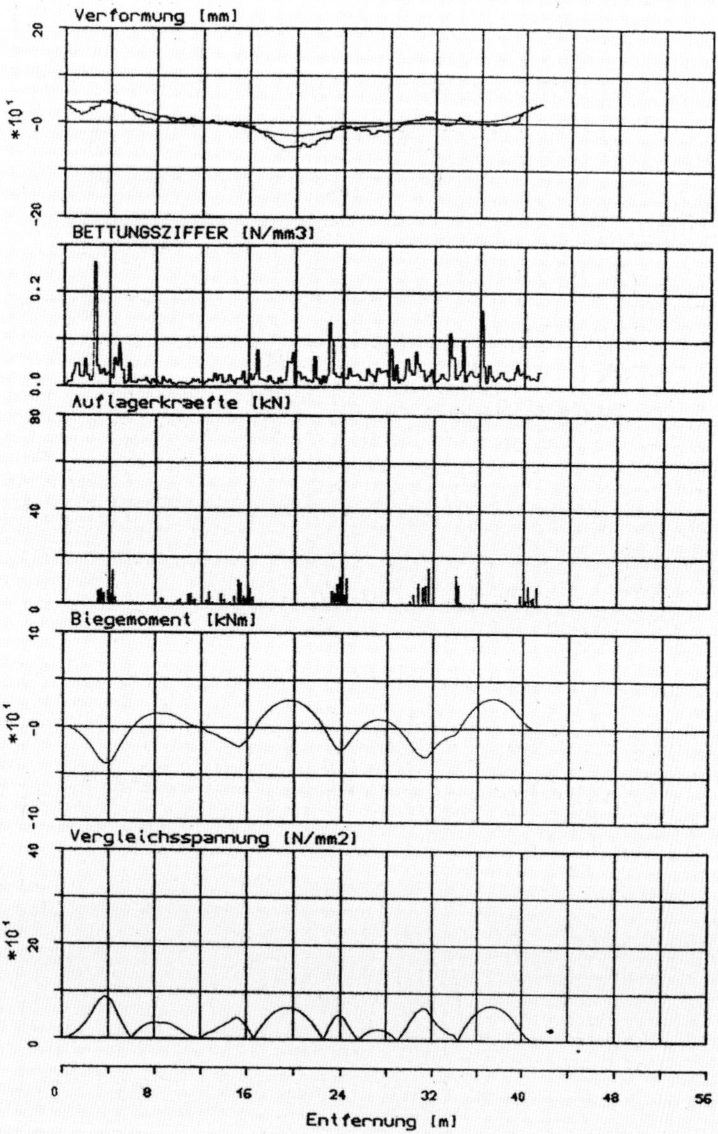

Bild 13.3-47: Stahlrohrleitung DN 300 auf unebener Rohrgrabensohle und ungleichmäßiger Rohrbettung „ohne Verkehrslast“

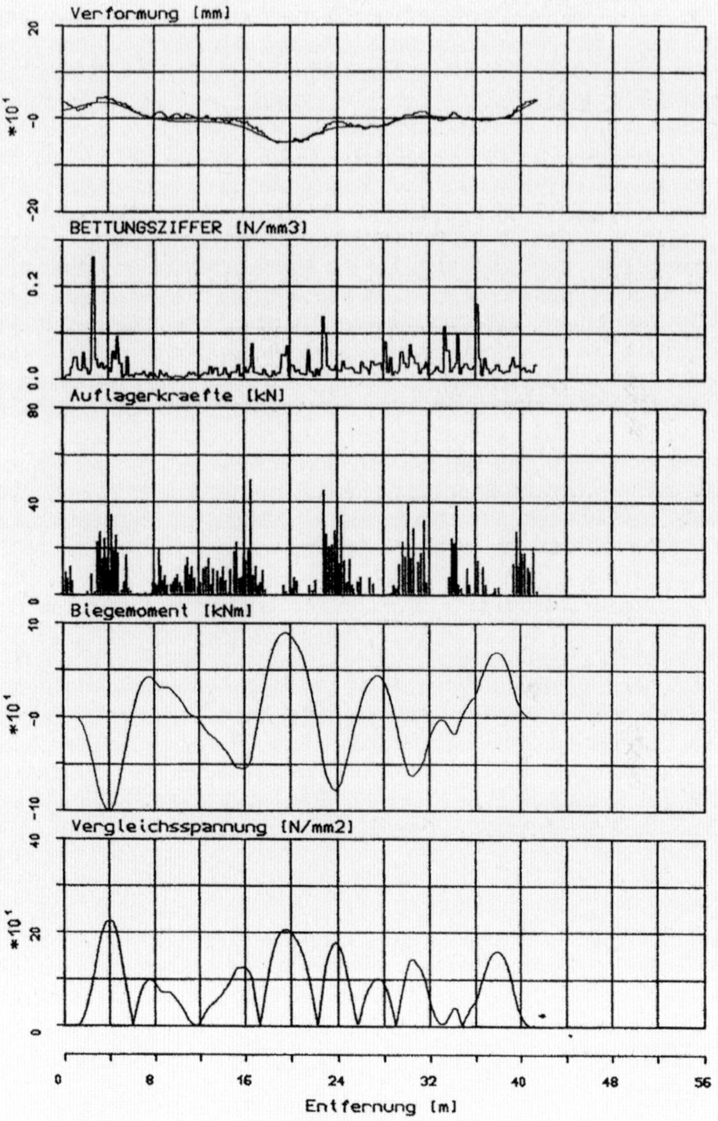

Bild 13.3-48: Stahlrohrleitung DN 300 auf unebener Rohrgrabensohle und ungleichmäßiger Rohrbettung „mit Verkehrslast“

dabei bei den Spitzenwerten der Bettungsziffer auf. Dabei handelt es sich um sehr steife Auflagerstellen, dies kann auf Steine, einen lokalen starren Unterbau, Ziegelauflagerungen, wie sie für das Ausrichten der Rohre bei der Verlegung verwendet werden, oder ähnliches zurückzuführen sein. Daraus leitet sich ab, dass lokale, sehr steife Auflagerbereiche bei hohen Auflasten erhöhte lokale Beanspruchungen in der Rohrwand und gegebenenfalls in der Korrosionsschutzumhüllung hervorrufen können. Die Bettungssteifigkeit ist nur dort von Bedeutung, wo die Rohrleitung auf der Rohrgrabensohle voll aufliegt. Der Verlauf der Bettungsziffer hat somit auf die Beanspruchung einer erdverlegten Rohrleitung nur dann einen Einfluss, wenn die Stellen hoher Bettungssteifigkeit mit den Auflagerbereichen der Rohrleitung auf der Rohrgrabensohle übereinstimmen. Aus den Bildern ist deutlich der Einfluss der Steifigkeit der Rohrbettung auf den Verlauf der Durchbiegung sowie auf den Auflagerkraftverlauf zu ersehen. Je nachgiebiger die Rohrbettung ist, desto besser ist die geometrische Anpassung der Rohrleitung und desto geringer ist die Auflagerkraft. Die ungleichmäßigen Rohrlagerungsverhältnisse zufolge der geometrischen und mechanischen Anpassung der Rohrleitung an die Unebenheit der Rohrgrabensohle sowie an die Ungleichmäßigkeit der Bettungssteifigkeit bewirken natürlich auch eine ungleichmäßige Auflagerlastverteilung. Den Bildern ist zu entnehmen, dass die Auflagerlasten in Abhängigkeit von der Bettungssteifigkeit relativ stark schwanken, sowohl hinsichtlich des lokalen Auftretens als auch hinsichtlich der Größe.

Die beispielhaft durchgeführten rechnerischen Simulationen beziehen sich auf die Vermessung einer mit einer Sandbettung versehenen Rohrgrabensohle, die für die Verlegung einer neuen Rohrleitung vorbereitet war, und sollen den grundsätzlichen Einfluss von Imperfektionen der Umgebungsverhältnisse bzw. der Rohrgrabensohle auf das Strukturverhalten einer erdverlegten Rohrleitung aufzeigen. Die Bettungssteifigkeit der betrachteten Rohrgrabensohle ist, bedingt durch die frische Sandbettung, relativ gering. Es ist anzunehmen, dass die Steifigkeit älterer Rohrbettungen im Allgemeinen höher ist als bei neuen Sandbettungen.

Wie umfangreiche Untersuchungen gezeigt haben, sind die Imperfektionen der Rohrgrabensohle, also Unebenheiten der Rohrgrabensohle und Ungleichmäßigkeiten der Rohrbettung, häufig die Ursache von Schäden an erdverlegten Rohrleitungen, insbesondere dann, wenn Umfangsrisse in den Rohren bzw. Rohrleitungen auftreten. Wobei darauf zu verweisen ist, dass derartige Verhältnisse nicht in den einschlägigen Regeln der Technik enthalten bzw. angeführt sind.

c) Belastung durch Setzungen der Grabensohle

Beanspruchungen in erdverlegten Rohrleitungen in Rohrlängsrichtung können auch bei Setzungen des Bodens unterhalb von erdverlegten Rohrleitungen z. B. durch Grundwasserabsenkungen, durch Bauarbeiten im Zusammenhang mit der Errichtung von Tunnelbauwerken, usw. aber auch durch lokale geotechnische Veränderungen des Untergrundes bzw. der Rohrbettung mit der Einsatzdauer auftreten. Die Setzungen des Untergrundes ergeben sich häufig in Form von annähernd parabelförmigen Setzungsprofilen, die dann als Grundlage für die Beurteilung der zusätzlichen Beanspruchungen der erdverlegten Rohrleitungen herangezogen werden können.

Für die Beurteilung der Beanspruchung erdverlegter Rohrleitungen durch Setzungen stehen grundsätzlich zwei Methoden zur Verfügung. Liegt das Setzungsprofil des Untergrundes aus Messungen oder Berechnungen vor, so kann man mit geeigneten EDV-Programmen das Strukturverhalten der erdverlegten Rohrleitungen unter den relevanten Lastfällen ermitteln und so den Einfluss der Setzungen auf die Rohrleitung erfassen. Vom Autor wurden entsprechende EDV-Programme entwickelt und auch erfolgreich bei Projekten eingesetzt. Es würde aber den Umfang des Beitrages bei weitem übersteigen, im Detail auf die Berechnungsmethode einzugehen. In manchen Fällen ist es aber bei weitem ausreichend das Setzungsprofil geometrisch auszuwerten und den kleinsten Krümmungsradius des Setzungsprofils zu ermitteln und das Strukturverhalten von erdverlegten Rohrleitungen mit Hilfe des sich ergebenden kleinsten Krümmungsradius zu evaluieren. Unter der Annahme, dass das Setzungsprofil auch für die erdverlegte Rohrleitung repräsentativ ist, kann man aus dem kleinsten Krümmungsradius nach Gl. (13.3-72) näherungsweise auf das maximale Biegemoment und damit auf die zusätzliche Längsbiegespannung in der drucklosen Rohrleitung schließen.

$$\sigma_l = \frac{E_R \cdot d_a}{2 \cdot R} \qquad (13.3\text{-}72)$$

In Gl. (13.3-72) bedeuten σ_l die Längsbiegespannung in der Rohrleitung, E_R den Elastizitätsmodul des Rohrwerkstoffes, d_a den Rohraußendurchmesser und R den Krümmungsradius zufolge der Setzung bzw. des Setzungsprofils.

Berücksichtigt man zusätzlich die Beanspruchung in der Rohrleitung in Rohrlängsrichtung durch den maximal zulässigen Innendruck, so erhält man den kleinsten zulässigen Krümmungsradius nach Gl. (13.3-73) bei elastischer Biegung

$$R_{min} = \frac{E_R \cdot d_a}{\sigma_{zul}} \qquad (13.3\text{-}73)$$

In Gl. (13.3-73) bedeuten R_{min} den kleinsten zulässigen Krümmungsradius zufolge der Setzung bzw. des Setzungsprofils bei elastischer Biegung und maximal zulässigem Innendruck, E_R den Elastizitätsmodul des Rohrwerkstoffes, d_a den Rohraußendurchmesser und σ_{zul} die zulässige Spannung des Rohrwerkstoffes.

d) Belastung durch Längskräfte bzw. Längsspannungen

Längskräfte in erdverlegten Rohrleitungen treten auch bei der grabenlosen Errichtung durch Pressungen oder beim Vortrieb auf, wobei entsprechende Hinweise z. B. im VdTÜV-Merkblatt 1063, dem DVGW-Arbeitsblatt GW 304, dem Arbeitsblatt ATV-DVWK-A 125 und dem Arbeitsblatt ATV-DVWK-A 161 zu entnehmen sind.

Längskräfte bzw. Längsspannungen in erdverlegten Rohrleitungen können auch im Betrieb durch den Innendruck sowie Temperaturänderungen gegenüber dem Einbauzustand bei entsprechenden Dehnungsbehinderungen auftreten.

Bei vollkommener Dehnungsbehinderung ergibt sich die Längsspannung in der Rohrleitung durch den Innendruck nach Gl. (13.3-74)

$$\sigma_l = \nu_R \cdot \left(\frac{d_m}{s} - 1\right) \cdot \frac{p_i}{2} \qquad (13.3\text{-}74)$$

In Gl. (13.3-74) bedeuten σ_l die Längsspannung in der Rohrleitung durch die vollständige Dehnungsbehinderung, p_i den Innendruck, ν_R die Querdehnungszahl des Rohrwerkstoffes, d_m den mittleren Rohrdurchmesser und s die Rohrwanddicke.

Bei vollkommener Dehnungsbehinderung ergibt sich die Längsspannung in der Rohrleitung durch Temperaturänderungen gegenüber dem Einbauzustand nach Gl. (13.3-74)

$$\sigma_l = E_R \, \alpha \, \Delta T \qquad (13.3\text{-}75)$$

In Gl. (13.3-75) bedeuten σ_l die Längsspannung in der Rohrleitung durch die vollständige Wärmedehnungsbehinderung, E_R den Elastizitätsmodul des Rohrwerkstoffes, α den linearen Wärmedehnungskoeffizienten des Rohrwerkstoffes und ΔT die Temperaturdifferenz in der Rohrwand zwischen dem Betriebszustand und der Einbautemperatur.

Zusätzlich zu den bereits angeführten Längskräften können bedingt durch die lokalen Verhältnisse entlang einer erdverlegten Rohrleitung z. B. durch Fixpunkte, Abzweigungen, usw. weitere Längskräfte in erdverlegten Rohrleitungen auftreten, die entsprechend den jeweiligen individuellen Verhältnissen im Rahmen der statischen Berechnung zu berücksichtigen sind. Es würde den Rahmen dieses Beitrages weit übersteigen auf Einzelsituationen einzugehen. Diesbezüglich liegen jedoch umfangreiche Erfahrungen vor.

13.4 Berechnung mit der Finite-Elemente-Methode

Die Finite-Elemente-Methode ist als universelle computerunterstützte Berechnungs- und Simulationsmethode zur Zeit das effizienteste Verfahren zur Berechnung erdverlegter Rohrleitungen, wobei ebenso wie bei den analytischen Verfahren das gesamte mechanische System „Fahrbahn-Boden-Rohr" betrachtet wird. Die Finite-Elemente-Methode ist im Vergleich zu den anderen Berechnungsverfahren viel aufwändiger, liefert aber zuverlässige Ergebnisse über das Beanspruchungs- und Verformungsverhalten erdverlegter Rohre und Rohrleitungen.

Die Finite-Elemente-Methode bietet die Möglichkeit einer vollständigen dreidimensionalen Analyse des Strukturverhaltens erdverlegter Rohrleitungen, wobei mit geeigneter Software auch alle nichtlinearen Eigenschaften der Komponenten sowie der Interaktionen der Komponenten des mechanischen Systems „Fahrbahn-Boden-Rohr" entsprechend berücksichtigt werden können.

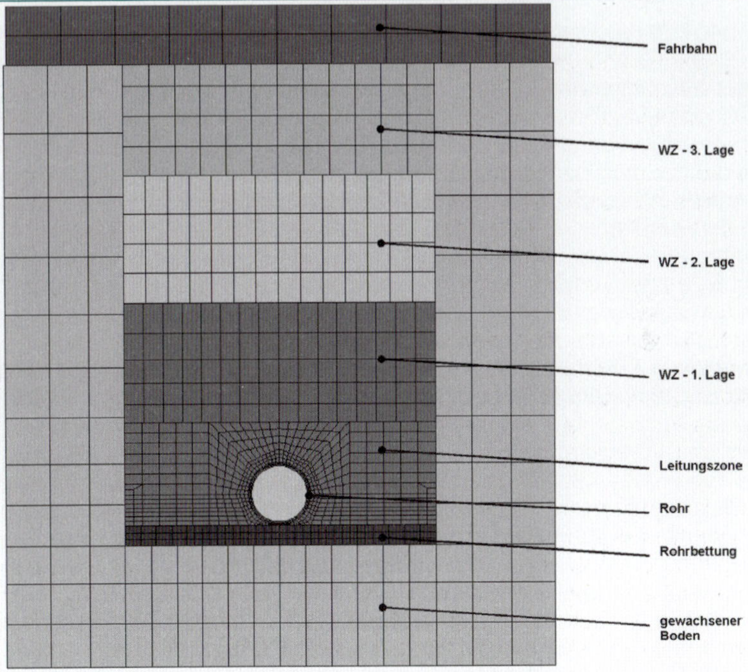

Bild 13.4-1: Finite-Elemente-Modell für ein erdverlegtes Rohr in Rohrumfangsrichtung, wobei im Modell zwischen der Leitungszone und den Wiederverfüllzonen (WZ) unterschieden ist

Die am Markt erhältlichen Finite-Elemente-Programme verfügen teilweise über geeignete Bodenmodelle zur Beschreibung des Druck-Setzungsverhaltens der Verfüllmaterialien, über umfangreiche Materialmodelle für alle Arten von Rohrwerkstoffen, mit denen z. B. das nichtlineare Werkstoffverhalten der Rohrwerkstoffe in Abhängigkeit von der Temperatur und der Einsatzdauer berücksichtigt werden kann, sowie über Möglichkeiten zur Berücksichtigung des mechanischen Kontaktes zwischen Boden und Rohr ohne und mit Berücksichtigung der Reibungsverhältnisse in der Kontaktfläche.

In **Bild 13.4.-1** ist beispielhaft das Finite-Elemente-Modell zur Berechnung eines erdverlegten Rohres im Rohrgraben in Rohrumfangsrichtung mit Verfüllung und Verdichtung unter der Einwirkung der Einbaulast sowie von Betriebslasten dargestellt, wobei die Bezeichnungen der einzelnen Lagen der Wiederverfüllzone Abschnitt 13.2 zu entnehmen sind.

13.5 Sicherheitskonzepte für erdverlegte Rohrleitungen

Eine der wesentlichsten Aufgaben der Berechnung erdverlegter Rohrleitungen besteht neben der Dimensionierung der Rohre in der Beurteilung des nachhaltig sicheren und zuverlässigen Betriebes der Rohrleitungen im Hinblick auf die Vermeidung von Schäden an Personen und Sachen sowie auch der Umwelt. Ein Sicherheitskonzept hat daher in Abhängigkeit von den Einwirkungen sowie den funktionellen Anforderungen alle Aspekte der Tragfähigkeit sowie der Gebrauchsfähigkeit erdverlegter Rohrleitungen zu umfassen. Zu diesem Zweck ist es notwendig, den rechnerisch ermittelten Beanspruchungs- und Verformungszustand in den Rohren zufolge der relevanten Einbau-, Betriebs- und Belastungsbedingungen den zulässigen Festigkeits- oder Verformungskennwerten der Rohre mit Hilfe geeigneter Kriterien im Rahmen eines Sicherheitskonzeptes gegenüberzustellen.

Wesentliche Voraussetzung für die Beurteilung der Sicherheit und Zuverlässigkeit von erdverlegten Rohrleitungen im Rahmen von Sicherheitskonzepten ist, dass die Anforderungen an die Ausführungsqualität nach den Regeln der Technik sowie die tatsächlichen Betriebsbedingungen den gewählten Berechnungsannahmen entsprechen bzw. durch die gewählten Berechnungsannahmen abgedeckt sind. Unter den Anforderungen an die Ausführungsqualität nach den Regeln der Technik ist dabei z. B. zu verstehen: Zulassung der Rohrbauunternehmen und des Schweißfachbetriebes, Zulassung der Schweißer mit gültigem Schweißerzeugnis, Verwendung zertifizierter Rohrleitungskomponenten mit entsprechenden Abnahmeprüfzeugnissen, Prüfung der Schweißnähte, Druckprüfungen (Festigkeits- und Dichtheitsprüfung), Abnahme und Inbetriebnahme der Rohrleitungen nach den Regeln der Technik, usw.

Sicherheitskonzepte sind nicht nach eigenem Ermessen frei wählbar, sondern sind auf das jeweilige Berechnungskonzept und die Vollständigkeit der Einwirkungen innerhalb der Nutzungsdauer der Rohrleitungen abzustimmen und haben neben den determinierten Einwirkungen im Betrieb auch die zufälligen, nach dem Stand der Technik bekannten Einwirkungen z. B. durch Imperfektionen der Verlegung und des Einbaues entsprechend zu berücksichtigen. In diesem Zusammenhang ist anzumerken, dass die verschiedenen Berechnungskonzepte für erdverlegte Rohrleitungen teilweise zu unterschiedlichen Ergebnissen führen und demnach für die sicherheitsrelevante Beurteilung nicht Sicherheitskonzepte für andere Bauteilnachweise herangezogen werden können, nur weil darin gefälligere Sicherheiten angegeben sind. Sicherheitskonzepte müssen die jeweiligen Sicherheitsbedürfnisse von Personen und Sachen sowie auch der Umwelt berücksichtigen und müssen auf die Anforderungen sowie auf die sicherheitsrelevanten Erfahrungen mit erdverlegten Rohrleitungen abgestimmt sein. Ein Sicherheitskonzept für erdverlegte Rohrleitungen muss von hoher Verantwortung gegenüber Personen und Sachen sowie auch der Umwelt im Betrieb der Rohrleitungen innerhalb der Nutzungsdauer geprägt sein.

13.5.1 Anstrengungs- bzw. Festigkeitshypothesen

Die Beanspruchungsverhältnisse in erdverlegten Rohren für den mehrachsigen Spannungszustand in der Rohrwand mit den Hauptnormalspannungen: σ_r der Radialspannung, σ_u der Umfangsspannung und σ_l der Längsspannung werden im Allgemeinen nach den folgenden Anstrengungshypothesen [13.5-1] bewertet:

a) Hauptspannungshypothese

Für die Hauptspannungshypothese[1)] mit den entsprechenden Spannungskomponenten in der Rohrwand in Radial-, Umfangs- und Längsrichtung gilt:

$$\sigma_V = \max(\sigma_r, \sigma_u, \sigma_l) \qquad (13.5\text{-}1)$$

Für die Beurteilung der Beanspruchungsverhältnisse in der Rohrwand wird nur die maximale Hauptspannungskomponente herangezogen. Diese Vorgangsweise wird häufig bei der Dimensionierung gegenüber Innendruck unter Verwendung der Umfangsspannung gewählt.

b) Schubspannungshypothese

Für die Schubspannungshypothese[2)] - Vergleichsspannung nach TRESCA - mit den entsprechenden Spannungskomponenten in der Rohrwand in Radial-,

---
[1)] siehe auch Abschnitt 3.2.4

[2)] siehe auch Abschnitt 3.2.3

Umfangs- und Längsrichtung gilt:

$$\sigma_{VT} = \sigma_{max} - \sigma_{min} \qquad (13.5\text{-}2)$$

dabei bedeuten $\sigma_{max} = \max(\sigma_r, \sigma_u, \sigma_l)$ und $\sigma_{min} = \min(\sigma_r, \sigma_u, \sigma_l)$.

Für die Beurteilung des Beanspruchungszustandes in Rohren zufolge Innendruck wird häufig auch in Regeln der Technik, wegen der einfachen Handhabung, die Vergleichsspannung nach TRESCA herangezogen.

c) Gestaltänderungsenergiehypothese

Für die Gestaltänderungsenergiehypothese[3] - Vergleichsspannung nach MISES - mit den entsprechenden Spannungskomponenten in der Rohrwand in Radial-, Umfangs- und Längsrichtung gilt

$$\sigma_{VM} = \sqrt{\frac{1}{2}\left[(\sigma_r - \sigma_u)^2 + (\sigma_u - \sigma_l)^2 + (\sigma_l - \sigma_r)^2\right]} \qquad (13.5\text{-}3)$$

Die Vergleichsspannung nach MISES ist die für metallische Werkstoffe am häufigsten verwendete Anstrengungshypothese für die Beurteilung der Beanspruchungsverhältnisse von erdverlegten metallischen Rohrleitungen.

Die Anwendung der MISES-Vergleichsspannung für Polymer-Werkstoffe führt aufgrund des unterschiedlichen Zug-Druck-Verhaltens zu Fehleinschätzungen der realen Werkstoffanstrengung. Der Beanspruchungszustand in Polymer-Werkstoffen, deren Druckfestigkeit σ_{dB} größer als die Zugfestigkeit σ_{zB} ist, wird daher besser nach dem sogenannten parabolischen Kriterium beurteilt. Nach [13.5-2] gilt für das parabolische Kriterium:

$$\sigma_V = \frac{m-1}{m} \cdot (\sigma_1 + \sigma_2 + \sigma_3) \pm \qquad (13.5\text{-}4)$$

$$\sqrt{\frac{(m-1)^2}{4 \cdot m^2} \cdot (\sigma_1 + \sigma_2 + \sigma_3)^2 + \frac{1}{2 \cdot m} \cdot \left[(\sigma_1 - \sigma_2)^2 + (\sigma_2 - \sigma_3)^2 + (\sigma_3 - \sigma_1)^2\right]}$$

mit $m = \sigma_{dB} / \sigma_{zB}$. Hierbei ist berücksichtigt, dass für Polymer-Werkstoffe die Druckfestigkeit σ_{dB} größer ist als die Zugfestigkeit σ_{zB}, wobei nach [13.5-2] für PE ein Wert m = 1,34 angenommen werden kann. Gleichung (13.5-4) gilt für Werte m < 3. Für m = 1,0 geht die Vergleichsspannung nach Gl. (13.5-4) über in die MISES-Vergleichsspannung nach (13.5-3).

[3] siehe auch Abschnitt 3.2.2

13.5.2 Deterministisches Sicherheitskonzept

Für die Berechnung erdverlegter Rohrleitungen sowie die Beurteilung des Strukturverhaltens erdverlegter Rohre sind nach dem Stand der Technik, folgende Nachweise zu führen:

- Spannungsnachweis
- Dehnungsnachweis
- Verformungsnachweis

Zur Beurteilung der beim Einbau und im Betrieb auftretenden Beanspruchungen und Verformungen in den Rohren sind die sich aus den Berechnungen ergebenden Werte für das Strukturverhalten den nach den Regeln der Technik vorgegebenen zulässigen Werten für den Rohrwerkstoff im Hinblick auf die Mindestnutzungsdauer der Rohre von 50 Jahren gegenüberzustellen.

Für Kunststoff-Rohrwerkstoffe sind die Nachweise in Abhängigkeit von der Belastungsdauer, sowohl für die Kurzzeit- als auch die Langzeitbelastung zu erbringen. Aufgrund des Kriech- und Relaxationsverhaltens des Rohrwerkstoffes ist der Spannungsnachweis für die maximale Kurzzeitbelastung und der Dehnungs- und Verformungsnachweis für die maximale Langzeitbelastung erforderlich.

a) Spannungsnachweis

Die spannungsbezogene Beurteilung der Beanspruchungsverhältnisse in Rohren basiert auf der Annahme eines homogenen, isotropen Rohrwerkstoffes und eigenspannungsfreien Rohren. Für den Spannungsnachweis in erdverlegten Rohren gilt nach dem Stand der Technik:

$$\sigma_{\text{vorhanden}} \leq \sigma_{\text{zulässig}} \tag{13.5-5}$$

wobei der durch die mechanischen Einwirkungen in der Rohrwand vorhandene Spannungszustand zu ermitteln und der zulässigen Spannung für den Rohrwerkstoff gegenüber zu stellen ist. Der Wert für die zulässige Spannung ist aus Regelwerken und Richtlinien oder den Herstellerunterlagen zu entnehmen, wobei die Werkstoffanstrengung durch den mehrachsigen Spannungszustand in der Rohrwand mit Hilfe der Vergleichsspannung nach bestimmten Versagenskriterien zu beurteilen ist.

Nach dem Stand den Technik werden im Allgemeinen die aus der Spannungsanalyse für den ungünstigsten Lastfall ermittelten maximalen Vergleichsspannungen in der Rohrwand mit der zulässigen Spannung des Rohrwerkstoffes verglichen. Die zulässige Spannung ergibt sich dabei aus dem normgemäßen Festigkeitskennwert σ_R (entsprechend Band I Abschnitt 2.1.3 mit R_m, R_{eL} oder

$R_{p\,0,2}$ für Stahl bezeichnet) für den Rohrwerkstoff und dem in den einschlägigen Regelwerken festgelegten Sicherheitsbeiwert S für den jeweiligen Anwendungsfall. Für den rechnerischen Spannungsnachweis gilt mit σ_V die Vergleichsspannung in der Rohrwand:

$$\sigma_V \leq \text{zul}\sigma = \frac{\sigma_R}{S_R} \tag{13.5-6}$$

Nach einschlägigen Regelwerken ist der Sicherheitsbeiwert für den Lastfall Innendruck bei Verwendung von R_{eL} oder $R_{p\,0,2}$ z. B. mit $S_R \geq 1{,}5$ festgelegt.

b) Dehnungsnachweis

Der Dehnungsnachweis für die Beurteilung der Beanspruchungen in erdverlegten Rohren, insbesondere Kunststoffrohren, also die dehnungsbezogene Beurteilung, wie sie für die Berechnung von Kunststoffbauteilen üblich ist, hat sich für Kunststoffrohre noch nicht durchgesetzt, obwohl gerade diese Vorgangsweise, im Hinblick auf das zeitabhängige Verhalten des Rohrwerkstoffes, wesentliche Erkenntnisse, insbesondere für den Langzeiteinsatz bringen würde. Für den Dehnungsnachweis in erdverlegten Rohren gilt nach dem Stand der Technik:

$$\varepsilon_{\text{vorhanden}} \leq \varepsilon_{\text{zulässig}} \tag{13.5-7}$$

wobei der durch die mechanischen Einwirkungen in der Rohrwand vorhandene Dehnungszustand zu ermitteln und der zulässigen Dehnung des Rohrwerkstoffes gegenüberzustellen ist. Der Wert für die zulässige Dehnung ist entweder aus Regelwerken und Richtlinien oder aus Herstellerunterlagen zu entnehmen.

Zu beachten ist, dass bedingt durch das zeitabhängige Verhalten von Kunststoffrohren mit der Belastungsdauer Kriechen eintritt, und damit die Dehnungen in der Rohrwand mit der Belastungsdauer zunehmen. Für die Beurteilung des Dehnungszustandes in der Rohrwand ist daher vor allem der Langzeit-Dehnungszustand maßgebend, wobei geeignete zulässige Werte im Hinblick auf die zu erwartenden Versagensmechanismen bekannt sein müssen. Langzeit-Dehnungswerte sind aus Extrapolationen für Kunststoffrohre bekannt.

c) Verformungsnachweis

Für die Beurteilung des Strukturverhaltens erdverlegter Rohre, insbesondere im Bereich der Rohrverbindungen, wird die durch den erdverlegten Zustand in den

Rohren auftretende Verformung, vor allem die vertikale Durchmesseränderung bezogen auf den Ausgangszustand, herangezogen. Für den Verformungsnachweis in erdverlegten Rohren gilt nach dem Stand der Technik:

$$\Delta d_{vorhanden} \leq \Delta d_{zulässig} \qquad (13.5\text{-}8)$$

wobei der durch die mechanischen Einwirkungen hervorgerufene Verformungszustand in den Rohren zu ermitteln und der zulässigen Verformung gegenüber zu stellen ist. Der Wert für die zulässige Verformung ist entweder aus Regelwerken und Richtlinien oder aus Herstellerunterlagen zu entnehmen.

Zu beachten ist, dass bedingt durch das zeitabhängige Verhalten von Kunststoffrohren die Verformungen mit der Belastungsdauer zunehmen. Für die Beurteilung des Verformungszustandes der Rohre ist daher vor allem der Langzeit-Verformungszustand maßgebend, wobei geeignete zulässige Werte für die jeweiligen Rohre bekannt sein müssen.

13.5.3 Probabilistisches Sicherheitskonzept

Im Allgemeinen sind die mechanischen Einwirkungen auf erdverlegte Rohre und die Festigkeitskennwerte des Rohrwerkstoffes keine determinierten Vorgänge und Zahlenwerte, sondern unterliegen gewissen zufälligen Schwankungen. Die Beurteilung der Sicherheit erdverlegter Rohre mit statistisch evaluierbaren Einwirkungen kann daher mit Hilfe eines statistischen bzw. probabilistischen Sicherheitskonzeptes nach der probabilistischen Zuverlässigkeitstheorie erfolgen [13.5-3]. Hinzuweisen ist darauf, dass probabilistische Sicherheitskonzepte großteils von den Behörden nicht akzeptiert werden, wie aus der Erfahrung sowie allgemein zugänglichen Bescheiden und Bescheidauflagen der Behörden zu entnehmen ist.

Zum Verständnis des statistischen bzw. probabilistischen Sicherheitskonzeptes werden einige Begriffe vorangestellt, für Details wird auf die einschlägige Literatur verwiesen [13.3-1], [13.3-2].

Die Versagenswahrscheinlichkeit p_f ist diejenige Eintrittswahrscheinlichkeit, bei der die aus den einwirkenden Lasten resultierende Beanspruchung S größer ist als die vorhandene Beanspruchbarkeit R der Struktur. Formal kann das Versagen durch die Bedingung $P(R \leq S)$ definiert werden, wobei P die Wahrscheinlichkeit bedeutet. Es sei darauf hingewiesen, dass das Versagenskriterium, dessen jeweilige Eintrittswahrscheinlichkeit ermittelt werden soll, entsprechend den Anforderungen der Analyse festzulegen ist. Als Versagen kann dabei z. B. das Überschreiten der Fließgrenze, der Zugfestigkeit, der zulässigen Verformung oder anderer Grenzwerte angenommen werden.

Für die weiteren Betrachtungen müssen die erforderlichen statistischen Eigenschaften, wie die Wahrscheinlichkeitsdichte der Beanspruchung $f_S(x)$ und der Beanspruchbarkeit f_R (x) aus der statistischen Auswertung von Versuchen oder Messungen bekannt sein. Für die Ermittlung der Versagenswahrscheinlichkeit wird angenommen, dass die Verteilungen der Beanspruchung und der Beanspruchbarkeit voneinander statistisch unabhängig sind.

Für die Versagenswahrscheinlichkeit p_f gilt nach [13.5-3]:

$$p_f = P(R \leq S) = \int_0^\infty F_R(x) \cdot f_S(x)dx \tag{13.5-9}$$

Dabei bedeuten:

F_R (x) - Wahrscheinlichkeitsverteilung der Beanspruchbarkeit

f_S (x) - Wahrscheinlichkeitsdichte der Beanspruchung.

Die Berechnung der Versagenswahrscheinlichkeit lässt sich somit auf die Lösung eines Integrales reduzieren. Bei bekannten statistischen Verteilungen von R und S lässt sich p_f entweder analytisch oder numerisch ermitteln.

Für die weiteren Betrachtungen wird angenommen, dass die Wahrscheinlichkeitsdichten der Beanspruchung $f_S(x)$ und der Beanspruchbarkeit $f_R(x)$ normalverteilt sind. Wenn m_S und m_R die Mittelwerte, s_S und s_R die Standardabweichungen der Verteilungen der Variablen S und R bedeuten, lässt sich die Versagenswahrscheinlichkeit der Struktur wie folgt errechnen:

$$p_f = \phi\left(-\frac{m_R - m_S}{\sqrt{s_R^2 + s_S^2}}\right) \tag{13.5-10}$$

Die Funktion ϕ ist dabei für den ermittelten Wert den bekannten Tabellenwerten für die Normalverteilung zu entnehmen.

Für erdverlegte Rohrleitungen sind nach dem Stand der Technik zwei Sicherheitsklassen definiert, für die unterschiedliche Versagenswahrscheinlichkeiten angegeben sind:

Sicherheitsklasse A
bezieht sich auf den normalen Betriebsfall, wobei im Versagensfall eine Gefährdung von Menschen, Grundwasser, Gebäuden sowie eine wesentliche Beeinträchtigung der Nutzung der Rohrleitung oder bedeutende wirtschaftliche Folgen zu erwarten wären.

Sicherheitsklasse B
bezieht sich auf selten und kurzfristig auftretende Sonderfälle, wie z. B. Druckprüfung, Bau- und Verlegezustände, wenn also im Versagensfall keine Gefährdung von Menschen, Grundwasser, Gebäuden sowie nur eine geringe Beeinträchtigung der Nutzung oder geringe wirtschaftliche Folgen zu erwarten wären.

Für diese beiden Sicherheitsklassen sind die Versagenswahrscheinlichkeiten nach dem Stand der Technik wie folgt festgelegt:

- Sicherheitsklasse A - Regelfall: $p_f = 10^{-5}$
- Sicherheitsklasse B - Sonderfall: $p_f = 10^{-3}$

Im **Bild 13.5-1** ist der Grundgedanke des statistischen bzw. probabilistischen Sicherheitskonzeptes an Hand der Wahrscheinlichkeitsdichten $f_S(x)$ für die Beanspruchung S und $f_R(x)$ für die Beanspruchbarkeit R grafisch dargestellt. Die Versagenswahrscheinlichkeit entspricht dabei der Überschneidung der Flächen unter den beiden Verteilungskurven (schraffierter Bereich). Durch Verschieben der Verteilungskurven gegeneinander lässt sich die Versagenswahrscheinlichkeit und damit die Sicherheit entsprechend beeinflussen.

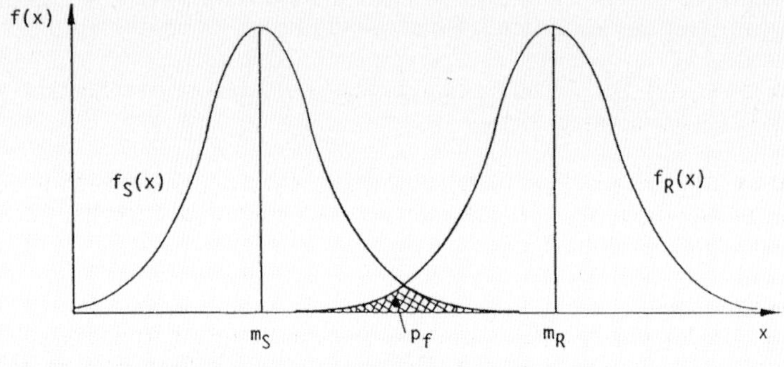

Bild 13.5-1: Prinzipielle Darstellung der Versagenswahrscheinlichkeit von Rohrleitungen

13.5.4 Nutzungsdauer von Kunststoffrohren bei Belastungsschwankungen

Der Planung von erdverlegten Kunststoffrohren wird üblicherweise eine Mindestnutzungsdauer von 50 Jahren zugrunde gelegt. Diese Mindestnutzungsdauer liegt auch der Dimensionierung der Kunststoffrohre nach den einschlägigen Regeln der Technik zugrunde. Dabei wird von einer bestimmten Dauerbetriebsspannung je nach der jeweiligen Nenndruckstufe und einer Dauerbetriebstemperatur von 20° C ausgegangen. Im realen Langzeitbetrieb von Kunststoffrohren werden jedoch Schwankungen des Betriebsdruckes sowie auch der Betriebstemperatur sowohl durch das Transportmedium als auch durch die Umgebung auftreten, wobei die Frage besteht, welchen Einfluss diese Schwankungen auf die Mindestnutzungsdauer der Kunststoffrohre besitzen. Zur Klärung dieser Frage wurden experimentelle Untersuchungen für PE-Rohre durchgeführt, die zeigen, dass die Theorie der linearen Schadensakkumulation, wie sie häufig für Nutzungsdauerabschätzungen für verschiedene Werkstoffe bei veränderlichen Belastungen herangezogen wird, auch für PE-Rohre anwendbar ist.

Die Theorie der linearen Schadensakkumulation setzt eine lineare Schädigung des Werkstoffes entsprechend dem Verhältnis von ertragener Laststandzeit und der bis zum Bruch zu erwartenden Standzeit voraus. Für die Umrechnung der Nutzungsdauerwerte unter konstanter Beanspruchung auf die Nutzungsdauer unter zeitlich veränderlicher Beanspruchung und Temperatur gilt näherungsweise:

$$\sum_{i=1}^{n} \frac{\Delta t_i}{t_B(\sigma_i, \delta_i)} \leq 1 \qquad (13.5\text{-}11)$$

Mit Δt_i der Zeit unter der jeweiligen Beanspruchung σ_i sowie der Temperatur δ_i, wobei t_B die unter der konstanten Beanspruchung im Zeitstandversuch ermittelte Bruchzeit ist.

14. Lärmschutz bei Rohrleitungen

14.1 Vorbemerkungen

Die nachfolgenden Ausführungen beziehen sich auf industrielle Rohrleitungen in

- Kraftwerken, Heizwerken und anderen Wärmeversorgungsanlagen,
- verfahrenstechnischen Anlagen der Chemie und
- der allgemeinen Industrie.

Sie gelten nicht für Rohrleitungen der Haustechnik. Hierfür sind spezielle Anforderungen und Gestaltungsregeln verbindlich, z. B. VDI 2715 für Warmwasser- und Heißwasser-Heizungsanlagen. Für Kanäle und Rohrleitungen der Lüftungstechnik, einschließlich Niederdruck-Lüftungsanlagen der Gebäudetechnik, sind ebenfalls gesonderte Richtlinien und Vorschriften anzuwenden.

Die nachstehenden Überschlagsrechnungen sollen dem Rohrleitungsplaner als Entscheidungshilfe dienen, inwieweit die von ihm geplante Rohrleitungsanlage hinsichtlich der an den Arbeitsplätzen zu erwartenden Schallimmissionen in zulässigen Grenzen liegt, oder ob zusätzliche Maßnahmen zur Lärmminderung erforderlich sind. Gleiches gilt sinngemäß für die Schallimmissionen benachbarter Anwohner bei Freianlagen und Abblaseleitungen.

Erfahrungsgemäß steht ihm für solche Betrachtungen nur wenig Zeit zur Verfügung, so dass er auf vereinfachte Berechnungen und Näherungen angewiesen ist, die aber auf der sicheren Seite liegen sollen. Für tiefergehende Untersuchungen sollte allerdings ein Akustiker hinzugezogen werden.

Formelzeichen siehe **Tabelle 14.1-1**. Abweichungen von den angegebenen Einheiten sind im Text angegeben. Weitere Erläuterungen zu den Grundbegriffen siehe [0.3-2] Kapitel 10.

14.2 Lärmquellen von Rohrleitungen

a) Allgemeines

Externe Schallquellen wie Mühlen, Verdichter, Pumpen und andere Aggregate sind geräuschintensive Lärmquellen in einer Anlage. Sie übertönen die Strömungsgeräusche in der Rohrleitung um ein Mehrfaches.

Aber auch für Rohrleitungen in Kraftwerken und anderen Wärmeversorgungsanlagen sind in VGB R 304 einige recht intensive Geräuschquellen genannt, die sinngemäß auch auf Rohrleitungen in anderen Anlagenarten zutreffen.

Tabelle 14.1-1: Formelzeichen für akustische Berechnungen
ANMERKUNG: Die als gebräuchlich bezeichneten Einheiten sind Beispiele. Sie können je nach Erfordernis hiervon abweichen.

Formelzeichen	Einheit		Bezeichnung	
	SI-kohärent	gebräuchlich		
a	m/s	m/s	Schallgeschwindigkeit	allgemein
a_F	m/s	m/s		im Fluid
a_{F2}	m/s	m/s		dito, bezogen auf Austrittsquerschnitt Armatur
a_R	m/s	m/s		in der Rohrwand (Longitudinalwellen)
d_i	m	mm	Rohrinnendurchmesser: $d_i = D_S - 2\,e_S$	
d_{i0}	m	mm	Sitzdurchmesser von Drossel- und Sicherheitsarmaturen	
D_S	m	mm	äquivalenter Außendurchmesser Rohr nach Tabelle 0.1-2	
ΔD	-	dB(A)	Pegelminderung	allgemein
ΔD_K	-	dB(A)		bei einer Kugelwelle im Freien
ΔD_P	-	dB(A)		punktförmig, im geschlossenen Raum
e_S	m	mm	äquivalente Wanddicke Rohr nach Tabelle 0.1-2	
e_{40}	m	mm	äquivalente Wanddicke Rohr PN 40	
E_E	m	m	Entfernung von einer Schallquelle	
k_v	-	m³/h	Durchflusskoeffizient	
k_{vS}	-	m³/h	Durchflusskoeffizient bei voller Öffnung (Maximalwert)	
L_A	-	dB(A)	Gesamt-Schalldruckpegel einer Armatur	
L_{Ri}	-	dB(A)	Schallleistungspegel	Rohrleitung, innerer
L_{WE}	-	dB(A)		in der Entfernung E
L_W	-	dB(A)		allgemein
ΔL_{A1F}	-	dB(A)	Schalldruckpegelanteil einer Armatur für	Flüssigkeiten, abhängig von k_v und P_1
ΔL_{A2F}	-	dB(A)		Flüssigkeiten, kavitationsabhängig
ΔL_{A1G}	-	dB(A)		Gase, abhängig von k_v und P_1
ΔL_{A2G}	-	dB(A)		Gase, abhängig von ΔP und P_1
ΔL_{A3F}	-	dB(A)		Flüssigkeiten, abhängig von Dichte ρ_o
ΔL_{A3G}	-	dB(A)		Gase, abhängig von ρ_N und T_1
ΔL_F	-	dB(A)		Flüssigkeiten, abhängig von Armaturenbauart
ΔL_G	-	dB(A)		Gase, abhängig von Armaturenbauart

Tabelle 14.1-1: Fortsetzung

Formelzeichen	Einheit 1) SI-kohärent	Einheit 1) gebräuchlich	Bezeichnung	
m_{SV}	-	-	Drosselverhältnis bei Armaturen: $m = (d_{i0} / DN)^2 \leq 1$	
Ma	-	-	Machzahl: $Ma = w / a_F$	
P_o	Pa	bar	Absolutdruck	Arbeitsdruck der Rohrleitung
P_1	Pa	bar		am Eintritt Armatur
P_2	Pa	bar		am Austritt Armatur
P_v	Pa	bar		Siededruck einer Flüssigkeit
ΔP	Pa	bar	Druckverlust oder -gefälle zwischen Ein- / Austritt Armatur	
R_R	-	dB(A)	Schalldämm-Maß	von Rohren
ΔR_R	-	dB(A)		Korrekturwert für Armaturenwanddicke
R_S	J/kg·K	J/kg·K	spezifische Gaskonstante	
T_o	K	K	Absoluttemperatur	Arbeitstemperatur der Rohrleitung
T_1	K	K		am Eintritt Armatur
T_2	K	K		am Austritt Armatur
v	m³/kg	m³/kg	spezifisches Volumen	
w	m/s	m/s	Geschwindigkeit	allgemein
w_2	m/s	m/s		bezogen auf Austrittsquerschnitt Armatur
w_R	m/s	m/s		in der Rohrleitung
y_v	-	-	Auslastungsgrad einer Armatur: $y_v = k_v / k_{vS}$	
z_v	-	-	armaturenspezifische Kenngröße für Kavitation	allgemein
$z_{0,75}$	-	-		bei $y_v = k_v / k_{vS} = 0{,}75$
α	-	-	Durchflusszahl, Ausflussziffer	
κ	-	-	Adiabatenexponent	
ρ_o	kg/m³	kg/dm³	Dichte	Fluid, bei Arbeitsparametern
ρ_N	kg/m³	kg/dm³		Normzustand (Wasserdampf: $\rho_N = 0{,}8$ kg/m³)
ρ_R	kg/m³	kg/dm³		Rohrwerkstoff
ζ	-	-	Widerstandsbeiwert (siehe Kapitel 1)	

1) 1 Pa $\widehat{=}$ 1 N/m²; 1 MPa $\widehat{=}$ 1 N/mm²; 1 GPa $\widehat{=}$ 10³ N/mm²; 1 bar $\widehat{=}$ 0,1 MPa

b) Abblase- und Ausblaseleitungen

Die Geräusche entstehen durch das Abblasen von Dampf oder anderen Gasen ins Freie. Hiervon sind betroffen:

- Abblaseleitungen von Sicherheitsventilen.
- offene Anfahrleitungen von Kesseln, auch als Sturmleitungen bezeichnet.
- Fackelleitungen in chemischen Anlagen.
- Ausblaseleitungen von Reinigungsprovisorien während des Ausblasevorganges.

Die für Abblase- und Ausblaseleitungen zu erwartenden Lärmemissionen sowie weitere Berechnungs- und Gestaltungsgrundsätze sind Kapitel 15 und 16 zu entnehmen.

c) Drosselarmaturen

Hierunter sind Drosselventile, Stellventile, Sicherheitsventile, Druckminderer und andere auf dem Drosselprinzip beruhende Armaturen zu verstehen. Drosselarmaturen für Gase und Dämpfe erzeugen höhere Schalleistungspegel als solche für Flüssigkeiten. Der Schall wird teils von der Armatur direkt an die Umgebung abgestrahlt, teils über die Rohrleitung in Form von Fluidschall oder Körperschall weitergeleitet.

d) Strömungslärm

Der Strömungslärm in Rohrleitungen gehört nur dann zu den geräuschintensiven Lärmquellen, wenn einige Grundregeln nicht beachtet werden.

14.3 Lärmemission von Armaturen

14.3.1 Grundlagen, Voraussetzungen

a) Berechnungsgrundlage

Maßgebend zur Berechnung des von Armaturen erzeugten Schalldruckpegels ist

- DIN EN 60534-8-3 für gas- und dampfförmige Fluide.
- DIN EN 60534-8-4 für flüssige Fluide.

Für den Rohrleitungsplaner, der sich nur relativ selten mit akustischen Aufgaben befassen muss, sind die o. g. Normen nicht so einfach anwendbar wie die Richtlinie VDMA 24422. Hinzu kommt, dass durch vergleichende Messungen festgestellt wurde, dass die äußeren Schalldruckpegel durch die VDMA 24422, Ausgabe 1979, am genauesten vorausberechnet werden können [14.3-1]. Selbst die nach Ausgabe 1989 der VDMA 24422 errechneten Werte sind weniger genau gegenüber der älteren Ausgabe.

Für die folgenden Berechnungen wird deshalb generell auf VDMA 24422 (Ausgabe 1979) Bezug genommen. Sie ist für alle Armaturenarten anwendbar und gestattet sowohl überschlägige Berechnungen für den Fall, dass der konkrete Armaturentyp zum Zeitpunkt der Planung noch nicht feststeht, als auch genaue Berechnungen, wenn die Messwerte der Hersteller bekannt sind. Die Berechnungsgleichungen setzen allerdings voraus, dass die vorgeschriebenen Einheiten konsequent eingehalten werden, d. h. die Gleichungen für die Schalldruckpegel sind nicht SI-kohärent. Für heterogene Feststoffströmungen und Zweistoffströmungen ist VDMA 24422 nicht geeignet.

Hohe Geräuschpegel werden hauptsächlich bei großen Druckgefällen erzeugt, d. h. bei allen Arten von Drosselarmaturen (Stellgeräte und Sicherheitsventile). Die Armaturenbauart und weitere herstellerbedingte konstruktive Details beeinflussen den Schalldruckpegel zusätzlich, was durch Korrekturglieder berücksichtigt werden kann. Armaturen für gas- oder dampfförmige Fluide haben meist einen höheren Schalldruckpegel als solche für flüssige Fluide, manchmal sogar, wenn bei Flüssigkeiten mit Kavitation zu rechnen ist.

Liegt der ermittelte Schalldruckpegel unter den zulässigen Werten nach Abschnitt 14.7, sind Standardarmaturen gegenüber geräuscharmen Bauarten ausreichend, da letztere im Allgemeinen mit höheren Kosten verbunden sind.

b) Durchflusskoeffizient (Durchflusskenngröße)

Der Durchflusskoeffizient k_v in m³/h ist in Gl. (1.1-11) definiert. Er bildet die Grundlage zur Berechnung des Schalldruckpegels und ist abhängig vom Öffnungsquerschnitt (Hub). Für die voll geöffnete Armatur wird der Durchflusskoeffizient mit k_{vS} bezeichnet.

- Regel- und Drosselarmaturen

  Der Durchflusskoeffizient k_v ist in den Herstellerunterlagen meist in Form von Öffnungskennlinien angegeben. Der Maximalwert des Schalldruckpegels tritt in der Regel bei voll geöffneter Armatur auf, also bei k_{vS}.

- Absperr- und Rückschlagarmaturen

Anstelle von k_{vS} wird häufig der Widerstandsbeiwert ζ verwendet. Zur Umrechnung gilt entsprechend Gl. (1.1-18b):

$$k_{vS} \approx \frac{0{,}04\ DN^2}{\sqrt{\zeta}} \qquad (14.3\text{-}1)$$

Gl. (14.3-1) ist nicht SI-kohärent, DN ist in mm einzusetzen.

- Sicherheitsarmaturen

  Üblicherweise wird die Durchflusszahl α_{SV} angegeben. Die Umrechnung erfolgt nach Gl. (1.1-19b) zu:

$$k_{vS} \approx 0{,}04\ d_{i0}^2\ \alpha_{SV} = 0{,}04\ m_{SV}\ DN^2\ \alpha_{SV} \qquad (14.3\text{-}2)$$

  Der Sitzdurchmesser d_{i0} ist hierbei in mm einzusetzen, das Drosselverhältnis m_{SV} ist in Tabelle 14.1-1 definiert.

c) Gültigkeitsgrenzen

Die für die Armaturen ermittelten Schalldruckpegel L_A gelten für 1 m Abstand vom Rohraußendurchmesser am Armaturenaustritt. Sie haben gemäß VDMA 24422 eine Genauigkeit von ±5 dB(A), d. h. eine Toleranzbreite von 10 dB(A). Die aus Messwerten ermittelten Konstanten wurden dabei so errechnet, dass das Ergebnis vorwiegend auf der sicheren Seite liegt.

Neuere Messungen an Armaturen für kompressible und inkompressible Fluide ergaben jedoch, dass 60 % der Berechnungswerte nach VDMA 24422 (Ausgabe 1979) eine Toleranzbreite von 10 dB(A) aufwiesen, d. h. bei 40 % der Berechnungswerte lag die Toleranzbreite höher [14.3-1]. Ergänzend muss jedoch festgestellt werden, dass lediglich bei inkompressiblen Fluiden die Berechnung nach DIN EN 60534-8-4 mit 65 % eine bessere Quote ergab, alle anderen Berechnungsregeln lagen unter 60 %. Aus diesem Grund sollte bei der Ermittlung der Schalldruckpegelanteile keine übertriebene Genauigkeit angestrebt werden. Eine Aufrundung auf volle dB(A) ist völlig ausreichend.

14.3.2 Schalldämmung infolge der Armaturenwandung

Bei der Errechnung des Schalldruckpegels L_A ist bereits eine Schalldämmung infolge einer Bezugswanddicke e_{40} eingerechnet, die sich auf die durchschnittliche Wanddicke der anschließenden Rohrleitung bei einer Armatur PN 40 bezieht. Sie hat keinen Bezug zur tatsächlichen Wanddicke der Armatur. Weicht die Anschlusswanddicke e_S von der Bezugswanddicke e_{40} ab, ist eine Korrektur in folgender Höhe erforderlich:

$$\Delta R_R = 10 \lg \frac{e_{40}}{e_S} \qquad (14.3\text{-}3)$$

Gl. (14.3-3) geht davon aus, dass unabhängig vom Nenndruck ein annähernd gleiches Verhältnis zwischen Anschlusswanddicke Rohr und Wanddicke Armatur besteht.

Die Bezugswanddicke e_{40} ist aus **Tabelle 14.3-1** zu entnehmen. Zwischenwerte sind zu interpolieren. Für Armaturen über DN 500 kann näherungsweise mit dem Wert für DN 500 gerechnet werden.

Tabelle 14.3-1: Bezugswanddicken e_{40} für Armaturen PN 40

Nennweite DN	≤ 40	50	80	100	150	200	250	300	400	500
Bezugswanddicke e_{40} in mm	2,6	2,9	3,2	3,6	4,5	6,3	7,1	8	11	14,2

14.3.3 Schalldruckpegelanteil infolge der Armaturenbauart

Je nach Bauart und Ausführung sowie weiteren herstellerspezifischen Eigenheiten lässt sich ein für die Armatur charakteristischer Schalldruckpegelanteil ermitteln, der den Herstellerunterlagen zu entnehmen ist. Er ist vom relativen Druckgefälle zwischen Ein- und Austritt Armatur abhängig:

- Gase und Dämpfe

$$\frac{\Delta P}{P_1} = \frac{P_1 - P_2}{P_1} = 1 - \frac{P_2}{P_1} \qquad (14.3\text{-}4)$$

  Das Druckverhältnis beträgt:

$$\frac{P_1}{P_2} = \frac{1}{P_2 / P_1} = \frac{1}{1 - (\Delta P / P_1)} \qquad (14.3\text{-}5)$$

  Der Einfluss des kritischen Druckverhältnisses ist im Abschnitt 14.3.4 angegeben.

- Flüssigkeiten

$$X_F = \frac{\Delta P}{P_1 - P_v} = \frac{P_1 - P_2}{P_1 - P_v} \qquad (14.3\text{-}6)$$

Der Einfluss der Kavitation ist im Abschnitt 14.3.5 erläutert.

Falls zum Zeitpunkt der Planung noch keine konkreten Armaturenangebote vorliegen, können für Überschlagsrechnungen die empirischen Werte für den Schalldruckpegelanteil

- ΔL_G von Gasen und Dämpfen aus **Bild 14.3-1**
- ΔL_F von Flüssigkeiten aus **Bild 14.3-2**

entnommen werden, oder man setzt zunächst ΔL_G bzw. $\Delta L_F = 0$. Bei der Ausführungsplanung, wenn der konkrete Hersteller feststeht, kann dann von der Reserve Gebrauch gemacht werden. Im Regelfall wird man sich für geräuscharme Armaturen entscheiden müssen, da bei üblichen Druckgefällen bereits erhebliche Schalleistungspegel zu erwarten sind.

Die in den Bildern 14.3-1 und 14.3-2 eingetragenen Kurven sind als Beispiele aufzufassen. Sie stellen Mittelwerte der verschiedenen Armaturenausführungen dar, die je nach konkretem Armaturentyp mehr oder weniger hiervon abweichen können. Bei mittleren und hohen Druckgefällen sind z. B. bei geräuscharmen

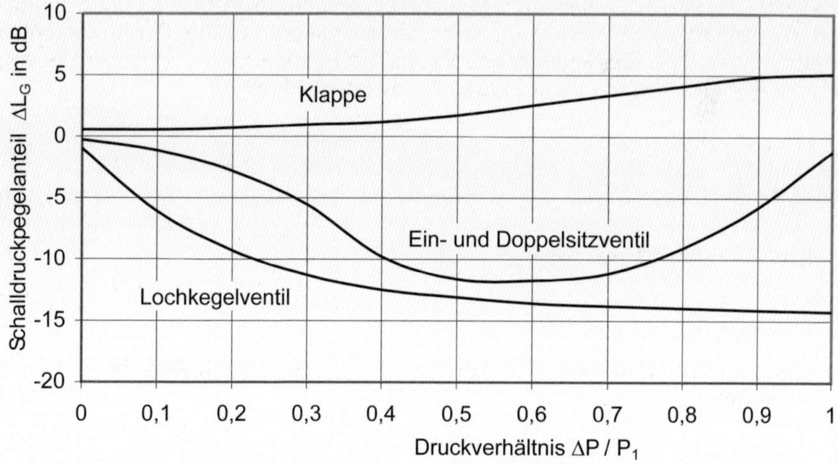

Bild 14.3-1: Beispiele für den armaturenspezifischen Schalldruckpegelanteil ΔL_G für Gase und Dämpfe

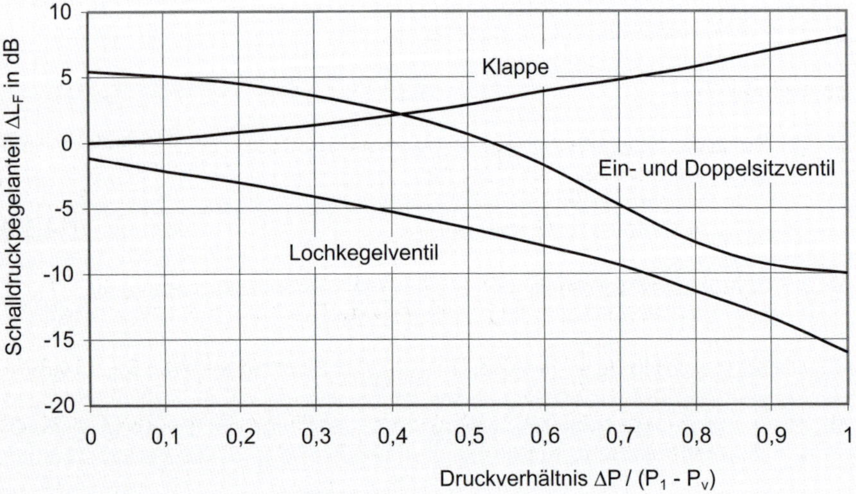

Bild 14.3-2: Beispiele für den armaturenspezifischen Schalldruckpegelanteil ΔL_F für Flüssigkeiten

Konstruktionen für Gase und Dämpfe (Lochkegelventile) Pegelminderungen in der Größenordnung von 10 bis 20 dB(A) gegenüber akustisch ungünstigen Ausführungen (Drosselklappen) zu erwarten. Ein solcher Wert wird auch in anderen Veröffentlichungen [14.3-2] als real angesehen.

14.3.4 Schalldruckpegel von Armaturen für Gase und Dämpfe

a) Schalldruckpegel

Der zu erwartende Gesamt-Schalldruckpegel errechnet sich aus

$$L_A = 14 \lg k_{VS} + 18 \lg P_1 + 5 \lg \frac{T_1}{\rho_N} + 20 \lg \left(\lg \frac{P_1}{P_2} \right) + \Delta L_G + \Delta R_R + 52 \quad (14.3\text{-}7)$$

In VDMA 24422 ist Gl. (14.3-7) in einzelne Schalldruckpegelanteile zerlegt:

$$L_A = \Delta L_{A1G} + \Delta L_{A2G} + \Delta L_{A3G} + \Delta L_G + \Delta R_R \quad (14.3\text{-}8)$$

die aus Diagrammen abgelesen werden können.

Es bedeuten:

ΔL_{A1G} - Schalldruckpegelanteil, abhängig vom Durchflusskoeffizienten k_{vS} in m³/h und dem Eintrittsdruck P_1 in bar:

$$\Delta L_{A1G} = 14 \lg k_{vS} + 18 \lg P_1 + 52 \quad (14.3\text{-}9)$$

ΔL_{A2G} - Schalldruckpegelanteil, abhängig vom Druckverhältnis zwischen Ein- und Austritt, bezogen auf ein kritisches Druckverhältnis $P_2 / P_1 = 0{,}546$:

$$\Delta L_{A2G} = 20 \lg \left(\lg \frac{P_1}{P_2} \right) - 20 \lg \left(\lg \frac{1}{0{,}546} \right) = 20 \lg \left(\lg \frac{P_1}{P_2} \right) + 11{,}6 \quad (14.3\text{-}10)$$

ΔL_{A3G} - Schalldruckpegelanteil, abhängig von der Eintrittstemperatur T_1 in K und der Normdichte ρ_N in kg/m³:

$$\Delta L_{A3G} = 5 \lg \frac{T_1}{\rho_N} + 20 \lg \left(\lg \frac{1}{0{,}546} \right) = 5 \lg \frac{T_1}{\rho_N} - 11{,}6 \quad (14.3\text{-}11)$$

Die Normdichte ρ_N ist aus Tabellenwerken zu entnehmen. Tabelle 1.5-1 enthält Werte für einige häufig vorkommende Gase. Für Wasserdampf gilt $\rho_N = 0{,}8$ kg/m³.

ΔR_R - Schalldämmung der Armaturenwandung nach Abschnitt 14.3.2.

ΔL_G - armaturenspezifischer Schalldruckpegelanteil nach Abschnitt 14.3.3.

b) Zulässige Geschwindigkeit im Austrittsquerschnitt

Gl. (14.3-7) bzw. (14.3-8) setzen voraus, dass im Austrittsquerschnitt $Ma \leq 0{,}3$ eingehalten ist, d. h. die Geschwindigkeit

$$w_2 \leq 0{,}3\, a_F \quad (14.3\text{-}12)$$

nicht überschritten wird. Die Formeln zur Ermittlung der Schallgeschwindigkeit sind **Tabelle 14.3-2** zu entnehmen. Die Zustandsgrößen beziehen sich auf den Austrittsquerschnitt (Index 2) der Armatur.

Bei Geschwindigkeiten $w_2 > 0{,}3\, a_F$ steigt der Schalldruckpegel an. Dessen Höhe kann nach einem speziellen Berechnungsverfahren ermittelt werden [14.3-3].

Tabelle 14.3-2: Formeln für die Schallgeschwindigkeit, bezogen auf Austritt Armatur (Formelzeichen siehe Tabelle 14.1-1)

Fluid	Schallgeschwindigkeit a_F
Heißdampf (P_2 in bar)	$333 \sqrt{P_2 \, v_2}$
Sattdampf (P_2 in bar)	$323 \sqrt{P_2 \, v_2}$
ideales Gas	$\sqrt{\kappa R T_2}$
Luft (R = 287 J/kg·K; κ = 1,4)	$20\sqrt{T_2}$

14.3.5 Schalldruckpegel von Armaturen für Flüssigkeiten

a) Gemeinsamkeiten

Der zu erwartende Gesamt-Schalldruckpegel errechnet sich aus:

$$L_A = 10 \lg k_{vS} + 18 \lg \left(P_1 - P_v\right) - 5 \lg \rho_o + \Delta L_{A2F} + \Delta L_F + \Delta R_m + 40 \qquad (14.3\text{-}13)$$

Der Siededruck P_v der jeweiligen Flüssigkeit ist in Abhängigkeit von der Temperatur aus Tabellenwerken zu entnehmen, für Wasser z. B. aus den VDI-Wasserdampftafeln bzw. **Bild 14.3-3**.

Gl. (14.3-13) setzt voraus, dass $(P_1 - P_v) > 0$ ist. Wird hingegen der Siededruck P_v bei siedenden oder heißen Flüssigkeiten (z. B. Siedewasser, Heißwasser) durch den Druckabbau $\Delta P = P_1 - P_2$ unterschritten, ergibt sich $(P_1 - P_v) \leq 0$, d. h. die Formeln für flüssige Fluide sind hierfür nicht mehr geeignet.

Zur Abschätzung des zu erwartenden Schalldruckpegels können die Formeln für dampf- und gasförmige Fluide nach Abschnitt 14.3.4 angewendet werden. Dabei ist für die Stoffwerte eine voll ausgebildete gasförmige Strömung vorauszusetzen. Siedewasserableiter (z. B. Trommelschnellentwässerungen oder Notablässe an Kesseln) sind prinzipiell in dieser Form zu berechnen.

In VDMA 24422 ist Gl. (14.3-13) analog zu den gas- und dampfförmigen Fluiden ebenfalls in einzelne Schalldruckpegelanteile zerlegt:

$$L_A = \Delta L_{A1F} + \Delta L_{A2F} + \Delta L_{A3F} + \Delta L_F + \Delta R_m \qquad (14.3\text{-}14)$$

Sie können aus einzelnen Diagrammen abgelesen werden und bedeuten:

ΔL_{A1F} - Schalldruckpegelanteil, abhängig vom Durchflusskoeffizienten k_{vS} in m³/h und der Druckdifferenz $(P_1 - P_v)$ in bar, bezogen auf die Dichte von

Kaltwasser bei Raumtemperatur $\rho_{KW} = 1000$ kg/m³:

$$\Delta L_{A1F} = 10 \lg k_{vS} + 18 \lg (P_1 - P_v) - 5 \lg \rho_{KW} + 40$$

$$= 10 \lg k_{vS} + 18 \lg (P_1 - P_v) + 25 \qquad (14.3\text{-}15)$$

ΔL_{A3F} - Schalldruckpegelanteil, abhängig von der Dichte in kg/m³, bezogen auf Kaltwasser mit $\rho_{KW} = 1000$ kg/m³:

$$\Delta L_{A3F} = -5 \lg \frac{\rho_o}{\rho_{KW}} = -5 \lg \rho_o + 5 \lg \rho_{KW} = 15 - 5 \lg \rho_o \qquad (14.3\text{-}16)$$

Die Dichte ρ_o ist aus Tabellenwerken zu entnehmen. Tabelle 1.2-1 enthält Werte für Wasser, Tabelle 1.3-1 Dichten für andere Flüssigkeiten.

ΔR_R - Schalldämmung der Armaturenwandung nach Abschnitt 14.3.2.

ΔL_G - armaturenspezifischer Schalldruckpegelanteil nach Abschnitt 14.3.3.

ΔL_{A2F} - kavitationsabhängiger Schalldruckpegelanteil (siehe Buchstabe b)

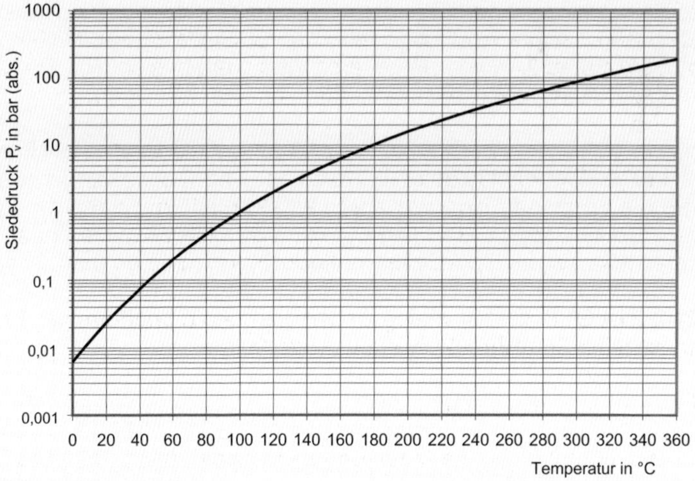

Bild 14.3-3: Siededruck P_v für Wasser (kritischer Druck rund 374 bar bei 226 °C)

b) Einfluss der Kavitation

Die Höhe des Schalldruckpegelanteiles ΔL_{A2F} richtet sich stark danach, ob in der Armatur Kavitation zu erwarten ist oder nicht. Die Abgrenzung richtet sich nach einer armaturenspezifischen Kenngröße z_y (auch als akustischer Beiwert bezeichnet), die von der Öffnungskennlinie der jeweiligen Armatur abhängt, d. h. von der Armaturenausführung, von der Konstruktion des Stellgliedes und vom Auslastungsgrad

$$y_v = k_v / k_{vS} \qquad (14.3\text{-}17)$$

Öffnungskennlinien oder diesbezügliche Wertepaare sollen Bestandteil der Herstellerunterlagen für Regelarmaturen sein. Einige typische Kennlinien sind im **Bild 14.3-4** dargestellt.

Dem Auslastungsgrad $y_v = 1$ entspricht voller Öffnungsdurchgang. Der bei $y_v = 0{,}75$ zu erwartende Wert $z_{0,75}$ dient als Kenngröße für die Beurteilung hinsichtlich kavitationsfreier bzw. kavitationsbehafteter Strömung. Er soll ebenfalls in den Armaturenunterlagen angegeben sein. Richtwerte für einige Armaturenbauarten enthält **Tabelle 14.3-3**.

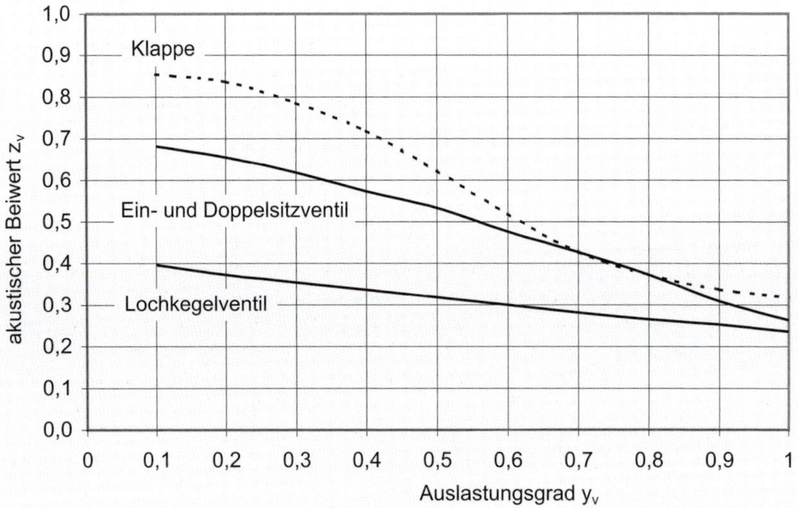

Bild 14.3-4: Öffnungskennlinien (Beispiele) von Stellarmaturen für Flüssigkeiten

Tabelle 14.3-3: Richtwerte des akustischen Beiwertes $z_{0,75}$ für k_v / k_{vS} = 0,75

Armaturenbauart	akustischer Beiwert $z_{0,75}$	
	von	bis
Kugelhähne	0,1	0,2
Drosselklappen	0,15	0,25
Ein- und Zweisitzregelventile	0,3	0,5
Lochkegelventile	0,6	0,9

Für überschlägige Zwecke kann mit den Richtwerten nach Tabelle 14.3-3 und der Tendenz der Kurvenverläufe aus Bild 14.3-4 zumindest näherungsweise eine Öffnungskennlinie konstruiert und somit der beim jeweiligen Auslastungsgrad zu erwartende Schalldruckpegelanteil ermittelt werden.

- Kavitationsfreie Strömung

  Hierfür gilt die Bedingung

$$X_F = \frac{\Delta P}{P_1 - P_v} \leq z_v \qquad (14.3\text{-}18)$$

  Schalldruckpegelanteil ΔL_{A2F}:

$$\Delta L_{A2F} = 18 \lg \frac{X_F}{z_v} \qquad (14.3\text{-}19)$$

  Wegen $X_F \leq z_v$ ist auch $\Delta L_{A2F} \leq 0$, d. h. der Pegelanteil wirkt mindernd auf den Gesamt-Schalldruckpegel.

- Kavitationsbehaftete Strömung

  Es gilt die Bedingung

$$X_F = \frac{\Delta P}{P_1 - P_v} > z_v \qquad (14.3\text{-}20)$$

  Schalldruckpegelanteil ΔL_{A2F}:

$$\Delta L_{A2F} = 292\,(X_F - z_v)^{0,75} - (268 + 38\,z_v)\,(X_F - z_v)^{0,935} \qquad (14.3\text{-}21)$$

  Gl. (14.3-21) ergibt in jedem Fall positive Werte, d. h. dieser Pegelanteil wirkt erhöhend auf den Gesamt-Schalldruckpegel. Die hiernach ermittelten Schalldruckpegelanteile ΔL_{A2F} sind im **Bild 14.3-5** dargestellt.

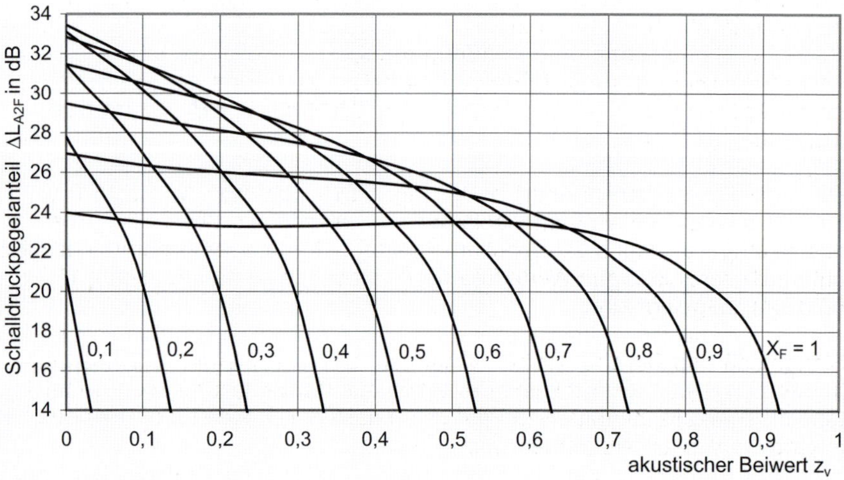

Bild 14.3-5: Schalldruckpegelanteil ΔL_{A2F} bei Kavitation

Maximalwerte von ΔL_{A2F} ergeben sich bei:

$$X_F = 0{,}48 + 0{,}72\, z_v \leq 1 \qquad (14.3\text{-}22)$$

Durch die Kavitation treten erhebliche Pegelerhöhungen gegenüber der kavitationsfreien Strömung auf. Der Kavitationsbereich sollte aus diesem Grund gemieden werden, zudem am Stellglied, im Sitzbereich und in den benachbarten Gehäuseteilen mit Metallabtrag zu rechnen ist.

c) Zulässige Geschwindigkeit im Austrittsquerschnitt

Die Schalldruckpegel nach Gl. (14.3-13) bzw. (14.3-14) gelten für Geschwindigkeiten w_2 im Austrittsquerschnitt von:

$$w_2 < 4{,}5\sqrt{P_2 - P_v} \leq 10 \text{ m/s} \qquad (14.3\text{-}23)$$

14.3.6 Armaturen mit kleinem Druckgefälle

Absperr- und Rückschlagarmaturen für Gase und Dämpfe haben gegenüber Regelventilen keine Drosselfunktion und verarbeiten auch keine hohen

Druckgefälle wie Sicherheitsventile. Als Druckdifferenz ΔP ist der Druckverlust gemäß Gl. (1.1-5) bzw. (1.1-6) anzusetzen. Da $\Delta P << P_1$ ist, d. h. $P_1 / P_2 \approx 1$ ist, strebt je nach Widerstandsbeiwert ζ der Schalldruckpegelanteil für gas- oder dampfförmige Fluide L_{A2G} zu hohen negativen Werten. Er beträgt gemäß Gl. (14.3-10) z. B. -36 dB(A) für $P_1 / P_2 = 1{,}01$ oder -22 dB(A) für $P_1 / P_2 = 1{,}05$.

Da auch die Armaturenbauart bei geringen Druckgefällen $\Delta P / P_1 \approx 0$ wenig Einfluss auf den Schalldruckpegelanteil ΔL_G hat, wie aus Bild 14.3-1 zu erkennen ist ($\Delta L_G \approx 0$), liegen die Schalldruckpegel L_A für Absperrarmaturen deutlich unterhalb der zulässigen Werte für Arbeitsmittel, die gemäß Abschnitt 14.7 mit 80 dB(A) festgelegt sind.

Sinngemäß das Gleiche gilt bei Armaturen für Flüssigkeiten. Bei ihnen strebt X_F gegen null, d. h. es tritt keine Kavitation auf. Der Schalldruckpegelanteil L_{A2F} tendiert ebenfalls zu negativen Werten, so dass die Grenze für die Gehörschädigung deutlich unterschritten wird.

Absperr- und Rückschlagarmaturen brauchen demzufolge hinsichtlich zulässigem Schalldruckpegel nicht gesondert untersucht werden.

14.4 Strömungslärm

14.4.1 Gase und Dämpfe

Maßgebende Größe für den Strömungslärm in Rohrleitungen ist die Machzahl Ma (Tabelle 14.3-2) bzw. die Strömungsgeschwindigkeit des Fluids w_R:

- Geschwindigkeiten unterhalb 0,1 Ma ($w_R < 0{,}1\ a_F$)

  Sie haben keinen Einfluss auf den Lärmpegel [14.4-1]. Ablösungen in engen Bögen und an scharfkantigen Abzweigen bedingen keine messbaren Pegel-erhöhungen. Für Wasserdampf mit Parametern nahe der Sattdampflinie entspricht das rund 45 m/s, für den Heißdampfbereich von 500 bis 550 °C etwa 65 m/s. Aus Gründen des Druckverlustes können solche Geschwindigkeiten häufig gar nicht ausgenutzt werden.

- Geschwindigkeiten von 0,1 bis 0,2 Ma ($w_R = 0{,}1$ bis $0{,}2\ a_F$)

  Der Bereich ist ebenfalls noch zulässig, wenn für die Rohrleitung strömungsgünstige Bauteile ohne scharfe Kanten und Toträume vorgesehen werden. Plötzliche Querschnittssprünge, vorstehende Dichtungen und andere Unstetigkeiten sind hierbei zu vermeiden. Allgemein gilt das Prinzip, dass strömungstechnisch günstig gestaltete Bauteile und Rohrleitungen auch niedrige Geräusche bedingen.

- Geschwindigkeiten über 0,2 Ma ($w_R > 0{,}2\ a_F$)

  Sie sind zu vermeiden, obwohl gemäß VDMA 24422 für den Armaturenaustritt und in anderen Veröffentlichungen [14.4-2] auch für die Rohrleitungen Ma = 0,3 als Höchstgrenze für gasförmige Fluide angesehen wird. In der Praxis treten solche Geschwindigkeiten wegen der damit verbundenen hohen Druckverluste in der Regel kaum auf.

In VDI 3733 sind Berechnungsformel zur Ermittlung des inneren Schallleistungspegels für Geschwindigkeiten Ma < 0,3 enthalten. Entsprechend aufbereitet ergibt sich:

$$L_{Ri} = 131{,}4 - 0{,}16\ w_R + 60\ \lg w_R + 10\ \lg P_o + 20\ \lg d_i - 25\ \lg (R\ T_o) - 15\ \lg \kappa \qquad (14.4\text{-}1)$$

Für Luft mit R = 287 J/(kg·K) und κ = 1,4 unter atmosphärischem Druck (P_o = 1,013 bar) bei 0 °C (T_o = 273 K) vereinfacht sich Gl. (14.4-1) zu:

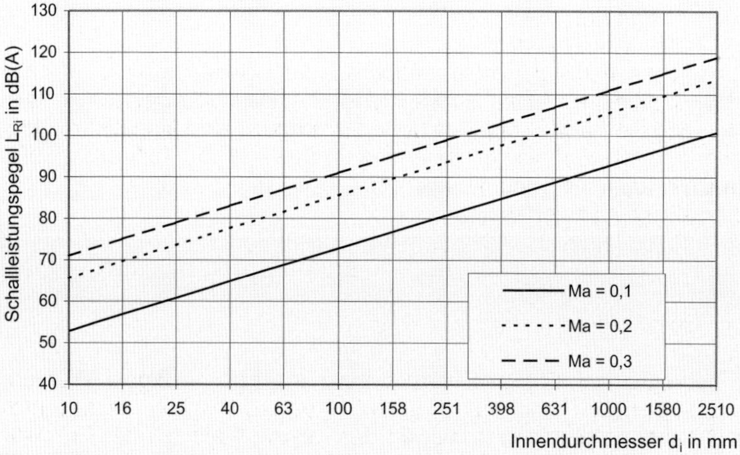

Bild 14.4-1: Innerer Schallleistungspegel L_{Ri} für Luft von atmosphärischem Druck bei 0 °C in Abhängigkeit von der Strömungsgeschwindigkeit w_R

$$L_{RiL} = 7 - 0{,}16\, w_R + 60 \lg w_R + 20 \lg d_i \qquad (14.4\text{-}2)$$

Zur Veranschaulichung der zu erwartenden Größenordnung sind im **Bild 14.4-1** die sich hieraus ergebenden inneren Schalleistungspegel für Ma = 0,1 bis 0,3 dargestellt (a_F = 330 m/s), um den üblichen Anwendungsbereich zu kennzeichnen.

Weitere Berechnungen sind aus o. g. Gründen im Regelfall nicht erforderlich, wenn man sich in den angegebenen Grenzen der Ma-Zahl bewegt. Die Kenntnis des inneren Schalleistungspegels kann jedoch erforderlich sein, wenn an die Rohrleitung eine externe Lärmquelle (Verdichter, Regelarmatur) angeschlossen ist, die das Strömungsgeräusch überlagert. Dabei ist eine frequenzabhängige Bewertung erforderlich. Die Richtlinie VDI 3733 enthält diesbezügliche Berechnungsvorschriften.

14.4.2 Flüssigkeiten

Weder in VDI 3733 noch in anderen Veröffentlichungen finden sich Anhaltswerte für den Schalleistungspegel, weil bei den üblichen Strömungsgeschwindigkeiten bis zu 10 m/s der Einfluss gegenüber anderen Lärmquellen vernachlässigbar ist. Höhere Geschwindigkeiten verbieten sich schon von selbst wegen des stark steigenden Druckverlustes. Eine überschlägige Berechnung kann nach Abschnitt 14.3.6 erfolgen, wenn z. B. eine Rohrleitungslänge von 1 m als äquivalente Armatur betrachtet wird.

Bei Siedewasserleitungen ist zu beachten, dass diese häufig zu klein dimensioniert sind. Einzelheiten siehe Abschnitt 1.2.4. Ist die Nennweite zu klein, sind Schläge und Stöße die Folge, da hohe Dampfgeschwindigkeiten mit niedrigen Kondensatgeschwindigkeiten zusammentreffen und das Kondensat auf seinem Strömungsweg immer mehr ausdampft. Diese Einflüsse auf den Lärmpegel sind rechnerisch kaum zu erfassen.

14.4.3 Feststoffe

Beim hydraulischen Feststofftransport tritt ein gleichmäßiges Strömungsrauschen auf. Je nach Feststoffbeschaffenheit und -größe können diesem zusätzliche Geräusche durch Anschlagen der Feststoffteile an die Rohrwandung überlagert sein. In VDI 3733 sind Schalleistungspegel von 69 bis 72 dB(A) in 0,2 m Abstand von der Rohrleitung angegeben.

Anders liegen die Verhältnisse beim pneumatischen Feststofftransport. Hierbei sind Schalleistungspegel von 85 bis 100 dB(A) in 1 m Abstand zu erwarten.

Im Bereich von Krümmern können sie sogar noch 10 bis 15 dB(A) höher sein. Befindet sich eine solche Rohrleitung in der Nähe von ständigen Arbeitsplätzen, müssen Schallschutzmaßnahmen in Betracht gezogen werden.

14.5 Schallübertragung innerhalb der Rohrleitung

Sind an eine Rohrleitung externe Schallquellen angeschlossen, z. B. Regelarmaturen, Pumpen oder Verdichter, werden deren Schallemissionen über das Fluid weitergeleitet. Der Fluidschall wird über die Rohrleitungswand als Körperschall und Luftschall nach außen abgegeben.

Durch Absorption wird allerdings die Schallenergie in der Rohrleitung während ihres Strömungsweges vermindert. Anhaltswerte enthält VDI 3733. Sie betragen bei Gasen und Dämpfen 0,1 bis 0,3 dB/m, wobei die hohen Werte für kleine Nennweiten gelten. Bei Flüssigkeiten liegt die Absorption um rund eine Zehnerpotenz niedriger.

Für Industrieanlagen mit relativ kurzen Rohrleitungslängen ist die Absorption von untergeordneter Bedeutung. Es kann daher notwendig sein, durch geeignete Maßnahmen an den externen Schallquellen den in die Rohrleitung eingetragenen Schall auf ein ertragbares Maß zu senken. Hierfür sind im allgemeinen Schalldämpfer oder andere schalldämmende Einbauten (Kugelschüttungen, Lochbleche) geeignet, die den externen Schallquellen nachgeschaltet sind.

Im Niederdruckbereich kann die externe Schallquelle auch über einen Weichstoffkompensator mit der Rohrleitung verbunden werden, so dass Körperschallübertragung vermieden wird.

14.6 Schall in geschlossenen Räumen

14.6.1 Schallabstrahlung und Schalldämmung

Die in der Rohrleitung transportierte Schallenergie wird über die Rohrleitungswand nach außen abgegeben. Die Rohrleitungswand selbst übt eine schalldämmende Wirkung aus. Im Abschnitt 14.3.2 wurden bereits Anhaltswerte für die Schalldämmung der Rohrwand im Zusammenhang mit Armaturen genannt. **Bild 14.6-1** enthält weitere Richtwerte für das Schalldämm-Maß R_R. Sie entsprechen der in VDI 3733 enthaltenen Formel:

$$R_R = 9 + 10 \lg \frac{a_R \rho_R e_S}{a_F \rho_F d_i} \qquad (14.6\text{-}1)$$

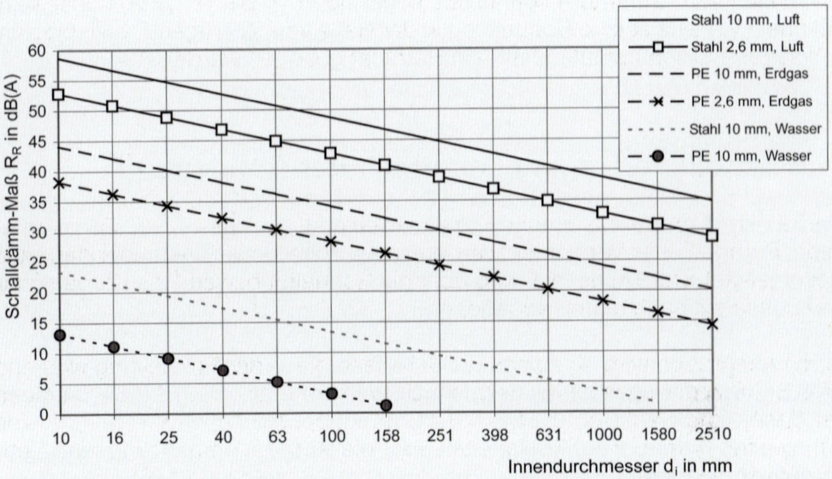

Bild 14.6-1: Schalldämm-Maß R_R von Rohren nach VDI 3733 in Abhängigkeit vom Fluid, Rohrwerkstoff und Wanddicke

Tabelle 14.6-1: Schallgeschwindigkeit und Dichte einiger Rohrwerkstoffe

Rohrwerkstoff	Schallgeschwindigkeit in m/s	Dichte ρ_R in kg/m³
Stahl	5100	7850
Aluminium	5100	2700
Gusseisen	3400	7100 bis 7300
PE	1100	930 bis 950
PVC	1600	1400 bis 1550
UP-GF	2300	1750

Für die Schallgeschwindigkeit und die Dichte des Rohrwerkstoffes können die Werte aus **Tabelle 14.6-1** verwendet werden.

Bereits Wanddicken mit der festigkeitsmäßig erforderlichen Mindestdicke besitzen eine spürbare Dämmwirkung. Darüber hinaus sollte die Wanddicke jedoch nicht erhöht werden, da die zusätzliche Dämmwirkung in keinem Verhältnis zu der Kostenerhöhung der Rohrleitung besteht.

Eine hohe Dämmwirkung ist durch eine zusätzliche Schalldämmung zu erwarten. Sie unterscheidet sich von der üblichen Wärmedämmung durch

- Vermeiden metallischer Abstandshalter und durch eine
- zusätzliche Entdröhnungsbeschichtung der Blechummantelung.

Bei einer Dämmdicke von 50 mm sind Pegelminderungen in der Größenordnung von 15 bis 20 dB zu erwarten, bei 100 mm Dämmdicke und sorgfältiger Ausführung sogar 25 bis 30 dB [14.3-2], [14.6-1]. Durch Entdröhnungsbeschichtungen von etwa 2 mm Dicke sind weitere 10 dB erreichbar.

14.6.2 Luftschallausbreitung im Raum

Häufig befinden sich 2 oder mehr lärmintensive Geräuschquellen in unmittelbarer Nachbarschaft. Bevor man sie entsprechend Abschnitt 14.6.3 überlagern kann, müssen sie zuvor auf einen gemeinsamen Punkt bezogen werden, z. B. auf einen ständigen Arbeitsplatz, meist der Bedienstand für ein bestimmtes Aggregat.

Die Fortpflanzung der Schallwellen im Freien erfolgt in Form von Kugelwellen (**Bild 14.6-2**). Die Pegelminderung ΔD_K in der Entfernung E (in m einzusetzen) beträgt:

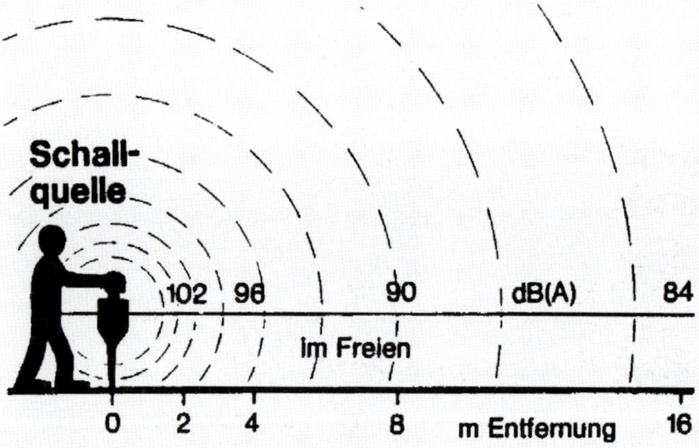

Bild 14.6-2: Schallausbreitung im Freien [14.6-2]

$$\Delta D_K = 20 \lg E_E \tag{14.6-2}$$

Weitere Einflussgrößen sind mehr oder weniger gut erfassbar (siehe Abschnitt 15.4.4).

Innerhalb einer Industrieanlage ist hingegen die Schallausbreitung schwer zu überschauen (**Bild 14.6-3**). Sie wird beeinflusst durch

- Richtwirkungen bei der Abstrahlung infolge geometrischer Unregelmäßigkeiten der Schallquelle selbst.
- Reflexionen an anderen Rohrleitungen und Ausrüstungen.
- Luftbewegungen.
- Dämpfungen an Verkleidungen und Wänden.
- Überlagerungen mit anderen Schallquellen.
- weitere schwer erfassbare Umstände.

Im Allgemeinen wird der übertragene Schall auf seinem Fortpflanzungsweg reduziert, in Ausnahmefällen kann es bei ungünstigen Reflexionen aber auch zur

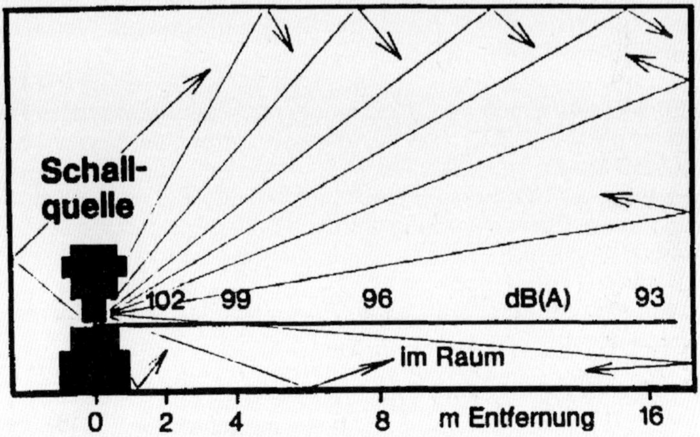

Bild 14.6-3: Schallausbreitung in geschlossenen Räumen [14.6-2]

Pegelerhöhung kommen. Für planerische Zwecke genügt es, sich die Schallquelle punktförmig vorzustellen und mit folgender Pegelminderung zu rechnen:

$$\Delta D_P = (10 \text{ bis } 15) \lg E_E \tag{14.6-3}$$

Der untere Wert in Gl. (14.6-3) bezieht sich auf kleine, enge Räume.

Der Schalldruckpegel L_S einer Schallquelle, der üblicherweise auf einen Abstand von 0,2 bis 1 m bezogen wird, reduziert sich in der Entfernung E_E somit auf:

$$L_{WE} = L_W - \Delta D_P = L_W - (10...15) \lg E_E \tag{14.6-4}$$

14.6.3 Überlagerung von Schallpegeln

Schallpegel dürfen logarithmisch addiert werden, wenn sie sich auf den gleichen geometrischen Ort beziehen, z. B. auf einen ständigen Arbeitsplatz:

$$L_{ges} = 10 \lg \left[\sum_{j=1}^{k} 10^{L_j/10} \right] \tag{14.6-5}$$

Liegen die Pegel in Form von Frequenzspektren vor, dürfen nur Pegel gleicher Frequenz addiert werden. Das tritt z. B. dann auf, wenn dem inneren Schallleistungspegel infolge Strömungsrauschens ein externer Schallleistungspegel durch eine angeschlossene Regelarmatur oder ein Aggregat (Verdichter, Kolbenpumpe) überlagert wird.

Die logarithmische Addition von Schallpegel nach der mathematisch exakten Gl. (14.6-5) ist bei der praktischen Handhabung unbequem. Es wurden daher graphische und tabellarische Rechenhilfen entwickelt, mit denen sehr schnell die Pegel addiert werden können [14.6-2], [14.6-3]. **Bild 14.6-4** zeigt ein solches Nomogramm. Die Anwendung geht aus dem begleitenden Text und dem Beispiel hervor.

Aus dem Nomogramm und Gl. (14.6-5) lassen sich folgende allgemeingültige Regeln ableiten:

- Logarithmische Addition von n gleichgroßen Pegeln L_n

$$L_{ges} = L_n + 10 \lg n = L_n + \Delta L_n \tag{14.6-6}$$

Werden 2 gleichgroße Pegel L_n überlagert (n = 2), beträgt die Pegelerhöhung $\Delta L_n = 10 \lg 2 \approx 3$ dB. Zum gleichen Ergebnis kommt man über Bild 14.6-4; denn für $L_1 - L_2 = 0$ kann die gleiche Pegelerhöhung von $\Delta L = 3$ dB abgelesen werden.

Bei 3 gleichgroßen Pegeln L_n beträgt die Pegelerhöhung rund $\Delta L_n \approx 5$ dB, was sich in 2 Schritten ebenfalls aus Bild 14.6-4 bestimmen lässt:

1. Schritt: $L_1 - L_2 \triangleq L_n - L_n = 0$; Pegelerhöhung beträgt $\Delta L \approx 3$ dB

   Gesamtpegel: $L_{ges,1} = L_n + 3$

2. Schritt: $L_1 - L_2 \triangleq L_{ges,1} - L_n = 3$; Pegelerhöhung beträgt $\Delta L = 1{,}77 \approx 2$ dB

   Gesamtpegel: $L_{ges} = L_{ges,1} + 2 = L_n + 5$

- Pegeldifferenzen über 10 dB

  Schallpegel, die mehr als 10 dB niedriger als andere Schallpegel liegen, dürfen vernachlässigt werden, weil ihr Einfluss auf den Gesamtpegel L_{ges} vernachlässigbar ist, wie aus dem oberen Skalenbereich von Bild 14.6-4 hervorgeht.

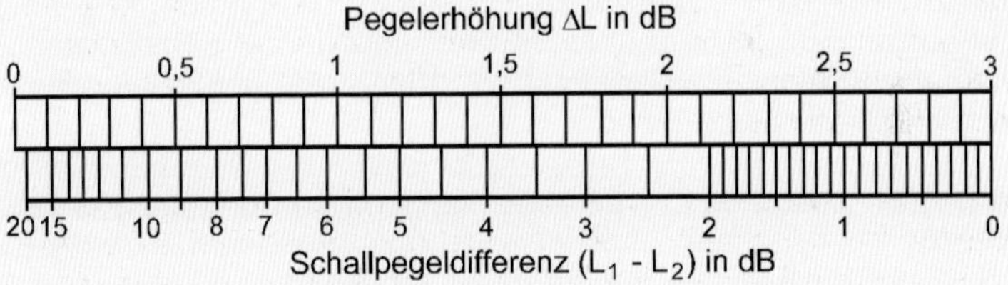

Bild 14.6-4: Nomogramm zur logarithmischen Addition von Schallpegeln nach [14.6-3]. Rechengang: Es ist von 2 Schallpegeln L_1 und L_2 die Pegeldifferenz $(L_1 - L_2)$ zu bilden und hierfür aus dem Nomogramm die Pegelerhöhung ΔL abzulesen. Diese ist zu dem größeren der beiden Schallpegel zu addieren. Sind mehr als 2 Pegel logarithmisch zu addieren, ist schrittweise zu verfahren. Die Reihenfolge ist unerheblich.
Beispiel für $L_1 = 92$ dB, $L_2 = 102$ dB, $L_3 = 96$ dB, $L_4 = 101$ dB
1. Schritt: $L_2 - L_1 = 10$ dB $\Rightarrow \Delta L_1 = 0{,}4$ dB $\approx 0 \Rightarrow L_{ges1} = L_2 + \Delta L_1 = 102 + 0 = 102$ dB
2. Schritt: $L_{ges1} - L_3 = 6$ dB $\Rightarrow \Delta L_2 = 1$ dB $\Rightarrow L_{ges2} = L_{ges1} + \Delta L_2 = 102 + 1 = 103$ dB
3. Schritt: $L_{ges2} - L_4 = 2$ dB $\Rightarrow \Delta L_3 = 2$ dB $\Rightarrow L_{ges} = L_{ges2} + \Delta L_3 = 103 + 2 = 105$ dB

14.7 Zulässige Schallemissionen

a) Zulässige Schalldruckpegel für Arbeitsplätze

Der auf einen Arbeitsplatz bezogene zulässige Schalldruckpegel (als unterer Auslösewert bezeichnet) ist in der Lärm- und Vibrations-Arbeitsschutzverordnung (LärmVibrationsArbSchV) [14.7-1] mit $L_{EX,8h}$ = 80 dB(A) für eine Einwirkungszeit von 8 h (Tages-Lärmexpositionspegel) begrenzt. Der Spitzenwert darf dabei maximal $L_{pC,peak}$ = 135 db(C) betragen. Werden diese Werte überschritten, ist Gehörschutz erforderlich. Die Lärm- und Vibrations-Arbeitsschutzverordnung ist Ersatz für BGV B 3.

Die angegebenen Grenzen resultieren aus Gehörschädigungen, die bei ständig höheren Lärmbelastungen auftreten können. Zeitlich begrenzte Überschreitungen der Gehörschädigungsgrenze sind zulässig, solange der Tages-Lärmexpositionspegel eingehalten ist. In den Durchführungsanweisungen zur seinerzeit gültigen BGV B 3 waren die in der **Tabelle 14.7-1** festgelegten Wirkzeiten festgelegt. Sie können als Beurteilungsmaßstab zeitlich begrenzt wirkender Schallquellen wie Anfahrregelventile und Sicherheitsventile durchaus noch angewendet werden, wobei der Mittelwert $L_{EX,8h}$ = 80 dB(A) unbedingt einzuhalten ist. Ist das nicht gegeben, sind sekundäre Schallschutzmaßnahmen (Schalldämmung, Einhausung) erforderlich. Hinweise zur Dimensionierung siehe Abschnitt 14.6.1.

b) Richtwerte für Büroarbeitsplätze

Gemäß VDI 2058 Blatt 3 und DIN EN ISO 11690-1 sollen für Büroarbeitsplätze folgende Grenzwerte eingehalten werden:

- 45 dB(A) für überwiegend geistige Tätigkeiten, die hohe Konzentration erfordern.
- 55 dB(A) für routinemäßige Büroarbeiten.
- 70 dB(A) für einfache oder überwiegend mechanisierte Bürotätigkeiten.

c) Nachbarschaftslärm

Für Freianlagen gelten zusätzlich die Immissionsrichtwerte nach der TA Lärm [14.7-2]. In diesem Fall gilt als Einwirkungsgrenze der Werkszaun. Die Emissionen sind nach den Bedingungen über die Ausbreitung von Schallwellen im Freien auf diese Grenze umzurechnen und mit den zulässigen Immissionen zu vergleichen. Einzelheiten siehe Abschnitt 15.4.

Tabelle 14.7-1: Zulässige Einwirkzeiten von Schalldruckpegeln an Arbeitsplätzen (in Anlehnung an die Durchführungsanweisungen zur seinerzeit gültigen BGV B 3)

Schalldruckpegel in dB(A)	ununterbrochene Einwirkzeit
80 [1)]	8 Stunden
88	4 Stunden
91	2 Stunden
94	1 Stunde
97	30 Minuten
100	15 Minuten
105	etwa 5 Minuten
135 dB(C) [2)]	Spitzenwert

[1)] Gegenüber den Durchführungsanweisungen zur BGV B 3 von 85 auf 80 dB(A) reduziert.
[2)] Entspricht nahezu der Schmerzgrenze.

15. Auslegung von Abblasesystemen

15.1 Vorbemerkungen

Abblasesysteme gehören zu den Sicherheitseinrichtungen zum Verhindern von unzulässigen Druckerhöhungen. Offene Systeme blasen meist in die Atmosphäre ab, Ausnahmen bilden kleine Nennweiten untergeordneter Rohrleitungen. Offene Abblasesysteme werden vorzugsweise für Wasserdampf, aber auch für andere neutrale gasförmige Durchflussstoffe angewandt.

Bei der Auslegung von Abblasesystemen sind die

- Innendurchmesser und die maximal zulässige Länge der Zuführungsleitung, sowie die

- Innendurchmesser der Abblaseleitungen und -schächte unter Berücksichtigung des zulässigen Eigengegendrucks und der Lärmbelastung der Anlieger

zu bestimmen. Für die Beurteilung des abgestrahlten Strömungslärms innerhalb des Gebäudes ist Abschnitt 14.6 anzuwenden.

Die Berechnungsgleichungen sind sinngemäß auch auf Sturmleitungen (Anfahrleitungen über Dach) und ähnliche Leitungssysteme anwendbar.

Hinweise zur Planung und Konstruktion von Abblasesystemen enthält Band I Abschnitt 2.3.1. Für die Definition der Drücke am Sicherheitsventil ist DIN EN 764-7 maßgebend. Hiernach ist dessen Ansprechdruck mit dem zulässigen Druck der Rohrleitung P_S identisch. Die volle Abblaseleistung m_F wird bei etwa dem 1,1-fachen zulässigen Druck erreicht.

Bei allen Berechnungen innerhalb dieses Kapitels wird von einem Sicherheitsventil mit voller Abblaseleistung m_F ausgegangen. Dabei ist es gleichgültig, ob es sich um direkt belastete (Gewicht, Feder), hilfsgesteuerte (pilotgesteuerte) oder gesteuerte Sicherheitsventile handelt. Für Sicherheitseinrichtungen mit Berstscheiben, die in Abblasesystemen münden, gelten die Ausführungen sinngemäß.

Die Bezeichnung der Bestandteile des Abblasesystems wurde an FDBR-RL 5 angelehnt. Formelzeichen und Einheiten siehe **Tabelle 15.1-1**. Zusätzliche Erläuterungen gehen aus **Bild 15.1-1** und dem Text hervor.

Tabelle 15.1-1: Formelzeichen zur Berechnung von Abblasesystemen
ANMERKUNG: Die als gebräuchlich bezeichneten Einheiten sind Beispiele. Sie können je nach Erfordernis hiervon abweichen.

Formelzeichen	Einheit		Bezeichnung	
	SI-kohärent	gebräuchlich		
a_F	m/s	m/s	Schallgeschwindigkeit im Fluid nach Tabelle 14.3-2	
A_E	m²	mm²	Austritts-querschnitt	Abblasemündung
A_{ae}	m²	mm²		Sicherheitsventil ($A_{ae} = d_{ae}^2\ \pi / 4$)
A_K	m²	mm²	Bemessungsquerschnitt ($A_K = d_K^2\ \pi / 4$)	
d_{ae}	m	mm	Innen-durch-messer	am Austritt Sicherheitsventil
d_B	m	mm		Bohrung Lochblech (Staustufe)
d_e	m	mm		am Eintritt Sicherheitsventil
d_o	m	mm		im Sitz Sicherheitsventil
d_K	m	mm		Abblaseschacht, im Bemessungsquerschnitt
d_{VLE}	m	mm		Zuführungsleitung
d_3; d_4	m	mm		Abblaseleitung der Länge l_3 bzw. l_4
ΔD_{ASD}	-	dB(A)	Durchgangsdämm-Maß Abblaseschalldämpfer	
ΔD_{BB}	-	dB(A)	Dämpfungsmaß durch Bebauung und Bewuchs	
ΔD_R	-	dB(A)	Richtwirkungsmaß (Richtcharakteristik) des Abblasestrahls	
e_3	m	mm	Nennwanddicke beim Durchmesser d_3, z. B. einer Staustufe	
E_E	m	m	Entfernung	zwischen Abblasemündung und Werkszaun
E_P	m	m	projizierter Abstand	
f_E	-	-	Abwertungsfaktor für nicht kreisförmige Abblasemündungen	
F_E	N	kN	Impulskraft	an der Abblasemündung
F_{ae}	N	kN		am Austritt Sicherheitsventil
F_e	N	kN		am Eintritt Sicherheitsventil
F_{SIV}	N	kN		resultierende am Sicherheitsventil
G_E	m^{-4}	m^{-4}	Geometrie-faktor	Abblaseleitung mit Abblaseschacht
G_{VLE}	m^{-4}	m^{-4}		Zuführungsleitung

Tabelle 15.1-1: Fortsetzung 1

Formelzeichen	Einheit[1)] SI-kohärent	Einheit[1)] gebräuchlich	Bezeichnung	
h	J/kg	kJ/kg	Enthalpie	
H_E	m	m	Höhe der Abblasemündung oberhalb Niveau Werkszaun	
k	m	mm	absolute Rohrrauheit	
K_1	-	-	Faktor nach FDBR-N 153 zur Berücksichtigung	des Dampfzustandes
K_2	m	m		der Schließdruckdifferenz
l_{ST}	m	mm	Länge des Lochbleches in der Staustufe	
l_{VLA}	m	mm	gestreckte Länge	Abblaseleitung bis Einbindung Abblaseschacht
l_{VLE}	m	mm		Zuführungsleitung
l_3; l_4	m	mm		beim Durchmesser d_3 bzw. d_4
L_{TA}	-	dB(A)	Immissionsrichtwert nach TA Lärm [14.7-2]	
L_{WE}	-	dB(A)	Schallleistungspegel	in der Entfernung E_A von der Abblasemündung
L_W	-	dB(A)		an der Abblasemündung
m_F	kg/s	t/h	Abblaseleistung Sicherheitsventil	
P_E	Pa	bar	Absolutdruck	an der Abblasemündung
P_{ie}	Pa	bar		Fremdgegendruck
P_K	Pa	bar		im Bemessungsquerschnitt
P_S	Pa	bar		zulässiger Druck = Ansprechdruck SiV
P_{VLA}	Pa	bar		an Einbindung Abblaseleitung in -schacht
P_1	Pa	bar		Abblasedruck des SiV bei voller Leistung
P_U	Pa	bar		atmosphärischer ($P_U \approx 1$ bar)
P_{ae}	Pa	bar	Eigengegendruck, absolut	am Austritt Sicherheitsventil
$P_{ae,zul}$	Pa	bar		zulässiger, gemäß Hersteller Sicherheitsventil
$P_{ae,min}$	Pa	bar		zum Vermeiden von Nachexpansionen

[1)] 1 Pa ' 1 N/m²; 1 MPa ' 1 N/mm²; 1 GPa ' 10³ N/mm²; 1 bar ' 0,1 MPa

Tabelle 15.1-1: Fortsetzung 2

Formelzeichen	Einheit [1)]		Bezeichnung (SiV: Sicherheitsventil)	
	SI-kohärent	gebräuchlich		
ΔP_{ASD}	Pa	bar	Druckverlust	Abblaseschalldämpfer
ΔP_K	Pa	bar		Abblaseschacht
ΔP_{VLA}	Pa	bar		Abblaseleitung
ΔP_{VLE}	Pa	bar		Zuführungsleitung
T_B	*m*	*mm*	Stegabstand der Bohrungen im Lochblech (Staustufe)	
t_S	-	°C	Temperatur	zulässige, vor Sicherheitsventil
t_1	-	°C		beim Abblasedruck P_1 des Sicherheitsventils
v_{ae}	m³/kg	m³/kg	spezifisches Volumen	am Austritt Sicherheitsventil
v_E	m³/kg	m³/kg		an der Abblasemündung
v_{Ef}	m³/kg	m³/kg		dito, jedoch auf P_U = 1 bar bezogen
v_K	m³/kg	m³/kg		im Bemessungsquerschnitt
v_{Kf}	m³/kg	m³/kg		dito, jedoch auf P_U = 1 bar bezogen
v_S	m³/kg	m³/kg		der zulässigen Parameter
w_{ae}	m/s	m/s	Geschwindigkeit	am Austritt Sicherheitsventil
w_E	m/s	m/s		an der Abblasemündung
w_e	m/s	m/s		am Eintritt Sicherheitsventil
w_K	m/s	m/s		im Bemessungsquerschnitt
w_{VLA}	m/s	m/s		an Einbindung Abblaseleitung in -schacht
α_{ST}	-	-	Durchflussziffer Lochblech (Staustufe)	
α_W	-	-	Ausflussziffer des Sicherheitsventils	
$\delta; \vartheta$	-	-	diverse Winkel entsprechend Abschnitt 15.4.4	
ε	-	-	Ausnutzungsgrad der freien Lochfläche an einer Staustufe	
$\lambda_R; \zeta$	-	-	Rohrreibungszahl; Widerstandsbeiwert (siehe Kapitel 1)	

[1)] 1 Pa ' 1 N/m²; 1 MPa ' 1 N/mm²; 1 GPa ' 10³ N/mm²; 1 bar ' 0,1 MPa

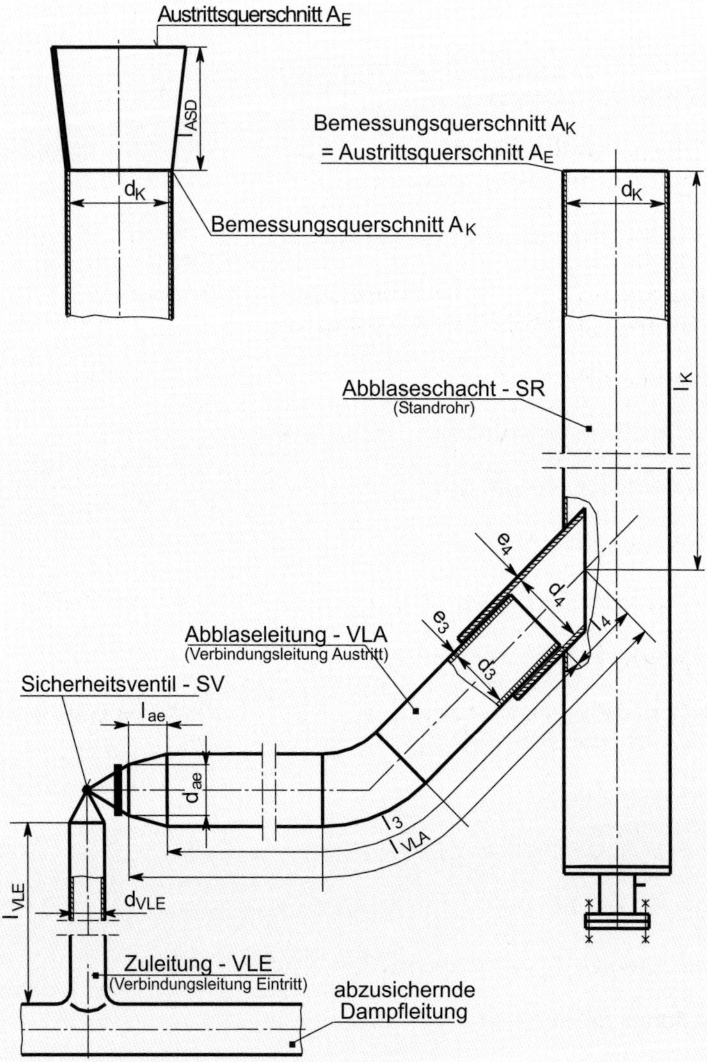

Bild 15.1-1: Maße an den Zu- und Ableitungen von Sicherheitsventilen
Einzelheit links: Ausführung mit zusätzlichem Abblaseschalldämpfer oder Erweiterung

15.2 Zuleitung zum Sicherheitsventil

15.2.1 Auslegungsgrundlagen

a) Begriffe für Sicherheitsventile

Auf der Grundlage von DIN EN 764-7 und DIN EN ISO 4126-1 gelten folgende Festlegungen bei der Berechnung der Abblasesysteme:

- Ansprechdruck (auch als Einstelldruck oder Öffnungsdruck bezeichnet)

  Er ist für Rohrleitungen mit dem zulässigen Druck P_S identisch. Die zulässige Toleranz beträgt max {± 3 %; ± 0,1 bar}.

- Abblasedruck P_1

  Druck bei voller Abblaseleistung des Sicherheitsventils:

  $$P_1 \leq \max \{1{,}1\ P_S;\ P_S + 0{,}1\ \text{bar}\} \qquad (15.2\text{-}1a)$$

- Schließdruck

  Druck, bei dem das Sicherheitsventil vollständig geschlossen ist.

- Eigengegendruck P_{ae}

  Er stellt sich bei offenen Abblasesystemen und voller Abblaseleistung am Austritt Sicherheitsventil ein.

- Fremdgegendruck P_{at}

  analog Eigengegendruck, jedoch bei geschlossenen Abblasesystemen.

- Öffnungsdruckdifferenz

  Druckanstieg vom Ansprechdruck P_S bis zum Abblasedruck P_1.

- Schließdruckdifferenz ΔP_Z

  Druckabfall zwischen Ansprechdruck P_S und Druck bei geschlossenem Sicherheitsventil. Die Schließdruckdifferenz ΔP_Z ist für kompressible Fluide begrenzt mit:

  $$0{,}02\ P_S \leq \Delta P_Z \leq \max \{0{,}15\ P_S;\ 0{,}3\ \text{bar}\} \qquad (15.2\text{-}1b)$$

Für inkompressible Fluide gilt analog:

$$0{,}025\ P_S \leq \Delta P_Z \leq \max\ \{0{,}2\ P_S;\ 0{,}6\ \text{bar}\} \quad (15.2\text{-}1c)$$

b) Grundsätze für die Zuführungsleitung

Der Durchmesser d_{VLE} einer Zuführungsleitung ist in der Regel identisch mit dem Eintrittsdurchmesser d_e des Sicherheitsventils. Durch eine Druckverlustberechnung ist zu überprüfen, ob die Zuführungsleitung ausreichend bemessen ist. Liegt der Druckverlust ΔP_{VLE} gegenüber den Vorgabewerten nach Abschnitt 15.2.2 zu hoch, ist eine Vergrößerung der Zuführungsleitung erforderlich, möglichst auf der gesamten Länge von l_{VLE}. Die Reduzierung auf den Eintrittsdurchmesser des Sicherheitsventils d_e soll erst kurz zuvor erfolgen, wobei aus konstruktiven Gründen auch eine abschnittsweise Reduzierung zulässig ist.

Die Druckverlustberechnung kann für kurze Zuführungsleitungen von

$$l_{VLE} \leq 2\ d_{VLE} \quad (15.2\text{-}2)$$

entfallen.

Die Zuführungsleitung soll so kurz wie möglich sein. Um instabile Strömungsvorgänge zu vermeiden, darf deren gestreckte Länge l_{VLE} das zulässige Maß gemäß FDBR-N 153 nicht überschreiten (Abschnitt 15.2.3).

15.2.2 Erforderlicher Innendurchmesser

a) Zulässiger Druckverlust

- Offene Abblasesysteme

  Um das Flattern des Sicherheitsventils zu vermeiden und zur Sicherung der Abblaseleistung darf gemäß DIN EN 764-7 der Druckverlust ΔP_{VLE} in der Zuführungsleitung einen Wert von 3 % des Ansprechdrucks P_S nicht überschreiten, d. h.:

  $$\Delta P_{VLE} \leq 0{,}03\ P_S\text{-}P_U) \approx 0{,}03\ (P_S - 100\ 000\ \text{Pa}) = 0{,}03\ (P_S - 1\ \text{bar}) \quad (15.2\text{-}3)$$

  Liegt der Eigengegendruck P_{ae} über dem vom Hersteller zugelassenen Wert, ist er wie bei geschlossenen Abblasesystemen zu berücksichtigen, indem er anstelle von P_{at} in Gl. (15.2-4) einzusetzen ist.

- Geschlossene Abblasesysteme

  Gemäß AD 2000 A 2 wird der zulässige Druckverlust auf die Druckdifferenz zwischen Ansprechdruck P_S und Fremdgegendruck P_{at} bezogen:

  $$\Delta P_{VLE} \leq 0{,}03\ (P_S - P_{at}) \qquad (15.2\text{-}4)$$

  Dabei wird vorausgesetzt, dass die Schließdruckdifferenz des Sicherheitsventils

  $$\Delta P_Z \geq 0{,}05\ P_S \qquad (15.2\text{-}5a)$$

  beträgt, was für übliche Sicherheitsventile und Wasserdampf im Allgemeinen zutrifft. Liegt die Schließdruckdifferenz in Ausnahmefällen darunter, also

  $$\Delta P_Z < 0{,}05\ P_S \qquad (15.2\text{-}5b)$$

  gilt als zusätzliche Begrenzung für den zulässigen Druckverlust:

  $$\Delta P_Z - 0{,}02\ P_S \leq \Delta P_{VLE} \leq 0{,}03\ (P_S - P_{at}) \qquad (15.2\text{-}6)$$

b) Vorhandener Druckverlust

Der Druckverlust ist auf die zulässigen Parameter P_S, t_S zu beziehen, die den Ansprechparametern entsprechen. Gegenüber den Abblaseparametern bei maximaler Abblaseleistung P_1, t_1 liegen sie wegen des höheren spezifischen Volumens $v_S > v_1$ auf der sicheren Seite.

Die Berechnung kann nach Gl. (1.1-5b) erfolgen, wobei der Einfluss der Kompressibilität wegen $\Delta P_{VLE} \leq 3\ \%$ vernachlässigt werden darf:

$$\Delta P_{VLE} = \frac{8\ m_F^2\ v_S}{\pi^2\ d_{VLE}^4}\left(\frac{\lambda_R\ l_{VLE}}{d_{VLE}} + \sum\zeta\right) = 0{,}81\ m_F^2\ v_S\ G_{VLE} \qquad (15.2\text{-}7)$$

Der Geometriefaktor G_{VLE} berücksichtigt den Druckverlust durch Rohrreibung und durch Einzelwiderstände:

$$G_{VLE} = \frac{1}{d_{VLE}^4}\left(\frac{\lambda_R\ l_{VLE}}{d_{VLE}} + \sum\zeta\right) \qquad (15.2\text{-}8a)$$

Richtwerte für Einzelwiderstände ζ sind Tabelle 1.1-5 zu entnehmen. Für Überschlagsrechnungen genügen die Werte nach **Tabelle 15.2-1**, die auf der sicheren Seite liegen.

Tabelle 15.2-1: Richtwerte für Einzelwiderstände zur Berechnung der Rohrleitungen des Abblasesystems

<table>
<tr><th colspan="2">Art des Einzelwiderstandes</th><th colspan="2">Zusatzbedingung</th><th>Richtwert ζ</th></tr>
<tr><td colspan="5">Allgemeine Widerstände</td></tr>
<tr><td colspan="2" rowspan="2">Bogen oder Krümmer</td><td colspan="2">$\geq 45°$</td><td>0,2</td></tr>
<tr><td colspan="2">$< 45°$</td><td>0,1</td></tr>
<tr><td colspan="2">Konische Reduzierung</td><td colspan="2">auf großen Querschnitt bezogen</td><td>0,2</td></tr>
<tr><td colspan="2" rowspan="2">plötzliche oder kurze Erweiterung von Querschnitt A_1 auf A_2</td><td rowspan="2">bezogen auf Querschnitt</td><td>$A_1 < A_2$</td><td>$\zeta_1 = [1 - (A_1 / A_2)]^2$</td></tr>
<tr><td>$A_2 > A_1$</td><td>$\zeta_2 = \zeta_1 (A_2 / A_1)^2$</td></tr>
<tr><td colspan="5">Zuleitung</td></tr>
<tr><td rowspan="4">Einlauf (T-Stück) zur Zuführungsleitung mit Einbindung im</td><td rowspan="2">Abzweig</td><td rowspan="2">Stutzen</td><td>scharfkantig</td><td>1,2</td></tr>
<tr><td>abgerundet</td><td>0,7</td></tr>
<tr><td rowspan="2">Durchgang</td><td rowspan="2">Stutzen</td><td>scharfkantig</td><td>0,4</td></tr>
<tr><td>abgerundet</td><td>0,2</td></tr>
<tr><td colspan="5">Abblaseleitung und Abblaseschacht</td></tr>
<tr><td colspan="2" rowspan="2">Einbindung in den Abblaseschacht</td><td colspan="2">als plötzliche Erweiterung vom Durchmesser d_4 auf d_K</td><td>$[1 - (d_4 / d_K)^2]^2$</td></tr>
<tr><td colspan="2">mit Staustufe (Abschnitt 15.3.5)</td><td>0</td></tr>
<tr><td colspan="2" rowspan="2">Abblaseformstück</td><td colspan="2">mit Querschnittserweiterung</td><td>0</td></tr>
<tr><td colspan="2">ohne Querschnittserweiterung</td><td>wie Bogen oder Rohr</td></tr>
<tr><td colspan="2">Freistrahl in die Atmosphäre</td><td colspan="2">bezogen auf Querschnitt A_E</td><td>1</td></tr>
</table>

Die Rohrreibungszahl λ_R liegt aufgrund hoher Re-Zahlen im turbulenten Bereich (vollständig rau nach Bild 1.1-1). Hierfür ergibt sich durch Umformen von Gl. (1.1-15d):

$$\lambda_R = \frac{1}{[2 \lg (d_{VLE} / k) + 1{,}14]^2} \approx \frac{1}{[2 \lg d_{VLE} + 8{,}5]^2} \tag{15.2-9}$$

Bei der Näherungsformel für den Rohrreibungsbeiwert λ_R in Gl. (15.2-9) wurde unter Berücksichtigung betriebsmäßigen Gebrauchs die Rohrrauheit gemäß Tabelle 1.1-4 mit $k = 0{,}2 \cdot 10^{-3}$ m (20 µm) eingesetzt.

Besteht die Zuführungsleitung aus Rohrleitungsabschnitten mit unterschiedlichen Innendurchmessern, muss der Geometriefaktor G_{VLE} modifiziert werden:

$$G_{VLE} = \sum_{j=1}^{k} \frac{\lambda_{R,j} \left(l_{VLE,j} / d_{VLE,j} \right) + \sum \zeta_j}{d_{VLE,j}^4} \tag{15.2-8b}$$

Der Index j bezieht sich hierbei auf Rohrleitungsabschnitte von jeweils gleichem Durchmesser $d_{VLE,j}$.

c) Berechnungsbeispiel 15.2-1

Eine Rohrleitung für eine Dampfleistung von 70 t/h ≙ 19,44 kg/s soll mit folgendem Vollhub-Sicherheitsventil abgesichert werden:

- Abblaseleistung	m_F = 20,7 kg/s bei P_S = 28 bar (27 bar Überdruck)
- Ventileintritt:	DN 150 / PN 63 (d_e = 0,157 m)
- Ventilaustritt	DN 250 / PN 40 (d_{ae} = 0,259 m)
- Sitzdurchmesser	d_o = 110 mm
- Sitzquerschnitt	A_o = 9503 mm^2
- Ausflussziffer	α_w = 0,70
- Schließdruckdifferenz	10 %

Die zulässigen Parameter der Dampfleitung betragen P_S = 28 bar bei t_S = 510 °C. Dem entspricht ein spezifisches Volumen von v_S = 0,126 m^3/kg, errechnet nach [1.4-1].

Die Zuführungsleitung mit einer gestreckten Länge von l_{VLE} = 6 m geht über ein T-Stück mit aufgesetztem Stutzen von der Hauptleitung ab. Sie besitzt einen Bogen 90° und eine Etage mit 30°-Bogen. Es wird über Dach abgeblasen (offenes Abblasesystem). Der Mindestdurchmesser der Zuführungsleitung beträgt

$$d_{VLE} = d_e = 0{,}157 \text{ m}.$$

Es soll überprüft werden, ob der Druckverlust der Zuleitung im zulässigen Bereich liegt.

- Zulässiger Druckverlust gemäß Gl. (15.2-3):

$$\Delta P_{VLE} \leq 0{,}03\,(P_S - 1) = 0{,}03\,(28 - 1) = 0{,}81 \text{ bar} \triangleq 81\,000 \text{ Pa}$$

- Rohrreibungsbeiwert (Näherung) nach Gl. (15.2-9)

$$\lambda_R \approx \frac{1}{[2 \lg d_{VLE} + 8{,}5]^2} = \frac{1}{[2 \lg 0{,}157 + 8{,}5]^2} = 0{,}021$$

- Widerstandsbeiwerte nach Tabelle 15.2-1

Einlauf mit Einbindung im Abgang (scharfkantig):	$\zeta = 1{,}2$
1 Bogen 90°:	$\zeta = 0{,}2$
2 Bogen 30° für Etage:	$\zeta = 2 \cdot 0{,}1 = 0{,}2$
Summe Widerstandsbeiwerte:	$\Sigma\zeta = 1{,}6$

- Geometriefaktor gemäß Gl. (15.2-8a):

$$G_{VLE} = \frac{1}{d_{VLE}^4}\left(\frac{\lambda_R\, l_{VLE}}{d_{VLE}} + \sum\zeta\right) = \frac{1}{0{,}157^4}\left(\frac{0{,}021 \cdot 6}{0{,}157} + 1{,}6\right) = 3954\ m^{-4}$$

- Druckverlust nach Gl. (15.2-7)

$$\Delta P_{VLE} = 0{,}81\ m_F^2\, v_S\, G_{VLE} = 0{,}81 \cdot 20{,}7^2 \cdot 0{,}126 \cdot 3954 = 172\,915\ Pa > 81\,000\ Pa$$

Die Bedingung nach Gl. (15.2-3) ist somit nicht eingehalten, so dass der Durchmesser auf DN 200 mit einem Innendurchmesser von 0,205 m erhöht wird.

- Rohrreibungsbeiwert nach Gl. (15.2-9)

$$\lambda_R \approx \frac{1}{[2 \lg d_{VLE} + 8{,}5]^2} = \frac{1}{[2 \lg 0{,}205 + 8{,}5]^2} = 0{,}02$$

- Widerstandsbeiwerte nach Tabelle 15.2-1

Gegenüber der Zuleitung mit durchgehend DN 150 ist eine zusätzliche Einziehung DN 200 / DN 150 vor dem Sicherheitsventil erforderlich. Nach Tabelle 15.2-1 beträgt der Widerstandsbeiwert hierfür $\zeta = 0{,}2$, so dass sich die Summe der Widerstandsbeiwerte auf $\Sigma\zeta = 1{,}8$ erhöht.

- Geometriefaktor gemäß Gl. (15.2-8a):

$$G_{VLE} = \frac{1}{d_{VLE}^4}\left(\frac{\lambda_R\, l_{VLE}}{d_{VLE}} + \sum\zeta\right) = \frac{1}{0{,}205^4}\left(\frac{0{,}02 \cdot 6}{0{,}205} + 1{,}8\right) = 1351\ m^{-4}$$

- Druckverlust nach Gl. (15.2-7)

  $\Delta P_{VLE} = 0{,}81\ m_F^2\ v_S\ G_{VLE} = 0{,}81 \cdot 20{,}7^2 \cdot 0{,}126 \cdot 1351 = 59\ 082\ Pa < 81\ 000\ Pa$

  Die Bedingung nach Gl. (15.2-3) ist eingehalten, so dass die Zuleitung in dieser Form ausgeführt werden kann.

15.2.3 Maximal zulässige Länge der Zuführungsleitung

a) Berechnungsgrundlagen

Gemäß FDBR-N 153 kann beim Öffnen eines Sicherheitsventils eine dynamische Druckabsenkung im Fluid auftreten, die sich mit Schallgeschwindigkeit ausbreitet. Die Zuleitung muss deshalb so kurz sein, dass die zurücklaufende Druckwelle noch das geöffnete Ventil erreicht. Ist sie zu lang, und das Ventil befindet sich bereits im Schließvorgang, kann instabiles Verhalten auftreten, indem der Ventilkegel auf den Sitz hämmert.

Betroffen sind hiervon direkt wirkende Normal- oder Vollhub-Sicherheitsventile. Durch Versuche wurden deren Öffnungszeiten in der Größenordnung von 0,02 s festgestellt. Gesteuerte Sicherheitsventile wirken bei Ausfall der Fremdenergie wie direkt wirkende, so dass für deren Zuleitung das Gleiche zutrifft.

Um Flattern des Ventils zu vermeiden, ist die gestreckte Länge l_{VLE} wie folgt zu begrenzen:

$$l_{VLE} \leq \frac{K_1\, K_2}{1{,}1\ \alpha_W} \left(\frac{d_{VLE}}{d_{i0}} \right)^2 \qquad (15.2\text{-}10)$$

Für die Konstanten gilt:

- Sattdampf: $K_1 = 1$
- Überhitzter Dampf: $K_1 = 1{,}4$
- Schließdruckdifferenz 5 %: $K_2 = 1\ m$
- Schließdruckdifferenz 10 %: $K_2 = 2\ m$

Besitzt die Zuführungsleitung unterschiedliche Durchmesser, kann d_{VLE} aus dem gewogenen Mittel errechnet werden:

$$d_{VLE}^2 = \frac{\sum_{j=1}^{k} \left(d_{VLE,j}^2 \, l_{VLE,j} \right)}{l_{VLE}} \tag{15.2-11a}$$

z. B. bei 2 Durchmessern aus:

$$d_{VLE}^2 = \frac{d_{VLE,1}^2 \, l_{VLE,1} + d_{VLE,2}^2 \, l_{VLE,2}}{l_{VLE}} \tag{15.2-11b}$$

Wird Gl. (15.2-10) nicht erfüllt, ist durch konstruktive Maßnahmen

- entweder die Länge der Zuführungsleitung l_{VLE} zu verkürzen,
- oder der Innendurchmesser d_{VLE} zu vergrößern.

Die Vergrößerung von d_{VLE} führt wegen des quadratischen Einflusses schneller zum Ziel.

Gl. (15.2-10) ist als Diagramm in der FDBR-N 153 dargestellt, so dass die maximal zulässige Länge l_{VLE} auch direkt abgelesen werden kann.

b) Berechnungsbeispiel 15.2-2

Für die Zuführungsleitung des Berechnungsbeispieles 15.2-1 soll die maximal zulässige Länge überprüft werden.

Die Konstanten entsprechend Buchstabe a betragen:

- $K_1 = 1{,}4$ für überhitzten Dampf
- $K_2 = 2$ m für 10 % Schließdruckdifferenz

Es wird durchgängig mit $d_{VLE} = 0{,}205$ m gerechnet, da die Einziehung vor dem Sicherheitsventil auf $d_e = 0{,}157$ m nur rund 150 mm lang und somit vernachlässigbar ist.

Gl. (15.2-10) ergibt:

$$l_{VLE} \le \frac{K_1 \, K_2}{1{,}1 \, \alpha_W} \left(\frac{d_{VLE}}{d_{i0}} \right)^2 = \frac{1{,}4 \cdot 2}{1{,}1 \cdot 0{,}7} \left(\frac{0{,}205}{0{,}11} \right)^2 = 12{,}6 \text{ m} > 6 \text{ m}$$

Der Wert liegt also merkbar höher als die vorhandene Länge von 6 m.

Bei der ersten Auslegung mit d_{VLE} = 0,157 m hätte Gl. (15.2-10) einen Wert von 7,4 m ergeben, d. h. auch bei diesem Durchmesser hätte keine Gefahr instabiler Strömungsvorgänge bestanden.

15.3 Abblaseleitung und -schacht

15.3.1 Auslegungsgrundlagen

a) Abblaseleitung

Der Anschluss der Abblaseleitung am Sicherheitsventil (siehe Bild 15.1-1) ist durch dessen Austrittsdurchmesser d_{ae} vorgegeben. Bei gestreckten Längen über 2 d_{ae} ist unmittelbar am Austritt Sicherheitsventil eine Erweiterung um mindestens eine Nennweite auf den Durchmesser d_3 notwendig, damit die Abblaseleistung nicht durch zu hohe Geschwindigkeiten beeinträchtigt wird. Gemäß FDBR-RL 5 werden folgende Maximalgeschwindigkeiten empfohlen (wobei statt d_{ae} meist mit DN_{ae} gerechnet wird):

$l_{VLA} \leq 5\ d_{ae}$: $w_3 = 200$ bis 250 m/s

$l_{VLA} > 5\ d_{ae}$: $w_3 = 120$ m/s für Leitungen ohne Richtungsänderungen

$l_{VLA} > 5\ d_{ae}$: $w_3 = 100$ m/s für Leitungen mit Richtungsänderungen

Zur Sicherung der Abblaseleistung ist der Eigengegendruck P_{ae} nach Abschnitt 15.3.3 zu kontrollieren.

b) Abblaseschacht

Abblaseschächte sind nicht zwingend erforderlich. Sie werden häufig aus baulichen Gründen angeordnet, oder wenn mehrere Abblaseleitungen in einen gemeinsamen Schacht münden. Bisweilen sind auch rechteckige Querschnitte gebräuchlich, obwohl die Geschwindigkeitsverteilung über den Querschnitt gegenüber dem Kreisquerschnitt sehr ungleichmäßig ist. Eine Überdimensionierung der Querschnittsfläche um 10 bis 20 % ist empfehlenswert.

Bei Einbindung mehrerer Abblaseleitungen ist für die Dimensionierung des Abblaseschachtes das Sicherheitsventil mit der größten Abblaseleistung maßgebend. Eine Bemessung für die Gesamtleistung aller eingebundenen Sicherheitsventile ist nur erforderlich, wenn sie in aller Regel gleichzeitig oder nur mit geringem Zeitversatz abblasen.

Mündet die Abblaseleitung ohne Abblaseschacht direkt ins Freie, gilt die Dimensionierung des Abblaseschachtes sinngemäß für die Mündung der Abblaseleitung ins Freie. Die Abblaseleitung hat dann lediglich kein Standrohr, sondern sie ist stufenweise auf den errechneten Bemessungsquerschnitt A_K zu erweitern.

Der Austrittsquerschnitt einer Erweiterung A_E bzw. das Erfordernis eines Schalldämpfers hängen gemäß Abschnitt 15.4 von der abgestrahlten Schallleistung und der Entfernung bis zum Werkszaun ab. Dabei sind die Abstrahlungsrichtung und die Schallausbreitung im Freien entsprechend Abschnitt 15.4.4 zu berücksichtigen.

15.3.2 Dimensionierung von Abblasesystemen ohne Schalldämpfer oder Erweiterung

a) Geschwindigkeit im Bemessungsquerschnitt

Im Bemessungsquerschnitt A_K (auch als kritischer Querschnitt bezeichnet) des Abblaseschachtes kann maximal Schallgeschwindigkeit herrschen. Auf Grund des Druckabfalles (Drosselung und Druckverlust) ab Austritt Sicherheitsventil bis zum Bemessungsquerschnitt steigt das spezifische Volumen von v_{ae} auf v_K an. Demzufolge herrscht im Bemessungsquerschnitt A_K die größte Geschwindigkeit. Damit die Abblaseleistung nicht beeinträchtigt wird, sollte aus Sicherheitsgründen nur maximal 90 % der Schallgeschwindigkeit a_F ausgenutzt werden:

$$w_K \leq 0{,}9\ a_F \qquad (15.3\text{-}1)$$

Die Schallgeschwindigkeit a_F ist aus Tabelle 14.3-2 zu entnehmen.

Für Wasserdampf lassen sich die Drosselvorgänge im h-s-Diagramm darstellen (**Bild 15.3-1**). Für andere gasförmige Fluide kann sinngemäß mit den Stoffwerten nach Abschnitt 1.5 gerechnet werden.

Zum Vermeiden von Nachexpansionen und der damit verbundenen erhöhten Schallleistungspegel soll an der Abblasemündung beim Austritt ins Freie, d. h. im Bemessungsquerschnitt (Punkt K im Bild 15.3-1), annähernd atmosphärischer Druck herrschen:

$$P_K = P_U = 1\ \text{bar} \qquad (15.3\text{-}2)$$

Für Wasserdampf mit dem Volumen v_K wird somit (P_K in bar):

$$a_F = C\ \sqrt{P_K\ v_K} \qquad (15.3\text{-}3)$$

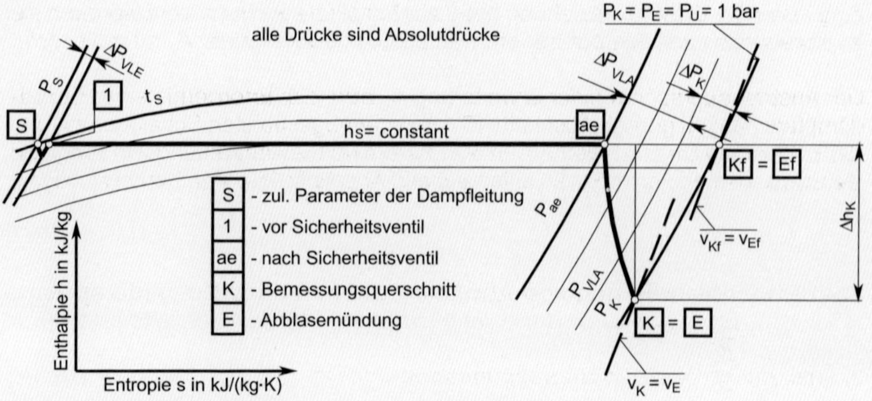

Bild 15.3-1: Abblasevorgang (Drosselverlauf) für Wasserdampf im h-s-Diagramm: dargestellt ist ein Abblasesystem ohne Abblaseschalldämpfer

Die Konstante C beträgt:

Heißdampf: C = 333

Sattdampf: C = 323

Das Volumen v_K ist zunächst nicht bekannt. In erster Näherung kann man aber mit dem Volumen $v_{Kf} = v_{Ef}$ rechnen, das sich aus dem Schnittpunkt der Enthalpie h_S mit $P_K = 1$ bar ablesen lässt (alle Drücke in bar):

$$v_K = \beta\, v_{Kf} \approx 0{,}9\, v_{Kf} \tag{15.3-4}$$

Der Faktor $\beta \approx 0{,}9$ stammt aus Modellrechnungen mit üblichen Abblaseparametern und Austrittsgeschwindigkeiten.

In Gl. (15.3-1) eingesetzt, wird schließlich (P_K in bar):

$$w_K \leq 0{,}9\, a_F = 0{,}9\, C\, \sqrt{P_K\, v_K} \approx 0{,}9\, C\, \sqrt{0{,}9\, v_{Kf}} = 0{,}85\, C\, \sqrt{v_{Kf}} \tag{15.3-5}$$

Obwohl die erzielte Genauigkeit in den meisten Fällen völlig ausreichend ist, kann man durch schrittweise Näherung den in Gl. (15.3-4) enthaltenen Faktor β präzisieren. Hierzu errechnet man zunächst die Enthalpiedifferenz Δh_K in kJ/kg mit der nach Gl. (15.3-5) ermittelten Geschwindigkeit:

$$\Delta h_K = \frac{w_K^2}{2000} \qquad (15.3\text{-}6)$$

Die im Bemessungsquerschnitt (Punkt K im Bild 15.3-1) vorhandene Enthalpie beträgt:

$$h_K = h_S - \Delta h_K \qquad (15.3\text{-}7)$$

Aus dem Schnittpunkt von h_K mit $P_K = 1$ bar (Punkt Kf im Bild 15.3-1) ergibt sich das Volumen v_K und somit durch Umstellung von Gl. (15.3-4) der korrigierte Faktor β zu:

$$\beta = \frac{v_K}{v_{Kf}} \qquad (15.3\text{-}8)$$

Mit dem korrigierten Faktor β ist die Rechnung zu wiederholen.

b) Größe des Bemessungsquerschnittes

Bei einem kreisrunden Abblaseschacht beträgt der Mindestdurchmesser d_K entsprechend Gl. (1.1-3):

$$d_K \geq 2\sqrt{\frac{m_F\, v_K}{\pi\, w_K}} \qquad (15.3\text{-}9)$$

Als spezifisches Volumen v_K ist entsprechend Gl. (15.3-4) $v_K \approx 0{,}9\ v_{Kf}$ einzusetzen. In Grenzfällen ist eine Präzisierung nach Gl. (15.3-6) bis (15.3-8) möglich. Aus der Berechnung des Eigengegendruckes (Abschnitt 15.3.4) kann eine Vergrößerung des Durchmessers resultieren.

Der errechnete Durchmesser d_K ist auf eine genormte Abmessung aufzurunden und die Geschwindigkeit w_K nach Gl. (1.1-4) zu kontrollieren:

$$w_K = \frac{m_F\, v_K}{A_K} = \frac{4\, m_F\, v_K}{\pi\, d_K^2} \leq a_F \qquad (15.3\text{-}10)$$

Ist Gl. (15.3-10) nicht erfüllt, herrscht an der Abblasemündung Überdruck, d. h. $P_K > P_U = 1$ bar. In diesem Fall ist mit Nachexpansionen zu rechnen, deren Einfluss auf die Höhe der Schallemission L_W z. Z. nicht korrekt erfassbar ist. Näherungsweise kann die zu erwartende Größenordnung nach Abschnitt 16.4 abgeschätzt werden, falls eine Vergrößerung des Durchmessers d_K nicht möglich ist.

15.3.3 Dimensionierung von Abblasesystemen mit Schalldämpfer oder Erweiterung

a) Geschwindigkeit im Bemessungsquerschnitt

Bedingt durch den Druckverlust ΔP_{ASD} im Abblaseschalldämpfer liegt der Druck im Bemessungsquerschnitt (Punkt K im **Bild 15.3-2**) über demjenigen an der Abblasemündung A_E:

$$P_K > P_E = P_U = 1 \text{ bar} \qquad (15.3\text{-}11)$$

Wie bei den Abblasesystemen ohne Abblaseschalldämpfer (Abschnitt 15.3.2) ist auch hier die Geschwindigkeit w_K im Bemessungsquerschnitt entsprechend Gl. (15.3-5) zu begrenzen. Bei der Bestimmung des Terms $P_K\ v_K$ wird in ähnlicher Weise wie im Abschnitt 15.3.2 vorgegangen:

$$P_K\ v_K \approx P_U\ v_{Kf} = v_{Kf} = \beta\ v_{Ef} \approx 0{,}9\ v_{Ef} \qquad (15.3\text{-}12)$$

Analog zu Abschnitt 15.3.2 kann der in Gl. (15.3-12) enthaltene Faktor $\beta \approx 0{,}9$ durch schrittweise Näherung präzisiert werden.

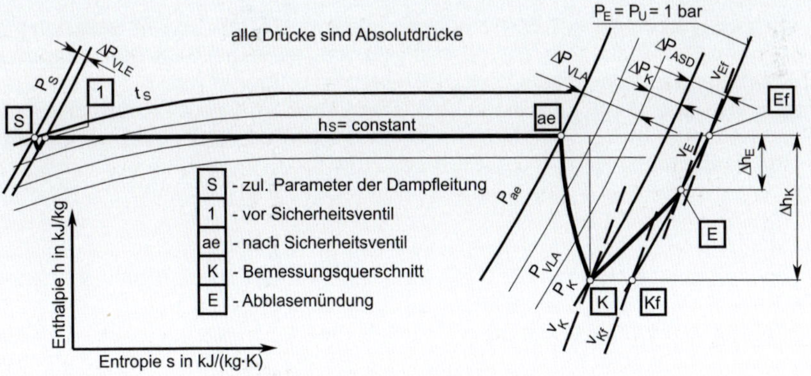

Bild 15.3-2: Abblasevorgang (Drosselverlauf) für Wasserdampf im h-s-Diagramm: dargestellt ist ein Abblasesystem mit Abblaseschalldämpfer

b) Größe des Bemessungsquerschnittes

Für den kreisrunden Abblaseschacht ist der Mindestdurchmesser d_K nach Gl. (15.3-9) zu bestimmen.

Als spezifisches Volumen v_K ist einzusetzen:

- Abblasesysteme mit Abblaseschalldämpfer

  Das Volumen v_K ist gemäß Bild 15.3-2 für den Druck

  $$P_K = P_E + \Delta P_{ASD} = P_U + \Delta P_{ASD} = 1 \text{ bar} + \Delta P_{ASD} \quad (15.3\text{-}13a)$$

  und der Enthalpie

  $$h_K = h_S - \Delta h_K \quad (15.3\text{-}13b)$$

  zu ermitteln. Ist der Druckverlust des Schalldämpfers ΔP_{ASD} nicht bekannt, kann für planerische Zwecke mit ausreichender Genauigkeit

  $$v_K \approx 0{,}8\ v_{Ef} \quad (15.3\text{-}13c)$$

  angesetzt werden. Dieser Wert liegt auf der sicheren Seite.

- Abblasesysteme mit Erweiterung

  Um ein Abreißen der Strömung zu verhindern, darf die Erweiterung nur allmählich mit kleinem Winkel erfolgen. Der erzielte Druckrückgewinn wird demzufolge in der Regel durch den langen Reibungsweg aufgezehrt, d. h. $\zeta \approx 0$ (siehe auch Tabelle 15.2-1). Der Druck im Bemessungsquerschnitt P_K ist wegen $\Delta P_{ASD} \approx 0$ mit dem Druck an der Abblasemündung P_E nahezu identisch (siehe Bild 15.3-2):

  $$P_K \approx P_E = P_U = 1 \text{ bar} \quad (15.3\text{-}14)$$

  Hiermit lässt sich nach Gl. (15.3-12) das spezifische Volumen bestimmen:

  $$v_K \approx v_E = \beta\ v_{Ef} \approx 0{,}9\ v_{Ef} \quad (15.3\text{-}15)$$

c) Berechnungsbeispiel 15.3-1

Für das Abblasesystem gemäß Berechnungsbeispiel 15.2-1 soll die Abblaseleitung in einen Abblaseschacht münden. Dieser hat zur Verringerung der Austrittsgeschwindigkeit in die Atmosphäre an seiner Mündung eine Erweiterung ähnlich der Einzelheit im Bild 15.3-1. Abblaseleitung und Abblaseschacht sind zu dimensionieren.

- Enthalpie h_S für die zulässigen Parameter $P_S = 28$ bar und $t_S = 510$ °C

  Berechnung nach [1.4-1]: $h_S = 3482$ kJ/kg

- Druck im Bemessungsquerschnitt nach Gl. (15.3-14)

  $P_K \approx P_E = P_U = 1$ bar

- Spezifisches Volumen im Bemessungsquerschnitt

  Für h_S = constant und $P_K = 1$ bar errechnet man nach [1.4-1] zunächst $v_{Ef} = 3{,}5517$ m³/kg. Hiermit ergibt sich gemäß Gl. (15.3-15):

  $v_K \approx 0{,}9\ v_{Ef} = 0{,}9 \cdot 3{,}5517 = 3{,}2$ m³/kg.

- Schallgeschwindigkeit im Bemessungsquerschnitt nach Gl. (15.3-3)

  $$a_F = C\sqrt{P_K\, v_K} = 333\sqrt{1 \cdot 3{,}2} = 596 \text{ m/s}$$

- Geschwindigkeit zur Dimensionierung des Bemessungsquerschnittes nach Gl. (15.3-5)

  $$w_K \leq 0{,}9\, a_F = 0{,}9 \cdot 596 = 536 \text{ m/s}$$

- Durchmesser des Bemessungsquerschnittes (Abblaseschacht) nach Gl. (15.3-9)

  $$d_K \geq 2\sqrt{\frac{m_F\, v_K}{\pi\, w_K}} = 2\sqrt{\frac{20{,}7 \cdot 3{,}2}{\pi \cdot 536}} = 0{,}397 \text{ m}$$

  Die Abmessung 406,4 x 6,3 nach DIN EN 10217-1 mit einem Innendurchmesser von $d_K = 393{,}8$ mm = 0,394 m müsste noch ausreichen.

- Kontrolle der Geschwindigkeit im Bemessungsquerschnitt nach Gl. (15.3-10)

  $$w_K = \frac{4\, m_F\, v_K}{\pi\, d_K^2} = \frac{4 \cdot 20{,}7 \cdot 3{,}2}{\pi \cdot 0{,}394^2} = 543 \text{ m/s} \leq a_F = 596 \text{ m/s}$$

- Durchmesser der Abblaseleitung

  Die Abblaseleitung kann mit durchgestecktem Stutzen DN 350 (355,6 x 5,6) in den Abblaseschacht eingebunden werden. Gegenüber dem Austritt Sicherheitsventil mit DN 250 ($d_{ae} = 0{,}259$ m) ist sie um 2 Nennweiten größer, was der Mindestforderung nach Abschnitt 15.3.1 entspricht.

15.3.4 Eigengegendruck

a) Allgemeines

Funktion und Abblaseleistung eines Sicherheitsventils ist nur gesichert, wenn

- der Eigengegendruck P_{ae} einen vom Hersteller vorgegebenen Wert nicht überschreitet, und
- an keiner Stelle des Abblasesystems Schallgeschwindigkeit herrscht, ausgenommen im Bemessungsquerschnitt.

Der zulässige Grenzwert des Eigengegendruckes $P_{ae,zul}$ liegt je nach Hersteller und Bauart des Sicherheitsventils bei 15 bis 20 % des Abblasedruckes P_1, vorzugsweise bei 20 %:

$$P_{ae,zul} = (0{,}15 \text{ bis } 0{,}2)\, P_1 \qquad (15.3\text{-}16)$$

Ergibt die Kontrolle einen höheren Eigengegendruck, bestehen folgende Gegenmaßnahmen:

- Vereinbarung des erhöhten Eigengegendrucks bei der Bestellung des Sicherheitsventils.
- Vergrößerung der Querschnitte des Abblasesystems, um den Druckverlust zu verringern.

Die Querschnitte über den gesamten Verlauf des Abblasesystems müssen so bemessen sein, dass unter Berücksichtigung einer Sicherheitsgrenze die Durchflussgeschwindigkeit maximal 90 % der für diese Stelle maßgebenden Schallgeschwindigkeit beträgt.

Die Berechnung des Eigengegendruckes kann nach Abschnitt 1.8 oder mit einem PC-Programm erfolgen, z. B. SINETZ. Die Kontrolle unzulässiger Schallgeschwindigkeit ist Bestandteil des Programms. Die Festlegungen zur Rohrrauheit und die Richtwerte für Einzelwiderstände sind bei der Eingabe zu berücksichtigen.

b) Überschlägige Berechnung des Eigengegendruckes

Unter der Voraussetzung, dass an keiner Stelle des Abblasesystems Schallgeschwindigkeit zulässig ist (Sicherheitsgrenze 0,9), ergibt sich nach Gl. (1.1-6b) für den Druckverlust ab Austritt Sicherheitsventil (Punkt ae im Bild 15.3-2) bis zum Eintritt in die Atmosphäre (Punkt E im Bild 15.3-2):

$$\Delta P = P_{ae} - P_E = P_{ae} \left[1 - \sqrt{1 - \frac{16\, m_F^2\, v_{ae}}{\pi^2\, P_{ae}}\, G_E} \right] + \Delta P_{ASD} \qquad (15.3\text{-}17)$$

Hierbei wurde wie bei der Zuführungsleitung der Temperatureinfluss vernachlässigt und der Korrekturfaktor für Rohrtoleranz $K_T = 1$ gesetzt.

Der Geometriefaktor G_E berücksichtigt den Druckverlust durch Rohrreibung und durch Einzelwiderstände von Abblaseleitung und Abblaseschacht ab Austritt Sicherheitsventil (Querschnitt ae) bis zum Bemessungsquerschnitt A_K (siehe Bild 15.1-1). Er beträgt analog Gl. (15.2-8b):

$$G_E = \sum_{j=1}^{k} \frac{\lambda_{R,j}\left(l_j / d_j\right) + \sum \zeta_j}{d_j^4} \qquad (15.3\text{-}18)$$

Der Index j in Gl. (15.3-18) bezieht sich auf Rohrleitungsabschnitte mit gleichem Durchmesser d_j, im Beispiel Bild 15.1-1 durch die Durchmesser d_{ae}, d_3, d_4 und d_K gekennzeichnet. Für die Einzelwiderstände ζ_j sind die Werte nach Tabelle 15.2-1 ausreichend.

Falls für den Druckverlust des Abblaseschalldämpfers vom Hersteller statt des Druckverlustes ein Einzelwiderstand ζ_{ASD} angegeben wird, ist dieser in den Geometriefaktor G_E einzurechnen, bezogen auf den Durchmesser d_K. In Gl. (15.3-17) ist in diesem Fall $\Delta P_{ASD} = 0$ zu setzen.

Für den Rohrreibungsbeiwert $\lambda_{R,j}$ ist Gl. (15.2-9) anzuwenden:

$$\lambda_{R,j} = \frac{1}{\left[2\, \lg\left(d_j / k\right) + 1{,}14\right]^2} \approx \frac{1}{\left[2\, \lg d_j + 8{,}5\right]^2} \qquad (15.3\text{-}19)$$

Zur überschlägigen Ermittlung des Eigengegendruckes wird auf der Grundlage von h_S = constant zunächst das spezifische Volumen v_{ae} bestimmt:

$$v_{ae} = \frac{P_E\, v_{Ef}}{P_{ae}} \qquad (15.3\text{-}20)$$

Eingesetzt in Gl. (15.3-17) ergibt sich für den Eigengegendruck P_{ae}:

$$P_{ae} = \sqrt{\left(P_E + \Delta P_{ASD}\right)^2 + 1{,}62\, m_F^2\, P_E\, v_{Ef}\, G_E} \qquad (15.3\text{-}21)$$

Hieraus resultiert folgende Gebrauchsformel (P_E = 1 bar, alle anderen Drücke auch in bar):

$$P_{ae} = \sqrt{\left(1 + \Delta P_{ASD}\right)^2 + 1{,}62 \cdot 10^{-5}\, m_F^2\, v_{Ef}\, G_E} \leq P_{ae,zul} \qquad (15.3\text{-}22)$$

Der zulässige Eigengegendruck ist durch Gl. (15.3-16) bestimmt.

c) Berechnungsbeispiel 15.3-2

Für das Abblasesystem des Berechnungsbeispiels 15.3-1 soll der Eigengegendruck hinsichtlich zulässiger Werte kontrolliert werden. Die Abblaseleitung mit der Abmessung 355,6 x 5,6 ($d_{VLA} = d_3 = d_4 = 0{,}344$ m) hat eine gestreckte Länge von $l_{VLA} = 12$ m. Der Abblaseschacht mit der Abmessung 406,4 x 6,3 ($d_K = 0{,}394$ m) hat ab Einbindung der Abblaseleitung bis zum Übergang in die Erweiterung noch eine Höhe von $l_K = 22$ m (siehe Bild 15.3-1).

- Rohrreibungsbeiwert für $d_{VLA} = 0{,}344$ m nach Gl. (15.3-19)

$$\lambda_{R,VLA} \approx \frac{1}{[2 \lg d_{VLA} + 8{,}5]^2} = \frac{1}{[2 \lg 0{,}344 + 8{,}5]^2} = 0{,}0174$$

- Rohrreibungsbeiwert für $d_K = 0{,}394$ m nach Gl. (15.3-19)

$$\lambda_{R,K} \approx \frac{1}{[2 \lg d_K + 8{,}5]^2} = \frac{1}{[2 \lg 0{,}394 + 8{,}5]^2} = 0{,}0169$$

- Widerstandsbeiwerte der Abblaseleitung nach Tabelle 15.2-1

Erweiterung von $d_{ae} = 0{,}259$ m auf $d_{VLA} = 0{,}344$ m:	$\zeta = 0{,}6$
1 Bogen 45°:	$\zeta = 0{,}2$
1 plötzliche Erweiterung von $d_{VLA} = 0{,}344$ m auf $d_K = 0{,}394$ m:	$\zeta = 0{,}06$
Summe Widerstandsbeiwerte:	$\Sigma\zeta \approx 0{,}9$

- Widerstandsbeiwerte des Abblaseschachtes nach Tabelle 15.2-1: vernachlässigbar

- Geometriefaktor nach Gl. (15.3-18)

$$G_E = \sum_{j=1}^{k} \frac{\lambda_{R,j} \left(l_j / d_j \right) + \sum \zeta_j}{d_j^4}$$

$$= \frac{0{,}0174 \left(12 / 0{,}344 \right) + 0{,}9}{0{,}344^4} + \frac{0{,}0169 \left(22 / 0{,}394 \right) + 0}{0{,}394^4} = 146{,}8 \text{ m}^{-4}$$

- Zulässiger Eigengegendruck nach Gl. (15.3-16)

$$P_{ae,zul} = (0{,}15 \text{ bis } 0{,}2)\ P_1 = (0{,}15 \text{ bis } 0{,}2)\ 28 = 4{,}2 \text{ bis } 5{,}6 \text{ bar}$$

- Vorhandener Eigengegendruck nach Gl. (15.3-22)

$$P_{ae} = \sqrt{(1 + \Delta P_{ASD})^2 + 1{,}62 \cdot 10^{-5}\, m_F^2\, v_{Ef}\, G_E}$$

$$= \sqrt{(1 + 0)^2 + 1{,}62 \cdot 10^{-5} \cdot 20{,}7^2 \cdot 3{,}5517 \cdot 146{,}8} = 2{,}15 \text{ bar}$$

Der vorhandene Eigengegendruck liegt im zulässigen Bereich.

15.3.5 Kontrolle auf unzulässige Schallgeschwindigkeit

a) Austritt Sicherheitsventil

Es ist davon auszugehen, dass der Hersteller des Sicherheitsventils den Austrittsquerschnitt entsprechend den Erfordernissen richtig bemessen hat, so dass eine Nachrechnung hierfür nicht erforderlich ist.

b) Einbindung der Abblaseleitung in den Abblaseschacht

Analog Gl. (15.3-10) gilt für den Querschnitt VLA die Geschwindigkeit:

$$w_{VLA} = \frac{m_F\, v_{VLA}}{A_3} = \frac{4\, m_F\, v_{VLA}}{\pi\, d_3^2} \leq a_{F,VLA} \qquad (15.3\text{-}23)$$

Die Schallgeschwindigkeit wird entsprechend Gl. (15.3-3) modifiziert:

$$a_{F,VLA} = C\, \sqrt{P_{VLA}\, v_{VLA}} \qquad (15.3\text{-}24)$$

Zur Bestimmung des spezifischen Volumens muss zunächst der Druck P_{VLA} ermittelt werden. Der Berechnung liegt der Durchmesser d_3 zugrunde. Erfolgt eine andere Art der Einbindung, z. B. über eine Staustufe nach Abschnitt 15.3.6, ist ein äquivalenter Durchmesser aus der freien Querschnittsfläche zu ermitteln.

Der Druck an der Einbindestelle beträgt in Anlehnung an Gl. (15.3-22):

$$P_{VLA} = \sqrt{(1 + \Delta P_{ASD})^2 + 1{,}62 \cdot 10^{-5}\, m_F^2\, v_{Ef}\, G_K} \qquad (15.3\text{-}25)$$

Da P_E = 1 bar eingesetzt wurde, haben alle anderen Drücke auch die Einheit bar. Der Geometriefaktor G_K in Gl. (15.3-25) ist analog Abschnitt 15.3.4 zu berechen, jedoch bezogen auf die im Bild 15.1-1 mit l_K bezeichnete Strecke von der Einbindung in den Abblaseschacht bis zum Austritt in die Atmosphäre.

Das spezifische Volumen kann näherungsweise aus folgender Beziehung errechnet werden:

$$v_{VLA} \approx \frac{P_K\, v_K}{P_{VLA}} \qquad (15.3\text{-}26)$$

P_K und v_K sind nach Gl. (15.3-13) bis (15.3-15) zu bestimmen. Für genaue Berechnungen ist eine schrittweise Näherung über die Enthalpiedifferenz

$$\Delta h_{VLA} = \frac{w_{VLA}^2}{2000} \qquad (15.3\text{-}27)$$

analog Abschnitt 15.3.2 möglich.

c) Bemessungsquerschnitt im Abblaseschacht

Eine Nachrechnung ist nicht erforderlich, wenn Gl. (15.3-10) eingehalten ist.

d) Berechnungsbeispiel 15.3-3

In Fortsetzung des Berechnungsbeispiels 15.3-2 soll eine Kontrolle auf unzulässige Schallgeschwindigkeit im Querschnitt VLA erfolgen.

- Rohrreibungsbeiwert für d_K = 0,394 m nach Gl. (15.3-19)

$$\lambda_{R,K} \approx \frac{1}{[2 \lg d_K + 8{,}5]^2} = \frac{1}{[2 \lg 0{,}394 + 8{,}5]^2} = 0{,}0169$$

- Widerstandsbeiwerte des Abblaseschachtes nach Tabelle 15.2-1: vernachlässigbar

- Geometriefaktor nach Gl. (15.3-18)

$$G_E = \sum_{j=1}^{k} \frac{\lambda_{R,j}\left(l_j / d_j\right) + \sum \zeta_j}{d_j^4} = \frac{0{,}0169\,(22 / 0{,}394) + 0}{0{,}394^4} = 39{,}2 \text{ m}^{-4}$$

- Druck im Querschnitt VLA nach Gl. (15.3-25)

$$P_{VLA} = \sqrt{(1 + \Delta P_{ASD})^2 + 1{,}62 \cdot 10^{-5}\, m_F^2\, v_{Ef}\, G_K}$$

$$= \sqrt{(1 + 0)^2 + 1{,}62 \cdot 10^{-5} \cdot 20{,}7^2 \cdot 3{,}5517 \cdot 39{,}2} = 1{,}4 \text{ bar}$$

- Spezifisches Volumen nach Gl. (15.3-20)

$$v_{VLA} \approx \frac{P_K\, v_K}{P_{VLA}} \approx \frac{P_K \cdot 0{,}9\, v_{Ef}}{P_{VLA}} = \frac{1 \cdot 0{,}9 \cdot 3{,}5517}{1{,}4} = 2{,}283 \text{ m}^3/\text{kg}$$

- Schallgeschwindigkeit nach Gl. (15.3-24)

$$a_{F,VLA} = C\, \sqrt{P_{VLA}\, v_{VLA}} = 333\, \sqrt{1{,}4 \cdot 2{,}283} = 595 \text{ m/s}$$

- Geschwindigkeit nach Gl. (15.3-23) mit $d_3 = d_{VLA}$

$$w_{VLA} = \frac{4\, m_F\, v_{VLA}}{\pi\, d_3^2} = \frac{4\, m_F\, v_{VLA}}{\pi\, d_{VLA}^2} = \frac{4 \cdot 20{,}7 \cdot 2{,}283}{\pi \cdot 0{,}344^2} = 508 \text{ m/s} \leq a_{F,VLA} = 595 \text{ m/s}$$

Die Geschwindigkeit ist zwar höher als die Richtgeschwindigkeiten nach FDBR-RL 5 (siehe Abschnitt 15.3.1), trotzdem liegt sie aber noch im zulässigen Bereich.

15.3.6 Dimensionierung von Staustufen

Entsprechend FDBR-RL 5 sind zum geräuscharmen Einbinden der Abblaseleitung in den Abblaseschacht für das Lochblech der Staustufe (**Bild 15.3-3**) folgende Richtwerte einzuhalten:

- Größe der Bohrung

  Optimale Strömungsverhältnisse herrschen bei Bohrungsdurchmessern von $d_B \approx 3\ e_3$. Die Einlaufziffer α nach Gl. (1.1-19a) beträgt hierfür $\alpha = 0{,}9$. Bei $d_B \approx e_3$ steigt der Widerstand um rund 30 %, d. h. die Einlaufziffer sinkt auf $\alpha = 0{,}7$.

- Stegabstand

  Der Stegabstand T_B zwischen 2 Löchern (siehe Einzelheit des Lochbleches im Bild 15.3-3) muss aus Festigkeitsgründen $T_B \geq d_B$ betragen.

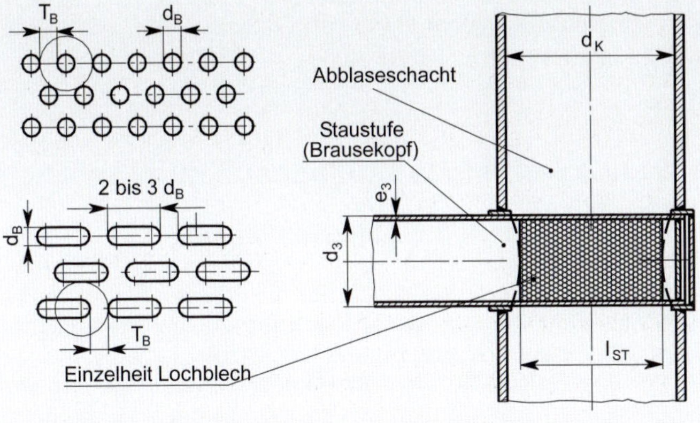

Bild 15.3-3: Einbindung der Abblaseleitung in den Abblaseschacht mittels Staustufe

- Art der Bohrung

  Der Ausnutzungsgrad ε ist ein Maß für die freie Durchgangsfläche der Bohrungen, bezogen auf die Flächeneinheit des Lochblechmantels. Er beträgt für die im Bild 15.3-3 dargestellten Formen näherungsweise bei $T_B = d_B$:

  Rundbohrung mit d_B: $\varepsilon = 0{,}28$

  Langloch der Länge 2 d_B: $\varepsilon = 0{,}30$

  Langloch der Länge 3 d_B: $\varepsilon = 0{,}35$

- Wirksame Länge des Lochbleches

  Die Mindestlänge der gelochten Staustufe l_{ST} errechnet sich aus:

$$l_{ST} \geq \frac{d_3}{4\,\alpha\,\varepsilon} \tag{15.3-28}$$

  Mit dem optimalen Bohrungsdurchmesser $d_B \approx 3\ e_3$ (Einlaufziffer $\alpha = 0{,}9$) und den o. g. Ausnutzungsgraden ε beträgt die Mindestlänge nach Gl. (15.3-28):

  Rundbohrung mit d_B: $l_{ST} = 0{,}99\ d_3$

  Langloch der Länge 2 d_B: $l_{ST} = 0{,}93\ d_3$

  Langloch der Länge 3 d_B: $l_{ST} = 0{,}80\ d_3$

  Die Bohrungen der Staustufe dürfen auf der Mindestlänge von l_{ST} nicht durch Führungsringe der Staustufe oder andere Einbauten verdeckt sein. Im Interesse möglichst niedriger Geräusche ist die vom Durchmesser $d_K > d_3$ vorgegebene konstruktive Grenze von l_{ST} möglichst auszuschöpfen.

15.4 Notwendigkeit eines Abblaseschalldämpfers

15.4.1 Austrittsquerschnitt der Abblasemündung

Der Austrittsquerschnitt A_E bezieht sich auf die von der Strömung ausgefüllte innere Querschnittsfläche. Für kreisrunde Austrittsformen ist A_E aus dem Kreisquerschnitt zu errechnen, multipliziert mit der Anzahl der Austrittsmündungen. Beispiele für konfektionierte Abblaseformstücke enthält Band I Abschnitt 2.3.1. Konstruktiv erforderliche Schrägschnitte an kreisförmigen Austrittsmündungen wirken nicht flächenerhöhend.

Austrittsquerschnitte, die von der Kreisform abweichen, sind zur Berücksichtigung von Sekundärströmungen (Toträumen) mit folgenden Faktoren f_E abzuwerten:

- quadratisch: $f_E = 0{,}9$
- rechteckig: $f_E = 0{,}8$ bis $0{,}9$
- elliptisch: $f_E = 0{,}9$ bis 1

Die unteren Werte gelten für Seiten- bzw. Achsenverhältnisse von 1,5 : 1, die oberen für 1 : 1.

Für Abblaseschalldämpfer ist der Austrittsquerschnitt A_E den Herstellerunterlagen zu entnehmen.

15.4.2 Berechnung der Austrittsgeschwindigkeit

Die für die Schallemission maßgebende Geschwindigkeit an der Mündung errechnet sich zu

$$w_E = w_K \frac{A_K}{f_E A_E} \qquad (15.4\text{-}1)$$

w_K ist nach Gl. (15.3-10), $f_E A_E$ nach Abschnitt 15.4.1 zu ermitteln.

Für Abblasesysteme ohne Schalldämpfer oder ohne Abblaseformstück mit Querschnittserweiterung, z. B. der einseitige Abblasekrümmer, ist wegen $A_K = A_E$ die Austrittsgeschwindigkeit w_E mit w_K identisch.

15.4.3 Schallleistungspegel

Der Schallleistungspegel L_W wird auf einen Abstand von 0,4 m von der Mündung des Abblaseformstückes in die Atmosphäre bezogen. Er kann aus der Gebrauchsformel

$$L_W = 14 \lg (m_F\, w_E) + 107 \qquad (15.4\text{-}2)$$

errechnet werden, die als Mittelwert aus einer Vielzahl von Versuchen ermittelt wurde [15.4-1] und als gesichert anzusehen ist (**Bild 15.4-1**). Die logarithmische Abhängigkeit vom Austrittsimpuls

$$F_E = m_F\, w_E \qquad (15.4\text{-}3)$$

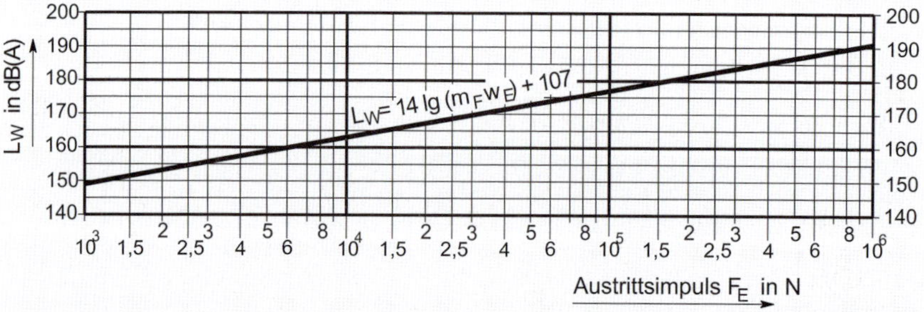

Bild 15.4-1: Schallleistungspegel L_W, bezogen auf 0,4 m Abstand von der Abblasemündung

ist bei anderen Darstellungen für L_W, z. B. in VGB-R 304, nicht so deutlich zu erkennen.

Bei Verdoppelung des Austrittsdurchmessers d_E steigt der Austrittsquerschnitt um das 4-fache. Demzufolge sinkt die Austrittsgeschwindigkeit w_E auf ein Viertel ihres ursprünglichen Wertes. Der Schallleistungspegel L_W nach Gl. (15.4-2) sinkt daher um 14 lg 0,25, d. h. um reichlich 8 dB(A), was als beträchtlich anzusehen ist.

15.4.4 Schallausbreitung im Freien

Grundlage der Berechnung ist die Schallausbreitung im Freien in Form von Kugelwellen (Bild 14.6-2) nach Gl. (14.6-2). Bezugspunkt für die Bewertung des von der Abblaseleitung emittierten Lärmes ist die Werksgrenze. An dieser Stelle ist mit folgender Schallemission L_{WE} zu rechnen (**Bild 15.4-2**):

$$L_{WE} = L_W - 20 \lg E_E + \Delta D_R - \Delta D_{ASD} - \Delta D_{BB} - 11 \qquad (15.4\text{-}4)$$

Bei Abblasesystemen ohne Schalldämpfer ist das Durchgangsdämm-Maß $\Delta D_{ASD} = 0$ zu setzen.

Das Richtwirkungsmaß ΔD_R ist aus **Bild 15.4-3** zu entnehmen [14.6-3]. Es ist abhängig vom Raumwinkel ϑ_o, der in Abhängigkeit von der Strahlrichtung zu ermitteln ist, die durch den Horizontalwinkel $(\vartheta_1 + \delta)$ und den Winkel ϑ_2 innerhalb der Horizontalebene (Bild 15.4-3) festgelegt ist:

$$\vartheta_o = 2 \arcsin \sqrt{\sin^2 \frac{\vartheta_1 + \delta}{2} + \sin^2 \frac{\vartheta_2}{2}} \qquad (15.4\text{-}5)$$

Für übliche Abblaseformstücke und häufig vorkommende Strahlrichtungen ist der Raumwinkel ϑ_o in **Tabelle 15.4-1** angegeben.

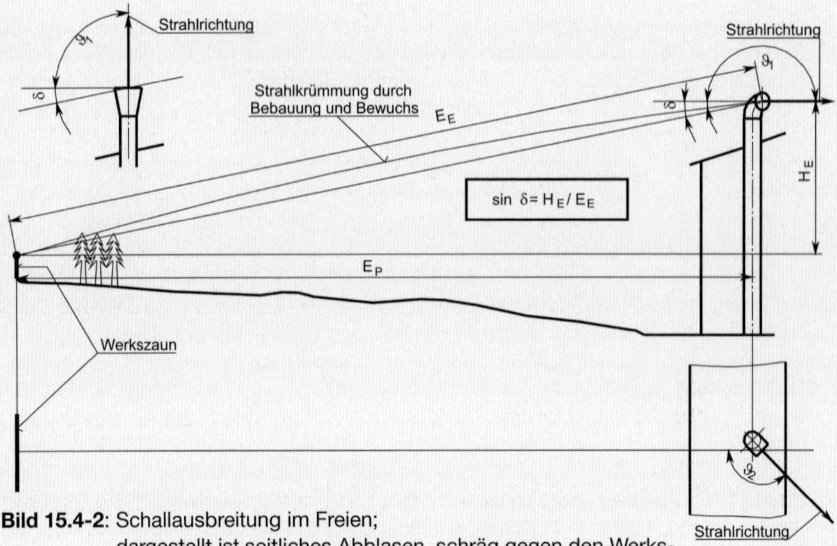

Bild 15.4-2: Schallausbreitung im Freien; dargestellt ist seitliches Abblasen, schräg gegen den Werkszaun. Variante links oben: Abblasen senkrecht nach oben

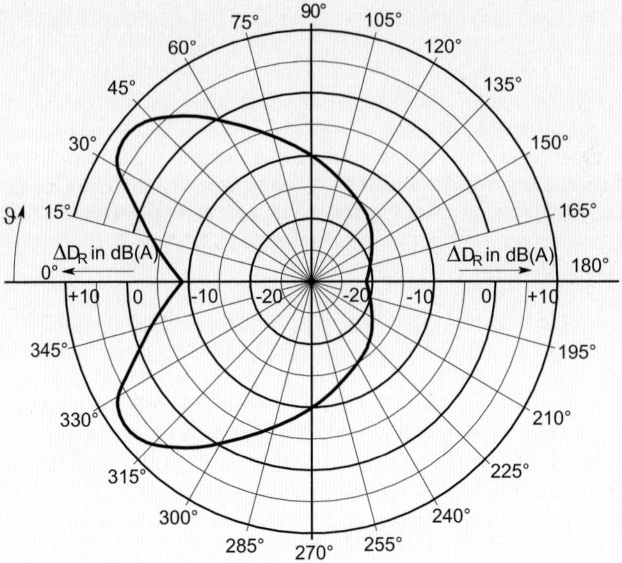

Bild 15.4-3: Richtwirkungsmaß ΔD_R nach [14.6-3]

Tabelle 15.4-1: Näherungswerte für den Raumwinkel ϑ_0 von üblichen Abblaseformstücken

Art des Abblase-formstücks	Strahlrichtung	Raumwinkel ϑ_0
Abblasekonus	nach oben ($\vartheta_1 = 90°$)	$90° + \delta$
Abblasekrümmer	in Richtung Werkszaun ($\vartheta_1 = 0°$; $\vartheta_2 = 0°$)	δ
	entgegen Richtung Werkszaun ($\vartheta_1 = 0°$; $\vartheta_2 = 180°$)	$180° + \delta$
	quer zum Werkszaun ($\vartheta_1 = 0°$; $\vartheta_2 = 90°$)	$90° + \delta$
Abblasehosenstück	in Richtung Werkszaun ($\vartheta_1 = 60°$; $\vartheta_2 = 0°$)	$60° + \delta$
	quer zum Werkszaun ($\vartheta_1 = 60°$; $\vartheta_2 = 90°$)	$120° + \delta$

Eine Strahlkrümmung bzw. das hierdurch bedingte Dämpfungsmaß ΔD_{BB} ist nur zu berücksichtigen, wenn die geradlinige Schallausbreitung zwischen Abblasemündung und Werkszaun durch Bebauung und/oder dauerhaft hohen Bewuchs gestört ist (Bild 15.4-3). Gemäß der nicht mehr gültigen VDI 2714 kann überschlägig mit einem Dämpfungsmaß von

$$\Delta D_{BB} \approx 0{,}05 \text{ dB / m} \leq 15 \text{ dB} \qquad (15.4\text{-}6)$$

gerechnet werden, bezogen auf denjenigen Anteil der Strahllänge, der durch Bebauung und/oder Bewuchs gestört ist. Luftabsorption, Boden- und Meterologiedämpfung sind im Maximalwert von Gl. (15.4-6) bereits berücksichtigt.

15.4.5 Zulässige Immissionsrichtwerte

Die zulässigen Immissionsrichtwerte L_{TA} sind in der TA Lärm [14.7-2] festgelegt (siehe **Tabelle 15.4-2**). Für den Notfall bzw. zur Abwehr einer Gefahr für die öffentliche Sicherheit ist eine generelle Überschreitung der Immissionsrichtwerte ohne Begrenzung zulässig.

Das Ansprechen der Sicherheitsventile ist nicht als Notfall, aber als seltenes Ereignis anzusehen, das ohne Ankündigung zu jeder Tages-und Nachtzeit eintreten kann. Unter Berücksichtigung der kurzzeitigen zulässigen Geräuschspitzen ergeben sich für die verschiedenen Einwirkungsorte nach Tabelle 15.4-2 folgende zulässige Immissionsrichtwerte L_{TA}, bezogen auf den Werkszaun:

Industriegebiete:	100 dB(A)
Gewerbegebiete:	70 dB(A)
alle anderen:	65 dB(A)

Tabelle 15.4-2: Immissionsrichtwerte der TA Lärm [14.7-2]

Einwirkungsort	Immissionsrichtwert L_{TA} in dB(A) [1]	
	tags [2]	nachts [3]
Industriegebiete	70	
Gewerbegebiete	65	50
Kerngebiete, Dorfgebiete, Mischgebiete	60	45
allgemeine Wohngebiete, Kleinsiedlungsgebiete	55	40
reine Wohngebiete	50	35
Kurgebiete, Krankenhäuser, Pflegeanstalten	45	35

[1] Für seltene Ereignisse (maximal 10 Tage oder Nächte pro Jahr) gilt tags ein Wert von 70 dB(A), nachts von 55 dB(A), bei Industriegebieten generell 70 dB(A). Die Spitzenzuschläge betragen hierbei:
Gewerbegebiete: tags 25 dB(A), nachts 15 dB(A)
alle anderen: tags 20 dB(A), nachts 10 dB(A)
[2] Kurzzeitige Geräuschspitzen um 30 dB(A) sind zulässig.
[3] Kurzzeitige Geräuschspitzen um 20 dB(A) sind zulässig.

Unabhängig davon sollten jedoch alle vertretbaren Möglichkeiten der Lärmminderung ausgeschöpft werden, damit die o. g. maximal zulässigen Werte möglichst unterschritten werden.

15.4.6 Erfordernis eines Abblaseschalldämpfers

Ist die Bedingung

$$L_{WE} \leq L_{TA} \qquad (15.4\text{-}7)$$

nicht eingehalten, ist zunächst zu prüfen, ob nicht L_{WE} nach Gl. (15.4-4) vermindert werden kann. Hierzu bestehen folgende Möglichkeiten:

- Erhöhung des Austrittsquerschnittes A_E durch Verwendung eines anderen Abblaseformstückes oder durch Vergrößerung des Durchmessers d_K.
- Beeinflussung der Entfernung E durch Vergrößerung der Höhe H_E (Bild 15.4-2).
- Verminderung des Richtwirkungsmaßes ΔD_R durch Veränderung der Strahlrichtung beim Abblasen (siehe Tabelle 15.4-1 und Bild 15.4-3).

Führt auch die Kombination dieser Maßnahmen nicht zum Erfolg, ist ein Abblaseschalldämpfer notwendig. Das erforderliche Durchgangsdämm-Maß errechnet sich zu

$$\Delta D_{ASD} \geq L_{WE} - L_{TA} \qquad (15.4\text{-}8)$$

Im Abblaseschalldämpfer wird die Austrittsgeschwindigkeit auf ein möglichst niedriges Niveau gesenkt, was einen großen Austrittsquerschnitt A_E bedingt. Zum Erreichen eines gleichmäßigen Geschwindigkeitsprofils über den Austrittsquerschnitt dienen konstruktive Maßnahmen in Form von Umlenkungen, Drosseleinbauten (z. B. Lochbleche), Schüttungen (Kugeln, witterungsbeständige Dämmstoffe) und deren Kombinationen. **Bild 15.4-4** zeigt beispielhaft einen Abblaseschalldämpfer mit Lochblecheinbauten, dessen Durchgangsdämm-Maß etwa 25 dB(A) beträgt.

Die Baumaße des erforderlichen Schalldämpfers können zumindest hinsichtlich des Austrittsdurchmessers überschlägig aus dem Durchgangsdämm-Maß

$$D \approx 14 \lg (A_E / A_K) = 28 \lg (d_E / d_K) \qquad (15.4\text{-}9)$$

errechnet werden, kreisrunde Ausführung vorausgesetzt.

15.5 Kräfte beim Abblasevorgang

a) Sicherheitsventil

Das Sicherheitsventil ist als Festpunkt zu haltern. Bei seinem Öffnen und Schließen treten kurzzeitig instationäre Rückstoßkräfte auf, die vektoriell zu addieren sind (**Bild 15.5-1**). Sie liegen in der Größenordnung der Ein- und Austrittsimpulskräfte F_e und F_{ae} des Sicherheitsventils:

$$F_e = m_F \, w_e \qquad (15.5\text{-}1a)$$

$$F_{ae} = m_F \, w_{ae} \qquad (15.5\text{-}1b)$$

Die resultierende Kraft beim Eckventil beträgt (Bild 15.5-1):

$$F_{SIV} = \sqrt{F_e^2 + F_{ae}^2} = m_F \sqrt{w_e^2 + w_{ae}^2} \approx m_F \, w_{ae} \qquad (15.5\text{-}2)$$

Hierbei wurde berücksichtigt, dass die Eintrittsgeschwindigkeit w_e wegen der Begrenzung des Druckverlustes in der Zulaufleitung (siehe Abschnitt 15.2) gegenüber w_{ae} sehr klein und daher vernachlässigbar ist. Gl. (15.5-2) ist aus dem gleichen Grund auch für Durchgangsventile anwendbar.

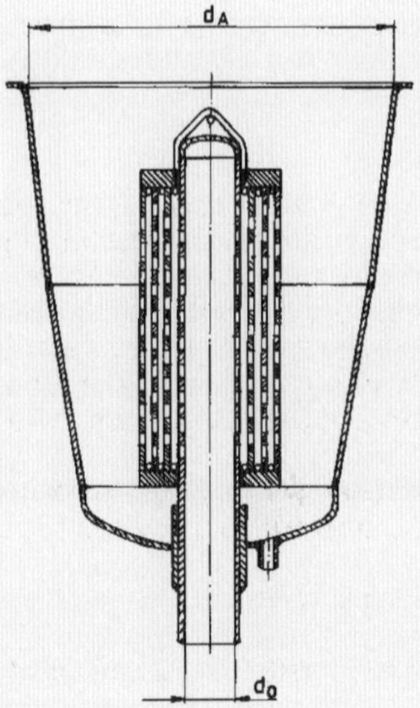

Bild 15.4-4: Abblaseschalldämpfer mit Lochblecheinbauten

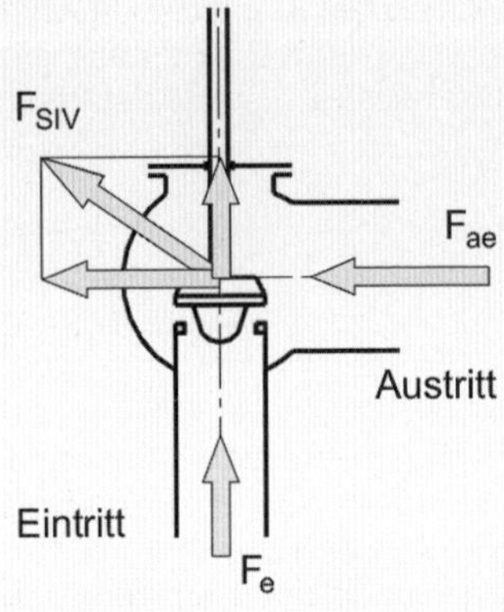

Bild 15.5-1: Kräfte am Sicherheitsventil

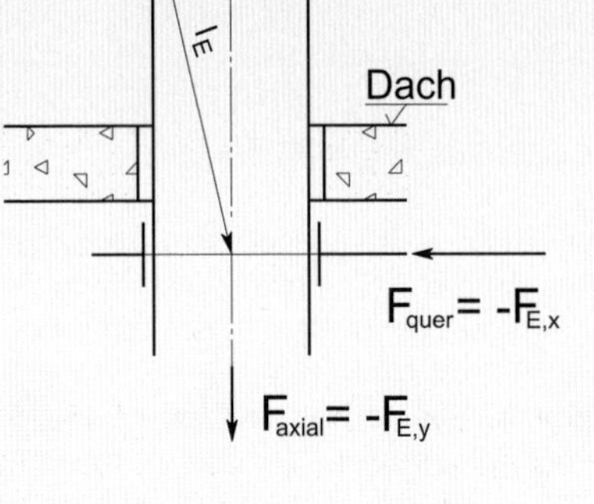

Bild 15.5-2: Kräfte an der Abblasemündung

b) Abblaseleitung

Bei einer losen Einführung der Abblaseleitung in den Abblaseschacht (siehe Bild 15.1-1) beträgt der Austrittsimpuls entsprechend seiner Richtung:

$$F_{VLA} = m_F \, w_3 \qquad (15.5\text{-}3)$$

Durch eine Führung oder eine andere geeignete Halterung ist die Kraft F_{VLA} abzufangen. Bei einer festen Einbindung in den Abblaseschacht wirkt F_{VLA} nicht als äußere Kraft. Die Wärmeausdehnung der Abblaseleitung ist allerdings durch geeignete Maßnahmen zu berücksichtigen.

c) Abblaseschacht

Die Kräfte an der Mündung gehen aus **Bild 15.5-2** hervor. Die Impulskraft F_E errechnet sich aus

$$F_E = m_F \, w_E \qquad (15.5\text{-}4)$$

Die Querkraft $F_{E,x}$ bzw. das Moment $F_{E,x} \, l_E$ sind durch eine Zwangsführung abzufangen, die möglichst dicht unter der Dachdurchführung anzuordnen ist. Zur Aufnahme der Axialkraft $F_{E,y}$ ist eine Bockstütze oder eine andere geeignete Halterung vorzusehen, die sich in der Nähe des Entwässerungssackes abstützt oder die am Außenmantel des Abblaseschachtes angeschweißt ist.

Bei senkrechter Abblasemündung oder zweiseitigem Abblasekrümmer entfällt die Querkraft. Zur Berücksichtigung von unsymmetrischen Geschwindigkeitsverteilungen und von Windkräften sollte trotzdem eine Zwangsführung vorgesehen werden, die mindestens für

$$F_{E,x} = 0{,}3 \, F_E \qquad (15.5\text{-}5)$$

zu bemessen ist.

d) Abblaseschalldämpfer

Bei Einsatz von Abblaseschalldämpfern ist neben den Rückstoßkräften gemäß Buchstabe c das hohe Gewicht zu berücksichtigen, das in Verbindung mit Windkräften den Abblaseschacht mit erheblichen Biegemomenten oder Schwingungen belastet. Zum Ableiten der Seitenkräfte haben sich symmetrische Dreipunktabspannungen mit Drahtseilen bewährt, die auf Grund ihrer Elastizität die Kräfte sanft abfangen.

16. Auslegung von Ausblasesystemen

16.1 Beschreibung des Reinigungsverfahrens

Bei der Erstinbetriebnahme einer Rohrleitung muss deren innere Oberfläche so sauber sein, dass sowohl die geforderte Medienreinheit möglichst schnell erreicht wird, als auch Störungen durch Oberflächenverunreinigungen und Fremdkörper vermieden werden. Das Ausblasen mit Dampf ist ein gebräuchliches Reinigungsverfahren, das häufig bei Dampfleitungen angewendet wird.

Der Reinigungseffekt beim Ausblasen mit Dampf beruht einerseits auf der Impulswirkung des strömenden Dampfes, andererseits im Verdampfen von Fetten, Ölen und anderen organischen Stoffen unter der Einwirkung der Dampftemperatur. Durch mehrmaliges rasches Anfahren und Abkühlen soll sich außerdem locker haftender Rost und Zunder von der Rohrleitung lösen und ausgeblasen werden. Fest haftender Zunder wird hingegen durch das Ausblasen nicht entfernt. Er verbleibt als unschädlicher Belag in der Rohrleitung. Die zum Ausblasen erforderliche Dampfmenge ist erheblich, so dass sich dieses Verfahren bei großen Nennweiten von selbst verbietet.

Das Ausblasen kann entweder mit gedrosseltem Eigendampf oder mit Fremddampf erfolgen. Beim Fremddampfblasen ist eine gesonderte provisorische Zuführungsleitung erforderlich, die in die zu reinigende Rohrleitung einbindet. Beim Eigendampfblasen kann hingegen der benötigte Dampf durch definitive Rohrleitungen an die zu reinigende Rohrleitung angeschlossen werden. Es ist aber zu beachten, dass die am Eintritt befindliche Absperrarmatur im Allgemeinen nicht zum Drosseln geeignet ist, so dass eine zusätzliche Umführung mit Drosselarmatur benötigt wird.

Die Zuführungsleitung soll eine Messblende enthalten, damit der Massenstrom für die Reinigung kontrolliert werden kann. Der verschmutzte Dampf muss über eine provisorische Ausblaseleitung (**Bild 16.1-1**) ins Freie abgeführt werden.

Vor dem eigentlichen Ausblasen wird über die Drosselarmatur die zu reinigende Rohrleitung zunächst auf etwa 100 K unter der maximalen Temperatur des Ausblasedampfes angewärmt. Erst hiernach wird mit vollen Dampfparametern in mehreren Intervallen geblasen. Die Anzahl der Intervalle ist abhängig vom Verschmutzungsgrad der Rohrleitung. Die Zeit zwischen den Intervallen richtet sich nach der Verfügbarkeit von aufbereitetem Wasser zum Nachspeisen der Dampfquelle, da der ausgeblasene Dampf für den Kreislauf verloren ist. 3 Ausblasevorgänge von 10 bis 20 Minuten Dauer sind als Mindestmaß anzusehen, 6 bis 10 Intervalle bei einem Druck von 90 bar [16.1-1] bilden die obere Grenze. Zwischen den Ausblasintervallen soll die zu reinigende Rohrleitung sich um etwa 100 K abkühlen.

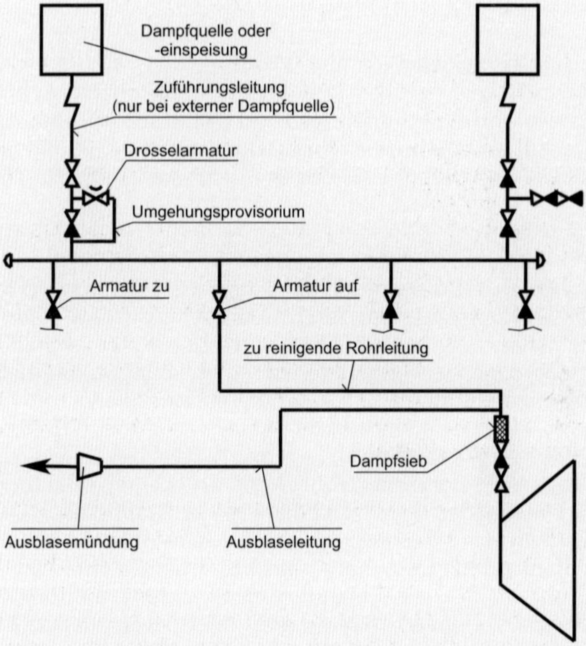

Bild 16.1-1: Schema eines Reinigungsprovisoriums (Beispiel Eigendampfblasen)

Der erzielte Reinigungsseffekt ist indirekt an der Ausblasemündung durch einen in den Ausblasestrom gehaltenen Metallspiegel feststellbar. Bewertungskriterien enthält VGB-R 513 sowie der Aufsatz [16.1-2]. Stichprobenweise kann der Zustand der Innenoberfläche auch durch Endoskopieren kontrolliert werden.

Die zu reinigende Rohrleitung darf keine Verengungen haben. Messblenden und andere empfindliche Bauteile sind während des Blasens durch Passstücke zu überbrücken. Bei Sieben, Filtern und Schmutzfängen sollten während des Ausblasens die engmaschigen Einbauten entfernt werden, da sie sich während des Ausblasens zusetzen und den Widerstand erheblich erhöhen. Schieber und andere Bauteile, in denen sich auf Grund ihrer Konstruktion (Säcke, Spalten) Schmutzpartikel sammeln können, müssen nachträglich geöffnet und gereinigt werden.

Abzweigende Rohrstränge sind separat auszublasen, da im Allgemeinen nicht ausreichend Dampf zum gleichzeitigen Ausblasen zur Verfügung steht. Weitere Hinweise zur Planung und Konstruktion siehe Band I Abschnitt 2.1.12.

16.2 Berechnungsgrundlage

16.2.1 Sauberkeitskriterium

Um Fremdkörper und Schmutzpartikel mit Sicherheit aus der zu reinigenden Rohrleitung zu entfernen, muss die Impulskraft beim Reinigungsprozess höher sein, als während des Betriebes (Formelzeichen siehe **Tabelle 16.2-1**):

$$(m\ w)_{Reinigung} > (m\ w)_{Betrieb} \qquad (16.2\text{-}1)$$

Gleichung (16.2-1) geht davon aus, dass alle losen Verunreinigungen, die den Betriebsprozess stören könnten, bei der Reinigung mit Sicherheit ausgeblasen werden. Fest haftende Teile und Partikel, die der hohen Impulskraft während des Reinigungsprozesses widerstehen, werden hingegen den Betriebsprozess wegen der niedrigeren Impulskraft kaum beeinträchtigen.

Die Geschwindigkeiten beziehen sich auf den Anfang der zu reinigenden Rohrleitung, der im **Bild 16.2-1** als Punkt R3 gekennzeichnet ist. Er entspricht während des Reinigungsvorganges annähernd dem Dampfzustand nach Drosselarmatur. In Strömungsrichtung gesehen steigt die Geschwindigkeit bis zum Punkt R4 wegen der Volumenerhöhung infolge des Druckgefälles bis zur Ausblasemündung merkbar an. Im Betriebszustand bleibt hingegen die Strömungsgeschwindigkeit wegen des niedrigen Druckverlustes über die Rohrleitungslänge nahezu konstant. Das bedingt, dass die Impulskraft während des Ausblasens signifikant höher als während des Betriebszustandes ist.

16.2.2 Erforderlicher Massenstrom zum Ausblasen

Bezogen auf den konkreten Reinigungsvorgang ergibt sich aus Gl. (16.2-1) mit den Formelzeichen nach Tabelle 16.2-1:

$$m_R\ w_{R3} = S_R\ m_B\ w_B \qquad (16.2\text{-}2)$$

Der Faktor $S_R > 1$ ist eine Sicherheit zur Gewährleistung des Reinigungseffekts. Er berücksichtigt Abweichungen in den Dampfparametern, Messfehler und andere Abweichungen während des Ausblaseprozesses sowie Unkorrektheiten bei der Ermittlung der erforderlichen Ausblasedampfmenge. Ein Mindestwert von S_R = 1,2 ist empfehlenswert [16.2-1], VGB-R 513 empfiehlt S_R = 1,2 bis 1,7 (dort mit K bezeichnet).

Die Geschwindigkeit beim Reinigungsvorgang w_{R3} und beim Betrieb w_B müssen sich auf die gleiche Stelle am Anfang des zu reinigenden Rohrleitungssystems beziehen:

Tabelle 16.2-1: Formelzeichen zur Berechnung von Ausblasesystemen
ANMERKUNG: Die als gebräuchlich bezeichneten Einheiten sind Beispiele. Sie können je nach Erfordernis hiervon abweichen.

Formelzeichen	Einheit		Bezeichnung		
	SI-kohärent	gebräuchlich			
a_F	m/s	m/s	Schallgeschwindigkeit im Fluid nach Tabelle 14.3-2		
A_E	m²	mm²	Querschnitt Ausblasemündung		
A_K	m²	mm²	Bemessungsquerschnitt		
d_{RL}	m	mm	Innendurchmesser	am Anfang der zu reinigenden Rohrleitung	
d_E	m	mm		der Ausblasemündung	
d_K	m	mm		des Bemessungsquerschnitts	
D_{EW}	-	dB(A)	Durchgangsdämm-Maß Erweiterung		
D_R	-	dB(A)	Richtwirkungsmaß des Ausblasestrahls		
F_E	N	kN	Impulskraft an der Ausblasemündung		
G_E	m^{-4}	m^{-4}	Geometriefaktor		
h	J/kg	kJ/kg	Enthalpie		
L_W	-	dB(A)	Schallleistungspegel an der Ausblasemündung		
m	kg/s	t/h	Massenstrom	allgemein	
m_B	kg/s	t/h		maximaler im Betriebszustand	
m_R	kg/s	t/h		beim Reinigen (Ausblasen)	
P_E	Pa	bar	Absolutdruck des Ausblasedampfes	an der Ausblasemündung (Punkt E)	
P_{R1}	Pa	bar		Austritt Dampfquelle (Punkt R1)	
P_{R2}	Pa	bar		vor Drosselventil (Punkt R2)	
P_{R3}	Pa	bar		nach Drosselventil (Punkt R3)	
P_{R4}	Pa	bar		am Anschluss Ausblaseprovisorium	
P_K	Pa	bar		an der Ausblasemündung	
P_U	Pa	bar		atmosphärischer ($P_U \approx 1$ bar)	
ΔP_{AL}	Pa	bar	Druckverlust	Ausblaseprovisorium	
ΔP_{NE}	Pa	bar		Nachexpansion	
ΔP_{RL}	Pa	bar		auszublasende Rohrleitung	
ΔP_{ZL}	Pa	bar		Zuführungsleitung	
S_R	-	-	Sicherheit zur Gewährleistung des Reinigungseffekts		
t_{R1}	-	°C	Temperatur Austritt Dampfquelle (Punkt R1)		
v_{R3}	m³/kg	m³/kg	spezifisches Volumen Ausblasedampf	nach Drosselventil (Punkt R3)	
v_K	m³/kg	m³/kg		im Bemessungsquerschnitt	
v_{Kf}	m³/kg	m³/kg		fiktiv, auf h_K und P_U = 1 bar bezogen	
v_{Ef}	m³/kg	m³/kg		fiktiv, auf h_1 und P_U = 1 bar bezogen	
v_B	m³/kg	m³/kg	spezifisches Volumen der zulässigen Parameter im Betrieb		
w	m/s	m/s	Geschwindigkeit	allgemein	
w_B	m/s	m/s		am Anfang der zu reinigenden Rohrleitung	im Betriebzustand
w_{R3}	m/s	m/s			beim Ausblasen
w_K	m/s	m/s		im Bemessungsquerschnitt	
λ_R; ζ	-	-	Rohrreibungszahl; Widerstandsbeiwert (siehe Kapitel 1)		

[1]) 1 Pa $\hat{=}$ 1 N/m²; 1 MPa $\hat{=}$ 1 N/mm²; 1 GPa $\hat{=}$ 10³ N/mm²; 1 bar $\hat{=}$ 0,1 MPa

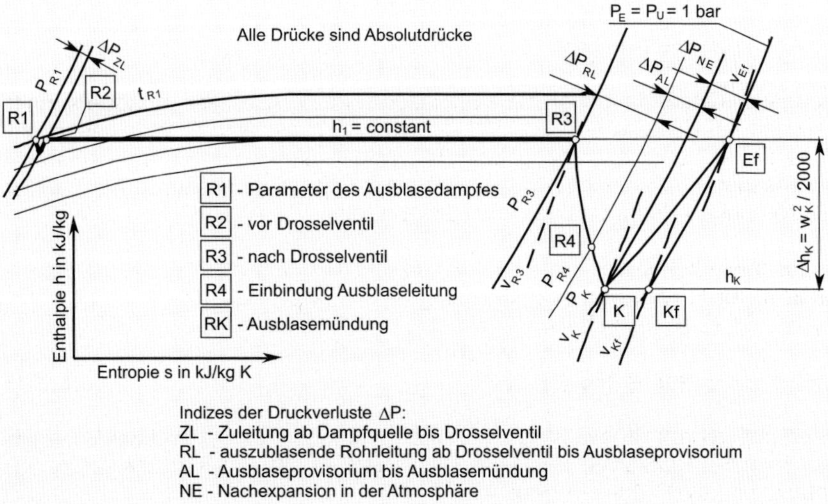

Bild 16.2-1: Darstellung des Reinigungsvorgangs (Drosselung) im h-s-Diagramm

$$w_{R3} = \frac{4\, m_R\, v_{R3}}{d_{RL}^2\, \pi} \tag{16.2-3}$$

$$w_B = \frac{4\, m_B\, v_B}{d_{RL}^2\, \pi} \tag{16.2-4}$$

In Gl. (16.2-2) eingesetzt, beträgt der erforderliche Ausblase-Massenstrom:

$$m_R = m_B \sqrt{S_R \left(v_B / v_{R3} \right)} \tag{16.2-5}$$

Gl. (16.2-5) ist inhaltlich identisch mit den Forderungen der VGB-R 513.

Das spezifische Volumen v_{R3} ergibt sich aus der Drosselung (siehe Bild 16.2-1) des für den Reinigungsprozess zur Verfügung stehenden Dampfes mit den Parametern P_{R1} und t_{R1} zu:

$$v_{R3} = \frac{P_U\, v_{Ef}}{P_{R3}} = \frac{v_{Ef}}{P_{R3}} \tag{16.2-6}$$

In Gl. (16.2-6) wurde $P_U = 1$ bar eingesetzt, so dass demzufolge der für v_{R3} maßgebende Druck P_{R3} auch die Einheit bar hat. Einzelheiten zur Berechnung siehe Abschnitt 16.3.2. Die Ermittlung des fiktiven Volumens v_{Ef} ist im Abschnitt 16.3.1 erläutert.

16.3 Strömungstechnische Berechnung des Ausblasesystems

16.3.1 Ausblasemündung

Im engsten Querschnitt vor der Ausblasemündung (Bemessungsquerschnitt entsprechend Punkt K im Bild 16.2-1) herrscht in der Regel Schallgeschwindigkeit. Das gilt auch bei einer erweiterten Ausblasemündung mit dem Austrittsdurchmesser d_E, weil der Druckrückgewinn infolge der Erweiterung A_E / A_K für die Strömungsberechnung vernachlässigbar ist.

Die Geschwindigkeit im Querschnitt A_K errechnet sich mit der Schallgeschwindigkeit a_F für Heißdampf nach Tabelle 14.3-2 und den Bezeichnungen aus Tabelle 16.2-1 zu (P_K in bar):

$$w_K = \frac{m_R \, v_K}{A_K} = a_F = 333 \sqrt{P_K \, v_K} \qquad (16.3\text{-}1)$$

Entsprechend dem Drosselverlauf ergibt sich für den Druck P_K und das Volumen v_K aus dem h-s-Diagramm (Bild 16.2-1) analog zu Gl. (15.3-12) mit ausreichender Genauigkeit (alle Drücke in bar):

$$P_K \, v_K \approx P_U \, v_{Kf} = 1 \, v_{Kf} = \beta \, v_{Ef} \approx 0{,}9 \, v_{Ef} \qquad (16.3\text{-}2)$$

Der in Gl. (16.3-2) enthaltene Faktor $\beta \approx 0{,}9$ braucht bei Ausblaseleitungen nicht präzisiert werden, da keine übertriebene Genauigkeit an das Ergebnis zu stellen ist.

In Gl. (16.3-1) eingesetzt, wird schließlich:

$$w_K = 333 \sqrt{P_K \, v_K} = 333 \sqrt{0{,}9 \, v_{Ef}} = 316 \sqrt{v_{Ef}} \qquad (16.3\text{-}3)$$

Da die Parameter des Ausblasedampfes P_{R1}, t_{R1} entsprechend der verfügbaren Dampfquelle bekannt sind (Punkt R1 im Bild 16.2-1), kann das Volumen v_{Ef} am Schnittpunkt Ef aus der Linie h_1 = const. mit P_U = 1 bar abgelesen werden.

Die Erfüllung der Gleichung (16.3-3) bedingt, dass der Druck P_K an der Ausblasemündung im Gegensatz zu Abblaseleitungen von Sicherheitsventilen (Kapitel 15) in der Regel höher als der atmosphärische Druck ist. Er lässt sich durch Gleichsetzen von v_K aus Gl. (16.3-1) und Gl. (16.3-2) folgendermaßen ermitteln:

$$P_K = \frac{m_R}{333 \, A_K} \sqrt{0{,}9 \, v_{Ef}} \approx \frac{m_R}{351 \, A_K} \sqrt{v_{Ef}} \geq P_U = 1 \text{ bar} \qquad (16.3\text{-}4)$$

Die Nachexpansion von P_K auf P_U = 1 bar ist mit einer Erhöhung des Schallleistungspegels verbunden (Abschnitt 16.4).

16.3.2 Gegendruck nach Drosselventil

a) Allgemeines

Der Eigengegendruck P_{R3} nach Drosselventil ist zur Bestimmung des spezifischen Volumens v_{R3} nach Gl. (16.2-6) bzw. für den Ausblase-Massenstrom nach Gl. (16.2-5) erforderlich. Die genaue Berechnung kann analog Abschnitt 1.8 oder mit einem PC-Programm erfolgen, z. B. SINETZ. Die Kontrolle unzulässiger Schallgeschwindigkeit ist Bestandteil des Programms. Die Festlegungen zur Rohrrauheit und die Richtwerte für Einzelwiderstände sind bei der Eingabe zu berücksichtigen.

b) Überschlägige Berechnung des Eigengegendruckes

Unter der Voraussetzung, dass an keiner Stelle des Ausblasesystems Schallgeschwindigkeit herrscht, lässt sich analog zu Gl. (15.3-21) folgende Beziehung für den Eigengegendruck P_{R3} ableiten:

$$P_{R3} = \sqrt{(P_U + \Delta P_{NE})^2 + 1{,}62\, m_R^2\, P_U\, v_{Ef}\, G_E} \qquad (16.3\text{-}5)$$

Das Druckgefälle der Nachexpansion beträgt:

$$\Delta P_{NE} = P_K - P_U \qquad (16.3\text{-}6)$$

Mit P_U = 1 bar (alle anderen Drücke auch in bar) entsteht folgende Gebrauchsformel:

$$P_{R3} = \sqrt{P_K^2 + 1{,}62 \cdot 10^{-5}\, m_R^2\, v_{Ef}\, G_{E(R3\text{-}K)}} \leq P_{R2} \qquad (16.3\text{-}7)$$

Der Druck P_K an der Ausblasemündung errechnet sich nach Gl. (16.3-4). Der Geometriefaktor $G_{E(R3\text{-}K)}$ berücksichtigt den Druckverlust durch Rohrreibung und durch Einzelwiderstände des gesamten Ausblaseweges ab Austritt Drosselventil (Punkt R3) bis zur Ausblasemündung (Punkt K). Er ist analog Gl. (15.3-18) zu ermitteln:

$$G_{E(R3\text{-}K)} = \sum_{j=R3}^{K} \frac{\lambda_{R,j}\,(l_j / d_j) + \sum \zeta_j}{d_j^4} \qquad (16.3\text{-}8)$$

Der Rohrreibungsbeiwert λ_R (vollständig rau) entspricht Gl. (15.3-19):

$$\lambda_{R,j} \approx \frac{1}{[2 \lg d_j + 8{,}5]^2} \qquad (16.3\text{-}9)$$

Für das im Bild 16.1-1 dargestellte Ausblasesystem sind z. B. im Geometriefaktor $G_{E(R3\text{-}K)}$ folgende Abschnitte mit teilweise unterschiedlichen Nennweiten einzubeziehen, deren Druckverlust im Bild 16.2-1 den Bereich ($\Delta P_{RL} + \Delta P_{AL}$) umfasst:

- Austritt Drosselventil bis Einbindung der Umführung in die Frischdampfleitung Kessel (Umführungsprovisorium).
- Frischdampfleitung Kessel von der Einbindung des Umführungsprovisoriums bis zur Einbindung in den Hauptsammler (definitive Rohrleitung).
- Hauptsammler von Einbindung Kessel bis Abzweig Turbine (definitive Rohrleitung).
- Turbinenleitung ab Hauptsammler bis Abgang Ausblaseprovisorium (zu reinigende definitive Rohrleitung).
- Ausblaseleitung von Turbinenleitung bis Austritt Ausblasemündung (Ausblaseprovisorium), die im Durchmesser keinesfalls kleiner als die zu reinigende Rohrleitung sein soll.

Der Index j in den Gl. (16.3-8) und Gl. (16.3-9) bezieht sich jeweils auf Rohrleitungsabschnitte mit gleichem Durchmesser d_j.

Für die Einzelwiderstände ζ_j reichen die Werte nach Tabelle 15.2-1 aus, wobei selbstverständlich auch Tabelle 1.1-5 anwendbar ist. Für das Ausblaseformstück mit Erweiterung ist null anzusetzen, da näherungsweise der Reibungsdruckverlust durch den Druckrückgewinn infolge Diffusorwirkung kompensiert wird.

Ist die Bedingung von Gl. (16.3-7) nicht erfüllt, muss die Ausblaseleitung vergrößert und die Rechnung wiederholt werden. Des Weiteren sollte geprüft werden, ob nicht die Ausblaseleitung durch eine andere Trassenführung verkürzt werden kann. Führt beides nicht zum Erfolg, muss die zu reinigende Rohrleitung abschnittsweise ausgeblasen werden.

16.3.3 Auslegungsdruck der provisorischen Ausblaseleitung

Der Druck P_{R4} ist für die Festigkeitsberechnung der provisorischen Ausblaseleitung maßgebend. Er beträgt analog Gl. (16.3-7):

$$P_{R4} = \sqrt{P_K^2 + 1{,}62 \cdot 10^{-5}\, m_R^2\, v_{Ef}\, G_{E(R4\text{-}K)}} \leq P_{R2} \qquad (16.3\text{-}9)$$

Der Geometriefaktor $G_{E(R4\text{-}K)}$ nach Gl. (16.3-8) bezieht sich in diesem Fall auf das Ausblaseprovisorium mit dem Druckverlust ΔP_{AL}. Es umfasst bei Bezug auf Bild 16.1-1 die Ausblaseleitung ab Turbinenleitung (Punkt R4) bis Austritt Ausblasemündung (Punkt K).

16.3.4 Kontrolle auf unzulässige Schallgeschwindigkeit

Gl. (16.3-7) setzt voraus, dass an keiner Stelle des Ausblasesystems Schallgeschwindigkeit herrscht. Die Querschnitte über den gesamten Verlauf des Ausblasesystems, ab Austritt Drosselventil bis zum Eintritt Ausblaseleitung, müssen so bemessen sein, dass unter Berücksichtigung einer Sicherheitsgrenze die Durchflussgeschwindigkeit unter der für diese Stelle maßgebenden Schallgeschwindigkeit liegt.

Für einen beliebigen Innendurchmesser d_j beträgt in Anlehnung an Gl. (16.3-1) die an dieser Stelle herrschende Geschwindigkeit

$$w_j = \frac{m_R\, v_j}{A_j} \leq a_{Fj} = 333\sqrt{P_j\, v_j} \qquad (16.3\text{-}10)$$

Die Schallgeschwindigkeit a_F erreicht bei der Enthalpie h_K ihren niedrigsten Wert. Es besteht demzufolge ausreichende Sicherheit, wenn der Punkt Kf mit dem Druck $P_U \approx 1$ bar als Kriterium für Gl. (16.3-10) verwendet wird, d. h.:

$$w_j = \frac{m_R\, v_j}{A_j} \leq 333\sqrt{v_{Kf}} \approx 300\sqrt{v_{Ef}} \qquad (16.3\text{-}11)$$

Des Weiteren kann zur Vereinfachung das spezifische Volumen v_j auf die Linie h_1 = constant bezogen werden, was eine weitere Sicherheit mit sich bringt.

Der an der Stelle j zur Bestimmung von v_j maßgebende Druck P_j ergibt sich analog zu Gl. (16.3-7) zu:

$$P_j = \sqrt{P_K^2 + 1{,}62 \cdot 10^{-5}\, m_R^2\, v_{Ef}\, G_{E(j\text{-}K)}} \qquad (16.3\text{-}12)$$

Der Geometriefaktor $G_{E(j\text{-}K)}$ bezieht sich auf die Rohrleitungsstrecke ab der Stelle j strömungsabwärts bis zur Ausblasemündung. Dabei ist es gleichgültig, ob es sich um Provisorien oder definitive Rohrleitungen handelt.

Ist Gl. (16.3-11) nicht erfüllt, müssen die Ausblaseprovisorien vergrößert werden. Handelt es sich bei der kritischen Stelle um eine definitive Rohrleitung, kann auch eine Verkleinerung der Ausblaseprovisorien zweckmäßig sein, damit durch den erhöhten Druck p_j das spezifische Volumen v_j an dieser Stelle vermindert wird.

16.3.5 Auslegungsdruck und Druckverlust der Zuführungsleitung

Für die Auslegung einer provisorischen Zuführungsleitung sind die zulässigen Parameter des Ausblasedampfes P_{R1}, t_{R1} entsprechend der verfügbaren Dampfquelle maßgebend. Eine Auslegung auf Zeitstandbeanspruchung ist nur erforderlich, wenn die Ausblaseprovisorien wiederholt bei hoher Temperatur verwendet werden sollen, nicht nur während des ansonsten vernachlässigbar geringen Ausblasezeitraumes.

Der verwendete Werkstoff muss für die Temperatur t_{R1} geeignet sein. Hierbei dürfen die in den Werkstoffnormen in Klammern angegebenen Zundergrenzen voll ausgenutzt werden.

Der Druckverlust braucht im Allgemeinen nicht ermittelt werden, da er wegen des ohnehin erforderlichen Druckabbaus in der Drosselarmatur ohne Bedeutung ist. Es genügt, die Richtgeschwindigkeiten nach Tabelle 1.1-2 einzuhalten, wobei für den Ausblasevorgang die Obergrenzen ausgeschöpft und erforderlichenfalls auch überschritten werden dürfen.

16.3.6 Berechnungsablauf

Die erforderliche Ausblasedampfmenge m_R ist nicht explizit darstellbar, so dass eine schrittweise Näherung erforderlich ist. Ausgangspunkt sind die Dampfparameter der verfügbaren Dampfquelle P_{R1}, t_{R1} sowie die Abmessungen der auszublasenden Rohrleitung und des Ausblaseprovisoriums. Hiernach ist folgender Berechnungsablauf zweckmäßig [16.3-1]:

A) Ermittlung der Enthalpie h_1 aus den Dampfparametern P_{R1}, t_{R1} (Wasserdampftafeln oder [1.4-1]).

B) Ermittlung des spezifischen Volumens v_{Ef} aus der Enthalpie h_1 und dem Druck $P_U \approx 1$ bar (Wasserdampftafeln oder [1.4-1]).

C) Berechnung von w_K aus Gl. (16.3-3).

D) Annahme des Gegendruckes P_{R3} (erster Schätzwert z. B. 0,8 P_{R1}).

E) Ermittlung des zugehörigen spezifischen Volumens v_{R3} nach Gl. (16.2-6).

F) Festlegung der erforderlichen Ausblasedampfmenge m_R nach Gl. (16.2-5).

G) Berechnung des Druckes P_K im Bemessungsquerschnitt A_K nach Gl. (16.3-4).

H) Berechnung des Gegendruckes P_{R3} nach Gl. (16.3-7), Vergleich mit der Annahme (Berechnungsschritt D) und Wiederholung der Berechnung, bis eine akzeptable Näherung erreicht wurde. Bei Verwendung einer Excel-Datei ist relativ schnell ein brauchbares Ergebnis zu erzielen.

I) Ermittlung des für die Festigkeitsberechnung der Ausblaseleitung maßgebenden Druckes P_{R4} nach Gl. (16.3-9).

J) Kontrolle auf unzulässige Schallgeschwindigkeit nach Gl. (16.3-11), beginnend an der Stelle R4. Erforderlichenfalls Korrektur des Durchmessers der Ausblaseleitung.

Bei Rohrleitungen großer Länge ist es möglich, dass die aus der Dampfquelle verfügbare Ausblasedampfmenge niedriger als die erforderliche Ausblasedampfmenge nach Gl. (16.2-5) ist. In diesem Fall muss die zu reinigende Rohrleitung abschnittsweise ausgeblasen werden.

Des weiteren kann die Berechnung ergeben, dass $P_{R3} \geq P_{R1}$ ist, d. h. für die Drosselarmatur steht kein Druckgefälle mehr zur Verfügung. Führt die Vergrößerung des Ausblaseprovisoriums bzw. Verkürzung des Trassenverlaufs nicht zum Ziel, ist ebenfalls abschnittsweise auszublasen.

16.4 Ermittlung der Schallemissionen

Durch die Nachexpansion vom Druck P_K auf atmosphärischen Druck entsteht ein höherer Schallleistungspegel, als bei einer Abblaseleitung mit atmosphärischem Druck an der Abblasemündung.

Hierfür gibt es keine gesicherten Angaben. Näherungsweise sind die Werte für den Schallleistungspegel von Abblaseleitungen nach Abschnitt 15.4.3 anwendbar, wenn der Austrittsimpuls F_E nach Gl. (15.4-3) und damit auch der Schallleistungspegel nach Gl. (15.4-2) mit dem Volumenverhältnis (v_{Ef} / v_K) wie folgt korrigiert werden:

$$F_E = m_R \, w_K \, (v_{Ef} / v_K) \qquad (16.4\text{-}1)$$

und

$$L_W = 14 \lg [(m_R \, w_K \, (v_{Ef} / v_K)] + 107 \qquad (16.4\text{-}2)$$

Für die Schallausbreitung im Freien gilt Abschnitt 15.4.4, für die zulässigen Imissionsrichtwerte Abschnitt 15.4.5.

Um die Belästigung der Anwohner in Grenzen zu halten, ist die Ausblasemündung so anzuordnen, dass sie in die entgegengesetzte Richtung weist. Das Richtwirkungsmaß gemäß Bild 15.4-3 erreicht dabei sein Optimum in Form einer Pegelminderung von D_R = -20 dB(A). Ist eine solche Anordnung nicht möglich, sollten zumindest provisorische Schallschutzwände aufgestellt werden.

Sind trotz solcher Maßnahmen auch unter Berücksichtigung der kurzen Einwirkzeiten die tagsüber zulässigen Imissionsrichtwerte nicht einhaltbar, müssen Sonderfestlegungen bei der Genehmigungsbehörde beantragt werden.

Schallschutzmaßnahmen in Form von Schalldämpfern mit Einbauten oder diversen Umlenkungen sind nicht möglich. Durch die ausgeblasenen Schmutzpartikel würde sich der Schalldämpfer in kurzer Zeit zusetzen und unbrauchbar werden. Einsetzbar sind konzentrische Erweiterungen mit einem Winkel von maximal 12° gegen die Rohrachse (Erweiterungswinkel 24°), bei denen die Strömung noch mit Sicherheit anliegt. Das Durchgangsdämm-Maß beträgt entsprechend Gl. (15.4-9):

$$D_{EW} \approx 14 \lg (A_E / A_K) = 28 \lg (d_E / d_K) \qquad (16.4\text{-}3)$$

A_E ist hierbei der große Querschnitt der Erweiterung mit dem Durchmesser d_E.

16.5 Kräfte an der Ausblasemündung

Für die Drosselarmatur gelten sinngemäß die gleichen Gesetzmäßigkeiten wie für das Sicherheitsventil bei Abblasesystemen nach Abschnitt 15.5.

Für die provisorische Ausblaseleitung sind ebenfalls die Ausführungen für Abblaseleitungen nach Abschnitt 15.5 gültig, wobei für den Austrittsimpuls F_E allerdings Gl. (16.4-1) anzuwenden ist.

17. Dämpfung von Rohrleitungsschwingungen

17.1 Einleitung

Betriebserfahrungen in Kraftwerken und chemischen Anlagen zeigen, dass die Zuverlässigkeit und Lebensdauer von Rohrleitungssystemen wesentlich durch die dynamischen Eigenschaften der Rohrleitungen und des Halterungssystems bestimmt werden. Dynamische Lasten treten gemäß VDI 3842 und [17.1-1] sowohl im Normalbetrieb einer Anlage als auch bei Stör- und Schadensfällen auf. Die Anregungsmechanismen sind sehr vielfältig und lassen sich in innere und äußere Anregungen unterteilen. Druckpulsationen, Turbulenzen, Kavitation und Mehrphasenströmungen sind dabei innere Anregungen, während Schwingungen direkt angekoppelter Maschinen (z. B. Pumpen und Verdichter) als äußere Anregung bezeichnet werden.

Unzulässig große Schwingungen treten im Normalfall nur dann auf, wenn eine Anregungsfrequenz mit einer mechanischen Eigenfrequenz der Rohrleitung übereinstimmt bzw. dicht benachbart ist. In diesem Fall können selbst sehr kleine Anregungskräfte durch Resonanzeffekte große Bewegungen und Schwingungen hervorrufen. Resonanzen können dabei nicht nur in der Nähe einer Anregung entstehen, sondern auch in erheblichen Entfernungen von der Anregungsquelle. Besonders problematisch ist bei betriebserregten Schwingungen die Nähe oder Übereinstimmung von akustischen und mechanischen Eigenfrequenzen, die zu einer gegenseitigen Verstärkung führen können [17.1-2].

Akustische Resonanzen entstehen durch die Ausbildung stehender Wellen in Rohrleitungen. Ursache können u. a. Druckpulsationen oder Wirbelablösungen sein. Die Resonanzfrequenzen ergeben sich aus den geometrischen Längen der Leitung, beispielsweise zwischen Einbauten und Querschnittsübergängen, und der dominanten Schallgeschwindigkeit des geförderten Fluids [17.1-3]. Die mit den akustischen Resonanzen einhergehenden Druck- und Volumenstromschwankungen führen zu Wechsellasten an Rohrleitungsbogen und Querschnittsänderungen und regen Rohrleitungen zu mechanischen Schwingungen an.

Normalerweise haben schwach gedämpfte Rohrleitungssysteme eine Vielzahl dicht beieinander liegender mechanischer Eigenfrequenzen. Da Anregungen häufig breitbandig sind, führt der Versuch, betriebsbedingte Schwingungen durch Änderung der Halterungssteifigkeiten oder der Massenverteilung zu reduzieren, meistens nicht zum Erfolg. Lässt sich auch die Ursache der Anregung nicht beseitigen, ist die gezielte Erhöhung der Systemdämpfung eine sinnvolle Maßnahme, um betriebsbedingte Schwingungen zu reduzieren und das Risiko von Ermüdungserscheinungen, wie Rissbildung und Leckagen, zu minimieren.

Bei Maschinenstörungen, dem Abblasen von Sicherheitsventilen, schnellen Abschaltvorgängen und Wasserschlägen kann es zu hohen Kraftspitzen und großen Rohrauslenkungen kommen. Gleiches gilt für äußere Anregungen wie

Erdbeben, Explosionen oder Flugzeugabstürze, die über die Fundamente und Rohrhalterungen auf die Rohrleitungen übertragen werden. In beiden Fällen gilt es, die Rohrbewegungen auf ein zulässiges Maß zu begrenzen, um Überlastungen und Schäden an Leitungen, Rohrhalterungen und angeschlossenen Komponenten zu verhindern. Die Erhöhung der Systemdämpfung macht sich auch hier positiv bemerkbar, da sie einerseits Amplituden reduziert und andererseits stoßartig angeregte Eigenschwingungen der Rohrleitungen schnell abklingen lässt.

Kommt es bei Störfällen zu einer plötzlichen Überbeanspruchung und zum direkten Bauteilversagen, führen betriebserregte Schwingungen nur zu kleinen Bewegungen und Spannungen. Dennoch können sie im Laufe der Betriebszeit Werkstoffermüdung und insbesondere in Verbindung mit Korrosionsvorgängen Rissbildungen und Dauerbrüche zur Folge haben. Eine Reduzierung der Amplituden und Schwingspielzahlen vermindert die Werkstoffermüdung und erhöht damit die Lebensdauer und Sicherheit aller Rohrleitungsbauteile.

Viskoelastische Flüssigkeitsdämpfer erlauben das gezielte Einbringen von Dämpfung in ansonsten schwach gedämpfte Rohrleitungssysteme und damit die Reduzierung sowohl von Schwingungen im Normalbetrieb, als auch von großen Rohrleitungsausschlägen in Schadens- oder Störfällen. Dämpfer können heutzutage bei der rechnergestützten Optimierung von Rohrleitungssystemen berücksichtigt werden. Erforderliche Dämpfungswerte lassen sich aber auch häufig mit Hilfe einfacher Abschätzverfahren bestimmen. Vergleichbar hohe Dämpfungswerte sind zuverlässig mit anderen Elementen nicht zu erzielen.

17.2 Bewertung von Rohrleitungsschwingungen

Maßgebend für die Bewertung mechanischer Rohrleitungsschwingungen ist der Vergleich der auftretenden und der zulässigen Spannungen. Die zulässigen Spannungen hängen vom Werkstoff, dem Anwendungsfall und den zugrunde liegenden Vorschriften und Normen ab (siehe z. B. Abschnitt 3.3). Die Beurteilung umfasst außerdem auftretende Anschlussbelastungen und Beschleunigungen an angeschlossenen Aggregaten (z. B. Armaturen) sowie die Möglichkeit von Kollisionen benachbarter Bauteile bei Störfällen, beispielsweise bei Erdbeben oder Wasserschlägen.

Da es sehr schwierig ist, Dehnungen und somit Spannungen zu messen, werden häufig Schwinggeschwindigkeiten zur Beurteilung von Rohrleitungsbeanspruchungen herangezogen [17.2-1]. Sie sind unter bestimmten Voraussetzungen näherungsweise proportional zu den auftretenden Spannungen. Es existieren leider keine einheitlichen Bewertungskriterien für Schwingungen. Abhängig vom jeweiligen Anwendungsgebiet und den zu berücksichtigenden Normen oder Richtlinien werden Schwinggeschwindigkeiten oder -wege, Spitzen- oder RMS-Werte (RMS: root mean square - quadratisches Mittel) als Vergleichswerte herangezogen.

Die VDI 3842 gibt Orientierungswerte für stationäre Schwingungen von Rohrleitungen im Bereich der petrochemischen Industrie an (siehe **Bild 17.2-1**).

In Frankreich werden für gasführende Rohrleitungen im Frequenzbereich von 10 bis 500 Hz Schwinggeschwindigkeiten (RMS) bis 1,5 mm/s als gut, zwischen 1,5 und 4,8 mm/s als zulässig angesehen. Zwischen 4,8 und 17 mm/s müssen Verbesserungsmaßnahmen ergriffen werden, während Schwinggeschwindigkeiten (RMS) über 17 mm/s nicht zulässig sind.

Basierend auf Erfahrungen und Fehleranalysen an über 400 Rohrleitungssystemen haben Gamble und Tagart für amerikanische Kernkraftwerke in [17.2-2] Grenzwerte festgelegt. Maximal zulässig sind danach 0,5 mm im Bereich bis

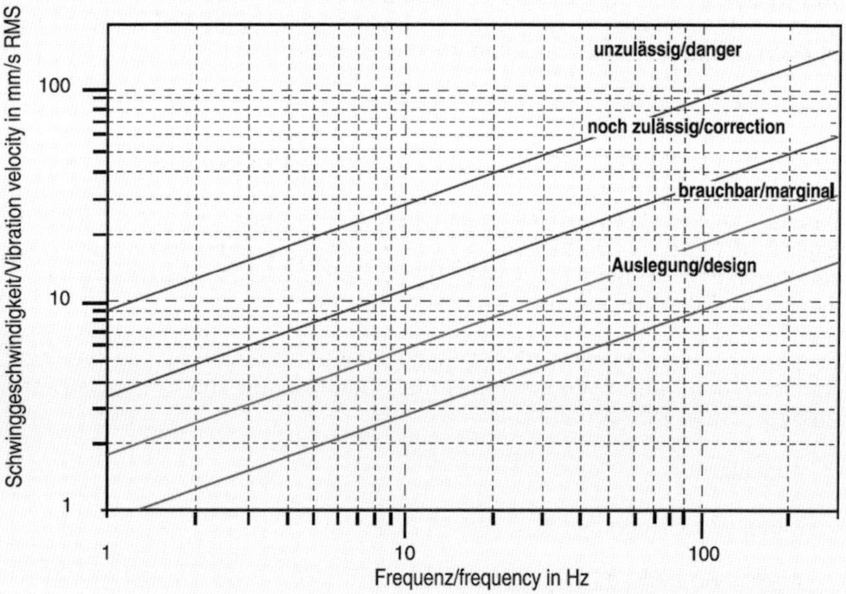

Bild 17.2-1: Orientierungswerte zulässiger Rohrleitungsschwingungen nach VDI 3842

10 Hz und 0,25 mm im Bereich von 10 bis 40 Hz. Das entspricht 6,28 mm/s bei 2 Hz und 62,8 mm/s bei 40 Hz. In Frankreich liegt die zulässige Schwinggeschwindigkeit (RMS) bei Leitungen in Kernkraftwerken mit 1300 MW Leistung bei 12 mm/s. In deutschen Kernkraftwerken gelten Schwinggeschwindigkeiten (RMS) über 20 mm/s als gefährlich und erfordern Abhilfemaßnahmen.

In ASME OM-S/G werden empirische Gleichungen für die zulässigen Schwinggeschwindigkeiten von Betriebsschwingungen angegeben, die auf den Zusammenhängen von Durchbiegung und Dehnung mit den Spannungen an Biegebalken basieren. Über Faktoren werden die Einbaubedingungen, die Massenverteilung, die Gefahrenklasse und Werkstoffkennwerte berücksichtigt. Bei Schwinggeschwindigkeiten unter 12,7 mm/s wird davon ausgegangen, dass die Rohrleitung ausreichende dynamische Reserven besitzt. Bei Überschreiten dieses Wertes wird empfohlen, die Schwingungsursachen zu ermitteln und den Schwingungszustand zu verbessern.

Rohrleitungen bzw. Rohrleitungsabschnitte, die zu hohe Schwingungen aufweisen oder unter bestimmten Bedingungen aufweisen können (z. B. bei Erdbebenanregung), müssen strukturdynamisch untersucht werden, um die Auslenkungen und Spannungen zu reduzieren. Vorrangig sollte zunächst immer versucht werden, die Ursache der Schwingungen zu beseitigen. Ist dies nicht möglich, ist nach geeigneten Abhilfemaßnahmen zu suchen.

17.3 Dynamische Halterungen für Rohrleitungen

Das Halterungskonzept bestimmt ganz wesentlich die statischen und dynamischen Eigenschaften eines Rohrleitungssystems. Bei warmgehenden Rohrleitungen dürfen auftretende Wärmedehnungen nicht behindert werden, gleichzeitig müssen dynamische Bewegungen aber begrenzt und auf ein zulässiges Maß reduziert sein.

Es gibt zahlreiche Elemente, die zur Reduzierung und Begrenzung dynamischer Rohrleitungsbewegungen in Kraftwerken, chemischen und petrochemischen Anlagen eingesetzt werden:

- Anschläge
- Mechanische und hydraulische Stoßbremsen
- Elastisch-plastische Elemente
- Stoßdämpfer
- Viskoelastische Dämpfer (Rohrleitungsdämpfer)

Dynamische Rohrhalterungen sollten sich durch folgende Eigenschaften auszeichnen:

- geringe Widerstandskräfte bei Wärmedehnungen
- hohe Dämpfungsfähigkeiten für alle Anregungsarten
- hohe Haltekräfte bei stoßartigen Belastungen
- keine Ansprechverzögerung
- Überlastsicherheit
- Wartungsfreiheit und lange Lebensdauer

17.4 Viskoelastische Flüssigkeitsdämpfer

Viskoelastische Flüssigkeitsdämpfer (auch als Rohrleitungsdämpfer bezeichnet) sind einfach aufgebaut. Sie bestehen aus einem zweiteiligen Dämpfergehäuse, dessen Unterteil mit einem hochviskosen Medium gefüllt ist (**Bild 17.4-1**). Das Dämpferoberteil, der sog. Dämpferstempel, taucht von oben in das Dämpfungsmedium ein und kann sich in alle Richtungen bis zum Anschlag an das Dämpfergehäuse hin bewegen [17.4-1]. Ein solcher Dämpfer ist daher in allen sechs Freiheitsgraden wirksam und dämpft sowohl vertikale als auch horizontale Bewegungen. Die Dämpfungskräfte F entstehen durch Scher- und Verdrängungsvorgänge im Dämpfungsmedium. Ihr Verhalten lässt sich in erster Näherung als proportional zur Relativgeschwindigkeit v zwischen Dämpferstempel und Dämpfertopf mit dem Dämpfungswiderstand d als Proportionalitätsfaktor beschreiben:

$$F = d\,v \qquad (17.4\text{-}1)$$

Um möglichst hohe Dämpfungskräfte zu erzeugen, muss sich eines der beiden Dämpferbauteile, entweder der Dämpfertopf oder der Dämpferstempel, in Ruhelage befinden. Dies hat für den praktischen Einsatz zur Folge, dass die Anschlusskonstruktion möglichst steif auszuführen ist.

Wie alle viskoelastischen Bauteile weisen Dämpfer ein frequenzabhängiges Dämpfungs- und Steifigkeitsverhalten auf, d. h. die Dämpferkraft enthält bei dynamischer Belastung neben einem viskosen auch einen elastischen Anteil. Dies führt bei harmonischer Beanspruchung zu einer Phasenverschiebung zwischen Kraft und Weg und zur Ausbildung einer Hystereseschleife, deren Flächeninhalt ein Maß für die pro Schwingungszyklus verbrauchte Energie ist.

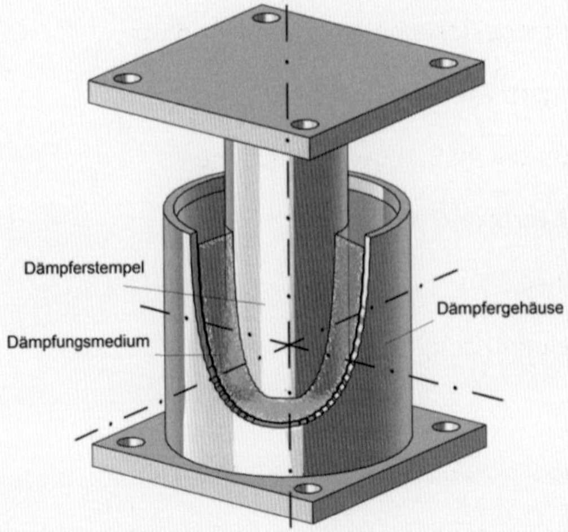

Bild 17.4-1: Prinzipieller Aufbau eines viskoelastischen Flüssigkeitsdämpfers

Bild 17.4-2 zeigt in normierter Darstellung die Zeitverläufe von Kraft F und Weg S und die daraus resultierende Hysterese für eine Phasenverschiebung von 65° zwischen beiden Größen. Dominiert bei niedrigen Frequenzen der viskose Dämpfungskraftanteil, so überwiegt bei hohen Frequenzen der elastische Steifigkeitsanteil. Viskoelastische Rohrleitungsdämpfer haben im Frequenzbereich von 0 bis 40 Hz Phasenwinkel zwischen etwa 80° bis 45°. Ein idealer, rein viskos reagierender Dämpfer hätte im Gegensatz dazu einen konstanten Phasenwinkel von 90° zwischen Kraft und Weg.

Im Dämpfer wird Schwingungsenergie dissipiert, d. h. sie wird dem schwingenden System entzogen und in Wärme umgewandelt. Der Dämpfer gibt diese Wärme dann an die umgebende Luft weiter.

Die Eigenschaften eines solchen Dämpfers hängen wesentlich vom eingesetzten Dämpfungsmedium, dem konstruktiven Aufbau und der Art und Dauer der Belastung ab. Sehr langsame Bewegungen erzeugen nur sehr geringe Widerstands-

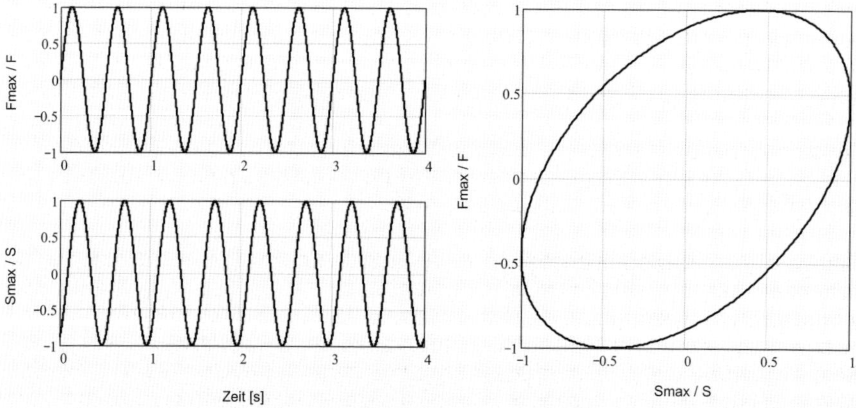

Bild 17.4-2: Zeitverhalten und Hystereseschleife (normiert) eines viskoelastischen Flüssigkeitsdämpfers

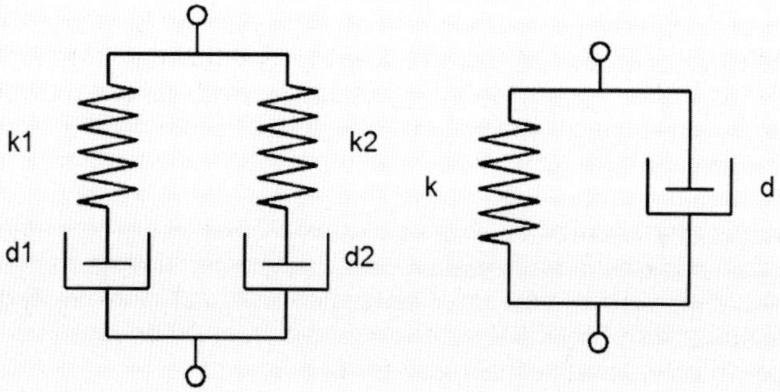

Bild 17.4-3: Rheologische Ersatzmodelle von Flüssigkeitsdämpfern

kräfte mit dem Vorteil, dass beispielsweise Wärmedehnungen nicht behindert werden. Statische Lasten können aufgrund des geschwindigkeitsproportionalen Verhaltens nicht aufgenommen werden. Im Gegensatz dazu entwickeln die Dämpfer bei dynamischer Belastung in Abhängigkeit von der Belastungsgeschwindigkeit hohe Haltekräfte und können dadurch Stoßbremsen oder Anschläge ersetzen.

Für die rechnerische Beschreibung des Dämpferverhaltens können rheologische Ersatzmodelle herangezogen werden, die durch die Kombination idealer Federn und Dämpfer gebildet werden (**Bild 17.4-3**).

Das Voigt-Kelvin-Modell besteht aus der Parallelschaltung einer idealen Feder mit einem idealen Dämpfer (Bild 17.4-3 rechts). Es ist gut geeignet, das Dämpferverhalten in einem gegeben Betriebspunkt, d. h. bei einer bestimmten Frequenz, zu beschreiben. Das relaxierende Verhalten der Dämpfer bei statischer Belastung kann mit diesem Modell allerdings nicht abgebildet werden. Hierfür ist das Maxwell-Modell (Bild 17.4-3 links) mit seiner Reihenschaltung aus Feder und Dämpfer geeignet. Durch die Parallelschaltung mehrerer Maxwell-Stränge kann das Verhalten über einen großen Frequenzbereich beschrieben werden. Für die Abbildung des dynamischen Verhaltens von Rohrleitungsdämpfern für den in der Regel erforderlichen Frequenzbereich zwischen 0 und 50 Hz hat sich ein verallgemeinertes Maxwell-Modell mit zwei Teilsträngen bewährt. Die vier freien, konstanten Modellparameter werden über den Vergleich von Messung und Rechnung ermittelt. Das Modell liefert dann automatisch die richtigen Steifigkeits- und Dämpfungswerte bei jeder Frequenz.

Das frequenzabhängige Bauteilverhalten bei harmonischer Belastung kann mit Hilfe der komplexen Steifigkeit $\underline{K}$ beschrieben werden (unterstrichene Symbole stellen komplexe Größen dar, überdachte Symbole sind Maximalwerte):

$$\underline{K} = \frac{\hat{\underline{F}}}{\hat{\underline{S}}} = K' + j\,K'' \qquad (17.4\text{-}2)$$

Dabei beschreibt der Realteil K' der komplexen Steifigkeit den elastischen Steifigkeitsanteil und der Imaginärteil K" den viskosen Steifigkeitsanteil. Der Phasenwinkel δ zwischen Kraft und Weg ergibt sich aus dem Verhältnis von viskosem zu elastischem Steifigkeitsanteil bzw. aus dem Verhältnis von viskoser Kraftkomponente zu elastischer Kraftkomponente:

$$\tan\delta = \frac{K''}{K'} \qquad (17.4\text{-}3)$$

Für das verallgemeinerte Maxwell-Modell mit zwei Teilsträngen ergibt sich folgende komplexe Steifigkeit mit der Kreisfrequenz $\omega = 2\,\pi f$, der Federsteifigkeit k und den Relaxationszeiten τ_i:

$$\underline{K} = \sum_{1}^{2} \left\{ k_i \left[\frac{(\tau_i\,\omega)^2}{1 + (\tau_i\,\omega)^2} + j\,\frac{(\tau_i\,\omega)^2}{1 + (\tau_i\,\omega)^2} \right] \right\} \qquad (17.4\text{-}4)$$

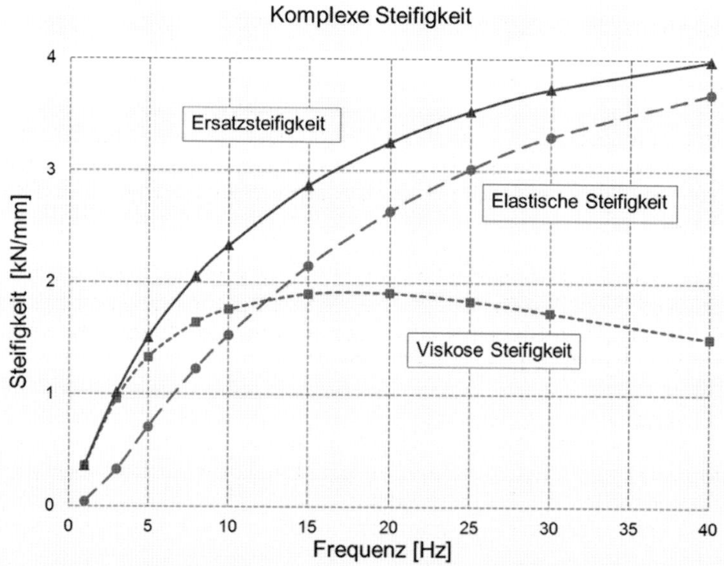

Bild 17.4-4: Komplexe Steifigkeit von Flüssigkeitsdämpfern (verallgemeinertes Maxwell-Modell)

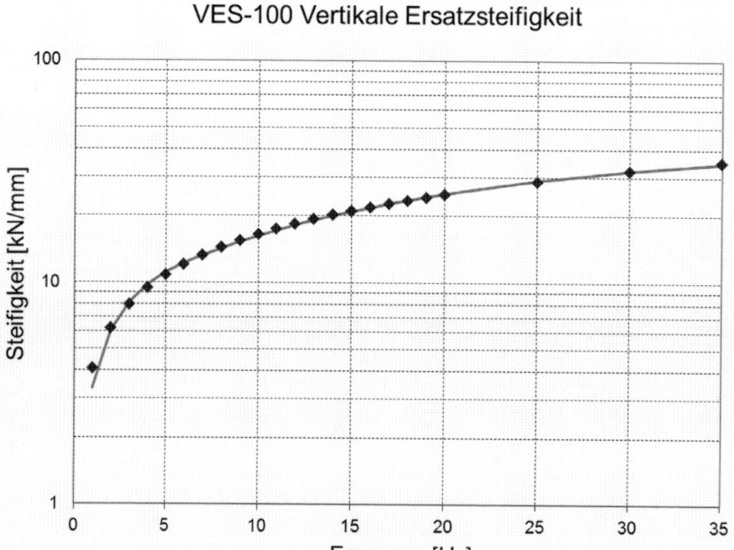

Bild 17.4-5: Vergleich der Ersatzsteifigkeit zwischen Messung (♦) und Rechnung (durchgezogene Linie)

Die Relaxationszeit beträgt hierbei:

$$\tau_i = \frac{d_i}{k_i} \quad (17.4\text{-}5)$$

Für niedrige Frequenzen und statische Belastungen ($\omega \rightarrow 0$) strebt die komplexe Steifigkeit des Modells gegen Null. Für hohe Frequenzen ($\omega \rightarrow \infty$) konvergiert die Steifigkeit gegen die Summe der beiden Federsteifigkeiten k_1 und k_2 (siehe **Bild 17.4-4**).

Für den Vergleich von Messung und Rechnung dienen die Beträge der komplexen Steifigkeit (**Bild 17.4-5**) und des maximalen Dämpfungswiderstandes (**Bild 17.4-6**). Die komplexe Steifigkeit wird auch als Ersatzsteifigkeit bezeichnet. Der Dämpfungswiderstand d berechnet sich zu:

$$d(f) = \frac{|K|}{\omega} \sin\delta = \frac{K_{ers}}{2\,\pi\, f} \sin\delta \quad (17.4\text{-}6)$$

Manchmal wird auch der maximale Dämpfungswiderstand unter Annahme rein viskosen Verhaltens ($\delta = 90°$) angegeben.

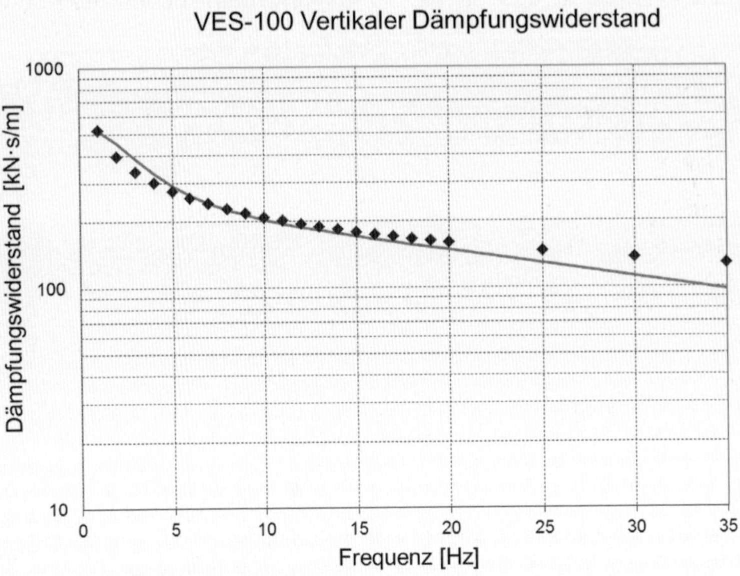

Bild 17.4-6: Vergleich des Dämpfungswiderstandes zwischen Messung (♦) und Rechnung (durchgezogene Linie)

Bei der Auswahl von Rohrleitungsdämpfern für eine spezielle Rohrleitung sind in Abhängigkeit von der Aufgabenstellung unterschiedliche Parameter zu berücksichtigen. Die dynamischen Parameter werden experimentell für jeden Dämpfer ermittelt:

- Vertikaler und horizontaler Dämpfungswiderstand in kN·s/m.
- Vertikale und horizontale Ersatzsteifigkeit in kN/mm.
- Nennlast in kN.
- Zulässige vertikale und horizontale Arbeitswege in mm.

Dämpfungswiderstand und Ersatzsteifigkeit werden in vertikaler und horizontaler Richtung aus den gemessenen komplexen Steifigkeitswerten abgeleitet. Beide Größen sind frequenzabhängig. Der Dämpfungswiderstand ist dabei für die Beschreibung des viskosen bzw. dissipativen Verhaltens am besten geeignet und sollte bei der Berechnung von Betriebsschwingungen benutzt werden. Die Ersatzsteifigkeit ist eigentlich eine Hilfsrechengröße, die benutzt wird, wenn Berechnungsprogramme nicht mit individuellen viskosen Elementen arbeiten können. Dieser Ansatz ist dann gerechtfertigt, wenn die Rohrleitung stoßartig beansprucht wird und große Ausschläge und Spannungsspitzen reduziert werden müssen. Der Dämpfer wird in diesem Fall als reine Feder abgebildet.

Für die Dämpferauswahl wird häufig die Nennlast herangezogen. Dies ist die maximal zulässige Kraft, die der Dämpfer unter Berücksichtigung von Sicherheitsfaktoren aufnehmen kann. Belastungen sollen unter dieser Grenze liegen. Liegen die aufzunehmenden Kräfte über diesem Wert, kann es zu einem Abscheren des Dämpfungsmediums kommen ($F > 1{,}7\ F_N$) und der Dämpfer kann zunächst keine Kraft mehr übertragen. Dieser Vorgang ist jedoch reversibel und nach kurzer Zeit ist der Dämpfer wieder voll funktionsfähig. Das Medium muss nach dieser Überlastung nicht ausgetauscht werden.

Die zulässigen Arbeitswege resultieren aus den konstruktiven Abmessungen der Dämpfer und gegebenenfalls funktionsbedingten Bewegungseinschränkungen. Die Summe der auftretenden Bewegungen aus Wärmedehnung, Schwingung im Normalbetrieb und Stoßantwort muss kleiner als der zulässige Arbeitsweg sein, um die einwandfreie Funktion des Dämpfers zu gewährleisten. Zur Aufnahme sehr großer Wärmedehnungen können Dämpfer räumlich so voreingestellt werden, dass sich das mit der Rohrleitung verbundene Dämpferteil mit der Rohrleitung bewegt und nach erfolgter Wärmeverschiebung etwa in der Dämpfermitte steht.

Das Temperaturverhalten der Dämpfer hängt vom eingesetzten Dämpfungsmedium ab. Bituminöse Medien besitzen aufgrund der sehr hohen Viskosität sehr gute Dämpfungseigenschaften. Sie zeigen aber eine ausgeprägte Temperaturabhängigkeit und müssen jeweils für eine bestimmte Betriebstemperatur gemischt und optimiert werden. Die Betriebstemperatur im Dämpfungsmedium wird im Wesentlichen durch die Umgebungstemperatur, die Fluidtemperatur in der Rohrleitung und durch die Wärmeübertragung von der Rohrleitung in den Dämpfer bestimmt. Isolierplatten, Wärme abstrahlende Zwischenkonstruktionen und Schraubverbindungen aus austenitischem nichtrostendem Stahl können die Wärmeübertragung reduzieren und damit die Betriebstemperatur in der Nähe der Umgebungstemperatur halten.

Dämpfungsmedien auf Silikonölbasis weisen eine wesentlich geringere Temperaturabhängigkeit auf, besitzen aber eine deutlich verminderte Viskosität. Dämpfer mit solchen Dämpfungsflüssigkeiten können einen großen Temperaturbereich abdecken und z. B. in Freianlagen im Sommer und im Winter eingesetzt werden. Daneben gibt es Medien, deren Temperaturabhängigkeit zwischen Silikon und Bitumen liegt und die vor allem bei industriellen Anwendungen zum Einsatz kommen.

Es gibt Baureihen für besondere Einsatzgebiete und Anforderungen. Beispielsweise ist die eignungsgeprüfte Dämpferbaureihe VES gemäß KTA 3205.3 und [17.4-2] für den Einsatz in kerntechnischen Anlagen und Kernkraftwerken geeig-

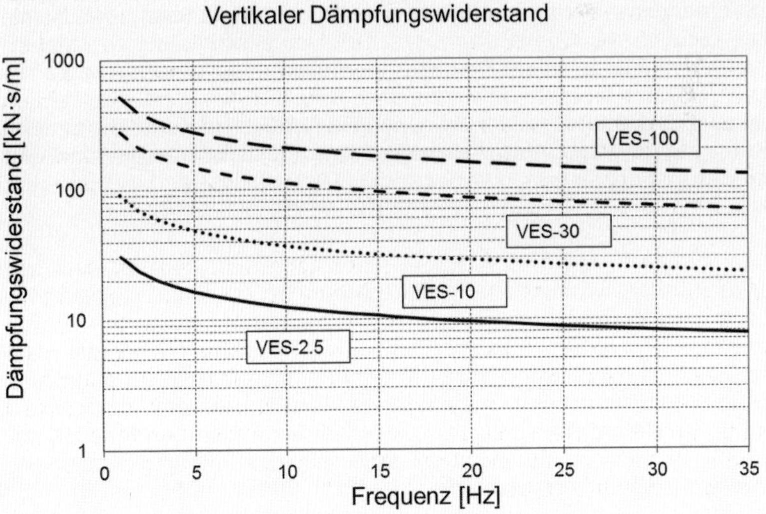

Bild 17.4-7: Vertikaler Dämpfungswiderstand Typenreihe VES

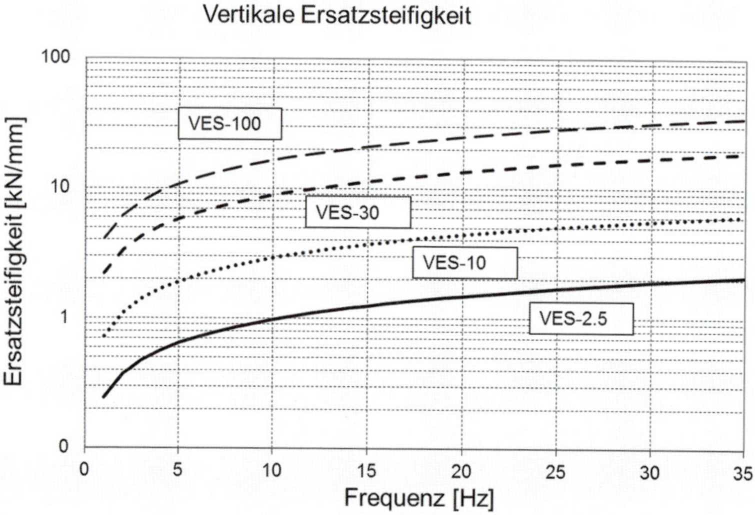

Bild 17.4-8: Vertikale Ersatzsteifigkeit Typenreihe VES

net. Diese Typenreihe ist nach Nennlasten gestaffelt und erlaubt Arbeitswege zwischen ± 40 und ± 120 mm.

Bild 17.4-7 zeigt den Dämpfungswiderstand, **Bild 17.4-8** die Ersatzsteifigkeit einiger eignungsgeprüfter Dämpfer der Typenreihe VES. Deutlich ist der Einfluss der Frequenz auf die Kenngrößen erkennbar, d. h. mit zunehmender Frequenz nimmt der Dämpfungswiderstand ab und die Ersatzsteifigkeit zu.

17.5 Einbau von Rohrleitungsdämpfern

Rohrleitungsdämpfer sollen an solchen Stellen der Rohrleitung oder des Rohrleitungsabschnittes installiert werden, an denen im Betrieb die größten Ausschläge auftreten. Maßgeblich dafür sind die Eigenformen und -frequenzen der Rohrleitung. Betrachtet man die erste Eigenform, dann stimmen diese Stellen oft mit den Punkten der größten Wärmeverschiebung überein. In vielen Fällen ist es technisch günstiger, mehrere kleine Dämpfer anstelle eines großen Dämpfers einzusetzen und sie entlang der Leitung und in Abhängigkeit von den kritischen Schwingungsformen zu verteilen. Dämpfer müssen aufrecht ste-

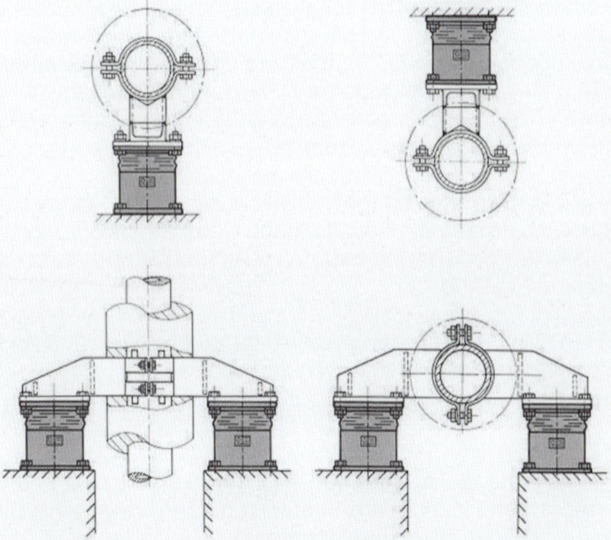

Bild 17.5-1: Mögliche Einbauanordnungen von Flüssigkeitsdämpfern

hend montiert werden, können jedoch über, unter oder seitlich der Rohrleitung angeordnet sein, wobei eine möglichst steife Unterkonstruktion anzustreben ist. Um das Einbringen von Momenten zu vermeiden, können Dämpfer auch nebeneinander rechts und links von der Leitung in einer so genannten Tandemaufstellung angeordnet werden (**Bild 17.5-1**). Da statische Lasten aufgrund des geschwindigkeitsproportionalen Verhaltens nicht abgetragen werden, müssen diese Kräfte von anderen Rohrhalterungen, wie Federhängern oder Gleitlagern, aufgenommen werden.

17.6 Dämpferauswahl und -berechnung

Bei der Dämpferauswahl und -berechnung kommen in Abhängigkeit von den zur Verfügung stehenden Daten des Rohrleitungssystems und den erforderlichen rechnerischen Nachweisen unterschiedliche Methoden in Betracht.

Einfache Abschätzungen auf Basis eines gedämpften Einmassenschwingers oder der Dämpfer-Nennlast können benutzt werden, wenn keine rechnerischen Nachweise erforderlich sind.

Im Fall von stoßartigen Beanspruchungen müssen die Stoßkräfte kleiner als die Nennlast des ausgewählten Dämpfers sein. Sind die Stoßkräfte unbekannt, kann hierfür das Eigengewicht der Rohrleitung unter der Voraussetzung angenommen werden, dass im maßgebenden Frequenzbereich bis 40 Hz keine Beschleunigungen über 1 g auftreten. Stoßkräfte können auch von mehreren parallel wirkenden Dämpfern gemeinsam aufgenommen werden.

Die Wirksamkeit der Dämpfer hängt auch von der Steifigkeit der Unterstützungskonstruktion ab. Um eine möglichst hohe Dämpfungswirkung zu erzielen, ist es wichtig, dass die Verformung hauptsächlich im Dämpfer und nicht in der Anschlusssteifigkeit stattfindet.

Für einen viskosen Dämpfer mit nachgeschalteter Steifigkeit bzw. Nachgiebigkeit (**Bild 17.6-1**) ergibt sich eine maximale Dämpfung bei:

$$\frac{\Omega\, d}{k_U} = 1 \qquad (17.6\text{-}1)$$

Kennt man die kritische, zu dämpfende Kreisfrequenz Ω und kann man die Steifigkeit k_U der Unterstützungsstruktur abschätzen, lässt sich daraus der optimale Dämpfungswiderstand d bestimmen.

Für einen rechnerischen Nachweis sind komplexe Rohrleitungsberechnungen erforderlich, die mit Hilfe spezieller Rechenprogramme für die Rohrleitungssystem-Analyse (z. B. ROHR2, AutoPIPE, dPipe) oder allgemeinen FEM-Programmen (z. B. ANSYS) durchgeführt werden. Die Geometrie der Rohrleitung wird dabei mittels gerader und gekrümmter Balkenelemente als Stabzug abgebildet. Einzelkomponenten (z. B. Behälter, Pumpen, Ventile) werden idealisiert. Das Gleiche gilt für die einzelnen Rohrhalterungselemente, zu denen auch Rohrleitungsdämpfer gehören.

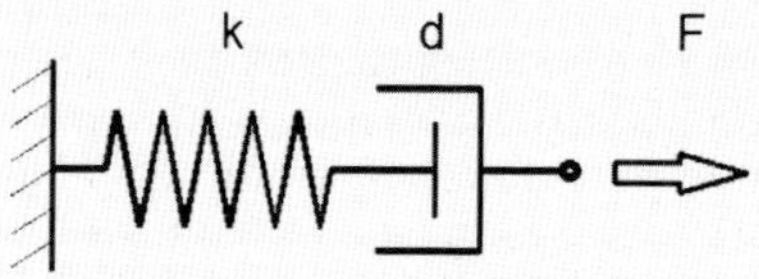

Bild 17.6-1: Reihenschaltung von Feder (Anschlusskonstruktion) und Dämpfer

Die vorhandene inhärente, aber nur sehr geringe Dämpfung des Leitungssystems wird gemäß DIN EN 13480-3 als modale Dämpfung berücksichtigt. Einige Programme sind aber in der Lage, mit punktförmig wirkenden viskosen oder viskoelastischen Elementen zu rechnen. Diese Programme (z. B. ROHR2, AutoPipe, dPipe) können die dissipativen, frequenzabhängigen Eigenschaften der Dämpfer abbilden und ermöglichen damit eine Optimierung des Halterungssystems auch hinsichtlich von Betriebsschwingungen. Bei Störfällen, wie zum Beispiel Erdbeben, ist sicherzustellen, dass die erlaubten Rohrleitungsausschläge und die maximal zulässigen Spannungen nicht überschritten werden. In diesen Fällen können Dämpfer aber auch mit Hilfe der Ersatzsteifigkeit als rein elastische Elemente abgebildet werden.

17.7 Verfahren zur Reduzierung von Schwingungen

a) Vorgehensweise zur Reduzierung unzulässiger Schwingungen

Eine mögliche Vorgehensweise für die Reduzierung unzulässiger Schwingungen während des Betriebes ist im **Bild 17.7-1** dargestellt.

Basierend auf den tatsächlichen Rohrleitungsdaten und durchgeführten Schwingungsmessungen wird ein Berechnungsmodell der Rohrleitung erstellt. Die Belastungsverläufe werden konservativ angesetzt und durch den Vergleich mit den gemessenen Schwingungsverläufen variiert und angepasst. Stimmen gemessenes und berechnetes Schwingungsverhalten überein, kann mit der Optimierung des Halterungskonzeptes begonnen werden. Dämpfer werden ausgewählt und Befestigungspunkte in Abhängigkeit von den Eigenschwingungsformen und örtlichen Gegebenheiten festgelegt. Ziel ist es dabei, die Eigenfrequenzen und Eigenformen mit den größten Anteilen an der Gesamtbewegung gezielt zu dämpfen und dadurch die Schwingungen zu reduzieren. Hilfreich sind moderne Berechnungsprogramme, die automatisch ermitteln, wie stark die jeweilige Eigenform an den Belastungen einzelner Abschnitte beteiligt ist.

Infolge der Dämpfungserhöhung werden Resonanzen unterdrückt und Schwingungen klingen schneller wieder ab. Die Optimierung zielt darauf ab, die Energiedissipation im relevanten Frequenzbereich zu maximieren. Dies vermindert die Werkstoffermüdung und führt zu einer Verlängerung der Anlagenlebensdauer. Darüber hinaus wird auch die Sicherheit gegen Stör- und Schadensfälle erhöht. Bei der Auswahl und Positionierung der Dämpfer muss allerdings häufig ein Kompromiss zwischen den rechnerisch optimalen Anordnungsstellen und den in der Anlage realisierbaren Einbaupunkten gefunden werden.

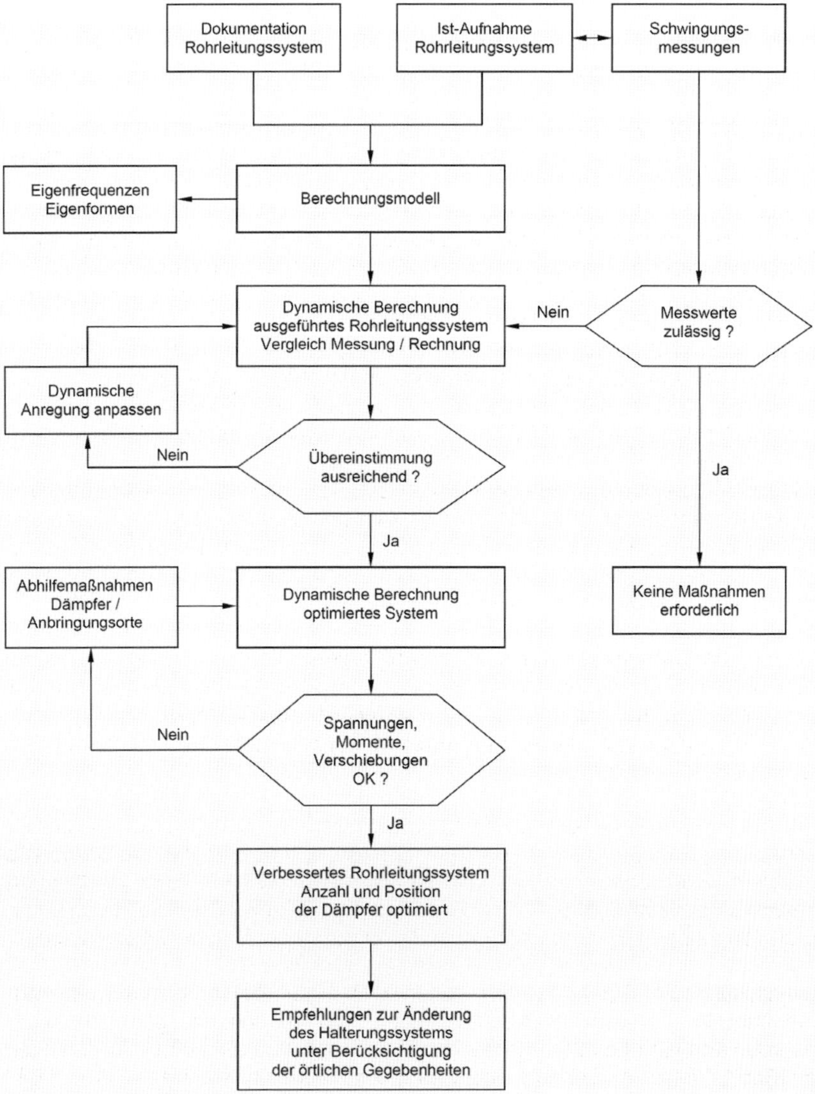

Bild 17.7-1: Vorgehensweise zur Reduzierung von Schwingungen während des Betriebes

b) Anwendungsbeispiele

Beim nachfolgenden Beispiel wurde das im Bild 17.7-1 beschriebene Verfahren sehr erfolgreich angewandt.

Im ungarischen Kernkraftwerk Paks traten im Speisewassersystem starke Schwingungen der Rohrleitungen während des Betriebs auf [17.7-1]. Der Ist-Zustand des Leitungssystems und die vorhandenen Rohrleitungspläne bildeten die Grundlage für den Aufbau des Rohrleitungsmodells. Eine begrenzte Anzahl von Schwingungsmessungen wurde durchgeführt, um die Größe und den Frequenzinhalt der Bewegungen einschätzen zu können und um später die künstliche Anregung für die durchzuführenden Simulationsrechnungen zu kalibrieren. Mit Hilfe von Vergleichsberechnungen wurden viskoelastische Dämpfer ausgewählt und die optimalen Anbringungsorte festgelegt. **Bild 17.7-2** zeigt den prinzipiellen Aufbau des Leitungssystems mit einer Sammelleitung DN 400 und sechs Speisewasserleitungen DN 200, eine für jeden Dampferzeuger. Die auftretenden Schwingungen wurden sowohl nach ASME als auch nach PNAE (Regeln und Normen in der russischen Atomenergie) bewertet.

Das **Bild 17.7-3** zeigt die erzielte, deutliche Reduzierung der Schwingwege an den einzelnen Knotenpunkten der Rohrleitung, infolgedessen es auch zu einer Abnahme der auftretenden Spannungen und Momente kam. Die zum Teil unterschiedlich große Reduzierung der Amplituden ist auf die unterschiedliche Beeinflussung der einzelnen, sich überlagernden Eigenformen durch die Dämpfer zurückzuführen.

Die Wirkung der Dämpfer wird an zwei Übertragungsfunktionen nochmals besonders sichtbar (**Bild 17.7-4**). Die deutlichen, schwach gedämpften Eigenfrequenzen des Originalsystems werden durch den Einsatz der Dämpfer überdämpft und Resonanzeffekte können nicht mehr auftreten. Das System verhält sich gutmütig und ist dynamisch schwer erregbar.

Die gleiche Wirkung von viskoelastischen Dämpfern konnte auch experimentell für Erdbebenanregungen gezeigt werden [17.7-2]. Auf einem Erdbebenprüfstand des japanischen Unternehmens IHI in Yokohama wurde eine 15 m lange Rohrleitung dynamisch untersucht (**Bild 17.7-5**). Das Bewegungsverhalten der Rohrleitung konnte durch den Einbau von einem bzw. zwei Dämpfern wesentlich beeinflusst werden.

Die ungeschützte Rohrleitung zeigt im Frequenzbereich bis 20 Hz mehrere ausgeprägte Eigenfrequenzen, die bei einer breitbandigen Erdbebenanregung alle leicht angeregt werden können und aufgrund der geringen Dämpfung zu großen Ausschlägen führen (**Bild 17.7-6**). Der Einbau zweier Dämpfer in Tandemanordnung an der im Bild 17.7-5 erkennbaren Stelle (etwas außermittig in dem Vordergrund liegenden Rohrleitungsabschnitt) führt zu einer starken Dämpfung des Systems. Die Eigenfrequenzen werden so stark gedämpft, dass keine Resonanzüberhöhungen mehr auftreten. Das System verhält sich wie bei betriebserregten Schwingungen dynamisch gutmütig.

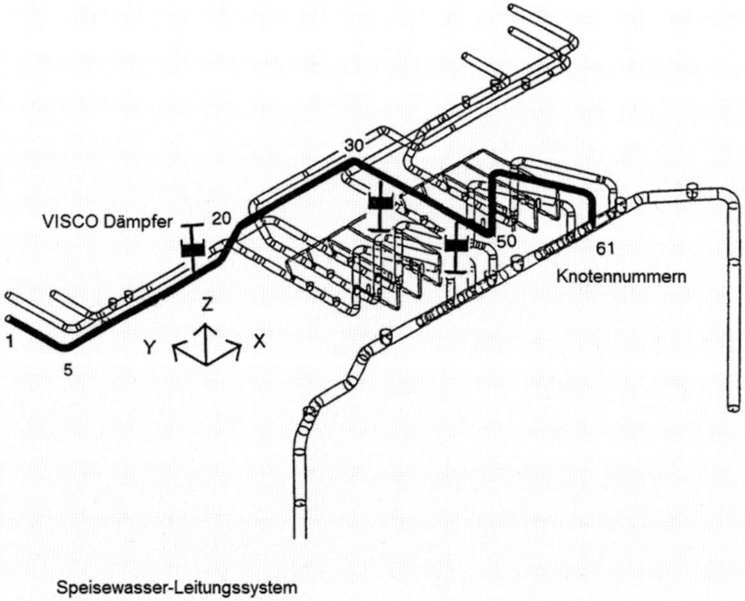

Bild 17.7-2: Speisewassersystem KKW Paks, Ungarn

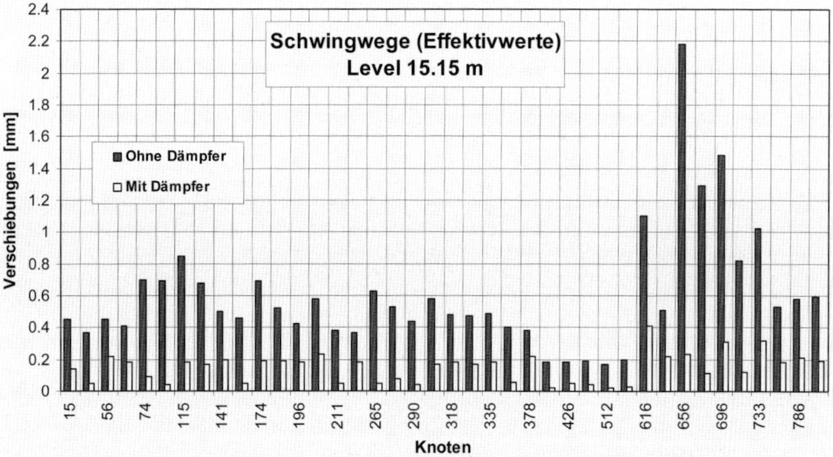

Bild 17.7-3: Reduzierung der Schwingwege am Speisewassersystem des KKW Paks, Ungarn

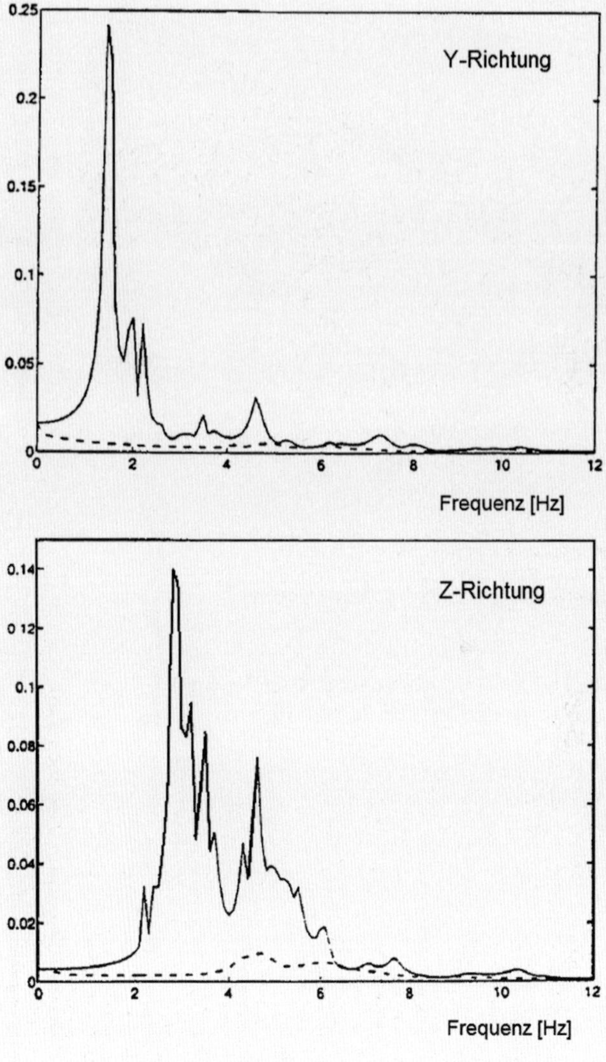

Bild 17.7-4: Übertragungsfunktionen an einer ausgewählten Stelle des Speisewassersystems KKW Paks: (—) Originalsystem, (- - -) System mit Dämpfern
oben: Y-Richtung; unten: Z-Richtung

Bild 17.7-5: Testleitung auf dem Erdbebenprüfstand des japanischen Unternehmens IHI

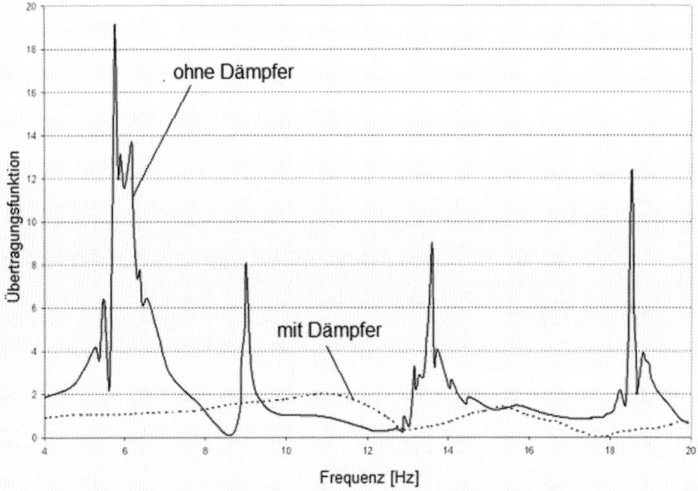

Bild 17.7-6: Übertragungsfunktionen an einer ausgewählten Stelle des Erdbebenprüfstandes IHI: (—) Originalsystem, (- - -) System mit Dämpfern

Dieses Verhalten wird auch im Zeitbereich sichtbar (**Bild 17.7-7**). Bei harmonischer Anregung des Schwingtisches mit steigender Frequenz kommt es beim Anfahren einer Rohrleitungseigenfrequenz zu einem starken Aufschaukeln der Bewegung. Innerhalb kurzer Zeit werden große Amplituden erreicht, die nach dem Abschalten der Anregung aufgrund der sehr geringen Dämpfung nur langsam abklingen. Durch den Einsatz der Dämpfer kommt es einerseits nicht zum Aufschaukeln der Bewegung in der Eigen- oder Resonanzfrequenz, andererseits klingt die zwar geringe, aber noch vorhandene Bewegung nach dem Abschalten der Anregung sehr schnell ab.

c) Zusammenfassung

Viskoelastische Flüssigkeitsdämpfer (Rohrleitungsdämpfer) zeichnen sich durch eine Reihe wichtiger Eigenschaften aus. Sie können sowohl betriebsbedingte Schwingungen dämpfen als auch große Bewegungen bei Stör- oder Schadensfällen begrenzen. Sie reagieren dabei sofort ohne Ansprechverzögerung auf dynamische Anregungen und wirken gleichzeitig in allen Koordinatenrichtungen. Aufgrund des in erster Näherung geschwindigkeitsproportionalen Verhaltens werden langsame Bewegungen nicht behindert. Durch den einfachen mechanischen Aufbau sind Flüssigkeitsdämpfer verschleißfrei und wartungsarm.

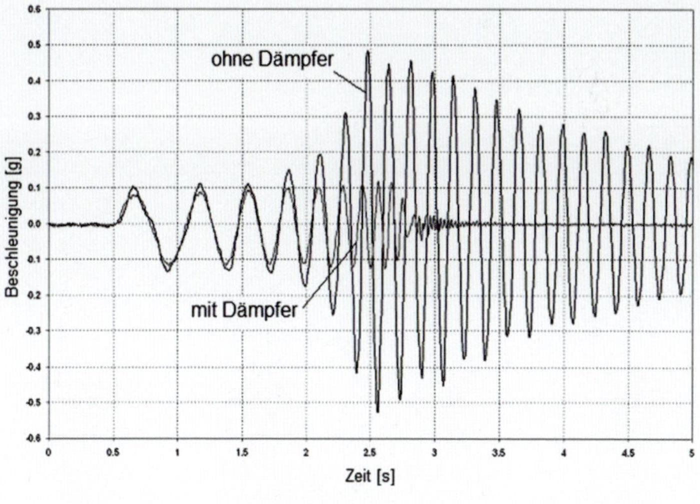

Bild 17.7-7: Vergleich des Bewegungs-Zeitverhaltens an einem ausgewählten Punkt des Systems ohne und mit Dämpfer

Die Anhebung der Systemdämpfung und das Dämpfen der wesentlichen, kritischen Eigenfrequenzen erlaubt die Auswahl und Auslegung auch ohne genaue Kenntnis der Anregung. In Abhängigkeit von den zur Verfügung stehenden Daten der Anlage können einfache überschlägige Berechnungen vorgenommen aber auch komplexe Berechnungsmethoden angewandt werden. Mit den heutigen Berechnungsverfahren kann nicht nur die Größe der einzusetzenden Dämpfer, sondern auch ihr Anbringungsort optimiert werden.

Es stehen verschiedene Kennwerte und Modelle für die Abbildung und Berechnung des Dämpferverhaltens zur Verfügung. Rohrleitungsdämpfer können damit bereits bei der Planung des Halterungskonzeptes berücksichtigt werden. In vorhandenen Anlagen sind sie im Fall von Schwingungsproblemen jederzeit auch nachrüstbar.

18. Häufig verwendete Berechnungs-Software

18.0 Vorbemerkungen

Der Umfang der aufgeführten Berechnungs-Software ergab sich aus Hinweisen in den einzelnen Kapiteln sowie aus allgemein bekannten Veröffentlichungen. Ihre Aufnahme in dieses Handbuch stellt keine Wertung gegenüber anderer Berechnungs-Software dar, die aus vielfältigen Gründen in diesem Zusammenhang nicht zitiert wurde.

Zusätzlich wird auf die Veröffentlichungen [18.8-1] und [5.1-1] hingewiesen. Sie enthalten auf CD gespeicherte Berechnungsblätter und Datenbanken für folgende Berechnungen:

- Festigkeitsberechnung von Rohren und Rohrleitungsteilen unter Innendruck
- Festigkeitsberechnung von Rohren und Rohrleitungsteilen unter Außendruck
- Überprüfung von Bauteilen auf Wechselbeanspruchung
- Berechnung von Flanschverbindungen nach Taylor-Forge
- Ermittlung von Stützweiten
- Einfache statische Berechnungen (L-, Z- und U-Ausgleicher)
- Druckverlustberechnung
- Ermittlung der Oberflächentemperatur und des Temperaturabfalls gedämmter Rohrleitungen

Grundlage dieser Software war die Ausgabe 2002 von DIN EN 13480-3, d. h. die nach Redaktionsschluss (2004 bzw. 2005) angefallenen Änderungen und Ergänzungen sind nicht berücksichtigt, da keine Aktualisierung erfolgte.

Für die Ermittlung der Zustandswerte von Wasser und Wasserdampf wird des Weiteren auf die Anwendungssoftware [1.4-1] hingewiesen, die die Wasserdampftafeln ersetzt. Hiernach sind alle erforderlichen Zustandsgrößen recht schnell zu berechnen und Iterationen möglich.

18.1 Strömungstechnische Berechnungen

18.1.1 Programmsystem SINETZ, SINETZfluid, SINETZFW

Kurzbeschreibung

- SINETZ

Das Programm ermöglicht die Berechnung der Mengenverteilungen, Druck- und Temperaturverluste in verzweigten und vermaschten Rohrleitungsnetzen für kompressible und inkompressible Fluide. Im Einzelnen können folgende Aufgaben gelöst werden:

- Dimensionierung der Rohrleitungsquerschnitte und der Dämmung im Rahmen der Planung.
- Auslegung von Pumpen.
- Überprüfung der Dimensionierung bei Netzerweiterungen.
- Nachweis der Gebrauchsfähigkeit vorhandener Netze.
- Simulation verschiedener Betriebszustände oder Störfälle in vermaschten Netzen.

Das Programm ist durch Vorgabe des gleichwertigen Durchmessers gemäß Gl. (1.1-8b) für Rohrleitungen mit Kreis- und Rechteckquerschnitten sowie mit anderen beliebigen Querschnitten geeignet.

Für die einzelnen Rohrleitungsabschnitte werden Fließrichtung, Durchflussmenge, Druck- und Wärmeverlust, für die Knoten die Drücke und Temperaturen sowie die resultierenden Mengenverteilungen eines beliebig vermaschten Rohrnetzes errechnet.

Einzelwiderstände von Bogen, Abzweigen, Blenden und Reduzierungen bzw. Erweiterungen werden vom Programm ermittelt. Die Wasserdampftafel ist implementiert. Bei Gasgemischen wird der Realgasfaktor abhängig von Druck und Temperatur errechnet. Es können beliebig viele Betriebszustände definiert werden.

Die Berechnung erfolgt für stationäre Strömungszustände eines vorgegebenen verzweigten und/oder vermaschten Netzes, sowohl für offene als auch für geschlossene Systeme.

Das Rohrleitungssystem wird über eine integrierte grafische Benutzeroberfläche eingegeben.

- SINETZfluid

  Diese Programmversion hat gegenüber SINETZ einen reduzierten Berechnungsumfang, indem die Berechnung auf inkompressible Fluide beschränkt ist und die Berechnung des Wärmeverlustes sowie des Temperaturabfalls entfällt.

- SINETZFW

  Dieses optional erhältliche Modul zur Berechnung von Druck- und Wärmeverlusten in Fernwärmeleitungen ist eine Ergänzung zu SINETZ, das die Programmeigenschaften um folgende Möglichkeiten erweitert:

  - Berechnung der erforderlichen Massenströme für Wärmetauscher bei inkompressiblen Fluiden.
  - Berechnung des Rücklaufsystems automatisch mit den Daten des Vorlaufs.
  - Getrennte Anzeige des Vor- und Rücklaufsystems.
  - Überprüfung der Ein- und Austrittsdrücke sowie -temperaturen an Wärmetauschern.

SINETZ-Schnittstellen

SINETZ bietet die Möglichkeit, Daten aus CAD/CAE-Programmen zu importieren und Berechnungsdaten zur Dokumentation zu exportieren.

Für den Import von CAD/CAE-Daten steht sowohl eine 2D- als auch eine 3D-Schnittstelle zur Verfügung.

Über die 2D-Schnittstelle können beispielsweise Daten aus Fließbildern oder aus dem Programmsystem ROHR2 eingelesen werden. Die 3D-Schnittstelle ermöglicht den Import von Modelldaten aus 3D-CAD-Systemen.

Systemvoraussetzungen, Schulung, Programmpflege, Anwenderberatung

SINETZ und Zusatzmodule sind lauffähig auf PCs unter Microsoft Windows.

Anwenderschulungen, konzipiert als Basic- oder Advanced- Kurse ermöglichen eine schnellstmögliche Einarbeitung der Anwender und damit die effektive

Nutzung des Programms auf Basis von Standardbeispielen oder projektbezogenen Daten.

Die Leistungen im Rahmen der Gewährleistung und des optionalen Programm-Wartungsvertrages beinhalten die Anwenderberatung, kontinuierliche Software-Weiterentwicklung und Release Management.

Bezug

SIGMA Ingenieurgesellschaft mbH
Bertha-von-Suttner-Allee 19
D-59423 Unna
Telefon: 00 49-23 03-332-33-0
Telefax: 00 49-23 03-332-33-50
E-Mail: info@rohr2.de
Internet: www.rohr2.de oder www.rohr2.com

18.1.2 Programm sisHYD zur hydraulischen und thermischen Rohrnetzberechnung

Kurzbeschreibung

Es bestehen folgende Berechnungsmöglichkeiten für Fernwärme-, Fernkälte-, Gas- und Wasser-Druckrohrnetze:

- Ermittlung aller relevanten hydraulischen und thermischen Netzparameter in einer geschlossenen thermohydraulischen Berechnung (Mengenverteilung, Fließrichtung, Druckverlust, Wärmeverlust, Kondensatmengen, Laufzeiten usw.).

- Abbildung beliebiger Regeleinrichtungen (Massenstromregelung, Druckregelung, Differenzdruckregelung, Beimischregelung, thermischer Bypass, Temperaturregelung), auch in vermaschten Netzen.

- Abbildung von Rückschlagklappen.

- Vorgabe beliebiger Pumpen- und Armaturenkennlinien.

- Modellierung von Rücklaufverbrauchern.

- Automatische Dimensionierung nach Strömungsgeschwindigkeit und/oder spezifischem Druckverlust, je nach individueller Vorgabe.

- Einzelwiderstände für Bögen und andere Einbauteile hinterlegbar zur detailgenauen Erfassung.

- Optionale Berechnung der Einzelwiderstände an Abzweigen auf Basis der Geometrie und Strömungsrichtung.

- Bestimmung kritischer Netzpunkte (Druck, Temperatur).

- Überprüfung der Arbeitsbereiche von Pumpen, Armaturen, Versorgern, Verbrauchern und Rohrleitungen anhand vorgegebener Grenzen.

- Erstellung von Profilplots entlang beliebiger Wege im Netz und automatische Bestimmung des kritschen Pfads (u. a. Fernwärme-Druckdiagramm).

- Importschnittstelle für GIS-Daten.

Das Netz wird in der Draufsicht dargestellt, wobei den berechneten Größen Farben und Strichstärken zugeordnet werden können. Werkzeuge und Vorlagen für die Erstellung von Präsentationsplots (Hoch- und Querformat bis A0), Legenden, Schriftfelder mit automatischer Zuordnung von Informationen aus der Berechnung sind enthalten.

Das Programm enthält Import-/Export-Schnittstellen, z. B. zu Microsoft Excel für weitere Auswertungen.

Systemvoraussetzungen

- Standard-PC mit Betriebssystem Windows XP, Windows Vista oder Windows 7, jeweils 32-bit und 64-bit.

- MicroStation V8i, Bentley PowerMap V8i, Bentley PowerDraft V8i oder Bentley Map.

Systemhersteller und Bezug

Bentley Systems Germany
Goldbeckstraße 5
D-69493 Hirschberg a. d. Bergstraße
Telefon: 00 49-62 01-29 08-0
Telefax: 00 49-62 01-29 08-100
E-Mail: tedo.tavkhelidze@bentley.com
Internet: www.bentley.de

18.1.3 LV-Programme: Module Bereich Strömungstechnik

Kurzbeschreibung

Mit dem Programm Rohrnetz werden Rohrleitungsnetze mit beliebigen Einbauten und Verteilungen (Beispiel **Bild 18.1-1**) berechnet bzw. Simulationen von Sprinkleranlagen durchgeführt. Die Programmbedienung erfolgt über eine grafische Oberfläche. Für Gemische werden Dichte und Viskosität temperaturabhängig, bei Gasen auch druckabhängig ermittelt

Durch Zusatzmodule können weitere Berechnungen erfolgen.

DROS: Durchflussmessung mit Drosselgeräten nach DIN EN ISO 5167-1

FDP: Berechnung des Druckverlustes in unvermaschten Rohrleitungssystemen. Berechnung von kompressiblen und inkompressiblen adiabaten Rohrleitungsströmungen.

KV: Auslegung von Regelarmaturen nach VDMA 24422 bzw. DIN EN-Reihe 60534, Berechnung von Schallpegeln und instationären Vorgängen, z. B. beim Öffnen einer Armatur.

STOS: Berechnung des maximalen Druckstoßes und des maximalen bzw. minimalen Überdruckes an der Armatur.

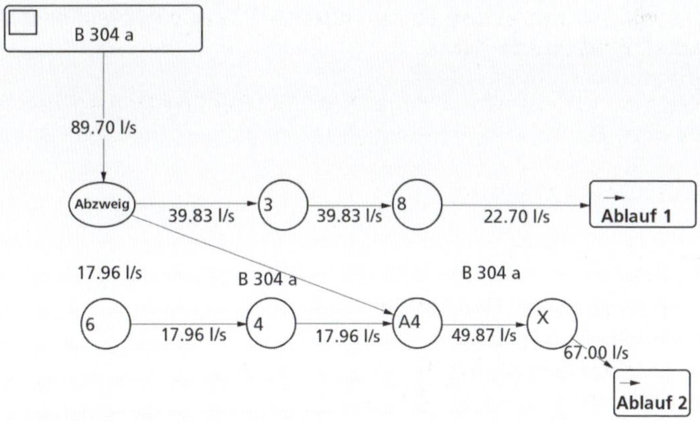

Bild 18.1-1: Beispiel für ein Rohrleitungsnetz

CAV: Berechnung des Durchflusses von Regelarmaturen für Flüssigkeiten und Gase. Die Berechnungen basieren auf den einschlägigen Formeln zur Ermittlung von k_v- und C_v-Werten.

Es bestehen Schnittstellen zu verschiedenen Erweiterungsmodulen, z. B. für zusätzliche Stoffwerte, sowie eine Schnittstelle zu CAD. Eine Demo-Version ist im Internet abrufbar.

Systemvoraussetzungen

Die Programme sind lauffähig unter Windows XP, Windows 7 mit 32 / 64 bit, Schnittstelle zu Microsoft EXCEL bzw. VISIO, Dokumentation nach Microsoft WORD.

Bezug

Lauterbach Verfahrenstechnik GmbH
Postfach 71 11 17
D-76338 Eggenstein-Leopoldshafen
Telefon: 00 49-721-978 22-0
E-Mail: info@LV-Soft.de
Internet: www.LV-Soft.de

18.2 Berechnung der Dämmung und der Wärmeverluste

18.2.0 Vorbemerkung

Die Programmsysteme für die Rohrnetzberechnung entsprechend Abschnitt 18.1 enthalten häufig auch Module zur Ermittlung der Wärmeverluste gedämmter und ungedämmter Rohrleitungen.

Ein allgemein zugängliches Programm für Überschlagsrechnungen ist im Internet zu finden unter:

www.schweizer-fn.de/waerme/waermeleitung/waermeleitung.htm

18.2.1 Programm TechCalc®

Kurzbeschreibung

Die Rechenverfahren von Techcalc® beruhen auf den aktuellen Normen und Regeln der Technik, wie DIN EN ISO 12241, DIN EN ISO 23993, VDI 2055 und AGI Q 112.

Unter der einfachen, benutzerfreundlichen Bedienoberfläche erlaubt die Software höchst komplexe und detaillierte Berechnungen für Rohre, Kanäle, Wände, Zylinder, Quader und Kugeln mit bis zu 5 Dämmschichten außen, sowie zwei Dämmschichten innen.

Mögliche Berechnungsergebnisse:

- Wärmestrom und Oberflächentemperatur einer geplanten Dämmkonstruktion.
- Benötigte Dämmdicke, abhängig vom gewünschten Wärmestrom und/oder der Oberflächentemperatur.
- Betriebskosten, CO_2-Einsparungen und Amortisationszeiten alternativer Systeme.
- Einsparungen und Amortisation der berechneten Dämmmaßnahmen im Vergleich zur ungedämmten Variante.
- U- und R-Werte für detaillierte Verfahren gemäß DIN V 4701-10 und DIN V 18599.
- Mindest-Dämmschichtdicke zur Verhinderung von Oberflächentauwasser.
- Temperaturabfall eines ruhenden Fluids in Abhängigkeit von der Zeit.
- Temperaturabfall in Längsrichtung einer gedämmten Rohrleitung.
- Feuchteanreicherungen in der Dämmung von Kühlmittel- und Kälteleitungen.
- Wärmeströme gedämmter und ungedämmter erdverlegter Rohrleitungen.
- Kriterien für die innenseitige Kondensation an Lüftungskanälen.

Systemvoraussetzungen

Windows XP, Vista, Win 7, Grafik: 1200 x 800.

Bezug

SAINT-GOBAIN ISOVER G+H AG
Online-Shop unter www.techcalc.net
Internet: www.isover-technische-isolierung.de/Kalkulationssoftware2

18.2.2 LV-Programme: Modul Bereich Wärmeleitung

Kurzbeschreibung

Das angebotene Modul Eb enthält die Berechnung des Wärmeverlustes von Wänden und Rohrleitungen (freiliegend oder wandverlegt). Es ist mit 72 Modulen Bestandteil der Berechnungsprogramme der 10. Auflage des VDI-Wärmeatlasses [18.2-1]. Sie sind einzeln lauffähig und gemäß den allgemein anerkannten Regeln der Technik umgesetzt.

Gleichzeitig ist im Modul Eb ein neues Programm TANK verfügbar, mit dem die Wärmeverluste an Tanks mit rundem, viereckigem oder beliebig geformtem Grundriss ermittelt werden können. Eine Demo-Version ist im Internet abrufbar.

Systemvoraussetzungen

Die Programme sind lauffähig unter Windows XP, Windows 7 mit 32 / 64 bit, Schnittstelle zu Microsoft EXCEL bzw. VISIO, Dokumentation nach Microsoft WORD.

Bezug

Lauterbach Verfahrenstechnik GmbH
Postfach 71 11 17
D-76338 Eggenstein-Leopoldshafen
Telefon: 00 49-721-978 22-0
E-Mail: info@LV-Soft.de
Internet: www.LV-Soft.de

18.2.3 Programm FERO: Modul zur Berechnung von Dämmdicken

Kurzbeschreibung

Der Programmteil gestattet die Ermittlung von Dämmdicken und -gewichten für Rohrleitungen und zylindrische Behälter. Ein weiterer Programmteil ermöglicht die radiale Temperaturfeldberechnung mehrschichtiger Zylinderschalen, z. B. einer Stahlleitung mit ein oder mehreren Dämmschichten unterschiedlicher Dicke und/oder Wärmeleitung.

Systemvoraussetzungen

Das Programm läuft auf Rechnern unter Windows 95, 98, 2000, ME, NT, XP und 7 mit Druckern, die unter Windows-Druckmanagern lauffähig sind. Es werden mindestens 110 MB Festplattenspeicher sowie 16 MB RAM benötigt.

Bezug

BHR Hochdruck-Rohrleitungsbau GmbH
Niederlassung Osterode / Außenstelle Oberhausen
Duisburger Straße 375
D-46049 Oberhausen
Telefon: 00 49-208-45 75-39 82
E-Mail: ralph.schumacher@bhr.bilfinger.com
Internet: www.bhr.bilfinger.com

18.2.4 Programm WTB

Kurzbeschreibung

Mit dem von KAEFER-Isoliertechnik erstelltem Excel-Add-In zur Durchführung von wärmetechnischen Berechnungen (WTB) lassen sich für mehrlagige Dämmungen die Wärmeströme und das zugehörige Temperaturfeld berechnen. Dämmdicken können für unterschiedliche Anforderungen, z. B. Wirtschaftlichkeit oder Oberflächentemperatur, ermittelt werden. Die Ergebnisse liegen in einer Tabelle mit max. 500 Positionen vor. Für verzweigte Rohrleitungssysteme kann die Temperaturänderung über die Leitungslängen berechnet werden. Die Berechnung von zeitlichen Temperaturänderungen von Rohrleitungen oder Behältern bei Stillstand ist ebenfalls möglich.

Bezug

Das Programm wird nur intern angewendet, für Externe werden Berechnungen durchgeführt.

KAEFER Isoliertechnik GmbH & Co. KG
Getreidestraße 3
D-28217 Bremen
Telefon: 00 49-421-30 55-0
Telefax: 00 49-421-182 51
E-Mail: info@kaefer.com
Internet: www.kaefer.com

Eine vereinfachte Version des Programms kann im Internet auf der Homepage von KAEFER Isoliertechnik genutzt werden:

Internet: www.kaefer.com/de/Dmmdickenkalkulator.html

18.2.5 Programm ROCKASSIST

Kurzbeschreibung

Das kostenlose Berechnungsprogramm ROCKASSIST ermittelt das energetische Einsparpotenzial sowie die Oberflächentemperaturen gedämmter Objekte. Auch die CO_2-Einsparung kann bei Einsatz von Rockwool-Dämmstoffen ermittelt werden. Komplexe Berechnungen, z. B. Abkühlung eines strömenden Fluids oder Abkühlung bzw. Erwärmung verschiedener Medien in Tanks und Behältern sind ebenfalls möglich. Berechnet wird auf Basis der aktuellen VDI 2055.

Systemvoraussetzungen

Die Software läuft auf üblichen Windows-PC.

Bezug

Deutsche Rockwool Mineralwoll GmbH & Co. OHG
Rockwool Technical Insulation
Rockwool Straße 37-41
D-45966 Gladbeck
Telefon: 00 49-20 43-408-389
Telefax: 00 49-20 43-408-672
E-Mail: service.technik@rockwool.de
Internet: www.rockwool-rti.com

18.3 Festigkeitsberechnungen

18.3.1 Programmsystem FERO

Kurzbeschreibung

Das Programmsystem FERO dient zur Dimensionierung, Optimierung und Nachrechnung von

- innendruck- und temperaturbeaufschlagten Rohrleitungs-, Kessel- und Behälterbauteilen.

- außendruckbeanspruchten Bauteilen.

- Bestellabmessungen für genormte Formstücke (Bogen, T-Stücke, Reduzierungen, Böden) zum Einschweißen, z. B. nach DIN EN-Reihe 10253.

- Rund- und Rechtecknocken.

- Flanschverbindungen.

Die Nachweise werden nach nationalen und internationalen Regelwerken geführt, z. B.:

- DIN EN 13480-3 (Rohrleitungen, identisch mit FDBR-RL 4), DIN EN 13445-3 (Druckbehälter), DIN EN 12952-3 (Wasserrohrkessel) und DIN EN 12953-3 (Großwasserraumkessel).

- AD 2000-Regelwerk.

- ASME B31.1, ASME B31.3, ASME BPVC Section 1 und ASME BPVC Section 8 Division 1.

Der Vorteil des Programms ist die einfache Handhabung, die sichere Führung des Anwenders durch die erforderlichen Eingaben und die übersichtliche Ausgabe mit teilweise maßstabsgerechten Skizzen der dimensionierten Formstücke, die direkt für Anfragen an Zulieferer verwendet werden können. Im Programm hinterlegt sind dabei umfangreiche Datenbanken für Werkstoffe und Bauteile.

Die in den jeweiligen Regelwerken festgelegten geometrischen Geltungsbereiche werden programmintern berücksichtigt und angezeigt bzw. ausgedruckt. Wahlweise kann bei Formstücken eine Baulängen- und Gewichtsberechnung erfolgen.

Der Ausdruck erfolgt in vorprüffähiger, durch Prinzipskizzen ergänzter Form, wahlweise in deutscher oder englischer Sprache. Das Firmenlogo des Anwenders ist integrierbar.

Systemvoraussetzungen

Das Programm läuft auf Rechnern unter Windows 95, 98, 2000, ME, NT, XP und 7 mit Druckern, die unter Windows-Druckmanagern lauffähig sind. Es werden mindestens 110 MB Festplattenspeicher sowie 16 MB RAM benötigt.

Bezug

BHR Hochdruck-Rohrleitungsbau GmbH
Niederlassung Osterode / Außenstelle Oberhausen
Duisburger Straße 375
D-46049 Oberhausen
Telefon: 00 49-208-45 75-39 82
E-Mail: ralph.schumacher@bhr.bilfinger.com
Internet: www.bhr.bilfinger.com

18.3.2 Programm PROBAD

Kurzbeschreibung

Das Programm PROBAD dient zur Festigkeitsberechnung von Druckteilen nach deutschen, europäischen und amerikanischen technischen Regelwerken:

- harmonisierte europäische Normen DIN EN 13480-3 (Rohrleitungen), DIN EN 13445-3 (Druckbehälter), DIN EN 12952-3 (Wasserrohrkessel) und DIN EN 1591-1 (Flanschverbindungen).

- AD 2000-Regelwerk der Reihe B und S.

- TRD-Merkblätter der Reihe 300 (DIN EN 12952-4) und TRD 508.

- ASME B31.1, ASME B31.3, ASME BPVC Section 1 und ASME BPVC Section 8 Division 1.

- WRC Bulletin 107 und WRC Bulletin 297 (Lokale Spannungen in Kugel- und Zylinderschalen).

Leistungsmerkmale:

- Modularer Aufbau, so dass Lizenzen für einzelne Programmteile vergeben werden können. Es sind Einzelplatzlizenzen und Installationen im Netzwerk bei gleichem Preis möglich.

- Es ist sowohl die Nachrechnung bei vorgegebenen Abmessungen, als auch die Dimensionierung von Bauteilen möglich.

- Im System sind Normen für Abmessungs- und Wanddickenreihen, Toleranzen und dergl. hinterlegt.

- Kennwerte der Werkstoffdaten nach DIN, DIN EN, ASME und ANSI sind in hinterlegten Datenbanken gespeichert.

- Sowohl die Eingabeoberflächen als auch die Druckausgaben stehen in Deutsch und/oder Englisch zur Verfügung.

- Der Eingabedialog wird durch Text- und Grafikhilfen unterstützt. Eine Integration in kundeneigene Software über DLL-Schnittstellen ist ausführbar.

Systemvoraussetzungen

Das Programm läuft auf PC mit üblichen Druckern unter Windows XP, VISTA und 7. Je nach Regelwerk und Werkstoffdatei werden bis zu 150 MB Festplattenspeicher benötigt. Für die Installation ist ein CD-Laufwerk erforderlich.

Bezug

IBM Deutschland GmbH
Niederlassung Düsseldorf
Karl-Arnold-Platz 1a
D-40474 Düsseldorf
Telefon PROBAD-Hotline: 00 48-208-299-72 16
E-Mail PROBAD-Hotline: PROBAD@de.ibm.com
Internet: www.probad.com

18.3.3 Mathcad-Dateien KONDROL

Kurzbeschreibung

Mathcad ist eine Rechensoftware, mit der sich ingenieurmäßig aufbereitete Festigkeitsnachweise für druckführende Komponenten übersichtlich führen lassen. In realer mathematischer Schreibweise werden die jeweils aktiven Berechnungsformeln auf dem Bildschirm sichtbar und zusammen mit dem Ergebnis ausgedruckt, inbegriffen Überschriften, Textpassagen, Skizzen und Diagramme. Zu Excel, MATLAB, Axum und CAD-Programmen gibt es Anschlussmöglichkeiten.

In der Dateiensammlung KONDROL (Konstruktion Druckgefäße Rohrleitungen Flanschverbindungen) sind aufbereitete Mathcad-Arbeitsblätter zusammengestellt, und zwar auf folgenden Grundlagen:

- DIN EN 12952-3 (Dampfkessel)

- DIN EN 13445-3 (Unbefeuerte Druckbehälter)

- DIN EN 13480-3 (Industrielle Rohrleitungen)

- DIN EN 1591-1 (Flanschverbindungen)

- FDBR-Handbuch Festigkeitsberechnung von Druckbehältern und Apparaten (auf Basis RKF)

Die Arbeitsblätter können vom Nutzer an den neuesten Stand der Berechnungsnorm angepasst und durch Veränderung der Eingabewerte für den aktuellen Berechnungsfall aufbereitet werden.

Systemvoraussetzungen

Das Programm Mathcad Version 14 benötigt Rechner mit einer Taktfrequenz von mindestens 700 MHz, 512 MB RAM und übliche Drucker ab Windows XP. Es werden etwa 150 MB Festplattenspeicher benötigt.

Bezug von Mathcad

store.ptc.com oder www.alltrotec.de

Bezug von Mathcad-Dateien KONDROL

Dipl.-Ing. Siegfried Arnold
Bergstraße 25b
D-01328 Dresden
Telefon: 00 49-351-216 42 19
E-Mail: siegfried@arnold-dresden.de
Internet: www.arnold-dresden.de

18.3.4 LV-Programme: Module Festigkeitsberechnungen

Kurzbeschreibung

Die Module dienen zur Festigkeitsberechnung von Rohren, Bogen, Abzweigen, Kugel- und Y-Formstücken, Reduzierstücken, ebenen und gewölbten Böden, Flanschen und Flanschverbindungen unter Innen- oder Außendruckbelastung.

Berechnungen von lokalen Spannungen im Stutzenbereich erfolgen mit dem Modul FEM (Methode der finiten Elemente, Berechnungsbeispiel siehe **Bild 18.3-1**). Verstärkungsscheiben, schräge Stutzen, schräge und tangentiale Stutzen mit und ohne Verstärkungsscheiben, auf Zylindern, Kugeln, Klöpperböden und Korbbogenböden sind möglich. Schnittstellen zu weiteren FE-Programmen sind vorhanden.

Berechnungsgrundlagen sind vorzugsweise:

- DIN EN 13480-3 (Rohrleitungen, identisch mit FDBR-RL 4), DIN EN 13445-3 (Druckbehälter), DIN EN 12952-3 (Wasserrohrkessel) und DIN EN 12953-3 (Großwasserraumkessel).

- AD 2000-Regelwerk.
- ASME B31.1, ASME B31.3, ASME BPVC Section 1 und ASME BPVC Section 8 Division 1.
- DIN EN 1591-1 für Flanschverbindungen (siehe Kapitel 5) einschließlich Dichtheitsnachweis mit zugehörigen Dichtungsmodulen.

Das Lizenzmodell FEEZING (pay per use) ermöglicht bedarfsorientiert den Zugang zu allen LV-Programmen.

Eine Datenbank mit mehr als 4700 Werkstoff-Einträgen ist integriert. Schnittstellen zu CAD-Programmen sind vorhanden. Eine Demo-Version ist im Internet abrufbar.

Systemvoraussetzungen

Die Programme sind lauffähig unter Windows XP, Windows 7 mit 32 / 64 bit, Schnittstelle zu Microsoft EXCEL bzw. VISIO, Dokumentation nach Microsoft WORD.

Bezug

Lauterbach Verfahrenstechnik GmbH
Postfach 71 11 17
D-76338 Eggenstein-Leopoldshafen
Telefon: 00 49-721-978 22-0
E-Mail: info@LV-Soft.de
Internet: www.LV-Soft.de

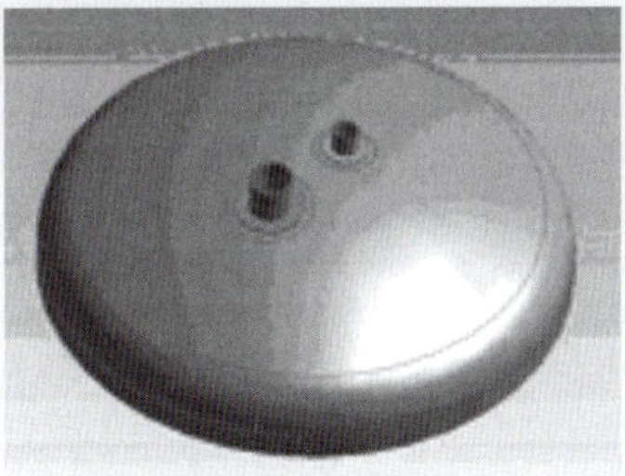

Bild 18.3-1: Beispiel für ein FE-Berechnungsmodell

18.3.5 Programm AD

Kurzbeschreibung

Das Programm AD dient zur Festigkeitsberechnung von Rohren, Abzweigen, Reduzierstücken, ebenen und gewölbten Böden, Flanschen und Flanschverbindungen unter Innen- oder Außendruckbelastung. Berechnungsgrundlage bildet das AD 2000-Regelwerk (B 1 bis B 13 und S-Reihe) und DIN EN 13445-3. Im Programm ist eine umfangreiche Datenbank für Werkstoffe enthalten. Durch Übergabe der Geometriedaten an ein DXF-File kann das Bauteil mit einem beliebigen CAD-Programm gezeichnet werden.

Die Arbeit mit dem Programm AD bietet:

- Übersichtliche Bedienung mit Windows-Fenstern und -Menüs.
- Weitergabe von Daten zwischen den Berechnungen. Dadurch ist bei Änderungen, z. B. des Werkstoffs, nur an der betreffenden Stelle zu korrigieren, während alle anderen Größe übernommen werden.
- In einer Übersichtsliste für die Berechnungen wird angezeigt, ob die Auslegung zulässig ist.
- Ausgabehilfen mit technisch bemaßten Zeichnungen.
- Englisch auch als Dialogsprache.

Unter www.ked.de kann eine kostenlose Demoversion herunter geladen werden.

Systemvoraussetzungen

Das Programm läuft unter allen Windows Betriebssystemen.

Bezug

KED Kerntechnik, Entwicklung, Dynamik
Talstraße 3
D-63517 Rodenbach
Telefon: 00 49-61 84-95 09-0
Telefax: 00 49-61 84-95 09-50
E-Mail: info@ked.de
Internet: www.ked-de

18.3.6 Programm CENFLA für Flanschverbindungen

Kurzbeschreibung

Mit dem Programm CENFLA wird die Berechnungsmethode nach DIN EN 1591-1 und DIN EN 13445-3 Anhang G vollständig umgesetzt. Festigkeit und Dichtheit der Flanschverbindung werden überprüft, Geltungsbereich und Bezeichnungen entsprechen genau den Vorgaben der europäischen Norm.

Zum Lieferumfang gehören zur Vereinfachung der Eingaben auch Datenbanken mit Standardflanschgeometrien für DIN und ANSI, sowie deren zugehörige Dichtungsgeometrien.

Als Ergebnisse werden ausgewiesen:

- Auslastungsgrade.
- erforderliche und vorhandene Kräfte bei den verschiedenen Belastungszuständen.
- Angaben zur Montage der Flanschverbindung.

Systemvoraussetzungen

Das Programm läuft auf IBM-kompatiblen Rechnern und üblichen Druckern unter Windows 95, 98, 2000, XP, NT und 7.

Bezug

LINDE Engineering Dresden GMBH
Postfach 21 03 53
D-01265 Dresden
Telefon: 00 49-351-250-33 58
Telefax: 00 49-351-250-48 23
E-Mail: ulf.huebsch@linde-le.com
Internet: www.linde-le.com

18.3.7 Programm ADRIESS 2000 und ACRIESS

Kurzbeschreibung

Das Programm ADRIESS 2000 dient zur Festigkeitsberechnung von Rohren, Abzweigen, Reduzierstücken, ebenen und gewölbten Böden, Flanschen und Flanschverbindungen unter Innen- oder Außendruckbelastung. Grundlage der Berechnungen bildet das AD 2000-Regelwerk. Im Programm sind Datenbanken für übliche Werkstoffe enthalten.

Das Programm ACRIESS ist ähnlich wie das Programm ADRIESS 2000 aufgebaut, hat aber den ASME-Code als Grundlage. Die Werkstoffdatenbank enthält etwa 200 ASME-Halbzeuge.

Beide Programme sind modular aufgebaut.

Systemvoraussetzungen

Das Programm läuft auf IBM-kompatiblen Rechnern und üblichen Druckern ab Windows 95. Es werden etwa 10 MB Festplattenspeicher benötigt.

Bezug

Dipl.-Ing Peter Riess VDI
Am Schellenberg 30
D-35410 Hungen-Nonnenroth
Telefon: 00 49-64 02-14 61
Telefax: 00 49-64 02-16 91
E-Mail: info@ADRiess.com
Internet: www.ADRiess2000.de

18.3.8 FEM-Programmpaket ANSYS

Kurzbeschreibung

Mit ANSYS, einem der weltweit am häufigsten genutzten Finite-Elemente-Softwarepakete, können unter anderem sämtliche Nichtlinearitäten im Geometrie-, Material- und Strukturbereich analysiert und optimiert werden. Es löst transiente und dynamische Aufgabenstellungen bis hin zur gekoppelten Strukturmechanik-Temperaturfeld-Berechnung. ANSYS eignet sich zur Beurteilung von Bauteilen unter Wechselbeanspruchung nach AD 2000 S 2. Eine Werkstoffdatenbank ist integriert. Die Systemanalysen können entweder mit ANSYS selbst durchgeführt, oder mit ROHR2 (siehe Abschnitt 18.4.1) gekoppelt werden. Systembauteile, wie Verzweigungen und dergleichen, können in ihren mit ANSYS ermittelten

Steifigkeitsmatrizen in die Systemanalyse eingefügt werden, so dass die Stabstatik der Wirklichkeit besser angenähert wird.

ANSYS ist mit seiner grafischen Benutzeroberfläche Workbench besonders intuitiv zu bedienen.

Systemvoraussetzungen, Schulung und Programmeinarbeitung

ANSYS ist unter Windows XP oder 7 und LINUX (32, 64 bit) lauffähig. Es wird ein Festplattenspeicher von mindestens 300 GB bei 8 GB RAM empfohlen.

ANSYS wird in Deutschland, Österreich und der Schweiz von der CADFEM GmbH angeboten. CADFEM bietet ein umfassendes Schulungsangebot zu ANSYS und zur FEM-Berechnung, das über die reine Programmbedienung hinausgeht.

Bezug

CADFEM GmbH
Marktplatz 2
D-85567 Grafing
Telefon: 00 49-80 92-7005-0
Telefax: 00 49-80 92-7005-66
E-Mail: info@cadfem.de
Internet: www.cadfem.de

18.3.9 Dimensionierungs-Software DIMy für Druckgeräte

Kurzbeschreibung

Im Sinne eines Expertensystems lassen sich mit DIMy Druckbehälter, Armaturen, Rohrleitungen und Unterstützungsbauteile berechnen, die druck- und/oder temperaturbeaufschlagt sind, Zusatzlasten aufzunehmen haben oder Schwell- und Wechselbelastungen ausgesetzt sind. Neben dem reinen Festigkeitsnachweis lassen sich Bauteiloptimierungen und Lebensdaueranalysen durchführen [18.3-1].

Dabei werden die folgenden Standards berücksichtigt:

- AD 2000-Regelwerk
- DIN EN 13445-3 (Druckbehälter)
- DIN EN 12952-3 (Wasserrohrkessel)

- DIN EN 12953-3 (Großwasserraumkessel)

- DIN EN 13480-3 (Metallische industrielle Rohrleitungen)

- ASME BPVC Section 8 Division 1 (Pressure Vessels)

Eine integrierte Werkstoffdatenbank gibt darüber hinaus Auskünfte über die Materialkennwerte von über 1500 Werkstoffen, aus europäischen und deutschen Normen sowie über die Werkstoffe aus ASME BPVC Section 2, Part D.

DIMy ist ein modulares Software-System, das individuell und kosteneffizient nach anwenderspezifischen Bedürfnissen zusammengestellt werden kann. Aufgrund seiner Grafikunterstützung und Zweisprachigkeit, die im laufenden Betrieb zwischen deutsch und englisch umgeschaltet werden kann, ist es äußerst anwenderfreundlich.

Systemvoraussetzungen

Die Installation ist problemlos unter allen Windows-Versionen möglich. Neben der Ausgabe über die Systemdrucker können alle Ergebnisse auch über das RFT-Format in Dateien exportiert und von anderen Anwenderprogrammen weiterverarbeitet werden.

Bezug

TÜV NORD Systems GmbH & Co. KG
Langemarckstraße 20
D-45141 Essen
Telefon: 00 49-201-825-27 69
Telefax: 00 49-201-825-23 21
E-Mail: dimy@tuev-nord.de
Internet: www.dimy.de

18.4 Rohrleitungssystem-Analyse

18.4.1 Programmsystem ROHR2

Kurzbeschreibung

Aufgabe des Programms ROHR2 ist die statische und dynamische Strukturanalyse räumlicher Rohrleitungssysteme und allgemeiner Stabwerke.

Die statische Analyse umfasst die Berechnung beliebiger Lasten und Lastkombinationen nach Theorie I. und II. Ordnung für lineare und nicht-lineare Randbedingungen (Reibung, Lagerspiel, Abheben von Lagern). Alle Lasten können auch als dynamische Lasten mit harmonischer Erregung aufgebracht werden.

Die dynamische Analyse enthält die Berechnung von Eigenwerten und Eigenschwingungsformen sowie deren Verarbeitung in verschiedenen Modalantwortmethoden, z. B. zur Untersuchung von Druckstoß.

Die Erdbebenanalysen beruhen auf der Time-History-Methode. Ein leistungsfähiger Überlagerungsmodul ermöglicht vielseitige Auswahl und Kombination von statischen und dynamischen Ergebnissen sowie die Generierung von Extremwerten für Lager-, Komponenten- und Stutzenbelastungen.

Spannungsnachweise für Rohrleitungsbauteile können nach einer Vielzahl von Regelwerken geführt werden, z. B. DIN EN 13480-3 (entspricht FDBR-RL 4), DIN EN 13941 (entspricht den AGFW-Regeln für KMR-Rohre), ASME B31.1 (Kraftwerke), ASME B31.3 (Petrolchemische Anlagen) sowie den KTA-Regeln (Kerntechnische Anlagen). Weitere spezielle Stresscodes ergänzen die Spannungsanalyse, wie die französischen Regeln CODETI® und RCC-M, die niederländische Vorschrift Stoomwezen D1101 oder Vorschriften zur Auslegung von GfK-Rohren, z. B. nach DIN EN ISO 14692-3.

Zur Eingabe und Analyse steht eine grafische Benutzeroberfläche zur Verfügung.

Optional erhältliche Schnittstellen ermöglichen die Übernahme von bereits eingegebenen Daten aus CAD-Systemen in ROHR2 und die Weitergabe an CAE- und CAD-Systeme.

Nachweise für Flanschverbindungen gemäß DIN EN 1591-1, DIN EN 13445-3 Anhang G und ASME BPVC Section 8 sind ebenfalls Bestandteil von ROHR2.

Das Programmsystem kann durch folgende Zusatzprogramme erweitert werden:

- ROHR2fesu

  Durch eine FEM-Analyse können Detailuntersuchungen von lokalen Bereichen in Rohrleitungen und Behältern vorgenommen werden. ROHR2fesu bietet:

  - komplette Integration der FE-Strukturen in das anschließende Stabwerk mit Übernahme der Belastung aus ROHR2.

  - einfache parametergesteuerte Modellgenerierung und Vernetzung.

  - automatisierte Spannungsbewertung und Dokumentation.

- ROHR2ISO

  Aus ROHR2 werden maßstäbliche und unmaßstäbliche Rohrleitungsisometrien erzeugt. Bemaßungen, Schweißpunkte und Zusatzinformationen wie Höhenangaben, beliebige Texte oder Grafiken können vom Benutzer eingefügt, Summen- und Einzelstücklisten erzeugt werden.

- ROHR2stoss

  Das Programm zur Strukturanalyse von Stossbelastungen basiert auf der Methode der Direktintegration der Schwingungsdifferentialgleichung. Es dient zur umfassenden dynamischen Analyse komplexer Rohrleitungsstrukturen. Sowohl lineare als auch nichtlineare Randbedingungen können berücksichtigt werden. Mit linearen Randbedingungen ist diese Methode eine Alternative zur modalen Time-History-Berechnung. Mit nichtlinearen Randbedingungen erschließt sie die Modellierung neuer Elemente wie:

  - Lagerspiel.
  - hydraulische und mechanische Stoßbremsen mit Ansprechwerten.
  - Ausschlagsicherungen mit Plastizieren im Anschlag.
  - Lenker mit Plastizieren.
  - Konstanthänger mit Eigenwiderstand.
  - Lager und Federhänger mit Hysterese.
  - Visko-Dämpfer mit geschwindigkeitsproportionalem Widerstand.
  - Federelemente mit Dämpfern.
  - Bodendämpfung.
  - Reiblager, allseits beweglich oder geführt.
  - Anprall.
  - Untersuchung gegeneinanderschlagender Leitungen.

Systemvoraussetzungen und Schulung

siehe Abschnitt 18.1.1.

Bezug

SIGMA Ingenieurgesellschaft mbH
Bertha-von-Suttner-Allee 19
D-59423 Unna
Telefon: 00 49-23 03-332-33-0
Telefax: 00 49-23 03-332-33-50
E-Mail: info@rohr2.de
Internet: www.rohr2.de oder www.rohr2.com

18.4.2 Programmsystem KWUROHR / AREVAROHR

Kurzbeschreibung

Das Programmsystem KWUROHR / AREVAROHR ermöglicht die Durchführung, Auswertung und Visualisierung von Spannungs- und Ermüdungsanalysen für dreidimensionale Rohrleitungs- und Stabwerkssysteme.

Der Kern des Programmsystems ist ein Finite-Element-Programm für die Durchführung linear-elastischer und nichtlinearer statischer und dynamischer Analysen. Modalanalyse, Response-Spektrum-Modalanalyse mit Anregung durch Beschleunigungsspektren (z. B. für Erdbeben) und Time-History-Analyse (z. B. für Druckstoßberechnungen aus fluiddynamischen Vorgängen) gehören zum Portfolio des Programmsystems.

Eine Schnittstellenplattform für Rohrleitungsplanungstools, fluiddynamische Codes und andere Berechnungstools ist Bestandteil des Programmsystems. Spannungs- und Ermüdungsanalysen sind nach den Regelwerken KTA, RCC-M und ASME möglich.

Die hohe Spezialisierung des Programmsystems und des Solvers hinsichtlich Rohrleitungsberechnung ermöglicht geringste Rechenzeiten für komplexe dynamische Aufgabenstellungen und effiziente Bearbeitung von transienten Vorgängen und Messreihen.

Bezug

AREVA NP GmbH
PECP-G – Piping Engineering
Postfach 11 09
D-91001 Erlangen
Telefon: 00 49-91 31-900-938 30
Telefax: 00 49-91 31-900-940 39
E-Mail: gabriel.malki@areva.com

18.4.3 Programmsystem P10 (Pipe-Stress-Analysis)

Kurzbeschreibung

Das Programmsystem P10 dient zur Berechnung beliebiger Rohrleitungssysteme. Es wird bei der Planung von Chemieanlagen, Kraftwerken und anderen industriellen Anlagen angewendet. Beliebige statische Lasten können vorgegeben werden, einschließlich Vorspannung, Setzungen und Anschlusskräften. Rohrhalterungen sind ohne und mit Reibung modellierbar. Der Einfluss des Abhebens von Lagern, des Lagerspiels sowie von speziellen Bauteilen (z. B. Kompensatoren) wird berücksichtigt. Die Spannungsanalysen erfolgen nach ANSI, ASME B31.1 (Kraftwerke), ASME B31.3 (Petrolchemische Anlagen), DIN EN 13480-3 oder nach holländischen, britischen oder französischen Vorschriften.

Systemvoraussetzungen

Das Programm läuft auf IBM-kompatiblen Rechnern und üblichen Druckern unter Windows XP und 7.

Bezug

Array Industries B.V.
Hoogeveenenweg 29
NL-2913 LV Nieuwerkerk aan den IJssel
Telefon: 00 31-180-33 16 55
Telefax: 00 31-180-32 82 76
E-Mail: info@arrayindustries.com
Internet: www.arrayindustries.com

18.4.4 Programmsystem EASYPIPE, EASYPLOT und KEDRU

Kurzbeschreibung

Das Finite-Element-Programm EASYPIPE ermöglicht die statische und dynamische Berechnung von Rohrleitungen. Die Topologie wird in der Regel mit dem im Lieferumfang enthaltenen Isometrieprogramm EASYPLOT erzeugt, kann aber auch direkt alphanumerisch eingegeben werden. Das Isometrieprogramm, das auf Rohrklassenbasis arbeitet, und mit dem auch Stücklisten der einzelnen Isometrien und des gesamten Projekts erzeugt werden, wird auch einzeln angeboten. Federhänger werden ausgelegt und an das Isometrieprogramm (Stücklisten) weitergeleitet.

Bei der Berechnung werden die Eigenschaften der Rohrhalterungen, Kompensatoren und anderen speziellen Bauteilen berücksichtigt. Die Abbildung von Mantelrohren mit Kopplung zur produktführenden Rohrleitung ist mit Hilfe des Isometrieprogramms auf sehr einfache Weise möglich. Es können beliebige statische Belastungen vorgegeben werden.

Zur Druckwellenberechnung dient das Finite-Differenzen-Programm KEDRU. Mit diesem Programm werden die Lastzeit-Funktionen für die Rohrleitung aufgrund von Schaltvorgängen oder Betriebsänderungen ermittelt. Diese Kräfte werden von EASYPIPE dann zur dynamischen Rohrleitungsberechnung verwendet. Es ist aber auch eine direkte schrittweise Kopplung der Fluid- und Strukturdynamik möglich. Dabei wird der Wechselwirkung (Energieaustausch) des Mediums mit der Rohrleitung bei jedem Zeitschritt Rechnung getragen, was u. U. zu deutlichen Lastveränderungen führen kann.

Zur Untersuchung des Schwingungsverhaltens der Rohrleitung ist die Berechnung des Rückschwingens nach einer statischen Auslenkung des Systems (snapback) möglich.

Die Berechnung von Erdbebenbelastungen erfolgt nach der statischen und dynamischen Methode mit Eingabe des gewünschten Etagen-Beschleunigungs-Spektrums.

Das Programm ermöglicht auch die Berechnung erdverlegter Rohrleitungen sowie von Rohrleitungen, die auf Außendruck beansprucht sind, z. B. seeverlegte Rohrleitungen.

Die Überlagerung von statischen und dynamischen Ergebnissen sowie die Generierung von Extremwerten für Lager-, Komponenten- und Stutzenbelastungen ist möglich. Die Ergebnisse aller Einzellastfälle und ihrer Kombinationen werden zur Berichtserstellung in EXCEL-Tabellen zusammengefasst.

Die Spannungsnachweise können nach allen gängigen Regelwerken geführt werden, z. B. nach DIN EN 13480-3, ASME B31.1, ASME B31.3, KTA-Regelwerk.

Das Rechenmodell, die Verformungen, Schwingungszeitverläufe, Frequenzspektren etc. werden grafisch dargestellt. Die Ausgabe erfolgt u. a. im JPG-Format als Datei oder auf einem Windows-Drucker.

Systemvoraussetzungen

Das Programm läuft unter den Windows 7, Vista, XP, 98 oder 95. Microsoft-Excel-Versionen 2010, 2007, 2003 oder 2000 sind notwendige Voraussetzung.

Bezug

KED GmbH
Talstraße 3
D-63517 Rodenbach
Telefon: 00 49-61 84-95 09-0
E-Mail: info@ked.de
Internet: www.ked.de

18.4.5 Programmsystem BENTLEY® AUTOPIPE™

Kurzbeschreibung

Das Programmsystem dient zur statischen und dynamischen Spannungsanalyse von Rohrleitungssystemen mit einem Leistungsvermögen ähnlich Abschnitt 18.4.1. Neben den üblichen Spannungsnachweisen nach DIN EN 13480-3 und den international gebräuchlichen Regelwerken ASME, ANSI, API, ASCE, AISC, NEMA, UBC, WRC, werden auf Wunsch auch weitere nationale Regelwerke berücksichtigt. Die Ergebnisse können grafisch dargestellt werden. Durch 3D-Animationen kann das Rohrleitungssystem unter Belastung gezeigt werden, wobei die Wirkung dynamischer Belastungen besonders eindrucksvoll ist.

Die Eingaben oder Änderungen können sowohl tabellarisch als auch grafisch mit gängigen 3D-Grafikprogrammen vorgenommen werden. Die Einarbeitungszeit wird als minimal angegeben [18.4-1].

Systemvoraussetzungen

Das Programm läuft auf IBM-kompatiblen Rechnern unter Windows XP, Vista oder 7. Der Arbeitsspeicher soll 1 GB RAM betragen, der freie Festplattenspeicher mindestens 200 MB.

Es ist zu beachten, dass das Programm zwar in englischer, französischer, russischer und anderen Sprachen erhältlich ist, jedoch nicht in deutsch.

Bezug

Geschäftsstelle:
Bentley Systems Germany GmbH
Carl-Zeiss-Ring 5
D-85737 Ismaning
Telefon: 00 49-89-96 24 32-0
Telefax: 00 49-89-96 24 32-20
Internet: www.bentley.com/pipestress

Bentley-Partner in der BRD, z. B.:
W. Fuchs Beratungsgesellschaft für Ingenieur-und Datenwesen mbH
Karl-Horn-Str. 6
D-61350 Bad Homburg
Telefon: 00 49-61 72-96 78-0
Telefax: 00 49-61 72-96 78-16
E-Mail: jfuchs@wfuchs.com

18.5 Betriebsbegleitende Berechnungen

18.5.1 Programm MLM/ConLife zur Lebensdauerüberwachung

Kurzbeschreibung

- Berechnung und Visualisierung der Zeitstand- und Lastwechselerschöpfung von Kessel- und Rohrleitungsbauteilen auf der Grundlage von Betriebs- und Messdaten entsprechend TRD-Regelwerk und/oder DIN EN 12952-4. Erweiterung auf andere Regelwerke ist möglich.

- Planung, Installation und Inbetriebnahme von Messsensorik (Kraft- und Wegmessungen) zur Langzeitüberwachung des Rohrleitungsverhaltens (Rohrleitungsbewegung und Lastabtragung).

- Visualisierung und Bewertung des Systemverhaltens der Rohrleitung, um einen ordnungsgemäßen Rohrleitungsbetrieb zu sichern.

- Online-Visualisierung von Sondermessungen an hochbeanspruchten Bauteilen mit Hochtemperatur-Dehnungsmessstreifen zur Messung lokaler Dehnungen.

- Online-Betrieb im Kraftwerk mit Datentransfer aus dem Leitsystem.

Das Programm läuft auf PC unter Windows.

Bezug

Technip Germany GmbH
Theodorstraße 90
D-40472 Düsseldorf
Telefon: 00 49-211-659-22 99
Telefax: 00 49-211-659-33 77
E-Mail: pgrammenoudis@technip.com
Internet: www.technip.com

18.5.2 Programm „Boiler Lifetime Monitoring“ zur Lebensdauerüberwachung

Kurzbeschreibung

Das Programm wertet historische Prozessdaten aus. Diese Daten z. B. Drücke, Metalltemperaturen und Temperaturdifferenzen, wie sie für die Algorithmen erforderlich sind, werden üblicherweise von einem Prozess-Informations-Management-System (PIMS) geliefert. Die kalkulierten Ermüdungswerte sind in einer Datenbank des Boiler Lifetime Monitoring gespeichert und können an das PIMS zurückgesandt werden. Die Bewertungen können automatisch entweder täglich oder auf Anforderung ausgeführt werden.

Die Anwendung bietet eine Lebensdauerüberwachung für Anlagen mit Kesseln und Abhitzedampferzeugern. Das An- und Abfahren sowie variierende Lastzyklen bewirken variable Dampfdrücke und hohe thermische Belastungen für die Komponenten. Jeder Lastwechsel führt zu Materialerschöpfung durch thermische Wechselbeanspruchung, die hohen Dampftemperaturen führen zu einer zeitabhängigen Kriechermüdung. Die Lebensdauer von dickwandigen Bauteilen hängt sowohl von der Lastwechselbeanspruchung als auch von der Kriechermüdung ab.

Mit dem Programm erfolgt eine Überwachung der Lebensdauer auf Basis der Lastwechselbeanspruchung und der Kriechermüdung dickwandiger Bauteile gemäß DIN EN 12952-4. Vorteile:

- Verbesserte langfristige Planung der Wartung auf Basis der dokumentierten Lebensdauer.

- Rückschlüsse zu den Auswirkungen ausgewählter operativer Methoden.

- Vermeiden von extremen Belastungen, die zu einer verkürzten Lebensdauer führen können, z. B. undichte Wassereinspritzventile, und von teuren Reparaturen.

- Entscheidungshilfe zur Optimierung des Anfahrvorgangs und des Kessellastprogramms zur Erhöhung der Gesamtlebensdauer.

- Automatische Berichterstellung für die mit Sicherheitsprüfungen befassten Behörden.

Systemvoraussetzungen

Boiler Lifetime Monitoring ist mit einer Microsoft Windows-Bedienoberfläche ausgestattet (ab Windows NT oder 2000), wodurch eine leichte Bedienbarkeit und kurze Einarbeitungszeit ermöglicht wird. Die Navigation innerhalb der Bedienoberfläche ist mit dem Microsoft Explorer vergleichbar und erlaubt auf einfache Weise die Erstellung von Bauteil-, Werkstoff- und Signaldatensätzen, die Zusammenstellung von Berichten und die Steuerung von Berechnungen.

Das Programm benötigt mindestens 128 MB RAM und 350 MB freien Festplattenspeicher. Ein 19"-Monitor ist empfehlenswert. Die Druckausgaben können auf jedem beliebigen Windows-Drucker erfolgen.

Bezug

ABB Switzerland Ltd.
Power Technology Systems PTSP-PRU
Bruggerstr. 72
CH-5400 Baden
Telefon: 0041-58-585-34 64
Telefax: 0041-58-585-30 80
E-Mail: powerplant.control@ch.abb.com
Internet: www.abb.com/powergeneration

18.5.3 Programm FERO: Modul zur Betriebsüberwachung

Kurzbeschreibung

Die Module enthalten:

- Berechnung der Erschöpfungsgrade von Rohrleitungs- und Kesselbauteilen infolge von Zeitstandbeanspruchung auf der Grundlage von TRD 508 und TRD 508 Anlage 1 bzw. DIN EN 12952-4.

- Berechnung von Lastwechselzahlen, Anfahrgradienten (zulässige Temperaturänderungsgeschwindigkeiten, zulässige Temperaturdifferenzen) und des

Ermüdungsgrades auf der Grundlage von TRD 301 Anlage 1 und TRD 303 Anlage 1 bzw. DIN EN 12952-3.

- Grafische Darstellung der Rohrleitungsbewegungen und Hängerstellungen als Gegenüberstellung von berechneten Soll- und abgelesenen Istwerten.

Systemvoraussetzungen

Das Programm läuft auf Rechnern unter Windows 95, 98, 2000, ME, NT, XP und 7 mit Druckern, die unter Windows-Druckmanagern lauffähig sind. Es werden mindestens 110 MB Festplattenspeicher sowie 16 MB RAM benötigt.

Bezug

BHR Hochdruck-Rohrleitungsbau GmbH
Niederlassung Osterode / Außenstelle Oberhausen
Duisburger Straße 375
D-46049 Oberhausen
Telefon: 00 49-208-45 75-39 82
E-Mail: ralph.schumacher@bhr.bilfinger.com

18.6 Programm FLEXPERTE zur Auswahl von Kompensatoren

Kurzbeschreibung

Das herstellerorientierte Programm unterstützt online die Auswahl von Schlauchleitungen, Kompensatoren und Bälgen aus Metall entsprechend den vorgegebenen Betriebsbedingungen. Nach Eingabe von Druck, Temperatur und erforderlicher Bewegung errechnet FLEXPERTE automatisch die für die Auswahl benötigten Nennbedingungen, wie Nenndruck und Nennweg. Anhand der gewünschten Bauart und der gegebenen Nennweite bietet das Programm geeignete HYDRA-Standardprodukte aus dem Witzenmann-Lieferprogramm an.

Prüfumfang und Dokumentation werden von der Software unter Berücksichtigung der Druckgeräterichtlinie automatisch vorgeschlagen.

Der Anwender erhält eine ausführliche Dokumentation, die direkt für den Anfrage- und Bestellprozess genutzt werden kann.

Darüber hinaus unterstützt das Programm die Auswahl von HYDRA-Rohrhalterungen bis zur Einplanung in die Rohrleitungssysteme (siehe Abschnitt 18.7.4).

Systemvoraussetzungen und Bezug

Das Programm läuft auf allen IBM-kompatiblen Rechnern und üblichen Druckern. Es kann unter der u. g. Adresse aus dem Internet herunter geladen werden.

WITZENMANN GmbH
Östliche Karl-Friedrich-Str. 134
D-75175 Pforzheim
Telefon: 00 49-72 31-581-0
E-Mail: expj@witzenmann.com
Internet: www.witzenmann.de/witzenmann/de/engineering/flexperte_download.php

18.7 Berechnung von Rohrhalterungen

18.7.1 Berechnung von Hilfs- und Stützkonstruktionen (Stahltragwerke)

Das Programm ROHR2 (siehe Abschnitt 18.4.1) enthält auch einen Modul zur Berechnung von räumlichen Stabwerken unter beliebiger statischer Belastung. Die Querschnittswerte, Widerstands- und Trägheitsmomente der gängigen Stahlbauprofile sind in einer Datenbank gespeichert. Die Berechnung der Vergleichsspannungen und der Ausweis der Maximalspannungen ist möglich.

Für Dübelverbindungen an Bauwerkanschlüssen wird von einigen Unternehmen Software zur Auswahl und zum Festigkeitsnachweis zur Verfügung gestellt (siehe **Tabelle 18.7-1**). Die Programme sind lauffähig auf üblichen Rechnern und Druckern unter den gängigen Windows-Versionen.

18.7.2 Programm LICAD zur Auswahl und Berechnung von Standardhalterungen

Kurzbeschreibung

Herstellerprogramm zur Auswahl und Konfiguration kompletter Lastketten, d. h. vom rohrumschließenden Bauteil bis zum Anschluss an das Bauwerk. Die Auswahl der optimalen Feder- und Konstanthänger sowie Feder- und Konstantstützen erfolgt automatisch. Im Ergebnis werden maßstabgerechte CAD-Zeichnungen erstellt, sowie alle zugehörigen Stücklisten einschließlich bestellrelevanter Daten und Gewichte. Die Zeichnungen können als DXF-Files in anderen CAD-Systemen weiterverarbeitet werden. Über definierte Schnittstellen

Tabelle 18.7-1: Software zur Auswahl und Festigkeitsberechnung von Dübelverbindungen

Hersteller Internetadresse	Telefon, Telefax	Softwarebezeichnung
	E-Mail	
fischerwerke - Artur Fischer GmbH & Co. KG Postfach 11 52 D-72176 Waldachtal www.fischerwerke.de	Tel.: 074 43-12-40 00 Fax: 074 43-12-45 68	Compufix 8.4
	Anwendungstechnik@fischer.de	
Hilti Deutschland AG Hiltistraße 2 D-86916 Kaufering www.hilti.de	Tel.: 08 00-888 55-22 Fax: 08 00-888 55-23	Profis Anchor Profis Installation Profis Anchor Channel BIM/CAD-Bibliothek
	de.kundenservice@hilti.com	
SIMPSON STRONG-TIE® GmbH Niederlassung Pfungstadt Werner-von-Siemens-Straße 35 D-64319 Pfungstadt www.simpson-liebig.com	Tel.: 061 57-98 68-03 Fax: 061 57-98 68-77 00	Anchor Selector V1.5
	liebig-de@strongtie.com	
MKT Metall-Kunststoff-Technik GmbH & Co. KG Auf dem Immel 2 D-67865 Weilerbach www.mkt.de	Tel.: 063 74-91 16-0 Fax: 063 74-91 16-60	MKT Bemessungssoftware 4.02
	mkt@mkt.de	
Upat GmbH & Co. Befestigungstechnik Otto-Hahn-Straße 15 D-79211 Denzlingen www.upat.com	Tel.: 076 66-902-28 00 Fax: 076 66-902-28 02	Bemessungshilfe im Katalog
	info@upat.de	

können die Halterungskonstruktionen dreidimensional in CAD-Systeme übertragen werden. Entsprechende 2D- und 3D-Bauteilbibliotheken sind vorhanden.

Systemvoraussetzungen

Das Programm läuft auf IBM-kompatiblen Rechnern und üblichen Druckern unter Windows 7 und XP. Zur Installation sind 80 MB Festplattenspeicher notwendig. Es werden keine Lizenzgebühren erhoben.

Bezug

LISEGA SE
Hochkamp 5
D-27404 Zeven
Telefon: 00 49-42 81-713-0
Telefax: 00 49-42 81-713-214
E-Mail: info-licad@lisega.de
Internet: www.lisega.de

18.7.3 Programm PSS 2005 zur Auswahl und Berechnung von Standardhalterungen

Kurzbeschreibung

Herstellerprogramm zur Zusammenstellung kompletter Lastketten ab rohrumschließendem Bauteil bis zum Bauwerkanschluss. Zugehörige Berechnungen sind eingeschlossen, insbesondere von Feder- und Konstanthängern sowie Federstützen. Das Ergebnis wird in maßstabgerechten CAD-Zeichnungen und Stücklisten einschließlich bestellreifer Daten und Gewichte ausgegeben. Zeichnungen können als DXF-Files in andere CAD-Systeme übernommen werden.

Systemvoraussetzungen

Das Programm läuft auf IBM-kompatiblen Rechnern und üblichen Druckern unter Windows 95, 98, 2000, XP, 7 und NT. Zur Installation sind 20 MB Festplattenspeicher notwendig.

Bezug

PSS Pipe Support Systems GmbH international
Gessbachstraße 2
D-66538 Neunkirchen
Telefon: 00 49-68 21-40 11-0
Telefax: 00 49-68 21-40 11-37
E-Mail: info@pipesupp.de
Internet: www.pipe-support-systems.de

18.7.4 Programm FLEXPERTE zur Auswahl und Berechnung von HYDRA Standardhalterungen

Kurzbeschreibung

Herstellerprogramm zur Auswahl und Konfiguration kompletter Lastketten, d. h. von der rohrumschließenden Halterung bis zum Bauwerkanschluss. Alle erforderlichen Berechnungen, insbesondere hinsichtlich Feder- und Konstanthänger, Feder- und Konstantstützen sowie Rohrlager werden selbsttätig ausgeführt. Im Ergebnis entstehen maßstabgerechte CAD-Zeichnungen, sowie alle zugehörigen Stücklisten einschließlich bestellreifer Daten und Gewichte. Die Zeichnungen können als DXF-Files in andere CAD-Systeme übertragen werden. Über die frei verfügbaren Schnittstellen können Daten direkt mit dem Berechnungsprogramm ROHR2 und anderen Rohrstatik-Programmen ausgetauscht werden. Mit den Schnittstellen zu den CAD-Systemen PDS und PDMS kann der Anwender die Halterungen direkt in die 3D-Anlagenplanung einbinden. Im Draft-Modus können die Halterungskonstruktionen einschließlich Sekundärstahlbau in verschieden Ansichten zusammen mit Stücklisten und Auslegungsparametern dargestellt werden.

Bezug

WITZENMANN GmbH
Östliche Karl-Friedrich-Str. 134
D-75175 Pforzheim
Telefon: 00 49-72 31-581-0
E-Mail: expj@witzenmann.com
Internet: www.witzenmann.de/witzenmann/de/engineering/flexperte_download.php

18.7.5 Programm HTA zur Auswahl und Berechnung von Ankerschienen, Applikationen für Powerclick

Kurzbeschreibung

HTA-CE ist ein Herstellerprogramm zur Dimensionierung und Auswahl von Ankerschienen zum Einbetonieren nach Europäischer Zulassung (ETA).

Für standardisierte Rohrhalterungen und Stützkonstruktionen der Montagesysteme Powerclick 41 und Powerclick 63 können PDS- und PDMS-Applikationen zur Verfügung gestellt werden.

Systemvoraussetzungen

Das Programm läuft auf IBM-kompatiblen Rechnern und üblichen Druckern unter Windows XP (SP3), Vista (SP2) und Windows 7 (SP1).

Bezug

HALFEN Vertriebsgesellschaft mbH
Liebigstraße 14
D-40764 Langenfeld-Richrath
Telefon: 00 49-21 73-970-0
Telefax: 00 49-21 73-970-349
E-Mail: info@halfen.de
Internet: www.halfen.de

18.8 Berechnung erdverlegter Rohrleitungen

18.8.1 Kaltgehende erdverlegte Rohrleitungen

a) Programm FERO: Modul für eingeerdete Rohrleitungen

Der Programmteil enthält die statische Berechnung eingeerdeter gerader Stahlrohre unter innerem Überdruck bzw. Unterdruck auf der Grundlage von VdTÜV-Merkblatt 1063.

Das Programm läuft auf Rechnern unter Windows 95, 98, 2000, ME, NT, XP und 7 mit Druckern, die unter Windows-Druckmanagern lauffähig sind. Es werden mindestens 110 MB Festplattenspeicher sowie 16 MB RAM benötigt.

Bezug des Programms

BHR Hochdruck-Rohrleitungsbau GmbH
Niederlassung Osterode / Außenstelle Oberhausen
Duisburger Straße 375
D-46049 Oberhausen
Telefon: 00 49-208-45 75-39 82
E-Mail: ralph.schumacher@bhr.bilfinger.com

b) Sonstige Rechenprogramme

Die im Abschnitt 18.4 angegebenen Programmsysteme sind teilweise auch zur Berechnung erdverlegter Rohrleitungen geeignet. Diese wurden von manchen

Unternehmen intern auf die speziellen Erfordernisse kaltgehender erdverlegter Rohrleitungen zugeschnitten, häufig unter Berücksichtigung spezieller Bodenverhältnisse und Rohrwerkstoffe.

18.8.2 Programm sisKMR zur Berechnung warmgehender Kunststoffmantelrohrleitungen

Kurzbeschreibung

Basis ist ein Stabwerkprogramm, mit dem die Schnittgrößen beliebig verzweigter dreidimensionaler KMR-Systeme unter Berücksichtigung nichtlinearer Bettungsreaktionen von Erdreich und Dehnpolster berechnet werden. Darüber hinaus enthält sisKMR Standardmodule für die schnelle Dateneingabe und exakte statische Berechnung häufig vorkommender erdverlegter Praxissituationen wie L-, Z- und U-Systeme, gerades Rohr, Knicke ohne Dehnpolster, Bogenrohre, Reduzierungen, T- und Parallelabzweige.

Für die schnelle Vordimensionierung stehen folgende Module zur Verfügung:

- Ausknickung bei Freigrabung
- Einmalkompensator
- Entlastersysteme und zulässige Verlegelänge

In das Programm sind die neuesten Forschungsergebnisse zur KMR-Technik aus dem AGFW-Forschungsvorhaben „Neuartige Wärmeverteilung“ integriert:

- Kaltverlegung
- Verlegung ohne Dehnpolster
- Übereinanderverlegung
- Dehnpolster mechanisch vorspannen
- Dehnpolster nachträglich einerden
- horizontaler Abzweig
- komplexe räumliche Systeme, auch mit Einmalkompensatoren und Entlastern

Eine neuartige Berechnungsmethode für ausgehalste dickwandige T-Stücke auf der Basis von FEM ist in sisKMR integriert. Diese Berechnungsmethode gestattet wirklichkeitsnahe FEM-Ergebnisse zu nutzen. Im Ergebnis zeigen sich im Vergleich zum konventionellen Ermüdungsnachweis fast 50 % niedrigere Materialausnutzungen.

Die Spannungsnachweise können wahlweise nach DIN EN 13941, AGFW FW 401 Teil 10, DIN EN 13480-3 (entspricht FDBR-RL 4), AD 2000 S 2 und ASME-Code geführt werden.

Das Programm ist auch für oberirdische Rohrleitungssysteme in der Fernwärmeversorgung, der Industrie und im allgemeinen Anlagenbau analog Abschnitt 18.4 geeignet. Die Berechnungsergebnisse können in Textform, als Grafik und Diagramm ausgegeben werden. Der integrierte Modul „Einzelnachweise" beinhaltet zusätzliche Berechnungen und Nachweise, die losgelöst von klassischer Geometriebeschreibung bearbeitet werden können.

Funktionsumfang

- Dimensionierung Grenzzustand A1 nach DIN EN 13941
    - Geradrohr unter innerem Überdruck
    - Rohrbogen unter innerem Überdruck
    - T-Stück unter innerem Überdruck
    - Reduzierung unter innerem Überdruck
    - Geradrohr unter äußerem Überdruck
- Dimensionierung Grenzzustand A2 nach DIN EN 13941

  Schrittweise plastische Verformung im Haftbereich
- Dimensionierung Grenzzustand C1

  Örtliches Ausknicken oder Faltenbildung
- Dimensionierung Grenzzustand C2

  Globale Instabilität (Ausknicken und Verlust des Gleichgewichts)
- Vordimensionierung von Rohrstützweiten

Dimensionierung der Rohrstützweiten nach verschiedenen Vorgabekriterien (siehe Abschnitt 8.4)

Systemvoraussetzungen

sisKMR ist ausschließlich für Microsoft Windows-Betriebssysteme im Standardumfang entwickelt und zugelassen. Es ist für die Installation unmittelbar auf einem PC vorgesehen. Abweichende OS-Konfigurationen, virtuelle Umgebungen und Netzwerkinstallationen werden nicht unterstützt.

- Microsoft Windows Vista, Windows 7, XP Professional oder Home Edition SP3 oder höher
- 1 GB RAM
- 200 MB freier Festplattenspeicher für die Installation
- Anzeige mindestens 1024 x 768 mit True Color

Es besteht die Möglichkeit der Einarbeitung in das Programm.

Bezug und Systemhersteller

GEF Ingenieur AG
Ferdinand-Porsche-Str. 4a
D-69181 Leimen
Telefon: 00 49-62 24-97 13-90
Telefax: 00 49-62 24-97 13-40
E-Mail: siskmr.support@gef.de
Internet: www.gef.de

19. Verzeichnis der Normen und Regeln

19.0 Vorbemerkungen

a) Aktualität von Normen

In das Normenverzeichnis wurden nur diejenigen Normen aufgenommen, die im Text zitiert sind. Daneben existieren noch weitere Normen, die den Rohrleitungsbau direkt oder indirekt berühren. Der aktuelle Stand kann z. B. unter www.beuth.de in Erfahrung gebracht werden.

Gegenüber den offiziellen Normenverzeichnissen wurde bei den zitierten DIN EN (Abschnitt 19.1.2), DIN EN ISO (Abschnitt 19.1.3) und DIN ISO (Abschnitt 19.1.4) das Ausgabejahr und der Bezug auf die europäische oder internationale Norm weggelassen, da die Normen einer ständigen Aktualisierung unterliegen. Aus dem gleichen Grunde wurden generell Berichtigungen, Ergänzungen, Entwürfe nicht besonders angeführt. Dadurch können manche der zitierten Titel vom offiziellen Normenverzeichnis geringfügig abweichen.

Da die nationalen Normen (DIN) kontinuierlich durch europäische und internationale Normen ersetzt werden, sind deshalb auch die Angaben im Abschnitt 19.1.1 nur bedingt gültig.

b) Bezug

Deutsche Normen entsprechend Abschnitt 19.1 werden in der Regel über den Beuth Verlag GmbH Berlin bzw. www.beuth.de bezogen.

Bei den nationalen Regeln sowie den internationalen Normen und Regeln sind Bezugsquellen angegeben. Sie sind nur als Beispiele aufzufassen, die keinerlei Wertung unterzogen wurden. Daneben können durchaus weitere Bezugsquellen existieren, die u. U. sogar einen kostenlosen Bezug ermöglichen.

19.1 Deutsche Normen

19.1.1 DIN-Normen

DIN 13-1: Metrisches ISO-Gewinde allgemeiner Anwendung - Teil 1: Nennmaße für Regelgewinde; Gewinde-Nenndurchmesser von 1 mm bis 68 mm

DIN 1343: Referenzzustand, Normzustand, Normvolumen; Begriffe und Werte

DIN 1988-300: Technische Regeln für Trinkwasser-Installation – Teil 300: Ermittlung der Rohrdurchmesser; Technische Regel des DVGW

DIN 2413: Nahtlose Stahlrohre für öl- und wasserhydraulische Anlagen - Berechnungsgrundlage für Rohre und Rohrbögen bei schwellender Beanspruchung

DIN 2510-3: Schraubenverbindungen mit Dehnschaft; Schraubenbolzen

DIN 2696: Flanschverbindung mit Dichtlinse

DIN 3567: Rohrschellen für NW 20 bis 500

DIN 4140: Dämmarbeiten an betriebstechnischen Anlagen in der Industrie und in der technischen Gebäudeausrüstung - Ausführung von Wärme- und Kältedämmungen

DIN V 4701-10: Energetische Bewertung heiz- und raumlufttechnischer Anlagen - Teil 10: Heizung, Trinkwassererwärmung, Lüftung

DIN 4809-1: Kompensatoren aus elastomeren Verbundwerkstoffen (Gummikompensatoren) für Wasser-Heizungsanlagen, für eine maximale Betriebstemperatur von 100 °C und einen zulässigen Betriebsüberdruck von 10 bar; Anforderungen und Prüfung

DIN 4809-2: dito; Bau- und Anschlußmaße

DIN 16868-1: Rohre aus glasfaserverstärktem Polyesterharz (UP-GF) - Teil 1: Gewickelt, gefüllt; Maße

DIN 16870-1: Rohre aus glasfaserverstärktem Epoxidharz (EP-GF), gewickelt; Maße

DIN V 18599: Energetische Bewertung von Gebäuden - Berechnung des Nutz-, End- und Primärenergiebedarfs für Heizung, Kühlung, Lüftung, Trinkwarmwasser und Beleuchtung - Teil 1: Allgemeine Bilanzierungsverfahren, Begriffe, Zonierung und Bewertung der Energieträger

DIN 28011: Gewölbte Böden - Klöpperform

DIN 28013: Gewölbte Böden - Korbbogenform

DIN 30681: Kompensatoren für Gas - Balg-Kompensatoren mit Bälgen aus nichtrostendem Stahl - Sicherheitstechnische Anforderungen, Prüfung, Kennzeichnung

DIN 50115: Prüfung metallischer Werkstoffe; Kerbschlagbiegeversuch; Besondere Probenform und Auswerteverfahren

19.1.2 DIN EN-Normen

DIN EN 764-1: Druckgeräte - Teil 1: Terminologie - Druck, Temperatur, Volumen, Nennweite

DIN EN 764-2: dito - Teil 2: Größen, Symbole und Einheiten

DIN EN 764-3: dito - Teil 3: Definition der beteiligten Parteien

DIN EN 764-4: dito - Teil 4: Erstellung von technischen Lieferbedingungen für metallische Werkstoffe

DIN EN 764-5: dito - Teil 5: Prüfbescheinigungen für metallische Werkstoffe und Übereinstimmung mit der Werkstoffspezifikation

DIN CEN/TS 764-6: dito - Teil 6: Aufbau und Inhalt einer Betriebsanleitung

DIN EN 764-7: dito - Teil 7: Sicherheitseinrichtungen für unbefeuerte Druckgeräte

DIN EN 806-2: Technische Regeln für Trinkwasser-Installationen - Teil 2: Planung

DIN EN 806-3: dito - Teil 3: Berechnung der Rohrinnendurchmesser - Vereinfachtes Verfahren

DIN EN 1092-1: Flansche und ihre Verbindungen - Runde Flansche für Rohre, Armaturen, Formstücke und Zubehörteile, nach PN bezeichnet - Teil 1: Stahlflansche

DIN EN 1092-2: dito - Teil 2: Gusseisenflansche

DIN EN 1092-3: dito - Teil 3: Flansche aus Kupferlegierungen

DIN EN 1092-4: dito - Teil 4: Flansche aus Aluminiumlegierungen

DIN EN 1333: Flansche und ihre Verbindungen - Rohrleitungsteile - Definition und Auswahl von PN

DIN EN 1401-1: Kunststoff-Rohrleitungssysteme für erdverlegte drucklose Abwasserkanäle und -leitungen - Weichmacherfreies Polyvinylchlorid (PVC-U) - Teil 1: Anforderungen an Rohre, Formstücke und das Rohrleitungssystem

DIN EN 1514-1: Flansche und ihre Verbindungen; Maße für Dichtungen für Flansche mit PN-Bezeichnung - Teil 1: Flachdichtungen aus nichtmetallischem Werkstoff mit oder ohne Einlagen

DIN EN 1514-2: dito - Teil 2: Spiraldichtungen für Stahlflansche

DIN EN 1514-3: dito - Teil 3: Nichtmetallische Weichstoffdichtungen mit PTFE-Mantel

DIN EN 1514-4: dito - Teil 4: Dichtungen aus Metall mit gewelltem, flachem oder gekerbtem Profil für Stahlflansche

DIN EN 1514-6: dito - Teil 6: Kammprofildichtungen für Stahlflansche

DIN EN 1514-7: dito - Teil 7: Metallummantelte Dichtungen mit Auflage für Stahlflansche

DIN EN 1514-8: dito - Teil 8: Runddichtringe aus Gummi für Nutflansche

DIN EN 1515-2: Flansche und ihre Verbindungen - Schrauben und Muttern - Teil 2: Kombination von Flansch- und Schraubenwerkstoffen für Stahlflansche mit PN-Bezeichnung

DIN EN 1591-1: Flansche und ihre Verbindungen - Regeln für die Auslegung von Flanschverbindungen mit runden Flanschen und Dichtung - Teil 1: Berechnung

DIN EN 1591-2: dito - Teil 2: Dichtungskennwerte

DIN EN 1852-1: Kunststoff-Rohrleitungssysteme für erdverlegte drucklose Abwasserkanäle und -leitungen - Polypropylen (PP) - Teil 1: Anforderungen an Rohre, Formstücke und das Rohrleitungssystem

DIN EN 1990: Eurocode: Grundlagen der Tragwerksplanung

DIN EN 1990/NA: Nationaler Anhang - National festgelegte Parameter - Eurocode: Grundlagen der Tragwerksplanung

DIN EN 1991-1-1: Eurocode 1: Einwirkungen auf Tragwerke - Teil 1-1: Allgemeine Einwirkungen auf Tragwerke - Wichten, Eigengewicht und Nutzlasten im Hochbau

DIN EN 1991-1-2: dito - Teil 1-2: Allgemeine Einwirkungen - Brandeinwirkungen auf Tragwerke

DIN EN 1991-1-3: dito - Teil 1-3: Allgemeine Einwirkungen, Schneelasten

DIN EN 1991-1-4: dito - Teil 1-4: Allgemeine Einwirkungen - Windlasten

DIN EN 1991-1-5: dito - Teil 1-5: Allgemeine Einwirkungen - Temperatureinwirkungen

DIN EN 1991-1-6: dito - Teil 1-6: Allgemeine Einwirkungen, Einwirkungen während der Bauausführung

DIN EN 1991-1-7: dito - Teil 1-7: Allgemeine Einwirkungen - Außergewöhnliche Einwirkungen

DIN EN 1991-2: dito - Teil 2: Verkehrslasten auf Brücken

DIN EN 1991-3: dito - Teil 3: Einwirkungen infolge von Kranen und Maschinen

DIN EN 1991-4: dito - Teil 4: Einwirkungen auf Silos und Flüssigkeitsbehälter

DIN EN 1991-1-1/NA: Nationaler Anhang - National festgelegte Parameter - Eurocode 1: Einwirkungen auf Tragwerke - Teil 1-1: Allgemeine Einwirkungen auf Tragwerke - Wichten, Eigengewicht und Nutzlasten im Hochbau

DIN EN 1991-1-2/NA: dito - Teil 1-2: Allgemeine Einwirkungen - Brandeinwirkungen auf Tragwerke

DIN EN 1991-1-3/NA: dito - Teil 1-3: Allgemeine Einwirkungen - Schneelasten

DIN EN 1991-1-4/NA: dito - Teil 1-4: Allgemeine Einwirkungen - Windlasten

DIN EN 1991-1-5/NA: dito - Teil 1-5: Allgemeine Einwirkungen - Temperatureinwirkungen

DIN EN 1991-1-6/: dito - Teil 1-6: Allgemeine Einwirkungen, Einwirkungen während der Bauausführung

DIN EN 1991-1-7/NA: dito - Teil 1-7: Allgemeine Einwirkungen - Außergewöhnliche Einwirkungen

DIN EN 1991-2/NA: dito - Teil 2: Verkehrslasten auf Brücken

DIN EN 1991-3/NA: dito - Teil 3: Einwirkungen infolge von Kranen und Maschinen

DIN EN 1991-4/NA: dito - Teil 4: Einwirkungen auf Silos und Flüssigkeitsbehälter

DIN EN 1993-1-1: Eurocode 3: Bemessung und Konstruktion von Stahlbauten - Teil 1-1: Allgemeine Bemessungsregeln und Regeln für den Hochbau

DIN EN 1993-1-2: dito - Teil 1-2: Allgemeine Regeln - Tragwerksbemessung für den Brandfall

DIN EN 1993-1-3: dito - Teil 1-3: Allgemeine Regeln - Ergänzende Regeln für kaltgeformte Bauteile und Bleche

DIN EN 1993-1-4: dito - Teil 1-4: Allgemeine Bemessungsregeln - Ergänzende Regeln zur Anwendung von nichtrostenden Stählen

DIN EN 1993-1-5: dito - Teil 1-5: Plattenförmige Bauteile

DIN EN 1993-1-6: dito - Teil 1-6: Festigkeit und Stabilität von Schalen

DIN EN 1993-1-7: dito - Teil 1-7: Plattenförmige Bauteile mit Querbelastung

DIN EN 1993-1-8: dito - Teil 1-8: Bemessung von Anschlüssen

DIN EN 1993-1-9: dito - Teil 1-9: Ermüdung

DIN EN 1993-1-10: dito - Teil 1-10: Stahlsortenauswahl im Hinblick auf Bruchzähigkeit und Eigenschaften in Dickenrichtung

DIN EN 1993-1-11: dito - Teil 1-11: Bemessung und Konstruktion von Tragwerken mit Zuggliedern aus Stahl

DIN EN 1993-1-12: dito - Teil 1-12: Zusätzliche Regeln zur Erweiterung von EN 1993 auf Stahlgüten bis S700

DIN EN 1993-1-1/NA: Nationaler Anhang - National festgelegte Parameter - Eurocode 3: Bemessung und Konstruktion von Stahlbauten - Teil 1-1: Allgemeine Bemessungsregeln und Regeln für den Hochbau

DIN EN 1993-1-2/NA: dito - Teil 1-2: Allgemeine Regeln - Tragwerksbemessung für den Brandfall

DIN EN 1993-1-3/NA: dito - Teil 1-3: Allgemeine Regeln - Ergänzende Regeln für kaltgeformte dünnwandige Bauteile und Bleche

DIN EN 1993-1-4/NA: dito - Teil 1-4: Allgemeine Bemessungsregeln - Ergänzende Regeln zur Anwendung von nichtrostenden Stählen

DIN EN 1993-1-5/NA: dito - Teil 1-5: Plattenförmige Bauteile

DIN EN 1993-1-6/NA: dito - Teil 1-6: Festigkeit und Stabilität von Schalen

DIN EN 1993-1-7/NA: dito - Teil 1-7: Plattenförmige Bauteile mit Querbelastung

DIN EN 1993-1-8/NA: dito - Teil 1-8: Bemessung von Anschlüssen

DIN EN 1993-1-9/NA: dito - Teil 1-9: Ermüdung

DIN EN 1993-1-10/NA: dito - Teil 1-10: Stahlsortenauswahl im Hinblick auf Bruchzähigkeit und Eigenschaften in Dickenrichtung

DIN EN 1993-1-11/NA: dito - Teil 1-11: Bemessung und Konstruktion von Tragwerken mit Zuggliedern aus Stahl

DIN EN 1993-1-12/NA: dito - Teil 1-12: Zusätzliche Regeln zur Erweiterung von EN 1993 auf Stahlgüten bis S700

DIN EN 1998-1: Eurocode 8: Auslegung von Bauwerken gegen Erdbeben - Teil 1: Grundlagen, Erdbebeneinwirkungen und Regeln für Hochbauten

DIN EN 1998-1/NA: Nationaler Anhang - National festgelegte Parameter - Eurocode 8: Auslegung von Bauwerken gegen Erdbeben - Teil 1: Grundlagen, Erdbebeneinwirkungen und Regeln für Hochbauten

DIN EN 10025-1: Warmgewalzte Erzeugnisse aus Baustählen - Teil 1: Allgemeine technische Lieferbedingungen

DIN EN 10025-2: dito - Teil 2: Technische Lieferbedingungen für unlegierte Baustähle

DIN EN 10025-3: dito - Teil 3: Technische Lieferbedingungen für normalgeglühte/normalisierend gewalzte schweißgeeignete Feinkornbaustähle

DIN EN 10025-4: dito - Teil 4: Technische Lieferbedingungen für thermomechanisch gewalzte schweißgeeignete Feinkornbaustähle

DIN EN 10025-5: dito - Teil 5: Technische Lieferbedingungen für wetterfeste Baustähle

DIN EN 10025-6: dito - Teil 6: Technische Lieferbedingungen für Flacherzeugnisse aus Stählen mit höherer Streckgrenze im vergüteten Zustand

DIN EN 10164: Stahlerzeugnisse mit verbesserten Verformungseigenschaften senkrecht zur Erzeugnisoberfläche - Technische Lieferbedingungen

DIN EN 10208-2: Stahlrohre für Rohrleitungen für brennbare Medien - Technische Lieferbedingungen - Teil 2: Rohre der Anforderungsklasse B

DIN EN 10213: Stahlguss für Druckbehälter

DIN EN 10216-1: Nahtlose Stahlrohre für Druckbeanspruchungen - Technische Lieferbedingungen - Teil 1: Rohre aus unlegierten Stählen mit festgelegten Eigenschaften bei Raumtemperatur

DIN EN 10216-2: dito - Teil 2: Rohre aus unlegierten und legierten Stählen mit festgelegten Eigenschaften bei erhöhten Temperaturen

DIN EN 10216-3: dito - Teil 3: Rohre aus legierten Feinkornbaustählen

DIN EN 10216-4: dito - Teil 4: Rohre aus unlegierten und legierten Stählen mit festgelegten Eigenschaften bei tiefen Temperaturen

DIN EN 10216-5: dito - Teil 5: Rohre aus nichtrostenden Stählen

DIN EN 10217-1: Geschweißte Stahlrohre für Druckbeanspruchungen - Technische Lieferbedingungen - Teil 1: Rohre aus unlegierten Stählen mit festgelegten Eigenschaften bei Raumtemperatur

DIN EN 10217-2: dito - Teil 2: Elektrisch geschweißte Rohre aus unlegierten und legierten Stählen mit festgelegten Eigenschaften bei erhöhten Temperaturen

DIN EN 10217-3: dito - Teil 3: Rohre aus legierten Feinkornbaustählen

DIN EN 10217-4: dito - Teil 4: Elektrisch geschweißte Rohre aus unlegierten Stählen mit festgelegten Eigenschaften bei tiefen Temperaturen

DIN EN 10217-5: dito - Teil 5: Unterpulvergeschweißte Rohre aus unlegierten und legierten Stählen mit festgelegten Eigenschaften bei erhöhten Temperaturen

DIN EN 10217-6: dito - Teil 6: Unterpulvergeschweißte Rohre aus unlegierten Stählen mit festgelegten Eigenschaften bei tiefen Temperaturen

DIN EN 10217-7: dito - Teil 7: Rohre aus nichtrostenden Stählen

DIN EN 10220: Nahtlose und geschweißte Stahlrohre - Allgemeine Tabellen für Maße und längenbezogene Masse

DIN EN 10222-2: Schmiedestücke aus Stahl für Druckbehälter - Teil 2: Ferritische und martensitische Stähle mit festgelegten Eigenschaften bei erhöhten Temperaturen

DIN EN 10222-5: dito - Teil 5: Martensitische, austenitische und austenitisch-ferritische nichtrostende Stähle

DIN EN 10242: Gewindefittings aus Temperguß

DIN EN 10253-1: Formstücke zum Einschweißen - Teil 1: Unlegierter Stahl für allgemeine Anwendungen und ohne besondere Prüfanforderungen

DIN EN 10253-2: dito - Teil 2: Unlegierte und legierte ferritische Stähle mit besonderen Prüfanforderungen

DIN EN 10253-3: dito - Teil 3: Nichtrostende austenitische und austenitisch-ferritische (Duplex-) Stähle ohne besondere Prüfanforderungen

DIN EN 10253-4: dito - Teil 4: Austenitische und austenitisch-ferritische (Duplex-) Stähle mit besonderen Prüfanforderungen

DIN EN 10266: Stahlrohre, Fittings und Hohlprofile für den Stahlbau - Symbole und Definition von Begriffen für die Verwendung in Erzeugnisnormen

DIN EN 10269: Stähle und Nickellegierungen für Befestigungselemente für den Einsatz bei erhöhten und/oder tiefen Temperaturen

DIN EN 12115: Gummi- und Kunststoffschläuche und -schlauchleitungen für flüssige oder gasförmige Chemikalien - Anforderungen

DIN EN 12516-2: Industriearmaturen - Gehäusefestigkeit - Teil 2: Berechnungsverfahren für drucktragende Gehäuse von Armaturen aus Stahl

DIN EN 12569: Industriearmaturen - Armaturen für die chemische und petrochemische Verfahrensindustrie - Anforderungen und Prüfungen

DIN EN 12666-1: Kunststoff-Rohrleitungssysteme für erdverlegte Abwasserkanäle und -leitungen - Polyethylen (PE) - Teil 1: Anforderungen an Rohre, Formstücke und das Rohrleitungssystem

DIN EN 12952-1: Wasserrohrkessel und Anlagenkomponenten - Teil 1: Allgemeines

DIN EN 12952-3: dito - Teil 3: Konstruktion und Berechnung für drucktragende Kesselteile

DIN EN 12952-4: dito - Teil 4: Betriebsbegleitende Berechnung der Lebensdauererwartung

DIN EN 12953-3: Großwasserraumkessel - Teil 3: Konstruktion und Berechnung für drucktragende Teile

DIN EN 12201-2: Kunststoff-Rohrleitungssysteme für die Wasserversorgung und für Entwässerungs- und Abwasserdruckleitungen - Polyethylen (PE) - Teil 2: Rohre

DIN EN 13445-3: Unbefeuerte Druckbehälter - Teil 3: Konstruktion

DIN EN 13476-1: Kunststoff-Rohrleitungssysteme für erdverlegte drucklose Abwasserkanäle und -leitungen - Rohrleitungssysteme mit profilierter Wandung aus weichmacherfreiem Polyvinylchlorid (PVC-U), Polypropylen (PP) und Polyethylen (PE) - Teil 1: Allgemeine Anforderungen und Leistungsmerkmale

DIN EN 13476-2: dito - Teil 2: Anforderungen an Rohre und Formstücke mit glatter Innen- und Außenfläche und an das Rohrleitungssystem, Typ A

DIN EN 13476-3: dito - Teil 3: Anforderungen an Rohre und Formstücke mit glatter Innen- und profilierter Außenfläche und an das Rohrleitungssystem, Typ B

DIN EN 13480-1: Metallische industrielle Rohrleitungen - Teil 1: Allgemeines

DIN EN 13480-2: dito - Teil 2: Werkstoffe

DIN EN 13480-3: dito - Teil 3: Konstruktion und Berechnung

DIN EN 13480-4: dito - Teil 4: Fertigung und Verlegung

DIN EN 13480-5: dito - Teil 5: Prüfung

DIN EN 13480-6: dito - Teil 6: Zusätzliche Anforderungen an erdgedeckte Rohrleitungen

DIN EN 13480-8: dito - Teil 8: Zusatzanforderungen an Rohrleitungen aus Aluminium und Aluminiumlegierungen

DIN EN 13906-1: Zylindrische Schraubenfedern aus runden Drähten und Stäben - Berechnung und Konstruktion - Teil 1: Druckfedern

DIN EN 13941: Auslegung und Installation von werkmäßig gedämmten Verbundmantelrohren für Fernwärme

DIN EN 14303: Wärmedämmstoffe für die technische Gebäudeausrüstung und für betriebstechnische Anlagen in der Industrie - Werkmäßig hergestellte Produkte aus Mineralwolle (MW) - Spezifikation

DIN EN 14304: Wärmedämmstoffe für die technische Gebäudeausrüstung und für betriebstechnische Anlagen in der Industrie - Werkmäßig hergestellte Produkte aus flexiblem Elastomerschaum (FEF) - Spezifikation

DIN EN 14305: Wärmedämmstoffe für die technische Gebäudeausrüstung und für betriebstechnische Anlagen in der Industrie - Werkmäßig hergestellte Produkte aus Schaumglas (CG) - Spezifikation

DIN EN 14306: Wärmedämmstoffe für die technische Gebäudeausrüstung und für betriebstechnische Anlagen in der Industrie - Werkmäßig hergestellte Produkte aus Calciumsilikat (CS) - Spezifikation

DIN EN 14307: Wärmedämmstoffe für die technische Gebäudeausrüstung und für betriebstechnische Anlagen in der Industrie - Werkmäßig hergestellte Produkte aus extrudiertem Polystyrolschaum (XPS) - Spezifikation

DIN EN 14308: Wärmedämmstoffe für die technische Gebäudeausrüstung und für betriebstechnische Anlagen in der Industrie - Werkmäßig hergestellte Produkte aus Polyurethan-Hartschaum (PUR) und Polyisocyanurat-Schaum (PIR) - Spezifikation

DIN EN 14309: Wärmedämmstoffe für die technische Gebäudeausrüstung und für betriebstechnische Anlagen in der Industrie - Werkmäßig hergestellte Produkte aus expandiertem Polystyrol (EPS) - Spezifikation

DIN EN 14314: Wärmedämmstoffe für die technische Gebäudeausrüstung und für betriebstechnische Anlagen in der Industrie - Werkmäßig hergestellte Produkte aus Phenolharzschaum (PF) - Spezifikation

DIN EN 14319-1: Wärmedämmstoffe für die technische Gebäudeausrüstung und für die betriebstechnische Anlagen in der Industrie - An der Verwendungsstelle hergestellter Wärmedämmstoff aus Polyurethan (PUR)- und Polyisocyanurat (PIR)-Gießschaum - Teil 1: Spezifikation für das Schaumsystem vor dem Einbau

DIN EN 14585-1: Gewellte Metallschlauchleitungen für Druckanwendungen - Teil 1: Anforderungen

DIN EN 14758-1: Kunststoff-Rohrleitungssysteme für erdverlegte drucklose Abwasserkanäle und -leitungen - Polypropylen mit mineralischen Additiven (PP-MD) - Teil 1: Anforderungen an Rohre, Formstücke und das Rohrleitungssystem

DIN EN 14917: Kompensatoren mit metallischen Bälgen für Druckanwendungen

DIN EN 15632-1: Fernwärmerohre - Werkmäßig gedämmte flexible Rohrsysteme - Teil 1: Klassifikation, allgemeine Anforderungen und Prüfungen

DIN EN 15632-2: dito - Teil 2: Verbundsysteme mit Mediumrohren aus Kunststoff - Anforderungen und Prüfungen

DIN EN 15632-3: dito - Teil 3: Nicht-Verbundsysteme mit Mediumrohren aus Kunststoff - Anforderungen und Prüfungen

DIN EN 15632-4: dito - Teil 4: Verbundsysteme mit Mediumrohren aus Metall - Anforderungen und Prüfungen

DIN EN 15698-1: Fernwärmerohre - Werkmäßig gedämmte Verbundmanteldoppelrohre für direkt erdverlegte Fernwärmenetze - Teil 1: Verbund-Doppelrohrsystem bestehend aus zwei Stahl-Mediumrohren, Polyurethan-Wärmedämmung und einem Außenmantel aus Polyethylen

DIN EN 60534-8-3: Stellventile für die Prozessregelung - Teil 8-3: Geräuschbetrachtungen - Berechnungsverfahren zur Vorhersage der aerodynamischen Geräusche von Stellventilen

DIN EN 60534-8-4: dito - Teil 8-4: Geräuschbetrachtungen - Vorausberechnung der Geräuschemission für flüssigkeitsdurchströmte Stellventile

19.1.3 DIN EN ISO-Normen

DIN EN ISO 148-1: Metallische Werkstoffe - Kerbschlagbiegeversuch nach Charpy - Teil 1: Prüfverfahren

DIN EN ISO 898-1: Mechanische Eigenschaften von Verbindungselementen aus Kohlenstoffstahl und legiertem Stahl - Teil 1: Schrauben

DIN EN ISO 1127: Nichtrostende Stahlrohre - Maße, Grenzabmaße und längenbezogene Masse

DIN EN ISO 4014: Sechskantschrauben mit Schaft - Produktklassen A und B

DIN EN ISO 4126-1: Sicherheitseinrichtungen gegen unzulässigen Überdruck - Teil 1: Sicherheitsventile

DIN EN ISO 5167-1: Durchflussmessung von Fluiden mit Drosselgeräten in voll durchströmten Leitungen mit Kreisquerschnitt - Teil 1: Allgemeine Grundlagen und Anforderungen

DIN EN ISO 6134: Gummischläuche und -schlauchleitungen für gesättigten Dampf - Spezifikation

DIN EN ISO 6789: Schraubwerkzeuge - Handbetätigte Drehmoment-Werkzeuge - Anforderungen und Prüfverfahren für die Typprüfung, Annahmeprüfung und das Rekalibrierverfahren

DIN EN ISO 11690-1: Akustik - Richtlinien für die Gestaltung lärmarmer maschinenbestückter Arbeitsstätten - Teil 1: Allgemeine Grundlagen

DIN EN ISO 12241: Wärmedämmung an haus- und betriebstechnischen Anlagen - Berechnungsregeln

DIN EN ISO 14692-3: Erdöl- und Erdgasindustrie - Glasfaserverstärkte Kunststoff-Rohrleitungen (GFK) - Teil 3: Systemauslegung

DIN EN ISO 17640: Zerstörungsfreie Prüfung von Schweißverbindungen - Ultraschallprüfung - Techniken, Prüfklassen und Bewertung

DIN EN ISO 23993: Wärmedämmung an betriebstechnischen Anlagen in der Industrie und der technischen Gebäudeausrüstung - Bestimmung der Betriebswärmeleitfähigkeit

19.1.4 DIN ISO-Normen

DIN ISO 724: Metrische ISO-Gewinde allgemeiner Anwendung - Grundmaße

19.2 Deutsche Regeln

19.2.1 AD 2000-Merkblätter

Herausgeber: Verband der Technischen Überwachungs-Vereine e. V.

Bezug: www.beuth.de

AD 2000 A 2: Sicherheitseinrichtungen gegen Drucküberschreitung - Sicherheitsventile

AD 2000 B 0: Berechnung von Druckbehältern

AD 2000 B 1: Zylinder- und Kugelschalen unter innerem Überdruck

AD 2000 B 2: Kegelförmige Mäntel unter innerem und äußerem Überdruck

AD 2000 B 3: Gewölbte Böden unter innerem und äußerem Überdruck

AD 2000 B 5: Ebene Böden und Platten nebst Verankerungen

AD 2000 B 6: Zylinderschalen unter äußerem Überdruck

AD 2000 B 7: Schrauben

AD 2000 B 8: Flansche

AD 2000 B 10: Dickwandige zylindrische Mäntel unter innerem Überdruck

AD 2000 B 13: Einwandige Balgkompensatoren

AD 2000 HP 0: Allgemeine Grundsätze für Auslegung, Herstellung und damit verbundene Prüfungen

AD 2000 HP 5/3: Herstellung und Prüfung der Verbindungen - Zerstörungsfreie Prüfung der Schweißverbindungen

AD 2000 HP 100 R: Bauvorschriften - Rohrleitungen aus metallischen Werkstoffen

AD 2000 N 1: Druckbehälter aus textilglasverstärkten duroplastischen Kunststoffen (GFK)

AD 2000 N 4: Druckbehälter aus Glas

AD 2000 S 1: Vereinfachte Berechnung auf Wechselbeanspruchung

AD 2000 S 4: Bewertung von Spannungen bei rechnerischen und experimentellen Spannungsanalysen

AD 2000 S 6: Zeitstandbeanspruchung für Stähle

AD 2000 W 2: Austenitische und austenitisch-ferritische Stähle

AD 2000 W 4: Rohre aus unlegierten und legierten Stählen

AD 2000 W 5: Stahlguss

AD 2000 W 6/1: Aluminium und Aluminiumlegierungen - Knetwerkstoffe

AD 2000 W 6/2: Kupfer und Kupfer-Knetlegierungen

AD 2000 W 10: Werkstoffe für tiefe Temperaturen - Eisenwerkstoffe

19.2.2 AGFW-Informationen, -Richtlinien und -Arbeitsblätter

Herausgeber: Arbeitsgemeinschaft für Wärme und Heizkraftwirtschaft - AGFW - e. V. bei dem Verband der Elektrizitätswirtschaft - VDEW - e. V.

Bezug: www.agfw.de/regelwerk

AGFW FW 401 Teil 10: Verlegung und Statik von Kunststoffmantelrohren (KMR) für Fernwärmenetze - Teil 10: Statische Auslegung; Grundlagen der Spannungsermittlung

AGFW FW 410: Stahlmantelrohre (SMR) für Fernwärmeleitungen

AGFW FW 420 Teil 1: Fernwärmeleitungen aus flexiblen Rohrsystemen - Systeme aus polymeren Mediumrohren (PMR)

AGFW FW 420 Teil 2: dito - Systeme mit glatten Stahl-Mediumrohren (Stahlflex)

AGFW FW 420 Teil 3: dito - Systeme mit gewellten Edelstahl-Mediumrohren (Metallische Wellrohre)

AGFW FW 420 Teil 5: dito - Planung, Bau und Montage, Betrieb

19.2.3 AGI-Arbeitsblätter

Herausgeber: Arbeitsgemeinschaft Industriebau e. V.

Bezug: www.beuth.de

AGI Q 101: Dämmarbeiten an Kraftwerkskomponenten - Ausführung

AGI Q 112: Dämmarbeiten an betriebstechnischen Anlagen; Dampfbremsen

19.2.4 BGR - Berufsgenossenschaftliche Regeln für Sicherheit und Gesundheit bei der Arbeit

Herausgeber: Deutsche Gesetzliche Unfallversicherung (DGUV)

Bezug: www.umwelt-online.de/recht/arbeitss/uw

BGR 117-1: Behälter, Silos und enge Räume; Teil 1: Arbeiten in Behältern, Silos und engen Räumen

19.2.5 BIA-Informationen des Instituts für Arbeitsschutz

Herausgeber: Institut für Arbeitsschutz der Deutschen Gesetzlichen Unfallversicherung (IFA) - hervorgegangen aus dem Berufsgenossenschaftlichen Institut für Arbeitssicherheit BIA, bzw. später dem Berufsgenossenschaftlichen Institut für Arbeitsschutz BGIA

Bezug: www.dguv.de/ifa/de/pub/bai

BIA-Info 12/2000: Schutz vor Verbrennungen an heißen Oberflächen

19.2.6 DVGW-Regelwerk

Herausgeber: DVGW Deutsche Vereinigung des Gas- und Wasserfaches e. V.

Bezug: www.beuth.de

DVGW GW 303-1: Berechnung von Gas- und Wasserrohrnetzen - Teil 1: Hydraulische Grundlagen, Netzmodellierung und Berechnung

DVGW GW 304: Rohrvortrieb

DVGW W 400-1: Technische Regeln Wasserverteilungsanlagen (TRWV) - Teil 1: Planung

DVGW W 400-2: dito - Teil 2: Bau und Prüfung

DVGW W 400-3: dito - Teil 3: Betrieb und Instandhaltung

DVGW W 405: Bereitstellung von Löschwasser durch die öffentliche Trinkwasserversorgung

19.2.7 DVS-Merkblätter und -Richtlinien

Herausgeber: DVS - Deutscher Verband für Schweißen und verwandte Verfahren e. V.

Bezug: www.beuth.de

DVS 2205-1: Berechnung von Behältern und Apparaten aus Thermoplasten - Kennwerte

19.2.8 DWA-Regelwerk (DWA- und ATV-DVWK-Arbeitsblätter)

Herausgeber: Deutsche Vereinigung für Wasserwirtschaft, Abwasser und Abfall e. V. (DWA)

Bezug: shop.dwa.de

ATV-DVWK-A 127: Statische Berechnung von Abwasserkanälen und -leitungen

DWA-A 125: Rohrvortrieb und verwandte Verfahren

DWA-A 161: Statische Berechnung von Vortriebsrohren

19.2.9 FDBR-Normen, FDBR-Richtlinien, Verbändevereinbarungen

Herausgeber: FDBR - Fachverband Dampfkessel-, Behälter- und Rohrleitungsbau e. V.

Bezug: www.fdbr.de

a) FDBR-Normen

FDBR-N 40-1: Rohrhalterungen; Grafische Symbole und Kurzbezeichnungen

FDBR-N 153: Feder-Sicherheitsventile; Überprüfung der Zuleitung auf Druckschwingungen für Dampferzeuger der Gruppen I, III und IV

b) FDBR-Richtlinien

FDBR-RL 4: Berechnung von Kraftwerksrohrleitungen

FDBR-RL 5: Druckabsicherungssysteme an Dampferzeugern

c) Verbändevereinbarung zwischen FDBR, VdTÜV und VGB

FDBR-V 1996/1: Richtlinie für die Bemessung von Rohrleitungen in Wärmekraftwerken im Zeitstandbereich

19.2.10 KTA: Sicherheitstechnische Regeln des Kerntechnischen Ausschusses

Herausgeber: KTA-Geschäftsstelle beim Bundesamt für Strahlenschutz

Bezug: www.kta-gs.de

KTA 2201.1: Auslegung von Kernkraftwerken gegen seismische Einwirkungen; Teil 1: Grundsätze

KTA 2201.4: dito; Teil 4: Anforderungen an Verfahren zum Nachweis der Erdbebensicherheit für maschinen- und elektrotechnische Anlagenteile

KTA 3201.2: Komponenten des Primärkreises von Leichtwasserreaktoren; Teil 2: Auslegung, Konstruktion und Berechnung

KTA 3205.1: Komponentenstützkonstruktionen mit nichtintegralen Anschlüssen; Teil 1: Komponentenstützkonstruktionen mit nichtintegralen Anschlüssen für Primärkreiskomponenten

KTA 3205.2: dito; Teil 2: Komponentenstützkonstruktionen mit nichtintegralen Anschlüssen für druck- und aktivitätsführende Komponenten in Systemen außerhalb des Primärkreises

KTA 3205.3: dito; Teil 3: Serienmäßige Standardhalterungen

KTA 3211.2: Druck- und aktivitätsführende Komponenten von Systemen außerhalb des Primärkreises; Teil 2: Auslegung, Konstruktion und Berechnung

19.2.11 RAL-Druckschriften

Herausgeber: RAL Deutsches Institut für Gütesicherung und Kennzeichnung e. V.

Bezug: www.beuth.de

RAL-GZ 719: Weichstoff-Kompensatoren - Gütesicherung

19.2.12 VDI-Richtlinien

Herausgeber: Verein Deutscher Ingenieure e. V.

Bezug: www.beuth.de

VDI 2055 Blatt 1: Wärme- und Kälteschutz von betriebstechnischen Anlagen in der Industrie und in der technischen Gebäudeausrüstung - Berechnungsgrundlagen

VDI 2055 Blatt 2: dito - Technische Grundlagen der Überprüfung der Eigenschaften von Dämmstoffen

VDI 2055 Blatt 3: dito - Technische Grundlagen zur Überprüfung der wärmetechnischen Eigenschaften von Dämmsystemen, Ermittlung von Gesamtwärmeverlusten

VDI 2058 Blatt 3: Beurteilung von Lärm am Arbeitsplatz unter Berücksichtigung unterschiedlicher Tätigkeiten

VDI 2715: Schallschutz an heiztechnischen Anlagen

VDI 2200: Dichte Flanschverbindungen - Auswahl, Auslegung, Gestaltung und Montage von verschraubten Flanschverbindungen

VDI 3733: Geräusche bei Rohrleitungen

VDI 3842: Schwingungen in Rohrleitungssystemen

19.2.13 VDMA-Einheitsblätter

Herausgeber: Verband Deutscher Maschinen- und Anlagenbau e. V.

Bezug: www.beuth.de

VDMA 24422: Armaturen; Richtlinien für die Geräuschberechnung; Regel- und Absperrarmaturen

19.2.14 VdTÜV-Merkblätter

Herausgeber: Verband der Technischen Überwachungs-Vereine e. V.

Bezug: www.vdtuev.de/publikationen

VdTÜV MB DAMP 451-96/1: Richtlinie für die Bemessung von Rohrleitungen in Wärmekraftwerken im Zeitstandbereich

VdTÜV-MB ROHR 1063: Technische Richtlinie zur statischen Berechnung eingeerdeter Stahlrohre

19.2.15 VGB-Richtlinien und VGB-Standards

Herausgeber: VGB PowerTech e.V., Essen

Bezug: www.vgb.org/shop

Anmerkung: Es ist vorgesehen, die VGB-Richtlinien (VGB-R) schrittweise in VGB-Standards (VGB-S) zu überführen. Die Zählnummern sollen dabei weitgehend erhalten bleiben, so dass z. B. die zitierte VGB-R 508 in Zukunft die Bezeichnung VGB-S-508 tragen kann.

VGB-R 304: Lärmminderung in Wärmekraftanlagen

VGB-R 505: Richtlinie für Schrauben im Bereich hoher Temperaturen

VGB-R 508: Herstellung und Bauüberwachung von Rohrleitungsanlagen in Wärmekraftwerken

VGB-R 509: Wiederkehrende Prüfungen an Rohrleitungsanlagen in fossilbefeuerten Wärmekraftwerken

VGB-R 510: Rohrhalterungen

VGB-R 513: Innere Reinigung von Wasserrohr-Dampferzeugeranlagen und Rohrleitungen

19.2.16 Spezielle Werknormen

Herausgeber: Bayer AG, Leverkusen

Bezug: www.bayer.de

Werknorm 299: Berücksichtigung von Stutzenlasten an Apparaten in verfahrenstechnischen Anlagen

19.3 Internationale und ausländische Normen und Regeln

19.3.1 ISO-Normen

Bezug: www.beuth.de

ISO 2944: Fluidtechnik - Nenndrücke

19.3.2 Großbritannien

a) British Standards

Herausgeber: BSI - British Standards Institution

Bezug: shop.bsigroup.com/Navigate-by/Standards

BS 7159: Code of practice for design and construction of glass-reinforced plastics (GRP) piping systems for individual plants or sites

BS PD 6493: Guidance on Methods for Assessing the Acceptability of Flaws in Fusion Welded Structures

PD 5500: Specification for unfired fusion welded pressure vessels

b) Oil & Gas UK guidelines

Herausgeber: Oil & Gas UK

Bezug: www.oilandgasuk.co.uk/publications

19.3.3 Frankreich

Herausgeber der Nuclear Codes and Standards: AFCEN - Association Française pour les règles de conception, de construction et de surveillance en exploitation des matériels des Chaudières Electro-Nucléaires

Bezug: www.afcen.com

RCC-M: Design and Conception Rules for Mechanical Components of PWR Nuclear Islands

19.3.4 USA

a) ANSI/AISC - American National Standards Institute / American Institute of Steel Construction

Bezug: www.aisc.org/WorkArea

ANSI/AISC 360-10: Specification for Structural Steel Buildings

b) ANSI/MSS SP - American National Standards Institute / Manufactures Standardization Society; Standard Practice

Bezug: www.techstreet.com

ANSI/MSS SP-58: Pipe Hangers and Supports; Materials, Design and Manufacture

ANSI/MSS SP-69: Pipe Hangers and Supports; Selection and Application

c) API - American Petroleum Institute

Bezug: www.beuth.de

API 579-1: Fitness-for-service

d) ASME - American Society of Mechanical Engineers

Bezug: www.beuth.de

ASME B31.1: Power Piping

ASME B31.3: Process Piping

ASME B31.8: Gas Transmission and Distribution Piping Systems

ASME OM-S/G: Normen und Richtlinien für Betrieb und Wartung von Kernkraftwerken

e) ASME BPVC - American Society of Mechanical Engineers - Boiler & Pressure Vessel Code

Bezug: www.beuth.de

ASME BPVC Section 1: ASME Boiler & Pressure Vessel Code - Section 1: Rules for Construction of Power Boilers

ASME BPVC Section 2 Part D Metric: dito - Section 2: Materials - Part D: Properties (Metric)

ASME BPVC Section 2 Part D Customary: dito - Section 2: Materials - Part D: Properties (Customary)

ASME BPVC Section 3 Division 1 Subsection NB: dito - Section 3: Rules for Construction of Nuclear Facility Components - Division 1: Subsection NB; Class 1: Components

ASME BPVC Section 3 Division 1 Subsection NC: dito - Section 3: Rules for Construction of Nuclear Facility Components - Division 1: Subsection NC; Class 2: Components

ASME BPVC Section 3 Division 1 Subsection ND: dito - Section 3: Rules for Construction of Nuclear Facility Components - Division 1: Subsection ND; Class 3: Components

ASME BPVC Section 8: dito - Set Section 8: Rules for Construction of Pressure Vessels (Divisions 1, 2, 3)

ASME BPVC Section 8 Division 1: dito - Section 8: Rules for Construction of Pressure Vessels - Division 1: Pressure Vessels

ASME BPVC Section 11: dito - Section 11: Rules for Inservice Inspection of Nuclear Power Plant Components

f) ASTM - American Society for Testing and Materials

Bezug: www.beuth.de

ASTM E 23a: Standard Test Methods for Notched Bar Impact Testing of Metallic Materials

g) WRC - Welding Research Council

Bezug: www.forengineers.org

WRC Bulletin 107: Local Stresses in Spherical and Cylindrical Shells Due to External Loadings (Autoren: Wichman, K. R.; Hopper, A. G.; Mershon, J. L.)

WRC Bulletin 297: Local Stresses in Cylindrical Shells Due to External Loadings on Nozzles (Autoren: Mershon, J. L.; Mokhtarian, K.; Ranjan, G. V.; Rodabaugh, E. C.)

WRC Bulletin 430: Review of Existing Fitness-for-Service Criteria for crack-like flaws (Autoren: Scott, P. M.; Anderson, T. L.; Osage, D. A.; Wilkowski, G. M.)

19.4 Inaktuelle Normen und Regeln

19.4.1 Inaktuelle Normen

a) DIN-Normen

Bezug: als historische Normen über www.beuth.de

DIN 1072: Straßen- und Wegbrücken; Lastannahmen

DIN V 2505: Berechnung von Flanschverbindungen

DIN 18800-1: Stahlbauten; Bemessung und Konstruktion

DIN 18800-2: dito; Stabilitätsfälle, Knicken von Stäben und Stabwerken

DIN 18800-3: dito; Stabilitätsfälle, Plattenbeulen

DIN 18800-4: dito; Stabilitätsfälle, Schalenbeulen

b) TGL-Standards der DDR

Bezug: über öffentliche Bibliotheken, z. B. Sächsische Landesbibliothek - Staats- und Universitätsbibliothek Dresden (SLUB)

TGL 22160/08: Rohrleitungen aus Stahl; Festigkeitsberechnung; Eingeerdete Rohrleitungen (Entwurf)

TGL 22160/09: dito; Flanschverbindungen

TGL 32903/13: Behälter und Apparate; Festigkeitsberechnung; Flanschverbindungen

19.4.2 Inaktuelle Regeln

Bezug: über die im Abschnitt 19.2 angegebenen Bezugsquellen

AGI Q 156 Teil 1: Wärmeschutz; Wirtschaftliche Dämmdicken für betriebstechnische Anlagen; Mineralfasern

BGV B3: Lärm

TRAC 204: Acetylenleitungen

TRD 301 Anlage 1: Berechnung auf Wechselbeanspruchung durch schwellenden Innendruck bzw. durch kombinierte Innendruck- und Temperaturänderungen

TRD 303 Anlage 1: Berechnung von Kugelschalen mit Ausschnitten gegen Dehnungswechselbeanspruchung der Lochränder innen

TRD 508: Zusätzliche Prüfungen an Bauteilen, berechnet mit zeitabhängigen Festigkeitskennwerten

TRD 508 Anlage 1: Zusätzliche Prüfungen an Bauteilen; Verfahren zur Berechnung von Bauteilen mit zeitabhängigen Festigkeitskennwerten

VDI 2714: Schallausbereitung im Freien

20. Literaturverzeichnis

Vorbemerkungen

Gesetze unterliegen der Änderung, so dass keine Fundstellen angegeben sind. Der aktuelle Stand einschließlich aller Änderungen kann z. B. im Internet in Erfahrung gebracht werden:

- EU-Recht: eur-lex.europa.eu

- BRD-Recht: www.gesetze-im-internet oder rechtliches.de

Bei Hinweisen auf Abschnitte, Bilder oder Tabellen von Band I dieses Handbuches ist hierunter „Wossog, G.: Handbuch Rohrleitungsbau - Band I: Planung, Herstellung, Errichtung - 3. Auflage. Essen: Vulkan-Verlag 2008“ zu verstehen.

Kapitel 0

[0.1-1] Richtlinie 97/23/EG des Europäischen Parlaments und des Rates vom 29. Mai 1997 zur Angleichung der Rechtsvorschriften der Mitgliedstaaten über Druckgeräte (Druckgeräterichtlinie)

[0.3-1] Wossog, G.: FDBR-Taschenbuch Rohrleitungstechnik – Band 2: Herstellung, Errichtung und Betrieb (Werkstoffe und Rohrsysteme). Essen: Vulkan-Verlag 2011

[0.3-2] Wossog, G.: FDBR-Taschenbuch Rohrleitungstechnik – Band 1: Planung und Berechnung. Essen: Vulkan-Verlag 2005

[0.3-3] www.kusterer.de: Übersicht der Windzonen in Deutschland. Kusterer Werbetechnik GmbH, Kempten

[0.3-4] www.witzenmann.de: Technische Dokumentationen über Rohrhalterungen der Witzenmann GmbH, Pforzheim

Kapitel 1

[1.1-1] Glück, B.: Bausteine der Heizungstechnik. Hydrodynamische und gasdynamische Rohrströmung, Druckverluste. Berlin: VEB Verlag für Bauwesen 1988, S. 61-64

[1.2-1] Klett, P.: Rohrnetzberechnung für Fernwärmenetze. Energie und Technik 25 (1973) 3, S. 69-73

[1.2-2] Stradtmann: Stahlrohr-Handbuch. 12. Auflage. Essen: Vulkan-Verlag 1995

[1.2-3] Sauter, G.: Dimensionierung und Gestaltung von Kondensatleitungen. 3R International 18 (1979) 12, S. 749-751

[1.2-4] Kütükcüoglu, A.: Strömungsform, Dampfvolumenanteil und Druckabfall bei Zweiphasenströmung von Wasser-Wasserdampf in Rohren. VDI-Zeitschrift Reihe 7 (1969) 18, S. 1-158

[1.2-5] Huhn, J.; Wolf, J.: Zweiphasenströmung gasförmig/flüssig. Leipzig: Fachbuchverlag 1975

[1.3-1] Ständer, W.: Berechnungsmethoden zur Bestimmung des nichtisothermischen Druckverlustes und der Wirtschaftlichkeit bei aufgeheizten Schwerölleitungen und für die damit verbundenen Rohrdehnungsprobleme. 3R International 17 (1978) 2, S. 102-110

[1.3-2] Taschenbuch Maschinenbau. Band 1/I: Grundlagen. 3. Auflage. Berlin: VEB Verlag Technik 1973

[1.3-3] www.adamol.at: Lexikon der Schmiermittel (ABC der Schmierung; Aufbau, Verwendung und Eigenschaften von Schmierstoffen) der Adamol Mineralölhandelsgesellschaft m. b. H., Wien, Österreich

[1.4-1] www.bertsch.at: BERTSCH – Steam Table and Processes der Josef BERTSCH Gesellschaft m. b. H. & Co, Bludenz, Österreich

[1.5-1] HÜTTE - Das Ingenieurwissen. 32. Auflage. Berlin / Heidelberg: Springer-Verlag 2004

[1.5-2] Zentrale Versorgungsanlagen für Technische Gase - Anordnung, Bau und Betrieb. KDT-Richtlinie 038/75. Herausgeber: Fachverband Bauwesen der Kammer der Technik

[1.5-3] Feldmann, K.-H.: Optimale Planung und Werkstoffauswahl für Druckluftverteilungssysteme zur Vermeidung von Energie- und Leistungsverlust. 3R International 21 (1982) 12, S. 623-631

[1.6-1] Weber, M.: Vertikale hydraulische Feststoffförderung mit dem Lufthebeverfahren. In: Rohrleitungstechnik, 2. Ausgabe, S. 465-475. Essen: Vulkan-Verlag 1984

[1.6-2] Buhrke, H.; Kecke, H.-J.; Richter, H.-J.: Strömungsförderer; Hydraulischer und pneumatischer Transport in Rohrleitungen. Berlin: Verlag Technik 1988

[1.6-3] Mittelstädt, M.: Schüttguttransport in Rohrleitungen. In: Rohrleitungstechnik, 2. Ausgabe, S. 475-479. Essen: Vulkan-Verlag 1984

[1.6-4] Klose, R. B.: Möglichkeiten des hydraulischen Transportes von Erzkonzentraten mit grober Körnung über große Entfernung. In: Rohrleitungstechnik, 2. Ausgabe, S. 492-493. Essen: Vulkan-Verlag 1984

[1.6-5] Durand, R.: Basic Relationships of Transportation of Solids in Pipes; Experimental Research. Minnesota Internat. Hydraulics Div. A.S.C.E., S. 89-103, Sept. 1953

[1.6-6] Gödde, E.: Zur kritischen Geschwindigkeit heterogener hydraulischer Förderung. 3R International 18 (1979) 12, S. 758-762

[1.6-7] Richter, H.-J.; Scholz, G.: Zur Bestimmung des Druckverlustes beim hydraulischen Transport heterogener Feststoff-Flüssigkeits-Gemische durch Rohrleitungen. Chemische Technik 32 (1980) 9, S. 454-457

[1.7-1] Kemnitz, R.: Kraftwerksrohrleitungsanlagen; Warmhaltedrosseln; Berechnung. R-Information 105, Oktober 1974, herausgegeben von Kraftwerks- und Anlagenbau AG (K.A.B.) Berlin-Marzahn

[1.8-1] Bozóki, G.: Überdrucksicherungen für Behälter und Rohrleitungen. Berlin: Verlag Technik 1986

Kapitel 2

[2.1-1] Tabellenbuch für den Rohrleitungsbau. Herausgegeben von der ETABO Energietechnik und Anlagenservice GmbH, 16. Auflage. Essen: Vulkan-Verlag 2012

[2.1-2] Koch, M.: Berechnung der Wärme- und Temperaturverluste. Abschnitt 8.3 in: Handbuch für den Rohrleitungsbau, 9. Auflage (Herausgeber: Wossog, G.; Manns, W.; Nötzold, G.). Berlin: VEB Verlag Technik 1989

[2.1-3] de.wikipedia.org: Wikipedia – Die freie Enzyklopädie; Stichwort: Wärmeübergang

[2.1-4] Lange, H.-W.: Auswahl von Rohrleitungshalterungen unter dem Gesichtspunkt niedriger Wärmeverluste. Vortrag 2-2 in: Rohrleitungen in Kraftwerken und chemischen Anlagen – Rohrfernleitungen; 18. Rohrleitungstechnische Tagung. Düsseldorf: SDBR-Eigenverlag 2003

[2.4-1] www.gefaehrdungsbeurteilung.de: Grenzwerte, Beurteilungskriterien für thermische Gefährdungen. Herausgegeben von der Bundesanstalt für Arbeitsschutz und Arbeitsmedizin (BAuA), Dortmund

[2.6-1] Gürtler, A.: EU-Studie der European Industrial Insulation Foundation (EiiF) über verbesserte Dämmungen in Industrieanlagen zur Kompensation steigender Energiekosten und CO_2-Abgaben. Vortrag 1-2 in: Rohrleitungen in Kraftwerken und chemischen Anlagen – Rohrfernleitungen; 26. FDBR-Fachtagung Rohrleitungstechnik. Düsseldorf: SDBR-Eigenverlag 2011

[2.6-2] www.eex.com: Börsenpreise für CO_2-Zertifikate (Emissionsrechte)

[2.7-1] Verordnung über energieeinsparenden Wärmeschutz und energieeinsparende Anlagentechnik bei Gebäuden (Energieeinsparverordnung – EnEV) vom 24. Juli 2007

[2.7-2] Kasparek, G.: 150 W/m² = Energieverschwendung? Isoliertechnik 1 (2011), S. 8-16

Kapitel 3

[3.1-1] Wellinger, K.; Dietmann, H.: Festigkeitsberechnung. 3. Auflage. Stuttgart: Kröner Verlag 1976

[3.1-2] Taprogge, R.: Konstruieren mit Kunststoffen. 2. Auflage. Düsseldorf: VDI-Verlag 1974

[3.1-3] Verlegerichtlinien für Rohrleitungen aus textilglasfaserverstärkten Reaktionshartformstoffen; Planungs- und Konstruktionshinweise. 2. Fassung Ausgabe Juli 1993, herausgegeben vom Kunststoffrohrverband e. V. Bonn

[3.2-1] Schwaigerer, S.: Festigkeitsberechnung im Dampfkessel-, Behälter- und Rohrleitungsbau. 4. Auflage. Berlin / Heidelberg / New York: Springer-Verlag 1983, überarbeitet 1990

[3.4-1] Markl, A.R.C.: Piping Flexibility Analysis. Transactions of the ASME vol. 77 (1955) February, S 127-149

[3.5-1] Dubbel – Taschenbuch für den Maschinenbau, Seite E 29. 19. Auflage. Berlin / Göttingen/ Heidelberg: Springer-Verlag 1997

[3.5-2] GKSS-Forschungszentrum Geesthacht: Engineering Treatment Model (ETM) and its Practical Application. Geesthacht (NL): GKSS-Forschungszentrum 1997 (ISSN 0344-9629)

[3.5-3] Guide for Defect Assessment and Leak before Break Analysis. Direction des Reacteurs, Nucleares A 16: 1995 (Entwurf Dez. 1999)

[3.5-4] SINTAP: Structural Integrity Assessment Procedures for European Industry. Final Draft 1999. Brite Euram Programme of the EU, Project no. BE 95-1462

[3.5-5] Welding Research Council (WRC) Bulletin No. 430, April 1998 (siehe Abschnitt 19.3.4)

[3.5-6] Zerbst, U.; Hodulak, L.; Kocak, M.: SINTAP, Entwurf einer vereinheitlichten Europäischen Prozedur zur bruchmechanischen Bauteilbewertung. Materialprüfung 41 (1999) 9, S. 368-374

[3.5-7] Zerbst, U.; Hamann, R.; Wohlschlegel, A.: Application of the European Flaw assessment procedure SINTAP to pipes. International Journal of Pressure Vessels and Piping 77 (2000), S. 697-702

[3.5-8] Wohlschlegel, A.: Bruchmechanische Bewertung von Fehlstellen in Rohrleitungen mit der SINTAP-Prozedur. Diplomarbeit an der Fachhochschule Stralsund, Fachbereich Maschinenbau, April 2000

[3.5-9] Wulf, H.; Brecht, Th.; Hoffmann, U: Computergestütztes bruchmechanisches Bewertungssystem für die Bruchsicherheit von Hochdruck-Ferngasleitungen. Vortrag 1-1 in: Rohrleitungen in Kraftwerken und chemischen Anlagen – Rohrfernleitungen; 16. Rohrleitungstechnische Tagung. Essen: Vulkan-Verlag 2001

[3.5-10] Hübner, P.: Lebensdauervorhersage von längsnahtgeschweißten Rohren mit hoher Aufdachung. Vortrag 1-3 in: Rohrleitungen in Kraftwerken und chemischen Anlagen – Rohrfernleitungen; 16. Rohrleitungstechnische Tagung. Essen: Vulkan-Verlag 2001

[3.5-11] Hübner, P.; Pusch, G.: Sprödbruchsicherheit bruchmechanisch bewerten - Korrelationen zwischen Kerbschlagzähigkeit und Bruchzähigkeit. Materialprüfung 42 (2000) 1-2, S. 22-25

Kapitel 4

[4.1-1] Ong, L. S.: Allowable Shape Deviation in a Pressurized Cylinder. Journal of Pressure Vessel Technology 116 (1994) August, S. 274-277

[4.2-1] Diem, H.: Untersuchungen zum Geometrieeinfluß auf das Verformungs- und Versagensverhalten von Rohrbögen. Technisch-wissenschaftliche Berichte der MPA Stuttgart, Heft 94/02

[4.2-2] Innendruckversuche an Rohrbogen aus warmfesten Stählen mit zusätzlich aufgebrachten Biegemomenten bei Temperaturen im Kriechbereich. Abschlussbericht Nr. 84700 00 000 zum BMBF Forschungsvorhaben 1500 727 der Staatlichen Materialprüfungsanstalt (MPA) der Universität Stuttgart: 1995

[4.2-3] Schindler, H.: Einfluß der Unrundheit auf das Tragfähigkeitsverhalten von Rohren und Rohrbogen unter Innendruck. 3R International 33 (1994) 12, S. 670-675

[4.4-1] Rieke, M.: Dimensionierung von Rohrleitungskomponenten - Unterschiede und vergleichende Berechnungen zwischen prEN 13480-3 und der bisherigen Auslegungspraxis in Deutschland. Vortrag 2-2 in: Rohrleitungen in Kraftwerken und chemischen Anlagen – Rohrfernleitungen; 15. Rohrleitungstechnische Tagung. Essen: Vulkan-Verlag 2000

[4.6-1] Timoshenko, S.: Strength of Materials. Part II, 3. edition. New York: Van Nostrad Company 1980

[4.9-1] Welding Research Council Bulletin No. 107, August 1965, Revision of March 1979 (siehe Abschnitt 19.3.4)

[4.9-2] Welding Research Council Bulletin No. 297, August 1984, Revision of September 1987 (siehe Abschnitt 19.3.4)

[4.10-1] Girkmann, K.: Flächentragwerke. 6. Auflage. Berlin / Heidelberg / New York: Springer-Verlag 1978

[4.10-2] Peterson, R. E.: Stress Concentration Factors. New York: John Wiley & Sons 1974

[4.10-3] Formziffern an Ausschnitten in dickwandigen Zylindern. VdTÜV-Forschungsbericht. Köln: Verlag TÜV Rheinland 1984

[4.10-4] Wellinger, K.; Keil, E.: Versuche an Rohrbogen mit innerer und äußerer Wechsellast. Technische Mitteilungen des Wasserrohrkessel-Verbandes (1959)

[4.10-5] Palmgren, A.: Die Lebensdauer von Kugellagern. Z.VDI 68 (1924) 14, S. 339-341

[4.10-6] Miner, M. A.: Cumulative Damage in Fatigue. Journal of Applied Mechanics, Transactions ASME 12 (1945) S. 159-164

[4.11-1] Robinson, E. L.: Effect of Temperature Variations in the Long-Time Rupture strength of Steels. ASME Transactions, Vol. 74 (1952)

[4.12-1] Gussrohrtechnik – Rohre und Formstücke aus duktilem Gusseisen. E-Book, herausgegeben von der Fachgemeinschaft Guss-Rohrsysteme (FGR®) e. V. / European Association for Ductile Iron Pipe Systems (EADIPS®), Griesheim, 07.2011

Kapitel 5

[5.1-1] Bullack, H.-J.: Berechnung metallischer Rohrleitungsbauteile 2 nach EN 13480-3: 2002. Kamprath interaktiv, PC CD-ROM. Würzburg: Vogel Buchverlag 2005

[5.4-1] Bouzid, A.-H.; Nechache, A.: The modelling of bolted flange joints used with disc springs and tube spacers to reduce relaxation. International Journal of Pressure Vessels and Piping 87 (2010) 12, S. 730-736

[5.5-1] Kockelmann, H.; Hahn, R.; Kurz, H.; Roos, E.: Nachweis der Ausblassicherheit von Flanschverbindungen (Theorie und Praxis). Vortrag 4-1 in: Rohrleitungen in Kraftwerken und chemischen Anlagen - Rohrfernleitungen; 27. FDBR-Fachtagung Rohrleitungstechnik. Düsseldorf: SDBR-Eigenverlag 2012

[5.5-2] Ausblassichere Dichtungen für Flanschverbindungen mit emaillierten und glasfaserverstärkten Kunststoffflanschen in der chemischen Industrie. Abschlussbericht zum AiF-Forschungsvorhaben Nr. 15935 der Staatlichen Materialprüfungsanstalt (MPA) der Universität Stuttgart: April 2011

Kapitel 6

[6.1-1] v. Jürgensonn, H.: Elastizität und Festigkeit im Rohrleitungsbau. 2. Auflage. Berlin / Göttingen / Heidelberg: Springer-Verlag 1953

Kapitel 7

[7.1-1] Limpert, R: Vereinfachte Überprüfung der Dehnungskompensation und der Stützweiten von Rohrleitungen, sowie der Auswirkungen möglicher Stutzenbelastungen auf die Stutzenausschnitte angeschlossener Behälter. Vortrag 2-2 in: Rohrleitungen in Kraftwerken und chemischen Anlagen - Rohrfernleitungen; 24. FDBR-Fachtagung Rohrleitungstechnik. Düsseldorf: SDBR-Eigenverlag 2009

[7.1-2] Schmidt, K; Klenk, A.; Husemann, R.-U: MARCKO 700: Untersuchungsergebnisse von Werkstoffen und Schweißverbindungen für das 700 °C-Kraftwerk. Vortrag 1 in: Fertigungstechnologien für neue Werkstoffe; 4. FDBR-Werkstofftagung. Düsseldorf: SDBR-Eigenverlag 2010

[7.2-1] Wagner, W.: Rohrleitungstechnik. 10. Auflage. Würzburg: Vogel Buchverlag 2008

[7.5-1] SIGMA Ingenieurgesellschaft mbH, Unna: Demo-CD für ROHR2, Beispiel 1 (2008)

[7.5-2] Eiersbrock, H.: Für realistische Lasten – Berücksichtigung von Stutzenlasten an Apparaten in verfahrenstechnischen Anlagen. CIT plus 10 (2007) 4, S. 46-47

[7.6-1] Gussrohrtechnik – Rohre und Formstücke aus duktilem Gusseisen. E-Book, herausgegeben von der Fachgemeinschaft Guss-Rohrsysteme (FGR) e. V. Griesheim, 07.2010

[7.6-2] www.georgfischer.de: Technische Dokumentationen; Planungsgrundlagen für industrielle Rohrleitungssysteme der Georg Fischer GmbH, Albershausen

[7.6-3] www.fiberpipe.de: Technische Dokumentationen für GFK-Rohrleitungen der Fiberpipe GFK Vertriebsgesellschaft mbH, Stolberg

[7.8-1] Kunststoffrohr-Handbuch. Herausgegeben vom Kunststoffrohrverband e.V., 4. Auflage. Essen: Vulkan-Verlag 2000

Kapitel 8

[8.2-1] Weber, J.; Lange, H.-W.: Aktueller Stand der DIN EN 13480-3 – Metallische industrielle Rohrleitungen – Konstruktion und Berechnung. 3R international 48 (2009) 5, S. 234-245

[8.3-1] Erdem, C.; Lange, H.-W.: Prüfungen und Sicherheitskonzepte von Rohrhalterungen. Vortrag 3-2 in: Rohrleitungen in Kraftwerken und chemischen Anlagen - Rohrfernleitungen; 26. FDBR-Fachtagung Rohrleitungstechnik. Düsseldorf: SDBR-Eigenverlag 2011

[8.3-2] Standardhalterungen 2010. Katalog der LISEGA SE, Zeven

[8.3-3] Halfenschienen, Produktinformation Technik B10. Halfen Vertriebsgesellschaft mbH, Langenfeld

[8.6-1] Lange, H.-W.: Temperaturmessung an Rohrschellen. 3R-International 35 (1996) 8, S. 701-706

Kapitel 9

[9.3-1] www.gummi-klier.de: Herstellerunterlagen über Schlauchleitungen aus Elastomeren. Gummi-Klier, Technischer Industriebedarf, Wuppertal

[9.3-2] www.rct-online.de: Herstellerunterlagen über Schlauchleitungen aus Kunststoffen. RCT Reichelt Chemietechnik GmbH + Co., Heidelberg

[9.3-3] www.witzenmann.de: Metallschläuche - Das Handbuch der Metallschläuche. Herausgegeben von der Witzenmann GmbH, Pforzheim. Pforzheim: Eigenverlag 2010

[9.4-1] www.hyspan.com: Herstellerunterlagen über Schiebekompensatoren (Serie 6500: PERMA-PAX® Packed Expansion Joints) und Drehgelenke

(Hyspan Barco Ball Joints). Hyspan Precision Products, Inc., Chula Vista (CA USA): 2012

[9.4-2] Wagner, W.: Rohrleitungstechnik. 10. Auflage. Würzburg: Vogel Buchverlag 2008

[9.4-3] Wossog, G.; Manns, W.; Nötzold, G.: Handbuch für den Rohrleitungsbau. 9. Auflage. Berlin: Verlag Technik 1989

[9.4-4] www.ezm-industrie.de: Herstellerunterlagen über TSR-Rohrdrehgelenke und -Kugelgelenke. EZM Industrie- und Fördertechnik GmbH, Werdahl: 2012

[9.5-1] www.witzenmann.de: Kompensatoren - Das Handbuch der Kompensatoren. Herausgegeben von der Witzenmann GmbH, Pforzheim. Pforzheim: Eigenverlag 2010

[9.5-2] www.eagleburgmann.de: KE® Fabric Expansion Joints (Prospekt über Weichstoff-Kompensatoren) und KE® Rubber Expansion Joints (Prospekt über Gummi-Kompensatoren). EagleBurgmann Germany GmbH, Wolfratshausen: 2012

[9.5-3] www.boa-bkt.com: Herstellerunterlagen über Gummi-Kompensatoren. BOA Balg- und Kompensatoren-Technologie GmbH, Stutensee: 2012

[9.5-4] Nagel, K-W.; Untiedt, H-G.: Flexible Rohrverbindungen. chemieanlagen + verfahren (1994) 8, S, 42-44

[9.5-5] www.stenflex.com: Katalog über Kompensatoren der STENFLEX® Rudolf Stender GmbH, Hamburg

[9.5-6] www.willbrandt.de: Katalog Kompensatoren der Willbrandt KG, Hamburg

[9.6-1] Winzen, W.: Bestimmung der Knicklast einer axial kompensierten Rohrstrecke. Fernwärme international 6 (1977) 5, S. 212-217

Kapitel 10

[10.1-1] Joukowsky, N.: Über den hydraulischen Stoß in Wasserleitungsrohren. Veröffentlichung der kaiserlichen Akademie der Wissenschaften, Petersburg 1898

[10.2-1] Limmer, J.: Druckstoßberechnung in elastischen Rohrleitungen unter Berücksichtigung der radialen Dehnung. Mitteilungen des Institutes für Hydraulik und Gewässerkunde der TU München, H. 16

[10.2-2] Meißner, E.: Einfluß des Rohrwerkstoffes auf die Dämpfung von Druckstoßschwingungen. Rohre, Rohrleitungsbau, Rohrleitungstransport (1977), S. 267 ff.

[10.2-3] Meder, G.; Rick, K.: Dynamische Druckstoßberechnung von Rohrleitungen mit Antwortspektren. 3R international 22 (1983) 9, S. 414-426

[10.2-4] Lange, H.; Korthauer, H.; Rychlik, G.: Fluid and Structural-Dynamic Piping Analysis. Vortragsmaterial der 12th International Conference on: STRUCTURAL MECHANICS IN REACTOR TECHNOLOGY (SMIRT) am 15./20.08.1993 in Stuttgart

[10.2-5] Lange, H.; Gillessen, R.: Druckstoß in Rohrleitungssystemen - Entstehung und konstruktive Maßnahmen zur Minderung der Lastableitung. 3R international 28 (1989) 5, S. 317-323

[10.2-6] Lange, H.: Fluid- und strukturdynamische Analyse komplexer Rohrleitungssysteme im Vergleich zu Messungen. In: Sicherheit in der Rohrleitungstechnik. 2. Ausgabe, S. 126-137. Essen: Vulkan-Verlag 1996

[10.5-1] Heinsbroek, A. G. T. J.: Fluid-Structure Interaction in non-rigid pipeline systems - comparative analysis. Industrial Technology Division, Delft Hydraulics (Bezug: P.O.Box 177, NL-2600 MH Delft): Huss-Medien 1990

Kapitel 11

[11.3-1] Audibert, J. M. E.; Nyman, K. J.: Soil Restraint against horizontal Motion of Pipes. Journal of the Geotechnical Engineering Division (1977) October, S. 1119-1142

[11.3-2] Dehnpolster für Kunststoff-Mantelrohre. Unveröffentlichter Untersuchungsbericht des Fernwärme-Forschungsinstituts Hannover im Auftrag der AGFW (1988)

[11.5-1] Besedin E.: Neues Berechnungskonzept für ausgehalste T-Stücke in der Fernwärme auf Basis von FEM: GEF-Schriftenreihe Band 1: Shaker Verlag 2012

[11.5-2] Besedin E.: Neue Berechnungsmethode für ausgehalste T-Stücke in der Fernwärme. 3R international 51 (2012) 6, S. 520-525

[11.5-3] AGFW Forschungsvorhaben: „Entwicklung eines wirtschaftlichen Fernwärmehausanschlusses für kleine Wärmeleistungen"

[11.6-1] Bartsch, D.; Buchner, P; Schleyer, A.; Eigner, G.: Bäume verursachen Verschiebungen bei kaltverlegten KMR-Leitungen. EUROHEAT & POWER - Fernwärme international 30 (2001) 5, S. 52-59

[11.6-2] Gößling, H.; Schleyer, A.: Neue Erkenntnisse zur Auslegung von erdverlegten Stahlrohrleitungen gegen bergbauliche Einwirkungen – Am Beispiel einer Fernwärmeleitung. 3R international 40 (2001) 10-11, S. 662-667

Kapitel 12

[12.1-1] Friebe J.; Fröhlich D.: Sicherer Transport von Medien von -196 °C bis +400 °C. 3R international 51 (2012) 1-2, S. 126-128

Kapitel 13

[13.1-1] Kiesselbach, G.: Die Belastungs- und Beanspruchungsverhältnisse erdverlegter Gasrohrleitungen. 3R international 28 (1989) 8, S. 541 - 547

[13.1-2] Kiesselbach, G.: Zur Biegebeanspruchung erdverlegter Gasrohrleitungen durch Verkehrslasten. 3R international 29 (1990) 5, S. 264 - 271

[13.1-3] Kiesselbach, G.: Zur Biegebeanspruchung erdverlegter Rohrleitungen aufgrund von Unebenheiten der Rohrgrabensohle. 3R international 29 (1990) 10, S.554 - 560

[13.1-4] Kiesselbach, G.: Zur Beanspruchung erdverlegter Rohrleitungen durch direkte Lasten. 3R international 30 (1991) 6-7, S 388 - 394

[13.1-5] Kiesselbach, G.: Zum Beanspruchungs- und Verformungsverfahren von erdverlegten Kunststoffrohren. gwa Gas Wasser Abwasser 71 (1991) 8, S. 531 - 541

[13.1-6] Kiesselbach, G.: Neue Erkenntnisse zur Ursache und zum Auftreten von Rohrbrüchen in städtischen Versorgungsnetzen. In: Handbuch Wasserversorgungs- und Abwassertechnik, 4. Ausgabe. Essen: Vulkan-Verlag 1992

[13.1-7] Kiesselbach, G.: Neuere Erkenntnisse zum Beanspruchungs- und Verformungsverhalten erdverlegter Rohrleitungen in der Wasserversorgung; 18. Wassertechnisches Seminar; Berichte aus Wassergüte- und Abfallwirtschaft Technische Universität München 1993, Heft 115

[13.1-8] Kiesselbach, G.: Erdverlegte PE-Rohre in der Gasversorgung, Strukturverhalten infolge mechanischer Einwirkungen - Stand der Erkenntnisse des ÖVGW-Forschungsprojektes. gww gas wasser wärme 47 (1993) 5, S. 146 - 149

[13.1-9] Kiesselbach, G.: Indirekte Lasten für erdverlegte Rohrleitungen. GUSSROHR-TECHNIK FGR 30, S. 38 - 42, Fachgemeinschaft Gußeiserne Rohre, 1995

[13.1-10] Kiesselbach, G.: Statische Berechnung erdverlegter Rohrleitungen. In. Handbuch Wasserversorgung- und Abwassertechnik, 5. Ausgabe, S. 119 - 176. Essen: Vulkan Verlag 1995

[13.1-11] Kiesselbach, G.: Rohrkennfelder für erdverlegte PE-Gasrohre. 3R international 36 (1997) 2-3, S. 136 - 142

[13.1-12] Kiesselbach, G.: Erdverlegte PE-Rohre in der Gasversorgung, Strukturverhalten infolge mechanischer Einwirkungen. ÖVGW-Forschungsbericht, Forschung Gas, Wien 1997

[13.1-13] Kiesselbach, G.: Statische Berechnung erdverlegter Gasrohrleitungen – Rohrkennfelder für PE-Rohre. ÖVGW-Forschungsbericht, Forschung Gas, Wien 1997

[13.1-14] Kiesselbach, G.: Strukturverhalten erdverlegter Rohrleitungen zufolge Einbau und Betrieb; Handbuch Wasserversorgungs- und Abwassertechnik, 6. Ausgabe 1998, Vulkan Verlag

[13.1-15] Kiesselbach, G.: Überblick über den Leitungsbau in Österreich; Neue Methoden für Planung und Bau im Hinblick auf Qualität und Kosten; gwa 80, Heft 5/2000

[13.1-16] Kiesselbach, G.: Die grabenlose im Vergleich zur konventionellen Leitungsverlegung aus geomechanischer und leitungstechnischer Sicht. 3R international 30 (1991) 9, S. 500 - 505

[13.2-1] Kiesselbach, G.: Stand der Technik für grabenlose Rehabilitationsverfahren von Druckrohrleitungen; 27. Wassertechnisches Seminar; Berichte aus Wassergüte- und Abfallwirtschaft Technische Universität München, Heft 177, 2003

[13.2-2] Kiesselbach, G.: Berechnung von PE-Rohrleitungen. In: PE-Rohrleitungssystem in der Gas- und Wasserversorgung, Schriftenreihe des rbv Essen: Vulkan Verlag, 2. Auflage 2006

[13.2-3] Kiesselbach, G.; Knauder, J.: Rohrsysteme aus geschleuderten GF-UP-Rohren, Einbau- und Betriebsverhalten; gwa 81, Heft 9, 2001

[13.2-4] HOBAS GRP Pipelines Textbook; HOBAS Engineering GmbH Austria, 1995

[13.2-5] Kiesselbach, G.: Technische Spezifikation für stabilisierte Rohrgraben - Verfüllmaterialien – SVM, für den Einbau von Fernwärme-Kunststoffmantelrohren - KMR; Studie im Auftrag des Fachverbandes Gas & Wärme, Wien 1998

[13.2-6] Kiesselbach, G.: Technische und wirtschaftliche Vorteile beim Einsatz von selbstverdichtenden Verfüllmaterialien (SVM); Tagungsband der 6. Bregenzer Rohrleitungstage, 2003

[13.2-7] Kiesselbach, G. Weilguny, W.: Erfahrungen mit selbstverdichtenden Verfüllmaterialien; Schriftenreihe IRO, Band 28, Vulkan Verlag Essen, 2004

[13.3-1] Papoulis, A.: Probability, Random Variables and Stochastic Processes. McGraw-Hill, 1965

[13.3-2] Schueller, G. I.: Einführung in die Sicherheit und Zuverlässigkeit von Tragwerken. Berlin: Verlag Wilhelm Ernst & Sohn 1981

[13.3-3] Müller H.W.: Beanspruchung von Pipelines unter Erdauflasten, Rohrfernleitungstechnik, Pipeline-Symposium 1975, TÜV-Rheinland

[13.3-4] André W.: Beanspruchung von Pipelines unter Erdauflasten-, Rohrfernleitungstechnik, Pipeline-Symposium 1975, TÜV-Rheinland

[13.5-1] Parkus, H.: Mechanik der festen Körper; Springer Verlag, Berlin/Göttingen/Heidelberg/New York, 2. Auflage, 1966

[13.5-2] Ehrenstein G.W.: Polymerwerkstoffe, Struktur und mechanisches Verhalten, Hanser-Verlag

[13.5-3] Kiesselbach, G.: Statistisches Sicherheitskonzept für erdverlegte Rohrleitungen. gwa Gas-Wasser-Abwasser 72 (1992) 2, S. 76 - 80

Kapitel 14

[14.3-1] Domagoj, V.; Kiesbauer, J.: Übersicht über die Genauigkeit von Schallberechnungsnormen bei Stellgeräten. atp – Automatisierungstechnische Praxis 44 (2002) 7, Sonderdruck

[14.3-2] Riedel, E.; Fritz, K. R.: Geräuschabstrahlung und Schalldämmung von Rohrleitungsanlagen. In: Sammelband VGB-Konferenz "Kraftwerkskomponenten 1986", S. 171-175

[14.3-3] Bender, H.; Engel, H. O.: Geräuschberechnung bei Drosselung kompressibler Medien. Automatisierungstechnische Praxis 31 (1989) 2, S. 57-63

[14.4-1] Kretzschmar, H.: Geräuschmechanismen und Geräuschreduzierung bei Rohrleitungen in der Verfahrenstechnik. 3R international 21 (1982) 11, S. 585-589

[14.4-2] Seebold, J. G.: Lärmminderung in Prozeßleitungen. 3R international 22 (1983) 12, S. 612-616

[14.6-1] Furusawa, A.; Ueda, T.: Schallschutzmaßnahmen in Chemieanlagen, besonders an Rohrleitungen. Haikan gijutsu Tokio 26 (1984) 11, S.111-114 und 131-133

[14.6-2] Hermanns, I.; Neugebauer, G.: Kleine Lärmmeßkunde für Betriebspraktiker; Kampf dem Arbeitslärm; Teil 2. 2. Auflage. Bochum: Verlag Technik & Information 1992

[14.6-3] Autorenkollektiv: Lärmbekämpfung. Berlin: Verlag Tribüne 1971

[14.7-1] Verordnung zum Schutz der Beschäftigten vor Gefährdungen durch Lärm und Vibrationen (LärmVibrationsArbSchV - Lärm- und Vibrations-Arbeitsschutzverordnung) vom 6. März 2007

[14.7-2] Sechste Allgemeine Verwaltungsvorschrift zum Bundes-Immissionsschutzgesetz (Technische Anleitung zum Schutz gegen Lärm - TA Lärm) vom 26. August 1998

Kapitel 15

[15.4-1] Wossog, G.: Die Lärmentwicklung von Abblaseleitungen. Stadt- und Gebäudetechnik 24 (1970) 11, S. 292-295

Kapitel 16

[16.1-1] Rau, U.: Methoden zur Reinigung des Wasser-Dampf-Kreislaufes. 3R international 15 (1976) 4, S. 146-151

[16.1-2] Kniewasser, W.; Weiher, R.: Reinigung von HD-Ringleitungen von Dampferzeugern in Anlehnung an die neue VGB-Richtlinie „Innere Reinigung von Wasserrohr-Dampferzeugeranlagen“. VGB Power-Tech 82 (2002) 1, S. 57-62

[16.2-1] Semykin: Diagramm zur Dampfmengenbestimmung beim Ausblasen von Dampfleitungen nach der Montage. Energetik - Moskau (1968) 1

[16.3-1] Wossog, G.: Berechnung der Ausblasedampfmenge zum Reinigen von Rohrleitungen. 3R international 36 (1997) 4/5, S. 227-232

Kapitel 17

[17.1-1] Entwicklungen zur Zuverlässigkeit passiver Strukturen. Kapitel 3.3 in: Jahresbericht 2002/2003 der Gesellschaft für Anlagen und Reaktorsicherheit (GRS) mbH, Köln

[17.1-2] Fomin, V.; Kostarev, V.; Reinsch, K.-H.: Elimination of Chernobyl NPP Unit 3 Power Output Limitation Associated with High Main Steam Piping Flow Induced Vibration. SMiRT 16, Washington DC (2001), Bericht #1375

[17.1-3] Lenz, J.; Brümmer, A.: Thermoakustik in Rohrleitungen - Gefährliche Resonanz. Chemie Technik (2008) 6

[17.2-1] Bietenbeck, F.; Petruschke, W.: Beurteilung von Rohrleitungsschwingungen auf der Basis von Schwinggeschwindigkeit. VDI-Berichte Nr. 748 (1989)

[17.2-2] Gamble, R.; Tagart, S.: A Method to Assign Failure Rates for Piping Reliability Assessment. PVP-Vol. 215, Fatigue, Fracture and Risk. ASME (1991)

[17.4-1] Reinsch, K.-H.; Barutzki, F.: Technischer Bericht - Rohrleitungsdämpfer. Firmenschrift GERB Schwingungsisolierungen (1997, Rev. 2009)

[17.4-2] TÜV Hannover/Sachsen-Anhalt e.V.: Prüfbescheid zu der TÜV-Eignungsprüfung von VISCO Dämpfern der Fa. GERB Schwingungsisolierungen GmbH & Co. KG, Berlin (Prüfbescheid Nr. T08-91-12/Rev. 4, 11/2007)

[17.7-1] Katona, T.; Rátkai, S.; Zeitner, W.; Delinic, K.: Reduction of Operational Vibration and Seismic Design of Feed-Water Piping System of VVER-440/213 at Paks. 10th European Conference on Earthquake Engineering (1994), Wien

[17.7-2] Ochi, Y.; Kashiwazaki, A.; Kostarev, V.: Application of High Viscous Damper on Piping System and Isolation Floor System. 9th European Conference on Earthquake Engineering (1990) Moskau

Kapitel 18

[18.1-1] Bullack, H.-J.: Berechnung metallischer Rohrleitungsbauteile 1 nach EN 13480-3: 2002. Kamprath interaktiv, PC CD-ROM. Würzburg: Vogel Buchverlag 2004

[18.2-1] VDI-Gesellschaft: VDI-Wärmeatlas. 10. Auflage. CD-ROM und/oder Buch. Heidelberg: Springer-Verlag 2006

[18.3-1] DIMy - Dimensionierungs-Software für Druckgeräte. Prospekt der TÜV NORD Systems GmbH & Co. KG, Essen

[18.4-1] BENTLEY® AUTOPIPE™: Spannungsanalyse für Rohrleitungssysteme. Prospekt der Bentley Systems Germany GmbH, Ismaning 2009

21. Stichwortverzeichnis

Symbole

A

B

Notizen:

Notizen: